"十四五"时期国家重点出版物出版专项规划项目

国家出版基金项目
NATIONAL PUBLICATION FOUNDATION

浙 江 昆 虫 志

第四卷
半 翅 目
异翅亚目

卜文俊　刘国卿　主编

科学出版社

北　京

内 容 简 介

本书包含半翅目中的异翅亚目，共记述了浙江异翅亚目昆虫44科261属469种，对科、亚科、属和种级阶元的主要形态特征进行了简要描述，并编制了分科、分属和分种检索表，绝大部分物种附有分类特征图和整体图。

本书可供生命科学及农林大专院校的师生，以及从事昆虫分类学研究人员、自然保护区管理人员及广大昆虫爱好者阅读和参考。

图书在版编目（CIP）数据

浙江昆虫志. 第四卷, 半翅目 异翅亚目 / 卜文俊, 刘国卿主编. — 北京：科学出版社, 2024.12

"十四五"时期国家重点出版物出版专项规划项目

国家出版基金项目

ISBN 978-7-03-072425-0

Ⅰ. ①浙⋯ Ⅱ. ①卜⋯②刘⋯ Ⅲ. ①昆虫志–浙江 ②半翅目–昆虫志–浙江 ③异翅亚目–昆虫志–浙江 Ⅳ. ①Q968.225.5 ②Q969.350.8 ③Q969.350.8

中国版本图书馆 CIP 数据核字（2022）第 092888 号

责任编辑：李 悦 付丽娜 / 责任校对：严 娜

责任印制：肖 兴 / 封面设计：北京蓝正合融广告有限公司

科学出版社 出版

北京东黄城根北街 16 号
邮政编码：100717
http://www.sciencep.com

北京中科印刷有限公司印刷
科学出版社发行 各地新华书店经销

*

2024 年 12 月第 一 版 开本：889×1194 1/16
2024 年 12 月第一次印刷 印张：30 3/4 插页：6
字数：931 000
定价：498.00 元

（如有印装质量问题，我社负责调换）

《浙江昆虫志》领导小组

主　　　任　胡　侠（2018 年 12 月起任）

　　　　　　林云举（2014 年 11 月至 2018 年 12 月在任）

副 主 任　吴　鸿　杨幼平　王章明　陆献峰

委　　　员　（以姓氏笔画为序）

　　　　　　王　翔　叶晓林　江　波　吾中良　何志华

　　　　　　汪奎宏　周子贵　赵岳平　洪　流　章滨森

顾　　　问　尹文英（中国科学院院士）

　　　　　　印象初（中国科学院院士）

　　　　　　康　乐（中国科学院院士）

　　　　　　何俊华（浙江大学教授、博士生导师）

组 织 单 位　浙江省森林病虫害防治总站

　　　　　　浙江农林大学

　　　　　　浙江省林学会

《浙江昆虫志》编辑委员会

《浙江昆虫志 第四卷 半翅目 异翅亚目》
编写人员

主　编　卜文俊　刘国卿

副主编　王树景　叶　瑱　朱卫兵　高翠青　李俊兰

作者及参加编写单位（按研究类群排序）

水蝽总科
　水蝽科
　　　谢桐音（东北农业大学）
　　　刘国卿（南开大学）

尺蝽总科
　尺蝽科
　　　谢桐音（东北农业大学）
　　　刘国卿（南开大学）

鼋蝽总科
　宽肩蝽科、鼋蝽科
　　　叶瑱（南开大学）

蝎蝽总科
　负子蝽科、蝎蝽科
　　　谢桐音（东北农业大学）
　　　刘国卿（南开大学）

蜍蝽总科
　蜍蝽科
　　　谢桐音（东北农业大学）
　　　刘国卿（南开大学）

划蝽总科

划蝽科、小划蝽科

    谢桐音（东北农业大学）

    刘国卿（南开大学）

仰蝽总科

仰蝽科、固蝽科、蚤蝽科

    谢桐音（东北农业大学）

    刘国卿（南开大学）

细蝽总科

细蝽科

    李梓赫　叶　填（南开大学）

跳蝽总科

跳蝽科

    李梓赫　叶　填（南开大学）

猎蝽总科

猎蝽科

    任树芝　刘国卿（南开大学）

盲蝽总科

盲蝽科

    刘国卿　郑乐怡　穆怡然（南开大学）

    许静杨（天津市农业科学研究院）

网蝽科

    李传仁（长江大学）

姬蝽总科

姬蝽科

    王树景　任树芝　卜文俊（南开大学）

臭虫总科

细角花蝽科、花蝽科

张丹丽（太原师范学院）

汤泽辰　卜文俊（南开大学）

扁蝽总科

扁蝽科

白晓拴（内蒙古师范大学）

长蝽总科

跷蝽科

蔡　波（海南出入境检验检疫局）

卜文俊（南开大学）

杆长蝽科、莎长蝽科、大眼长蝽科、室翅长蝽科、长蝽科

高翠青（南京林业大学）

卜文俊（南开大学）

束长蝽科

高翠青（南京林业大学）

王树景　卜文俊（南开大学）

尼长蝽科、梭长蝽科

高翠青（南京林业大学）

卜文俊（南开大学）

地长蝽科

李俊兰（内蒙古大学）

卜文俊（南开大学）

红蝽总科

大红蝽科、红蝽科

王树景　卜文俊（南开大学）

缘蝽总科

蛛缘蝽科

伊文博（忻州师范学院）

卜文俊（南开大学）

缘蝽科

朱卫兵（中国科学院分子植物科学卓越创新中心）

卜文俊（南开大学）

姬缘蝽科

朱卫兵（中国科学院分子植物科学卓越创新中心）

卜文俊（南开大学）

张海光（临沂大学）

蝽总科

同蝽科

王晓静（南开中学）

刘国卿（南开大学）

土蝽科、兜蝽科

刘国卿（南开大学）

蝽科

范中华　刘国卿（南开大学）

赵　清（山西农业大学）

龟蝽科

薛怀君　刘国卿（南开大学）

盾蝽科、荔蝽科

刘国卿（南开大学）

异蝽科

任树芝　刘国卿（南开大学）

《浙江昆虫志》序一

　　浙江省地处亚热带，气候宜人，集山水海洋之地利，生物资源极为丰富，已知的昆虫种类就有 1 万多种。浙江省昆虫资源的研究历来受到国内外关注，长期以来大批昆虫学分类工作者对浙江省进行了广泛的资源调查，积累了丰富的原始资料。因此，系统地研究这一地域的昆虫区系，其意义与价值不言而喻。吴鸿教授及其团队曾多次负责对浙江天目山等各重点生态地区的昆虫资源种类的详细调查，编撰了一些专著，这些广泛、系统而深入的调查为浙江省昆虫资源的调查与整合提供了翔实的基础信息。在此基础上，为了进一步摸清浙江省的昆虫种类、分布与为害情况，2016 年由浙江省林业有害生物防治检疫局（现浙江省森林病虫害防治总站）和浙江省林学会发起，委托浙江农林大学实施，先后邀请全国几十家科研院所，300 多位昆虫分类专家学者在浙江省内开展昆虫资源的野外补充调查与标本采集、鉴定，并且系统编写《浙江昆虫志》。

　　历时六年，在国内最优秀昆虫分类专家学者的共同努力下，《浙江昆虫志》即将按类群分卷出版面世，这是一套较为系统和完整的昆虫资源志书，包含了昆虫纲所有主要类群，更为可贵的是，《浙江昆虫志》参照《中国动物志》的编写规格，有较高的学术价值，同时该志对动物资源保护、持续利用、有害生物控制和濒危物种保护均具有现实意义，对浙江地区的生物多样性保护、研究及昆虫学事业的发展具有重要推动作用。

　　《浙江昆虫志》的问世，体现了项目主持者和组织者的勤奋敬业，彰显了我国昆虫学家的执着与追求、努力与奋进的优良品质，展示了最新的科研成果。《浙江昆虫志》的出版将为浙江省昆虫区系的深入研究奠定良好基础。浙江地区还有一些类群有待广大昆虫研究者继续努力工作，也希望越来越多的同仁能在国家和地方相关部门的支持下开展昆虫志的编写工作，这不但对生物多样性研究具有重大贡献，也将造福我们的子孙后代。

印象初

河北大学生命科学学院

中国科学院院士

2022 年 1 月 18 日

《浙江昆虫志》序二

　　浙江地处中国东南沿海，地形自西南向东北倾斜，大致可分为浙北平原、浙西中山丘陵、浙东丘陵、中部金衢盆地、浙南山地、东南沿海平原及海滨岛屿6个地形区。浙江复杂的生态环境成就了极高的生物多样性。关于浙江的生物资源、区系组成、分布格局等，植物和大型动物都有较为系统的研究，如20世纪80年代《浙江植物志》和《浙江动物志》陆续问世，但是无脊椎动物的研究却较为零散。90年代末至今，浙江省先后对天目山、百山祖、清凉峰等重点生态地区的昆虫资源种类进行了广泛、系统的科学考察和研究，先后出版《天目山昆虫》《华东百山祖昆虫》《浙江清凉峰昆虫》等专著。1983年、2003年和2015年，由浙江省林业厅部署，浙江省还进行过三次林业有害生物普查。但历史上，浙江省一直没有对全省范围的昆虫资源进行系统整理，也没有建立统一的物种信息系统。

　　2016年，浙江省林业有害生物防治检疫局（现浙江省森林病虫害防治总站）和浙江省林学会发起，委托浙江农林大学组织实施，联合中国科学院、南开大学、浙江大学、西北农林科技大学、中国农业大学、中南林业科技大学、河北大学、华南农业大学、扬州大学、浙江自然博物馆等单位共同合作，开始展开对浙江省昆虫资源的实质性调查和编纂工作。六年来，在全国三百多位专家学者的共同努力下，编纂工作顺利完成。《浙江昆虫志》参照《中国动物志》编写，系统、全面地介绍了不同阶元的鉴别特征，提供了各类群的检索表，并附形态特征图。全书各卷册分别由该领域知名专家编写，有力地保证了《浙江昆虫志》的质量和水平，使这套志书具有很高的科学价值和应用价值。

　　昆虫是自然界中最繁盛的动物类群，种类多、数量大、分布广、适应性强，与人们的生产生活关系复杂而密切，既有害虫也有大量有益昆虫，是生态系统中重要的组成部分。《浙江昆虫志》不仅有助于人们全面了解浙江省丰富的昆虫资源，还可供农、林、牧、畜、渔、生物学、环境保护和生物多样性保护等工作者参考使用，可为昆虫资源保护、持续利用和有害生物控制提供理论依据。该丛书的出版将对保护森林资源、促进森林健康和生态系统的保护起到重要作用，并且对浙江省设立"生态红线"和"物种红线"的研究与监测，以及创建"两美浙江"等具有重要意义。

　　《浙江昆虫志》必将以它丰富的科学资料和广泛的应用价值为我国的动物学文献宝库增添新的宝藏。

康　乐

中国科学院动物研究所

中国科学院院士

2022年1月30日

《浙江昆虫志》前言

生物多样性是人类赖以生存和发展的重要基础，是地球生命所需要的物质、能量和生存条件的根本保障。中国是生物多样性最为丰富的国家之一，也同样面临着生物多样性不断丧失的严峻问题。生物多样性的丧失，直接威胁到人类的食品、健康、环境和安全等。国家高度重视生物多样性的保护，下大力气改善生态环境，改变生物资源的利用方式，促进生物多样性研究的不断深入。

浙江区域是我国华东地区一道重要的生态屏障，和谐稳定的自然生态系统为长三角地区经济快速发展提供了有力保障。浙江省地处中国东南沿海长江三角洲南翼，东临东海，南接福建，西与江西、安徽相连，北与上海、江苏接壤，位于北纬 27°02′～31°11′，东经 118°01′～123°10′，陆地面积 10.55 万 km²，森林面积 608.12 万 hm²，森林覆盖率为 61.17%（按省同口径计算，含一般灌木），森林生态系统多样性较好，森林植被类型、森林类型、乔木林龄组类型较丰富。湿地生态系统中湿地植物和植被、湿地野生动物均相当丰富。目前浙江省建有数量众多、类型丰富、功能多样的各级各类自然保护地。有 1 处国家公园体制试点区（钱江源国家公园）、311 处省级及以上自然保护地，其中 27 处自然保护区、128 处森林公园、59 处风景名胜区、67 处湿地公园、15 处地质公园、15 处海洋公园（海洋特别保护区），自然保护地总面积 1.4 万 km²，占全省陆域的 13.3%。

浙江素有"东南植物宝库"之称，是中国植物物种多样性最丰富的省份之一，有高等植物 6100 余种，在中国东南部植物区系中占有重要的地位；珍稀濒危植物众多，其中国家一级重点保护野生植物 11 种，国家二级重点保护野生植物 104 种；浙江特有种超过 200 种，如百山祖冷杉、普陀鹅耳枥、天目铁木等物种。陆生野生脊椎动物有 790 种，约占全国总数的 27%，列入浙江省级以上重点保护野生动物 373 种，其中国家一级重点保护野生动物 54 种，国家二级重点保护野生动物 138 种，像中华凤头燕鸥、华南梅花鹿、黑麂等都是以浙江为主要分布区的珍稀濒危野生动物。

昆虫是现今陆生动物中最为繁盛的一个类群，约占动物界已知种类的 3/4，是生物多样性的重要组成部分，在生态系统中占有独特而重要的地位，与人类具有密切而复杂的关系，为世界创造了巨大精神和物质财富，如家喻户晓的家蚕、蜜蜂和冬虫夏草等资源昆虫。

浙江集山水海洋之地利，地理位置优越，地形复杂多样，气候温和湿润，加之第四纪以来未受冰川的严重影响，森林覆盖率高，造就了丰富多样的生境类型，保存着大量珍稀生物物种，这种有利的自然条件给昆虫的生息繁衍提供了便利。昆虫种类复杂多样，资源极为丰富，珍稀物种荟萃。

浙江昆虫研究由来已久，早在北魏郦道元所著《水经注》中，就有浙江天目山的山川、霜木情况的记载。明代医药学家李时珍在编撰《本草纲目》时，曾到天目山实地考察采集，书中收有产于天目山的养生之药数百种，其中不乏有昆虫药。明代《西天目祖山志》生殖篇虫族中有山蚕、蚱蜢、蟋蟀、蛱蝶、蜻蜓、蝉等昆虫的明确记载。由此可见，自古以来，浙江的昆虫就已引起人们的广泛关注。

20世纪40年代之前，法国人郑璧尔（Octave Piel，1876～1945）（曾任上海震旦博物馆馆长）曾分别赴浙江四明山和舟山进行昆虫标本的采集，于1916年、1926年、1929年、1935年、1936年及1937年又多次到浙江天目山和莫干山采集，其中，1935～1937年的采集规模大、类群广。他采集的标本数量大、影响深远，依据他所采标本就有相关24篇文章在学术期刊上发表，其中80种的模式标本产于天目山。

浙江是中国现代昆虫学研究的发源地之一。1924年浙江省昆虫局成立，曾多次派人赴浙江各地采集昆虫标本，国内昆虫学家也纷纷来浙采集，如胡经甫、祝汝佐、柳支英、程淦藩等，这些采集的昆虫标本现保存于中国科学院动物研究所、中国科学院上海昆虫博物馆（原中国科学院上海昆虫研究所）及浙江大学。据此有不少研究论文发表，其中包括大量新种。同时，浙江省昆虫局创办了《昆虫与植病》和《浙江省昆虫局年刊》等。《昆虫与植病》是我国第一份中文昆虫期刊，共出版100多期。

20世纪80年代末至今，浙江省开展了一系列昆虫分类区系研究，特别是1983年和2003年分别进行了林业有害生物普查，分别鉴定出林业昆虫1585种和2139种。陈其瑚主编的《浙江植物病虫志　昆虫篇》（第一集 1990年，第二集 1993年）共记述26目5106种（包括蜱螨目），并将浙江全省划分成6个昆虫地理区。1993年童雪松主编的《浙江蝶类志》记述鳞翅目蝶类11科340种。2001年方志刚主编的《浙江昆虫名录》收录六足类4纲30目447科9563种。2015年宋立主编的《浙江白蚁》记述白蚁4科17属62种。2019年李泽建等在《浙江天目山蝴蝶图鉴》中记述蝴蝶5科123属247种。2020年李泽建等在《百山祖国家公园蝴蝶图鉴　第Ⅰ卷》中记述蝴蝶5科140属283种。

中国科学院上海昆虫研究所尹文英院士曾于1987年主持国家自然科学基金重点项目"亚热带森林土壤动物区系及其在森林生态平衡中的作用"，在天目山采得昆虫纲标本3.7万余号，鉴定出12目123种，并于1992年编撰了《中国亚热带土壤动物》一书，该项目研究成果曾获中国科学院自然科学奖二等奖。

浙江大学（原浙江农业大学）何俊华和陈学新教授团队在我国著名寄生蜂分类学家祝汝佐教授（1900～1981）所奠定的文献资料与研究标本的坚实基础上，开展了农林业害虫寄生性天敌昆虫资源的深入系统分类研究，取得丰硕成果，撰写专著20余册，如《中国经济昆虫志　第五十一册　膜翅目　姬蜂科》《中国动物志　昆虫纲　第十八卷　膜翅目　茧蜂科（一）》《中国动物志　昆虫纲　第二十九卷　膜翅目　螯蜂科》《中国动物志　昆虫纲　第三十七卷　膜翅目　茧蜂科（二）》《中国动物志　昆虫纲　第五十六卷　膜翅目　细蜂总科（一）》等。2004年何俊华教授又联合相关专家编著了《浙江蜂类志》，共记录浙江蜂类59科631属1687种，其中模式产地在浙江的就有437种。

浙江农林大学（原浙江林学院）吴鸿教授团队先后对浙江各重点生态地区的昆虫资源进行了广泛、系统的科学考察和研究，联合全国有关科研院所的昆虫分类学家，吴鸿教授作为主编或者参编者先后编撰了《浙江古田山昆虫和大型真菌》《华东百山祖昆虫》《龙王山昆虫》《天目山昆虫》《浙江乌岩岭昆虫及其森林健康评价》《浙江凤阳山昆虫》《浙江清凉峰昆虫》《浙江九龙山昆虫》等图书，书中发表了众多的新属、新种、中国新记录科、新记录属和新记录种。2014～2020年吴鸿教授作为总主编之一还编撰了《天目山动物志》(共 11 卷),其中记述六足类动物 32 目 388 科 5000 余种。上述科学考察以及本次《浙江昆虫志》编撰项目为浙江当地和全国培养了一批昆虫分类学人才并积累了 100 万号昆虫标本。

通过上述大型有组织的昆虫科学考察,不仅查清了浙江省重要保护区内的昆虫种类资源,而且为全国积累了珍贵的昆虫标本。这些标本、专著及考察成果对于浙江省乃至全国昆虫类群的系统研究具有重要意义,不仅推动了浙江地区昆虫多样性的研究,也让更多的人认识到生物多样性的重要性。然而,前期科学考察的采集和研究的广度和深度都不能反映整个浙江地区的昆虫全貌。

昆虫多样性的保护、研究、管理和监测等许多工作都需要有翔实的物种信息作为基础。昆虫分类鉴定往往是一项逐渐接近真理(正确物种)的工作,有时甚至需要多次更正才能找到真正的归属。过去的一些观测仪器和研究手段的限制,导致部分属种鉴定有误,现代电子光学显微成像技术及 DNA 条形码分子鉴定技术极大推动了昆虫物种的更精准鉴定,此次《浙江昆虫志》对过去一些长期误鉴的属种和疑难属种进行了系统订正。

为了全面系统地了解浙江省昆虫种类的组成、发生情况、分布规律,为了益虫开发利用和有害昆虫的防控,以及为生物多样性研究和持续利用提供科学依据,2016 年 7 月"浙江省昆虫资源调查、信息管理与编撰"项目正式开始实施,该项目由浙江省林业有害生物防治检疫局(现浙江省森林病虫害防治总站)和浙江省林学会发起,委托浙江农林大学组织,联合全国相关昆虫分类专家合作。《浙江昆虫志》编委会组织全国 30 余家单位 300 余位昆虫分类学者共同编写,共分 17 卷:第一卷由杜予州教授主编,包含原尾纲、弹尾纲、双尾纲,以及昆虫纲的石蛃目、衣鱼目、蜉蝣目、蜻蜓目、襀翅目、等翅目、螳蠊目、螳螂目、蛸目、直翅目和革翅目;第二卷由花保祯教授主编,包括昆虫纲啮虫目、缨翅目、广翅目、蛇蛉目、脉翅目、长翅目和毛翅目;第三卷由张雅林教授主编,包含昆虫纲半翅目同翅亚目;第四卷由卜文俊和刘国卿教授主编,包含昆虫纲半翅目异翅亚目;第五卷由李利珍教授和白明研究员主编,包含昆虫纲鞘翅目原鞘亚目、藻食亚目、肉食亚目、牙甲总科、阎甲总科、隐翅虫总科、金龟总科、沼甲总科;第六卷由任国栋教授主编,包含昆虫纲鞘翅目花甲总科、吉丁甲总科、丸甲总科、叩甲总科、长蠹总科、郭公甲总科、扁甲总科、瓢甲总科、拟步甲总科;第七卷由杨星科和张润志研究员主编,包含昆虫纲鞘翅目叶甲总科和象甲总科;第八卷由吴鸿和杨定教授主编,包含昆虫纲双翅目长角亚目;第九卷由杨定和姚刚教授主编,包含昆虫纲双翅目短角亚目虻总科、水虻总科、食虫虻总科、舞虻总科、蚤蝇总科、蚜蝇总科、眼蝇总科、实蝇总科、小粪蝇总科、缟蝇总科、沼蝇总科、鸟蝇总科、水蝇总科、突眼蝇总科和禾蝇总科;第十卷由薛万琦和张春田教授主编,包含昆虫纲双翅目短角亚目蝇总科、狂蝇总科;第十一卷由李后魂教授主编,包含昆虫纲鳞翅目小蛾类;第十二卷由韩红香副研究员和姜楠博士主编,包含昆虫纲鳞翅目大蛾类;第十三卷由王敏和范骁凌教授主编,包含昆虫纲鳞翅目蝶类;第十四卷由魏美才教授主编,包含昆虫纲膜翅目"广腰亚目";第十五卷由陈学新和王义平教授主编、第十六卷、第十七卷由陈学新和唐璞教授主编,这三卷内容为昆虫纲膜翅目细腰亚目*。17 卷共记述浙江省六足类 1 万余种,各卷所收录物种的截止时间为 2021 年 12 月。

---

* 因"膜翅目细腰亚目"物种丰富,本部分由原定 2 卷扩充为 3 卷出版。

　　《浙江昆虫志》各卷主编由昆虫各类群权威顶级分类专家担任，他们是各单位的学科带头人或国家杰出青年科学基金获得者、973计划首席专家和各专业学会的理事长和副理事长等，他们中有不少人都参与了《中国动物志》的编写工作，从而有力地保证了《浙江昆虫志》整套17卷学术内容的高水平和高质量，反映了我国昆虫分类学者对昆虫分类区系研究的最新成果。《浙江昆虫志》是迄今为止对浙江省昆虫种类资源最为完整的科学记载，体现了国际一流水平，17卷《浙江昆虫志》汇集了上万张图片，除黑白特征图外，还有大量成虫整体或局部特征彩色照片，这些图片精美、细致，能充分、直观地展示物种的分类形态鉴别特征。

　　浙江省林业局对《浙江昆虫志》的编撰出版一直给予关注，本项目在其领导与支持下获得浙江省财政厅的经费资助，并在科学考察过程中得到了浙江省各市、县（市、区）林业部门的大力支持和帮助，特别是浙江天目山国家级自然保护区管理局、浙江清凉峰国家级自然保护区管理局、宁波四明山国家森林公园、钱江源国家公园、浙江仙霞岭省级自然保护区管理局、浙江九龙山国家级自然保护区管理局、景宁望东垟高山湿地自然保护区管理局和舟山市自然资源和规划局也给予了大力协助。同时也感谢国家出版基金和科学出版社的资助与支持，保证了17卷《浙江昆虫志》的顺利出版。

　　中国科学院印象初院士和康乐院士欣然为本志作序。借此付梓之际，我们谨向以上单位和个人，以及在本项目执行过程中给予关怀、鼓励、支持、指导、帮助和做出贡献的同志表示衷心的感谢！

　　限于资料和编研时间等多方面因素，书中难免有不足之处，恳盼各位同行和专家及读者不吝赐教。

《浙江昆虫志》编辑委员会

2022年3月

《浙江昆虫志》编写说明

本志收录的种类原则上是浙江省内各个自然保护区和舟山群岛野外采集获得的昆虫种类。昆虫纲的分类系统参考袁锋等 2006 年编著的《昆虫分类学》第二版。其中,广义的昆虫纲已提升为六足总纲 Hexapoda,分为原尾纲 Protura、弹尾纲 Collembola、双尾纲 Diplura 和昆虫纲 Insecta。目前,狭义的昆虫纲仅包含无翅亚纲的石蛃目 Microcoryphia 和衣鱼目 Zygentoma 以及有翅亚纲。本志采用六足总纲的分类系统。考虑到编写的系统性、完整性和连续性,各卷所包含类群如下:第一卷包含原尾纲、弹尾纲、双尾纲,以及昆虫纲的石蛃目、衣鱼目、蜉蝣目、蜻蜓目、襀翅目、等翅目、蜚蠊目、螳螂目、蛩目、直翅目和革翅目;第二卷包含昆虫纲的啮虫目、缨翅目、广翅目、蛇蛉目、脉翅目、长翅目和毛翅目;第三卷包含昆虫纲的半翅目同翅亚目;第四卷包含昆虫纲的半翅目异翅亚目;第五卷、第六卷和第七卷包含昆虫纲的鞘翅目;第八卷、第九卷和第十卷包含昆虫纲的双翅目;第十一卷、第十二卷和第十三卷包含昆虫纲的鳞翅目;第十四卷、第十五卷、第十六卷和第十七卷包含昆虫纲的膜翅目。

由于篇幅限制,本志所涉昆虫物种均仅提供原始引证,部分物种同时提供了最新的引证信息。为了物种鉴定的快速化和便捷化,所有包括 2 个以上分类阶元的目、科、亚科、属,以及物种均依据形态特征编写了对应的分类检索表。本志关于浙江省内分布情况的记录,除了之前有记录但是分布记录不详且本次调查未采到标本的种类外,所有种类都尽可能反映其详细的分布信息。限于篇幅,浙江省内的分布信息如下所列按地级市、市辖区、县级市、县、自治县为单位按顺序编写,如浙江(安吉、临安);由于四明山国家级自然保护区地跨多个市(县),因此,该地的分布信息保留为四明山。对于省外分布地则只写到省份、自治区、直辖市和特区等名称,参照《中国动物志》的编写规则,按顺序排列。对于国外分布地则只写到国家或地区名称,各个国家名称参照国际惯例按顺序排列,以逗号隔开。浙江省分布地名称和行政区划资料截至 2020 年,具体如下。

湖州:吴兴、南浔、德清、长兴、安吉

嘉兴:南湖、秀洲、嘉善、海盐、海宁、平湖、桐乡

杭州:上城、下城、江干、拱墅、西湖、滨江、萧山、余杭、富阳、临安、桐庐、淳安、建德

绍兴:越城、柯桥、上虞、新昌、诸暨、嵊州

宁波:海曙、江北、北仑、镇海、鄞州、奉化、象山、宁海、余姚、慈溪

舟山:定海、普陀、岱山、嵊泗

金华:婺城、金东、武义、浦江、磐安、兰溪、义乌、东阳、永康

台州:椒江、黄岩、路桥、三门、天台、仙居、温岭、临海、玉环

衢州:柯城、衢江、常山、开化、龙游、江山

丽水:莲都、青田、缙云、遂昌、松阳、云和、庆元、景宁、龙泉

温州:鹿城、龙湾、瓯海、洞头、永嘉、平阳、苍南、文成、泰顺、瑞安、乐清

目　　录

第一章　水蝽总科 Mesovelioidea

一、水蝽科 Mesoveliidae

主要特征：体型小（1.2–4.2 mm）。整个头部、胸部的侧腹面以及腹部的第 2 体节的腹侧部分被短毛与微毛丛。有翅型具单眼。前胸背板后缘平截，中胸小盾片在有翅型中外露，在无翅型中缺失。半鞘翅脉序减少。跗节 3 节，爪向内嵌入。

分布：世界广布。世界已知 12 属 43 种，中国记录 1 属 4 种，浙江分布 1 属 1 种。

1. 水蝽属 *Mesovelia* Mulsant *et* Rey, 1852

Mesovelia Mulsant *et* Rey, 1852: 138. Type species: *Mesovelia furcata* Mulsant *et* Rey, 1852.

主要特征：灰绿褐色或橄榄绿。具无翅型和有翅型，有翅型具有单眼，无翅型不具单眼。头具有近似平行的边缘，头部形状多变。触角的长度多变。复眼发达，每个复眼由超过 50 个小眼组成。喙至少延伸至后基节处。中胸背板宽于前背板，后胸背板的后缘近乎笔直。腹部伸长，明显的长于宽，侧接缘中等宽度。雄性生殖节明显，产卵器发育良好，卵长形，前端略折弯，斜平截，具卵盖。

分布：目前古北区记录 6 种，中国记录 4 种，浙江分布 1 种。

（1）单突水蝽 *Mesovelia vittigera* Horváth, 1895（图 1-1）

Mesovelia vittigera Horváth, 1895: 160.

Mesovelia orientalis Kirkaldy, 1901: 808 (syn. Horváth, 1915: 551).

主要特征：具有翅型和无翅型。

无翅型雄性体长 2.22–2.74 mm。雄性具有长的头部，于头部中线之上具有一对微弱的印迹凹陷形成的平行线；头部强烈倾斜，头顶光亮，布黄色细毛，额区具四方形排列的 4 个毛点，毛点毛很长；无翅型种类单眼退化，复眼发达，表面颗粒状，外突，内侧呈凹陷状。触角细长，第 1 节最粗，其端部具 2 根黑色长刚毛。喙黄褐色，端部黑色，延伸至中足基节后缘处。胸部的前背板宽度最短，中背板次之，后背板最长；中背板长度最长，前背板次之，后背板最短。整个背部和侧背片分布有短的毛；腹部侧接缘显著。腹末端颜色较深。雄性第 8 腹节腹面有 1 个突起，位于腹部横面中间位置，仔细观察可发现突起是由一簇粗壮的黑色刚毛簇组成的；两侧具有一对长的毛形成的颜色较浅的灰白色的毛状斑块。腹部的腹面分布有短的紧贴着的刚毛，混合有长的苍白色的刚毛。无翅型雌性在颜色、一般结构和足节各部分等和雄性的大体相同，但个体较雄虫更大；侧接缘向外呈角状，通常着色较深；腹部的各腹片未特化。

有翅型个体通常比无翅型个体长，也比无翅型更纤细。在有翅型中，前唇基的着色、前胸背板的后叶、半鞘翅的脉络均为棕褐色至淡褐色。有翅型种类胸背板发达。基半部黑褐色，端半部黑褐色至黑色。半鞘翅灰黑色，超出腹部的尖端，其基部具有 2 个加长了的翅室，紧靠翅脉。

分布：浙江（泰顺）、内蒙古、天津、山东、湖北、湖南、海南、广西、四川、贵州、云南；俄罗斯，蒙古国，日本，菲律宾，关岛（美），萨摩亚群岛，澳大利亚，新几内亚岛。

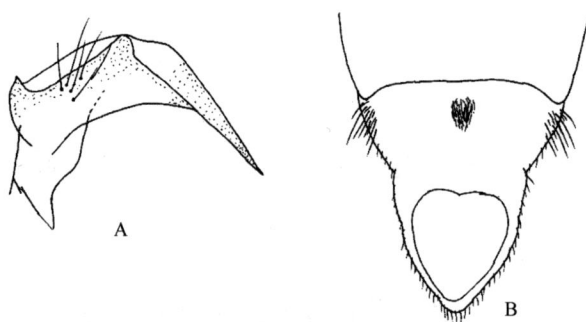

图 1-1 单突水蝽 *Mesovelia vittigera* Horváth, 1895

A. 阳基侧突；B. 第 8 腹板腹面观

第二章　尺蝽总科 Hydrometroidea

二、尺蝽科 Hydrometridae

主要特征：体细长，杆状。大小差别较大。头部强烈伸长，并平伸向前。复眼相对较小，位于头的中段，远离前胸背板；随头部的伸长，复眼有退化的趋势。喙常十分细长，第 1、2 节短小，第 3 节最长。触角细长，第 4 节末端有一陷入很深的凹陷状构造。前胸背板在少数属中向后呈三角形延伸，在身体狭长的种类中，前胸背板伸长，后缘常平截，中胸小盾片多被遮盖。足多较细长且向两侧伸展。翅脉相对简单；在尺蝽亚科中，雌外生殖器较小且有明显退化的趋势。

分布：世界已知 7 属 127 种，中国记录 1 属 11 种，浙江分布 1 属 1 种。

2. 尺蝽属 *Hydrometra* Latreille, 1796

Hydrometra Latreille, 1796: 86. Type species: *Cimex stagnorum* Linnaeus, 1758.

主要特征：尺蝽属在东南亚很常见且广泛分布。颜色一般是棕褐色、暗微绿色或带黑色，背部通常是棕褐色至褐色，半鞘翅具有白色的印迹。体长是体宽的 10 倍甚至更多。触角长，半鞭状，大约是身体长度的一半。成对的毛点后部不在一个平面上。中足基节明显的靠近前足基节。中胸腹板和后胸腹板不具槽缝，腹部背片长大于宽。短翅型具退化的翅。有一些种类仅具有非常短的翅芽。

生物学：尺蝽属生活于沼泽低地和高山溪流区域，靠近静止水域边缘的植草边缘上，或在岸上，或在缓慢流动的水域（如溪流）表面。一些种可以被灯诱到。尺蝽属是捕食性的，可以取食活着或溺水的昆虫。

分布：古北区、东洋区。世界已知 115 种，中国记录 15 种，浙江分布 1 种。

（2）毛腹尺蝽 *Hydrometra lineata* Eschscholtz, 1822（图 2-1）

Hydrometra lineata Eschscholtz, 1822: 110.

主要特征：长翅型，雄性，体长 11.68–13.12 mm，体宽 0.61 mm。

头长，最宽处在触角的瘤结处；刚毛少，具有一些分散的短的横卧刚毛，头前腹侧具有一些鬃毛；上颚板中等大小，但是并没有延伸至前唇基的前端。喙延伸至眼的近尾部，大约是到前胸背板一半的距离。两眼间的距离：眼宽=0.11：0.14；前唇基宽大、圆头状。前胸具有一排深的凹陷包围环绕在胸部前叶，后叶具有数量众多的凹陷包裹在中线上。半鞘翅延伸至腹部第 6 节背板的中央；径脉和中脉基部的白条带向正中面逐渐消失，超越了第 4 节背板基部；中间线条是明亮的白色，开始靠近基部，延伸至近乎顶端，被翅脉只阻断一次。第 5–7 节腹板两侧具稀疏的长刚毛。后腿节没有长的刚毛。前、中基节臼具有 2 个或 3 个凹陷。整个腹部具有微小的黑色小齿。雄性第 7 节腹板轻微地压低凹陷，中间裸露无毛，在其后缘刚毛分布比较集中。

有翅型雌性的主要结构和体色与雄性相同。半鞘翅到达第 5 节背片的中间至末端；中央的亮白条纹也和雄性类似。第 8 节背片的近尾端突起显著，轻微弯曲。第 7 节背片的侧接缘后缘明显向内收敛，通常具有短的深色刚毛。

　　短翅型半鞘翅伸达腹部第 2 节背片，半鞘翅的内边缘均具有一窄的白条带，条带连接在一起并形成一个具粉状条带的连续体。前胸后缘比在长翅型中更窄一些，通常也分布有更少的凹陷。

　　分布：浙江、北京、江苏、湖北、福建、海南、四川；菲律宾，印度尼西亚，新几内亚岛。

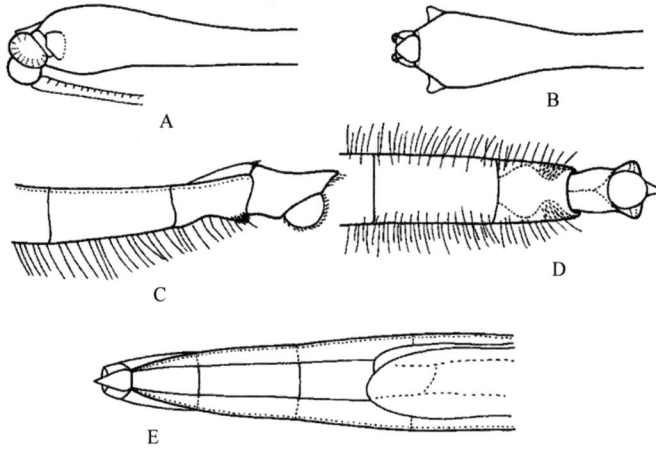

图 2-1　毛腹尺蝽 *Hydrometra lineata* Eschscholtz, 1822
A. 头部前端侧面观；B. 头部前端背面观；C. 雄性腹部末端侧面观；D. 雄性腹部末端腹面观；E. 雌性腹部末端背面观

第三章 黾蝽总科 Gerroidea

三、宽肩蝽科 Veliidae

主要特征：体小型至中型，体形变异较大，多粗短紧凑，体色彩灰暗居多，身体披有浓密的拒水毛层。头宽大于长，相对垂直，复眼内后侧具一小陷窝。雄虫前足胫节端半沿后内缘具由粗短刺列组成的攫握栉。跗节末端常深裂，前跗节着生其间，副爪间突左右不对称。中足的前跗节常出现各种程度的特化，爪扁平或加粗，或呈叶状，或中垫呈叶片状，或腹中垫压扁变形排列呈扇形的刚毛丛。雄虫生殖囊大，明显伸出腹部末端。雌虫产卵器片状，退化。

分布：世界已知 1173 种，中国记录 14 属 72 种，浙江分布 2 属 4 种。

3. 小宽肩蝽属 *Microvelia* Westwood, 1834

Microvelia Westwood, 1834: 6. Type species: *Microvelia pulchella* Westwood, 1834.

主要特征：体小型，褐色或黄色居多，无翅型个体前胸背板前端常具横带状斑纹，后部具刻点，前足短于中足，后足最长，前足胫节端部增厚，常具攫握栉，中足及后足细长，无明显特化结构，腹部侧接缘平伸或抬起，雄虫生殖囊常突出于腹部末端，腹部第 8 节腹面常呈凹陷或具刺，阳基侧突对称或右阳基侧突发达。

分布：世界广布。世界已知 207 种，中国记录 4 种，浙江分布 2 种。

（3）道氏小宽肩蝽 *Microvelia douglasi* Scott, 1874（图 3-1）

Microvelia douglasi Scott, 1874: 448.

Microvelia repentina Distant, 1903b: 174.

Microvelia singalensis Kirkaldy, 1903b: 180.

Microvelia kumaonensis Distant, 1909a: 500.

Microvelia samoana Esaki, 1928: 67.

主要特征：本种体小型，体较瘦长，体灰色，头黑色，复眼内缘具银白色毛被，腹部背板及侧接缘灰色，其上披稀疏银白色毛被，前足及中足胫节具攫握栉，腹部第 8 节大，突出于腹部末端，背面后缘中部

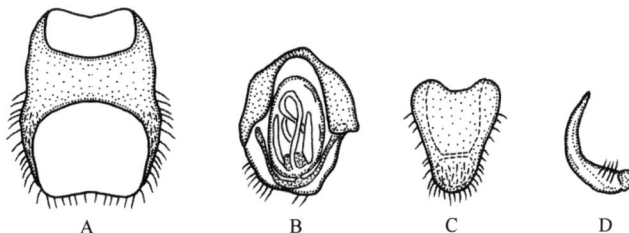

图 3-1　道氏小宽肩蝽 *Microvelia douglasi* Scott, 1874

A. 雄虫腹部第 8 节腹面观；B. 雄虫生殖囊背面观；C. 雄虫载肛突背面观；D. 右阳基侧突侧面观

微凹，端半部黄褐色，披致密斜直立短刚毛，生殖囊呈不规则形状，载肛突端部圆钝，披直立短刚毛，左阳基侧突退化，右阳基侧突发达，呈弯月镰刀形，端部尖锐。

分布：浙江（泰顺）、安徽、湖北、江西、湖南、福建、台湾、广东、海南、广西、四川、贵州、云南、西藏；韩国，日本，印度，缅甸，越南，泰国，菲律宾，马来西亚，新加坡，印度尼西亚。

（4）荷氏小宽肩蝽 *Microvelia horvathi* Lundblad, 1933（图 3-2）

Microvelia horvathi Lundblad, 1933a: 358.

主要特征：本种体小型，体较宽短，体灰色，头灰色，背板第 1–2 节两端披稀疏银白色毛被，前足及中足胫节具攫握栉，腹部第 8 节大，突出于腹部末端，浅黄色，腹面前缘中间具凹形小切口，背面后缘中部微凹，端半部黄褐色，披致密斜直立短刚毛，生殖囊呈不规则形状，腹面后部披稀疏直立短刚毛，载肛突端部圆钝，披直立短刚毛，左阳基侧突退化，右阳基侧突发达，基部具一簇直立长刚毛，中部呈直角弯曲，端半部渐细，呈镰刀状，端部尖锐。

分布：浙江（临安）、山东、江苏、安徽、湖北、江西、湖南、福建、台湾、广东、海南、广西、贵州、云南；韩国，日本。

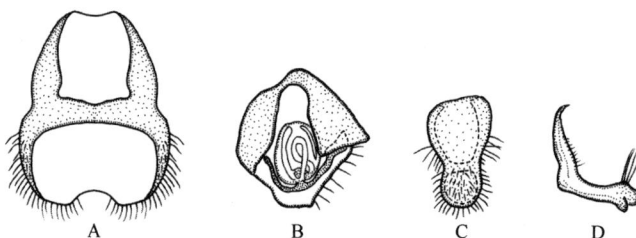

图 3-2　荷氏小宽肩蝽 *Microvelia horvathi* Lundblad, 1933
A. 雄虫腹部第 8 节腹面观；B. 雄虫生殖囊背面观；C. 雄虫载肛突背面观；D. 右阳基侧突侧面观

4. 伪宽肩蝽属 *Pseudovelia* Hoberlandt, 1950

Pseudovelia Hoberlandt, 1950: 33. Type species: *Pseudovelia tibialis* Esaki *et* Miyamoto, 1955.

主要特征：体小型至中型，粗壮，背面观黄褐色至黑色，触角粗壮，足粗壮，后足较中足长，前足胫节端末具长攫握栉，中足胫节内侧常具排状长刚毛，后足胫节端半部外侧常披密集刺状刚毛，前足跗节端部变宽，雄虫后足跗节常具变形结构，腹部较长，侧接缘常抬起，雄虫腹部第 8 节腹面常变形凹陷并具刺或短刚毛，阳基侧突对称，退化极小。

分布：东洋区、旧热带区。世界已知 76 种，中国记录 16 种，浙江分布 2 种。

（5）黑伪宽肩蝽 *Pseudovelia anthracina* Ye, Polhemus *et* Bu, 2013（图 3-3）

Pseudovelia anthracina Ye, Polhemus *et* Bu, 2013: 292.

主要特征：本种体型小，体近黑色，背面观呈卵圆形，体表披灰色或银白色短斜直立刚毛，头部相对垂直，宽大于长，小颊明显但不向后伸长，前胸背板长为宽的 2 倍，后足跗节第 I 节长为第 II 节的 3/5，后足跗节第 I 节腹面具一排 4–6 根长刚毛，腹部第 8 节腹面前缘具 1 副片状突起，中部具亚三角形凹陷，凹陷侧缘各着生 1 簇紧密短硬刚毛丛，前缘及后缘中部各具 1 短刺。

分布：浙江（临安）。

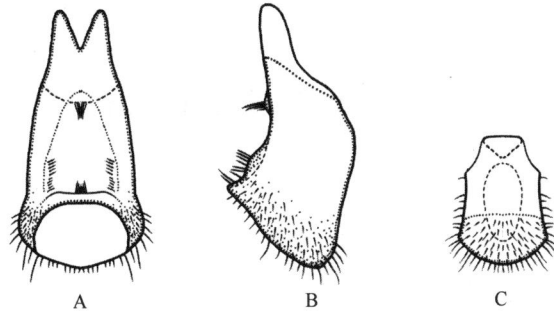

图 3-3　黑伪宽肩蝽 *Pseudovelia anthracina* Ye, Polhemus *et* Bu, 2013
A. 雄虫腹部第 8 节腹面观；B. 雄虫腹部第 8 节侧面观；C. 雄虫生殖囊腹面观

（6）胫突伪宽肩蝽指名亚种 *Pseudovelia tibialis tibialis* **Esaki *et* Miyamoto, 1955**（图 3-4）

Pseudovelia tibialis tibialis Esaki *et* Miyamoto, 1955: 193.

　　主要特征：本种体型中等，背面观长卵形，体表披灰色或银白色短斜直立刚毛，体暗橙色，头部相对垂直，小颊明显但不向后伸长，中足胫节端部外侧着生刺状短刚毛丛，后足跗节较长，为胫节长的 0.78 倍，跗节第 I 节腹面着生一排长粗刚毛，腹部第 8 节中部具近三角形凹陷，凹陷前、后及侧缘各着生一簇短刚毛，中部着生两簇短刚毛，第 8 节端部褐色，背面后缘披长直立短毛，生殖囊腹面后部呈深褐色，后缘披稀疏短毛。
　　分布：浙江（临安）、安徽、湖北、湖南、台湾；韩国，日本。

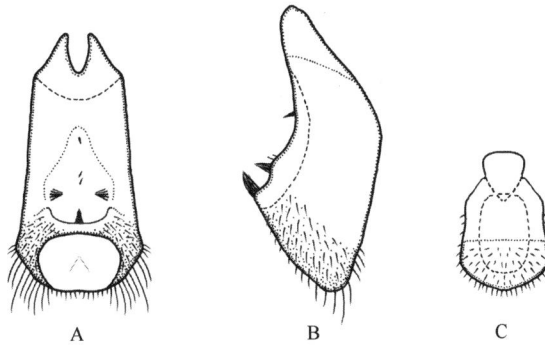

图 3-4　胫突伪宽肩蝽指名亚种 *Pseudovelia tibialis tibialis* Esaki *et* Miyamoto, 1955
A. 雄虫腹部第 8 节腹面观；B. 雄虫腹部第 8 节侧面观；C. 雄虫生殖囊腹面观

四、黾蝽科 Gerridae

主要特征：体小型至大型，无翅或有翅，多狭长，身体覆盖由微刚毛组成的拒水毛层。头部具 4 对毛点毛。喙较短。前胸背板无领及刻点。中胸背板及腹板相对延长。前翅翅室 2–4 个。中足基节强烈后延，与后足基节贴近，基节窝开口朝向后方。前足粗短变形。中足和后足极细长，向侧方伸开，股节约等长于胫节。腹部在部分种类变短而缩入胸部后端。雄虫生殖囊多伸出，左右对称或不对称。雌虫产卵器多退化变形，第 2 载瓣片消失，第 1 产卵瓣多狭片状。

分布：世界已知 830 种，中国记录 19 属 71 种，浙江分布 3 属 5 种。

分属检索表

1. 后胸腹板强烈退化 ·· 涧黾属 *Metrocoris*
- 后胸腹板正常 ··· 2
2. 腹部侧接缘端部呈尖刺状 ·· 大黾蝽属 *Aquarius*
- 腹部侧接缘端部呈钝状 ·· 黾蝽属 *Gerris*

5. 涧黾属 *Metrocoris* Mayr, 1865

Metrocoris Mayr, 1865: 445. Type species: *Metrocoris brevis* Mayr, 1865.

主要特征：体小型至中型，体亚三角形，头和胸部背面具黄色至暗褐色复杂条纹图案，足强壮，雄虫前足股节加厚，股节腹面常具齿状排列的突起，中足和后足极度延长，无明显特化结构，股节长于胫节，雄虫生殖囊突出于腹部末端，阳基侧突对称，呈镰刀状。本属生活于溪流水体表面。

分布：东洋区。世界已知 68 种，中国记录 17 种，浙江分布 1 种。

（7）伪齿涧黾 *Metrocoris lituratus* (Stål, 1854)（图 3-5）

Halobates lituratus Stål, 1854a: 238.

Metrocoris lituratus: Dahl, 1893: 8.

主要特征：体中型，有翅或无翅，体黄褐色，头部背面中央具箭头状黑色斑纹，胸部背面具黑褐色条纹，腹部背面黑褐色，腹部背板第 2–7 节后缘橙黄色，腹面黄色，腹板每节后缘具黄边或黄色三角斑纹，雄虫前足股节粗大，其长与宽比约为 4.5，内侧中部具微小齿状突，近端部处具 1 明显凹陷，其内着生 1 个微小黑褐色齿突，腹部第 7 腹节背板近方形，基部具黑褐色斑纹，腹部第 8 节后缘披直立短刚毛，载肛突侧缘具黑色斑块，阳基侧突发达，钩状，端部略钝。

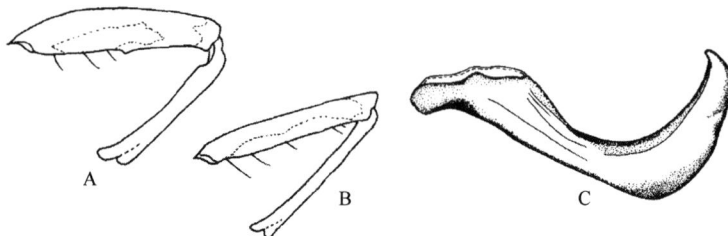

图 3-5　伪齿涧黾 *Metrocoris lituratus* (Stål, 1854)
A. 雄虫前足侧面观；B. 雌虫前足侧面观；C. 雄虫阳基侧突

分布：浙江（宁波）、福建、广东。

6. 黾蝽属 *Gerris* Fabricius, 1794

Gerris Fabricius, 1794: 188. Type species: *Cimex lacustris* Linnaeus, 1758.

　　主要特征：体小至中型，无翅或有翅，前胸背板叶前缘具苍白色中央条纹。触角短于体长 1/2，触角第 1 节无刺型毛，明显短于第 2、3 节之和。前足股节苍白色具纵向暗黑色条纹，后足股节长约等于或稍短于中足胫节长。翅多型性常见。腹部侧接缘后缘呈角状突出结构，但不向后延长为长刺形。

　　分布：古北区、东洋区、新北区。世界已知 45 种，中国记录 14 种，浙江分布 2 种。

（8）扁腹黾蝽 *Gerris latiabdominis* Miyamoto, 1958（图 3-6）

Gerris lacustris latiabdominis Miyamoto, 1958: 123 (upgraded by Kanyukova, 1982: 86).

Gerris latiabdominis: Bu & Liu, 2018: 37.

　　主要特征：体中型，头黑色，复眼黑褐色，触角短粗，前胸背板黑色，中纵线不明显，端半部色浅且微向上隆起，其端半部左右两侧突起具白色折光，两侧各具一条银色短毛组成的纵条纹，此条纹常达肩角，前胸、中胸及后胸腹板黑色；前足基节窝淡黄色，腿节外侧具较粗黑色条带，胫节呈褐色，中后足长；中胸腹板后半部、后胸腹板以及腹部腹板中央隆起呈纵脊状。雄虫第 7 腹节呈半圆形，中间凹形；雌性成虫第 7 腹节后缘的凹陷浅而圆，侧接缘角较短且尖锐。

　　分布：浙江（宁波）、黑龙江、吉林、辽宁、河北、山东、陕西、湖北、江西、湖南、福建、重庆、四川、贵州、云南；俄罗斯，韩国，日本。

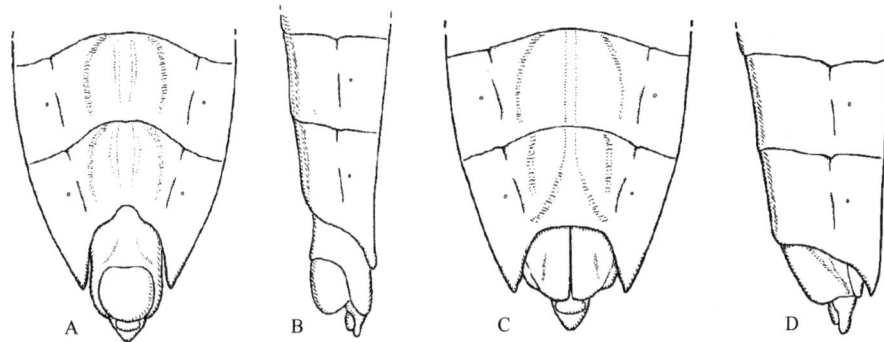

图 3-6　扁腹黾蝽 *Gerris latiabdominis* Miyamoto, 1958
A. 雄虫腹部腹面观；B. 雄虫腹部侧面观；C. 雌虫腹部腹面观；D. 雌虫腹部侧面观

（9）细角黾蝽 *Gerris gracilicornis* (Horváth, 1879)（图 3-7）

Limnotrechus gracilicornis Horváth, 1879b: cix.

Hydrometra jankowskii Jakovlev, 1889a: 337 (syn. Andersen, 1975: 22).

Gerris selma Kirkaldy, 1903b: 181 (syn. Distant, 1903b: 178).

Gerris lepcha Distant, 1910a: 140 (syn. China, 1925a: 470).

Gerris gracilicornis: Bu & Liu, 2018: 37.

　　主要特征：体中型，头黑褐色，复眼棕褐色；触角相对细长；前胸背板红褐色，表面有较浅的横皱，中纵线明显，呈连续的浅色条纹，中胸两侧披银白色直立的短毛；前足基节窝淡黄色，腿节基半部黄褐色，端半部棕褐色，胫节及跗节褐色；腹部腹面黑色，隆起呈脊状，侧缘红褐色。雄虫第 8 节腹板有一对卵圆形的微凹，上面具银色短毛，后胸腹板上的臭腺孔呈瘤状。雌虫腹部侧接缘向后延伸呈刺突状，侧接缘角呈钝三角形，超过第 7 腹节末端，接近第 8 腹节末端。

分布：浙江（宁波）、黑龙江、辽宁、河北、山东、河南、湖北、江西、湖南、福建、广东、广西、重庆、四川、贵州、云南；俄罗斯，韩国，日本。

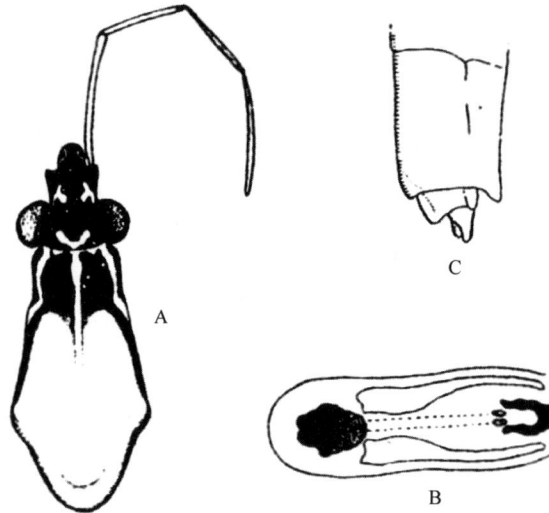

图 3-7　细角黾蝽 *Gerris gracilicornis* (Horváth, 1879)（引自 Andersen，1993）
A. 雄虫头部及前胸背板背面观；B. 雄虫阳茎端腹面观；C. 雌虫腹部侧面观

7. 大黾蝽属 *Aquarius* Schellenberg, 1800

Aquarius Schellenberg, 1800: 25. Type species: *Cimex najas* De Geer, 1773.

主要特征：体中至大型，无翅或有翅，前胸背板多暗黑色，前胸背板叶前缘具苍白色中央条纹。触角第 1 节长，约等于或稍长于第 2、3 节长度之和。前足股节暗黑色，后足胫节明显短于中足胫节，后足胫节长至少为后足跗节第 1 节长的 4 倍。翅多型性较为常见。腹部侧接缘后缘向后延长为长刺形。

分布：世界广布。世界已知 19 种，中国记录 3 种，浙江分布 2 种。

（10）圆臀大黾蝽指名亚种 *Aquarius paludum paludum* (Fabricius, 1794)（图 3-8）

Gerris paludum Fabricius, 1794: 188 (Opinion 1741/1993).

Hydrometra japonica Motschulsky, 1866: 188 (syn. Kiritshenko, 1915: 300).

Hygrotrechus remigator Horváth, 1879b: cviii (syn. Esaki, 1926a: 181).

Gerris fletcheri Kirkaldy, 1901e: 51 (syn. Lundblad, 1993b: 272).

Cylindrostethus bergrothi Lindberg, 1922: 16 (syn. Wagner, 1959d: 39).

Gerris uhleri Drake *et* Hottes, 1925: 69 (syn. J.T. Polhemus, 1973: 114).

Aquarius paludum paludum: Bu & Liu, 2018: 38.

主要特征：体中型，具长翅型或短翅型。黑色。身体覆盖由银白色微毛组成的拒水毛。头黑色，头顶后缘处具一黄褐色 “V” 形斑；前胸背板黑色；前叶中纵线处呈一黄色细纵条。触角第 1 节远长于第 2 节和第 3 节长度之和。前胸背板后叶前、后缘略弯曲，中纵线明显可见。前足腿节较粗。中足基节强烈后延。后足股节明显长于中足股节。雄虫具有长而明显的侧接缘刺突，超过腹部末端。载肛突长椭圆形，阳茎端背鞘明显长于阳茎背片。

　　分布：浙江（临安、宁波）及全国各省均有分布；韩国，日本，缅甸，越南，泰国，欧洲。

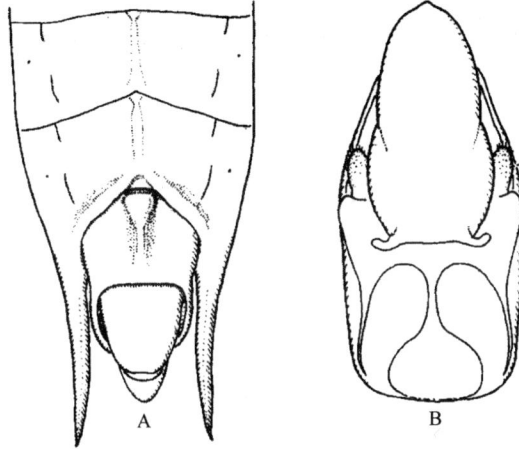

图 3-8　圆臀大黾蝽指名亚种 *Aquarius paludum paludum* (Fabricius, 1794)
A. 雄虫腹部腹面观；B. 雄虫生殖囊和载肛突背面观

（11）长翅大黾蝽 *Aquarius elongatus* (Uhler, 1897)（图 3-9）

Limnotrechus elongatus Uhler, 1897: 273.

Gerris mikado Kirkaldy, 1899e: 89.

Aquarius elongatus: Esaki, 1926: 273.

　　主要特征：体大型，翅发达。体背面黑褐色。身体覆盖由银白色微毛组成的拒水毛。头黑色，前胸背板前叶中线处具 1 浅黄色纵条纹，后叶两侧边缘黄色，前胸背板长，前叶与后叶分界明显。各对足长而直，前足粗壮。腹部细长，两侧缘近乎平行，侧接缘边缘黄色，向后延伸而成的刺突长而粗，超过腹部末端。雄虫第 7 腹板后缘向前凹陷，第 8 腹板大，腹面中线两侧具凹陷，阳基侧突呈棒状。

　　分布：浙江（宁波）、福建、台湾、广东、广西、云南；韩国，日本。

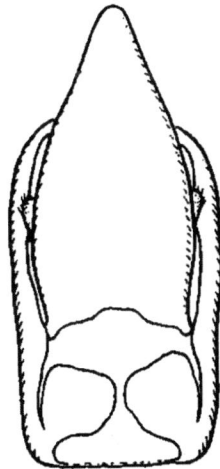

图 3-9　长翅大黾蝽 *Aquarius elongatus* (Uhler, 1897)
雄虫生殖囊和载肛突背面观

第四章　蝎蝽总科 Nepoidea

五、负子蝽科 Belostomatidae

主要特征：体扁平，卵圆形；体黄褐色至棕褐色。头部近三角形；复眼牛角状，大而突出，黄褐色至黑褐色；触角通常 4 节，第 2、3 节基部具横向指状突起，表面上密被刚毛；喙 4 节，粗短。前胸背板较宽，中央微隆起，缢缩明显。中胸小盾片三角形，表面具光泽。前翅翅脉革质部呈不规则网纹状，膜质部脉序亦呈网状，个别种类膜片翅脉部分退化。前足为捕捉足，腿节明显膨大；中、后足较前足细长，表面具长的游泳毛，侧缘多具刺突，长短各异。跗节末端多具 2 爪，有的种类前足跗节末端的爪 1 枚发达、1 枚爪退化。腹部腹面中央纵向隆起，两侧缘有毛区。成虫第 8 腹节背板特化成为一对相互靠近的带状结构，称为呼吸带；其内侧具长的疏水毛，末端可略微伸出水面，空气可由疏水毛形成的通道进入翅下空间。呼吸带上疏水毛的分布情况常可作为分类依据之一。呼吸主要通过开口于腹部背面的第 1 对气孔，腹面的第 2–7 对气孔基本丧失呼吸功能，其周围有接受平衡信号的感受器。若虫的 9 对气门均具有呼吸功能。成虫后胸臭腺发达，可分泌臭味，若虫腹部背面无臭腺开口。生殖节、阳基侧突均左右对称。

分布：世界广布。世界已知 15 属 156 种，中国记录 3 属 7 种，浙江分布 2 属 5 种。

8. 负子蝽属 *Diplonychus* Laporte, 1833

Diplonychus Laporte, 1833: 18. Type species: *Nepa rustica* Fabricius, 1781 (see note under *Diplonychus rusticus*), by monotypy.

主要特征：体中型，椭圆形，黄褐色至棕褐色。头部呈三角形，头前缘与复眼外缘近于直线，后缘中央向后凸出。复眼近三角形，两复眼内缘几乎近于平行。触角 4 节，第 2、3 节具横向的指状突起，被绒毛。喙粗壮。前胸背板梯形，前缘中央略凹入，后缘近于平直。中胸小盾片发达，三角形。前翅伸达腹部末端，膜片甚小，其上翅脉有或退化，革质部分具光泽。前足腿节粗壮，跗节 1 节，具 2 小爪。中、后足均密被粗刺和长毛，跗节均为 3 节，具 2 爪。腹部腹面中央屋脊状隆起，光滑，具光泽，侧缘有绒毛带分布。雄虫生殖节末端较尖锐，雌虫下生殖板末端较钝。呼吸带较短，被有许多长毛。

分布：古北区、东洋区。世界已知 9 种，中国记录 3 种，浙江分布 3 种。

分种检索表

1. 体长大于 21 mm ··· 环负子蝽 *D. annulatus*
- 体长小于 18 mm ··· 2
2. 前胸背板后缘末端上翘 ··· 艾氏负子蝽 *D. esakii*
- 前胸背板后缘平直 ··· 锈色负子蝽 *D. rusticus*

（12）环负子蝽 *Diplonychus annulatus* (Fabricius, 1781)（图 4-1；图版 I-1）

Nepa annulata Fabricius, 1781: 333.

Sphaerodema annulatum: Rao, 1962: 61.

Diplonychus annulatus: Liu & Ding, 2004: 58.

主要特征：体赭黄色或棕黄色。头长等于眼间距，复眼斜向伸长。前胸背板侧缘颜色较浅，被有许多刻点，缢缩明显，中央具 1 条纵向的刻线，近前缘两侧各有 1 个圆片状凹斑。中胸小盾片隆起，被有许多刻点。前翅缘片部分颜色较浅并向两侧扩展，膜片小。

　　分布：浙江（杭州）、江苏、上海、湖北、江西、湖南、福建、台湾、广东、广西、贵州、云南；日本，印度，尼泊尔。

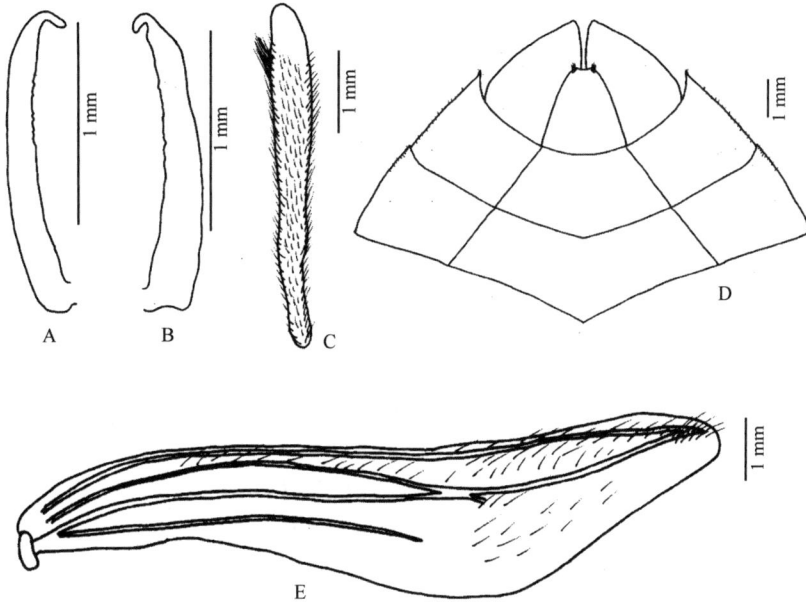

图 4-1　环负子蝽 Diplonychus annulatus (Fabricius, 1781)
A，B. 阳基侧突不同方位；C. 呼吸带；D. 雌虫腹节；E. 翅脉

（13）艾氏负子蝽 *Diplonychus esakii* Miyamoto *et* Lee, 1966（图 4-2；图版 I-2）

Diplonychus esakii Miyamoto *et* Lee, 1966: 402.

　　主要特征：体中型，近椭圆形，褐色。头部呈三角形，头顶被刻点，具光泽。头后缘弧形向后凸出。头长微小于头宽的 1/2。复眼三角形，棕褐色至黑褐色。触角 4 节，第 2、3 节具横向指状突起，具稀疏的刚毛，第 4 节叶片状；喙粗壮。前胸背板及小盾片具黄褐色线，前翅有斜向不明显的条纹；小盾片三角形，

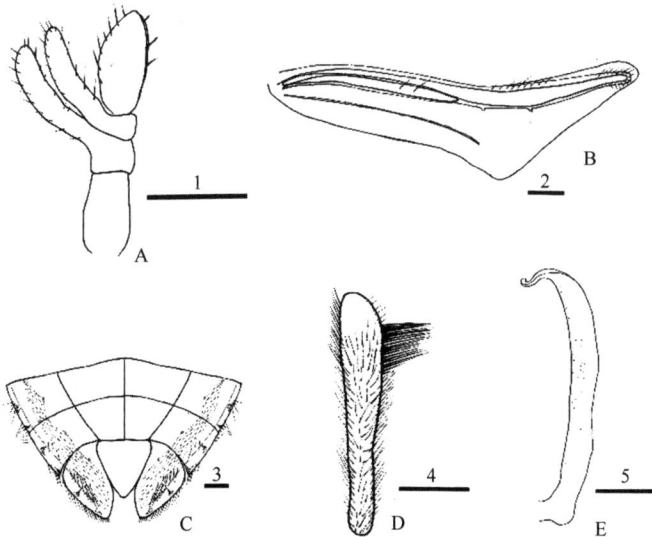

图 4-2　艾氏负子蝽 *Diplonychus esakii* Miyamoto *et* Lee, 1966
A. 触角；B. 翅脉；C. 雌虫腹节；D. 呼吸带；E. 阳基侧突。比例尺：1、5=0.5 mm；2–4=1 mm

长稍短于宽，顶端较尖锐，中央区域稍凹陷；前翅膜片退化，呈一狭窄的条状，其上翅脉不可见；膜片与革片结合处有一淡黄色毛斑。前足腿节膨大，腹面两侧具短刺，背面具短刺和刚毛；胫节略弯，跗节末端具 2 爪。中、后足腿节较粗壮，背、腹面具尖刺，胫节表面具成列的刺；中足胫节背侧面具有 1 列刺，后足胫节具 4 列刺；中、后足均具 2 爪。跗节 1-3-3 节。雌雄腹部的外观差异极小，但雄虫呼吸带末端外侧具有一对刚毛，雌虫呼吸带无成对的刚毛。腹部腹面中央突起，表面光滑具刚毛；侧缘有刚毛从第 3 腹节开始达第 7 腹节末尾。雄虫生殖节末端尖锐，阳基侧突左右对称，末端弯曲呈钩状。雌虫下生殖板末端较钝，具 2 束短刚毛。呼吸带较短，末端两侧不被长刚毛。

分布：浙江（杭州）、江苏、湖北、江西、福建、台湾、广东、海南、广西、四川、贵州、云南；韩国，日本。

（14）锈色负子蝽 *Diplonychus rusticus* (Fabricius, 1781)（图 4-3）

Nepa rustica Fabricius, 1781: 333.

Diplonychus rusticus: Laporte, 1833: 18.

Diplonychus indicus Venkatesan & Rao, 1980: 299 (syn. Polhemus, 1994: 692).

主要特征：体卵圆形，体长 13.0–16.5 mm，最大宽度 9.0–10.1 mm，中型；体色棕黄色，前胸背板和前翅革质部深棕色。头呈三角形，头和复眼前端愈合，头长小于头宽，前胸背板、中胸小盾片和半鞘翅革质部具小刻点；前胸背板后侧角圆滑较钝；前缘弧形，后缘中央向后弯曲；复眼三角形，黑褐色；触角 4 节，第 2、3 节具有横向的指状突起，具刚毛；喙粗壮。前胸背板具光泽，被刻点；其前缘凹入呈弧形，后缘平直，前、后侧角均圆滑；前叶长度是后叶长度的 2 倍；小盾片三角形，长稍短于宽；前翅革质部分具刻点，膜片较小，其上翅脉可见，在其基部有一棕黄色的小圆斑。前足腿节明显膨大，腹面具 2 列浓密的短刺，背面亦被稀疏的短刺；胫节略弯，腹面具短刚毛，末端具 2 爪；中、后足腿节较为粗壮，腹面具 2 列小刺，背面亦被稀疏的小刺；胫节均被成列的粗刺，腹面具 2 列长毛；中足跗节腹面具小刺和 1 列长毛，背侧面亦被有 1 列长毛，且第 3 跗节最长。后足跗节类似于中足跗节，但第 2 跗节最长。跗节 1-3-3 节。腹部腹面中央脊状隆起，侧缘分布有刚毛带；呼吸带短小，被有长短不一的刚毛。

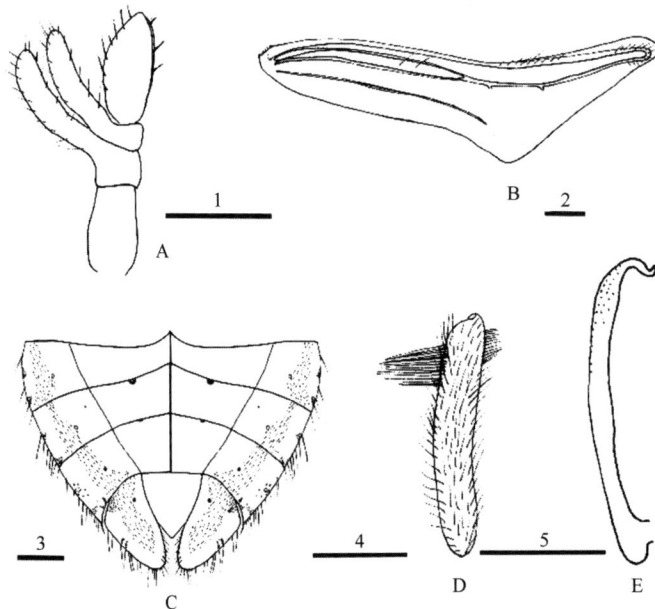

图 4-3　锈色负子蝽 *Diplonychus rusticus* (Fabricius, 1781)
A. 触角；B. 翅脉；C. 雌虫腹节；D. 呼吸带；E. 阳基侧突。比例尺：1、5=0.5 mm；2–4=1 mm

分布：浙江（杭州）、山东、河南、江苏、上海、湖北、江西、福建、台湾、广东、广西、贵州、云南；日本，印度，缅甸，越南，泰国，斯里兰卡，菲律宾，马来西亚，新加坡，印度尼西亚（爪哇岛），澳大利亚。

注：该种常生活于池塘边缘和其他静水系统中，但在流水除特别缓慢的地方外，一般没有分布。

室内养殖观察，雌虫即将产卵时，会先在雄虫背上停留片刻，可能是先将分泌的胶质物涂于雄虫体背，用于卵的固着；产卵多在夜间进行，卵分批产出，每批间隔数小时到 2 天不等，一次产卵数量也不尽相同，雄虫背上的卵可能来自不同雌性个体，也可能是同一个体的产于不同时间段。孵化时间也有所不同，前后相距最长不超过一周。雄虫所背负的卵的颜色开始淡白色，顶部褐色，随着天数的增加，颜色不断加深；幼虫体色较淡，常淡绿色。若其生活的溪流、池塘、河流、湖泊等干涸，成虫则会集体迁飞到其他地方，若虫则大部分死亡。

9. 鳖负蝽属 *Lethocerus* Mayr, 1853

Lethocerus Mayr, 1853: 17. Type species: *Lethocerus cordofanus* Mayr, 1853(=*Belostoma fakir* Gistel, 1848), by monotypy.

主要特征：该属种类体型巨大，体长超出 60 mm，头宽超出复眼间距的 2 倍；3 对足均呈明显的宽扁状，其中后足最为明显。

分布：世界广布。中国记录 2 种，浙江分布 2 种。

（15）大鳖负蝽 *Lethocerus deyrolli* (Vuillefroy, 1864)（图版 I-3）

Belostoma deyrolli Vuillefroy, 1864: 141.

Belostoma aberrans Mayr, 1871: 424 (syn. Menke, 1960: 288, suspected).

Lethocerus deyrolli: Liu & Ding, 2004: 59.

主要特征：体大型，深褐色。头宽大于头长，约是长的 3 倍；头顶红褐色，略粗糙，中央部有一微隆起的纵脊；复眼大、黑色；复眼宽是复眼长的 2 倍，复眼前间距是复眼后间距的 1/2。前胸背板表面粗糙，具光泽；中央线有一条纵向凹陷，较浅；侧缘薄片状，前侧角圆滑。中胸小盾片三角形，底边具毛丛，近平直；宽大于长，斜边突起。前翅革片发达，翅脉清晰可见，与爪片边界明显，膜片半透明，膜片与革片结合处波状弯曲。前足转节有凹陷；腿节特别膨大，宽扁，宽是长的 1/3 倍，腹面中央两侧被有浓密的金黄色短刺毛；中、后足扁平，其上具褐色环状斑，腿节、胫节和跗节腹侧均具游泳毛，为游泳足；跗节 3-3-3 节，前足跗节末端具 1 个深褐色长爪，端部弯曲；另 1 个退化呈痕迹状；中足第 3 跗节最长，后足第 2 跗节最长；跗节末端各具爪 1 对，爪的末端颜色深。腹部腹面中央具纵向脊状突起，腹侧缘具有浓密的长毛带，见于第 1–5 腹节腹面。雄虫生殖板舌状；阳基侧突亚端部膨大，顶端细而弯曲；雌虫下生殖板铲状，末端具小口。

分布：浙江（杭州）、辽宁、北京、天津、河北、山西、山东、陕西、江苏、上海、安徽、湖北、湖南、台湾、广西、四川、贵州、云南；俄罗斯，韩国，日本。

（16）印鳖负蝽 *Lethocerus indicus* (Lepeletier *et* Serville, 1825)（图版 I-4）

Belostoma indica Lepeletier *et* Serville, 1825: 272.

Lethocerus indicus: Hoffmann, 1933: 595.

主要特征：体大型，体长椭圆形，体色栗褐色，边缘色浅。头宽是头长的 3 倍；复眼黑色，大而突出，其后缘有一列长毛。复眼宽约等于复眼长，复眼前间距是复眼后间距的 1/2。复眼之间前方头部呈龙骨状隆起。头宽约 4 倍于复眼间距，头长约为头宽的 1/2。前胸背板具脊状突起，前叶中央区隆起，有一个"八"字形条纹。前缘唇基部分圆滑，被有稀疏的短毛。前胸背板缢缩明显，中央区域隆起，前侧角较圆滑；侧缘较平直，后叶后缘略弯。中胸小盾片三角形，较为隆起，被呈"十"字架状的横纵线分割；前翅革片发达，翅脉清晰可见，爪片边界明显，膜片半透明，翅脉十分明显；革片与膜片结合处波状弯曲。前足转节有一个凹陷，跗节末端的爪可伸转节凹陷处；腿节明显膨大，宽扁状，远端变细；胫节略弯，两者腹面均密被短毛；跗节 3-3-3 节，前足跗节末端具 1 长爪，另 1 爪退化。中、后足侧扁，转节、腿节、胫节、跗节均被浓密的游泳毛。中后足跗节末端各具爪 1 对。腹部腹面中央具纵向脊状突起，侧缘具 1 条绒毛带，绒毛带见于第 1–5 腹板。

分布：浙江（杭州）、福建、台湾、广东、海南、香港、广西、云南；朝鲜，韩国，日本，印度，尼泊尔，缅甸，越南，泰国，斯里兰卡，菲律宾，马来西亚，新加坡，印度尼西亚。

六、蝎蝽科 Nepidae

主要特征：体中型至大型；黑色或暗褐色。头小，顶部光滑或具绒毛；复眼突出；触角3节，第2节或第2、3节具指状突起；喙4节，粗短。前胸背板宽，多延长，其前缘常凹陷，中部横向缢缩常把前胸背板分为前、后两叶；中胸小盾片发达。前翅膜片翅脉交叉复杂，具大量翅室，翅室形状不规则，革质部分较光滑或具短绒毛。前足特化为捕捉足，蝎蝽属 *Nepa* 的前足腿节粗大而螳蝎蝽属 *Ranatra* 的前足腿节细长，中部具1齿突，前足基节强烈延长，运动更加灵活。中、后足细长，适于爬行，腿节内表面被有一些长毛，可用于划水。腹部形状宽扁呈片状或狭长呈棍状，腹中线隆起呈船底状；成虫与若虫均无臭腺；平衡感受器位于腹部第4-6节气门附近。呼吸管是第8腹节背板的变形，整体形成一长管状结构向后伸出。呼吸时，末端管口伸出水面，空气经呼吸管可通于第8腹节气门位置。在部分种类中，雌虫的第7腹节也向后延伸，形成下生殖板。

分布：世界广布，在热带地区物种丰富度最高。世界已知约250种，中国记录5属20种，浙江分布2属3种。

10. 壮蝎蝽属 *Laccotrephes* Stål, 1866

Laccotrephes Stål, 1866: 186. Type species: *Nepa atra* Linnaeus, 1758.

主要特征：体大型，灰褐色至深褐色，长椭圆形。头小，头顶具突起，具长毛。复眼褐色，球状。触角3节，表面具刚毛，第2节多具横向指状突起。喙4节，粗短。前胸背板表面缢缩明显，中央具脊状隆起；中胸小盾片发达。爪片大而明显，革片常具短刚毛，膜片发达。翅脉可见。前足为捕捉足，腿节基部腹面具指状突起，跗节1节，无爪。中、后足细长，跗节1节。具2爪，胫、跗节腹面具长毛。腹部腹面中央纵向脊状隆起，腹部第4-6节腹气门附近有很明显的圆片状平衡感受器。末端具呼吸管。雄虫生殖节末端钝，微隆起；雌虫下生殖板尖锐。

分布：古北区、东洋区、旧热带区。世界已知54种，中国记录7种，浙江分布1种。

（17）华壮蝎蝽 *Laccotrephes chinensis* (Hoffmann, 1925)（图版 I-5）

Nepa chinensis Hoffmann, 1925: 39.
Laccotrephes chinensis Polhemus, 1992: 442.

主要特征：头部小，头长大于头宽，头宽是眼间距的2倍；头顶纵向隆起，具短刚毛。复眼球状，棕褐色或黑褐色；触角3节，第2节具横向指状突起，第2、3节表面具刚毛；喙粗短，4节，具刚毛。前胸背板前叶两侧平行，缢缩明显；前侧角直，前缘中央凹入；后叶膨大，中央具2条纵脊；前胸腹板明显纵向隆起，末端平滑；小盾片三角形；鞘翅爪片明显，膜片与革片分界明显，膜片超出第6腹节后缘。前足为捕捉足，腿节膨大，近基节处具一明显的指状突起；胫节略弯，跗节末端无爪；中、后足较前足细小，中、后足胫节背面均具有1列浓密的长毛，跗节末端具2爪。跗节1-1-1节。腹部腹节腹面中央具脊状突起。雄虫生殖节基部宽短，末端尖出，不超出腹部末端；生殖囊细长，阳基侧突呈棒状，末端具钩状弯曲。雌虫下生殖板基部两侧具长毛束，末端尖锐，不超出腹部末端。

分布：浙江（杭州）、江西、福建、广东、四川、贵州。

11. 螳蝎蝽属 *Ranatra* Fabricius, 1790

Ranatra Fabricius, 1790: 227. Type species: *Nepa linearis* Linnaeus, 1758, by subsequent designation.

　　主要特征：体细长，淡黄色，圆柱状；头顶较光滑，复眼大而突出；侧面观，复眼球状，不突出于头部腹缘；触角 3 节；喙 4 节，粗短；前胸背板显著延长；小盾片隆起；前足捕捉式，基节、腿节均显著延长，腿节中段具刺状突起；中、后足细长，跗节 1 节，具 2 爪；阳基侧突左右对称，雌虫下生殖板三角形，末端较尖锐。

　　分布：世界广布，热带地区物种丰富度最高。世界已知约 100 种，中国记录 8 种，浙江分布 2 种。

（18）中华螳蝎蝽 *Ranatra chinensis* Mayr, 1865（图 4-4；图版 I-6）

Ranatra chinensis Mayr, 1865: 446.

　　主要特征：头部复眼球状，复眼宽小于复眼间距；触角 3 节，第 2、3 节具刚毛；喙 4 节，粗短。胸部前胸背板前叶长约是后叶长的 2 倍；前胸腹面具脊状突，后胸腹板突隆起，具不规则刻点；中胸小盾片长是宽的 2 倍，基部隆起；前翅侧缘颜色较其余部分深，爪片顶端具刻点，膜片仅仅达第 6 腹节后缘。前足腿节约 1/2 处具一枚齿状突起，顶端具一枚小齿；中、后足腿节细长，后足腿节长大于中足腿节长；中、后足胫节明显长于腿节，具游泳毛，后足胫节长大于中足胫节长，跗节均为 1 节，末端具 2 爪。雄虫阳基侧突粗壮，中部开始弯曲，末端内侧缘具一个深的凹入，似钩状。雌虫下生殖板末端尖锐，明显伸出腹部末端。雌雄虫腹部末端均具有约等于体长的呼吸管。

　　分布：浙江（杭州）、黑龙江、天津、山东、江苏、湖北、江西、台湾、海南、广西、四川、贵州、云南；俄罗斯，韩国，日本，缅甸，越南。

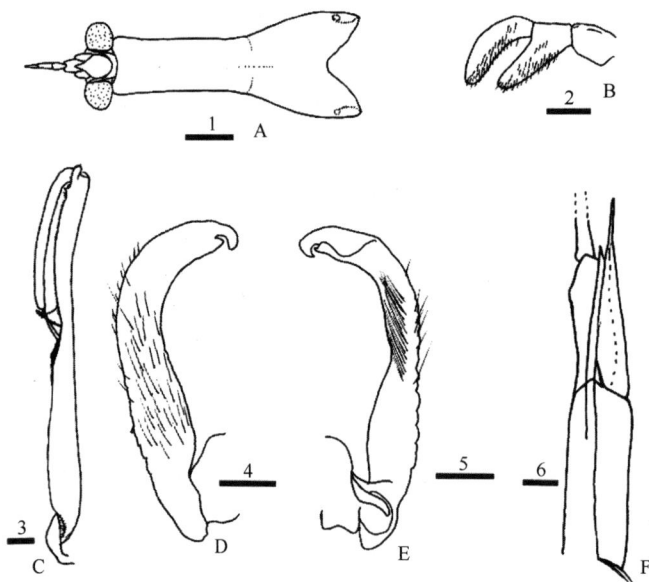

图 4-4　中华螳蝎蝽 *Ranatra chinensis* Mayr, 1865

A. 头胸部背面观；B. 触角；C. 前足；D, E. 阳基侧突不同方位；F. 腹部末端侧面观。比例尺：1、3、6=1 mm；2=0.1 mm；4、5=0.5 mm

（19）一色螳蝎蝽 *Ranatra unicolor* Scott, 1874（图 4-5；图版 I-7）

Ranatra unicolor Scott, 1874: 452.

Ranatra brachyura Horváth, 1879a: 150 (syn. Lundblad, 1933b: 250).

　　主要特征：头小，复眼黑褐色，头宽大于头长的 2 倍；触角 3 节；喙 4 节，粗短。前胸背板前、后叶缢缩明显，前胸背板前叶长度大于后叶长度，后叶后缘凹入；前胸腹面中央具一纵向脊状突起；小盾片明显，基底部隆起，长是宽的 2 倍；前翅爪片与革片、膜片与革片之间的分界明显。前足基节延长，捕捉式；股节细长略弯曲，在中部有 2 枚明显的刺状突起，表面具小刺；胫节略弯，跗节 1 节，无爪；中、后足细小，胫节具长毛和短刺，跗节具短刺；中足基节间距大于后足基节间距，跗节 1 节，末端均具 2 爪。腹部腹面中央具脊状突起，末端具细长的呼吸管。雄虫阳基侧突对称，阳基侧突基部及亚顶部渐细，中部膨大，顶端弯曲明显，末端钩小；雌虫下生殖板近等腰三角形，末端不超出腹部末端。

分布： 浙江（杭州）、黑龙江、北京、天津、河北、山西、宁夏、江苏、湖北、广东、四川、云南；俄罗斯，韩国，日本，乌兹别克斯坦，塔吉克斯坦，哈萨克斯坦，亚美尼亚，伊朗，伊拉克，阿塞拜疆，沙特阿拉伯。

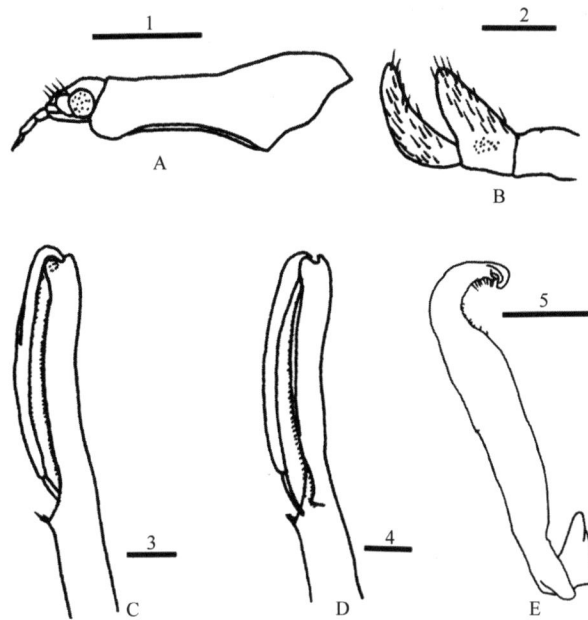

图 4-5　一色螳蝎蝽 *Ranatra unicolor* Scott, 1874

A. 头胸部侧面观；B. 触角；C，D. 前足不同方位；E. 阳基侧突。比例尺：1、3、4=1 mm；2=0.2 mm；5=0.5 mm

第五章　蜍蝽总科 Ochteroidea

七、蜍蝽科 Ochteridae

主要特征：体黑色，略呈长方形；雌虫个体稍大于雄虫个体。头短，复眼大，2 个单眼相距较远；触角小，背面观不可见；喙 4 节。前胸背板侧缘和后缘通常黄色，前翅爪片和革片结合处两侧各有 1 排整齐的小刻点，革片与膜片分界不明显，具翅室。雌虫第 7 腹板向后扩展延长形成下生殖板，超出产卵瓣；雄虫腹节末端第 6 腹板至末端不对称；第 7 腹板中部膜质化，右侧较左侧略大；第 9 腹节不对称，向一侧扭曲。左阳基侧突多退化，极小或完全消失；右阳基侧突发达。

生物学：蜍蝽生活于河流、山溪、池塘的岸边及湿地等处；捕食性；以成虫或 4 龄若虫越冬，卵单产于植物碎片或沙粒上，若虫常体表背覆沙粒；个别种类具有翅型二态性；短翅型个体，后翅退化。

分布：世界广布，东洋区常见。世界已知 3 属约 40 种，中国记录 1 属 2 种，浙江分布 1 属 1 种。

12. 蜍蝽属 *Ochterus* Latreille, 1807

Ochterus Latreille, 1807: 142. Type species: *Acanthia marginata* Latreille, 1804, by monotypy.

主要特征：具单眼；卵圆形，背面圆鼓；体壁坚实，体色一般较深，前胸背板密布小刻点，侧缘渐薄；左阳基侧突多退化，极小或完全消失；右阳基侧突发达。

分布：古北区。世界已知 3 种，中国记录 2 种，浙江分布 1 种。

（20）黄边蜍蝽指名亚种 *Ochterus marginatus marginatus* (Latreille, 1804)

Acanthia marginatus Latreille, 1804: 242.

Pelogonus flavomarginatus Scott, 1874: 446 (syn. Jaczewki, 1934: 598).

Ochterus marginatus: Jaczewski, 1934: 605.

主要特征：体中型，背面大致黑色。头部触角小，4 节，位于复眼下方，第 1 节球状，黄色；第 3、4 节细长，黑褐色；喙达后足基节。前胸背板黑色，侧缘稍微向外突出，至侧角向后具一明显的黄色区，后缘具黄色窄边，后缘中线处具半月形黄色斑；小盾片黑色；前翅质地均匀，膜片具 2 列 7 个翅室，基部 4 个，端部 3 个；跗节 2-2-3 节。腹部腹节末端第 6 腹板至末端不对称；第 9 腹节不对称，向一侧扭曲。雄虫右阳基侧突整体呈"V"形弯曲，基部着生 1 对片状附属物，顶端膨大呈蘑菇状。

分布：浙江（杭州）、黑龙江、内蒙古、北京、天津、江苏、湖北、湖南、福建、台湾、广东、海南、四川、贵州；日本，马来西亚，西班牙。

第六章 划蝽总科 Corixoidea

八、划蝽科 Corixidae

主要特征：划蝽科是水生半翅目异翅亚目中种类和数量最多的类群，小型及中型个体。体椭圆形或长椭圆形，体色浅，翅表面通常具典型的不规则的横向黑色或褐色条带，具光泽；前胸背板夹杂有横向的黄色、棕色或黑色的条带；腹部腹面黑色、黄色或灰黄色。头部呈三角形或新月状，雄虫头腹面中部凹陷或平坦，而雌虫较圆隆，复眼较大，红色至黑褐色；复眼多呈牛角状；复眼下方侧缘具触角，触角4节，短小常隐于复眼下方的凹窝内；喙平而宽短、三角形，端部表面具横纹或无。前胸背板宽大，常盖过中胸小盾片，中胸小盾片背面观不可见；前足跗节特化，呈柱状或勺状，表面均具长毛，主要功能为收集食物；前足腿节基部内面具许多小突起，与喙表面摩擦发声。中足细长，跗节1或2节，末端具2爪；后足长而扁平，具长的游泳毛，适于游泳，跗节2节；半鞘翅发达，革质；腹部背面及腹部末端特征雌雄虫明显不同，雄虫腹部不对称，雌虫对称；雄虫腹部第6背板多数种类具刮器，刮器通常位于腹部背面的右侧。刮器的有无及形状在不同种属中不同，是鉴定属、种的重要依据。

分布：古北区和东洋区广布。世界已知37属550多种，中国记录9属52种，浙江分布3属5种。

分属检索表

1. 喙表面具横沟；雄虫前足跗节呈铲状 ·· 2
- 喙表面无横沟；前足跗节细长圆柱状 ·· 原划蝽属 *Cymatia*
2. 前足跗节齿1列 ··· 希划蝽属 *Xenocorixa*
- 前足跗节齿2列 ··· 烁划蝽属 *Sigara*

13. 原划蝽属 *Cymatia* Flor, 1860

Cymatia Flor, 1860: 783 (upgraded by White, 1873: 63). Type species: *Sigara coleoptrata* Fabricius, 1777, by subsequent designation.

主要特征：头短，复眼间区域较小；喙没有横向沟。前胸背板颜色一致呈褐色，前足跗节细长圆柱状，具稀疏的长刚毛。雌虫前足跗节爪呈长刺状；雄虫前足跗节爪相对粗壮，腹节末端爪延长；雌虫前足爪刺状。雄虫腹节不对称，无刮器。雌虫常将卵散产在水生植物的叶、茎表面，以卵后极丝状卵柄的末端固着在其表面。

分布：偏古北区分布。中国记录5种，浙江分布1种。

（21）显斑原划蝽 *Cymatia apparens* (Distant, 1911) （图6-1）

Corixa apparens Distant, 1911: 343.
Cymatia apparens: Jaczewski, 1928: 107.

主要特征：体黄棕色或褐棕色，前胸背板有明显色淡的横向条纹，前翅具褐色花斑。头呈三角状，顶部脊状突较钝，突出不明显；喙无横纹。胸部前足跗节1节，长杆状，黄色，具2排稀疏强壮的长刚毛，末端具 1 个细长的爪；雄虫前足跗节较雌虫的短粗，雌虫前足跗节的爪细长、似长刺。后胸腹突小，弯月状，宽大于长。雄虫腹部左右不对称，腹部背面无刮器。雄虫左阳基侧突柱状，十分发达，表面具小倒刺，顶端似平截；右阳基侧突小，前半部呈棒状，基部细长；雄虫生殖囊亚圆形。雌虫生殖节左右对称。

分布：浙江（杭州）、内蒙古、北京、天津、山西、山东、河南、江苏、湖北、江西、湖南、贵州；俄罗斯，朝鲜，韩国，日本，印度。

附记：任树芝（1992）记述：该种卵梨形，一侧显著向外圆鼓，浅黄色至黄色。卵前极略大于后极，卵后极中央具一透明的细柄；卵柄末端呈小圆盘状，卵由卵柄末端黏附于水生植物叶、茎或其他物体表面。卵长 0.70 mm，宽（过中部）0.55 mm，卵柄长 0.68–0.70 mm。卵前极近中央处有一个精孔突，精孔突似圆盘状。本种天津地区的成虫可在深水区越冬，每年 4 月下旬至 5 月中旬越冬成虫开始产卵。雌虫将卵散产在水草茎、叶或水中其他物体表面上，一般卵柄座彼此远离。

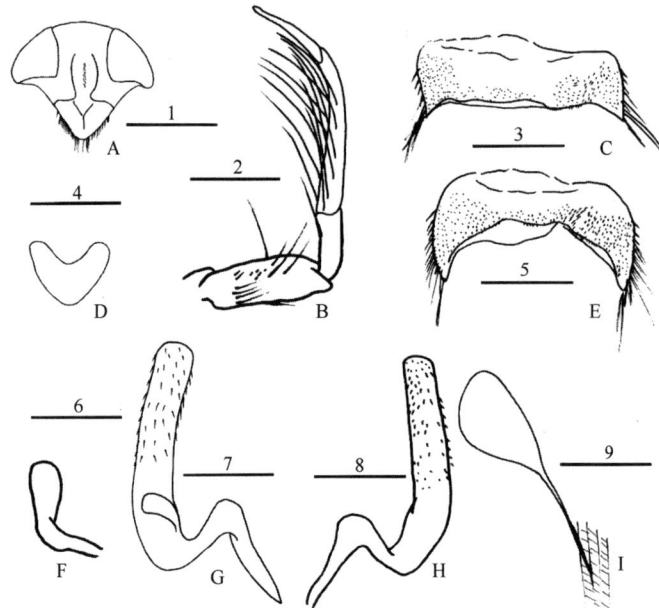

图 6-1 显斑原划蝽 *Cymatia apparens* (Distant, 1911)（图 I 仿任树芝，1992）

A. 雄虫头部；B. 前足；C. 第 6 腹节；D. 后胸腹突；E. 第 7 腹节；F. 右阳基侧突；
G，H. 左阳基侧突不同方位；I. 卵。比例尺：1–3、5、9=1 mm；4、6–8=0.5 mm

14. 烁划蝽属 *Sigara* Fabricius, 1775

Sigara Fabricius, 1775: 691. Type species: *Notonecta striata* Linnaeus, 1758, by monotypy.

主要特征：中等大小；前胸背板具 6–7 条黄色横纹；雄虫前足跗节具 2 列齿，前足股节具发达的摩擦齿，腹节不对称，雄虫刮器有或无，如有则位于腹部背面第 6 腹节，椭圆形。

分布：古北区、东洋区均有分布。中国记录 22 种，浙江分布 3 种。

分种检索表

1. 有刮器 ··· 2
- 无刮器 ·· 钟烁划蝽 *S. bellula*
2. 刮器位于第六腹节背面右侧 ····························· 嘎烁划蝽 *S. gaginae*
- 刮器位于第六腹节背面左侧 ····························· 伐烁划蝽 *S. fallax*

（22）伐烁划蝽 *Sigara fallax* (Horváth, 1879)

Corisa fallax Horváth, 1879a: 151.

Arctocorisa fallax: Hoffmann, 1933: 258.

Sigara fallax: Jansson, 1995: 45.

主要特征：模式标本保存在瑞典国家自然历史博物馆（Swedish Museum of Natural History），网站仅可查到标本存放信息，缺少原始文献，如上所列文献仅可知分布记录。

分布：浙江（宁波）、江西。

（23）钟烁划蝽 *Sigara bellula* (Horváth, 1879)（图 6-2；图版 I-8）

Corisa bellula Horváth, 1879a: 151.

Sigara bellula: Jaczewski, 1939: 301.

主要特征：背面观，头前缘两眼之间的区域向前突出，腹面平坦，中央部位略凹陷。前胸背板具 8 条规则的暗色条带，条带宽小于条带间距；前胸背板前缘中央第 1 和第 2 条带之间具龙骨状突起；背板侧角圆钝；鞘翅上具明显的窄斑纹，革片基部纹较直，线状；胸侧板向端部渐狭。前足跗节具 28–29 枚齿，位于前端的 5 枚齿较大且弯曲；前足股节上有许多整齐排列的小刺。雄虫腹部左右不对称，第 6 腹节背板无刮器。雄虫右阳基侧突宽，中央内侧具内凹，端部略加宽，呈钟罩状。雌虫生殖节左右对称。

分布：浙江（杭州）、内蒙古、天津、山西、河南、陕西、宁夏、江苏、安徽、湖北、江西、湖南、台湾、广西、贵州；俄罗斯，韩国，日本。

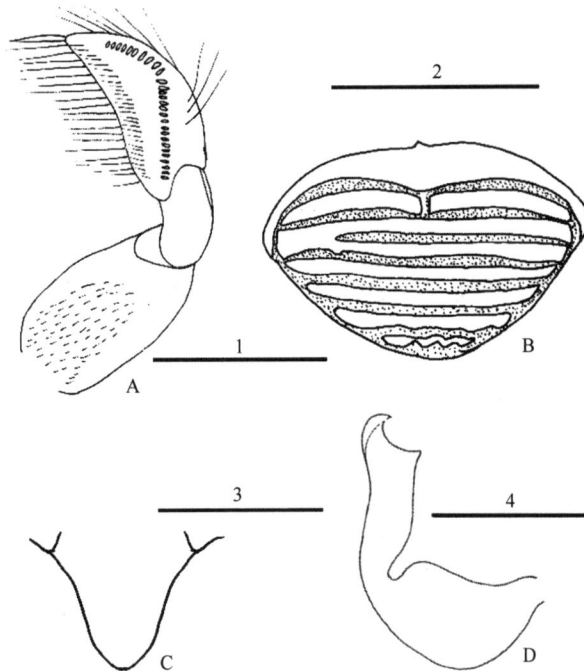

图 6-2　钟烁划蝽 *Sigara bellula* (Horváth, 1879)
A. 前足；B. 前胸背板；C. 后胸腹突；D. 右阳基侧突。比例尺：1、2=1 mm；3、4=0.5 mm

（24）嘎烁划蝽 *Sigara gaginae* Jaczewski, 1960（图 6-3；图版 I-9）

Sigara gaginae Jaczewski, 1960: 286.

主要特征：体淡黄色，复眼黑色；复眼之间头部黄白色。头部复眼大，长牛角状；复眼长略大于复眼间距；背面观头长小于前胸背板长度 1/2，头顶弧形弯曲，几乎不延长，表面具毛；触角 4 节，第 3 节最长，第 4 节较细。前胸背板有 8–10 条横向条带；条带宽度一致，条带宽约等于条带间距；前翅爪片基部通常覆有窄的横向的波状纹，波状纹宽度小于其间距；爪片基部的条带直，宽度大于条纹间距，爪片端部的条带不规则。前翅革片与爪片、革片与膜片之间分界明显；前胸背板、爪片和革片大部表面具波状斑纹，不连续；后胸腹突三角形，顶端钝圆。雄虫腹节不对称，第 6 腹节背面右侧具刮器；第 7 腹节背面右侧变化较大，外缘尖，向内延伸至中部时为弧形，具长毛，左侧三角形，顶端内缘弯曲。雄虫右阳基侧突基部外缘弧形；端部似平截，内弯具小突起，内缘波状弯曲；左阳基侧突表面具小刺状突起。雌虫生殖节左右对称。

分布：浙江（杭州）、黑龙江、吉林、辽宁、内蒙古、江苏、安徽、湖北、江西、湖南、贵州；俄罗斯，韩国。

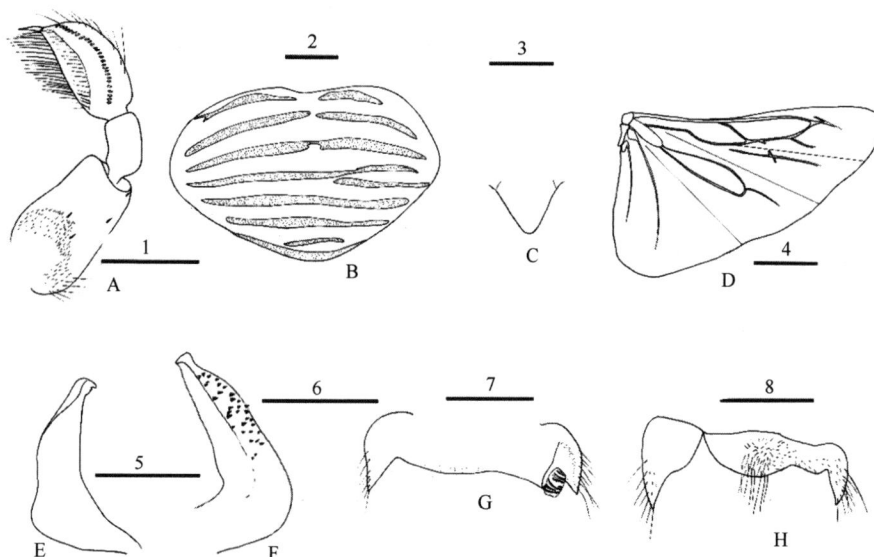

图 6-3　嘎烁划蝽 *Sigara gaginae* Jaczewski, 1960

A. 前足；B. 前胸背板；C. 后胸腹突；D. 翅脉；E. 右阳基侧突；F. 左阳基侧突；G. 第 6 腹节；
H. 第 7 腹节。比例尺：1、2、5–8=0.5 mm；3=0.2 mm；4=1 mm

15. 希划蝽属 *Xenocorixa* Hungerford, 1947

Xenocorixa Hungerford, 1947: 93. Type species: *Corisa vittiennis* Horáth, 1879, by original designation.

主要特征：雄虫前足跗节末端具一列齿，齿列短不超过前足跗节长的 1/2；雄虫腹部不对称，刮器大。
分布：本属分布于亚洲地区，中国记录 1 种，浙江分布 1 种。

（25）纹翅希划蝽 *Xenocorixa vittipennis* (Horváth, 1879)（图 6-4）

Corisa vittipennis Horváth, 1879a: 151.
Xenocorixa vittipennis: Jansson, 1995: 56.

主要特征：体褐色，表面具黄色花斑；头部黄色。复眼之间的头部中央向前明显突出，复眼近直角状，内缘直。前胸背板具 5–6 条褐色连续的横向条带，条带宽大于条带间距；前翅表面光滑，具光泽；革片具 3 纵列黑色条带，黑色条带间具橘黄色横向条带。雄虫前足跗节具一列齿，由 13–15 枚齿组成，位于该节的前半部；后胸腹突延长，末端渐细，长大于宽。刮器位于腹部第 6 腹节背面右侧，椭圆形；由 15–17 组栉片组成；第 6–7 腹节不对称。雄虫左阳基侧突为宽扁的片状结构，右阳基侧突棒状，末端膨大，中部具突起。雌虫生殖节左右对称。

　　分布：浙江（杭州）、北京、天津、山东、上海、湖北、台湾；日本。

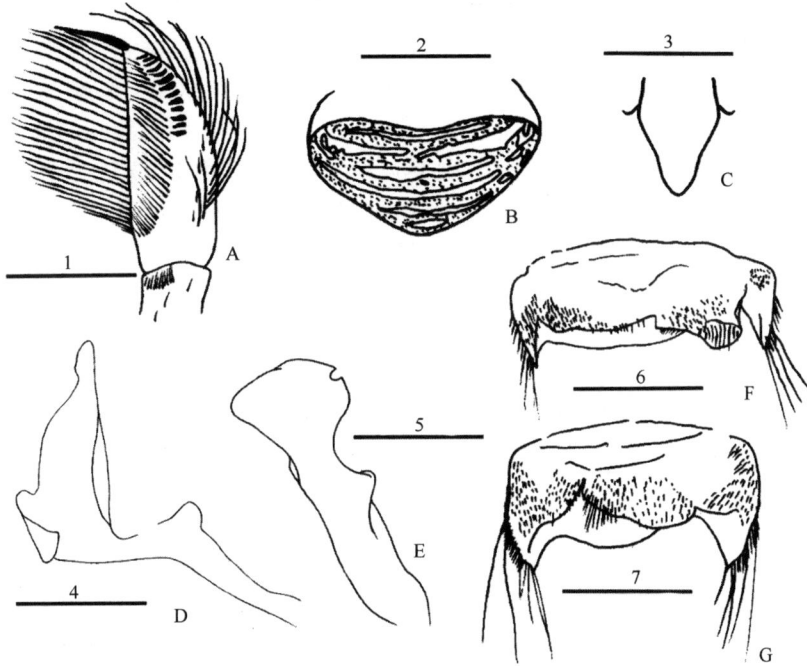

图 6-4　纹翅希划蝽 *Xenocorixa vittipennis* (Horváth, 1879)

A. 前足跗节；B. 前胸背板；C. 后胸腹突；D. 左阳基侧突；E. 右阳基侧突；F. 第 6 腹节；
G. 第 7 腹节。比例尺：1、2、6、7=1 mm；3–5=0.5 mm

九、小划蝽科 Micronectidae

主要特征：体长小于 4 mm，亚洲分布的种类中，只有 3 个种的实际长度超过 3 mm。喙具横沟，无单眼，触角 3 节，第 3 节宽叶状，位于复眼之下，不可见。小盾片可见；前翅缘片沟短且窄；雌虫前足跗节与胫节愈合成胫跗节，后足第 2 跗节端有爪。雄虫腹部不对称，刮器由 1–2 梳状齿组成。

分布：小划蝽科包括 2 属：*Micronecta* 和 *Synaptonecta*；世界广布，但热带地区属种比较复杂。*Synaptonecta* 分布于亚洲热带地区；*Micronecta* 在古北区广布。世界已知 2 属约 130 种，中国记录 1 属 28 种，浙江分布 1 属 3 种。

16. 小划蝽属 *Micronecta* Kirkaldy, 1897

Micronecta Kirkaldy, 1897: 260. Type species: *Notonecta minutissima* Linnaeus, 1758.

主要特征：个体较小的种类，体长小于 4 mm。喙具横沟，无单眼，触角 3 节，第 3 节宽叶状，位于复眼之下，不可见。小盾片可见；前翅缘片沟短且窄；雌虫前足跗节与胫节愈合成胫跗节，后足第 2 跗节端有爪。雄虫腹部不对称，刮器由 1–2 栉（梳状齿）组成。

分布：古北区。世界已知约 120 种，中国记录 1 属 28 种，浙江分布 3 种，包括 1 中国新记录种。

分种检索表

1. 左阳基侧突中部至顶端 "S" 形扭曲 ·· 萨棘小划蝽 *M. sahlbergii*
- 左阳基侧突中部至顶端不扭曲 ·· 2
2. 左阳基侧突端部表面光滑 ··· 卡西小划蝽 *M. khasiensis*
- 左阳基侧突端部表面具小突起 ·· 横纹小划蝽 *M. sedula*

（26）横纹小划蝽 *Micronecta sedula* Horváth, 1905（图 6-5；图版 I-10）

Micronecta sedula Horváth, 1905: 423.

Micronecta quadriseta Lundblad, 1933a: 460 (syn. Wróblewski, 1960: 309).

主要特征：头新月状；复眼大，黑褐色。胸部背面观，前胸背板（过中线）长度短于头长；前足股节近中部有 4 枚长刺，近基部还具有环状短刺。跗节成排的长毛基部明显加粗；爪明显延长，顶部较圆滑。腹部第 8 背板自由叶顶端呈长方形，顶角具长毛簇。雄虫右阳基侧突细长，顶端尖，柄基部膨大，柄端部

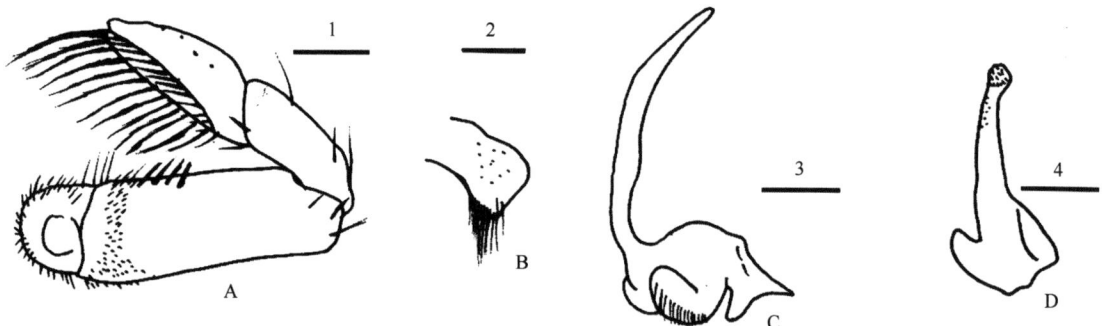

图 6-5　横纹小划蝽 *Micronecta sedula* Horváth, 1905

A. 前足；B. 第 8 背板自由叶；C. 右阳基侧突；D. 左阳基侧突。比例尺：1=0.2 mm；2–4=0.1 mm

呈弧形弯曲；左阳基侧突短于右阳基侧突，末端略微膨大具鳞状突起，柄端膨大，基部具指状突。雌虫生殖节左右对称。

　　分布：浙江（杭州）、内蒙古、天津、江苏、安徽、湖北、江西、湖南；俄罗斯，韩国，日本，越南。

（27）萨棘小划蝽 *Micronecta sahlbergii* (Jakovlev, 1881)（图 6-6）

Sigara sahlbergii Jakovlev, 1881: 213.

Micronecta sahlbergii: Wróblewski, 1963: 476.

　　主要特征：体褐色。前翅具 4 条暗褐色纵纹，隐约可见。前胸背板褐色，头顶淡褐色。头新月状，顶部淡褐色；复眼大，黑褐色，呈牛角状。前胸背板深褐色，前缘中央向前弧状突出，两侧顶端圆滑；后缘呈大弧形。小盾片褐色，三角形，顶角尖；前翅具 4 条暗褐色纵纹，隐约可见，常间断分布。爪片和革片分界线明显，较直，分界线两侧颜色稍深；膜片有些种类不明显，边缘形状略有变化。自膜片和革片交接缝处开始沿革片内缘至膜片处有一个透明的棒状区。足白色透明。腹部整体苍白色，节与节相连处色暗；第 8 背板自由叶片状，末端尖，表面具长毛。雄虫生殖节左右不对称；右阳基侧突细长，顶端尖，柄基部膨大，柄端部呈 "U" 形弯曲；左阳基侧突较右阳基侧突短，末端弯钩状，柄端膨大，茎部粗糙，中上部有一明显螺旋弯曲。雌虫生殖节左右对称。

　　分布：浙江（杭州、宁波）、黑龙江、内蒙古、天津、河北、山西、山东、河南、陕西、江苏、安徽、湖北、江西、湖南、台湾、广东、海南、四川、贵州、云南；俄罗斯，韩国，日本，伊朗。

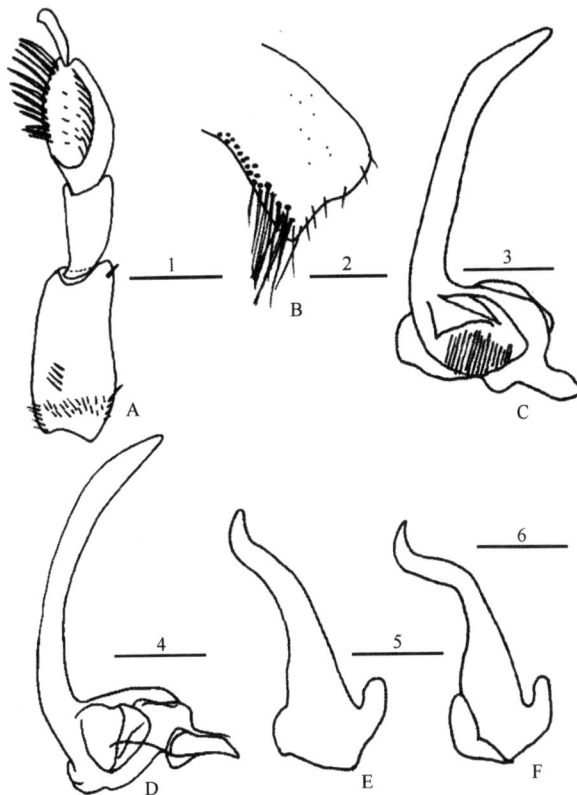

图 6-6　萨棘小划蝽 *Micronecta sahlbergii* (Jakovlev, 1881)

A. 前足；B. 第 8 背板自由叶；C, D. 右阳基侧突；E, F. 左阳基侧突。比例尺：1=0.2 mm；2–6=0.1 mm

（28）卡西小划蝽 *Micronecta khasiensis* Hutchinson, 1940（图 6-7）　中国新记录

Micronecta khasiensis Hutchinson, 1940: 396.

　　主要特征：体褐色，前胸背板、小盾片近黑色。头部弯月状，复眼大、细长，牛角状；复眼长明显小于复眼间距；复眼之间头部黄褐色。头部沿中线后缘颜色加深；头长小于前胸背板长；触角 3 节，第 1 节和第 2 节相对较短，表面刚毛亦较短；第 3 节片状，表面具长短两类刚毛。前胸背板宽是长的 2 倍，爪片外缘浅黄色，脊状突直，脊状突两侧颜色区分明显；革片颜色加深；爪片和革片上覆有苍白色稀疏的短刚毛；前足跗节末端爪细长杆状，末端具一个小的弯钩；腿节上具 1 对粗壮的长刚毛；半月状。长翅型膜片发达，翅可达腹部末端。腹部第 6 腹节右侧刮器小，其上刚毛排列呈梳状，刚毛较短。雄虫右阳基侧突基部膨大，亚基部略微膨大，中部至亚顶端粗细均匀，末端尖；左阳基侧突基部粗壮，一侧具指状突起，亚顶端略膨大，基部至顶端直，顶端钝圆。雌虫生殖节左右对称。

分布：浙江（温州）、湖北；印度。

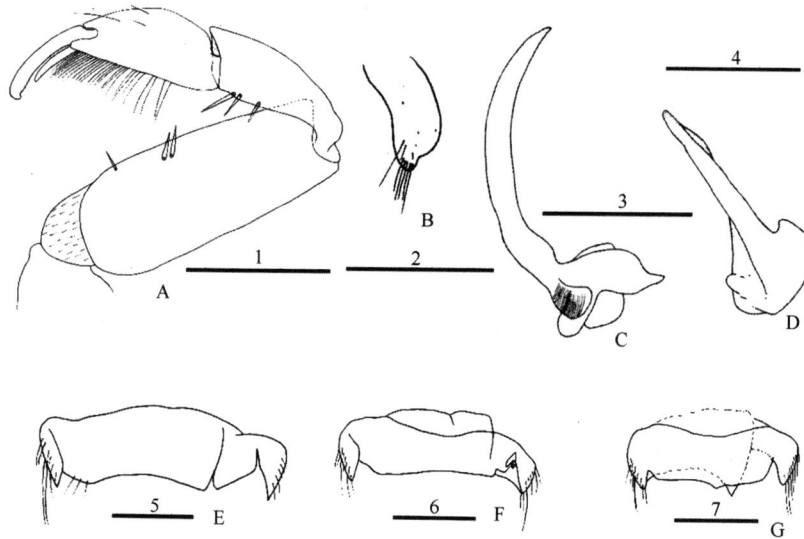

图 6-7　卡西小划蝽 *Micronecta khasiensis* Hutchinson, 1940

A. 前足；B. 第 8 背板自由叶；C. 右阳基侧突；D. 左阳基侧突；E. 第 5 腹板；F. 第 6 腹板；
G. 第 7 腹板。比例尺：1=0.5 mm，2–4=0.1 mm，5–7=0.2 mm

第七章　仰蝽总科 Notonectoidea

十、仰蝽科 Notonectidae

主要特征：体小型至中型，身体流线形。体色多变。体长，呈船形；以腹面向上的姿势游泳。触角 2–4 节，多隐藏在复眼下方，有的部分露出体外；复眼极大，肾形，几乎占据整个头部，可提供 360°的视角；无单眼；喙 4 节，较短；前足不特化；有时前足跗节 1 节。爪 1 对，发达。后足扁平，具长游泳毛；大多数个体为长翅型，半鞘翅膜片不具翅脉，顶端可折叠重合在一起，似船状；腹部背面凸起，腹面凹陷，中央具龙骨状突起覆有长毛，可形成储气结构；具气孔 1–4 对。雌雄个体的腹部末端对称，除个别属外，生殖囊也对称。

分布：世界广布，但热带属种比较复杂。世界已知 40 属 393 种，中国记录 4 属 32 种，浙江分布 3 属 4 种。

分属检索表

1. 爪片接合缝基部具感觉窝；后胸臭腺缺失 ··· 小仰蝽属 *Anisops*
- 爪片接合缝基部无感觉窝；后胸臭腺存在 ·· 2
2. 前胸背板前侧缘有肩窝 ··· 粗仰蝽属 *Enithares*
- 前胸背板前侧缘无肩窝 ··· 大仰蝽属 *Notonecta*

17. 小仰蝽属 *Anisops* Spinola, 1837

Anisops Spinola, 1837: 58. Type species: *Anisops niveus* (Fabricius, 1775) *sensu* Spinola, 1837(=*Anisops sardeus* Herrich-Schaeffer, 1849).

主要特征：身体细长，体小型，最大体长为 12 mm。复眼大，中央不相接（*A. breddeni* 和 *A. kempi* 除外）；复眼中间的位置具有纵向凹陷；前翅革质部分不明显；爪片接合缝靠近盾片末端具感觉窝；腹部腹中脊延伸到最后一节腹板，两侧具长细毛；近腹部侧接缘各具一纵向凹陷；侧接缘内侧具长毛；雄虫前足跗节 1 节，雌虫前足跗节 2 节；中足和后足跗节 2 节；雄虫具发音构造，由前足胫节基部内侧发音梳和头部第 3 喙节上的喙突所构成。雄虫阳基侧突左右不对称，右阳基侧突宽；左阳基侧突后缘具凹陷，顶端钩状。

分布：世界广布。世界已知约 130 种，中国记录 12 种，浙江分布 2 种。

(29) 突顶小仰蝽 *Anisops nasutus* Fieber, 1851（图 7-1）

Anisops nasutus Fieber, 1851: 60.

Anisops protracta Liu & Zheng, 1990: 349 (syn. Polhemus, 1994: 579).

主要特征：体中型，似纺锤形；淡黄色，具光泽；复眼黄褐色、红褐色或黑色；喙顶端黑色；胸部腹面黄褐色；腹部腹面黑色，腹中脊及侧接缘浅黄色；足淡黄色。头部中央明显向前突出，超出复眼前缘；复眼黄褐色、红褐色或黑色；喙顶端黑色；复眼内缘中部略内凹。头宽于前胸背板，头宽和前胸背板宽近似相等，稍大于复眼前间距的 4 倍，大于头长的 1.5 倍。复眼后间距狭窄，为复眼前间距的 1/5。头长是前胸背板长的 9/10。发音梳 15 齿，近端部 5 齿较其他齿明显短；两端齿顶部较平坦。前胸背板长和宽相等，侧缘近平行；胸部腹面黄褐色；爪片接合缝长大于前胸背板长。腹部腹面黑色，腹中脊及侧接缘浅黄色；足淡黄色。

分布：浙江（杭州）、北京、山东、江苏、安徽、江西、福建、台湾、广东、广西；日本，印度尼西亚，澳大利亚。

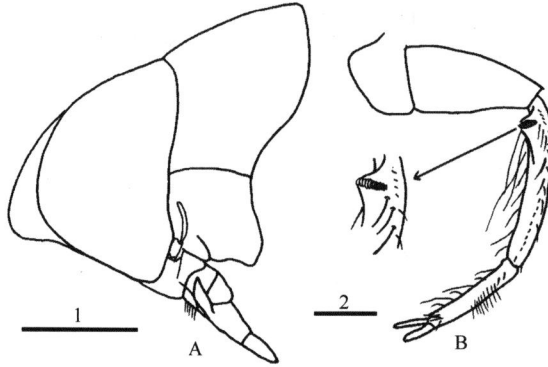

图 7-1　突顶小仰蝽 *Anisops nasutus* Fieber, 1851
A. 头部侧面观；B. 前足。比例尺：1=0.5 mm；2=0.2 mm

（30）普小仰蝽 *Anisops ogasawarensis* Matsumura, 1915（图 7-2；图版 I-11）

Anisops scutellaris var. *ogasawarensis* Matsumura, 1915: 109 (upgraded by Esaki, 1930: 214).

Anisops genji Hutchinson, 1927: 377 (syn. Miyamoto, 1976: 197).

Anisops ogasawarensis: Polhemus, 1995: 66.

主要特征：体梭形，最大宽度是体长的 1/2。复眼褐色；头顶和前胸背板前缘呈褐黄色。足淡黄色。腹部腹面暗褐色。腹中脊及侧接缘淡黄色或褐色。

头部中央前缘呈弧形，稍突出，略超出复眼前缘。头宽是前胸背板宽的 9/10，为复眼前间距的 4–5 倍。复眼后间距是复眼前间距的 1/3。头长略大于前胸背板长的 1/2。腹面观，头顶三角形凹入，每一侧缘具两个隆脊，外侧一对隆脊向上愈合，在其顶端形成一个突起，稍尖，内侧一对隆脊近平行。上唇宽短，基部宽是上唇长的 1.9 倍，顶端稍尖；基角各具一束长毛，这些毛沿着额外侧隆脊向前弯曲。喙突较第 3 喙节短，顶端稍尖。前胸背板宽是长的 2 倍；后缘中央凹入。发音梳 14 齿，长度近似相等。前足胫节在发音梳上侧具小刺和大刺各一列；近基部 1/2 处具长刺，端部具 2 枚长齿；前足跗节基部和中部各具一长刺，腹面具有许多小刺，在端部具密集的细毛。后足腿节背面观具 12–15 枚刺，腹面观具 44–51 枚刺。

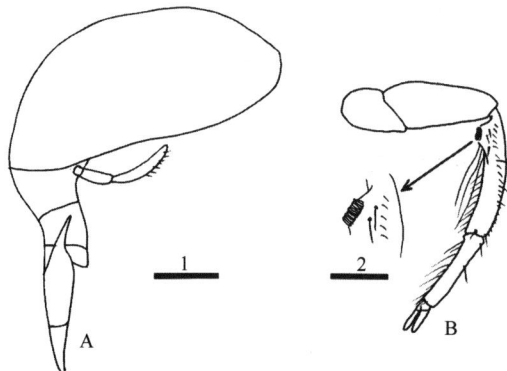

图 7-2　普小仰蝽 *Anisops ogasawarensis* Matsumura, 1915
A. 头部侧面观；B. 前足。比例尺：1=0.5 mm；2=0.2 mm

分布：浙江（杭州）、天津、陕西、上海、湖北、江西、湖南、福建、台湾、广东、海南、广西、四川、贵州、云南；日本。

18. 粗仰蝽属 *Enithares* Spinola, 1837

Enithares Spinola, 1837: 60. Type species: *Notonecta ciliata* Fabricius, 1778.

主要特征：体粗壮，头宽小于前胸背板宽。复眼肾形，较大，约占头部 2/3；触角 4 节；喙 4 节；无单眼。前胸背板前侧缘具有肩窝，宽大于长。前翅爪片和革片革质；爪片接合缝基部无感觉窝。前翅膜片明显区分为两叶。跗节 3-3-2 节。中足腿节顶部有一突起。腹部背面隆起；腹中脊裸露，侧缘具细毛。阳基侧突左右对称。

分布：主要为古北区。世界已知约 75 种，中国记录 8 种，浙江分布 1 种。

（31）华粗仰蝽 *Enithares sinica* (Stål, 1854)（图 7-3；图版 I-12）

Notonecta sinica Stål, 1854: 241.

Enithares sinica Lansbury, 1968: 378.

主要特征：复眼灰色至红褐色；头顶和前胸背板前半部黄褐色，前胸背板后半部透明；小盾片基部具 1 三角状黑色区；爪片和革片透明，膜片不透明区呈黄色。头部前缘弧形，头宽是前胸背板肩宽的近 4/5，是头顶前宽的 2.33–2.5 倍，略大于头中纵长的 2 倍。前胸背板肩宽小于长的 3 倍，后缘直；翅结直，长短于膜片缝之间的距离；中足转节短且呈三角形。

雄虫生殖节后叶顶端三角形，表面具刚毛，中部微凸；前叶顶端较平坦，阳基侧突顶端圆且膨大。

分布：浙江（杭州）、河南、江苏、上海、湖北、江西、湖南、福建、台湾、广东、海南、香港、广西、四川、贵州、云南；日本，菲律宾，越南，老挝，马来西亚。

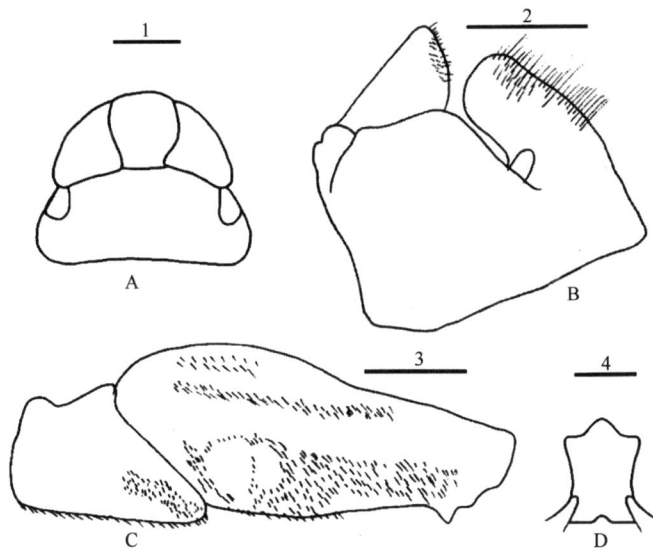

图 7-3　华粗仰蝽 *Enithares sinica* (Stål, 1854)

A. 头胸部背面观；B. 生殖囊；C. 中足腿节；D. 后胸腹突。比例尺：1–3=0.2 mm；4=0.1 mm

19. 大仰蝽属 *Notonecta* Linnaeus, 1758

Notonecta Linnaeus, 1758: 439. Type species: *Notonecta glauca* Linnaeus, 1758, by subsequent designation.

主要特征：复眼不相接；头长小于前胸背板长；前胸背板前侧缘无肩窝；前胸背板侧缘背侧腹向凹，

呈脊状。爪片接合缝基部无感觉窝；中足腿节近端部处具突出；雄虫生殖囊腹面有或无指状突起；阳基侧突左右对称。

　　分布：古北区。世界已知 16 种，中国记录 10 种，浙江分布 1 种。

（32）中华大仰蝽 *Notonecta chinensis* Fallou, 1887（图 7-4；图版 I-13）

Notonecta chinensis Fallou, 1887: 413.

　　主要特征：体色变化较大，有红褐色、淡红色、浅黄色等。前翅具有 1 条黑色条带，也有的呈分散的斑纹，可从爪片接合缝延伸到前翅前缘。头部浅黄褐色，复眼红色，大而突出。前胸背板略透明，前胸背板侧缘呈波曲状，前角稍突；与小盾片重合部分显示为黑色，宽是长的 2 倍；小盾片黑色，表面具苍白色毛。爪片末端和鞘翅与膜翅交界处颜色加深，呈枫叶状；雄虫前足转节基部具长毛束；中足转节基部呈针状或角状突起。腹部腹面黑色表面具密而细短的毛，中央具龙骨状突起，表面具长毛；腹节侧缘淡黄色，凹陷处亦有长毛，可将空气暂存于腹面体表凹陷处。雄虫生殖囊腹面末端具刺状突起，右阳基侧突呈锤状。雌虫生殖节左右对称。本种标本自北向南，体色差异明显。斑纹变化较大，但生殖节、右阳基侧突等均无明显差异。

　　分布：浙江（杭州）、黑龙江、辽宁、北京、河北、山西、山东、河南、江苏、安徽、湖北、江西、湖南、福建、广东、广西、四川、贵州、云南；日本。

　　注：作者在野外采集时，观察到本种可捕食水面上快速运动的水黾。

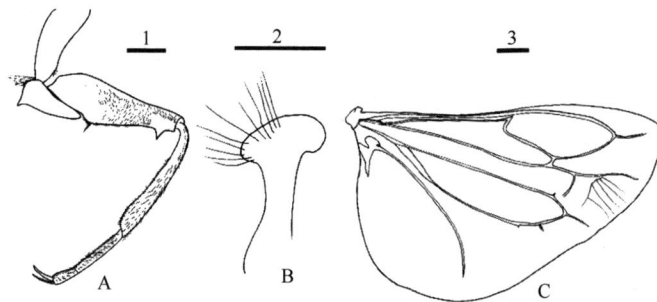

图 7-4　中华大仰蝽 *Notonecta chinensis* Fallou, 1887
A. 中足；B. 阳基侧突；C. 后翅。比例尺：1、3=1 mm；2=0.5 mm

十一、固蝽科 Pleidae

主要特征：体小型，体浅黄色至浅褐色，常具粗大的刻点。体长 1.5–3.3 mm，该科昆虫体表厚实坚硬，前端宽钝，后端渐尖。头宽短，与前胸背板分界明显；复眼较大，额唇基有特殊的感觉器官。触角 2–3 节，呈念珠状，常被有许多绒毛。喙 4 节，粗短。胸部背面中央隆起，向两侧逐渐降低。前胸背板和小盾片相对发达。前翅革质，膜片缺失，爪片较大。足适于行走，后足最长，分布有游泳毛。3 对足均变形不大，前、中足跗节 2 节，后足跗节为 3 节，均具 2 爪。胸部腹面中央有片状龙骨突起；若虫臭腺开口于第 3、第 4 腹节背板之间。腹部腹面第 2–5(6) 节有薄片状龙骨突起；腹面密被绒毛。雄虫生殖节两侧轻微不对称，生殖节顶端较尖锐，阳基侧突亦不对称，顶端具大的齿状突起；雌虫下生殖板顶端尖锐，两侧各具 1 束长毛，产卵器发达，具有长管状的受精囊。

生物学：固蝽科种类均为捕食性，可取食蚊子的幼虫等，在很大程度上减少了蚊虫发生的数量，常见于静水中。以成虫越冬，卵产于水生植物上；多数种类翅具 2 型现象；短翅型个体后翅减小，翅型多变，可用于分种。

分布：世界广布，热带地区较多。世界已知 3 属约 36 种，中国记录 1 属 6 种，浙江分布 1 属 1 种。

20. 邻固蝽属 *Paraplea* Esaki *et* China, 1928

Plea (*Paraplea*) Esaki *et* China, 1928: 166(as subgenus of *Plea*; upgraded by Drake *et* Maldonado Capriles, 1956: 53). Type species: *Plea pallescens* Distant, 1906, by original designation.

主要特征：小型，体长 1.5–3.0 mm，身体宽短，表面坚硬，前端近方形，后端渐尖。体色淡黄色至黑褐色，密被刻点。头极宽短，并与前胸背板紧密结合形成不能活动的整体。复眼大，红色至黑褐色。触角 3 节，被长毛，第 3 节细小。喙 4 节，粗短，末端被感觉毛。中胸小盾片发达。前翅革质，无膜片，爪片及爪片接合缝明显。足特化程度低，跗节 2-2-3 节，末端均具 2 爪。腹中线纵向隆起。雄虫生殖节两侧轻微不对称。

分布：古北区、东洋区。世界已知约 25 种，中国记录 6 种，浙江分布 1 种。

（33）额邻固蝽 *Paraplea frontalis* (Fieber, 1844)（图 7-5）

Ploa frontalis Fieber, 1844: 18.

Plea frontalis Fieber, 1844: 18.

Paraplea frontalis: Esaki, 1940: 128.

主要特征：体小型，体长约为体宽的 1.71 倍。头宽短，眼间距约为头宽的 1/2；复眼内缘近平直，头部中央具 3 条短棒状褐色条纹；头后缘平直，近后缘处具 2 个褐色圆斑；喙 4 节，粗短；触角 3 节，具长刚毛，第 3 节细小，念珠状。前胸背板前缘平直，后缘弧形，中央隆起；小盾片具刻点，顶端尖锐，小盾片长是宽的 0.86 倍；前翅革质，具刻点；爪片、革片明显；足细长，前足跗节 2 节，第 1 节短；中足、后足跗节 3 节，末端具 2 爪。腹部腹面被长毛，腹部中央纵向隆起。雄虫阳基侧突不对称，右阳基侧突较长，基部膨大，顶端细长，末端圆钝；左阳基侧突中部膨大，顶端弧形；生殖囊末端较尖，三角形，稍隆起。雌虫下生殖板末端尖锐，其两侧各具一束长刚毛。

分布：浙江（杭州）、北京、江苏、江西、福建、台湾、广东、海南、云南；印度，孟加拉国，斯里兰卡，印度尼西亚。

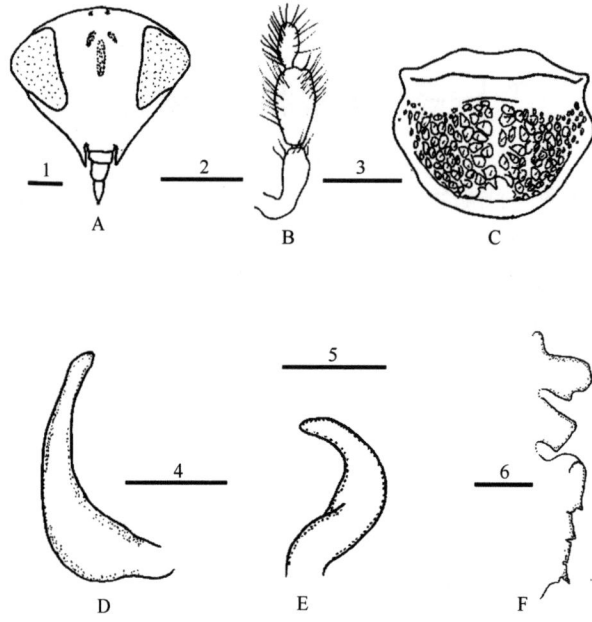

图 7-5　额邻固蝽 *Paraplea frontalis* (Fieber, 1844)

A. 头部正面观；B. 触角；C. 前胸背板；D. 右阳基侧突；E. 左阳基侧突；F. 龙骨突。比例尺：1、3、6=0.2 mm；2、4、5=0.1 mm

十二、蚤蝽科 Helotrephidae

主要特征：体小型，头和前胸背板完全愈合在一起，它们之间的界线不明显，隐约为"W"状。触角退化为 2 节；在锯蚤蝽属 *Idiotrephes* 中，触角仅 1 节，触角窝椭圆形，伴有一些长刚毛。复眼小，延长，侧面观大都肾形；单眼缺失；喙 4 节，小盾片发育完全，非常大。半鞘翅到达腹部末端，膜片极小，只在左侧半鞘翅中可见；前足和中足的跗节 2 节愈合在一起，后足跗节 2 节可见。所有跗节末端均具 2 爪。腹部共 10 节，末端 3 节愈合为生殖节，雄虫生殖节极度不对称。本科已命名的模式标本多存于国外，发表论文非英语且描述简单；国内关注和研究不够，蚤蝽属标本非常缺，本志仅给出了相关种的检索表、文献引证、特征图、简单的描述和地理分布信息等。

分布：古北区。世界已知 7 属 74 种，中国记录 5 属 25 种，浙江分布 1 属 2 种。

21. 蚤蝽属 *Helotrephes* Stål, 1860

Helotrephes Stål, 1860: 267. Type species: *Helotrephes semiglobosus* Stål, 1860.

主要特征：体长大于等于 2.0 mm；第 4（或 5）腹节腹部中央具龙骨状突起；雌虫下生殖板对称。

分布：古北区、东洋区均有分布。世界已知 22 种，中国记录 15 种，浙江分布 2 种。

（34）半球蚤蝽台湾亚种 *Helotrephes semiglobosus formosanus* Esaki *et* Miyamoto, 1943（图 7-6）

Helotrephes formosanus Esaki *et* Miyamoto, 1943: 485.

Helotrephes semiglobosus formosanus: Zettel & Polhemus, 1998: 11.

主要特征：右阳基侧突端部加宽；下生殖板侧缘基部膨大，顶端突基部不缢缩，上下宽度一致。

分布：浙江、台湾。

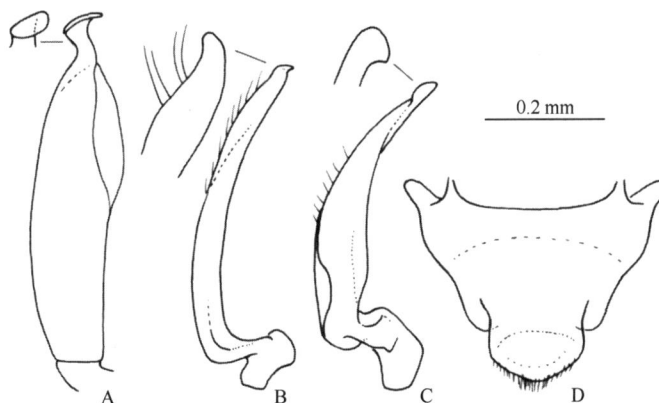

图 7-6　半球蚤蝽台湾亚种 *Helotrephes semiglobosus formosanus* Esaki *et* Miyamoto, 1943
（引自 Zettel and Polhemus，1998）
A. 阳茎；B. 左阳基侧突；C. 右阳基侧突；D. 下生殖板

（35）半球蚤蝽指名亚种 *Helotrephes semiglobosus semiglobosus* **Stål, 1860（图 7-7）**

Helotrephes semiglobosus Stål, 1860: 268.

Helotrephes lundbladi China, 1935: 599 (syn. Polhemus, 1990: 54).

Helotrephes semiglobosus semiglobosus: Zettel & Polhemus, 1998: 110.

主要特征：小型个体，体长 2.5–3.3 mm；右阳基侧突端部细长；下生殖板侧缘基部不膨大，顶端突基部缢缩明显，上宽下窄。

分布：浙江、安徽、江西、福建、广东、香港、广西、四川。

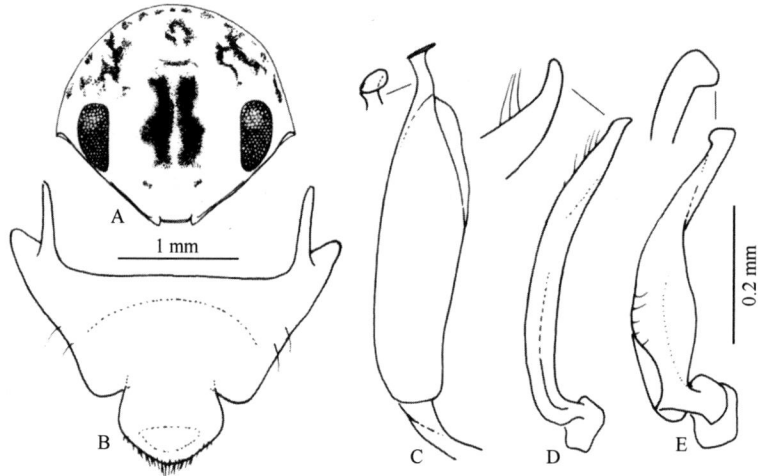

图 7-7　半球蚤蝽指名亚种 *Helotrephes semiglobosus semiglobosus* Stål, 1860（引自 Zettel and Polhemus，1998）
A. 头胸部正面观；B. 下生殖板；C. 阳茎；D. 左阳基侧突；E. 右阳基侧突

第八章　细蝽总科 Leptopodoidea

十三、细蝽科 Leptopodidae

主要特征：体小型至中型，体形变异较大，体背面常密被刻点。头大而宽，复眼发达，单眼相互靠近并着生于一个瘤突上，喙较短，不超过前足基节。前翅膜片 3 或 4 室，各足细长，前足常为捕捉足。腹部气门开口于背侧，雄性腹部第 2、3 节之间攫握器无短刺列。雄性生殖节对称，雌性产卵器片状，退化。

分布：世界广布。世界已知 10 属 45 种，中国记录 3 属 5 种，浙江分布 1 属 1 种。

22. 细蝽属 *Leptopus* Latreille, 1809

Leptopus Latreille, 1809: 383. Type species: *Leptopus littoralis* Latreille,1809 (by monotypy, a synonym of *Cimex marmoratus* Goeze, 1778).

主要特征：体小型至中型，卵圆形或狭长，体背面常具细小的刺状刚毛。头短而宽，每侧复眼下方各具 3 根长刺，复眼发达，具细小的刚毛状刺，喙 2、3 节各具 2 对长刺。前胸背板钟形，前足为捕捉足，基节略延长，股节粗壮，股节与胫节具 2 列长短不一的稀疏刺列，中足及后足细长。

分布：古北区、东洋区。世界已知 8 种，中国记录 1 种，浙江分布 1 种。

（36）浅褐细蝽 *Leptopus riparius* Hsiao, 1964（图 8-1）

Leptopus riparius Hsiao, 1964: 289.

主要特征：本种体小型，体较瘦长，体浅褐色，头背面黑色，单眼后方具一椭圆形黄斑，唇基黄色，复眼暗红色。前胸背板钟形，黑褐色，侧缘及后缘黄色，密被刻点，小盾片黑色，顶端黄色，前翅棕色，

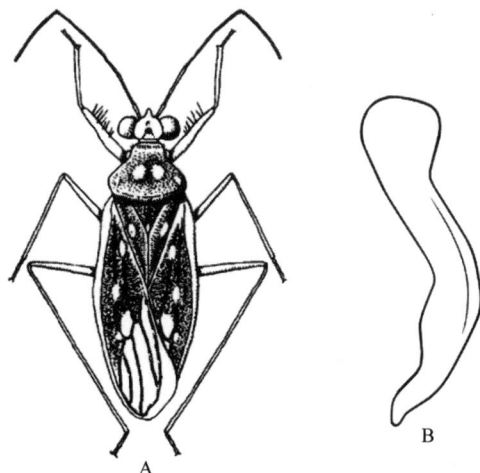

图 8-1　浅褐细蝽 *Leptopus riparius* Hsiao, 1964（图 A 引自郑乐怡和归鸿，1999）

A. 背面观；B. 雄性阳基侧突

具不规则的黄褐色及黑褐色斑纹，革片与爪片密被刻点。腹部各节黑色，节间白色，雄性阳基侧突弯曲，顶端扁平且扩展，雌性产卵器退化，片状。

　　分布：浙江（宁波）、湖北、四川；越南。

第九章　跳蝽总科 Saldoidea

十四、跳蝽科 Saldidae

主要特征：体小型至中型，多为卵圆形。头大而宽，复眼发达，常为肾形，头部具 3 对长而粗壮的毛点毛。喙较长，末端可延伸至后足基节。前翅膜片 4 或 5 室，各足细而长，后足基节发达。腹部气门开口于腹面，雄性腹部第 2、3 节之间攫握器具短刺突。雄性生殖节对称，生殖囊后缘具一叉状突起，阳基侧突弯钩状，雌性产卵器发达，末端常为锯齿状。

分布：世界广布。世界已知 30 属 298 种，中国记录 13 属 50 种，浙江分布 1 属 1 种。

23. 突胸跳蝽属 *Saldoida* Osborn, 1901

Saldoida Osborn, 1901: 181. Type species: *Saldoida slossonae* Osborn, 1901.

主要特征：体小型，卵圆形或狭长，多为棕色至红棕色。头部较窄，复眼间距较近，触角第 3、4 节粗壮。前胸背板具 1 对明显的锥状突起，中部强烈缢缩，后叶较短。成虫多为短翅型，前翅深色，常具白色斑纹。

分布：世界广布。世界已知 6 种，中国记录 1 种，浙江分布 1 种。

（37）蚁状突胸跳蝽 *Saldoida armata* Horváth, 1911（图 9-1）

Saldoida armata Horváth, 1911: 334.

主要特征：本种体小型，较狭长，体背面棕色，具白色斑纹。头棕色，顶区具长而稀疏的黑色刺状刚毛，触角第 1 节黄褐色，第 2 节颜色较浅，具棕色斑纹，第 3 节红棕色，第 4 节橙色。前胸背板棕色，背面具 1 对向后弯曲的角状突起。前翅棕色，具白色斑纹，背面具长而稀疏的黑色刺状刚毛。各足黄色，股节腹面具棕色条带。雄性阳基侧突弯钩状，生殖囊末端叉状突起顶端尖锐。

分布：浙江（湖州）、天津、台湾；日本，印度，泰国，菲律宾，马来西亚，新加坡，印度尼西亚，新几内亚岛，澳大利亚。

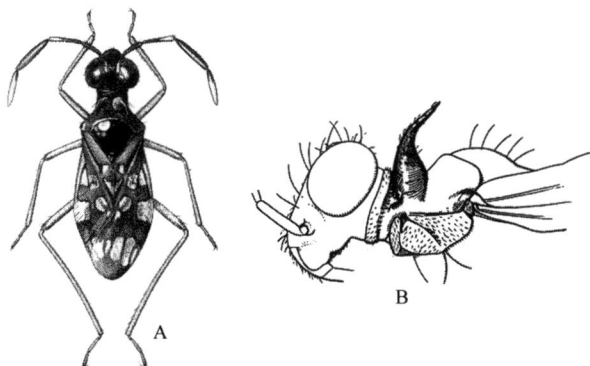

图 9-1　蚁状突胸跳蝽 *Saldoida armata* Horváth, 1911（图 B 引自 Drake and Chapman，1958）

A. 背面观；B. 侧面观

第十章　猎蝽总科 Reduvioidea

十五、猎蝽科 Reduviidae

主要特征：体呈黑色、棕色、褐色、红色、黄色等，并具有不同色斑；体表光亮，或污暗，体表有毛。黑色的种类较多，常具白色、黄色、红色斑；棕色及褐色种类通常色斑色泽不显著，呈黑色或白色斑或暗色晕斑。体表均有毛，毛的长短、稀疏、毛形、毛色，以及分布等情况多姿多态。若干种类具银色亮毛，常形成花纹、点斑、条纹；少数种类腹部腹面具梭形银色平伏毛，但这种特征易损坏或脱落；有的种类头部背面具有浓密长毛，形成头部的冠毛；昆虫头部的形状各异，有柱状、梭形、三角形、锤状、锥状等；向前伸，或略向下倾斜，还有少数种类头的眼前部分显著向下倾斜，呈垂直状态，常见于猎蝽亚科中。

该科种类栖息于多种生境中，生活习性各不相同。前、中足用于捕捉猎物，后足适于行走，因而前足变化很大，形成多种特征的捕捉足。

分布：世界广布。中国记录 445 种，浙江分布 58 种。

分亚科检索表

1. 无单眼 ·· 2
- 有单眼 ·· 4
2. 前足正常，基节短，不长于宽的 2 倍，基节窝向下方开口 ·· 3
- 前足为捕捉式，基节甚长，至少为宽的 4 倍，长伸出于头的前端，基节窝相应的向前下方开口；身体细长 ··········
··· **蚊猎蝽亚科 Emesinae**
3. 体狭长，不被浓密长毛，前胸背板及小盾片具长刺（喙不平伏于头的下方），前翅膜片较小，革片较宽，前足胫节弯曲 ···
··· **盲猎蝽亚科 Saicinae**
- 身体被浓密长毛，前胸背板及小盾片不具长刺，前翅膜片极宽大，革片狭长，前足胫节不弯曲 ························
··· **绒猎蝽亚科 Tribelocephalinae**
4. 前足胫节特化为钳形或刀状，触角第 4 节纺锤形 ································· **瘤猎蝽亚科 Phymatinae**
- 前足胫节特征不同于上述 ·· 5
5. 小盾片不呈三角形，顶端平截，或具 2 或 3 叉 ···························· **光猎蝽亚科 Ectrichodiinae**
- 小盾片三角形，端部常具直立、半直立的长刺或平伸剑形突 ·· 6
6. 前翅肘脉简单，端部不分支，形成翅室，肘脉有时消失 ·· 7
- 前翅肘脉端部分叉，在革片与膜片之间形成一个四边形或六边形的翅室 ·· 8
7. 前胸背板横缢位于背板中央后方；前足基节大，有时外侧扁平；前足股节通常粗大 ··············· **盗猎蝽亚科 Peiratinae**
- 前胸背板横缢位于背板中央或中央前方；前足基节不特别粗大，外侧不扁平；前足股节不显著加粗 ··················
··· **猎蝽亚科 Reduviinae**
8. 肘脉翅室通常为六边形；触角第 1 节粗，向前伸出；爪简单 ···················· **细足猎蝽亚科 Stenopodainae**
- 肘脉翅室通常为四角形，有时甚小；触角第 1 节通常较细；爪具齿或其他附属物 ·············· **真猎蝽亚科 Harpactorinae**

（一）光猎蝽亚科 Ectrichodiinae

分属检索表

24. 光猎蝽属 *Ectrychotes* Burmeister, 1835

Ectrychotes Burmeister, 1835: 222. Type species: *Reduvius pilicornis* Fabricius, 1787.

主要特征：头背面圆鼓，触角 8 节，前胸背板中央纵沟由前叶伸达后叶中部，小盾片两端突中间具一个中央小突起。

分布：此属为光猎蝽亚科中较大的一个属，大部分种类分布于东洋区。中国记录 8 种，浙江分布 2 种。

（38）黑光猎蝽 *Ectrychotes andreae* (Thunberg, 1784)（图 10-1；图版 I-14、15）

Cimex andreae Thunberg, 1784: 56.

Ectrychotes andreae: Hsiao *et al.*, 1981: 424.

主要特征：体长 14.50–15.50 mm，黑色，具蓝色光泽。前翅基部、前足股节内侧端半部纵条及胫节内、外两侧纵纹，以及腹部侧接缘、气门周缘均为黄色；各足转节、前足、中足股节基部、后足股节基半部、腹部腹面（除黑色斑带外）均为红色；腹部各节之间、雄虫第 6 节亚侧域、第 7 腹节及生殖节均为黑色，第 5–7 节侧接缘末端具黑斑。雌虫色斑稍有不同，侧接缘第 2 节端部具小黑斑，第 4–7 节端半部黑色，腹部腹面亚侧域及第 7 节均为黑色。黄斑纹稍有变异，有的个体前足胫节内、外两侧或中足胫节外侧中部均具黄色纵带纹，同时腹部腹面黑色斑块亦略有变异。头向下倾斜，触角具直立长毛，末端 4 节长毛稀疏。

雄虫两单眼间的距离稍大于单眼的直径。触角第 1 节稍短于头长，显著长于前胸背板前叶，各节长为 1：2：3：4：5：6：7：8=1.70：2.70：1.30：0.97：0.70：0.47：0.42：0.42（mm），各节均具直立黑色毛。喙第 1 节达眼的后缘，各节长为 1：2：3=1.00：0.90：0.45（mm）。前胸背板圆鼓，前半部具横缢，其横缢中间中断，前叶后部及后叶前半部中央具纵沟，后缘弧形；前胸背板长 3.50 mm，前叶显著短于后叶（1.20 mm：2.30 mm），并显著窄于后叶（2.80 mm：4.10 mm）。小盾片两端突较直，中间的突起小。前翅稍超过腹部末端，腹部长 9.50 mm，宽 5.00 mm。雄虫生殖节亚端缘中突呈锥状，阳基侧突端部弯；阳茎鞘背板端缘中央凹入，内阳茎表面有稀疏小微刺突，内阳茎系膜的端部为半圆形片状骨化构造，光亮，呈浅棕黄色。

雌虫较大，触角第 1 节显著短于头（1.50 mm：2.10 mm），与前胸背板前叶等长。前胸背板前叶较雄虫圆鼓，前叶显著短于后叶，前叶宽度狭于后叶宽度。前翅不达腹部末端。

本种广泛分布于全国各地，广东地区的个体较小，体长 11.50–12.50 mm，其他地区较大。

分布：浙江、辽宁、北京、河北、陕西、甘肃、江苏、上海、湖北、湖南、福建、广东、海南、广西、四川、贵州、云南。

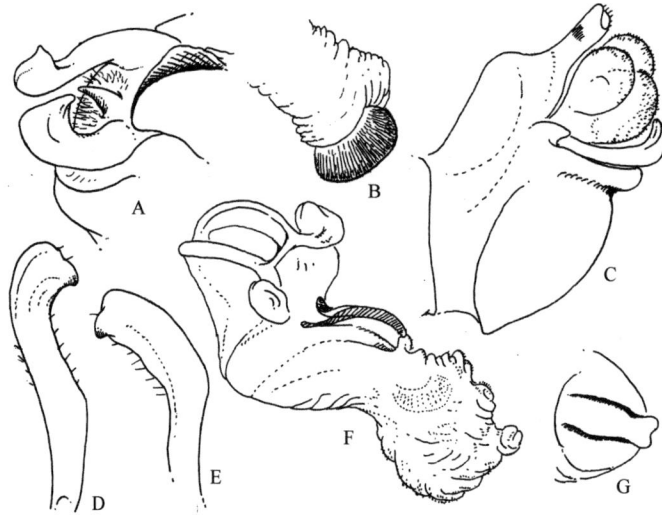

图 10-1　黑光猎蝽 *Ectrychotes andreae* (Thunberg, 1784)

A. 雄虫生殖节端部（斜背面观）；B. 内阳茎端部的骨化构造（背面观）；C. 雄虫腹部末端（示阳茎开始膨胀状态，侧面观）；
D，E. 阳基侧突（不同面观）；F. 阳茎（膨胀状态，侧面观）；G. 阳茎鞘背板端部（背面观）

（39）红腹光猎蝽 *Ectrychotes gressitti* China, 1940（图 10-2；图版 I-16）

Ectrychotes gressitti China, 1940: 227.

主要特征：体黑色，光亮。前胸背板后叶两侧圆鼓部分、各足转节、中足、后足股节基部、侧接缘、腹部腹面（除黑斑块外）均为红色；前翅乌黑色，基部橘红色；腹部腹面 4–7 节亚侧域、腹部最后两节背板中部、生殖节均为黑色。头前端稍向下倾斜，中叶呈脊状，头长 1.60 mm，头宽 1.20 mm，头顶宽 0.60 mm；触角具长毛，第 1 节稍长于前胸背板前叶，各节长为 1：2：3：4：5：6：7：8=1.10：1.82：1.00：0.62：0.50：0.38：0.42：0.40（mm）；两单眼的距离与单眼的直径约相等。喙第 1 节达眼的后缘，各节长为 1：2：3=0.92：0.62：0.40（mm）。前胸背板光亮，长 2.30 mm，前叶显著短于后叶（0.95 mm：1.35 mm），并狭

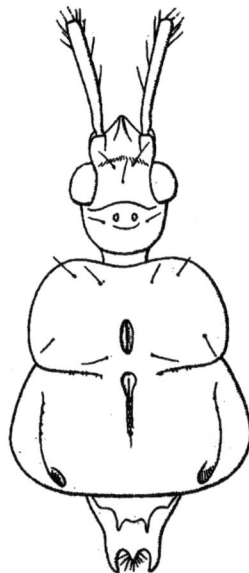

图 10-2　红腹光猎蝽 *Ectrychotes gressitti* China, 1940（头、胸背面观）

于后叶（2.10 mm∶2.70 mm），前叶中央后部具一深窝，后叶中央前半部纵沟具 5 个小凹窝。小盾片两侧隆起，中部低洼，两端突直，中间突小。雄虫前翅几乎达腹部末端。各足股节加粗，腹面亚端部各具一小瘤突。有小翅型个体。

雄虫体长 9.10–11.10 mm。雌虫体长 12.50 mm。

分布：浙江、海南。

25. 赤猎蝽属 *Haematoloecha* Stål, 1874

Haematoloecha Stål, 1874b: 54. Type species: *Haematoloecha nigrorufa* (Stål, 1867).

主要特征：头与触角第 1 节约等长，第 1、2 触角节几乎等长。单眼靠近连接两眼后缘间的直线；喙第 1 节长，长于第 2、3 节两节之和。前胸背板前叶中央深沟由前缘伸达后叶中部，前叶两半较圆鼓，其侧缘显著。小盾片端部渐狭，两端突相距较近。前足股节加粗，无刺，胫节海绵窝约为胫节长的 1/4。

分布：古北区、东洋区。中国记录 7 种，浙江分布 4 种。

分种检索表

1. 足完全黑色 ·· 2
- 足红黑二色 ··· **黑环赤猎蝽 *H. rubescens***
2. 腹部腹面红色，两侧具宽阔的黑色纵带 ································· **福建赤猎蝽 *H. fokiensis***
- 腹部腹面（除侧缘外）黑色，中央稍带红色，或完全为污黄色 ····································· 3
3. 头较长，长于触角第 2 节 ·· **异赤猎蝽 *H. limbata***
- 头短于触角第 2 节 ·· **二色赤猎蝽 *H. nigrorufa***

（40）福建赤猎蝽 *Haematoloecha fokiensis* Distant, 1903

Haematoloecha fokiensis Distant, 1903a: 476.

主要特征：体长 11.00–13.00 mm，红色。头、触角、喙、前胸背板纵沟及横缢、小盾片、爪片端部 2/3、革片靠近爪片处纵带、膜片、腹部腹面亚侧缘宽纵带斑均为黑色；基节、转节、小盾片端突均为褐色；跗节色浅。头长 2.20 mm，头宽 1.70 mm，头顶宽 0.70 mm，头前部向下倾斜，中叶隆起；触角具长毛，第 2 节长于第 1 节，而与头约等长，各节长为 1∶2∶3∶4∶5∶6∶7∶8=1.90∶2.30∶1.10∶0.75∶0.45∶0.32∶0.30∶0.62（mm）。喙第 1 节长，稍超过眼的后缘，各节长为 1∶2∶3=1.30∶0.67∶0.32（mm）。前、中足股节腹面中央纵脊较显著。雄虫阳基侧突粗短，基半部内侧突出，端部弯曲。

分布：浙江（临安）、福建。

（41）异赤猎蝽 *Haematoloecha limbata* Miller, 1954（图 10-3）

Haematoloecha limbata Miller, 1954: 30.
Haematoloecha aberrens Hsiao, 1973: 61.

主要特征：棕黑色，光亮。前胸背板、前翅前缘域及腹部侧接缘红色；头的腹面两侧、单眼附近及中叶，以及喙第 2、3 节及小盾片顶端略带红色；前胸背板横沟及后叶中央纵沟略带黑色。

雄虫头长 1.50 mm，头宽 1.55 mm，头顶宽 0.70 mm，具微细皱纹；侧面观眼前部与眼后部约等长。触角被直立长毛。前胸背板光滑，或后叶稍具纵纹，长 2.40 mm，宽 3.50 mm；前叶长 1.05 mm，宽 2.30 mm，纵沟后端为横脊所阻，不与后叶纵沟相连接；后叶长 1.35 mm。小盾片端部较窄，两个端突的顶端稍向内曲，其间的距离稍小于端突的长度。前翅长 7.80 mm，几乎达腹部末端。前足股节长 2.70 mm，宽 0.70 mm，胫节长 2.70 mm，海绵窝长 0.70 mm；中足各节与前足约等长，股节稍窄；后足股节长 3.70 mm，胫节长 4.20 mm，跗节第 1 节极短，由背面观察几乎不可见，第 2 节长 0.40 mm，第 3 节长 0.60 mm，腹部腹节间横纹微细。雄虫生殖节中突小弯齿状，阳基侧突近中域内侧突出，前半部弯，端部尖削，顶端钝。阳茎（侧面观）呈长椭圆形，阳茎鞘背板端缘无明显凹入，内阳茎基部两侧呈囊突，无显著骨化构造，仅端部为半圆环形轻度骨化域，呈黄棕色、光亮，端缘中央凹入。

雌虫稍大，前翅短，不达第 6 节背板的后缘。

雄虫体长 11.10 mm，体宽 4.40 mm。雌虫体长 11.60 mm，体宽 5.00 mm。

本种前胸背板前、后叶的纵沟不互相连接，与斯猎蝽属 Scadra 近似，但就其单眼的位置与前胸背板前叶的构造无疑应属赤猎蝽属 Haematoloecha。它和二色赤猎蝽 Haematoloecha nigrorufa 接近，但身体较小，头较大，喙第 1 节较短，前翅及腹部的颜色和雄虫阳基侧突的构造均与该种不同。

分布：浙江（临安）、北京、山东、河南、陕西、江苏、上海、广西、四川。

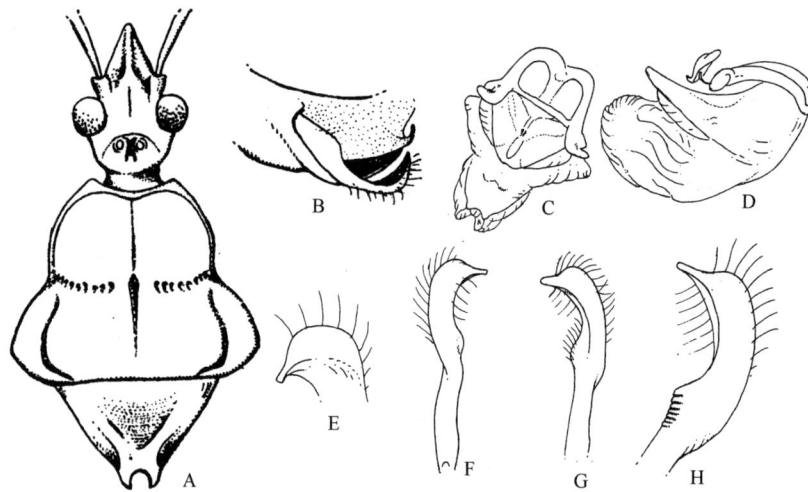

图 10-3　异赤猎蝽 Haematoloecha limbata Miller, 1954

A. 头、胸（背面观）；B. 雄虫生殖节（侧面观）；C. 阳茎（背面观）；D. 阳茎（侧面观）；E. 阳基侧突端部；F–H. 阳基侧突（不同面观）

（42）二色赤猎蝽 Haematoloecha nigrorufa (Stål, 1867)（图 10-4；图版 II-17）

Scadra nigrorufa Stål, 1867: 301.

Haematoloecha nigrorufa f. fusca: Hsiao et al., 1981: 434.

主要特征：体长 12.50 mm，红色。头、前胸背板纵沟及横缢、小盾片、爪片、革片与爪片相邻部分、革片顶角、膜片、腹部腹面均为黑色；侧接缘具红色斑。头长 2.10 mm，头宽 1.46 mm，头顶宽 0.70 mm；触角具长硬毛，第 2 节稍短于前胸背板，各节长为 1：2：3：4：5：6：7：8=1.90：2.40：1.20：0.70：0.50：0.31：0.30：0.55（mm）。喙第 1 节稍超过眼的后缘，各节长为 1：2：3=1.20：0.62：0.27（mm）。前胸背板长 2.70 mm，前叶稍短于后叶（1.10 mm：1.60 mm），横缢在中央中断，纵沟由前叶延伸到后叶中部。雄虫生殖节端缘中突小，三角形；阳基侧突构造简单，粗壮，端部弯曲，末端突起明显。阳茎（背面观）似长方形，阳茎鞘背板端缘中央显著凹入，内阳茎无强骨化构造，仅端部为光亮淡黄棕色的骨化域。

本种花斑有变异，依色泽分为黑色型、红色型、普通型 3 个类型。

分布：浙江（德清）、北京、江西、福建、广东、四川；日本。

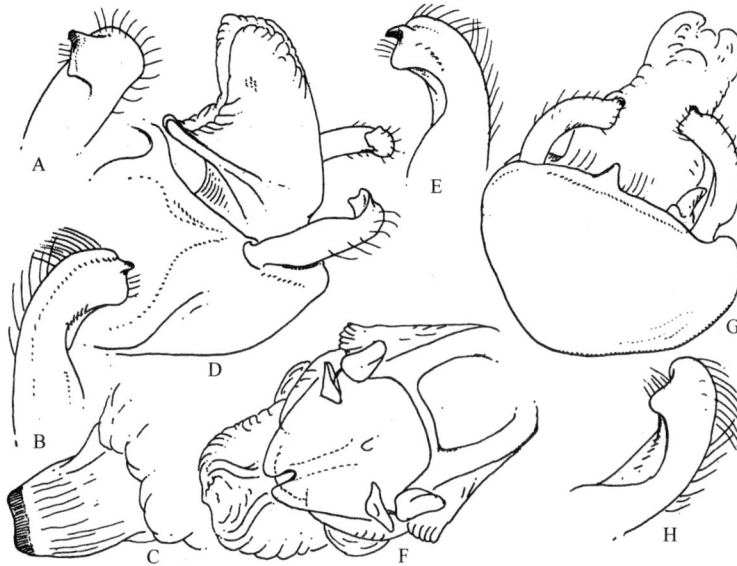

图 10-4 二色赤猎蝽 *Haematoloecha nigrorufa* (Stål, 1867)

A，B. 阳基侧突端部（不同面观）；C. 内阳茎端部（腹面观，示骨化域）；D. 雄虫生殖节（侧面观，示阳茎）；E. 阳基侧突端部（腹面观）；
F. 阳茎（背面观）；G. 雄虫生殖节（后面观，示中突，阳茎腹面）；H. 阳基侧突端部（斜背面观）

（43）黑环赤猎蝽 *Haematoloecha rubescens* Distant, 1883

Haematoloecha rubescens Distant, 1883: 442.

主要特征：体红色。触角、眼、爪片端半部、革片靠近爪片处大斑、革片端角、膜片、各足股节中环（前足股节中环色浅或消失）、侧接缘斑、腹部腹板端半部横带斑均为黑色。头长 2.10 mm，头宽 1.60 mm，头顶宽 0.65 mm，中叶隆起；触角具长硬毛，第 2 节稍长于头，各节长为 1：2：3：4：5：6：7：8=1.90：2.40：1.00：0.67：0.42：0.32：0.37：0.55（mm）。喙第 1 节稍超过眼的后缘，各节长为 1：2：3=1.17：0.55：0.31（mm）。前翅几乎达腹部末端。雄虫阳基侧突构造简单，近中部细缩，顶端平截。

本种与二色赤猎蝽 *Haematoloecha nigrorufa* 接近，但头、小盾片均为红色；眼黑色；前翅色斑不同；足红色具黑斑环。

雄虫体长 12.00 mm，体宽 4.10 mm。雌虫体长 15.80 mm，体宽 5.90 mm。

分布：浙江（舟山）、海南、四川；日本。

26. 钳猎蝽属 *Labidocoris* Mayr, 1865

Labidocoris Mayr, 1865: 440. Type species: *Labidocoris elegans* Mayr, 1865.

主要特征：头短宽，中叶呈隆脊状。触角 7 节，第 1 节稍长于头；喙第 1、2 节两节约等长；前胸背板前叶中央纵沟几乎达后叶后缘，中部横缢在中央中断，有的种类前叶具 2 个小瘤突。小盾片后部狭窄，两个端突远离。前股节腹面亚顶端具 1 强刺；前胫节顶端海绵窝很小。腹部各节间具强烈的纵脊列。

分布：中国记录 2 种，浙江分布 1 种。

（44）亮钳猎蝽 *Labidocoris pectoralis* (Stål, 1863)（图版 II-18）

Mendis pectoralis Stål, 1863: 46.

Labidocoris pectoralis: Hsiao *et al.*, 1981: 421.

主要特征：体红色，被绒毛。触角、头的腹面、前翅（除基部、前缘域、革片翅脉及膜片基部翅脉红色外）、腹部第 2 腹板及各节两侧的大斑（有时第 7、8 节两节黑斑消失）均为黑褐色或黑色。头长 2.00 mm，头宽 1.40 mm，头顶宽 0.90 mm；触角第 1 节稍短于头长，第 1–4 节密生长硬毛，触角各节长 1∶2∶3∶4∶5∶6∶7=1.90∶2.30∶1.20∶0.62∶0.67∶0.50∶0.77（mm）。前胸背板长 3.10 mm，前叶显著短于后叶（1.00 mm∶2.10 mm），前叶宽 2.30 mm，后叶宽 3.90 mm，前叶中央纵沟延伸达后叶中部。小盾片基部宽，两端突较长。前翅长 9.80 mm，达腹部末端。

　　雄虫体长 15.40 mm，体宽 4.50 mm。雌虫体长 16.30 mm，体宽 5.10 mm。

　　分布：浙江（临安、舟山）、内蒙古、北京、天津、山东、陕西、甘肃、江苏、上海、江西；日本。

27. 健猎蝽属 *Neozirta* Distant, 1919

Neozirta Distant, 1919: 147. Type species: *Neozirta orientralis* Distant, 1919.

　　主要特征：触角 4 节，头几乎与触角第 1 节等长，眼后狭缩，眼前部两侧及头中叶呈纵脊状；领窄；喙第 1 节稍长于第 2 节，第 2 节中部较粗；前胸背板长与基部宽等长，前叶明显狭于后叶，中央深纵沟由后叶向前延达前叶，后叶侧域各具一纵沟；小盾片宽阔，两侧近基部无爪状突起。本属很接近于新热带的 *Zirta* Stål，但前胸背板前叶狭短，长与基部宽几乎相等。

　　分布：中国记录 1 种，浙江分布 1 种。

(45) 环足健猎蝽 *Neozirta eidmanni* (Taueber, 1930)（图 10-5；图版 II-19）

Physorhynchus eidmanni Taueber, *in*: Eidmann, 1930: 325.

Neozirta annulipes China, 1940: 231 (syn. Cook, 1977: 82).

Physorhynchus eidmanni: Hsiao *et al*., 1981: 421.

　　主要特征：体长 23.00–30.00 mm，黑褐色。头、前胸背板、小盾片基部及中胸腹板暗黑色。前足股节、胫节中部宽带环、中足、后足股节近中部、胫节亚基部宽环及腹部侧接缘背面、腹面浅斑、腹部腹面两侧各节一个大侧斑、雄虫第 6 腹节腹面向两侧的长形斑均为黄色。头较平伸，不强烈向下弯，头中叶呈脊状，

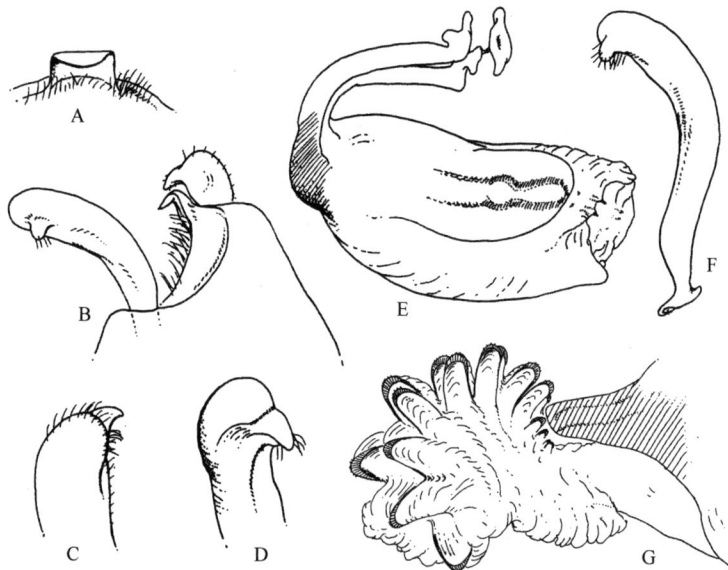

图 10-5　环足健猎蝽 *Neozirta eidmanni* (Taueber, 1930)
A. 雄虫生殖节中突（背面观）；B. 雄虫生殖节端部（左侧面观）；C，D. 阳基侧突端部（不同面观）；
E. 阳茎（背侧面观）；F. 阳基侧突（侧面观）；G. 阳茎端部（膨胀状态，背侧面观）

眼大。喙粗壮。两单眼之间的距离稍小于单眼直径。前胸背板前叶显著短于后叶（1.20 mm：3.00 mm），前角间宽甚狭于侧角间宽（1.50 mm：6.00 mm），前叶后部宽纵沟伸延达后叶后部但不达后缘，后角突出；小盾片宽阔，末端平截，各侧基半部具一钝突，末端两端突短。翅几乎达腹部末端。腹部侧接缘强烈向上翘折。雌虫为短翅型，前胸背板长 4.70 mm，前叶宽阔而圆鼓，前叶稍短于后叶（2.20 mm：2.50 mm）。腹部侧接缘向上翘折，并显著向两侧扩展。

雄虫体长 22.70 mm，前翅几乎达腹部末端。触角黑褐色。腹部侧接缘（背面和腹面观）两侧各具 3 个浅黄色斑，各腹节背板黑色，具密横皱纹。小盾片中域甚凹陷。各足胫节及股节近中部各具一浅黄色环斑。雄虫生殖节端缘中部突出，两侧平行，端部明显向背前方折弯，由侧面观呈弯钩状；阳基侧突中部弯，端部内侧呈齿突。阳茎鞘背板端缘近平截，内阳茎具 11 对骨化构造，其中近基部的明显小于前部的骨化构造。

雌虫体长（小翅型）27.20 mm，前翅刚达腹背板的基部前缘域，膜片退化。

分布：浙江（临安）、北京、陕西、湖北。

28. 达猎蝽属 *Tamaonia* China, 1940

Tamaonia China, 1940: 222. Type species: *Tamaonia pilosa* China, 1940.

主要特征：头平伸，前部不突然向下弯，眼后部分强烈鼓起，两单眼很靠近，其间的距离小于单眼的直径。触角着生于头的亚前端；喙第 1 节基部细缩，第 2 节粗于第 1 节，第 1 节短于第 2、3 节两节之和。前胸背板前叶显著小于后叶，为后叶长的 1/2；小盾片两个端突之间有一中央突起；前翅革片脉显著；各足股节近顶端稍膨大，中、后足股节腹面具数个微小突起，前、中足胫节海绵窝很小。腹部腹板各节间纵脊列很显著。

本属接近斯猎蝽属 *Scadra*，但头向前平伸，前胸背板前叶短，软毛少，胫节海绵窝小。

分布：中国记录 3 种，浙江分布 1 种。

（46）山达猎蝽 *Tamaonia montana* Hsiao, 1973（图 10-6；图版 II-20）

Tamaonia montana Hsiao, 1973: 63.

主要特征：红褐色，被金黄色毛。头、前胸背板前叶及后叶两侧、小盾片端部、前翅革片基部、前缘及顶角、腹部背面、侧接缘背面及腹面、腹部腹面中央，均为浅红色。

雄虫头长 1.50 mm，头宽 1.25 mm，头顶宽 0.65 mm；由侧面观察眼前部长 0.60 mm，眼长 0.30 mm，眼后部长 0.60 mm；头顶中央有两条细纵沟。触角各节长 1：2：3：4：5：6：7：8=1.10：1.75：0.75：0.65：0.40：0.30：0.25：0.35（mm）。喙各节长 1：2：3=1.00：0.80：0.45（mm）。前胸背板长 2.10 mm，宽 2.90 mm；前叶长 0.70 mm，前叶宽 1.60 mm，刻纹显著，后部中央凹陷；后叶长 1.40 mm，前部粗糙，中央凹陷，后缘几乎近平直。小盾片中部凹陷，顶端宽阔，端突稍向内弯曲，长 0.25 mm，两突相距 0.30 mm，中央突起小。前翅长 7.50 mm，稍超过腹部末端。前足股节长 2.45 mm，胫节长 2.25 mm，顶端膨大，海绵窝小；中足与前足约等长；后足股节长 3.50 mm，腹面亚顶端突起较显著，胫节长 3.35 mm，跗节第 1 节极小，第 2 节长 0.40 mm，第 3 节长 0.70 mm。雄虫体长 10.70 mm，体宽 3.35 mm。

本种前胸背板及腹部的花纹与云南达猎蝽 *Tamaonia yunnana* 近似，但身体较小，颜色较浅，头的眼前部与前胸背板前叶较长。它的身体的大小及腹部花纹与毛达猎蝽 *Tamaonia pilosa* 不同。

分布：浙江。

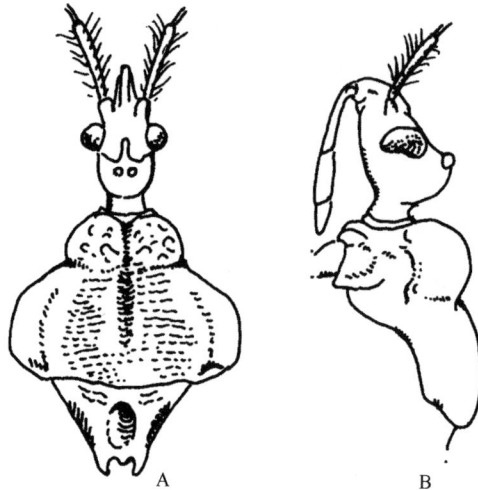

图 10-6　山达猎蝽 Tamaonia montana Hsiao, 1973
A. 头、胸（背面观）；B. 头、胸（侧面观）

（二）蚊猎蝽亚科 Emesinae

29. 二节蚊猎蝽属 *Empicoris* Wolff, 1811

Empicoris Wolff, 1811: iv. Type species: *Gerris vagabundus* Linnaeus, 1758.

主要特征：体小型，大翅型。体表暗或中度光亮，触角及足具短毛及长毛；短的平伏绒毛在头及胸部并组成花斑、线、条纹，一般呈白色至淡黄色。触角及足具若干暗色环斑。

头短，眼前域与眼后域几乎等长或眼后域略长于眼前域，两者向上中度圆隆，眼前域背面观几乎平行；背面观，眼后域呈半球状，侧边圆或平截。喙第 1、2 节两节间弯，第 1 节似柱状，至少达眼的中部；第 2 节仅略加粗，长为第 1 节的 1/2；第 3 节与第 2 节等长。触角瘤大；触角位于近头的前端，具有或无长毛。

前胸背板完全覆盖，中胸背板似长方形，在中部之前有不明显的缢缩，前叶两边圆，多数情况宽大于长，中部凹陷。后叶长、宽相等，或略长或短于宽度。背面平，中央具有纵向凹纹；侧脊一般发达，很明显，但有些种类不明显或仅前部明显。小盾片短，半圆形，具有或无刺。前翅仅有一个中室；由翅痣顶端至翅顶端的距离约等于或大于由翅痣顶端至 M 翅的着生点的距离；前翅中室基部平截；中室前缘的基半部与翅的前缘分离，由 2 个短斜脉相连接。前足相当短，很细至粗；基节简单，在基部有一刺，股节具 2 列突起，前足胫节为股节长的 4/5–5/6，腹面具 2 列刺。前足跗节 2 节，前跗节为胫节长的 1/5–1/4。雄虫腹部第 7 背板端部圆或平截，将生殖节覆盖；阳基侧突一般简单，棒状，前端弯曲，有的具小亚中突，或端缘凹入。阳茎基部全为膜质，背面或腹面或者两者均轻度骨化，系膜似柱状，阳茎端长或具突起。

分布：世界广布。世界已知 10 多种，中国记录 6 种，浙江分布 2 种。

（47）白痣二节蚊猎蝽 *Empicoris culiciformis* (De Geer, 1773)（图 10-7；图版 II-21）

Cimex culiciformis De Geer, 1773: 323.

Empicoris culiciformis: Hsiao *et al.*, 1981: 400.

主要特征：体深棕褐色，具白色光亮短毛。喙第 2 节中部及端部、第 3 节端半部、触角环纹、前足基部、中足及后足环纹淡色，前胸背板侧缘及后缘、后叶中部两条纵纹、腹部气门均为白色，翅痣顶端及前缘 2 个斑似乳白色。

雌虫体长 4.50 mm。头短宽，两眼中间横缢显著，头后部较圆鼓，触角细长，第 1 节具 8 个黑白相间的环纹，第 1、2 节两节约等长，各节长度为 1：2：3：4=1.80：1.80：0.40：0.30（mm）。喙各节长度为 1：2：3=0.22：0.18：0.17（mm）。前胸背板后叶后缘几乎近平直，亚后缘中部具 1 小突起，前叶前部中央凹陷。小盾片顶端刺状。前足较粗，基节长 0.45 mm，股节长 0.90 mm，胫节长 0.65 mm，跗节长 0.23 mm。中、后足细长，中足股节长 1.90 mm，胫节长 2.90 mm；后足股节长 2.65 mm，不超过腹部末端，胫节长 4.50 mm。前翅长 3.55 mm。腹部长 2.80 mm。前翅略超过腹部末端。雄虫体长 4.10 mm。雄虫生殖节中部片状突出，两侧端呈角突，端缘略凹；阳基侧突前部弯并略粗于后部；阳茎体柱状，内阳茎系膜端部具两个细长似长鞭状突起。

分布：浙江、湖北、海南、广西、贵州、云南；欧洲，亚洲，非洲北部。

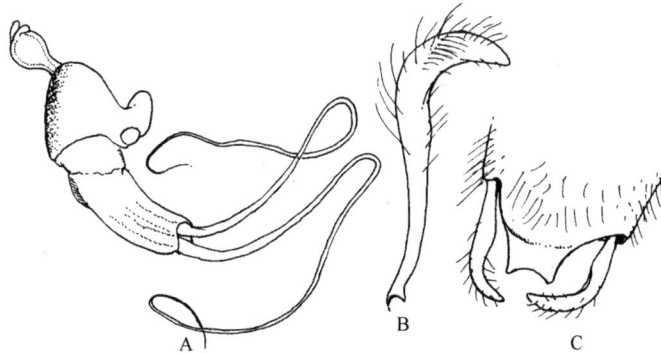

图 10-7 白痣二节蚊猎蝽 *Empicoris culiciformis* (De Geer, 1773)
A. 阳茎（膨胀状态，侧面观）；B. 阳基侧突；C. 雄虫生殖节（后腹面观）

（48）红痣二节蚊猎蝽 *Empicoris rubromaculatus* (Blackburn, 1889)（图 10-8；图版 II-22）

Ploiariodes rubromaculatus Blackburn, 1889: 349.

Empicoris rubromaculatus: Hsiao *et al.*, 1981: 401.

主要特征：体褐色。触角、各足浅环纹、前胸背板侧缘及侧脊暗淡黄色，前翅淡黄灰色具黄色及蓝紫色虹彩，并布满散在不规则的斑点。

雌虫头长 0.60 mm，头宽 0.46 mm，头顶宽 0.16 mm；侧面观头眼前部长 0.21 mm，眼长 0.18 mm，眼后部长 0.21 mm。触角细长，第 1、2 节两节等长，长为 2.50 mm，第 4 节最短，各节长度为 1：2：3：4=2.50：2.50：0.87：0.31（mm）。喙第 1、2 节两节间弯曲，各节长度为 1：2：3=0.28：0.20：0.27（mm）。前胸背板长 0.70 mm，前叶显著短于后叶；后叶宽于前叶，侧角间宽 0.60 mm，侧脊短，仅占基部 1/4。前足基节长 0.75 mm，股节长 1.30 mm，腹面具均匀的小刺列，胫节长 1.05 mm，跗节长 0.20 mm。中、后足细长，后足股节长 4.25 mm，显著超过腹部末端，胫节长于股节，胫节长 5.70 mm。腹部长 3.30 mm。前翅长 4.25 mm，显著超过腹部末端。

雄虫生殖节后缘稍向内凹陷，阳基侧突棒状，亚端部膨大。

雄虫体长 5.10 mm。雌虫体长 5.60 mm。

分布：浙江（松阳）、天津、山东、甘肃、湖南、广东、香港、广西、四川、贵州、云南；俄罗斯（远东地区），蒙古国，日本，印度，菲律宾，欧洲，马达加斯加，南非。

注：卵长 0.57 mm，粗 0.24 mm，卵盖直径 0.134 mm。卵壳领缘高 24 μm，包围着卵盖的外周缘。卵体壳外表面有 8–9 条纵列长片状网络构造，长片状网络构造与卵盖及卵壳领缘同为乳白色，卵体壳表面为棕色。卵盖表面具网状脊纹，中央为卵盖突，其基部常有网孔腔，卵盖突与卵盖表面的网纹质地，当放大到 1800 倍时，呈现出多孔构造，这些均为多孔体网络组织，属于气盾构造。卵体壳表面纵列的白色片状网络构造非常易脱落或破碎，此构造为上卵壳层的附属物，它的质地疏松程度与卵盖突的质地非常相似，可能

属于多孔体网络组织。本种卵壳表面及卵盖表面白色的疏松质地的网络组织均属于多孔体即气盾构造。

此类群主要栖息在林区。成虫采于广西宁明陇瑞自然保护区的林木上，经饲养，雌虫将卵单个散产在植物叶背面，卵的一侧纵向粘在植物表面上。卵体壳表面呈褐色或棕褐色；卵盖、卵壳领缘及卵几条纵行片状网络组织构造均为乳白色。本种卵外形独特，很易识别。

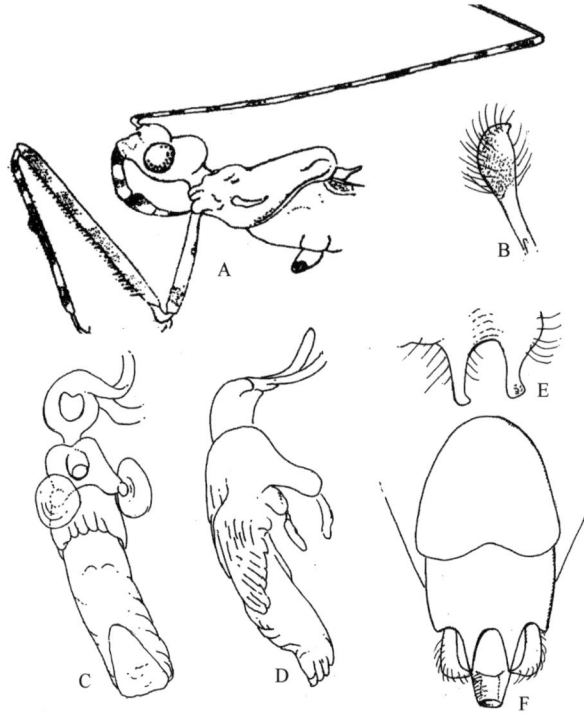

图 10-8　红痣二节蚊猎蝽 *Empicoris rubromaculatus* (Blackburn, 1889)

A. 头、胸（侧面观）；B. 阳基侧突；C. 阳茎（背面观）；D. 阳茎（侧面观）；E. 雄虫生殖节端缘（斜后面观）；F. 雄虫腹部端部（腹面观）

30. 逖蚊猎蝽属 *Tinna* Dohrn, 1859

Tinna Dohrn, 1859: 52. Type species: *Emesa gracilis* Stål, 1855.

主要特征：有翅型或无翅型个体，体长 5–10.5 mm。背面观，头的眼前域长于眼后域，略圆隆，两侧近平行；头的下面具成对的刺突，有翅型个体眼大于无翅型。喙直、中度粗细，第 1 节与第 2 节之间不弯曲；前胸背板后叶很短、似领，不覆盖中胸背板，后胸背板略短于中胸背板；小盾片及后胸背板简单，无突起或刺。前足转节的基部下面形成 1 个显著向下的刺突，股节两边几乎平行，或中部加宽，股节腹面具刺列。

分布：主要分布于旧热带区、北非及日本。世界已知 18 种。在我国浙江采到 1 种无翅型，为中国新记录属。

（49）惰逖蚊猎蝽 *Tinna grassator* (Puton, 1874)　中国新记录（图版 II-23）

Cerascopus grassator Puton, 1874: 440.

Tinna grassator: Villiers, 1949: 318.

主要特征：无翅型雌虫体淡黄褐色，具褐色斑。头部眼前域与眼后域两侧褐色，其上方为淡色纵纹，眼的下方为黑褐色纵纹，头腹面具黑褐色成对刺；前足基节近前部暗色环及股节暗色晕斑均呈褐色。各足细长，前足股节腹面具显著刺列，后足股节超过腹部末端，但短于胫节（8.30 mm：10.30 mm）。腹部向两侧扩展，背面具 2 条平行褐色纵纹。雌虫体长 9.0 mm（无翅型），侧面观，头长 0.90 mm，眼前部长 0.4 mm，眼长 0.17 mm，眼后部长 0.3 mm；背面观，头宽 0.60 mm，头部横缢显著，横缢前部略短于横缢后部（0.40 mm：0.50 mm）；触角细长，第 1 节略长于第 2 节（5.4 mm：5.0 mm），喙各节长 1：2：3=0.30：0.30：0.45（mm）；前胸背板前部略宽于后部（0.50 mm：0.40 mm）。前足基节长 0.95 mm，股节长于胫节（2.10 mm：1.50 mm）；后足股节短于胫节。

分布：浙江（松阳）；日本，北非。

（三）真猎蝽亚科 Harpactorinae

分属检索表

31. 暴猎蝽属 *Agriosphodrus* Stål, 1867

Agriosphodrus Stål, 1867: 279. Type species: *Eulyes dohrni* Signoret, 1862.

主要特征：头长，稍长于前胸背板，眼后部分与眼前部分约等长。喙第 1 节约为第 2 节长的 1/2，或稍长于眼前部分，触角第 1 节与头等长。前胸背板中部之前部具横缢，无刺。小盾片顶端钝圆。前翅超过腹部末端，腹部两侧强烈呈波状缘扩展。各足股节端半部呈轻微结节状。

分布：中国记录 1 种，浙江分布 1 种。

（50）暴猎蝽 *Agriosphodrus dohrni* (Signoret, 1862)

Eulyes dohrni Signoret, 1862: 126.

Agriosphodrus dohrni: Hsiao *et al.*, 1981: 523.

主要特征：体长 23.00–25.50 mm。体大型，黑色，具较密的黑褐色刚毛。喙第 2、3 节黑褐色至黑色。雄虫生殖节红色至黑色，腹部侧接缘各节基半部淡土黄色或暗白色。前胸背板前叶圆隆，中央具深凹窝，前叶约为后叶长的 1/2，后叶后缘近平直。腹部腹面两侧各节中部具 1 白霜点。腹部向两侧扩展，侧缘呈波状。

雌虫体长 25.10 mm；头长 4.50 mm，头宽 1.90 mm，头顶宽 0.90 mm，横缢前部长于横缢后部（2.70 mm：1.90 mm）；触角各节长 1：2：3：4=5.00：2.10：1.50：4.90（mm）；喙第 1 节几乎达眼的前缘，各节长 1：2：3=2.00：3.20：0.70（mm）；前胸背板长为 4.00 mm，前角间宽 1.20 mm，侧角间宽 5.50 mm，前叶圆鼓，中央后部具深凹窝，前叶显著短于后叶（1.30 mm：2.70 mm）；后缘几乎近直，前足股节长 5.90 mm，胫节长 6.20 mm；后足股节长 7.20 mm，胫节长 9.50 mm；跗节 3 节，第 1 节极短，第 3 节最长。前翅超过腹部末端 1.50 mm。腹部腹面两侧各节中部具一白霜点，两侧扩展，侧缘呈波状。

雄虫生殖节后缘中部呈宽角状向上突出，其顶端的两侧各有 1 个向下的小倒齿；阳基侧突向端半部渐加粗，具黑色刚毛。

雌虫体长 25.10 mm。

分布：浙江（余杭）、陕西、甘肃、江苏、湖北、江西、福建、广东、广西、四川、贵州、云南；日本，印度，越南。

32. 土猎蝽属 *Coranus* Curtis, 1833

Coranus Curtis, 1833: 453. Type species: *Reduvius pedestris* Wolff, 1811(=*Cimex subapterus* De Geer, 1773).

主要特征：土猎蝽属 *Coranus* 是真猎蝽亚科 Harpactorinae 中较小的一个属，迄今为止，我国已经记录 10 种，约占世界已知种的 1/3。

体色污暗，褐色至黑色，常具淡色环斑，被有浅色光亮蓬松长毛及淡色平伏密短毛，体中等大小（体长 8–18 mm），头的眼前部分与眼后部分等长；触角 5 节，喙 3 节，粗壮。前胸背板前叶具刻纹，后叶具粗刻点。小盾片中部向上呈脊状。前胸腹板中央具横纹的摩擦沟，后胸侧板前缘有一小瘤突。

我国已记载的土猎蝽种类，其外形、色泽、花纹等彼此很相似，为猎蝽亚科中最难分类的一属，在鉴定时往往造成种间混淆。

分布：中国记录 10 种，浙江分布 2 种。

（51）斑缘土猎蝽 *Coranus fuscipennis* Reuter, 1881（图 10-9）

Coranus fuscipennis Reuter, 1881: 7.

主要特征：体色暗褐色，被浅色毛。眼、头（除横缢后部中央纵纹外）、触角第1及2节顶端、前胸背板前叶、各足环斑、侧接缘各节基部均为黑褐色；前翅革片浅，膜片深棕褐色，腹部腹面两侧具2列不明显的浅色斑。

雄虫体长 11.00 mm，腹部宽 2.70 mm。头长 2.30 mm，头宽 1.60 mm，头顶宽 0.80 mm；触角第1节稍短于第4节，各节长 1:2:3:4=2.20:0.80:1.10:2.40（mm）。喙第1节几乎达眼的后缘，各节长 1:2:3=1.30:1.20:0.45（mm）。前胸背板长 2.50 mm，前角间宽 1.70 mm，侧角间宽 2.90 mm，前叶中央具纵沟，后角显著，后缘中央向后圆突。前翅长 6.00 mm，超过腹部末端 0.50 mm。阳基侧突基部细缩，端部宽阔。雄虫生殖节中央突呈盾片状，长 0.37 mm，宽 0.25 mm，阳基侧突长 0.75 mm，端部膨大，阳茎长 1.10 mm，周缘浅棕色。

雌虫体长 11.60 mm，腹部宽 3.50 mm，前翅长 6.90 mm，达腹部末端。

本种一般为长翅型个体（未记录短翅型个体），常栖息于稻田、草丛中，猎食小虫。

分布：浙江（临安）、广东、海南、广西、云南；印度，缅甸。

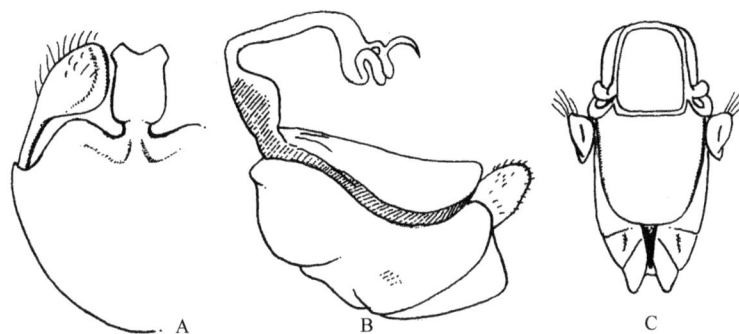

图 10-9　斑缘土猎蝽 *Coranus fuscipennis* Reuter, 1881
A. 雄虫生殖节（后面观）；B. 阳茎（侧面观）；C. 阳茎（背面观）

（52）黑尾土猎蝽 *Coranus spiniscutis* Reuter, 1881（图 10-10）

Coranus spiniscutis Reuter, 1881: 7.

主要特征：体黑褐色，体长 9.50–10.00 mm，具浅色细毛及卷曲短毛。触角稍浅于体色，头背面横缢后部中央具纵向暗黄色带纹，前翅基部暗黄色，革片大部分黄褐色，其端角着红色泽，膜片青铜色，各足胫节亚顶端环斑及中、后股节前侧的斑为黄色，腹部侧接缘第5–7节基部小斑、生殖节及阳基侧突均为黑色。

雄虫头长 2.10 mm，头宽 1.30 mm，头顶宽 0.71 mm，由侧面观察眼前部长 0.64 mm，眼长 0.57 mm，眼后部长 1.10 mm；喙第1节达眼的后缘，各节长为 1:2:3=1.15:1.06:0.25（mm）。触角第1节最短，各节长为 1:2:3:4:5=0.22:1.80:0.60:1.10:1.70（mm）。前胸背板长 2.20 mm，前角间宽 0.90 mm，侧角间宽 2.50 mm，后角间宽 1.50 mm；前叶具光亮弯印纹，中域两侧各具两条纵脊，伸达后叶前端，后叶呈小网状皱纹，中部鼓起，后缘后角之间向后圆突。小盾片顶端突起具细长毛。前翅长 5.90 mm，超过腹部末端 0.50 mm。雄虫生殖节后缘突出，其突出的中央具一向下延伸的角状突，阳基侧突棒状，长 0.75 mm，亚端部粗 0.12 mm；阳茎体长 1.25 mm，阳茎鞘背板端缘近平截。

雄虫体长 9.50 mm，腹部宽 3.10 mm。雌虫体长 10.10 mm，腹部宽 3.54 mm。

分布：浙江（杭州）、江西、福建、广东、海南、广西、云南；印度，缅甸，越南，印度尼西亚。

注：本种为东洋区种类，广泛分布于我国南方地区，已有记录最高分布达海拔 1200 m（云南西双版纳）。在海南岛尖峰岭地区正是早稻收获季节，观察到多头成虫及老龄若虫在稻田间活动；在广西（南宁）的稻秧田中也曾采到。

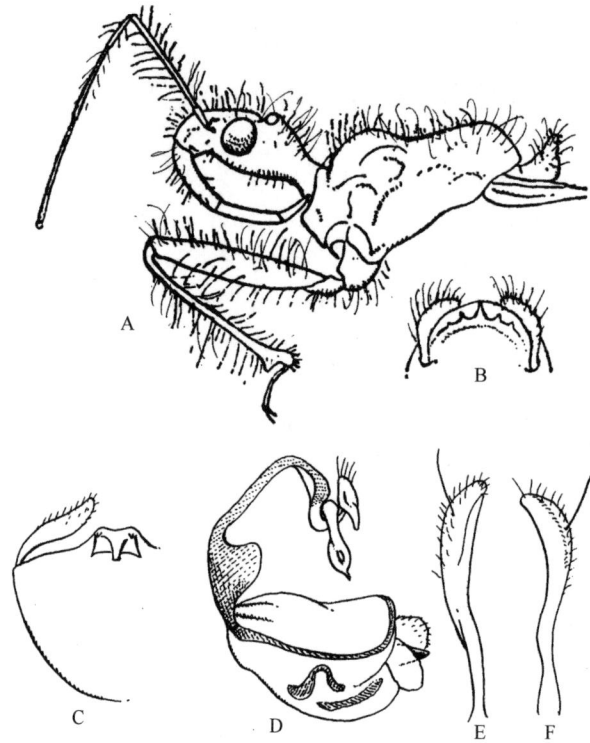

图 10-10　黑尾土猎蝽 *Coranus spiniscutis* Reuter, 1881
A. 头、胸（侧面观）；B. 雄虫生殖节端部（背面观）；C. 雄虫生殖节（后面观）；D. 阳茎（侧面观）；E, F. 雄虫阳基侧突（不同面观）

33. 红猎蝽属 *Cydnocoris* Stål, 1867

Cydnocoris Stål, 1867: 274. Type species: *Cydnocoris gilvus* Burmeister, 1838.

主要特征：头宽短、卵圆形，短于前胸背板；眼大，圆形，向两侧突出；触角后刺粗壮，向前弯曲；喙短粗壮，第 1 节略长于第 2 节；前胸背板侧角显著；前足胫节长于股节。

分布：中国记录 8 种，浙江分布 1 种。

（53）艳红猎蝽 *Cydnocoris russatus* Stål, 1867（图 10-11）

Cydnocoris russatus Stål, 1867: 274.

主要特征：体深红色，触角、眼、喙第 3 节、足、各足转节的色斑、膜片均为黑褐色；前、中、后腹板及侧板块斑、腹部腹板横带均为黑色。

雌虫体长 18.50 mm。头长 2.90 mm，头宽 1.95 mm，头顶宽 1.10 mm；触角第 1 节与第 4 节约等长，各节长 1 : 2 : 3 : 4=4.60 : 2.40 : 1.40 : 4.70（mm）。喙第 1 节最长，各节长 1 : 2 : 3=1.80 : 1.12 : 0.39（mm）。前胸背板长 3.81 mm，前角间宽 2.20 mm，侧角间宽 4.80 mm。腹部宽 6.40 mm。前翅长 11.70 mm，膜片端部 1/3 超过腹部末端。腹部腹板 2–6 节前半部具黑色横带斑（有时第 2 腹板横带斑由两侧断开分成 3 段，其余各节仅中央断开分成 2 段，有的个体第 7 腹板两侧亦具短横深色斑）。

雄虫体长 18.50 mm，生殖节端缘中央突出，前端具 2 个向后向下弯曲的并列扁齿突。

分布：浙江（杭州）、河南、陕西、江苏、安徽、湖北、江西、湖南、福建、广东、广西、海南、四川、云南；日本，越南。

注：虫卵长 2.10 mm（包括卵壳领缘高 0.50 mm），卵前极（近领处）直径 0.40 mm，卵的前极明显细于卵的中部。卵壳领部白色，卵壳光亮，呈浅黄棕色，具隐约网纹。

采于河南宝天曼自然保护区的杨树上，正在交尾的艳红猎蝽，经饲养雌虫产卵，卵的后极黏着在叶表面，卵块由 4–9 粒卵组成，即卵块卵的数目不定。

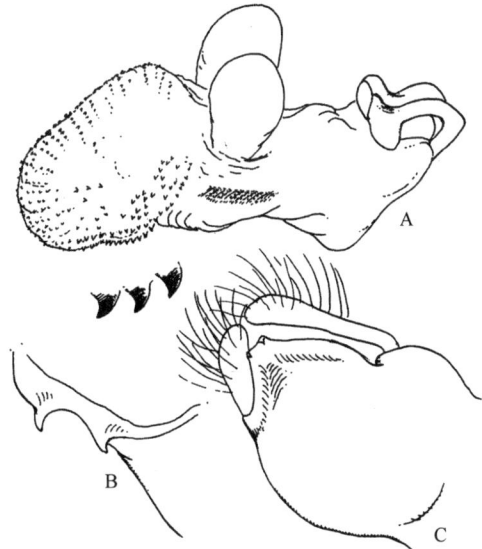

图 10-11　艳红猎蝽 *Cydnocoris russatus* Stål, 1867
A. 阳茎（膨胀状态，侧面观）；B. 雄虫生殖节端缘中部（背面观）；C. 雄虫生殖节（侧腹面观）

34. 脊猎蝽属 *Epidaucus* Hsiao, 1979

Epidaucus Hsiao, 1979b: 253. Type species: *Epidaucus carinatus* Hsiao, 1979.

主要特征：体长形，后部较宽，被浓密短毛。头圆柱形，横缢宽阔，位于两眼之间，前叶短于后叶，后叶后部稍细；眼小，不突出；单眼互相远离。触角基后刺粗短，触角细长，着生于头的前端，第 1 节最长，第 2 节约为第 1 节的一半，第 3 节稍短于第 2 节，第 4 节最短。喙第 1 节约等于其余两节之和。前胸背板前缘向内弯曲，前叶稍长于后叶之半，纵沟深，占前叶的后半；后叶中央纵沟宽阔，其两侧形成 2 个显著的纵脊，纵脊的后端各具 1 个直立的短刺，侧角具短刺，后缘呈弧形凹陷，后角方形。小盾片中部鼓起，端角向后延长呈锥状。前翅不达于腹部末端，革片顶缘近于平直，膜片外室狭长，基部窄于内室基部之半。前足股节粗，长于胫节，跗节 3 节。腹部后部扩展。

分布：浙江分布 1 种。

（54）脊猎蝽 *Epidaucus carinatus* Hsiao, 1979

Epidaucus carinatus Hsiao, 1979b: 253.

主要特征：雄虫体长 20.80 mm。雌虫体长 22.20 mm。体赭色，被灰色平伏短毛，触角及足具稀疏直立短毛；前胸背板中刺、侧角刺、侧角后缘及各足跗节黑色；头、前胸背板前叶、小盾片、前翅爪片、喙第 3 节、中胸腹板及腹部两侧纵纹颜色较深；腹部腹板两侧各节的前部具一个褐色光亮凹斑点。

雌虫头长 3.50 mm，头宽 1.40 mm，头顶宽 0.90 mm，前叶长 1.50 mm；两个单眼间的距离 0.50 mm，

单眼与眼间的距离 0.20 mm；由侧面观察眼前部分长 1.05 mm，眼长 0.60 mm，眼后部分长 1.60 mm。触角各节长 1：2：3：4=9.20：4.60：4.20：2.60（mm）。喙各节长 1：2：3=1.90：1.40：0.50（mm）。前胸背板长 3.50 mm，前角间宽 0.90 mm，侧角间宽 4.30 mm，前叶长 1.30 mm。小盾片长 2.30 mm，基部宽 1.50 mm，前翅不达于腹部末端，前缘微向内弓，膜片外室狭长。前足股节长 8.70 mm，粗 0.90 mm，胫节长 8.20 mm；中足股节长 7.50 mm，胫节长 8.20 mm；后足股节长 11.70 mm。胫节长 12.00 mm，跗节各节长 0.15：0.30：0.70（mm）。腹部两侧扩展，中部最宽，第 7 背板后缘呈双弯曲状，第 8 背板中央具纵脊。

　　雄虫生殖节端缘中突呈角状突，阳基侧突前半部较粗，两侧的阳基侧突端部毛相靠接。

　　分布：浙江（临安）、江西、湖南、福建、四川。

　　注：虫卵柱状，长 2.70 mm，卵粗 0.87 mm，卵褐色（卵巢内成熟卵），卵前极的卵壳领缘及卵壳盖呈白色或暗白色，卵盖突呈钝锥状，中央为圆孔腔，其卵盖突外表呈六边形网纹，但不清晰，壳表面具六边形凹状网纹，其每个六边形网纹内域略向上圆鼓而表面上有若干分散的似壳小球构造。卵壳领缘表面及卵盖突表面质地较相同，为多孔体网络组织，此组织很容易脱掉或呈不规则的裂孔。

35. 素猎蝽属 *Epidaus* Stål, 1859

Epidaus Stål, 1859: 193. Type species: *Epidaus transversus* Burmeister, 1834.

　　主要特征：头圆柱形，稍短于前胸背板。触角基后方具刺突，头横缢后部为横缢前部长的 2 倍，触角细长，第 1 节几乎与前足股节等长，喙第 1 节稍短于其余两节之和。前胸背板后叶中部具 2 个刺或锥突，侧角呈刺状。小盾片顶端钝圆。

　　本属与嗯猎蝽属 *Endochus* 接近，但前胸背板后部中央有 2 个显著的刺或突起。

　　分布：中国记录 5 种，浙江分布 2 种。

（55）暗素猎蝽 *Epidaus nebulo* (Stål, 1863)（图 10-12；图版 II-24）

Endochus nebulo Stål, 1863: 27.

Epidaus nebulo: Hsiao *et al.*, 1981: 499.

　　主要特征：体浅棕褐色，或暗黄褐色，复眼暗红色，头横缢前部、触角、革片顶角带淡红色。前胸背板侧角突及中域后部的 2 个突起黑色。各足、腹部腹面淡褐色，前胸背板前叶暗黄色，后叶棕褐色，侧角呈短刺状，此刺及背板后叶中部的两个小突起均为黑色。头横缢后部呈黑褐色。腹部腹面两侧常具褐色带斑。通常各足股节端部及胫节基部为红棕色。喙淡黄色，第 3 节褐色。触角第 1 节浅红色，第 2 节基部浅红色，端半部淡黄色，第 3、4 节浅褐色。腹部第 5 节与第 6 节的前半部腹部侧缘为红色（腹部侧缘为淡黄色）；第 2、5、7 节侧缘的基部为浅褐色斑。前翅基片端角着红色泽，基部亦为浅红色。胸部腹面的色泽较深于腹部腹面的色泽，为褐色。腹部背面黑褐色（除浅黄色侧接缘外），前足股节前半部 4/5 为浅红色，胫节基部为浅红色，其余为浅黄色。

　　雌虫体长 23.00 mm，腹部宽 7.50 mm。头长 4.00 mm，头宽 1.90 mm，头顶宽 0.90 mm，横缢前部与后部等长（2.00 mm），单眼间距 0.64 mm，单眼与眼间距 0.20 mm，触角第 1 节基部后方具 1 短刺；触角第 1 节最长，稍粗，各节长为 1：2：3：4=7.80：3.50：4.40：2.70（mm）；喙第 1 节长超过眼的后缘，各节长为 1：2：3=2.20：1.45：0.55（mm）。前胸背板长 4.70 mm，前角间宽 1.50 mm，侧角间宽 5.80 mm；前叶短于后叶（1.70 mm：3.00 mm），前角呈短锥向前侧方突出，后部中央具短凹沟，两侧稍鼓起，后叶中域前部具两条短纵脊，后叶中域鼓起，具 2 个短锥状突起，侧角齿状，后缘微向前凹，后角稍向后突。小盾片三角形，具"V"形脊，顶角钝圆。前翅稍超过腹部末端，前缘直，膜片大，内室基部显著宽于外室基部（2.60 mm：1.00 mm）。前足股节较粗，长 8.30 mm，粗 1.10 mm，胫节长 7.80 mm。腹部两侧稍呈菱形扩展。

雄虫体长 20.00 mm，腹部宽 4.50 mm。阳基侧突细长，除基部外具长细毛，基部 1/3 处明显弯曲；生殖节端缘中突向后下方展延，内缘中央呈角状。阳茎鞘背板厚，端缘中部呈钝角状，内阳茎系膜具明显小刺突。

分布：浙江（临安）、黑龙江、河南、陕西、湖北、江西、湖南、福建、广西、四川、贵州、云南。

注：卵：卵长 2.00–2.10 mm（不包括卵壳盖中突的长度）。卵粗 0.90–0.94 mm。卵壳深栗色，卵前极的卵壳盖及领缘乳白色，卵壳盖（包括卵壳盖中突光亮，表面无网纹构造）。卵块的卵排列紧密，由雌虫分泌的物质将卵彼此黏在一起，卵块卵数目不一，雌虫经饲养产的卵块有 32 粒、61 粒等，卵块卵的数目不同。

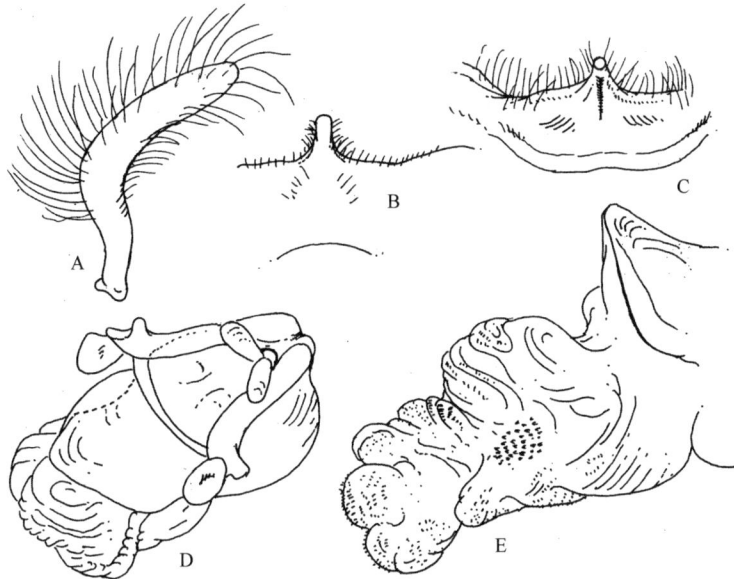

图 10-12　暗素猎蝽 *Epidaus nebulo* (Stål, 1863)

A. 阳基侧突；B. 雄虫生殖节端缘（背面观）；C. 雄虫生殖节端缘（腹后面观）；D. 阳茎（斜背面观）；E. 内阳茎（背侧面观）

（56）六刺素猎蝽 *Epidaus sexspinus* Hsiao, 1979（图 10-13；图版 II-25）

Epidaus sexspinus Hsiao, 1979b: 250.

主要特征：体浅棕色，被浓密黄色短毛，足及小盾片被直立长毛。前胸背板、小盾片端部，侧接缘第 5 节的前部，以及第 4、6 节两节的后部及足草黄色，触角第 1 节有 2 个宽阔的草黄色环纹，头的后叶背面，以及前胸背板靠近后缘的横带及中刺和侧刺黑色。

雄虫头长 3.10 mm，头宽 1.50 mm，头顶宽 0.70 mm，头前叶长 1.40 mm，横缢位于两眼中间，触角基后刺甚长（0.50 mm），长于两刺之间的距离。两个单眼相距 0.50 mm，各侧单眼与眼间的距离 0.50 mm；眼圆形，突出，由侧面观察眼前部分长 1.10 mm，眼长 0.70 mm，眼后部分长 1.30 mm。触角细长，着生于头的前端，各节长 1：2：3：4=8.90：3.40：7.20：3.00（mm）。喙各节长 1：2：3=1.90：1.20：0.40（mm）。前胸背板长 3.30 mm，前角间宽 1.20 mm，侧角间宽 3.50 mm，侧角刺间宽 4.80 mm；前叶长 1.30 mm，具云形花纹，后部具深纵沟，前缘呈脊状，中间向内弯曲，前角钝圆；后叶前部中央具两个短纵脊，后部中央具两个长刺，刺长 0.50 mm，侧角刺长 0.70 mm，侧角后缘有一个小齿，背板后缘向内弯曲，后角显著。小盾片中央鼓起，两侧稍向外弓，顶角尖削。前足股节长 7.20 mm，粗 0.70 mm，胫节长 6.60 mm；中足股节长 6.20 mm，胫节长 6.60 mm；后足股节长 8.70 mm，胫节长 10.50 mm，跗节长 0.90 mm，各节长比 2：10：15，前翅稍超过腹末端。腹部后部稍向两侧扩展，第 5 节最宽。雄虫生殖节中突前端弯；阳基侧突短棒状，前部 2/3 具长毛，基部 1/3 圆柱形，细于端部，稍弯曲。阳茎鞘背板端缘宽阔，内阳茎具较密集的小刺。

雄虫体长 18.00 mm，腹部宽 4.50 mm。雌虫体长 19.30 mm，腹部宽 5.00 mm。

分布：浙江（临安）、安徽、湖南、福建、广西、四川、贵州、云南。

图 10-13　六刺素猎蝽 *Epidaus sexspinus* Hsiao, 1979
A. 阳基侧突；B. 雄虫生殖节中突（侧面观）；C. 阳茎（背侧面观）；D. 内阳茎（侧面观）

36. 彩猎蝽属 *Euagoras* Burmeister, 1835

Euagoras Burmeister, 1835: 221. Type species: *Euagoras stolli* Burmeister, 1835.

主要特征：头圆柱状，与前胸背板约等长，触角基后方具一瘤突，眼后部分稍长于眼前部分；触角第 1 节与前股节约等长；喙第 1 节显著短于第 2 节；前胸背板前叶中央具凹沟，后叶两侧近侧角处具一长刺，腹部较宽于翅，足细长。

分布：东洋区；印度尼西亚（爪哇岛），菲律宾，日本及中国南方地区。浙江分布 1 种。

（57）彩纹猎蝽 *Euagoras plagiatus* (Burmeister, 1834)（图版 II-26）

Zelus plagiatus Burmeister, 1834: 303.

Euagoras plagiatus: Hsiao *et al.*, 1981: 501.

主要特征：体淡黄褐色。头、前胸背板、小盾片淡红赭色；前胸背板后叶中央宽纵斑、前翅、前胸背板侧角刺、喙顶端及腹板黑色；前翅侧缘、侧接缘及足淡黄褐色；股节线纹及亚顶端部环纹、腹部腹面及两侧纵带均为黑色；喙、基节臼土黄色，基节淡红赭色；触角暗褐色，具赭色宽环。

雌虫头长 2.50 mm，头宽 1.30 mm，头顶宽 0.45 mm，头横缢前部长于横缢后部（1.40 mm：1.10 mm），两单眼间的距离 0.50 mm，单眼与相邻复眼的距离 0.15 mm；触角第 1 节最长，第 2 节最短，各节长 1：2：3：4=6.40：2.00：3.25：4.60（mm），触角基后方具 1 小瘤突；喙各节长 1：2：3=1.20：1.65：0.35（mm）。前胸背板长 2.50 mm，前叶长 0.90 mm，前角间宽 1.20 mm，侧角间宽 4.90 mm（包括两个侧角刺），前角锥状，侧角刺细长（1.10 mm），伸向两侧，前叶鼓起，中央具纵沟，后叶后缘近平直。小盾片顶端尖锐，前翅内角翅室长形，前翅达于腹部末端。前股节与胫节等长（5.20 mm）。

雄虫体长 12.70 mm，腹部宽 3.00 mm。生殖节后缘中部突出。

雌虫体长 13.80 mm，腹部宽 3.20 mm。

分布：浙江（临安）、江西、福建、广东、海南、广西、云南；印度，缅甸，越南，斯里兰卡，菲律宾，印度尼西亚。

37. 菱猎蝽属 *Isyndus* Stål, 1858

Isyndus Stål, 1858: 445. Type species: *Isyndus heros* Stål, 1858(=*Isyndus reticulatus* Stål, 1868).

主要特征：头显著短于前胸背板，眼前部分与眼后部分约等长，触角第 1 节与前足股节等长，触角基后方具瘤突或短刺；喙第 1 节稍长于第 2 节；前胸背板前叶两侧各具一刺突，后叶侧角呈刺状或角突指向两侧方。前足胫节长于前足股节及转节之和。阳茎鞘背板宽阔，内阳茎背面近基部有一对长鞭形的骨化构造，其两侧各有一轻度骨化的锥状突，近端部两侧为刺域，端部具密刺或浓密毛。阳茎的特征在种间，其形状及构造等虽有不同，但区别不显著（除簇毛菱猎蝽 *Isyndus lativentris* 外）。

分布：世界已知 11 种，中国记录 7 种，浙江分布 2 种。

（58）毛翅菱猎蝽 *Isyndus lativentris* Distant, 1919（图 10-14）

Isyndus lativentris Distant, 1919: 211.

Isyndus yunnanus Ren, 1986: 139.

主要特征：雄虫体长 22.10–24.80 mm。雌虫体长 27.12–29.10 mm。体栗褐色，污暗，被浅色稀疏长毛及浓密平伏的黄色短毛。触角第 1、2 节两节黑褐色，第 3、4 节两节橘红色，第 3 节端半部色较暗。

前胸背板前叶深褐色，黄色平伏的浓密短毛构成整齐的云斑纹，后叶具显著的短横皱纹，侧角突宽阔，其侧缘不光滑。小盾片及前翅革片黄色短毛簇生，形成毛斑。前翅革片具簇毛，形成显著的黄色毛点斑。膜片深褐色光亮。腹背板深红色或暗橘红色。前足胫节及股节的内侧面均具黄褐色浓密短刚毛及稀疏长毛。

雌虫触角第 1 节最长，长于前胸背板。喙第 1 节长，达眼的后缘。前胸背板前叶基部向两侧的突起较长，稍超过后叶前部，侧角后缘具明显齿突。前翅略超过腹部末端。前足股节稍长于胫节。

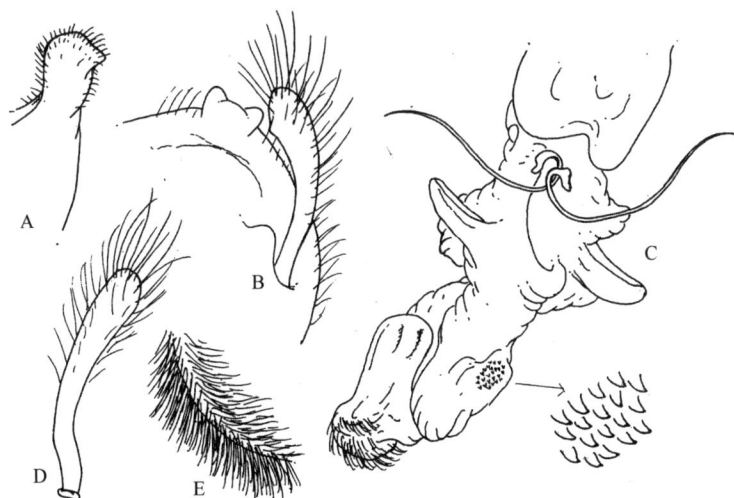

图 10-14 毛翅菱猎蝽 *Isyndus lativentris* Distant, 1919

A. 雄虫生殖节中突（侧面观）；B. 雄虫生殖节端部（背面观）；C. 阳茎膨胀状态（背侧面观，示内阳茎骨化构造）；

D. 阳基侧突；E. 内阳茎端缘细刺

　　雄虫生殖节端缘中突短，略向后伸，由背面观呈二叉钝突；阳基侧突由基部向端部渐渐略加粗，端部毛长；阳茎鞘背板端缘中央显著凹入，内阳茎两侧叶突短，末端钝，系膜的中部两侧刺域的刺小，而内阳茎亚端部具浓密棕色毛。

　　本种接近于褐菱猎蝽 *Isyndus obscurus*，但体较大，前胸背板前叶由黄色平伏短毛组成云形斑，前翅革片上短毛簇生；前胸背板后叶向两侧显著扩展，呈直角。跗节爪齿的端部小弯突明显。雄虫腹部第 7 腹板基部中央有一向后的小瘤突，此特征与褐菱猎蝽类似。

　　分布：浙江（松阳）、海南、四川、云南；越南。

（59）褐菱猎蝽 *Isyndus obscurus* (Dallas, 1850)

Harpactor obscurus Dallas, 1850a: 7.

Isyndus obscurus: Hsiao *et al*., 1981: 494.

　　主要特征：雄虫体长 23.30 mm。雌虫体长 28.40 mm。体棕褐色，被淡黄色短柔毛及稀疏的细长毛。触角（除第 3 节基部及第 4 节端部浅色外）、头背面、前胸背板前叶、前翅爪片、膜片及腹部侧接缘均为黑褐色，腹部背面深红色。前胸背板前叶黑色，具黄色毛组成的花纹，背板后叶中域近平坦，表面具皱纹。

　　雌虫头长 4.50 mm，头宽 2.00 mm，头顶宽 1.20 mm，两单眼间距离 0.90 mm，单眼与眼间的距离 0.40 mm；触角各节长 1：2：3：4=6.80：2.50：4.50：3.10（mm），喙各节长 1：2：3=2.50：2.00：0.70（mm）。前胸背板长 5.40 mm，前叶长 1.90 mm，后叶长 3.50 mm，前角间宽 1.70 mm，侧角间宽 7.20 mm，前叶深色斑纹不太显著，其深色斑纹上均具暗黄色密生短毛，后叶两侧横皱较中部显著，侧角后缘有缺刻，后角突出，其间平直。小盾片中部向上突起。前股节长 7.30 mm，胫节长 7.50 mm，跗节第 1 节甚短，第 3 节长于第 2 节，爪呈齿状。前翅刚达腹部末端。

　　雄虫头长 3.90 mm，头宽 1.96 mm；前胸背板长 4.91 mm，前叶短于后叶（1.90 mm：3.51 mm），前角间宽 2.21 mm，侧角间宽 7.42 mm，前翅长 15.30 mm，超过腹部末端 1.80 mm，腹部第 7 腹板中部向后倾斜，生殖节后缘中部呈钝角状突出，阳基侧突细长。

　　分布：浙江（绍兴、临安）、山东、江苏、安徽、湖北、江西、湖南、福建、广西、四川、云南；日本，印度，不丹。

　　注：卵：卵似柱状，棕色或赭色，卵长 2.90–3.00 mm，粗 1.00 mm，卵前极卵壳领缘及卵壳盖表面构造为白色或暗白色，卵壳领缘宽 0.10 mm。卵壳盖表面被许多弯曲的似毛状物所覆盖，卵壳领缘由侧面观察具网纹构造，卵壳表面呈脊状网纹，每个网纹中央有泡囊窝。

　　若虫：1 龄若虫体长 3.80–4.80 mm，宽 0.80–1.20 mm。初孵若虫橘黄色，经 1 h 渐变为棕褐色。头、胸、足黑色。触角第 1、2、3 节为黑色，第 4、3 节基前部为橘黄色，各节长为 1：2：3：4=2.60：0.80：0.80：2.50（mm）。喙为橘黄色，各节长为 1：2：3=0.45：0.38：0.12（mm），宽为 0.20 mm。眼棕红色，腹部棕黄色，背面具 2 块褐色方形斑，背部具 3 个臭腺，臭腺开口周围褐色。2 龄若虫体长 6.30–7.20 mm，宽 1.20–1.80 mm。刚蜕皮时为橘黄色，渐变为棕褐色。头、胸、足黑色。触角第 1、2 节为黑色，第 3、4 节基前部为橘黄色，各节长度分别为 1：2：3：4=4.10：1.40：1.80：3.20（mm）。喙第 1、2 节为橘黄色，第 3 节为棕褐色，各节长为 1：2：3=0.80：0.60：0.20（mm），宽为 0.25 mm。3 龄若虫体长 9.20–10.2 mm，宽 2.80–3.60 mm。刚蜕皮为橘黄色，渐变为棕褐色。头、胸、足黑色，足腿节中前部为橘黄色，胫节为棕黄色。触角第 1 节为黑色，第 2 节基半部和第 3、4 节端半部为橘黄色，各节长为 1：2：3：4=5.00：1.80：2.90：3.20（mm）。喙各节长为 1：2：3=1.40：0.80：0.25（mm），宽为 0.40 mm。4 龄若虫体长 12.00–14.00 mm，宽 5.00–5.50 mm。刚蜕皮时为橘黄色，渐变为棕褐色。头、胸、足黑色。股节、胫节为棕黄色。触角第 1 节黑色，第 2 节基半部、第 3 节基部及端部、第 4 节端半部为橘黄色，各节长为 1：2：3：4=6.00：1.80：3.80：3.40（mm）。喙第 1、2 节棕黄色，各节长为 1：2：3=1.60：1.00：0.30（mm），宽为 0.41 mm。翅芽棕褐色，前翅芽长于后翅芽。5 龄若虫体长 16.00–18.00 mm，宽 5.10–5.50 mm。刚蜕皮时为橘黄色，渐变为棕褐色。触角第 1 节黑色，第 2 节基半部、第 3 节基前部和端部、第 4 节端部为橘黄色，各节长为 1：2：3：4=7.40：2.60：4.90：3.60（mm）。喙各节长为 1：2：3=2.20：1.60：0.80（mm），宽为 0.42 mm。

褐菱猎蝽在山东地区一年发生一代，以成虫在枯枝落叶层和石缝内潜伏越冬，翌年春季越冬成虫陆续开始活动。据室内观察，5 月中旬雌虫开始产卵，产卵期 60–70 天，至 7 月下旬结束产卵。卵期为 10–13 天。5 月下旬开始出现若虫，一直至 9 月下旬仍可见到若虫。若虫共 5 龄。整个若虫期最短为 61 天，最长为 83 天。变为成虫后，当年交尾，翌年 5 月开始产卵。

1 头若虫孵化出壳到整个卵块孵化完毕约经 1 h。以 195 粒卵的观察，卵的孵化率一般为 88%–100%。

孵化出的第一龄若虫 4–8 h 后开始捕食，1 龄若虫可捕食蚜虫和杨扇舟蛾、黄刺蛾、舞毒蛾等 1 龄幼虫。1 龄若虫必须经过取食害虫才能完成龄期。2 龄后可捕食较大的幼虫，甚至可捕食比自己重 2–5 倍的幼虫。若虫可全天捕食。

初孵若虫群集于卵块附近，1–3 h 后，逐渐扩散。1–4 龄若虫常有几头或 10 余头捕食 1 头害虫。在野外，烈日时常隐蔽于植物的叶背面或阴凉处，雨天不大活动。

若虫全天蜕皮，一般白天蜕皮较多，尤以下午最多。雄若虫比雌若虫平均提前 6 天蜕皮。蜕皮时 3 对胸足紧攀附着物，头部向上腹部下垂，旧皮从胸部背面中线裂开，头部先蜕出，前足、喙、触角、中足、后足、腹部依次脱出。刚蜕皮的成虫体为黄色，后渐变为黄褐色，最后变为褐色。从黄色至褐色变化过程历经 2 小时多。若虫蜕皮前停食 10–15 h，蜕皮后经 8–24 h 开始取食。

9 月下旬至 10 月上旬为成虫交尾期。雌虫蜕皮 8 天后，雄虫蜕皮 27 天开始交尾，交尾历时 9 h。雌虫最少交尾一次，最多 4 次。雄虫可交尾 4–6 次。交尾前雄虫附着在雌虫背上，交尾后雄虫仍可在雌虫背上停留 1–2 天。

雌虫交尾后，经过越冬，第 2 年春开始产卵，产卵一般多在白天，尤以下午产卵最多。产卵时随产随分泌黄褐色胶状物，将卵粒黏结在一起。卵排列整齐，呈块状。一头雌虫一般可产 10–15 块卵，每块卵含卵 4–43 粒。每头产卵量平均 195 粒。从 5 月中旬到 7 月下旬为产卵期。常栖息于森林中，雌虫通常将卵产于叶片背面、针叶之间或林木小枝条上。不经交尾的雌虫也能产卵，但卵不能孵化。

新蜕皮的若虫停息约 1 h 后开始取食。从 9 月上旬到翌年 7 月下旬为成虫期，由于成虫历期长，虫体大，捕食害虫的虫体也比较大。捕食时先将喙插入害虫的胸部或腹部并注入毒液，使害虫麻醉，即可取食。成虫多在白天捕食，下午捕食多。雌虫比雄虫寿命平均长 5–6 天。

褐菱猎蝽若虫和成虫特别喜捕食舞毒蛾（*Lyman triadispar*）、榆毒蛾（*Ivela ochropoda*）、杨扇舟蛾（*Clostera anachoreta*）、春尺蠖（*Apocheima cinerarius*）、杨叶蜂（*Nematus* sp.）幼虫，其次为黄刺蛾（*Cnidocampa flavescens*）、黄褐天幕毛虫（*Malacosoma neustria testacea*）、油松毛虫（*Dendrolimus tabulaeformis*）、马尾松毛虫（*Dendrolimus punctatus*）和黄杨绢野螟（*Diaphania perspectalis*）幼虫。第 1、2 龄若虫可捕食比自己虫体大的 1–2 龄的舞毒蛾、杨叶蜂、黄刺蛾幼虫。随着若虫虫龄增加，捕食量亦增加。成虫捕食量明显高于若虫，该类昆虫生活历期长，因此在捕食各种害虫过程中起重要作用。曾报道，本种在山东山区捕食松毛虫幼虫。

38. 角猎蝽属 *Macracanthopsis* Reuter, 1881

Macracanthopsis Reuter, 1881: 14. Type species: *Macracanthopsis nodipes* Reuter, 1881.

主要特征：中等大小。头与前胸背板约等长，眼前部分短于眼后部分。触角基后方每边具 1 长刺。喙第 1 节短于第 2 节，第 2 节约等于第 1、3 节两节之和。触角第 1 节显著长于前胸背板之长。前胸背板前叶鼓起，后部中央具凹沟，后叶中央凹陷不达后缘，后角较突出。小盾片中部鼓起，顶角尖削。腹部向两侧稍扩展，足细长，前足股节较粗，各足股节均呈结节状。

分布：中国记录 2 种，浙江分布 1 种。

（60）结股角猎蝽 *Macracanthopsis nodipes* Reuter, 1881（图 10-15；图版 II-27）

Macracanthopsis nodipes Reuter, 1881: 15.

主要特征：体褐黄色，光亮。触角及其后方刺、眼、前翅、后足股节顶端、胫节亚基部环均为黑色；侧接缘及腹部腹面淡黄色，腹部亚侧域具黑色纵带；前翅、胫节顶端及跗节均为烟褐色；雄虫阳基侧突黑褐色。

雌虫头长 2.70 mm，头宽 1.65 mm，头顶宽 0.54 mm，横缢前部短于横缢后部（1.00 mm：1.10 mm），其后部显著高起，两个单眼之间的距离 0.50 mm，单眼与复眼间的距离 0.14 mm。触角基部刺尖细，触角各节长 1：2：3：4=4.75：1.15：1.85：5.40（mm）。喙第 1 节达眼的中部，第 2 节长于第 1、3 节两节之和，各节长 1：2：3=0.85：1.15：0.35（mm）。前胸背板长 2.00 mm，前角间宽 1.00 mm，侧角间宽 2.40 mm，前叶短于后叶（0.75 mm：1.25 mm），前角呈短锥状向两侧突出，后叶稍鼓，中央具凹陷，不达其后缘，后角稍突出。前翅长 7.10 mm，超过腹部末端 1.20 mm；膜片内室基部稍大于外室基部。前足股节较粗，粗 0.43 mm，长 3.95 mm，胫节长 3.65 mm。

雄虫体较小，体长 10.00 mm。腹部宽 2.05 mm，腹部腹面第 2、3、4 腹板中央呈脊状。前翅长 6.50 mm，超过腹部末端 1.80 mm。生殖节后缘简单，中央稍凹入，阳基侧突细棒状，端部膨大。

分布：浙江（建德）、福建、海南、广西、云南；越南，缅甸，马来西亚。

注：虫卵浅棕色，卵壳半透明，壳表面光亮，卵前极白色或乳黄色。卵呈锥状，后极膨大，向前渐缩，卵长 1.20 mm，卵前极卵壳领缘处粗 0.39 mm，卵后极粗 0.72 mm。卵后极卵壳表面具排列整齐的小泡状突起，当放大至 2000 倍时尚未呈现孔状构造，此域的卵壳一般黏附在植物茎或叶表面上，卵的前极略倾斜。卵盖突壳表层为很薄的一层稀疏组织，外表呈现出隐约的六边形网状纹，此层易受损破裂或脱落，此层之内为多孔体网络组织。卵常疏散地排成一行。本种卵的外形与彩猎蝽属 *Euagoras* 种类的卵接近。

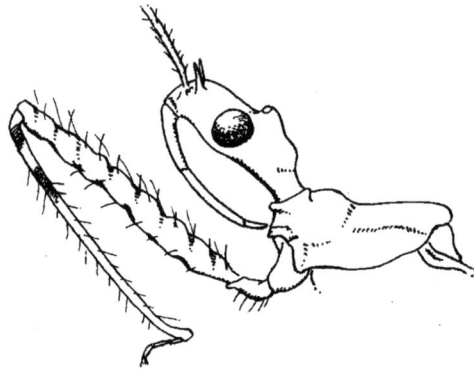

图 10-15　结股角猎蝽 *Macracanthopsis nodipes* Reuter, 1881
头、胸侧面观

39. 瑞猎蝽属 *Rhynocoris* Hahn, 1833

Rhynocoris Hahn, 1833: 20. Type species: *Reduvius cruentus* Fabricius, 1787(=*Cimex iracundus* Poda, 1761).

主要特征：前胸背板前叶较大，长于后叶长度的 1/2，前叶中央沟短，向前端几乎达领，后端不与横沟相通；背板后叶前部中央不鼓起，中央纵沟不显著，后缘在小盾片前方部分近平直，后角甚显著。

分布：中国记录 12 种，浙江分布 1 种。

（61）云斑瑞猎蝽 *Rhynocoris incertis* (Distant, 1903)（图 10-16；图版 II-28）

Sphedanolestes incertis Distant, 1903c: 209.

Rhynocoris incertis: Hsiao *et al*., 1981: 530.

主要特征：体黑色，具红色斑，被淡色稀疏短毛。头侧缘、两眼间、触角基、前胸背板前叶、后叶侧缘及后缘、革片狭窄侧缘及基缘、侧接缘背腹面斑、头的腹面、基节及转节均为红色。前胸背板前叶具明显云形刻纹，后叶较光滑。

雌虫头长 3.20 mm，头宽 1.85 mm。触角第 1 节显著长于前胸背板，各节长度为 1：2：3：4=4.30：2.10：1.40：3.50（mm）。喙第 1 节超过眼的前缘，各节长度为 1：2：3=1.60：2.00：0.42（mm）。前胸背板稍长于头，后叶中央具浅凹沟，但有的个体其凹陷不明显。腹部宽 7.20 mm。膜片不达腹部末端。

雄虫前翅膜片稍超过腹部末端，生殖节后缘中部突起向外翻折，阳基侧突细长，基部稍弯。

雄虫体长 16.00 mm，腹部宽 5.50 mm。雌虫体长 16.50 mm，腹部宽 7.20 mm。

本种红斑变异较大，常红斑消失。

本种色泽有变异，有的个体除单眼与眼之间条斑及侧接缘基角暗红色外均为黑色；有的个体头的横缢前部、头的腹面、各足基节和基节臼、转节、前胸背板前叶和后叶侧缘和后缘、前翅革片及侧接缘全为红色。在这两类变化之间有过渡类型。尤其是前胸背板、前翅及侧接缘的色斑与红缘瑞猎蝽 *Rhynocoris rubromarginatus* 很相似。

分布：浙江（临安、江山）、河南、陕西、江苏、安徽、湖北、江西、湖南、福建、四川、贵州、云南；日本。

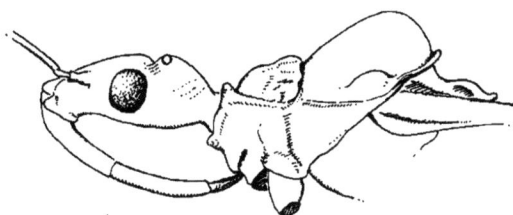

图 10-16　云斑瑞猎蝽 *Rhynocoris incertis* (Distant, 1903)
头、胸侧面观

40. 轮刺猎蝽属 *Scipinia* Stål, 1861

Scipinia Stål, 1861: 137. Type species: *Sinea horrida* Stål, 1860.

主要特征：体近椭圆形，头的背面每边具 3 个直立长刺，长刺之间及其周围具小刺。喙第 1、2 节约等长。触角第 1 节稍长于头。前胸背板前叶短，中部具 4 个长刺，后两个刺顶端一般呈二叉状，其周围具许多小刺突。后叶无刺，侧角稍向上翘，后缘呈锯齿状；中胸腹板每边具一瘤突，前足胫节腹侧缘具成列的小刺。

分布：中国记录 4 种，浙江分布 1 种。

（62）轮刺猎蝽 *Scipinia horrida* (Stål, 1860)（图 10-17）

Sinea horrida Stål, 1860: 262.

Scipinia horrida: Hsiao *et al*., 1981: 492.

主要特征：体长 10.00–11.50 mm。体赭色。头背面基部、侧接缘第 5、6 节间的大色斑及第 7 节端部均黑色。前翅爪片暗褐色；膜片青铜色，顶端域色淡，半透明。喙弯曲，第1节稍长于第2节，超过眼的后缘，第3节最短。前胸背板前叶的4个刺、后排的2个刺常端部分为二叉状；后叶具粗密刻点，中部凹陷，后部两侧较向上圆隆，侧角尖锐，后缘中部向后圆突，边缘具小突起；小盾片顶端呈刺状，向上翘起。前足股节粗壮，具显著的突起，近顶端的刺突最长；前足胫节稍短于股节，中足及后足股节近顶端处具微弱的结节状。各足前跗节的爪细长，基部齿大，爪间鬃达爪的顶端。雌虫腹部第4、5节两节侧接缘明显向两侧扩展。

雄虫生殖节后端缘中部向后突出，即为生殖节中突，较短。阳茎椭圆形，关节附器短，阳茎鞘背板亚圆形，端缘阔圆，内阳茎无骨化构造。

分布：浙江（建德）、陕西、湖北、江西、福建、广东、海南、广西、四川、贵州、云南；缅甸，越南，斯里兰卡，菲律宾。

注：卵体壳表面棕色，卵前极卵壳领缘及卵盖表面均为白灰色。卵圆柱状，长1.40 mm，粗0.70 mm。卵盖直径为0.65 mm，卵盖壳表面中域有许多小孔，卵盖亚外缘的壳表面为网络组织，有若干似丝状突起向内上方伸展，在前半部以右旋方向交织旋绕，使前端呈缠绕的环状，悬浮在卵壳上方。卵盖外缘壳表面为六边形网孔。而卵壳领缘前缘似粗毛状呈放射形排列的突起，周缘90–100个为气孔外突。从它的着生位置推测可能是精孔突。卵前极花饰构造复杂，由卵块上面观，呈似一朵朵盛开的"菊花"。卵壳表面为分散不均的方形突起。

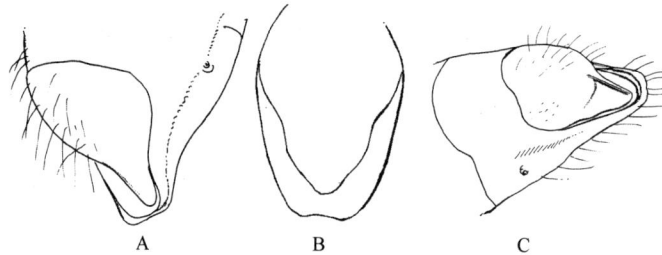

图 10-17　轮刺猎蝽 Scipinia horrida (Stål, 1860)
A. 雄虫生殖节（侧面观）；B. 雄虫生殖节（腹面观）；C. 雄虫生殖节（腹侧面观）

41. 刺猎蝽属 Sclomina Stål, 1861

Sclomina Stål, 1861: 137. Type species: Sclomina erinacea Stål, 1861.

主要特征： 体长椭圆形。头触角后方每侧具3个长刺，前端中央具2个短刺；喙第2节长于第1节的1/3；触角第1节的长度约等长于头与前胸背板长度之和。前胸背板前叶具许多刺，后叶具4个刺。中胸侧板具瘤突。腹部两侧呈叶状刺。一般各足股节具刺，前足股节稍粗，前足胫节短于股节。

雄虫生殖节端缘中部突出，中央凹入，阳基侧突棒状，略弯曲，一般前端具3根长刚毛。阳茎体长椭圆形，背面宽阔的鞘背板骨化强，呈棕褐色，阳茎除系膜表面散在的小微刺外，一般左、右各侧具4–7个骨化刺，前端一个，其后部3–5排成横列，内阳茎系膜骨化刺的数目、大小、形状、排列方式在种间不同，但同种个体间亦有变化。

分布：中国记录3种，浙江分布1种。

（63）齿缘刺猎蝽 Sclomina erinacea Stål, 1861（图 10-18）

Sclomina erinacea Stål, 1861: 137.

主要特征： 体长14.00–15.50 mm，黄褐色，具许多刺；头两侧眼的前、后方两侧窄斜带、小盾片中部、前缘脉前中部、革片大部分及胸侧板色斑均为黑褐色，革片基部及革片翅脉暗黄色，膜片淡褐色透明，中室脉及内、外室的基部均为暗黄色。头背面前端中央具2个短刺，触角的后方每边具3个长刺，中间的刺最长。前胸背板前叶具 10 个刺（2、4、4），中部中央的 2 个刺较长，中央具纵向凹沟；后叶具 4 个显著的长刺。第 3 节端角呈刺状，其他各节呈叶刺状；腹部中央黄色光亮，两侧具不规则的黑褐色斑，第 4–6 节后缘具黄色光亮突起。

雄虫阳基侧突细长，生殖节后缘中央呈宽铲状突出，其前缘向后凹入。

分布：浙江（临安）、陕西、安徽、湖北、江西、湖南、福建、台湾、广东、广西、贵州、云南。

注：卵：卵壳表面光亮、浅棕色，卵长 2.2 mm（含卵盖高度），卵体长 1.9 mm，中部宽 0.9 mm（雌虫体内成熟卵）。

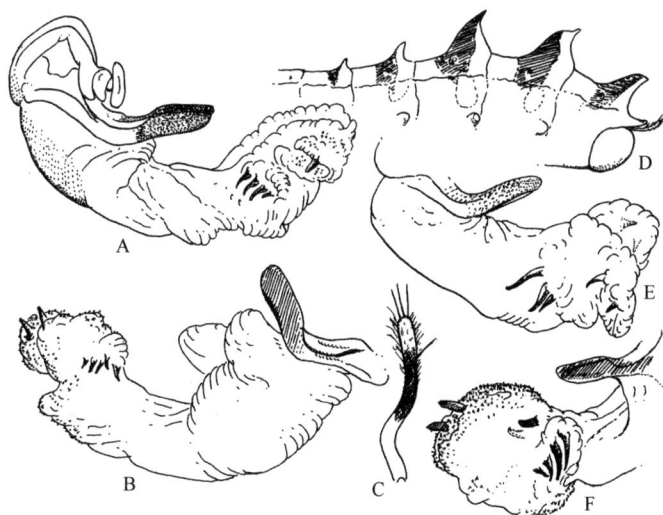

图 10-18　齿缘刺猎蝽 Sclomina erinacea Stål, 1861
A. 阳茎膨胀状态（左侧面观）；B. 阳茎膨胀状态（右侧面观）；C. 阳基侧突；D. 雄虫腹部（侧腹面观）；
E. 阳茎膨胀状态（阳茎关节附器略）（左侧面观）；F. 内阳茎（侧面观）

42. 塞猎蝽属 *Serendiba* Distant, 1906

Serendiba Distant, 1906: 368. Type species: *Serendiba pundaluoyae* Distant, 1906.

主要特征：体长形，头稍短于前胸背板，触角基后方具一短瘤突，头横缢前部为横缢后部的 1/2 长，单眼位于眼后方；喙第 1 节稍长于第 2 节，约等于第 3、4 节两节之和；触角细长，第 1 节与后股节约等长。前胸背板后叶为前叶的 1.5 倍，前叶后部中央凹沟状，侧角具长刺；小盾片短，基部中域凹陷，顶角钝；前胫节直，约与后胫节等长，稍短于后股节；后胫节稍长于股节。

分布：中国记录 2 种，浙江分布 1 种。

（64）史氏塞猎蝽 *Serendiba staliana* (Horváth, 1879)（图 10-19；图版 II-29）

Endochus staltanus Horváth, 1879: 147.

Serendiba hymenoptera China, 1940: 239.

Serendiba staliana: Rédei & Ishikawa, 2007: 1.

主要特征：头、前胸背板（除中央纵纹及后叶两侧域淡黄色外）、前翅革片（翅脉红赭色）和膜片翅脉棕色；小盾片浅黄色，基部褐色；各足淡黄色，触角淡棕色。眼大，显著，呈黑色；胸部腹面浅棕褐色，腹部腹面浅黄色。雄虫生殖节棕色。前翅膜片透明，内翅室似三角形，显著大于外翅室；前胸背板后叶侧角呈短刺，指向两侧。足细长，前胫节短于股节，后胫节长于股节。

雄虫体长 14.00 mm，腹部宽 2.00 mm。头长 2.10 mm，头宽 1.34 mm；单眼大，彼此远离；触角细长，各节长为 1：2：3：4=6.60：2.40：4.60：2.20（mm）；喙第 1 节达眼的后缘，各节长 1：2：3=1.10：0.60：0.30（mm）。前胸背板长 2.40 mm，前叶显著短于后叶（0.90 mm：1.50 mm），前角间宽 0.910 mm，侧角间宽 2.60 mm（含侧角刺长度）。前翅长 9.90 mm，超过腹部末端 2.50 mm。

雌虫体长 16.00 mm，腹部宽 3.0 mm。头长 2.30 mm，头宽 1.25 mm；前翅长 10.50 mm，超过腹部末端 2.20 mm。

分布：浙江（泰顺）、湖北、湖南、福建、台湾、广东、海南、广西、四川。

图 10-19　史氏塞猎蝽 *Serendiba staliana* (Horváth, 1879)
A. 雄虫生殖节端缘（后面观）；B. 雄虫生殖节（侧面观）；C. 阳茎（侧面观）

43. 猛猎蝽属 *Sphedanolestes* Stål, 1867

Sphedanolestes Stål, 1867: 284. Type species: *Reduvius impressicollis* Stål, 1861.

主要特征：体长椭圆形，头等于或稍长于前胸背板，眼前部分与眼后部分约等长，或眼后部分较长；喙第 1 节长于头的眼前部分，触角第 1 节等于或长于头；前胸背板纵沟由前叶至后叶，后叶为前叶长的 2 倍；前翅显著超过腹部末端；有的种类股节呈结节状。

分布：中国记录 11 种，浙江分布 4 种。

分种检索表

1. 前胸背板黑色，或仅后叶具黄色斑纹 ·· 2
- 前胸背板红色，或仅后叶具黑色斑纹 ··· 小红猛猎蝽 *S. anellus*
2. 各足具显著的黄色斑点或黑色环纹 ··· 环斑猛猎蝽 *S. impressicollis*
- 各足完全褐色或黑色，不具完整的黄色环纹 ·· 3
3. 腹部腹面具显著的黑色斑纹；侧接缘基部黑色，端部浅色；雄虫生殖节后缘中部呈短刺状突出 ····· 斑缘猛猎蝽 *S. subtilis*
- 腹部腹面红色或污黄色，有时两侧具黑色斑纹或完全黑色；侧接缘一色；雄虫生殖节后缘中部平截 ··········
·· 红缘猛猎蝽 *S. gularis*

（65）小红猛猎蝽 *Sphedanolestes anellus* Hsiao, 1979（图 10-20；图版 II-30）

Sphedanolestes anellus Hsiao, 1979a: 139.

主要特征：中型，红色，光亮，被直立灰毛。头、触角、喙、足（除基节外）黑色。头腹面纵纹、眼与单眼间和两单眼间 3 个纵向斑点、各足股节靠近中央的环纹污黄色；前翅革片内角及膜片带黑色。

雌虫体长 10.00 mm，头长 1.90 mm，头宽 1.10 mm。横缢位于眼的后缘，单眼突出，两个单眼间的距离 2 倍于各侧单眼与眼之间的距离。触角细长，各节长 1：2：3：4=2.60：0.80：1.40：2.50（mm）。喙各节长 1：2：3=0.70：1.20：0.20（mm）。前胸背板长 1.90 mm，侧角间宽 2.40 mm；前叶长 0.65 mm，纵沟深，前达于领；后叶纵沟宽浅，侧角钝圆，后缘平直。各足股节呈疖状，顶端细缩；前足股节长 2.70 mm，胫节长 3.10 mm；中足股节长 2.20 mm，胫节长 2.80 mm；后足股节长 3.40 mm，胫节长 4.10 mm，跗节长 0.70 mm（各节长比为 1：8：12）。前翅长，超过腹部末端 1.30 mm。膜片甚大。

雄虫身体较小，体长 9.70 mm。触角较长，腹部生殖节末端中央圆突，阳基侧突棒状。

本种与红猛猎蝽 Sphedanolestes trichrous 极接近，但身体较小，各足转节及股节（除浅色环纹外）完全黑色，雄虫阳基侧突不甚弯曲。

分布：浙江（临安、缙云）、福建、四川、云南。

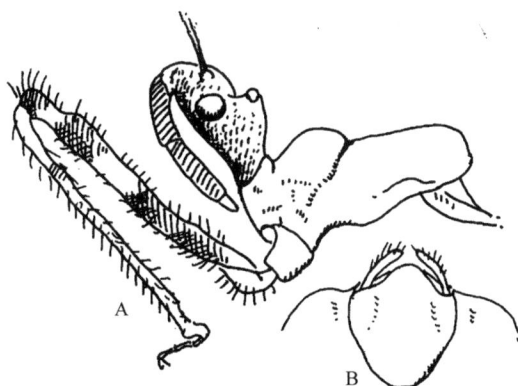

图 10-20　小红猛猎蝽 Sphedanolestes anellus Hsiao, 1979
A. 头、胸（侧面观）；B. 雄虫生殖节（腹面观）

（66）红缘猛猎蝽 Sphedanolestes gularis Hsiao, 1979（图版 II-31）

Sphedanolestes gularis Hsiao, 1979a: 139.

主要特征：体中型，黑色光亮，全身被稀疏灰色细毛，头、胸被白色扁毛。两个单眼之间的纵纹和头的腹面黄色。腹部红色，腹面两侧带黑色。

雌虫头长 2.00 mm，头宽 1.20 mm，头顶宽 0.60 mm，头前叶长 1.20 mm。横缢宽，位于眼的后缘。单眼突出，其间的距离大于每侧单眼与眼的距离。触角远离眼的前缘，各节长 1：2：3：4=3.00：1.30：1.80：1.80（mm）。喙各节长 1：2：3=1.00：1.20：0.30（mm）。前胸背板长 2.20 mm，侧角间宽 2.80 mm；前叶光滑，长 0.70 mm，纵沟深；后叶较粗糙，中央凹陷，侧纵沟显著，侧角钝圆，后缘平直。前翅长，超过腹部末端 1.00 mm，膜片甚大。各足股节顶端细缩，前足股节长 3.50 mm，胫节长 3.70 mm；中足股节长 3.00 mm，胫节长 3.30 mm；后足股节长 4.00 mm，胫节长 5.10 mm，跗节长 0.60 mm，第 1 节极短，第 3 节甚长。

雄虫生殖节后缘中部平直，中部具两个齿状突起。

雄虫体长 9.60–10.10 mm，腹部宽 2.40 mm。雌虫体长 11.90 mm，腹部宽 2.84 mm。

四川峨眉山采集的标本腹部腹面完全红色、橘红色或黄色，有的个体两侧具黑色斑或消失。

分布：浙江（临安、缙云）、黑龙江、河南、甘肃、安徽、湖北、湖南、福建、海南、广西、四川、贵州、云南、西藏。

注：卵壳为浅棕色或浅栗色，卵前极的表面及壳领缘为白色。卵长 1.1 mm（含领缘高度 0.1 mm），卵体中部粗 0.5 mm，卵的后极略大于前极，卵前极的直径为 0.35 mm，领缘高 0.1 mm。雌虫通常将卵产在植物叶的上表面，卵块卵的数目不同，由 10–24 粒或 32 粒卵组成（卵块形状不规则），卵排列紧密，卵之间由雌虫分泌的透明胶状物将卵彼此粘在一起。卵的后极粘在叶的表面上，卵前极向上。

经扫描电镜观察，卵壳盖为白色多层网状多孔体构造，中央突起，壳领缘外表不平，具小颗粒突，卵壳表面呈网状花纹，这种卵壳表面网纹由若干小粒突组成。本种卵的外形及色泽与环斑猛猎蝽 *Sphedanolestes impressicollis* 卵相似，但卵体较小，卵壳为浅棕色至棕色，卵前极的构造不同，卵壳表面花纹相异，两者易区分。

在河南鸡公山自然保护区，该种曾采于灌木、杂草丛上及采于菊科植物的花上（任树芝于 1997.VII.10–14），将采于该地区的多个雌虫，经饲养，雌虫产卵于植物叶的表面或饲养器纱布上，最大的一卵块有卵 30 粒，卵块的大小与卵的数目不同（5–30 多粒）；其中有的个体共产卵 150 多粒。本种在该地区为猎蝽的优势种群之一。在河南地区 7 月中旬为交尾产卵盛期。在福建武夷山自然保护区经观察（任树芝，1982 年夏），该种活动敏捷，常在灌木丛中捕食。红缘猛猎蝽分布较广，为中等大小的种类，个体数量仅次于环斑猛猎蝽 *Sphedanolestes impressicollis*。

成虫及若虫捕食叶蜂幼虫及山竹缘蝽 *Notobitus montanus* 等。

（67）环斑猛猎蝽 *Sphedanolestes impressicollis* (Stål, 1861)（图 10-21）

Reduvius impressicollis Stål, 1861: 147.

Sphedanolestes impressicollis: Hsiao *et al.*, 1981: 533.

主要特征：体黑色，被短毛，光亮。触角第 1 节具 2 个浅色环纹，膜片褐色透明；股节具 2 或 3 个、胫节具 1 个浅色环，腹部腹面中部及侧接缘每节的端半部均为黄色或浅黄褐色。

雌虫体长 17.50 mm，腹部宽 5.40 mm。头长 3.10 mm，头宽 1.70 mm，头顶宽 0.85 mm，横缢前部长 1.70 mm，横缢后部长 1.40 mm，触角第 1 节最长，各节长 1：2：3：4=5.10：2.10：2.40：3.50（mm）。喙第 1 节达眼的中部，各节长 1：2：3=1.45：1.85：0.40（mm）。前胸背板长 3.20 mm，前角间宽 1.50 mm，侧角间宽 4.00 mm，胸部腹面密被白色短毛。前翅稍超过腹部末端。

雄虫体长 16.50 mm，腹部宽 4.30 mm。前翅显著超过腹部末端，腹部末端后缘中央突出，其顶端具 2 小钩，阳基侧突呈弯曲棒状；阳茎短宽，内阳茎系膜具小刺及强骨化的小齿构造。

本种个体色泽深浅有变异，福建地区标本色泽深，而云南、四川、广东、浙江的个体较浅，前胸背板后叶为褐色或浅黄褐色。

分布：浙江（临安）、天津、山东、河南、陕西、甘肃、江苏、湖北、江西、湖南、福建、广东、广西、四川、贵州、云南；日本，朝鲜半岛，印度。

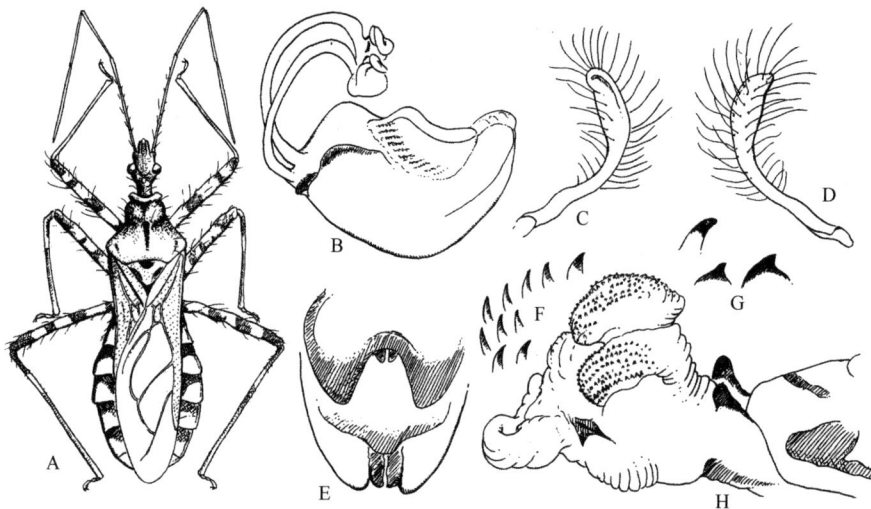

图 10-21　环斑猛猎蝽 *Sphedanolestes impressicollis* (Stål, 1861)

A. 成虫（背面观）；B. 阳茎（侧面观）；C, D. 阳基侧突（不同面观）；E. 阳茎端部（背面观）；
F. 内阳茎的骨化刺；G. 内阳茎的骨化齿；H. 阳茎前部（膨胀状态，侧面观，示内阳茎）

（68）斑缘猛猎蝽 *Sphedanolestes subtilis* (Jakovlev, 1893)

Harpactor subtilis Jakovlev, 1893: 321.

Sphedanolestes subtilis: Hsiao *et al.*, 1981: 534.

　　主要特征：体黑色，具平伏白灰色短毛，体狭长，喙、触角褐色；头、前胸背板、小盾片、腹部背面及腹面的横带均为黑色；腹面淡黄色（除横带斑外），侧接缘各节前部淡黄色，后部黑色。生殖节黑色。前翅长，显著超过腹部末端，革片褐色，膜片浅褐色、半透明。

　　雌虫体长 12.2 mm，腹部宽 3.4 mm。头长 1.2 mm，头宽 1.2 mm。触角第 1 节最长，第 3、4 节等长，各节长为 1：2：3：4=3.1：1.40：1.50：1.50（mm）。喙第 1 节达眼的中部，各节长为 1：2：3=0.90：1.30：0.40（mm）。前胸背板长 2.10 mm，前叶短于后叶（0.70 mm：1.40 mm），后叶侧角间宽 2.70 mm。前翅长 98.50 mm，超过腹部末端 1.04 mm。雄虫体较小，腹部末端后缘中部突出，阳基侧突粗壮。雄虫体长 11.80–12.00 mm，腹部宽 2.20–2.40 mm。

　　分布：浙江（临安）、河南、陕西、甘肃、湖北、福建、广西、四川、贵州、云南。

44. 脂猎蝽属 *Velinus* Stål, 1866

Velinus Stål, 1866: 52. Type species: *Velinus lobatus* Stål, 1863.

　　主要特征：体较扩展，腹部第 5–6 节向两侧呈弧形扩展。足细长，股节顶端呈结节状。头与前胸背板约等长或稍短，眼后域很长于眼前域；触角第 1 节长于前股节；前胫节与前股节和转节之和等长；小盾片亚三角形，顶端不呈舌状扩展。

　　分布：本属的种类主要分布在我国的南方，现已记录 6 种，浙江分布 1 种。

（69）黑脂猎蝽 *Velinus nodipes* (Uhler, 1860)

Harpactor nodipes Uhler, 1860(1861): 230.

Velinus nodipes: Hsiao *et al.*, 1981: 525.

　　主要特征：体黑色。触角第 1 节中部 2 个环、头后叶中央前部菱形小斑、各足股节 2 个环及胫节亚端部、腹部腹面小斑均为浅黄色，小盾片顶端乳白色，革片内域、膜片淡黄褐色、透明，腹部腹板第 5 节以后浅褐色。

　　雌虫体长 14.50 mm。头长 2.40 mm。触角各节长 1：2：3：4=3.70：1.20：1.05：2.40（mm）；前胸背板前角呈短锥状指向前侧方；前角间宽 1.20 mm，前胸背板长 3.00 mm，前叶短于后叶，前叶中央具深沟，后部两侧呈丘状凸起。小盾片亚顶端细缩，顶端呈泡状稍向下弯。腹部侧缘扩展，并向上翘折。前翅稍超过腹部末端。

　　雄虫体长 13.20 mm。腹部末端后缘中部宽阔突出，前缘加厚。

　　分布：浙江、河南、陕西、江苏、湖北、福建、广东、广西、四川、贵州、云南；日本，朝鲜半岛。

45. 裙猎蝽属 *Yolinus* Amyot *et* Serville, 1843

Yolinus Amyot *et* Serville, 1843: 358. Type species: *Yolinus sufflatus* Amyot *et* Serville, 1843.

　　主要特征：体亚椭圆形，腹部侧缘向两侧强烈扩展，具深凹缺刻，起伏不平，呈浮凸状。头细长，几乎等于前胸背板与小盾片之和；喙第 2 节最长，约为第 1 节的 1.5 倍；眼前部分显著短于眼后部分，触角第 1 节约与头等长；小盾片顶端钝圆；股节结节状。

分布：中国记录 2 种，浙江分布 1 种。

（70）淡裙猎蝽 *Yolinus albopustulatus* China, 1940

Yolinus albopustulatus China, 1940: 237.

主要特征：体黑色，光亮，具短细毛及粗直毛；触角第 4 节、喙的顶端、腹部侧接缘的后半部棕色；而侧接缘第 5、6 节的浮凸泡为淡黄色或奶油色。

雌虫体长 23.70 mm。头长 4.90 mm，头宽 2.10 mm，头顶宽 0.89 mm；触角第 1 节最长，各节长为 1 : 2 : 3 : 4=6.90 : 2.20 : 2.60 : 6.30（mm）；喙前端超过前足基节，第 2 节最长，第 3 节最短，各节长为 1 : 2 : 3=2.70 : 4.20 : 0.70（mm）。前胸背板长 4.10 mm，前叶显著隆起，中央后部具深凹窝。小盾片阔短，后端宽圆形。

雄虫体较小，体长 20.40 mm，生殖节后缘中央呈钳状突向上伸出，阳基侧突端部具长硬毛。

分布：浙江（临安）、天津、陕西、湖北、湖南、福建、广东、海南、广西、四川、贵州。

（四）盗猎蝽亚科 Peiratinae

分属检索表

1. 头不长于前胸背板的前叶 ………………………………………………………………………… 2
- 头长于前胸背板的前叶 ……………………………………………………… 黄足猎蝽属 *Sirthenea*
2. 前足胫节海绵窝甚长，几乎达于胫节的基部 …………………………………… 哎猎蝽属 *Ectomocoris*
- 前足胫节海绵窝较短，不超过胫节的中央 ……………………………………………………… 3
3. 前足及中足股节腹面具小刺；前足胫节海绵窝不超过胫节的 1/3，胫节端部膨大 ……… 隶猎蝽属 *Lestomerus*
- 前足及中足股节腹面无小刺；前足胫节海绵窝达于胫节的中央 ………………………… 盗猎蝽属 *Peirates*

46. 哎猎蝽属 *Ectomocoris* Mayr, 1865

Ectomocoris Mayr, 1865: 438. Type species: *Ectomocoris coloratus* Mayr, 1865.

主要特征：体中等大小，长 13–20 mm，黑色、黑褐色及棕褐色，常具淡黄色或深黄色色斑，各种体形较相似。头中等大小，眼前部显著长于眼后部。喙粗壮，较短，第 2 节最长。触角第 1 节稍粗，较短于头长。前胸背板长，横缢约在后部 1/3 处，前叶侧缘呈圆弧状或几乎近平行。前足股节粗壮，胫节与股节约等长；前足胫节海绵窝甚长，显著超过胫节长之半，几乎达基部。雄虫生殖节端缘中突呈长锥状，直或略弯，外侧中央圆滑或具中央纵沟，亚基部常具一个或两个向下的突起。阳基侧突端部宽，近三角状，左右阳基侧突形状各异。阳茎背面及左侧面的骨化板或称支撑板（sclerotized plate or struk plate），在种间有区别。多数种类体色及前翅膜片内室中部呈黄色大斑，外室为黑绒色泽；腹部侧接缘各节黑色、黄两色相间，种间非常接近。仅依据色泽、花斑难以区分，而根据构造特征如前胸背板及前翅膜片内、外室形状，特别是雄虫生殖节各部分的构造特征等，方可正确进行种的鉴别。

分布：中国记录 13 种，浙江分布 1 种。

（71）浙江哎猎蝽 *Ectomocoris zhejiangensis* Ren, 1990（图 10-22）

Ectomocoris zhejiangensis Ren, 1990: 73.

　　主要特征：体黑褐色。眼黑色。触角各节（第 1 节色较深），喙第 2、3 节两节、各足胫节及跗节棕色；前足股节粗，外侧褐色，下面棕褐色；中、后足股节基部 1/3 处淡黄色，腹部侧接缘各节前半部及前翅膜片内室淡色大斑和外室末端翅脉黄色；内室黄斑两端及外室呈黑绒色。

　　雄虫体长 16.70 mm，体宽 4.10 mm。头长 2.90 mm，头宽 1.80 mm，头顶宽 0.50 mm。触角各节长度为 1：2：3：4=1.50：3.30：3.00：?（mm）。前胸背板长 4.40 mm，前叶显著长于后叶（3.00 mm：1.40 mm），前叶中部宽 2.90 mm，后叶后部宽 4.30 mm。前翅长 11.00 mm，刚达腹部末端。雄虫生殖节端缘中突呈长锥状，长 1.30 mm，亚基部粗，向上渐狭，外侧亚基部具一向下的突起；左阳基侧突端缘平截。阳茎鞘背板向后渐宽阔，而右侧扩展部分的下缘波曲状，其前方指状突细，指向后上方。

　　本种体形及大小接近于黑哎猎蝽 *Ectomocoris atrox*，但体色较浅，为黑褐色；各足胫节及跗节棕色；前翅膜片内、外室形状不同，呈等边三角形；雄虫生殖节端缘中央突前半部略向一侧倾；阳茎体形状、色泽及构造不同。

　　分布：浙江（杭州）。

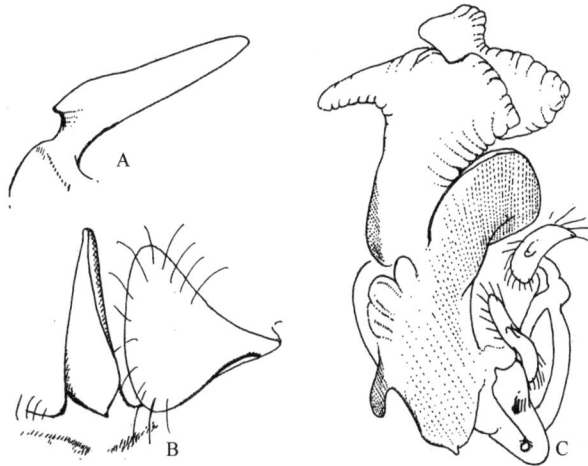

图 10-22　浙江哎猎蝽 *Ectomocoris zhejiangensis* Ren, 1990
A. 雄虫生殖节中突（侧面观）；B. 雄虫生殖节端部（后面观，示中突及右阳基侧突）；C. 阳茎膨胀状态（斜右侧面观）

47. 隶猎蝽属 *Lestomerus* Amyot *et* Serville, 1843

Lestomerus Amyot *et* Serville, 1843: 322. Type species: *Peirates spinipes* Serville, 1831.

（72）红股隶猎蝽 *Lestomerus femoralis* Walker, 1873

Lestomerus femoralis Walker, 1873: 92.
Peirates bicoloripes Breddin, 1901: 101.

　　主要特征：体深黑色。前胸背板、小盾片均具橄榄绿色光泽；转节及股节（除端部外）均为赭色；触角具毛，第 2 节与前胸背板前叶约等长（♀），触角各节长 1：2：3：4=1.75：3.50：3.30：3.55（mm）。雌虫前胸背板前叶显著比雄虫圆鼓，前胸背板前叶前部两侧各具一深凹窝，其前叶具暗斜纹，后叶皱纹显著，向后缘渐消失。前足股节粗，腹面具 2 列短刺，端部细缩，胫节海绵窝小，约占胫节长的 1/3。

雄虫体长 19.00–25.00 mm。

分布：浙江、陕西、江苏、上海、安徽、湖北、江西、福建、台湾、广东、广西、四川、贵州；印度，缅甸，印度尼西亚。

48. 盗猎蝽属 *Peirates* Serville, 1831

Peirates Serville, 1831: 215. Type species: *Cimex stridulus* Fabricius, 1787.

主要特征：本属外形很接近哎猎蝽属 *Ectomocoris*，但前足胫节海绵窝短，不超过胫节长的一半。

分布：中国记录 6 种，浙江分布 3 种。

分种检索表

1. 前翅膜片具灰白色斑纹；前胸背板、小盾片及前翅基部多为深黄褐色；如前胸背板前叶黑色，则前翅膜片具白色斑纹；小盾片顶端向上翘折（翘盾盗猎蝽亚属 *Spilodermus*）······················**日月盗猎蝽 *P. (S.) arcuatus***
- 前翅膜片常具深色斑纹；前胸背板（至少前叶）、小盾片及前翅基部多为黑色；小盾片顶端向后平伸（平盾盗猎蝽亚属 *Cleptocoris*）··2
2. 前翅膜片有 2 个黑色斑点，一个较小，位于内室的基部，一个较大，几乎占外室的全部，革片具黄色纵向带纹··········
　···**黄纹盗猎蝽 *P. (C.) atromaculatus***
- 前翅膜片只有 1 个大型黑色斑点··**污黑盗猎蝽 *P. (C.) turpis***

（73）黄纹盗猎蝽 *Peirates (Cleptocoris) atromaculatus* (Stål, 1871)（图 10-23；图版 II-32）

Cleptocoris atromaculatus Stål, 1871(1870): 692.

Peirates (Cleptocoris) atromaculatus: Hsiao *et al.*, 1981: 443.

主要特征：体黑色。前翅革片中部具纵向黄色带纹，膜片内室内部具一小斑，外室具一大斑，均为深黑色。头前部渐缩，向下倾斜，头长 1.80 mm，头宽 1.50 mm，头顶宽 0.58 mm；由侧面观察，眼前部长 0.80 mm，眼长 0.80 mm，眼后部长 0.50 mm。触角第 1 节稍超过头的前端，第 2 节与前胸背板前叶约等长，各节长 1：2：3：4=0.90：1.85：1.70：1.95（mm）。喙第 1 节短粗，第 2 节长，略超过眼的后缘，端节尖削，各节长 1：2：3：=0.60：1.10：0.70（mm）。前胸背板长 3.00 mm，前角间宽 1.10 mm，侧角间宽

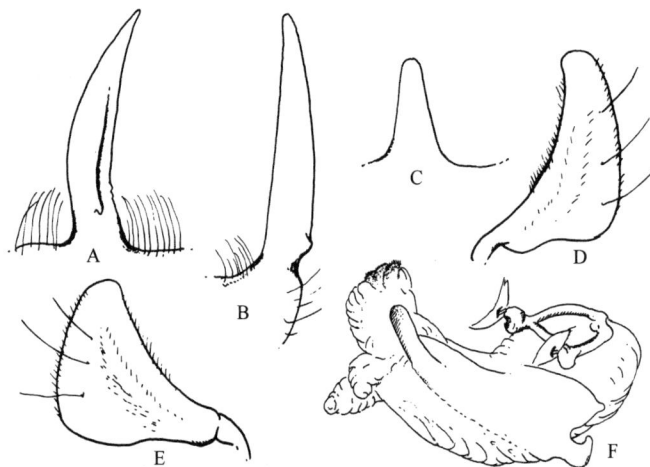

图 10-23　黄纹盗猎蝽 *Peirates (Cleptocoris) atromaculatus* (Stål, 1871)
A. 雄虫生殖节中突（后面观）；B. 雄虫生殖节中突（左侧面观）；C. 腹部第 8 腹板中突（后面观）；
D. 左阳基侧突；E. 右阳基侧突；F. 阳茎膨胀状态（右侧面观）

3.20 mm，前叶长 1.80 mm，具纵、斜印纹，后叶长 1.20 mm。雄虫前翅长 8.70 mm，超过腹部末端 0.80 mm，雌虫前翅短，不超过腹部末端。

本种雄虫生殖节末端构造与 *Peirates (C.) turpis* 极相似。阳基侧突阔三角状。

体长 12.50–13.50 mm，体宽 3.40–3.60 mm。

分布：浙江（临安）、内蒙古、北京、河北、山东、陕西、江苏、湖北、江西、湖南、福建、海南、广西、四川、贵州、云南；印度，缅甸，越南，斯里兰卡，菲律宾，印度尼西亚（爪哇岛）。

（74）污黑盗猎蝽 *Peirates (Cleptocoris) turpis* Walker, 1873（图 10-24）

Peirates turpis Walker, 1873: 120.

Peirates (Cleptocoris) turpis: Hsiao *et al.*, 1981: 443.

主要特征：体黑色，具光泽及稀疏细毛。前翅暗黑褐色，爪片中部、革片内域及膜片端部色浅，内、外翅室深黑色。触角第 1 节稍超过头的前端，各节长 1∶2∶3∶4=1.20∶2.20∶2.10∶2.30（mm）。喙第 1 节短，第 2 节稍超过眼的后缘，各节长 1∶2∶3=0.70∶1.25∶0.75（mm）。前胸背板长 3.00 mm，前叶长于后叶（2.00 mm∶1.00 mm），前叶具纵斜暗条纹。后叶无皱纹。雄虫前翅长 9.70 mm，超过腹部末端 1.00 mm。雌虫前翅长 8.10 mm，达第 6 腹板端部，有的个体翅短，仅达第 6 腹板的中部。雄虫阳基侧突呈叶状。

体长 13.00–15.00 mm，体宽 3.50–4.00 mm。

本种接近于黄纹盗猎蝽 *Peirates (C.) atromaculatus*，但前翅色斑不同。

分布：浙江、内蒙古、北京、河北、山东、河南、陕西、甘肃、江苏、湖北、江西、香港、广西、四川、贵州、云南；日本，越南。

注：卵长椭圆形，卵体壳半透明，暗白色或淡乳黄色，卵前极的卵壳领缘、卵盖及卵盖突均为乳白色。卵壳领缘构造复杂，由亚基部向上突起，端部分成二叉，顶端钝圆，这些长突起为卵壳领缘的气孔外突，当放大至 1000–4000 倍时，清楚地呈现出复杂的多孔体构造，属于气盾组织。卵盖中央的卵盖突似泡状，为白色，其表面散在若干顶端膨大的突起。卵前极具 14–15 个精孔，有 42–45 个气孔；卵壳领缘气孔外突细长，围绕在卵盖周缘的姿态有变化，受精卵与未受精卵有明显区别；受精卵的气孔外突，则向外上方伸延，卵盖突的基部周围有不规则的裂孔，因而卵的前极形似一朵盛开的菊花，而未受精的卵，卵壳领缘上的

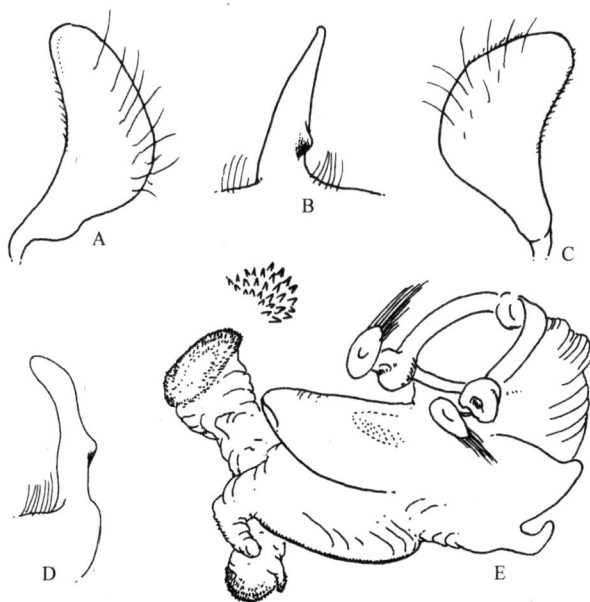

图 10-24　污黑盗猎蝽 *Peirates (Cleptocoris) turpis* Walker, 1873

A. 左阳基侧突；B. 雄虫生殖节中突（后面观）；C. 右阳基侧突；D. 雄虫生殖节中突（左侧面观）；E. 阳茎膨胀状态（右侧面观）

气孔外突均向卵盖中央的卵盖突弯曲，卵盖突基部周缘未见到网孔构造，形似含苞未放的花朵。卵体壳表面构造简单，具有隐约的网纹花饰。

　　本种在华北地区以成虫或5龄若虫在石块下、土缝或植物根际处越冬。雌虫产卵于土表层中，卵体插入土中，卵前极露在土表层上面。卵排列零乱，有时若干粒卵排列密集。当卵孵化时，卵盖启开，若虫爬出，通常卵盖留在空卵壳的前方。

（75）日月盗猎蝽 Peirates (Spilodermus) arcuatus (Stål, 1871)（图版 III-33）

Spilodermus arcuatus Stål, 1871(1870): 692.

Peirates arcuatus: Hsiao et al., 1981: 442, fig. 616.

　　主要特征：体黑色，具灰白色丝状及绒状毛。前胸背板、小盾片、爪片及革片基半部深黄褐色；前翅膜片基部具一弯曲的横带纹及亚端部的圆形斑，腹部侧接缘各节的端半部、各足基节（除基部外）、转节大部分、中足、后足股节基部均为淡黄白色。头前端向下倾斜，头长1.80 mm，头宽1.55 mm；由侧面观察，头长2.00 mm，眼前部长0.96 mm，眼长0.60 mm，眼后部长0.44 mm。喙第1节粗短，第2节长达眼的后缘，第3节细尖。各节长1：2：3=0.50：0.95：0.65（mm）。触角具稀疏短毛，第1节短，不达头的前端，各节长1：2：3：4=0.70：1.85：1.90：2.00（mm）。前胸背板长2.80 mm，前角间宽1.00 mm，侧角间宽2.90 mm，前叶长1.70 mm，具纵斜浅凹纹，后叶长1.00 mm，无皱纹。小盾片长1.00 mm，端部细缩，顶端向上翘。雌虫前翅不达腹部末端，雄虫前翅稍超过腹部末端。

　　体长10.00–11.00 mm，宽3.10–3.30 mm。

　　本种常活动于稻田、花生、大豆等大田作物间，喜在作物基部及表土附近觅食。

　　分布：浙江（临安）、陕西、江苏、安徽、湖北、江西、福建、台湾、广东、香港、四川、云南、西藏；日本，印度，缅甸，斯里兰卡，菲律宾，印度尼西亚（爪哇岛）。

49. 黄足猎蝽属 *Sirthenea* Spinola, 1837

Sirthenea Spinola, 1837: 325. Type species: *Reduvius carinata* Fabricius, 1798.

　　主要特征：头长，向前平伸，眼前部显著长于眼及眼后部。触角远离眼；喙3节，第1节最短，第2节最长；前胸背板前缘凹入，前角不呈瘤突状，中胸腹板中央呈脊状；前足胫节海绵窝较小，中足胫节无海绵窝。

　　分布：中国记录2种，浙江分布2种。

（76）半黄足猎蝽 *Sirthenea dimidiata* Horváth, 1911（图10-25；图版 III-34）

Sirthenea dimidiata Horváth, 1911: 333.

　　主要特征：体黑褐色。各足（除股节基半部外）色较浅，前翅褐色，爪片缝的基半部、革片及各足基半部均为土黄色。

　　雄虫体长19.00–21.00 mm，头长3.20 mm，头宽2.10 mm，头顶宽0.70 mm；由侧面观察，眼前部长1.90 mm，眼长1.10 mm，眼后部长0.40 mm（包括颈长）。触角第1节短，刚达头的前端，各节长1：2：3：4=1.10：2.20：1.90：1.90（mm）。喙第1节短，第2节略微超过眼的后缘，各节长1：2：3=0.70：2.40：1.40（mm）。前胸背板长4.00 mm，前叶长2.50 mm，后叶长1.50 mm，前角间宽1.70 mm，侧角间宽4.00 mm。前翅长13.00 mm，稍超过腹部末端。雄虫生殖节中突短，背侧面观，端缘一侧圆，另一侧呈角突；右阳基侧突长于左阳基侧突，左阳基侧突前端一侧呈短弯刺；阳茎前部为3个形状、大小、特征各异的系膜囊，具微小刺，仅有轻度强骨化域。

分布：浙江（临安）、福建、台湾、海南、广西、四川、云南。

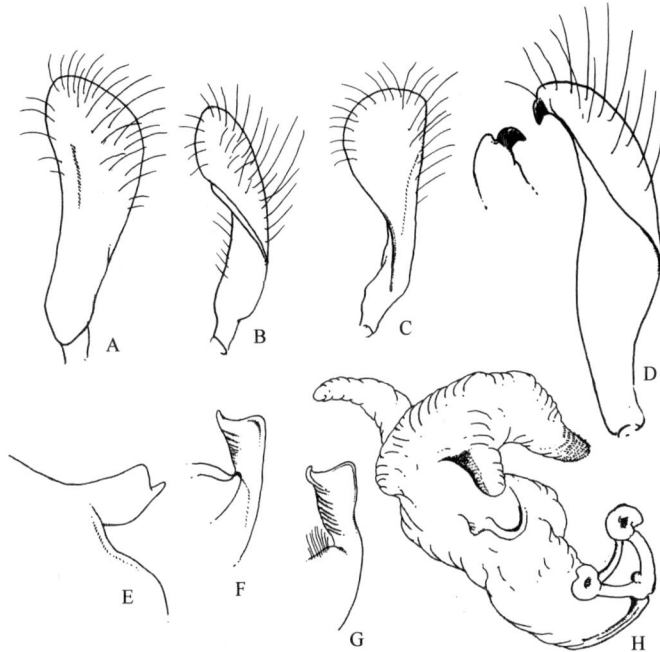

图 10-25　半黄足猎蝽 *Sirthenea dimidiata* Horváth, 1911
A–C. 左阳基侧突（不同面观）；D. 右阳基侧突；E. 雄虫生殖节中突（后面观）；
F，G. 雄虫生殖节中突（左侧不同面观）；H. 阳茎膨胀状态（右侧面观）

（77）黄足猎蝽 *Sirthenea flavipes* (Stål, 1855)（图版 III-35）

Rasahus flavipes Stål, 1855: 187.

Sirthenea flavipes: Hsiao et al., 1981: 444.

主要特征：体黑褐色。头、前胸背板前叶及腹部背腹面浅栗色。触角第 1–2 节基部、喙、革片基部、爪片两端、膜片端部、足、腹部侧接缘斑点、腹部基部两侧及末端色斑均为土黄色。

雄虫体长 18.70–19.80 mm。雌虫体长 20.00–21.10 mm。雌虫体宽 3.70 mm。头长 4.00 mm，头宽 2.30 mm，头顶宽 1.10 mm，颈长 0.35 mm；触角第 1 节短，不达头的前端，各节长 1：2：3：4=1.00：2.10：2.20：2.00（mm）。喙第 1 节短，第 2 节最长，略微超过眼的后缘，各节长 1：2：3=0.90：2.90：1.40（mm）。前胸背板长 4.50 mm，前叶长 2.80 mm，后叶长 1.70 mm，前角间宽 2.00 mm，侧角间宽 4.40 mm，前叶光亮，具浅凹纹，后部中央具一浅凹陷，后叶亚侧域具纵凹陷，侧角较鼓起。前翅较短于雄虫，长 13.50 mm，不达腹部末端。

分布：浙江（临安）、陕西、江苏、湖北、江西、福建、台湾、广东、海南、广西、四川、贵州、云南、西藏；日本，印度，越南，斯里兰卡，菲律宾，印度尼西亚。

（五）瘤猎蝽亚科 Phymatinae

50. 螳瘤猎蝽属 *Cnizocoris* Handlirsch, 1897

Cnizocoris Handlirsch, 1897: 213. Type species: *Cnizocoris davidi* Handlirsch, 1897.

主要特征：本属的显著特征：小盾片较短，几乎不伸达腹部 1/3。雄虫腹部中央不强烈膨胀，侧缘长弧形，长约 2 倍于宽，雌虫腹部卵形。本属分布于东洋区和古北区东部，除 *Cnizocoris stenocephalus* 产于印度大吉岭外，其余均分布于我国。由于雌雄个体两态现象显著，当鉴定该属的种类时，易造成同物异名。

　　分布：中国记录 11 种，浙江分布 2 种。

（78）天目螳瘤猎蝽 *Cnizocoris dimorphus* Maa *et* Lin, 1956（图 10-26；图版 III-36）

Cnizocoris dimorphus Maa *et* Lin, 1956: 122.

　　主要特征：头背面、颊及头的腹面、触角第 1 节背面及第 4 节端半部、前胸背板前叶中央、小盾片基部中央一斑点、前胸侧板、中胸侧板下缘、侧接缘各节后角及第 4 节大部分棕黑色至黑色。腹部腹面亚侧缘有一条较宽而明显的红色纵带。雄虫体长 9.48 mm，前胸背板宽 3.00 mm，腹部宽 3.16 mm。头长 1.80 mm，头宽 0.92 mm。眼前叶长 0.44 mm，眼后叶长 0.72 mm。触角各节长度为 1：2：3：4=0.62：0.32：0.32：1.90（mm）。前胸背板长 2.00 mm。

　　雌虫腹部宽卵形。体长 10.68 mm，前胸背板宽 3.20 mm，腹部宽 4.60 mm。头长 2.00 mm，头宽 0.94 mm。眼前叶长 0.40 mm，眼后叶长 0.80 mm。触角各节长度为 1：2：3：4=0.64：0.38：0.36：1.32（mm）。前胸背板长 2.28 mm，红褐色；触角、眼、革片、足、腹部末端背面及其腹面亚侧缘宽带红色；头背面外侧及前胸背板侧角前缘黑色。有的个体前胸背板侧角向两侧直伸，或略微向后。

　　分布：浙江（临安）、湖北、江西、湖南、广西、贵州。

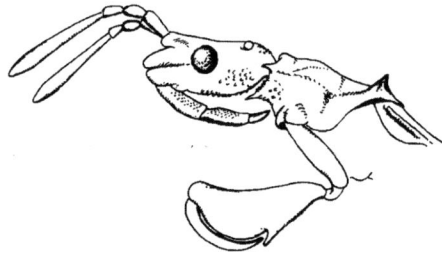

图 10-26　天目螳瘤猎蝽 *Cnizocoris dimorphus* Maa *et* Lin, 1956（头、胸侧面观）

（79）中国螳瘤猎蝽 *Cnizocoris sinensis* Kormilev, 1957（图 10-27；图版 III-37）

Cnizocoris sinensis Kormilev, 1957: 67.

　　主要特征：雄虫体长形，棕褐色，具黑色斑及淡红色泽；复眼及单眼红色；头背面及前胸背板前叶前部、背板中域脊纹、后叶侧角端部黑色；触角第 1 节背面、革片顶角、前翅膜片翅脉及侧接缘外侧通常暗棕色；革片外缘淡黄色，膜片褐色；小盾片基部中域黑褐色，周缘淡黄色；腹部腹面两侧通常具淡红色纵带斑；侧接缘各节后角、第 4 节全部及腹部末端黑色（有的个体腹部末端背面及腹面红棕色），腹部末端中央稍凹入。雌虫体长椭圆形，色浅于雄虫，头部背面两侧黑褐色，前翅革片红棕色（除外缘淡黄色外），膜片褐色；前胸背板中域纵脊纹与底色同，浅褐色；中足及后足胫节后半部浅棕红色。

　　雄虫体长 9.4 mm，腹部宽 3.5 mm。头长 1.72 mm，头宽 0.94 mm。眼前叶长 0.48 mm，眼后叶长 0.71 mm。触角各节长度为 1：2：3：4=0.66：0.40：0.50：1.70（mm）。喙第 1 节略超过眼的后缘，各节长度为 1：2：3=0.81：0.70：0.41（mm）。前胸背板长 2.00 mm，前角间宽 1.0 mm，后叶侧角间宽 3.20 mm。小盾片长 1.51 mm，基部宽 1.20 mm。前翅长 5.90 mm，几乎达腹部末端。腹部端缘中央略凹，阳基侧突后部粗于前部 1/3 处，前端锐；阳茎基部附器骨化强，阳茎体具长形骨化构造，前端锐。

　　雌虫体长 11.90 mm，腹部宽 5.3 mm。头长 2.00 mm，头宽 1.00 mm。眼前叶长 0.50 mm，眼后叶长 0.80 mm。前胸背板长 2.40 mm，前角间宽 1.10 mm，后叶侧角间宽 3.20 mm；小盾片长 1.70 mm，基部宽 1.40 mm。触角各节长度为 1：2：3：4=0.64：0.31：0.40：1.30（mm）。喙第 1 节略超过眼的后缘，各节长度为 1：2：3=

0.90：0.80：0.33（mm）。小盾片长 1.70 mm，基部宽 1.40 mm。前翅长 7.20 mm，达腹部末端，腹部端缘中央略凹。

　　分布：浙江（龙泉）、内蒙古、北京、天津、河北、山西、陕西、宁夏、甘肃。

图 10-27　中国螳瘤猎蝽 *Cnizocoris sinensis* Kormilev, 1957

A. 雄虫腹部后部（腹面观）；B. 雌虫腹部后部（腹面观）；C. 前胸背板侧角（♀）（背面观）；
D. 内阳茎骨化构造；E. 阳茎（侧面观）；F. 前胸背板侧角（♂）（背面观）；G. 阳基侧突

51. 盾瘤猎蝽属 *Glossopelta* Handlirsch, 1897

Glossopelta Handlirsch, 1897: 215. Type species: *Glossopelta acuta* Handlirsch, 1897.

　　主要特征：头强烈向前延伸，眼甚大，眼前叶与眼后叶均发达。喙沟宽阔，静止时触角第 4 节常放置其间。小盾片极长，伸达腹部末端，其侧缘近基部向内收缩，似"腰"状，顶端近平截。为本族高度特化属之一。

　　分布：东洋区。中国记录 6 种，浙江分布 2 种。

（80）玫盾瘤猎蝽 *Glossopelta rhodiola* Maa *et* Lin, 1956（图 10-28）

Glossopelta rhodiola Maa *et* Lin, 1956: 139.

　　主要特征：雄虫体长 9.60 mm，腹部宽 4.20 mm。头长 1.80 mm，头宽 1.04 mm。眼前叶长 0.64 mm，眼后叶长 0.80 mm。触角第 1 节棍棒状，稍向外弯曲，末端钝圆，背面具颗粒；第 2 节长椭圆形，向端部稍加粗；第 3 细棒形，第 4 节纺锤状；第 1 节外侧及第 4 节端部 3/4 棕黑色，其余部分棕褐色；触角各节长度为 1：2：3：4=0.60：0.40：0.44：1.06（mm）。前胸背板宽 2.80 mm。前翅革片及腹部背面暴露部分似玫红色。阳基侧突中部具刚毛，前部 1/3 处呈半月形。

　　雌虫体长 9.20 mm，腹部宽 4.40 mm。头长 1.90 mm，头宽 1.00 mm。前胸背板长 2.20 mm，前角间宽 0.90 mm，侧角间宽 2.80 mm（中部）。小盾片长 5.00 mm，基部宽 1.70 mm，后半部最宽处宽 2.20 mm。前胸背板侧叶及小盾片具褐色晕斑。雌虫腹内有卵，卵浅黄色，卵体长 1.20 mm，卵前极领缘白色。卵体中部粗 0.64 mm。

　　分布：浙江、福建；缅甸。

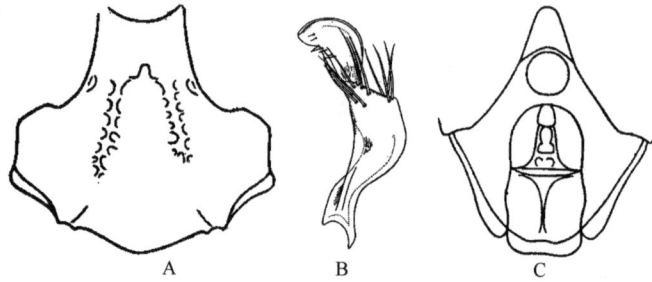

图 10-28　玫盾瘤猎蝽 *Glossopelta rhodiola* Maa *et* Lin, 1956（仿 Maa and Lin，1956）
A. 前胸背板（背面观）；B. 阳基侧突（背面观）；C. 雌虫腹部（腹面观）

（81）截肩盾瘤猎蝽 *Glossopelta truncata* Distant, 1903（图版 III-38）

Glossopelta truncata Distant, 1903b: 150.

　　主要特征：体浅黄褐色，前胸背板后叶、小盾片基部及革片为灰褐色，触角第 4 节棕褐色。头前端及基部宽度约相同，中部略宽，眼前叶与眼后叶等长；触角第 1 节粗短，色淡，第 2 与第 3 节等长，第 4 节显著长，长约为第 2、3 节两节之和。前胸背板前角尖锐，背板后叶显著向两侧扩，背板侧角宽、端缘近平截，背板后叶中央纵沟较宽，向后延伸超过中域，其两侧脊的外域刻点显著，背板后缘中部向后突，略呈角状缘；小盾片长，几乎达腹部末端，基部两侧刻点粗大、褐色，小盾片表面布满细小刻点，中央纵脊狭窄，淡色宽纵纹处微微隆起，由基部横脊达末端，小盾片前部 1/3 处缢缩，近中域侧缘向两侧圆阔，末端缘圆钝。腹部侧接缘向两侧扩展，侧缘呈弧形。中足及后足胫节明显短于股节。

　　雌虫体长 11.30 mm，腹部宽 6.1 mm。前胸背板前角间宽 1.7 mm，侧角间宽 4.2 mm。

　　分布：浙江、福建；缅甸。

（六）猎蝽亚科 Reduviinae

52. 猎蝽属 *Reduvius* Fabricius, 1775

Reduvius Fabricius, 1775: 729. Type species: *Cimex personatus* Linnaeus, 1758.

　　主要特征：体中等长；头椭圆形，眼前部长于眼后部；眼大，向两侧突；喙第 2 节长于第 1 节；前胸背板中部之前具横缢，前叶中央具纵沟或凹缝，后叶扩展，前叶短于后叶，后缘较鼓。小盾片顶端呈刺状或尖锐。前胫节具海绵窝。

　　分布：世界已知 180 多种，中国记录 9 种，浙江分布 2 种。

（82）桔红背猎蝽 *Reduvius tenebrosus* (Stål, 1863)（图 10-29）

Acanthaspis tenebrosa Stål, 1863: 51.
Reduvius tenebrosus: Walker, 1873: 194.

　　主要特征：体黑色。前胸背板后叶一般为暗橘红色，但有的个体后叶为褐黑色或黑色。

　　雄虫头长 4.70 mm，头宽 3.05 mm，头顶宽 1.60 mm。喙各节长为 1：2：3=1.30：1.50：0.55（mm），

第 1 节几乎达眼的前缘，眼的后缘凹陷。触角各节长为 1∶2∶3∶4=2.50∶3.30∶2.80∶2.15（mm）。前胸背板长 5.20 mm，前叶长 1.70 mm，显著短于后叶，后缘小盾片前方几乎近平直。前足股节长 4.40 mm，胫节长 4.70 mm，海绵窝长 2.00 mm。前翅一色，膜片内室不极度狭窄。雄虫生殖节后缘中央向上延伸部分基部膨大，端部细；阳基侧突长形简单，端部略弯。阳茎膨胀时，可见内阳茎具浓密小刺，中央具棕色骨化构造，称为内阳茎端突。

雄虫体长 17.50 mm，体宽 5.00 mm。雌虫体长 21.00 mm，体宽 5.7 mm。

分布：浙江（临安）、江苏、江西、湖南、福建、海南、广西、四川、贵州、云南。

注：卵椭圆形，卵壳棕褐色，半透明，卵壳领缘及壳表面六边形网纹脊纹均为白色。卵长 1.00 mm，粗 0.86 mm，卵壳领缘宽 40 μm，卵盖直径为 0.46 mm，其周缘具 2–3 行网孔。卵前极卵壳领缘下方由六边形脊状网纹环绕，六角上无突起，但卵体前缘的壳表面无六边形脊状网纹而具浓密的小球突构造。卵壳领缘呈现出交织的两行网孔构造。卵盖壳表面六边形网状脊纹构造不同于卵亚前缘壳表面的六边形网状脊纹构造，主要区别在于六角上均有短突起，卵盖壳表面的这种网纹花饰构造类似于黑腹猎蝽 *Reduvius fasciatus* 卵，但卵盖壳表面六边形网状脊纹角上有突起，而黑腹猎蝽无此突起构造，领缘下方壳表面网纹与卵盖壳表面上花饰构造基本相同。

本种首次发现于我国的北部地区，海拔 1220–1830 m，属山区低海拔种类，为我国特有种。

桔红背猎蝽采于不同地区的标本体大小相差较大，如海南尖峰岭地区的（海拔 700–900 m，1980.VI.10，任树芝采）个体明显小于广西、湖南、四川等地区的个体。

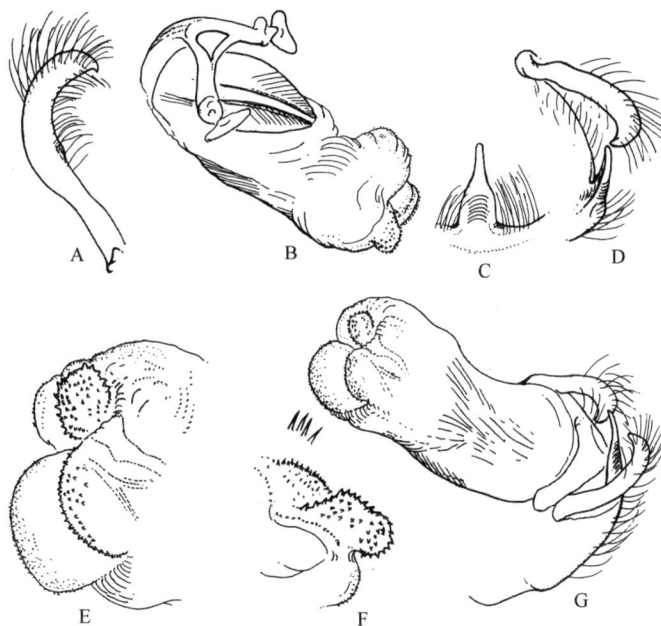

图 10-29　桔红背猎蝽 *Reduvius tenebrosus* (Stål, 1863)

A. 阳基侧突（侧面观）；B. 阳茎（膨胀状态，背侧面观）；C. 雄虫生殖节中突（后面观）；D. 雄虫生殖节端部（斜侧面观）；
E. 内阳茎端部（背侧面观）；F. 内阳茎端突（侧面观）；G. 雄虫生殖节端部（背侧面观，示阳茎着生处）

（83）褐胫猎蝽 *Reduvius xantusi* (Horváth, 1879)

Velitra xantusi Horváth, 1879a: 149.

Reduvius xantusi: Chen *et al.*, 2021: 594.

主要特征：体黑色，具黄色毛。

雌虫体长 16.00 mm，体宽 7.00 mm。触角第 1 节及第 2 节基部和端部暗黑色。前胸背板后叶无刺。前翅暗黑色；爪片后部淡色，革片前缘基部、膜片端部黄色。喙、股节及胫节黑褐色。侧接缘黄褐色，腹部腹面色深。

　　分布：浙江（宁波）、江苏；斯里兰卡。

（七）盲猎蝽亚科 Saicinae

53. 刺胫盲猎蝽属 *Gallobelgicus* Distant, 1906

Gallobelgicus Distant, 1906: 370. Type species: *Gallobelgicus typicus* Distant, 1906.

　　主要特征：体长 5–7 mm，体具光泽。触角第 1 节最长，长于头及前胸背板长度之和，头部腹面两侧具刺列；前胸背板横缢显著，前叶略平、长于后叶，背板后叶圆隆，侧角具长刺；前足股节背面和腹面刺多，胫节背面刺稀疏；前翅透明。

　　分布：本属种类少，全世界已知 6 种，中国记录 2 种，浙江分布 1 种。

（84）刺胫盲猎蝽 *Gallobelgicus typicus* Distant, 1906（图 10-30；图版 III-39）

Gallobelgicus typicus Distant, 1906: 371.

　　主要特征：体浅栗色，具褐色斑。触角第 1 节亚端部环斑、头两侧、前胸侧板、中胸、后胸及腹部腹面两侧纵斑褐色。各足股节亚端部深色环斑均为深褐色。腹部侧接缘各节前部 1/3 处黑褐色，后部 2/3 处色淡。前翅膜片端外翅室中部具黑褐色斑及淡色晕斑。头腹面两侧各具 3 个刺突，眼前部 1 个，眼后部 2 个。

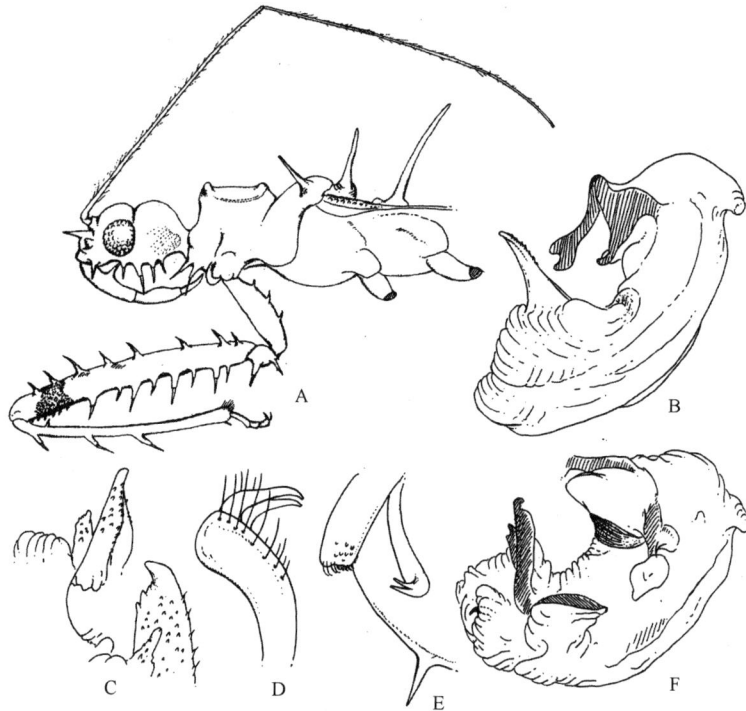

图 10-30　刺胫盲猎蝽 *Gallobelgicus typicus* Distant, 1906
A. 头、胸（侧面观）；B. 阳茎膨胀状态（侧面观，示端突）；C. 内阳茎端部；D. 阳基侧突端部；
E. 雄虫生殖节（左边，背面观）；F. 阳茎（背侧面观）

喙第 1 节中部具一对刺。前胸腹板两侧角各具 2 个刺。前、中、后足股节亚端部各具一褐色环斑。前足胫节腹面内侧具 3 个大刺，前足股节腹面外侧具 4 个大刺突，其间各具 2–3 个短刺，前足股节腹面内侧具 6 个大刺突，其间无小刺，这些刺突前半部为褐色，基半部淡白色或淡黄色。前足转节具 2 大小不同的刺突，前足股节内侧具较密淡色短毛。雄虫生殖节端缘中央具一刺突，阳基侧突端部向一侧呈叉刺突，阳茎系膜端部具骨化构造。

分布：浙江（庆元、临安）、湖北、江西；印度，马来西亚。

（八）细足猎蝽亚科 Stenopodainae

分属检索表

1. 前翅革片与膜片之间有 1 个五边形或六边形的大翅室；膜片上的外室长于内室，其两端均超过内室的两端；小盾片顶端无直立或半直立的刺 ·· 2

- 前翅无五边形或六边形的翅室；膜片上的外室长于内室，但其基端不超过内室的基端；小盾片顶端无直立或半直立的刺 ·· **斑猎蝽属 Canthesancus**

2. 前足股节甚粗，其粗度大于胫节的 3 倍，腹面具成列的刺 ·· 3

- 前足股节不特别粗，其粗度不及胫节的 3 倍，腹面无刺 ··· 5

3. 头眼前部分的腹面两侧各具两个指向下方的强刺，头的侧叶不向前延伸成刺 ············ **舟猎蝽属 Staccia**

- 头眼前部分的腹面两侧无指向下方的强刺，侧叶向前延伸成刺 ·· 4

4. 前足股节腹面具 1 列刺，如具 2 列小刺，则与胫节约等长 ······························ **普猎蝽属 Oncocephalus**

- 前足股节腹面具 2 列刺，显著长于胫节 ·· **梭猎蝽属 Sastrapada**

5. 喙第 1 节长于第 2 节，与第 3、4 节两节之和约等长，向后延伸超过眼的后缘；触角第 1 节长，至少长于头的前叶；头的眼后部分腹面两侧具扁平分枝的刺 ····································· **刺胸猎蝽属 Pygolampis**

- 喙第 1 节不长于第 2、3 节两节之和，向后延伸仅至眼的中央；触角第 1 节较短，不长于头的前叶；头的眼后部分腹面两侧无刺，或仅具瘤状突起 ··· **垢猎蝽属 Caunus**

54. 斑猎蝽属 *Canthesancus* Amyot *et* Serville, 1843

Canthesancus Amyot *et* Serville, 1843: 389. Type species: *Canthesancus trimaculatus* Amyot *et* Serville, 1843.

主要特征：体较大，前翅完全，膜片与革片易区分，革片外域中部具一大型狭三角形翅室，膜片外室长于内室。前足股节不膨大，稍短于胫节，胫节海绵窝狭长超过胫节长的 1/2，中足海绵窝稍短。前胸背板前角间窄，侧角间显著宽阔，侧角尖锐。前叶侧缘每边具一刺。腹部第 6 腹背板顶端平截。

分布：中国记录 4 种，浙江分布 1 种。

（85）小菱斑猎蝽 *Canthesancus geniculatus* Distant, 1902（图 10-31）

Canthesancus geniculatus Distant, 1902: 178.

主要特征：体棕褐色，触角被直立细毛。头两侧、单眼后部、前胸背板侧缘、后叶中央纵向带、前翅革片中部小斑、膜片内翅室基部菱形斑及外翅室中部的斑点均为黑褐色，前胸侧板、各足胫节亚基部环纹褐色。触角第 2 节端部、各足股节端部及胫节两端暗橘黄色。

雄虫头长 4.30 mm，头宽 2.20 mm，头顶宽 1.10 mm；由侧面观察眼前部长 2.30 mm，眼长 1.00 mm，

眼后部长 0.80 mm。触角第 1 节短于第 2 节（6.20 mm：9.40 mm）。喙第 1 节较短，远离眼的前缘，各节长为 1：2：3=1.90：1.90：1.60（mm）。前胸背板长 4.90 mm，前角间宽 1.80 mm，侧角间宽 7.00 mm，前角刺短，前叶短于后叶（2.00 mm：2.90 mm），侧角小，后叶侧角呈强刺状；小盾片端刺长，向上方伸出。前翅长，超过腹部末端 3.00 mm。雄虫末端生殖节后缘中央突长角状，顶缘钝；阳基侧突端半部外露，阳基侧突前部宽阔，一侧的侧缘加厚；阳茎鞘骨化强，阳茎体两侧各具两个翅形突。雌虫头长 4.40 mm，头宽 2.30 mm，头顶宽 1.30 mm；触角第 2 节显著长于第 1 节（5.30 mm：8.80 mm）。喙第 1 节与第 2 节等长，各节长 1：2：3=2.00：2.00：2.54（mm）。前翅长 20.50 mm，超过腹部末端 2.20 mm。

雄虫触角第 1、2 节两节具直立长毛，雌虫触角毛很短。

雄虫体长 27.00 mm，体宽 7.00 mm。雌虫体长 29.10 mm，体宽 7.40 mm。

分布：浙江（临安）、江西、湖南、福建、海南、广西、西藏。

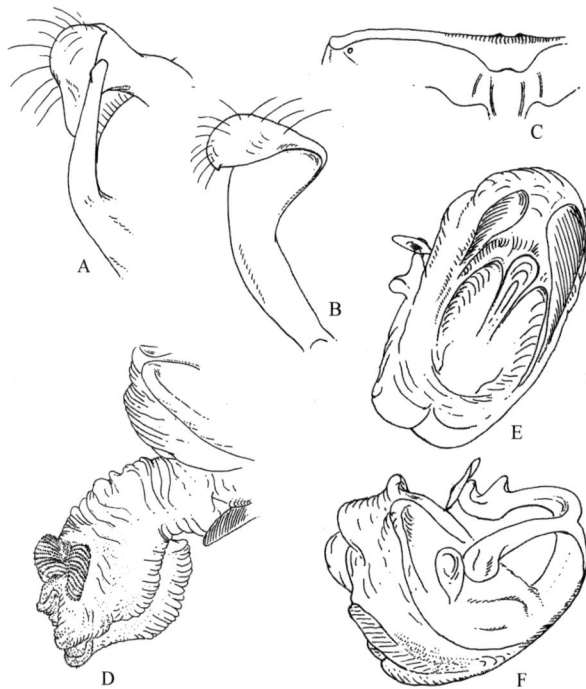

图 10-31　小菱斑猎蝽 *Canthesancus geniculatus* Distant, 1902

A. 雄虫腹部末端（侧面观）；B. 阳基侧突（侧面观）；C. 腹部第 2 节背板前部（背面观）；
D. 阳茎前部（侧面观，示内阳茎构造）；E. 阳茎（腹面观）；F. 阳茎（背侧面观）

55. 垢猎蝽属 *Caunus* Stål, 1866

Caunus Stål, 1866: 150. Type species: *Caunus capensis* Stål, 1855.

主要特征：本属接近普猎蝽属 *Oncocephalus* Klug，但前足股节不粗大，其腹面无刺或齿。

分布：现在我国仅有 1 种，浙江亦有记载。

（86）垢猎蝽 *Caunus noctulus* Hsiao, 1977（图 10-32）

Caunus noctulus Hsiao, 1977: 74.

主要特征：雄虫体长 13.00–14.00 mm。棕褐色，被极短的浅色扁毛及散在的小颗粒，身体背面色较浅，前翅膜质部分污黑色，爪片内侧、五角翅室中央及膜片中央均具大型黑色斑点，膜片上的斑点靠近革片顶缘处具 1 个深长的凹陷；头的腹面及侧面、头顶后部中央、腹部腹面末端、触角第 2 节顶端及第 3、4 节两节均为黑色，各足胫节色较浅，基部具 2 个深色环纹。雄虫头横缢位于两眼中间，前端刺大，端部互相分离；横缢后部稍宽，向后渐窄，后缘具 2 个由若干颗粒形成的突起，两侧后缘具若干颗粒。眼大，向两侧突出，两眼在头的腹面几乎相接触；单眼突起，靠近横缢的后缘。触角着生于眼前部分的中央，被直立长毛，第 1 节较粗，第 3、4 节两节甚细。喙直形，第 1 及第 2 节基部较粗，其余部分渐细，第 1 节仅达于眼的前缘。

前胸背板前、后叶之间稍凹陷；前叶中央具 4 个由颗粒组成的突起，不显著，后部具深纵沟；后叶中央纵沟较宽浅，其两侧稍呈脊状；前缘向内弓曲，前角呈短刺状，稍向外张，侧缘向内弯曲，侧角突出呈短刺状，后缘向后呈弓状。小盾片向上鼓起，基部两侧各具一齿状突起，顶端细长，向上弯曲。前翅长达于腹部末端。前胸腹板刺小，向前平伸。第 7 腹节背板后角圆形，后缘中央极度凹陷，腹部中央具纵脊。生殖节后缘中央稍凹陷，中突三角状；阳基侧突粗棒状，中部弯，亚端部突出；阳茎鞘背板端缘中央凹，内阳茎无骨化构造。

雌虫体较大，体长 15.70 mm。头较长，眼小，两眼在头的腹面相距甚远。眼后部两侧几乎近平行，具许多显著的颗粒；眼前部稍长于眼加眼后部分；单眼不显著突起。喙第 1 节不达于眼的前缘。前胸背板侧角较钝。小盾片顶端刺较短，向后平伸。前翅较短，稍超过第 6 背板后缘。腹部向两侧扩展，侧接缘露出；腹面中央纵脊较低，其第 6 腹板上的纵脊甚不显著，后半中央有极度的纵裂，第 7 腹板具显著的横皱纹。足较短。

分布：浙江（临安）、甘肃、湖南、福建、广西、四川、贵州、云南。

注：虫卵土灰色或土色，卵椭圆形。卵长 1.25 mm，卵中部粗 0.90 mm，卵前极平，卵壳领缘乳白色或白灰色，狭窄，构造简单。卵壳表面具隐约网纹，网纹是由许多卵壳表面的颗粒状小突起构成的，呈现为颗粒状网纹花饰。卵盖近平，壳表面具六边形网纹，卵盖中央无卵盖突构造，其表面具密集小突起。

雌虫将卵散产在疏松的土表层中，卵前极向上外露于土表面上，通常卵外表黏有细沙土粒，因此卵与沙土粒混在一起不易发现。

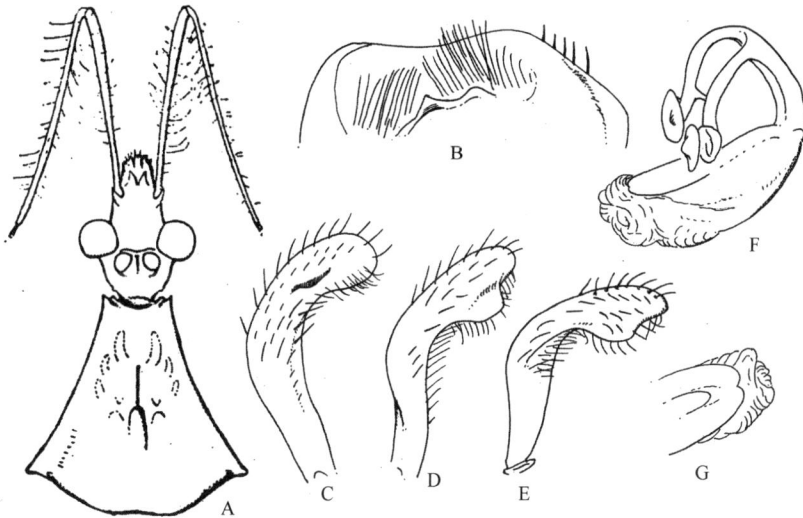

图 10-32　垢猎蝽 *Caunus noctulus* Hsiao, 1977

A. 头、胸（背面观）；B. 雄虫腹部端域（斜背面观）；C–E. 阳基侧突（不同侧面观）；F. 阳茎（侧面观）；G. 阳茎前部（背面观）

56. 普猎蝽属 *Oncocephalus* Klug, 1830

Oncocephalus Klug, 1830: 19. Type species: *Oncocephalus notatus* Klug, 1830.

主要特征：体长形或长椭圆形。体色暗淡，土黄色，常具淡黄色及褐色斑或深色点状晕斑，被甚短平伏毛或短毛，有的种类胫节及触角具稀疏长柔毛。头圆柱状，稍短于前胸背板，在触角之间具小刺，横缢明显，眼后部短，两侧常具短毛的小瘤突；触角位于头的前端，而与眼远离；触角 4 节，第 1 节稍短于头，第 2 节显著长于第 1 节。前胸背板前角显著；前后叶之间横缢明显或隐约。头的颊部形成显著的刺或齿。雄虫眼大或甚大，通常大于雌虫的眼，并突出，在头的下面两眼非常靠近，或者几乎相接。雄虫触角第 2 节一般具稀疏长毛和短毛。雌虫触角第 1 节通常毛少。喙第 1 节不长于端部两节之和，亦不超过眼的后缘。前胸背板前角显著，后叶侧角钝圆或尖削，后缘宽阔，中部平截。小盾片亚基部两侧各具一不明显的突起，端角呈刺状。前胸腹板前端呈刺状突出。前足股节加粗，腹面具 1 列或 2 列明显的小刺，前胫节均与股节约等长。一般前翅将腹部全覆盖，偶见短翅型个体，有的翅较短，很短或膜片消失。

分布：广泛分布于世界各地，而以旧热带区的种类为最多。世界已知 100 多种，中国记录 15 种，浙江分布 4 种。

分种检索表

1. 雄虫阳基侧突基半部细，端半部宽阔 ···**粗股普猎蝽 *O. impudicus***
- 雄虫阳基侧突形状不如上述 ·· 2
2. 触角第 1 节约与头等长或略短于长 ··· 3
- 触角第 1 节约为头长的 1/2；前足胫节中部具 2 个黑色环斑，前胸背板后叶后缘中域有 2 个淡色斑 ··················
··**双环普猎蝽 *O. breviscutum***
3. 前翅膜片外室黑色斑长，长于外翅室的 1/2 ··**南普猎蝽 *O. philippinus***
- 前翅膜片外室褐色斑短，短于外翅室的 1/2 ··**短斑普猎蝽 *O. simillimus***

（87）双环普猎蝽 *Oncocephalus breviscutum* Reuter, 1882（图 10-33）

Oncocephalus breviscutum Reuter, 1882: 36.

　　主要特征：体褐色。头、喙、前胸背板前叶、前足股节腹面、胫节 4 个环斑及前翅中室的大斑均为黑褐色，中、后足股节及胫节的环斑浅褐色。前胸背板后叶后缘中部有 2 个浅色斑，前足股节褐色，布淡色小晕斑。前翅一般达第 7 腹背板后部或中部。

　　雌虫头长 3.30 mm，头宽 1.90 mm，头顶宽 0.90 mm，眼前部长于眼后部（1.80 mm：0.80 mm）；单眼位于横缢后缘，两单眼之间的距离稍大于与其相邻复眼的距离；触角第 1 节短于第 2 节（1.50 mm：3.10 mm）；喙各节长为 1：2：3=1.40：1.65：0.65（mm）。由侧面观察，眼前部：眼：眼后部=1.80：0.70：0.70（mm）

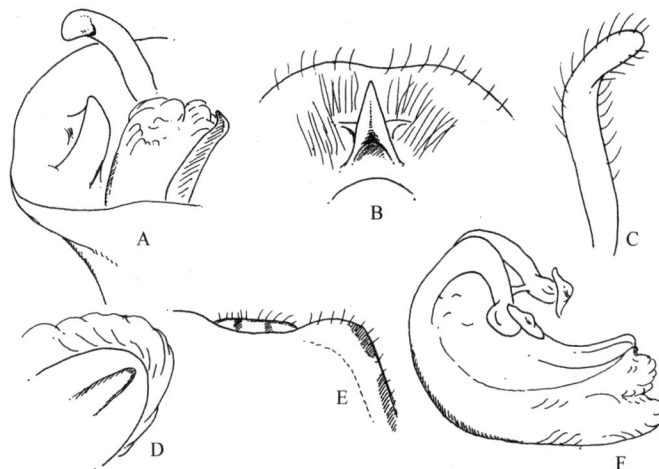

图 10-33　双环普猎蝽 *Oncocephalus breviscutum* Reuter, 1882

A. 雄虫生殖节端部（侧背面观）；B. 雄虫生殖节端部（背面观）；C. 阳基侧突（侧面观）；
D. 阳茎端部（侧背面观）；E. 雄虫腹部端缘（背面观）；F. 阳茎（侧面观）

（包括颈）。前胸背板长 3.40 mm，前角间宽 1.40 mm，侧角间宽 3.80 mm，前叶长于后叶（2.00 mm：1.40 mm）；前角瘤状向前突出，侧角尖锐。小盾片长 1.60 mm，端刺粗钝向上翘。前翅达于第 7 腹背板的中部，前足股节粗壮与胫节等长（4.50 mm），腹面具 12 个小刺。体宽 5.20 mm，腹面中央纵脊由基部达第 6 腹板后缘。前翅不达腹部末端。

雄虫触角第 1 节长 1.40 mm，与头的眼前部几乎等长。前胸背板前、后叶分界不明显，前翅达或超过腹部末端 0.80 mm。雄虫生殖节端缘中央略凹陷，中突锥状；阳基侧突弯棒状，短，左、右阳基侧突前端彼此远离，阳基侧突端部 1/3 弯曲，顶缘圆钝；阳茎体长形，略弯，阳茎鞘背板端缘宽圆，内阳茎无骨化构造。

雄虫体长 15.00–17.30 mm，体宽 3.50–4.50 mm。雌虫体长 18.00–20.00 mm，体宽 5.00–5.40 mm。

分布：浙江（青田）、江苏、江西、湖南、福建、广东、广西、四川、贵州、云南；印度尼西亚，加里曼丹岛。

（88）粗股普猎蝽 *Oncocephalus impudicus* Reuter, 1882（图 10-34）

Oncocephalus impudicus Reuter, 1882: 9.

主要特征：体淡黄褐色，体长 14.50–15.50 mm，触角、足、腹部腹面中央浅土黄色。前胸背板侧缘及前叶的 3 条纵纹褐色；小盾片两侧、爪片中部、革片内域、中室及内外翅室的色斑、前足及中足胫节 3 个环斑、中足胫节端部、后足胫节基部 2 个环斑、侧接缘斑及腹部侧缘均为褐色；触角第 1、2 节顶端浅褐色。

雌虫头长 2.20 mm，头宽 1.20 mm，头顶宽 0.90 mm，单眼小，两单眼间的距离与其相邻复眼的距离相等；由侧面观察眼前部长 1.30 mm，眼长 0.60 mm，眼后部长 0.45 mm。触角被稀疏淡色细毛，第 1 节长 1.40 mm，第 2 节长 2.80 mm。前胸背板长 3.00 mm，前角间宽 1.40 mm，侧角间宽 3.30 mm，侧角钝，雌虫前胸背板侧角短，呈直角状。前翅不达腹部末端。前足股节粗壮，内侧散在显著的颗粒小突，长 3.30 mm，粗 1.20 mm，胫节长 3.20 mm。前足股节腹面具 9–10 个小刺。前翅长 9.70 mm，达第 7 腹背板后部。

雄虫头长 2.20 mm，头宽 1.20 mm，头顶宽 0.70 mm；单眼大而显著高起，触角第 1 节长 1.80 mm，第 2 节长 3.90 mm；喙各节长为 1：2：3=0.90：0.87：0.52（mm）。前胸背板长 2.80 mm，前角间宽 1.30 mm，侧角间宽 3.30 mm，侧角尖锐。前翅稍超出腹部末端。生殖节端缘略凹入，阳基侧突基半部呈柄状，由中部呈直角弯曲，端半部为阔叶形，前端缘近平截；阳茎的内阳茎呈透明膜长囊，无骨化构造。西藏地区个体色泽深，同时黑色斑纹显著。

雄虫体长 12.60–14.00 mm，体宽 3.00–3.40 mm。雌虫体长 15.00–15.50 mm，体宽 3.80 mm。

分布：浙江、江西、福建、广东、海南、广西、云南；印度，缅甸，越南，斯里兰卡，菲律宾，印度尼西亚。

图 10-34　粗股普猎蝽 *Oncocephalus impudicus* Reuter, 1882

A. 雄虫生殖节（腹后面观）；B. 阳基侧突（侧面观）；C. 阳茎（膨胀状态，侧面观）

注：卵椭圆形，前极近平截，卵暗白灰色，表面无光泽，卵高 0.71 mm，粗 0.63 mm，卵盖直径 0.40 mm。卵体壳表面布有浓密的微细网络组织，但无明显的网纹构造，前极卵壳领缘高 54 μm，其外侧表面呈现出交叉排列的 4 行泡囊形多孔体构造；内侧面观，纵列的脊纹为气孔，顶端膨大呈近圆形。卵壳领缘前端内、外两侧呈现出的近圆形的多孔体均是气孔外突，此小孔为卵壳内外进行气体交换的孔口。卵中部卵壳表面亦散布着许多小钝突起，从它的疏散质地推断与卵壳领缘表面构造的作用相似。卵体壳表面布有浓密、细微的网络组织。

（89）南普猎蝽 *Oncocephalus philippinus* Lethierry, 1877（图 10-35）

Oncocephalus philippinus Lethierry, 1877: 134.

主要特征：体浅黄褐色，具褐色斑纹。眼及单眼之间黑色，喙第 2 节端半部和第 3 节、前足、中足环斑、前胸背板前叶 3 条纵纹（其中央一条延伸到后叶中部）、前翅深色斑、腹部腹面侧域纵带纹及各节侧接缘一个小点斑均为褐色。

雄虫头长 2.50 mm（包括颈部），头宽 1.60 mm，头顶宽 0.70 mm；触角第 1 节长 1.50 mm，各节长为 1：2：3：4=1.50：2.80：0.70：0.70（mm）。由侧面观察，头的眼前部：眼宽：眼后部=1.10：0.80：0.50（mm）。喙第 1 节达眼的前缘，各节长为 1：2：3=1.00：1.00：0.70（mm）。前胸背板长 2.90 mm，前部宽 1.30 mm，前叶略长于后叶（1.50 mm：1.40 mm），后叶侧角短，似直角状，后部宽 3.10 mm。前翅长 10.00 mm，稍超过腹部末端；第 7 腹板两侧角向后圆突。雄虫生殖节端缘中央略凹入，阳基侧突部分外露。阳基侧突中部弯曲，亚端部一侧突出。阳茎的内阳茎无骨化构造。

雌虫头长 2.70 mm，头宽 1.70 mm，头顶宽 0.90 mm；由侧面观察，眼前部长 1.20 mm，眼长 0.67 mm，眼后部长 0.70 mm（包括颈长 0.20 mm）；喙第 1 节几乎达眼的前缘，各节长为 1：2：3=1.25：1.20：0.70（mm）。雌虫前胸背板与雄虫无明显差异，前胸背板长 3.10 mm，前角间宽 1.60 mm，侧角间宽 3.50 mm。前翅长 11.00 mm，显著超过第 7 腹背板后缘。体宽 4.00 mm，侧面观腹部长 1.00 mm；侧接缘斑点及腹部侧域纵带为褐色，末端背面淡黄色。

雄虫体长 14.80–16.00 mm，体宽 3.50–3.60 mm。雌虫体长 16.50–17.50 mm，体宽 3.80–4.30 mm。

分布：浙江（安吉）、江苏、湖北、江西、湖南、福建、台湾、广东、广西、四川、云南；越南，菲律宾。

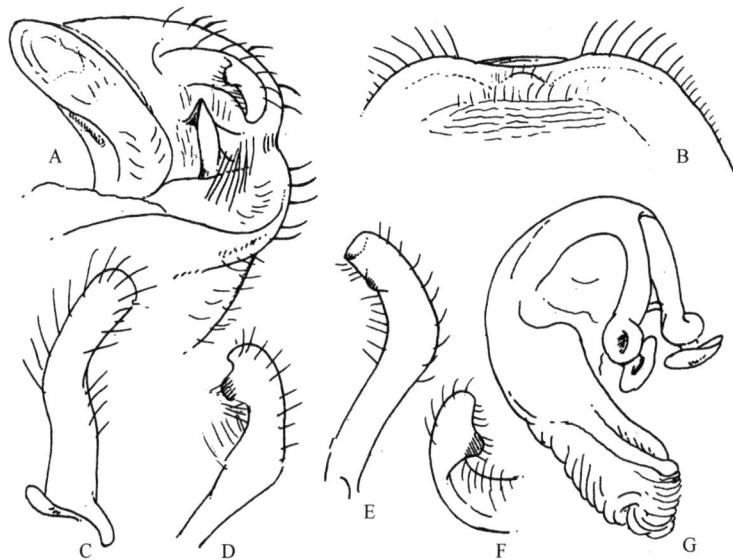

图 10-35　南普猎蝽 *Oncocephalus philippinus* Lethierry, 1877
A. 雄虫生殖节（斜背面观）；B. 雄虫腹部端部（背面观）；C–F. 雄虫阳基侧突（不同侧面观）；G. 阳茎（侧面观）

（90）短斑普猎蝽 *Oncocephalus simillimus* Reuter, 1888（图 10-36）

Oncocephalus simillimus Reuter, 1888b: 201.

Oncocephalus confusus Hsiao, 1977: 76.

主要特征：本种的颜色、花纹及构造极似盾普猎蝽 *Oncocephalus scutellaris* Reuter，但前胸背板后叶中央较鼓，头较长，眼较小，触角第 1 节较长，膜片上的黑斑较短。腹面被白色卷毛。头顶后方一个斑点、头两侧眼的后方、小盾片、前翅中室内的斑点、膜片外室内的斑点均为显著的褐色。头两侧眼的后方、前胸背板的纵向条纹、胸侧板及腹板、腹部侧接缘各节端部均带褐色。触角第 1 节端部、喙第 2 节及第 3 节、股节的条纹、胫节基部 2 个环纹及顶端均为浅褐色。

雄虫头长 2.75 mm，头宽 1.95 mm，头顶宽 0.95 mm；由侧面观察眼前部长 1.35 mm，眼长 0.60 mm，眼后部长 0.70 mm；眼大，外咽片与喙第 2 节中部约等宽；触角第 1 节背面无毛，各节长为 1：2：3：4=2.00：4.30：0.95：0.95（mm）。喙各节长为 1：2：3=1.30：1.25：0.70（mm）。前胸背板长 3.25 mm，前角间宽 1.65 mm，侧角间宽 3.75 mm，前、后叶约等长（1.65 mm：1.60 mm），前角呈短刺状向外突出，前叶侧缘具一列顶端具毛的颗粒，侧突极显著，稍短于前角，侧角尖锐，超过前翅前缘。小盾片向上鼓起，端刺粗钝，向上弯曲。前翅不达腹部末端，膜片外室内黑斑短，约为翅室中部的 1/3。前足股节长 4.75 mm，宽 0.95 mm，腹面具 12 个小刺，胫节与股节等长；中足股节与胫节等长（5.10 mm）；后足股节长 8.50 mm，胫节长 10.20 mm，跗节各节长 1：2：3=0.30：0.50：0.65（mm）。腹部腹面纵脊达第 6 腹板后缘，生殖节端缘显著向内弯曲，中突三角状、前端锐，阳基侧突部分露出；阳基侧突粗壮，中部弯曲，亚端部内侧突出。阳茎的内阳茎无骨化构造。

雄虫体长 17.60 mm，体宽 4.40 mm。雌虫体长 18.50 mm，体宽 5.10 mm。

分布：浙江（临安）、黑龙江、北京、河北、山西、山东、陕西、江苏、上海、贵州；朝鲜半岛。

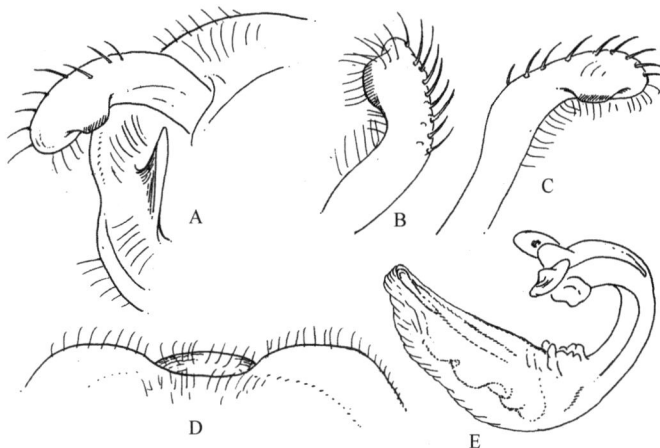

图 10-36　短斑普猎蝽 *Oncocephalus simillimus* Reuter, 1888

A. 雄虫生殖节端部（斜背面观）；B，C. 阳基侧突（不同侧面观）；D. 雄虫腹部末端（背面观，示中突）；E.阳茎（侧面观）

57. 刺胸猎蝽属 *Pygolampis* Germar, 1817

Pygolampis Germar, 1817: 286. Type species: *Cimex bidentatus* Goeze, 1778.

主要特征：本属种类色泽污暗，体形较一致。长形，头与前胸背板约等长，头两侧几乎近平行，中叶显著，眼后方具侧刺；喙第 1 节稍长于第 2、3 节两节之和，触角第 1 节明显长于头或约与头等长；前胸背板长形，前端狭窄，侧缘直，后缘稍波曲；前足两基节彼此紧靠，中足基节明显地分离，后足基节远离。

前胸腹板前角突出呈刺状。

　　分布：中国记录 7 种，浙江分布 1 种。

（91）污刺胸猎蝽 *Pygolampis foeda* Stål, 1859

Pygolampis foeda Stål, 1859: 379.

Pygolampis biguttata Reuter, 1887: 164.

　　主要特征：体棕褐色，被浅色扁毛，形成一定的花纹。

　　雌虫头长 2.30 mm（包括颈），头宽 1.10 mm，头顶宽 0.60 mm，横缢前部长 1.20 mm，横缢后部长 1.00 mm；具长"V"形光滑条纹，前端呈二叉状向前突出；后缘两侧具一列刺状突起；眼前部下方密生顶端具毛的小突起，眼后部具分枝的棘，棘的顶端具毛；头的腹面凹陷，色浅；单眼突出，位于横缢后部的前缘，2 个单眼间的距离稍大于各单眼与其相邻复眼之间的距离（0.25 mm：0.18 mm）。触角第 1 节较粗，端部各节细。喙各节长度为 1：2：3=1.10：0.50：0.40（mm）。前胸背板长 3.00 mm，前角间宽 0.90 mm，后部较高起，侧角间宽 2.10 mm，中胸具 2 条褐色纵带。前足股节不显著加粗。前翅长 8.50 mm，达第 6 节后缘，膜片具浅斑。内外翅室浅色斑明显。

　　雄虫头长 2.0 mm，头宽 1.10 mm，头顶宽 0.52 mm；触角各节长 1：2：3：4=2.64：3.40：0.50：0.90（mm）；前胸背板长 2.53 mm，前角间宽 0.80 mm，侧角间宽 1.84 mm。前翅长 8.70 mm，达第 7 腹背板中部。第 7 腹背板两侧向后突出。后足股节短于胫节（7.00 mm：7.40 mm）。生殖节中突短，呈粗弯刺状；阳基侧突基半部呈柱状，端半部加宽，具光亮短毛，端缘突出，棕色光亮；由侧面观察，阳茎为香蕉形，关节附器短，阳茎鞘背板前部圆隆，表面具细密纵纹；内阳茎端部具毛状骨化刺域。

　　雄虫体长 14.30–14.80 mm，体宽 2.50–2.80 mm。雌虫体长 17.50 mm，体宽 3.50 mm。

　　分布：浙江（临安）、湖北、江西、湖南、福建、海南、广西、四川、贵州、云南；印度，缅甸，斯里兰卡，印度尼西亚，澳大利亚。

58. 梭猎蝽属 *Sastrapada* Amyot *et* Serville, 1843

Sastrapada Amyot *et* Serville, 1843: 388. Type species: *Sastrapada flava* Amyot *et* Serville, 1843.

　　主要特征：体长梭形，长 13.00–18.00 mm。污暗，头长柱状，眼前部长于眼后部；触角短，第 1 节约等于或短于头长度；喙第 1 节长达眼的中部，其长度长约等于第 2、3 节两节之和，但不长于第 2、3 节之和；前胸腹板两侧前端刺突出；前足胫节短于股节，前股节略加粗，腹面具 2 列刺。

　　分布：中国记录 5 种，浙江分布 1 种。

（92）敏梭猎蝽 *Sastrapada oxyptera* Bergroth, 1922（图 10-37）

Sastrapada oxyptera Bergroth, 1922: 86.

　　主要特征：体浅棕褐色。前足胫节腹面具 1 列刺，股节腹面具 2 列刺。

　　雄虫头长 2.40 mm，头宽 1.10 mm，头顶宽 0.50 mm，头两侧及前胸背板两侧前半部褐色。触角第 1 节显著短于第 2 节（2.30 mm：3.30 mm）。喙第 1 节达眼的中部，各节长为 1：2：3=1.40：0.80：0.40（mm）。前胸背板长 3.00 mm，前角间宽 0.80 mm，后角间宽 1.70 mm。小盾片中央及两侧具褐色纵带。前翅长 8.00 mm，几乎达第 6 腹背板后缘，色淡，散在浅棕褐色斑，膜片端部稍尖，内室基部褐色。

　　雌虫头长 2.90 mm，头宽 1.20 mm，头顶宽 0.70 mm；触角第 1 节短于头的长度，各节长为 1：2：3：

4=2.60：3.52：0.80：1.10（mm）。前胸背板长 3.20 mm，前角间宽 0.90 mm，侧角间宽 1.80 mm。喙第 1 节略超过眼的中部，但不达眼的后缘，各节长为 1：2：3=1.60：0.94：0.63（mm）。前翅长 9.30 mm，达第 6 腹背板后部。前足股节长于胫节（4.67 mm：4.00 mm）。

　　雄虫体长 14.70–15.00 mm，体宽 2.00–2.10 mm。雌虫体长 19.30 mm，体宽 2.00 mm。

　　分布：浙江（临安）、河南、湖北、福建、海南、广西、云南、西藏；日本，朝鲜半岛，马来西亚，印度尼西亚。

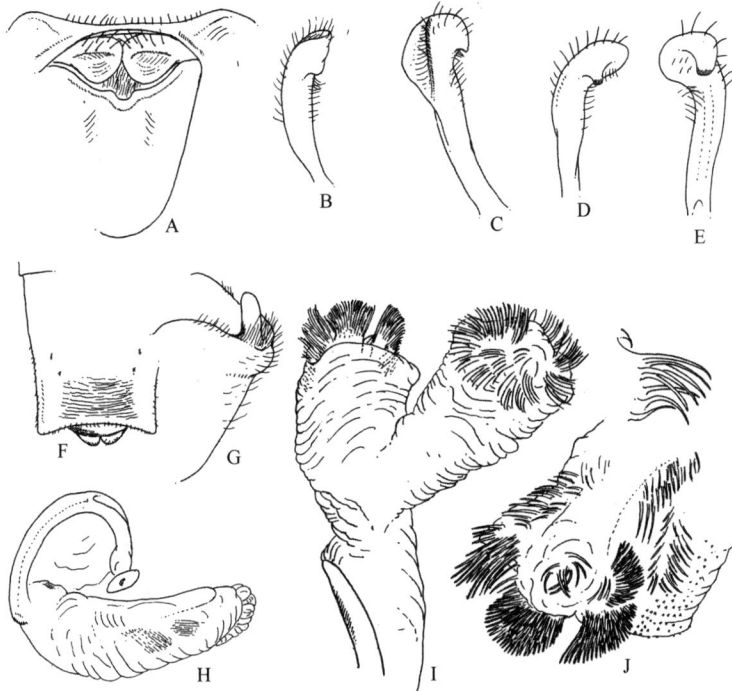

图 10-37　敏梭猎蝽 *Sastrapada oxyptera* Bergroth, 1922

A. 雄虫生殖节末端（后面观）；B–E. 阳基侧突（不同侧面观）；F. 雄虫腹部末端（背面观）；
G. 雄虫生殖节末端（侧面观，示中突）；H. 阳茎（侧面观）；I, J. 内阳茎（不同侧面观，示刺域）

59. 舟猎蝽属 *Staccia* Stål, 1866

Staccia Stål, 1866: 150. Type species: *Staccia diluta* (Stål, 1860).

　　主要特征：体中等大小，前胸背板长宽约相等，头的眼前部腹面每边具长刺，眼前部长于眼后部。前胸腹板前缘每边具 1 长刺。前股节膨大，腹面具有 2 列强刺。喙第 1 节长于第 2 节，但不长于第 2、3 节两节之和。

　　分布：多数分布于东南亚地区。世界已知 10 种，中国记录 2 种，浙江分布 2 种。

（93）舟猎蝽 *Staccia diluta* (Stål, 1860)（图 10-38；图版 III-40）

Oncocephalus dilutus Stål, 1860: 263.
Staccia diluta: Hsiao *et al.*, 1981: 465.

　　主要特征：体淡棕褐色，体长 8.00–10.00 mm。眼黑色，头的眼前部两侧、前胸背板侧缘褐色（有的个体色较浅）。

　　雄虫头宽 1.00 mm，头顶宽 0.40 mm；各节长为 1∶2∶3∶4=0.63∶1.25∶0.35∶0.61（mm）；喙各节长为 1∶2∶3=0.85∶0.50∶0.32（mm），第 1 节几乎达眼的后缘。头的眼前部两侧各具 3 个刺，靠近眼处的一个刺最显著；头的眼后部稍粗于眼前部，两单眼间的距离大于与其相邻复眼之距离。前胸背板长 1.80 mm，前角间宽 0.80 mm，侧角间宽 2.00 mm，前叶显著长于后叶（1.20 mm∶0.60 mm），中部稍鼓。前胸腹板刺尖锐，伸向前方。前足股节粗壮，长 2.20 mm，腹面具 2 列刺，胫节长 1.60 mm。前翅稍超过腹部末端。雄虫阳基侧突基部 1/3 细于前部 2/3。

　　雄虫体长 7.30–8.50 mm，体宽 2.10–2.30 mm。雌虫体长 9.00 mm，体宽 3.50 mm。

　　分布：浙江（临安）、北京、江苏、湖北、江西、福建、广东、海南、四川、云南；印度，缅甸，斯里兰卡，印度尼西亚。

　　注：本种分布广，常栖息在稻田、草丛间，有趋光性，个体数量颇多，行动敏捷，喜捕食稻飞虱的成虫、若虫及一些鳞翅目幼虫等。

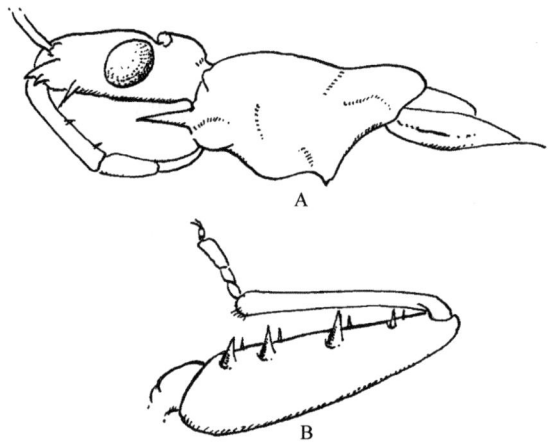

图 10-38　舟猎蝽 *Staccia diluta* (Stål, 1860)

A. 头、胸（侧面观）；B. 前足

（94）普舟猎蝽 *Staccia plebeja* Stål, 1866　　中国新记录

Staccia plebeja Stål, 1866: 166.

　　主要特征：体背面浅褐色，头顶、前胸背板中部及小盾片中央纵纹色浅，为浅黄棕色（即与各足色同）。喙及头腹面色泽同足。头腹面观，两眼之间平坦。前翅内室基部有 1 黑斑，膜片外翅室端部狭于基部，内、外翅室形状不同。各足淡黄色，并且隐约显浅褐色晕斑；但前足胫节 2 个浅褐色环斑较明显。前足股节粗，下面具刺突列（5–6 个较大的刺之间还有小刺突）。

　　雄虫体长 8.40 mm，体宽 2.40 mm（仅侧接缘外缘露出）。头长 1.50 mm（包括颈部），头宽 1.10 mm，头顶宽 0.50 mm。眼前部长∶眼后部长=0.56∶0.55（mm）。触角各节长为 1∶2∶3∶4=0.60∶1.25∶0.25∶0.55（mm）。喙第 1 节达眼的中部，各节长为 1∶2∶3=0.74∶0.50∶0.40（mm）。前胸背板前叶长于后叶（0.90 mm∶0.70 mm），前胸背板长 1.60 mm，前角间宽 0.90 mm，侧角间宽 2.00 mm。小盾片长 0.60 mm，基部宽 0.65 mm。前翅长 5.40 mm，达腹部末端。前足股节端部细，向基部渐粗，最粗处 0.70 mm，前部粗为 0.25 mm，前足股节长 2.20 mm，胫节长 1.80 mm；后足股节短于胫节（3.00 mm∶3.20 mm）。后足股节刚达生殖节中部。阳基侧突端部加宽。

　　本种前足股节的外形很近于舟猎蝽 *Staccia diluta*，但头腹面观、两眼之间平坦；头前叶两侧腹面无刺突；生殖节不同。

　　分布：浙江、北京、河南、广西；斯里兰卡。

（九）绒猎蝽亚科 Tribelocephalinae

60. 锥绒猎蝽属 *Opistoplatys* Westwood, 1835

Opistoplatys Westwood, 1835: 447. Type species: *Opistoplatys australasiae* Westwood, 1835.

主要特征：头前端突出，但不呈刺状，触角第 1 节短，与头的长度约相等或略长于头；后足基节之间的距离小于中足基节之间的距离。

分布：世界已知 30 余种，中国记录 5 种，浙江分布 1 种。

（95）褐锥绒猎蝽 *Opistoplatys mustela* Miller, 1954（图 10-39；图版 III-41）

Opistoplatys mustela Miller, 1954: 77.

主要特征：体长 9.50–10.00 mm，暗褐黄色。被淡土黄色毛，眼黑色，革片及膜片深棕褐色。

雄虫两眼之间几乎近平行；触角第 1 节长 1.60 mm，第 2 节稍弯，长为 1.82 mm，其他各节鞭状。喙第 1 节达眼的中部，各节长度为 1：2：3=1.25：0.85：0.12（mm）。前胸背板长 1.50 mm，横缢不甚显著，前叶短于后叶（0.50 mm：1.00 mm），侧角间宽 2.20 mm。前翅长 6.60 mm，端部阔圆，略微超过腹部末端。雄虫生殖节端缘中突似刺状，阳基侧突端部尖削。

雄虫前翅长 6.00 mm，略超过腹部末端。触角第 1 节粗，短于第 2 节（1：2=1.42 mm：1.70 mm），端节细鞭状。小盾片中部凹陷，后突呈短锥状，向下弯。前翅前缘及革片翅脉具刚毛，膜片内翅室基部宽于外翅室基部，而内翅室端部窄于外翅室基部。胫节端部无海绵窝构造，端部略粗，内侧具栉刺列。雄虫腹板第 7 节端缘中部凹，中央为小突起。背面观，阳茎体前部呈三角状，鞘背板前端缘中部突出；内阳茎刺域具浓密长刺状突起。

分布：浙江（泰顺）、河南、湖北、贵州、云南；印度尼西亚。

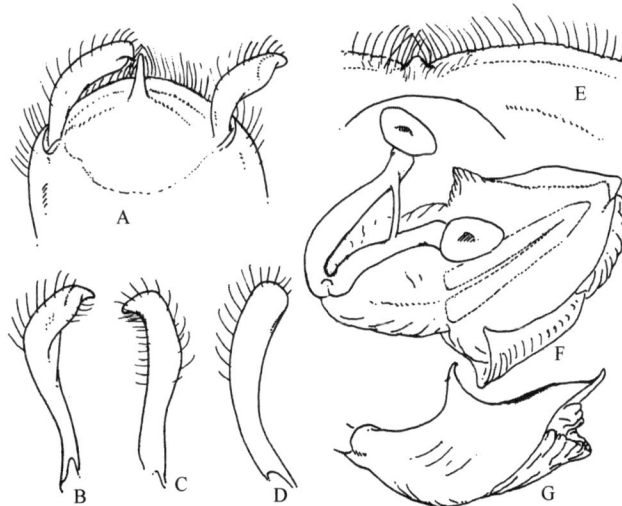

图 10-39　褐锥绒猎蝽 *Opistoplatys mustela* Miller, 1954
A. 雄虫生殖节（背面观）；B–D. 阳基侧突（不同侧面观）；E. 雄虫腹部端缘（腹面观）；F. 阳茎（背侧面观）；G. 阳茎体（侧面观）

第十一章　盲蝽总科 Miroidea

十六、盲蝽科 Miridae

主要特征：体小型至中型，体形多样。身体相对柔弱。足常易断落。头部常或多或少下倾或垂直。无单眼，仅树盲蝽亚科 Isometopinae 有单眼。喙 4 节。前胸背板可具领。前翅具中裂，前缘裂发达，有楔片，前翅翅面常依前缘裂（=楔片缝）下折。膜片基部有 1–2 个封闭的翅室，室外端角常具伸出的桩状短脉。后翅无钩脉。各足跗节 3 节。中、后足腿节侧面与腹面具若干毛点毛。转节 2 节。前跗节情况多样：有一对副爪间突，刚毛状或片状；在爪的内面或下面可具爪垫；在掣爪片和爪的基部交界处或在掣爪片的侧方可生有成对的肉质伪爪垫（pseudopulvillum），此类构造在跳蝽科中亦存在。臭腺沟缘常为耳壳状。雄虫生殖囊左右略不对称，左、右阳基侧突明显不同形，阳茎鞘多骨化，内阳茎构造多样，可呈极简单的膜质囊，或呈具骨化附器的复杂囊状构造，或者阳茎端呈一坚硬的带状骨化构造。产卵器发达，但第 1 载瓣片与第 8 腹节侧背片相连，瓣间片（gonangulum）消失。亦无第三产卵瓣（=gonoplac）。雌虫生殖腔前方伸出成一单个的大型袋状储精构造，称储精室（seminal depository）。

若虫臭腺 1 对，开口于第 3 和第 4 腹节背板交界处。

多生活于植物上，行动活泼，善飞翔，喜吸食植物的繁殖器官，包括各种花器，尤其是子房和幼果。亦可在枝、叶上吸食，对作物造成危害。部分类群（如齿爪盲蝽亚科 Deraeocorinae）为捕食性，捕食蚜虫、螨类等小型动物及虫卵等。许多种类已知可兼食植物与动物性食物，繁殖阶段尤其需要动物性食料。

分布：世界广布。世界已知 1554 属 11 139 种（Schuch，2013），中国记录 221 属 1000 余种，浙江分布 33 属 61 种。

分亚科检索表

（一）单室盲蝽亚科 Bryocorinae

蕨盲蝽族 Bryocorini Baerensprung, 1860

61. 蕨盲蝽属 *Bryocoris* Fallén, 1829

Bryocoris Fallén, 1829: 151. Type species: *Bryocoris montanus* Fallén, 1807.

主要特征： 体长椭圆形，具光泽，被淡色半直立毛。头圆或横宽，背面观头顶前端略前凸，头顶具后缘脊，眼着生于头两侧中部，有时后缘与头顶后缘脊平齐。喙细长，末端超过前足基节或伸达中足基节。触角细长，被淡色半直立毛，第 1 节略粗于其他节，基部略细，长度约等于头宽，明显长于头顶宽。前胸背板领明显，胝较小，光滑，微隆，侧面多伸达前胸背板侧缘，前胸背板强烈隆起，具刻点，侧缘较直，后缘平直或圆隆，小盾片平坦，基部被前胸背板部分遮盖。半鞘翅外缘端半略外拱，楔片外缘较直。膜片具 2 翅室，端角多圆钝，不超过楔片端部。足细长，被淡色半直立毛。雄虫左阳基侧突基半不同程度膨大，部分种类被长毛，右阳基侧突短小，狭窄，部分种类与左阳基侧突几乎等长。该属存在性二型和多型现象。

分布： 古北区。世界已知 21 种，中国记录 18 种，浙江分布 2 种。

（96）纤蕨盲蝽 *Bryocoris* (*Bryocoris*) *gracilis* Linnavuori, 1962（图版 III-42）

Bryocoris gracilis Linnavuori, 1962: 68.

主要特征： 雌虫、雄虫均为长翅型。雄虫体长 3.26–3.33 mm，雌虫 3.04–3.09 mm。

雄虫体狭长，两侧近平行，密被半直立闪光短毛，触角第 1 节基部 1/3 黄褐色，其余部分褐色，前胸背板领全部黄白色，雄虫生殖囊开口边缘具 3 个镰刀状突起。

头背面观三角形，垂直，被淡褐色半直立毛，黑褐色，光亮。额光亮，黑褐色，侧面观圆隆，被稀疏长毛。唇基黑褐色，光亮，圆隆，垂直。喙短粗，黄褐色，第 4 节末端黑色，伸达中胸腹板中部。复眼椭圆形，黑褐色，略被毛，略向两侧伸出。触角细长，黄褐色至黑色，密被半直立长毛。第 1 节基部 1/3 窄，黄褐色，其余部分膨大，褐色，棒状，长约为眼间距的 1.27 倍；第 2 节明显细于第 1 节，细长，黑褐色，向端部渐呈黑色，近端部略微加粗；第 3、4 节均略细于第 2 节基部直径，黑褐色。

前胸背板梯形，侧面观强烈隆起，略斜下倾，黑色，后叶刻点较细密，具光泽，密被半直立短毛。领黄白色，较宽，被短毛，后部被细密刻点，略粗糙，光泽弱。胝平滑，略肿胀，两胝不相连，内侧具刻点。中胸盾片外露较短，黑色，光亮，密被半直立短毛。小盾片黑色，侧面观微隆，端角尖锐，密被半直立长毛。

半鞘翅两侧近平行，除爪片外均为黄褐色半透明，具黑色斑，被细密淡色短半直立毛。爪片黑色，革片淡黄褐色，革片和缘片端部 1/5–1/3 具 1 暗褐色斑，中裂黑色。楔片缝明显，翅面沿楔片缝略下折，楔片淡黄褐色，内缘端部具褐色带。膜片淡烟褐色，脉褐色，翅室端角宽圆。

足黄褐色，被淡色半直立长毛，基节黄白色，胫节端部暗黄褐色。

腹部黑色。臭腺沟缘浅黄色。

雌虫：体型和体色与雄虫相似，但触角第 1 节端部 2/3 黑色。

分布： 浙江（龙泉）、湖北、湖南、台湾、广东、广西、四川、贵州、云南；日本，新几内亚岛。

（97）黄头蕨盲蝽 *Bryocoris* (*Cobalorrhynchus*) *flaviceps* Zheng *et* Liu, 1992（图 11-1）

Bryocoris flaviceps Zheng *et* Liu, 1992: 290.

Bryocoris (*Cobalorrhynchus*) *flaviceps*: Hu & Zheng, 2000: 257.

主要特征： 雄虫体长 3.03–3.10 mm，雌虫长 3.37–3.46 mm。头背面观椭圆形，横宽，垂直，被淡褐色半直立毛，浅黄色至淡黄褐色。颈部淡黄白色。额光亮，侧面观微隆不伸过唇基前缘，被稀疏长毛。唇基淡黄褐色，光亮，侧面观较平坦，微隆，垂直。喙黄色，伸达中足基节。复眼椭圆形，黑褐色，略被毛，略向两侧伸出。触角细长，褐色至黑色，密被半直立长毛。第 1 节基部淡黄白色，近基部 1/3 处较明显加粗，其后黄褐色，向端部渐呈黑褐色；第 2 节黑褐至黑色，有时基部 2/5 色较淡，基部略细于第 1 节端部，近端部略微加粗，密被浅褐色长毛；第 3、4 节均略细于第 2 节基部直径。

前胸背板梯形，饱满圆隆，略斜下倾，黑色或黄褐色，前侧缘有时黑褐色，或向后部渐呈黄褐色，后侧角黄褐色，有时前胸背板中部具 1 黄褐色三角形大斑，从后缘延伸至胝区后缘。刻点深刻，较密，具光泽，密被半直立短毛。前胸背板侧缘几直，中部略内凹，后缘中部内凹，后侧角略下沉，内侧具一微弱的浅凹痕，后侧角端部略尖。领黄褐色或黑褐色，较宽，被短毛，后部被细密刻点，略粗糙，无光泽。胝光滑，略肿胀，两侧伸达前胸背板侧缘，两胝不相连，内侧具刻点。中胸盾片不外露。小盾片黄褐色或黑褐色，圆隆，基部中部微凹，端角较尖锐，密被半直立短毛。

半鞘翅革片长，其后略外拱，底色淡黄褐色，半透明，具黑色斑，被细密淡色半平伏短毛。爪片基部 1/5–1/4 以及端部黑褐色，外缘淡黄褐色。革片淡黄褐色，外缘狭细的黑褐色，革片端部具宽黑褐色带，内端沿中裂成直角前折，或沿中裂内侧延伸成黑褐色细纵带，止于前方 2/5 处，中裂深黑褐色。楔片缝明显，楔片淡灰黄色，基部内角带褐色，端部内侧 2/5 黑褐色，外缘基半狭细褐色。膜片淡烟色，中部有 2 条隐约的深色宽纵带，脉淡黑褐色。

足黄色，被淡色半直立长毛，后足腿节近端部有 1 黑褐色环。

腹部黄褐色，各节间深褐色，密被半直立淡色短毛。臭腺沟缘淡黄白色至黄色。

雌虫体型和体色与雄虫相似。但体较宽大，腹部中部不收缩。

分布：浙江（庆元）、湖北、湖南、台湾、海南、四川、云南。

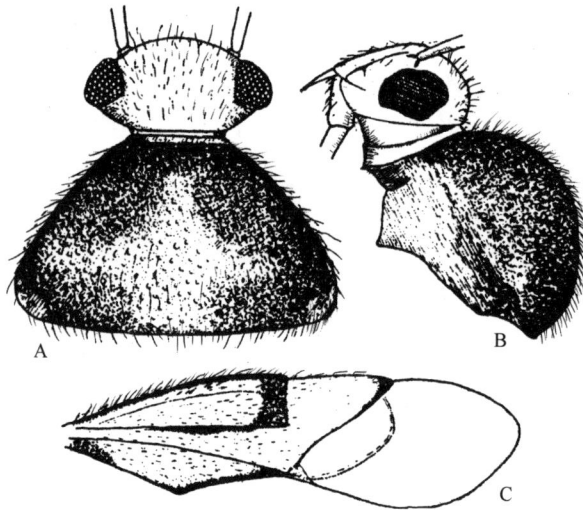

图 11-1　黄头蕨盲蝽 *Bryocoris* (*Cobalorrhynchus*) *flaviceps* Zheng et Liu, 1992（引自郑乐怡和刘国卿，1992）
A. 头及前胸背板背面观；B. 头及前胸背板侧面观；C. 半鞘翅

62. 微盲蝽属 *Monalocoris* Dahlbom, 1851

Monalocoris Dahlbom, 1851: 209. Type species: *Cimex filicis* Linnaeus, 1758.

主要特征：体小型，较紧凑，宽卵圆形，具光泽，密被淡色半直立毛。头宽大于长，额较圆隆，头顶后缘脊明显，眼后缘接近前胸背板前缘。喙伸达前足基节端部，有时伸达中足基节。触角细长，被淡色半直立毛，第 1 节短于头顶宽，略粗于其他节，基部较细。前胸背板刻点均匀，侧缘圆隆，向头部渐窄，中部略高隆，后侧角略钝圆，后缘直，有时略呈宽阔的弧形后凸。领明显。胝光亮，微隆，其边缘不形成明显凹陷。小盾片小，较平坦。半鞘翅楔片缝处两侧明显圆隆，革片及缘片端部略窄缩，缘片较宽，略外展，楔片及膜片常向体腹方弯折，楔片长约等于基部宽，膜片短，外缘基部略弯曲呈弧形，翅室端角圆，不超过膜片末端。雄虫左阳基侧突有两种类型，一类 2 叉状，长形略弯，部分种类顶部具许多小齿状突起。另一类狭长、弯曲，不分叉；右阳基侧突狭小。阳茎端膜质。

分布：全北区、东洋区、旧热带区、新热带区均有分布。世界已知 15 种，中国记录 6 种，浙江分布 1 种。

（98）蕨微盲蝽 *Monalocoris filicis* (Linnaeus, 1758)（图 11-2；图版 III-43）

Cimex filicis Linnaeus, 1758: 443.

Monalocoris filicis: Carvalho, 1956: 32.

主要特征：雄虫体长 2.04–2.81 mm，雌虫体长 2.52–3.05 mm。

头横宽，垂直，黄褐色，光亮，无刻点，被稀疏淡色半平伏短毛。头顶微隆，后缘具横脊，褐色。额圆隆，毛较稀疏。唇基隆起，暗褐色，有时端半黑褐色，光亮。头侧面黄褐色。喙伸达中足基节。触角细长，被淡褐色半直立长毛，第 1 节浅黄褐色，圆柱状，基部 1/3 较细，毛被较稀疏，短于该节中部直径；第 2 节淡黄褐色，端部 1/4 暗褐色，细长，向端部渐粗；第 3、4 节细长。

前胸背板梯形，侧缘较直，后侧角略圆，后缘微凸，侧面观圆隆，后侧角淡黄褐色，具均匀的刻点及淡色半直立毛，刻点达胝间区域，毛略长于触角第 2 节中部直径。领宽，黄褐色，有时淡黄褐色，略粗于触角第 1 节。胝光亮，长椭圆形，微隆，侧方不伸达前胸背板侧缘。中胸盾片不外露。小盾片黑褐色，有时暗褐色或褐色，三角形，端角尖，具浅横皱，平坦，密被淡色半直立毛，毛长为触角第 2 节中部直径的 2 倍。

半鞘翅黄褐色，密被淡色半直立毛，爪片较宽，黑褐色，有时暗褐色或褐色，有时深黄褐色，内缘色略淡，较小盾片毛短，革片一般为黑色；缘片淡黄褐色，有时深黄褐色；翅面沿楔片缝略下折，楔片淡黄褐色，半透明，基内角黑褐色，有时该黑褐色区域扩展，约占楔片内半的 1/2，黑褐色区域的周缘具淡褐色至褐黄色晕，毛略短于革片上的毛；膜片淡灰黄褐色，半透明，有时淡黑黄褐色，基半褐色略带黄褐色，具一翅室，脉褐色。

足浅黄褐色，被淡褐色半直立短毛，腿节细长，后足腿节亚端部具 1 褐色环带，毛较稀疏，长度明显短于腿节中部直径；胫节毛较腿节密，毛略长于该节中部直径。

腹部光亮，黄褐色，有时各节深黄褐色，后缘区域黑褐色，密被半直立淡色短毛。臭腺沟缘浅黄褐色，中部具 1 黄褐色隆起。

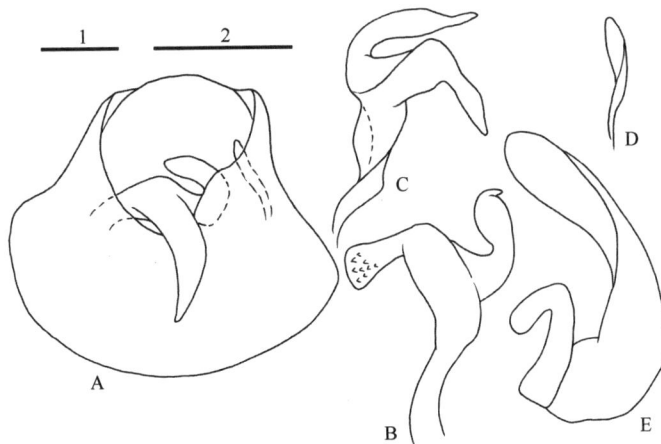

图 11-2　蕨微盲蝽 *Monalocoris filicis* (Linnaeus, 1758)（引自刘国卿等，2022）
A. 生殖囊腹面观；B, C. 左阳基侧突不同方位；D. 右阳基侧突；E. 阳茎。比例尺：1=0.1 mm（A–D）；2=0.1 mm（E）

雄虫生殖囊黄褐色至淡黄褐色，有时深黄褐色至暗黄褐色，被淡褐色半直立短毛，长度约为整个腹长的 1/5。阳茎端简单。左阳基侧突叉状，基部叉狭长，略弯，端部膨大，具齿，端部叉弯曲，略膨大，顶端渐细；右阳基侧突狭小，细长，端部圆。

雌虫：体型体色与雄虫相似，但体略大，体色较淡。

分布：浙江（庆元、临安、泰顺）、黑龙江、天津、河北、陕西、甘肃、安徽、湖北、江西、湖南、福建、台湾、广东、广西、重庆、四川、贵州、云南；俄罗斯，朝鲜半岛，日本，瑞典，丹麦，德国，意大利，法国，英国，亚速尔群岛，马里亚纳群岛，古巴。

烟盲蝽族 Dicyphini Reuter, 1883

分属检索表

1. 小盾片具刻点及瘤突，触角第 1 节短粗，长约为头顶宽的 1/2 ·········· 泡盾盲蝽属 *Pseudodoniella*
- 小盾片不具刻点及瘤突，触角第 1 节细长，或略粗壮，长度等于或超过头顶宽 ·········· 2
2. 头部眼后方区域缢缩成颈 ·········· 3
- 头部在眼后方区域不缢缩 ·········· 4
3. 触角第 1 节较粗壮，长度约等于眼间距 ·········· 狄盲蝽属 *Dimia*
- 触角第 1 节较细长，明显长于眼间距 ·········· 曼盲蝽属 *Mansoniella*
4. 爪基部内侧具 1 突起；雄性生殖囊开口于背侧 ·········· 显胝盲蝽属 *Dicyphus*
- 爪基部内侧无突起，有时近端部具齿；雄性生殖囊开口于后部或腹面 ·········· 烟盲蝽属 *Nesidiocoris*

63. 显胝盲蝽属 *Dicyphus* Fieber, 1858

Dicyphus Fieber, 1858: 327. Type species: *Capsuscollaris* Fallen, 1807 (=*Gerris errans* Wolff, 1804).

主要特征：体狭长，长翅型，有时短翅型，具较强烈光泽，半鞘翅两侧平行，体常为砖红色，具褐色至浅褐色斑，被稀疏长半直立毛。头部狭长，额略伸过眼前部，略圆，砖红色，常具 2 个深色带；头顶常具浅中纵沟，后缘常深色；唇基微凸或强烈突起。眼中等大小，远离领，离开领的距离至少等于领长，褐色，常带红色，侧面观小型至中型。触角细长，触角窝位于眼中部，具半直立毛，第 1 节略粗，基部较细。前胸背板梯形，明显分为前、后两叶，近正方形，后叶后部显著抬升，侧缘略凹，后缘深凹，毛被较稀疏，领明显，胝明显，胝区略隆起或较隆起。前胸侧板强烈向两侧扩展，背面观可见。中胸背板外露，小盾片较平坦。半鞘翅毛被稀疏，缘片较狭窄，楔片较狭长，内、外缘较直。膜片具 2 翅室，端角不超过楔片端部。足细长，被暗色半直立毛，基节较长，约为腿节之半；腿节线状，向端部渐细，淡色，常具褐色斑列，毛点毛中足腿节 4–6 个，后足腿节 6–7 个；胫节刺大，色深，有时具明显暗色梳状刺；跗节长；爪基部深裂，线状，端部内弯。

雄性生殖囊开口深，开口于背侧，开口腹面具一长唇状凸起。左阳基侧突呈镰刀形，基半近方形，具长毛，端半狭长，内缘弯曲，有时端部膨大，向端渐细；右阳基侧突线状，端部锥形。阳茎多膜叶，基部具 "U" 形环，具多数骨化小刺或 1–2 个骨针，阳茎鞘基部非常宽，端部裂开。

分布：本属除澳洲区外，世界各地理区系均有分布。世界已知 60 种，中国记录 9 种，浙江分布 3 种。

分种检索表

1. 体长大于 3.90 mm ·········· 长角显胝盲蝽 *D. longicomis*
- 体长小于 3.30 mm ·········· 2

（99）长角显胝盲蝽 *Dicyphus longicomis* Mu et Liu, 2022（图 11-3A，图 11-4）

Dicyphus longicomis Mu et Liu, 2022: 100.

主要特征：雄虫体长 4.56–4.86 mm，雌虫体长 4.35–4.39 mm。头圆，颈略向内收缩，侧面观近垂直，头淡黄色，眼后方宽纵带、颈背面和唇基深褐色，被稀疏直立褐色短刚毛。后缘无横脊。唇基微隆，斜下倾。喙略伸过后足基节中部，黄褐色，被淡褐色直立短毛，基节淡黄色，光亮，第 2 节基部和端部色略深，第 4 节端部深褐色。复眼大，背面观半圆形，侧面观椭圆形，红褐色。触角细长，线状，被褐色半平伏短毛。第 1 节狭长，珊瑚红色，光亮，基半略膨大，被毛较其他节稀疏，半直立。第 2–4 节褐色，毛被细密。

前胸背板钟形，深褐色，中部淡黄色，被半直立稀疏褐色刚毛，侧面观较平，前角圆，侧缘中部内凹，后角向两侧翘起，后侧角圆，后缘中部内凹。领粗，背面观后部两侧向内略缢缩，中部较窄，无光泽，淡黄白色，后缘略染红色，被稀疏褐色短毛。胝隆起，光亮，后缘沟染红色。前胸侧板褐色，2 裂，前叶小，光亮，后叶下缘狭窄的淡黄色。中胸盾片外露部分倒梯形，红褐色。小盾片黄色，中部具宽褐色纵带，侧面观微隆，光泽弱，被稀疏褐色半直立刚毛。

半鞘翅黄褐色，两侧近平行，被褐色半直立短毛。革片端部近楔片缝处具 2 个斜向内指的深褐色长椭圆形小斑。缘片狭窄。楔片缝不明显，翅面沿楔片缝略下折，楔片长三角形，端半红褐色。膜片烟褐色，脉红褐色。

足细长，淡黄色，密被褐色直立长毛，中、后足基节基部褐色；腿节较粗，背面密被不规则褐色圆斑；胫节细长，胫节刺黑褐色。

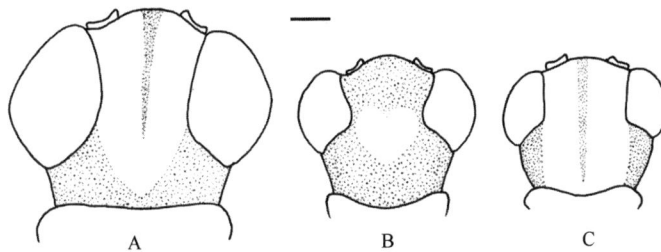

图 11-3　头部背面观

A. 长角显胝盲蝽 *Dicyphus longicomis* Mu et Liu, 2022；B. 心显胝盲蝽 *Dicyphus cordatus* Mu et Liu, 2022；
C. 朴氏显胝盲蝽 *Dicyphus parkheoni* Lee et Kerzhner, 1995。比例尺=0.1 mm

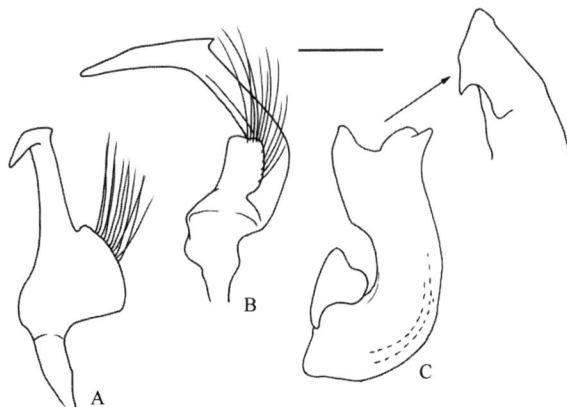

图 11-4　长角显胝盲蝽 *Dicyphus longicomis* Mu et Liu, 2022（引自刘国卿等，2022）

A、B. 左阳基侧突不同方位；C. 阳茎。比例尺=0.1 mm

腹部淡黄色，被淡色短毛。臭腺沟缘狭长，红褐色。

雄虫生殖囊黑褐色，侧面中部淡黄色，被淡褐色半直立长毛，长度约为整个腹长的 1/6。左阳基侧突弯曲，钩状突中部背侧具 1 三角形小突起，端部渐细，感觉叶膨大，扭曲，被长毛。右阳基侧突小，叶状。阳茎端膜质，无任何骨化附器。

雌虫：体型及体色与雄虫一致，体略宽短。

分布：浙江（临安）、江西、湖南、福建、广西。

（100）心显胝盲蝽 *Dicyphus cordatus* Mu et Liu, 2022（图 11-3B，图 11-5）

Dicyphus cordatus Mu et Liu, 2022: 97.

主要特征：雄虫体长 3.03–3.04 mm，雌虫体长 3.27–3.30 mm。头圆，颈略向内收缩，侧面观近垂直，头红褐色，头顶具 1 淡黄色心形斑，唇基和头腹面淡黄色，被稀疏直立褐色短刚毛。后缘无横脊。唇基微隆，斜下倾。喙略伸过后足基节。触角细长，线状，被褐色半平伏短毛。第 1 节狭长，黄色，基部和端半珊瑚红色。第 2 节深红褐色，端部略膨大，略长于第 3 节，较第 2 节细。

前胸背板钟形，深褐色，中部色略淡，中纵带褐色，被半直立稀疏褐色刚毛，侧面观前倾，前角圆，侧缘中部内凹，后角向两侧翘起，后侧角圆，后缘中部内凹。领粗，背面观侧缘较圆隆，前缘中部内凹，无光泽，橙黄色，被稀疏褐色短毛。胝隆起，光亮，后缘褐色。中胸盾片外露部分倒梯形，红褐色。小盾片黄色，中部具宽褐色纵带，侧面观微隆，光泽弱，被稀疏褐色半直立刚毛。

半鞘翅两侧近平行，革片端部近楔片缝处具 2 个模糊深褐色椭圆形小斑，内侧斑较小而圆，有时色较淡而不明显。缘片狭窄，半透明。楔片缝不明显，翅面沿楔片缝略下折，楔片长三角形，黄色半透明，端角略加深。膜片烟褐色，脉褐色。

足细长，密被淡褐色直立长毛；腿节较粗，背面密被不规则褐色圆斑；胫节细长，粗细均匀，胫节刺浅褐色。

腹部被淡色短毛。臭腺沟缘狭长，红褐色。

雌虫：体型及体色与雄虫一致，体略宽短，腹部红褐色。

雄虫生殖囊浅黄褐色，背面染红色，腹面端部褐色，被淡褐色半直立长毛，长度约为整个腹长的 1/3。左阳基侧突弯曲，钩状突中部背侧具 1 三角形小突起，端部渐细，感觉叶略膨大，扭曲，端部较尖，被短毛。右阳基侧突小，叶状。阳茎端膜质，无任何骨化附器。

分布：浙江（临安）。

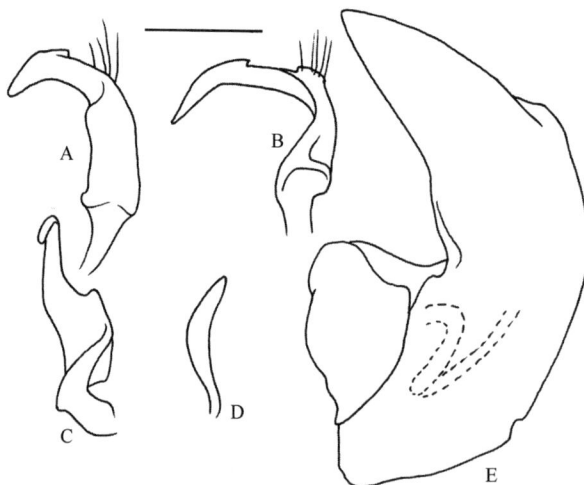

图 11-5　心显胝盲蝽 *Dicyphus cordatus* Mu et Liu, 2022（引自刘国卿等，2022）

A–C. 左阳基侧突不同方位；D. 右阳基侧突；E. 阳茎。比例尺=0.1 mm

（101）朴氏显胝盲蝽 *Dicyphus parkheoni* Lee *et* Kerzhner, 1995（图 11-3C，图 11-6；图版 III-44）

Dicyphus parkheoni Lee *et* Kerzhner, 1995: 253.

主要特征：雄虫体长 2.77–2.80 mm，雌虫体长 2.96–3.00 mm。头较长，颈较长而平行，侧面观近垂直，头淡黄色，侧面观眼后方具褐色宽纵带，唇基深褐色，被稀疏直立褐色短刚毛。头顶较平，光亮，背面具 1 窄中纵带，红褐色，向前色渐减淡为淡红色，延伸至唇基，后缘无横脊。唇基微隆，斜下倾，基半淡褐色。喙略伸过后足基节端部，黄褐色。复眼大，红褐色。触角较短，线状，被褐色半平伏毛。第 1 节较短粗；第 2 节浅黄色，端部 2/5 褐色，毛被细密，端半略膨大；第 3 节浅黄色，端半深褐色，基部略细于第 2 节端部，向端部渐细；第 4 节短，向端部渐细。

前胸背板钟形，深褐色，背面中部宽阔的黄色，中纵带狭窄的褐色，被半直立稀疏褐色刚毛，侧面观略前倾，前角圆，侧缘中部略内凹，后角向两侧略翘起，后侧角圆，后缘中部强烈内凹。领粗，背面观前缘中部略内凹，无光泽，背面中部宽阔的淡黄白色，侧面褐色，被稀疏褐色短毛。胝隆起，光亮。前胸侧板褐色，2 裂，前叶小、光亮。中胸盾片外露部分倒梯形，橙褐色，中部具宽阔褐色纵带，延伸至小盾片。小盾片黄色，中部具宽褐色纵带，侧面观微隆，光泽弱，被稀疏褐色半直立刚毛。

半鞘翅黄褐色，两侧近平行，被褐色半直立短毛。爪片深黄褐色，外缘色略淡。革片端部近楔片缝处深褐色，内侧具模糊褐色圆斑，有时色较淡而不明显。缘片狭窄，半透明。楔片缝不明显，翅面沿楔片缝略下折，楔片长三角形，淡黄色，半透明，端部 1/3 褐色。膜片烟褐色，脉红褐色。

足细长，淡黄色，密被褐色直立长毛，基节基部略带褐色；腿节较粗，背面密被不规则褐色圆斑；胫节细长，胫节刺淡褐色；跗节第 1 节是第 2 节的 2.92 倍，第 2 节端部 4/5 褐色；爪深褐色。

腹部深褐色，被淡色短毛。臭腺沟缘较宽短，褐色。

雄虫生殖囊黑褐色，侧面淡黄褐色，被淡褐色半直立毛，长度约为整个腹长的 2/5。左阳基侧突弯曲，钩状突中部背侧具 1 三角形小突起，突起较靠近基部，端部渐细，顶端尖，感觉叶扭曲，膨大，端部圆钝，被短淡色毛。右阳基侧突小，较宽，叶状。阳茎端膜质，无任何骨化附器。

雌虫：体型及体色与雄虫一致，体略宽短。

分布：浙江（临安）、湖北；韩国。

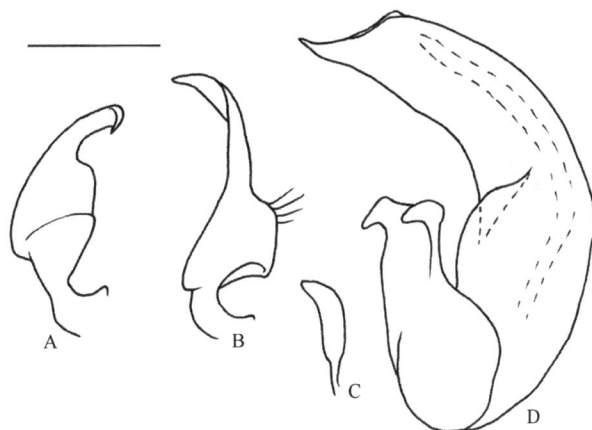

图 11-6　朴氏显胝盲蝽 *Dicyphus parkheoni* Lee *et* Kerzhner, 1995（引自刘国卿等，2022）
A、B. 左阳基侧突不同方位；C. 右阳基侧突；D. 阳茎。比例尺=0.1 mm

64. 烟盲蝽属 *Nesidiocoris* Kirkaldy, 1902

Nesidiocoris Kirkaldy, 1902a: 247. Type species: *Nesidiocoris volucer* Kirkaldy, 1902.

主要特征：长翅型，体狭长，黄色、砖红色或褐色，常具褐色斑，被半直立不规则淡色至深色毛。头垂直，头顶窄，中部圆隆，头顶后缘脊微弱。眼大，在头基部和触角窝中间。触角短粗，第 1 节略短于头长，第 2 节略超过第 1 节的 2 倍，第 3 节约等于第 2 节；喙略伸过中足基节端部，第 1 节伸过头基部。前胸背板前部窄，具明显的领，侧缘凹弯，后侧角突出，后缘中部微凹，宽为头宽的 2 倍，具明显的中纵沟。中胸背板暴露，小盾片近三角形，微隆。半鞘翅侧缘直，楔片长明显大于宽；膜片显著超过腹部端部，翅室端部锐。足细长，后足腿节伸过腹部端部，但是不超过半鞘翅。腹部基部缢缩。后胸侧板臭腺中度发达，臭腺沟缘卵圆形，挥发域不延伸至中胸侧板气孔，覆盖该节的 1/3–1/2。雄虫生殖囊深裂，左阳基侧突大。阳茎端具相连的骨化附器。

分布：东洋区、旧热带区，部分种类世界广布。世界已知 25 种，中国记录 3 种，浙江分布 1 种。

（102）烟盲蝽 *Nesidiocoris tenuis* (Reuter, 1895)（图 11-7；图版 III-45）

Cyrtopeltis tenuis Reuter, 1895: 139.

Nesidiocoris tenuis: Lindberg, 1958: 100.

主要特征：体长 2.85–3.59 mm。头淡黄色，头顶色略深，较平坦，头部在领前缘区域略窄，被淡色长毛，指向前部。唇基黑褐色，有时深黄褐色，基半色略淡，额基方中部褐色或黄褐色。喙伸达中胸腹板后缘。触角第 1 节褐色，有时黑褐色，毛被略稀，长度均一，短于该节中部直径；第 2 节淡黄褐色，基部 1/3 褐色，毛被长度均一，略短于该节中部直径；第 3 节褐色，有时黄褐色略淡，毛较密，长度约等同于该节中部直径；第 4 节颜色同第 3 节，被毛较密，略短于该节中部直径。

前胸背板淡黄色，侧缘几乎为直，后侧角微翘，后缘中部内凹，侧面观前倾，较平坦。领宽，略窄于触角第 1 节中部直径，淡黄绿色。胝区略高隆，两胝间略具一纵向细沟，有时胝区中部具纵向褐色短带，毛被较疏短，长度约等于触角第 2 节中部直径的 1/2。中胸盾片外露部分带橙红色，毛被淡色半直立，较稀疏。小盾片淡黄褐色，端部略带黑褐色，侧面观微隆。

半鞘翅两侧近平行，后缘略宽，爪片内缘及接合缝处呈黑褐色，有时爪片端半深黄褐色，被淡色半直立毛，略稀疏，长度略同小盾片毛；革片内缘褐色，端缘近外侧区域具一褐色短纹，由革片端部斜指向革片内侧，短纹的前端达革片端部 1/7 处，该短纹的内侧呈淡褐色；缘片外缘具极狭窄的褐黄色；楔片长三角形，端部褐色。膜片淡褐色，有时近端部色略深，脉黄褐色或褐色，纵脉基部色略淡，翅室端角外缘较尖锐。

足淡黄色，胫节基部褐色，有时前、中足胫节基色不加深，毛被均一，毛长略短于各胫节中部直径，胫节刺褐色或深黄褐色。

腹部淡黄色略带淡绿色，有时淡黄褐色。臭腺挥发域淡黄白色。

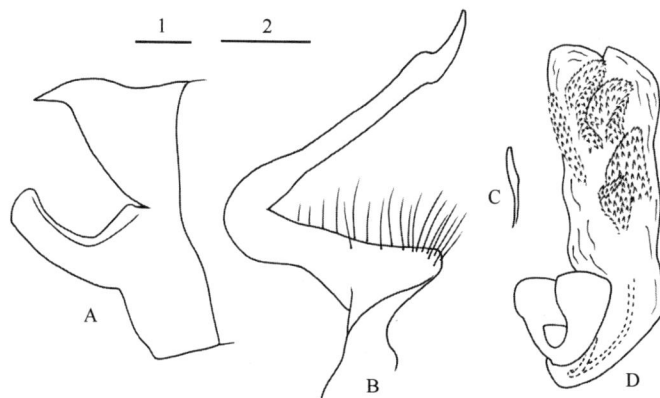

图 11-7　烟盲蝽 *Nesidiocoris tenuis* (Reuter, 1895)（引自刘国卿等，2022）
A. 生殖囊侧面观；B. 左阳基侧突；C. 右阳基侧突；D. 阳茎。比例尺：1=0.1 mm（A）；2=0.1 mm（B–D）

雄虫生殖囊黄色，密被淡色半平伏毛，生殖囊开口背腹面各具 1 突起，背面突起尖锐，腹面突起偏右侧，端部较宽阔，平截。左阳基侧突细长，弯曲呈小于 90°折角，钩状突细长，平直，近端部弯曲，端部略尖，感觉叶较小，微隆起，背面较平，被稀疏毛。右阳基侧突小，叶状。阳茎端具 5 个表面具细刺的骨化结构，其中 1 个细长，其余 4 个短粗。

雌虫：体型、体色与雄虫一致，体色较深。

分布：浙江（杭州）、内蒙古、北京、天津、河北、山西、山东、河南、陕西、江苏、湖北、江西、湖南、福建、台湾、广东、海南、广西、四川、贵州、云南、西藏；朝鲜，印度，尼泊尔，缅甸，斯里兰卡，加罗林群岛，爪哇岛，苏门答腊岛，斐济，伊朗，土耳其，以色列，埃及，沙特阿拉伯，加那利群岛，马里亚纳群岛，留尼汪，北美洲，关岛，澳大利亚，乌干达，利比亚，苏丹，非洲西南部，南非，佛得角群岛，波多黎各，古巴，阿根廷。

65. 狄盲蝽属 *Dimia* Kerzhner, 1988

Dimia Kerzhner, 1988a: 779. Type species: *Dimia inexspectata* Kerzhner, 1988.

主要特征：体狭长，被半直立和直立的长毛及短毛。头横宽，眼较大，向两侧突出。颈部明显。前胸背板明显分为前、后两叶，具领，侧缘被显著长毛。半鞘翅两侧较直，缘片基部和后部几乎等宽；爪片、革片毛被较短而浓密，并具稀疏长毛；膜片翅室较大，端角尖锐后指；阳茎端具众多小骨针。

分布：古北区、东洋区。世界已知 2 种，中国记录 2 种，浙江分布 1 种。

（103）狄盲蝽 *Dimia inexspectata* Kerzhner, 1988（图 11-8；图版 III-46）

Dimia inexspectata Kerzhner, 1988a: 792.

主要特征：体长 7.89–9.53 mm。头横宽，颈明显，前端圆隆，光亮，被淡色长直立毛。眼内侧各具 1 个淡黄色斑，颈背面淡褐色，中央具 1 个三角形黄色斑，颈侧面及腹面淡黄褐色，眼下部具 1 褐色纵带；额圆隆，中部凹陷，被毛较短而稀疏；唇基垂直，隆起，淡黄褐色，中部略染红色被直立长毛，略短于头顶毛；小颊色较淡。喙略伸过中足基节端部。复眼被直立短毛。触角细长，深红褐色，密被半平伏淡色短毛和直立淡褐色长毛，第 1 节短粗；第 2 节细长，微弯，端部略膨大，端部 1/3 背面具一小突起；第 3 节长纺锤形，中部直径宽于第 2 节中部直径，背面具 3 个小突起，直立长毛较第 1、2 节稀疏，且短于该节中部直径；第 4 节纺锤形。

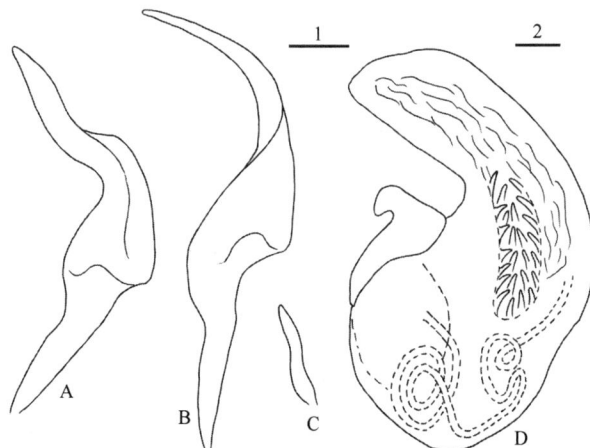

图 11-8　狄盲蝽 *Dimia inexspectata* Kerzhner, 1988（引自刘国卿等，2022）

A、B. 左阳基侧突不同方位；C. 右阳基侧突；D. 阳茎。比例尺：1=0.1 mm（A–C）；2=0.1 mm（D）

前胸背板黑褐色，密被直立淡色长毛，前部 2/5 具深缢缩，明显分为前、后两叶，领宽，圆隆，黑褐色，后半色较浅，胝显著、圆隆、宽阔，两胝不相连，中部淡色，两侧黑褐色；后叶具浅刻点，两侧微隆，向后显著加宽，后侧角圆，后缘均匀凸出，侧面观微下倾，黑褐色，中部后缘具 1 三角形淡黄褐色斑。前胸侧板黑褐色，二裂；中、后胸侧板黑褐色，下部 1/3 淡黄色，具光泽，被稀疏短毛。中胸盾片外露部分黄褐色。小盾片微隆，中部内凹，黑褐色，中部凹陷部分具 1 淡黄褐色纵带，向端部渐细。

半鞘翅侧缘直，向后渐宽，密被不规则淡色圆斑，革片中部部分斑相连成片，被褐色平伏短毛和淡色直立长毛。楔片外缘圆隆，黄褐色，内半除基部外红色；膜片烟褐色，被淡色圆斑，脉红色，具 1 个大翅室，端角尖锐，伸过楔片端部。

足黄褐色；胫节细长，被红色斑，近基部具 1 红褐色环，端部膨大，红褐色，端部背面具梳状齿，被 4 列细密褐色小刺。

腹部淡黄色，侧缘深褐色，密被半直立淡色短毛。臭腺沟缘狭长，淡褐色。

雄虫生殖囊褐色，被半直立淡色毛，长度约为整个腹长的 1/3。阳茎端具众多小骨针。左阳基侧突狭长，弯曲，基半略膨大，端半狭长，向端部渐细；右阳基侧突小而细长。

雌虫：体型、体色与雄虫一致，但体较宽大，体色略淡。

分布：浙江（泰顺、临安）、陕西、湖北；俄罗斯。

66. 曼盲蝽属 *Mansoniella* Poppius, 1915

Mansoniella Poppius, 1915: 77. Type species: *Mansoniella ninuta* Poppius, 1915.

主要特征：体狭长，具明显光泽，半鞘翅密被淡色半直立短毛。雄虫体型较小，体色较深，有时体色二型。头部宽略大于长，具明显的颈部，额圆，头顶光滑，后缘无脊。额略前凸。触角第 1 节明显长于眼间距，端部 1/3–2/5 膨大，毛半直立，极疏短，第 2–4 节细长，圆柱形，第 4 节长约等于第 1 节。喙短，伸达前足基节端部。前胸背板在胝的前、后方各具一缢缩，将其划分为领、前叶和后叶 3 部分。小盾片较平坦，被半直立毛，中胸盾片狭窄外露。半鞘翅两侧中部略内凹，端部稍外拱，楔片长略大于基部宽，膜片翅室端角约呈直角或略尖锐。足细长，胫节被长直立毛。雄性外生殖器：左阳基侧突较宽，基半较膨大，顶端扁薄或呈指状。右阳基侧突短小，狭长。

分布：东洋区。世界已知 18 种，中国记录 16 种，浙江分布 1 种。

（104）樟曼盲蝽 *Mansoniella cinnamomi* (Zheng *et* Liu, 1992)（图 11-9；图版 III-47）

Pachypeltis cinnamomi Zheng *et* Liu, 1992: 291.

Mansoniella cinnamomi: Hu & Zheng, 1999: 170.

主要特征：体长 5.00–5.85 mm。头横宽，平伸，黄褐色，头顶光亮，几乎无毛。头顶中部有 1 隐约的浅红色至红褐色横带，光滑。颈黑褐色，腹面和侧面后缘黄色，二色之间区域红褐色。额微隆，前端中部具 1 黑色大斑。唇基垂直，隆起，侧面观约与额前端平齐，端部被稀疏淡色半直立短毛。喙粗壮，淡黄褐色，末端黑褐色，几乎伸达前胸腹板末端。复眼黑色，略向两侧伸出。触角狭长，被淡色半直立毛。第 1 节珊瑚红色，端半较突然加粗，被稀疏短毛；第 2 节狭长，暗红褐色，粗细较均匀，端部略膨大；第 3、4 节红褐色，仅略细于第 2 节，第 3 节毛被同第 2 节，第 4 节端部渐细，短于第 1 节，被短毛和一些长毛，长毛约为该节中部直径的 2 倍。

前胸背板黄褐色，光滑，几乎无毛。前叶圆隆，暗褐色，略染红色，其前、后缘缢缩处加深呈黑褐色，胝平，不显著。后叶隆起，斜下倾，黄褐色或淡褐色，中线区域微淡，侧缘微凹，后缘中部宽阔内凹，后侧角区域略呈叶状，后侧角端部圆钝。前胸侧板前叶 2 裂，裂缝处略外翘，背面观可见，中、后胸侧板橙红色。中胸盾片外露部分狭窄，淡褐色。小盾片饱满，淡黄白色，密被较长毛。

半鞘翅外缘基部微内凹，之后向外拱弯，密被淡色半直立毛。爪片红褐色，外缘色较浅，外侧具一列粗大刻点。革片浅黄色，半透明，外侧具粗大刻点列，端部 1/4 有一略呈横列状的黑褐略带红色的斑，斑外缘伸达革片端部外缘，色略加深，斑内半前缘斜向前延伸至爪片中部，后缘接近楔片缝，密被较长毛。缘片浅黄色，基部褐色，端部 1/3 红色。膜片半透明，烟色，脉红色。

足被淡色半直立长毛，腿节端部及胫节末端淡橙褐色，腿节被淡色直立毛，胫节后部 2/3 具若干黑色小刚毛。

腹部腹面黄褐色至红褐色，斑驳，侧面带暗褐色，被淡色直立长毛。臭腺沟缘狭窄，淡黄白色。

雄虫生殖囊浅黄褐色至褐色，被淡色长直立毛，长度约为整个腹长的 1/5。阳茎端膜质，简单，细长，端部圆钝，无任何骨化附器。左阳基侧突粗大，略弯曲，端半扁平、扭曲，端部圆钝，顶端渐窄，基半圆隆。右阳基侧突短小，狭长，弯曲。

雌虫体型、体色与雄虫大体一致，但体较宽大，体色较浅，腹部腹面黄褐色至红褐色，斑驳，侧面具一模糊红色纵带。

分布：浙江（临安、桐庐）、湖南、海南、广西、云南。

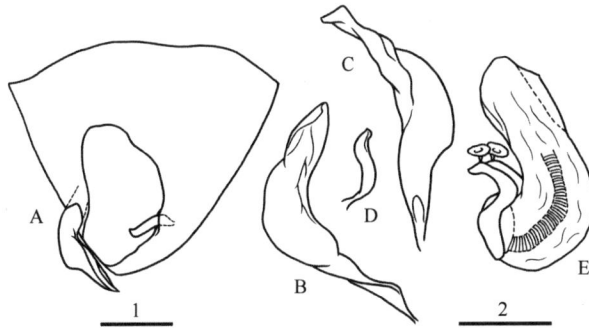

图 11-9　樟曼盲蝽 *Mansoniella cinnamomi* (Zheng *et* Liu, 1992)（引自刘国卿等，2022）
A. 生殖囊腹面观；B，C. 左阳基侧突；D. 右阳基侧突；E. 阳茎。比例尺：1=0.1 mm（A）；2=0.1 mm（B–E）

67. 泡盾盲蝽属 *Pseudodoniella* China *et* Carvalho, 1951

Pseudodoniella China *et* Carvalho, 1951: 465. Type species: *Pseudodoniella pacifica* China *et* Carvalho, 1951.

主要特征：体椭圆形，被淡色半直立毛，小盾片高隆，腹侧缘外露。头横宽，宽约为长的 2 倍，略具颈部，额区中央具瘤，瘤的端部具两个叉状的突起，端部较钝，突起的长度不达触角第 1 节端部，眼着生于头两侧。喙伸达中足基节。触角第 1 节粗短，长略与宽相等，毛被短且稀疏；第 2 节略细长，向端部略加粗；第 3 节形状略同第 2 节；第 4 节纺锤形或棍棒状。前胸背板明显前倾，密布大而深的刻点，领明显，胝区较暗。小盾片长大于宽，隆起呈囊泡状或瘤状，基部遮盖前胸背板后缘，小盾片及前胸背板有时具光滑隆起的小瘤。前翅爪片较窄长，爪片接合缝短，革片具半直立毛，外缘由中部向端部渐狭窄，缘片较窄，膜片翅室端角略超过楔片端部。腹部两侧外露，侧接缘不向背方隆起，平伸向外。足较细长，腿节背方毛较短，腹方略具少数长毛。

分布：东洋区。世界已知 2 种，中国记录 2 种，浙江分布 1 种。

（105）八角泡盾盲蝽 *Pseudodoniella typica* (China *et* Carvalho, 1951)（图 11-10；图版 III-48）

Parabryocoropsis typica China *et* Carvalho, 1951: 468.

Pseudodoniella typica: Odhiambo, 1962: 305.

主要特征：体长 8.07–9.55 mm。头背面观横宽。头顶光亮，两侧近眼处毛较浓密，眼后部向内缢缩，呈明显的颈部，后缘无横脊；额具 1 个叉状突起；唇基微隆，斜前倾，侧面观基半显著隆起，端半平直。喙伸达中胸腹板端部，未伸达中足基节。复眼向两侧伸出，红褐色。触角第 1 节珊瑚红色，基部膨大，被较短而稀疏的丝状毛；第 2–4 节被两种毛，第 2 节细长，向端部渐粗；第 3–4 节深红褐色，第 3 节棒状，端部膨大，第 4 节梭形。

前胸背板梯形，斜下倾，红褐色，后侧角色较浅，被深刻点和半直立短毛，侧缘隆拱，后侧角圆，略外展，微上翘，后缘圆隆，中部 2/3 被小盾片遮盖。领较宽，红褐色；胝较小，光亮，平滑，微隆，2 胝不相连，后缘深凹。中胸盾片不外露。小盾片红褐色，强烈膨大，囊泡状，具光滑同色瘤突，密被刻点和半直立短毛，毛长于前胸背板毛，前缘平直，微前凸，中部具 1 纵向凹陷，色略浅，后缘中部内凹，前半部瘤突较密，后半部瘤突稀疏，且隆起程度较弱，毛基呈小突起状。

半鞘翅深褐色，两侧较直，无刻点，具光泽，密被半直立黑色短柔毛。爪片大部分被小盾片遮盖，仅露出基部外侧和端部；革片黄褐色，脉泛红色；缘片窄，端部渐宽，色较革片深；楔片缝明显，翅面沿楔片缝略下折，楔片长三角形，黑褐色，端部内缘浅黄色；膜片深褐色，脉深褐色，1 翅室。

足红褐色，腿节细长，端部略细，色略淡；胫节微弯，后足胫节较粗，深红褐色，基部色较淡。

腹部向两侧扩展，背面观可见，深红褐色，各节基部色较浅，气孔黄褐色，被黑色平伏短毛。臭腺沟缘红褐色。

雄虫生殖囊锥形，较小，红褐色，毛被较腹部稀疏。阳茎端狭长，具 3 个披针膜叶。左阳基侧突细长，扭曲，基半微膨大，端部略呈直角，顶端略平截；右阳基侧突狭小，细长。

雌虫：体较雄虫宽大。

分布：浙江（龙泉）、广西、四川；巴布亚新几内亚。

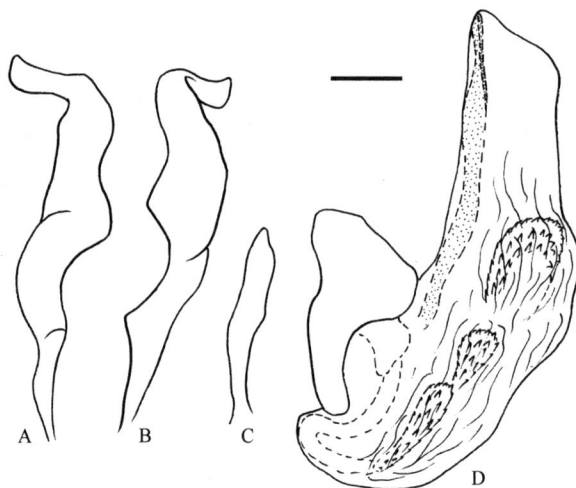

图 11-10　八角泡盾盲蝽 *Pseudodoniella typica* (China *et* Carvalho, 1951)
A，B. 左阳基侧突不同方位；C. 右阳基侧突；D. 阳茎。比例尺=0.1 mm

（二）齿爪盲蝽亚科 Deraeocorinae

分属检索表

1. 头后部收缩延伸呈颈状 ……………………………………………………………………… 亮盲蝽属 *Fingulus*
- 不如上述 …………………………………………………………………………………………………… 2
2. 跗节第 1 节长明显短于第 2、3 节之和 ………………………………………………… 齿爪盲蝽属 *Deraeocoris*
- 跗节第 1 节等于或长于第 2、3 节之和 ………………………………………………… 点盾盲蝽属 *Alloeotomus*

68. 点盾盲蝽属 *Alloeotomus* Fieber, 1858

Alloeotomus Fieber, 1858: 303. Type species: *Lygaeus gothicus* Fallén, 1807.

主要特征：体长椭圆形，相对扁平；黄褐色，带有黑色或红色色泽；头平伸，稍下倾；头顶光滑；触角4节，被浅色半直立短毛，后两节稍细于前两节；喙伸达中足基节前缘至后缘间；前胸背板较扁平，具清晰的黑色刻点；领窄而晦暗，密被粉状绒毛；胝光滑，稍突出；小盾片较平，具清晰的黑色刻点；半鞘翅具清晰黑色刻点；后足第1跗节等于或长于第2、3节之和；爪基部呈小尖突状，不呈明显的齿状。

雄虫左阳基侧突发达，感觉叶钝圆而突出，上被有较长的细毛，钩状突足状或平截；左附器附着于膜囊上的狭骨片；右附器细杆状，骨化强，末端常分成小叉状。

分布：古北区。世界已知12种，中国记录5种，浙江分布1种。

（106）中国点盾盲蝽 *Alloeotomus chinensis* Reuter, 1903（图 11-11）

Alloeotomus chinensis Reuter, 1903: 20.

主要特征：体长 4.40–5.80 mm。头黄褐色，平伸，稍下倾。头顶黄褐色，宽是复眼宽的 1.20–1.50 倍；后缘脊黄褐色，细。复眼红褐色。唇基黄褐色，端部或末端有时黑色。触角被浅色半直立毛，第1节黄褐色至红褐色，圆筒状，长是眼间距的 1.10–1.30 倍；第2节红褐色，线状，端部稍加粗，长是头宽的 1.70–1.80倍；第3、4节黑褐色，较细。喙黄褐色，端部色深，伸达中足基节。

前胸背板黄褐色，具黑褐色清晰刻点，侧缘及后缘黄白色；领窄，黄褐色，晦暗，密被粉状绒毛；胝黄褐色，左右不相连，稍突出。小盾片黄褐色，具黑褐色清晰刻点，中纵线有时为完整的黄纹状，侧缘为黄白色细边。

半鞘翅革质部黄褐色，具黑色刻点；爪片及革片脉略高出翅面，脉黄色，其上无刻点；缘片几乎无刻点；楔片端部稍染红褐色。膜片淡黄褐色，翅脉同色。足黄褐色，腿节端部具细碎红褐色斑；胫节背缘具2条黑褐色纵纹；跗节端部色深；爪红褐色。

腹部腹面红褐色，被浅色毛。臭腺沟缘暗黄白色。

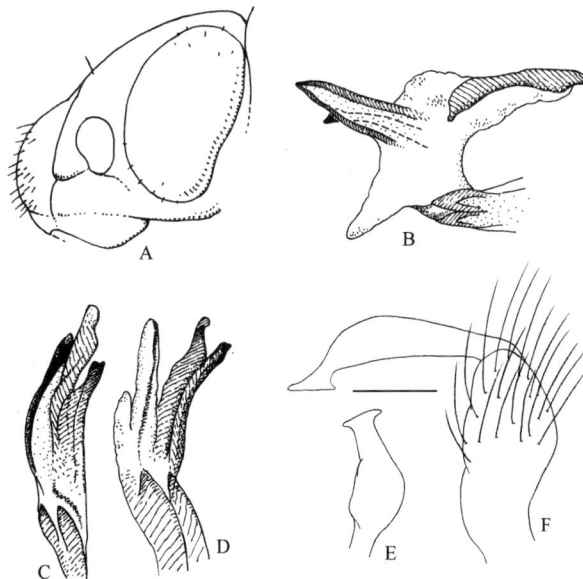

图 11-11　中国点盾盲蝽 *Alloeotomus chinensis* Reuter, 1903（A–D 引自郑乐怡和马成俊，2004；E，F 引自刘国卿等，2022）
A. 头部侧面观；B. 膨胀的阳茎端；C, D. 未膨胀的阳茎端不同方位；E. 右阳基侧突；F. 左阳基侧突。比例尺=0.1 mm（E，F）

雄虫左阳基侧突感觉叶钝圆，稍突出，其上被浅色长毛，钩状突细长，末端足状；右阳基侧突小，感觉叶不明显，端部平截；阳茎端具膜叶及 3 枚骨化附器：左侧附器杆状，末端二分叉；中间附器大，端部一侧伸长；右侧附器细杆状，几乎与左侧附器等长。

分布：浙江（江山）、天津、山东、江苏、湖北、四川、贵州；俄罗斯（远东地区），朝鲜半岛，日本。

69. 齿爪盲蝽属 *Deraeocoris* Kirschbaum, 1856

Deraeocoris Kirschbaum, 1856: 208(as subgenus of *Capsus*; upgraded by Dohrn, 1859: 38). Type species: *Capsus medius* Kirschbaum, 1856(=*Cimex olivaceus* Fabricius, 1777).

主要特征：体椭圆形至长椭圆形，小型至大型；头三角形，头顶及额光滑；触角第 2 节非棒状；触角第 3、4 节细，直径小于第 2 节；领不突出；前胸背板及半鞘翅革质部上具显著刻点；跗节第 1 节明显短于第 2、3 节之和。雄性外生殖器左右阳基侧突差异显著，阳茎端具膜囊及骨化附器，次生生殖孔不明显。

分布：世界广布。世界已知 210 种，中国记录 56 种，浙江分布 6 种。

分种检索表

1. 触角第 1 节长约等于复眼宽，至少不足复眼的 1.5 倍 ·········· 2
- 触角第 1 节长大于复眼宽的 1.5 倍 ·········· 3
2. 头顶具纵向的黑褐色斑 ·········· **黑食蚜齿爪盲蝽 *D. (C.) punctulatus***
- 头顶无深色斑 ·········· **环足齿爪盲蝽 *D. (C.) aphidicidus***
3. 触角第 1 节长大于复眼宽的 2 倍 ·········· 4
- 触角第 1 节长小于复眼宽的 2 倍 ·········· 5
4. 胝明显凸起 ·········· **凸胝齿爪盲蝽 *D. (D.) alticallus***
- 胝较平或稍突出 ·········· **木本齿爪盲蝽 *D. (D.) kimotoi***
5. 领被粉状绒毛 ·········· **圆斑齿爪盲蝽 *D. (D.) ainoicus***
- 领光亮 ·········· **黑胸齿爪盲蝽 *D. (D.) nigropectus***

（107）环足齿爪盲蝽 *Deraeocoris (Camptobrochis) aphidicidus* Ballard, 1927（图 11-12；图版 IV-49）

Deraeocoris aphidicidus Ballard, 1927: 62.

主要特征：体长 4.00–4.50 mm。头黄褐色，平伸，稍下倾。头顶黄色，具 2 列浅红褐色横斑，后缘具红褐色宽横脊。复眼褐色。触角被浅色半直立短毛，第 1 节黄褐色，圆筒状，基部和端部各具 1 红褐色环；第 2 节红褐色，线状，雌虫中部黄褐色，端部稍加粗；第 3、4 节约等长，红褐色，具浅色斑直立短毛。唇基红褐色，喙黄褐色，端部色深，伸达中足基部中部。

前胸背板红褐色，密布褐色细小刻点，侧缘和后缘具黄色窄边。领窄，黄褐色，光亮；胝红褐色，光亮，左右相连，稍突出。小盾片红褐色，具褐色刻点，侧缘及顶角黄色，偶延伸成一条纵线。

半鞘翅革质部黄褐色至浅红褐色，具褐色稀疏刻点；爪片、革片、缘片的基部和端部红褐色；楔片红褐色，中部色浅。膜片灰黄色，翅脉红褐色。

足黄褐色，腿节端部具两个红褐色环；胫节基部、亚中部、端部具红褐色环；跗节黄褐色，端部红褐色，爪红褐色。

腹部腹面红褐色，密被浅色半直立短毛。臭腺沟缘黄色。

雄虫左阳基侧突感觉叶上侧缘具近圆形突起，被较短毛，钩状突向一侧弯曲，末端足状；右阳基侧突短小，感觉叶突起不明显，钩状突短，端部略尖。阳茎端在半膨胀状态下具 2 个膜叶和 1 枚骨化附器：骨化附器位于 2 膜囊中间，短剑状，中部骨化。次生生殖孔开口不明显。

　　分布：浙江（临安）、陕西、湖北、湖南、福建、广东、广西、四川、贵州、云南；印度。

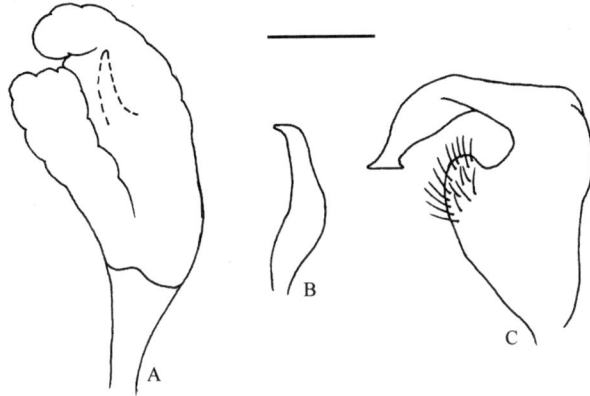

图 11-12　环足齿爪盲蝽 *Deraeocoris* (*Camptobrochis*) *aphidicidus* Ballard, 1927（引自刘国卿等，2022）
A. 阳茎端；B. 右阳基侧突；C. 左阳基侧突。比例尺=0.1 mm

（108）黑食蚜齿爪盲蝽 *Deraeocoris* (*Camptobrochis*) *punctulatus* (Fallén, 1807)（图 11-13；图版 IV-50）

Lygaeus punctulatus Fallén, 1807: 87.

Deraeocoris (*Camptobrochis*) *punctulatus*: Wagner & Weber, 1964: 52.

Deraeocoris punctulatus: Hsiao, 1942: 252.

　　主要特征：体长 3.82–4.75 mm。头黄褐色，光亮，具黑褐色斑，由额向后延伸，不伸达头顶后缘，中纵线黄褐色；后缘具横脊。触角红褐色，被浅色半直立短毛，第 1 节圆柱状；第 2 节线状，雌虫该节向端部稍加粗；第 3、4 节细。唇基黑色，中纵线黄色；喙红褐色，伸达中胸腹板中部。

　　前胸背板黄褐色，两胝后各具 1 黑斑，密布黑色刻点，盘域稍隆起，侧缘直，后缘弓形。领窄，黄色，密被粉状绒毛。胝黑褐色，光亮，左右相连，稍突出。小盾片黄褐色，光亮，具黑色刻点，中纵线两侧各有 1 黑褐色大斑。

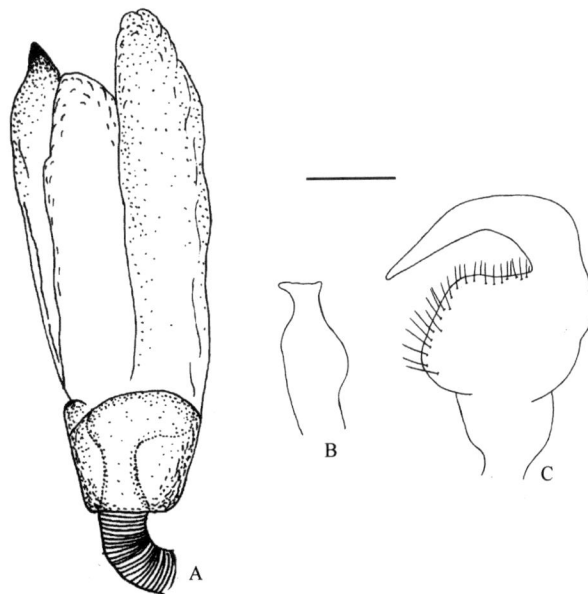

图 11-13　黑食蚜齿爪盲蝽 *Deraeocoris* (*Camptobrochis*) *punctulatus* (Fallén, 1807)（引自刘国卿等，2022）
A. 阳茎端；B. 右阳基侧突；C. 左阳基侧突。比例尺=0.1 mm（B、C）

半鞘翅革质部黄褐色，密被黑色刻点，革片的基部、中部、端部，以及爪片端部及楔片端部具黑褐色斑，缘片外缘有褐色窄边。膜片浅灰褐色，翅脉褐色。

足黄褐色，腿节具不规则黑褐色斑；胫节基部、近中部、端部各有 1 黑褐色环；跗节端部及爪黑褐色。

腹部腹面红褐色，密被浅色半直立绒毛。臭腺沟缘黄白色。

雄虫左阳基侧突感觉叶稍突出，其上被浅色毛，钩状突向一侧弯曲，末端足状；右阳基侧突宽短，感觉叶不明显，钩状突近末端稍细，末端平截；阳茎端具膜囊及 2 枚骨化附器，膜叶端部具骨化小尖突。

分布：浙江、黑龙江、内蒙古、北京、天津、河北、山西、山东、河南、陕西、宁夏、甘肃、新疆、四川；俄罗斯（西伯利亚），日本，伊朗，土耳其，瑞典，德国，捷克，法国，意大利。

（109）圆斑齿爪盲蝽 *Deraeocoris* (*Deraeocoris*) *ainoicus* Kerzhner, 1979（图 11-14）

Deraeocoris ainoicus Kerzhner, 1979: 37.

Deraeocoris (*Deraeocoris*) *ainoicus*: Liu *et al.*, *in*: Liu, Xü & Zhang, 2011: 6.

主要特征：体长 4.25–5.15 mm。椭圆形，褐色至黑褐色，光亮，具不规则黄褐色碎斑及黑褐色粗大刻点。

头黑褐色，前伸，稍下倾；头顶靠近复眼内侧缘通常可见 2 黄白色小斑，后缘具黑褐色横脊。复眼褐色。触角被浅色半直立短毛，第 1 节圆筒状，基部稍细，褐色；第 2 节线状，褐色，中部有一黄褐色宽环；第 3 节细，褐色，基部色浅；第 4 节细，黑褐色，基部近 1/4 黄褐色。唇基黄褐色，喙黄褐色，末端色深，伸达中足基节前缘。

前胸背板褐色，两胝间及后缘中部具不规则黑褐色斑纹，被黑褐色粗大刻点，中纵线两胝后部有 1 清晰的黄白色小斑；侧缘及后缘较直。领窄，稍晦暗，褐色，密被粉状绒毛。两胝褐色，光滑，左右相连，稍突出。小盾片黄白色，光滑无刻点，基角及顶角黑褐色，向端部稍隆起。

半鞘翅革质部褐色，有黄褐色不规则碎斑，具黑褐色粗大刻点，刻点向端部渐细小稀疏。缘片几乎无刻点；楔片缝、楔片内侧缘及端部黑褐色，靠近楔片内侧缘中部和楔片外侧缘接近楔片缝处各有 1 胝状黄白色小斑。膜片褐色，近楔片端角处有 1 透明斑；翅脉同色。

足黄褐色，腿节端部、胫节基部、近中部和端部各有 1 黑褐色环；跗节端部黑褐色，爪色深。

腹面黄褐色，微染褐色，密被浅色半直立短毛。臭腺沟缘黄白色，微染褐色。

雄虫左阳基侧突发达，感觉叶圆锥状突出，其上被稀疏浅色短毛，钩状突向一侧弯曲，杆部外侧面稍内凹，被稀疏浅色短毛，末端足状；右阳基侧突短，感觉叶钝圆，不明显，钩状突末端足状；阳茎端具膜囊和 4 枚骨化附器：由基部伸出的骨板扭曲，末端分叉，其中之一三角形，尖锐；由基部伸出的长骨针扭曲；侧膜叶端部具 1 骨化针；中部膜叶密布中度骨化小齿。

分布：浙江（临安）、黑龙江、山西、云南；俄罗斯（远东地区），朝鲜半岛，日本。

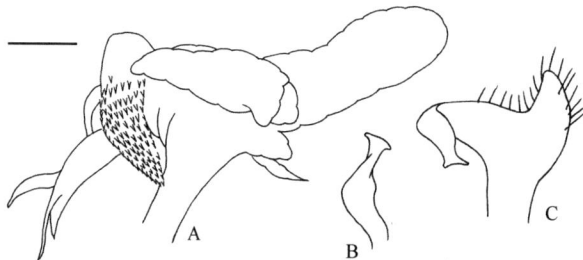

图 11-14　圆斑齿爪盲蝽 *Deraeocoris* (*Deraeocoris*) *ainoicus* Kerzhner, 1979（引自刘国卿等，2022）

A. 阳茎端；B. 右阳基侧突；C. 左阳基侧突。比例尺=0.1 mm

（110）凸胝齿爪盲蝽 *Deraeocoris* (*Deraeocoris*) *alticallus* Hsiao, 1941（图 11-15）

Deraeocoris alticallus Hsiao, 1941: 243.

Deraeocoris (*Deraeocoris*) *alticallus*: Ma & Zheng, 1997: 22.

主要特征：体长 4.9–5.7 mm。体橙褐色，光亮，无毛，具同色均一刻点。

头橙褐色，光亮，平伸，稍下倾；头顶光滑，后缘具横脊。复眼红褐色。触角被浅色半直立短毛，第 1 节圆柱状，黄褐色，最基部稍细，有一褐色窄环；第 2 节线状，黄褐色，端部 1/5 褐色；第 3 节细，黄褐色，端部褐色；第 4 节细，褐色。唇基橙褐色，末端色稍深，喙橙褐色，伸达中足基节前缘。

前胸背板橙褐色，后缘具一模糊的褐色宽横带；密被同色均一刻点，侧缘及后缘较直。领橙褐色，光亮。胝橙褐色，光亮，左右相连，明显隆起。小盾片浅褐色，光滑，无刻点。

半鞘翅革质部橙褐色，爪片及革片内侧具褐色斑，与前胸背板后缘横带相连，延伸至膜片大翅室端部，楔片端部略呈红色；具同色刻点，向端部逐渐变稀疏，缘片及楔片几乎无刻点。膜片浅褐色，中部有一纵向暗色带，翅脉褐色。

足橙褐色，腿节端部有 2 红色环；胫节外侧缘有 1 红色纵斑，延伸至中部；跗节端部和爪红褐色。

腹部腹面红褐色，密被浅色半直立绒毛。臭腺沟缘红褐色。

雄虫左阳基侧突感觉叶犄角状突起，钩状突向外侧稍弯曲，内侧有 1 小角状突起，末端钩状；右阳基侧突较直，感觉叶不明显，钩状突末端近方形；阳茎端具膜囊及 7 枚骨化附器：腹面观，最左侧膜囊端部具 1 骨化角状附器；中部由腹面向背面的骨化附器依次为：骨化挫状叶、角状骨化刺、密布小齿的椭圆形骨化板、密布大齿的长椭圆形骨化板、粗骨针；右侧为 1 扭曲的细骨针。

分布：浙江（临安）、福建、四川、贵州。

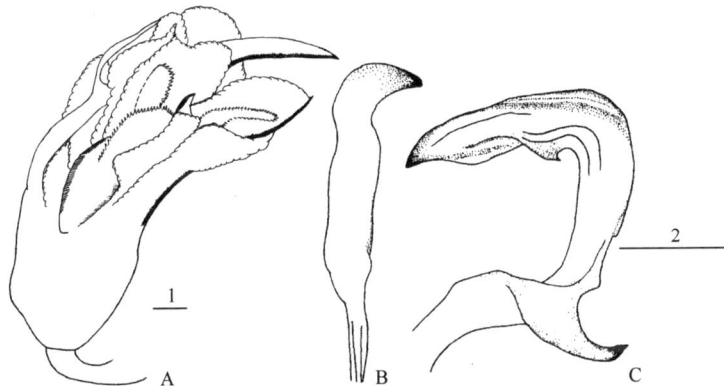

图 11-15　凸胝齿爪盲蝽 *Deraeocoris* (*Deraeocoris*) *alticallus* Hsiao, 1941（引自刘国卿等，2022）
A. 阳茎端；B. 右阳基侧突；C. 左阳基侧突。比例尺：1=0.1 mm（A）；2=0.2 mm（B、C）

（111）木本齿爪盲蝽 *Deraeocoris* (*Deraeocoris*) *kimotoi* Miyamoto, 1965（图 11-16）

Deraeocoris kimotoi Miyamoto, 1965: 152.

Deraeocoris (*Deraeocoris*) *kimotoi*: Liu *et al.*, 2011: 7.

主要特征：体长 4.90–5.20 mm。橙色，光亮，无被毛，密被同色均一刻点。

头橙色，光亮，平伸；后缘具横脊。复眼红褐色。触角被浅色半直立短毛，第 1 节圆柱状，黄褐色，最基部稍细有 1 褐色窄环；第 2 节线状，黄褐色；第 3、4 节细，黄褐色，仅第 4 节最端部褐色。唇基黄褐色，喙黄褐色，端部色深，伸达中足基节后缘。

前胸背板橙色，密被同色刻点，光亮；前侧角稍突出，侧缘及后缘较直。领橙色，光亮。胝橙色，光滑，左右相连，稍突出。小盾片橙色，两侧缘有黄色窄斑，光滑，无刻点，稍突出。

　　半鞘翅革质部橙色，密被同色刻点；缘片染红色，几乎无刻点；楔片几乎无刻点。膜片橙黄色，翅脉红色。

　　足黄褐色，腿节端部有 2 红色环；胫节内侧缘有 1 红色纵斑，不伸达末端；跗节端部及爪红褐色。

　　腹部腹面橙红色，密被浅色半直立绒毛。臭腺沟缘黄白色。

　　雄虫左阳基侧突感觉叶三角形突起，钩状突稍弯曲，末端平截；右阳基侧突感觉叶不明显，钩状突末端平截；阳茎端具膜囊及 4 枚骨化附器：端骨针短，而钝圆；小针突直。

　　分布：浙江（临安）；日本。

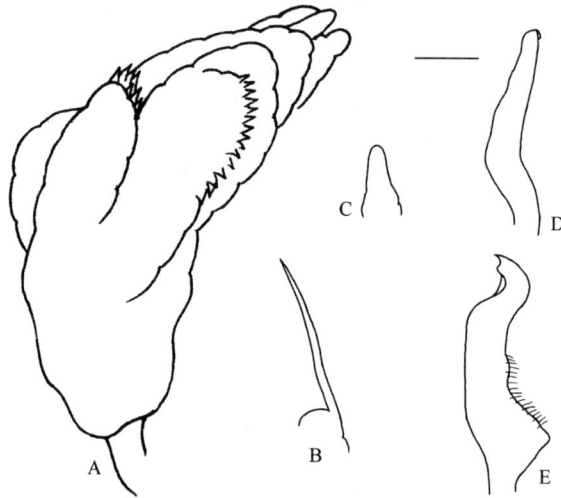

图 11-16　木本齿爪盲蝽 *Deraeocoris* (*Deraeocoris*) *kimotoi* Miyamoto, 1965（引自刘国卿等，2022）
A. 阳茎端；B. 小针突；C. 端骨针；D. 右阳基侧突；E. 左阳基侧突。比例尺=0.1 mm

（112）黑胸齿爪盲蝽 *Deraeocoris* (*Deraeocoris*) *nigropectus* Hsiao, 1941（图 11-17）

Deraeocoris nigropectus Hsiao, 1941: 242.

Deraeocoris (*Deraeocoris*) *nigropectus*: Liu *et al*., 2022: 361.

　　主要特征：体长 4.16–4.40 mm。椭圆形，黄褐色，具褐色斑和褐色刻点，光滑，无毛。

　　头黄褐色，稍下倾；后缘具橙色横脊。复眼红褐色。触角红褐色，被浅色半直立短毛，第 1 节圆柱状；第 2 节线状；第 3、4 节细，线状。唇基黄褐色，端部褐色，喙黄褐色，端部色深，伸达中足基节后缘。

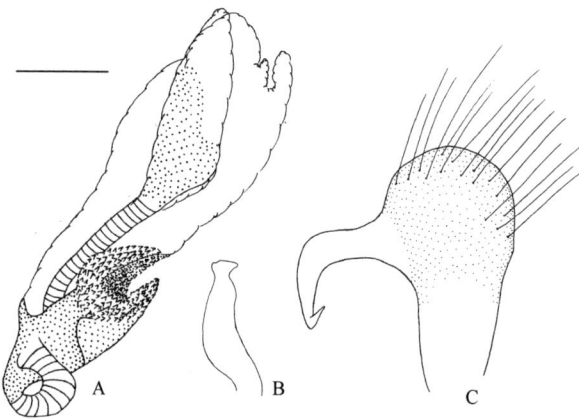

图 11-17　黑胸齿爪盲蝽 *Deraeocoris* (*Deraeocoris*) *nigropectus* Hsiao, 1941（引自刘国卿等，2022）
A. 阳茎端；B. 右阳基侧突；C. 左阳基侧突。比例尺=0.1 mm

前胸背板黄褐色，具褐色刻点，盘域具 2 个褐色纵向大斑，稍隆起，侧缘直，后缘弓形稍突出。领窄，黄褐色，光亮。胝黄褐色，后部染褐色，左右相连，稍突出。小盾片光滑无刻点，黄褐色，中央具 1 三角形褐色斑，由基部延伸至顶角。

半鞘翅革质部黄褐色，爪片端部、革片端部及楔片端部有褐色斑。膜片灰褐色，翅脉褐色。

足黄褐色，腿节端部具 2 个红褐色环；胫节基部、近中部、端部具红褐色环；跗节端部及爪红褐色。

腹部腹面红褐色，密被浅色半直立绒毛。臭腺沟缘黄白色。

雄虫左阳基侧突感觉叶近圆形，突出，其上被浅色长毛，钩状突向一侧稍弯曲，末端足状；右阳基侧突感觉叶不明显，钩状突近末端稍细，末端平截；阳茎端具膜囊，其中一膜叶顶端具一列骨化小齿。

分布：浙江（临安）、陕西、甘肃、湖北、江西、湖南、福建、广东、广西、贵州、云南。

70. 亮盲蝽属 *Fingulus* Distant, 1904

Fingulus Distant, 1904a: 275. Type species: *Fingeulus atrocaeruleus* Distant, 1904.

主要特征：头部向前平伸，具强烈发达的颈状眼后区域；眼后常具横缢或皱褶；领宽平，前缘很少圆形；前翅沿楔片缝向下显著弯曲。

分布：东洋区、旧热带区、澳洲区。世界已知 20 种，中国记录 8 种，浙江分布 5 种。

分种检索表

1. 臭腺沟缘浅色 ·· 2
- 臭腺沟缘褐色 ·· 4
2. 触角第 2 节长小于前胸背板宽 ··· 3
- 触角第 2 节长大于前胸背板宽 ··· **平亮盲蝽 F. inflatus**
3. 前胸背板红褐色 ·· **红头亮盲蝽 F. ruficeps**
- 前胸背板黑褐色 ·· **光领亮盲蝽 F. collaris**
4. 体黑褐色 ·· **长角亮盲蝽 F. longicornis**
- 体浅黑褐色 ··· **短喙亮盲蝽 F. brevirostris**

（113）短喙亮盲蝽 *Fingulus brevirostris* Ren, 1983 （图 11-18；图版 IV-51）

Fingulus brevirostris Ren, 1983: 290.

主要特征：体长 3.20–3.60 mm。长椭圆形，浅黑褐色，光亮，具细小刻点。

头部同体色，唇基前伸。复眼红褐色。触角被浅色半直立短毛，第 1 节黑褐色，圆筒状，基部稍细；第 2 节细，线状，黄褐色；第 3 节线状，黄褐色；第 4 节线状，黑褐色，第 3、4 节长度之和约等于第 2 节长。喙黑褐色，伸达前足基节后缘。

前胸背板黑褐色，具同色细小刻点，前胸背板刺不明显。领黑褐色，光亮，具同色细小刻点。胝光滑，左右相连，不凸出。前胸背板盘域稍隆起，侧缘直，后缘弧状外凸。小盾片黑褐色，光亮，平，具同色刻点。

半鞘翅革质部黑褐色，具同色刻点，较前胸背板刻点稍粗大；楔片几乎无刻点。膜片灰黄褐色，端半部色深，翅脉黑褐色。腿节黑褐色，胫节基部 2/5 黑褐色，端部 3/5 黄褐色；跗节及爪黄褐色。

腹面红褐色，被稀疏浅色半直立毛。臭腺沟缘黑褐色。

雄虫左阳基侧突感觉叶稍突出，其上被浅色长毛，钩状突向一侧稍弯曲，末端尖锐扭曲；右阳基侧突宽短，感觉叶不明显，钩状突短，末端钝圆；阳茎端具膜囊及 1 枚角状骨化附器。

分布：浙江（临安）、云南。

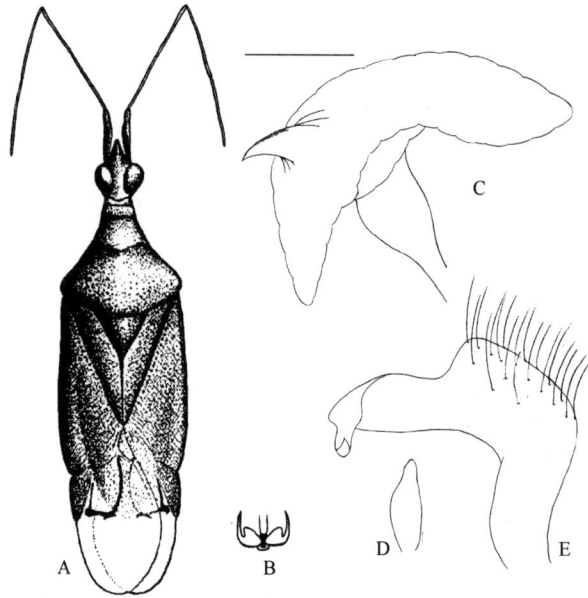

图 11-18　短喙亮盲蝽 *Fingulus brevirostris* Ren, 1983（A，B 引自任树芝，1983；C–E 引自刘国卿等，2022）
A. 成虫背面观；B. 爪；C. 阳茎端；D. 右阳基侧突；E. 左阳基侧突。比例尺=0.1 mm（C–E）

（114）光领亮盲蝽 *Fingulus collaris* Miyamoto, 1965（图 11-19）

Fingulus collaris Miyamoto, 1965: 155.

主要特征：体长 3.10–3.40 mm。椭圆形，黑褐色，光亮，具细密刻点。头部同体色，唇基前伸，复眼后缘染红色。触角被浅色半直立短毛，第 1 节黑褐色，圆筒状，基部稍细；第 2 节细，线状，红褐色，近中部有黄褐色宽环；第 3、4 节缺失。喙基半部红褐色，端半部黄褐色，末端红褐色，伸达中胸腹板中部。

前胸背板黑褐色，具同色细小刻点，前胸背板刺不明显。领黑褐色，光亮，几乎无刻点。胝光滑，左右相连，不凸出。前胸背板盘域稍隆起，侧缘直，后缘弧状外凸。小盾片黑褐色，光亮，隆起，侧面观中部最高，刻点稀疏。

半鞘翅革质部黑褐色，具同色刻点，较前胸背板刻点稍粗大；楔片具细小浅刻点。膜片灰黄褐色，翅室灰褐色，近革片缘有 1 透明大斑，翅脉黑褐色。腿节黑褐色，胫节基部 1/3 黑褐色，端部近 2/3 黄褐色；跗节及爪黄褐色。

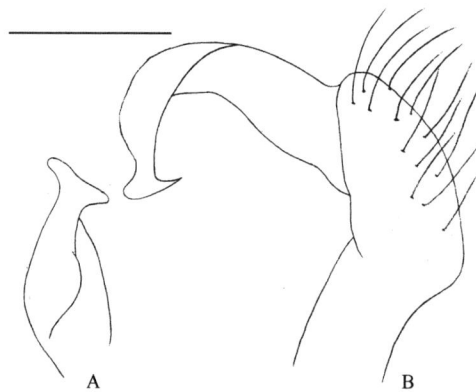

图 11-19　光领亮盲蝽 *Fingulus collaris* Miyamoto, 1965（引自刘国卿等，2022）
A. 右阳基侧突；B. 左阳基侧突。比例尺=0.1 mm

腹面红褐色，被稀疏浅色半直立毛。臭腺沟缘黄白色。

雄虫左阳基侧突感觉叶稍突出，其上被浅色长毛，钩状突向一侧弯曲，末端足状；右阳基侧突感觉叶不明显，钩状突亚端部缢缩，末端宽阔；阳茎端具膜囊，骨化较弱。

分布：浙江（龙泉）、云南；日本，印度，老挝，泰国。

（115）平亮盲蝽 *Fingulus inflatus* Stonedahl *et* Cassis, 1991（图 11-20）

Fingulus inflatus Stonedahl *et* Cassis, 1991: 24.

主要特征：体长 3.10–3.55 mm。长椭圆形，黑褐色，光亮，具细密刻点。头部黄褐色，唇基前伸。触角被浅色半直立短毛，第 1 节黑褐色，圆筒状，基部稍细；第 2 节线状，黄褐色，端部 1/4 红褐色；第 3 节细，线状，黄褐色，端部 1/4 红褐色；第 4 节细，线状，红褐色，基部 1/3 黄褐色。喙基半部红褐色，端半部黄褐色，末端红褐色，伸达中胸腹板中部。

前胸背板黑褐色，具同色细小刻点，前胸背板刺不明显。领黑褐色，光亮，几乎无刻点。胝光滑，左右相连，不凸出。前胸背板盘域稍隆起，侧缘直，后缘弧状，稍外凸。小盾片黑褐色，光亮，稍隆起，侧面观近端部 1/3 处最高，刻点稀疏。

半鞘翅革质部黑褐色，具同色刻点，向侧缘逐渐细小；楔片具细小浅刻点，几乎不可见。膜片灰黄色，基半部灰褐色，在大翅室近革片位置有 1 透明大斑，翅脉红褐色。腿节黑褐色；胫节黄褐色，基部有 1 红褐色环，后足胫节基部有 1 黄褐色环，基部近 1/2 黑褐色，端部近 1/2 黄褐色；跗节及爪黄褐色。

腹面红褐色，被稀疏浅色半直立毛。臭腺沟缘黄白色。

雄虫左阳基侧突感觉叶钝圆，稍突出，其上被浅色长毛，钩状突末端足状；右阳基侧突感觉叶不明显，钩状突亚端部缢缩，末端略宽阔；阳茎端具膜囊及 3 枚骨化附器。

分布：浙江（龙泉）、台湾、云南；印度，越南，泰国，马来西亚。

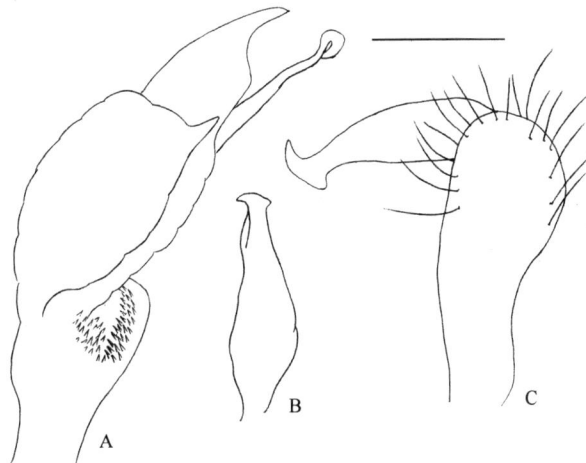

图 11-20　平亮盲蝽 *Fingulus inflatus* Stonedahl *et* Cassis, 1991（引自刘国卿等，2022）
A. 阳茎端；B. 右阳基侧突；C. 左阳基侧突。比例尺=0.1 mm

（116）长角亮盲蝽 *Fingulus longicornis* Miyamoto, 1965

Fingulus longicornis Miyamoto, 1965: 154.

主要特征：体长 3.75 mm。长椭圆形，黑褐色，光亮，具细密刻点。

头部同体色，唇基前伸。头顶色稍浅。触角被浅色半直立短毛，第 1 节黑褐色，圆筒状，基部稍细；第 2 节细，线状，黄褐色；第 3 节线状，黄褐色，末端黑褐色；第 4 节线状，黑褐色，第 3、4 节长度之和约等于第 2 节长。喙黑褐色，伸达前足基节后缘。

　　前胸背板黑褐色，具同色细小刻点，前胸背板刺不明显。领黑褐色，光亮，具同色细小刻点。胝光滑，左右相连，不凸出。前胸背板盘域稍隆起，侧缘直，后缘弧状外凸。小盾片黑褐色，光亮，平，具同色刻点。

　　半鞘翅革质部黑褐色，具同色刻点，较前胸背板刻点稍粗大；楔片具细小浅刻点。膜片灰黄褐色，沿翅脉有浅黑褐色宽纹，翅脉黑褐色。腿节黑褐色，胫节基部近 1/2 黑褐色，端部近 1/2 黄褐色；跗节及爪黄褐色。

　　腹面红褐色，被稀疏浅色半直立毛。臭腺沟缘黑褐色。

　　分布：浙江（泰顺）、台湾；日本，菲律宾。

（117）红头亮盲蝽 *Fingulus ruficeps* Hsiao *et* Ren, 1983（图 11-21）

Fingulus ruficeps Hsiao *et* Ren, 1983: 70.

　　主要特征：体长 2.90–3.10 mm。长椭圆形，红褐色，革片外缘近基部有 1 浅色斑；光亮，具细密刻点。

　　头部浅红褐色，唇基红褐色，前伸。触角被浅色半直立短毛，第 1 节红褐色，圆筒状，基部稍细；第 2 节线状，黄褐色；第 3 节细，线状，黄褐色，端部 1/4 红褐色；第 4 节细，线状，红褐色，基部 1/3 黄褐色。喙红褐色，第 3 节端部及第 4 节黄褐色，伸达中足基节前缘。

　　前胸背板红褐色，具同色细小刻点，前胸背板刺不明显。领红褐色，光亮，几乎无刻点。胝光滑，左右相连，不凸出。前胸背板盘域稍隆起，侧缘直，后缘弧状，稍外凸。小盾片红褐色，光亮，稍隆起，侧面观近端部 1/3 处最高，刻点稀疏。

　　半鞘翅革质部红褐色，具同色刻点；革片外缘近基部有 1 浅色斑。膜片灰黄色，翅脉红褐色。腿节黑褐色；胫节黄褐色，基部有 1 红褐色环，后足胫节近基部有 1 红褐色宽环，约占基部 1/5 宽；跗节及爪黄褐色。

　　腹面红褐色，被稀疏浅色半直立毛。臭腺沟缘黄白色。

　　雄虫左阳基侧突感觉叶近方形，稍突出，其上被浅色长毛，钩状突稍细，末端足状；右阳基侧突感觉叶不明显，钩状突末端鸟头状；阳茎端具膜囊及 2 枚骨化附器。

　　分布：浙江（龙泉）、福建、海南、四川、云南。

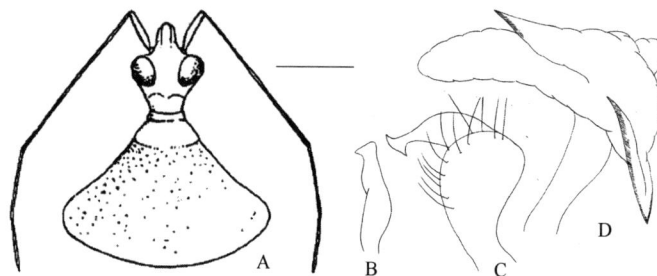

图 11-21　红头亮盲蝽 *Fingulus ruficeps* Hsiao *et* Ren, 1983（引自刘国卿等，2022）
A. 头、前胸背板背面观；B. 右阳基侧突；C. 左阳基侧突；D. 阳茎端。比例尺=0.1 mm（B–D）

（三）盲蝽亚科 Mirinae

分族检索表

1. 跗节第 1 跗分节长，长于或等于第 2、3 跗分节之和 ························· **狭盲蝽族 Stenodemini**
- 跗节第 1 跗分节远短于第 2、3 跗分节之和 ··· 2
2. 半鞘翅透明或几乎透明 ··· **透翅盲蝽族 Hyalopeplini**
- 半鞘翅不透明 ··· **盲蝽族 Mirini**

透翅盲蝽族 Hyalopeplini Carvalho, 1952

71. 明翅盲蝽属 *Isabel* Kirkaldy, 1902

Isabel Kirkaldy, 1902: 58. Type species: *Capsus ravana* Kirby, 1891.

主要特征：体中大型，狭长，两侧平行，具光泽。各自的外缘具一列刻点。

头几乎平伸，眼相对较小，后缘远离前胸背板，眼后部分仅略短于眼长。头背面观眼前部分三角形，长约与其余部分相等；背面观唇基明显可见；触角窝位于眼前方，窝壁较高；头顶具中纵沟，沿沟两侧为不宽的微刻区，后方在沟的中段处外折，并略向前弯成较宽的横走微刻区，几乎伸达眼；中纵沟前端向前侧方分歧成三叉形短凹纹，与额部最基方的成对斜横纹相接，其间区域亦具微刻，微刻呈小网刻状。头顶后缘无脊。头侧面观平伸，额与唇基基半背缘较斜直，额与唇基之间具宽浅横缝；触角细长，明显长于头宽。

前胸背板领粗，明显，无光泽，无毛，具横皱。小盾片整体略抬升，表面较平，略饱满，无光泽，具横皱，无毛；侧缘具一列棱脊，背面观呈圆锯齿列状。

爪片与革片透明。

分布：东洋区。世界已知 1 种，中国记录 1 种，浙江分布 1 种。

（118）明翅盲蝽 *Isabel ravana* (Kirby, 1891)

Capsus ravana Kirby, 1891: 106.

Isabel ravana: Carvalho, 1959: 321.

主要特征：体长 7.5 mm。体底色黄褐色或淡锈褐色，花纹较为斑驳。

头淡黄褐色。额-头顶区均匀略饱满，但不明显隆拱，顶部高出于眼，额部两侧的平行横纹明显，斜列，色微深于底色，有时染有红色；头顶中纵沟细，较深长，褐色，向后伸达头顶后缘；唇基黄褐色，末端深锈褐色，横带状，唇基中段及基段各有一断续的红褐色横纹；头背面中纵线及两侧略弧弯的纵带淡褐色、红褐色或淡褐色，眼后有 2 条深色带，内方者细，外方者宽。触角第 1 节较细，端段略微渐粗，具不规则较大的黑褐色斑，被密度中等的黑色刚毛状毛，半平伏；第 2 节细，淡锈黄色，略斑驳，端方 1/3 渐加粗，红褐色，黑色刚毛状毛似第 1 节，端段密度加大；第 3、4 节线形。喙伸达腹部第 4 节中部。

胝几乎无光泽，底色淡黄褐色，眉状印粗新月形，淡褐色；胝间具刻皱，似盘域。侧缘背面观在胝及盘域交界处微折，盘域侧缘前 3/5 直，然后略外展成后侧角区，角区的前侧缘厚棱状，后侧缘微凹弯，后缘则宽弧形微向后拱弯；胝间区褐色，中线黄白色，狭细；盘域底色锈黄色，具光泽，中线区淡色，其侧为较细的褐色纵带，胝后为略弧弯的淡黄色纵带，带的两侧为褐色区域，盘域侧缘呈褐色纹状，以上纵带伸达盘域后部，往往不达亚后缘区的黑褐色横带，后者前方与上述若干纵带之间为一淡色区域，常散布一些红色小圆斑；后侧角区红褐色，端角几乎呈直角，较尖，黑色。前胸背板大部分无毛，侧区及后缘区具淡色稀短小毛。

小盾片中纵纹褐色，侧缘基半纵纹黄白色，向后渐细；以上色斑延至中胸背板。

爪片与革片各边缘锈褐色；缘片基部、中段及中段与末端之间的斑为淡黄褐色；缘片端缘黑褐色；楔片红褐色；膜片淡烟色，透明；脉红色，大翅室端尖，膜片中央有一明显的弧形黑纹带。

足淡黄色，各足股节具细碎不规则锈褐色或红褐色斑，大体聚成 3–4 个松散的环状；后足股节碎斑甚密；腹方遍布黑色短粗刺状刚毛，胫节毛短小淡色，胫节刺黑色，较长，略长于该节直径之半，刺基具红褐色大型点状斑，另密生淡色（与胫节底色相同）贴伏的小短刺；后胫末端红褐色。跗节淡色，端部黑褐色。

分布：浙江（安吉、德清）、甘肃、江西、湖南、福建、广东、广西、四川、贵州；缅甸，菲律宾，印度尼西亚。

盲蝽族 Mirini Hahn, 1833

分属检索表

72. 苜蓿盲蝽属 *Adelphocoris* Reuter, 1896

Adelphocoris Reuter, 1896: 168. Type species: *Cimex seticornis* Fabricius, 1775.

主要特征：中大型，较狭长，两侧较平行或呈长椭圆形。

头多斜下倾，额-头顶区均匀饱满，头顶中纵沟甚浅，少数种类略深，前、后端有时可见向两侧分歧；后缘无隆脊，多具数对较大型的长刚毛状毛，有时直立。额区两侧成对平行斜纹不明显或呈褐色斑状；头部背面毛全部刚毛状或另具闪光丝状毛。

前胸背板前倾；领明显，具若干较强劲的直立毛以及弯曲或半平伏的淡色闪光丝状毛。胝较平或微隆起，具毛或光滑，无刻点，前半相连，外侧伸达背板侧缘；前胸背板毛二型，刚毛状毛遍布，闪光丝状平伏毛限于前半，在许多种类中极不显著；胝前区具数对直立长毛，刚毛状，前侧角处的一根斜外伸，明显；侧缘圆钝，直；后缘较直；盘域刻点浅，较稀，并可呈粗横皱状。小盾片较平，具浅横皱，毛被多同半鞘翅。半鞘翅毛二型，包括淡色闪光丝状平伏毛与较直的刚毛状毛。

足股节相对较细，具多数深色小斑排成数纵行，被较密的深色平伏小毛及较少数的黑色强劲的刚毛状毛，毛基常具小黑斑。胫节刺黑色，强劲而显著。

腹下亚侧区各节具一下凹的小斑，其表面光滑，常色较深。

雄虫两侧阳基侧突着生处的前方不远各有一垂直的小尖突，左侧者较细长显著，右侧者短小。阳基侧突一般细长，基部略粗，左侧者常弯曲，杆的端部略似鹅头状；右侧者端部有一弯曲的钩状或叉状突起。阳茎鞘为一狭长的帽状，未膨胀时包裹于整个阳茎端的端方大部分，其端部裂成两片，包于梳状骨板之外。阳茎总体较狭长，导精管两侧骨化强，腹面似骨化弱，其端方具可以膨胀的膜囊；次生生殖孔开口骨化较弱，以致不甚显著，孔的背方右侧连接一较大的梳状骨板（comb-shaped spiculum），板的一侧端方具两排大齿，基方具一排齿；次生生殖孔的左侧背方着生一较小细长弯钩状的针突状骨化附器，其基部外侧由一明显但不甚大的膜囊相连。

分布：各大动物地理分布区均有记录，但大部分种类分布于古北区温带及寒温带。世界已知 50 余种，中国记录 26 种，浙江分布 5 种。

分种检索表

1. 小盾片中线两侧各有一深色纵带；体黄褐色，前胸背板盘域有一对黑色圆斑 ·················**苜蓿盲蝽 A. lineolatus**
- 小盾片不如不述 ··· 2
2. 前胸背板淡色，或只二胝与胝间相连部分黑色 ·· 3
- 前胸背板后半具黑色横带（完整或断续）或 2–4 个黑色斑 ·· 4
3. 前胸背板淡色，无黑斑 ··**黑唇苜蓿盲蝽 A. nigritylus**
- 前胸背板底色淡，二胝与胝间相连部分黑色 ··································**中黑苜蓿盲蝽 A. suturalis**
4. 前胸背板胝、胝前区、胝间区及盘域前部具多数明显的闪光丝状平伏毛 ···········**淡尖苜蓿盲蝽 A. sichuanus**
- 前胸背板胝、胝前区、胝间区及盘域前部闪光丝状平伏毛甚少，不明显，或无 ·······**棕苜蓿盲蝽 A. rufescens**

（119）苜蓿盲蝽 *Adelphocoris lineolatus* (Goeze, 1778)（图 11-22）

Cimex lineolatus Goeze, 1778: 267.

Calocoris chenopodii Fieber, 1861: 255. Synonymized by Reuter, 1884: 133.

Adelphocoris lineolatus: Carvalho, 1959: 16.

主要特征：体长 6.7–9.4 mm。较狭长，两侧较平行；生活时底色绿色，干标本淡污黄褐色。

头一色，或头顶中纵沟两侧各具一黑褐色小斑；毛同底色，或为淡黑褐色，短而较平伏。触角第 1 节同体色，第 2 节略带紫褐色或锈褐色，第 3、4 节淡污黑褐色或污紫褐色，有时最基部黄白色；喙伸达中足基节末端。

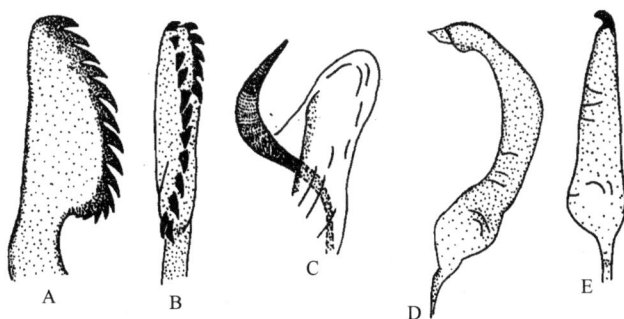

图 11-22　苜蓿盲蝽 *Adelphocoris lineolatus* (Goeze, 1778)（引自郑乐怡等，2004）
A，B. 梳状板；C. 针突及其相邻的膜叶；D. 左阳基侧突；E. 右阳基侧突

前胸背板胝色淡（同底色）或黑色，盘域偏后侧方各具黑色圆斑一个，如胝为黑色时，黑斑多大于黑色的胝；盘域毛细短，刚毛状，淡色，几乎平伏；胝前区具短小的闪光丝状平伏毛，该区的直立大刚毛状毛淡色；刻点粗浅，密度中等，不甚规则。领色同盘域，直立大刚毛状毛的一部分黑色。

小盾片中线两侧多具一对黑褐色纵带，具浅横皱，毛同前胸背板。爪片内半常色加深呈淡黑褐色，其中爪片脉处常呈黑褐色宽纵带状，内缘全长黑褐色。革片中裂与 R+M 脉之间色深，常呈三角形黑褐色斑，斑色均一或两侧加深。爪片与革片毛二型，均较密而相对较短，银色闪光丝状平伏毛显著；刚毛状毛细，淡黄褐色，与底色反差小而不显著。缘片及楔片外缘黑褐色，楔片末端黑褐色。膜片烟黑褐色。

梳状板背面略内凹，齿面凸，长约 0.3 mm，梳柄连于基部。针突中部粗，两端细。

分布：浙江（临安）、黑龙江、吉林、辽宁、内蒙古、北京、天津、河北、山西、山东、河南、陕西、宁夏、甘肃、青海、新疆、湖北、江西、广西、四川、云南、西藏；广布于古北区。

（120）黑唇苜蓿盲蝽 *Adelphocoris nigritylus* Hsiao, 1962

Adelphocoris nigritylus Hsiao, 1962: 85, 89.

主要特征：体长 7.0–8.2 mm。长椭圆形。淡褐色。常微带锈褐色色泽。

头部多为锈褐色，唇基及下颚片加深成深褐色至黑色；毛淡色，细，相对略密而较蓬松；上颚片基部长毛淡色。触角第 1 节污黄褐色或同体色，最基部常色深，具较短密的深色平伏毛；第 2 节基部及端部 1/3–2/5 黑色，其余淡色，毛同底色，短小而密；第 3、4 节污黑褐色或锈褐色，基段淡色。喙伸达后足基节端部。

前胸背板一色。领毛淡色，长而直立。胝前及胝间区具闪光丝状毛，密而方向杂乱；盘域毛刚毛状，细，淡色，平伏，前侧角胝外侧区域具闪光丝状毛；刻点浅，较均匀，密度中等，横皱不显。

小盾片黑褐色，中纵纹淡色，向端加粗，具浅横皱，毛同半鞘翅。爪片及革片一色，或爪片以及革片后半隐约的三角形区域略加深，刻点甚细浅而密，毛甚密，二型：刚毛状毛黄褐色，半平伏，细；银色闪光丝状平伏毛明显，略粗；两种毛混合排列，长度相近。缘片外缘背面观色不加深，侧面观极狭细的黑褐色。楔片淡黄白色，端部黑褐色，有红色晕，黑色，具稀疏黑色刚毛状毛。膜片烟黑褐色。

股节常具红褐色色泽，细密的毛淡色。

阳茎端梳状板端部短排齿数较少，3–5 枚，梳柄连于亚基部；针突较粗，与膜叶连接处的囊壁骨化弱。左阳基侧突细长，端部尖。右阳基侧突粗壮。

分布：浙江、黑龙江、吉林、辽宁、北京、天津、河北、山西、山东、河南、陕西、宁夏、甘肃、江苏、安徽、湖北、江西、海南、四川、贵州。

（121）棕苜蓿盲蝽 *Adelphocoris rufescens* Hsiao, 1962

Adelphocoris rufescens Hsiao, 1962: 82, 88.

主要特征：体长 5.5–8.6 mm。狭椭圆形，两侧平行，全体红褐色、锈褐色至棕褐色，或以此种色泽占优势。

头褐色，额部两侧区常深色。头部毛淡色，刚毛状，向端渐尖细，相对略长而蓬松，长约等于触角第 2 节基部直径；后缘长大刚毛状毛同底色或黑褐色。触角淡锈黄色、淡锈褐色、淡棕红色或棕褐色；第 2 节一色，基部不加深，或端半向端渐深，端部黑褐色，毛淡黑褐色或近底色；第 3、4 节最基部淡色。喙伸达中足基节中部至后足基节端部。

前胸背板领上的直立刚毛状毛色同底色或呈黑褐色，大致排成一行。盘域后半在后缘前方为一粗黑横带，或断成 4 个断续的黑色斑带状，或成 4 个分离的黑色大斑；胝前区、胝及盘域均具淡色至淡黑褐色的半平伏刚毛状毛，胝及胝前区的这类毛有时几乎成半直立；胝前及胝间区具闪光丝状平伏毛；盘域刻点浅细，密度中等。

小盾片黄褐色、锈褐色至棕褐色，或中央有一浅色纵带，端部渐宽。爪片与革片近一色，各脉及其周围区域常呈红色；毛被二型，长而较平伏，刚毛状毛色较深，褐色或淡黑褐色；刻点浅小而密。缘片（有时包括革片外侧部分）淡灰黄色，外缘很狭窄的黑色。楔片淡黄褐色，基内角大面积红色至黑褐色，端角红色至红褐色斜纹状，或呈三角形小黑斑状，具红色晕；当基内角及端角为红黄色而较淡时，整个楔片大体与革片同色，且全无黑斑；毛被约同革片，成为后者的向后延续；楔片外缘较直。膜片烟黑褐色。

足棕褐色或锈褐色，股节具密集红斑点，褐色斑有时不甚明确。

雄生殖囊黑色。阳茎端梳状板窄长，背面内凹，梳柄细，连于基部，长约 0.42 mm。针突长，中部弯曲。

分布：浙江（临安）、黑龙江、内蒙古、河北、山西、山东、陕西、湖北、江西、福建、贵州。

（122）淡尖苜蓿盲蝽 *Adelphocoris sichuanus* Kerzhner *et* Schuh, 1995

Adelphocoris sichuanus Kerzhner *et* Schuh, 1995: 2.

主要特征：体长 6.1–8.0 mm。狭长椭圆形，淡污黑褐色，有时略具锈褐色色泽。

头斑驳，底色污黄褐色至淡污褐色，额区具若干成对平行黑褐色斜带，头顶多少具"X"形黑褐色斑带，两区深色斑常相连而成大范围的"X"形黑褐斑；唇基色加深，深色个体中可呈黑色。头部背面毛二型，淡色，较密而蓬松，具多数银色闪光丝状毛，半平伏，额区及头顶两侧较多。触角第 1 节紫黑色，毛黑色；第 2 节基半淡灰黄色或淡黄色，端半及最基部红褐色至黑褐色，全长粗线形或端半微加粗；第 3、4 节污紫褐色，端段（最基部至基半不等）黄白色。喙伸达后足基节端部。

前胸背板底色与头部底色同，胝或多或少黑褐色或胝及胝前区全部黑褐色，盘域中段具宽黑横带，位于盘域后半或占据盘域大部分，后缘较狭窄的淡色，黑横带中央常有一短纵黑带前伸，长时可达胝间区而将黑横带与胝区之间的淡色区域中分为二，成此种的典型色斑，在属中少见。整个前胸背板前半（包括盘域前部）及两侧区具显著的银白色闪光丝状平伏毛，狭鳞状，胝前及胝间区尤密而显著；盘域刚毛状毛细，平伏，淡色。领同底色，灰暗无光泽，银色闪光丝状毛量大，半直立弯曲，杂乱蓬松，狭鳞状，显著；刚毛状毛淡色。

小盾片污黑褐色，端角处呈黄白色的菱形斑。爪片与革片淡污黑褐色至污黑褐色，几乎一色，外革片常色较淡，与缘片同为淡污灰或灰黄色；毛二型，相对均较长：银色闪光丝状毛密而平伏；刚毛状毛同底色，多半平伏而斜伸。楔片中部黄色部分只占 1/3，基部的三角形黑斑及黑色端角均甚大。

腿节紫黑色，后足腿节亚端部背面有一较淡的半环或斑，内有一黑色小斑。胫节淡色至淡锈褐色。臭腺沟缘全部淡黄白色。腹下黑色，亚侧区具黄褐色纵带。

分布：浙江（临安）、黑龙江、天津、甘肃、江苏、湖北、江西、四川、贵州。

（123）中黑苜蓿盲蝽 *Adelphocoris suturalis* (Jakovlev, 1882)

Calocoris suturalis Jakovlev, 1882: 169.

Adelphocoris suturalis: Carvalho, 1959: 21 (as j. syn. of *ticiensis* Meyer, 1843).

主要特征：体长 5.5–7.0 mm。狭椭圆形，污黄褐色至淡锈褐色。

头锈褐色，额区可具色略深的若干成对的平行横纹带；头部毛淡色，细，较稀；唇基或整个头的前半黑色。触角黄褐色，第 2 节略带红褐色，第 3、4 节污红褐色。喙伸达后足基节。

领上的直立大刚毛状毛长，长达领粗的 2–3 倍。盘域两侧在胝后不远处各有一黑色较大的圆斑；胝前区及胝区具很稀的刚毛状毛，无闪光丝状平伏毛；盘域毛一型，无闪光丝状毛。盘域具细浅而不规则的刻点或刻皱，毛细淡，几乎平伏。

小盾片黑褐色，具横皱，毛约同半鞘翅。爪片内半沿接合缘为两侧平行的黑褐色宽带，与黑色的小盾片一起致使体中线呈宽黑带状，故名。革片内角与 R+M 脉后部 1/3 之间为一黑褐斑，斑的前缘部分渐淡，革片内缘狭窄的淡色；爪片与革片毛二型，均为淡色，相对不甚平伏而略显蓬松状；闪光丝状毛细，易与刚毛状毛混同。楔片最末端黑褐色。膜片黑褐色。刻点甚细密而浅。

后足股节具黑褐色及一些红褐色点斑，成行排列。体下方在胸部侧板、腹板各足基节及腹部腹面可有黑斑，变异较大。

分布：浙江（临安）、黑龙江、吉林、辽宁、天津、河北、山东、河南、陕西、甘肃、江苏、上海、安徽、湖北、江西、广西、四川、贵州；俄罗斯，朝鲜，日本。

73. 异丽盲蝽属 *Apolygopsis* Yasunaga, Schwartz *et* Chérot, 2002

Apolygopsis Yasunaga, Schwartz *et* Chérot, 2002: 2. Type species: *Apolygopsis furvocarinatus* Yasunaga, Schwartz *et* Chérot, 2002.

主要特征：体椭圆形，较厚实。多为褐色，具明显光泽。体型体色与后丽盲蝽属 *Apolygus* 的褐色种类极相似。头垂直，短，前面观较为压扁，头顶后缘脊明显，完整。触角第 1 节常短于眼长，第 2 节较短，一般不长于前胸背板宽度，第 3、4 节线形。前胸背板刻点细，毛较密，刚毛状，半平伏或半直立；胝区微隆。半鞘翅后方强烈下折。胫节刺黑色，较为粗壮、明显。

左阳基侧突或与后丽盲蝽属 *Apolygus* 相似，端突区域呈鹅头状而末端呈小扁片状；或端突区域基方较为扁平，并加粗扩展，有时大体分为粗短的二叉状，下支较长而端缘平截，一侧端角略呈弯钩状；此外，端突区的亚基部常伸出呈一角状突起。阳茎端具 2 枚细长的针突状骨化附器，常被一槽状骨片所包围，为此属的特点。雌性交配囊后壁构造甚似后丽盲蝽属 *Apolygus*，支间叶末端不圆钝膨大。

分布：亚洲东部。世界已知 7 种，中国记录 6 种，浙江分布 1 种。

（124）东亚异丽盲蝽 *Apolygopsis nigritulus* (Linnavuori, 1963)

Cyphodema hilaris f. *nigritulus* Linnavuori, 1961: 162.

Lygus nigritulus Linnavuori, 1963: 81.

Lygocoris (*Apolygus*) *nigritulus*: Yasunaga, 1992c: 302.

Apolygopsis nigritulus: Yasunaga, Schwartz & Chérot, 2002: 1.

主要特征：体长 4.3–5.2 mm。体椭圆形。头部橙红色，头顶与复眼的宽度比为 1.2∶1。触角橙黄色，第 1 节端部的一侧、第 2 节基部 1/8–1/7 和端部 1/2–5/8 均为黑色，第 3 节浅褐色，基部橙黄色，第 4 节褐色；第 2 节长度与前胸背板基部的宽度之比约为 1∶1.45。喙伸达后足基节端部。

前胸背板橙黄色至橙红色，胝上有 2 个倒"八"字形黑斑。前翅爪片与革片均一黑色。楔片中部黄褐色，基部、内角和末端黑色，外缘中段红褐色。部分个体的革片底色黄褐色，基部、内角和末端黑色，中部靠外的一侧红褐色。部分个体的革片基部、缘片外缘和外端缘为黑色。膜片烟褐色，基内角和内缘黑色。小盾片黑色，末端和基角黄褐色。

胸下橙红色，有时中胸腹板红褐色，腹部黑色。足的基节和股节杏黄色至橙红色，胫节和跗节橙黄色；前、中足股节端部有 2 个红褐色环，后足股节端部有 3 个红褐色环，中部一环甚宽；胫节基部和末端褐色，胫节刺黑色，基部有较大的黑色点斑。

雄性左阳基侧突的感觉叶驼峰形。右阳基侧突端部短，爪形，阳基侧突体部腹面观呈棱形，中间甚宽，侧面观杆的基部一侧内凹。阳茎端翼骨片由 2 个竹叶形的骨化叶组成，极为独特。针突由 2 根基部相连的骨针组成，长而宽厚，长度约为阳茎端翼骨片的 3 倍，其中一根较粗短，波浪形弯曲，端部呈鸭嘴形，另一根略细长，端部向外倾斜。

雌性环骨片较厚，但后基角端缘很薄。交配囊后壁形状较特殊，支间骨片的两个顶角强烈向外延伸，犹如两个"Ω"形突起。侧叶较小，中突圆形。

分布：浙江、湖北、湖南、福建、广东、广西、四川、贵州、云南；日本，朝鲜。

74. 后丽盲蝽属 *Apolygus* China, 1941

Apolygus China, 1941: 60 (as subgen. of *Lygus* Hahn, upgraded by Miyamoto, 1987: 582). Type species: *Phytocoris limbatus* Fallén, 1829.

主要特征：体椭圆形，通常较厚实；体背面颜色多样，多为绿色或褐色，常具深色斑纹，具光泽，密被金黄色半直立毛。头垂直，眼小，头顶相对宽，后缘明显具脊。触角相对较短，第 2 节短于前胸背板后缘宽。喙伸达后足基节。前胸背板具光泽，刻点细密。半鞘翅具光泽，楔片宽短，长通常约为其基部宽的 1.5 倍；膜片常强烈向后倾斜。胫节刺多为黑色，刺基深色斑有或无。

雄性左阳基侧突呈半圆形弯曲，感觉叶发达；端突较宽，近端部常膨大，末端扁平。右阳基侧突体直，感觉叶发达，有时近端部膨大；端突小，通常为钩状。阳茎端由 4 个膜叶和若干骨化附器组成。针突通常一枚，极细，有时缺失。

雌性环骨片肾脏形，向中央渐狭尖，骨化较弱。交配囊后壁下颚片于中央左右分离；中突近圆形；支间叶狭小，为细小的管状，末端常圆钝，略膨大，表面具刺。

分布：全北区、东洋区。世界已知 50 余种，中国记录 35 种，浙江分布 3 种。

分种检索表

1. 爪片全为黑色 ·· **美丽后丽盲蝽 *A. pulchellus***
- 爪片非全部黑色 ··· 2
2. 触角第 1 节端部黑褐色；革片端部黑褐色范围可达革片长一半以上 ············· **异色后丽盲蝽 *A. hilaris***
- 触角第 1 节端部不呈黑褐色；革片端部黑褐色范围较小 ················· **三角后丽盲蝽 *A. triangulus***

（125）异色后丽盲蝽 *Apolygus hilaris* (Horváth, 1905)

Cyphodema hilaris Horváth, 1905: 419.

Lygocoris (*Apolygus*) *hilaris*: Josifov & Kerzhner, 1972: 158.

Apolygus hilaris: Kerzhner & Josifov, 1999: 64.

主要特征：体长 4.1–5.0 mm。椭圆形。体色变化幅度大，常为红褐色、橙红色或黄褐色。

头橙红色，唇基末端黑色，头顶与复眼的宽度比为 1.2∶1。深色个体的触角除第 1–3 节基部窄环为橙黄色外，全为黑褐色；浅色个体触角第 1 节黄褐色，第 2、3 节基部橙黄色，第 2 节基部褐色，向端渐加深至黑褐色，第 3、4 节暗褐色。喙伸达后足基节末端。

前胸背板黄褐色，胝及胝前区色略深。小盾片红褐色或基部有一小黑斑，有时几乎全为黑褐色，仅基角和端角色淡。爪片内部或端部 2/3 以及革片和缘片端部 2/3 黑褐色。楔片末端红褐色，内角和基部黑褐色。膜片散布浅褐色斑，基内角暗褐色。

体下橙红色或红色。足橙黄色，基节和腹下基部的 4/5 为红色。中、后足股节端部各有 2 个红褐色环，胫节基部及末端浅褐色，胫节刺黑色，刺基有较大的黑色点斑。

雄性左阳基侧突感觉叶呈直角形突起，右阳基侧突端部侧面中间细，稍扭曲。阳茎端翼骨片矛状；针突细长，超过翼骨片长度的 1/6，基部加粗的部分很小，卵圆形。

雌性交配囊后壁的中突甚长，圆锥形；支间叶较短，支间骨片后缘中间强烈向外突起，呈圆弧形。环骨片的形状与 *A. nigronasutus* 极为相似，环在后基角的外侧加厚。

分布：浙江（临安）；俄罗斯，朝鲜，日本。

（126）美丽后丽盲蝽 *Apolygus pulchellus* (Reuter, 1906)

Lygus pulchellus Reuter, 1906: 33.

Apolygus fujianensis Wang *et* Zheng, 1982 (syn. by Kerzhner *et* Josifov, 1999: 63).

Lygocoris (*Apolygus*) *fujianensis*: Zheng, 1995: 453.

主要特征：体长 3.8–4.4 mm。椭圆形。背面黄褐色。

唇基、颊与上唇黑色。触角黄褐色，第 2 节端部 1/6 黑色，第 3、4 节褐色，第 3 节基部淡黄色，触角第 2 节长度与前胸背板基部的宽度之比约为 1∶1.2。喙伸达后足基节或后足基节末端。

前胸背板黄褐色，盘域后半部常为浅褐色，近后缘中部有时加深呈一黑褐色短横带状。小盾片淡色。爪片色加深，常呈不同深度的褐色，深色个体可为黑褐色。革片端部和基部、缘片外缘以及楔片基部及末端全为黑色。膜片烟色，具隐约的浅色斑。

胸下橙黄色。腹下红色。足黄褐色，基节橙黄色，后足股节端部橙红色。中足股节端部有 2 个血红色环；后足股节端部有 3 个血红色环，以近中央的一环较宽，雄虫股节中部的宽红环有时不明显。胫节基部黑褐色，刺黑色，基部有较大的黑色点斑。第 3 跗分节黑褐色。

雄性外生殖器：左阳基侧突杆的端部膨大，感觉叶凸起平缓。右阳基侧突杆部与端突连续，基部较宽，端半部呈镰刀形。阳茎端翼骨片三角形，其锯齿缘中间略凹；针突短，长度小于阳茎端翼骨片，基部的加粗部分卵圆形；腹骨片粗长，在近中央处折弯。

雌性外生殖器：环骨片大，环的内缘中央强烈内凹。交配囊后壁背结构上侧角与侧叶外缘分离；中突梨形，支间叶端部明显变细。

分布：浙江、陕西、甘肃、福建、四川、贵州；日本，朝鲜半岛。

（127）三角后丽盲蝽 *Apolygus triangulus* (Zheng *et* Wang, 1983)

Lygus (*Apolygus*) *triangulus* Zheng *et* Wang, 1983: 426, 431.

Lygocoris (*Apolygus*) *triangulus*: Zheng, 1995: 463.

Apolygus triangulus: Kerzhner & Josifov, 1999: 68.

主要特征：体长 4.3 mm。椭圆形，黄色。

头黄褐色。唇基末端和上唇黑褐色。前胸背板基部近后缘处有一不达侧缘的褐色横带。触角同体色，第 2 节端部 1/4 黑色，第 3 节暗褐色，基部黄色；第 2 节长度与前胸背板基部宽度之比为 1∶1.3。喙伸达后足基节末端。

前胸背板同体色。中胸盾片外露，褐色。小盾片黄褐色，隆起，具横皱。爪片黑色，沿外缘具一同体色的狭带纹。革片端缘有一不达缘片外缘的黑色横斑。楔片内角和末端黑色。膜片浅褐色，基内角黑褐色。体下和足黄色。后足股节端部有 2 个褐色环；胫节刺黑褐色，刺基有黑褐色小点斑；第 3 跗分节黑色。

雄性外生殖器：左阳基侧突粗大。右阳基侧突端部较长，末端小钩状。阳茎端翼骨片狭长；针突细短，其基部加粗部分卵圆形，约与导精管的长度相等，短于翼骨片的长度；腹骨片较粗长，中段折弯。

分布：浙江、湖北。

75. 隆胸盲蝽属 *Bertsa* Kirkaldy, 1904

Berta Kirkaldy, 1902b: 57 (nom. praeoccu.). Type species: *Capsus lankanus* Kirby, 1891.

Bertsa Kirkaldy, 1904: 280. New name for *Berta* Kirkaldy, 1902, by Kirkaldy, 1904: 280.

主要特征：体中小型，长椭圆形，厚实，两侧几乎平行。毛一型，刚毛状，较细长。

头垂直，侧面观短；背面观头顶短，额区大部为垂直位；前面观头的眼前区较短小。唇基与额间有横缢，约位于触角窝上缘水平。头具光泽，光滑无刻点；额区两侧的平行横纹不能分辨或可见痕迹；头顶宽，中纵沟区域略低，沟明显，沟与眼间在后缘前各侧有一横椭圆形区域，微隆，表面光滑无微刻；头顶后缘具完整的细脊。触角粗短，第1节向端微加粗，第2节亚纺锤形，中部最粗，微侧扁；第3、4节粗线形。喙较短。

前胸背板下倾程度中等或强烈，具较强光泽；领较细而明显低于其后的部分，无光泽；中央有一横缢纹横贯全长，表面不饱满，纹前、后各具一列直立毛；胝低平，界线略可辨，前伸达领的后缘，两侧伸达背板前角，连成一横带状，二胝相连，表面较平地微隆，毛极稀，胝间区几乎同胝；盘域均匀密被细长刚毛状毛，半直立，毛基略下陷，似细刻点状，凹点略朝向后方。背板侧缘直，侧面观宽圆；后侧角宽圆。小盾片整体明显抬升，具横皱与细长刚毛状毛。半鞘翅密被细长刚毛状毛，半直立，表面情况似前胸背板；半鞘翅常有明显的白色宽横带；膜片表面细网状，质地较透明，有虹彩光。

前胸背板的两侧腹方部分具粉被。足相对粗短，具光泽；前足基节内缘略隆出。

分布：东洋区。世界已知4种（Schuh，1995），中国记录2种，浙江分布1种。

（128）大隆胸盲蝽 *Bertsa major* Zheng, 2004（图11-23）

Bertsa major Zheng, *in*: Zheng *et al*., 2004: 207.

主要特征：体长5.54–6.0 mm。头色似前种。头侧面观较前种略长，眼的前缘不伸达额区前缘，额-头顶区在侧面观中可见的范围较大。背面观额-头顶区较前种略饱满，毛较长密，直立或半直立。触角第1节背面观大部黑褐色，基部背面及腹面基半锈褐色；雄虫触角第2节约呈香肠形，亚纺锤形不显，黑褐色；第3节基部1/3黄白色；第4节同前种。喙略伸过中胸腹板后缘。

前胸背板强烈前倾，圆隆饱满，较前种更甚；毛常较前种色深而粗密，黑褐色至黑色，直立或半直立，侧缘处常略呈密层状；刻点在多数个体中似较前种为深密。

爪片具粉被，无光泽，黑褐色，端半无白色横带。革片白色横带及楔片基部白色横带似前种，毛长密，半直立，较前种相对更长。膜片烟黑褐色，略斑驳。

足色及腹下色斑似前种。

雄虫左阳基侧突较前种细长，端部淡白色，其余黑褐色，端部淡色区域长于前种；端突末端部分略伸长呈较尖细的鸟喙状。

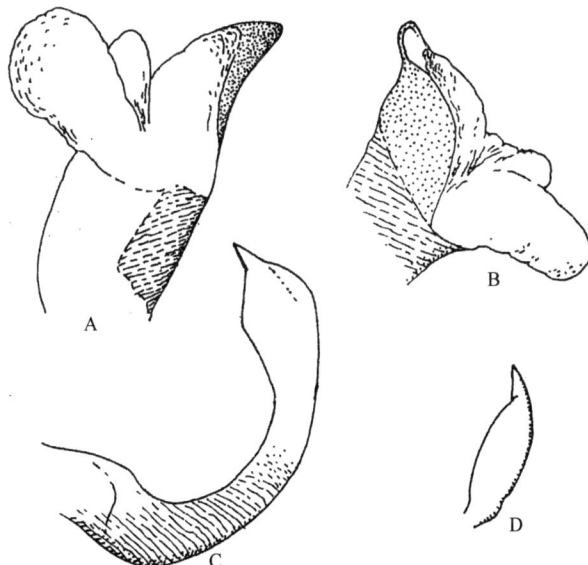

图11-23　大隆胸盲蝽 *Bertsa major* Zheng, 2004（引自郑乐怡等，2004）
A，B. 阳茎端不同方位；C. 左阳基侧突；D. 右阳基侧突

分布：浙江（临安）、福建、海南、云南。

76. 纹唇盲蝽属 *Charagochilus* Fieber, 1858

Charagochilus Fieber, 1858: 309. Type species: *Lygaeus gyllenhali* Fallén, 1807.

　　主要特征：体小，厚实而短。前胸背板强烈前倾，致使侧面观前胸背板表面与体长轴成 60°–90°角，头部位置因此较低。

　　头垂直，几乎无刻点，背面圆拱，被颇密的半直立蓬松细毛以及略粗的丝光平伏毛。头顶后缘有很明显的粗脊，脊前具若干丝状毛。眼接触前胸背板，具短毛。触角细，较长，第 1 节相对细，各节毛被一般。

　　前胸背板领粗，无光泽，密布方向杂乱的两类毛：一类毛白色刚毛状，细长，直立或半直立；另一类为平伏丝状毛。前胸背板除领以外具光泽。胝前及领无刻点，胝后具明显较大的密刻点，约呈皱刻状，亦具两类毛，同领：直立毛着生于刻点间，较稀，指向后方，刻点内无毛；丝光状毛密，方向不整齐，拥挤，着生于刻点之间。

　　中胸盾片外露不少。小盾片饱满，具刻点及横皱，向前渐消失，毛同前胸背板。爪片、革片两侧区域刻点深密，均匀，毛被同前胸背板；中段则刻点浅，几乎无，丝状毛似少。革片内缘略拱弯，楔片缝长，约达爪片端角至楔片缝外端之间距离之半。前缘裂外端的缺口很大。

　　体下密布容易脱落的平伏丝状毛，胸部无半直立的刚毛状长毛。跗节第 2 节长于第 1 节。

　　分布：古北区、东洋区、旧热带区。世界已知约 20 种，中国记录 6 种，浙江分布 1 种。

（129）狭领纹唇盲蝽 *Charagochilus angusticollis* Linnavuori, 1961

Charagochilus angusticollis Linnavuori, 1961: 162.

　　主要特征：体长 2.8–4.0 mm。色深，深色部分几乎全为黑色。

　　头顶在眼的内侧有一对小黄褐斑。触角第 1 节黄色，第 2 节黄褐色，淡色个体只最端部黑色，深色个体两端黑色，各占全长的 1/5 左右，向端略微渐粗，第 3、4 节黑色，第 3 节最基部黄色。

　　前胸背板光泽较强，丝状毛形成小毛斑；领有粉被。翅暗。革片中部区域褐色，无光泽亦无刻点，毛长，较密，不紧贴于翅表，约呈一密厚的毛层状，毛黑褐色；银白色的丝状卷曲毛组成的小毛斑紧贴翅表，位于直毛层之下，外观此区域略呈绒状；小毛斑整齐，数量较多。足股节基部黑色，亚基部有一白环，后足胫节基部 3/4 黑色，端部 1/4 黄白色。

　　阳茎端骨化附器 3 枚，腹方骨化附器尖，刺状，弯曲；中央附器杯状；背方骨化附器二叉状，长支粗壮，短支细。

　　分布：浙江（临安）、河北、河南、陕西、甘肃、安徽、湖北、福建、台湾、广东、广西、四川、贵州、云南；俄罗斯，朝鲜，日本。

77. 光盲蝽属 *Chilocrates* Horváth, 1889

Chilocrates Horváth, 1889: 39. Type species: *Chilocrates lenzii* Horváth, 1889 (junior synonym of *Capsus patulus* Walker, 1873).

　　主要特征：体中小型，较厚实宽圆，黄褐色、红褐色或黑褐色，有强光泽。

　　头垂直，毛短或几乎无毛，无刻点；眼前区较发达，与基部区等长或更长，额-头顶饱满，中纵沟极浅，几乎不可辨，头顶甚宽，后缘具完整的脊或完全无脊。眼常斜直。触角第 2 节向端明显加粗，略短于前胸背板后缘宽。

前胸背板隆拱，较前倾；光泽强，几乎无毛或毛很短小；领明显；胝略隆出，常呈横列的椭圆形，界线清楚，光滑，二胝不相连，胝间区常略凹或几乎不下凹，光滑无刻点；盘域刻点明显或较明显，较均匀或不甚均匀；后缘在小盾片前的部分较平直。小盾片略隆出，可具稀横皱，刻点几乎无或极稀浅；中胸盾片不外露。半鞘翅具黄褐色刚毛状毛，较短而半平伏；前缘较明显拱弯，刻点明显密于前胸背板。前缘裂缺口深大。后足胫节常较粗短，胫刺黑色，刺基多有一小黑点斑。

左阳基侧突杆部以直角弯曲，感觉叶发达突出，杆的亚端部略膨大，端突钩状。右阳基侧突长度中等，感觉叶发达，端突较细长，略弯，向端渐细。阳茎端有针突一枚，膜叶分为两叶，膜叶表面有具细齿的骨化区，次生生殖孔小，孔缘向端方延伸出一短骨化带。

分布：东洋区。世界已知 3 种，中国记录 3 种，浙江分布 1 种。

（130）杨氏光盲蝽 *Chilocrates yangi* Zheng, 2004（图 11-24）

Chilocrates yangi Zheng, *in*: Zheng *et al.*, 2004: 246.

主要特征：体长 6.0–6.1 mm。黄褐色，具强光泽。

头部黑褐色，基半黄褐色，或只眼的内前方或头的后缘区黄褐色，具强光泽，无毛；后缘完全无脊。

前胸背板黄褐色，刻点较细疏；胝前缘不显，或只可看出一小段，胝间区不下凹。小盾片黑褐色，两侧缘黄褐色；或底色黄褐色，端半中纵纹宽阔的黑色。半鞘翅淡黄褐色，爪片接合缘宽阔的黑色，或向后渐狭；内革片外半有一宽黑纵带贯全长，并延入楔片内半，缘片同底色或黑褐色，并与黑褐色楔片外缘相连续；楔片端缘内半可为黑褐色。膜片烟灰色。

胸下及足黄褐色，腹下黑色有光泽，基部数节侧方有时每节有一小黄斑。

雄虫生殖囊开口左前侧黑色胝状构造极发达，突出呈明显较高、基部颇宽而端部钝圆的锥形，与前两种的横梁状不同。左阳基侧突感觉叶明显可见；右阳基侧突端突较短，感觉叶扩大前伸程度较弱。

分布：浙江（杭州）。

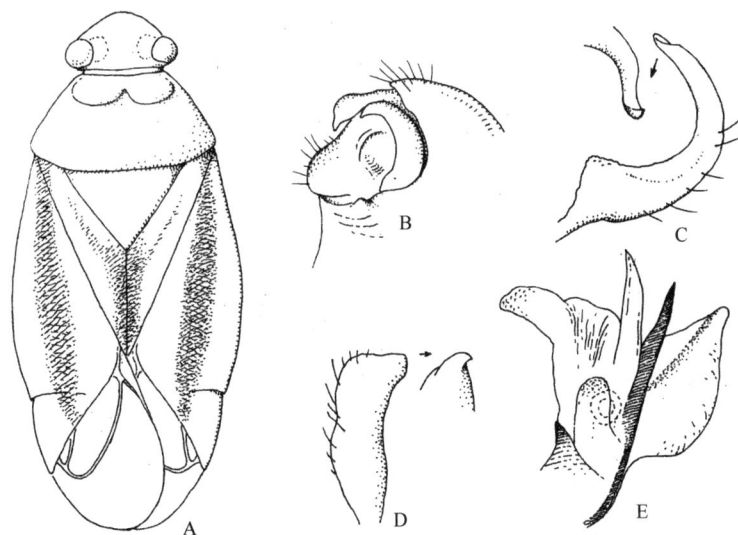

图 11-24　杨氏光盲蝽 *Chilocrates yangi* Zheng, 2004（引自郑乐怡等，2004）
A. 体背面观；B. 雄腹部末端左面观；C. 左阳基侧突；D. 右阳基侧突；E. 阳茎端

78. 拟厚盲蝽属 *Eurystylopsis* Poppius, 1911

Eurystylopsis Poppius, 1911: 18. Type species: *Eurystylopsis longipennis* Poppius, 1911.

主要特征：与厚盲蝽属 *Eurystylus* Stål 相近，均为身体厚实、被有鳞状平伏毛、头部垂直、触角第 2 节强烈向端加粗呈明显棒状、前胸背板及半鞘翅无刻点、小盾片整体抬升、前翅后部明显下折的类型。

但与厚盲蝽属有以下区别：体较狭长，厚度在多数种类中较弱；部分种类呈现一定的雌雄异型现象，在体形、大小与色斑上有所不同，雄虫体常较狭小而色深；身体色斑型常为：前胸背板在淡色的底色背景上有 1–3 条深色纵带，可减弱成一条深色的中央细纵纹及两侧隐约的晕状纵带，亦或因侧缘呈黑色而加深成 5 条宽纵带；革片中段外侧有 1 暗色斑，端部有 2 块纵列的斑，深色个体中这些暗斑扩大，致使革片几乎全呈黑褐色，仅余基部及中段外侧一斜斑为淡色。触角窝与复眼之间无丝绒状大黑斑。触角第 1 节不压扁，其上只具刚毛状毛，不具淡色丝状平伏毛。雄虫阳茎端不具明显的刺状或片状骨化附器。

分布：古北区、东洋区。世界已知 6 种，中国记录 4 种，浙江分布 1 种。

（131）棒角拟厚盲蝽 *Eurystylopsis clavicornis* (Jakovlev, 1890)

Calocoris clavicornis Jakovlev, 1890: 558.

Eurystylopsis clavicornis: Zheng & Chen, 1991: 201.

主要特征：体长 4.5–5.0 mm。长椭圆形，两侧近平行，色斑变异较大。雌虫体较宽而色常较浅，雄虫则狭而色深，前翅楔片缝后的部分相对较长。

头半垂直。头顶后半锈褐色，其余部分渐呈深褐色至黑褐色，有时有一淡色宽纵带，眼后区黄白色；淡色个体头部几乎全部为污淡黄褐色；唇基黑色，淡色个体亦同；下颚片背方或背、腹方淡黄褐色。唇基侧面观膝状下折，与额间由一明显的浅痕相隔，以致侧面观头的背缘不呈连续的圆滑状态。头部淡褐色，刚毛状毛近平伏至近直立，密度中等，银白色平伏丝状毛密，组成小毛斑状，向前斜指向中线，额毛的排列隐约呈若干平行斜横纹状。头顶中纵沟不显，呈一覆有丝状毛的细纵带状，沟与眼间的肾形区域表面具明显而均匀的小网格状浅微刻；头顶后缘似略微圆隆，具 3 小丛银白丝状毛。触角第 1 节粗，微弯，长度之半伸过唇基末端，锈褐色至黑褐色，密被黑色粗刚毛状毛，半平伏；第 2 节明显呈棒状，向端加粗，后半尤显，端部最粗处约为第 1 节的 2 倍，被细而极密的短毛，半平伏，雌虫基部 2/5–1/2 锈褐色，其余黑色，雄虫几乎全部为锈褐色，向端渐呈黑色；第 3、4 节线形，黑褐色或黑色，各节基部 1/5–1/4 黄白色。喙伸达中足基节末端。

前胸背板领粗，表面与其后的盘域平齐，黑褐色，前缘较淡，具直立刚毛状毛及多数银白色丝状毛。盘域底色黄褐色至锈褐色，3 条宽黑纵带由领向后伸达背板后缘，后缘处可连成深色横带状；深色个体中，盘域可全为黑色；淡色个体中，黑纵带甚细而淡，二侧带尤淡，中带呈断续的长黑斑状，领的后缘两侧黑斑状，最后缘呈狭细的黄白色。胝平坦或微隆，黑色，在最淡色的个体中为污淡黄褐色，后缘下凹的界限隐约可见。盘域刚毛状毛淡褐色，细短，较密而近平伏，银白色丝状平伏毛组成毛斑状。小盾片整体抬升，背面观表面较平，侧面观表面向后微升高或较平，在近末端处下降，污灰褐色呈黑褐色，端角黄白色；表面具浅横皱，毛同半鞘翅。

半鞘翅污黑褐色，斑驳，淡色个体底色污黄褐色，革片基半中裂以外的三角形斑及中段一斑黑褐色，端缘区断续的黑褐色；或革片基部延至内缘淡色，中段以后外侧及端角处斑驳的淡色，爪片外缘区域端半淡色；淡色个体全黑。半鞘翅刚毛状毛黑色，粗短，几乎平伏或半平伏，银白色或褐色丝状平伏毛密，常略弯曲，呈方向不同的毛斑状。

各足腿节黑色，中、后足胫节基部 2/5 及端部黑色，其余黄白色；雌虫后足胫节基半或 2/5 黑色，末端黑色，其余黄白色。淡色个体中雌虫足淡黄褐色，股节有 1 至数纵列黑褐色斑，后足胫节色斑同深色个体。雄虫后足腿节基段黑色范围大，可占全长的 4/5，并只渐淡而呈污灰褐色。

分布：浙江（临安）、陕西、甘肃、福建、广东、广西、四川、贵州、云南。

79. 厚盲蝽属 *Eurystylus* Stål, 1871

Eurystylus Stål, 1871: 671. Type species: *Eurystylus costalis* Stål, 1871.

主要特征：体短厚，多无明显光泽，背面密被深色刚毛状毛及淡色丝光状平伏毛，后者常组成岛状小毛斑，极易脱落。头部下倾，具两种毛，蓬松，额及头顶无刻点，均匀微隆，头顶无显著中纵沟，后缘不隆起成脊。唇基左右压扁，微突出，中纵线处锐薄，呈脊状。眼靠近前胸，内侧有一亚三角形区域，深黑色，天鹅绒状。触角第1节极粗大，多少压扁，上具两种毛被；第2节长大，明显呈棒状，端半强烈加粗，毛被短小，长度均一；第3、4节短小。喙多伸达中足基节。

前胸背板均匀微隆，无刻点，毛刚毛状，基部略下凹，表面有时可有浅皱；领粗，盘域可有一对块状或眼状斑。小盾片微隆，向后向四周渐低，表面可有横皱。半鞘翅无刻点；楔片及膜片强烈下折，翅长远超过腹部。膜片具深色斑，大翅室末端宽圆。后足胫节较粗短，微弯。腹下亦被易脱落的丝状毛。

左阳基侧突弯曲，末端膨大，约呈鹅头状。阳茎端膜叶体积很大，膜叶复杂，其中有些膜叶末端具各种强烈骨化的附器。

分布：东半球热带、亚热带。世界已知40余种，中国记录5种，浙江分布1种。

（132）灰黄厚盲蝽 *Eurystylus luteus* Hsiao, 1941

Eurystylus luteus Hsiao, 1941: 247.

主要特征：头部淡黄褐色，多为一色，眼与触角基之间有一显著的黑丝绒状三角形斑。唇基中脊及下颚片中线基半黑褐色。触角第1、2节褐色，第2节基部黄白色；第3、4节黑褐色，此2节的基部有时为黄白色。第1节显著扁宽，上有细碎淡色小斑，并有大量黑褐色刚毛，第2节棒状，由基部逐渐加粗，最粗处略细于领，具细密的金黄色绒毛。

前胸背板底色淡褐色，上有密集的大量细碎小斑，淡黄褐色，排列不规则，中线处为一淡黄褐色宽纵带，带的中线常成一淡褐色细纹，或无。胝区成一黑褐色横区。盘域各侧靠边后有一纵向的椭圆斑，褐色至黑褐色，周缘有时围以一淡黄褐色宽圈。前胸背板相对较狭，后缘在小盾片侧角处明显折弯，呈较明显的六边形，整个覆以细密的丝状小毛。

小盾片淡黄褐色，向中央渐深，呈隐约的不规则褐色相毗连的小碎斑；中纵纹黑褐色，或前方清楚，向后渐淡而消失；小盾片末端黑色。毛被同前胸背板。爪片与革片栗褐色至黑褐色，散布许多淡黄褐色细碎斑，革片侧缘基半及亚端部的大斑黄白色，前翅表面全部覆盖平伏丝状毛，可聚集成岛状小毛斑，与淡色的细碎斑相结合，形成相当斑驳的外貌。楔片红褐色，两端深褐色。

前足基节外方黄褐色，腿节褐色，有黄褐色碎斑，基节褐色。中、后足基节黄褐色，腿节基部1/3–2/5黄褐色，其余褐色有黄褐色碎斑；胫节褐色，其上刺状刚毛黑褐色；后足胫节较粗而微弯。

阳茎端主膜叶具3个支叶，左支叶极长大，亚端部一侧有一大型骨化锥状刺，背支叶末端亦有一锥状刺，右支叶无刺，但表面密布鲨鱼皮状粗糙结构，主膜叶基部右侧有一大型骨化片，末端呈一镰状弯钩，弧形边缘及其附近被有许多倒刺。

分布：浙江（临安）、安徽、江西、福建、广东、海南、四川、贵州、云南；朝鲜。

80. 硕丽盲蝽属 *Macrolygus* Yasunaga, 1992

Macrolygus Yasunaga, 1992b: 48. Type species: *Macrolygus viridulus* Yasunaga, 1992.

主要特征：体较狭长，两侧近平行，体长可达8 mm。背面密被半平伏简单毛，略呈薄毛层状，似较易断落。头顶后缘脊完整。前胸背板平缓饱满，前倾不强，刻点明显，密而均匀；二胝相连，胝间区具刻点及横皱。小盾片甚饱满或隆出。前翅革片及爪片刻点极密而浅，以致呈鲨鱼皮状，爪片则较粗糙，呈波皱状。胫节刺淡色，刺基无小黑点斑。

左右阳基侧突感觉叶很发达，强烈扩展，左阳基侧突感觉叶毛极长而密。阳茎鞘不摊开，围成长筒形。阳茎端简单，无刺状骨化附器。

分布：亚洲东部。世界已知 2 种，中国记录 2 种，浙江分布 1 种。

（133）香榧硕丽盲蝽 *Macrolygus torreyae* Zheng, 2002（图 11-25）

Macrolygus torreyae Zheng, *in*: Zheng & Lu, 2002: 502.

主要特征：体长 6.8–8.0 mm。长椭圆形，两侧略平行。有弱光泽。体密被褐色较长的半直立毛，碰倒后呈杂乱状，易被误当作蓬松的丝状平伏毛。

头污黄褐色至淡褐色，常有榄绿色色泽；近垂直，侧面观雄虫眼大，眼高占头高的 3/5 以上，头顶低平，侧面观几乎不可见；雌虫则头顶均匀地略隆拱，侧面观可见，眼高约为头高的 2/3。头顶具浅"X"形纹；头顶"侧胝"在雌虫中轮廓明显，大而圆，光滑，微隆出，微刻无或面积极小。在雄虫中约呈三角形，微刻面积很大；头顶后缘脊细而完整。眼接触前胸背板。触角第 1 节粗于第 2 节，雄虫直径粗于第 2 节的 1/3，雌虫直径约为第 2 节的 2 倍；第 2 节雄虫亚线形，雌虫全长加粗，略呈香肠形。前面观触角着生处接近眼的下端。喙伸达中足基节末端。

前胸背板污黄褐色，带有榄绿色色泽，两侧较显，领明显榄绿色；中度下倾，均匀地中度隆拱，表面明显刻皱状，刻点密而明显，分布较均匀；后缘中段平直，向两侧均匀宽弧形前弯，侧角区域微翘起；侧缘几乎直，圆钝，胝微隆。小盾片榄绿色，基部变褐，饱满，或均匀微隆，具横皱。爪片及革片内半淡污褐色，革片外半淡灰绿色或榄绿色，表面均被极密的均匀细刻点，明显鲨鱼皮状。楔片淡灰绿色，膜片烟褐色。

体下方灰绿色，中胸腹板黄绿色，臭腺沟缘淡灰绿色。

左阳基侧突的感觉叶极发达，扩展呈宽片状，其前缘几乎接触杆部，感觉叶的毛极长；端突呈鸟首状。右阳基侧突的感觉叶亦发达，向前明显圆钝地扩展；端突骨化强，斜直伸，鸟喙状。阳茎鞘不展开，包围阳茎端呈较狭长的圆筒状，筒口喇叭状，筒口左侧处表面有一密布小刺的骨片，筒端有可膨胀的膜叶伸出；次生生殖孔口略呈三角形，导精管亚端区呈较长的壶状扩大。

分布：浙江（建德）。

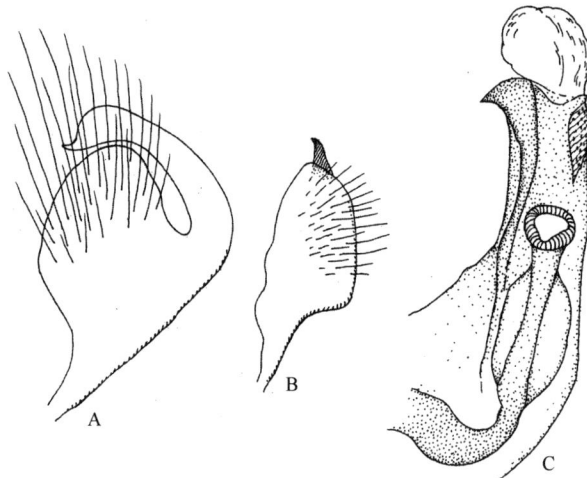

图 11-25　香榧硕丽盲蝽 *Macrolygus torreyae* Zheng, 2002（引自郑乐怡等，2002）
A. 左阳基侧突；B. 右阳基侧突；C. 阳茎端

81. 新丽盲蝽属 *Neolygus* Knight, 1917

Neolygus Knight, 1917: 561 (as subgenus of *Lygus*; upgraded by Yasunaga, Schwartz *et* Chérot, 2002: 1). Type species: *Lygus communis* Knight, 1917.

主要特征：体长椭圆形，背面通常浅绿色，干制标本常褪色为黄褐色，略具光泽，被有黄褐色或金黄色半直立毛。

头垂直，具稀疏毛，头顶后缘具明显的脊。触角相对长，第 2 节通常长于前胸背板宽。喙长，伸达或伸过后足基节。前胸背板具不规则刻点，被半直立毛。中胸盾片外露部分及小盾片几乎构成等边三角形。小盾片多横皱。半鞘翅刻点浅，楔片相对长。足细长，胫节刺通常浅色，刺基常具深色点状斑。

雄性左阳基侧突感觉叶基部通常不发达，端部通常突伸呈突起状，端突端部常扁平。右阳基侧突感觉叶宽，多数种类感觉叶端部明显突伸呈突起状，突起的端部常尖。阳茎端针突发达，强烈骨化，直或弯；右侧常具一短小（有时亦可很长）而略骨化的片状构造，通常外表多少具短刺，锉状；针突内侧通常有一骨化的片状构造，称为中骨叶（middle sclerite）；通常具 4 个膜叶，其中一个常局部或全部具微刺；次生生殖孔后方的两个膜叶内侧部分骨化，略呈箍状，完整或断开，称为箍骨片（loop）；导精管通常中部膨大，次生生殖孔宽大。

雌性环骨片长肾脏形；交配囊后壁侧叶宽大，表面具微毛，内支叶宽大；中突通常长水滴状。

分布：全北区分布，以新北区及古北区东部种类最多。世界已知 70 余种，中国记录 36 种，浙江分布 3 种。

分种检索表

1. 体背面一色，无深色斑 ·· 红颊新丽盲蝽 *N. rufilori*
- 体背面有深色斑 ·· 2
2. 唇基仅端部不伸过 1/3 的部分深色 ·· 武夷新丽盲蝽 *N. wuyiensis*
- 唇基端部至少 1/3 的部分深色 ··· 宽顶新丽盲蝽 *N. lativerticis*

（134）宽顶新丽盲蝽 *Neolygus lativerticis* (Lu, 1997)

Lygocoris (*Neolygus*) *lativerticis* Lu, *in*: Lu & Zheng, 1997: 402, 404.

Neolygus lativerticis: Zheng *et al.*, 2004: 408.

主要特征：体长 5.70–7.00 mm。长椭圆形；绿色至黄绿色；被黄褐色毛，具光泽。

头顶略带黄色，相对宽，中纵沟及后缘脊明显。唇基端部 1/4–1/3 深褐色。触角第 1 节及第 2 节基部 3/5–5/6 黄褐色，其余部分深褐色。喙伸达（有时伸过）后足基节末端。

前胸背板暗绿色，胝及其前部和领颜色略浅。小盾片浅绿色至浓绿色，具横皱。革片绿色，端部内侧有一黑褐色斑，雄虫斑稍大，雌虫者较小，有时消失；爪片绿色；楔片约为基部宽的 2.5 倍。膜片浅灰色至烟褐色，翅室内外各有一深色小点斑。体下及足绿色至黄绿色；后足股节近端部有 2 个模糊的褐色环，有时消失；胫节近端部及第 1、2 跗分节黄褐色，第 3 跗分节黑褐色；胫节刺浅褐色，刺基具一深色小点斑。

雄性左阳基侧突感觉叶端部具明显的突起。右阳基侧突体部直且粗壮；端突狭三角形，与阳基侧突体部近垂直，感觉叶明显突出。阳茎端针突相对短，近于直；叶状骨片长，向端渐粗大，指向一侧，近端部具一膜质区域，末端狭尖；锉叶端部 1/2 具刺；中骨叶发达，长片状；箍骨片明显；最右端膜叶近于三角形，表面密布微刺；导精管膨大，近长筒形。

雌性环骨片长肾脏形；交配囊后壁的侧叶宽阔；内支叶宽短；中突水滴形，部分被侧叶遮盖。

分布：浙江（吉安）、甘肃、四川。

（135）红颊新丽盲蝽 *Neolygus rufilori* (Lu *et* Zheng, 1998)（图 11-26）

Lygocoris (*Neolygus*) *rufilorum* Lu *et* Zheng, 1998: 3.

Neolygus rufilori: Zheng *et al.*, 2004: 418.

主要特征：体长 4.06–4.10 mm。长椭圆形，较小，黄褐色，无任何斑纹，密被黄褐色柔毛，具光泽。

　　头垂直。头顶略暗；头顶中纵沟与后缘脊明显；唇基与头同色；下颚叶中央有一红色纵带。触角第 1 节及第 2 节基部 4/5 黄褐色，其余部分深褐色。喙黄褐色，第 1 节两侧各有一红色纵纹，末节端部深褐色，伸过后足基节。

　　前胸背板黄褐色，具光泽，胝色略深。小盾片黄褐色，具细密横皱。前翅黄褐色，无斑；楔片长约为基部宽的 1.3 倍，端角色略深。膜片烟褐色。体下黄褐色，臭腺挥发域黄白色。足黄褐色；中、后足股节近端部各有 2 个模糊的红褐色环，后足股节中部有许多红色与褐色的小斑点掺杂分布，很密集；胫节基部及内侧有一些红色的斑点散布，胫节刺褐色，刺基具一深色小点斑。

　　雄性左阳基侧突感觉叶很小，端突端部下方具一尖锐的突起。右阳基侧突端突很短。阳茎端针突相对细长，扭曲；叶状骨片狭长，直，骨化很强；锉叶极狭长，基部 2/3 具刺，端部渐尖；中骨叶发达；箍骨片明显；最左端膜叶基半部表面密布微刺；导精管膨大，近筒形。

　　分布：浙江（庆元）、福建、广西、云南。

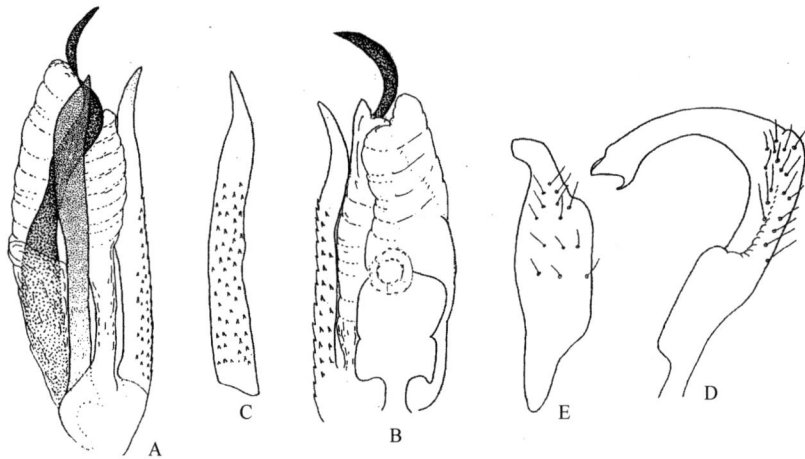

图 11-26　红颊新丽盲蝽 *Neolygus rufilori* (Lu *et* Zheng, 1998)（引自吕楠和郑乐怡，1998）
A，B. 阳茎端；C. 锉叶；D. 左阳基侧突；E. 右阳基侧突

（136）武夷新丽盲蝽 *Neolygus wuyiensis* (Lu *et* Zheng, 1998)

Lygocoris (*Neolygus*) *wuyiensis* Lu *et* Zheng, 1998: 2.

Neolygus wuyiensis: Zheng *et al.*, 2004: 429.

　　主要特征：体长 5.25–5.33 mm。长椭圆形，背面黄褐色，密被黄褐色毛，具光泽。

　　头顶略带黄色，雄头顶宽为头宽的 0.29 倍；头顶中纵沟浅，后缘脊明显；唇基端部 1/3 黑色。触角第 1 节及第 2 节基部 3/4 黄褐色，其余部分深褐色。喙伸过后足基节。

　　前胸背板浅褐色。中胸盾片外露部分黄褐色。小盾片浅绿色至黄褐色，具横皱。革片黄褐色，端部内角具一深色小点斑；爪片浅绿色至黄褐色，有时内侧略加深为褐色；楔片约为基部宽的 1.5 倍。膜片烟褐色。体下黄白色，足浅绿色至黄褐色；后足股节近端部有 2 个模糊的褐色环；胫节刺浅褐色，刺基具一深色小点斑。

　　雄性左阳基侧突感觉叶端部具明显的突起。右阳基侧突感觉叶端部突起较细。阳茎端针突在端部 1/3 处急剧弯曲；叶状骨片长形，末端狭尖；锉叶中等大小，中部略缢缩，端部 1/4 具刺；中骨叶发达；箍骨片明显；最左端膜叶近于筒形，表面密布微刺；导精管膨大，近长筒形。

　　分布：浙江（庆元）、福建。

82. 东盲蝽属 *Orientomiris* Yasunaga, 1997

Orientomiris Yasunaga, 1997: 728. Type species: *Calocoris tricolor* Scott, 1880.

主要特征：体长椭圆形，常两侧近平行；棕褐色、锈褐色或黑褐色，多少具光泽。

头半垂直或较前倾；额-头顶区均匀饱满，光滑，毛被常很短小，表面常具极浅的密微刻，中纵沟清楚、细，伸达头后缘，常在后端向两侧分歧呈二叉状；头顶后缘光滑，无隆脊；额区可有若干极浅的平行横棱，或无。触角长，与体长近等或伸过之，第 2 节亚线形或线形，其上的毛被短小而密，淡色，半直立，均匀；第 1 节亚端部内侧常有 1 至数根深色刚毛状毛。

前胸背板相对较平，前倾程度常较弱；领约与触角第 1 节基部等粗，具细长的直立毛列，多无光泽；胝较平坦，光滑，二胝相连，胝间区与胝等高；盘域多少具横皱，无明显的刻点，有时可见不甚显著的刻点而呈点皱状；侧缘钝或微锐；后缘多宽弧弯而中段略平。小盾片平或较饱满，具横皱。半鞘翅常具油脂状光泽，无刻点，表面常因毛基微隆而在高倍镜下略呈颗粒状，毛多为单一类型，几乎平伏至半直立。胫刺黑褐色，显著。

分布：亚洲东部。世界已知 10 余种，中国记录 9 种，浙江分布 3 种。

分种检索表

1. 前胸背板中央有一黑褐色向后加宽的宽纵带或前端较尖的三角形黑斑 ······························ **斑胸东盲蝽 *O. pronotalis***
- 前胸背板中央无上述类型的黑褐色大斑，或前胸背大部分黑褐色，两侧缘区域红褐色，此区域可前宽而后窄，中央部分呈梯形大斑；或前胸背板全黑 ·· 2
2. 爪片毛较长而较直立，明显长于较短而较平伏的革片毛 ······························ **立毛东盲蝽 *O. erectus***
- 爪片毛不明显长于革片毛，半鞘翅毛较为平伏 ······························ **黑头东盲蝽 *O. pseudopronotalis***

（137）立毛东盲蝽 *Orientomiris erectus* Zheng, 2004

Orientomiris erectus Zheng, *in*: Zheng *et al*., 2004: 436.

主要特征：体长 6.88–8.74 mm。相对宽短，色深而一致，深褐色、锈褐色至黑色。

头前倾，锈褐色，额-头顶区黑褐色，但亦较淡于体色；均匀饱满，光滑几乎无毛，具极浅的密微刻；额可极隐约地看到若干平行横棱，但色同底色。触角第 1 节黄褐色或锈褐色，腹面较深，内侧具数根大刚毛；第 2 节基半黄褐色，端半红褐色，或渐呈黑褐色，向端略加粗；第 3 节污黄褐色，基部 1/4 淡色；第 4 节红褐色。

前胸背板深锈褐色或黑色，具光泽，相对饱满，但背面较平，略前倾，部分个体略呈筒状；侧缘侧面观相对略锐，前胸背板侧腹方灰黑色，具薄粉被及细密横皱；盘域具深横皱，可见一些隐约的刻点，故微呈皱刻状；毛较长，半直立而略蓬松；领黑色或污黑色，锈褐色全体领色亦较淡，无光泽。小盾片色同前胸背板及半鞘翅，略隆拱，具密细横皱。半鞘翅毛长稀，爪片毛及内革片毛较长而较直立，长于外革片毛，后者较为平伏而较短。

足污黄褐色，股节端部加深，后足胫节全部深褐色，后足股节端部 1/5 黑褐色。腹下红褐色。雄虫生殖囊开口边缘在左阳基侧突前有一极短的突起。

分布：浙江（临安）、湖北、湖南、福建、广西、四川、贵州。

（138）斑胸东盲蝽 *Orientomiris pronotalis* (Li *et* Zheng, 1991)（图 11-27）

Megacoelum pronotalis Li *et* Zheng, 1991a: 184.

Orientomiris pronotalis: Yasunaga, 1998: 68.

主要特征：体长 8.56–10.09 mm。雄虫深褐色，雌虫色较淡。

　　头前倾，均匀饱满，深褐色，上颚片红褐色；额-头顶几乎无毛而光滑，表面密布极浅的微刻；额区无若干平行横棱；头顶沟见属征。触角第1节深褐色；第2节褐色，向端渐深呈黑色，基部深褐色；第3节黄褐色；第4节深褐色，最基部黄褐色。喙伸达后足基节末端。

　　前胸背板略前倾，背面较平；锈红褐色或褐色，有光泽，有一明显而向后渐宽的黑色宽中纵带贯全长，前端只限于胝间区域，或包括胝区，向侧方伸达背板侧缘，后端亦可沿后缘向两侧扩展；盘域遍布不甚规则的浅横皱，毛半平伏，淡褐色；胝较平；侧缘圆钝，侧面观呈一较粗的圆柱状边，前胸背板的侧腹方锈红褐色，较平，横皱不显；领红褐色、锈褐色或淡黑褐色，略细于触角第1节基部。中胸盾片露出甚少，具粉被。小盾片较隆出，黑褐色或黑色，色深于半鞘翅，具细横皱，毛同半鞘翅。半鞘翅淡褐色至褐色，毛稀而较长，较平伏或半平伏。膜片污黑褐色。

　　足淡红褐色、红褐色或深褐色；后足胫节深红褐色至深锈褐色。

　　腹部腹面不均匀的红褐色，具光泽。雄性生殖囊开口边缘在左阳基侧突前方有一很长的小突起。

　　分布：浙江（临安）、陕西、湖北、江西、贵州。

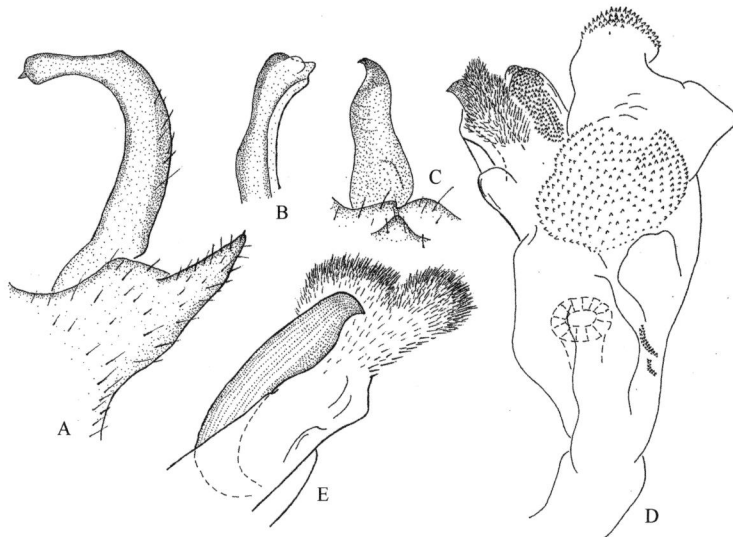

图11-27　斑胸东盲蝽 *Orientomiris pronotalis* (Li *et* Zheng, 1991)（引自李鸿阳和郑乐怡，1991）
A，B. 左阳基侧突；C. 右阳基侧突；D，E. 阳茎端

（139）黑头东盲蝽 *Orientomiris pseudopronotalis* (Li *et* Zheng, 1991)

Megacoelum pseudopronotalis Li *et* Zheng, 1991a: 187.

Orientomiris pseudopronotalis: Yasunaga, 1998: 68.

　　主要特征：体长 8.37–8.56 mm。黑褐色。

　　头几乎全部深锈褐色或深黑褐色，唇基淡锈褐色；近垂直；额区可见若干同色平行横棱，头顶中纵沟细长而深；盘域毛被同半鞘翅。触角第1节黑褐色；第2节全部黑色，或基半黄褐色，端半及最基部黑褐色；第3节基半黄白色，端半黑褐色，第4节黑褐色，最基部黄色。喙伸达后足基节末端。

　　前胸背板较弱地前倾，略饱满；深黑褐色或黑色，有光泽；侧缘侧面观钝圆，前胸背板侧腹方灰黑色有粉被，具极浅的横皱；毛被稀，胝平，表面几乎与盘域等高；盘域刻皱极微弱；领污黑，无光泽。小盾片较平，黑色，与前胸背板以及半鞘翅同色或较深；具细密横皱；毛同半鞘翅。半鞘翅深锈褐色或深黑褐色；毛长，半直立至直立，明显较稀疏；楔片色同革片。膜片烟黑色。

　　足黑褐色，前、中足胫节黄色或淡褐色。腹部腹面黑褐色。雄虫生殖囊开口边缘左阳基侧突前方有一大而尖的突起，与 *M. pronotalis* 极为相似。

　　分布：浙江（临安）、湖北、福建。

83. 喙盲蝽属 *Proboscidocoris* Reuter, 1882

Proboscidocoris Reuter, 1882: 30. Type species: *Proboscidocoris fuliginosus* Reuter, 1882.

主要特征：与纹唇盲蝽属 *Charagochilus* 邻近，具有相似的厚实体型和弱光泽的褐色至黑褐色的体色类型，以及具特色的毛被。区别之处在：体较大，头部平伸，长轴约与体轴同向。臭腺沟缘隆起部分位于挥发域范围内的靠前方，不若纹唇盲蝽属居中，以致其后的挥发域部分面积较大。爪多少呈明显的锯齿状。阳茎端只具一大型的骨化附器。

分布：旧热带区。世界已知 55 种，中国记录 1 种，浙江分布 1 种。

（140）马来喙盲蝽 *Proboscidocoris malayus* Reuter, 1908

Proboscidocoris malayus Reuter, 1908: 188.

主要特征：体长 4.4–6.0 mm。黑色，光泽弱。刻点密，背面体表大部呈浅刻皱状，小盾片表面几乎呈横皱状。毛被密，短小，平伏，紧贴体壁，侧面观几乎看不出小盾片有蓬松的直立的粗毛，卷曲毛聚成小毛斑状，但相互隔离不甚清楚。

头背面观三角形，前伸部分发达，毛稀短，不蓬松；唇基隆出。上、下颚片区域常淡色。眼内侧白斑小，头顶及额区毛贴伏，整齐。触角第 1 节黑色，长，第 2 节黄褐色，亚基部一黑环以及端部 1/3 黑色，第 3、4 节黑色，第 3 节基部白色。喙伸达后足基节中部。小盾片全黑。领无光泽。革片基部、楔片缝两侧及楔片端淡色。前、中足股节基部黑色，无白斑，但下方有时斑驳；前足胫节具白环，较长。后足股节亚基部有一白环，但最基部不呈白色；后足胫节亚基部有一黑环，最端部黑色。体下斑驳，腹下褐色成分多。

阳茎端右侧偏后有一大型骨化附器，大体呈片状，基部宽阔，向内似有一附片，端部显然变细，尖削而长，向内明显弯曲。左侧无骨化附器。膜囊右侧靠内方略骨化，但无颗粒状或锯齿状突起，不形成粗糙的表面构造。

分布：浙江（舟山）、安徽、台湾、海南、广西、贵州、云南；朝鲜，日本，菲律宾，印度尼西亚。

84. 猬盲蝽属 *Tinginotum* Kirkaldy, 1902

Tinginotum Kirkaldy, 1902: 263. Type species: *Tinginotum javanum* Kirkaldy, 1902.

主要特征：体小型，多为椭圆形。体常被有明显的粉被，以至无光泽。体背面具直立或半直立长毛及丝状平伏毛。

头直立或近直立。头前面观眼下部分甚短。眼大，侧面观几乎伸达小颊，小眼面常为颗粒状。头顶可有不甚明显的纵中沟，后缘锐，脊不明显或明显。触角线形，雄虫第 2 节可略加粗。

前胸背板前倾程度不等，均匀隆拱，盘域中央无明显的瘤状突起，具均匀密布的刻点，表面常具浓厚粉被，较不平整；胝较低平，界限不甚明显，亦无光泽；领粗，具毛，其后缘处有一列大型深刻点。小盾片平或略隆起，具刻点；一般中胸盾片不外露。半鞘翅平直，爪片及革片无刻点。胫节刺淡色，刺基有深色斑。

此属体布直立长毛，粉被明显，易于辨认。仅前胸背板具刻点而半鞘翅无刻点，此种情况在盲蝽亚科中甚为少见。

分布：东半球，暖热地带种类较多。世界已知 35 种，中国记录 3 种，浙江分布 1 种。

（141）松猬盲蝽 *Tinginotum pini* Kulik, 1965

Tinginotum pini Kulik, 1965: 1503.

主要特征：体长 4.2–4.7 mm。长椭圆形，体色深浅变异较大，无光泽。

头垂直。底色黄白或灰黄色，淡色个体仅下颚片下半灰黑色，多数个体额-头顶区灰黑色，被浓密粉被，可见平行横棱，头部毛直立，粗长而较密，头顶中央毛黑色，其余白色。头顶常有一对斜直光滑横斑；头顶后缘处具一宽而低平的脊，与头顶间有一浅凹痕分开，后缘较锐。触角第 1 节底色黑色，两侧具几乎贯全长的白纹，淡色个体中外侧只基部 2/3 具白纹，且常不甚完整，深色个体中几乎全黑；第 2 节黑色，基部及中央狭窄的黄白色，第 3 节黑色，中央有一小白环，第 4 节全黑。喙黑褐色，粗壮，伸达后足基节后缘或略过之（浙江庆元标本仅伸达中足基节）。

前胸背板深灰褐色至灰黑色，具粉被，领同；盘域在淡色个体中可辨 4 条宽褐纵带与 5 条灰白粉被带相间，褐纵带后端处及中段常加深呈深褐色斑状；直立毛较粗强，长而密，多为黑色至全部黑色，或只褐纵带上的毛黑色，其余淡色，或上述深褐斑上的毛更密而呈黑毛撮状；刻点较深大。背板前倾程度相对较小，盘域在胝后较平缓地隆拱，后侧角区离角端不远处在后缘前略下凹，后缘中段平直。小盾片较平，灰褐色或灰黑褐色，一色或中央具灰白纵带，或端部灰白色，或基角变为淡色，直立毛长，中部黑毛多。半鞘翅底色橙褐色、栗褐色至黑褐色，淡色斑白色至深灰色，革片淡色斑集中于中段呈横带状，此带状区域长短不一，可呈一横纹状；直立毛淡色。楔片可全为深栗褐色至黑褐色，其上的淡斑亦有白色的丝状短密毛。膜片深栗褐色或黑褐色；大翅室端缘白色。

胸下色多少加深，淡色个体淡黄褐色，深色个体同前胸背板，被浓厚粉被而呈灰黑色。足底色黄褐色或黑褐色，各股节相应具细碎褐斑或白斑，或隐约组成环状；前、中足胫节具 3 个或 4 个环，后足胫节在深色个体中有 3 个很小的白环，在淡色个体中或背面一色，不辨明显的白环。腹下淡黄白色至黑褐色。

分布：浙江（庆元）、陕西、甘肃、四川、云南；俄罗斯，朝鲜半岛，日本。

狭盲蝽族 Stenodemini China, 1943

体狭长，两侧平行，一般无光泽。唇基多与头部背面垂直。额可向前突伸覆盖于唇基基部之上，或否。除少数属外，头顶背面具明显的中纵沟。触角细长；第 1 节短于头长与前胸背板长之和。前胸背板前端无界限分明的领部，胝多平坦而宽大。足细长，后足跗节第 1 节长为第 2 节的 2 倍。

85. 狭盲蝽属 *Stenodema* Laporte, 1833

Stenodema Laporte, 1833: 40. Type species: *Cimex virens* Linnaeus, 1767.

主要特征：体狭长，中型或中大型，具弱光泽。多黄绿色、绿色至黄褐色，一色或前翅爪片及革片内半黑褐色。

头平伸，前端垂直，背面观大致呈三角形，额端部高出于唇基基部，二者之间有一深沟，部分种类额端呈檐状突伸于唇基基部之上。额隐约可见成对的平行斜纹。头顶中部具深中纵沟，沟两侧区域常平坦或略下凹，具微刻；头顶后部区域整体抬升，呈一宽阔的横带状，其上具长密的平伏毛，两侧各有一三角形漆黑色的光滑区域。头背面密被平伏具丝光状的弯曲短毛。头侧面观向前平伸，唇基垂直位或略后倾；触角第 1 节短于头与前胸长之和，明显较粗，伸过头前端，毛长而密，半平伏，常杂以更细长的半直立或直立毛。第 2–4 节线形，部分种类基部毛较长，并向端渐短，雌虫尤显。前胸背板几乎平直，盘域略饱满隆拱，具较深密的明确刻点，胝前区较长，约等于胝区长，亦具与盘域相同的刻点；胝区平坦，近圆形，无光泽，具不规则稀疏刻点，二胝远离；前胸背板侧缘锐，棱状；后缘中央前凹。小盾片平；半鞘翅及小盾片刻点同前胸背板，毛被短密，近平伏，具闪光，略弯曲。后足股节下方可具大刺，端部常略变细；胫节毛长密，外侧者较长。阳茎端无针突，膜囊常有一些指状囊突。主要生活于禾本科植物上。

分布：各大动物地理区均有记录。世界已知 57 种，中国记录 25 种，浙江分布 2 种。

（142）山地狭盲蝽 *Stenodema (Stenodema) alpestris* Reuter, 1904

Stenodema alpestris Reuter, 1904: 5, 13.

主要特征：狭长，多两侧平行。前胸背板两侧及翅外半在生活时鲜绿色，干标本中为淡黄褐色，体背面其余部分淡栗褐色、紫褐色、淡黑褐色至黑褐色不等。

头同体色，头顶有一心形淡色斑。额伸出于中叶之上，额端略呈短二叉状。触角淡黄褐色至淡褐色，第 1、2 节毛多数为淡黑褐色至深黑褐色，其余毛淡黄色至淡褐色；第 1 节相对细长，毛半平伏，密而蓬松，长略短于该节直径，疏生细长的直立细毛，外侧较明显，毛色较淡，毛完整时，间隔均匀，可多达 10 根以上，长约等于该节直径，角度近垂直；第 2 节亦较细，具红褐色成分的个体较少，基部毛长，蓬松，雄虫毛最长者可达该节直径的 1.5–2 倍。其余部分毛短，平伏，长不及直径之半；雌虫毛蓬松，黑色，密，大部分为半直立，长过该节直径，同时有较多更为细长而色较淡的直立毛，长达该节直径的 2 倍，与触角节垂直或呈大于 45° 的角度，角度明显大于大量更为浓密的深色毛的角度，因而明显易见，成为此种雌虫与邻近种 *S. elegans* 之间最有用的鉴别特征。

前胸背板中部色常较淡，其两侧常呈深色纵带状，常有较清楚的淡色中纵纹，可略呈脊状；刻点深密，毛半平伏；小盾片亦具淡色中纵带，毛较蓬松。革片毛平伏至半平伏。后足胫节直，毛长密蓬松，最大角度为 75° 左右，长者约等于胫节直径。

雄虫生殖囊开口在左阳基侧突着生处的内侧有一相当长的条状突起。左阳基侧突杆部向端均匀渐细尖，端部不呈亚平截状。阳茎端基部左侧有一细长的囊突，充分膨胀呈直长的指状或雪茄形，未膨胀时亦或见单一而较短的指状囊突，为此种的特点；阳茎端膨胀时顶面观不呈较规则的三歧形，分叉较多而不规则。

分布：浙江（庆元）、陕西、甘肃、湖北、江西、福建、广西、四川、贵州、云南。

（143）深色狭盲蝽 *Stenodema (Stenodema) elegans* Reuter, 1904

Stenodema elegans Reuter, 1904: 5, 14.

主要特征：体长 7.75–10.0 mm。本种与山地狭盲蝽 *S. alpestris* 极为相似，但体较为宽壮，外观不若后者之狭细，而且前胸背板以后的身体较明显地向后渐狭，不若山地狭盲蝽两侧平行。身体的深色部分总体较深。

雄虫头部整个相对较大。触角第 2 节红色成分显著；此节的淡色细长毛与该触角节间的角度较小，与深色浓密毛相近，因而不显。

雄虫生殖囊开口左侧突起甚短，明显短于山地狭盲蝽。左阳基侧突杆部的大部分几乎全长粗细一致，至近末端处斜截而末端尖。右阳基侧突内缘中段凹入不若山地狭盲蝽之明显。阳茎顶面观呈三歧形，较为均匀整齐；次生生殖孔左侧为一有数个粗短小突起的小囊，其一侧伸出成一粗短而弯曲的囊突；未膨胀时，此处不呈一独立的短直小囊突；此外，主囊突顶端的齿区骨化似更强。

分布：浙江、陕西、甘肃、湖北、江西、湖南、福建、台湾、广东、广西、四川、云南。

（四）合垫盲蝽亚科 Orthotylinae

跳盲蝽族 Halticini Costa, 1853

86. 跃盲蝽属 *Ectmetopterus* Reuter, 1906

Ectmetopterus Reuter, 1906: 59. Type species: *Ectmetopterus angusticeps* Reuter, 1906.

主要特征：体小，长椭圆形，头部背面观横阔，复眼后缘不紧靠前胸背板前缘。触角细长，第 2 节最长，是第 1 节长的 4 倍以上。喙长，伸达后足基节。前胸背板后缘在小盾片基部处常呈直线。楔片顶端常为淡黄色。

雄虫生殖节不对称，左阳基侧突三叉形，右阳基侧突长叶状，顶端略锐。雌虫未查。

分布：古北区、东洋区。世界已知 6 种，中国记录 6 种，浙江分布 1 种。

（144）甘薯跃盲蝽 *Ectmetopterus micantulus* (Horváth, 1905)（图 11-28）

Halticus micantulus Horváth, 1905: 422 [n. sp.].

Ectmetopterus micantulus: Josifov & Kerzhner, 1972: 169.

主要特征：体长 2.5–2.7 mm。较小，卵圆形，褐色至黑褐色，略具光泽，被白色鳞片状及褐色细毛。

头部横阔，黑褐色，靠近复眼内侧略淡。头后缘呈脊状，直，被稀疏淡色长毛；背面观头前缘呈弧形突出；眼高是头高的 1/2，眼褐色，后缘远离前胸背板前缘。触角细长，第 1 节短粗，褐色，基部光滑，其余部分具较密的钩状短微毛和稀疏长毛；第 2 节细长，淡黄色，基部与端部褐色，其长是第 1 节的 5.6 倍，亦被较密的钩状短微毛和长毛，第 3 节基部淡黄色，其余部分与第 4 节均为褐色，第 4 节基部具钩状短微毛，其余部分被较密半倒伏长毛。喙褐色，伸达后足基节。

前胸背板黑褐色，略具光泽，无刻点；前缘具领片，中部略向后凹；侧缘直；侧角圆钝；后缘呈弓形向后突出。中胸小盾片褐色，部分露出。小盾片三角形，褐色至黑褐色，略具光泽。前翅革质部褐色，被褐色

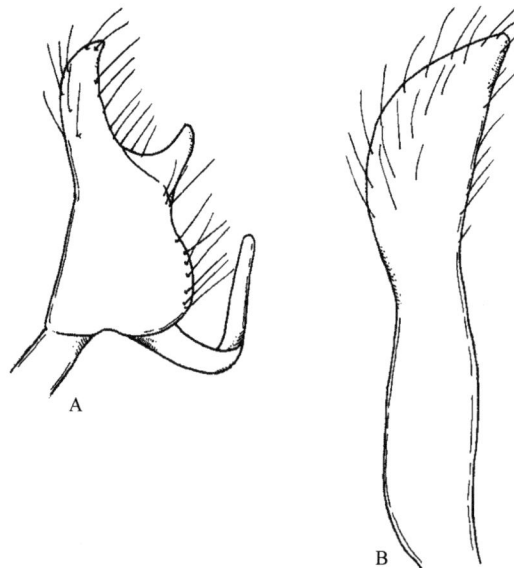

图 11-28　甘薯跃盲蝽 *Ectmetopterus micantulus* (Horváth, 1905)（引自刘国卿和郑乐怡，2014）
A. 左阳基侧突；B. 右阳基侧突

短毛及白色鳞状毛，翅前缘略向前弓出；缘片长是头宽的 1.9 倍，几乎与触角第 2 节相当，是前胸背板宽的 1.2 倍；楔片黑褐色，顶角黄褐色；膜片烟色，半透明。臭腺沟缘呈黄褐色。足各基节黑褐色，腿节黑褐色，被同色半倒伏毛；胫节基半部及端部黑褐色，其余为淡黄色；跗节端部褐色。

体腹面黑褐色，被淡色毛，略具光泽。

雄虫阳基侧突左右不对称，骨化较强；左阳基侧突三叉形；右阳基侧突呈一长狭片状；阳茎较小，无端刺。

分布：浙江（杭州、余姚）、北京、天津、河北、山东、河南、陕西、甘肃、湖北、江西、湖南、福建、广东、海南、广西、四川、贵州、云南；日本。

87. 跳盲蝽属 *Halticus* Hahn, 1832

Halticus Hahn, 1832: 113. Type species: *Acanthia pallicornis* Fabricius, 1794.

主要特征：该属种类体较小，常有长翅型与短翅型之分。复眼后缘紧靠前胸背板前缘。此外，触角一般细长，长于身体，第 2 节为第 1 节的 4 倍以上，颊亦较高，常大于 1 个眼的高度。该属种类后足粗壮，善跳。

雄虫左、右阳基侧突不对称，右阳基侧突顶端不削尖，左阳基侧突端半部常呈细片状弯曲，感觉叶突出，或略突出。

该属昆虫外形比较一致，难以区分，其雄虫阳基侧突的形状却有明显不同，是较好的鉴别特征。该属与跃盲蝽属十分相似，但跃盲蝽属昆虫复眼后缘远离前胸背板前缘，楔片顶端常呈淡黄色，雄虫左阳基侧突三叉形。

分布：古北区、东洋区。世界已知 17 种，中国记录 4 种，浙江分布 1 种。

（145）微小跳盲蝽 *Halticus minutus* Reuter, 1885（图 11-29）

Halticus minutus Reuter, 1885: 197.

主要特征：体长 2.2–2.4 mm。褐色至黑褐色，略具光泽，卵圆形，密被半倒伏褐色短毛。

头部褐色至黑色，背面观横阔，前缘呈弓形突出，光滑；头部正面观，头顶弧形隆起，两触角之间距大于各自离复眼的距离。触角第 1 节淡黄色，短粗；第 2 节长，端半部色渐深，其长度是头宽的 1.57 倍，是第 1 触角节长的 5.5 倍；第 3 节与第 4 节端部色渐深，基部均为淡黄色，且较细于第 2 节。喙较粗，黄色，基部略带红色，伸达后足基节。

前胸背板横宽，无刻点，密被半倒伏短毛；前缘中部略向后凹入，侧缘直，侧角钝圆，后缘呈弓形，向后突出；宽是长的 2.1 倍，是头宽的 1.36 倍，是第 2 触角节长的 0.86 倍。中胸盾片不外露。小盾片较小，三角形，长度远小于其基宽，黑褐色。

前翅革质部褐色至黑褐色，密被褐色半倒伏短毛，略具光泽，无刻点，略具横皱；缘片前缘呈弧形向外突出，其长几乎与第 2 触角节相等，是头宽的 1.46 倍，是前胸背板宽的 1.07 倍；革片黑色；爪片与革片同色；楔片褐色至黑褐色，被褐色短毛，内缘呈黄褐色，其长度与基宽几乎相等；膜片半透明，烟色。体腹面褐色至黑褐色，具光泽，被褐色半倒伏短毛。足基节、腿节褐色至黑褐色，其端部淡黄色或黄褐色；前、中足胫节淡黄色，被半倒伏硬毛；后足腿节粗大，端部淡黄色，胫节基半部褐色至黑褐色，端半及基部黄褐色；各足第 3 跗节褐色，其余黄褐色。

雄虫生殖节黑褐色，左、右阳基侧突不对称，骨化较强；右阳基侧突片状，背面具较长的毛；左阳基侧突钩状突较细，弯曲，感觉叶端部较锐，被较细长毛。

分布：浙江（临安、温州）、北京、河南、陕西、湖北、江西、福建、台湾、广东、广西、四川、云南；东洋区。

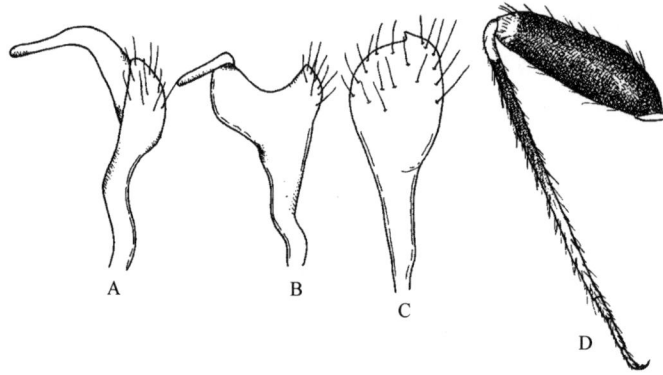

图 11-29　微小跳盲蝽 *Halticus minutus* Reuter, 1885（引自刘国卿和郑乐怡，2014）
A，B. 左阳基侧突不同方位；C. 右阳基侧突；D. 后足

合垫盲蝽族 Orthotylini Van Duzee, 1916

88. 盔盲蝽属 *Cyrtorhinus* Fieber, 1858

Cyrtorhinus Fieber, 1858: 313. Type species: *Capsus elegantulus* Meyer-Dur, 1843.

主要特征：体长 2.5–4.5 mm，体被单一类型半直立毛，色斑常为黑色或淡绿色。背面观头部前缘呈弧形，额面向下倾斜。触角基部靠近眼前缘。喙最长仅能伸达中足基节。前胸背板钟形，其宽长于头宽；胝略隆起，其后具 1 较浅的横沟。臭腺沟缘隆起。雌虫有时有短翅型。

雄虫阳基侧突左右不对称，阳基侧突均具明显的感觉叶；右阳基侧突钩状突短，端部不锐，宽；左阳基侧突钩状突长，细，弯曲，端部不宽；阳茎端刺圆形。雌虫具 K 结构。

分布：古北区、东洋区。世界已知 10 种，中国记录 2 种，浙江分布 1 种。

（146）黑肩绿盔盲蝽 *Cyrtorhinus lividipennis* Reuter, 1885（图 11-30；图版 IV-52）

Cyrtorhinus lividipennis Reuter, 1885: 199.

主要特征：体长 2.85–3.0 mm。长椭圆形，黄绿色，密被较短半倒伏淡色毛。

头部横阔，被半直立淡色长毛。额区黑色，头顶中央具 1 黑色棱形斑，该斑前端与额区黑色部分相接。头后缘呈黑色，有时色稍淡，其余部分呈黄绿色，后缘无明显横脊。背面观，头的前缘呈弓形向前突出，复眼大，眼间距是眼宽的 2 倍。触角 4 节，被半倒伏淡色毛；第 1 节香蕉形，黑色，基部及端部黄色，长几乎是头宽的一半；第 2 节褐色或基部 1/5 及靠近端部 2/5 处呈褐色，中间部分黄色；第 3、4 节褐色，细于第 2 节，第 3 节与第 2 节等长。喙黄褐色，端部黑褐色，伸达中足基节之前。

前胸背板钟形，密被半倒伏淡色短毛。领片扁平，较窄，黑色。胝区隆出，黄绿色，光滑。前缘向内收缩。背板表面，中纵线上具 1 较宽的黄绿色纵带，前半叶纵带两侧黄绿色（胝区部分），后半叶纵带两侧各具 1 近于方形黑斑，斑后缘近外端部各具 1 黄斑。前胸背板宽是长的 2.42 倍，是头宽的 1.3 倍（♂）与 1.21 倍（♀），是触角第 2 节长的 0.94 倍。中胸盾片外露，中部黑褐色。小盾片较小，基宽略大于长，中纵线区域具 1 较宽的黑色纵带，其余部分黄绿色，有时侧缘亦呈褐色。前翅革质部绿色，密被褐色半倒伏淡色短毛，表面光滑，无任何刻点；缘片长是头宽的 2.07 倍，是前胸背板宽的 1.59 倍；楔片基宽短于长，表面毛被，颜色同于革片；膜片色淡，半透明，脉绿色或黄绿色。足黄绿色，被半倒伏淡色毛。后足胫节基部淡褐色。

体腹面黄色或黄绿色，被淡色半倒伏短毛，有时胸部侧板略带黑褐色。

雄虫右阳基侧突钩状突较短，端部呈扁齿状，感觉叶发达；左阳基侧突钩状突较长，细，弯曲，端部略锐，感觉叶发达；阳茎较小，阳茎端针突发达。雌虫 K 结构弯曲。

分布：浙江（杭州、东阳、江山）、河北、山东、河南、陕西、江苏、上海、安徽、湖北、江西、湖南、福建、台湾、广东、海南、广西、四川、贵州、云南；日本，越南。

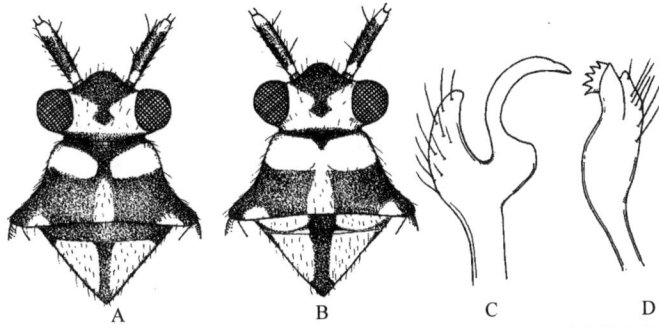

图 11-30　黑肩绿盔盲蝽 *Cyrtorhinus lividipennis* Reuter, 1885（引自刘国卿和郑乐怡，2014）

A，B. 头、前胸背板及小盾片；C. 左阳基侧突；D. 右阳基侧突

89. 合垫盲蝽属 *Orthotylus* Fieber, 1858

Orthotylus Fieber, 1858: 315. Type species: *Orthotylus nassatus* Fieber, 1858 (=*Orthotylus marginalis* Reuter, 1883).

主要特征：合垫盲蝽属在合垫盲蝽亚科中是一较大的属。体型较小，长椭圆形，体常为绿色或略带黄色，体背面常被半直立淡色或黑色毛，在 *Melanotrichus* 亚属等类群中常有银色鳞状毛存在。头部头顶中央无纵沟，较为平坦，头顶后缘常具横脊，眼大，复眼后缘与前胸背板前缘接触或几乎靠近。触角细长。前胸背板梯形，侧缘略直，后缘弯曲，胝模糊。

雌虫常较短，但体比雄虫宽阔。

雄虫生殖节简单或开口背缘具一些突起；阳茎端刺突简单或复杂；阳基侧突多变，形状简单或复杂。雌虫具 K 结构。

该属种类一般为植食性昆虫，主要危害十字花科、豆科、柏科、杨柳科等植物，亦是牧草农作物害虫。

分布：世界广布。世界已知 298 种，中国记录 28 种，浙江分布 1 种。

（147）杂毛合垫盲蝽 *Orthotylus (Melanotrichus) flavosparsus* (Sahlberg, 1841)（图 11-31；图版 IV-53）

Phytocoris flavosparsus Sahlberg, 1841: 411.

Orthotylus flavosparsus: Southwood & Leston, 1957: 166.

Orthotylus (Melanotrichus) flavosparsus: Southwood & Leston, 1959: 264.

主要特征：体长 2.80–4.00 mm。雄虫体两侧近于平行，雌虫略呈长椭圆形。绿色，前翅具隐约黄色不规则斑，密被黑褐色半直立长毛及簇状分布的淡色鳞状毛（极易脱落）。

头顶略平坦，黄绿色，被蓬松的淡色鳞状毛及黑褐色毛。头顶前缘微下倾，通常唇基背面观可见，后缘具横脊。雄虫复眼较大，眼间距是眼宽的 1.75 倍（♂）、2.67 倍（♀）。触角黄褐色，密被淡色半倒伏毛；第 1 节短粗，明显小于眼间距，常呈淡黄绿色；第 2 节细长，黄褐色；第 3、4 节颜色加深为褐色，细于第 2 节。眼褐色，后缘紧靠前胸背板前缘。喙黄褐色，端部褐色，伸达中足基节。

前胸背板绿色，前端 1/3 的区域呈黄绿色，其他部分具一些不规则隐约可见的黄色斑，密被黑褐色半直立长毛及淡色鳞状毛。前缘中部微凹，后缘直，侧缘斜直，肩角和侧角圆钝。中胸盾片外露，呈长条状，黄褐色。小盾片绿色，具隐约小黄斑，基部常为黄色，基宽略大于其长。前翅革质部绿色，具有隐约可见的不规则小黄斑，密被褐色半直立长毛以及簇状分布的淡色鳞状毛；楔片绿色，毛被同前；膜片色略淡，半透明，翅脉及翅室均为绿色。足淡黄褐色，被淡色细毛，有时胫节端部以及跗节色略深。

腹部腹面淡黄色，被淡色细毛。

雄虫生殖节开口处具两个大小不同的突起；左阳基侧突钩状突弯曲，感觉叶端缘锯齿状；右阳基侧突勺状，无任何突起，感觉叶内凹；阳茎端刺光滑，2 分叉；K 结构简单，椭圆形，密被细小齿状突起。

分布：浙江（杭州）、黑龙江、内蒙古、北京、天津、河北、山西、山东、河南、陕西、宁夏、甘肃、新疆、湖北、江西、四川；俄罗斯，韩国，日本，吉尔吉斯斯坦，乌兹别克斯坦，塔吉克斯坦，哈萨克斯坦，伊朗，伊拉克，阿塞拜疆，格鲁吉亚，亚美尼亚，土耳其，以色列，塞浦路斯，意大利，美国，阿根廷，智利。

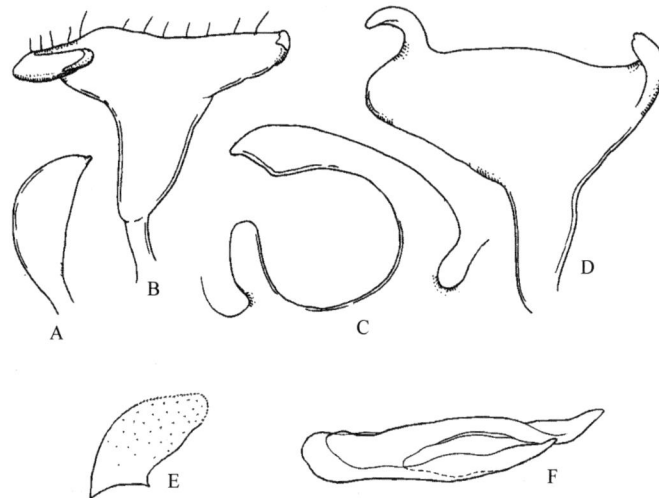

图 11-31　杂毛合垫盲蝽 *Orthotylus* (*Melanotrichus*) *flavosparsus* (Sahlberg, 1841)（引自刘国卿和郑乐怡，2014）
A. 右阳基侧突；B, D. 左阳基侧突不同方位；C. 雄虫生殖节开口后缘；E.K 结构；F. 阳茎端刺

（五）叶盲蝽亚科 Phylinae

分族检索表

1. 副爪间突狭片状，肉质 ·· 2
- 副爪间突刚毛状 ·· 3
2. 半鞘翅半透明或透明状；体椭圆形 ··································叶盲蝽族（部分）Phylini (part)
- 半鞘翅不如上述；多数种类束腰形或狭长形，少数种类椭圆形 ··········束盲蝽族 Pilophorini
3. 前胸背板具领 ···蚁叶盲蝽族 Hallodapini
- 前胸背板无领 ···叶盲蝽族（部分）Phylini (part)

蚁叶盲蝽族 Hallodapini Van Duzee, 1916

90. 角额盲蝽属 *Acrorrhinium* Noualhier, 1895

Acrorrhinium Noualhier, 1895: 175. Type species: *Acrorrhinium conspersus* Noualhier, 1895.

主要特征：体中型，拟蚁形；长翅或短翅，短翅类型体椭圆形。无刻点。黄褐色至棕褐色。身体背面常具斑纹，被排列整齐的棕褐色刚毛状毛或金黄色闪光丝状平伏毛。额呈明显的三角形角状突起。

头平伸或微下倾，头顶圆隆，后缘微凸；中央常具一条完整的中纵沟，向后延伸至头顶后缘。复眼球形，明显侧突，后缘不与前胸背板接触。额具三角形角状突起，形状随种类而异。唇基粗壮，强烈隆拱。触角几乎等于体长。前胸背板梯形，明显下倾；领厚，平伸；侧缘直，后缘内凹或平直，侧角不伸出。小盾片三角形，中央具明显突起。半鞘翅较平坦，缘片外缘直或中央微内凹，爪片沿爪片接合缝处微抬升。楔片微下倾。膜片黄褐色至黑色，一色或具浅色斑。

中胸侧板光滑平坦。后胸侧板略狭长，表面颗粒状。臭腺孔较小，狭长。足黄白色至棕褐色，光滑无明显斑点，腿节与胫节等长，几乎直；胫节刺极稀疏，基部无色斑。跗节粗细均匀，第 1 节最短，第 2 节长于第 3 节。爪狭长，均匀弯曲；爪垫小，附于爪腹面基半；副爪间突刚毛状，平行。腹部狭长，具倾斜的刚毛状毛。

分布：古北区、东洋区、旧热带区。世界已知 29 种，中国记录 4 种，浙江分布 1 种。

（148）长角角额盲蝽 *Acrorrhinium dolichantennatum* Zhang *et* Liu, 2010（图 11-32）

Acrorrhinium dolichantennatum Zhang *et* Liu, 2010: 28.

主要特征：体长 5.85–5.91 mm。狭长形，棕色，具杂乱的污黄色斑，被稀疏的黑褐色短刚毛状毛及较短的金黄色丝状平伏毛。

头圆，平伸，棕黄色。头顶均匀隆拱，几乎无毛；中纵沟完整，前端伸至额角状突起基部，末端伸至头顶后缘；头顶后缘微凸。额角状突起末端平截，两侧各具一根直立的浅色刚毛状毛及少数几根丝状平伏毛，唇基圆柱形，基部微隆拱，与头纵轴垂直。上颚片较小，侧缘具一条红褐色条纹。下颚片棕黄色，平坦，无毛。小颊黑褐色，狭长。喙伸至第 3 腹节，红褐色至棕褐色；第 1 节略粗，圆柱形，具光泽，其余三节等长。触角长约等于其体长，黑褐色，第 1 节中央具 2 个污黄色斑；第 2 节略粗，第 3 节较长，仅略短于第 2 节，第 4 节为第 3 节长的 1/2。复眼发达，后缘远离前胸背板前缘，距离约等长于触角第 2 节基部直径。

前胸背板棕黄色，具不规则污黄色斑，胝区微隆；领污黄色；侧缘略弯曲，侧角明显。中胸盾片外露部分棕黑色，两侧略浅，长度约为小盾片长的 1/2。小盾片棕黑色，密布不规则黄色斑和条纹，顶角处黄白色；中央均匀隆拱。半鞘翅平坦，狭长，缘片直；被稀疏的黑褐色短刚毛状毛及较短的金黄色丝状平伏毛；底色棕黑色，密布不规则黄色斑点，革片中央近端部处具两条倾斜的深棕色宽条纹。楔片微下倾，黑褐色，端缘近中央处污黄色。

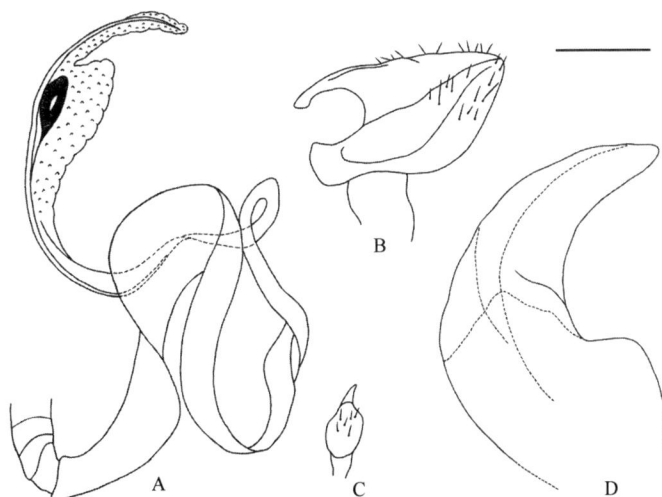

图 11-32　长角角额盲蝽 *Acrorrhinium dolichantennatum* Zhang *et* Liu, 2010（引自 Zhang and Liu，2010）

A. 阳茎端；B. 左阳基侧突；C. 右阳基侧突；D. 阳茎鞘。比例尺=0.1 mm

中胸侧板褐色，光滑、平坦，具光泽，无毛。后胸侧板基半棕褐色，端半黄色。臭腺孔明显隆起，臭腺沟缘较短。前足基节黑褐色，中、后足基节黄色；腿节、胫节及跗节黑褐色，胫节刺金黄色，具光泽；跗节略弯，第1、2节等长，第3节略长于前两节长度之和。腹部棕褐色至黑褐色，中央近基部处污黄色；基部无明显缢缩；被淡色倾斜毛。

雄虫生殖囊膨大，占整个腹长的1/3–1/2。阳茎端极狭长，强烈扭曲；次生生殖孔发达，周围被宽大膜叶包裹。左阳基侧突钩状突相对较短，略弯曲，感觉叶末端圆钝。右阳基侧突明显较小，叶片状。阳茎鞘粗壮，端半一侧被宽大膜叶包裹。

分布：浙江（临安）。

叶盲蝽族 Phylini Douglas *et* Scott, 1865

91. 鳞盲蝽属 *Lasiolabops* Poppius, 1914

Lasiolabops Poppius, 1914: 26. Type species: *Lasiolabops obscurus* Poppius, 1914.

主要特征：体中型，狭长，两侧平行或微凸。棕褐色至棕黑色。被浓密、倒伏的鳞状毛及黑褐色、倾斜的刚毛状毛。

头横宽，较下倾，背面观唇基可见。头顶横宽、平坦，后缘呈脊状，微内凹。喙伸至中足基节。触角第1节短粗，呈棒状，基部强烈缢缩，被几根直立黑褐色硬毛，第2节直，圆柱形，第3、4节较细，几乎等长。

前胸背板梯形，侧缘直；前缘下倾呈隆脊状，无领状结构，前角圆钝，各具一根黑褐色直立长毛。中胸盾片外露部分明显，均匀下倾。小盾片均匀隆拱，侧缘微凸。半鞘翅狭长，前缘微凸。爪片沿爪片接合缝均匀抬升。楔片呈狭长三角形，微下倾。膜片黄白色至淡烟褐色。

中胸侧板、后胸侧板、腹部（生殖囊除外）密被宽扁的鳞状毛。足胫节具少数几根半直立黑褐色短刺。爪狭长，较纤细，副爪间突刚毛状，爪垫极小。腹部圆柱形，无明显膨大；生殖囊较小。

雄虫阳茎端骨化强烈，较粗，弯曲呈"L"形或"S"形，次生生殖孔小，几乎不可见；左阳基侧突舟形，钩状突明显狭长，中央或末端微膨大，感觉叶呈钩状或指状突起；右阳基侧突椭圆形，叶片状；阳茎鞘简单，基半宽大，端半狭长，末端尖锐。

分布：东洋区、旧热带区。世界已知4种，中国记录1种，浙江分布1种。

（149）广谱鳞盲蝽 *Lasiolabops cosmopolites* Schuh, 1984（图11-33）

Lasiolabops cosmopolites Schuh, 1984: 138.

主要特征：体长3.08–3.38 mm。狭长，两侧直，仅半鞘翅基部两侧略弯曲呈弧形。棕褐色。背腹两侧密被黄色、宽扁的鳞状毛。

头横宽，微下倾，背面观可见唇基基部。头顶被杂乱的黄色鳞状毛及少量的倾斜、具光泽的纤细毛，两侧近复眼处黄色，头顶后缘脊状，弯曲呈弧形，黑褐色。唇基较短，深褐色，均匀弯曲。小颊黄色。喙狭长，伸至中足基节中央，第1节较粗。复眼大，背面观球形，向两侧明显伸出。触角棕褐色，第1节短粗，基部强烈缢缩，中央膨大，具几根直立硬刺；第2节直，圆柱形，粗细均匀；第3、4节较细。

前胸背板基半棕褐色，端半棕黑色，梯形，微下倾，表面平坦，略具光泽，被杂乱的黄色鳞状毛及黑褐色倾斜毛，中央稀疏，两端浓密；前缘下倾呈脊状，前角圆钝，各具一根直立长硬毛，侧缘直，侧角圆钝，后缘几乎为直。中胸背板外露部分明显，棕黑色，两端略浅，微下倾。小盾片三角形，侧缘微凸，表面颗粒状，均匀微隆。半鞘翅狭长，缘片外缘几乎为直，密被浓密的黄色倒伏、宽扁的鳞状毛及黑褐色倾斜毛；爪片沿接合缝处微抬升；爪片、革片内侧棕色，革片大部分棕黄色，缘片末端及楔片红色，楔片内角棕黄色；楔片狭长，微下倾，被毛同革片，鳞状毛呈簇状排列。膜片烟褐色，中央具黄白色斑，翅脉黄白色。

臭腺沟缘狭长，挥发域黄白色。足基节黄色；转节红褐色；腿节基部棕褐色，其余部分黄色；胫节黄色，具少数黑褐色倾斜短刺。腹部棕褐色，具明显光泽，基部黄色，圆柱形。

雄性生殖囊棕褐色，具明显光泽，被整齐、倾斜的纤细毛，无鳞状毛。阳茎端骨化强烈，较粗，弯曲成"S"形，次生生殖孔小；左阳基侧突舟形，钩状突极狭长，略弯曲，基部细，感觉叶钩状；右阳基侧突狭片状；阳茎鞘基半宽大，端半狭长，末端尖锐。

分布：浙江（临安）、江西、湖南、福建、海南、重庆、贵州、云南；印度，斯里兰卡，菲律宾，印度尼西亚，新几内亚岛。

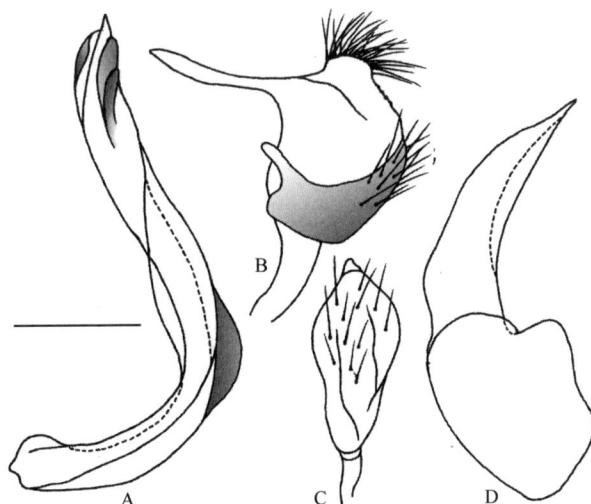

图 11-33　广谱鳞盲蝽 *Lasiolabops cosmopolites* Schuh, 1984
A. 阳茎端；B. 左阳基侧突；C. 右阳基侧突；D. 阳茎鞘。比例尺=0.1 mm

92. 红楔盲蝽属 *Rubrocuneocoris* Schuh, 1984

Rubrocuneocoris Schuh, 1984: 424. Type species: *Rubrocuneocoris acuminatus* Schuh, 1984.

主要特征：体中小型，长翅型，椭圆形。体色以黄褐色为主，体表光滑无刻点，光泽较弱。背面仅被一种刚毛。

头部横宽，垂直或近垂直，背面观，唇基不可见。额区和复眼圆凸，头顶后缘通常较低凹。触角窝位于复眼内下侧，紧贴复眼，眼近触角窝处明显凹入。触角第 1 节短，基部缢缩，呈柄状；第 2 节长，为粗细均匀的圆柱形，长明显大于头宽，但通常不超过前胸背板后缘宽；喙长伸至后足基节或伸达腹部。

前胸背板表面圆凸，胝区不发达，较平坦，前角具较长的肩毛，侧缘微凸或直，后缘通常直。小盾片平坦，基缘直，侧缘通常均匀轻微外凸。半鞘翅宽大，楔片缝明显，革片顶角和楔片顶角通常为红色。

腿节背缘近端部具直立硬刺，后足腿节粗大。胫节刺一般较长，通常远远大于胫节直径，刺基有或无暗斑，后足胫节具径向排列的黑色微刺。爪弯曲，基部较宽，爪垫小，最多伸达爪腹面中部，副爪间突刚毛状。

生殖囊下倾，圆锥形，约占整个腹部的 1/2 或略小。阳茎端通常细长，盘绕成完整或近完整的"环"，次生生殖孔发达，相对近端部。左阳基侧突舟形；右阳基侧突小，叶形。阳茎鞘多少弯曲。

分布：东洋区。世界已知 7 种，中国记录 2 种，浙江分布 1 种。

（150）矛红楔盲蝽 *Rubrocuneocoris lanceus* Li *et* Liu, 2008（图 11-34）

Rubrocuneocoris lanceus Li *et* Liu, 2008: 69.

主要特征：体长 2.94–3.14 mm。较厚实，椭圆形。黄褐色，有时显红色，半鞘翅具密集的暗褐斑。背面被较长的浅褐色半直立刚毛。

　　头部较小，近垂直，背面观为三角形，较圆扁，完全黄褐色，无斑点，被毛蓬乱。额区微隆，与唇基相连处微凹。头顶微凸，后缘脊明显，后缘直。唇基较长，表面较扁平，不强烈隆拱。上、下颚片及小颊有时略显红色，小颊被浅褐色长毛。眼红褐色，低于头顶，后侧缘贴近前胸背板。触角窝微红，紧贴复眼，位于眼下缘 1/4 处，眼近触角窝处明显凹入。触角颜色不均一，第 1 节较短，暗褐色或暗红褐色，中部具 1–2 根褐色硬毛，毛基无黑斑；第 2 节基部 4/5 黄褐色，端部 1/5 黑褐色，或基部 1/5 黄褐色，其余黑褐色，或完全黑褐色，粗细均一，长大于头宽，小于前胸背板后缘宽，被浅褐色细毛；第 3、4 节短细，黑褐色，两节几乎等长，总长小于第 2 节长，毛同第 2 节。喙黄褐色，端部黑褐色，有时第 1 节显红色，伸达后足基节。

　　前胸背板前倾，横宽，完全黄褐色，盘域圆隆，无斑点，被浅褐色刚毛，分布均匀。前角具较长的浅褐色肩毛。胝区平坦，不明显。前胸背板侧缘直，后缘直或中段微前凹。中胸盾片外露部分黄褐色，条形，后缘直。小盾片平坦，黄褐色，顶角稍浅，长略大于基宽。半鞘翅宽大，黄褐色，密布大小一致的暗褐圆斑，有时暗斑不明显，楔片顶角微红，革片顶角亦微红色。爪片微隆起，翅面在楔片缝处微下折。膜片棕褐色，无斑，翅脉颜色稍深，小翅室后缘翅脉显红色。

　　足基节基部暗褐色，端部黄色。腿节被金黄色短毛，背缘近端部具直立长刺，前足腿节黄褐色，端部微红；中足腿节黄褐色，端部微红，或基半部黄褐色，端半部暗红褐色，端部微红，或完全暗红色，端部微红；后足腿节粗大，基半部黄褐色，端半部暗红褐色，端部微红，或完全暗红色，端部微红。前、中足胫节黄褐色，后足胫节暗褐色，有时显红色，基部无暗斑，胫节刺褐色，刺长大于胫节直径，刺基无黑斑，后足胫节上具黑色微刺。跗节黄褐色，第 1 节最短，第 2 节长大于第 3 节。爪黄褐色，均匀弯曲，爪垫片状，几乎达爪腹面中部。体腹面红褐色，深浅不均一，常具粉被，被金褐色毛。

　　雄虫生殖囊下倾，圆锥形，较大，约占整个腹部的 1/2。阳茎端极长，中部盘绕为环状，端部具三枚端突，一枚相对直，上缘具微齿，一枚端部膨大呈矛状，一枚细长，端部尖，次生生殖孔位于端突的基部。左阳基侧突钩状突与感觉叶端部几乎等长；右阳基侧突钩状突明显。阳茎鞘细长，稍弯曲。

　　分布：浙江（泰顺）、陕西、甘肃、湖南、四川、贵州、云南。

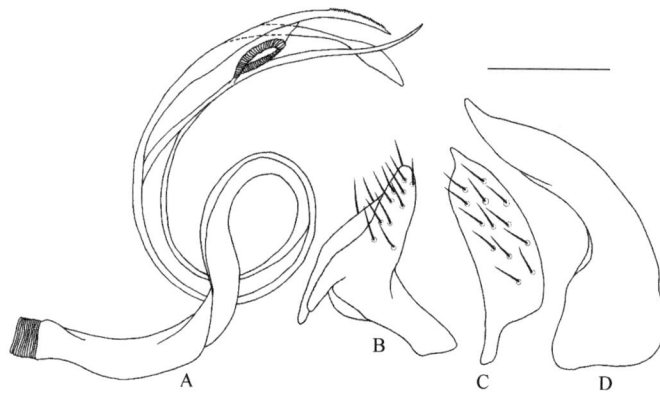

图 11-34　矛红楔盲蝽 *Rubrocuneocoris lanceus* Li *et* Liu, 2008（引自 Li and Liu, 2008）
A. 阳茎端；B. 左阳基侧突；C. 右阳基侧突；D. 阳茎鞘。比例尺=0.2 mm

束盲蝽族 Pilophorini Douglas *et* Scott, 1876

93. 粗角盲蝽属 *Druthmarus* Distant, 1909

Druthmarus Distant, 1909c: 452. Type species: *Druthmarus magnicornis* Distant, 1909.

　　主要特征：体全黑色或栗色，体型较小，两侧几乎平行，白色鳞状毛呈簇状排列成毛斑，广泛分布于体表。
头中等程度下倾或平伸，略横宽，背面观呈宽三角形。头顶后缘内凹，与前胸背板前缘相接。喙黑色或栗色，至少伸至中足基节中央。触角黑色，第 1 节短，第 2 节明显膨大呈柱状，第 3、4 节短。

前胸背板梯形，表面微隆拱，侧缘较直，前角各具一根直立长毛。小盾片较平坦。半鞘翅略短，较宽阔，侧缘直或端半微凸。楔片强烈下倾，横宽，呈宽三角形。膜片烟褐色。

中、后胸侧板黑色或栗色，表面平坦，具光泽，后胸侧板后缘具鳞状毛组成的纵带。足色深，无斑点，胫节刺基无深色斑。副爪间突狭片状，中央略弯曲，端部相互靠近。腹部较宽阔，基部无缢缩，被整齐、纤细的倾斜毛。

分布：东洋区。世界已知 4 种，中国记录 2 种，浙江分布 1 种。

（151）宫本粗角盲蝽 *Druthmarus miyamotoi* Yasunaga, 2001（图 11-35）

Druthmarus miyamotoi Yasunaga, 2001a: 308.

主要特征：体较小，黑色，虫体密布呈簇状排列的白色鳞状毛。

头黑色，略前伸，背面观可见唇基基部；正面观复眼明显侧凸，眼前部分较狭长；侧面观眼前部分略宽于复眼。头顶及额平坦、无隆起，后缘隆脊直；唇基隆起呈拱形，末端平截，基部被鳞状毛，其余部分被明显的淡色倾斜毛；上颚片平坦，下颚片狭长，黑褐色，后缘至复眼前缘呈圆钝、具光泽的隆脊；小颊狭长，前端棕黄色，向后端渐深至栗色。喙黑色，具明显光泽，较纤细，伸至中足基节中央。触角第 1 节黑色，较短粗，第 2 节明显粗大，除基部略细外粗细均匀，黑色，第 3、4 节基部顶点处棕黄色，二节其余部分黑色，第 4 节略短于第 3 节。

前胸背板梯形，具不规则浅横皱，密被不规则分布的白色鳞状毛簇，平坦，端半微抬升；前缘微凸，侧缘直，前角各具一根直立黑色长毛，后缘直。中胸盾片外露部分较宽阔，长度约为小盾片长的 1/3，微下倾。小盾片平坦、微隆，具横皱，基半被稀疏鳞状毛。半鞘翅横宽，缘片外缘几乎直，密被呈簇状排列的白色鳞状毛，革片端部稀疏。楔片强烈下倾，背面观几乎不可见，狭长形，具光泽。膜片深烟褐色。

腹侧面密被簇状排列的白色鳞状毛。中、后胸侧板黑色，表面光滑、平坦，具明显光泽。前足基节污黄色，中、后足基节栗色；腿节栗色，较粗壮，末端背部被 2 根栗色短毛；前、中足胫节及后足胫节基半栗色，端半黄色；跗节基部黄色，向端部渐深至黑褐色。腹部栗色至黑色，密被白色鳞状毛簇及排列整齐的倾斜毛。

雄虫生殖囊黑色，表面光滑，具光泽，约占整个腹长的 1/4。阳茎端骨化强烈，弯曲呈"L"形，中央具一根基部弯曲的狭长突起，末端膜叶较窄。左阳基侧突舟形，钩状突较短，末端微膨大，感觉叶末端圆钝。右阳基侧突叶片状，较狭长。阳茎鞘圆柱形，末端呈喙状。

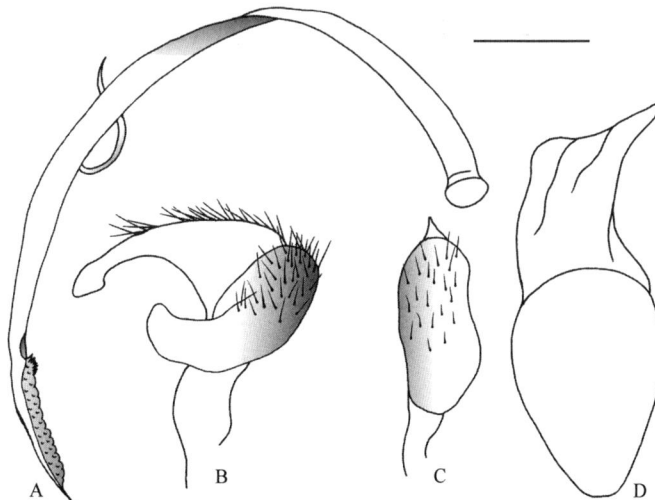

图 11-35　宫本粗角盲蝽 *Druthmarus miyamotoi* Yasunaga, 2001（引自 Yasunaga，2001）
A. 阳茎端；B. 左阳基侧突；C. 右阳基侧突；D. 阳茎鞘。比例尺=0.1 mm

分布：浙江（临安）、台湾；日本。

94. 束盲蝽属 *Pilophorus* Hahn, 1826

Pilophorus Hahn, 1826: pl. 23. Type species: *Cimex clavatus* Linnaeus, 1767.

主要特征：体中型或小型，束腰状，呈拟蚁形，体狭长，体色多以黄色、黄褐色、栗色和黑色为主，半鞘翅被排列呈带状或点斑状的鳞状毛。

头中等程度下倾，微前伸。头顶均匀隆拱，有时具粉被，头顶后缘隆脊内凹。唇基狭长，均匀隆拱，少数种类强烈隆拱。触角细长，第 1 节通常具几枚黑色硬毛，第 2 节长，少数种类向端部明显加粗呈棒状。喙较长，通常至后足基节，有时伸达腹节。

前胸背板微下倾，梯形或钟形，表面平坦或端半隆拱，少数种类前胸背板中央强烈缢缩；前缘均匀前凸。小盾片中央微隆，两侧被带状排列的鳞状毛。半鞘翅狭长，缘片外缘中央内凹，程度随种类而异；被带状或点斑状排列的鳞状毛。楔片下倾明显。足细长，胫节刺基无深色斑。副爪间突狭片状，端部相互靠近。无爪垫。

阳茎端骨化强烈，弯曲呈"L"形或"C"形，中央常具一细长的突起，突起的形状是种类鉴定的重要依据；末端常被膜叶包裹，膜叶基部具一排梳状结构，次生生殖孔简单。左阳基侧突舟形，钩状突较狭长，感觉叶末端圆钝。右阳基侧突狭片状。阳茎鞘圆柱形，末端呈喙状。

分布：世界广布。世界已知 111 种，中国记录 38 种，浙江分布 5 种。

分种检索表

1. 体粗壮，微束腰，缘片仅微内凹 ·· 壮黑束盲蝽 *P. fortinigritus*
- 体狭长，束腰状，缘片明显内凹 ·· 2
2. 体黑色 ·· 3
- 体黄色、黄褐色、褐色或栗色 ·· 4
3. 半鞘翅基部 2/3 被明显的金黄色丝状纤细毛 ······································· 泛束盲蝽 *P. typicus*
- 不如上述 ·· 尾宽束盲蝽 *P. fyan*
4. 半鞘翅被黑褐色短刚毛状毛 ··· 棒角束盲蝽 *P. clavatus*
- 不如上述 ··· 拟全北束盲蝽 *P. pseudoperplexus*

（152）棒角束盲蝽 *Pilophorus clavatus* (Linnaeus, 1767)（图 11-36；图版 IV-54）

Cimex clavatus Linnaeus, 1767: 729.

Pilophorus clavatus: Carvalho, 1958: 144.

主要特征：体长 4.32–4.54 mm。束腰形，棕褐色至栗色，被稀疏半直立的黑褐色短毛及浓密、闪光的金黄色平伏毛。

头栗色，略前伸，背面观可见唇基基部，头侧面观较粗壮，眼前区域宽度略大于复眼宽。头顶及额平坦，微隆起，被金黄色直立刚毛状毛及浓密的纤细毛；头顶后缘隆脊黑褐色，几乎为直。唇基污黄色，均匀隆拱。上颚片及下颚片黄色，二者后缘红褐色，表面平坦。小颊较厚实，被直立或半直立硬毛。喙棕褐色，伸至后足基节后缘，第 1 节较粗壮，略带红色，第 2、3 节褐色，第 4 节加深至黑褐色；触角第 1 节污黄色，被少数直立硬毛；第 2 节微弯曲，端部加粗，红褐色，端部加深至黑褐色；第 3 节基半黄白色，端半逐渐加深至褐色；第 4 节除基部顶点黄白色外黑褐色。

前胸背板钟形，栗色，具不规则横皱，被半直立短毛及纤细毛；前缘几乎为直，前侧缘各具一根短的直立硬毛，侧缘、后缘中央内凹。中胸盾片外露部分长度约为小盾片长的1/3，被杂乱的金黄色平伏毛。小盾片栗色，较宽阔，中央近基部微隆，被3种毛：遍布小盾片的金黄色平伏毛、基部两侧略显杂乱的白色鳞状毛簇及若干直立长毛。半鞘翅较平坦，黄褐色，缘片端部1/3黑褐色，具明显光泽；密被金黄色平伏毛及黑褐色直立短毛；白色鳞状毛组成两条横带，前横带位于革片基部1/3处，整齐排列，不达爪片，后横带位于革片端部1/3处，横跨体宽，但在爪片接合缝处明显分支，位于爪片上的毛带明显向基部平移；革片端缘近中央处及楔片基部各具鳞状毛簇，二者常相连，略显杂乱。楔片狭长，中等程度下倾，被若干倾斜硬毛及稀疏的金黄色平伏毛。膜片色淡，除翅脉周围烟褐色外，其余大部分黄白色。

足黄白色，端部褐色；腿节褐色，端部略浅，较粗壮；前足胫节褐色，中、后足胫节黑褐色，胫节刺黑褐色，具光泽，后足胫节具纵向排列的微刺；跗节较长，第1、2节黄色，第3节黑褐色。腹部黄褐色，中央加深至黑色；基部无明显缢缩；第2–5节腹侧具面积较大的不规则白色鳞状毛簇。

雄虫阳茎端明显狭长，在本族内扭曲较强烈，骨化杆中部具一较长的矛尖状突起，其基部又着生一略弯曲的侧凸，端突弯曲，末端膜叶狭长，排刺明显；左阳基侧突较宽阔，钩状突狭长、下折；右阳基侧突宽叶形；阳茎鞘端部略膨大，端部指状突起圆钝。

分布：浙江（泰顺）、内蒙古、河北、山东、陕西、宁夏、甘肃、新疆；俄罗斯，丹麦，瑞典，意大利，德国，法国，加拿大，美国。

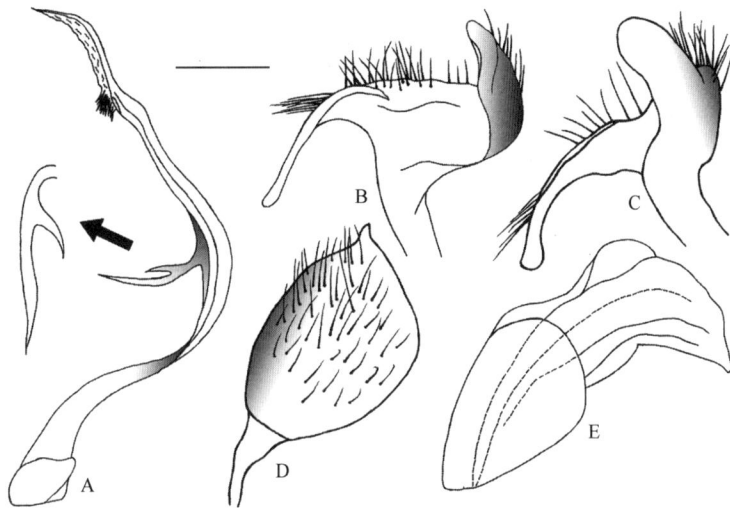

图 11-36　棒角束盲蝽 *Pilophorus clavatus* (Linnaeus, 1767)（引自卜文俊和刘国卿，2018）
A. 阳茎端；B. 左阳基侧突正面观；C. 左阳基侧突侧面观；D. 右阳基侧突；E. 阳茎鞘。比例尺=0.1 mm

（153）壮黑束盲蝽 *Pilophorus fortinigritus* Zhang et Liu, 2009（图 11-37）

Pilophorus fortinigritus Zhang et Liu, 2009: 578.

主要特征：体长 3.45–3.85 mm。黑色，被具光泽、较短的黑褐色平伏毛及两条白色鳞状毛组成的纤细、排列整齐的横带。雌虫外形和颜色与雄虫相似。

头横宽，略前伸，背面观可见唇基基部，正面观略呈钝角等边三角形，侧面观眼前部分宽度小于复眼宽，眼下部分约为复眼高的1/2。头顶及额黑色，较宽阔，具不规则横皱，被稀疏、具光泽的平伏毛，头顶两侧微内陷呈浅坑状，后缘隆脊几乎为直；唇基黑色，极短，微隆，末端平截；喙黑褐色，端部黄褐色，伸至第3腹节末端，第1节粗壮；触角第1节背面黑褐色，腹面黄褐色，第2节几乎为直，端部黑色，略膨大，第3、4节较短，黄白色。

前胸背板、中胸盾片外露部分及小盾片黑色。前胸背板梯形，明显横宽，具杂乱浅横皱，被倾斜的黑色刚毛状毛；前缘微凸，前角钝圆，近侧缘亚前端各具1根直立长硬毛，侧缘直，后缘中央微内凹。中胸盾片外露部分平坦，微下倾，被纤细平伏毛。小盾片宽阔、无隆起，具不规则横皱；白色鳞状毛排列于侧缘，从基部至顶角处呈两条完整、整齐的纵带。半鞘翅较宽阔，被纤细、略具光泽的平伏短毛，革片端半具显著光泽；白色鳞状毛排列成两条整齐、浓密、具明显光泽的横带，前横带位于革片基部1/3处，不达爪片，后横带位于革片基部2/3处，横跨体宽，略弯曲；革片端缘与楔片基部具若干较小且分散排列的白色鳞状毛簇。楔片黑褐色，微下倾，呈宽阔的钝角三角形。膜片中央近基部具较小的黑褐色圆斑，其余部分色浅，呈淡黄色，具纵向、闪光的波浪形皱纹。

　　胸部腹侧面黑色且具明显光泽；中胸侧板宽阔、平坦，后缘被排列整齐的白色鳞状毛带；后胸侧板较小，具浅横皱，后缘被1小簇白色鳞状毛。足基节黑褐色，具均匀粉被；腿节黑褐色，端部略浅；前、中足胫节黄褐色，后足胫节黑色，几乎为直。腹部黑色，宽阔、光亮，被稀疏、倾斜的短毛，无白色鳞状毛。

　　雄虫阳茎端弯曲略呈"L"形，中部具较长的矛尖状突起，其与阳茎端几乎为垂直；左阳基侧突较粗壮，钩状突细长，感觉叶圆钝、略弯曲；右阳基侧突较小，狭片状，长椭圆形；阳茎鞘较狭，端部指状突起微侧伸，较圆钝。

　　分布： 浙江（泰顺）。

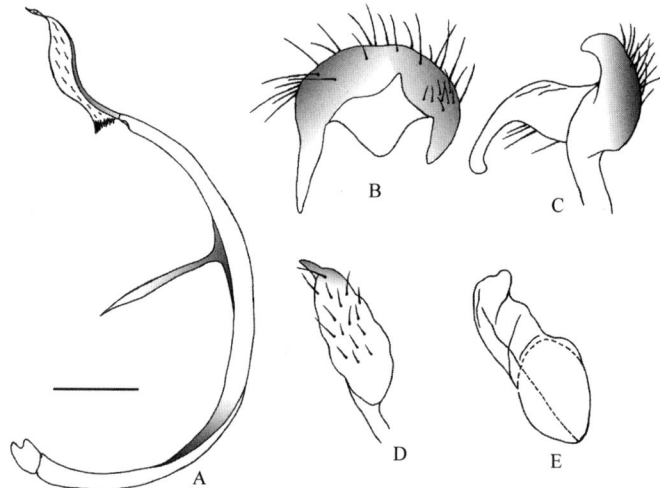

图 11-37　壮黑束盲蝽 *Pilophorus fortinigritus* Zhang et Liu, 2009（引自张旭和刘国卿，2009）
A. 阳茎端；B. 左阳基侧突顶视图；C. 左阳基侧突侧面观；D. 右阳基侧突；E. 阳茎鞘。比例尺=0.1 mm

（154）尾宽束盲蝽 *Pilophorus fyan* Schuh, 1984

Pilophorus fyan Schuh, 1984: 60.

　　主要特征： 体长 3.0 mm。体狭长，黑色，束腰形，半鞘翅缘片外缘中央微内凹，末端强烈加宽；白色鳞状毛组成两条横带，前横带整齐、浓密，位于革片基部1/3处，不达爪片，后横带较纤细，位于革片基部2/3处，横跨体宽，微弯曲。

　　头强烈下倾，背面观横宽，只可见圆弧形头顶，正面观呈等边三角形；侧面观眼前区域宽度约等于复眼宽。头顶及额黑褐色，平坦、微隆，略具光泽，几乎无毛，头顶后缘直。唇基黑褐色，被具光泽的平伏毛。上颚片、下颚片褐色，平坦，无毛，下颚片后缘至复眼前缘隆起成红褐色隆脊。小颊黑褐色，具光泽，被直立淡色长毛；喙伸至中足基节末端，第3、4节污黄色，其余二节黄褐色。触角第1节黄色；第2节黑褐色，由基部向端部渐加粗；第3节较长，约为第2节的1/2，基半黄白色，端半黑褐色；第4节除基部黄白色外黑褐色。

前胸背板、中胸盾片外露部分、小盾片及半鞘翅黑色。前胸背板钟形，较长，均匀隆拱，表面密布黑色刻点，略具光泽，几乎无毛；前缘微凸，前角无直立硬毛，侧缘微内凹，侧角微向外突出，后缘中央微内凹。中胸盾片外露部分较宽阔，长度几乎与小盾片等长，均匀下倾，无毛。小盾片较小，宽度仅为前胸背板后缘宽的1/4，中央微隆，被少数金黄色平伏毛；两侧基角及顶角处具浓密的白色鳞状毛簇。半鞘翅平坦，具不均匀粉被，被零星金黄色平伏毛；缘片外缘中央略内凹，末端强烈加宽；白色鳞状毛组成两条横带，前横带整齐、浓密，位于革片基部1/3处，不达爪片，后横带较纤细，位于革片基部2/3处，横跨体宽，微弯曲；革片端部具明显光泽。楔片较狭长，微下倾，几乎无毛，基部无白色鳞状毛。膜片黑褐色，翅脉不甚明显。

中胸侧板平坦、略具光泽，后缘具白色鳞状毛组成的短横带。后胸侧板具横皱，后缘无鳞状毛。前、后足基节黄白色，中足基节褐色；腿节黑褐色，端部黄褐色；前、中足胫节褐色，后足胫节基半黄褐色，端半黑褐色；跗节基半污黄色，端半黄褐色。腹部黑色，基部明显缢缩，无白色鳞状毛。

作者未见雄性标本。根据 Schuh（1984）描述，雄虫体更狭长，缘片外缘端半强烈横宽。阳茎端"L"形，中央具2个明显的突起，一个较小，指状，另一个较长，狭长形，次生生殖孔简单，末端端突狭长，微弯曲，膜叶较窄；左阳基侧突舟形，较厚实，钩状突直，感觉叶末端圆钝；阳茎鞘直，末端侧突尖锐，微弯曲。

分布：浙江（泰顺）；越南。

（155）拟全北束盲蝽 *Pilophorus pseudoperplexus* Josifov, 1987

Pilophorus pseudoperplexus Josifov, 1987: 118.

Pilophorus oculatus Kerzhner, 1988b: 53. Synonymized by Kerzhner, 1988a: 838.

主要特征：体长3.78–4.29 mm。束腰形，较狭长，雌性略宽于雄性；栗色至黑色；略具光泽；白色鳞状毛组成两条横带，前横带位于革片基部1/3处，不达爪片，后横带位于革片基部2/3处，横跨体宽，微弯曲。

头褐色或棕褐色，略前倾，背面观唇基不可见；正面观呈等边三角形；头顶及额平坦，被均匀粉被及具光泽的倾斜毛，头顶后缘隆脊微凹。唇基褐色，较狭长，微隆拱，被半直立纤细毛。小颊较狭长，深褐色，后端渐细，被少数深褐色半直立长毛。喙细长，伸至后足基节末端。触角第1节污黄褐色，背面被2根直立黑褐色短毛；第2节基部约1/5处黄褐色，向端部渐深至黑色，中部略带红色，末端微粗，但不呈明显膨大状；第3节黄白色，端部1/4棕褐色；第4节基部色淡，其余部分深褐色。

前胸背板梯形，棕褐色或黑褐色，微前倾，表面平坦，覆盖一层紧贴表面的绒毛，细小不显著；前缘微凸，侧缘中央微内凹，后缘几乎为直。中胸盾片外露部分较宽阔，长度约为小盾片长的1/4，色同前胸背板。小盾片棕褐色，具明显横皱，中央隆拱；被金黄色平伏毛，两侧基角各具一簇银白色鳞状毛。半鞘翅棕黄褐色至深栗色，缘片外缘中央内凹；革片被金黄色平伏毛和棕褐色倾斜毛；白色鳞状毛组成两条横带，前横带位于革片基部1/3处，不达爪片，后横带位于革片基部2/3处，横跨体宽，微弯曲。楔片黄褐色，被若干倾斜的刚毛状毛，具2簇白色鳞状毛，二者常相连，较杂乱。膜片烟褐色，翅脉色深。

中胸侧板棕黄色，后缘具一条排列规则的白色鳞状带；后胸侧板黄褐色，后缘具一小簇鳞状毛。前足、中足基节黑褐色，后足基节黄白色；腿节棕褐色，腹侧色略淡；前足、中足胫节黄褐色至红褐色，后足胫节黑褐色。

雄虫生殖囊较小，长度约为整个腹长的1/5。阳茎端细长，弯曲呈"L"形，中央近端处具较长的矛尖状突起，其亚基部一侧具较小的刺状侧突；次生生殖孔简单，末端膜叶较宽阔，排刺明显。左阳基侧突舟形，被毛极浓密，钩状突细长，感觉叶亦长，末端圆钝。右阳基侧突狭片状，椭圆形，被毛浓密。阳茎鞘直，末端侧突较圆钝。

分布：浙江、黑龙江、山东、陕西；俄罗斯，朝鲜，日本。

（156）泛束盲蝽 *Pilophorus typicus* (Distant, 1909)（图 11-38；图版 IV-55）

Thaumaturgus typicus Distant, 1909c: 519.

Pilophorus typicus: Carvalho, 1958: 149.

主要特征：体长 2.54–3.18 mm。束腰形，较狭长，通常黑色，少数个体深褐色；革片基部 2/3 被金黄色丝状纤细毛，端部被黑色倾斜毛；半鞘翅白色鳞状毛排列成两条横带，一条位于革片基部 1/3 处，较浓密，不达爪片，另一条位于革片基部 2/3 处，横跨体宽，略弯曲。

头下倾，微前伸，侧面观眼前区域宽度略大于复眼宽。头顶及额平坦，表面被中等密度的直立或倾斜的刚毛状毛；头顶后缘隆脊均匀微凹。上颚片、下颚片平坦，下颚片中央微隆。喙较纤细，伸至中足基节末端，第 1 节略粗，棕黄色，具明显光泽；第 2 节褐色，略长于第 3 节；第 3 节污黄色；第 4 节基半褐色，末端渐深至黑色，略短于第 3 节。触角第 1 节腹面、第 3 节基半及第 4 节基端污黄色，第 1 节背面、第 2 节、第 3 节端半及第 4 节大部分黑褐色，第 2 节略弯，向端部微加粗。

前胸背板钟形，黑色，表面均匀隆拱，密被黑色倾斜毛；前缘微凸，侧缘倾斜，基半内凹，前角处具一根黑褐色直立刚毛，后缘内凹；整个前胸背板基半覆盖一层不明显的粉被，极容易擦落，端半具不规则横皱，具光泽。中胸盾片外露部分较小，长度仅为小盾片长的 1/4，均匀下倾。小盾片黑色，中部微隆拱，两侧基角及顶角各具一簇白色鳞状毛。半鞘翅黑色或棕褐色，明显存在地区差异；缘片外缘基半内凹；革片基部 2/3 被金黄色丝状纤细毛，端部被黑色倾斜毛；半鞘翅白色鳞状毛排列成两条横带，一条位于革片基部 1/3 处，较浓密，不达爪片，另一条位于革片基部 2/3 处，横跨体宽，略弯曲。楔片黑色或深褐色，较狭长，平直或微下倾，无鳞状毛。膜片烟褐色，翅脉明显。

前足基节黄色，中、后足基节褐色；腿节棕褐色；胫节基半棕褐色，末端渐淡，胫节刺黑色，具光泽；跗节第 1、2 节褐色，几乎等长，第 3 节深褐色，略短于前两节之和。腹部深褐色至黑色，基部明显缢缩，被倾斜的毛，第 3 腹节两侧具较小的白色鳞状毛簇。

雄虫生殖囊黑色，表面光滑，被毛略浓密，约占整个腹长的 1/3。阳茎端细长，呈"L"形，中部着生纤细的突起，次生生殖孔简单，几乎不可见，末端膜叶较小。左阳基侧突舟形，钩状突细长，微弯曲，末端微膨大，感觉叶末端圆钝。右阳基侧突椭圆形。阳茎鞘直，末端侧突呈喙形。

分布：浙江（临安、开化、龙泉）、北京、陕西、甘肃、湖北、湖南、福建、台湾、广东、海南、香港、澳门、广西、四川、贵州、云南；日本，印度，缅甸，越南，韩国，泰国，斯里兰卡，菲律宾，马来西亚，印度尼西亚。

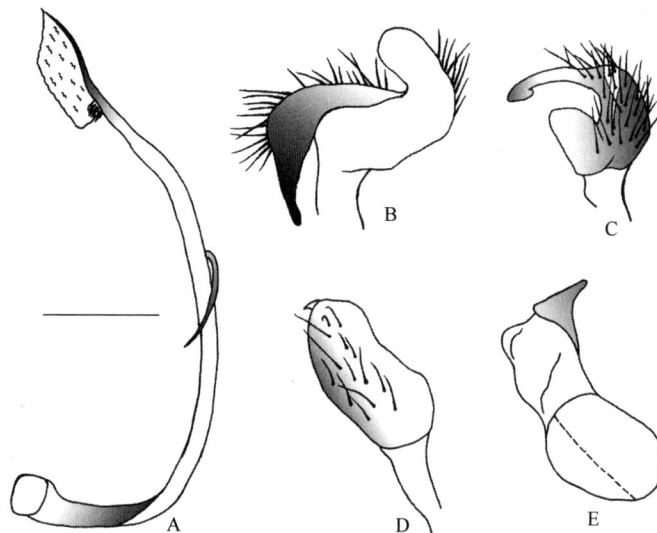

图 11-38　泛束盲蝽 *Pilophorus typicus* (Distant, 1909)

A. 阳茎端；B. 左阳基侧突正面观；C. 左阳基侧突侧面观；D. 右阳基侧突；E. 阳茎鞘。比例尺=0.1 mm

十七、网蝽科 Tingidae

主要特征：体微小至小型，背腹扁平，体色暗淡。头背面常具刺突，0–9 根，刺突数随属、种而异；唇基发达而上颚片退化；无单眼，触角 4 节，第 3 节最长，第 2 节最短，第 4 节长于第 1 节，触角基瘤发达。喙 4 节，长短不一，胸部腹板形成喙沟，喙沟两侧具片状突起。前胸背板分 4 域：领域、盘域、三角突及侧背板，各域的形状、质地变化多样。小盾片甚小，常被前胸背板向后延伸形成的三角突覆盖。前翅全部革质，由 Sc、R+M、Cu 及一次生凹脉将前翅分为爪片、狭缘片、前缘域、亚前缘域、中域及膜域，由次生脉形成各域的网状纹。跗节 2 节，前跗节有一对刚毛状的副爪间突。雄性第 8 腹节呈完整的环状，生殖囊及阳基侧突左右对称。产卵器针状，第 8 侧背板与第 1 载瓣片愈合；雌性第 7 腹板后缘大多分离出下生殖片，并盖住产卵器基部。

生物学：植食性，且多数种类具有寄主专一性。

分布：世界广布。世界已知 280 余属 2300 余种，中国记录 54 属 230 余种，浙江分布 9 属 15 种。

分属检索表

1. 前翅爪片外露 ··· 长头网蝽属 *Cantacader*
- 前翅爪片在背面观上不可见 ··· 2
2. 头部明显延长（唇基基段长而平伸），上颚片宽大 ·· 3
- 头部短（唇基基段短），上颚片窄小且大多被下颚片覆盖 ··· 4
3. 头兜屋脊状；体十分宽扁，宽卵圆形 ·· 狭膜网蝽属 *Acalypta*
- 头兜多少呈盔状；体长卵圆形 ··· 贝脊网蝽属 *Galeatus*
4. 前胸侧背板翻卷并贴伏于盘域上 ·· 负板网蝽属 *Cysteochila*
- 前胸侧背板平伸或上翘 ··· 5
5. 后胸臭腺孔缘手枪形 ··· 窄眼网蝽属 *Birgitta*
- 后胸臭腺孔缘横长形或勺状 ··· 6
6. 前翅中域外侧明显隆起，中域内侧低于外侧 ··· 7
- 前翅中域平坦，外侧不上翘 ··· 8
7. 头兜屋脊状，网室细碎；侧背板前侧角明显前突至复眼外侧 ····················· 角肩网蝽属 *Uhlerites*
- 头兜囊状，网室大；侧背板前侧角不前伸 ·· 冠网蝽属 *Stephanitis*
8. 侧背板发达，片状 ··· 菊网蝽属 *Tingis*
- 侧背板不发达，脊状 ··· 污网蝽属 *Ildefonsus*

95. 长头网蝽属 *Cantacader* Amyot *et* Serville, 1843

Cantacader Amyot *et* Serville, 1843: 299. Type species: *Piesma quadricornis* Lepeletier *et* Serville, 1828.

主要特征：头刺 2 对，分别为额-颚刺及眼前刺；头顶平隆；额区延长，唇基近垂直下倾，小颊强烈突出于唇基前；触角细长，第 3 节基部缢缩，第 4 节纺锤形，端半部具长毛。喙较长，伸达第 3 节或第 4 节腹板；喙沟末端开放。前胸背板具 1–5 条纵脊，侧纵脊在胝区中断，外纵脊低于中纵脊和侧纵脊；三角突中度向后扩展，完全覆盖中胸小盾片；侧背板片状，外缘近直或弓形；领区环带状，前端上翘，前缘浅弧形凹入。后胸臭腺孔扇形下凹。前翅爪片外观可见，但短翅型个体的爪片与中域愈合；狭缘片具 1 列网室；下缘域基部中断并形成臭腺释放通道。抱器镰形；雌无下生殖片。

生物学：长翅型和短翅型个体常见。常生活于苔藓上。趋光性较强，常在诱虫灯下采到；部分标本采于石下。

分布：世界已知 40 余种，中国记录 4 种，浙江分布 1 种。

（157）长头网蝽 *Cantacader lethierryi* Scott, 1874

Cantacader lethierryi Scott, 1874: 291.

Cantacader lethierryi (part): Jing, 1981: 273.

主要特征：长翅型雌成虫：体黄褐色，前翅前缘域基部 1/3 处有一明显黑褐斑；爪片缝缘、Cu、Sc 中部及 R+M+Cu 基部黑褐色。头刺 4 枚，额-颚刺粗于眼前刺，平伸，先端超过触角第 2 节且达小颊前端，着生于唇基基部两侧；眼前刺细长，弓形内弯，先端达额-颚刺中部，着生于复眼中部连线前的复眼间。复眼暗红褐色；小颊窄，先端尖，在头前方强烈向外翻卷；喙伸达腹节第 4 腹板前缘。喙沟侧脊左右平行，末端开放。触角第 1 节近 2 倍于第 2 节，第 3 节细长，基部缢缩，约为第 4 节的 4.5 倍长；第 2 节纺锤形，黑褐色，端半部被半直立长毛。前胸背板具 5 纵脊，侧纵脊中部向外微弓，外纵脊长而显著低于中、侧纵脊，其前端内倾且接近胝和侧纵脊；各脊 1 列网室。盘域中央适度隆起，密布小网纹；领区前部翘起，前缘浅弧形后凹，4 排小网室；侧背板片状，近直立，前部 4–5 列网室，肩角处 2 列网室；三角突侧缘在中纵脊及侧纵脊处呈角状。前翅前缘浅弧形外弓，后半部（黑斑后方）几乎等宽。前缘域基部 3 列网室，中部（黑斑处）2 列网室、后部 5–6 列网室；黑斑内侧的 Sc 色深而加厚；亚前缘域宽，最宽处 6–7 列网室，端部稍窄于中部，中部的次生横脉不明显；中域狭长，最宽处 6 列网室；膜域网室稍大，最宽处 8 列网室。

短翅型成虫：较长翅型个体小，且前胸背板盘域平隆，前翅爪片缝消失，前翅后缘与爪片接合缝在一条直线上，膜域退化；后翅退化为圆片状。

分布：浙江（杭州）、北京、河北、陕西、台湾；韩国，日本。

96. 狭膜网蝽属 *Acalypta* Westwood, 1840

Acalypta Westwood, 1840b: 121. Type species: *Tingis carinata* Panzer, 1806.

主要特征：短翅型常见，长翅型个体稀见。

短翅型：体卵圆形，黄褐色至黑褐色；前胸背板盘域平坦。头顶低于复眼，十分宽大；仅 1 对头刺；额刺斜向上指；唇基多少前倾，头部较长。上颚片下倾，明显低于唇基；下颚片延伸至复眼下方，呈薄片状翻卷于上颚片外侧。触角基瘤外侧突出呈刺状，而其内侧低平，触角第 1 节基部强烈缢缩为细柄状，近基部最粗；第 2 节基部缢缩，端部球形膨大；第 3 节基部细柄状，近基部球形膨大或圆柱状，上布柔毛的粒突；第 4 节纺锤形，被半直立长毛。小颊在喙前窄接或不接，形状近三角形，不规则网室。复眼后片清晰。喙沟末端开放，中后胸喙沟近等宽，但中胸喙沟短。中胸腹板小，前中足基间距小（短翅型特征）。无后胸臭腺孔。前胸背板 1 或 3 条纵脊，纵脊片状直立，1–2 列网室，侧纵脊前端可伸至胝区内；头兜盔状，小，低隆，背缘直或浅弧形，其前缘向前扩展至头背面；胝区宽大而平，十分明显；盘域短，其上网室小而不规则；三角突网室大，钝三角形；侧背板片状上翘。前翅基部突然加宽，向后呈宽弧形外弓；中域长，近达翅长的 2/3 或 4/5；膜域长而窄，腹部背板常外露；体末端呈叉状，Sc 圆弧形，R+M 及 R+M+Cu 脊状，Cu 脊状或不清晰。产卵器基部具下生殖片。

长翅型：少见，且长翅型个体常为雌性。形态与短翅型相似，但前胸背板长，盘域高隆，中胸腹板加长，前中足基节间距大；前翅长而宽，中域仅为翅长的 1/2 左右，膜域宽大，腹部背板被前翅覆盖，前翅后缘与爪片缝在同一直线上；后翅发达，伸达腹部末端稍后。

分布：主要分布于古北区。世界已知 45 种，中国记录 4 种，浙江分布 1 种。

（158）宽缘狭膜网蝽 *Acalypta costata* Zheng, 1992

Acalypta costata Zheng, 1992: 257.

主要特征：体长 2.15 mm，宽 1.6 mm；头褐色，长 0.3 mm，宽 0.4 mm。头背面平坦，表面具很密的大刻点。额刺 1 对，左右明显分开，前指，几乎平行，短，伸达唇基中央。触角基呈短角状前伸，直指前方内缘略内弯，微伸过额刺端部。复眼间距 0.15 mm。触角第 1–3 节褐色，端节黑色，第 1 节约 1/2 伸过头端，各节长 0.13：0.1：0.55：0.2（mm）。小颊小室 3 列，前端与唇基末端平齐。喙几乎伸达第 1 可见腹节的后缘，前胸背板长 0.6 mm，前缘宽 0.38 mm，后缘宽 0.78 mm，侧背片长 0.45 mm，宽 0.28 mm；淡黄褐色；只具中脊，侧脊无；前缘中央微前伸，远不达复眼后缘，亦远不达侧背片前端；胝区褐色，平坦，无小室及刻点；领中线处小室 4 列，缘小室 2 列；侧背片斜上翘，前缘斜直，侧缘弧形外拱，前、后角均圆钝，中部小室 4–5 列，前、后端 3 列。翅型：宽椭圆形。前翅色同前胸背板，前缘域宽，宽度较均一，最基部达 5 列小室，其余直至端部 4/5 处均为 4 列小室，端部 3 列，其余区域隆起不强烈。亚前缘域中部有小室 6 列，宽度与中域以及膜域中部宽度之和约等。中域较平坦，两侧隆起的脊状边缘在中段几乎平行，末端伸达相当于接合缝长度的 3/5 处，中段小室 5 列，域中段相当长的范围内小室 2 列，两端宽处 3–4 列。足及腹部下方褐色。长翅型个体不明。

分布：浙江（杭州）。

97. 贝脊网蝽属 *Galeatus* Curtis, 1833

Galeatus Curtis, 1833: 196. Type species: *Tingis spinifrons* Fallen, 1807.

主要特征：体浅黄色至黄褐色，体表光滑。长翅型及短翅型均常见。头刺 5 枚或无头刺，头刺长；头顶丘隆，唇基垂直下倾；小颊左右平行，不在喙前相接；触角基瘤钝而小，触角细弱；具复眼后片；上额片可见。前胸背板 3 纵脊：中纵脊高，直或背缘大多波曲；侧纵脊片状或贝壳状高耸（侧面观呈半球形）。侧背板 1 列大网室，前侧角尖，后侧角钝圆。头兜大小变化极大；侧扁，伸至头背面或伸过头前端；圆鼓，盖住头部。盘域隆起，三角突囊状隆起。前翅前缘基部突然加宽，翅面网室极大；前缘域 1–2 列大网室；亚前缘域 1–2 列大网室，斜直或近垂直；中域 2–4 个大网室，端角抬升，外侧上翘；膜域与中域的分界不清晰，1–2 列大网室。Sc 强烈波曲，R+M 波曲，Cu 及 R+M+Cu 微弱且几乎与域内网脉等粗。无后胸臭腺孔。雌无下生殖片。

分布：主要分布于古北区和东洋区。世界已知 16 种，中国记录 7 种，浙江分布 2 种。

（159）短贝脊网蝽 *Galeatus affinis* (Herrich-Schaeffer, 1835)

Tingis affinis Herrich-Schaeffer, 1835: 58.

Galeatus uhleri Horváth, 1923: 108(syn. by Pericart, 1982: 355).

主要特征：雄虫体长 4.13 mm，宽 2.59 mm；雌虫体长 4.26 mm，宽 2.72 mm。长卵圆形，除头胸为褐色或红褐外，其余部分均为玻璃状透明的种类。头部红褐色，眼的后缘至头基部米黄色；头刺黑褐色，细长，均超过触角第 2 节的端部，均不紧贴头背面，呈半直立状，触角基之间的一对前指，其他 3 枚上指；复眼较小，两复眼间距与复眼宽度长分别为 0.11 mm、0.06 mm；触角基黑褐色，甚小，触角细长，褐色，第 4 节端部深褐色，第 3 及第 4 节被半直立长毛，第 3 节中部略向外弯曲，各节长度为 0.15：0.06：1.21：0.41（mm）。小颊褐色，短叶状，不长于头部，前端窄，后端宽，下缘宽圆形，具 3 列小室，室脉深褐色。喙伸达中胸腹板后缘或中足基节。前胸背板黑褐色，光亮，被细小刻点；领部灰白色，不具小室；头兜灰白色，前端伸达复眼中部，每侧各具 2 个较大网室；中纵脊自头兜之后渐向下凹陷，很低，至三角突又高起呈圆弧形，共具 3 个较大半透明小室；二侧脊浅褐色或褐色，光亮透明，外表被直立金色长毛，呈半球形贝壳状，直立于背板之上，外缘前半彼此靠拢，以后逐渐向两侧分歧而远离，后端连接于背板三角突之上；三角突端角呈半直立椭圆形褐色囊泡；侧背板前端呈角状突出，超过头的前端，后端向内弯曲，与侧脊略靠近，具 4 个大的长方形小室，前端基部具一较小的三角形小室。胸部侧板褐色，被细小刻点，后胸侧板后缘具一列 4 个方形白色小室；胸部腹板纵沟深褐色，较宽，腹板纵沟侧脊低矮，向两侧弯，具一列小室，中胸腹板纵沟侧脊后端略分歧，后胸腹板纵沟侧脊向外弯呈圆弧状。前翅玻璃状透明，小室脉深褐色；亚前缘域及中域的端部褐色；腹部腹面褐色，宽扁，宽圆形，末端逐渐窄小。足细长，褐色，跗节端部深褐色，胫节及跗节被半直立毛。

分布：浙江（杭州、宁波）、黑龙江、辽宁、北京、天津、河北、山西、陕西、甘肃、湖北、湖南、福建、广西、重庆、四川、云南；俄罗斯，蒙古国，朝鲜，日本，美国，中亚，欧洲。

（160）半贝脊网蝽 *Galeatus decorus* Jakovlev, 1880

Galeatus decorus Jakovlev, 1880: 134.

主要特征：雄虫体长 3.1 mm，宽 2.02 mm；雌虫体长 3.16 mm，宽 2.09 mm。长卵圆形，各小室横脉两侧有褐横带斑的种类。头橘褐色，眼后缘橘黄部分短，背面光滑，不具刻点；头刺黑褐色，5 枚，彼此多少平行，均细长，伸达触角第 1 节端部，头基部的一对中部向上向内微弯；触角褐色，第 4 节黑褐色，第 3 及第 4 节被半直立短毛及直立长毛，第 4 节端半的短毛较密，各节长为 0.24：0.11：1.07：0.33（mm）。小颊褐色，下缘黄白色，前端窄尖，后端宽圆，似呈长三角形，被 3 列网状小室；喙端伸达中足基节。前胸黑褐色，光亮，被稀疏细小刻点；领深褐色，甚短；仅在侧面可见。头兜前端伸过头部前端，其隆起高度与中纵脊近相等；头兜之后紧连中纵脊，二者之间有一浅凹陷，中纵脊亦向上高起，背缘似呈圆弧状，具 4 个较大的长方形小室，两侧被金色直立长毛，中纵脊之后紧接褐色向上高耸的梭形囊状的三角突；二侧脊亦向上举起，前半再向外侧弯呈半壳状，侧脊的左右两侧均被金色直立长毛；侧背板玻璃状透明，不向上侧方翘起，平坦，共具 5 个小室，后 3 个小室的横脉前后侧有褐色横带或横椭圆形斑驳。前翅玻璃状透明，各域所具长方形小室的横脉前后侧均有横椭圆形褐色斑驳，亚前缘域及中域端部的拱起以及膜域的中部均有褐色晕；前缘基部十分狭窄，而后向外侧突然呈直角状加宽，加宽部分的外缘似呈直的，至端部又呈宽圆形；下前缘叶较宽，具一列长方形小室；足褐色，跗节端深褐色。

分布：浙江（杭州）、内蒙古、北京、天津、陕西、湖北；俄罗斯，哈萨克斯坦，保加利亚，匈牙利，罗马尼亚。

98. 窄眼网蝽属 *Birgitta* Lindberg, 1927

Tingis (*Birgitta*) Lindberg, 1927: 18. Type species: *Tingis* (*Birgitta*) *wuorentausi* Lindberg, 1927.

主要特征：头顶丘隆，高于复眼；5 枚或 4 枚短小头刺，额刺常相向伸出；触角基瘤状，不发达；触角第 1 节粗壮且左右靠近，第 3 节细长，第 4 节纺锤形且生长毛；小颊在喙前宽接；唇基垂直下倾；喙伸到中胸腹板之后。前胸背板盘域强烈隆起（同 *Leptoypha*），领区宽，无头兜，前缘平截或浅凹；侧背板脊状平伸，有时可隐约见网室；3 条脊状纵脊，脊上无网室，侧纵脊常呈痕迹状。前胸前侧板上有小型胝区样疤。前翅前缘域宽度变化很大，从 1 列痕迹状小网室到 3 列清晰可辨网室；亚前缘域斜直，较宽；中域稍长于翅长 1/2；膜域宽大；静止时左右翅端重叠为半圆形；前翅前缘波曲，Sc 平行于前翅前缘，故前缘域等宽；R+M 微波曲。后胸喙沟稍宽于但等深于中胸喙沟，侧脊粗而低，中部向外弓起，喙沟末端封闭。后胸臭腺孔开口于中、后足基节间，臭腺孔极短，孔缘前片延伸到侧板外缘，但孔缘后片很短（*Perissonemia*

型）。具小型或无下生殖片。

　　分布：东亚地区。世界已知 5 种，中国记录 2 种，浙江分布 1 种。

（161）南窄眼网蝽 *Birgitta hospita* (Drake *et* Poor, 1937) new comb.

Leptoypha hospita Drake *et* Poor, 1937: 12.

Leptoypha capitata (*nec.* Jakovlev, 1876): Jing, 1981: 296. Misidentification.

　　主要特征：雄虫体长 2.66 mm，宽 1.01 mm；雌虫体长 2.97 mm，宽 1.07 mm。头深褐色，背中央具若干刻点，使头表面粗糙不平，有些个体被白色粉被；5 枚头刺短，前面两对褐色，位于二触角基之间，基部宽，端部较窄，呈"八"字形排列，中间一枚褐色，位于"八"字之间，后面一对黄褐色，稍长于前面 3 枚，位于复眼内缘基部；复眼窄小，复眼间距为复眼横径的 2.75 倍。触角基圆瘤状，大于头刺；触角粗短，深褐色；第 4 节端半部黑褐色，均被平伏短毛；各节长为 0.15∶0.13∶0.63∶0.27（mm）。小颊浅黄褐色，较宽大，大于头高之半，具 3 列小室。喙端尖，近伸达中足基节。前胸背板褐色，胝深褐色，领较长，具 3 排小室，三角突具长椭圆形小室，其余部分向上明显隆起，并被大而浅的刻点；中纵脊明显，但较低，二侧脊更为低平，波状弯曲；前缘直或微向内凹，前侧缘斜直，二侧角宽弧状，不突出，后侧缘于中部之前略向内微弯；侧背板略呈脊状。前翅黄褐色，前缘域及亚前缘中部，以及前缘域端部、中域基部及端部均具深褐条斑或角状斑；前翅前缘几乎为直，于正对中域端角外方向内向后逐渐狭窄，二膜域重叠合为一；前翅最宽处为 1.07 mm，与前胸背板最宽处略等；前缘域甚窄，具一列小室，亚前缘域宽于前缘域，具 3 列小室，中域最宽，具 5 列较大的小室；膜域所具小室最大，约为其他小室的 2–3 倍，有部分室脉深褐色。腹部腹面红褐色；足褐色，股节背腹面具颗粒状突起，跗节深褐色。

　　生物学：寄主为小叶女贞、山指甲（亦称花叶女贞）。

　　分布：浙江（杭州）、广东、广西、云南；马来西亚。

　　注：经希立（1981）指定本种名是 *Leptoypha capitata* (Jakovlev, 1876)的次异名。作者发现经希立（1981）所指的 *capitata* 全部是 *hospita* (Drake *et* Poor)。

　　本文解除 *Leptoypha hospita* Drake *et* Poor, 1937 与 *Monanthia capitata* Jakovlev, 1876 的异名关系，恢复 *Leptoypha hospita* Drake *et* Poor, 1937 为独立种。

99. 负板网蝽属 *Cysteochila* Stål, 1873

Cysteochila Stål, 1873: 129. Type species: *Monanthia tingoides* Motschoulsky, 1863.

　　主要特征：长翅型。体长卵圆形，一般不背腹扁平，前胸背板盘域高隆而领区低平，使得盘域显著高于领区；体背的网室小而密。头被 5 枚头刺，背中刺位于头顶中央，远离额刺。唇基垂直下倾，小颊宽大，在喙前宽接；喙较短，伸至中胸腹板前后；喙沟宽阔，中胸喙沟向后渐宽，后胸喙沟稍宽于中胸喙沟并呈心形，喙沟末端开放。触角中等粗细。无复眼后片。头兜小至中等大，大多屋脊形，前缘平截或中央稍前突，后端低平，仅伸至胝区间；盘域高隆，侧背板翻卷于前胸背板盘域上，外缘完全贴伏或部分翘起，侧背板宽大，一般覆盖侧纵脊，有时触及中纵脊，并常在肩角内侧突起呈瘤状；3 条纵脊低，1 列网室；三角突平坦，向后网室渐大。前胸前侧板上见胝区样疤。前翅一般平坦，少数种类的 R+M 中部隆起；前翅前缘宽弧形或波曲，静止时两翅端重叠为半圆形；中域明显伸过翅长的 1/2，R+M、R+M+Cu 及 Cu 脊状并高于中域面。腹板第 5 节至第 8 节（♂）或第 5 节至第 7 节（♀）各有一环褶，产卵器基部无或具小型下生殖片。后胸臭腺孔缘横长，外端达侧板外缘，缘片较高隆起。

　　分布：主要分布于全北区和东洋区。世界已知 110 余种，中国记录 14 种，浙江分布 1 种。

（162）高负板网蝽 *Cysteochila chiniana* Drake, 1942

Cysteochila chiniana Drake, 1942: 5.

主要特征：雄虫体长 2.79 mm，宽 1.1 mm；雌虫体长 3.05 mm，宽 1.23 mm。头黑褐色，遍被白粉被；头刺 5 枚，黄褐色，前面 3 枚几乎愈合在一起，外观似三角形，后头刺长，端部尖，伸达触角第 1 节中部，后面一对位于复眼内缘，略呈宽弧形，端部伸达前面头刺的基部；触角褐色，第 1 节略具白粉被，第 4 节纺锤形，被半直立短毛，各节长为 0.15 : 0.11 : 0.85 : 0.27（mm）。喙伸达中足基节，一般超过中胸腹板后缘。前胸背板除了头兜及三角突，全部被侧背板所覆盖；头兜灰黄色，前缘略向前突出呈圆弧形，不高举，侧面观远低于侧背板的高度；侧背板前半灰黄色，后半深褐色并向上高高鼓起，覆于背板上的外缘在中央完全接近并覆盖中纵脊的大部分；三角突黄色，外侧缘灰黄色，中纵脊于三角突端部渐低平至消失，二侧脊由基部向后逐渐分歧或中部微向外弯；中胸腹板黑褐色，喙沟较深略窄，中、后胸侧板纵脊黄白色，较高，并彼此略微平行，后胸腹板纵沟侧脊端部向内靠拢、相遇但不接近，也不封闭。前翅灰黄色；前缘域中部及端部具褐斑，具 2 列小室，内缘一列极小，外缘一列大，多呈五边形，中部褐斑处具 2 列等大的小型小室，小室透明，室脉灰黄色或黄褐色；亚前缘域约与前缘域等宽，具 2 列排列整齐的小室；中域大，并长于膜域，最宽处具 7 列与亚前缘域等大的小室，室脉不十分粗厚；膜域小室向后逐渐增大，端部小室均呈深暗褐色；后翅烟褐色，较短于前翅。

分布：浙江（杭州）、江西、湖北、湖南、福建、台湾、广西、贵州；日本，越南。

100. 污网蝽属 *Ildefonsus* Distant, 1910

Ildefonsus Distant, 1910b: 110. Type species: *Ildefonsus provorsus* Distant, 1910.

主要特征：体背被细毛，毛端常弯曲。触角端部两节密被刚毛，且第 4 节较长，大于第 3 节的 1/3；小颊在喙前不接、窄接或宽接；头具 3 枚短刺：1 对额刺和 1 枚背中刺；喙长，一般伸达喙沟末端后方，中后胸喙沟侧脊 1 列网室，喙沟末端开放。具明显的复眼后片。头兜发达，高起，盖住头部，仅触角基和复眼外露；前胸背板盘域横隆，其上网室小而浅；3 纵脊，侧纵脊明显低于中纵脊，各纵脊 1 列网室；侧背板宽阔，半圆形，向侧上方伸出；三角突短三角形，近端部处网室大。后胸臭腺沟极长，伸达侧板中部稍外，孔缘勺状，孔缘内侧高隆而外侧低隆。前胸侧板上具胝区样疤。前翅前缘域较宽至十分宽大；亚前缘域窄并几乎垂直于中域，1–2 列小网室；中域短，不及前翅长度的 1/2；Sc 强烈波曲，R+M 波曲且加厚，Cu 细弱，有时导致中域与膜域界线不清。下生殖片骨化强，半圆形。

Tomokuni（1982）在描述 *I. nepelensis* 时，还记述了该种的生物学。成、若虫标本采自苔藓 *Trachypodopsis serrulata*（Trachypodaceae）和 *Floribundaria sparsa*（Meteoriaceae），苔藓附生于灌丛的枝上或地表。他估计这些苔藓是其寄主。作者于 1999 年夏季在湖北利川采到的 1 头污网蝽也是采自阴生的灌丛上，灌丛上也附生苔藓。

分布：喜马拉雅地区及爪哇岛。世界已知 6 种，中国记录 3 种，浙江分布 1 种。

（163）狄污网蝽 *Ildefonsus distanti* Li *et* Zheng, 2006

Ildefonsus distanti Li *et* Zheng, 2006: 582.

主要特征：体黄褐色，头刺浅黄色，前翅、前胸背板的网脉棕色。前胸背板各域、前翅前缘域及亚前缘域的基部密布长柔毛。

触角各节被柔毛，第 3 节及第 4 节上还密生半直立的刚毛，第 3 节为第 4 节的 2.5 倍长。头刺 3 枚，额刺平伸，端部左右交叉，并露出头兜外；背中刺贴伏头表，先端伸至额刺间。复眼红棕色；触角基瘤小，不呈刺状；触角基的前方有一浅黄色的具网纹的向背方翻卷的薄片状下颚片；小颊在喙前完全不接，三角形、前端 1 列、后端 3 列网室；喙端伸至腹部腹板第 3 节（第 2 可见腹板）的后缘，中、后胸喙沟侧脊加厚，1 列大网室，喙沟末端开放。后胸臭腺开口于后足基节窝，臭腺沟长，孔缘勺形且孔缘外侧低凹。

头兜侧扁，其宽度稍大于复眼间距，强烈高耸，前缘前突至复眼前方；侧背板半圆形，最宽处 6 列网室；盘域平隆，但明显高于三角突，密布小而不透明的网室，盘域外侧的网室排列规则；三角突端部网室加大且网室黄色；胝区、盘域及三角突基部黑色。中纵脊加厚，背缘直，1 列网室；侧纵脊仅为中纵脊高度的 1/2，网室明显小，向后分歧。

前翅宽大；前缘域基部强烈向上翻卷，中部最宽处 7 列网室；亚前缘域 1–2 列小网室；中域长度不及翅长的 1/2，最宽处 5 列网室，中域内的网脉十分细弱；Cu、R+M 及 R+M+Cu 等粗，各域界线清晰；膜域 3 列大网室。

分布：浙江（杭州、丽水）、湖北。

101. 冠网蝽属 *Stephanitis* Stål, 1873

Stephanitis Stål, 1873: 119, 123. Type species: *Acanthia pyri* Fabricius, 1775.

主要特征：触角第 1 节加长，至少为第 2 节的 2 倍；唇基基段短而端段垂直下倾，头短，头顶稍隆；上颚片窄小，大部分被下颚片覆盖；小颊在喙前窄接或几乎相接，喙沟末端开放；具复眼后片。前胸背板盘域平隆，1–3 条纵脊，侧纵脊有时很短或消失；侧背板宽片状，上翘；头兜盔状，前缘明显前突至头背方，后端不向盘域扩展；前胸侧板上见胝区样疤。后胸臭腺孔缘长，孔缘前片稍长于后片，但孔缘前片的外端后弯（与 *Uhlerites* 一致）、稍呈勺状，孔缘外端接近侧板外缘。足细长，腿节不加粗。前翅网室较大，"X"斑外的网室透明；中域外侧隆起，其后侧角处隆起最高；Sc 脉强烈波曲，前缘域在中部后强烈加宽；Cu 清晰，中域与膜域界线清晰。阳茎的内阳茎上见 3–4 对骨化片。产卵器基部见大型下生殖片。

生物学：该属的寄主植物十分广泛，但每个物种又具有明确的寄主专一性。

分布：主要分布于古北区和东洋区，部分种类入侵北美洲等地。世界已知近 80 种，中国记录 30 余种，浙江分布 4 种。

分种检索表

1. 侧纵脊十分短，仅为中纵脊长度的 1/6··华南冠网蝽 *S. laudata*
- 侧纵脊长度超过中纵脊 1/4··· 2
2. 头兜狭囊状，不覆盖复眼···梨冠网蝽 *S. nashi*
- 头兜宽大，至少覆盖复眼大部··· 3
3. 头兜球形，完全覆盖复眼···钩樟冠网蝽 *S. ambigua*
- 头兜宽囊状，覆盖复眼大部··杜鹃冠网蝽 *S. pyrioides*

（164）钩樟冠网蝽 *Stephanitis ambigua* Horváth, 1912

Stephanitis ambigua Horváth, 1912: 321.

主要特征：雄虫体长 3.19 mm，宽 1.71 mm；雌虫体长 3.34 mm，宽 1.82 mm。头兜较大，前翅有明显的"X"形褐斑的种类。头浅褐色，不被刻点及粉被，具 5 枚黄白细长的头刺；触角浅黄褐色，被平伏的短毛，第 3 节最细，第 4 节端部略粗，中间向内微弯，其上的毛密而长，各节长为 0.26∶0.08∶1.12∶0.44（mm）。小颊黄白色，前缘稍窄，伸出于头中叶的前方，于喙基部前方仅有 1/2 彼此相连，具 3 列刻点般的小室。

前胸背板浅褐色，有光泽，被较深刻点，三角突具网室；头兜圆球形，前端逐渐变尖而长呈鸟嘴状，向前伸出于触角第 2 节的末端；从背面观覆盖头的全部，每一侧具 6 列较大的玻璃状透明小室，室脉浅褐色并被稀疏半直立长毛；具三条纵脊，中纵脊长而高，稍长于头兜，高度与头兜高度相等，背缘自最高点向后呈直线倾斜，背面深褐条斑延伸至中部以后向腹面弯曲呈半圆弧状条斑，中部具 3 列小室，室脉上具稀疏直立的长毛；二侧脊灰白色，短而低，长度为中纵脊的 1/5，高度也为中纵脊的 1/5，后端略向外分歧；侧背板较宽，宽度与长度几乎相等，向侧上方翘起；前缘几乎呈直线，后 1/3 部呈宽圆状向内弯曲，后缘明显向内折叠，最宽处具 4 列小室，室脉外侧具直立稀疏长毛，中部之后有一褐条斑延伸至后缘折叠处的末端。前翅玻璃状透明，有闪光及"X"形褐斑，该斑之间尚有一细横带褐斑；前缘基部窄，端部宽圆，最宽处位于中部之后，后端略向外分歧；前缘域表面不平坦，基部略向上翘，近中部略向上隆起，隆起的前缘及后缘向下凹陷呈一浅沟，最宽处具 4–5 列较大的小室，室脉上有直立的长毛，分布较稀疏；亚前缘域窄，向上直立，与中域后半部相接呈一隆起，正位于翅的近中部，最宽处具 2 列小室，基部及端部均具一列小室；中域宽于亚前缘域，窄于前缘域最宽处，最宽处具 4 列小室，长度不及于前翅的 1/2。下前缘域具一列小室。足细长，浅黄褐色，胫节端及跗节浅褐色，跗节端深褐色。

生物学：寄主为樟科的香叶樟等。

分布：浙江（杭州）、北京、湖北、福建、台湾、广东；朝鲜，日本。

（165）华南冠网蝽 *Stephanitis laudata* Drake *et* Poor, 1953

Stephanitis laudata Drake *et* Poor, *in*: Drake & Maa, 1953: 98.

主要特征：雄虫体长 3–3.19 mm，宽 1.43 mm；雌虫体长 3.49 mm，宽 1.76 mm。体较窄长，中纵脊背面的一排小室及前翅"X"形斑褐色；侧背板外缘、中纵脊背缘及前翅前缘具 2 排小齿。头部红褐色，背中央有时具白粉被，头刺 5 枚，黄白色，短小，后面一对极细；触角黄褐色，细长，第 4 节略加粗，中部略向内弯，被平伏短毛，各节长为 0.22∶0.11∶1.27∶0.68（mm）；小颊浅粉褐色，略呈三角形，前端狭，仅于喙基部前方相连一小部分，后端宽大，后缘圆弧状向外弯曲；喙端伸达中胸腹板后缘。前胸背板黄褐色，有时被一薄层白粉被，具均匀刻点，三角突则具小室，以端部小室为大；头兜椭圆囊状，上下扁，前端逐渐变窄细，前伸超过头的前端，达触角第 1 节中部以上，长度为高度的 1.5 倍，高度及宽度略相等，背面观未全部覆盖复眼及触角基的外侧；侧背板向上侧方翘起，后缘圆形突出强烈向内弯，具 3 列小室；中纵脊稍高于头兜，与头兜等长，背缘强烈呈弓形；具 2 列较大略呈长方形的小室，室脉较粗；二侧脊十分短而低，长度约为中纵脊的 1/6、彼此平行。前翅较窄长，基部狭，端部较宽，中部稍向内微凹；前缘域最宽处具 4 列小室，亚前缘域垂直于前缘域之上，最宽处具 2–3 列小室，中域较短，约占前翅长度的 1/3，中域与亚前缘域交界处的后半部十分高起，最宽处具 3 列小室，膜域亦具 3 列小室，后缘一列小室及后端数个小室特大。

生物学：寄主为樟树等。

分布：浙江（衢州）、江西、湖南、福建、台湾、广东、海南、广西、四川、贵州、云南。

（166）梨冠网蝽 *Stephanitis nashi* Esaki *et* Takeya, 1931

Stephanitis nashi Esaki *et* Takeya, 1931: 52.

主要特征：雄虫体长 2.97 mm，宽 1.6 mm；雌虫体长 3.12 mm，宽 1.76 mm。体前胸背板褐色，其他部分灰白色，半透明；前翅"X"形褐斑较为明显。头部红褐色；头刺黄白色，前面 3 枚略呈圆锥形，较短刚超过头的前端，后面一对较细，沿眼内缘直达触角基基部；触角基较小，触角浅黄褐色，被平伏短毛，第 4 节色稍深，毛较密略长，端半部稍膨大，各节长为 0.22∶0.11∶1.14∶0.39（mm）。小颊浅黄褐色，下缘及后缘黄白色，具 2–3 列小室，喙伸达中足基节。前胸背板褐黄色，被深而粗的刻点，胝附近被白粉被，三角突褐色，具网室，末端黄白色，网室较大；头兜囊状，窄长而两侧扁，宽度约为复眼间距，从背面观不覆盖二复眼、触角基及前胸背板的前部，前伸达触角第 1 节中部，两侧横脉上具直立的长毛，从侧面观，前半部具一褐横带斑；中纵脊长并高于头兜，且背缘呈圆弧状弓曲，具 3 列小室，两侧横脉上具直立长毛；二侧脊较低而短，长度约为中纵脊的 1/3；侧背板半圆片状，前半向侧方平伸，后半向侧上方微弯，前缘平直，侧缘圆弧状，后缘向内弯曲，最宽处具 4 列小室，后半部的室脉深褐色并具一褐块斑，各室室脉的上、下方均具直立长毛。前翅"X"形褐斑之间的外缘隐约可见一褐横带斑，前缘基部缩窄，以后逐渐增宽，至近中部最宽，再向后几乎呈直线，至后端又渐缩窄，端部彼此平行；前缘域较宽，最宽处在中部后，具 4 列小室，亚前缘域最宽处具 2 列小室，中域较宽而长，表面略凹陷，长度约为前翅长度的 1/2，最宽处具 3-4 列小室，在与亚前缘域连接处后半部向上高起；膜域也具 3 列小室；下前缘域具 2 列极小小室；翅背面前半部具直立长毛。

生物学：寄主为蔷薇科的梨、苹果、桃、李、花红、海棠、木瓜等。

分布：浙江（杭州）、黑龙江、吉林、北京、天津、河北、山西、山东、陕西、安徽、湖北、江西、湖南、福建、台湾、广东、广西、海南、四川、重庆；俄罗斯，朝鲜，日本。

（167）杜鹃冠网蝽 *Stephanitis pyrioides* (Scott, 1874)

Tingis pyrioides Scott, 1874: 291.

Stephanitis pyrioides: Oshanin, 1908: 435.

主要特征：雌虫体长 3.6 mm，宽 1.89 mm。头部褐色，头刺 5 枚，灰黄色；头中叶向前较为突出；触角浅黄褐色，第 3 节色更浅而较细，第 4 节略向内弯并被半直立毛，各节长为 0.33：0.11：1.36：0.72（mm）。小颊浅褐黄色，下缘及后缘黄白色，亚三角形，前端窄，后端宽，两片小颊于喙前端仅基部相连极小一部分，前端与头中叶平齐，不伸出头中叶之前；喙端部伸达后胸腹板纵沟的后缘。前胸背板黄褐色，密布刻点，三角突则不具刻点，具网室，网室面积向后逐渐增大，至端部则几乎呈方形；头兜宽大，长椭圆形，除复眼外缘外，头全部被头兜所覆盖，前端呈较短的锐角，伸达触角第 1 节的末端，所具小室较小，中间一条纵脉粗且呈深褐色；中纵脊的高度及长度与头兜的高度及长度略等，具两排横长方形小室，小室面积大于头兜的 2 倍，背缘自最高处向后呈直线倾斜，背面具一褐条斑；二侧脊长度为中纵脊长度的 1/4，后端略向外分歧。侧背板较窄而长，其宽度远小于长度，后端圆形突出稍向内弯，具 3 列小室。前翅较宽大而长，前缘自基部至中部呈圆弧状弯曲，端部略向外分歧，"X"形褐斑较明显；前缘域最宽处位于中域之后，具 4 列小室，其余部分具 3 列，基部及端部具 2 列；亚前缘域向上呈圆弧状弯曲，与中域相连呈较高的鼓起，中部最宽处具 4 列小室，向两端逐渐变窄，为 3 列小室，而基部及端部则为一列小室，后者小室较大，略呈方形；中域略呈三角形，基部尖锐，端部宽大，向外斜行而渐高起，长度约为前翅的 1/3，最宽处具 4 列小室；膜域亦具 3 列小室，其端部 2-3 枚小室极大，约为基部小室的 4 倍，略呈方形；下前缘域具一列方形小室。

分布：浙江（杭州）、河北、湖北、台湾、广东、重庆、四川、贵州、云南；俄罗斯，朝鲜，日本，不丹，澳大利亚，阿根廷。

102. 菊网蝽属 *Tingis* Fabricius, 1803

Tingis Fabricius, 1803: 124. Type species: *Tingis cardui* Linnaeus, 1758.

主要特征：体扁，宽卵圆形或长卵圆形。体表各部分密被不同类型的毛，但胫节上的毛排成 6 列。头部具 5 枚头刺；触角第 1 节至第 3 节明显密布短扁毛，或端部弯曲的长毛，第 4 节密布半直立刚毛；触角一般短于前胸背板长度的 1/2，第 4 节有时粗于第 3 节。小颊在喙前宽接或窄接；中胸喙沟稍窄但深于后胸喙沟，前者向后渐宽，后者近心形、长方形或方形，喙沟末端开放。头兜屋脊状，向后延伸至脈区稍后；侧背板片状直立或稍向外倾；盘域横隆较低，具 3 条片状长纵脊，各脊 1 列网室，侧纵脊前端伸至脈区中部；三角突平坦，向后网室渐大。前翅外缘浅弧形，Sc 弧形，不明显波曲，R+M、Cu 和 R+M+Cu 脊状高起，R+M 的后 1/5 下凹，下凹处几乎与中域平。前缘域或宽或窄，亚前缘域斜直，中域长度长于翅长的 1/2；膜域宽大，下缘域 1 列网室。后胸臭腺孔开口于后足基节窝，臭腺沟长，孔缘外侧加宽为勺形，并达侧板外缘。产卵器基部具大型下生殖片。

分布：世界已知 110 余种，中国记录 21 种，浙江分布 3 种。

分种检索表

1. 触角第 1 节至第 3 节、前胸背板各域、前翅前缘域、亚前缘域和中域、各足腿节和胫节密布扁平短毛，且胫节上的短扁毛排成 6 列；前胸侧背板斜翘或直立 ··· **硕裸菊网蝽 _T. veteris_**
- 触角第 1 节至第 3 节、前胸背板各域、前翅前缘域、亚前缘域和中域、各足腿节和胫节密布端部弯曲的长毛，且胫节上的长毛也排成 6 列；前缘域和前胸侧背板较宽大，侧背板斜翘（不直立） ······························· 2
2. 侧背板仅半圆形，外缘强烈弧形外弓，最宽处 5 列网室；无复眼间毛；前缘域 4–5 列网室，为亚前缘域宽度的 2 倍 ······
  ·· **雅氏裸菊网蝽 _T. yasumatsui_**
- 至少侧背板后半部的外缘直，侧背板 2–3 列网室；有复眼间毛；亚前缘域宽于前缘域的 1/2 ······ **卷毛裸菊网蝽 _T. crispata_**

（168）硕裸菊网蝽 _Tingis veteris_ Drake, 1942

Tingis veteris Drake, 1942: 13.

主要特征：雄虫体长 4.11 mm，宽 1.95 mm；雌虫体长 4.15 mm，宽 2.15 mm。体长宽椭圆形，褐黄色、有光泽；侧背板中部之后，前翅前缘域中部之前及端部具深褐横带斑，体背面布有细的淡色长毛，毛的长度小于复眼直径，有的雌虫个体背腹面满布一层白色粉被；侧背板外缘及前翅前缘被一列不具齿的软毛，毛的长度短于背板纵脊及前翅纵脉上的毛。头深褐色或黑褐色，具 5 枚前指的带有短毛的黄褐色棍棒形头刺；触角粗短，明显短于前胸背板长度，第 4 节黑褐色，均被较细的短毛；各节长为 0.17∶0.13∶0.63∶0.46（mm）。小颊浅黄褐色，叶片状，向前伸过头的前端，具 2 列小室；喙褐色，喙端刚伸过中胸腹板的后缘，或伸达后胸腹板的中部。前胸背板褐色，遍布粗刻点，三角突浅黄褐色，具排列规则的小室；3 条纵脊，端部各具一褐条斑，每一纵脊具一列较小小室，以后端小室较清晰，二侧脊略呈波形；头兜较宽、略平扁，背面观六边形，侧面观屋脊形，长宽之比为 20∶24，前缘略向前呈宽圆形突出，或伸过眼的后缘或伸达复眼的中部；侧背板浅黄褐色，甚宽大，前半部明显宽于后半部，前缘直，外缘弓状，后缘斜直，向侧上方显然翘起，最宽处具 6–7 列小室；胸部腹面黑褐色，前胸侧板、各足基节臼满布粗刻点；臭腺沟缘细长，臭腺沟圆形；中胸腹板纵沟深而窄，后胸腹板纵沟平浅；腹板纵沟侧脊黄褐色，密生短毛，中胸腹板纵沟侧脊多少平行，后胸腹板纵沟侧脊心形，后端敞开，不封闭。前翅宽大，前缘除基部及端部微向内弯外，几乎呈直线；前缘域较宽，前半向侧上方翘起，最宽处位于相当中域端角之外侧，具 5–6 列小室；亚前缘较窄，与中域略垂直，基部及端部具 2 列小室，中部具 3 列小室；中域较长，约为前翅长度的 2/3，最宽处具 6–7 列小室；各域所具小室大小略等；腹部腹面红褐色，被有平伏的短毛；足褐色，跗节端部深褐色。

分布：浙江（衢州）、江苏、湖北、福建、台湾、四川；日本。

（169）卷毛裸菊网蝽 _Tingis crispata_ (Herrich-Schaeffer, 1838)

Derephysia crispate Herrich-Schaeffer, 1838: 72.

Tingis crispata: Horváth, 1906: 64.

主要特征：雄虫体长 2.64 mm，宽 1.1 mm；雌虫体长 2.85 mm，宽 1.43 mm。头黑褐色，眼黑色，触角及头刺褐色，小颊浅黄褐色。前胸背板褐色；头兜、3 纵脊、侧背板及胸部腹板纵脊浅黄褐色。胸部侧板、腹板黑褐色；腹部深褐色。前翅前缘域及亚前缘域半透明，具黄褐色或深褐色室脉，前缘域中部之前及端部具黑带斑，中域褐色。前胸背板背面遍被细且略卷曲的毛，腹面毛稀而平伏；头短，宽 0.39 mm，长 0.15 mm；前面 3 枚头刺短小，基部一对略长，前伸达眼的前缘。触角基显然向前突出，小颊前端向前突出于头中叶之前，与喙基部前方相连很大部分，喙伸达中胸腹板中部。触角粗壮而短，第 1 及第 2 节圆柱形，第 3 节细且长于第 1、第 2 节，第 4 节显然更细于且短于第 3 节，各节长为 0.15∶0.13∶0.61∶0.24（mm）。前胸背板由于密被卷毛，刻点不清，头兜背面观多少呈半圆形，略微向上拱，前缘略向前宽圆形拱出，由于密被卷毛，小室界线不清，中纵脊从侧面观略高于头兜，二侧脊前端向内弯，以后多少呈平行，与中纵脊等高；侧背板略向侧上方翘起，尤以后端为甚，前端略向前伸出，前半具 3 列小室，后半窄狭，具 2 列小室，外缘几乎斜直；中胸腹板纵沟侧脊甚为靠近，后端向内弯，几乎互相接触，后胸腹板纵沟侧脊向外弓形弯曲，沟的宽度几乎为中胸腹板纵沟的 2 倍。前胸腹板无纵沟侧脊。前翅略狭长，前缘域全长等宽，具 2 列小室；亚前缘域及中域所具小室等大，小于前缘域，前者具 2 列小室，后者由于密被卷毛，所具小室界线不清晰。二翅端部合并呈直线形。

生物学：寄主为狭叶青蒿、鹤虱、山柳菊、蒿属植物。

分布：浙江（杭州）、北京、内蒙古、陕西、湖北、福建、四川；俄罗斯，蒙古国，朝鲜，日本，印度，中亚，欧洲。

（170）雅氏裸菊网蝽 *Tingis yasumatsui* Lee, 1967

Tingis (Lasiotropis) yasumatsui Lee, 1967: 97.

主要特征：触角各节密生半直立长毛，但第 1 节至第 3 节的长毛端部弯曲；第 4 节长，约为第 3 节的 0.7 倍；各足及体背也密生端部弯曲的长毛，胫节上的长毛排成 6 列；5 枚头刺均十分细长，半直立；前胸侧背板十分宽大，外缘强烈外弓，中部 5 列网室（背面观）；3 条纵脊片状直立，1 列网室；前翅十分宽大但短，外缘强烈外弓，致使腹部强烈宽于前胸背板；前缘域见中部和端部 2 个黑斑，无线斑，基部 4 列，中部黑斑处 5 列，中部后 4 列网室；亚前缘域 2 列网室；中域宽而长，最宽处 9 列网室，中域长度大于 2/3 翅长；膜域和中域中部见零星线斑；喙端伸至中胸喙沟后缘，中后胸喙沟等深，后胸喙沟心形，喙沟侧角细。

分布：浙江（杭州）、湖北、四川；朝鲜。

103. 角肩网蝽属 *Uhlerites* Drake, 1927

Uhlerites Drake, 1927: 56. Type species: *Phyllontocheila debile* Uhler, 1896.

主要特征：头顶光滑，丘隆且高于复眼；唇基垂直下倾，强烈隆起；上颚片被发达的下颚片覆盖。具 5 枚头刺：背中刺及额刺指状，额刺相互靠近并斜向上伸出，背中刺平伸；后头刺细长，平伏于头表。小颊在喙前宽接，稍超过头前。触角基瘤小瘤状。无复眼后片。中、后胸喙沟侧脊圆弧形（侧面观），喙沟末端开放。

前胸背板盘域强烈隆起，肩角内侧各具一条纵沟。1 纵脊（4 种）或 3 纵脊（仅 *miyamotoil* 一种），中纵脊片状直立，1 列网室。头兜形状特殊：基部囊状，端部屋脊状且前缘中央强烈向前扩展至头背面。侧背板片状且近平伸，前部宽而向后显著缩窄，其前缘深凹，外缘平直，前侧角角状前伸，后侧角钝圆。盘域及三角突的网室小，但三角突末端的网室透明。前胸侧板上见胝区样疤。

后胸臭腺孔及孔缘特殊：臭腺孔开口于后胸侧板前缘中部，孔缘前片与孔缘后片间的空腔长而大，孔缘前片斜伸至侧板外缘后再向后延伸，孔缘后片外侧与孔缘前片相接，但明显短于孔缘前片。

前翅前缘基部突然加宽，前缘稍波曲，在翅中部后有一不明显的折点。前缘域基半部上翘，后半部平坦，中部及近端部处各有一深色斑，中部暗斑处最窄，对着 R+M 凹入处最宽；亚前缘域较宽大，斜直，网室小；中域外侧上翘；膜域宽大；下缘域 1–2 列网室，雌虫下缘域中部一般 2 列网室。Sc、R+M 粗壮且强烈波曲；Cu 脉弱，有时与中域内网脉等粗，致使中域与膜域分界不清。

雌虫无下生殖片，雄虫生殖囊扁囊状，生殖囊腹缘有一对齿状突起。

分布：该属共记录 5 种，分布于东亚地区。中国记录 3 种，浙江分布 1 种。

（171）黄角肩网蝽 *Uhlerites latiorus* Takeya, 1931

Uhlerites latiorus Takeya, 1931: 80.

主要特征：雌虫体长 3.08 mm，宽 1.36 mm。头部暗红褐色，背面不具刻点，头刺褐黄色，中央一枚较长，与后面一对长度多少相等，后者中部向内微弯，前伸达触角基基部；触角黄褐色，第 4 节褐色；各节长为 0.17：0.08：0.88：0.3（mm）。小颊黑褐色，具 3–4 列不透明小室。喙浅褐色，喙端深褐色，刚伸过中胸腹板中部。前胸黑褐色，头兜前缘、侧背板端角、中纵脊端半及三角突端部为黄白色，遍布深刻点，三角突的刻点变大并渐变成圆形小室，头兜侧面观屋脊状，背面观楔形，较小，前端向前伸达眼的中部，但前缘平齐，刚覆盖头部的 1/2，中纵脊低平，端部渐高起，隐约可见一排微小室；侧背板窄，端半宽于基半，外侧缘直，前缘向内略弯，前角前伸不大，从侧面观仅伸达头的基部，其端部具 3 列小室，基部具 2 列小室。前翅长圆形，黄白色，"X"形褐斑明显，前缘除基部外几乎为直，二翅端部稍分二叉；前缘域前半具 3 列小室，最宽处相当于亚前缘域的端部外侧，该处具 3–4 列大型小室；亚前缘域两端窄小，中部宽，最宽处具 5 列圆形小室；中域宽于前缘域，最宽处具 5–6 列小室；端缘有一黄白色低隆起，使膜域与中域分界明显；膜域较长，所具小室面积同前缘域最宽处。后翅浅褐色，长于腹部末端但短于前翅。体下方黑褐色，前胸侧板、中足后足基节臼具深刻点，其余部分不具刻点，但粗糙不平；臭腺沟缘内半黑褐色，外半黄褐色。足浅黄褐色，胫节末端及跗节褐色，跗节端部深褐色。

分布：浙江（杭州）、福建、湖北、四川、甘肃；日本。

第十二章　姬蝽总科 Naboidea

十八、姬蝽科 Nabidae

主要特征：体长形或狭长。头均短于前胸背板的长度，头背面只一对单眼，两侧的眼（或称复眼）大而显著；触角一般细长，为4节；喙细长或粗短，由4节组成。前胸背板分两叶，前叶与后叶之间有一横缢，此横缢显著或隐约不清，背板的前缘有领或无领。小盾片三角状，构造简单。前翅膜片具2或3个长形翅室，通常具放射翅脉或残余部分，一般前翅达腹部末端或超过腹端，常出现不同程度的短翅型个体，主要表现在膜片的多变。前足粗于中足和后足，通常前足股节显著粗于其他各足的股节。雄虫生殖器通常对称，抱器或阳茎在一些亚科中有的种不对称，雄虫后足胫节及生殖节上均具有一种特殊的形态构造，即艾氏器（Ekblom's Organ）。雄虫生殖器特征为分类的重要形态特征依据。

姬蝽科的所有种类均属于捕食性，捕食多种小昆虫及其他小型无脊椎动物。姬蝽的成虫及若虫，它们的大部分时间是在取食或寻找食物中度过的，猎食蚜虫、鳞翅目的幼虫及卵、叶甲以及小型植食性半翅目等多种小虫，对害虫有明显的控制作用，为一类重要的捕食性天敌昆虫。

分布：世界广布。世界已知500余种，中国记录14属80余种，浙江分布5属9种。

（一）花姬蝽亚科 Prostemmatinae

104. 异姬蝽属 *Alloeorhynchus* Fieber, 1860

Alloeorhynchus Fieber, 1860: 43, 159. Type species: by subsequent monotypy (Fieber, 1861: 159): *Pirates flavipes* Fieber, 1836.

主要特征：体长椭圆形，头的前部强烈向下倾斜，或略向下倾，头的眼前方短，似锥突状，眼的后缘靠近前胸背板的前缘，单眼显著，触角具长毛，第1节短，超过头的前端；喙细长，达后胸腹板，第1节短粗．第2、3节两节最长；前胸背板横缢位于中后方，则前叶与后叶分界明显，后缘平截，小盾片长与基部宽约相等。前、中足股节适度加粗，腹面具2列或多列小刺；前足胫节稍短于股节，前端加宽，顶端具海绵窝。

分布：世界广布。世界已知49种，中国记录8种，浙江分布1种。

（172）华夏异姬蝽 *Alloeorhynchus sinicus* Ren et Bu, 1995

Alloeorhynchus sinicus Ren et Bu, *in*: Ren, 1998: 54, 224.

主要特征：体黑褐色，被有稀疏长毛及短淡色光亮毛。头、前胸背板及腹部腹面光亮。触角、喙、前胸背板后叶中域、翅前革片中部淡色斑、各足（除棕色爪外）、腹部腹面中域（第3-6节腹板）及侧接缘（除黑褐色横斑纹外）均为淡黄色；胸侧板黑褐色；但后胸臭腺沟缘光亮，为棕色；蒸发域呈污暗色，具稀疏毛。雄虫体长4.1 mm，腹部宽1.5 mm。头向下倾斜，由背面观察，头长0.3 mm，头宽0.73 mm，头顶宽0.3 mm。触角第1节略弯，向前端渐加粗，第3、4节两节甚细，各节长度为1：2：3：4=0.4：0.9：0.8：

1.0（mm）。喙细长，伸达后足基节，第 1 节短粗，第 2 节最长，各节长度为 1：2：3：4=0.2：0.9：0.6：0.25（mm）。口前胸背板长 1.1 mm，前叶长于后叶（0.7 mm：0.4 mm），前后叶之间的横缢显著，前角间宽 0.6 mm，侧角间宽 1.3 mm，后缘近直。小盾片长 0.66 mm，基部宽 0.7 mm，中部凹陷，顶端尖削。前翅长 2.9 mm，几乎达腹部末端。前翅膜片翅脉不显著。前、中足股节粗壮，腹面中部最粗，呈角状突，由此突起向前端具 2 列黑色小刺（每列由 11 个小刺组成）；前足股节略粗于中足股节（0.4 mm：0.3 mm），前端加宽，端缘具发达的海绵窝；后足胫节与股节等长（1.7 mm），前足胫节短于股节（0.9 mm：1.4 mm）。腹部长 1.9 mm，侧接缘宽 0.3 mm，向上翘折，裸露，前翅仅将腹部背板覆盖。后胸臭腺沟缘较宽，呈角状。雄虫抱器似宽状，前端刺状，略弯，生殖节亚末端两侧各具一列刚毛列，各列由 11–12 根硬刚毛组成，呈单列排列（艾氏器），每根刚毛顶端向外弯曲。

分布：浙江（庆元）。

105. 花姬蝽属 *Prostemma* Laporte, 1832

Prostemma Laporte, 1832: 12. Type species: *Reduvius guttula* Fabricius, 1787.

　　主要特征：体长椭圆形，体长 6.0–10.0 mm，体黑色、黑褐色或棕褐色，光亮，被有稀疏长毛及短毛，一般具橘黄色、橘红色或淡黄色、白灰色斑。触角第 1 节短，约为头长的 1/2。头的长、宽近相等。喙第 2 节短于第 3 节。前胸背板的前叶、后叶分界明显。前足股节明显加粗，背面圆隆，腹面近平直，具排列规则的小刺，前足胫节略向内弯，由基部向端部渐渐加粗，明显粗于基半部，其前端的海绵窝显著。后胸臭腺发达，臭腺沟缘中部弯，呈角状。雄虫生殖节的艾氏器由丛生的硬刚毛组成。雌虫的生殖腔具 1 个或 2 个骨化环。在种内或种间翅的大小多变化，可分为小翅型、短翅型及长翅型个体。

　　分布：古北区、东洋区。世界已知 10 种，中国记录 4 种，浙江分布 2 种。

（173）黄翅花姬蝽 *Prostemma kiborti* Jakovlev, 1889

Prostemma kiborti Jakovlev, 1889: 80.

　　主要特征：体黑色，被有褐色及黄色毛。触角、各足及翅革片浅黄褐色，但触角第 3、4 节两节及后足股节基半部色较浅。雄虫体长 9.5 mm，腹部宽 3.4 mm。由背面观察，头长 1.1 mm，头宽 1.4 mm，头顶宽 0.57 mm。由侧面观察，头长 1.6 mm，眼前部分：眼：眼后部分=0.8：0.75：0.2（mm）。触角第 1 节最粗，各节长度为 1：2：3：4=0.5：1.5：1.4：1.4（mm），前胸背板长 2.5 mm，前角间宽 0.9 mm，侧角间宽 2.4 mm。短翅型，前翅长 1.9 mm，末端平截，后胸臭腺沟缘端半部长于基半部，向端部渐狭而明显弯向内方。前足股节长 2.3 mm，粗 0.8 mm，前足胫节长为 2.0 mm。后足胫节内侧具 14 根棕色亮刚毛，均匀地位于胫节的端半部，此刚毛列组成艾氏器，雄虫生殖节腹面两侧的各列刚毛列（艾氏器）由多行短硬刚毛组成。雌虫体长 9.8 mm，腹部宽 3.5 mm。前胸背板长 2.6 mm，前角间宽 1.0 mm，侧角间宽 2.4 mm。前翅甚短，仅达腹部第 2 腹背板的中域。

　　分布：浙江（杭州）、湖北、江西；俄罗斯，蒙古国，朝鲜半岛，日本。

（174）角带花姬蝽 *Prostemma hilgendorffi* Stein, 1878

Prostemma hilgendorffi Stein, 1878: 378.

　　主要特征：体黑色，具橘红色、黄色及灰白色斑，被有黑褐色刚毛及浅色亮长毛。触角及足黄褐色，前胸背板后叶、小盾片（除基部黑色外）端部 2/3 及前翅基半部浅红棕色或橘红色；前翅中部具三角状淡色斑，端半部具黄色或淡黄色斑块，膜片小；后胸侧板及臭腺域暗黄色，臭腺沟缘光亮、较宽，中部弯几乎呈直角状；各足股节及胫节具刺列，刺为黑色。雄虫体长 6.2 mm，腹部宽 2.4 mm，由侧面观察，头长 0.9 mm；由背面观察，头长 0.8 mm，头宽 0.9 mm，头顶宽 0.4 mm。触角第 1 节为头长的 1/2，各节长度 1：2：3：4=0.4：0.8：0.9：0.8（mm）。喙粗壮，喙各节长度为 1：2：3：4=0.25：0.4：0.5：0.4（mm）。前胸背板长 1.6 mm，前角间宽 0.65 mm，侧角间宽 2.0 mm；小盾片长 1.0 mm，基部宽 1.0 mm；前翅长 3.6 mm，达第 6 腹背板的后缘。前胸背板前叶光亮、圆隆，显著长于后叶，后叶的后缘近直。前足股节显著加粗，明显粗于中、后足股节，腹面部具刺列（除两端外），由丛生的黑褐色长、短刺组成（外侧的一列刺较长、略弯、单刺排列整齐，内侧的短刺丛生）；前足胫节略弯，基部狭，向端部渐显著加宽，腹面具 2 列刺（内侧的一列刺平伏，外侧的刺长而弯，伸向两侧），胫节的前端背面侧具栉刺，腹面具发达的海绵窝。雄虫抱器位于腹部腹面亚末端两侧，呈宽镰刀状；生殖节亚端部的刚毛列由丛生的多根淡色亮硬刚毛组成（约 4、5 列刚毛组成）排成弧形。阳茎短，相对导精管粗，阳茎表面具成排均匀的小刺突。雌虫体长 7.1 mm，腹部宽 2.6 mm。头长 0.9 mm，头宽 0.9 mm；前胸背板长 1–6 mm，前角间宽 0.7 mm，侧角间宽 2.2 mm；前翅长 4.0 mm，达第 7 腹板的前缘。腹部长 3.1 mm，产卵器长 1.1 mm。腹部第 7 腹板前缘中突粗杆状，前端圆钝。生殖腔具 2 个圆形骨化环位于生殖腔的前端。

分布：浙江（杭州）、吉林、辽宁、北京、天津、河南、上海、江西、四川；俄罗斯（沿海地区），朝鲜，日本。

（二）姬蝽亚科 Nabinae

分属检索表

1. 触角第 1 节长于前胸背板，雌虫生殖腔较小，为 4 或 2 个 ·· 高姬蝽属 *Gorpis*
- 触角第 1 节短于前胸背板，雌虫生殖腔较大，为 1 或 2 个 ··· 2
2. 腹部腹面侧接缘与腹板之间无明显的深纵沟，腹板两侧各具一列光亮无毛的小区域；腹部背面侧接缘向上翘折 ············
·· 狭姬蝽属 *Stenonabis*
- 腹部腹面侧接缘与腹板之间具深而显著的纵沟，纵沟内侧无光亮无毛的小区域；腹部背面侧接缘与腹板在一平面上 ······
·· 姬蝽属 *Nabis*

106. 高姬蝽属 *Gorpis* Stål, 1859

Gorpis Stål, 1859: 377. Type species: by monotypy, *Gorpis cribraticollis* Stål, 1859.

主要特征：通常前胸背板具刻点，或仅背板的后叶刻点清楚；前胸腹板包围着前足基节窝，或不包围着前足基节窝。前、中足胫节端部的海绵窝构造特异，明显与其他亚科的海绵窝构造不相同。雄虫抱器分内、外两叶；阳茎内部的骨化构造较复杂。雌虫生殖腔的骨化环小；具 2 个或 4 个，分别位于生殖腔的两侧。高姬蝽属的种类体色淡，质地不坚硬，前翅常具黄色、橘黄色或褐色斑。

分布：世界广布。中国记录 9 种，浙江分布 2 种。

（175）日本高姬蝽 *Gorpis japonicus* Kerzhner, 1968

Gorpis japonicus Kerzhner, 1968: 849.

主要特征：体浅黄色，被有稀疏淡色亮毛，具红色、橘黄色、淡褐色斑纹。触角第 1、2 节两节，各足股节顶端及胫节基部红色，前胸背板前叶两侧及前翅膜片翅脉淡褐色，背板后叶两侧橘黄色，前翅爪片外

·166·　　　　　　　　浙江昆虫志　第四卷　半翅目　异翅亚目

缘、革片内缘红色，革片中部斑常由红色变暗，前足股节外侧有 2 个斑、内侧中部有 1 个斑，亦为红色，但多数干标本前足上的斑非常不明显或无。雄虫体长 12.8 mm，腹部宽 2.4 mm。头长 1.7 mm，头宽 1.0 mm，头顶宽 0.4 mm。触角各节长度为 1：2：3：4=2.7：3.8：4.4：1.4（mm）。喙各节长度为 1：2：3：4=0.31：1.4：1.1：0.6（mm）。前胸背板前叶光亮，圆隆，后叶刻点浓密而明显；背板长 2.2 mm，前角间宽 0.8 mm，侧角间宽 2.3 mm；前叶长于后叶（1.3 mm：1.0 mm）。前翅长 8.8 mm，超过腹部末端 1.8 mm。前足基节长 2.0 mm，前足股节长 4.5 mm，前足胫节长 3.5 mm。雄虫腹部第 7 腹板前缘中央具长突，顶端略弯。抱器中部宽阔，外叶顶端钝，内叶顶端尖锐，阳茎基部有 3 个形状各异的骨化刺，表面基半部的小刺浓密而显著。雌虫体长 14.0 mm，腹部宽 3.0 mm。前翅长 10.0 mm，超过腹部末端 1.2 mm。产卵器长 2.6 mm；生殖节构造复杂。日本高姬蝽 *G. japonicus* Kerzhner 体表红色色斑鲜艳，但此色斑不稳定，老化的个体或干标本前翅上的红色斑，常变为淡褐色或暗灰黄色，或此斑的周围呈红色，而中部为褐色；爪片及革片内侧的红色纵纹渐变为淡褐色，仅在前翅革片端角的红色不易褪色。

分布：浙江（杭州）、北京、河北、河南、山东、陕西、福建、海南、四川、贵州；俄罗斯，朝鲜，日本。

（176）山高姬蝽 *Gorpis brevilineatus* (Scott, 1874)

Nabis brevilineatus Scott, 1874: 445.

Gorpis suzukii Matsumura, 1913: 179 (syn. Esaki, 1929a: 224).

Gorpis (Oronabis) gorpiformis Hsiao, 1964: 79, 85 (Downgraded to subspecies by Kerzhner, 1968: 850; syn. Hsiao & Ren, 1981: 550).

主要特征：体污黄色，体毛黄色。触角第 2 节顶端、爪片顶角及侧接缘端部均为浅褐色，头的腹面中央、中胸及后胸腹板中央、腹部腹面基半部中央褐色或黑褐色，中胸侧板中域及后胸侧板后缘各有 1 个黑色斑点，各足股节端半部均具 2 个不清楚的浅褐色环纹。雄虫体长 9.8 mm，腹部宽 2.4 mm，头长 1.4 mm，头宽 1.0 mm，头顶宽 0.5 mm；触角各节长度为 1：2：3：4=2.0：2.4：3.1：1.5（mm）；喙第 2–4 节各节长度为 2：3：4=1.4：1.2：0.6（mm）。前胸背板长 1.85 mm，前角间宽 0.7 mm，侧角间宽 2.1 mm，前叶长于后叶。各足具稀疏长毛，前足基节长 1.5 mm，股节长 3.9 mm，中部最粗（0.7 mm），腹面具黑色小齿，胫节长 3.0 mm；中足股节与胫节等长（3.7 mm）；后足股节长 4.6 mm，稍弯曲，胫节长 5.7 mm，腹面具一行排列整齐的栉毛。雄虫抱器的外叶显著小于内叶，阳茎基半部表面小刺浓密，另一面有一显著的骨化刺，呈弯曲状。雌虫体长 10.2 mm，腹部宽 3.2 mm。前翅长 7.7 mm，超过腹部末端 0.7 mm。生殖节发达，第 2 产卵瓣的端半部内缘具 13 或 14 个显著的齿突及横脊纹，向前端渐渐消失，其一侧有一列小突起。

分布：浙江（杭州）、辽宁、河北、河南、陕西、甘肃、湖北、江西、湖南、福建、海南、广西、四川、云南；俄罗斯，朝鲜，日本。

107. 狭姬蝽属 *Stenonabis* Reuter, 1890

Stenonabis Reuter, 1890: 294, 306. Type species: *Coriscus annulicornis* Reuter, 1882.

主要特征：体较狭长（体长 6.6–9.0 mm），色污暗。腹部两侧近平行，前胸背板的领及后叶具浓密而显著的刻点，或刻点细小而不明显。前翅达到或超过腹部末端，但有少数个体为小翅型，前翅达腹部中域或超过腹部。雌虫的生殖腔在多数种类中具 2 个骨化环。雄虫抱器的前半部长于后半部，其前半部的外缘或内缘常有不同形状的突起。雄虫阳茎的端半部一般细于基半部，并有不同形状的骨化构造。

分布：古北区、东洋区。世界已知 11 种，中国记录 6 种，浙江分布 1 种。

（177）福建狭姬蝽 *Stenonabis fujianus* Hsiao, 1981

Stenonabis fujianus Hsiao, 1981: 66, 71.

主要特征：体灰黄色，具浓密的褐色斑纹，被有黄色细毛。触角黄褐色，第 1 节基半部及第 2 节端部褐色，其余部分具不清楚的环纹，第 3、4 节色较深。前胸背板褐色，领的前缘、前叶基部有 2 个斑点，后叶中部有 4 个大斑点，后缘黄褐色。小盾片褐色，两侧 2 个大斑点为黄褐色。前翅褐色，具若干黄褐色斑纹，前缘基部及膜片外基角的大斑点黄色，革片顶缘着红色。胸部腹面褐色，前胸腹板及侧板的边缘黄褐色。各足股节黄色，其顶端及亚端部的环纹褐色；胫节浅黄色，前足及中足胫节均具 2 个、后足具 3 个大小不同的褐环纹。腹部腹面黄褐色，中部褐色，两侧常着红色，侧接缘浅色。雄虫生殖节（第 9 腹节）亚端部两侧各具一列刚毛，顶端弯，每列刚毛由 31–32 根组成，抱器基部宽阔，端半部弯，其上缘亚基部显著突出，此处下缘略呈片状扩展。阳茎细长，基半部的 28 个骨化刺大而明显，呈一行排列，其前方的 8 个骨化刺小，而阳茎亚端部的两侧呈齿缘状的骨化构造（每列具 7–9 个小齿）。

分布：浙江（丽水）、湖北、福建、广西。

108. 姬蝽属 *Nabis* Latreille, 1802

Nabis Latreille, 1802: 248. Type species: by subsequent designation (Westwood, 1840: 120): *Cimex vagans* Fabricius, 1787 (=*Cimex ferus* Linnaeus, 1758).

主要特征：姬蝽属为姬蝽科中最大的类群，体色污暗，种间的体形、色斑的色泽相似。雄虫的抱器不分叶，但有的种类抱器侧缘具不同形状的突起；阳茎的骨化刺数目少，多数种类具 1 个或 2 个骨化刺，少数种很不明显或为不同形状的骨化构造，如扇形齿缘状骨化构造等；雌虫生殖腔的前半部有 1 个或 2 个骨化环，骨化环的大小、形状因种而异，一般位于生殖腔的前部。卵较短小（长 1.0–1.4 mm，粗 0.28–0.34 mm），略弯，卵前极的壳领缘狭窄，卵壳盖中域略凹陷，或明显向上圆隆，表面上具六边形网纹或者形状各异的多孔物质的白色小突起。

分布：世界广布。世界已知 100 余种，中国记录 20 种，浙江分布 3 种。

分种检索表

1. 体显著狭长，两侧近似平行 ·· 窄姬蝽 *N. capsiformis*
- 体不显著狭长，两侧不平行 ·· 2
2. 雄虫抱器外缘近中部略突出或明显突出，抱器端半部呈亚圆形；阳茎的基半部无骨化刺 ·············· 小翅姬蝽 *N. apicalis*
- 雄虫抱器外缘无突出，若中部有突起，则其前端平截；阳茎的基半部具 2 个显著的大小及形状相似的骨化刺 ··············
··· 暗色姬蝽 *N. stenoferus*

（178）小翅姬蝽 *Nabis apicalis* Matsumura, 1913

Nabis apicalis Matsumura, 1913: 177.

主要特征：体深栗色至浅栗色或黄褐色，被光亮淡色短毛，具褐色斑，触角淡黄色，第 2 节端部褐色；头背面、腹面及眼后部两侧黑褐色，前胸背板前叶深色，云形斑不显著；小盾片中部褐色，两侧浅黄色，腹部背面中域色泽暗于两侧，侧接缘暗黄色，各节前端外缘褐色，腹部腹面棕褐色。前足股节褐色斑较中足、后足股节斑显著。前翅短，膜片甚小，其后缘近平截。雄虫抱器前半部外缘宽于基半部，外缘中部呈锥状突，前半部外缘为弧状，内缘弯，前端舌突显著，从另一侧面观察，抱器前端狭而弯；生殖节背面亚端部左右两侧刚毛成单行排列，每列由 29–30 根刚毛组成（艾氏器）。由背面观察，阳茎外形似长方形。阳茎表面被小刺突，中域的小刺突似螺纹状排列，端半部有锯齿缘骨化片及骨化刺（显著小于锯齿缘骨化片）。雌虫腹部第 7 腹板前端中突呈短棒状，其长度为第 7 腹板长的 1/2；第 1 产卵瓣端半部侧缘齿突显著。

　　分布：浙江（杭州、丽水）、湖北、江西、福建、广西、四川、贵州；朝鲜半岛，日本。

（179）暗色姬蝽 *Nabis stenoferus* Hsiao, 1964

Nabis stenoferus Hsiao, 1964: 234, 239.

　　主要特征：体灰黄色，具褐色及黑色纹斑。头顶中央纵带、眼前部及后部两侧、触角第 1 节内侧及第 2 节基部和顶端、前胸背板中央纵带（领及背板后叶的部分较显著）、背板前叶两侧的云形斑纹、小盾片基部及中央、前翅革片端部 2 个斑点和膜片基部的 1 个斑点、胸腹板中部及胸侧板中央纵纹、腹部腹面中央及两侧纵纹均为黑色，或伴有红色色泽（淡色个体这些色纹斑常隐约不清或消失）。各足股节具深色斑，为褐色至黑色。雄虫体长 7.8 mm，腹部宽 1.6 mm。头长 1.0 mm，头宽 0.8 mm，头顶宽 0.4 mm。触角第 1 节短于头的长度，触角各节长为 1：2：3：4=0.9：1.5：1.6：1.1（mm）。喙达中胸腹板中部，各节长为 1：2：3：4=0.3：0.9：0.8：0.4（mm）。前胸背板长 1.3 mm，前角间宽 0.6 mm，侧角间宽 1.5 mm。前翅长 5.4 mm，膜片超过腹部末端 1.0 mm。雄虫抱器前半部略弯，内缘近中部具刚毛，前端的舌突甚小，外缘表面有短毛。生殖节背面亚端部左右两侧各具一列刚毛列（艾氏器），每列由 38–39 根刚毛组成。阳茎前端细，向后显著膨胀、大而宽阔，近基部各侧具一囊突，其中部有两个大小及形状相似的骨化刺，呈赭棕色，光亮；阳茎布满稀疏微小刺；当阳茎外翻状态时，这些小微刺及两个骨化刺明显暴露在表面上，则清楚可见。雌虫体长 8.7 mm，腹部宽 1.6 mm。头长 1.1 mm，头宽 0.76 mm，头顶宽 0.37 mm。触角各节长为 1：2：3：4=1.0：1.7：1.7：1.2（mm）。前胸背板长 1.4 mm，前角间宽 0.7 mm，侧角间宽 1.55 mm。前翅长 6.0 mm，膜片超过腹部末端 1.0 mm。腹部第 7 腹板前端的中突细长，顶端尖锐；生殖腔前部具两个骨化环，由背面观察与腹面观察生殖腔的骨化环形状略有不同。

　　生物学：暗色姬蝽为我国姬蝽科的常见种之一，个体数量大、分布广，通常栖息在棉田、豆地、麦田、稻田、烟草地、蔬菜及果树、森林中，以及各种杂草丛间。活动及捕食能力强，繁殖较快，成虫及若虫喜捕食蚜虫、红蜘蛛、长蝽、盲蝽、棉铃虫、蓟马小造桥虫及多种鳞翅目幼虫和卵等，对害虫具有一定的控制作用。

　　分布：浙江（杭州）、黑龙江、吉林、辽宁、北京、天津、河北、山西、山东、河南、陕西、宁夏、甘肃、新疆、江苏、安徽、湖北、江西、福建、四川、云南；俄罗斯，朝鲜半岛，日本。

（180）窄姬蝽 *Nabis capsiformis* Germar, 1838

Nabis capsiformis Germar, 1838: 132.

　　主要特征：体枯草灰色或枯草黄色，具黑色及褐色斑纹。头背面中央、前胸背板中央纵带纹及小盾片中部均为黑色，头的眼后方两侧、胸背板前叶花纹为黑褐色，背板后叶两侧各具两条短而隐约的褐色纵纹；前翅革片端半部中央具 3 个显著的黑褐色点斑，膜片翅脉褐色。前足股节外侧具明显的褐色斑。腹部腹面污黄色，侧接缘暗黄色，腹部腹面中央及两侧纵带纹为褐色。雄虫体长 8.2 mm，腹部宽 1.5 mm。头长 1.0 mm，头宽 0.7 mm，头顶宽 0.4 mm。触角第 1 节与头等长，各节长度为 1：2：3：4=1.0：1.6：1.6：10（mm）。前胸背板长 1–2 mm，前角间宽 0.6 mm，侧角间宽 1.35 mm。前翅长 5.9 mm，超过腹部末端 1.8 mm。雄虫生殖节背面亚端部左右两侧各具一单行刚毛列（艾氏器），每列由 22–23 根硬刚毛组成，刚毛由外向中央逐渐加长，刚毛的前端呈直角弯曲，抱器前半部宽阔，似刀状，内缘略弯，外缘弧状，前端叶突显著；由背面观察休止状态的阳茎，骨化刺明显可见；解剖后可见基半部有两个骨化刺，前者较大，后者较小，这两个骨化刺形状相异。雌虫体长 9.0 mm，腹部宽 1.7 mm。头长 1.2 mm，头宽 0.78 mm，头顶宽 0.4 mm，触角第 1 节略短于头的长度，各节长度为 1∶2∶3∶4=1.0∶1.6∶1.6∶1.0（mm）。前胸背板长 1.3 mm，前叶略长于后叶（0.7 mm∶0.6 mm），前角间宽 0.6 mm，侧角间宽 1.5 mm。前翅长 6.2 mm，超过腹部末端 2.0 mm。第 7 腹板前端中央突细长，似杆状，淡黄棕色，其长度稍短于第 7 腹板的长度（比例 3∶4），产卵瓣端半部侧缘呈锯齿突，近基部的 7 个齿突较显著。

分布：浙江（杭州、丽水）、湖北、江西、福建、海南、广西、四川、云南、西藏；俄罗斯，日本，印度，斯里兰卡，伊朗，也门，法国，太平洋岛屿，南美洲，非洲。

第十三章　臭虫总科 Cimicoidea

十九、细角花蝽科 Lyctocoridae

主要特征：体长 2.0–6.0 mm。头平伸；触角 4 节，第 3、4 节线形，明显细于第 1、2 节。喙直，至少伸达腹部基部。有臭腺沟缘，臭腺具一个囊。前足胫节有海绵窝。前翅有一明显的楔片缝；膜片具 1–4 条脉。腹部有背侧片；腹侧片与腹板愈合；腹部第 1 气孔缺；第 7 腹板前缘中部有一内突。雄虫生殖节不对称，阳基侧突一对，左大，右小，稍不对称，阳基侧突无容纳阳茎的沟槽，不起交配器官的作用；阳茎端部骨化较强，尖锐，有刺穿雌虫腹部的作用。雌虫腹部第 6、7 背板节间膜上有创伤授精的刺痕。产卵器发达，无储精囊，卵无精孔。多为捕食性。少数种类生活于鸟巢中，或有吸食人类或其他哺乳动物血液的习性（Štys and Daniel，1957）。

分布：较广，古北区和东洋区均有分布，古北区的种类较为丰富，偏喜暖热。世界已知 1 属 28 种，中国记录 1 属 4 种，浙江分布 1 属 1 种。

109. 细角花蝽属 *Lyctocoris* Hahn, 1835

Lyctocoris Hahn, 1835: 19. Type species: *Acanthia campestris* Fabricius, 1794, by subsequent designation by Kirkaldy, 1906.

主要特征：体长椭圆形，长翅型。头短，其上的大型刚毛状毛短；触角第 3、4 节细，多毛，毛长可超过该节直径的 2 倍以上；喙长超过中足基节。前胸背板有细刻点，领窄，胝区稍隆起。小盾片基半有细刻点，端半横皱状。前翅刻点细密，毛被短，平伏。中胸腹板有中纵沟，后胸腹板圆，有中纵脊。臭腺沟缘折角状，向前弯，端部伸达后胸侧板前缘。前、中足胫节有海绵窝。雄虫左右两侧的阳基侧突均发达，片状，内侧具小齿突，左侧阳基侧突大，右侧的小；阳茎细管状，有横皱褶，端部骨化强，呈细长的刺状。雌虫产卵器发达。

分布：较广，古北区和东洋区均有分布，偏喜暖热。世界已知 28 种，中国记录 4 种，浙江分布 1 种。

（181）东方细角花蝽 *Lyctocoris beneficus* (Hiura, 1957)

Euspudaeus beneficus Hiura, 1957: 31.

Lyctocoris beneficus: Hiura, 1966: 33.

主要特征：体长椭圆形。头深栗褐色，前端色浅；复眼较突出；触角污黄褐色。前胸背板和小盾片深褐色；领不明显，侧缘较凹，略呈薄边状，胝区较隆起，毛被短，较密。小盾片基半光滑，有零星小刻点，端半呈皱刻状。前翅污黄白色，爪片基部白色覆盖物被去掉后呈透明状，楔片后角浅黄褐色，膜片浅灰白色，半透明。喙黄色，长达于中足基节。足黄褐色，胫节刺长可超过该节直径。雄虫左右阳基侧突端部渐尖，内外侧均狭缩；阳茎端部骨化部分短，直。

生物学：可在野外、粮库、居室内和鸟巢中采得，偶尔有吸血性。有趋光性。

分布：浙江（湖州）、河北、河南、陕西、江苏、湖北；日本，欧洲，美洲。

二十、花蝽科（狭义）Anthocoridae

主要特征：身体小型。多为椭圆形。黄褐色、褐色或黑褐色，幼期有时具有红色色泽。头多平伸，向前渐狭。有单眼。触角 4 节。前胸背板梯形。前翅有明显的楔片缝（或称前缘裂）和楔片，膜片脉序由 4 条相互平行的纵脉组成，脉多较短，不伸达膜片端缘，或较弱，直至几乎不可见；无翅室。各足跗节 3 节。生活于花间、叶鞘内、树皮缝间、枯枝落叶层内。捕食小型软体昆虫，常辅以花粉等植物性食物。

古北区和新北区分布的属、种数虽然不少，但仍远少于其他各大区属、种的总和，而且热带、亚热带地区的种类占有较大比重，因此此科在总体上仍为偏喜暖热的类群。

分布：世界广布，各大区系均有分布。世界已知 700 余种，中国记录 100 余种，浙江分布 11 种。

分属检索表

1. 触角第 3、4 节线形，明显细于第 2 节；前胸背板有 3 对长毛；雌虫无交配管 ·························· 2
- 触角第 3、4 节略呈纺锤形，与第 2 节等粗；前胸背板仅具 2 对长毛或无；雌虫有一个交配管 ·········· 4
2. 臭腺沟缘端部不明显延伸呈脊；前足股节显著加粗，内侧生有刺列；喙短于头长；前胸背板胝区有一浅纵沟，后胸腹板端部不延伸呈二叉状 ······················· **刺花蝽属 Physopleurella**
- 臭腺沟缘指向后方，通常延伸呈一脊伸达后胸侧板前缘 ·································· 3
3. 臭腺沟缘端部明显延伸呈脊，以折角伸达后胸侧板前缘；前足股节不明显加粗，无刺；喙伸达前足基节；前胸背板胝区无中纵沟；后胸腹板端部延伸呈二叉状 ····················· **叉胸花蝽属 Amphiareus**
- 臭腺沟缘向前弯，端部延伸呈脊状达于后胸侧板前缘；前胸背板和前翅长毛多；前胸背板具领区，后缘弯曲较强，胝区无中纵沟，胝后有一明显的横沟 ····················· **镰花蝽属 Cardiastethus**
4. 前胸背板的领窄，稍呈横皱状，或几乎不分化出领；前跗节有爪垫；雄虫前足胫节内侧有齿或刺；第 8 腹节强烈不对称，向左弯曲，生殖节左侧着生 1 个螺旋状阳基侧突 ·················· **小花蝽属 Orius**
- 前胸背板通常有一明显的领，较宽，明显横皱状；前跗节缺爪垫；雄虫前足胫节内侧无齿或刺；第 8 腹节稍不对称，生殖节左侧着生 1 个镰刀状阳基侧突 ·························· 5
5. 后胸腹板末端平截或几乎平截；后足基节相互远离；臭腺沟缘平坦，略呈弧形前弯，向前延伸成一脊状；无短翅型；均生活于针叶树上 ····················· **松花蝽属 Elatophilus**
- 后胸腹板末端三角形；后足基节相互靠近；前翅革质部有色斑，无刻点或仅具极浅的刻点；膜片常有浅色斑但不呈纵带状 ···························· **原花蝽属 Anthocoris**

110. 叉胸花蝽属 *Amphiareus* Distant, 1904

Amphiareus Distant, 1904b: 220. Type species: *Xylocoris constrictus* Stål, 1860.

主要特征：体细长，长毛多。头长与宽约相等。喙伸达前足基节。前胸背板胝后为深凹陷，前半光滑，后半具刻点。前翅有长毛被，稀布刻点，近中部略扩展。中胸腹板有中纵沟，后胸腹板后端向后延伸呈二叉状为此属的显著特征。后足基节相互靠近。臭腺沟缘向侧后弯，再以折角状细脊向前延伸达后胸侧板前缘。腹部仅第 1、2 节具侧背片；第 2、3 腹节腹面节间呈锯齿状。雄虫阳基侧突细长，向端部渐细，弯曲。雌虫产卵器退化。雌、雄虫腹末均有长毛伸出。

分布：较广，世界各大区均有分布。世界已知 7 种，中国记录 3 种，浙江分布 2 种。

（182）黑头叉胸花蝽 *Amphiareus obscuriceps* (Poppius, 1909)

Cardiastethus obscuriceps Poppius, 1909: 19.

Amphiareus obscuriceps: Hiura, 1960: 53.

主要特征：体黄褐色，长椭圆形。头顶黑色，前端稍浅；复眼黑色，其上有短毛伸出；触角除第2节基部3/4黄色外，余污黄褐色。前胸背板侧边黑褐色；领窄，明显，后缘有一列刻点；侧缘微凹，略呈薄边状，近四角各有一直立长毛；胝区隆出，前半两侧各有一小陷窝，胝后下陷较深。小盾片基角及侧缘发污，中部凹陷，基部和端部隆出。前翅黄褐色，楔片内缘深褐色。喙黄褐色，长超过前足基节。臭腺沟缘端脊折角大于120°，折角后直伸至蒸发域前缘。雄虫阳基侧突细长，弯曲度较大。

生物学：栖居于多种环境，尤其在一些乔木或灌木的死叶子簇和枯枝落叶层中，经常发现于脱离树干或部分枯死的树枝叶子中。有趋光性，为捕食性，捕食其他小型无脊椎动物，包括啮虫、蓟马、甲虫的幼虫以及多种小型节肢动物的卵等，对农林作物的害虫有一定的控制作用。

分布：浙江（杭州、丽水、温州）、辽宁、内蒙古、北京、天津、河北、山东、河南、陕西、甘肃、江苏、湖南、台湾、海南、广西、四川、云南；日本。

（183）束翅叉胸花蝽 *Amphiareus constrictus* (Stål, 1858)

Xylocoris constrictus Stål, 1858b: 44.

Amphiareus constrictus: Hiura, 1960: 46.

主要特征：体黄褐色，细长。头黄褐色；复眼色深，生有短毛；触角浅黄褐色；领窄，后缘有一列刻点；侧缘微凹，略呈薄边状，后角及近前角处各有一直立长毛，等于或稍长于复眼直径；胝区隆出。小盾片基角及外侧缘污暗。前翅楔片内缘色深；爪片外侧大部分、外革片大部分有光泽，其余污暗；爪片刻点密，毛被亦密；膜片灰褐色。喙第3节中部色深。足黄色，胫节毛长超过该节直径。臭腺沟缘端脊略呈直角状弯曲，折角后直伸至蒸发域前缘。雄虫阳基侧突近基部弯曲较强。

生物学：本种曾采自粮食仓库和多种植物上，如玉米、水稻、小麦、珍珠梅、苹果、板栗、柳树等。有趋光性。

分布：浙江（杭州、丽水）、辽宁、内蒙古、天津、河北、山东、河南、陕西、甘肃、江苏、湖南、台湾、海南、广西、四川、云南；日本。

111. 刺花蝽属 *Physopleurella* Reuter, 1884

Physopleurella Reuter, 1884b: 678. Type species: *Cardiastethus mundulus* White, 1877.

主要特征：体黄褐色。复眼大，突出；触角第3、4节较细，其上毛长超过该节直径2倍以上。前胸背板胝区隆起，中部有一纵列浅槽，两侧有纵列毛；两侧及后缘凹陷明显，胝区与侧缘间有一条状突起；四角各有一直立长毛。前翅稍污暗，毛被稀、长。臭腺沟缘向后弯。前足股节内侧有两列刺，前列短，后列长。股节毛被较密，腹末数节侧缘后部各有一根长毛，长超过复眼直径。雄虫阳基侧突片状，向端部渐尖。雌虫产卵器不发达，退化。

分布：多分布于非洲热带地区和东洋区。世界已知约24种，中国记录1种，浙江分布1种。

（184）黄褐刺花蝽 *Physopleurella armata* Poppius, 1909

Physopleurella armata Poppius, 1909: 12.

主要特征：体长椭圆形。头黄褐色，复眼黑色，触角黄褐色。前胸背板黄褐色；领区窄，向中部渐宽。

小盾片深黄褐色，中部有两个较大凹陷。前翅稍污暗，毛被稀、长，爪片毛被稍密，爪片缝两侧浅褐色，楔片内缘及后角黑褐色，膜片灰白色。喙黄色，粗短。臭腺沟缘向后弯，延伸成脊，但脊的基部不明显。足黄色；前足股节内侧有两列刺，前列短，后列长；股节毛被较密，胫节毛长不超过该节直径。腹末第3–5节侧缘后部各有一侧伸长毛，长超过复眼直径。雄虫阳基侧突片状，向端部渐尖，内缘端部近1/3处有一凹痕。雌虫产卵器不发达，退化。

生物学：我国江苏的标本采自粮食仓库内。另据 Hiura（1959）记载日本此种多生活于木柴上，也生活于死的或枯萎的树木，以及收获的茎秆和叶片，包括竹节、麦秆、稻秆、白薯藤、蚕豆茎等。有趋光性。

分布：浙江（丽水）、江苏、台湾、海南、贵州；日本，新几内亚岛。

112. 镰花蝽属 *Cardiastethus* Fieber, 1860

Cardiastethus Fieber, 1860b: 266. Type species: *Cardiastethus luridellus* Fieber, 1860.

主要特征：体长椭圆形。头短，喙伸过中胸腹板中部。前胸背板有刻点；领窄，胝区隆起，光滑。小盾片基半光滑，端半横皱状。前翅有细刻点，毛被略长密。中胸腹板有中纵沟，后胸侧板三角形，有中纵脊。臭腺沟缘半圆形，向前弯，伸达后胸侧板前缘。腹部第1–3节具侧背片；第2、3腹节腹面节间呈锯齿状。前足胫节近基部内侧有若干齿。腹部末端有长毛伸出。产卵器不发达。

分布：世界已知55余种，各大区均有分布，中国记录3种，浙江分布1种。

（185）小镰花蝽 *Cardiastethus exiguus* Poppius, 1913

Cardiastethus exiguus Poppius, 1913: 253.

主要特征：体黄褐色，长椭圆形。头前端色浅，复眼黑褐色，头顶皱刻状，稀布短毛，头顶后缘有一横列毛，毛指向中央；触角第3、4节色深。前胸背板毛被短密，领窄，侧缘直，四角各有一直立长毛，近前角处呈纵的凹陷状，凹陷前缘较深，陷窝状；胝区隆出显著，胝后缘凹陷较深；整个背板皱刻，污暗。小盾片中部有两个较大的凹陷。前翅稍污暗，外革片端半及楔片大部分色深；侧缘稍凹，前2/3有短粗毛；膜片灰褐色；喙伸达前足基节；足黄色，后足胫节毛长者稍超过该节直径，臭腺沟缘端部略向后弯曲，然后沿一脊向前弯伸至后胸侧板前缘。

分布：浙江（杭州、衢州）、山东、河南、陕西、江苏、上海、湖北、湖南、台湾、海南、广西、四川；日本，印度，斯里兰卡，非洲。

113. 原花蝽属 *Anthocoris* Fallén, 1814

Anthocoris Fallén, 1814: 9. Type species: *Cimex nemorum* Linnaeus, 1758.

主要特征：在花蝽科中属于中、大型。体长椭圆形，多数种类的毛被长度中等。复眼不接触前胸背板前缘；单眼接近复眼后缘；喙短，伸达于前足基节。触角第1节几伸达头前端，第2节最长，第3、4节纺锤形，略细于第2节。前胸背板领发达；侧缘较直；后缘弯；四角各具一明显直立的长毛或后角各有一直立长毛。前翅膜片常有浅色斑，但不呈纵带状。臭腺沟缘较直，端部稍向前弯并向前延伸呈一脊状。腹部末端有长毛伸出。雄虫生殖节较直，稍向左弯，仅左侧具一个阳基侧突。雌虫产卵器发达，交配管较长，末端为一较大的囊。

分布：世界广布。世界已知约80余种，中国记录37种，浙江分布2种。

（186）日本原花蝽 *Anthocoris japonicus* Poppius, 1909

Anthocoris japonicus Poppius, 1909: 33-34.

　　主要特征：体略狭长。头黑色，眼前部分长：眼前缘以后部分长=1：1，头顶中部有若干毛，呈"Y"形分布；触角褐色，触角毛长不超过该节直径。前胸背板毛被稍长，平伏；领皱刻明显；侧缘平直；胝区中部有纵列毛，胝后下陷浅宽；后叶皱刻明显，达于后缘。前翅毛被稍密，较长，平伏或半直立，爪片以及内革片内侧大部分污褐色，内革片基部亮黄色，内革片端半、外革片外缘和后角及整个楔片亮褐色，楔片缝内侧有一淡色圆斑；膜片褐色，亚基部有白斑，呈倒"V"形。雄虫阳基侧突细长，端部向内圆缓弯曲，整体粗细较为均匀。
　　生物学：捕食松干蚧。
　　分布：浙江（杭州）；俄罗斯［远东地区、萨哈林岛（库页岛）］，朝鲜，日本。

（187）木虱原花蝽 *Anthocoris takahashii* Hiura, 1959

Anthocoris takahashii Hiura, 1959: 6.

　　主要特征：体黑色，毛被金色，半直立，稍密。头黑色，具强光泽，眼前部分长：眼前缘以后部分长=2：3，头顶中部有若干毛，呈"Y"形；触角黑褐色，触角毛长者稍超过该节直径。前胸背板和小盾片黑褐色，具强光泽，后角处颜色略浅；侧缘稍凹，中部之前呈狭边状；领皱刻明显；胝区平坦，中部有纵列毛，胝后下陷明显；后叶皱刻清楚，达于后缘。前翅爪片以及楔片缝之前的内革片无光泽，污褐色，外革片和楔片具强光泽，楔片缝内侧有一淡色圆斑；膜片灰褐色，在基部及楔片之后有白斑；前翅伸达或稍超过腹部末端。足黑褐色，胫节毛长不超过该节直径。雄虫阳基侧突狭片状，端部弯曲几呈直角，向端渐尖。
　　生物学：捕食沙朴木虱。
　　分布：浙江（杭州）、贵州；俄罗斯（远东地区），日本。

114.　小花蝽属 *Orius* Wolff, 1811

Orius Wolff, 1811: 4. Type species: *Salda nigra* Wolff, 1811.

　　主要特征：体椭圆形，有光泽。头上大型刚毛状毛很短；单眼突出；触角粗细较为一致，常雌雄异型，雄虫触角常粗于雌虫，其中第2节尤其明显。喙超过前足基节。前胸背板具刻点，领短，胝区隆起，光滑；四角具直立长毛或仅后角具直立长毛。前翅具刻点，膜片具3条脉。后足基节相互靠近，雄虫前足胫节内侧有小齿。臭腺沟缘向前弯，略呈半圆形。后胸腹板三角形。雄虫阳基侧突螺旋形，向左旋，分为叶部和鞭部，叶部具齿或无齿，鞭部1–3支。雌虫交配管着生于腹部第7、8腹节的节间膜上，分为基段和端段两部分，基段骨化较强，壁厚，端段骨化弱，壁薄。雄虫阳基侧突叶部的形状，叶上齿的有无，鞭的长短和形状，以及雌虫交配管的形状和着生位置是分亚属和分种的重要特征。
　　分布：世界各大区均有分布，已知约80余种，是目前花蝽科中包含种类最多的属，中国记录14种，浙江分布4种。

分种检索表

1. 雄虫阳基侧突的叶部无齿，鞭部直，剑形，由基向端渐尖，与叶缘垂直；雌虫交配管基段明显短于端段 ……………………
……… 剑鞭小花蝽 *O. gladiatus*

- 雄虫阳基侧突的叶部具齿 ·· 2
2. 雄虫阳基侧突的叶部细窄，端部呈大弯钩状，体较小，体色较淡；雄虫阳基侧突叶部上的齿很小，位于叶部的中央，指向侧方，与叶部外缘平行 ··· **明小花蝽 _O. nagaii_**
- 雄虫阳基侧突的叶部宽阔，除端部小弯钩外，略呈方形 ··· 3
3. 雄虫阳基侧突叶部上的齿很小，位于中部外侧；雌虫交配管基段与端段约等长或端段稍长，二者直径亦相近 ············· ··· **南方小花蝽 _O. strigicollis_**
- 雄虫阳基侧突叶部上的齿大，阳基侧突叶部上的齿位于叶中部外侧缘，沿外侧平行延伸；雌虫交配管细长，基段长为端段长的 1.5–2.0 倍，基段直径为长的 1/5 ··· **微小花蝽 _O. minutus_**

（188）剑鞭小花蝽 _Orius gladiatus_ Zheng, 1982

Orius gladiatus Zheng, 1982: 192.

主要特征：体长椭圆形，光泽强。头褐色或深褐色，前端色淡，头顶中部有纵列毛，两单眼间有一列毛。前胸背板深褐色，侧缘直，四角无直立长毛；胝区显著隆出，前翅爪片和革片黄褐色，楔片大部分浅褐色或褐色，或外半褐色，膜片烟灰色。足黄褐色，胫节毛长不超过该节直径。雄虫生殖节背面中部左侧有一束较长的刚毛，阳基侧突叶部背面观较短狭，弯曲不强，侧面观可见叶的端部中空，呈螺壳开口状；鞭部剑状，基部甚粗，渐尖削直至末端，可自由活动；阳基侧突体侧面观较高，结构特殊。雌虫交配管基段明显短于端段。

分布：浙江（嘉兴）、湖北、四川、西藏；尼泊尔。

（189）明小花蝽 _Orius nagaii_ Yasunaga, 1993

Orius nagaii Yasunaga, 1993: 19.

主要特征：体相对较狭长，为本属内的中等类型。头、前胸背板、小盾片栗褐至黑褐色。头前端色浅，头顶中部有若干刻点列，呈"V"形分布，两单眼间亦有一列毛；触角基部 2 节黄色，端部 2 节褐色。前胸背板毛被短稀；领的皱刻清楚，呈横皱状；胝区略大，完整，光滑，较隆起，中部具 1–2 列纵列毛。小盾片中部凹陷，呈横皱状。前翅除楔片端角为褐色外，其余均为黄色，膜片浅灰褐色，翅合拢时两侧略平行。足黄色，基节基半和爪褐色。体腹面深褐至黑褐色。雄虫阳基侧突叶部略窄，齿较小，位于叶中央，指向侧方，鞭部略伸过叶端。

分布：浙江（杭州）、天津、河北、山东、陕西、安徽；日本。

（190）微小花蝽 _Orius minutus_ (Linnaeus, 1758)

Cimex minutus Linnaeus, 1758: 446.
Orius minutus: China, 1943: 253.

主要特征：头深褐色，头顶中部有纵列毛，呈"Y"形，两单眼间有一横列毛，雄虫触角第 1、2 节黄色，第 3、4 节褐色，雌虫第 2 节有时第 3 节基部大半黄色，其余褐色。前胸背板深褐色，四角无直立长毛；侧缘微凹，前半呈薄边状；胝区较隆出，中部有纵列刻点毛，其后缘下陷明显。前翅爪片和革片淡色，楔片大部分赤褐色或仅末端色深；毛被稍长密。足淡黄色或股节深色，后足胫节有时黑褐色，胫节毛长不超过该节直径。雄虫阳基侧突叶部的基部和中部极宽，端部迅速变细，接近鞭部着生有一大齿，贴近叶的前缘，鞭部细长略弯，约 1/4 伸过叶端。雌虫交配管细长，基段长为端段长的 1.5–2.0 倍，基段直径为长的 1/5。

生物学：本种曾被发现于大量灌木和草本植物上，捕食蚜虫、啮虫、叶蝉、蓟马和蜱螨，以及半翅目和鳞翅目的卵。

　　分布：浙江（杭州、金华、衢州、丽水）、辽宁、内蒙古、北京、天津、河北、山东、河南、甘肃、新疆、湖南、四川；俄罗斯，蒙古国，朝鲜，欧洲，非洲。

（191）南方小花蝽 *Orius strigicollis* (Poppius, 1915)

Triphleps strigicollis Poppius, 1915b: 8.

Orius strigicollis: Zheng & Bu, 1990: 26.

　　主要特征：为本属内的中小型类型。头黑褐色，前端黄褐色，头顶中部有纵列毛和刻点，呈"Y"形分布，两单眼间有一横列毛。雄虫触角比雌虫粗，毛被密；污褐色，第2节黄褐色。前胸背板黑褐色，四角无直立长毛；侧缘直，略呈薄边状；胝区隆出弱，胝后缘凹陷清楚。前翅爪片和革片淡色，楔片大部分或全部黑褐色，膜片淡烟灰色。足淡黄色；胫节毛长不超过该节直径。雄虫阳基侧突叶部上的齿明显细小，接近叶部外缘，距鞭部着生处较远，鞭部更长。雌虫交配管细长，基段与端段约等长或端节稍长，二者直径亦相近。

　　生物学：捕食蚜、螨类、蓟马、木虱。

　　分布：浙江（嘉兴）、山东、江苏、湖北、江西、福建、台湾、广东、四川；日本。

115. 松花蝽属 *Elatophilus* Reuter, 1884

Elatophilus Reuter, 1884: 56. Type species: *Anthocoris nigrellus* Zetterstedt, 1838.

　　主要特征：在花蝽科中属于中、大型。体长扁，毛被短。头长；复眼和单眼凸出；喙伸达或超过中足基节。前胸背板细皱刻状；领明显；胝区光滑。前翅污暗，似被有白粉；通常为长翅型；膜片有4条纵脉。后足基节相互远离。臭腺沟缘向前弯，端半渐窄，向前形成一细脊。

　　分布：本属在古北区西部和新北区种类较为丰富（Péricart, 1972；Kelton, 1978；Henry and Froeschner, 1988），均生活于针叶树上。世界已知11种，中国记录2种，浙江分布1种。

（192）松干蚧花蝽 *Elatophilus matsucocciphagus* Bu *et* Zheng, 2001

Elatophilus matsucocciphagus Bu *et* Zheng, 2001: 165.

　　主要特征：头栗褐色。眼前部分长：眼后缘以后部分长为4：3；头顶中部光滑；触角全部褐色。前胸背板栗褐色，整个背面具细密横皱；侧缘中部较凹，整个侧缘呈薄边状，前半略宽；胝区面积较大，约占前胸背板的1/2，胝后缘呈波浪状凹陷。小盾片栗褐色。前翅零星分布有短毛；爪片中段大部分和内革片内侧1/3–1/2浅污黄色，爪片基部、小盾片侧缘和端部、内革片外侧、外革片及楔片污褐色。喙褐色，伸达前足基节。臭腺沟缘端部弯曲较强。足基节、股节、胫节基半黑褐色，胫节端半黄褐色，后足胫节毛长者超过该节直径的1.5倍。雄虫阳基侧突较短宽，中部略弯曲。

　　分布：浙江（杭州）、辽宁、江苏、福建；日本。

第十四章　扁蝽总科 Aradoidea

二十一、扁蝽科 Aradidae

主要特征：本科昆虫的身体均较扁平，颜色深暗，通常黑褐色。头在触角之间伸出，触角较短，明显分为4节，无单眼。翅不盖及整个腹部，亦有一些短翅及无翅的种类。热带的扁蝽，身体多具奇异的突起和疣状构造，骨化较强而坚硬。大多数扁蝽生活在腐朽的树皮下，以菌类为食。口器具细长吻丝，适应菌食习性，平时卷曲头内。扁蝽除有时大迁飞外，一般活动性不强。

分布：世界广布。世界已知307属2164种，中国记录49属188种，浙江分布2属2种。

116. 脊扁蝽属 *Neuroctenus* Fieber, 1860

Neuroctenus Fieber, 1860: 34. Type species: *Neuroctenus brasiliensis* Mayr, 1866.

主要特征：长翅型。身体通常极扁平，无显著的突起；第4–6腹节腹板基部各有一条横脊，若有一列连续颗粒者，则腹部亚侧缘具纵脊；喙较短，通常伸达眼的后缘，最长伸达前胸腹板前缘；头长与宽约相等，颊在中叶前端稍突出，呈切口状；前胸背板前角简单，侧缘常凹入；小盾片三角形，侧缘具隆脊；前翅常伸达第7腹节背板前缘；侧接缘第2、3节常趋于愈合，第2–6腹节气门位于腹面。

分布：世界广布。世界已知179种，中国记录18种，浙江分布1种。

（193）栎脊扁蝽 *Neuroctenus quercicola* Nagashima, 2003

Neuroctenus quercicola Nagashima, 2003: 102.

主要特征：体长卵形，表面具明显颗粒。眼后刺钝，不达眼外缘；头前端伸达触角第1节末端，触角第3节短于第4节；前胸背板前角稍突出，侧缘在中央前方稍凹入，后缘近平直；侧接缘各节后角突出；雄虫第7节后缘近平截，生殖节侧缘近斜直，后缘圆突；雌虫第8侧叶伸达第9节末端，宽叶状，内侧缘斜直。第8腹节气门位于侧缘，由背面可见，其他各节气门均位于腹面；腹部亚侧缘纵脊显著，第4–6腹节腹板基部具明显横脊。

雄虫长6.78 mm，宽2.62 mm。

分布：浙江（临安）、陕西、湖北、河南。

117. 胡扁蝽属 *Wuiessa* Hsiao, 1964

Wuiessa Hsiao, 1964: 588. Type species: *Wuiessa unica* Hsiao, 1964.

主要特征：前胸背板前叶中央有两个锥状突起；前角呈角状向前凸出；腹部后端扩展，侧接缘向上翘折，各节后角显著；腹节气门内侧有一条显著纵沟。

分布：东洋区、澳洲区。世界已知8种，中国记录5种，浙江分布1种。

（194）天目胡扁蝽 *Wuiessa tianmuana* Liu *et* Zheng, 1992（图 14-1）

Wuiessa tianmuana Liu *et* Zheng, *in*: Zheng *et* Liu, 1992: 258.

主要特征：雄虫长椭圆形，身体向后渐粗。短翅型，黑褐色，全体被有粗糙颗粒，被锈褐色短毛。头前端伸达触角第 1 节的中央，颊在中叶前接触，端缘呈宽"V"形。触角基粗壮，呈长三角形锥状，渐尖，但末端不锐。眼小，眼后区约呈方角状，后侧角呈短钝角状。触角第 1 节棒状。喙伸达头的基部。前胸背板梯形，胝区微隆，隆起部分呈纵走状，前角宽阔地前伸，角体的内缘凹弯，外缘呈宽弧形拱弯，角顶微伸过领的前缘。小盾片宽短，后缘呈宽弧形。前翅垫状，伸达小盾片后缘的水平位置。第 7 腹节气门位于腹面的侧缘，由背面可见气门的最侧端。第 8 腹节侧背片伸达尾节长的 3/4 处，端部略膨大，内端呈小尖突状，气门位于侧缘。

雄虫体长 8.5 mm，宽 3.8 mm。

分布：浙江（临安）。

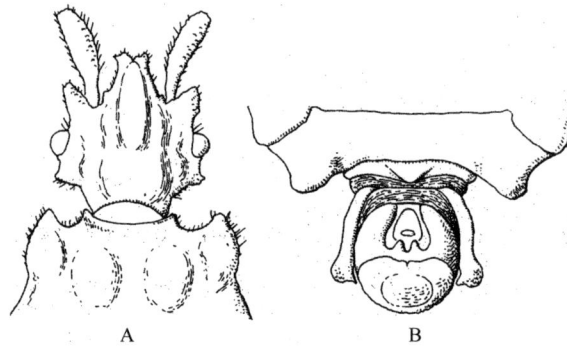

图 14-1　天目胡扁蝽 *Wuiessa tianmuana* Liu *et* Zheng, 1992（引自郑乐怡和刘胜利，1992）

A. 头及前胸背板前部；B. 雄虫腹部末端背面观

第十五章　长蝽总科 Lygaeoidea

二十二、跷蝽科 Berytidae

主要特征：跷蝽科是异翅亚目中一个比较小的科，却存在很大的形态变异。大多数身体狭长，具细长的触角和足，英文"stilt bug"和中文名"跷蝽"也因此而来。

成虫头部具单眼；触角 4 节；喙 4 节；有的种类体表具刻点；小盾片末端常常具刺或突起；在一些类群中翅具多态现象；后胸臭腺孔缘常常延伸，挥发域总是存在；前翅膜区具 5–6 根翅脉，与长蝽总科其他类群相同；腿节端部通常膨大；跗节 3 节，爪具中垫；生殖节对称。卵不具卵盖。若虫 5 龄，具 2 个腹部背臭腺，一些类群具直立的腺毛。

分布：世界广布。世界已知 170 种，中国记录 11 属 24 种，浙江分布 4 属 4 种。

分属检索表

1. 后胸臭腺孔缘明显延长呈沟槽状 ·· 2
- 后胸臭腺孔缘退化，只余一"L"形狭缝 ·· 肩跷蝽属 *Metatropis*
2. 后胸臭腺孔缘端部具刺状突起 ·· 刺胁跷蝽属 *Yemmalysus*
- 后胸臭腺孔缘端部不具刺状突起 ··· 3
3. 喙第 2 节相对较短，不长于第 3 节 ·· 背跷蝽属 *Metacanthus*
- 喙第 2 节较长，远长于第 1 和第 3 节 ·· 锤胁跷蝽属 *Yemma*

118. 背跷蝽属 *Metacanthus* Costa, 1843

Metacanthus Costa, 1843: 26. Type species: *Berytus meridionalis* Costa, 1843. Original designation.

主要特征：本属后胸臭腺孔缘为细长的管槽状，端部下弯，超出前翅的部分绝不超过其全长的 1/2；雄性生殖囊尾端具加厚的边缘。

分布：世界广布。世界已知 25 种，中国记录 2 种，浙江分布 1 种。

（195）娇背跷蝽 *Metacanthus* (*Cardopostethus*) *pulchellus* Dallas, 1852

Metacanthus pulchellus Dallas, 1852: 490.

Metacanthus (*Cardopostethus*) *pulchellus*: Henry, 1997: 80.

主要特征：雄性：黄褐色至褐色，腹面褐色至深褐色。头部黄白色至黄褐色，复眼以下腹面褐色，复眼后方具一褐色弧形条纹，达头部后缘，下颚片近复眼处具一褐色三角形区域，底边与头部腹面褐色部分相连；头顶隆起，额部无刺或突起；无刻点无被毛；小颊黄褐色，退化，较狭窄，不达喙第 1 节外缘。喙达后足基节。触角黄白色，具均匀分布的褐色环斑，第 2 节较浅，第 3 节几乎不可见；第 1 节端部稍膨大；第 4 节纺锤形，褐色，端部和基部黄白色。前胸背板背面观近似梯形，中段稍鼓，侧面观后部鼓起，中央具一明显的三角形突起，侧角隆起明显，呈丘形；褐色，胝区和纵脊黄褐色；密布刻点，胝区无刻点；后缘几乎为直，两侧圆钝。小盾片后端平截，具刻点，端部具一直立长刺，长 0.26 mm。前翅超过腹部末端；透明，微黄。前胸侧板黄褐色，前、后侧叶片上方具一"口"字形凹痕，褐色，其中间黄褐色，除该区域外遍布刻点。中胸侧板黄褐色，后缘和前、后侧叶片背缘具褐色条纹；黄褐色区域具若干刻点。胸部腹面黑褐色。孔缘延伸较长，远超前翅水平；端部不扩展，向后弯曲。腹部腹面和背面均无刻点；腹面黄褐色，各节侧接缘、腹部第 2 节全部和第 3 节前半部褐色。足黄白色，具均匀的褐色环斑；腿节端部稍膨大，黄褐色；跗节第 1 节黄褐色，第 2、3 节稍深；爪黑色。

生物学：寄主为豆科芒柄花属；葫芦科葫芦；锦葵科木芙蓉、木槿属、可可；茄科番茄、烟草、茄、洋金花；西番莲科龙珠果；唇形科薄荷属；芝麻科芝麻；泡桐科泡桐属等。

分布：浙江、山西、山东、陕西、甘肃、湖北、湖南、福建、台湾、广东、海南、广西、四川、贵州、云南；韩国，日本，印度，斯里兰卡，菲律宾，马来西亚，印度尼西亚，澳大利亚。

119. 锤胁跷蝽属 *Yemma* Horváth, 1905

Yemma Horváth, 1905: 56. Type species: *Yemma exilis* Horváth, 1905. Monotypic.

主要特征：本属的自有衍征是头部光亮，后叶长度接近前叶的 2 倍，单眼到同侧复眼之间的距离与到头部后缘的距离相等。

分布：世界广布。世界已知 4 种，中国记录 1 种，浙江分布 1 种。

（196）锤胁跷蝽 *Yemma exilis* Horváth, 1905

Yemma exilis Horváth, 1905: 56.

Metacanthus signatus Hsiao, 1974: 61.

Metacanthus acinctus Qi *et* Nannaizab, 1992: 90.

主要特征：雄性：黄褐色。头部黄褐色，头部侧面较浅，复眼后方自缝线起至近头部后缘具一黑褐色条纹，近似弧形，后端渐细；头顶微隆，额部无刺或突起；无刻点，无被毛；小颊黄褐色，半卵圆形，超过喙第 1 节外缘，前端不达前唇基端部。喙超过后足基节。触角黄褐色，第 1 节近基部具一黑褐色环斑，其上方具极稀疏的黑褐色小点，端部略膨大，黄褐色；第 2、3 节不具小点；第 4 节纺锤形，黑褐色，基部稍浅，端部黄褐色。前胸背板背面观近似梯形，后段稍鼓起；侧面观稍鼓起，中纵脊近后部具一小的突起，侧角微隆；黄白色，胝区黄褐色，纵脊与背板颜色一致；密布刻点，胝区无刻点；后缘中部微凹，两侧圆钝。小盾片后端平截，黄褐色，端部具一稍向后倾斜的直立刺，黄白色，尖部深褐色，长 0.24 mm。前翅仅达腹部第 6 节中央；透明，微黄，革片端部颜色一致，革片与膜片相接翅脉的内缘黑褐色。前胸侧板黄白色，前、后侧叶片上方黄褐色，有的个体在前、后侧叶片的背缘具一深褐色斑痕；除该区域外遍布刻点。中胸侧板黄白色，具刻点。胸部腹面黄褐色。后胸臭腺孔缘为细长的管槽状，远超前翅水平；端部向后弯曲，稍扩展；孔缘与挥发域黄褐色。腹部腹面和背面均无刻点；腹部背面黄褐色，主背片几乎全为褐色，在腹部背面中央形成一纵向的宽度均一的深褐色区域；腹部腹面黄褐色。足黄褐色，腿节具均匀的黑褐色小点，端部稍膨大，颜色稍深；胫节不具小点，端部渐深为黑褐色；跗节黑褐色；爪黑色。

生物学：寄主为豆科大豆。

分布：浙江、辽宁、北京、天津、河北、山西、山东、河南、陕西、甘肃、湖北、江西、湖南、海南、四川、贵州、云南；日本。

120. 刺胁跷蝽属 *Yemmalysus* Štusák, 1972

Yemmalysus Štusák, 1972: 373. Type species: *Yemmalysus parallelus* Štusák, 1972. Original designation.

主要特征：本属臭腺孔缘管槽端部具刺，类似于美洲分布的 *Jalysus*，但是比后者更长，表面粗糙。二者是姐妹群关系。刺胁跷蝽属的喙第 2 节长于其他各节，且远长于第 1 节，*Jalysus* 喙第 2 节短于第 1 节。

分布：古北区、东洋区。世界已知 4 种，中国记录 2 种，浙江分布 1 种。

（197）短刺胁跷蝽 *Yemmalysus brevispinus* Cai, Ye *et* Bu, 2013

Yemmalysus brevispinus Cai, Ye *et* Bu, 2013: 340.

主要特征：雄性：黄白色至黄褐色，腹部背面黑褐色。头黄白色，前唇基、头部后叶侧面和腹面黄褐色；头顶微隆，额部无刺或突起；无刻点，无被毛；小颊黄褐色，近椭圆形，超过喙第 1 节外缘，前端延长，超过前唇基端部。喙几乎达腹部第 2 节前缘。触角黄褐色，不具小点，第 1 节端部稍膨大，颜色一致，第 2、3 节颜色稍深；第 4 节长纺锤形，黑色，端部 1/3 黄白色，末端稍深；前胸背板背面观近方形，后段稍鼓，侧面观略呈长方形，后段稍高，仅近后部具一极小突起，侧角微隆；黄褐色，胝区和纵脊颜色一致；密布刻点，胝区无刻点；后缘中部内凹极轻微，两侧圆钝。小盾片后端平截，黄褐色，端部具一向后斜上方指向的直短刺，黄白色，长 0.16 mm。前翅达腹部第 6 节前端 1/3 水平；透明，微黄，革片端部和革片与膜片相接翅脉的内缘与翅颜色完全一致。前胸侧板黄褐色，具刻点，前、后侧叶上方颜色一致，不具刻点。中胸侧板黄褐色，具刻点。胸部腹面黄褐色。后胸臭腺孔缘为长的管槽状，超过前翅水平；端部具一向后弯曲的短刺，表面较光滑；孔缘与挥发域黄白色。腹部腹面和背面均无刻点；腹部背面黄褐色，第 2–5 腹节主背片几乎全部黑褐色，仅两侧黄褐色，第 6 节黑褐色区域前端连接第 5 节黑褐色区域，向后迅速变窄，于第 6 节后缘之前消失。足黄褐色，不具小点；腿节端部稍膨大，颜色一致；胫节端部褐色；跗节深褐色；爪近黑色。

分布：浙江、陕西、江西、湖南、四川、贵州。

121. 肩跷蝽属 *Metatropis* Fieber, 1859

Metatropis Fieber, 1859: 207. Type species: *Berytus rufescens* Herrich-Schaeffer, 1835. Monotypic.

主要特征：本属自有衍征为孔缘退化，只余一"L"形狭缝。本属身体相对粗壮，头部腹面和喙沟具深皱。

分布：古北区、东洋区。世界已知 9 种，中国记录 4 种，浙江分布 1 种。

（198）光肩跷蝽 *Metatropis brevirostris* Hsiao, 1974

Metatropis brevirostris Hsiao, 1974: 58.

主要特征：雄性：个体间体色差异较大，从黄褐色至黑褐色不等，头部和胸部腹面黑色，也有颜色较浅者，腹部腹面从褐色至黑褐色不等。头部从黄褐色至褐色不等，头部腹面黑色，也有颜色较浅者，有的个体自复眼腹缘以下（包括上、下颚）黑色，区域较大，复眼后方具黑褐色横纹至近头部后缘，一般较窄，不达头部后缘，也有较宽较长者，达头部后缘，个别横纹只余一点，甚至消失；复眼后方具皱纹，无刻点；小颊从黄褐色至黑褐色不等，近卵圆形，达喙第 1 节外缘，前端不延长。喙超过中足基节后缘。触角黄褐色，第 1 节基部具稀疏的黑褐色小点，端部膨大，颜色稍深，第 2、3 节不具小点；第 4 节长纺锤形，黑色，只端部黄褐色。前胸背板背面观近似梯形，后段鼓起；侧面观后段弧形鼓起，弧线平滑无突起，后角稍隆起，低于中纵脊，纵脊略高于背板，侧纵脊后段沿后角隆起外缘至隆起后方；黄褐色至黑褐色不等，胝区一致，纵脊一致或略浅；密布刻点，胝区无刻点；后缘中部内凹，两侧圆钝，内凹段弧线平滑。小盾片后端平截，褐色，具刻点；端部具一短的平伏突起，端部钝，内弯，颜色一致。前翅超过腹部末端；黄褐色，透明。前胸侧板遍布刻点，前、后侧叶片上方刻点小且浅；近背缘部分红褐色，近腹缘部分黄褐色，个别前、后侧叶片上方黑褐色。中胸侧板红褐色，具刻点。胸部腹面黑褐色。后胸臭腺不具孔缘，仅具一“L”形狭缝。腹部腹面和背面均无刻点；腹部腹面具皱，黑褐色，个别红褐色，腹部第 4–7 侧接缘背缘具狭窄的黄褐色条纹，两端渐细，不达腹节前后缘。足黄褐色；腿节具黑褐色小点，端部膨大，褐色；胫节不具小点；跗节第 1、2 节黄褐色，第 3 节黑褐色；爪近黑色。

分布：浙江、河南、陕西、甘肃、湖北、江西、湖南、福建、广东、广西、贵州、云南。

二十三、杆长蝽科 Blissidae

主要特征：体黑色或黑褐色，狭长至十分细长，常两侧平行，呈小杆状。具单眼，触角4节，着生于眼的中线下方。前翅膜片有4-5根纵脉。足跗节3节，前足股节发达。喙4节。腹部腹面具毛点。腹部气门第2-6节位于背面，第7节位于腹面。腹部腹面各节之节间缝直，完整，伸达侧缘。若虫腹部背面中央的臭腺孔位于第4-5节与第5-6节背板之间。翅革片几乎全无刻点。前胸背板侧缘无棱边，前、后二叶间无明显的横缢。后翅无扇间脉，钩脉无或退化。常具短翅型。

分布：该科主要为热带分布，主要分布于东洋区、旧热带区和新热带区。世界已知435种，中国记录10属46种，浙江分布5属11种。

分属检索表

1. 前足基节臼开放 ·· 狭长蝽属 *Dimorphopterus*
- 前足基节臼关闭 ·· 2
2. 头部侧叶游离呈锥状刺，触角基外端延伸呈刺状或角状；雄虫小颊向前极度延长，呈叶状或刺状；前足股节下方常有刺 ··· 叶颊长蝽属 *Iphicrates*
- 头部正常，触角基外端无延伸；雄虫小颊不向前延长 ······································· 3
3. 后足股节下方具刺 ·· 后刺长蝽属 *Pirkimerus*
- 后足股节下方无刺（*Macropes* 内部分种后足股节具刺） ································· 4
4. 前胸背板前叶无粉被，有光泽，后叶有粉被，无光泽，二部分约各占背板之半，分界整齐 ········· 异背长蝽属 *Cavelerius*
- 前胸背板全部无粉被，有光泽；或全部具粉被而无光泽 ·············· 巨股长蝽属 *Macropes*

122. 异背长蝽属 *Cavelerius* Distant, 1903

Cavelerius Distant, 1903d: 44. Type species: *Cavelerius illustris* Distant, 1903.

主要特征：头部背面有光泽，几乎无粉被，下方多具粉被。复眼着生偏前。头部在眼后较饱满，头具较清楚的刻点。触角毛长，常直立。前胸背板前半无粉被，有强光泽，后半有浓厚的粉被，全无光泽，此二部分大约在背板中央分界，界线平直整齐，表面平，前叶脈区以外的区域密布刻点，后叶前方大部分具刻点，较稀浅。小盾片全具粉被，中脊低浅，常不显著。前翅各部质地不一，膜片半透明或不透明，有光泽或无光泽。前足基节臼关闭。前胸腹面中线两侧无容纳前足股节的凹槽。各足均无刺，前足股节不特别发达，雄虫前足股节下方前端常切入。

分布：东洋区。世界已知10种，中国记录3种，浙江分布1种。

（199）甘蔗异背长蝽 *Cavelerius saccharivorus* (Okajima, 1922)（图版 IV-56）

Blissus saccharivorus Okajima, 1922: 364.

Cavelerius saccharivorus: Slater & Miyamoto, 1963: 142-145.

主要特征：头黑色，中叶前端褐色，有光泽，只在头后缘有绒状"粉被"，头密被粗刻点和长而平伏的毛，头在眼后较饱满，触角基外角较尖，触角第1节黄褐色，其余各节黑褐色至黑色，具较长而多少直立的毛。喙伸达中足基节前缘。前胸背板较方正，背面平，侧缘后半部几乎为直，中部在前、后叶间略缢入，肩部宽圆，前缘微后凹，后缘中央平，两侧渐微后突，前叶黑亮，脈区以外密布清楚的刻点，后叶具粉被，前半厚，呈灰黄色绒粉状，后半有一细中纵脊；前胸背板具较长的直立、半直立毛。小盾片黑褐色，全具粉被，前翅爪片与革片底色淡黄褐色，无光泽，爪片接合缝脉全部及外脉的端部及基部黑褐色，革片端脉全部、Cu 脉端部 3/5 或 1/2、端角处大约 1/4（外缘除外）均为黑褐色，膜片淡黄白色，无光泽，不透明，中部有近圆形但边缘不规则的大黑斑，黑色部分常沿翅脉略外伸。翅伸达第 6 腹节背板前缘或中部。腹部黑色，远宽于前翅，侧接缘大部分外露，腹部侧缘直，两侧平行或稍微外凹，背腹面密被长的丝状平伏毛。头及胸下具浓厚粉被，灰黑色或灰蓝色，中胸腹面中足基节前方每侧有一圆形光滑面，后胸侧板后缘外半无粉被，黑褐色有光泽。足红褐色或淡棕褐色，雄虫前足股节下方端部切入。

　　生活于甘蔗叶鞘和心叶中，为甘蔗害虫，严重时造成蔗株枯死。

　　分布：浙江（平阳、瑞安）、江西、福建、台湾（Okajima，1922；Esaki，1926）、广东；日本。

123. 狭长蝽属 *Dimorphopterus* Stål, 1872

Dimorphopterus Stål, 1872: 44. Type species: *Micropus spinolae* Signoret, 1857.

　　主要特征：体多狭长而两侧平行。许多种类具短翅型。头略呈三角形，背面略拱，背腹面皆具刻点及毛，腹面常有粉被。触角在多数种类中较粗短，小颊由背面常可见。胸部腹板有容纳喙的浅沟。前胸背板梯形或方形，表面平坦或微拱，背面无粉被，具光泽；背、腹面均具刻点及毛；肩部宽圆，后缘直或两侧略后伸，胝区大，宽圆。前足基节臼开放。小盾片平，中央隆起不显著，具毛及刻点，常具粉被。爪片及革片具毛，刻点在长翅型中多不显著，在短翅型中可以看出，沿脉排列，爪片周缘及革片脉隆出，革片端缘直或两端微弯，膜片不透明、半透明或仅基部不透明，翅常狭于腹部。中、后胸腹面常具粉被。臭腺沟缘多少圆，或末端尖，有时呈下垂状。足较粗短，前足股节宽扁，下方无刺或有刺，端部下方常渐狭或切入，雄性常较显著。腹部两侧平行，密被平伏毛，背面具刻点及横皱，背面侧接缘上翘，第 5 腹节背板后缘中央呈舌状后伸。

　　分布：世界广布。世界已知 38 种，中国记录 11 种，浙江分布 3 种。

分种检索表

1. 前胸侧板无粉被 ·· 高粱狭长蝽 *D. japonicus*
- 前胸侧板有粉被 ·· 2
2. 喙伸过中足基节后缘 ·· 褐翅狭长蝽 *D. lepidus*
- 喙不伸过中足基节后缘 ·· 大狭长蝽 *D. pallipes*

（200）高粱狭长蝽（高粱长蝽）*Dimorphopterus japonicus* (Hidaka, 1959)（图版 IV-57）

Blissus japonicus Hidaka, 1959: 100 (syn. Slater, 1974: 74, with *blissoides*; Josifov & Kerzhner, 1978: 145, with *spinolae*; restored by
　　　Vinokurov, 1988: 895 and Kerzhner, 1988b: 78).

Dimorphopterus spinolae: Zheng & Zou, 1981: 60 [misidentification].

　　主要特征：长翅型头黑色，略下倾，有光泽，刻点浅密，被半直立毛，复眼具少数直立毛。触角淡褐色至褐色，第 4 节深褐色，第 1 节末端与头端平齐或略过之。喙伸达中足基节前缘。头下方具刻点及较为平伏的毛，全无粉被，有光泽，或在后缘处有粉被。前胸背板黑色，后端 1/5–1/4 逐渐呈深褐色，梯形，前缘向后弯曲呈弧形，后缘直，或微向前弯，两侧缘近平行，肩宽圆，后角圆，表面平，前、后叶间的横缢微凹，不明显，有时后叶微升起。胝区刻点较稀，胝间及胝后的刻点粗糙，深大，向后至淡色区域逐渐变浅消失，前缘及肩部刻点细浅而密；背板前半的毛半直立，向后渐成直立，均不甚长。小盾片灰黑色，具粉被。前翅黄褐色，不鲜明，爪片基半、接合缘、顶角，革片端缘、顶角、脉的端半黑褐色，被黄色丝状毛，革片端缘两端微弯。膜片完全不透明，乳白色，脉褐色。前胸侧板具刻点及平伏毛，无粉被，前足基节臼亦无粉被，中、后胸侧板及腹板具粉被，后胸侧板后缘黑褐色。臭腺沟缘黑褐色，末端较尖。足淡褐色，前足股节加粗，下方无刺，雄虫近端处下方较明显地切入，呈一大于直角的角度，切刻的下角无刺突，雌虫切入浅缓。腹部深褐色至黑褐色，背、腹面均密被平伏毛及少数直立毛，腹部宽于前翅，侧接缘翘起。

短翅型前胸背板更呈方形，左右两侧缘平行，有时前半甚至略宽于后方。前翅左右不叠覆，内缘叉开，末端伸达第 2 腹节背板的后缘或略过之。爪片及革片端部褐色，可见狭窄的膜片。腹部最宽处为翅基部的 1.6（♀）–1.7（♂）倍。第 5 节背板后缘中央呈舌状向后伸出，第 6 节后半及第 7 节背面具横皱，其余各节背面具刻点。

生殖节开口侧突 1 对，接近生殖节开口中部，侧突前生殖节开口侧缘圆，侧突后生殖节开口侧缘直，向两侧外展，并且向生殖腔内折入；后缘中部后凹，形成一凹窝；中突向背方、前方直伸。抱握器内外突靠近抱握器基部，基干相对较短，外突指状向侧方伸出，内突 2 个，靠近基部的 1 个向斜后方伸出，较大。阳茎储精囊端突较退化，翼骨片条带状，平铺于端突背方伸向后方；阳茎端导精管中部具 3 个盘绕螺旋圈，基部和端部不盘绕。

生物学：寄主为高粱、谷子、玉米、小麦、糜子、狗尾草（根据吉林省农业科学院植物保护研究所资料）。本种在北方可对高粱和谷子造成严重危害。

分布：浙江（杭州、衢州、温州）、黑龙江、吉林、辽宁、内蒙古、山东、陕西、湖北、江西、湖南、福建、广东、广西、四川、贵州、云南；日本，欧洲。

（201）褐翅狭长蝽 *Dimorphopterus lepidus* Slater, Ashlock *et* Wilcox, 1969（图版 IV-58）

Dimorphopterus lepidus Slater, Ashlock *et* Wilcox, 1969: 722.

主要特征：长翅型：体较宽短厚壮。头黑色，有光泽，被有较杂乱的半直立和直立毛，头后缘处具粉被。触角黑褐色，喙伸达后足基节中部或达该基节后缘。头下方全部具粉被，有毛。前胸背板几乎全黑。后端只在后缘处极狭窄地呈深棕褐色，刻点浅大，均匀，毛直立，较长，背板呈较明显的梯形，侧缘斜直，中央凹入极轻微，前、后角均圆，后缘几乎为直，只极轻微地向前略凹。小盾片黑色，全具粉被。前翅色较深，底色深黄褐色至淡棕褐色，爪片基方一半及端半的内方均黑色，脉亦黑褐色，革片脉深褐色；膜片不透明，淡烟褐色，基角处略淡，脉黑褐色。翅不伸达腹部末端。前胸侧板及前足基节臼全部具粉被，直达边缘，中、后胸侧板及中、后足基节臼亦具粉被。臭腺沟缘末端较尖。足褐色至黑褐色，股端色淡，雄虫前足股节前端下方切入较平缓。腹部黑色或深黑褐色，侧接缘略上翘，腹部侧缘超出翅的外缘。

短翅型：左右二翅在中央相距尚远，不合拢，膜片短小，烟褐色，革片端角呈深黑色大斑状。

分布：浙江（杭州）、江西、四川、贵州；泰国。

（202）大狭长蝽 *Dimorphopterus pallipes* (Distant, 1883)（图版 IV-59，IV-60）

Blissus pallipes Distant, 1883: 432.
Dimorphopterus pallipes: Slater, 1974: 72.

主要特征：体宽大。头及前胸背板的毛较长，较为直立。前胸背板胝间及胝后刻点略小，不甚粗糙，但向后缘延伸较远，胝区刻点稀。短翅型前翅内缘平行，几乎接触，膜片约呈三角形，略可见其上的褐色脉。头下方除两侧外均具粉被，前胸腹板及侧板之内半具粉被，灰蓝色，与中、后胸侧板同，前足基节臼大部分具粉被，其中部的黄褐色部分无粉被，具光泽。雄虫前足股节端部下方强烈切入呈直角，呈一小窝状，切刻的下角外方有一向前伸的刺突。腹部较肥大，呈纺锤形，最宽处为前翅基部宽的 1.4 倍。腹部背面第 2–5 节中部刻点深大，多少横列而不规则，粗糙，略呈横皱状。

生物学：寄主为禾本科植物类芦、茭白。

分布：浙江（宁波）、山东、河南、安徽、广东、贵州；日本。

124. 叶颊长蝽属 *Iphicrates* Distant, 1903

Iphicrates Distant, 1903d: 44. Type species: *Iphicrates subauratus* Distant, 1903.

主要特征：雄虫小颊强烈前伸呈叶状或刺状，常远伸出中叶之前，雌虫正常，两性的头侧叶均游离呈刺状，触角瘤外侧延伸呈刺状，常弯曲如牛角。复眼不具柄，从头侧稍突出，不与前胸背板前侧缘邻接。头在复眼后方常饱满，头无粉被，常具皱纹。前胸背板具清楚的领，具一微弱或退化的横印痕；领有时具粉被，前、后叶间略凹入。翅常向后渐狭，若干种类具短翅趋向，革片端缘直，或基部 1/3 稍弯曲。腹部椭圆形或者较直，侧接缘甚宽。前足基节臼封闭，前足股节下方端部常有明显的刺少许，中、后足股节无刺或有细小的刺。臭腺沟缘狭，略前弯。

分布：主要为东洋区。世界已知 17 种，中国记录 4 种，浙江分布 2 种。

（203）台湾叶颊长蝽 *Iphicrates gressitti* Slater, 1966（图版 IV-61）

Iphicrates gressitti Slater, 1966: 615-616.

主要特征：头部、触角、前胸背板和小盾片黑色，小盾片端部和前胸背板基部红棕色；股节、胫节红棕色，跗节略淡，前翅亮黄色至砖红色，膜片白色半透明；头部、前胸背板和小盾片粗糙，被粗糙刻点，具不明显的毛；头和前胸背板有光泽，后者领部后缘狭窄区域被粉被；小盾片基部和侧缘被粉被，中部有光泽。

头部不下倾，小颊前伸达触角第 2 节中部，内缘强烈抬起，前缘微弱但是显著地呈角状，侧叶短，锥形，端部尖，触角瘤尖，强烈弯曲，钩状；前胸背板适度隆起，横缢微弱，侧缘弯曲，前后叶近等宽，后缘微凹入；小盾片具显著的"T"形脊；前翅侧缘平缓地隆出，端缘凹入，膜片短，向端部渐尖，仅伸达第 5 背板的基部，第 4 背板侧接缘外露，前足股节适度加粗，端部腹面 1/3 具 2 个尖刺，近基部的一枚大；喙伸达前足基节后缘，不伸达前胸腹板后缘。

分布：浙江（杭州、丽水）、湖北、湖南、贵州。

（204）棘头叶颊长蝽 *Iphicrates spinicaput* (Scott, 1874)（图版 IV-62）

Ischnodemus spinicaput Scott, 1874: 426.

Iphicrates spinicaput: Distant, 1904a: 27.

主要特征：头部、前胸背板除了肩部区域和小盾片最端部褐色；爪片、革片和腹部背面淡砖红色，腹部深色部分为褐色；膜片透明，苍白色，3 条主脉浅褐色。复眼微伸出，雄虫头部小颊较狭而直，全长几乎两侧平行，末端不加宽，较钝圆，不平截，左右二小颊相互不接触，刺状的头部侧叶短；触角瘤尖锐，向中弯曲；前胸背板缺少横印痕，前缘明显微窄，后缘弯曲。小盾片具稍具光泽的"T"形脊；革片侧缘微弯曲，后缘前半 1/2 微弯曲，膜片仅伸达腹部背板倒数第 2 节后缘；腹部侧接缘强烈上卷，从第 3 背板后缘完全暴露于翅侧；喙至多伸达中胸腹板前缘；前足股节稍加粗，端部 1/3 下具 2 枚小刺，近端一枚大，同时腹面具一系列直立细毛。

分布：浙江、广东；日本。

125. 巨股长蝽属 *Macropes* Motschulsky, 1859

Macropes Motschulsky, 1859: 108. Type species: *Macropes spinimanus* Motschulsky, 1859.

主要特征：体多狭长至十分狭长，两侧平行，呈杆状。触角圆柱状或棍棒状。头及前胸背板具光泽，无粉被。前胸背板表面平坦或微拱，后半多两侧平行，或由后缘向前渐宽而胝区宽于后缘，前半渐狭，肩角常宽圆，前缘弧形后凹，多少呈领状，后缘两侧常后伸，胝区大，光滑或有少数刻点，前叶中纵线处或具两行刻点而微下陷，或下陷呈一深沟，前叶前端在前缘以后的三角形区域及侧缘处具细刻点，后半有一宽横带，具密而深大的刻点，整个横带常略下陷，横缢后方光滑，色常浅，毛主要着生于前端及侧缘处。小盾片后半具中脊，中脊附近光滑无粉被，其余区域具粉被。前翅爪片及革片无光泽，革片 R 脉常部分或全部有光泽，少数种类革片 M 脉以外的部分全有光泽，革片端缘直；膜片全无光泽或大部分呈透明状不等。前胸下方全无粉被，基节前下凹以接受膨大的前足股节，中胸亦无粉被，只后胸侧板具粉被。前足基节窝关闭，前足股节十分发达，巨大，下方有粗刺若干，排成两列，胫节末端亦略膨大，有一些短刺，中、后足常短于前足，股节下方在部分种类中有很小且数量少的刺。

分布：大部分种类为东洋区分布。世界已知 49 种，中国记录 18 种，浙江分布 4 种。

分种检索表

1. 前翅膜片大部分有光泽，呈透明状或半透明状；体较狭长，体长为前胸背板后缘宽的 4.25 倍；前胸背板较狭长，背面略拱，各侧胝区中央不下陷 ···**小巨股长蝽 *M. harringtonae***
- 前翅膜片全部不透明，无光泽；其他特征不如上述 ··· 2
2. 膜片除在白色的底色上有极清楚的黑褐色脉外，无明显的深色大斑 ·· 3
- 膜片在淡色的底色上有显著的深色大斑，接触革片端缘 ····································**大巨股长蝽 *M. major***
3. 体较小，体长在 8.0 mm 之下；足深褐色或几乎黑色 ··**暗脉巨股长蝽 *M. exilis***
- 体较大，体长 8.12–9.0 mm；足亮红褐色 ···**黑脉巨股长蝽 *M. maai***

（205）暗脉巨股长蝽 *Macropes exilis* Slater *et* Wilcox, 1973（图版 IV-63）

Macropes exilis Slater *et* Wilcox, 1973: 248.

主要特征：体修长直狭。头黑色，三角形，复眼几乎与前胸背板接触。胝区表面散布稀疏刻点，后叶的横缢区明显下凹，具刻点，低于前叶表面；毛较密，半直立或直立，其中有些毛较长。小盾片栗褐色或红褐色，具"T"形脊，多少有光泽，其余具粉被而灰暗，粉被"∏"形，基缘常具白色的霜状被覆物。前翅爪片及革片底色淡黄白，均匀一致，全无光泽，爪片基部 2/5 淡褐色至黑褐色，脉橙黄色至淡黑褐色，革片端部 2/5 在 R 脉内方为均匀的黑褐色，R 脉其余部分同底色，有光泽，M 脉黑褐色，大部分隐于黑斑内，只很小一段露出于斑前，Cu 脉褐色，向端方渐加深，端缘全部黑褐色，各脉及端部黑斑上生有丝状平伏毛或半直立毛；膜片底色淡白色，无光泽，有时在基部及中央大部分略染以淡烟色，脉黑褐色，在淡色的底色上显得十分清晰。翅伸达第 7 腹节背板前半。腹部黑褐色至黑色，腹面中央常呈红褐色，腹部腹面周缘颜色渐深，胸下及各足黑色，跗节较淡，前足股节十分粗壮，中、后足股节下方无刺。

分布：浙江（温州）、湖北、湖南、福建、广东、四川、贵州、云南；越南。

（206）小巨股长蝽 *Macropes harringtonae* Slater, Ashlock *et* Wilcox, 1969（图版 IV-64）

Macropes harringtonae Slater, Ashlock *et* Wilcox, 1969: 688.
Macropes sinicus Zheng *et* Zou, 1982a: 68 (syn. by Zheng *in* Slater & O'Donnell, 1995: 58).

主要特征：体较细小。头黑色，复眼与前胸前缘较靠近。触角黑褐色。喙明显伸入中胸腹板，几乎可达中足基节前缘。前胸背板黑色，后叶具刻点，横缢以后褐色，或色仅略淡，前缘后凹，侧缘后半两侧平行，约在背板长 1/2 处开始内折，然后直行，前角圆钝，后缘两端略向后伸，胝区处约与后缘等宽；前胸背板表面微拱，前叶中纵线由两列刻点组成，略下凹，胝区具稀疏刻点，丝状毛平滑；后叶中脊，或较宽而呈纵长的倒三角形或略呈"T"形区域无粉被，有光泽，其余部分具粉被，具丝状毛。前翅爪片及革片淡黄白色，或为很淡的黄褐色，几乎一色，脉色略加深呈浅橙褐色；膜片淡烟色，透明，脉同，仅沿革片端缘的狭带不透明；翅伸达第 7 腹节背板前半。腹部背面棕褐色，腹面多少有些黑褐色，侧缘处较淡，隐约呈一宽边状。胸下黑色，各足黑褐色，中、后足股节下方无刺。

分布：浙江（杭州、衢州）、河南、江苏、上海、湖北、江西、湖南、福建、台湾、广东、海南、广西、重庆、四川、贵州、云南。

（207）黑脉巨股长蝽 *Macropes maai* Slater *et* Wilcox, 1973（图版 V-65）

Macropes maai Slater *et* Wilcox, 1973: 247.

主要特征：体长，接近于前胸背板宽的 5 倍，粗壮，两侧平行；头、前胸背板和小盾片黑色，闪光，小盾片基部和侧缘被很窄的灰色粉被，中叶端部和前胸背板横缢之后区域红棕色；各足和触角前 3 节亮红褐色，触角第 4 节黑棕色；前翅包括膜片砖红色至黄褐色，爪片基部 1/4 污褐色，革片端部 1/2 及端缘深棕色，膜片翅脉以及邻近革片端缘很窄的条带深棕色；腹部背腹面深巧克力色至黑色；头部和前胸背板，包括胝区被浅而密的刻点，横缢区和小盾片上刻点更加粗糙；前胸背板、革片基部翅脉之上和端部深色斑上被浓密向后伸的半直立和直立毛。

头部不下倾，端部微尖，头顶适度隆起，中叶伸达触角第 1 节端部，复眼小；前胸背板后部 2/3 两侧近平行，在胝区突然角状内折直行到前缘。横缢宽，完全，后缘中部凹入；小盾片具一很低的 "T" 形隆脊；革片前侧缘近平行，R 脉基部 1/2 隆起，闪光，膜片端部平缓地圆形，伸达第 6 背板后缘，侧接缘完全暴露；前足股节强烈加粗，腹面下具大量尖锐粗壮刺；中后足股节下无刺；后胸臭腺沟缘卵圆形，非线形；喙伸达中胸腹板，第 1 节不伸达头部基部；触角粗壮，第 2 和 3 节稍呈棒状，第 4 节呈很窄的纺锤形。

分布：浙江（衢州）、湖南、福建、贵州。

（208）大巨股长蝽 *Macropes major* Matsumura, 1913（图版 V-66）

Macropes major Matsumura, 1913: 144.

主要特征：背面平坦，体粗大。头黑色，复眼远离前胸前缘。触角前 3 节红褐色，第 4 节黑褐色，或全部深黑褐色而第 4 节更深。喙伸达前足基节中部，长者不过后缘。前胸背板宽扁，表面平坦，胝部最宽，明显宽于后缘，前叶中纵沟深，后叶下凹的具刻点横带更宽，前胸侧缘处的毛较浓密，几乎直立；前缘明显，后凹呈弧形，前角较尖锐，后缘两侧略后伸。前胸背板黑色，最后缘处狭窄的褐色或黄褐色。小盾片后半有明显的中纵脊，脊两侧略下凹，具明显刻点，侧缘后半略棱起，除纵脊有光泽外，余均具粉被。前翅爪片及革片底色黄白色至淡黄褐色，爪片基部 1/3、外缘处的脉及爪片缝处的脉黑褐色，革片 R、Cu 及端脉几乎全部黑褐色，R 脉基部渐淡，M 脉只端部渐深，呈黑褐色，革片除 R 脉有光泽外，其余均无。膜片除端部 1/4–1/3 外，余均黑褐色。翅伸达第 5 腹节中部或后半。腹部红褐色，背、腹面边缘及后端逐渐加深呈黑褐色。胸下黑色，前足股节甚为粗壮，较发达，中、后足股节下方有少数小刺，各足股节及胫节黑褐色，跗节色较淡，有时后胫节基部淡色。

分布：浙江（杭州、衢州）、江西、湖南、福建、台湾、广东、广西、贵州；越南。

126. 后刺长蝽属 *Pirkimerus* Distant, 1904

Pirkimerus Distant, 1904a: 21. Type species: *Pirkimerus sesquipedalis* Distant, 1903.

主要特征：头及前胸背板有光泽，无粉被。单眼特大，不少种类复眼呈现雌雄异型，雌眼大而雄眼小。触角常具较长的毛。前胸背板前、后叶间的横缢不显，后叶前方大部分具刻点。前翅革片极狭长，膜片亦长大，前翅质地多均一，全部无光泽，或革片前缘处具光泽。臭腺沟缘短，半圆形，隆出于体表之外。前足股节略膨大，多无刺或具少数微小的刺，后足股节下方有强而尖锐的大刺和小刺，后足胫节常有小刺列或小突起。体多毛，背腹面均有直立、半直立的较长的毛。雄虫抱握器块状，无侧突起，与杆长蝽科内一般的细长而弯曲的镰刀状抱握器迥异。体长由 4–9 mm 不等。

　　分布：东洋区。世界已知 14 种，中国记录 2 种，浙江分布 1 种。

（209）竹后刺长蝽 *Pirkimerus japonicus* (Hidaka, 1961)（图版 V-67）

Ischynomorphus japonicus Hidaka, 1961: 255.

Pirkimerus japonicus: Slater & Ahmad, 1965: 313.

Pirkimerus davidi Slater & Ahmad, 1965: 320.

　　主要特征：头黑色，沿后缘有较宽的粉被区，头表面略拱圆，刻点不显著。触角前 3 节黄褐色，第 3 节端部略深，第 4 节黑褐色。喙伸达中胸腹板前部。前胸背板黑色，后缘处渐呈黑褐色，后缘前凹，中央呈一角度，侧缘直，于前、后叶交界处不缢入，肩角宽圆；毛长，直立或半直立。小盾片后半有一中纵脊，无粉被，其余均具粉被。前翅爪片全部黑褐色，无光泽，革片底色黄白色，无光泽，端半全部深黑褐色，基半各脉色略深，淡黄褐色。膜片深黑褐色，后缘基部狭窄的白色，膜片中部有一白色横带横贯，横带中央缩细。翅不伸达腹部末端。革片毛长，前缘毛尤甚。腹部黑色，约与翅等宽，侧接缘外露不多，腹部边缘上有很长而向外伸的毛，最长者约与第 4 触角节等长，腹下毛亦较长，直立或半直立，不完全贴伏体表。头下具粉被，前胸侧板后半中央粉被不完整，较破碎，前足基节臼前半无粉被，余则均具粉被，中胸腹面和中足基节臼前半无粉被，光滑，呈宽横带状，其余区域具粉被。后胸腹面除侧板后缘外均具粉被；胸下亦具长直立毛。各足淡褐色，后股基半有 4–5 根较长的刺，位于股节中央者最大，端半有 2 列极细小的刺，数甚多。

　　分布：浙江（湖州、杭州、台州、衢州）、江苏、上海、江西、湖南、福建、广西、四川、贵州、云南；日本，越南。

二十四、莎长蝽科 Cymidae

主要特征：体小型，多为长卵圆形，具单眼，触角 4 节，着生于眼的中线下方。前翅膜片有 4-5 根纵脉。足跗节 3 节。喙 4 节。腹部腹面无侧接缘缝。腹部腹面具毛点。腹部气门第 7 节以前者位于背面，第 7 节位于腹面。若虫臭腺孔位于第 3、4 及第 4、5 腹节背板之间。头、前胸具刻点，爪片与革片具明显的刻点。触角第 2、3 节细长，第 4 节加粗。单眼前方有沟，深浅不一，后翅无钩脉与扇间脉，第 2 扇脉部分退化，前翅膜片无横脉。前足股节无刺。该科依附于莎草科植物。

分布：主要分布于古北区、新北区、旧热带区。世界已知 92 种，中国记录 2 属 8 种，浙江分布有 1 属 3 种。

127. 莎长蝽属 *Cymus* Hahn, 1832

Cymus Hahn, 1832: 76. Type species: *Lygaeus claviculus* Fallén, 1807 (by subsequent designation).

主要特征：较小、长卵形，黄白色至褐色，体无长毛，头密布刻点及丝状平伏小毛，单眼前有一"("形纵沟，中叶多少呈圆锥形前伸，侧叶短，圆锥形，触角与复眼间的区域亦呈圆锥形前伸，小颊短，触角第 1 节较粗，第 2、3 节细长，第 4 节纺锤形，粗短，第 1 节显著短于第 2 节，触角上的毛短小，远短于触角节的直径。前胸背板梯形，密布刻点，前缘多少呈领状，前叶胝间往往有一中脊，前角较尖狭，后角宽圆。小盾片小，布刻点，常有光滑的中脊，爪片与革片不透明，密布刻点，爪片接合缝远长于小盾片，革片端缘多少弯曲，膜片多无色透明。头下方及胸部下方常具粉被及刻点，臭腺沟缘小而突出。各足基节左右较靠近。生活于莎草科植物上。

分布：古北区、东洋区最多。目前，世界已知 41 种，中国记录 6 种，浙江分布 3 种。

分种检索表

1. 革片端缘上具有较稀疏而整齐的明显刻点列 ·· 隆胸莎长蝽 *C. tumescens*
- 革片端缘上无刻点列 ··· 2
2. 体色较深，黄褐色，前胸背板领及后叶常呈青黑色晕，头下方及胸下中央深褐色至黑褐色 ········· 褐莎长蝽 *C. koreanus*
- 体色淡，淡黄白或淡黄褐色，头下方及胸下中央亦淡色，不加深呈褐色，且因具粉被而呈淡粉红色 ·····················
·· 淡莎长蝽 *C. elegans*

（210）淡莎长蝽 *Cymus elegans* Josifov *et* Kerzhner, 1978（图版 V-68）

Cymus elegans Josifov *et* Kerzhner, 1978: 141.

主要特征：体长 2.9-3.2 mm。全体淡黄褐色，头略下倾，中叶端部较宽钝，末端无平伸的尖突。侧叶与中叶全长接触，不游离，端渐尖，但不特别狭细，触角第 1 节约与头部末端平齐。喙伸达中足基节前部或中部。前胸背板较宽短，前缘几乎为平，微后凹，侧缘直，前缘处多少呈一较宽的领，前角不明显向前延伸而扁薄，前角端部与复眼间尚有一些距离，不相接触，中脊很不显著，只能看出在两胝间有一小段，低平，背板背面较饱满，较倾斜，侧面较圆，前叶侧脊较不显著。小盾片黄褐色，中脊淡黄白色，较平，不甚隆出。爪片与革片淡黄白色，爪片末端及革片端缘淡褐色，后者有时不显，或仅端角较深，革片外缘全长均匀地呈弧形略外拱，端缘与爪片缝几乎等长，其上无刻点，端半略内凹。体下方及足同背面体色，腹下常带青绿色色泽，基部中央有时呈黄褐色，头部下方及胸部下方中央具粉被，常略呈粉红色。

分布：浙江（杭州、温州）、天津、山东、湖北、江西；朝鲜。

（211）褐莎长蝽 *Cymus koreanus* Josifov *et* Kerzhner, 1978（图版 V-69）

Cymus koreanus Josifov *et* Kerzhner, 1978: 142.

　　主要特征：体长 3.0–3.7 mm。全体黄褐色或污黄褐色，触角第 1 节约与头的末端平齐，或略不达头的末端，喙伸达中足基节。前胸背板领部与后叶中部常带有青黑色色泽，侧缘与后缘直，领较明显，中脊多少明显，前方达领的后缘或微伸入领区，后端略伸过胝后，背板较倾斜，前角较明显地前伸，变扁薄，前端尚不触及复眼，背板侧缘前端明显。小盾片栗褐色，中脊淡黄色，明显。爪片与革片淡黄褐色，爪片末端与革片端缘褐色至深褐色；革片外缘均匀地呈弧形外拱，端缘端半略内凹，长于爪片缝（27∶23），其上全无刻点。头部、胸部下方中央喙沟及其周围色明显加深，为暗褐色至黑褐色。体下方其余区域及足色同背面体色。

　　分布：浙江（杭州、宁波）、天津、山东、新疆、安徽、湖北、福建、四川；朝鲜。

（212）隆胸莎长蝽 *Cymus tumescens* Zheng, 1981（图版 V-70）

Cymus tumescens Zheng, 1981, *in*: Zheng & Zou, 1981: 42.

　　主要特征：全体淡黄褐色至淡褐色，中叶末端较圆钝，侧叶不游离。眼较圆，较突出。喙达中足基节。前胸背板领较明显，由领后开始强烈倾斜，后叶明显圆拱，饱满，光滑，中脊限于胝间，有时前伸进入领区，脊隆起较明显，前缘微后凹或平直，侧缘较直，或微外拱，后缘直，领在两侧端于背面略瘪入，因而该处侧缘呈狭边状；后叶有时加深呈黑褐色。小盾片黄褐色至淡褐色，有黄色中脊，有时低浅；爪片与革片淡黄褐色，爪片末端与革片端缘淡褐色至褐色，革片外缘基部直，大约至小盾片末端的水平位置处呈弧形外拱，端缘至端部 1/3 处微内凹，端缘上具稀疏的刻点列。体下方及足同背面体色，头部下方及胸部下方中央具淡色粉被，腹下基半中央有时呈黑褐色斑块状。

　　分布：浙江（丽水）、福建、海南。

二十五、大眼长蝽科 Geocoridae

主要特征：大眼长蝽科共有 5 个亚科，在浙江分布为大眼长蝽亚科。体小型，头大，眼大而突出，肾形，具柄或略呈柄状。具单眼，触角 4 节，着生于眼的中线下方。前翅膜片有 4–5 根纵脉。足跗节 3 节。喙4 节。腹部腹面无侧接缘缝。腹部腹面具毛点。前足股节不特别加粗，无刺。前胸背板中央无横缢。不少种类无爪片接合缝，腹部气门第 2–4 位于背面，第 5–7 位于腹面，第 4、5 腹节背面中央强烈后伸呈舌状。第 4 腹节后缘直、完整，伸达侧缘。后翅钩脉缺或退化，无扇间脉。雄虫阳茎具极长的螺旋状附器。该科捕食性，在地表与低矮植物上生活，捕食小型昆虫，爬行迅速。

分布：世界广布。世界已知 170 种，中国记录 4 属 32 种，浙江分布 1 属 3 种。

128. 大眼长蝽属 *Geocoris* Fallén, 1814

Geocoris Fallén, 1814: 10. Type species: *Cimex grylloides* Linnaeus, 1761.

主要特征：小型，体较粗短，椭圆形，头横宽，中叶伸出，眼大，肾形，向后向外斜伸，后端位于前胸背板前角之外，水平位置位于前胸背板前缘之后，眼无明显的柄，但常外观微呈柄状，在眼基部与头顶之间平坦，无任何线纹，头多无刻点，有时微具横皱，单眼前常具凹沟或小隆突。喙第 2 节短于第 1 节。前胸背板梯形至接近长方形，侧缘多直，背板具刻点。爪片狭窄，向后渐窄，左右两爪片后端在体中线不呈一爪片接合缝而相遇，爪片基半内侧常有少数刻点，外侧沿爪片缝有一长列整齐刻点，革片多在沿爪片缝的区域有数列刻点，革片端半散布刻点。不少种类具短翅型。前胸腹面前缘呈宽领状，在深色种类中此部分常为淡色。前足基节白前缘与领接触，因此前胸腹板面积狭小；胸部侧板多密布较规则的刻点。臭腺沟缘短，圆钝。体毛长短不等，体表多有光泽，雄虫腹下的毛常较同种雌虫长。

分布：世界广布。世界已知 124 种，中国记录 24 种，浙江分布 3 种。

分种检索表

1. 头部一色（黄白色、黄色、黄褐色或红黄色），无明显黑色或黑褐色成分，即使有，占面积也极少 ·························· 2
- 头部黑色，或黑色为主，前胸背板前、后各具一小黄斑 ························· 大眼长蝽 *G. pallidipennis*
2. 腹下全黑，侧缘与背面侧接缘亦黑，后者内缘黄色；触角第 4 节黑褐色；前胸背板几乎全黑，或只后角淡色，或前、后角淡色，或侧缘色较淡，但模糊而狭窄，不呈明显的白边 ························· 宽大眼长蝽 *G. varius*
- 腹下侧缘淡色边呈连续的狭边，侧接缘中央有纵向黑纹；触角第 4 节黄色；前胸背板侧缘及后缘淡色，背板刻点较浅 ···
 ························· 南亚大眼长蝽 *G. ochropterus*

（213）南亚大眼长蝽 *Geocoris ochropterus* (Fieber, 1844)（图版 V-71）

Ophthalmicus ochropterus Fieber, 1844: 117.

Geocoris ochropterus: Slater, 1964: 571.

主要特征：体宽大，两侧近平行。头黄色至红黄色，光滑无刻点，光泽强，几乎无毛；单眼前方有不甚显著的短凹沟，头顶中线呈不显著的细凹痕。触角第 1、4 节淡色，第 2、3 节黑色。前胸背板近长方形，两侧缘直，前角十分宽圆，前缘微前拱，后缘微向后弯。头宽于前胸背板不多；背板几乎无毛，大部分黑色，有强光泽，后缘及侧缘黄白色，后者较宽，黑白界线清晰明显，侧缘有黑色棱边，刻点黑色，遍布黑色部分，胝除外，只有少数侵入后缘的白色部分。小盾片中部微隆，有时较显著，约呈"T"形脊；有强光泽、黑色，除中央隆起部分外，布刻点。前翅革质部淡黄褐色，半透明。体下方除头、前胸腹面前缘，后胸侧板后角，基节臼、臭腺沟缘，以及腹部侧缘及后方数节侧缘旁的毛点黄色外，全为黑色，胸下遍布刻点，腹下具强光泽，毛稀而短，不显著。足全部黄色。

分布：浙江（湖州、杭州、宁波、温州）、江苏、上海、安徽、湖北、江西、福建、台湾、广东、海南、广西、四川、贵州、云南、西藏；印度，缅甸，越南，斯里兰卡，印度尼西亚。

（214）大眼长蝽指名亚种 *Geocoris pallidipennis pallidipennis* (Costa, 1843)（图版 V-72）

Ophthalmicus pallidipennis Costa, 1843: 309.

Geocoris pallidipennis: Dohrn, 1859: 35.

主要特征：头黑色，中叶两侧（侧叶）有一三角形白斑；有光泽、无刻点，但微具横皱，被甚短的白色毛，单眼前内方有短沟状深窝。触角雌者色深，全部深色，只第 4 节渐淡；雄者色淡，第 1、2 节色深，其末端淡，第 3、4 节淡，或第 1、2 节基半黑色，端半或端半上方淡白，第 3、4 节淡。前胸背板梯形，前、后缘分别略向前方与后方拱弯，侧缘几乎为直，中间微微内凹，后角较圆钝（在 *tibetanus* 亚种中较方），前角宽圆；黑色，侧缘处有宽阔的黄白色、白色区域，内缘起自前角后端，终于小盾片侧角处，此区域或呈向后渐宽的三角形，或呈梯形，前缘及后缘中央各有一三角形淡色小斑，前缘处的斑较大，后缘斑较小，有时不显著。除后角及其附近、后缘以及胝区外，遍布刻点，黑色部分中的刻点黑色，白色部分中的刻点多淡色，北方种群刻点较密，南方则较稀。小盾片黑色，具光泽，中部微呈 "T" 形隆出，除此区域外遍布刻点，背板与小盾片上毛被均极不显著。前翅革质部淡黄褐色，革片内角处有一小黑斑，或只在端缘上端呈一短黑带状，刻点淡色，爪片刻点一列，革片沿爪片缝有刻点 2–3 列，内、外各一列，微向后分歧，完整，在此二列之间近末端处有时有极少数零散的刻点，革片顶角区域具极浅的刻点；膜片透明，长翅型超过腹部末端；二翅合拢时最宽处在相当于小盾片末端稍后处。侧接缘黑色，各节外缘黄褐色，向后角渐宽，腹部背面黑色。体下方黑色，喙及头部下方亦黑褐色，只前胸腹面前缘、各基节臼，以及臭腺沟缘、后胸侧板后角及各腹节腹面后侧角淡色。足黑褐色，股节两端色渐淡，或股节深而胫节淡色，雄虫足常全部淡色。腹下具淡色毛被，雌虫稀短，雄虫密，且较长。

分布：浙江（杭州、宁波）、辽宁、北京、天津、河北、山西、山东、河南、陕西、宁夏、甘肃、上海、湖北、江西、福建、海南、四川、云南；印度，菲律宾，印度尼西亚，土耳其，以色列，欧洲，非洲。

（215）宽大眼长蝽 *Geocoris varius* (Uhler, 1860)（图版 V-73）

Ophthalmicus varius Uhler, 1860: 229.

Geocoris varius: Scott, 1874: 290.

主要特征：前胸背板几乎全部黑色，后缘不呈淡色，只后角处淡黄褐色，但有时前延而致侧缘呈短而较狭的淡边；在少数个体中此淡色边亦较宽。触角第 1 节淡色，第 4 节黑褐色，色同第 2、3 节，有时略呈淡黑褐色，但绝不呈黄褐色或黄白色。前胸背板刻点较 *G. ochropterus* 略稀。爪片及革片刻点数略多，较深凹而色亦浓，因此外观显著（本种爪片刻点列刻点数为 14–15，革片沿爪片缝的一列刻点数在 22–25）。腹下全部黑色，无淡色边。侧接缘黑色，最内缘黄色。

分布：浙江（湖州、杭州、金华、衢州、丽水）、天津、山西、陕西、甘肃、江苏、安徽、湖北、江西、湖南、福建、台湾、广东、海南、广西、重庆、四川、贵州、云南、西藏；日本。

二十六、室翅长蝽科 Heterogastridae

主要特征：室翅长蝽科是比较小的科，具单眼，触角 4 节，着生于眼的中线下方。前翅膜片有 4-5 根纵脉。足跗节 3 节。喙 4 节。腹部腹面无侧接缘缝。腹部腹面具毛点。所有的腹部气门位于腹面；若虫臭腺孔位于第 3、第 4 和第 5 腹节背板的后缘；前翅膜片具有两个翅室。后翅具钩脉，钩脉伸到端室的后部，在端室末端肘脉从端室发出一个游离的翅脉，同时还具有扇间脉，或分离，或者愈合。雌虫腹节缝通常在腹中线极度向前弯曲，有时几乎达到腹基部。

分布：世界广布。世界已知 116 种，中国记录 7 属 21 种，浙江分布 3 属 3 种。

分属检索表

1. 前胸背板横缢深，将前胸背板分成明显两部分；前叶从背面观呈算盘珠形 ·················· **裂腹长蝽属 Nerthus**
- 前胸背板横缢宽而浅，不明显；前叶从背面观不呈算盘珠形 ··· 2
2. 前胸背板后缘直或微弯曲，背板具显著横缢和不甚显著的中纵脊 ·························· **撒长蝽属 Sadoletus**
- 前胸背板后缘弯曲，背面较平，无显著横缢，无中纵脊，侧缘直或稍弯曲，后缘在小盾片基部明显前弯 ··················
·· **异腹长蝽属 Heterogaster**

129. 异腹长蝽属 *Heterogaster* Schilling, 1829

Heterogaster Schilling, 1829: 37, 84. Type species: *Cimex urticae* Fabricius, 1775.

主要特征：长椭圆形，头长几乎与眼间距相等，头在眼后稍缩细，头前端几乎呈锥状，中叶长于侧叶，单眼间距约为单眼与复眼间距的 3 倍。触角瘤位于复眼前的下方，末端向下弯曲，触角第 1 节稍长于头的前端，第 2、3 节长度约等，第 4 节最长。小颊短，半圆形。喙伸达中足基节，第 1 节为头长之半，第 2 节最长。前胸背板长，梯形，前叶窄，侧缘和后缘弯曲；前叶平，无纵脊，也无隆胝及胝沟；后侧角向后微突。小盾片平，为等边三角形。翅与腹部等长，革片前缘基部直，后部稍外弯，端缘直，爪片具 3 列刻点，侧接缘外露。臭腺沟缘耳状，前足股节较中、后足股节粗大，接近前端腹面具刺，后足第 1 跗节长于第 2、3 节之和。雌虫第 5、6 节腹板中央向前收缩至腹中部，第 7 节腹板纵裂。

分布：主要分布于古北区、东洋区、新北区。世界已知 21 种，中国记录 6 种，浙江分布 1 种。

（216）中华异腹长蝽 *Heterogaster chinensis* Zou *et* Zheng, 1981 （图版 V-74）

Heterogaster chinensis Zou *et* Zheng, 1981: 69.

主要特征：头、前胸背板、小盾片及身体腹面黑色、闪光。刻点粗大且密集，具斜立长毛。头顶凸圆，前端呈锥状；中叶高，长于侧叶，最末端淡黄色。触角瘤在复眼前下方并向下倾斜，由背面不可见。触角黑褐色，具毛，第 1 节粗短，刚达头部末端，前 3 节最末端黄色，第 2、3 节长度约等，均短于第 4 节，第 4 节纺锤形，褐色。喙黄褐色至褐色，伸达中足基节，第 1 节仅达头长之半，第 2 节最长，第 3、4 节等长，稍短于第 2 节。两单眼间的距离约为单眼-复眼间距的 3 倍，眼突出，头在眼后细缩，眼不与前胸背板相接，头基部中央具淡黄色小纵斑一个。前胸背板两侧缘弯曲，边缘具脊，后侧角圆，并向后突出，其后缘在小盾片基部明显呈弧形弯曲。前胸背板在后部 2/5 处横缢，横沟宽而浅，背面向上中度隆起，以前叶最明显，刻点密集，前叶刻点比后叶小，而且圆。无中纵脊，仅在后叶中央具淡黄色纵纹。小盾片黑色平坦，三边微向外侧弯，长度相等，末端淡黄色，纵脊仅后半微显，刻点大，密，并具长斜立毛。前翅密被斜立毛，刻点均为黑褐色，前翅端部一半黑褐色，基半黄褐色，爪片内半黑褐色，革片在接近爪片接合缝处具一黑褐色小斑，另外在革片亚前缘相当小盾片末端还有一隐约褐斑，革片近顶角处的颜色稍淡，有时则不明显。爪片具 3 列完整的刻点列。革片前缘基部直，后部微弯，但两侧基本平行。膜片微褐色或散布褐色斑，透明，膜片基部与革片端缘连接部分黑褐色，与腹部等长或稍超过之。足具长黄白色毛，基节基部黑褐色，转节黄褐色，前足股节黑色，膨大，接近前端腹面具一个大刺和一个小刺，前足股节末端、中足和后足股节基半淡黄褐色，中、后足股节端半膨大、黑色，最末端淡黄色，胫节黄褐色，基部和中央具黑色环，其末端色暗；跗节第 1 节端部和第 3 节，以及爪褐色。臭腺沟缘耳状、黄褐色，基部和挥发域黑色，挥发域小。腹部紫黑色，侧接缘由背面观微外露或不外露，其中每节中后部有一淡黄色小斑。雌虫生殖节及第 5、6、7 腹板向前缢缩，腹面观几乎被产卵器完全割裂。

分布：浙江（杭州、衢州、丽水、温州）、陕西、甘肃、湖北、江西、湖南、福建、重庆、四川、贵州、云南。

130. 裂腹长蝽属 *Nerthus* Distant, 1909

Nerthus Distant, 1909b: 327. Type species: *Nerthus dudgeoni* Distant, 1909.

主要特征：体长形，头宽，眼前部分窄，中叶明显突出，触角第 1 节最短，但也超过头的端部，第 2 节最长，第 3 节比第 4 节稍长。喙超过后足基节，第 1 节达到前胸腹板，第 2 节与第 3 节长度约等。两单眼相互远离，更接近复眼。前胸背板长，后缘为前缘宽的 1.6 倍，两侧在中部下包，在中部明显横缢，侧缘弯曲，后侧角圆并向后呈小叶状突出。前叶圆突，后叶较平，刻点小而密，具长毛。小盾片长大于宽，基部隆突，具中纵脊。前翅具密毛，前缘在中部内凹，R+M 与 Cu 脉间无刻点。足适度长，股节均匀加粗，前足股节腹面具刺，后足第 1 跗节稍长于第 2、3 节之和。雌虫腹板中央极度前缩，几乎达腹基部。雄虫腹部中央具纵脊，呈线状。

分布：东洋区。世界已知 3 种，中国记录 1 种，浙江分布 1 种。

（217）台裂腹长蝽 *Nerthus taivanicus* (Bergroth, 1914)（图版 V-75）

Hyginus taivanicus Bergroth, 1914: 358.

Nerthus taivanicus: Zheng & Zou, 1981: 113.

主要特征：头部、前胸背板、小盾片以及头胸腹之腹面黑色。头、胸背腹两面皆具密集刻点，全体被金黄色毛。头三角形，头顶平，稍下倾，中叶突出，末端褐色。头不与前胸背板相接。触角黑褐色，细长，具毛，第 1 节最基部黄色，长度最短，伸过头部前端，第 2、3、4 节依次缩短，第 4 节不呈纺锤形。喙褐色至黑色，伸达或超过后足基节，第 1 节超过头的基部，小颊短小。腹面观，小颊至触角瘤之间部分鼓隆。前胸背板长，后缘宽为前缘宽的 1.6 倍，在中部稍靠前位置横缢，中部下包，侧缘弯曲，前叶形似算盘珠形，后叶背面稍突，后侧角圆并向后伸呈小叶状突出，后缘具细窄的黄褐色边。小盾片长大于宽，黑色，基部微隆起，纵脊明显，黄褐色，具刻点或无刻点。前翅褐色，被黄褐色密毛和黑褐色刻点。翅脉革片显著，前缘、顶角、端缘，以及爪片内缘和爪片接合缝黑褐色，有时革片前缘色不加深。革片前缘中部稍缢缩，端缘直。爪片上具 3 列刻点，但是靠近爪片缝的两列刻点不完整，并且两列之间散布几个刻点。膜片烟褐色，超过或与腹部等长。腹部侧接缘由背面可见，前半大部分黄色，后半小部分黑色。侧接缘后侧角向后形成一小尖刺，该尖刺靠近腹部末端更加明显。体腹面有光泽。臭腺沟缘圆，挥发域灰黑色。足黑色或红褐色，但中足和后足股节基部黄褐色。后足第 1 跗节长于第 2、3 节之和。腹部黑色，雌虫腹板中央极度向前收缩，达到第 3 腹节基部。雄虫腹部中央具纵脊，第 7 背板后缘具一列细小刺突。

　　分布：浙江（杭州、温州）、陕西、江苏、上海、湖北、江西、福建、台湾、广东、海南、广西、贵州、云南。

131. 撒长蝽属 *Sadoletus* Distant, 1904

Sadoletus Distant, 1904a: 35. Type species: *Sadoletus validus* Distant, 1904.

Equatobursa Zou, 1985: 93. Synonymized by Gao & Rédei, 2017.

　　主要特征：头三角形，背面观长宽相等或长稍大于宽，头下具凹槽容纳第 1 节喙。触角第 2 节长度大约是第 1 节的 2 倍，第 3 节短于邻近的两节，第 4 与第 2 节长度相当，或者稍长于第 2 节。前胸背板侧缘明显缢缩，其后缘在小盾片基部微凹或后缘直，中纵脊在后部不显，在中部以前横缢，但背面不十分显著。小盾片基半具细小刻点，端半被粗糙刻点，端半具隆脊，有时向前伸过中部。革片基部前缘直，最内侧的两排刻点间隙自前向后渐宽，近端部变窄，其中稍外侧刻点列近端部时角状弯曲内斜，端部与内侧刻点列相遇；爪片 3 列刻点；膜片仅具 3 条脉，内侧和外侧翅脉均与内侧基角的同一主干脉相连，外侧脉基部与革片端缘平行，然后宽圆内弯伸向端部，中部脉直，自外侧脉基部附近伸出。该属种类雌虫产卵器差异很大，雌虫腹节缝从不向前收缩至极度向前收缩，几乎达腹部基部，第 7 腹节在中部交叠或否。体小，多在 6 mm 以下。

　　分布：除日本分布 1 种外，其他均分布于东洋区。世界已知 19 种，中国记录 9 种，浙江分布 1 种。

（218）黑撒长蝽 *Sadoletus izzardi* Hidaka, 1959（图版 V-76）

Sadoletus izzardi Hidaka, 1959: 199.

Equatobursa nigra Zou, 1985: 94.

　　主要特征：头、前胸背板，以及小盾片、头的腹面和胸部腹面漆黑色，刻点深大，密集，具黄褐色斜立毛，毛均由刻点内生出。中叶端部、喙、小盾片末端、触角和足褐色，前翅黄褐色，腹部基部黑褐色，两侧和后半褐色。一般刻点圆，但前胸后叶刻点椭圆形，前胸后叶和小盾片后半各具一不甚明显的纵隆脊，淡色个体中小盾片两侧和革片端部褐色。

　　分布：浙江（杭州）、湖北、江西、湖南。

　　注：该种原来在中国被记录为黑箍长蝽，Gao 和 David（2017）将该种及其所在的单型属黑箍长蝽属，异名为撒长蝽属，自此该种更名为黑撒长蝽。

二十七、长蝽科 Lygaeidae

主要特征: 长蝽科（狭义）包括红长蝽亚科 Lygaeinae、背孔长蝽亚科 Orsillinae、蒴长蝽亚科 Ischnorhynchinae 三个亚科。头部平伸，体壁不特别坚厚。具单眼，触角4节，着生于眼的中线下方。前翅膜片有4–5根纵脉。足跗节3节。喙4节。腹部腹面无侧接缘缝。腹部腹面具毛点。腹部气门全部位于侧接缘背面，腹节几乎等长，腹节缝直，并直达侧缘。腹部第5–7节侧缘正常，无任何叶状突的痕迹。

分布: 世界广布。世界已知863种，中国记录22属79种，浙江分布7属14种。

分亚科检索表

1. 爪片无刻点；前胸背板后缘在小盾片与侧角之间压扁 ··· 2
- 爪片具刻点；前胸背板后缘在小盾片与侧角之间不压扁 ····················· 蒴长蝽亚科 Ischnorhynchinae
2. 革片端缘直；体较大，常红、黑相间，大部分类群或多或少带有红色成分 ········· 红长蝽亚科 Lygaeinae
- 革片端缘基部明显内弯；体较小，常灰色、黄色、褐色，无红色斑纹 ·········· 背孔长蝽亚科 Orsillinae

（一）红长蝽亚科 Lygaeinae

分属检索表

1. 眼有柄，单眼与复眼远离 ··· 柄眼长蝽属 Aethalotus
- 眼无柄，单眼与复眼靠近 ·· 2
2. 后胸侧板后缘直，其后侧角呈直角或稍钝圆，不向后明显地伸出呈锐角 ···························· 3
- 后胸侧板后缘弯曲，其后侧角钝圆，不呈直角也不呈锐角，臭腺沟缘不突出，仅留一痕迹 ·············
  ··· 痕腺长蝽属 Spilostethus
3. 复眼与前胸背板前缘相接触，前胸背板具完整的中纵脊，有时在后缘不甚明显，侧缘隆起也比较显著 ·············
  ··· 脊长蝽属 Tropidothorax
- 复眼与前胸背板前缘有一段距离，与后者不相接触，头在眼后明显膨大，触角第4节与第2节等长或略长于第2节 ······
  ··· 肿腮长蝽属 Arocatus

132. 柄眼长蝽属 *Aethalotus* Stål, 1874

Aethalotus Stål, 1874a: 98, 100. Type species: *Astacops afzelii* Stål, 1865. Monobasic.

主要特征: 体长方形，头短，平滑三角形，黑色或大部分黑色；眼向两侧突出，呈柄状；触角细长；喙不超过后足基节。前胸背板正方形，多黑色，或部分黑色，具密集刻点，在中部以前明显横缢，胝区显著隆起。前胸背板前缘宽与其长相等。小盾片为等边三角形。前翅全黑，具浓密平伏毛和直立毛；膜片达到腹部末端。胸部侧板红褐色或黑色，但前胸侧板前部红色，具明显的刻点；前胸和中胸侧板具明显的侧板缝；臭腺沟缘耳状；后胸侧板后缘平截；股节无刺。腹部下面红色、黄褐色或黑褐色，通常无明显的斑纹。

分布: 大部分分布于东洋区。世界已知14种，中国记录3种，浙江分布1种。

（219）黑头柄眼长蝽 *Aethalotus nigriventris* Horváth, 1914（图版 V-77）

Aethalotus nigriventris Horváth, 1914: 632.

主要特征：头黑色，三角形，具灰色短毛，光滑无刻点，眼向侧面突出，具短柄，头宽与前胸背板后缘相等。触角细长，黑色。喙黑色，伸达中足基节，第 1 节超过前胸腹板前缘。前胸背板橘红色，具灰色短毛，横缢深，胝区显著隆起，后叶基部的黑色宽横带自后角前向两胝间延伸，形成近三角形的黑色大斑。前缘具黑色小斑。刻点较密，与底色同色。小盾片及前翅黑色，毛被极密，灰白色。革片前缘直，爪片缝与革片端缘等长，膜片黑褐色，长于腹部末端。腹部细长，侧接缘背面不外露。前胸腹板橘红色，中胸、后胸腹面灰黑色，胸部侧板毛被稀少，刻点较密，清晰，足黑褐色，后足跗节第 1 节长于第 2、3 节之和。

分布：浙江（杭州、温州）、甘肃、湖北、福建、台湾、广东、海南、广西、四川、贵州、云南；日本，越南。

133. 肿腮长蝽属 *Arocatus* Spinola, 1837

Arocatus Spinola, 1837: 257. Type species: *Lygaeus melanocephalus* Fabricius, 1798, by monotypy.

Tetralaccus Fieber, 1860a: 44 (syn. Stål, 1872: 42). Type species: *Lygaeus roeselii* Schilling, 1829, by monotypy.

Microcaenocoris Breddin, 1900: 171 (syn. Deckert, 1991: 365). Type species: *Microcaenocoris nanus* Breddin, 1900, by monotypy.

主要特征：体长，近似两侧平行。体表通常被半平伏或直立长毛，个别古北区种类无直立毛。头在眼后膨大，眼远离前胸背板，单眼与复眼间距小于单眼之间的距离；触角第 4 节与第 2 节等长，或略长于第 2 节。前胸背板除胝区和最基部外具刻点，有时胝区后具中纵脊；胝区稍肿胀，微倾斜，几乎伸达前胸背板前侧角。小盾片具"T"形脊，纵脊两侧的凹窝深，被粗糙刻点。前足股节无刺。臭腺沟缘伸出，黄色或红色。后胸侧板后缘直，平截，后侧角呈直角。

分布：主要分布在古北区、东洋区和澳洲区，但在旧热带区也有分布。世界已知 21 种，中国记录 6 种，浙江分布 3 种。

分种检索表

1. 前胸背板中纵线两侧的黑色纵带由后向前逐渐变窄，形成倒"V"形；革片各个边缘都宽阔的红色，其端缘端部 1/3 处具一小黑斑；头部腹面黑色 ··· 韦肿腮长蝽 *A. melanostoma*
- 前胸背板中纵线两侧的宽纵带虽前窄后宽，但决不呈明显的倒"V"形；革片仅基部和外侧缘狭窄的红色；头部腹面红色 ·· 2
2. 头顶具椭圆形黑斑，中叶端部亦呈黑色；前胸背板具近似平行的黑纵带；喙伸达中足基节 ·················· 拟丝肿腮长蝽 *A. pseudosericans*
- 头顶至中叶端部具连续黑斑，向前逐渐弯窄；前胸背板黑纵带更宽，前叶的黑纵带有时毗连；喙伸过后足基节 ········· 丝肿腮长蝽 *A. sericans*

（220）韦肿腮长蝽 *Arocatus melanostoma* Scott, 1874（图版 V-78）

Arocatus melanostoma Scott, 1874: 426.

Arocatus maculifrons Jakovlev, 1881: 208 (syn. Horváth, 1889: 326).

主要特征：体鲜红色，闪光。前胸背板具"A"形黑斑，密被斜立黄色毛。头鲜红色，光滑，无刻点。头基部、两眼间的圆斑、中叶端部黑色。触角黑色，较粗，第 1 节长于头部末端，喙黑褐色，伸达后足基节，第 1 节刚达前胸腹板前缘。前胸背板"A"形黑斑大而显著，横缢宽而浅，不明显，刻点鲜红色，大，不显著。前叶隆起，后叶较平，无中纵脊，前缘凹，后缘在小盾片基部微突，侧缘在中部内凹。小盾片黑色，"T"形脊粗大，纵脊鲜红色。前翅黑色，前缘和端缘直，红色，毛被浓密。膜片黑色，端部无色，透明，超过腹部末端。腹部宽，侧接缘红色、外露。头、胸腹面黑褐色，胸部具刻点，背侧缘以及臭腺沟缘鲜红色。足黑褐色，多毛。腹部红色，两侧的宽纵带及腹部末端黑色，直立毛和平伏毛混生。

分布：浙江（杭州）、黑龙江、吉林、辽宁、天津、河北、陕西、甘肃、安徽、湖北、江西、湖南、福建、广东；俄罗斯，韩国，日本。

（221）丝肿腮长蝽 *Arocatus sericans* (Stål, 1859)（图版 V-79）

Lygaeus sericans Stål, 1859: 240.

Arocatus continctus Distant, 1906: 410.

Caenocoris dimidiatus Breddin, 1907: 45.

Graptostethus parvus Distant, 1918: 422 (syn. A. Slater, 1985: 316, with *A. continctus*).

主要特征：体大部分区域黑褐色，密被黄白色短毛。头红褐色至黄褐色，平滑、无刻点，中叶端部至头后部具前窄后宽的长黑色纵带，触角细长，黑褐色。前胸背板黑色，在前部横缢，两侧缘、后缘中纵线红褐色至黄褐色，无纵脊，前叶中纵线远较后叶细，色也较暗。后缘直，前缘和侧缘明显弯曲。小盾片黑褐色，具刻点，"T"形脊突出，端部一半褐色。革片黑褐色，仅前缘基部红褐色至橘黄色，黄色斜立毛甚密。膜片黑色，端部与外缘白色透明，超过膜片末端，头部下面黄色，喙褐色，伸达第 1 腹节，第 1 节达前胸腹板前缘。胸部下面黑色，刻点稀，前、中、后胸侧板后缘及前胸腹板前缘褐色，基节臼、转节及臭腺沟缘黄色，足黑色，多毛。腹部黑红色，两侧缘及末端两节红色，亦具黄色平伏毛。

分布：浙江（杭州）、海南、香港、广西；印度，斯里兰卡，澳大利亚，非洲。

（222）拟丝肿腮长蝽 *Arocatus pseudosericans* Gao, Kondorosy *et* Bu, 2013（图版 V-80）

Arocatus pseudosericans Gao, Kondorosy et Bu, 2013: 694.

Arocatus sericans (non Stål, 1859): Esaki, 1952: 221.

主要特征：体细长，接近两侧平行，底色红色，具金黄色丝状长毛。头光滑，无刻点，中叶末端黑色，头顶基部具椭圆形黑斑；单眼位于复眼后缘之后；触角细长、黑褐色，第 1 节大约有 1/4 超过中叶端部；喙褐色，第 1 节不达前胸腹板前缘，第 2 节伸达前足基节前缘，第 3 节稍微超过前足基节，第 4 节伸达中足基节。前胸背板前缘及后缘直，丝状毛密，金黄色，被粗糙刻点，在前部横缢，前部呈横脊状隆起，侧缘明显内凹，胝沟后部刻点大而深。小盾片黑褐色，纵脊红色，其两侧具大刻点。革片、爪片红褐色，革片前缘基部红色，前缘在中部微内凹，毛被斜立，甚密。膜片黑色，端部透明，稍长于腹部末端。头部下面红色，胸部腹面黑色，基节臼至各侧板后缘黑褐色，每节的背侧各具两个不规则的黑褐斑。前足、中足基节臼黑色，足黑褐色，基节黄褐色。臭腺沟缘红色。胸部腹面刻点较背面浅小，但甚密。腹部腹面底色红色，除侧缘外，各腹节具黑色条带，生殖节黑色。

分布：浙江（湖州）、陕西、福建、台湾、广东、广西、四川、贵州；韩国，日本，印度，斯里兰卡。

134. 痕腺长蝽属 *Spilostethus* Stål, 1868

Spilostethus Stål, 1868: 72, 75 (as subgenus of *Lygaeus*; upgraded by Reuter, 1912: 19). Type species: *Cimex militaris* Fabricius, 1775, by subsequent designation (Slater, 1964: 193).

主要特征：痕腺长蝽属与红长蝽属非常相似，有的作为红长蝽属的一个亚属。但后胸臭腺沟缘不突出，仅留一痕迹；雄虫所有股节下面具刺，前胸背板侧缘较向上隆起。体形粗大，通常黑色和红色，颜色比较鲜艳。

　　分布：主要分布于旧热带区，古北区、东洋区和澳洲区也有分布。世界已知 24 种，中国记录 2 种，浙江分布 1 种。

（223）箭痕腺长蝽指名亚种 *Spilostethus hospes hospes* (Fabricius, 1794)（图版 VI-81）

Lygaeus hospes Fabricius, 1794: 150.

Spilostethus hospes: Esaki, 1950: 220.

　　主要特征：红色，具黑色斑，体被极短的金黄色毛。头中叶、眼内侧、触角和喙黑色。前胸背板较平淡，侧缘和后缘直，胝后中纵线与侧缘间的黑色宽纵带与前胸背板前缘的黑色横带相连，侧缘和呈箭形的中纵线红色。小盾片黑色，端部红色。爪片基部内侧红色，端部黑褐色，中部具椭圆形黑色斑。膜片黑色，超过腹部末端。胸部腹面黑色，具稀疏刻点，仅基节臼背方具黑色斑，后胸臭腺沟缘不突出，仅留一痕迹，黑色。足黑色。雄虫股节下方具刺，雌虫无。喙伸达后足基节，第 1 节远超过前胸腹板前缘。腹部基红色，其余各节前部黑色，后部红色，或黑色横带与侧面中断而形成腹面的大纵带和侧缘的黑斑。腹部末端黑色。

　　分布：浙江（丽水）、江西、福建、台湾、广东、海南、香港、广西、四川、云南、西藏；印度，缅甸，越南，菲律宾，马来西亚，印度尼西亚，大洋洲。

135. 脊长蝽属 *Tropidothorax* Bergroth, 1894

Melanospilus Stål, 1868: 75 (as subgenus of *Lygaeus*; upgraded by Stål, 1872: 40).

Tropidothorax Bergroth, 1984: 547 (new name). Type species: *Lygaeus venustus* Herrich-Schaeffer, 1835, by subsequent designation (Reuter, 1885: 199).

　　主要特征：触角第 2 节与第 4 节约等长，或第 2 节稍短，喙中等长度。前胸背板无横缢，后缘直，具完整的中纵脊，并直达前缘，侧缘显著隆起，侧缘与中脊间甚凹。小盾片基部平，具纵脊。后胸侧板后缘直，平截，后侧角呈直角。臭腺沟缘明显，端部膨大。股节无刺。

　　分布：主要分布于东洋区，旧热带区和古北区也有分布。世界已知 11 种，中国记录 4 种，浙江分布 2 种。

（224）斑脊长蝽（大斑脊长蝽）*Tropidothorax cruciger* (Motschulsky, 1860)（图版 VI-82）

Lygaeus cruciger Motschulsky, 1860: 502.

Tropidothorax cruciger: Stichel, 1959: 311.

　　主要特征：此种与红脊长蝽十分相似，但前胸背板的中纵脊和侧缘脊较低，侧缘和后缘弯曲度较大，爪片完全黑色，或者爪片与革片接合缘红色，前胸背板和前翅中部的黑色大斑也明显较前者大。

　　分布：浙江（湖州、杭州、丽水）、黑龙江、吉林、辽宁、北京、陕西、宁夏、甘肃、江苏、上海、安徽、湖北、湖南、福建、台湾、四川、西藏；俄罗斯，韩国，日本。

（225）红脊长蝽 *Tropidothorax sinensis* (Reuter, 1888)（图版 VI-83）

Lygaeus marginatus var. *sinensis* Reuter, 1888a: 64, 68.

Lygaeus belogolowi Jakovlev, 1890: 327, 328 (syn. Lee *et al.*, 1994: 25).

Tropidothorax elegans: Zheng & Zou, 1981: 8.

Tropidothorax sinensis: upgraded by Lee *et al.*, 1994: 25.

　　主要特征：红色，具黑色大斑。头黑色，光滑，凸圆，无刻点，有时在头的背面基部具一小橘黄色斑，小颊长，橘红色，头部前端具直立毛。触角黑色，第 2 节与第 4 节等长。喙黑色，伸达足中基节，第 1 节达前胸腹板中部。前胸背板侧缘直，仅后侧角处弯，具金黄色毛，并隆起呈脊状，中脊完整，侧缘脊、中脊、前缘及后缘红色，中脊和侧缘脊间具稀疏刻点，黑色，或仅胝沟后方黑色，胝沟前则具一黑色斑。小盾片黑色，基部平，端部隆起，纵脊明显。爪片黑色，端部红色，或中部黑色，两端红色。革片红色，中部具不规则大斑，但此斑不达前缘，翅面具短小直立毛，膜片黑色，超过腹部末端，内角和边缘乳白色。前胸腹面和基节臼红色，后者背方具一大型黑斑，中胸和后胸腹面黑色，仅基节臼和其侧板后缘红色。臭腺沟缘红色，耳状。足黑色。腹部红色，各节均具黑色大型中斑和侧斑，有时相互连接成一大型横带，腹部末端亦黑色。

分布：浙江（嘉兴、杭州、宁波、丽水）、吉林、北京、天津、河北、山西、河南、江苏、上海、安徽、湖北、江西、湖南、福建、台湾、广东、海南、广西、云南；日本。

（二）背孔长蝽亚科 Orsillinae

136. 小长蝽属 *Nysius* Dallas, 1852

Nysius Dallas, 1852: 551-552. Type species: *Lygaeus thymi* Wolff, 1804.

主要特征：中小型，长椭圆形，毛被常浓密，多被平伏毛。淡黄褐色至灰褐色。头宽大于长，眼有时基部微缢，较突出，头侧缘在眼后明显内缢，眼后区域甚短，眼距离前胸前缘不远。眼面无毛，单眼接近后缘，头具密刻点。触角基由背面可见。小颊无刻点，形状各异。喙伸达中足基节以至第 2 腹节。前胸背板梯形，具刻点，前缘几乎直，后缘宽于头，两侧常向后微伸，侧缘直，或微凹弯，胝微凹，胝区常色深。小盾片中央具"Y"形脊，常圆钝，有时后半的脊较棱起，末端不向上反卷。爪片及革片有时半透明，一般全无刻点，少数种类沿爪片缝有刻点列，前缘在基部 1/4 前直，然后向外拱弯，膜片多伸达腹端或超过之，侧接缘不外露。头下及胸下具刻点。前足股节不特别加粗，无刺。

种间差异隐晦，变异较大，鉴别种类常困难。

分布：世界广布。世界已知 101 种，中国记录 9 种，浙江分布 2 种。

（226）小长蝽指名亚种 *Nysius ericae ericae* (Schilling, 1829)（图版 VI-84）

Heterogaster ericae Schilling, 1829: 86.

Nysius ericae: Zheng & Zou, 1981: 32.

主要特征：头淡褐色，或微带红褐色色泽，或棕褐色不等，头顶基部处有时较淡；头背面中央、中叶基部常有"×"形黑纹，眼内缘常淡色，眼基部缢入的倾向较弱，密被丝状平伏毛，无直立毛。触角褐色，第 1、4 节常略深，喙可伸达后足基节后缘。喙第 1 节亦不达前胸。触角第 4 节略长于第 2 节，或与之等长。前胸背板污黄褐色，刻点均匀，较大，较密，同色或黑褐色，在后叶组成一些模糊的深色纵向晕带，胝区处呈一宽黑横带，常边缘较完整，中央中断的情况不多，中线处向后延伸呈一短黑纵带，毛被似较短而平伏。前胸背板较短宽，侧缘微内凹，雄虫较显，后缘两侧微呈叶状后伸，微呈波状弯曲。小盾片铜黑色，被平伏毛，有时两侧各有一大黄斑，后半有时有隆起的中脊。前翅淡白色，半透明，翅前缘基部有少数毛，翅面毛平伏，无直立毛，在各脉上有一褐斑。膜片几乎无色，半透明，几乎无深色斑。翅前缘外拱不强。体下方领、各足基节臼、中胸、后胸后缘及臭腺沟缘淡白色，前胸侧面中段黑色，后角处褐色，中胸其余部分几乎全黑。后胸侧板内半（挥发域）多黄褐色纵带与黑色纵带相间，雄虫腹下基半黑色，后半两侧黑色，向中部出现一些斑驳的淡色斑连成的纵纹，至中央全部为淡黄褐色。足淡黄褐色，股节具黑斑点。第

7 腹节背板两侧黄色部分面积极小。

分布：浙江（杭州、温州）、北京、天津、河北、河南、陕西、宁夏、新疆、四川、贵州、西藏；古北区与北美洲广布。

（227）黄色小长蝽 *Nysius senecionis* (Schilling, 1829)（图版 VI-85）

Heterogaster senecionis Schilling, 1829: 87.

Nysius senecionis: Dallas, 1852: 369.

Nysius ericae subsp.: Zheng & Zou, 1981: 30.

主要特征：此虫为广布于长江流域南部的小长蝽优势种类，为北方的 *N. ericae* 的代替种群。本种体色较黄，体型较小，前胸背板较光滑，多数个体刻点色淡，前胸及翅上的褐斑少且淡。触角及足色淡，足几乎为淡黄色，股节上的褐斑亦常浅，头部侧面观较短高，多数个体的小颊下缘多少呈圆弧形。喙较短，不超过后胸腹板后缘或明显不达后足基节后缘。部分个体翅前缘较 *N. ericae* 更为向外圆拱。部分个体前胸背板较长，宽只为长的 1.6 倍。雄虫第 7 腹节背板两侧黄色区域大，生殖节背面开口极似 *N. ericae*，但是侧缘后半略向内斜。

分布：浙江（杭州、丽水、温州）、江西、广东、海南。

137. 扁长蝽属 *Sinorsillus* Usinger, 1938

Sinorsillus Usinger, 1938: 140. Type species: *Sinorsillus piliferus* Usinger, 1938. Monobasic.

主要特征：体中型，扁平，长椭圆形，腹部较宽，密被平伏丝状毛及直立毛。头平伸，较尖长，背面平，眼远离前胸背板前缘，头侧缘在眼后向后逐渐缢入，其长度约为复眼的 1/3，头的眼前部分长为眼长的 1.7–2 倍。触角基与单眼之间无脊状纵带，单眼外侧具短沟，头具浅刻点，外观皱纹状，眼面具直立毛。触角基由背面可见，触角第 1 节不超过头端。小颊低而长，伸达复眼后端处，然后以一小棱脊状后延至头基部。喙槽明显。喙极长，可伸达腹部末端。前胸背板较平置，梯形，宽大于长，向前渐狭，前缘向后拱弯，后缘两侧呈短叶状略后伸，侧缘较直，较肥厚，中部微凹弯，前角甚为宽圆，胝浅凹，有光泽，短、细，与背板同色，刻点密，向后渐浅。小盾片宽大，具"Y"形脊及刻点。翅完整，伸达或将伸达腹端，爪片与革片无刻点，前缘较均一地微向外拱弯。腹部宽扁，侧接缘明显外露，一色无斑。臭腺沟基部淡色无光泽，端半（孔外侧）色深而具光泽，挥发域大，占后胸侧板大部分，并前伸占中胸侧板约一半。前足股节略加粗，下方无刺。

分布：本属为我国所特有，已知仅 1 种。浙江地区亦有分布。

（228）杉木扁长蝽 *Sinorsillus piliferus* Usinger, 1938（图版 VI-86）

Sinorsillus piliferus Usinger, 1938: 140-142.

主要特征：体具光泽，头红褐色、黑褐色至黑色，红褐色个体头基部及单眼处向外向前斜伸的纵带状纹黑色，向前渐淡，或很短；深色个体则中线处有时淡色。眼具毛。触角褐色，第 1、4 节较深，有时第 1 节端部及第 2 节末端色深。头下方眼后黑色，触角基后方呈黄褐色，腹面中央后半在喙下为黑色，或全部黑色。喙褐色至黑色，伸达第 5 腹节中部或后缘，直至近腹端处，长短不一，第 1 节伸过前胸前缘。前胸背板红褐色、黑褐色至黑色，后缘处渐淡，有时二胝间有一黑色短中线，刻点同色或略深，密，粗糙，均匀。小盾片黑褐色，或中央及两侧黑色，其余黄褐色。爪片及革片淡黄褐色，带有棕红色或灰色色泽，有时爪片接合缝黑褐色。膜片淡烟色，半透明，侧接缘淡褐色、淡红褐色至淡黑褐色，无斑。体下方褐色，深浅不一，密被平伏丝状毛，基节臼淡色，前胸侧板中段色较深。中、后胸色深，挥发域色较浅，臭腺沟缘基半淡白色，端半褐色。足褐色。腹部长较淡，色均一；或体下方全部漆黑，只基节臼、臭腺沟缘基半淡白色，以及腹部侧缘狭窄的褐色。

　　分布：浙江（湖州、杭州、衢州）、湖北、福建、广东、广西、重庆、四川、云南。

（三）蒴长蝽亚科 Ischnorhynchinae

138. 蒴长蝽属 *Pylorgus* Stål, 1874

Pylorgus Stål, 1874a: 123, 125. Type species: *Cimex colon* Thunberg, 1784.

　　主要特征：头部多数不甚伸长，少数甚为伸长。小颊常短小，头的下侧方常有淡色光滑的胝状构造。前胸背板侧缘不呈锯齿形，前缘呈一明显的"领"，前胸背板常明显倾斜。小盾片中央有一个三射形光滑隆脊。前翅革片透明，沿爪片缝有一列刻点，革片 R+M 脉、端缘及顶角上有褐斑，膜片透明，常有小褐斑。前足股节无刺。

　　分布：东洋区、旧热带区、澳洲区。世界已知 34 种，中国记录 6 种，浙江分布 4 种。

分种检索表

1. 头伸长，头在复眼前的部分为复眼长的 2 倍以上；喙极长，末端越过腹部之半 ························· **长喙蒴长蝽 *P. porrectus***
- 头较短，头在复眼前的部分约为或不及复眼长的 2 倍；喙较短，不达腹部之半 ·· 2
2. 前胸背板中纵线前半部黑色，呈一很粗的黑色纵纹，后叶有一些隐约的暗色斑，前端两侧各一并常后延，后端有数处；革片基部、中部、端缘均有一些较明显的形状不规则的黑斑 ··· **柳杉蒴长蝽 *P. colon***
- 前胸背板中纵线浅黄褐色，前胸背板和革片色斑不若上述 ·· 3
3. 前胸背板倾斜度较大，底色中的淡色部分为黄色，有光泽，刻点分布常不甚均匀，大部分为黄褐色或褐色，深黑褐色至黑色的刻点少；触角长，第 4 节长为两复眼间头顶宽的 2 倍以上；膜片黑斑多为圆点状 ·········· **红褐蒴长蝽 *P. obscurus***
- 前胸背板倾斜度较小，底色中的淡色部分为青黄色，无光泽，刻点分布均匀，大部分为黑褐色或黑色；触角短，第 4 节长不到两复眼间头顶宽的 2 倍；膜片黑斑多为横列状 ··· **灰褐蒴长蝽 *P. sordidus***

（229）柳杉蒴长蝽 *Pylorgus colon* (Thunberg, 1784)（图版 VI-87）

Cimex colon Thunberg, 1784: 57.

Pylorgus colon: Lethierry & Severin, 1894: 159.

　　主要特征：成虫体椭圆形，红褐色至酱褐色，有光泽。头部三角形，尖削，侧叶狭窄，密被刻点及粗短的白色半平伏毛。头顶有 3 条纵向的短黑斑，呈"品"字形排列。复眼大，与前胸背板相接触。触角第 1、4 节黑色较粗；第 2、3 节黄褐色，两端黑色，较细，稍呈棒状。头下方黑色，具刻点。小颊低浅。喙褐色至黑色，伸达第 2 腹节后缘。前胸背板密布粗大刻点及白色粗毛，表面微拱，整个背板显著前倾，前缘略伸出；侧缘与前 2/5 处稍内凹，边缘稍呈一狭边，侧面观细脊状，前角垂圆，后角亦较宽圆而简单；后缘向后宽阔地拱弯；中纵线前半部黑色，呈一很粗的黑色纵纹。小盾片黑色，末端黄色，盘域具大部分黄褐色的"Y"形隆脊。前翅不透明。爪片具 3 列整齐的刻点。革片沿爪片缝有一列整齐的刻点。革片端角处有若干不甚显著的浅刻。爪片及革片红褐色，爪片端角内缘处有一纵黑斑，革片基部、中部、端缘均有一些较明显的黑斑，革片端角处色深而红色成分强。膜片半透明，淡色，近中央处有一明显的椭圆形小黑斑。足黄褐色或红褐色而有黑斑。腹部背面红褐色,两侧黑色。腹下黑色,两侧及各节后缘红褐色,近侧缘处有不规则的黑斑。

分布:浙江(杭州、衢州)、贵州;日本。

(230)红褐蛃长蝽 *Pylorgus obscurus* Scudder, 1962(图版 VI-88)

Pylorgus obscurus Scudder, 1962: 184.

Pylorgus ishiharai: Zheng & Zou, 1981: 36 (misidentification).

主要特征:头黄褐色至褐色,中叶基部深褐色,复眼内侧具三角形淡黄褐色斑。触角第 1 节及第 4 节黑褐色,第 2、3 节褐色,触角第 4 节长为两复眼间头顶宽的 2 倍以上。喙伸达后足基节,第 3 节多数短于第 2 节,少数等于或略长于第 2 节。头部腹面黑色,其两侧至复眼黄色。前胸背板极倾斜,褐色,有光泽,刻点黄褐色至深褐色。胝区深褐色,其后有一无刻点的隆起的黄褐色斑,中央具一黄褐色纵隆线,贯穿前胸背板全长,此线每侧常有 3 条隐约的黑纹,内侧者宽而长,中央者常中部中断,前胸背板后缘中央有一深褐色斑点。小盾片基部深凹,褐色,端部深褐色。爪片褐色,但其内缘及爪片缝深褐色。革片黄褐色透明,其内缘深褐色,端缘除接近内角处有一黄色短纹外,亦为深褐色。革片近基部有一深褐色斑,上有许多同色刻点,端部深褐色,但最尖端为淡黄白色。膜片中部具一深褐色的圆斑。中、后胸腹板在两基节间灰黑色,侧板褐色,近基节处及侧板的外方深褐色,后胸侧板后缘黄褐色。足黄褐色,但基节、股节中部、胫节基部及端部和跗节端部褐色。腹部腹面暗褐色,侧缘褐色。雄虫在各节中部具黑色大斑,侧方的毛点及各节前缘处黑色。腹部腹面密布平伏及半直立的毛。背面后端各节褐色,后缘淡黄色,末节后半淡黄色,各节中央均无大黑斑。

分布:浙江(丽水、温州)、天津、陕西、江西、湖南、福建、广东、海南、广西、四川、贵州、云南;印度,菲律宾。

(231)灰褐蛃长蝽 *Pylorgus sordidus* Zheng, Zou *et* Hsiao, 1979(图版 VI-89)

Pylorgus sordidus Zheng, Zou *et* Hsiao, 1979: 364.

主要特征:头部褐色,中线处及侧叶、中叶交界处色深,具黑褐色刻点及丝状平伏毛。眼内侧有小黄斑。头位于复眼前方部位的长度不超过复眼长的 2 倍(背面观)。触角第 1 节黑褐色,第 2、3 节褐色,第 2 节两端及第 3 节最基部加深,第 4 节黑褐色;第 1 节略超过头的末端,第 4 节短于眼间距的 2 倍。喙伸达腹部基部。前胸背板较倾斜,无光泽,底色黄褐色,后叶多呈青灰色,刻点大部分黑褐色,分布较均匀,胝锈褐色,胝后淡色隆突密布黑色刻点,因而不显,淡色中纵线两侧有一褐色纵带,向后加宽,有时隐约,后角黑褐色。小盾片"Y"形脊明显,刻点黑褐色至黑色。爪片及革片不甚透明。膜片黑斑横列。胸部下方具霜状构造,侧板褐色,刻点色深,侧板上的深色斑常呈黑色。各胸节腹板黑色。股节大部分褐色至深褐色,两端淡色,胫节淡色至褐色,基部色深。腹部腹面褐色,有时基部数节中部加深呈大黑斑状,各节侧缘后半黄色。

分布:浙江(丽水)、河北、陕西、甘肃、湖北、重庆、四川、贵州、云南、西藏。

(232)长喙蛃长蝽 *Pylorgus porrectus* Zheng, Zou *et* Hsiao, 1979(图版 VI-90)

Pylorgus porrectus Zheng, Zou *et* Hsiao, 1979: 363.

主要特征:头伸长,淡褐色至褐色,基部及中线处较深,有时有清楚的黑纹,复眼内侧有一不大的黄斑。头具刻点及丝状平伏。触角第 1 节褐色至黑褐色,第 2、3 节黄褐色至红褐色,第 2 节最端部及基部色深，第 4 节深黑褐色。喙极长，末端超过腹部之半。前胸背板底色黄褐色而带有淡青色色泽，刻点淡褐色至黑褐色，胝深黑褐色，胝后隆突不显著，或较小，光滑，黄色；背中线淡色，贯全长，每侧有深色纵带 3 条，常较细，有时隐约，断续，在后缘处相互连接成一深色横带；后缘中央有一褐斑；后角深色。膜片无色透明，基半有一小黑斑，常浅。胸下全具粉被，密布色同底色的刻点。各胸节侧板浅褐色，刻点褐色，具一些黑褐色斑；基节臼、臭腺沟缘、后胸侧板后缘淡黄色，后角显著尖斜，中胸腹板灰黑色，后胸腹板褐色。足黄褐色，股节外半除末端外为褐色，胫节两端色深。腹部腹面锈褐色，前、后缘有时淡色，毛点黑色，侧缘各节后半黄白色，其前方或前内方常有黑斑。

　　分布：浙江（温州）、福建。

二十八、束长蝽科 Malcidae

主要特征：中小型，体壁厚实。复眼着生于头的前侧角，两枚单眼靠近，共同着生在一隆突上。触角长，第 1 节圆柱形，第 2、3 节细杆状，第 4 节纺锤形。后翅无钩脉。腹板第 5–7 节背面侧缘各具向外平伸的叶状突起，边缘具齿。所有腹部气门均位于背面。若虫体表具刺毛状突起，外貌似网蝽科的若虫。

分布：主要分布于古北区和东洋区，个别种类分布于旧热带区。世界已知 47 种，中国记录 2 属 33 种，浙江分布 1 属 2 种。

139. 突眼长蝽属 *Chauliops* Scott, 1874

Chauliops Scott, 1874: 427. Type species: *Chauliops fallax* Scott, 1874.

主要特征：头部在眼前极度向下弯曲，单眼之间的距离与单眼复眼之间的距离几乎相等。触角瘤发达，通常呈刺突状。喙伸达后足基节，第 1 节超过头部后缘。触角多毛。前胸背板具深刻点，前缘具领，侧缘稍弯曲，后缘在后侧角处下压向后突出。小盾片三角形。胸部侧板具刻点，中足基节与后足基节靠近，腿节稍增粗。翅伸达腹部末端，爪片具一排刻点，爪片接合缝短。革片伸达腹部中部附近，端缘弯曲。膜片较大，具 5 条纵脉。后翅具钩脉，后肘脉和扇间脉消失，1A 和 2A 发达。雄性抱握器大，叶片自然交叉，储精囊具翼骨片，阳茎端导精管具螺旋状突起。雌性受精囊具稍加长的球部，基部和端部具檐。

分布：古北区、东洋区。世界已知 16 种，中国记录 6 种，浙江分布 2 种。

（233）豆突眼长蝽 *Chauliops fallax* Scott, 1874（图版 VI-91）

Chauliops fallax Scott, 1874: 428.

主要特征：体色变化较大，从红褐色至黑棕色，广布种。头及前胸背板栗褐色至黑褐色，眼柄长，远离前胸前缘。触角第 1、4 节色深，第 2、3 节淡黄色至淡褐色；触角第 1 节较长，略长于小颊。头在单眼前方有时有 2 黑色纵带。前胸背板胝区黑色，中线及两侧中部略隆出的区域淡色，刻点同色或加深。小盾片黑色。爪片及革片淡黄白色，端部在近外缘及端缘时渐深，呈黑褐色边缘，革片中部偏内有一黑褐斑。膜片淡白色，微有暗色晕。体下栗褐色至黑褐色，腹部常较深，胸下色常较斑驳，在深色个体中，各节侧板后缘及基节臼等部位色常较淡。第 5、6 节二节叶状突前半淡色，后半黑褐色，第 7 节叶状突淡色，中央具黑褐色横带，向后伸出较远端部呈尖角状。各足股节端部 1/3 处下方均有一明显的刺。体色深，褐色至黑褐色，股节端部 1/2–2/3 及胫节基部黑褐色。

分布：浙江（杭州、宁波、金华）、北京、天津、河北、山西、山东、河南、陕西、甘肃、江苏、上海、安徽、湖北、江西、湖南、福建、广西、四川、贵州、云南；日本，印度，斯里兰卡。

（234）平伸突眼长蝽 *Chauliops horizontalis* Zheng, 1981（图版 VI-92）

Chauliops horizontalis Zheng, 1981: 188.

主要特征：体色较深，体毛略短细。头褐色至黑褐色，触角淡黄色至淡褐色，第 4 节褐色或仅端部 2/3 褐色。刻点常色深。前胸及前翅底色污黄褐色，刻点常色深，胝区黑色。小盾片黑褐色至黑色。革片端部刻点色常渐深，端缘或多或少加深。膜片淡白色，沿脉略加深呈烟色。体下方栗褐色至黑褐色，有时斑驳，白色絮状毛块常明显。足淡黄色至淡黄褐色，各足股节端半有一黑环，宽窄不一，后股黑环最宽，深色个体后足股节端部 1/3 全黑，且胫节基部亦黑色。后足股节端部有时具一刺。抱握器：叶片顶角略向下弯曲，中部不缩细。储精囊：端突端部宽基部窄，呈倒梯形，翼骨片为宽大的片状，端部略向下弯曲。阳茎端导精管中等长度，有明显的螺旋状突起，腹面有一对叶片状骨片。

　　分布：浙江（杭州）、湖北、江西、湖南、福建、广东、海南、广西、云南。

二十九、尼长蝽科 Ninidae

主要特征：小型，体长 3–4 mm。长卵圆形，具刻点。头部强烈下倾。触角瘤退化，触角第 1 节短，第 4 节长大，香肠状。复眼具柄。单眼彼此靠近。头部、前胸背板及小盾片大部分面积被有浓厚的粉被及长毛，触角及足上的毛亦长。小盾片端部二叉状。爪片与革片常透明。后翅具钩脉。后胸臭腺发达。腹部第 2–6 节气孔位于背面，第 7 腹节气孔位于腹面。雌虫受精囊檐退化。若虫臭腺开口于第 3/4、4/5、5/6 背板之间，后者较退化。

分布：世界已知 14 种，中国记录 3 属 4 种，浙江分布 2 属 2 种。

140. 莞长蝽属 *Cymoninus* Breddin, 1907

Cymoninus Breddin, 1907: 38. Type species: *Cymoninus subunicolor* Breddin, 1907 (=*Ninus sechellensis* Bergroth, 1893).

主要特征：本属与尼长蝽属 *Ninus* Stål 十分近似，体形构造相似，复眼突伸程度不若尼长蝽属强烈，复眼大，纵列，眼无柄或只有极短的柄，单眼与复眼间距小于或等于单眼间距。头部窄于前胸背板基部。喙端半不显著加粗，或仅在末端略微加粗，喙伸达中胸腹板中部，第 1 节伸达头部基部。前翅亦在基部强烈缢缩，爪片端半亦具一无刻点的透明区域，革片端缘刻点列常不完整。

分布：东洋区、南美洲。世界已知 4 种，中国记录 2 种，浙江分布 1 种。

（235）灰莞长蝽 *Cymoninus turaensis* (Paiva, 1919)（图版 VI-93）

Ninus turaensis Paiva, 1919: 359.

Cymoninus turaensis: Bergroth, 1921: 168.

主要特征：头紫褐色，满布白色浓厚粉被而呈紫灰色。触角黄褐色，喙伸达中足基节。前胸背板暗褐色，具粉被，后叶中线两侧具一对隐约的大斑，粉被较少，刻点浅。小盾片具粉被及很长的毛。革片基部狭，前缘基部直，约至小盾片末端的水平位置处向外扩展，爪片基半、革片基部均不透明而具粉被，至小盾片末端的水平位置处始变为透明、淡黄褐色，爪片缝两侧及革片末端色略深，革片 R 脉基部在外缘开始扩展之处附近有一黑斑，沿爪片缝有一列均匀的长刻点，沿 R 脉外方有一列刻点，爪片外侧及中央刻点列止于该缘之半，不达末端，膜片无色透明，无暗斑。头、胸下方同背面体色，密具粉被，胸下中央常为黑色。足黄褐色，股节暗褐色。腹下淡黄色至褐色，有光泽。

分布：浙江（温州）、福建、广东、海南、广西、云南；印度，斯里兰卡。

141. 蔺长蝽属 *Ninomimus* Lindberg, 1934

Ninomimus Lindberg, 1934: 8. Type species: *Lygaeosoma flavipes* Matsumura, 1913. Monobasic.

主要特征：与尼长蝽属十分近似，构造大体相同。眼无柄，大而较突出。喙第 1 节端半显著加粗，与尼长蝽属同。革片沿爪片缝及端缘有刻点列，革片中部除沿 R 脉有刻点外，尚有许多散布的刻点，爪片与革片常不透明，或爪片端半透明。体亦有浓厚的粉被及长毛。

分布：亚洲东部。世界已知 2 种，中国记录 1 种，浙江分布 1 种。

（236）黄足蔺长蝽 *Ninomimus flavipes* (Matsumura, 1913)（图版 VI-94）

Lygaeosoma flavipes Matsumura, 1913: 142.

Ninomimus flavipes: Scudder, 1957: 100.

　　主要特征：体较瘦狭，被黄色长毛，在翅基部最为浓密。头黑色，除中叶、单眼前方一对大斑粉被较稀外，余均被浓厚白色粉被，以致头呈灰黑色，眼紫红色，大而圆，眼后的区域饱满，触角淡褐色至褐色，第3、4节上的毛在 Ninini 族中相对较密较短，约为该触角节直径的2倍。喙伸达中足基节，黄褐色，喙第1节端半膨大部分黄白色，第4节黑褐色。前胸背板黄褐色，胝灰黑色，周围有灰色晕，或胝区边界明显；后角黑褐色，呈大斑状，在此斑内侧各有一菱形黄褐色大斑，无粉被，但亦无光泽，上有深色刻点，除上述部分外其余区域均具粉被；后缘呈浅波状，两侧钝圆地向后略伸出。小盾片黄褐色，具浓厚粉被。爪片与革片淡黄褐色，不透明，仅革片沿内缘有一长卵形半透明区域，革片末端及翅上的刻点黑褐色，爪片上有3列较完整的刻点列，外侧一列不伸达爪片末端，革片刻点通常不扩散至外革片。头下方黑色，前胸下方黄褐色，基节臼背方有一大黑斑；中、后胸下方大部分黑色，基节臼、各节后缘及臭腺沟缘附近黄褐色，除后胸侧板后缘外均无光泽，头下及胸下中部粉被浓厚，呈灰白色。足黄褐色，股节略深。

　　分布：浙江（杭州、丽水、温州）、黑龙江、吉林、河南、陕西、湖北、江西、湖南、福建、海南、广西、四川、贵州；俄罗斯（符拉迪沃斯托克，即海参崴），日本。

三十、梭长蝽科 Pachygronthidae

主要特征：梭长蝽科中等大小，取食单子叶植物。梭长蝽为细长种类，通常为淡色。头部下倾，小颊短小。触角延长，线状或稍呈纺锤形。触角第 1 节或者远超过头端（Pachygronthinae），或仅仅伸达头部中叶端（Teracrinae）。前胸背板梯形，通常具一浅横缢。前足股节膨大，被显著刺。前翅前缘不扩张。膜片翅脉不具翅室。大部分种类是长翅型。所有腹部气孔位于腹面。腹板节间缝伸达侧缘。

分布：世界广布，主要分布于古北区、东洋区、旧热带区和新热带区。世界已知 78 种，中国记录 4 属 12 种，浙江分布 1 属 5 种。

142. 梭长蝽属 *Pachygrontha* Germar, 1838

Pachygrontha Germar, 1838: 152. Type species: *Pachygrontha lineata* Germar, 1838.

主要特征：头微下倾，并缩入前胸，使眼与前胸背板相接。头侧叶扁并向上直立。触角细，极长。小颊短小，位于喙的基部。头在复眼处的最大宽度远小于前胸背板基部的宽度。前胸背板两侧直，具边，中纵脊不突出，后缘直或稍弯，具横缢，但不明显，因此前后叶界线不明。半鞘翅前缘直，不宽于腹部侧接缘的宽度。若虫臭腺孔在第 4、5 节两节前面。身体背腹两面具粗大刻点，前足股节膨大，腹面具刺，前足胫节比股节短，所有腹部气门均位于腹面，腹节缝直，并直达侧缘。

分布：主要分布于古北区、东洋区和新热带区。世界已知 37 种，中国记录 9 种，浙江分布 5 种。

分种检索表

1. 革片顶角具顶斑 ··· 2
- 革片顶角无顶斑 ··· 4
2. 革片端缘的中斑大，并向翅基部延伸成一黑色纵带；侧接缘在革片顶角处具黑斑 ·················· **拟黄纹梭长蝽 *P. similis***
- 革片端缘的中斑大，不向翅延伸，如若向翅基延伸，则不达革片中部；侧接缘在革片顶角处无黑斑 ·················· 3
3. 雄虫触角第 1 节大于前胸背板长的 2 倍 ··· **长须梭长蝽 *P. antennata antennata***
- 雄虫触角第 1 节小于前胸背板长的 2 倍 ··· **短须梭长蝽 *P. antennata nigriventris***
4. 触角瘤至唇基最远端的直线距离大于眼侧面的长度 ··· **浅黄梭长蝽 *P. lurida lurida***
- 触角瘤至唇基最远端的直线距离小于眼侧面的长度 ··· **二点梭长蝽 *P. bipunctata bipunctata***

（237）长须梭长蝽指名亚种 *Pachygrontha antennata antennata* (Uhler, 1860)（图版 VI-95）

Peliosoma antennata Uhler, 1860: 229.

Pachygrontha antennata: Stål, 1874a: 141.

主要特征：黄褐色至暗褐色，身体腹面和头部具有浓密的金黄色丝状毛。头部、小盾片基部、胝区内侧的弧形斑、革片端缘的顶角、内角和中央大斑黑褐色。头渐下倾，唇基几乎与头顶垂直，前端稍尖，头顶平滑，侧叶具脊，较低。触角细长丝状，黄褐色，第 1 节末端膨大部分褐色，第 4 节色深，微弯。喙黄褐色，伸达中胸腹板中部，第 1 节超过头的中部，小颊短小。前胸背板黄褐色，刻点密，黑褐色，侧缘在后部内凹，后缘具 4 个褐斑，有时不明显；后缘在小盾片基部微突，横缢宽，不甚明显，前叶中纵线明显。小盾片横脊呈弧形隆起，其两侧黄褐色，刻点黑褐色，中脊低、尚明显。半鞘翅黄褐色，刻点均匀、褐色，前缘在小盾片末端开始向外微弯曲，革片端缘直，其顶角、内角和中央大斑甚显，中斑大，有向翅基延伸的趋势，但不明显。膜片脉间褐色，达到或接近腹部末端。腹部背面黑色，侧接缘黄褐色，倒数第 1、2 节每侧各具一黑斑，有时无。胸部侧面黄褐色，中部具一隐约黑褐色纵带，刻点密集，黑褐色，中、后胸腹面黑色。臭腺沟缘短小耳状，黄褐色。足黄褐色，股节、胫节具黑斑，前足和中足基节黑色，前足转节和后足基节褐色，前足股节极膨大、黑色，下面具 4 个大刺和许多小刺。雄虫腹部腹面黑褐色，侧缘褐色，雌虫腹部腹面黄褐色至褐色，两侧的宽纵带和产卵器附近黑褐色。

　　分布：浙江（湖州、杭州、宁波、金华、丽水）、吉林、河北、山东、陕西、江苏、上海、安徽、湖北、江西、湖南、福建、广东、海南、广西、重庆、贵州、云南；日本。

（238）短须梭长蝽 *Pachygrontha antennata nigriventris* Reuter, 1881（图版 VI-96）

Pachygrontha antennata nigriventris Reuter, 1881: 157.

　　主要特征：在颜色和形状构造上与长须梭长蝽极为相似，尤其是雌虫。在雄虫区别比较明显，前足股节和触角的长短二者区别较大，长须梭长蝽的前足股节和触角明显长于短须梭长蝽，很易辨别。

　　生殖节开口小，侧缘片状向内折入，背面观侧突一对，位于侧缘中部；中突端部缩细呈细尖状，尖突显著延长。抱握器短小，叶片呈短三角形状，外突宽圆地隆起，外突背方着生一撮长直立毛；内突 2 个，刺状，向斜后伸出。阳茎完全缩入生殖鞘内，缩为一团，储精囊完全退化，生殖鞘端部强烈缢缩，阳茎不可膨胀。

　　分布：浙江（杭州、宁波、丽水）、黑龙江、吉林、山东、陕西、江苏、安徽、湖北、湖南、福建、四川、贵州；俄罗斯，日本。

（239）浅黄梭长蝽指名亚种 *Pachygrontha lurida lurida* Slater, 1955

Pachygrontha lurida Slater, 1955: 58.

Pachygrontha lurida lurida: Péricart, 2001: 98.

　　主要特征：体狭长，黄褐色种类。头和前胸背板两侧缘，革片端缘中央的小圆斑，触角上的细小斑点以及股节上的斑点褐色。头、胸部刻点小，密集，头两侧平行，前伸，较长，中叶突出，侧叶具脊，较低。触角第 1 节长，末端逐渐加粗，第 4 节微弯。头几乎与前胸背板前缘等宽，喙黄褐色，伸达中胸腹板中部，第 1 节达头的中部，第 2 节超过前胸腹板前缘。前胸背板平，无横缢，后缘直，侧缘在中部微突，中纵线中部和侧边淡黄色。小盾片微凸，基部平，中纵纹仅后半明显，淡黄色。革片前缘直，与腹部等宽，端缘直，其中斑明显，褐色，爪片最末端亦褐色。膜片淡色透明，几乎与腹部等长。身体腹面密被金黄色弯曲毛，头、胸腹面刻点密，与底色同为黄褐色，中胸腹板黑褐色，中部具容纳喙的浅喙沟。臭腺沟缘黄褐色。足黄褐色，前足股节膨大。雌虫腹部中央与两侧的宽纵带及产卵器附近黑褐色，最后腹节背面色暗；雄虫黄褐色，仅侧接缘淡色。

　　分布：浙江（温州）、广东、海南、广西、西藏；菲律宾。

（240）拟黄纹梭长蝽 *Pachygrontha similis* Uhler, 1896（图版 VII-97）

Pachygrontha similis Uhler, 1896: 264.

　　主要特征：褐黄色，具强光泽，具粗大、分布均匀的褐色刻点，头部黑褐色，下倾，侧叶具脊，后部较低，头具密集刻点，其背面及身体腹面被有浓密弯曲的金黄色毛。触角细长、具毛，第 1 节端部膨大部分和第 4 节黑褐色，第 3 节黄褐色，其基部褐色，第 1 节和第 2 节褐色，第 4 节最短，微弯。喙黄褐色，伸达中胸腹板前部，第 1 节达头的中部，第 2 节微超过头的基部。前胸背板黄褐色，刻点黑色，分布均匀，一直达到最侧缘，在后部 1/3 处横缢，横沟宽，前叶强烈突出，侧缘明显弯曲，后缘直，仅在小盾片基部微突，胝区明显，为两个黑色大斑，斑内散布黄色小斑，中纵脊仅在前叶明显，而在后叶消失，后叶中脊两侧的纵带及后侧角褐色。小盾片基部黑色，三射形脊黄褐色，刻点褐色。半鞘翅黄褐色，革片顶角及革片端缘中部向翅基延伸的宽纵带黑褐色，革片前缘在小盾片顶部向外扩展，膜片达到或几乎达到腹部末端，淡黄色，脉间具5条褐色纵带，其中中间一条与革片端缘中部的纵带相连，长度最长。腹部第5、6、7节侧接缘背面后方各具一对明显的黑斑，第5节的黑斑正处于革片顶角的下方偏后。头部和胸部腹面黑褐色，由于毛被甚密，呈金黄色。中胸腹板具容纳喙的浅喙沟，两侧具一对长条形光裸面。足和基节臼黄褐色，基节和前足转节黑褐色，中、后足转节黄褐色，股节和胫节充满褐色斑点，前足股节极膨大、粗短，腹面黑褐色。臭腺沟缘黄褐色。雄虫腹部为栗褐色，仅侧缘黄褐色；雌虫腹部基部及两侧的宽纵带黑色，产卵器及其附近栗褐色，产卵器将第5、6、7腹板割裂。

分布：浙江（杭州、丽水、温州）、湖北、江西、湖南、福建、广西、重庆、四川；日本。

（241）二点梭长蝽指名亚种 *Pachygrontha bipunctata bipunctata* Stål, 1865（图版 VII-98）

Pachygrontha bipunctata Stål, 1865: 149.

主要特征：淡黄褐色，具有密集的褐色刻点，革片端缘的中央小斑和爪片末端的小斑褐色，前胸背板两侧的刻点远比其余处密集，颜色亦较暗，股节布满褐色小斑，尤其前足股节更为显著。头前端稍窄，末端明显下倾，侧叶脊较低，两侧平行，头背腹两面被有较密的白色弯曲短毛。触角细长，黄褐色，第1节最长，末端均匀加粗，第4节最短，微弯。前胸背板闪光，横缢宽而浅，通常前后叶界线不明，胝区隆起，刻点稀，前叶颜色较后叶深，中纵纹淡黄色，大部分明显，两端消失，侧缘淡黄色，在横缢处微凹，后缘在小盾片基部微突。小盾片中部稍隆起，基部褐色，端部色淡，最末端高起。半鞘翅前缘直，在小盾片端部水平位置处微内凹，与腹部等宽，革片端缘直，无胝，其中斑和爪片末端的小斑褐色，有时不显，有时革片端缘附近显红色。膜片黄褐色，透明，与腹部等长或稍超过。小颊小，近方形，喙黄褐色，伸达前足基节，第1节不及头长的1/3，第2节达前胸腹板前缘。胸部和腹部腹面具浓密短小毛，黄白色，前者刻点密且深，呈褐色。前足股节显著膨大，腹面具4个主要大刺，跗节第1节等于或长于第2、3节之和，臭腺沟缘耳状，黄褐色。腹部黄褐色，雌虫腹部两侧及产卵器附近褐色，将第5、6、7腹板割裂。

分布：浙江（丽水、温州）、江西、福建、台湾、广东、海南、广西、云南、西藏；非洲。

三十一、地长蝽科 Rhyparochromidae

主要特征：体中型或小型，骨化强，体多为椭圆形，背、腹面略隆出，体色黯淡，多为黄褐色至黑褐色，少数种类具光泽。具单眼。触角 4 节，着生于眼的中线下方。喙 4 节。前翅膜片有 4–5 条纵脉（毛肩族除外）。足跗节 3 节。腹部腹面第 4、5 腹节的节间缝在两侧向前方斜伸，终止于侧缘附近"侧毛点"内方的"毛点沟"处，一般不伸达侧缘，且第 4、5 节二节多少愈合，腹面节间缝常不甚清晰（图 15-1）。

分布：世界广布，在各大动物区系均有分布。世界已知 1800 多种，中国记录 210 种，浙江分布 21 属 35 种。

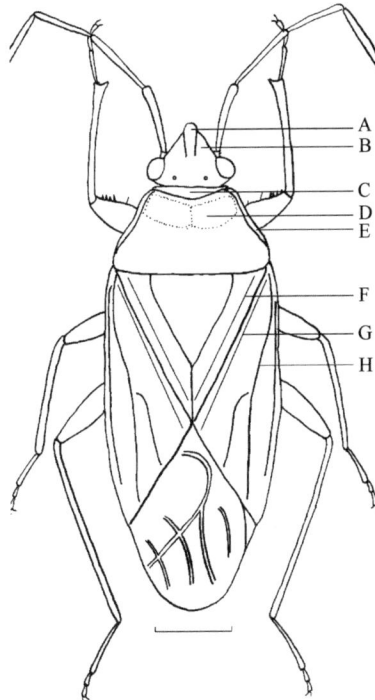

图 15-1　地长蝽科身体背面观

A. 中叶；B. 侧叶；C. 领；D. 胝区；E. 前胸背板叶状侧边；F. PCu 脉；G. Cu 脉；H. R+M 脉

分属检索表

1. 腹部气门全部位于腹面的腹板上 ··· 2
- 腹部气门第 2–4 节位于背面，其余位于腹面 ·· 14
2. 背面观单眼位于头侧缘复眼后方；体常较宽扁；喙第 2 节常不伸达头基部；多捕食哺乳动物的血液 ··· **斜眼长蝽属 Harmostica**
- 单眼位于头部背面、复眼内侧；体不宽扁；喙第 2 节伸达头基部；植食性 ·································· 3
3. 第 5 腹节侧方的后毛点近于该节气门而远离该节后缘，第 5 腹节侧方具 2 个毛点，互相靠近，均位于该节气门之前（林栖族 Drymini）··· 4
- 第 5 腹节侧方的后毛点近于该节后缘而远离该节气门 ·· 9
4. 体十分扁平；腹部卵圆形，明显宽于前胸 ·· **松果长蝽属 Gastrodes**
- 体正常，不特别扁平；腹部接近两侧平行 ·· 5
5. 前胸背板侧边呈扁薄的叶状边，全长宽度不一，在两叶间显著加宽 ··· 6
- 前胸背板侧边全长宽度一致 ·· 7
6. 触角第 1 节不及 1/2 伸过头端 ··· **斑长蝽属 Scolopostethus**

- 触角第 1 节 1/2 以上伸过头端 ·· 点列长蝽属 *Paradieuches*

7. 前胸背板侧边终止于侧角之前，末端呈一小尖角状；前胸背板胝区具明显的刻点，小盾片不具光滑的淡色"Y"形脊，前足股节下方具刺 ·· 新脊盾长蝽属 *Neoentisberus*

- 前胸背板侧边终止于侧角，不若上述 ·· 8

8. 前翅前缘域后半较明显地加宽，前缘域的内缘呈凹下的深色细纹，与内域分界 ············ 棘胫长蝽属 *Kanigara*

- 前翅前缘域不若上述 ··· 新胝盾长蝽属 *Neomizaldus*

9. 第 5 腹节具 2 个毛点，分别位于该节的前缘和后缘，互相远离，后毛点位于该节气门之后；腹部背面无内侧背片（直腹族 Ozophorini） ·· 10

- 第 5 腹节具 3 个毛点 ·· 13

10. 头的眼后部分宽，其后半不缢缩，或只略微缢入，但绝不呈细颈状，头部侧面观背面不拱圆，不呈蛇头状 ········· 11

- 头的眼后部分在后半突然强烈缢缩，形成一细颈状，侧面观头的背面拱圆，呈蛇头状；前胸背板侧角具大刺，向上向后斜指 ·· 刺胸长蝽属 *Paraporta*

11. 头明显宽大于长，单眼靠近前胸前缘，眼前部分较突然地明显狭窄；股节不向末端加粗呈棒状，体较厚实 ·············
　　 ·· 完缝长蝽属 *Bryanellocoris*

- 头较长，长大于宽，或长宽相等，单眼远离前胸前缘，眼前部分逐渐变狭；股节向末端逐渐加粗呈棒状，体狭长 ····· 12

12. 前胸背板侧角有大刺，向上略向后伸出；触角细长 ·································· 棘胸长蝽属 *Primierus*

- 前胸背板侧角无大刺，钝；触角短，第 3 节向末端逐渐加粗，呈棒状 ················ 钝角长蝽属 *Prosomoeus*

13. 第 5 腹节的中毛点靠近后毛点而远离前毛点，或者 3 个毛点等距排列；头顶基部无虹彩区；前胸背板前角处没有刚毛状毛；革片端缘基部明显凹弯（微小族 Antillocorini） ·································· 微小长蝽属 *Botocudo*

- 第 5 腹节的中毛点与前毛点靠近而远离后毛点；头顶基部具一对虹彩区；前胸背板前角处常有一对刚毛状毛；革片端缘直（毛肩族 Lethaeini） ·································· 毛肩长蝽属 *Neolethaeus*

14. 第 2 腹节气门位于背面；前胸背板侧边钝圆，不具任何棱状边或叶状边（缢胸族 Myodochini） ···················· 15

- 第 2 腹节气门位于腹面；前胸背板多具叶状侧边，其上无刚毛状毛（地栖族 Rhyparochromini） ···················· 18

15. 前胸背板前、后叶间的横缢浅，不呈一明确的线纹 ·························· 浅缢长蝽属 *Stigmatonotum*

- 前胸背板前、后叶间具明显的横缢 ··· 16

16. 前胸背板具长短不一的直立、半直立毛 ·································· 刺胫长蝽属 *Horridipamera*

- 前胸背板无任何明显的半直立或直立毛 ·· 17

17. 头侧缘不呈屋脊状棱边 ·· 细长蝽属 *Paromius*

- 头侧缘呈屋脊状棱边 ·· 隆胸长蝽属 *Eucosmetus*

18. 前胸背板侧缘具棱状或叶状侧边；前叶不隆起 ··· 19

- 前胸背板侧缘圆钝，不呈任何棱状或叶状边；前叶强烈隆出呈一球形；常具强光泽，有密的直立毛；头侧缘常呈棱边状 ···· 球胸长蝽属 *Caridops*

19. 眼接触或几乎接触前胸前缘；触角第 1 节短，伸过头端的部分不及该节之半 ·············· 狭地长蝽属 *Panaorus*

- 眼离前胸前缘有一定距离，头多少伸出；触角第 1 节长，长度的 1/2 或 1/2 以上伸过头端 ························ 20

20. 前胸背板侧缘侧边叶片状，中央在二叶间的横缢处最宽 ·································· 长足长蝽属 *Dieuches*

- 前胸背板侧缘狭细的线状，全长宽度均一 ·································· 迅足长蝽属 *Metochus*

143. 微小长蝽属 *Botocudo* Kirkaldy, 1904

Salacia Stål, 1874: 154-158 (junior homonym of *Salacia* Lamouroux, 1816, Coelenterata). Type species: *Aphanus diluticornis* Stål, 1858.

Botocudo Kirkaldy, 1904: 280. New name for *Salacia* Stål, 1874; Slater, 1964: 846; Zheng & Zou, 1981: 126; Slater & O'Donnell, 1995: 104; Péricart, 2001: 118.

主要特征：体微小，2.0–3.0 mm，短椭圆形。多有光泽。头平伸，短宽。小颊长，在头的近基部会合。

前胸背板梯形，较平坦，前、后两叶间无明显的横缢，侧缘钝圆或具钝厚的棱边。小盾片三角形，长宽相近。爪片具刻点 3 列。革片端缘基部 1/3–1/2 向内凹弯。后胸臭腺沟缘向后强烈凹弯。前足股节常较膨大，下方常具一列极细小的齿和一列刚毛状毛。第 4、5 腹节的 3 个毛点呈直线排列，中毛点与后毛点靠近，远离前毛点，后毛点位于该节气门之前。

分布：世界广布。世界已知近 40 种，中国记录 5 种，浙江分布 2 种。

（242）黑褐微长蝽 *Botocudo flavicornis* (Signoret, 1880)

Tropistethus flavicornis Signoret, 1880: 538.

Botocudo flavicornis: Scudder, 1970a: 98.

主要特征：头黑色或深黑褐色，具紫色光泽，有较深的刻点，平伏毛密，复眼毛明显。头眼前部分短于眼前缘至头后缘的长。触角黑褐色，但在浅色个体中第 1 节黄褐色，第 2–4 节褐色，第 1 节约 1/3 伸过头端。头下方平伏毛密，显著，前指。喙淡黄褐色，达中足基节。前胸背板黑褐色，有时后叶较淡，褐色；前、后缘逐渐呈黄褐色，具光泽，多少呈虹彩状。前叶略隆出，背板除侧缘及后侧角外，全部具刻点，较密，前叶者浅，前缘略后凹，后缘在小盾片前凹入，后缘前角宽圆，其余几乎为直，或微凹。小盾片黑褐色，色同头部，末端黄白色，具光泽。爪片与革片黄褐色，爪片内侧刻点列由 16–17 个刻点组成，革片端角处及前缘中部有一黑褐斑，常较隐约，有时革片内角处有一黑褐斑。膜片透明，伸达腹端。革片前缘呈较均匀的弧形。体下黑褐色至黑色，基节臼、后胸侧板后角、革片折缘及足褐色。胸下具粗糙的深刻点，较稀。前足股节膨大，下方有 10–11 枚极短小的刺。

分布：浙江（安吉、庆元）、天津、陕西、甘肃、湖北、江西、福建、海南、广西、重庆、四川、贵州、云南、西藏；菲律宾，印度尼西亚。

（243）六斑微长蝽 *Botocudo formosanus* (Hidaka, 1959)

Cligenes formosanus Hidaka, 1959: 199-201.

Botocudo fomosanus: Scudder, 1970a: 98.

主要特征：头淡褐色至深褐色，被丝状平伏毛，并具浅密刻点。触角第 1 节淡黄色，第 2 节淡褐色，向端渐深，第 3 节基半黑褐色，端半黄褐色，第 4 节淡黄色，最基部黑色。前胸背板前叶及领为明亮的淡褐色或黄褐色，有明显光泽，无刻点，后叶淡黄褐色，后侧角呈黑褐色斑块状，领与前叶之间的界线为一列刻点。小盾片黑褐色，末端黄白色，爪片与革片淡黄白色，半透明，爪片内侧刻点列刻点 10–11 枚，革片前缘中部与顶角处各有一明显的黑褐色斑。膜片淡色透明。腹部背面深褐色，侧接缘淡褐色，腹面黄褐色至褐色。前足股节粗壮，内侧下缘由中央起，有一列 7–8 枚刺，其中有 1–2 枚大刺，在此刺列背方有一列极细小的颗粒状突起。

分布：浙江（龙泉）、湖南、台湾、广东、海南、云南；泰国，老挝。

144. 完缝长蝽属 *Bryanellocoris* Slater, 1957

Bryanella China, 1930: 135(junior homonym of *Bryanella* Blair, 1928, Coleoptera).

Bryanellocoris Slater, 1957: 37. Type species: *Bryanella longicornis* China, 1930.

主要特征：体狭长，两侧近平行，厚实。头短小，几乎平伸，宽明显大于长，头侧缘在眼后内倾。眼远离头的后缘。单眼几乎接触前胸前缘。触角第 1 节伸过头端，第 4 节加粗，呈纺锤形。前胸背板强烈倾斜，具领，两叶间横缢甚浅，横缢侧缘处缢入，二叶均具刻点，侧角常多少向外伸出，可呈小突尖状。小盾片具"Y"形脊，或只端半明显。爪片中央刻点 2–3 列，不甚整齐，革片端缘直，具深色斑。膜片半透明，具暗色斑。足不特别细长。腹部腹面密被丝状平伏毛，方向不一，组成云斑状。第 4 腹节后缘侧方伸达腹部侧缘。

分布：东洋区。世界已知 39 种，中国记录 1 种，浙江分布 1 种。

（244）东方完缝长蝽 *Bryanellocoris orientalis* Hidaka, 1962

Bryanellocoris orientalis Hidaka, 1962a: 166.

主要特征：头黑色，密被锈黄色粉被。眼伸出，略具柄，侧叶侧缘棱起强烈。触角淡黄褐色，第 1 节黑褐色，端部淡黄色，第 2 节末端黑褐色，第 4 节除最基部淡色外，为深黑褐色。前胸背板前叶黑色，领及后叶污黄褐色，均无光泽，侧缘弧形，后叶靠后常有 1 个短的黑褐色横纹，侧角处有 1 个小黑斑。小盾片红褐色，基部黑色，末端黄白色，爪片与革片淡黄褐色，具珍珠光泽，爪片近端部外缘处有 1 个黑褐色纵斑，革片黑褐色，色斑鲜明。革片近基部处多少缢入。膜片淡黄色，透明。足淡黄褐色，股节端半除末端外为褐色至黑褐色，端半有 2 枚刺，较大而不靠近。腹下黑褐色至黑色。

分布：浙江（龙泉）、陕西、甘肃、湖北、江西、湖南、福建、台湾、广东、广西、四川、贵州、云南；韩国，日本。

145. 球胸长蝽属 *Caridops* Bergroth, 1894

Caridops Bergroth, 1894: 158. Type species: *Caridops gibbus* Bergroth, 1894.

主要特征：体狭长，头、前胸背板、胸部下方漆黑而有光泽。体背面具稀疏的直立长毛。头前端渐下倾，在眼后显著缢缩。眼大，有时有柄。小颊极短。前胸背板前、后叶分界明显，横缢极深，前叶膨大呈球形，常高出于后叶，无刻点，长约为后叶的 2 倍，具明显的领，领有整齐的刻点；后叶具刻点，侧角多少伸出，有时呈尖刺状。小盾片多少具"Y"形脊。爪片具完整的刻点 3 列。足基节有一短刺，前足股节骤然膨大，下方具大小不等的刺；前胫常微弯，雄虫前胫下方有 1–2 枚大刺或无。腹部多基部缢缩而向后膨大，多少呈船底状。腹部第 2 节气门位于腹面，腹部具内侧背片。

分布：东洋区。世界已知 10 种，中国记录 5 种，浙江分布 1 种。

（245）白边球胸长蝽 *Caridops albomarginatus* (Scott, 1874)

Gyndes albomarginatus Scott, 1874: 437.
Caridops albomarginatus: Zheng, 1981: 189.

主要特征：头黑色，宽阔，头顶略圆拱，侧缘在眼后较迅速地缢缩。触角黑色。前胸背板前叶明显狭于后叶，后缘在小盾片前平直，两侧后伸，后角较圆钝，前、后叶均密被金黄色平伏毛，革片基半内域灰黑色，外域淡白色，中横带黑色，宽度较一致，带内角下方白斑较大，带的外侧后方为一灰黑斑，再后为一淡白色弯纹，端缘及顶角黑色。膜片黑褐色，基部淡白色，半透明，呈大三角形，外角有一小白斑，顶角斑淡色，横宽。足黑色，前足股节及前胫末端、中足、后足股节基部淡黄白色，雄虫前足胫节端半有 2 枚大刺，末端有 1 枚刺，刺间距离相近。腹部黑色；第 5 腹节侧缘背、腹面均有一个小淡色斑，侧接缘上翘，露于翅外。

分布：浙江（临安、庆元、泰顺）、湖北、广东、四川；日本。

146. 长足长蝽属 *Dieuches* Dohrn, 1860

Dieuches Dohrn, 1860a: 159. Type species: *Dieuches syriacus* Dohrn, 1860.

主要特征：体狭长，长足、长触角的中大型种类。头平伸。眼大，远离前胸前缘。触角节细长，第 1 节远超过头端。喙伸达中足基节间。前胸背板梯形，前、后叶间的横缢很浅，前叶狭而后叶明显宽，侧边呈宽扁的叶片状，无刻点，前叶微隆，具细刻点，后叶刻点深，后叶常具中脊。小盾片多少具低的"Y"形脊，具浅刻点。爪片刻点 4–5 列。革片前缘较直，体呈两侧平行。膜片深色。

分布：世界广布。世界已知 136 种，中国记录 10 种，浙江分布 1 种。

（246）白边长足长蝽 *Dieuches uniformis* Distant, 1903

Dieuches uniformis Distant, 1903b: 84.

主要特征：头黑色，微具光泽。触角黑褐色。前胸背板黑色，前、后叶一色，前缘处及后缘处各有一对褐色或黄褐色小斑，侧边宽阔，两端渐狭，侧缘直，或略微呈弧形外拱，白色，前端黑色。小盾片黑色，中央一对小斑黄褐色，末端黄白色。爪片与革片黑色，革片沿端缘中部及近基部处各有一褐色小斑，Cu 脉近端部处有一褐斑，前缘域宽阔的白色。膜片黑褐色。前足股节基半、各足胫节（除末端外）淡黄白色。腹部第 5 节以后的侧接缘外露，略上翘。体下黑色。

分布：浙江（临安、泰顺）、福建；尼泊尔，越南，老挝，泰国，斯里兰卡，菲律宾。

147. 新脊盾长蝽属 *Neoentisberus* Scudder, 1968

Neoentisberus Scudder, 1968: 585. Type species: *Entisberus esakii* Slater *et* Hidaka, 1958.

主要特征：体厚实，具密的深刻点，前胸背板胝区具明显的刻点，小盾片不具光滑的淡色"Y"形脊，前足股节下方具刺。

分布：古北区、东洋区。世界已知 5 种，中国记录 2 种，浙江分布 1 种。

（247）长头新脊盾长蝽 *Neoentisberus esakii* (Slater *et* Hidaka, 1958)

Entisberus esakii Slater *et* Hidaka, 1958: 93.

Neoentisberus esakii: Scudder, 1968: 585.

主要特征：体较狭小。头前部分较尖细而长，眼更向两侧伸出，略后倾，多少呈具柄状，眼距离前胸前缘亦略远，侧面观头显然伸长，中叶背面显然隆起。触角第 4 节除基部外为红褐色。前胸背板较狭长，长宽比为 1：1.6（*E. gibbus* 为 1：1.7），后叶色较均一而深，为深褐色而无黄褐色部分，刻点较为均匀。小盾片隆脊似略低。革片较短，前缘近基部缢缩处更显著且突出。雄虫前足股节下方有 2–4 枚刺，位于股节中段，不集中于前半。体侧面观厚度较小。

分布：浙江（龙泉）、福建、广东、云南；日本。

148. 隆胸长蝽属 *Eucosmetus* Bergroth, 1894

Eucosmetus Bergroth, 1894: 156. Type species: *Eucosmetus formosus* Bergroth, 1894.

主要特征：头部除密被平伏毛外，前胸背板、小盾片及前翅爪片与革片均无显著的直立、半直立毛。

头大，三角形，向前伸出，眼后区发达，向后逐渐变狭。前胸背板领清楚，有刻点列，前叶特别发达，强烈隆出呈圆球形，无明显的光泽，侧面观常高于后叶，且常较后叶长。前翅色斑似 *Gyndes*。雄虫前足胫节下方端半常有 3–4 个颗粒状突起。腹部有时基部狭窄，向端部膨大，腹面中纵线处向下突出，呈龙骨状。多少具拟蚁的形态。

分布：东洋区。世界已知 7 种，中国记录 6 种，浙江分布 3 种。

分种检索表

1. 触角第 2、3 节全黑；胫节全黑 ··· 斑角隆胸长蝽 *E. tenuipes*
- 触角第 2、3 节基半淡色或褐色，末端多少变深；胫节淡色至褐色，两端常黑色 ·· 2
2. 体小，长 5.7–6.5 mm；前胸背板前叶强烈隆出，长大，长度超过后叶的 2 倍 ·················· 褐纹隆胸长蝽 *E. pulchrus*
- 体较大；前胸背板前叶长不及后叶的 2 倍 ··· 峨嵋隆胸长蝽 *E. emeiensis*

（248）峨嵋隆胸长蝽 *Eucosmetus emeiensis* Zheng, 1981

Eucosmetus emeiensis Zheng, 1981: 183.

主要特征：头黑色，头端至触角基：触角基至眼：眼长：眼后区长=3.5：2：3：2。触角第 1、4 节以及第 2、3 节端部黑色，其余棕褐色，有时第 4 节近基部处有很小一段淡色环。前胸背板黑色，无光泽，领前缘具狭黄边，后叶后半渐呈斑驳的褐色，4 个淡色斑混杂其中，界线不很明显，领长：前叶长：后叶长=2：7.6：6（长翅型）或 2：9：5.2（短翅型）。革片 Cu 脉与爪片缝间全部黑褐色，Cu 脉全长淡色，末端内侧扩大呈一狭长块状小白斑，R+M 脉与 Cu 脉间基部外半白色，内半黑色，末端内角包括一菱形内角白斑，顶角黑斑只是黑色革片端缘加宽而成，不呈大三角形。膜片黑褐色，内侧二脉基部外半白色，各脉端部斑驳的淡色，端角中央有一纵向淡色宽纹；短翅型则膜片几乎全黑，脉色有时略淡，长翅型翅伸过腹端，短翅型翅伸达第 7 腹板前。中、后足为鲜明的棕褐色，股节端部 1/5–1/3 为深色，中足的深色部分常呈位于端前的深褐色环状；前足黑褐色，股端淡色，胫节下方有 3–4 个小齿。

分布：浙江（泰顺）、四川、贵州、云南。

（249）褐纹隆胸长蝽 *Eucosmetus pulchrus* Zheng, 1981

Eucosmetus pulchrus Zheng, 1981: 183.

主要特征：头黑色，较狭长。触角基至眼间距：复眼长：复眼长至头后缘=2：3：2.7。触角淡褐色，第 3 节端部渐深，第 4 节为栗褐色，基半黄色。前胸背板甚长，前叶强烈隆起，领长：前叶长：后叶长=1.5：11：5。前叶黑色，领前端略变黑褐色，后叶前半黑色，有粉被，后半为斑驳的褐色，中心色淡，为黄褐色，向四周渐呈栗褐色，多少呈两个毗连的不规则大斑状，侧角处呈两个小型淡色斑状，前叶后半亦具粉被。小盾片末端淡黄色。爪片底色淡白色，可见栗褐色的刻点列，革片中央横带在内角白斑前 R+M 脉与 Cu 脉间的一斑及外端的一斑色深，深栗褐色，其余部分色较浅，内角白斑略呈三角形，顶角黑斑为黑色的革片端缘延续逐渐加宽而成。短翅型，膜片缩短，达第 6 腹节后半，黑褐色，端部淡白色。前足胫节、中足、后足股节深色部分为深褐色或黑褐色，中足、后足胫节为淡褐色或黄褐色。雌虫前胫有 3 个小齿。腹基缢缩而端方膨大，腹面侧缘处渐呈褐色，呈一褐边状。

分布：浙江（临安、庆元）、湖南、福建、广西、四川。

（250）斑角隆胸长蝽 *Eucosmetus tenuipes* Zheng, 1981

Eucosmetus tenuipes Zheng, 1981: 181.

主要特征：触角基至眼：眼长：眼至头后缘=2：3：2。触角第 1 节白色，内外各有 1 黑纵纹，其各节黑色，第 4 节基半有 1 宽白环，最基部黑色。前胸背板黑色，后叶黄斑隐约；后叶明显宽于前叶（长翅型），在短翅型个体中，前叶甚发达，只略狭于后叶；领长：前叶长：后叶长=1：9.5：6.5。小盾片末端黄白色，革片中央横带在 R+M 脉内侧变宽，内角白斑在 M 脉与 Cu 脉间以及 Cu 脉与内缘之间各一，顶角黑斑大。翅束腰状较明显。膜片基半烟褐色，端半淡色，常在端缘处呈暗色不完整宽边状，内侧二脉基部白色。侧接缘不外露。翅伸达腹端，短翅型翅伸达第 7 腹节前缘。雄虫前胫下方有 3-4 个很小的齿。

分布：浙江（龙泉）、湖北、江西、福建、广东、海南、广西、四川、贵州。

149. 松果长蝽属 *Gastrodes* Westwood, 1840

Platygaster Schilling, 1829: 37, 82 (junior homonym of *Platygaster* Latreille, 1809, Hymenoptera).

Gastrodes Westwood, 1840: 122.

主要特征：体扁平，宽卵圆形，向前渐尖。触角节较粗壮，第 1 节多伸达头端。喙伸达中、后足基节间，第 1 节接近或伸达头的基部。前胸背板扁平，梯形，具均匀的刻点；前叶长于后叶，前叶多为黑色，后叶多淡色；前叶有时略隆出，二叶间的横缢不显著，侧缘具叶片状侧边，前缘后凹，后缘前凹，后角钝圆。小盾片长宽相等，中部略呈三角形下凹，具刻点。爪片向后渐宽，周缘具一列整齐的刻点，中央具 3 列左右的刻点，外侧一列整齐，其余较散乱。前足股节十分膨大，下方有刺 1-2 列，其中前列有 1-2 枚大刺；前胫常弯曲。

栖息于针叶树的球果中，吸食种子。

分布：全北区。世界已知 13 种，中国记录 6 种，浙江分布 3 种。

分种检索表

1. 前胸背板前、后二叶均黑色，色泽均一；具圆钝的肩状前角 ·················· **暗黑松果长蝽 G. piceus**
- 前胸背板只前叶黑色，后叶多少呈褐色；前角因侧缘较均匀地斜伸达领而不显著 ·················· 2
2. 前胸背板直立小毛显著而多，长约达复眼侧面观直径之半；雄虫前足股节大刺位置靠近中部 ······ **立毛松果长蝽 G. pilifer**
- 前胸背板直立小毛极稀短，长不达复眼侧面观直径的 1/4；雄虫前足股节大刺偏于端方 ········· **中国松果长蝽 G. chinensis**

（251）中国松果长蝽 *Gastrodes chinensts* Zheng et Zou, 1981

Gastrodes chinensis Zheng et Zou, 1981: 145.

主要特征：体色较深，除黑色部分外，为锈褐色至酱褐色，有光泽或无。触角深黑褐色，第 4 节末端常较淡。前胸背板前叶黑色，后叶锈褐色至酱黑褐色，淡的叶片状侧边常延至肩角处，因而二叶间缢入处的侧边范围较宽广，叶状侧边的外缘几乎为直，前叶较平坦，二叶间下凹亦不显，刻点较深大，后叶更为粗糙。前胸背板宽阔，长：宽=12.5：24。小盾片黑色，刻点较深。爪片与革片一色。膜片深烟褐色。腹下褐色，两侧常渐呈锈褐色或黑褐色。雄虫前足股节下方具 2 行刺列，内方刺列明显，端方有 4 枚左右的小刺，但基方刺数更多，可达 20 枚左右。内刺列小刺众多，偏于前半或遍全长。雌虫前足股节刺列中，前足股节外方刺列大刺基方小刺只 10 枚左右。

生物学：寄主为马尾松、华山松。

分布：浙江（富阳、临安、江山、遂昌）、甘肃、湖北、广西。

（252）暗黑松果长蝽 *Gastrodes piceus* Zheng, 1979

Gastrodes piceus Zheng, 1979: 62, 66.

主要特征：椭圆形，半鞘翅前缘弧形弯曲均匀，不在中部突然突出，几乎无光泽。头、前胸背板全部、小盾片及胸部腹面黑色。触角、足、前翅（包括膜片）及腹部深黑褐色或酱黑褐色，膜片基内角淡黄褐色，有时前胸背板侧缘、革片前缘及端缘色较淡。前胸背板梯形，长宽比=1.0∶2.1，侧缘几乎为直，在二叶分界处微凹弯，前胸背板前角圆钝，全长均有狭窄的侧边。雌虫前足股节纺锤形，两端渐细，毛密而长，可长于刺列中小刺的长，刺 2 列，内列大刺居中，大刺基方小刺 3–5 枚，端方小刺 5–7 枚，外列刺 10–11 枚，分布几乎占股节全长。雌虫第 6 腹节后缘尖角状，前伸达该节之前 1/3 处。

生物学：寄主为杉、马尾松。

分布：浙江（杭州、磐安、东阳、开化、江山）、江苏、广西、四川。

（253）立毛松果长蝽 *Gastrodes pilifer* Zheng, 1979

Gastrodes pilifer Zheng, 1979: 61, 65.

主要特征：头、前胸背板前叶及中胸、后胸腹面（除后缘外）黑色，触角及小盾片接近黑色；前胸背板侧缘、爪片、革片及中足、后足紫褐色或酱褐色；前翅膜片烟黑褐色，基部淡色部分不明显；前胸背板后叶常加深为黑褐色，前足黑褐色至黑色，腹部腹面棕色。前胸背板全长均可见侧边，向前延伸到领圈处，不在前叶中部消失，整个盘域散布明显的稀疏直立短毛；侧缘具向后斜伸的短毛列，毛数较多，位于侧缘前半的比较明显。小盾片亦散布一些与前胸背板毛类似的稀疏直立小毛。两性前足股节均纺锤形，毛长而蓬松，雌虫尤显，腹面具刺 2 列，内列 1 大刺位于近中部处，其端方小刺 5–6 枚，基方小刺 4–7 枚；外列刺显著，10–12 枚，几乎占股节全长。雄虫生殖节开口侧突起宽阔，抱器细长。雌虫第 6 腹节腹面后缘前凹较深，圆弧形，达该节之前 1/3 处。

生物学：寄主为松树。

分布：浙江（江山）、江苏、湖北、广西。

150. 斜眼长蝽属 *Harmostica* Bergroth, 1918

Harmostica Bergroth, 1918: 107. Type species: *Harmostica ornata* Distant, 1903.

主要特征：体扁平，长椭圆形。头平伸。眼大，位于头的中部，眼后部分较长，但不达复眼之半。单眼位于头的侧缘处，大而突出。小颊低平，喙沟终止于眼的后半。前胸背板梯形，平置，边缘肥厚，前、后叶间界线不明显，前半肥厚，略隆出，后半略下凹；具刻点，无领。小盾片宽大于长，具刻点。爪片向后渐宽，大约具 5 列不整齐的刻点，爪片接合缝长，几乎与小盾片等长。革片遍布刻点，端缘微内凹。前足股节不加粗，下方无刺。腹下中央具脊。雌虫第 7 腹节腹板裂为 2 瓣，产卵器被覆盖于下。雄虫生殖节的背面后缘中央突出，两侧凹入。

分布：东洋区。世界已知 4 种，中国记录 3 种，浙江分布 1 种。

（254）长毛斜眼长蝽 *Harmostica hirsuta* (Usinger, 1942)

Clerada hirsuta Usinger, 1942: 249.

Harmostica hirsuta: Scudder, 1970a: 100.

主要特征：头暗褐色，端部渐浅，有光泽，单眼几乎与复眼接触。眼前部分长∶眼后部分长=4∶2.8。触角第 1 节暗褐色，第 2 节基部 1/2–2/3 淡黄褐色，其余渐深呈黑褐色，第 3 节黑褐色，最基部渐淡，第 4 节淡褐色。前胸背板淡黄褐色，后半除边缘外褐色至暗褐色。爪片外侧 2/5 淡黄白色，其余黑褐色，革片淡黄褐色，R+M 脉端半处为一黑褐色纵向狭斑，达端缘，端缘外半亦为黑褐色，与之相接。膜片略伸过腹端，半透明。足淡黄褐色。

分布：浙江（龙泉）、福建、海南、广西、贵州、云南。

151. 刺胫长蝽属 *Horridipamera* Malipatil, 1978

Horridipamera Malipatil, 1978: 89. Type species: *Plociomrus nietneri* Dohm, 1860.

主要特征：长椭圆形，被有散乱而易脱落的弯曲平伏毛及多数直立毛，体常黑色而有蓝色光辉，具少量黄白色斑。头宽近于长。复眼与前胸远离，眼后头侧缘内倾。触角第 1 节伸过头端。喙第 1 节不达头基部。前胸背板前叶常长于后叶，圆筒形或近球形，远狭于后叶，领清楚；后叶具刻点。爪片具刻点 2–3 列，不规则。前足股节甚膨大，端半有刺 2 列，大小不一。雄虫常前胫中部或后半具 1 大刺或数枚后指的齿状刺。

分布：旧大陆的热带亚热带地区。世界已知 12 种，中国记录 3 种，浙江分布 3 种。

分种检索表

1. 翅具长的直立半直立毛，革片顶角前有一断续淡黄色横带 ·· 紫黑刺胫长蝽 *H. nietneri*
- 翅无长毛（但前胸背板和小盾片有长毛）··· 2
2. 小盾片除末端外黑褐色，触角第 4 节基部有白斑，革片色深，紫褐色，前缘域黄褐色 ·········· 白边刺胫长蝽 *H. lateralis*
- 小盾片黑褐色，"Y" 形脊的两臂褐色，触角黑褐色，革片色淡，黄褐色，散布有小的褐色斑·· 褐刺胫长蝽 *H. inconspicua*

（255）白边刺胫长蝽 *Horridipamera lateralis* (Scott, 1874)

Diplonotus lateralis Scott, 1874: 432.

Horridipamera lateralis: Zheng & Zou, 1981: 171.

主要特征：头黑色。触角第 1、2 节淡褐色，第 3 节基部淡褐色，第 4 节深褐色，近基部处为一宽黄白环。前胸背板黑色，后叶后半渐淡，后缘及侧角处的短纵纹隐约地淡褐色至褐色，呈狭边状，遍被半直立毛。小盾片末端黄色。前翅革质部密被平伏毛，爪片几乎全部深褐色至紫褐色，革片 Sc 脉前的区域淡黄白色，其余大部分为紫褐色，内角白斑小，顶角黑斑为斜列三角形或四边形，斑前的大白斑色较淡，至多只外半为较鲜明的淡黄褐色。膜片烟褐色，基缘后方不远外侧有一隐约的宽白横带。腹部下方紫褐色，侧缘色较淡，黄褐色至褐色，界线模糊。足黄褐色，前足股节黑色，中、后足股节端部黑褐色，雄虫前胫下方中央具 1–2 枚大的齿状刺，近后端处有 1 小齿，前足股节具长毛。

分布：浙江（安吉、庆元、龙泉）、北京、河北、河南、陕西、安徽、湖北、江西、湖南、福建、广西、贵州；俄罗斯，韩国，日本。

（256）紫黑刺胫长蝽 *Horridipamera nietneri* (Dohrn, 1860)

Plociomerus nietneri Dohrn, 1860b: 404.

Horridipamera nietneri: Malipatil, 1978: 90

主要特征：体紫褐色，或带有黑褐色色泽。触角第 1 节、第 2 节末端，第 3 节端半及第 4 节栗褐色或紫褐色，其余褐色，触角节较粗，毛密。前胸背板一色，多少具紫色光辉，有时在侧角后缘处有 2 个小黄点。直立毛长密，遍布较蓬松纷乱的弯曲丝状卷曲毛，易脱落，前叶毛较长。小盾片末端淡黄白色。翅具易脱落的弯曲平伏毛及半直立较长的毛。爪片紫褐色，革片绝大部分紫褐色，亚缘脉与前缘脉间淡黄白色，革片内角白斑圆而较小，常隐约；顶角黑斑前有一黄白色横带，有时在中间缢缩而分为 2 个白斑，内方者圆而外方者横列，有时二者相连通。膜片烟色，淡，各脉均为淡色。腹下黑褐色或紫褐色。前足股节黑色，中、后股节只端部 2/5 黑褐色，余为淡黄褐色。雄虫前足胫节下方中央有一较明显的尖齿。

分布：浙江（临安）、江西、湖南、福建、台湾、广东、海南、广西、贵州、云南；韩国，日本，印度，缅甸，柬埔寨，斯里兰卡，菲律宾，马来西亚，澳大利亚，太平洋岛屿。

（257）褐刺胫长蝽 *Horridipamera inconspicus* (Dallas, 1852)

Rhyparochromus inconspicus Dallas, 1852: 547.

Horridipamera inconspicus: Slater, 1979: 22.

主要特征：头黑色，头的眼前部分长：眼长：眼后部分长=4：3：1。触角黄褐色或淡褐色，第1节基半及第4节黑褐色。前胸背板褐色，前、后叶有时具紫色光辉，后叶向后色渐淡，后角前方常有黄色小纵纹或斑。小盾片黑褐色，微有一褐色细中脊，可贯全长，末端黄色。前翅斑驳，底色淡黄褐色，革片除内角有白斑外，遍布褐色刻点，各脉淡色。膜片底色淡黑褐色，脉全部淡色。翅伸达腹端。足黄褐色，前足股节除端部外，前胫末端、中足、后足股节近端部的深色宽环均为黑褐色。雄虫前胫下方中央夹有一较大的齿状刺。腹下黄褐色而后半渐深，丝状毛被细密而紧贴，不蓬松。

分布：浙江（临安、建德、泰顺）、陕西、湖北、江西、海南、四川、贵州、云南；日本，印度，斯里兰卡，菲律宾，非洲。

152. 棘胫长蝽属 *Kanigara* Distant, 1906

Kanigara Distant, 1906: 414. Type species: *Kanigara flavomarginata* Distant, 1906.

主要特征：体长椭圆形，较厚实，毛被稀少。头略下倾或平伸。复眼接触前胸前缘。单眼间距大于单眼-复眼间距。触角长度中等，第4节不特别加粗，第1节远超过头端。前胸背板梯形，表面多少圆拱，前、后叶间无下陷的横缢，前叶表面平坦，胝区不明显，后叶具密刻点，侧缘中央不缢入，呈线形至叶片状侧边。小盾片宽大，具刻点。革片两侧近平行。胸部各节侧板具刻点。各足股节比较发达，下方具1-2列刚毛状刺，胫节具发达的刚毛状刺列。臭腺沟缘三角形，端缘向后折，挥发域面积极小，外缘与后足基节臼外缘平行。

分布：东洋区、澳洲区。世界已知9种，中国记录3种，浙江分布1种。

（258）脊盾棘胫长蝽 *Kanigara clypeata* Distant, 1903

Kanigara clypeata Distant, 1903b: 90.

主要特征：头黑褐色，具光泽。触角褐色。前胸背板具光泽，毛被不显，前叶黑褐色，后叶较短，栗褐色，后叶侧缘处宽阔的黄色，侧缘呈较细的叶状边，前宽而向后渐狭，淡褐色，后缘在小盾片前方凹入，此凹入部分的两侧逐渐平缓地后弯。前胸背板前叶略高于后叶。小盾片前半及后半中线黑褐色，后半中线两侧黄色，具明显的"Y"形棱脊。爪片及革片淡黄褐色，具光泽，亚缘脉强烈棱起，刻点、前缘、亚缘脉及端缘均为黑褐色。膜片淡黄色，除基缘外，其他各缘具宽度均一的黑褐色边。胸下栗褐色，唯前胸背板侧边的腹面部分淡黄色。腹下较淡，棕褐色。足黄褐色。胸部各节侧板刻点深密。

分布：浙江、湖南、云南；缅甸。

153. 迅足长蝽属 *Metochus* Scott, 1874

Metochus Scott, 1874: 433. Type species: *Metochus abbreviatus* Scott, 1874.

主要特征：体中大型，狭长而两侧平行，足长。头平伸，无光泽，散布浅刻点或无，被平伏毛及相当多的直立毛。眼大而显著。复眼远离前胸，眼后较突然地缢缩。小颊极短。触角长，第 1 节常有一半以上伸过头端。喙伸达中足基节。前胸背板明显分为二叶，前叶狭，圆筒形，背面略圆隆，后叶宽，梯形，二叶间有一浅横缢，侧边全长呈细的棱状边，具领，领与前叶间无明显的界线。前叶无光泽，刻点稀浅，后叶刻点深，有一多少明显的中脊及其他斑纹。小盾片具直立毛和刻点。前翅遍布直立毛，爪片刻点 4–5 列，革片前缘域无刻点，具黑色横带和一大白斑。膜片多深色。足长，前足股节不特别加粗，具刺列，雄虫前胫下方具齿状刺。雄虫生殖节背面常有一结状突起。

革片前缘具锯齿状细齿，与后足胫节上的一列细齿，起到摩擦发生器的作用。

分布：古北区、东洋区。世界已知 16 种，中国记录 7 种，浙江分布 1 种。

（259）短翅迅足长蝽 *Metochus abbreviatus* Scott, 1874

Metochus abbreviatus Scott, 1874: 434.

主要特征：头黑色，无光泽。触角深黑褐色，第 4 节基部白环宽，长为最基部黑色部分的 4–5 倍。前胸背板黑色，前叶全无光泽，多少具灰色粉被，后叶有时略淡，黑褐色，具"M"形黄褐斑，中央被略隆起的中脊穿过；各缘很狭窄的褐色，二叶交界处侧缘略缢入，后缘微前凹。小盾片黑色，无光泽，中央有一对小褐点斑，末端黄白色，狭长，爪片与革片底色黑色，爪片近基部一斑、外脉基部及爪片缝端缘黄白色。革片黑横带内靠近端缘常包含一小点斑，褐色。膜片黑褐色，端部灰淡色，以一不整齐"M"形淡纹与前方的深色部分分开，脉基部常有一小白斑，革片端角后方有一小白斑，翅常较短，露出第 7 腹节。前足股节基部及中、后股节基半，以及中足胫、跗节淡污黄色。足其余部分黑褐色。

分布：浙江（杭州、泰顺）、江苏、江西、湖南、福建、台湾、广东、广西、四川；日本，印度。

154. 毛肩长蝽属 *Neolethaeus* Distant, 1909

Neolethaeus Distant, 1909b: 340. Type species: *Neolethaeus typicus* Distant, 1909.

主要特征：体中小型至中大型，椭圆形，多褐色至黑褐色而有黄斑，常有光泽。触角第 1 节略膨大，较长，常有一半以上超过头端，第 2 节长于第 3 节，纤细。前胸背板梯形，具领，其后缘后凹，侧缘呈狭边状，后侧角圆钝，胝区隆出，前、后叶间的横缢不明显，侧缘几乎直或在中央略凹弯，侧缘前端处有一明显的直立长毛。小盾片长宽相近，中央下凹，具"V"形圆脊。爪片具 4 列完整的刻点，内侧两列有时不甚整齐。革片遍布刻点，膜片具 4 脉，外侧 3 脉间由横脉相连，在膜片基部形成完整的两个翅室。

分布：古北区、东洋区、新北区。世界已知 20 余种，中国记录 8 种，浙江分布 3 种。

分种检索表

1. 触角第 3 节端半黄色；体大型，长 10–12 mm ·······························大黑毛肩长蝽 *N. assamensis*
- 触角第 3 节深色或只最末端黄色；体小于 10 mm ··· 2
2. 体小，4.8–6.5 mm；雄虫后足股节不膨大，无疣状突起，第 7 腹节后缘无齿状突··········小黑毛肩长蝽 *N. esakii*
- 体较大，6.2–8.0 mm；雄虫后足股节膨大，具疣状突起，第 7 腹节后缘具 3 个齿状突··········东亚毛肩长蝽 *N. dallasi*

（260）东亚毛肩长蝽 *Neolethaeus dallasi* (Scott, 1874)

Lethaeus dallasi Scott, 1874: 438.

Neolethaeus dallasi: Ashlock, 1964: 420.

主要特征：头黑色或深黑褐色，头顶基部有两个半椭圆形的虹彩区。触角褐色至黑褐色，第 1 节除末端外、第 2 节基方大半、第 3 节基部及末端色较淡。前胸背板深褐色至黑褐色，胝区色深，领、侧边及后角处斑纹（常横列或呈"L"形）黄色。小盾片黑褐色，"V"形脊上刻点稀少。革片淡色部分面积较大，基半淡黄褐色，后半底色黑褐色，端缘处内侧有一大的方形淡斑，外侧亦有一形状不规则的大淡斑。膜片淡烟色，脉色略深。体下方栗褐色至黑褐色，有光泽。前足股节下方除刚毛状刺外，近端部处有 3–4 根粗刺。雄虫后足股节较为膨大，下方有粗糙的疣刺状突起。雄虫腹部第 7 节腹面后缘具 3 个小齿状突起。

分布：浙江（安吉、临安、鄞州、四明山、定海、天台、庆元、龙泉）、内蒙古、北京、天津、河北、山西、山东、河南、陕西、甘肃、江苏、安徽、湖北、江西、湖南、福建、台湾、广东、广西、重庆、四川、贵州、云南；韩国，日本。

（261）小黑毛肩长蝽 *Neolethaeus esakii* (Hidaka, 1962)

Lethaeus esakii Hidaka, 1962: 78-80.

Neolethaeus esakii: Scudder, 1970a: 101.

主要特征：头黑色，光泽弱，头顶基部具 2 个半椭圆形虹彩区。触角第 1 节色泽较深，为深褐色至黑褐色，其余各节则颜色较淡，为深黄褐色至褐色，第 3、4 节基部常较深。前胸背板胝区色深隆出，侧边（有时只前半）、后角处小斑或"L"形斑淡褐色至黄色。小盾片"Y"形脊较平缓地隆起，全部具刻点，刻点稀。爪片内脉上有 2 个鲜明小黄斑。革片淡色斑分布。膜片淡烟褐色，脉色深，外缘处呈晕状加深。前足股节下方除均匀分布数根刚毛外，近前端处有 2–3 根短刺。雄虫后足股节不显著加粗，除刚毛状刺外，下方无粗刺，亦无明显的疣状突。雄虫腹部第 7 节腹面后缘平直简单，边缘无齿状突。

分布：浙江（临安）、福建、台湾、广东、广西。

（262）大黑毛肩长蝽 *Neolethaeus assamensis* (Distant, 1901)

Lethaeus assamensis Distant, 1901: 507.

Neolethaeus assamensis: Ashlock, 1964: 420.

主要特征：头黑色，微具光泽，头顶基部具 2 个椭圆形的虹彩区。触角深黑褐色，第 3 节端半淡黄褐色。前胸背板中央具明显的中纵脊，几乎贯穿全长，在领区及近后缘消失，前缘、侧边及后缘两端处的圆形斑淡色至褐色。爪片中央刻点列直，十分整齐，内列与中列之间在相当于小盾片中央处及爪片内角处各有一小黄斑，革片在 R+M 脉内支基部及端缘中央处各有一小黄斑，余均为深色。膜片烟褐色，脉侧微深，远伸过腹端。前足及后足股节下方除刚毛状刺外，无其他粗刺。雄虫后股不特别发达，下方无疣状突起。雄虫腹部第 7 节后缘腹面平直简单，无齿状突。

分布：浙江（泰顺）、台湾、广西、云南；韩国，日本，印度。

155. 新胝盾长蝽属 *Neomizaldus* Scudder, 1968

Neomizaldus Scudder, 1968: 588. Type species: *Mizaldus lewisi* Distant, 1901.

主要特征：新胝盾长蝽属 *Neomizaldus* 与胝盾长蝽属 *Mizaldus* 非常相似，但前胸背板具领，此领在侧缘很明显，但在背面中央与前胸背板的分界不明显。

分布：东南亚。世界已知 2 种，中国记录 1 种，浙江分布 1 种。

（263）新胝盾长蝽 *Neomizaldus lewisi* (Distant, 1901)

Mizaldus lewisi Distant, 1901: 484.

Neomizaldus lewisi: Scudder, 1968: 588.

主要特征：头黑色，具光泽，中叶端部褐色，遍布粗糙密刻点，后缘处无。眼面的毛极短小而十分稀少，仅后缘有较长密的毛少许。触角淡褐色，第 1–3 节端部及第 4 节基部淡黄褐色，第 1 节约 1/2 伸过头端。头下方具皱刻及平伏毛。喙伸达后足基节，第 1 节几乎达前胸前缘。前胸背板黑色，几乎无光泽，前、后二叶长度近相等，中叶中线处宽阔地下凹，前端更显。小盾片黑色，有明显光泽。爪片及革片半透明，淡黄白色，刻点黑褐色，爪片末端一小斑及革片顶角黑褐色，革片基部明显缢缩。膜片透明，伸达腹端。侧接缘黑色，密被平伏小毛。胸下深黑褐色，全具粗刻点，除侧板中区光亮外，均具粉被而无光泽。中、后胸侧板有光泽。足深栗褐色，胫节较淡，为淡褐色至黄褐色。腹下深黑褐色，有光泽，沿第 2–3、3–4、4–5 腹节缝后方具深刻点列。腹下被平伏毛。

分布：浙江（泰顺）、湖北、台湾、云南；日本，缅甸，斯里兰卡。

156. 狭地长蝽属 *Panaorus* Kiritshenko, 1951

Panaorus Kiritshenko, 1951: 215. Type species: *Pachymerus adspersus* Mulsant *et* Rey, 1852.

主要特征：中型。头平伸，约呈三角形，背面微拱。复眼较大，几乎接触前胸前缘。单眼靠近复眼。触角多较粗壮，第 1 节伸过头端，内侧有刺状刚毛数根。喙多伸达中足基节，第 1 节约达前胸前缘。前胸背板梯形，有宽阔的叶状侧边，前叶常黑色而后叶淡，二叶虽分明但交界处不呈明显凹入的横缢状，前叶刻点稀浅，后叶刻点较深。小盾片具刻点。前翅常淡色而具深色刻点。爪片具多行刻点。臭腺沟缘狭细，下弯。前足股节下方有数个较短的粗刺，大小相间，后足股节常有一些刺突或刚毛状刺，前胫下方端半常有一些齿状刺突。腹部背板第 3–6 节具内侧背片。

分布：欧亚大陆。世界已知 10 种，中国记录 4 种，浙江分布 1 种。

（264）黑斑狭地长蝽 *Panaorus csikii* (Horváth, 1901)

Aphanus (*Elasmolomus*) *csikii* Horváth, 1901: 251.

Elasmolomus csikii Oshanin, 1912: 37.

Rhyparochromus (*Panaorus*) *csikii* Scudder, 1970b: 199.

Panaorus csikii: Kerzhner, 1964: 791.

主要特征：与白斑地长蝽 *Panaorus albomaculatus* (Scott, 1874)极其相似，小盾片只末端浅色或具断续而隐约的 "V" 形斑，爪片基部具黑色方形斑，抱握器叶片向内折弯程度强，几乎与基干呈直角与白斑地长蝽 *Panaorus albomaculatus* (Scott, 1874)相区别。

分布：浙江（临安、江山）、内蒙古、北京、河北、山东、河南、陕西、湖北、湖南、广西；俄罗斯（远东地区），韩国，日本。

157. 点列长蝽属 *Paradieuches* Distant, 1883

Paradieuches Distant, 1883: 438. Type species: *Paradieuches lewisi* Distant, 1883.

主要特征：体中小型，狭长。头平伸，头顶微拱圆，具极浅刻点及平伏毛。前胸背板梯形，侧缘明显呈薄边状，具领，前、后叶间具横缢，前叶隆出，后叶较平；前叶刻点稀浅。小盾片长，中央具高的"Y"形脊，具刻点。爪片具整齐的刻点 3 列。革片沿爪片缝有完整的刻点 2 列，前缘域内侧有完整的刻点 1 列，R 脉后半外侧、M 脉旁及沿端缘各有一列刻点，形成整齐的图案。臭腺沟缘隆起不显，端部下垂。前足股节发达，膨大，下方具 1 枚大刺及 2 行较短的小刺。雄虫前胫弯曲。

分布：东亚。世界已知 2 种，中国记录 1 种，浙江分布 1 种。

（265）褐斑点列长蝽 *Paradieuches dissimilis* (Distant, 1883)

Dieuches dissimilis Distant, 1883: 438.

Paradieuches dissimilis: Scudder, 1962: 770.

主要特征：体狭长，斑纹美丽，无强光泽。头黑色，中叶端部稍带褐色，表面丝绒状，刻点极浅，平伏毛短小，密。头平伸，三角形，较尖。触角褐色，第 3、4 节黑褐色，第 3 节基部褐色，被金黄色平伏小毛，密，第 1 节一半以上伸过头端。喙褐色，达中足基节，第 1 节伸达前胸前缘。头下具灰黑色粉被，后半具较明显的刻点。前胸背板黑色，表面丝绒状，侧边淡黄白色，后端最外缘黑色，其内侧为一淡褐色纵纹。前胸背板狭长。小盾片黑色。爪片及革片基部 2/5 淡黄白色，爪片内缘、革片端部 3/5 褐色至锈褐色，一色而平整，只爪片端部中央有一深褐色纵纹，革片内角及深色域前缘 R 与 Cu 脉间有一褐色小斑，前缘域中段及稍靠后各有一黑褐大斑，二斑间淡黄白色，翅上刻点列黑褐色，排列十分整齐。膜片黑褐色，基缘及后缘宽阔的淡白色，顶角处亦淡色，后缘基部狭窄的淡黑褐色，伸过腹部末端。革片前缘在 2/5 处显著扩大，以致身体后半渐宽。体下方黑色，胸下丝绒状（具粉被），具刻点。中胸腹板中央无突起。腹部略具光泽。足褐色，基节及前足股节常较深。

分布：浙江（临安）、陕西、湖北、福建、广西、四川、贵州、云南；日本。

158. 刺胸长蝽属 *Paraporta* Zheng, 1981

Paraporta Zheng, 1981: 156. Type species: *Paraporta megaspina* Zheng, 1981.

主要特征：体狭长，无直立毛或半直立毛。头伸出，蛇头状，背面眼前部分明显倾垂，眼后部分亦渐低倾，眼位于头部中段，头的眼前部分与眼后部分常约相等，头基部具很短的"颈"状缢缩部，长度小于复眼长，"颈"粗，不呈小棍状。头侧叶侧缘全长具棱边。触角细长，第 1 节远伸过头端。小颊极短。喙伸达前足基节。前胸背板平置，前叶（包括领）长于后叶，二叶间明显凹缢，前叶强烈隆出呈圆球形，后叶平，后叶侧角具向上方斜伸的大刺。革片中部缢缩，短翅，伸达第 6 腹节。足细长，前足股节不特别加粗，下方端半具刺。腹部基部缢缩，后半明显膨大，明显宽于翅，侧接缘斜立于翅两侧；腹面多少呈船底状。

分布：世界已知 1 种，中国记录有 1 种，浙江分布 1 种。

（266）刺胸长蝽 *Paraporta megaspina* Zheng, 1981

Paraporta megaspina Zheng, 1981: 156.

主要特征：头黑色。触角淡褐色，第 1 节略深，第 4 节基半黄白色，端半深褐色至黑褐色。前胸背板前叶黑色，领黑色，多少具粉被，光泽弱，后叶褐色，刻点及周围黑色，以致外观斑驳；侧角大刺基部黑色，刺体褐色；前叶中部中线两侧各有一低的结节状突起；小盾片黑褐色，基部大半具粉被及刻点。革片基半黄白色，端半深栗褐色或黑褐色，R+M 脉处及亚前缘域处各为淡褐色，革片内角下方一小斑及端缘外半前方的半月形大斑黄白色，端缘及顶角黑褐色。膜片黑褐色，有时可见淡白色的端缘、端角内侧 2 脉及中央小斑。足栗褐色，中、后足基部淡黄白色，前足股节下方端半有 2 刺。腹部黑褐色，各节侧接缘处有模糊的黄褐斑。

分布：浙江（临安、龙泉）、河南、陕西、湖北、江西、湖南、福建、广东、广西、贵州。

159. 细长蝽属 *Paromius* Fieber, 1860

Paromius Fieber, 1860: 45. Type species: *Stenocoris gracilis* Rambur, 1839.

主要特征：体狭长，光滑无毛。头平伸，复眼远离前胸前缘，相对较小，头侧缘眼后部分与眼前部分约等长，眼后区宽大。小颊短，终止于喙第 1 节的紧后方，喙第 1 节伸达头中央或几乎伸达头基部，末端略超过前足基节或伸达中足基节间。前胸背板较狭长，领宽平，内有刻点列或无刻点，常后凹；前叶表面较平，不强烈隆起，梯形或筒形，侧缘多少有些直，二叶间的横缢相对较浅，前叶与后叶等长或长于后叶。爪片刻点 5 列。爪片与革片浅色，褐斑一般较少。前足股节膨大，下方刺列众多，可达 10 余枚。雄虫前胫略弯，下方无刺。后胸臭腺沟缘略膨大，圆钝，平直，不向后弯。

分布：世界广布。世界已知 13 种，中国记录 3 种，浙江分布 3 种。

分种检索表

1. 喙短，只伸达前足基节，喙第 1 节只达头中央；革片端缘有黑斑 ·· 2
- 喙长，伸达中足基节间，第 1 节几乎达头基部；革片端缘无黑斑 ················· **宽胸细长蝽 *P. piratoides***
2. 体修长，无光泽；革片顶角无黑斑 ·· **短喙细长蝽 *P. gracilis***
- 体相对短宽，具光泽；革片顶角具黑斑 ··· **斑翅细长蝽 *P. excelsus***

（267）斑翅细长蝽 *Paromius excelsus* Bergroth, 1924

Paromius excelsus Bergroth, 1924: 82.

主要特征：头黑色。触角前 3 节及第 4 节基部淡黄褐色至淡褐色，第 4 节大部分黑褐色。前胸背板领及后叶底色淡黄褐色，多少有褐色晕，后叶中线处褐晕常较明显，有时可呈深褐色或黑褐色宽纵带，每侧各有 2 条纵向晕纹，较浅；前叶黑色。小盾片黑色，末端黄色，侧缘端半淡黄褐色。爪片与革片有光泽，为很浅的黄褐色。爪片内角附近有褐色晕，革片色斑深浅不一，前缘 3/5 处有一小黑点，端缘全部狭细的黑色，向端渐加宽。膜片淡色透明，多伸过腹部末端。足黄褐色，前足股节有时黑褐色。体下方黑色，腹部有时褐色，前胸及后胸侧板后缘淡色。

分布：浙江（临安、庆元、龙泉）、江西、湖南、福建、广东、海南、广西、贵州、云南；菲律宾。

（268）短喙细长蝽 *Paromius gracilis* (Rambur, 1839)

Stenocoris gracilis Rambur, 1839: 140.
Paromius gracilis: Fieber, 1861: 171.

主要特征：头黑色或黑褐色，无光泽。触角黄褐色至棕褐色，第 1 节下方常黑褐色，呈黑色纵纹状。前胸背板前叶同头色，领及后叶黄褐色至淡棕褐色，均无光泽，大部分具薄粉被状，至后叶后半渐无，领及后叶具稀疏而均匀的粗刻点，侧角光滑无刻点，前叶无刻点，后叶中纵线处略呈褐色纵纹状。小盾片狭长，黑色或黑褐色，具粉被，略具"Y"形脊，最末端黄白色。体狭长，两侧几乎平行，爪片及革片淡黄褐色，刻点褐色；革片端缘近中央处有一黑褐色小斑。翅伸达或略不达腹部末端。足淡黄褐色至淡栗黄褐色。腹下栗褐色，密被细的丝状平伏毛。

分布：浙江（临安、泰顺）、江西、台湾、广东、四川；日本，印度，缅甸，越南，菲律宾，大洋洲，太平洋岛屿。

（269）宽胸细长蝽 *Paromius piratoides* (Costa, 1864)

Plociomerus piratoides Costa, 1864: 78.

Paromius piratoides: Lethierry & Severin, 1894: 189.

主要特征：体粗大而色深，淡色部分中栗褐色成分较为浓重。头较短宽，眼前部分长约为头长之半；头宽大于长。触角黄褐色至棕褐色，全长为头长的 4.4 倍。喙较长，伸达中胸腹板中央或后半，第 1 节明显超过头的中央，越过眼的后缘。前胸背板宽，前叶尤为明显地宽短，前缘后凹较 *P. gracilis* 强烈，后缘亦前凹，但较 *P. gracilis* 为平缓。体两侧几乎平行，革片外域刻点色深，与内域刻点同色，不若 *P. gracilis* 色淡。腹下黑色或深黑褐色，基节臼只略淡，但不显然呈"淡色"，只后胸后侧角为明显的淡色，腹部侧缘则呈明显的淡黄白边。足深栗褐色，前足股节色深，常呈黑褐色，后股端部 1/3 具黑褐色环，且较为稳定。

分布：浙江（龙泉、泰顺）、湖南、广东、海南、广西、云南；菲律宾，太平洋岛屿。

160. 棘胸长蝽属 *Primierus* Distant, 1901

Primierus Distant, 1901: 477. Type species: *Plociomerus bispinus* Motschulsky, 1863.

主要特征：体狭长，头平伸，较长，侧叶侧缘呈棱边状，头侧缘在眼后不缢缩，被平伏毛。复眼远离前胸前缘。触角细长，第 1 节长，具领，前、后叶划分明显，约等长，前叶多少圆隆，侧缘弧形，二叶间横缢明显，前叶多少具粉被，周缘具刻点，后叶刻点深密，侧角呈棘刺状向上、后方斜伸，后缘两侧呈小圆耳状后伸。小盾片具粉被及直立长毛，中央具"Y"形脊。前翅狭长，中央横缢呈细腰状，革片内角下方及顶角前常具白斑，革片前缘具细密锯刻，用以与后股摩擦发声。足细长，股节常向末端渐膨大呈棒状，前足股节下方有刺及锥状突。

分布：东洋区。世界已知 7 种，中国记录 2 种，浙江分布 2 种。

（270）锥股棘胸长蝽 *Primierus tuberculatus* Zheng, 1981

Primierus tuberculatus Zheng, 1981: 154.

主要特征：头深黑褐色。触角第 1 节淡褐色，第 2、3 节黄褐色，第 4 节基半淡黄褐色，其余黑色。前胸背板前叶及领黑色，后叶锈褐色，有珍珠光泽，中线前半凹下处及侧方基部黑色，具粉被；前胸领清晰，二叶间明显横缢；侧角大刺黑色，较短。小盾片黑色，具粉被，中央有黑褐色"Y"形脊，末端淡黄色。前翅狭长，基部以后横缢，爪片及革片底色淡黄褐色或淡灰褐色，半透明，具珍珠光泽，爪片端半及内半、革片中段等色深，为黄褐色至褐色，革片内角下淡色斑青白色，顶角前淡色大斑白色。膜片黄色，具黑褐色斑。股节淡褐色，基部淡黄色，胫节黄褐色，基部淡褐色。雄虫前足股节下方基半有锥状突起或短尖刺 4–5 个，成一列，端半有刺 2 列。雌虫前足股节基半无锥突，端半只有一列 3 根刺，基方 2 根最大。雄虫前胫基部略弯曲，中段有齿状刺 2–3 枚，两性后足股节向端渐鼓大，棒状，下方端半有尖刺 2–4 枚。

分布：浙江（庆元、龙泉）、湖北、福建、广东、广西、四川、贵州、云南。

（271）长刺棘胸长蝽 *Primierus longispinus* Zheng, 1981

Primierus longispinus Zheng, 1981: 155.

主要特征：头黑褐色。触角淡褐色，第 4 节全部黑褐色或基部黄白色。前胸背板强烈倾斜，具稀疏直立长毛，前叶黑褐色，具粉被，后叶黄褐色至淡褐色，具珍珠光泽，前半渐深呈黑褐色，二叶间有不甚深的横缢，前叶侧缘圆弧形，横缢处侧方缢入，侧角刺极大，略向后向上斜伸，细长。小盾片黑褐色，前方2/3 具粉被，末端黄白色，爪片及革片黄褐色至淡褐色，较均匀，革片内角下淡斑与顶角前淡斑多隐约而不呈明显的白色，顶角以及革片前缘后段小斑为黑褐色。膜片淡黄色透明，具浅黑褐色斑。股节淡褐色至褐色，胫节黄褐色至淡褐色。前足股节下方端半有 1–3 刺，以 2 刺为多，基半无锥状突或短刺。雄虫前胫无刺，其余各足亦无刺，两性同。腹下褐色，密被平伏毛。

分布：浙江（泰顺）、福建、广东、海南、广西、云南、西藏。

161. 钝角长蝽属 *Prosomoeus* Scott, 1874

Prosomoeus Scott, 1874: 435. Type species: *Prosomoeus brunneus* Scott, 1874.

主要特征：体狭长。头平伸，侧叶侧缘多少呈棱边状，头侧缘的眼后部分常长于眼前部分，眼后部分不缢缩。眼远离前胸前缘。触角较短，第 1 节粗，伸过头端，第 2 节细，末端膨大，第 3 节呈棒状，向端渐膨大，第 4 节粗，呈长纺锤形。小颊短而高，在喙第 1 节的紧后方愈合，喙第 1 节达头端部 2/3 处。前胸背板多少下倾，具领，胝区常呈很大的环状，除胝区外多具粉被及刻点，后角钝，无刺状突起，后缘两侧呈短耳状后伸；两叶间横缢明显。小盾片具 "Y" 形脊，两臂有时不显。前翅多少呈束腰状，爪片中间刻点 1–3 列，顶角前有一大白斑，顶角黑色。革片前缘具细齿，用以与后足内侧的粗糙小突起摩擦发音。股节向端方逐渐膨大呈棒状。腹部基部凹瘪，第 4 腹节后缘两侧伸达腹部侧缘，为地长蝽科中的特殊情况。

分布：世界已知 2 种，中国记录 2 种，浙江分布 1 种。

（272）褐色钝角长蝽 *Prosomoeus brunneus* Scott, 1874

Prosomoeus brunneus Scott, 1874: 436.

主要特征：头黑色。触角黄褐色至淡褐色，第 1 节略深，第 2 节末端红褐色，第 3 节端半黑褐色。前胸背板前叶黑色，无光泽，具粉被及浅密刻点，中线两侧各有一大型胝区，无刻点及粉被；领褐色，无刻点；后叶褐色，刻点深，黑褐色。小盾片基半及端半两侧黑褐色，其余褐色，末端黄白色。前翅狭长，中部靠前束腰状。爪片及革片淡褐色至褐色，均匀一致，中段色泽微微加深，顶角前白斑狭细，顶角黑色。膜片淡黄色，半透明，具淡黑色晕斑。前翅微伸过腹端。足淡褐色至褐色，股节基部以外色较深。前足股节下方端半有刺 2–4 枚，其中 2 枚大。后股下方端半有小刺 0–2 枚不等，中足股节有时亦有一小刺。腹下褐色，密被平伏毛。

分布：浙江（龙泉）、河北、湖北、福建、广东、广西、四川、贵州、云南、西藏；俄罗斯，韩国，日本。

162. 斑长蝽属 *Scolopostethus* Fieber, 1860

Scolopostethus Fieber, 1860a: 49. Type species: *Scolopostethus cognatus* Fieber, 1861.

主要特征：长椭圆形，中小型，体长 3.0–5.0 mm。头平伸，复眼几乎接触前胸前缘，背面略拱圆。触角基由背面明显可见。头明显宽于领。触角节较粗壮，第 1 节约一半超过头端。前胸背板为接近方形的梯形，具领，前叶隆出，后叶平，两叶间具略下凹的横缢；前叶具叶片状侧边，后缘在小盾片前方前凹，前叶周围及后叶具刻点。小盾片基半中央略下凹。爪片及革片淡色而有黑褐色斑，爪片全长平行，周围具完整的刻点列，中央刻点列 2 行，后半不甚整齐。有些种中胸腹板上具一对程度不同的突起。前足股节膨大，下方具刺列，其中有 1–2 枚大刺。

分布：世界广布。世界已知 38 种，中国记录 5 种，浙江分布 2 种。

（273）中国斑长蝽 *Scolopostethus chinensis* Zheng, 1981

Scolopostethus chinensis Zheng, 1981: 138.

　　主要特征：头黑色，无光泽。触角第 1 节末端狭窄的淡色。前胸背板无光泽，前叶黑色，领及后叶褐色，后叶中线两侧常有 2 条宽纵带，完整或向后渐消失，其外缘向外斜伸，后叶外缘处前叶的黑色部分后延呈带状，达前胸后缘，叶状边淡白色，后端呈黑斑状。小盾片黑色。爪片淡白色，刻点及其周围，以及近端部处一不规则黑斑黑褐色。革片底色淡白色，刻点及其周围黑色。膜片淡灰褐色，基缘内半呈黑褐色横斑状，沿端缘亦呈斑驳的黑褐色。足基节黑褐色，前足股节黑色，端部常淡色，其余各部分黄褐色、中、后足股节端部常有一黑环，宽窄不等。前足股节下方刺列中，大刺位于中部略前，其基方有小刺 4 枚，端方 7–8 枚。腹部漆黑色，有光泽。雄虫中胸腹面有一对略向后指的短钝突起，此突起在雌虫中更钝而不显著。

　　分布：浙江（江山、庆元）、河北、湖北、江西、四川、云南。

（274）日本斑长蝽 *Scolopostethus takeyai* Hidaka, 1963

Scolopostethus takeyai Hidaka, 1963: 58.

　　主要特征：体长卵圆形，光泽弱。头黑色，中叶深褐色。触角黑褐色，第 2 节除最基部外及第 3 节基部 1/3 黄褐色。前胸背板前叶红褐色，后叶黄褐色，叶状侧边黄褐色，中央黄白色，后角前方的斑褐色。小盾片红褐色，基半及端半的中纵脊黑褐色，刻点较均匀。前翅黄褐色，爪片刻点 4 列，内侧第 2 列不完整，靠近爪片接合缝的纵斑黄白色，靠近小盾片端部的小斑褐色。革片基部 1/3 及沿前缘的 2 个方形斑黄白色，在两个方形斑的前方各有一个黑褐色小斑。膜片半透明，内角处具一长方形的黑褐色斑。足黄褐色，前足股节及中、后足股节端半红褐色，前足股节下方具刺一列，端部 1/3 具 1 枚大刺，大刺外侧有 4 枚小刺，内侧有 2–3 枚小刺。前足胫节直。腹部腹面黑褐色。

　　分布：浙江（临安、龙泉）、甘肃、湖北、江西、湖南、福建、广西、四川、云南；日本。

163. 浅缢长蝽属 *Stigmatonotum* Lindberg, 1927

Stigmatonotum Lindberg, 1927: 9. Type species: *Stigmatonotum sparsum* Lindberg, 1927.

　　主要特征：体小，褐色至黄褐色，被浓密而蓬松的丝状平伏毛。头平伸，眼后区不发达。喙第 1 节远离头的后缘。前胸背板较平，隆起不强烈，具粗糙的刻点，前缘具领，与前叶间无明显的横沟分界。背板和小盾片至少部分具粉被。爪片具整齐的刻点 3 列，在内侧两列刻点间散布着数枚刻点。革片端缘具一列刻点，色斑斑驳而细碎，内角具白斑，顶角处黑色。臭腺孔沟缘小，末端膨大，钝圆。挥发域约占后胸侧板面积的 1/2。前足股节下方具 1–2 枚大刺。

　　分布：古北区、东洋区。世界已知 7 种，中国记录 2 种，浙江分布 2 种。

（275）小浅缢长蝽 *Stigmatonotum geniculatum* (Motschulsky, 1863)

Plociomerus geniculatum Motschulsky, 1863: 81.

Stigmatonotum geniculatum: Harrington, 1980: 89.

　　主要特征：体很小，褐色。头黑褐色，有光泽。触角第 1 节深褐色，第 2、3 节黄褐色，第 4 节黑褐色。前胸背板领及后叶暗黄褐色，后叶后部色暗，侧角处多少有些黄色成分，斑驳，侧角顶端常淡黄而光亮，前叶紫褐色，均略具光泽。小盾片紫褐色，末端黄白色。爪片与革片淡黄褐色，刻点褐色，内角白斑三角形，其周缘为细褐线所勾划，革片端缘亦淡色，前缘域顶端及相当于小盾片末端的水平位置处各有一黑褐斑，整个革片外观斑驳。膜片基部 1/4 淡色，基缘内侧 1/3 处有一黑斑，余黑褐色。前足股节褐色，只在中段有一较宽的黑褐色环，中、后足股节近端部处有一宽褐环。腹下紫褐色。

　　分布：浙江（庆元、龙泉、泰顺）、湖北、湖南、福建、广东、海南、广西、四川、贵州、云南；日本，印度，菲律宾，斯里兰卡，印度尼西亚，非洲。

（276）山地浅缢长蝽 *Stigmatonotum rufipes* (Motschulsky, 1866)

Plociomerus rufipes Motschulsky, 1866: 188.

Stigmatonotum rufipes: Scudder, 1970a: 103.

　　主要特征：体小，头黑色，略具光泽。触角黄褐色，第 1 节基半及第 4 节黑褐色。前胸背板无光泽，前缘处及后叶淡褐色至黑褐色，前叶黑色，具粉被，后叶常微具淡黄褐色细中脊，两侧中区常有一宽纵带，淡色，侧角处黄色而光滑，前叶较平，二叶间横缢较浅，后角圆。小盾片黑色，无光泽，"Y"形脊两侧黄褐色。爪片及革片底色淡黄褐色，革片具黑褐色斑。膜片底色淡白色，脉间沿脉淡黑褐色。足基节、前足股节中段、中足、后足股节近末端处的宽环黑褐色，其余各部黄褐色。前足股节下方大刺甚少，只近端部处有 1 大刺、1–2 小刺，雄虫前胫下方中部无小齿状刺突。腹部黑色，有光泽。

　　分布：浙江（临安、庆元）、黑龙江、湖北、四川；俄罗斯。

第十六章　红蝽总科 Pyrrhocoroidea

三十二、大红蝽科 Largidae

主要特征：小型至大型。常为椭圆形，鲜红色或多少带有一些红色色泽。触角 4 节。着生位置为头侧面中线下方，无单眼。腹部气门全部位于腹面。第 3–4 腹节腹中线两侧各有 3 对毛点毛，第 5–6 节有 3 对，第 7 节有 2 对均位于腹部两侧、气门的前方或后方。产卵器发达，雌虫第 7 腹板纵列成两半，雄虫外生殖器构造接近长蝽，阳茎端膜极细而光滑，完全无间膜附器。

生物学：生活场所与红蝽科相似，食植物液汁并取食果实与种子。

分布：世界广布。世界已知 223 种，中国记录 4 属 10 种，浙江分布 1 属 1 种。

164. 斑红蝽属 *Physopelta* Amyot *et* Serville, 1843

Physopelta Amyot *et* Serville, 1843: 271. Type species: by subsequent designation (Hussey, *in*: Hussey & Sherman, 1929: 28): *Physopelta erythrocephala* Amyot *et* Serville, 1843(=*Cimex albofasciatus* De Geer, 1773).

主要特征：触角长度一般，第 1 节短于头及前胸背板长度之和；头短于或等于宽，由眼至触角基前端距离等于或稍长于眼长；爪片缝长于革片顶缘。前胸背板前叶隆起部分伸达前缘，其侧缘窄，不明显向上翘折；前翅革片具黑色或棕色圆斑。

分布：东洋区、旧热带区、澳洲区。世界已知 30 种，中国记录 7 种，浙江分布 1 种。

（277）小斑红蝽 *Physopelta cincticollis* Stål, 1863

Physopelta cincticollis Stål, 1863: 392.

主要特征：体长 11.5–14.5 mm，窄长圆形。

头部暗棕色，三角形，密被较短柔毛及较长细毛；触角黑褐色，第 4 节基半部显著为黄白色；喙伸达后足基节间。

前胸背板梯形，被半直立浓密细毛，黑褐色，前叶刻点稀少，后叶刻点粗大明显，前胸背板前缘和侧缘棕红色。小盾片黑褐色，近顶角处渐呈红黄色。前翅刻点显著，爪片、革片内侧暗棕色，革片中央具一大黑圆斑，其顶角具一小黑斑，翅膜片黑褐色，革片前缘棕红色。

胸部侧板及腹部腹面暗棕色；腹部腹节缝棕黑色，侧接缘棕红色。雄虫前胸背板前叶中央较雌虫稍隆起，其后叶小盾片及前翅具刻点。前足股节稍粗大，其腹面近端部有 2 或 3 个刺。

分布：浙江（杭州、松阳）、陕西、江苏、湖北、江西、湖南、台湾、广东、海南、广西、四川、贵州；印度，老挝。

三十三、红蝽科 Pyrrhocoridae

主要特征：体中至大型，椭圆形，多为鲜红色，常被黑斑。头部平伸，无单眼。触角 4 节，着生处位于头侧面中线之上。前胸背板具扁薄且上卷的侧边。前翅膜片具多条纵脉，具分支，或呈不规则的网状，基部形成 2–3 个翅室。后胸侧板无臭腺孔。腹部气门全部位于腹面。部分种类第 4、5 腹节的节间缝常在两侧向前弯曲，侧端不伸达腹部侧面。第 3–4 腹节腹中线两侧各有 3 对毛点毛，第 5–6 节有 3 对，第 7 节有 2 对，均位于腹部两侧、气门的前方或后方。阳茎以及受精囊构造与长蝽科类似。产卵器退化，产卵瓣片状。雌虫第 7 腹节腹板完整。

生物学：植食性。生活于植株上，或在地表爬行，取食果实和种子，地表生活的种类可能以落地的成熟种子为食料。

分布：世界广布。世界已知 525 种，中国记录 11 属 30 种，浙江分布 3 属 4 种。

分属检索表

1. 头的眼后部逐渐窄缩，眼远离前胸背板前缘 ·· **光红蝽属 Dindymus**
- 头的眼后部突然收缩，眼几乎接触前胸背板前缘 ·· 2
2. 革片端缘稍向外突出，顶角钝圆；前翅膜片翅脉呈乱网状，有时膜片退化，不伸达腹端 ············· **红蝽属 Pyrrhocoris**
- 革片端缘几乎斜直或稍内曲，顶角尖锐；前翅膜片翅脉不呈网状 ····················· **直红蝽属 Pyrrhopeplus**

165. 光红蝽属 *Dindymus* Stål, 1861

Dindymus Stål, 1861: 196. Type species: by subsequent designation (Distant, 1903b: 110): *Dysdercus thoracicus* Stål, 1855 (=*Pyrrhocoris bicolor* Herrich-Schaeffer, 1840).

主要特征：中型。眼无柄，头顶隆起，体毛滑；喙第 3 节明显细于第 2 节，其末端通常超过第 3 腹节。前胸背板侧缘扩展，强烈向上翘折。

分布：东洋区、旧热带区、澳洲区。世界已知 107 种，中国记录 6 种，浙江分布 1 种。

（278）阔胸光红蝽 *Dindymus lanius* Stål, 1863

Dindymus lanius Stål, 1863: 401.

主要特征：体卵形，朱红色；眼、触角（除第 1 节基部红色外）、前翅膜片大部（除内角和顶缘浅褐色外）、喙（除第 1 节及第 2 节基部）、胸腹面、腹部腹面基缘及足黑色；各腹节腹板后缘侧部及足基节外侧黄白色；腹部腹面棕褐色。前胸背板前角钝圆，其前缘稍大于头宽，略大于侧角间宽的 1/2，前叶胝部后缘平直，后叶具稀疏刻点。革片前缘中部明显向外突出，其内侧具细密刻点。

分布：浙江（临安、松阳）、湖北、福建、四川、贵州；缅甸，印度。

166. 红蝽属 *Pyrrhocoris* Fallén, 1814

Pyrrhocoris Fallén, 1814: 9. Type species: *Cimex apterus* Linnaeus, 1758.

主要特征：革片端缘向外突出，或多或少呈弧形；短翅型或前翅膜片翅脉呈乱网状。一些种类常在地面急行，喜栖于土块碎石之下，有些种类群集为害锦葵科植物。

分布：古北区、东洋区。世界已知 9 种，中国记录 4 种，浙江分布 2 种。

（279）先地红蝽 *Pyrrhocoris sibiricus* Kuschakewitsch, 1866

Pyrrhocoris sibiricus Kuschakewitsch, 1866: 98.

Pyrrhocoris tibialis Stål, 1874a: 168 (synonymized by Josifov & Kerzhner, 1978: 155).

主要特征：椭圆形，通常灰褐色，具棕黑色刻点。头中叶一纵带和头顶由 4 块近方形斑及其基部中央一短纵带构成的"V"形图案淡褐色；触角、前胸背板胝部、小盾片基角和近基部中央两小圆斑，以及股节及身体腹面棕黑色至黑色；前胸背板侧缘、革片前缘、胸腹面侧缘、侧接缘、胫节及跗节灰棕色；各足基节外侧及后胸侧板后缘灰白色。前胸背板前缘几乎与头等宽，胝通常光滑，几乎不具刻点；其侧缘近斜直，胸侧板近光滑或有稀少细刻点。

分布：浙江（湖州、松阳）、辽宁、内蒙古、北京、天津、河北、山东、青海、江苏、上海、湖北、台湾、四川、贵州、云南、西藏；俄罗斯，蒙古国，朝鲜，日本。

（280）曲缘红蝽 *Pyrrhocoris sinuaticollis* Reuter, 1885

Pyrrhocoris sinuaticollis Reuter, 1885: 232.

Pyrrhocoris stehliki Kanyukova, 1982: 307 (synonymized by Kanyukova, 1988: 903; see also Kerzhner, 1993: 103).

主要特征：体窄椭圆形。暗褐色，常具蓝光泽；头背、腹面、触角、前胸背板胝部、腹部腹面及足棕黑色；中叶有一黄褐色纵带；前胸背板前缘、侧缘及其腹面，革片前缘、侧接缘及腹端通常红色或黄褐色。喙第 1 节较短，不达前胸腹板前缘。前胸背板侧缘中央凹入，胝部及前胸背板大部分，以及小盾片、革片及胸侧板具粗密刻点。前翅膜片不超过腹端，其翅脉网状。

分布：浙江（松阳）、北京、江苏、湖北、湖南、广东、广西、贵州；俄罗斯，朝鲜，日本。

167. 直红蝽属 *Pyrrhopeplus* Stål, 1870

Pyrrhopeplus Stål, 1870: 103, 115. Type species: *Pyrrhocoris carduelis* Stål, 1863.

主要特征：体椭圆形，常中等大小。眼较小，无柄；喙伸达后足基节。前胸背板侧缘扩展、光滑，稍向上翘折；胝隆起，其前、后缘具粗刻点，其侧缘刻点稀少。臭腺沟不明显；前足股节稍粗壮，其腹面近端部内侧具刺。

分布：东洋区。世界已知 4 种，中国记录 3 种，浙江分布 1 种。

（281）直红蝽 *Pyrrhopeplus carduelis* (Stål, 1863)

Pyrrhocoris carduelis Stål, 1863: 404.

Pyrrhopeplus carduelis: Kerzhner, 2001: 257.

主要特征：椭圆形，朱红色；头中叶前端、头顶基部中央、触角、喙、头腹面中央和其基部、前胸背板胝部、小盾片大部分、革片中央椭圆形斑、前翅膜片、胸腹面、足及各腹节腹板基半部黑色；前胸背板前缘背、腹面，各胸侧板后缘及各腹节腹板后半部常黄白色。头顶较低平，触角各节长度为 2.0∶1.6∶1.3∶2.0（mm）。前胸背板后叶、革片（除前缘光滑外）具粗刻点，小盾片基部有稀少细刻点，其顶端几乎光滑。

分布：浙江（湖州、临安）、河南、江苏、安徽、江西、湖南、福建、台湾、广东、香港、贵州；越南。

第十七章　缘蝽总科 Coreoidea

三十四、蛛缘蝽科 Alydidae

主要特征：体中型，通常体形狭长。头宽，复眼突出，有 2 个单眼，触角 4 节，细长，小颊短，向后不超过触角着生处。前胸背板与头部宽度接近，通常呈梯形，前翅革片沿前缘脉向后延长，各足细长，股节稍粗，跗节长，第 1 跗节显著延长，超过第 2、3 跗节之和。腹部窄而长，基部稍稍缢缩。雄虫抱器简单，左右对称。

本科种类均为植食性，部分种类是农业生产的害虫，吸食农作物谷粒、豆荚、茎叶等，造成作物减产和品质下降。

分布：世界广布，目前已知 57 属 291 种（Yi *et al.*，2022），中国记录 16 属 37 种（伊文博，2016），浙江分布 6 属 7 种。

（一）蛛缘蝽亚科 Alydinae

168. 蜂缘蝽属 *Riptortus* Stål, 1860

Riptortus Stål, 1860: 459. Type species: *Cimex dentipes* Fabricius, 1787.

主要特征：中型，身体褐色，头三角形，窄于前胸背板的宽度，复眼突出，头顶中央无浅色纵向条纹，触角第 1 节分别长于第 2 节和第 3 节。前胸背板侧角尖锐；多数种类的头部和胸部侧板有不规则黄色斑块，为本属最为显著的特征，也是属内分种的重要依据之一。后足股节膨大，具刺，后足胫节弯曲。本属昆虫善于飞行，以豆科植物为主要寄主植物。

分布：世界广布。世界已知 27 种，中国记录 3 种，浙江分布 1 种。

（282）点蜂缘蝽 *Riptortus pedestris* (Fabricius, 1775)

Cimex pedestris Fabricius, 1775: 727.

Riptortus pedestris: Dolling, 2006: 41.

主要特征：体中型，成虫长 14.8–17.2 mm，宽 3.2–4.2 mm，触角第 4 节显著短于前 3 节之和，第 1 节较长，显著超过头宽；前胸背板、侧板，以及中后胸侧板均具有显著的黑色颗粒状瘤突；胸部侧板具有点状的大小不等和形状不规则的黄色斑块，或无斑块。本种类头部侧面和胸侧板的黄斑变异较大，部分个体无黄斑；在具有黄斑的个体中，黄斑的大小、形状、数量均有不同程度变异。

生物学：寄主为大豆、菜豆、豇豆、绿豆等豆科植物。

分布：浙江（临安、龙泉）、辽宁、北京、天津、山西、河南、陕西、安徽、湖北、江西、福建、广东、海南、广西、四川、贵州、云南；韩国，日本，印度，缅甸，泰国，斯里兰卡，马来西亚，印度尼西亚。

（二）微翅缘蝽亚科 Micrelytrinae

分属检索表

169. 稻缘蝽属 *Leptocorisa* Latreille, 1829

Leptocorisa Latreille, 1829: 196. Type species: *Leptocorisa acuta* (Thunberg, 1783).

主要特征：身体细长，体棕黄色或黄绿色；侧叶超过中叶，在中叶前方紧密贴合，直伸不弯曲；触角第 1 节端部膨大；前胸背板前端具领；领的侧面和复眼前后的侧面常常具有黑色或棕色斑点。善飞翔。

分布：主要分布在东洋区、澳洲区、古北区。世界已知 16 种，中国记录 5 种，浙江分布 1 种。

（283）中稻缘蝽 *Leptocorisa chinensis* Dallas, 1852

Leptocorisa chinensis Dallas, 1852: 483.

Leptocorisa chinensis: Dong *et al.*, 2022: 185.

主要特征：体细长，成虫长 15.3–17.5 mm，宽 2.4–2.6 mm，棕黄色或黄绿色。头侧叶长于中叶，向前直伸，彼此贴合，不向下弯曲，复眼后部和前胸背板领的侧面具有黑褐色斑点，腹部腹面各节无黄褐色斑点，雄虫阳基侧突端部宽钝，似刀片状。成虫具有趋光性。

生物学：寄主为水稻、麦类、黄粟、高粱、玉米等作物，以及狗尾草等禾本科杂草。

分布：浙江（临安、遂昌、龙泉）、江苏、安徽、江西、湖南、福建、广东、广西、四川、贵州、云南；韩国，日本，马来西亚。

170. 平缘蝽属 *Planusocoris* Yi *et* Bu, 2015

Planusocoris Yi *et* Bu, 2015: 410. Type species: *Planusocoris schaeferi* Yi *et* Bu, 2015.

主要特征：身体细长，黄色或黄绿色；侧叶长于中叶，向前方平伸，并在中叶前方紧密接合；头部长度短于前胸背板，前胸背板平整，不隆起；触角第 1 节端部不膨大，前 3 节颜色一致浅红色；雄性阳基侧突相互交叉，生殖囊开口背向。

分布：东洋区。世界已知 1 种，中国记录 1 种，浙江分布 1 种。

（284）舍氏平缘蝽 *Planusocoris schaeferi* Yi *et* Bu, 2015

Planusocoris schaeferi Yi *et* Bu, 2015: 415.

主要特征：身体污黄色，体长 12.9–16.7 mm，宽 1.8–2.3 mm，侧叶长于中叶，向前方平伸，并在中叶前方紧密接合。前胸背板平整，不隆起，前胸背板具有以中纵线为轴左右对称的 4 列纵向排列的黑色刻点；触角第 1 节端部不膨大，前 3 节颜色一致浅红色；腹部端部背面具有一条纵向的深色短条纹；雄性阳基侧突相互交叉，弯曲呈钩状，向端部逐渐变细。

分布：浙江（龙泉、泰顺）、湖北、湖南、福建、广东、广西、贵州。

171. 钝缘蝽属 *Anacestra* Hsiao, 1964

Anacestra Hsiao, 1964: 254. Type species: *Anacestra hirticornis* Hsiao, 1964.

主要特征：头长，中叶狭窄，前端向下倾斜弯曲，长于侧叶，但前端不呈尖锥形向前延伸，触角前部分短于触角后部分；单眼小，彼此相互接近；喙超过中足基节，达到后足基节前缘；前胸背板侧角不突出；小盾片具刺或无刺；前翅稍短于腹部末端。

分布：东洋区。世界已知 2 种，中国记录 2 种，浙江分布 2 种。

（285）钝缘蝽 *Anacestra hirticornis* Hsiao, 1964

Anacestra hirticornis Hsiao, 1964: 254.

主要特征：体长 16.6–17.9 mm，宽 1.9–2.1 mm，头长，中叶狭窄，前端向下倾斜弯曲，长于侧叶，但前端不呈尖锥形向前延伸，触角前部分短于触角后部分；触角前 3 节具有浓密的长毛；触角第 2 节最长，小盾片无刺；气门深色。

生物学：寄主为竹。

分布：浙江（庆元、龙泉）、湖北、江西、湖南、福建、广西、四川、贵州、云南。

（286）刺钝缘蝽 *Anacestra spiniger* Hsiao, 1965

Anacestra spiniger Hsiao, 1965: 430, 434.

主要特征：体长 16.0–17.6 mm，宽 1.8–2.0 mm，头长，中叶狭窄，前端向下倾斜弯曲，长于侧叶，但前端不呈尖锥形向前延伸，触角前部分短于触角后部分；触角前 3 节具有浓密的长毛；触角第 4 节最长，小盾片端部具直立黑色长刺；气门浅色。

生物学：寄主为竹。

分布：浙江（临安、龙泉）、湖南、广东、海南、广西、贵州、云南。

172. 狄缘蝽属 *Distachys* Hsiao, 1964

Distachys Hsiao, 1964: 254. Type species: *Distachys vulgaris* Hsiao, 1964.

主要特征：身体狭长，草黄色，头长超过前胸背板，中叶前端向下倾斜，侧叶长于中叶，并且相互分离；眼大，向两侧突出；复眼后部稍稍细缩；触角细，第 1 节端部粗大；喙第 2 节最长，第 3 节极短；单眼突出；前胸背板不前倾，侧角不突出；小盾片无刺；前翅稍短于腹部末端。

　　分布：东洋区。世界已知 2 种，中国记录 1 种，浙江分布 1 种。

（287）狄缘蝽 *Distachys vulgaris* Hsiao, 1964

Distachys vulgaris Hsiao, 1964: 255, 261.

　　主要特征：身体狭长，草黄色，成虫长 12.4–14.4 mm，宽 1.7–1.9 mm。头长超过前胸背板长，中叶前端向下倾斜，侧叶显著超过中叶，并且相互分裂；眼大，向两侧突出；复眼后部稍稍细缩；触角细，第 1 节端部粗大；喙第 2 节最长，第 3 节极短；单眼突出；前胸背板不前倾，侧角不突出；小盾片无刺；前翅稍短于腹部末端。

　　生物学：寄主为竹。

　　分布：浙江（临安、泰顺）、安徽、江西、湖南、福建、广东、海南、广西、重庆、贵州、云南；日本。

173. 副锤缘蝽属 *Paramarcius* Hsiao, 1964

Paramarcius Hsiao, 1964: 255. Type species: *Paramarcius puncticeps* Hsiao, 1964.

　　主要特征：身体狭长，暗黄色，具黑色刻点和斑纹，身体背面较平；头部中叶超过侧叶；复眼大，向两侧突出；复眼后部稍稍细缩；触角细，第 1 节端部粗大；单眼小，突出；前胸背板不前倾，侧角不突出；小盾片无刺；前翅革片透明，外缘端部黑褐色。

　　分布：东洋区。世界已知 1 种，中国记录 1 种，浙江分布 1 种。

（288）副锤缘蝽 *Paramarcius puncticeps* Hsiao, 1964

Paramarcius puncticeps Hsiao, 1964: 255.

　　主要特征：身体狭长，暗黄色，具黑色刻点和斑纹，身体背面较平，体长 13.7–16.9 mm，宽 2.0–2.6 mm。头部中叶超过侧叶；复眼大，向两侧突出；复眼后部稍稍细缩；触角细，第 1 节端部粗大；单眼小，突出；前胸背板不前倾，侧角不突出；小盾片无刺；前翅革片透明，外缘端部黑褐色。

　　生物学：寄主为竹。

　　分布：浙江（临安、龙泉、泰顺）、陕西、安徽、湖北、江西、湖南、福建、广西、重庆、贵州。

三十五、缘蝽科 Coreidae

主要特征：体中型至大型，体长与体形多变。头相对于身体较小，有单眼，触角4节。小盾片小，三角形。前翅静止时爪片形成显著的爪片接合缝。前翅膜片基部多具一条横脉并由此发出多条平行或分叉的纵脉，通常基部无翅室。后胸具臭腺孔。后足股节和胫节通常膨大或扩展。腹部背面一般具内侧片，腹部气门均分布在腹面。腹部第3–7节具毛点。雄虫抱器简单，左右对称。

生物学：本科种类均为植食性，吸食植物幼嫩部分，引起寄主植物的枯萎或死亡。

分布：世界广布。世界已知250属约1800种（Schuh and Slater, 1995），中国记录约63属近200种（萧采瑜等，1977），浙江分布15属36种。

（一）缘蝽亚科 Coreinae

分属检索表

174. 瘤缘蝽属 *Acanthocoris* Amyot *et* Serville, 1843

Acanthocoris Amyot *et* Serville, 1843: 213. Type species: *Coreus scabrator* Fabricius, 1803.

主要特征：前胸背板及后足股节具许多颗粒。前胸背板侧缘稍向内曲，侧角突出。前翅爪片缝长于革片顶缘，后足股节端部较粗，顶端背面有一刺状突起，后足股节基部腹面稍扩展，中胸腹板中央无纵沟。

分布：东洋区、旧热带区。世界已知 36 种，中国记录 1 种，浙江分布 1 种。

（289）瘤缘蝽 *Acanthocoris scaber* (Linnaeus, 1763)

Cimex scaber Linnaeus, 1763: 17.

Acanthocoris scaber: Blöte, 1935: 225.

Acanthocoris acutus Dallas, 1852: 516 (syn. Stål, 1873: 71).

主要特征：成虫长 10.5–13.5 mm，宽 4–5.1 mm，褐色。触角具粗硬毛。前胸背板具显著的瘤突；侧接缘各节的基部棕黄色，膜片基部黑色，胫节近基端有一浅色环斑；后足股节膨大，内缘具小齿或短刺；喙达中足基节。

生物学：寄主为辣椒、马铃薯、甘薯、商陆、旋花、豆科。

分布：浙江（临安、舟山、浦江、开化、遂昌、龙泉、泰顺）、北京、山东、江苏、安徽、湖北、江西、湖南、福建、广东、广西、四川、贵州、云南、西藏；印度，马来西亚。

175. 安缘蝽属 *Anoplocnemis* Stål, 1873

Anoplocnemis Stål, 1873: 39, 47. Type species: *Cimex curvipes* Fabricius, 1781.

主要特征：前胸背板侧角圆形；腹部腹面雌雄均无刺，第 3 腹板中央强烈向后延长，伸入第 4 节；后足胫节较短，显著短于股节；雄虫后足股节腹面扩展呈三角形突起，胫节腹面无齿。

分布：东洋区、旧热带区。世界已知 63 种，中国记录 2 种，浙江分布 2 种。

（290）斑背安缘蝽 *Anoplocnemis binotata* Distant, 1918

Anoplocnemis binotata Distant, 1918: 153.

主要特征：体大型，成虫体长 20–24 mm，腹部最宽处 9.1 mm。棕褐色至黑褐色，被淡色光亮平伏短毛。头方形，相对身体较小，宽大于长。单眼前具陷坑。触角第 1–3 节黑色，第 4 节中部黑色，基部和端部橘黄色。喙短，仅伸达中足基节前端。前胸背板颜色较为均匀，同体色；前胸背板梯形，前端 2/3 极度向下倾斜。侧缘平直，具一些细小的齿；侧角较钝，不向上翘起；后缘中央呈轻微的弧形凹陷。小盾片三角形，顶端黄色，外露。前翅达腹部末端，膜片黑褐色，具金属光泽。臭腺明显，臭腺孔周围橘黄色。足股节、胫节颜色与体色一致，胫节末端和跗节黑色，爪黑色。后足股节膨大，明显弯曲；雄虫股节腹侧后半段具三角形扩展；雌雄胫节腹侧末端均具一个尖锐的刺。腹部背面黑色，中央具 2 个浅色斑点；侧接缘不被前翅完全覆盖，各节侧前缘色浅。腹部腹面第 3 腹板中央向后延伸，雄虫较雌虫更为明显。

生物学：寄主为紫穗槐、山槐、赤松、旱冬瓜、白桦、算盘子。

分布：浙江（杭州、宁波、普陀、东阳、临海、开化、江山、遂昌、云和、庆元）、山东、河南、江苏、安徽、江西、福建、广东、贵州、云南、西藏；印度。

（291）红背安缘蝽 *Anoplocnemis phasianus* (Fabricius, 1781)

Cimex phasianus Fabricius, 1781: 89.

Anoplocnemis phasianus: Dolling, 2006: 89.

主要特征：成虫体长 20–27 mm，宽 8–10 mm，棕褐色。触角第 4 节棕黄色。前胸背板中央具 1 条浅色纵带纹，侧缘直，具细齿，侧角钝圆。后胸臭腺孔和腹部背面橙红色。雌虫第 3 节腹板中部向后稍弯曲，雄虫则相应部位向后扩延呈瘤突，伸达第 4 节腹板的后缘。雌虫后足腿节稍弯曲，近端处有 1 个小齿突；雄虫后足腿节强弯曲，粗壮，内侧基部有显著的短锥突，近端部扩展呈三角形的齿状突。雄虫生殖节后缘宽圆形，中央稍凹入。

生物学：寄主为栎、合欢、胡枝子、紫穗槐。

分布：浙江（德清、杭州、镇海、定海、普陀、岱山、兰溪、东阳、永康、黄岩、三门、天台、仙居、温岭、临海、玉环、衢江、开化、丽水、温州）、江西、福建、广东、广西、云南、西藏。

176. 棘缘蝽属 *Cletus* Stål, 1860

Cletus Stål, 1860: 236. Type species: *Cimex trigonus* Thunberg, 1783.

主要特征：体中小型。头较短，前端向下倾斜，触角第 4 节不长于第 1 节。前翅革片上无浅色斑点，或仅有一个斑点。腹节后角不显著，侧接缘一色，气门几乎位于腹节中央。

分布：古北区、东洋区、旧热带区。世界已知 56 种，中国记录 7 种，浙江分布 5 种。

分种检索表

1. 触角基外侧顶端具刺 ·· 菲棘缘蝽 *C. bipunctatus*
- 触角基外侧顶端无刺 ··· 2
2. 触角第 1 节外侧及第 2 节黑色，除侧接缘外完全黑色 ········ 黑须棘缘蝽 *C. punctulatus*
- 触角基部 3 节一色，腹部背面不完全黑色 ·· 3
3. 体长较短，不及 9 mm ······································· 长肩棘缘蝽 *C. trigonus*
- 体长超过 9 mm ·· 4
4. 体宽，长度不大于宽度的 3 倍 ······························· 宽棘缘蝽 *C. schmidti*
- 体较窄，长度大于宽度的 3 倍 ······························· 稻棘缘蝽 *C. punctiger*

（292）菲棘缘蝽 *Cletus bipunctatus* (Herrich-Schäffer, 1840)

Gonocerus bipunctatus Herrich-Schäffer, 1840: 9-10.

Cletus bipunctatus: Mayr, 1866: 118, 120.

主要特征：体长 9.5–10.0 mm，宽 3.3–3.4 mm。浅棕色，刻点浅褐色。触角一色，触角基外侧顶端具刺状突起，前胸背板侧缘具一列浅色颗粒状突起，侧角稍向前倾，腹部不扩展，第 5–7 节后角显著；雄虫生殖节后部较宽。

分布：浙江（安吉、临安）、福建、广东、海南、广西、云南；日本，东南亚。

（293）稻棘缘蝽 *Cletus punctiger* (Dallas, 1852)

Gonocerus punctiger Dallas, 1852: 494.

Cletus rusticus Stål, 1860: 237 (syn. Stål, 1863: 499).

Cletus tenuis Kiitshenko, 1916: 184 (syn. Josifov & Kerzhner, 1978: 162).

Cletus punctiger: Dolling, 2006: 77.

主要特征：体狭长，长 9.5–11.0 mm，宽 2.8–3.5 mm。黄褐色，密布刻点。头短，头顶有黑色小颗粒，中央有短纵沟；触角第 1 节较粗，向外略弯，显著长于第 3 节，第 4 节纺锤形；复眼红褐色，眼后有一条黑色纵纹；单眼红色，周围有黑圈；喙末端黑色，伸达中足基节间。前胸背板多一色，有时后部色较深，前缘具黑色小颗粒；侧角细长，略向上翘，末端黑色；侧角后缘向内弯曲，有颗粒状突起；前翅革片侧缘浅色，近顶缘的翅室内有一个浅色斑点；膜片淡褐色，透明。各胸侧板中央有一黑色小斑点。腹部背面橘红色；侧接缘黑色；腹面色较浅，腹板每节前后缘有排成横列的小黑点。

生物学：寄主为水稻、稗、麦。

分布：浙江（湖州、杭州、绍兴、鄞州、奉化、象山、宁海、余姚、慈溪、定海、普陀、岱山、义乌、东阳、临海、衢江、常山、江山、丽水）、河北、山西、山东、河南、陕西、江苏、上海、安徽、湖北、江西、湖南、福建、广东、海南、广西、四川、云南、西藏；日本，印度。

（294）黑须棘缘蝽 *Cletus punctulatus* (Westwood, 1842)

Coreus punctulatus Westwood, 1842: 23.

Cletus punctulatus: Dolling, 2006: 77.

主要特征：体长 8.5–10 mm，宽 2.6–3.3 mm。体色深，刻点黑色；前胸背板前半及身体腹面暗黄色；侧角向上翘起，其后缘平直。触角第 1 节外侧及第 2 节黑色，第 4 节除基部外淡黄色；前翅膜片内基角黑色。腹部背面除侧接缘外完全黑色。

生物学：寄主为蓼科、禾本科。

分布：浙江（安吉、临安、开化、丽水、泰顺）、甘肃、江西、福建、广东、广西、四川、云南、西藏；印度。

（295）宽棘缘蝽 *Cletus schmidti* Kiritshenko, 1916

Cletus schmidti Kiritshenko, 1916: 184, 192.

主要特征：体长 9.0–11.3 mm，宽 3.2–4.0 mm。背面暗棕色，腹面污黄色，触角暗红色。前胸背板前后截然两色，其前部与头部颜色较浅；触角第 1 节前外侧具一列明显的黑色小颗粒状突起。腹部背面基部及两侧黑色。雌虫腹部第 9 节后缘裂缝两侧呈弧形。

生物学：寄主为栎、稻、麦、玉米。

分布：浙江（安吉、临安、四明山、开化、丽水）、陕西、安徽、江西、湖南、台湾、贵州、云南；日本。

（296）长肩棘缘蝽 *Cletus trigonus* (Thunberg, 1783)

Cimex trigonus Thunberg, 1783: 37.

Cletus trigonus: Dolling, 2006: 77-78.

主要特征：体长 7.5–8.8 mm，宽 4–5 mm；触角第 1–3 节深褐色，等长，第 4 节黑褐色，末端红褐色。

前胸背板前半部色浅，侧角呈细刺状向两侧伸出，不向上翘，黑色，革片内角翅室的白斑清晰。小盾片刻点粗，前足、中足基节各具 2 个小黑点，后足基节 1 个，体下色浅，腹部有 4 个黑点，中间 2 个小或不明显。

生物学：寄主为柑橘、甘蔗、刺苋、莲子草、土荆芥、油茶。

分布：浙江（宁波、兰溪、遂昌、松阳、庆元）、江苏、上海、江西、广东、广西、云南；印度，孟加拉国，缅甸，斯里兰卡，菲律宾，印度尼西亚。

177. 岗缘蝽属 *Gonocerus* Berthold, 1827

Gonocerus Berthold, 1827: 417. Type species: *Cimex insidiator* Fabricius, 1787.

主要特征：体长椭圆形，体长 12–15 mm，黄棕色至赭棕色；触角粗，基部 3 节呈三棱形，第 4 节短于第 3 节；侧接缘一色，雄虫生殖节后缘中央突出，抱器粗弯。

分布：古北区、东洋区、旧热带区。世界已知 9 种，中国记录 4 种，浙江分布 2 种。

（297）扁角岗缘蝽 *Gonocerus lictor* Horváth, 1879

Gonocerus lictor Horváth, 1879a: 146.

主要特征：体长 12.5–13.5 mm，黄色。触角、足、前胸背板中央及前翅（前缘除外）均带红色；背面刻点黑色，腹面同色。小盾片亚顶角具黑色斑点。腹部腹板两侧各有一个黑色小斑（前胸和第 3、4、7 腹板上的黑斑有时不清楚）；触角较短，不及体长的 2/3。

分布：浙江（新昌、东阳、开化、庆元）、江西、贵州。

（298）长角岗缘蝽 *Gonocerus longicornis* Hsiao, 1964

Gonocerus longicornis Hsiao, 1964: 92.

主要特征：体长 13.5–14.5 mm。梭状，草黄色。触角基部 3 节、眼、前胸背板后部两侧及侧角、革片内侧和爪片以及各足跗节均为红色；小盾片近顶端处及中胸和后胸侧板的中央各有 1 个黑色圆点；腹部背面橙黄色，身体腹面中央常具浅色宽阔纵向带纹；由头部直达第 3 腹节，具宽浅纵沟。雌虫第 7 腹板后缘平直。雄虫生殖节后缘中央呈兔唇状突出。

生物学：寄主为青冈、柳杉、马尾松。

分布：浙江（德清、杭州、永康、江山、松阳、云和）、江苏、江西。

178. 同缘蝽属 *Homoeocerus* Burmeister, 1835

Homoeocerus Burmeister, 1835: 300. Type species: *Homoeocerus nigripes* Burmeister, 1835.

主要特征：本属种类外形变异比较大，从椭圆到狭长，从中型到大型。一般为黄绿色或浅褐色，前翅带白色或黑色斑点。头方形，前端在触角着生处突然向下弯曲，触角基向前向上突出；喙短，不达中胸腹板后缘；股节简单无刺。

分布：古北区、东洋区、旧热带区。世界已知 126 种，中国记录 32 种，浙江分布 7 种。

分种检索表

（299）广腹同缘蝽 *Homoeocerus dilatatus* Horváth, 1879

Homoeocerus dilatatus Horváth, 1879a: 145.

主要特征：体中型，成虫体长 13.5–14.5 mm，腹部最宽处 10 mm；略呈宽纺锤形，褐色至黄褐色，密布深色的小刻点。头方形，前端在触角基基部强烈下倾；头顶密布黑色刻点，中央纵沟明显；触角基明显；触角第 1–3 节三棱形，第 2、3 节显著扁平，第 4 节长纺锤形，第 1 节略弯，约与第 3 节等长，第 2 节最长，第 4 节最短。喙 4 节，达中足基节处。前胸背板梯形，前 2/3 强烈下倾；前角向前突出，侧角稍大于 90°，侧缘平滑，中纵线明显。小盾片三角形，顶端尖；前翅革片上具一个小黑斑，膜片透明，略有金属光泽，不达腹部末端。腹部较扩展，侧接缘不被前翅所完全覆盖。雄虫生殖节构造简单。

生物学：寄主为胡枝子、大豆。

分布：浙江（德清、安吉、临安、嵊州、鄞州、镇海、四明山、象山、宁海、天台、开化、缙云、庆元、龙泉）、黑龙江、吉林、辽宁、北京、天津、河北、河南、陕西、江苏、湖北、江西、湖南、福建、广东、四川、贵州；俄罗斯，朝鲜，日本。

（300）小点同缘蝽 *Homoeocerus marginellus* (Herrich-Schäffer, 1840)

Gonocerus marginellus Herrich-Schäffer, 1840: 7.

Homoeocerus (Tliponius) marginellus: Dolling, 2006: 85.

主要特征：体长 11.5–13 mm。黄褐色。触角第 1–3 节不呈三棱形，无黑色小颗粒，第 1 节与第 4 节等长，第 2 节等于或稍短于前胸背板的宽度；前翅革片中央有一小黑斑点；雌虫第 7 腹节腹板后缘中缝两侧扩展部分几乎呈直角。

生物学：寄主为大豆、水稻、甘薯。

分布：浙江（德清、临安、鄞州、开化、缙云、庆元、温州）、湖北、江西、台湾、广东、四川、贵州、云南、西藏；日本。

（301）锡兰同缘蝽 *Homoeocerus cingalensis* (Stål, 1860)

Tliponius cingalensis Stål, 1860[1859]: 465.

Homoeocerus (Tliponius) cingalensis: Dolling, 2006: 84.

主要特征：体长 13–15 mm，浅栗色。前胸背板侧缘平直，侧角钝圆。腹部各节气门黑褐色。前翅革片、膜片浅色。雄虫生殖节后缘简单。

生物学：寄主为水稻、鸡血藤。

分布：浙江（嵊州）、江苏、江西、湖北、福建、广东；斯里兰卡。

（302）纹须同缘蝽 *Homoeocerus striicornis* Scott, 1874

Homoeocerus striicornis Scott, 1874: 362.

Homoeocerus marginatus Uhler, 1896: 260 (syn. Esaki, 1929: 228).

主要特征：体中型，长 18.0–21.0 mm，宽约 5.0 mm，略细长，淡草绿色或淡黄褐色。头方形，前端强烈下倾；触角浅栗褐色，第 1、2 节外侧具一条纵向黑纹，第 4 节淡黄色，端半部烟褐色；第 1、2 节几乎等长，第 3 节最短，稍短于第 4 节。喙第 3 节显著短于第 4 节，第 2 节约等于第 3 节。前胸背板长，有浅色刻点；侧缘黑色，黑缘内有淡红色纵纹；侧角呈显著的锐角，略突出，具黑色颗粒；小盾片草绿色，微具皱纹，基部较明显；前翅革片烟褐色，亚前缘及爪片内缘黑色；膜片烟褐色，透明；足细长，中、后足胫节常呈淡红褐色。

生物学：寄主为柑橘、茶、油茶、合欢、茄。

分布：浙江（德清、杭州、绍兴、鄞州、慈溪、金华、三门、仙居、衢江、遂昌、松阳、庆元、温州）、北京、河北、陕西、甘肃、江苏、湖北、江西、湖南、福建、台湾、广东、四川、云南；日本，印度，斯里兰卡。

（303）双斑同缘蝽 *Homoeocerus bipunctatus* Hsiao, 1962

Homoeocerus (*Anacanthocoris*) *bipunctatus* Hsiao, 1962: 71.

主要特征：体长 17–18 mm，长形，黄绿色。头方形，中叶突出于触角突的前方；触角赤褐色，第 1–3 节外侧带黑色，第 4 节基半部黄绿色，端半部黑褐色。前胸背板刻点粗糙，侧缘平直，侧角向上翘起。前翅革片内角后方具一个白色横长斑点；膜片透明，内基角暗色。中胸及后胸侧板中央各具一个黑色斑点。雌虫第 7 腹板褶接近该节的后缘。雄虫生殖节末端后缘部分较狭，中央极度凹陷呈二分叉状。

分布：浙江（泰顺）、福建、广西、四川、云南。

（304）一点同缘蝽 *Homoeocerus unipunctatus* (Thunberg, 1783)

Cimex unipunctatus Thunberg, 1783: 38.

Homoeocerus punctipennis: Uhler, 1896: 260.

主要特征：体长 13.5–14.5 mm，黄褐色。触角第 1–3 节略呈三棱形，具黑色小颗粒；前翅革片中央有斑点；侧接缘具浓密小黑点；雌虫第 7 腹节腹板后缘中缝两侧扩展部分较长，呈锐角，其内边稍呈弧形。

生物学：寄主为合欢、水稻、高粱、豆科。

分布：浙江（安吉、杭州、遂昌、庆元、龙泉、泰顺）、北京、河北、甘肃、江苏、湖北、江西、湖南、福建、台湾、广东、四川、云南、西藏；印度，斯里兰卡，日本。

（305）瓦同缘蝽 *Homoeocerus walkerianus* Lethierry *et* Severin, 1894

Homoeocerus walkerianus Lethierry *et* Severin, 1894: 38.

Homoeocerus (*Anacanthocoris*) *walkerianus* Dolling, 2006: 84.

主要特征：体长 16.2–17.8 mm，宽 4.6–5.1 mm。体狭长，两侧缘几乎平行，鲜黄绿色。头、前胸背板和前翅的绝大部分褐色。触角 4 节，第 1 至第 3 节紫褐色，第 4 节最短，基半部黄绿色或黄色，端半部褐色或黑褐色。前胸背侧角呈三角形，稍向上翘，侧缘密被黑色小颗粒。中、后胸侧板中央各具 1 个小黑点。前翅前缘有 1 条黄绿色带纹，此纹在革片近端 1/3 处向内扩展呈半圆形斑。

生物学：寄主为棉、栗、桑、油茶。

分布：浙江（安吉、杭州、诸暨、鄞州、奉化、四明山、定海、普陀、岱山、嵊泗、浦江、天台、仙居、开化、龙泉）、江苏、江西、湖北、四川。

179. 黑缘蝽属 *Hygia* Uhler, 1861

Hygia Uhler, 1861: 287. Type species: *Pachycephalus opacus* Uhler, 1860.

主要特征：体中型，体色深，褐色至黑色；头前端伸出于触角基前方，中叶不突出，侧叶显著；前翅膜片横脉远离膜片基部，纵脉互相连接；后翅钩脉与下行脉基部接近；喙长，超过后足基节；雌虫腹板褶的后缘呈角状。

分布：古北区、东洋区、澳洲区。世界已知 118 种，中国记录 25 种，浙江分布 2 种。

（306）暗黑缘蝽 *Hygia opaca* (Uhler, 1860)

Pachycephalus opacus Uhler, 1860: 226.

Hygia opaca: Uhler, 1861: 287.

Hygia japonica Ahmad, 1969: 67 (syn. Kerzhner & Brailovsky, 2003: 99).

主要特征：体长 8.5–10 mm，腹部宽 3.3–3.5 mm。体黑褐色。喙、触角第 4 节端部（除基节外）、各足基节和跗节及腹部侧接缘各节基部淡黄褐色。头背面鼓起，头顶宽于眼的 3 倍。前胸背板前叶胝部显著高于领，背板侧缘中部向内稍凹入。喙直，达腹板第 2 节的基缘。前翅短，不超过腹部末端，膜片翅脉网状。雄虫生殖节后缘完整，不分叉突，但仅中央处微微凹陷。

生物学：寄主为柑橘、蚕豆、马尾松、南瓜、花椒、山莓、黄荆。

分布：浙江（杭州、宁波、四明山、普陀、岱山、天台、丽水、泰顺）、江苏、江西、湖南、福建、广东、广西、四川；日本。

（307）环胫黑缘蝽 *Hygia lativentris* (Motschulsky, 1866)

Maccevethus lativentris Motschulsky, 1866: 188.

Hygia lativentris: Kerzhner & Jansson, 1985: 41.

Pachycephalus touchei Distant, 1901: 19 (syn. Kerzhner & Brailovsky, 2003: 99-100).

主要特征：体中型，长 10.0–12.0 mm，宽 3.5 mm，椭圆形；黑棕色，具粗糙刻点。头略方，前端向前伸出于触角基前方；触角第 1 节粗，第 4 节纺锤形，橘红色；复眼较突出，略呈柄状；喙仅达腹部基端。前胸背板表面微隆起；侧角圆钝，不突出。小盾片三角形，末端浅色。前翅革片端缘中央处有 1 浅色小斑；膜片棕色，不达腹部末端，翅脉明显，不呈网状。足较为简单，股节具许多浅色斑点，胫节具浅色环纹。腹部第 3、4 节两节中部各有 2 个黑斑，最后 3 节两侧各具一个黑斑。雄虫生殖节后缘中央凹陷呈二叉状。

生物学：寄主为辣椒、茄。

分布：浙江（安吉、松阳、龙泉、泰顺）、河北、湖北、江西、湖南、福建、广西、四川、贵州、云南、西藏；印度。

180. 曼缘蝽属 *Manocoreus* Hsiao, 1964

Manocoreus Hsiao, 1964: 90. Type species: *Manocoreus vulgaris* Hsiao, 1964.

主要特征：身体狭长；头较宽，向前伸出于触角基的前方，中叶狭长，颊在触角基的前方具一齿状突起；股节简单，中胸及后胸腹板具纵沟；雌虫第 7 腹板中央纵裂，腹板褶形成一个三角形骨片，或仅呈一横褶而被前节所覆盖。

分布：东洋区。世界已知 7 种，中国记录 7 种，浙江分布 3 种。

分种检索表

1. 侧接缘具黑色斑点 ·· 2
- 侧接缘不具黑色斑点 ·· 边曼缘蝽 *M. marginatus*
2. 前胸背板侧角尖锐，侧缘非黑色 ··· 川曼缘蝽 *M. montanus*
- 前胸背板侧角呈直角，侧缘黑色 ··· 闽曼缘蝽 *M. vulgaris*

（308）川曼缘蝽 *Manocoreus montanus* Hsiao, 1964

Manocoreus montanus Hsiao, 1964: 90.

主要特征：体长 11–12.5 mm，宽 3.0–3.5 mm。灰棕色，具浓密的黑色刻点，腹面中央苍白色。前胸背板侧角、中胸及后胸侧板中央的纵斑、腹部各节两侧的 2 个斑点及侧接缘各节后部 2 个斑点为黑色。腹部背面黑色，中央具 5 个浅色斑点。前胸背板中央具不甚清楚的纵向条纹，后侧角尖锐，向上翘起。前翅达于腹部末端，膜片烟灰色。喙达后足基节，第 1 节稍过头的基部。

生物学：寄主为竹。

分布：浙江（庆元）、四川。

（309）闽曼缘蝽 *Manocoreus vulgaris* Hsiao, 1964

Manocoreus vulgaris Hsiao, 1964: 90.

主要特征：体长 12.5–14 mm，宽 2.8–3.4 mm。背面污黄色，具褐色刻点和极短的浅色细毛，腹面黄色，刻点同色。触角红色，第 4 节色较浅，足污黄色，前胸背板侧缘黑色，革片顶角红色。腹部腹面两侧各具 5 个黑色斑点，侧接缘背面各节各有 2 个黑斑，腹部背面橙色。雄虫腹部末端中央指状突出。

生物学：寄主为竹。

分布：浙江（安吉、临安、鄞州、奉化、庆元）、江西、福建、广东。

（310）边曼缘蝽 *Manocoreus marginatus* Hsiao, 1964

Manocoreus marginatus Hsiao, 1964: 90.

主要特征：体长 13.5–15.5 mm，宽 3.2–3.7 mm。草黄色，前胸背板侧缘、前翅亚前缘、触角第 2 及第 3 节顶端 1/3 黑色。前胸背板侧角较长，尖锐，呈钝刺状；雌虫第 7 腹板褶后缘平直，被前节所覆盖，腹板中央纵裂，后缘裂缝两侧向后伸出。雄虫生殖节后缘中央突出部分较宽。喙稍超过后足基节基部。

分布：浙江（泰顺）、广西、贵州、云南。

181. 伕缘蝽属 *Mictis* Leach, 1814

Mictis Leach, 1814: 91. Type species: *Mictis crucifera* Leach, 1814.

主要特征：大型褐色种类，前胸背板正常；后足股节粗大，中央无巨刺，胫节背面不扩展，腹面扩展呈巨齿；雄虫腹部腹面两侧具刺状突起，第 3 及第 4 腹板节接合处常突出。

分布：东洋区、澳洲区。世界已知 25 种，中国记录 6 种，浙江分布 3 种。

分种检索表

1. 足短，后足股节不长于胫节 ·· 曲胫伕缘蝽 *M. tenebrosa*
- 足较长，后足股节长于胫节 ··· 2
2. 各足胫节黑色 ·· 黑胫伕缘蝽 *M. fuscipes*
- 各足胫节黄色 ··· 黄胫伕缘蝽 *M. serina*

（311）黑胫伕缘蝽 *Mictis fuscipes* Hsiao, 1963

Mictis serina fuscipes Hsiao, 1963: 311.

Mictis fuscipes Hsiao, 1964: 1.

主要特征：体长 27–30 mm，深棕褐色。触角第 4 节及各足跗节棕黄色。前胸背板中央有 1 条纵向浅刻纹，侧角稍扩展。腹部第 3 腹板后缘两侧各具 1 短刺突，第 3 腹板与第 4 腹板相交处中央形成分叉状巨突。

生物学：寄主为蚕豆。

分布：浙江（临安、庆元）、江西、福建、广东、广西、四川、云南。

（312）黄胫伕缘蝽 *Mictis serina* Dallas, 1852

Mictis serina Dallas, 1852: 403.

主要特征：体长 27–30 mm，腹部宽 6–8 mm。体黄褐色。触角第 4 节、各足胫节（除基部外）及跗节棕黄色至污黄色。前胸背板中央有 1 条纵向浅刻纹，侧角稍扩展。后足股节基部稍弯，胫节亚端部内侧有 1 齿突。雄虫腹部第 3 节腹板后缘两侧各具 1 短刺突，第 3 腹板与第 4 腹板相交处中央形成分叉状大突起。

生物学：寄主为闽粤石楠、蚕豆、马尾松、多花木姜子。

分布：浙江（临安、镇海、奉化、象山、余姚、仙居、丽水）、江西、福建、广东、广西、四川。

（313）曲胫伕缘蝽 *Mictis tenebrosa* (Fabricius, 1787)

Cimex tenebrosus Fabricius, 1787: 288.

Mictis (Cerbus) tenebrosus: Blanchard, 1840: 121.

Mictis tenebrosa Dallas, 1852: 399.

主要特征：体长 19.5–24 mm，宽 6.5–9 mm。灰褐色或灰黑褐色。头小，触角同体色。前胸背板缘直，具微齿，侧角钝圆。后胸侧板臭腺孔外侧橙红色，近后足基节外侧有 1 个白绒毛组成的斑点。雄虫后足股节显著弯曲、粗大，胫节腹面呈三角形突出；腹部第 3 可见腹板两侧具短刺状突起；雌虫后足股节稍粗大，末端腹面有 1 个三角形短刺。

生物学：寄主为柿、栗、黑荆树、松、算盘子、栎、苦槠、油茶、花生、菝葜、紫穗槐。

分布：浙江（新昌、镇海、鄞州、象山、宁海、慈溪、舟山、浦江、兰溪、缙云、遂昌、松阳、庆元、温州）、江西、福建、云南、西藏。

182. 莫缘蝽属 *Molipteryx* Kiritshenko, 1916

Molipteryx Kiritshenko, 1916: 27. Type species: *Derepteryx hardwickii* White, 1893.

主要特征：本属的前胸背板侧角极度扩展，常呈半月形向前延伸，达到或超过头的前端，扩展部分的边缘常具锯齿。雌雄虫腹部均简单，后足胫节背面简单，前胸背板中部比较光平，小盾片顶端具黑色瘤状突起。

分布：东洋区。世界已知 5 种，中国记录 3 种，浙江分布 2 种。

（314）褐莫缘蝽 *Molipteryx fuliginosa* (Uhler, 1860)

Discogaster fuliginosus Uhler, 1860: 225.
Molipteryx fuliginosa: China, 1925: 458.

主要特征：体长 23–25 mm，深褐色。前胸背板侧缘具齿突；侧角方形，稍向前倾，不达到前胸背板的前端，其后缘凹陷不平，但不呈齿状。前、中足胫节外侧适度扩展，雄虫后足胫节腹面中部稍呈角状扩展。雌虫后足胫节内外两侧均稍扩展。

分布：浙江（临安）、黑龙江、甘肃、江苏、浙江、江西、福建；朝鲜，日本。

（315）哈莫缘蝽 *Molipteryx hardwickii* (White, 1839)

Derepteryx hardwickii White, 1839: 542.
Molipteryx hardwickii: O'Shea & C. W. Schaefer, 1980: 242.

主要特征：体长 30–33 mm，黄褐色，前胸背板具皱纹，无瘤突，其侧角极度向前延伸，向前伸出于头的前方，内缘齿大于外缘齿。雄虫后足胫节基半部显著弯曲。

分布：浙江（临安）、贵州、云南、西藏；尼泊尔，缅甸，印度。

183. 竹缘蝽属 *Notobitus* Stål, 1860

Notobitus Stål, 1860: 451. Type species: *Cimex meleagris* Fabricius, 1787.

主要特征：本属种类身体较大，颜色较深，身体具金属光泽。喙第 1 节长于第 2 节，超过头的后缘；前胸背板侧角圆形；臭腺道突起远离后胸腹板的前缘；后足股节具长刺，雄虫股节较粗，但不渐向端部膨大。

分布：东洋区。世界已知 18 种，中国记录 6 种，浙江分布 2 种。

（316）黑竹缘蝽 *Notobitus meleagris* (Fabricius, 1787)

Cimex meleagris Fabricius, 1787: 297.
Notobitus meleagris: Stål, 1860: 451.

主要特征：体长 18–25 mm，宽 6–7 mm，深褐色至黑色。头较短，长与宽之比约为 2：3。头、前胸背板、小盾片及革片刻点密，被短小黄白色毛；喙伸达中胸腹板后部；触角瘤黄褐色，触角第 1 节长于头宽，

第 4 节褐色，两端黄褐色。前胸背板具"领"，黄褐色，后部色稍浅；翅红褐色，超过腹部末端；股节黑褐色，前、中足胫节及各足跗节棕色，雄虫后足股节端部下方 1/3 处具 1 大刺。腹部侧接缘棕色，两端黑色。雄虫生殖节末端中央呈角状突出，两侧突起约与中央突起等长，呈宽"山"字形。

生物学：寄主为水稻、竹。

分布：浙江（温州）、江西、福建、台湾、广东、广西、四川、云南；越南，印度，缅甸，新加坡。

（317）山竹缘蝽 *Notobitus montanus* Hsiao, 1963

Notobitus montanus Hsiao, 1963: 311.

主要特征：体长 20.5–22.5 mm，宽 5.5–6 mm，黑褐色，被黄褐色细毛。触角第 1 节短于或等于头宽，第 4 节基半部红褐色或黄褐色，端半部色稍深。前胸背板中、后部色稍淡。后足腿节粗大，其顶端约 2/5 处有 1 个大刺，大刺前后各有数个小刺。腹部背面基半部红色，向端部渐呈黑色。侧接缘淡黄褐色，两端黑色。雄虫生殖节后缘中央突起狭窄，两侧突起宽阔，顶端圆形，距中央突起较近，由腹面看呈窄"山"字形。

生物学：寄主为淡竹、寿竹、刚竹、白夹竹、青竹、水竹、玉米、小麦。

分布：浙江（德清、安吉、临安）、湖南、四川、云南。

184. 赭缘蝽属 *Ochrochira* Stål, 1873

Ochrochira Stål, 1873: 39. Type species: *Myctis albiditarsis* Westwood, 1842.

主要特征：腹部腹板正常；前胸背板无颗粒状突起，侧叶不强烈扩展；前足胫节背面不宽阔，后足胫节背面近顶端处逐渐宽阔；雄虫后足股节近中央处常有一个巨刺。

分布：古北区、东洋区。世界已知 20 种，中国记录 12 种，浙江分布 3 种。

分种检索表

1. 腹部背面完全黑色 ··· 波赭缘蝽 *O. potanini*
- 腹部背面不完全黑色 ·· 2
2. 前胸背板侧缘稍向内弯曲，侧叶显著向上翘起 ······························ 山赭缘蝽 *O. monticola*
- 前胸背板侧缘近乎平直，侧叶不向上翘起 ································· 茶色赭缘蝽 *O. camelina*

（318）茶色赭缘蝽 *Ochrochira camelina* (Kiritshenko, 1916)

Myctis camelina Kiritshenko, 1916: 48.

Ochrochira camelina China, 1925: 459.

主要特征：体长 23–27 mm。淡黄褐色。喙第 2 节显著短于第 1 节，第 3 节显著短于第 2 节。前胸背板侧角钝圆，侧叶不向上翘起。雄虫后足股节中央具一粗刺，胫节近基部内缘轻度呈三角形扩展。

生物学：寄主为油茶。

分布：浙江（青田、遂昌、龙泉）、四川、贵州、云南。

（319）山赭缘蝽 *Ochrochira monticola* Hsiao, 1963

Ochrochira monticola Hsiao, 1963: 612.

主要特征：体长 23–25 mm。黑褐色，被金黄色短毛。触角基顶端、触角第 4 节、前胸背板、小盾片、前翅革片及爪片、侧接缘各节前后外角及各足跗节浅棕色。喙达中胸腹板中央。前胸背板中央具黑色纵纹，前角显著，侧缘向内弯曲，具 8–10 个黑色小齿；侧叶中度扩展并向上翘起，侧角呈钝角。身体腹面毛浓密，腹板两侧中央各有两个纵列的光滑斑点。雄虫后足股节粗大，具许多瘤状突起，腹面近中央处有一个粗大的刺。

　　分布：浙江（安吉、临安）、安徽、四川、西藏。

（320）波赫缘蝽 *Ochrochira potanini* (Kiritshenko, 1916)

Mictis potanini Kiritshenko, 1916: 48, 55.

Ochrochira potanini: Hsiao, 1963: 613.

　　主要特征：体大型，长 20–23 mm。棕褐色，被淡色光亮平伏短毛。头方形，身体相对较小，宽大于长。单眼前具陷坑。触角第 1–3 节褐色，第 4 节基半部橘红色，端半部浅褐色。喙短，仅伸达中胸腹板中部。前胸背板领色浅，黄棕色，前胸背板梯形，前端 2/3 向下倾斜，较平滑。侧缘较平直，微呈锯齿状；侧角钝圆，略微上翘；后缘较平直。小盾片三角形，顶端黄色，外露。前翅达腹部末端，膜片黑褐色。足股节黑褐色，前足及中足胫节黄褐色，后足胫节黑褐色，所有跗节黄色，爪黑色。后足股节略微膨大；雄虫股节腹侧具几个黑色瘤状突起，末端具一个尖锐的小齿；雌虫股节腹侧末端具 3 个连续的尖齿，胫节腹侧末端具一个尖锐的刺。侧接缘各节侧前缘色浅，腹部较宽，侧接缘不被前翅所覆盖。雄虫抱器基半部粗壮，端半部细缩，顶端向内弯曲。

　　分布：浙江（衢江、开化、庆元）、天津、河北、陕西、湖北、四川、西藏。

185. 普缘蝽属 *Plinachtus* Stål, 1860

Plinachtus Stål, 1860: 470. Type species: *Plinachtus spinosus* Stål, 1860.

　　主要特征：身体狭长；头小，伸出于触角基前方，触角较细，圆柱形，第 4 节长于第 3 节；足简单。
　　分布：世界广布。世界已知 23 种，中国记录 3 种，浙江分布 1 种。

（321）二色普缘蝽 *Plinachtus bicoloripes* Scott, 1874

Plinachtus bicoloripes Scott, 1874: 363.

Plinachtus similis Uhler, 1896: 261 (syn. Kiritshenko, 1916: 177).

Plinachtus dissimilis Hsiao, 1964: 94.

　　主要特征：体中型，长 13.5–14.0 mm。黑褐色，密被细小深色刻点，腹面黄色。头小，前端伸出于触角基前方，中叶长于侧叶；触角红色，稍长于体长的 2/3，第 2 节最长，第 3 节最短，端部稍侧扁。喙短，末端黑色，达于中足基节。前胸背板梯形；侧缘黑色，平直；侧角不突出或呈刺状；小盾片三角形，顶端黑色；前翅膜片浅褐色，达于腹部末端；各足股节基半部黄色，端半部、胫节及跗节红褐色。腹部背面略向下凹陷，侧接缘上翘；侧接缘基半部黄色，端半部黑色；腹面污黄色；气门黑色，与腹板后缘距离远小于距侧缘距离；雄虫生殖节后缘中央凹陷。
　　生物学：寄主为卫矛科。
　　分布：浙江（安吉、杭州）、辽宁、河北、陕西、甘肃、江西、湖北、四川、云南；日本。

186. 拉缘蝽属 *Rhamnomia* Hsiao, 1963

Rhamnomia Hsiao, 1963: 613. Type species: *Prionolomia dubia* Hsiao, 1963.

　　主要特征：大型种类，褐色，前胸背板侧叶向两侧轻微扩展，雄虫后足股节腹面近中央处无巨刺，但近顶端后侧有一个较大的锐齿，后足胫节背面不扩展。

分布：东洋区。世界已知1种，中国记录1种，浙江分布1种。

（322）拉缘蝽 *Rhamnomia dubia* (Hsiao, 1963)

Prionolomia dubia Hsiao, 1963: 310.

Rhamnomia dubia: Hsiao, 1963: 613.

主要特征：体长24–30 mm。暗褐色，被浅棕色细毛。头方形，眼稍突出，触角基顶端互相接近。触角圆柱状，第1与第4节稍弯曲，第2、3节顶端微粗，第4节橙黄色，基部黑色。各节长度为1：2：3：4=6.5：5.3：4.8：7.5（mm）。喙勉强达中足基节，第1、2、4节约等长，第3节最短。前胸背板粗糙，无刻点，后部及两侧角处密生不规则的颗粒，中央有1条不明显的纵沟；侧叶向两侧扩展，并向上翘，侧角显著，微向后指；侧缘向内弓陷，有10个左右的小齿，后方的齿较大；侧角后缘亦呈不规则的锯齿状，齿较小。小盾片具浓密横皱纹，顶端浅色。前翅超过腹部末端；前缘微向外弓，腹部侧缘露出。腹部背面红色，各节两侧均具1个黑色斑点，侧接缘黑色。各足股节黑色，腹面近顶端处有1个大齿，大齿以上有1个或数个小齿；中足股节腹面有1列小瘤状突起，后足股节粗大，具数列瘤状突起，腹面内侧近顶端1/5处有巨齿；前足及中足胫节简单，顶端稍膨大，后足胫节内侧基部1/3处扩展呈1个三角形的巨齿。生殖节后缘简单。雌虫身体较宽，颜色较浅。后足股节较细，瘤状突起较少，亚顶端无巨齿。后足胫节腹面基半部稍呈弓形扩展。

分布：浙江（泰顺）、广东、广西、四川、云南。

187. 特缘蝽属 *Trematocoris* Mayr, 1865

Trematocoris Mayr, 1865: 431. Type species: *Cimex tragus* Fabricius, 1787.

主要特征：大型种类。头前端向前伸出，头顶中央具两条短纵沟；前胸背板侧叶极度扩展，侧角指向前方，后缘在小盾片前方平直，两侧常具刺状突起；前足股节腹面端部具两列刺，后足胫节腹面基半部呈叶状扩展；腹部气门甚大，横长圆形。

分布：东洋区。世界已知17种，中国记录3种，浙江分布1种。

（323）叶足特缘蝽 *Trematocoris tragus* (Fabricius, 1787)

Cimex tragus Fabricius, 1787: 288.

Trematocoris tragus: Mayr, 1865: 431.

主要特征：体长22–24 mm，深褐色。前胸背板散在黑色疣状小斑，侧叶向前伸，超过头的前端，侧角钝。雄虫后足胫节具浅色斑点，扩展部分超过胫节中央；腹部腹面黄棕色，具黑色散在的小斑。

分布：浙江（龙泉）、湖南、福建、广东、广西、云南。

（二）棒缘蝽亚科 Pseudophloeinae

188. 拟棒缘蝽属 *Clavigralloides* Dolling, 1978

Clavigralloides Dolling, 1978: 285. Type species: *Lygaeus acantharis* Fabricius, 1803.

主要特征：体长形，粗壮。前胸背板强烈倾斜，侧角刺状，中部具4个短而粗壮的突起，前一对比后一对大且间距更宽，前足和中足股节近顶端处具 1 个中等大小的刺，后足股节近顶端处具 2 个显著的刺。

分布：东洋区、澳洲区。世界已知 5 种，中国记录 2 种，浙江分布 1 种。

（324）大拟棒缘蝽 *Clavigralloides tuberosus* (Hsiao, 1964)

Clavigralla tuberosa Hsiao, 1964: 252.

Clavigralloides tuberosus tuberosus: Dolling, 2006: 45.

主要特征：体长 10–11 mm。红棕色，被白色绒毛。触角着生处前方不形成完整的触角窝。喙不达中足基节顶端。前胸背板后部的 4 个刺较短，前部两侧具有显著的瘤状突起，刻点密而均匀，侧缘与侧角前缘间的曲度较小。股节全部红棕色，后足股节端部膨大，内侧具强刺。腹部腹面浅色斜纹不明显。

分布：浙江（临安、景宁、龙泉）、福建、四川、云南、西藏。

三十六、姬缘蝽科 Rhopalidae

主要特征：体小型至中型。细长到椭圆形。体色多为灰暗，少数鲜红色。头三角形，前端伸出于触角基前方。触角较短，第 1 节短粗，短于头的长度，第 4 节粗于第 2、3 节，常呈纺锤形。单眼不贴近，着生处隆起。前翅革片端缘直，革片中央通常透明，翅脉常显著。胸部腹板中央具纵沟，侧板刻点通常显著。臭腺孔通常退化，如有则位于中、后足基节窝之间，无明显臭腺沟缘。雌虫第 7 腹板完整，不纵裂为两半。产卵器片状，受精囊末端具明显的球部。

此类昆虫生活于植物上或在地表爬行，吸食植物营养器官及种子和花器，在田间和低矮植物上多见。

分布：世界广布。世界已知 18 属约 209 种（Schuh and Slater，1995），中国记录约 13 属 40 种（萧采瑜等，1977），浙江分布 3 属 4 种。

分属检索表

1. 前胸背板前方横沟两侧弯曲成环，包围一个光滑的小岛或半岛；后胸侧板前后界线不清楚，刻点均匀，其后角宽圆形，由背面观察不可见 ···环缘蝽属 *Stictopleurus*
- 前胸背板前方横沟两侧不如上述；后胸侧板前后部分界线清楚，后部光滑无刻点，或刻点不清楚，后角狭窄，向外开张，由虫体背面可见 ··2
2. 前胸背板颈片窄，界线清楚，无刻点，其后方有完整平滑的横脊 ·······················粟缘蝽属 *Liorhyssus*
- 前胸背板颈片宽，界线不清楚，具刻点，其后方无完整光滑的横脊 ··························伊缘蝽属 *Rhopalus*

189. 环缘蝽属 *Stictopleurus* Stål, 1872

Stictopleurus Stål, 1872: 55. Type species: *Cimex crassicornis* Linnaeus, 1758.

主要特征：长椭圆形，常密被浅色短毛。头、前胸背板、小盾片密被刻点。头三角形，头顶中央前方具一个不显著的细纵沟。前胸背板梯形，宽大于长，中纵脊明显，前端横沟两端弯曲成环，包围一个小岛或半岛。前翅革片中央透明，翅脉显著，近内角翅室呈四边形。腹部第 5 背板前缘及后缘中央向内弯曲。

分布：古北区、新北区、旧热带区。世界已知 24 种，中国记录 7 种，浙江分布 1 种。

（325）开环缘蝽 *Stictopleurus minutus* Blöte, 1934

Stictopleurus minutus Blöte, 1934: 264.

主要特征：长椭圆形；黄绿色，有时略带赭色，除头的腹面及腹部腹面外，全身密布细小的黑色刻点。头三角形；中叶长于侧叶；触角基外侧刺状向前突出；触角 4 节，第 1 节中部及端部膨大，黑褐色，第 2、3 节圆柱形，第 4 节长纺锤形；单眼红色，单眼着生处凸起，凸起周围黑色；喙伸达中足基节。前胸背板梯形，中纵脊明显；前端横沟黑色，两端弯曲但仅包围两个小半岛；横沟前方无光滑的纵脊；前胸背板侧缘略向内弯曲，侧角钝圆，后缘略直；小盾片三角形，基角略凸起，黄色；前翅除基部、前缘、翅脉及革片顶角外透明；前翅超过腹部末端。腹部背面黑色；背板第 5 节后半中央、第 6 节中部两个斑点及后缘和第 7 节两条纵带黄色；侧接缘黄色，各节后部常具黑色斑点；雄虫生殖节后缘中央呈角状突出，抱器在近基部处弯曲，向端部逐渐细缩呈锥状；雌虫第 7 腹板呈龙骨状。体长 6.0–8.2 mm，宽 2.0–2.7 mm。

分布：浙江（德清、安吉、杭州、庆元、泰顺）、黑龙江、吉林、北京、河北、陕西、新疆、江苏、江西、福建、台湾、广东、四川、云南、西藏；朝鲜，日本。

190. 粟缘蝽属 *Liorhyssus* Stål, 1870

Liorhyssus Stål, 1870: 222. Type species: *Lygaeus hyalinus* Fabricius, 1794.

主要特征：体长大于宽的 3 倍；长椭圆形。头、前胸背板、小盾片密布刻点。头三角形，眼后部分突然细缩；单眼间距大于单眼至复眼距离；小颊向后仅达复眼前缘；前胸背板前端横沟不达侧缘，横沟前方具横脊；后胸侧板前后分界清楚，后角狭窄，向外扩展，体背面可见。

分布：世界广布。世界已知 12 种，中国记录 1 种，浙江分布 1 种。

（326）粟缘蝽 *Liorhyssus hyalinus* (Fabricius, 1794)

Lygaeus hyalinus Fabricius, 1794: 168.

Liorhyssus hyalinus var. *rubricatus* Reuter, 1900: 276.

Liorhyssus hyalinus var. *pallidus* Mancini, 1935: 79.

Liorhyssus hyalinus: Hsiao *et al.*, 1977: 265.

主要特征：长椭圆形，黄棕色或黄褐色，密被浅色长细毛。头三角形，背面具显著对称黑色纹；头顶稍鼓，中央具黑色短纵沟；触角第 1–3 节色较深，内侧具浅色纵纹，第 4 节色较浅；第 1 节短粗，第 2、3 节圆柱状，第 4 节长纺锤形；喙 4 节，第 4 节通常黑色，后几乎伸达后胸腹板后缘；小颊向后仅达复眼前缘。前胸背板梯形，宽显著大于长，侧缘直，后缘稍外弓，侧角钝圆。前胸背板前方横沟黑色，两端不达侧缘；横沟前方横脊完整，上具一列细刻点；小盾片三角形，末端较尖；前翅透明，革片翅脉显著，膜片超过腹部末端；后胸侧板前后分界清楚，后角狭窄，向外扩展，体背面可见。腹部背面黑色；第 5 腹节背板中央具一个长椭圆形黄斑，两侧各有一个小黄斑；侧接缘黄黑相间；腹部腹面通常布红色斑点；雄虫生殖节后缘中央具一个显著的三角形突起。体长 7.0–7.8 mm，宽 2.1–2.5 mm。头长 1.0 mm，宽 1.5 mm。触角各节长度为 0.4 : 0.8 : 0.8 : 1.3（mm）。前胸背板长 1.3 mm，宽 2.2 mm。

生物学：寄主为粟、高粱、小麦、麻类、向日葵、烟草。

分布：浙江（丽水）、黑龙江、内蒙古、北京、天津、河北、陕西、江苏、安徽、湖北、江西、广东、广西、四川、贵州、云南、西藏。

191. 伊缘蝽属 *Rhopalus* Schilling, 1827

Rhopalus Schilling, 1827: 22. Type species: *Lygaeus capitatus* Fabricius, 1794.

主要特征：长椭圆形。黄红色或淡褐色，常带棕色成分。密被直立或半直立的毛。头三角形，前端伸出于触角基的前方，眼后部分突然狭窄；触角基外侧向前突出呈短刺状。前胸背板梯形，前端横沟不达侧缘。前翅革片中央透明，翅脉显著，内角附近的翅室四边形。腹部背面颜色及花斑多变。

分布：古北区、东洋区。世界已知 12 种，中国记录 5 种，浙江分布 2 种。

（327）褐伊缘蝽 *Rhopalus sapporensis* (Matsumura, 1905)

Corizus sapporensis Matsumura, 1905: 17.

Aeschyntelus communis Hsiao, 1963: 330, 343 (syn. Hsiao, 1965: 49, 59, 64, with *sparsus*; Josifov & Kerzhner, 1978: 157).

Rhopalus sapporensis: Dolling, 2006: 18.

主要特征：椭圆形，黄褐色至棕褐色，被棕黄色毛及黑褐色刻点。头三角形，在眼后方突然狭窄；近头后缘处有一条浅横沟，横沟后方具光滑横脊；触角第 1–3 节棕黄色，第 4 节基部及末端棕红色，中间黑色；喙伸达中足基节后端；小颊向后不达复眼后缘。前胸背板梯形，暗褐色；前方横沟两端不弯曲成环；前胸背板中部稍鼓，中纵脊明显；侧角钝圆；小盾片宽三角形，顶端上翘；前翅透明，顶角红色，翅脉显著，近内角翅室呈四边形，膜片超过腹部末端；后胸侧板前、后端分界清楚，后角狭窄，向外扩展，体背面可见。腹部背面黑色；第 5 腹节背板前缘及后缘中央向内凹陷；中央具一个卵圆形黄斑，第 6 节背板近前缘两侧具两个不规则黄斑。侧接缘各节基部黄色；腹部腹面棕黄色，密布不规则红色斑点，基部中央具一条黑色纵带。体长 8.5–9.3 mm，宽 3.0–4.0 mm。

分布：浙江（德清、安吉、临安、庆元、泰顺）、黑龙江、内蒙古、河北、陕西、江苏、福建、广东、云南；日本。

（328）点伊缘蝽 *Rhopalus latus* (Jakovlev, 1883)

Corizus latus Jakovlev, 1883: 109.

Rhopalus latus: Dolling, 2006: 17.

主要特征：椭圆形，棕褐色，密被黄褐色直立长毛，刻点细密。头三角形；头顶具 3 条清晰的细纵沟；触角第 1–3 节棕黄色或棕红色，第 1 节短粗，中部膨大，第 2、3 节圆柱状，第 4 节长纺锤形，黑褐色，基部及末端色浅；喙向后伸超过中足基节。前胸背板梯形，密被黑色细小刻点；前端横沟两端不弯曲成环；中纵脊明显，前缘、侧缘及后缘均较为平直，侧角突出，上翘；小盾片三角形，密被黑色刻点，顶端色淡，微上翘；前翅翅脉显著，近内角翅室呈四边形；膜片超过腹部末端；后胸侧板前后端分界清楚，前端刻点粗大稀疏，后端透明无刻点，后角狭窄，向外扩张，体背面可见。腹部背面黄褐色至黑色；第 5 腹节背板前后缘中央向内弯曲，中央具一个长卵圆形黄斑；第 6、7 腹节背板前端两侧各具一个浅色斑点；腹部腹面密布红色或黑褐色斑点，侧接缘基部黄色，端部黑色。体长 8.5–10.2 mm，宽 3.0–3.9 mm。头长 1.6 mm，宽 1.8 mm。触角各节长度为 0.7∶1.8∶1.5∶1.7（mm）。前胸背板长 1.7 mm，宽 3.0 mm。

生物学：寄主为小麦、粟、油菜、大豆、花生、蚕豆、茄子、野燕麦、狗尾草、稗、荠菜、高粱。

分布：浙江（杭州、鄞州、普陀、龙泉）、山西、甘肃、江西、四川、云南、西藏。

第十八章　蝽总科 Pentatomoidea

三十七、同蝽科 Acanthosomatidae

主要特征：体小型或中型，体色多样，但一般种内体色较为稳定。虫体背面多较平坦，具粗糙刻点。

头部三角形，略下倾。近基部具单眼。触角 5 节，基部 3 节具稀疏短毛，端部 2 节短毛浓密，各节长度比例在不同类群中差别较大，可作为分类依据。喙细长，刺吸式，紧贴于头腹面，多伸达中足或后足基节，有些种类喙极长，伸达腹部中央。

前胸背板一般为六边形。胝区光滑无刻点。前缘呈宽弧形内凹；前角呈小角状伸出或圆钝不明显；侧缘斜直或中央略内凹，有时基半略波曲；侧角不明显伸出，或明显伸出呈角状，或端部圆钝；后缘平直。小盾片长三角形，端部圆钝。前翅膜片一般超过腹部末端。前胸侧板多密被刻点；中胸腹板中央隆脊强烈突起呈脊状，有时超过头前端，向后至中后足基节之间，有时不可见。足跗节为 2 节。

腹部有时具黑色斑带。腹面一般光滑无刻点，中央微隆起，基部中央有一个腹刺，向前伸达后足基节中央或超过中足基节。雌虫第 6–7 腹节有成对的下凹小体，称潘氏器，有些种类潘氏器消失。

分布：世界广布。世界已知 56 属 330 种，中国记录 9 属 97 种，浙江分布 4 属 11 种。

分属检索表

1. 中胸腹板中央隆脊向后伸至中足基节之间 ·· 2
- 中胸腹板中央隆脊向后未伸至中足基节之间 ·· 3
2. 臭腺沟短而呈匙形或椭圆形，仅占后胸侧板宽度的 1/3 ······················· **匙同蝽属 Elasmucha**
- 臭腺沟长而斜直，大于后胸侧板宽度的 1/3 ······························· **直同蝽属 Elasmostethus**
3. 前胸背板前部通常光滑，侧角通常延伸呈圆锥状刺；雄虫最后腹节后角尖或几乎呈直角 ············· **锥同蝽属 Sastragala**
- 前胸背板前部具刻点，侧角通常圆钝或突出；雄虫最后腹节后角非角状，多呈圆形 ··················· **同蝽属 Acanthosoma**

192. 同蝽属 *Acanthosoma* Curtis, 1824

Acanthosoma Curtis, 1824: 28. Type species: *Cimex haemorrhoidalis* Linnaeus, 1758.

主要特征：体中型。头三角形，中叶长于侧叶，复眼深红色。触角墨绿色，第 1 节明显超过头前缘，第 3 节短于第 2 节与第 4 节。前胸背板前缘除胝区为淡棕色外，其余为淡绿色，后缘棕红色；侧角突出，三角形，基部棕红色，端部不尖锐，黑色；中胸腹板中央隆脊隆起，向前伸达前足基节之间，向后未超过中足基节；臭腺沟缘较长，明显超过后胸侧板中央。小盾片具黑色刻点，端部无刻点。革片外缘草绿色，被黑色刻点，内缘深棕色；膜片烟褐色，端部略超过腹末。足腿节及胫节草绿色，胫节端部及跗节淡红色。腹端背面鲜红色；腹刺发达，向前伸达前足基节，有时超过前胸背板前缘达头腹面中央。雌虫无潘氏器或具 1–2 个。

分布：古北区、东洋区、澳洲区。世界已知 50 余种，中国记录 20 种，浙江分布 3 种。

分种检索表

1. 前胸背板侧角不呈刺状，端部不尖锐，不向后弯曲 ·· **原同蝽 A. haemorrhoidale**
- 前胸背板侧角延伸呈刺状，端部短且尖锐，或长而圆钝，并向后弯曲 ·· 2

2. 前胸背板侧角短；两侧角间的距离约等于腹部最宽处 ·· **宽铗同蝽** *A. labiduroides*

- 前胸背板侧角长；两侧角间的距离明显大于腹部最宽处 ···································· **细铗同蝽** *A. forficula*

（329）细铗同蝽 *Acanthosoma forficula* Jakovlev, 1880（图 18-1）

Acanthosoma forficula Jakovlev, 1880: 387, 392.

主要特征：体长 14.15–17.31 mm。窄椭圆形，背面灰绿色，具黑色刻点；侧缘突出，末端钝，红棕色。

头部背面黄绿色，具黑色刻点。中叶前端圆钝，明显长于侧叶；中叶无刻点，侧叶被黑色刻点；侧缘于中央略内凹。复眼棕紫色；单眼棕色。触角第 1、2 节及第 3 节基部为黄褐色，第 3 节端部至第 5 节为棕黑色；第 1 节明显超过头端；第 2 节比第 5 节略长；第 3 节最短；第 4 节最长，略长于第 2 节，约为第 3 节长度的 1.5 倍。头腹面棕黄色，光滑无刻点。小颊低矮，外缘矮于喙基节表面。喙短，棕黄色，向后达中足基节前缘。

前胸背板宽约为长的 2 倍，黄褐色，被黑色刻点，后半刻点较前半刻点粗大且稀疏。胝区棕褐色，光滑无刻点。前缘宽弧形内凹，其内侧被黑色刻点；前角略伸出，指向前方，端部钝；侧缘近乎斜直；侧角略突出，短，末端钝，红棕色；后侧缘斜直；后角圆钝，不明显；后缘平直。小盾片黄褐色，均匀被黑色刻点；端部光滑无刻点；端角钝圆。革片黄褐色，被黑色刻点，刻点较小盾片刻点小；顶角圆钝。膜片淡棕色，半透明，翅脉可见，末端略超过腹端。足棕褐色。

腹部侧接缘各节后角呈黑色小角状伸出，端部尖锐。腹部腹面棕黄色，无刻点。腹刺发达，向前伸达中胸腹板中央，与中胸腹板隆脊相接触。雌虫第 6 及第 7 腹节各具一对潘氏器，细长。第 7 节后角淡红棕色，未超过生殖节后缘。

雄虫生殖囊发达，铗状，橘红色，粗壮，铗基部内侧中央具一黑色的大齿，铗后端两侧略平行，顶尖具一束褐色长毛；生殖囊腹面后缘具稀疏长毛。阳基侧突"一"字状，端部分为两枝，内侧枝端部亚平截，外侧枝端部圆钝，略骨化。阳茎端细长，骨化一般，具一对系膜基侧突，半骨化。

分布：浙江（临安）、云南；日本。

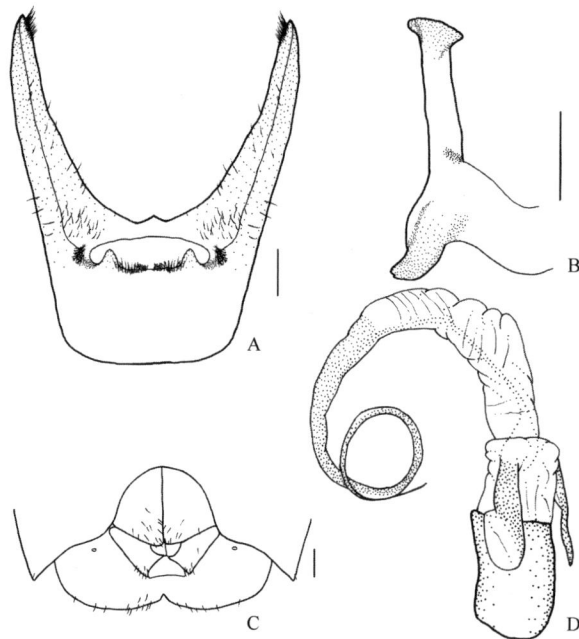

图 18-1　细铗同蝽 *Acanthosoma forficula* Jakovlev, 1880
A. 雄虫生殖囊背面观；B. 阳基侧突端面观；C. 雌虫生殖节；D. 阳茎侧面观。比例尺=0.25 mm

（330）原同蝽 *Acanthosoma haemorrhoidale* (Linnaeus, 1758)（图 18-2；图版 VII-99）

Cimex haemorrhoidalis Linnaeus, 1758: 444.

Acanthosoma haemorrhoidale: Hsiao *et al.*, 1977: 177.

主要特征：体长 13.93–16.57 mm。窄椭圆形，背面具黑色刻点；侧角短且宽，黑色。

　　头宽大于长，背面褐绿色，头顶及侧叶具刻点及横皱纹，头顶刻点稍密集，于单眼前方形成 2 个纵列。中叶前端圆钝，长于侧叶；侧缘于中央略内凹。复眼深棕色，前缘及后缘亮棕黄色；单眼暗棕色。触角第 1 节褐绿色，第 2 节端部及第 3–5 节暗棕色；第 1 节明显超过头端，超过部分短于其长度的 1/2，最粗，中央略内弯，略长于第 3 节；第 2 节略短于第 4 节；第 3 节最短；第 4 节最长，约为第 3 节长度的 1.8 倍；第 5 节短于第 2 节。头腹面暗棕色，光滑无刻点。小颊可见，外缘未与喙基节表面平齐。喙向后达中足基节后缘。

　　前胸背板中央有一条暗绿色横宽带，近前缘及后域棕黄色；中央隐约有一条光滑纵线；两侧角间红棕色；被黑色刻点，后半刻点较前半刻点粗大且稀疏。胝区亮棕色，光滑无刻点。前缘宽弧形内凹，其内侧被少量的黑色刻点；前角呈小角状伸出，端部钝；侧缘斜直；侧角黑色，短且宽，基部内侧红棕色；后侧缘斜直；后角圆钝；后缘中央略内凹。小盾片三角形，长大于宽，被黑色刻点，边缘较中央刻点密集；端部延伸，浅黄褐色，光滑无刻点；端角钝圆。革片一色，棕色，均匀密被黑色刻点；膜片淡棕色，半透明，翅脉可见，末端超过腹端。胸部腹面棕黄色；中胸腹板隆脊发达，向前略超过前胸腹板前缘，向后达中足基节之间；臭腺沟缘细长，斜直，约为后胸侧板宽度的 2/3，顶缘外侧无黑色小斑分布。足棕褐色，跗节棕色，爪端半黑色。

　　腹部侧接缘各节后角呈黑色小角状伸出，端部尖锐。腹部腹面棕色，无刻点。腹刺发达，棕黄色，向前伸达中胸腹板中央，与中胸腹板隆脊相接触。雌虫第 6 及第 7 腹节各具一对潘氏器，且第 6 节潘氏器大于第 7 节潘氏器。第 7 节后角暗红棕色，未超过生殖节后缘。

　　雄虫生殖囊背面后缘中央外凸，其上具长毛；腹面后缘内凹；后侧角粗壮，内侧密被长毛。阳基侧突镰刀状，端部弯曲，端缘弧形外凸，中央具长毛且具纵向隆脊。阳茎系膜膜质；阳茎端细长，骨化一般，弯曲。

　　分布：浙江（临安）、黑龙江、吉林、辽宁、陕西、四川、贵州；俄罗斯，日本，印度，菲律宾，印度尼西亚（爪哇岛），欧洲。

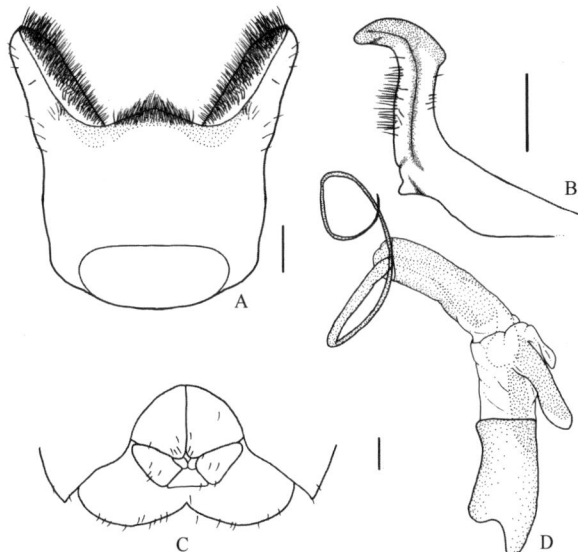

图 18-2　原同蝽 *Acanthosoma haemorrhoidale* (Linnaeus, 1758)
A. 雄虫生殖囊背面观；B. 阳基侧突端面观；C. 雌虫生殖节；D. 阳茎侧面观。比例尺=0.25 mm

（331）宽铗同蝽 *Acanthosoma labiduroides* Jakovlev, 1880（图 18-3）

Acanthosoma labiduroides Jakovlev, 1880: 386.

主要特征：体长 17.15–19.03 mm。卵圆形，草绿色，具黑色刻点；侧角短，橙红色。

头部宽略大于长，背面草绿色，刻点稀少，黑色。中叶前端圆钝，长于侧叶，光滑无刻点；侧叶表面具斜刻纹，刻点稀疏；侧缘于中央略内凹。复眼深棕紫色；单眼暗红棕色，略透明。触角暗褐色，由基部至端部颜色渐深，第 3 节端部至第 5 节暗棕色；第 1 节明显超过头端，超过部分约为其长度的 1/2，最粗；第 2 节略长于第 5 节；第 3 节与第 1 节约等长；第 4 节最长，约为第 1 节长度的 1.5 倍；第 5 节略长于第 1 节。小颊低矮，外缘低于喙基节表面。喙向后达中足基节前缘。

前胸背板黄褐色，刻点黑色，后半刻点较前半刻点粗大且稀疏。胝区亮棕黄色，光滑无刻点。前缘宽弧形内凹，近乎平直，其内侧被黑色细密刻点；前角不明显，指向侧前方，端部钝；侧缘斜直，光滑无刻点；侧角甚短，橙红色，光滑，末端钝圆；后侧缘斜直；后角圆钝，不明显；后缘中央略内凹。小盾片三角形，宽与长近乎相等，浅棕绿色，均匀被黑色刻点；端部略延伸，浅棕色，光滑无刻点；端角钝圆。革片黄绿色，均匀被黑色刻点；顶缘斜直；顶角圆钝。膜片淡棕色，半透明，翅脉可见，末端略超过腹端。胸部腹面为棕黄色；中胸腹板隆脊发达，向前略超过前胸腹板前缘，向后达中足基节之间；臭腺沟缘细长，斜直，约为后胸侧板宽度的 2/3，顶缘外侧无黑色小斑分布。足棕褐色，跗节为棕色，爪端半黑色。

腹部侧接缘非一色，各节间处黑色，其余棕色，无刻点，各节后角呈黑色小角状伸出，端部略尖锐。腹部腹面棕黄色，无刻点。腹刺发达，向前伸达前足基节后缘，与中胸腹板隆脊相接触。雌虫第 6 及第 7 腹节各具一对潘氏器，且第 6 节潘氏器大于第 7 节潘氏器。第 7 节后角黑色，未超过生殖节后缘。

雄虫生殖囊发达，铗状，粗壮；背面后缘中央两侧具毛簇；腹面后缘中央内凹；后侧角着生长毛。阳基侧突"一"字状，中央略内弯，背面具一个黑色突起，内侧枝端部亚平截，外侧枝端部圆钝，略骨化。阳茎端细长，骨化一般，具一对系膜基侧突，半骨化。

雌虫第 1 载瓣片外拱，内缘平直，相互平行且接触；内角圆钝；外缘斜直。第 9 侧背片端角圆钝，未伸出第 8 腹节后缘；外缘宽弧形。第 8 侧背片中央内凹，端缘呈宽弧形，深棕色，近乎平直，超过第 7 节后角。

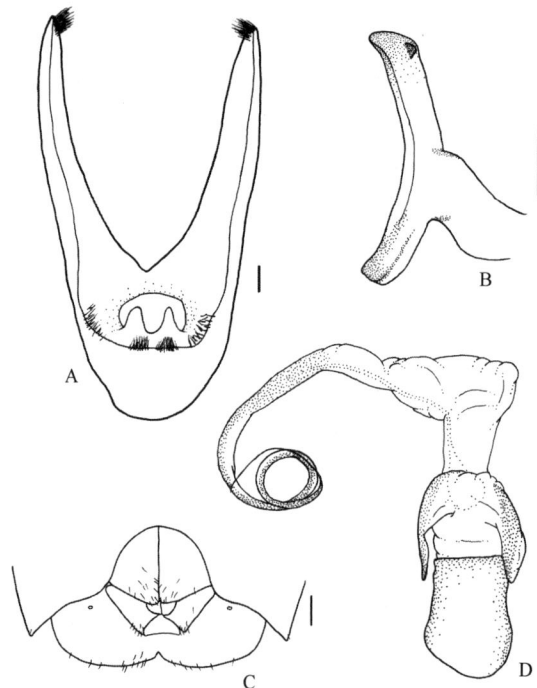

图 18-3　宽铗同蝽 *Acanthosoma labiduroides* Jakovlev, 1880
A. 雄虫生殖囊背面观；B. 阳基侧突端面观；C. 雌虫生殖节；D. 阳茎腹面观。比例尺=0.25 mm

分布：浙江（临安）、黑龙江、吉林、天津、河南、陕西、甘肃、湖北、广西、四川、贵州、云南。

193. 直同蝽属 *Elasmostethus* Fieber, 1860

Elasmostethus Fieber, 1860a: 78. Type species: *Cimex dentatus* De Geer, 1773 (=*Cimex interstinctus* Linnaeus, 1758), by subsequent designation, Stål, 1864: 54.

主要特征：头部侧叶未超过中叶前缘；触角第 1 节超过中叶前缘；喙向后伸至后足基节中央，有时伸达第 3 腹节后缘。前胸背板侧角略微突出，有时刺状；中胸腹板隆脊明显，向前伸至前足基节中央，有时达前胸腹板前缘或者头腹面，向后伸至中足基节中央，有时达后足基节；臭腺沟缘细长，占后胸侧板面积的 2/3–3/4，有时达后胸腹板侧缘；膜片多向后超过腹部末端。侧接缘一色，无斑带；腹刺向前伸达中足基节前缘，且多数未超过；雌虫潘氏器几乎不可见。

雄虫生殖囊背面后缘中央凸出，密集长毛；腹面后缘宽凹，两侧具长毛，亚端部内侧着生一对黑色突起；侧角及内侧具密集短毛。阳基侧突足状；端缘弧形；阳茎系膜膜质，具一对半骨化的系膜基侧突；阳茎端细长，略伸出。

第 1 载瓣片宽阔；内缘平直，相互平行且接触；内角钝圆；第 9 侧背片端角钝圆，具少量短毛，远离第 8 腹节后缘，内缘斜直。第 8 侧背片端缘宽弧形，未超出第 7 腹节后缘。受精囊管短，端部膨胀；球部小，圆形；一般基檐略大于端檐。

分布：东洋区、全北区及澳洲区。世界已知 30 多种，中国记录 7 种，浙江分布 2 种。

（332）钝肩直同蝽 *Elasmostethus nubilus* (Dallas, 1851)（图 18-4）

Acanthosoma nubilus Dallas, 1851: 305.

Elasmostethus nubilus: Göllner-Scheiding, 2006: 172.

主要特征：体长 7.81–10.45 mm。椭圆形，背面棕褐色，具黑色粗糙刻点；腹面棕褐色。

头部背面棕褐色，头顶刻点稀少或无明显刻点。中叶长于侧叶，端部圆钝；侧叶具少许斜刻纹，无刻点。复眼黑色；单眼暗红棕色。触角第 1–3 节棕色，第 4–5 节深棕色，第 1 节略超过头端，最短；第 2 节与第 5 节近乎等长，略长于第 3 节；第 3 节略长于第 1 节；第 4 节最长，为第 1 节长度的 2 倍。小颊低矮，几乎不可见。喙向后伸至中足基节后缘，有时达后足基节前缘。

前胸背板非一色，前部棕色，后部棕褐色，较突起，刻点深棕色。胝区较宽，棕色，光滑无刻点。前缘宽弧形内凹；前角极短，几乎不可见；侧缘斜直，光滑；侧角略突出，前缘棕色，端部及后缘黑色；后侧缘斜直；后角圆钝；后缘平直。小盾片棕褐色，基部颜色略深，暗褐色；刻点深棕色或黑色，边缘较中部刻点密集；端部不明显向后延伸，光滑，淡黄褐色，端角圆钝，略超过革片内角。前翅革片半透明，外革片黄褐色，刻点稀少；内革片及顶缘暗棕红色；端角圆钝，深棕色。膜片近乎透明，末端略超过腹部末端。胸部腹面黄褐色，刻点稀少；中胸腹板中央隆脊发达，前端高起而钝圆，向前未超过前胸腹板前缘，向后达中足基节后缘；臭腺沟缘较长，斜直，长于后胸侧板宽度的 1/2。足棕褐色，爪端半黑色。

腹部侧接缘黄褐色，各节后角不明显。腹部腹面棕褐色，光滑无刻点。腹刺较发达，向前略超过中足之间，与中胸腹板隆脊后缘相接触。雌虫第 6 及第 7 节各具一对潘氏器，半椭圆形。

雄虫生殖囊背面后缘中央内凹，两侧具少许短毛；腹面后缘宽弧形，其上具少量长毛。阳基侧突扇形，顶端深棕色，后端具纵向黑色隆脊，端部较尖。阳茎系膜膜质，一对系膜基腹突骨化；阳茎端膜质，略伸出，弯曲。

雌虫暗棕色，密被短毛。第 1 载瓣片内缘平直，相互接触；内角圆钝；外缘宽弧形。第 9 侧背片端角圆钝，接近第 8 腹节后缘；内缘斜直。第 8 侧背片中央明显内凹，两侧呈弧形，具稀疏黄褐色长毛，与第

7 腹节后缘平齐。

　　分布：浙江（临安）、陕西、湖北、江西、湖南、福建、台湾、广西、贵州；朝鲜，日本。

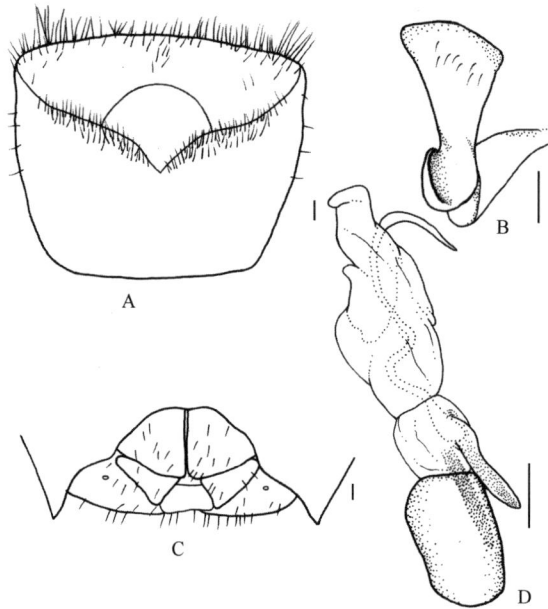

图 18-4　钝肩直同蝽 *Elasmostethus nubilus* (Dallas, 1851)
A. 雄虫生殖囊背面观；B. 阳基侧突端面观；C. 雌虫生殖节；D. 阳茎侧面观。比例尺=0.1 mm

（333）云南直同蝽 *Elasmostethus yunnanus* Hsiao *et* Liu, 1977（图 18-5）

Elasmostethus yunnanus Hsiao *et* Liu, 1977: 161.

　　主要特征：体长 9.65–10.15 mm。椭圆形，背面黄绿色，具黑色刻点；腹面浅棕色，端部棕红色。

　　头部宽明显大于长，背面黄绿色，头顶具少数刻点，深棕色。中叶长于侧叶，端部宽且圆钝；侧叶棕黄色，光滑；侧缘于中央明显内凹。复眼黑色；单眼暗棕色。触角第 1–2 节黄褐色，第 3–5 节暗棕色，第 1 节几乎与头端平齐，最短；第 2 节长于第 3 节，约为第 3 节长度的 1.3 倍；第 3 节略长于第 1 节；第 4 节最长，为第 1 节长度的 2 倍；第 5 节略短于第 4 节。头腹面淡棕黄色，光滑无刻点。小颊低矮。喙向后伸至中足基节前缘。

　　前胸背板宽大于长，非一色，前部黄褐色，光滑无刻点；后部黄褐色或浅绿色，被深棕色刻点。胝区较宽，亮棕黄色，光滑无刻点。前缘宽弧形内凹，中央近乎平直；前角极短，几乎不可见；侧缘中央略内凹，浅绿色，光滑；侧角略突出，微上翘，前缘绿色，后缘黑色；后侧缘斜直；后角圆钝；后缘平直。小盾片黄褐色，基部中央具少许棕色色彩；刻点深棕色，中部刻点稀少，边缘刻点较密集；端部微延伸，光滑，淡黄褐色，端角圆钝，明显超过革片内角。缘片黄绿色或黄褐色，刻点细小且稀少；革片及顶缘红棕色；端角圆钝，刻点较密集。膜片淡棕色，末端略超过腹部末端。胸部腹面黄褐色，刻点稀少；中胸腹板中央隆脊发达，前端高起而钝圆，向前未超过前胸腹板前缘，向后达中足基节之间；臭腺沟缘较长，斜直，长于后胸侧板宽度的 1/2。足棕褐色，胫节端及跗节浅棕色，爪端半黑色。

　　腹部侧接缘不外露，光滑无刻点，黄褐色，各节后角不明显。腹部腹面黄褐色，光滑无刻点。腹刺较发达，向前伸略超过中足之间，与中胸腹板隆脊后缘相接触。雌虫第 6 及第 7 节各具一对潘氏器，椭圆形。雄虫第 7 节后角红色，超过生殖节后缘。

　　雄虫生殖囊背面后缘中央突起，其上具黄褐色长毛，且毛的内侧具一个黑色粗壮长齿；背面中央具少许刻点，月牙状。阳基侧突近乎足状，前端宽阔，具少量短毛，后端略隆起。阳茎系膜具背叶，膜状，膨大；一对系膜基腹突骨化。阳茎端略伸出，膜质。

　　雌虫第1载瓣片具斜刻纹，内缘平直，中央略外拱，相互接触；内角圆钝；外缘宽弧形。第9侧背片端角圆钝，未伸出第8腹节后缘；内缘斜直。第8侧背片中央明显内凹，两侧弧形，具黄褐色长毛，未超出第7腹节后缘。

　　分布：浙江（临安）、湖北、湖南、福建、广西、重庆、四川、贵州、云南；俄罗斯，日本。

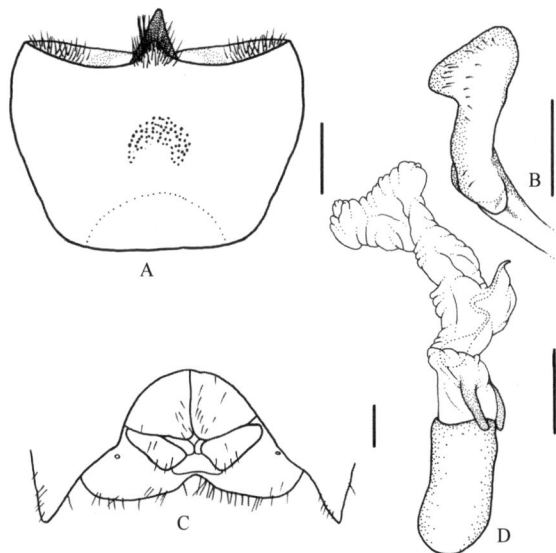

图 18-5　云南直同蝽 *Elasmostethus yunnanus* Hsiao *et* Liu, 1977
A. 雄虫生殖囊背面观；B. 阳基侧突端面观；C. 雌虫生殖节；D. 阳茎侧面观。比例尺=0.25 mm

194. 匙同蝽属 *Elasmucha* Stål, 1864

Elasmucha Stål, 1864: 54. Type species: *Cimex ferrugator* Fabricius, 1787.

　　主要特征：体椭圆形或长椭圆形，灰绿色至黄绿色，密被棕黑色或黑色斑点。头三角形，中叶等于或略长于侧叶。触角第1节略超过头前端。喙达后足基节，或者达第4腹节。前胸背板侧角略突出或突出呈刺状；中胸腹板中央隆脊向前伸至前足基节，甚至达前胸腹板前缘。臭腺沟缘短，匙形，一般为后胸侧板面积的1/3。前翅膜片稍超过或者未超过腹端。腹刺伸达中足基节前缘。侧接缘非一色。雌虫第6节及第7节潘氏器一般不可见。

　　雄虫侧角一般不超过前翅末端。生殖囊背面后缘中央凸出，具一簇或两簇长毛。阳基侧突指状或"L"形。阳茎端细长，系膜长，具一对系膜基侧叶，半骨化。

　　雌虫第1载瓣片内缘中部外拱，内角圆钝；第9侧背片端部圆钝，未超过第8侧背片后缘；第8侧背片后缘中央内凹。受精囊管较短，球部圆形。

　　分布：全北区、东洋区、澳洲区。世界已知50多种，中国记录34种，浙江分布5种。

分种检索表

1. 前胸背板侧角较短，圆钝或突出，但不延伸为刺状 ·· 2
- 腹部背板侧角较长，强烈延伸为刺状 ··· 3
2. 喙极长，超出腹部中央；体背面具棕色刻点 ······························· **点匙同蝽 *E. punctata***
- 喙一般，未伸达腹部中央；体背面具黑色刻点 ·························· **背匙同蝽 *E. dorsalis***
3. 革片近顶缘中央有一个白色光滑硬斑 ··· 4
- 革片近顶缘中央无白色光滑硬斑 ·································· **日本匙同蝽 *E. nipponica***

4. 体被细毛 ·· 线匙同蝽 *E. lineata*

- 体无细毛 ·· 锡金匙同蝽 *E. tauricornis*

（334）背匙同蝽 *Elasmucha dorsalis* (Jakovlev, 1876)（图 18-6）

Elasmostethus dorsalis Jakovlev, 1876: 106.

Elasmucha dorsalis: Bergroth, 1892: 262.

　　主要特征：体长 6.26–7.91 mm。卵圆形，具黑色刻点；腹部腹面棕褐色，被黑色刻点。

　　头部背面黄褐色，密被黑色刻点，中叶略长于侧叶，端部圆钝；侧缘于中央内凹。复眼深棕色，内缘及后缘棕黄色；单眼棕黄色，透明；复眼与单眼之间光滑无刻点。触角第 1–4 节浅棕黄色，第 5 节棕黑色；第 1 节略超过头端或与头端平齐，最短，由基部至端部各节渐长，第 5 节最长，长度为第 1 节长度的 2.5 倍。头腹面棕褐色，刻点黑色。小颊低矮。喙向后伸达中足基节中央。

　　前胸背板宽大于长的 2 倍，非一色，被黑色刻点，前半黄绿色，后半棕色或红棕色，被黑色刻点；中央有一条纵向窄细黄绿色细线，有时不明显。胝区窄细，淡棕黄色，光滑无刻点。前缘宽弧形内凹，近乎平直；前角小齿状横向伸出，较短，端部圆钝；侧缘中央略向内凹入，黄绿色，光滑无刻点，略加厚隆起；侧角略突出，短粗，基部红棕色，端部棕黑色或黑色，前缘较光滑，后缘略波曲，端部圆钝，指向侧方；后侧缘弧形，略向后延伸；后角圆钝；后缘平直。小盾片长大于宽，亚三角形，黄褐色，被黑色刻点，基角棕黄色，光滑无刻点；基部中央有一个大的半圆形棕褐色或橙褐色斑块，其上被粗大黑色刻点；端部延伸，端角圆钝，超过革片。前翅革片棕褐色，均匀被同底色刻点；顶缘斜直；端角圆钝。膜片淡棕色，半透明，中央具不规则棕色斑块，末端超过腹部末端。胸部腹面黄褐色，密被黑色刻点，前胸腹板刻点最密集；中胸腹板中央隆脊发达，淡棕色，前端高起，圆钝，未达前胸腹板前缘，向后达中足基节后缘；臭腺沟缘短，耳廓状，短于后胸侧板宽度的 1/2。足棕褐色，爪端半黑色。

　　腹部侧接缘窄露，非一色，前半棕褐色，后半棕黑色；后角略伸出，近乎直角，端部黑色。腹部腹面黄褐色，具少量短毛，中央光滑无刻点，侧板中央具少许黑色刻点。腹刺基部浅棕黄色，向前达中足基节之间。雌虫无潘氏器。

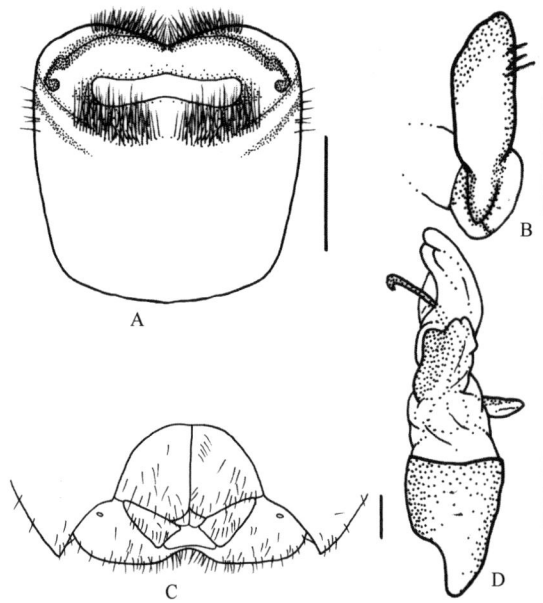

图 18-6　背匙同蝽 *Elasmucha dorsalis* (Jakovlev, 1876)

A. 雄虫生殖囊背面观；B. 阳基侧突端面观；C. 雌虫生殖节；D. 阳茎侧面观。比例尺=0.25 mm

雄虫生殖囊背面后缘中央略突起，两侧外缘具淡棕色长毛；腹面后缘内凹；侧角内侧各有一个弯曲的哑铃形黑色斑块，向后延伸至腹面后缘中央相接触。阳基侧突端面足形，端缘斜截，端角圆钝。阳茎系膜膜质，一对系膜基侧突半骨化，端部波曲，膜质；阳茎端弯曲，略伸出，短粗，骨化。

分布：浙江（临安）、黑龙江、辽宁、内蒙古、北京、天津、河北、山西、陕西、甘肃、宁夏、安徽、湖北、广西、重庆、贵州；俄罗斯，朝鲜，韩国，日本。

（335）线匙同蝽 *Elasmucha lineata* (Dallas, 1849)（图 18-7）

Acanthosoma lineatum Dallas, 1849: 194.

Elasmucha lineata: Hsiao *et al.*, 1977: 166.

主要特征：体长 7.53–8.63 mm。窄卵形，黄褐色，体表被细长毛及棕黑色刻点；腹部腹面黄褐色，具不规则的暗棕色斑块。

头部宽略大于长，背面黄褐色，被棕黑色刻点，前缘无明显刻点，中叶略长于侧叶，端部圆钝；侧缘于中央内凹。复眼深棕色；单眼暗棕色，半透明；复眼与单眼之间及复眼内侧光滑无刻点。触角第 1–3 节黄褐色，第 4 节浅棕色，第 5 节棕黑色；第 1 节超过头端，最短，中央略内弯；第 2 节略长于第 3 节；第 3 节与第 5 节近乎等长；第 4 节最长，长度为第 1 节长度的 2 倍。头腹面淡棕色，刻点稀疏。小颊低矮，低于喙基节表面。喙长，棕褐色，向后伸达第 3 腹节，端部黑色。

前胸背板宽短于长的 3 倍，具短毛，棕褐色，被粗大棕黑色刻点；前胸背板前缘、侧缘黄褐色且光滑无刻点，中央有一个纵向黄色光滑窄带。胝区棕色，光滑无刻点。前缘宽弧形内凹；前角不明显，几乎不可见，短粗，端部圆钝；侧缘中央略向内凹入，光滑；侧角强烈延伸成刺，刺前缘光滑无刻点，弧形，后缘基部呈锯齿状端部平滑且尖细，略向后弯折；后侧缘斜直，淡黄色；后角略向后延伸，略伸展，圆钝；后缘平直，淡黄色。小盾片长大于宽，黄褐色，具棕黑色刻点，基半刻点较端部刻点粗大；端部延伸，端角圆钝。前翅革片红棕色，被棕黑色刻点，刻点细密且分布均匀，中列顶端有一个窄细的白色光滑硬斑。膜片棕色，半透明，略超过腹部末端。胸部腹面淡黄褐色，被棕黑色刻点，前胸腹板刻点最密集，粗大；中胸腹板中央隆脊发达，淡棕色，前端略高起，中央略内凹，向前未超出前胸腹板前缘，向后

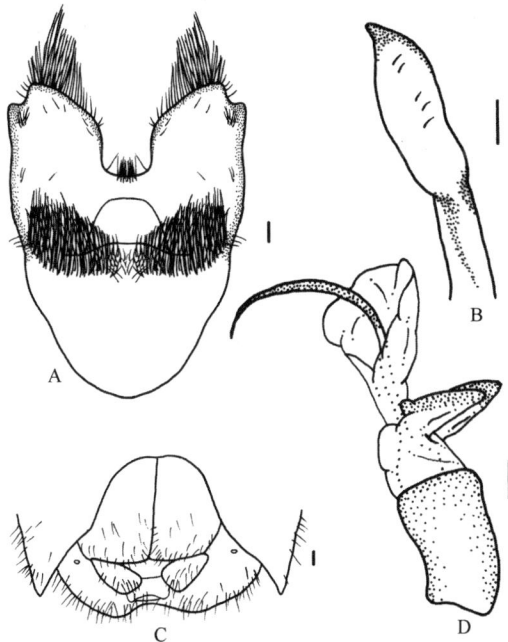

图 18-7　线匙同蝽 *Elasmucha lineata* (Dallas, 1849)

A. 雄虫生殖囊背面观；B. 阳基侧突端面观；C. 雌虫生殖节；D. 阳茎侧面观。比例尺=0.1 mm

达中足基节后缘；臭腺沟缘短，耳廓状，短于后胸侧板宽度的 1/2。足为棕褐色，具长毛，跗节端部棕色，爪端半黑色。

腹部侧接缘各节有暗棕色斑纹，光滑无刻点；各节后角明显，略伸出，端部黑色，尖锐。腹部腹面黄褐色，光滑无刻点，被短毛，侧板具不规则暗棕色斑纹。腹刺基部浅黄色，向前达中足基节后缘。

雄虫生殖囊背面后缘中央隆起，两侧具长毛；腹面后缘中央明显内凹，侧缘着生长毛；后侧角刀状。阳基侧突窄叶状，端部骨化，呈角状。阳茎系膜膜质，一对系膜基侧突半骨化；阳茎端骨化，弯曲。

分布：浙江（泰顺）、福建、广东、海南、广西、贵州；印度，不丹。

（336）日本匙同蝽 *Elasmucha nipponica* (Esaki *et* Ishihara, 1950)（图 18-8）

Sastragala nipponica Esaki *et* Ishihara, 1950: 57.

Elasmucha nipponica: Hsiao *et al.*, 1977: 165.

主要特征：雌虫体长 12.23–13.24 mm。椭圆形，黄褐绿色，背面刻点棕色；腹面黄褐色。

头部背面棕褐色，头顶被少量同底色刻点。中叶长于侧叶，端部圆钝；侧叶被斜刻纹；侧缘于中央略内凹。复眼棕色；单眼暗棕色；复眼与单眼之间光滑无刻点。触角黄褐色，第 5 节棕色；第 1 节超过头端，较粗壮，最短；第 2 节与第 5 节约等长，略长于第 1 节；第 3 节最长，约为第 1 节长度的 1.45 倍；第 4 节略短于第 4 节。头腹面淡棕色，刻点稀少。小颊低矮。喙向后伸达第 4 腹节前缘，端部黑色。

前胸背板宽明显大于长的 2 倍，黄褐色，被棕色刻点，前半刻点稀疏。胝区光滑无刻点。前缘宽弧形内凹，中央平直；前角不明显，端部圆钝；侧缘中央略向内凹入，光滑无刻点；侧角强烈延伸呈粗锥状刺，暗棕色，指向侧方；后侧缘斜直；后角略向后延伸，圆钝；后缘平直。小盾片均匀被棕黑色刻点；端部微延伸，端角圆钝，超过革片内角。前翅革片中央黄褐色，刻点稀疏；近顶缘中央有一个黑色圆斑；顶缘斜直；顶角圆钝。膜片浅棕色，半透明，末端略超过腹部末端。中胸腹板中央隆脊发达，前端高起而钝圆，向前略超过前胸腹板前缘，向后达中足基节后缘；臭腺沟缘短，淡黄褐色，耳廓状，明显短于后胸侧板宽度的 1/2。足淡黄褐色。

腹部侧接缘窄露，淡黄褐色，后角略伸出，不明显。腹部背面棕红色，腹面棕黄色，无刻点，密被短毛。腹刺淡黄色，向前达中足基节之间。雌虫腹面无潘氏器。

雌虫第 1 载瓣片宽阔，内缘平直，相互接触；内角圆钝；外缘平直。第 9 侧背片端角近乎直角，未达第 8 腹节后缘；内缘斜直。第 8 侧背片中央略内凹，两侧宽弧形，棕黑色，未超出第 7 腹节后缘。

未见雄虫。

分布：浙江（泰顺）、广西；日本。

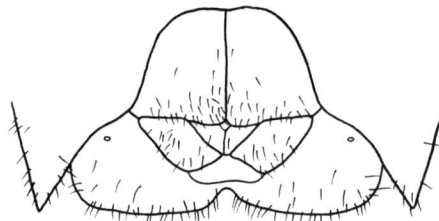

图 18-8　日本匙同蝽 *Elasmucha nipponica* (Esaki *et* Ishihara, 1950)雌虫生殖节
比例尺=0.05 mm

（337）点匙同蝽 *Elasmucha punctata* (Dallas, 1851)（图 18-9）

Acanthosoma punctatum Dallas, 1851: 306.

Elasmucha punctata: Hsiao *et al.*, 1977: 164.

主要特征：体长 8.96–10.13 mm。头部宽略大于长，背面黄褐色，被棕黑色刻点，中叶明显长于侧叶；

侧缘于中央内凹。复眼棕色；单眼红棕色，半透明。触角浅褐色，第 4 节暗棕色，第 5 节棕黑色，第 1 节略超过头端，最短；第 2 节最长，约为第 1 节长度的 2.6 倍；第 3 节略短于第 4 节，长于第 5 节；第 4 节略短于第 2 节，长度为第 1 节长度的 2.4 倍。头腹面棕黄色，无刻点。小颊低矮。喙极长，超过腹部中央，达腹部第 5 与第 6 节之间，端部黑色。

前胸背板宽明显大于长的 2 倍，黄褐色，具棕色刻点，中央隐约有一条淡黄色的光滑纵带。胝区黄褐色，光滑无刻点。前缘宽弧形内凹；前角略伸出，小齿状，圆钝；侧缘中央略向内凹入，具光滑隆脊；侧角显著突出，未延伸呈刺状，侧角基部红棕色，末端黑色，指向侧方；后侧缘斜直；后角圆钝，略向后延伸；后缘平直。小盾片长大于宽，具稀疏棕黑色刻点，中央有一条光滑纵线；端部略延伸，端角圆钝。前翅革片刻点棕色，外革片刻点密集；中列顶端有一小部分光滑无刻点；顶缘斜直；端角圆钝。膜片淡棕色，半透明，末端略超过腹部末端。胸部腹面淡黄褐色，被棕色粗大刻点，前胸侧板刻点较密集；中胸腹板中央隆脊发达，淡棕色，前端圆钝，略超过前胸腹板前缘，向后达中足基节后缘；臭腺沟缘短，淡黄褐色，耳廓状，短于后胸侧板宽度的 1/2。足棕褐色，爪端半黑色。

腹部侧接缘不外露，淡黄褐色，各节相接处有一个黑斑；后角不明显，略伸出，端部黑色。腹部腹面黄褐色，有少量短毛，被稀疏棕色刻点。腹刺基部为淡棕黄色，向前达中足基节之间。雌虫腹面无潘氏器。

雄虫生殖节腹面后缘中央呈三角形突出，其上着生一簇淡棕色长毛；腹面后缘圆弧形内凹，中央平截，两侧着生长毛。阳基侧突较宽，端缘斜直，外半下折。阳茎系膜膜质，一对系膜基侧突，半骨化；阳茎端细长，明显伸出，骨化。

雌虫第 1 载瓣片宽阔，被少量斜刻纹，相互接触；内角圆钝；外缘斜直。第 9 侧背片三角形，端角圆钝，接近第 8 腹节后缘；外缘斜直。第 8 侧背片中央略内凹，两侧宽弧形，棕黑色，具少量短毛，略超出第 7 腹节后缘。

分布：浙江（临安）、湖北、福建、广西；印度。

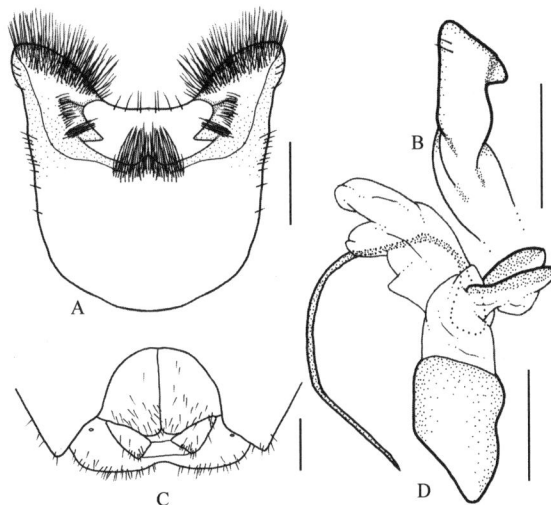

图 18-9　点匙同蝽 *Elasmucha punctata* (Dallas, 1851)
A. 雄虫生殖囊背面观；B. 阳基侧突端面观；C. 雌虫生殖节；D. 阳茎侧面观。比例尺=0.25 mm

（338）锡金匙同蝽 *Elasmucha tauricornis* Jensen-Haarup, 1931（图 18-10）

Elasmucha tauricornis Jensen-Haarup, 1931: 220.

主要特征：体长 7.93–9.53 mm。椭圆形，黄褐色，具棕黑色刻点；腹部背面棕红色，腹面浅黄褐色。

头部背面棕褐色，被黑色刻点，中叶略长于侧叶，端部圆钝；侧缘于中央明显内凹。复眼黑色或棕色；单眼粉棕色；复眼内侧及复眼与单眼之间光滑无刻点。触角第 1–3 节黄褐色，第 4–5 节棕黑色；第 1 节粗短，超过头端，中央略内弯；雄虫第 2 节长于第 3 节，雌虫第 2 节与第 3 节约等长。喙棕褐色，向后伸达中足基节后缘。

　　前胸背板宽明显大于长的 2 倍，棕褐色，具稀疏黑色刻点，中央有一条明显的黄褐色光滑纵带。胝区深棕色，光滑无刻点，略突起。前缘宽弧形内凹，略隆起，隆脊内侧密被刻点；前角略伸出，短粗，端部圆钝，棕黑色，指向侧方；侧缘中央略向内凹入，增厚，黄褐色，光滑；侧角较短，粗角状，棕红色或棕黑色，近端部陡弯折指向后方，前缘光滑，后缘波状，端部较尖锐；后侧缘斜直；后角略伸展，向后盖于前翅革片，圆钝；后缘平直。小盾片长明显大于宽，黄褐色，被黑色刻点；端部延伸，端角圆钝，明显超过革片内角。前翅革片棕绿色，被棕黑色细密刻点，近顶缘中央有一个肾形黄白色光滑硬斑；顶缘斜直；端角圆钝。膜片淡棕色，半透明，有不规则棕色斑纹，末端超过腹部末端。中胸腹板中央隆脊发达，淡棕色，前端高起，圆钝，前端未达前胸腹板前缘，向后达中足基节后缘；臭腺沟缘短，耳廓状，短于后胸侧板宽度的 1/2，顶端外缘具少数棕黑色刻点。足棕色。

　　腹刺浅棕色，向前达中足基节之间。雌虫腹面无潘氏器。

　　雄虫生殖节腹面后缘中央略波曲，其两侧各具两簇淡棕色长毛，近中央的毛较短，远离中央的为长毛簇，两者相分离；腹面后缘呈圆弧形内凹；侧角圆钝，着生长毛簇。阳基侧突中央略外弯，端角圆钝。阳茎系膜膜质，一对系膜基侧突，半骨化，端部反翘；阳茎端弯曲，细长，骨化。

　　雌虫第 1 载瓣片深棕色，具斜刻纹，内缘平直，相互接触；内角圆钝；外缘宽弧形。第 9 侧背片小，端角圆钝，未伸出第 8 腹节后缘；外缘斜直。第 8 侧背片中央略内凹，两侧宽弧形，略超出第 7 腹节后缘。

　　分布：浙江（临安）、安徽、湖北、江西、广西、四川、云南。

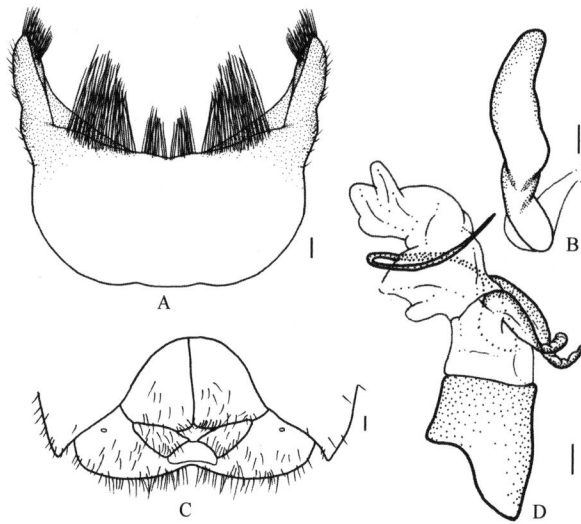

图 18-10　锡金匙同蝽 *Elasmucha tauricornis* Jensen-Haarup, 1931
A. 雄虫生殖囊背面观；B. 阳基侧突端面观；C. 雌虫生殖节；D. 阳茎侧面观。比例尺=0.1 mm

195. 锥同蝽属 *Sastragala* Amyot et Serville, 1843

Sastragala Amyot et Serville, 1843: 155. Type species: *Cimex uniguttatus* Donovan, 1880.

　　主要特征：体中型，触角第 2 节一般短于第 3 节；前胸背板前部光滑无刻点，前缘具一列刻点，有时具两列刻点。前胸背板前部通常光滑，侧角水平延伸，端角圆钝，圆锥状刺。小盾片端部延伸。雄虫最后腹节后角延伸呈角状，略尖锐。中胸腹板隆脊稍短，未向后延伸，向前略超过前胸腹板前缘，端部略圆钝。雄虫最后腹节后角尖锐或几乎呈直角状。阳茎一般具一对系膜基侧突，阳茎端一般较短。

　　分布：主要分布于古北区、东洋区。世界已知 30 余种，中国记录 7 种，浙江分布 1 种。

（339）伊锥同蝽 *Sastragala esakii* Hasegawa, 1959（图 18-11；图版 VII-100）

Sastragala esakii Hasegawa, 1959: 86.

主要特征：体长 9.31–12.97 mm。头部宽大于长，背面棕褐色，光滑无刻点。中叶长于侧叶，端部圆钝，具稀疏长毛；侧叶表面具少许斜刻纹，前端钝；侧缘棕色，于中央略内凹。复眼深紫色；单眼红棕色；复眼与单眼之间光滑。触角棕色，第 1 节明显超过头端，超过部分约为其长度的 1/2；第 2 节略短于第 1 节；第 3 节最短；第 4 节最长；第 5 节略短于第 4 节。头腹面淡棕色，光滑无刻点。小颊棕色，低平，远未达喙基节表面。喙向后达中足基节前缘。

前胸背板前半棕褐色，后半深棕色；前半刻点棕色，后半刻点黑色，且后半刻点较前半刻点粗大稀疏。胝区略隆起，亮棕黄色，光滑无刻点。前缘宽弧形内凹，内侧具细密刻点；前角指向前方，端部较钝，略超过复眼外缘；侧缘近乎斜直，棕绿色；侧角较明显，略伸出体外，圆钝，黑色，基部被黑色刻点，端部光滑无刻点；后侧缘斜直；后角圆钝，不明显；后缘平直。小盾片三角形，深棕色，被黑色刻点；中央有一个心形亮棕黄色斑块，光滑无刻点。革片棕褐色，被粗大黑色刻点；缘片淡红棕色，被细小同底色刻点。膜片淡烟褐色，半透明，末端明显超过腹端。

胸部腹面棕黄色；中胸腹板隆脊发达，向前达前胸腹板前缘或略超过前胸腹板前缘；臭腺沟缘斜直，细长，大于后胸侧板宽度的 1/2。足腿节粗壮，棕黄色；胫节基半棕黄色，端半棕色。

腹部侧接缘淡棕褐色，无刻点，各节后角小角状伸出，约呈直角，略尖锐。腹部腹面棕黄色，无刻点，被稀疏短毛。腹刺发达，向前伸达中胸腹板中央。雌虫无潘氏器。

雄虫生殖囊后缘着生长毛，背面后缘中央内凹，两侧各着生一个黑色小突起；腹面后缘中央宽凹，近端部外凸。阳基侧突近乎三角形，基部至端部渐窄，端缘亚平截。阳茎系膜膜质，具一对半骨化的系膜基侧突，端部分为两枝，膜质；一个系膜基膜质腹突，较小；系膜鞘半骨化；阳茎端弯曲，略伸出，骨化。

分布：浙江（临安）、天津、陕西、甘肃、湖北、江西、湖南、福建、广西、重庆、四川、贵州、云南；韩国，日本。

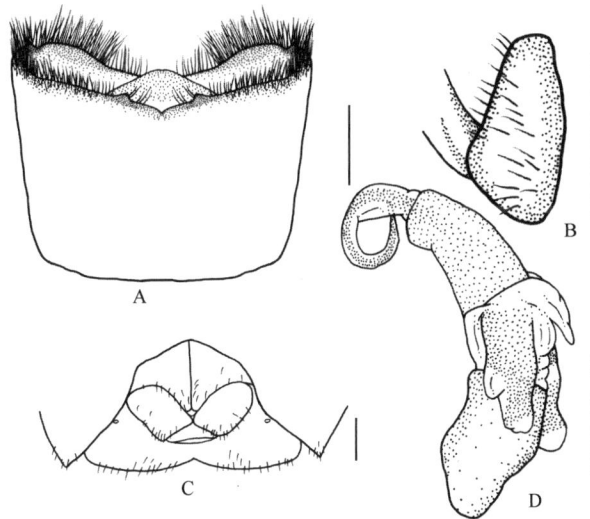

图 18-11 伊锥同蝽 *Sastragala esakii* Hasegawa, 1959

A. 雄虫生殖囊背面观；B. 阳基侧突端面观；C. 雌虫生殖节；D. 阳茎侧面观。比例尺=0.25 mm

三十八、土蝽科 Cydnidae

主要特征：体小型至中大型。褐色、黑褐色或黑色，个别种类有白色或蓝白色花斑。身体厚实，有时隆出，体壁坚硬，并常具光泽。

头平伸或前倾，常宽短，背面较平坦，常前缘呈圆弧形。上颚片极阔。头前缘常有粗短栉状刚毛列。触角多为 5 节，少数 4 节，较粗短；前胸背板侧缘可有刚毛列。小盾片长约为前翅之半或更长，部分种类小盾片较长而端部宽圆。少数类群可有"爪片接合线"。后胸侧板臭腺沟长，挥发域范围大，表面结构多样。腹部各节每侧的 2 根毛点毛在气门后排成纵列。各足跗节 3 节，胫节粗扁，或变形呈勺状、钩状等。

若虫腹部臭腺分别开口于第 3 与第 4、第 4 与第 5 以及第 5 与第 6 腹节背板节间。

分布：世界广布。世界已知 90 属 680 余种，中国记录 26 属 72 种，浙江分布 3 属 4 种。

（一）土蝽亚科 Cydninae

196. 革土蝽属 *Macroscytus* Fieber, 1860

Macroscytus Fieber, 1860a: 83. Type species: *Cydnus brunnneus* Fabricius, 1803.

主要特征：肩瘤极度膨大，背面观时遮盖前胸背板后缘侧角，挥发域面积较大，臭腺孔缘端部具钝角三角形的小叶状突起，头前端不具楔状刚毛。

分布：古北区、东洋区、澳洲区及旧热带区。世界已知 56 种，中国记录 8 种，浙江分布 2 种。

（340）圆革土蝽 *Macroscytus fraterculus* Horváth, 1919（图 18-12）

Macroscytus fraterculus Horváth, 1919: 241.

Macroscytus subaeneus: Hsiao et al., 1977: 46.

Macroscytus confusus Lis, 1995: 163(syn. by J.A. Lis, 2000: 412).

主要特征：体长 7.10–9.22 mm。呈椭圆形，略圆鼓，栗色、黑栗色至黑色。

头背面具刻点或不具刻点，中叶与侧叶等长，端部不具刚毛，各侧叶边缘具 1 根刚毛位于复眼前方，复眼黄白色至黑褐色，复眼指数为 2.70–3.20，单眼橘黄色至黑褐色，单眼指数为 5.1–7.3，触角 5 节，第 1、2 节具稀疏刚毛，第 3、4、5 节密被刚毛，喙黄褐色至黑褐色，达中足基节。小颊前部不具刻点，后部密布刻点。

前胸背板中央不具横刻痕，前缘头部后方具少许刻点，前侧缘密布刻点，胝后方具刻点，较稀疏，后侧缘刻点较稀疏，各侧缘具 5–7 根刚毛，前胸侧板凹陷处具刻点，前部和后部突起处不具刻点。小盾片密布刻点，基部和端部不具刻点，革片具明显刻点，爪片具 1 条完整的刻行和 2 条不完整的刻痕，内革片具 2 条平行于内革片和爪片缝的刻痕，密被刻点，外革片刻点均匀，刻点相对于内革片较小，前缘脉较窄，具 2 根刚毛，从内革片前端 4/5 处分出。

腹部腹板中央光滑，侧缘具皱纹，气孔后方或侧方具刻点，雄虫后足腿节背面侧缘具较小的突起，胫节基部具小突起，雌虫后足腹面侧缘具少数几个刚毛，胫节基部不具突起。

雄虫生殖囊开口腹侧较为圆滑。

分布：浙江（临安）、北京、河北、山东、河南、江苏、上海、湖北、福建；日本。

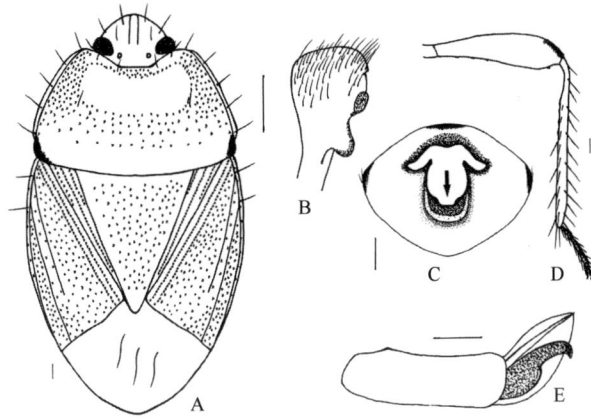

图 18-12　圆革土蝽 *Macroscytus fraterculus* Horváth, 1919

A. 外部轮廓；B. 左抱器；C. 雄虫生殖囊背面观；D. 雄虫后足腿节背面观；E. 阳茎。比例尺=0.25 mm

（341）方革土蝽 *Macroscytus japonensis* Scott, 1874（图 18-13）

Macroscytus japonensis Scott, 1874: 289, 294.

Macroscytus niponensis Signoret, 1883: 475 (syn. by Horváth, 1919: 241).

主要特征：体长 7.10–9.22 mm。长椭圆形，栗色至黑栗色。

头部背面光滑，不具刻点，侧叶边缘具皱纹，中叶与侧叶等长，边缘不具刚毛，各侧叶边缘具 1 根刚毛位于复眼前方，复眼黄褐色至黑褐色，复眼指数：2.70–3.20，单眼红褐色至黄白色，单眼指数：5.1–7.3，触角黄褐色至黑褐色，第 1、2 节具稀疏刚毛，第 3、4、5 节密被刚毛，触角各节的长度为：0.34–0.42：0.38–0.52：0.47–0.60：0.55–0.71：0.61–0.76（mm）。喙黄褐色至黑褐色，达中足基节，小颊前部不具刻点，后部密被刻点。

前胸背板中央不具横刻痕，前缘靠近头后方具少数刻点，中后缘及前侧缘具稀疏刻点，各侧缘具 5–7 根刚毛，前胸侧板凹陷处密被刻点，后部具少数刻点，前部具刻点，较小，小盾片密被刻点，基部及端部不具刻点，革片颜色相对于小盾片较浅，具显著刻点，爪片具 1 条完整和 2 条不完整的刻点，内革片具 2 条平行于爪片与内革片缝的刻痕，外革片刻点较小，前缘脉较窄，与内革片完全分离，基部具 2 根刚毛。

腹部腹板中央光滑，侧缘具皱痕，腹部各节气孔后方具一小块刻点，雄虫后足腿节背面侧缘端部具不明显的小刺，胫节基部具不明显的小突起，雌虫后足不特化。

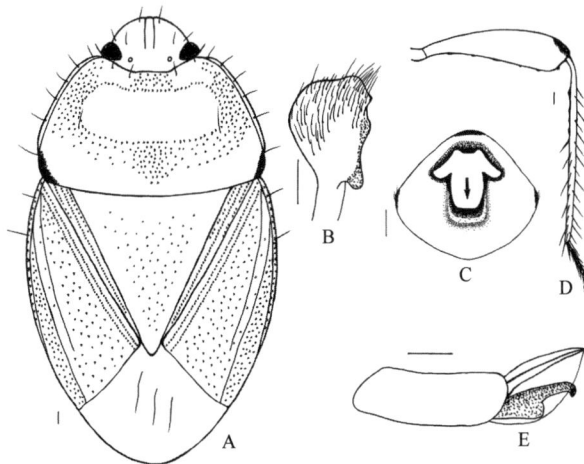

图 18-13　方革土蝽 *Macroscytus japonensis* Scott, 1874

A. 外部轮廓；B. 左抱器；C. 雄虫生殖囊背面观；D. 雄虫后足腿节背面观；E. 阳茎。比例尺=0.25 mm

分布：浙江（临安）、北京、山西、山东、河南、甘肃、上海、湖北、湖南、福建、台湾、广东、四川、贵州；俄罗斯，韩国，日本，缅甸，越南。

注：此种在我国的分布比较普遍，关于 *M. fraterculus* 和 *M. japonensis* 的区别：*M. fraterculus* 体型较小，较圆鼓，而 *M. japonensis* 体型较大，较伸展，雄虫的主要区别在于生殖囊，*M. japonensis* 的生殖囊开口背侧方向较方阔，而 *M. fraterculus* 的生殖囊开口背侧方向较圆窄。

197. 环土蝽属 *Microporus* Uhler, 1872

Microporus Uhler, 1872: 394. Type species: *Microporus obliquus* Uhler, 1872.

主要特征：头宽大于长，触角 5 节，第 3、4、5 节呈球形，头侧叶边缘同时具发状刚毛和楔状刚毛，臭腺挥发域面积较大，占据中胸侧板的 1/3，臭腺孔缘末端呈叶状或环状，有光泽，后缘无突起，前缘脉基部及前胸背板侧缘具刚毛。

分布：古北区、东洋区。世界已知 12 种，中国记录 2 种，浙江分布 1 种。

（342）黑环土蝽 *Microporus nigrita* (Fabricius, 1794)（图 18-14）

Cimex nigrita Fabricius, 1794: 123.

Microporus nigrita: Horváth, 1917: 369.

主要特征：体长 4.6–5.2 mm。呈卵圆形，头呈扁圆形，头侧缘略微上卷，颜色浅于头背面其他部分，侧叶于中叶前聚拢，但未将中叶包围，侧叶具 5 根发状刚毛和 9 根楔状刚毛，背面具稀疏刻点，中叶端部具 2 根楔状刚毛，两侧缘前端略窄，后端宽阔，具 2–3 根横纹。复眼中等大小，暗褐色，具眼刺。具单眼，红褐色。触角 5 节，第 1、2 节呈杆状，具稀疏刚毛，第 3、4、5 节棒状，密被刚毛，第 3、4 节和第 4、5 节连接处具缢缩，喙 4 节，几乎达中足基节。

前胸背板方正，前端略窄，侧缘及近后缘具稀疏刻点，侧缘的刻点相对于近后缘的刻点略微稠密，各侧缘具 18–20 根发状刚毛，侧缘略微伸展，上卷，颜色略浅。小盾片呈三角形，背面具刻点，端部不伸展，刻点略密于前胸背板，刻点端部较小，近基部具稀疏刻点。爪片具 1 条基部至端部完整的刻点，其上下各具少数几个刻点，内革片具 2 条完整的基部至端部平行于爪片和内革片缝的刻点痕，密被刻点，刻点相对小盾片较大，较稠密，外革片具粗糙刻点，前缘脉基部具 6 根发状刚毛。膜片透明，烟黑色，超出腹部末端。

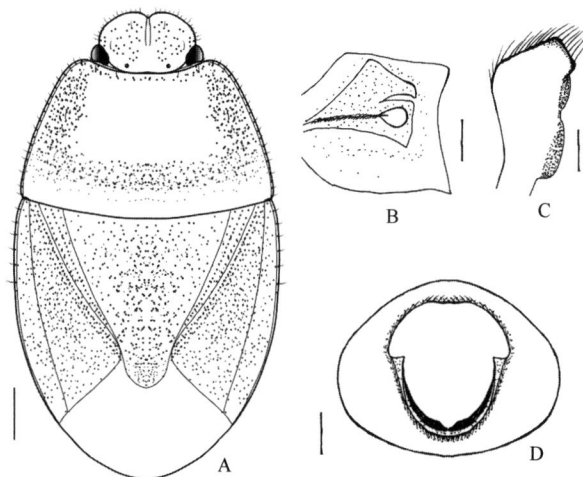

图 18-14　黑环土蝽 *Microporus nigrita* (Fabricius, 1794)

A. 外部轮廓；B. 臭腺；C. 抱器；D. 生殖囊开口。比例尺：A=0.55 mm；B=0.33 mm；C=0.09 mm；D=0.125 mm

前胸侧板前凸及后凸光滑不具刻点，凹陷处具稀疏皱纹，中后胸侧板挥发域面积较大，挥发域边缘的侧板具刻点及皱纹。臭腺孔缘呈叶状，近圆形，距离臭腺挥发域边缘较近。

　　腹部腹板具刻点，中央刻点较小，较稀疏，侧缘刻点较大，略稠密。各足正常，腿节具稀疏刚毛，胫节具粗壮刺。

　　生殖囊开口背部内侧边缘具凹陷。

　　分布：浙江（泰顺）、内蒙古、北京、天津、山东、新疆、上海、广东、西藏；俄罗斯，韩国，日本，印度，中亚地区，欧洲，非洲（北部）。

（二）光土蝽亚科 Sehirinae

198. 阿土蝽属 *Adomerus* Mulsant *et* Rey, 1866

Adomerus Mulsant *et* Rey, 1866: 66. Type species: *Cimex biguttatus* Linnaeus, 1758.

　　主要特征：长圆形，深褐色至黑色。体较小。身体光秃无毛及刺。头前端圆形，头侧叶不长于中叶，或略长于中叶，但不在前方会合。触角 5 节。前胸背板、前翅前缘及腹部两侧具狭窄乳白色边缘。前翅中部具白色斑点或光滑的斑痕。足胫节背面具白色条纹。

　　分布：东洋区，古北区。世界已知 6 种，中国记录 3 种，浙江分布 1 种。

（343）三点阿土蝽 *Adomerus triguttulus* (Motschulsky, 1866)

Schirus [lap] *triguttulus* Motschulsky, 1866: 186.

Sehirus triguttutus Scott, 1874: 289, 296 (syn. by Signoret, 1884: 60).

? *Adomerus triguttulus*: Jakovlev, 1882: 143.

Sehirus (*Adomerus*) *triguttulus*: Wagner, 1963: 105.

Adomerus triguttulus: Kerzhner & Jansson, 1985: 42.

　　主要特征：体型中等大小，体长超过 4 mm，椭圆形，后端膨大。

　　头前端较窄，呈梯形，侧叶与中叶等长，边缘略微上卷，具 8–10 根不明显发状刚毛，侧叶密被显著刻点，头基部及中叶刻点略微稀疏，复眼球形突出，浅褐色至红褐色，相对较小，单眼浅黄褐色至黑褐色，触角 5 节，较短，不长于体长的 1/2，触角第 2 节短，短于第 3 节的 2/3，第 1、2 节杆状，具稀疏平伏刚毛，第 3、4、5 节棒状，密被棕黄色平伏刚毛。喙 4 节，较长，达中足基节。

　　前胸背板中央无显著的纵沟，侧缘具乳白色边缘，除胝区外密被显著刻点，胝区具稀疏不显著刻点，侧缘及前缘刻点略稠密，后缘刻点略稀疏，小盾片长三角形，长度大于革片长度之一半，背面具显著刻点，顶角乳白色。前翅爪片具 1 条基部至端部完整连续刻点，其上下各具 1 条不完整连续刻点，内革片背面密被刻点，具 2 条平行于爪片和革片缝的刻痕连续刻点，革片背面中央具白色斑点，较短，其长不大于宽的 2 倍，前缘脉基部具前端至后端渐细的乳白色边缘，前翅膜片较大，超出腹部末端，其长度约为革片的 1/2。前胸腹板中央具 2 条纵脊，形成一条纵沟，前胸侧板前凸，密被显著刻点，后凸具稀疏刻点，凹陷处亦具少数刻点，臭腺挥发域面积相对较小，仅占据中胸侧板的后缘及后胸侧板的 1/3 左右，臭腺孔缘暗区较大，呈镰刀状，达挥发域的侧缘。

　　腹部腹板腹面光滑，侧缘具乳白色边缘，腹板腹面具稀疏不明显的短小刚毛。各足腿节具稀疏刚毛，胫节密被刚毛及粗壮刺，各足胫节基部 2/3 处具乳白色边缘。

　　雄虫阳茎鞘骨化较强，载肛突较宽。

　　分布：浙江（杭州）、内蒙古、北京、天津、陕西、湖北、四川、云南；俄罗斯，韩国，日本。

三十九、兜蝽科 Dinidoridae

主要特征： 体中至大型。椭圆形，褐色或黑褐色，多无光泽。

与蝽科在外表和许多构造上很相似。触角多数为 5 节，少数 4 节，有些触角常压扁。触角着生处位于头的腹面，从背面看不到。小颊后端左右愈合。喙短，一般不伸过前足基节。

前胸背板表面常多皱纹或凹凸不平。中胸小盾片长不超过前翅长度之半，末端比较宽钝。前翅膜片脉序因多横脉而呈不规则的网状。第 2 腹节气门可不被后胸侧板遮盖而外露可见。腹部各节毛点毛位于气门后方，但偏于内侧，并着生在一较大的胝状隆起上。各足跗节 2 节或 3 节。雌虫受精卵管粗短，但常分出一很长的盲管状分支。

若虫腹部臭腺分别开口于第 4 与第 5 以及第 5 与第 6 腹节背面的节间。

生物学： 生活于植物上，葫芦科为其常见寄主之一。

分布： 主要分布于东洋区及旧热带区。世界已知 16 属 95 种，中国记录 4 属 12 种，浙江分布 2 属 2 种。

199. 皱蝽属 *Cyclopelta* Amyot *et* Serville, 1843

Cyclopelta Amyot *et* Serville, 1843: 172. Type species: *Tessaratoma obscura* Lepeletier *et* Serville, 1828.

主要特征： 头部侧叶在中叶前会合，合并的会合线约与中叶等长，或短于中叶；触角 4 节。前胸背板表面不崎岖不平，形状亦不突兀；前角不呈角状突出，前侧缘呈平缓的弧形，不弯曲呈突兀的角状。腹部各节侧缘不呈角状向外突出。

分布： 东洋区。世界已知 12 种，中国记录 3 种，浙江分布 1 种。

（344）小皱蝽 *Cyclopelta parva* Distant, 1900

Cyclopelta parva Distant, 1900a: 220.

主要特征： 体较小，卵圆形，红褐色至黑褐色，多无光泽。触角 4 节，黑色，第 2、3 节稍扁。

前胸背板前侧缘平滑，其后半和小盾片上布有若干横走的皱纹，多少平行。小盾片前缘中央常有一黄褐色或红褐色小斑。

体下方黄褐色或红褐色，常有不规则的黑色云斑。腹下侧缘区可以看出有黄褐色斑点。股节下方有刺。雌虫生殖节腹面稍凹陷，纵裂，后缘深内凹；雄虫生殖节腹面完整，稍鼓起，后缘圆弧状。

雌虫 12–13 mm，雄虫 10.5–12.5 mm。

生物学： 主要为害刺槐，其次是棉槐、小槐花、葛藤、芸豆、豆角、扁豆、大豆、豇豆、西瓜、南瓜等。

分布： 浙江（吴兴、杭州、绍兴、舟山）、辽宁、内蒙古、山东、陕西、江苏、湖北、江西、湖南、福建、广东、海南、广西、四川、云南；不丹，缅甸。

200. 瓜蝽属 *Megymenum* Guérin-Méneville, 1831

Megymenum Guérin-Méneville, 1831: 12. Type species: *Megymenum dentatum* Guérin-Méneville, 1831.

主要特征： 体近卵圆形，或长椭圆形；背面稍隆起。

头宽大于长，稍凹陷，侧叶长于中叶并在中叶相接，可能在端部分开，侧缘弯曲；单眼间距约等于复眼到单眼的距离；触角 4 节，背面观第 1 节常不可见，第 4 节通常黄褐色；小颊隆起；喙 4 节，伸达后胸腹板前缘，第 2 节最长，第 3、4 节较短。

前胸背板宽大于长，背面稍隆起，有时前缘中部有瘤状隆起，通常前胸背板前缘会延伸出领状构造，前角尖锐或齿状或针状；小盾片长宽约相等，长不及腹部一半，基部有深的腔状凹陷；革片和小盾片长度约相等；膜片不超过腹部末端，网状脉；中胸腹板中央有一深沟；臭腺孔大而显露；后足腿节内侧通常有两列刺；跗节 3 节。

腹部侧接缘外露，每节后侧角通常中度凸起；第 2 节的气门可见。

分布：古北区、东洋区。世界已知 20 种，中国记录 3 种，浙江分布 1 种。

（345）细角瓜蝽 *Megymenum gracilicorne* Dallas, 1851

Megymenum gracilicorne Dallas, 1851: 364.

Megymenum (Pissistes) tauriformis Distant, 1883: 416, 427 (syn. Durai, 1987: 253).

Megymenum tauriforme var. *capitatum* Yang, 1934b: 74 (syn. Yang, 1940: 32).

主要特征：体黑褐色，常有铜色光泽。翅膜片淡黄褐色。

头部中央下陷呈匙状，头部边缘多少卷起，侧缘内凹。头的侧缘在复眼前方有一外伸的长刺。触角 4 节，各节均为圆柱状。触角基部 3 节黑色，第 4 节除基部为棕褐色外，绝大部分淡黄色或黄褐色。

前胸背板表面凹凸不平，前侧缘前端凹陷较深，前角尖刺状，前伸而内弯，呈牛角状，侧角和前侧缘呈钝角状，显著突出。

小盾片表面亦不平整，有微纵脊，基角处下陷，黑色并有金属闪光；基部中央有 1 枚小黄点。

腹部侧接缘每节只有一个大型锯状突起。

足同体色，股节下方有刺，胫节外侧有浅沟；雌虫后足胫节基部内侧胀大，胀大部分稍内凹，似腰子状。体长 12–14.5 mm。

生物学：寄主为南瓜、苦瓜、黄瓜及豆类。

分布：浙江（杭州、舟山、嵊州）、山东、陕西、江苏、上海、江西、湖南、福建、四川；日本。

四十、蝽科 Pentatomidae

主要特征：小型至大型，多为椭圆形，背面一般较平，体色多样。

触角5节，有时第2、3节两节之间不能活动；极少数4节。有单眼。前胸背板常为六边形。中胸小盾片在多数种类中为三角形，约为前翅长度之半，遮盖爪片端部，不存在爪片接合线。少数类群（舌蝽亚科Podopinae）中胸小盾片极发达，向后延至身体末端，呈宽舌状，两侧平行而端缘宽圆，遮盖前翅革片约一半。爪片亦相对狭窄。膜片具多数纵脉，很少分支。各足跗节3节。腹部第2腹节气门被后胸侧板遮盖而外观不可见。阳茎鞘常强烈骨化。阳茎导精管上具复杂的泵式构造，一般位于阳茎鞘范围之内，不能伸出。雌虫受精囊在受精囊管的中段呈长大的纺锤形膜囊状构造，为此处的管壁扩大并内陷而成，呈双层的膜质囊，将一段骨化的受精囊管包围在内。此一特征为蝽科所仅有。

若虫臭腺分别开口于第3与第4、第4与第5以及第5与第6腹节背板的节间处。

分布：世界已知3300余种，中国记录480余种，浙江分布3亚科51属91种。

分亚科检索表

1. 喙甚为粗壮，第1节粗大，大部分明显露出小颊之外，静止时一般不紧贴于头部腹面；活动关节在第1节与头部之间 ┄┄**益蝽亚科 Asopinae**
- 喙细，第1节几乎全被小颊所包围，紧贴于头部腹面；活动关节在第1与第2节之间 ┄┄┄┄┄┄┄┄┄┄ 2
2. 小盾片极大，常呈"U"形，末端宽阔，可伸达腹端 ┄┄┄┄┄┄┄┄┄┄┄┄┄┄┄┄┄┄**舌蝽亚科 Podopinae**
- 小盾片三角形，不伸达腹端 ┄┄┄┄┄┄┄┄┄┄┄┄┄┄┄┄┄┄┄┄┄┄┄┄┄┄┄┄┄┄┄**蝽亚科 Pentatominae**

（一）益蝽亚科 Asopinae

分属检索表

1. 前足腿节亚端部具大刺 ┄┄┄ 2
- 前足腿节亚端部不具大刺 ┄┄┄ 4
2. 小盾片基半具瘤突 ┄┄┄┄┄┄┄┄┄┄┄┄┄┄┄┄┄┄┄┄┄┄┄┄┄┄┄┄┄┄┄┄┄┄┄┄┄┄**疣蝽属 Cazira**
- 小盾片基半不具瘤突 ┄┄┄ 3
3. 前足胫节膨大 ┄┄┄┄┄┄┄┄┄┄┄┄┄┄┄┄┄┄┄┄┄┄┄┄┄┄┄┄┄┄┄┄**曙厉蝽属 Eocanthecona**
- 前足胫节不膨大 ┄┄┄┄┄┄┄┄┄┄┄┄┄┄┄┄┄┄┄┄┄┄┄┄┄┄┄┄┄┄┄┄┄┄┄┄**益蝽属 Picromerus**
4. 体背面色彩鲜明 ┄┄┄┄┄┄┄┄┄┄┄┄┄┄┄┄┄┄┄┄┄┄┄┄┄┄┄┄┄┄┄┄┄┄┄┄┄**蓝蝽属 Zicrona**
- 体背面色彩不鲜明 ┄┄┄┄┄┄┄┄┄┄┄┄┄┄┄┄┄┄┄┄┄┄┄┄┄┄┄┄┄┄┄┄┄┄┄┄┄┄┄**蠋蝽属 Arma**

201. 蠋蝽属 *Arma* Hahn, 1832

Arma Hahn, 1832: 91. Type species: *Cimex custos* Fabricius, 1794.

主要特征：体椭圆形，背面较平。头部中叶与侧叶末端平齐或侧叶略伸出，但是并不在前方会合。喙较粗壮，伸达后足基节，触角第3节长于第4节，两者的长度之和约等于触角第2节的长度。小颊隆起不明显。前胸背板前侧缘呈细锯齿状，从背面看呈波状；侧角呈角状伸出，圆钝或短尖角状。小盾片背面平坦无突起，末端窄于革片。后胸臭腺具发达的孔缘，波浪状，较长，外侧端约伸至后胸侧板的一半，部分具发达的挥发域。腹部长大于宽，基部不具刺突，有的具结节状突起。前足腿节简单，亚端部不具大刺；前足胫节亚端部具一明显的尖锐的小刺突；中后足胫节无刺。侧接缘侧角不伸出。

分布：古北区、东洋区。世界已知 8 种，中国记录 5 种，浙江分布 2 种。

（346）欧亚蠋蝽 *Arma custos* (Fabricius, 1794)（图 18-15；图版 VII-101）

Cimex custos Fabricius, 1794: 94.

Auriga peipingensis Yang, 1933: 21. Synonymized by Thomas, 1994: 165.

Arma chinensis Fallou, 1881: 340. Reinstate synonym.

主要特征：体椭圆形，腹部膨大，侧接缘伸出明显。背面较平，黄褐色，均匀密布黑色刻点，体下黄褐色，胸部腹面密布黑色浅刻点，腹部腹面密布同体色的刻点。

头平伸，宽约等于长，侧缘内弯，末端圆钝，中叶与侧叶平齐，或中叶微短，刻点到达头的边缘。复眼黑色，单眼红色。触角细长，黄色，第 1 节短且粗壮，未伸到头的末端，第 2 节最长，且长于第 3、4 节之和，第 3 节除两端外为黑色，第 5 节约等于第 4 节，扁平；喙黄色，粗壮，伸达后足基节，基节肥厚，未超过头部后缘，第 2 节长度等于第 3 节和第 4 节的和，最后一节短且小于第 3 节。小颊低矮，黄色，具稀疏的黑色浅刻点。

前胸背板宽大于长，刻点黑色，在前侧缘区域较密集，其余地方均匀分布。前角在复眼后方略平截。前侧缘具细锯齿，侧角长度有变异，北方地区如黑龙江、新疆、内蒙古等地的侧角伸出较长，而中部地区和南方地区的个体侧角末端圆钝，稍伸出体外。后角为一个小的刺突。小盾片三角形，长略大于宽，末端窄且圆，在基角具很小的凹陷，中央具有一条较暗的纵线。革片长于小盾片，内外革片及爪片颜色、刻点均一。膜片浅灰色，半透明状，长于腹部末端。

各胸节侧板黄色，内侧端被同色浅刻点，外侧端具黑色浅刻点。臭腺沟及沟缘褐色，较平直，外端具黑斑，挥发域黄白色。各足黄色，前中足基节外缘具一小黑斑，腿节不具大刺，具极浅的黑褐色刻点，胫节近中部具尖锐的小刺，指向末端，具稀少的小浅刻点。

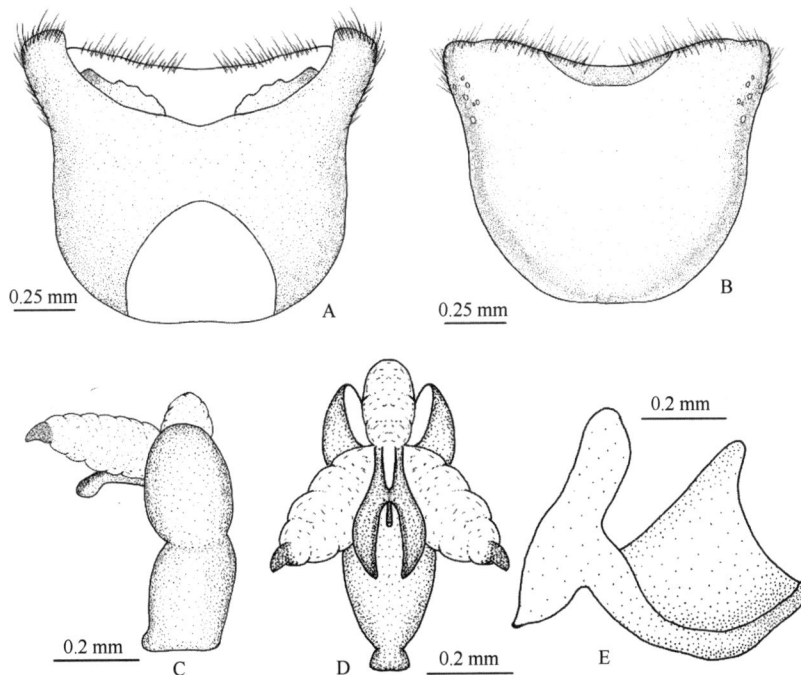

图 18-15 欧亚蠋蝽 *Arma custos* (Fabricius, 1794)

A. 雄虫生殖囊背面观；B. 雄虫生殖囊腹面观；C. 阳茎侧面观；D. 阳茎顶面观；E. 阳基侧突

　　腹部腹面黄褐色，基部中央无前指的刺突，中央两侧 4-7 节具一列黑斑，气门黑色。侧接缘具有小刻点，极度膨大，伸展且通常圆钝，黄色，在两节的相接处具有一个大黑斑，后角不明显。

　　雄性生殖囊杯状，中间略内凹，具浓密的长刚毛。背后缘光滑，生殖囊板外露部分狭长；腹后缘不波曲，具浓密长刚毛。阳基侧突略呈三角形，宽短，基部狭窄而末端宽阔，外缘拱形，内枝圆钝，指向外方。中交合板骨化，基部愈合，端部明显凹入，阳茎端从中交合板腹面伸出，未伸至其一半。阳茎系膜侧叶较宽阔，末端略有些骨化，不分叉，腹叶和顶叶缺失。

　　雌性第 1 载瓣片较大，片状，后缘较平直；载肛突约等于第 8 腹节侧背片后缘，第 9 腹节侧背片长椭圆形，其外缘内凹，内缘外凸，末端超过第 8 侧背片和载肛突。

　　分布：中国广布；俄罗斯，蒙古国，朝鲜，日本，土耳其，欧洲，北美洲。

（347）朝鲜蠋蝽 *Arma koreana* Josifov *et* Kerzhner, 1978（图 18-16）

Arma koreana Josifov *et* Kerzhner, 1978: 181.

　　主要特征：雄虫体长 12.0–13.5 mm，雌虫体长 14.0–14.5 mm。背面淡棕黄色，具深浅不一的黑色刻点，腹面黄白色。

　　头平伸，具大小及深浅不一的黑色刻点。侧叶微长于中叶，末端圆钝，边缘为整齐的黑色，在眼前方略内弯。复眼淡黄色，眼基部黄色。触角除第 3、4 节端半黑色外，其余黄白色。喙黄褐色，伸达后足基节，第 1 节伸达头的后缘，第 2 节最长，约等于第 3、4 节之和。小颊比较低矮，黄白色，具极浅的同色刻点。

　　前胸背板宽是长的 2 倍多。刻点除前侧缘较密集，为黑色外，其余均匀分布，且为褐色。胝区不明显。前侧缘前半具后指的锯齿，齿黄白色，后半较平直；侧角略伸出体外，末端不锐，前后缘直。小盾片长大于宽，密布均匀的褐色刻点，基角各有一深凹，端部伸长呈狭长的舌状。翅革片刻点均一，伸达前缘的最边缘处，内革片同外革片。翅脉略深，膜片远伸于腹部末端之外。

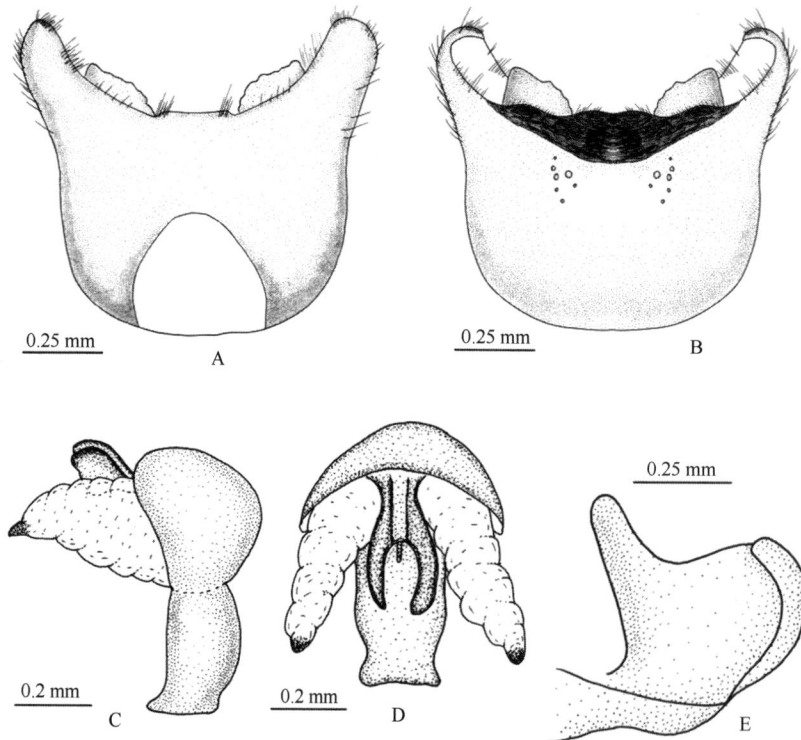

图 18-16　朝鲜蠋蝽 *Arma koreana* Josifov *et* Kerzhner, 1978
A. 雄虫生殖囊背面观；B. 雄虫生殖囊腹面观；C. 阳茎侧面观；D. 阳茎顶面观；E. 阳基侧突

各足黄白色，腿节不具大刺，前足腿节不膨大，前足胫节近末端具一末端尖锐的小刺。前足和中足基节外缘具一小黑斑。跗节黄白色，密布黄色长毛，第 2 节极短。爪基部黄白色，端部黄褐色。

腹部腹面黄白色，第 4–6 腹节中央两侧前缘各具一黑斑。气孔周围黑色。腹下基部中央具一极短钝的刺突。侧接缘外露，两节相接处各具一小黑斑。后角不明显。

雄性生殖囊杯状，具浓密的长刚毛。背后缘中央不凹陷，生殖囊板外露部分狭长；腹后缘稍呈波浪形，具舟形内褶，色深。阳基侧突不规则，基部狭窄而末端宽阔，外缘拱形，末端圆钝，内枝为一指状突起，长于主干。中交合板骨化，基部愈合，端部明显凹入，阳茎端从中交合板腹面伸出极短。阳茎系膜侧叶相对狭长，末端略骨化，不分叉，顶叶缺失。

雌性第 1 载瓣片较大，片状，内缘相平行，后缘微波曲；第 8 腹节侧背片马蹄形，载肛突约等于第 8 腹节侧背片后缘内角，第 9 腹节侧背片近椭圆形，其内外缘平直，末端约等于第 8 侧背片和载肛突。整个外生殖节具稀疏的长刚毛。

分布：浙江、辽宁、天津、河北、陕西、宁夏、甘肃、湖北、江西、重庆、四川、贵州、云南；越南。

202. 疣蝽属 *Cazira* Amyot *et* Serville, 1843

Cazira Amyot *et* Serville, 1843: XX, 78. Type species: *Cazira verrucosa* sensu Amyot *et* Serville, 1843 (=*Asopus chiroptera* Herrich-Schaeffer, 1840).

Acicazira Hsiao *et* Cheng, 1977: 80, 297. Type species: *Acicazira gibbosa* Hsiao *et* Cheng, 1977 (=*Cazira horvathi* Breddin, 1903). Synonymized by Zheng & Liu, 1987a: 292.

主要特征：体型由小到大，变异较大，种间及种内颜色也有变异。喙较粗壮，第 2 节最长，第 3、4 节约相等，第 2 节约等于后两节之和；小颊明显，在后方闭合。侧叶和中叶约等长。复眼靠近前胸背板前缘。小盾片基部具有一到两个大的瘤突，高于或平于前胸背板背面，小盾片末端窄于革片的宽度。侧接缘的角呈刺状或圆钝。臭腺沟缘较长，伸至后胸侧板边缘的一半多，挥发域较窄。腹部基部具一较短的刺突或无。前足腿节至少具有 1–2 个大刺，胫节强烈膨大，跗节 3 节，第 1 节约等于后两节之和。雄性腹部腹面有的具一对"多毛区"。

分布：古北区、东洋区。世界已知 24 种，中国记录 15 种，浙江分布 4 种。

分种检索表

1. 小盾片刻点散布，无明显具刻点的纵沟，末端不呈匙状卷起；中后足腿节亚端部不具大刺或残留一凸起 ……………………
…… 丽疣蝽 *C. concinna*
- 小盾片具两列较深的纵沟，末端呈匙状卷起；中后足腿节亚端部具有大刺 ………………………………………………… 2
2. 腹部基部中央具刺突，末端圆钝，伸出明显 …………………………………………………………………………………… 3
- 腹部基部无刺突 ………………………………………………………………………………………………… 峨嵋疣蝽 *C. emeia*
3. 小盾片基部的瘤突后缘光滑无刻点，平削；头部至前胸背板后缘具一条黄色的纵线，雄虫腹部无绒毛区 …………………
…… 削疣蝽 *C. frivaldszkyi*
- 小盾片基部的瘤突后缘具极其浅的刻点，色淡于体色，不平削；头部至前胸背板后缘无黄色的纵线，雄虫腹部具绒毛区
……… 无刺疣蝽 *C. inerma*

（348）丽疣蝽 *Cazira concinna* Hsiao *et* Zheng, 1977（图 18-17；图版 VII-102）

Cazira concinna Hsiao *et* Zheng, 1977: 81, 297.

主要特征：雄虫长 10.5–12.5 mm。椭圆形，橙黄色或淡黄褐色，有光泽，布有同色刻点及光滑的瘤突。头长约等于宽，侧缘在复眼前方凹入；头部侧叶长于中叶，但不在中叶前方会合。头部的刻点较为稀

浅。触角淡黄色，第 4 节基部及末端淡黄色，第 5 节端半黑色。喙黄色，伸达中足基节之间。小颊比较低矮，黄色，具稀疏的浅刻点，包围住喙第 1 节的 2/3。

前胸背板长宽比为 2.8 : 6.0，前胸背板前角无指状突起；前侧缘完全光滑无锯齿，强烈内凹；侧角末端呈缺刻状，分成两枝，前枝伸长而较细，末端圆钝，后枝短，末端平截；后角圆钝；中线有一光滑的长形隆脊，其前半膨大；胝区各侧有 3 个光滑的瘤，呈倒置的"品"字形排列，最外侧者直抵前侧缘的最外边而外隆，后半每侧有 2 个界线隐约的浅瘤，各瘤间有深大的同色刻点。小盾片三角形，端半较平坦，无两列较深的纵向刻点，末端亦不卷起；基部的大瘤瘤体光滑，具二峰，左右二峰之间凹槽较浅而光滑，小盾片基角处的小瘤与中央大瘤之间亦无深沟界线。翅革片刻点较浅，中央具大黑圆斑，革片末端超过小盾片末端甚远；翅膜片淡黄色，中部隐约的黑褐色，伸出腹部较长。

足淡黄色，前足腿节近末端具一黄色大刺，胫节膨大呈叶状，外侧膨大部分的宽度大于其余部分的宽度，端部黑色；中后足股节中部有一小黑环，靠近端部无明显的大刺，只有一短钝的隆起，胫节端部黑色。

腹部背面黑色，腹面光滑无刻点，侧接缘较体色略暗，侧角末端圆钝。腹基具有短钝的刺突，无明显的"绒毛区"。

雄性生殖囊宽大于长。背后缘内凹，波浪形，具近方形的生殖囊板，其外缘锯齿状；腹后缘波曲，中凹明显；后侧角伸出明显，末端尖，具浓密长刚毛。阳基侧突末端圆钝，外缘弧形，内枝短，圆钝，斜指向基部，阳基侧突在中部缢缩。阳茎简单，系膜侧叶狭长且宽阔，不分枝，末端骨化，不分叉；顶叶缺失。中交合板骨化强烈，阳茎端伸出极短。

分布：浙江、江西、广东、海南。

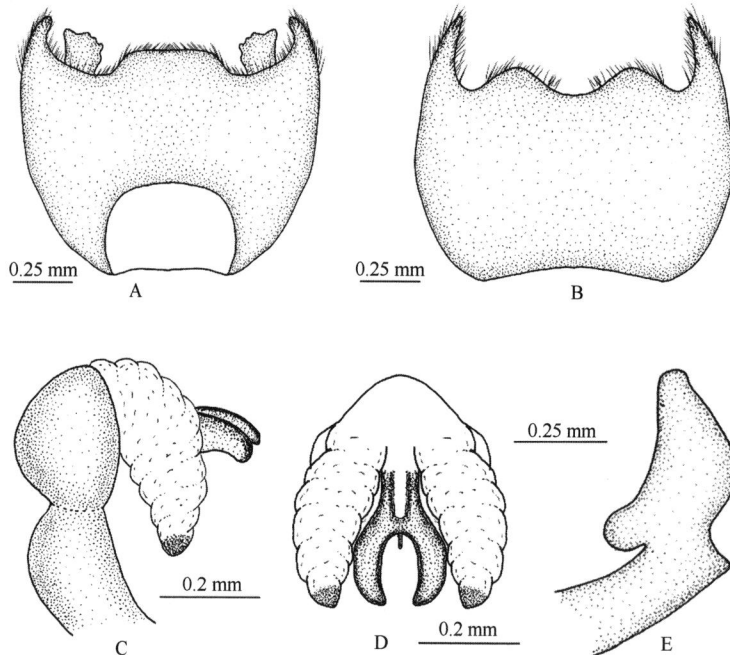

图 18-17　丽疣蝽 *Cazira concinna* Hsiao *et* Zheng, 1977
A. 雄虫生殖囊背面观；B. 雄虫生殖囊腹面观；C. 阳茎侧面观；D. 阳茎顶面观；E. 阳基侧突

（349）峨嵋疣蝽 *Cazira emeia* Zhang *et* Lin, 1982（图 18-18）

Cazira emeia Zhang *et* Lin, 1982: 58.

Cazira membrania Zhang *et* Lin, 1982: 59.

主要特征：体长 8.5–11 mm。椭圆形，雄虫黄褐色，雌虫沥青黑色，具光泽，散生同色刻点及大小不等的瘤状突起。

头几乎平伸，宽大于长。侧叶略长于中叶，但不在其前方会合，侧缘稍翘，刻点较浅。复眼棕色，眼柄处为黄色，单眼红色。触角同体色，第1、2节稍淡；喙棕色，第1节未超过头部后缘，最后一节色深，伸达中足两基节间。小颊棕色。

前胸背板前角呈小刺状伸出，前侧缘具圆钝的小锯齿，强烈内凹，侧角稍外伸，末端圆钝，基部有一个光滑的小瘤突，后角不明显。胝区各有2个瘤突，呈"品"字形排列，最外侧的隆起相对小；中央有似"巾"字形隆起纹，其前半呈瘤状，较大，后半多不呈瘤状，较细。小盾片基部有一个大瘤体，中央具纵向深凹槽，将其等分为二，两基角处还有一个小瘤，与大瘤体间亦有浅凹槽隔开；小盾片端半平坦，上有2列较深的纵向刻点，末端呈匙状卷起。前翅外革片具刻点，较粗，内革片密浅，近端处有个深色大斑，但在有些个体中不明显。膜片深褐色，伸出体外极长，在两侧各具一透明斑。

前胸侧板黄褐色，中后胸侧板色深，具零星黄斑点，后胸臭腺沟缘较长，呈香蕉状，末端明显上弯。前胸腹板黄褐色，中后胸腹板黑色。足棕褐色，各足腿节下方近端处有一大刺，近前半有2个不完整的黄色环。前足腿节基部具小黄斑，近末端具一大刺，其后方还有两短钝的黄色突起，胫节外侧膨大呈叶状，内侧膨大程度小，近末端具一刺突，膨大处橘黄色，胫节末端黑色。中后足腿节具1–2个黄环，有的不明显，近末端具一刺突，胫节棱形，中央具一黄环。跗节及爪的基半黄褐色，具浓密的金色刚毛，爪端半棕褐色。

腹部背面，雄虫暗紫色，雌虫深蓝绿色，具密刻点，腹下漆黑色，侧方散布一些细碎黄纹，第2–5可见腹节有小突起外伸。腹部下方基部中央有三角形的短钝小刺突，平伸至后足基节间。雄性腹下第4、5节间中域的两侧各有一"绒毛区"。

雄性生殖囊长约等于宽，背后缘波浪形内凹，具一对近矩形的生殖囊板，外缘明显锯齿状；背后缘亦为波浪形，其外侧色深，具褶皱，中凹明显；后侧角明显伸出，末端圆钝。阳基侧突形状不规则，末端略平截，外侧缘波浪形，内缘具一小突起，横向伸出。阳茎具系膜侧叶和系膜顶叶，系膜侧叶宽阔，不分枝，末端钩状，骨化；顶叶半圆形，较短，伸出阳茎鞘。

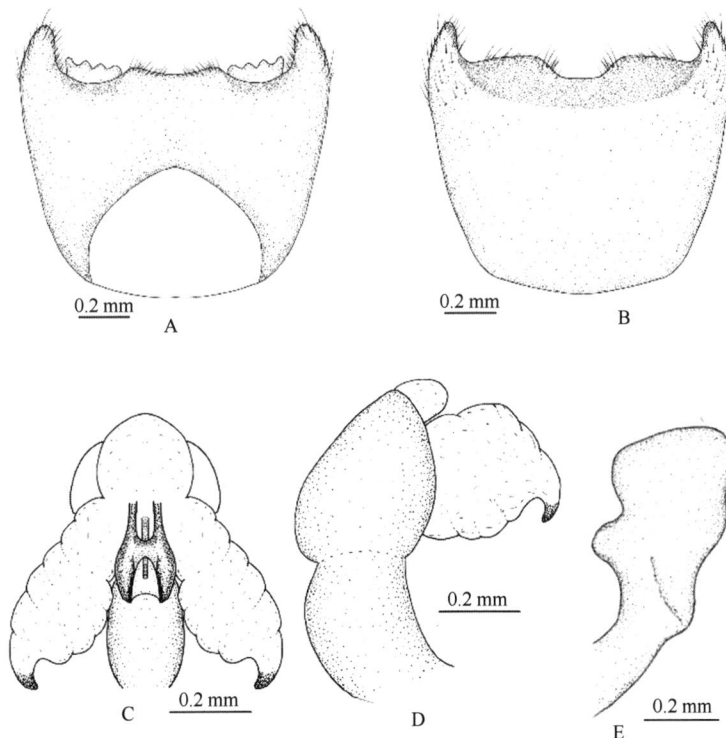

图 18-18　峨嵋疣蝽 *Cazira emeia* Zhang et Lin, 1982

A. 雄虫生殖囊背面观；B. 雄虫生殖囊腹面观；C. 阳茎顶面观；D. 阳茎侧面观；E. 阳基侧突

雌性第 1 载瓣片中央半球状隆起，内侧缘两端接触，中央略分离，后缘弧形。第 8 侧背片三角形，内外缘均直，与第 9 侧背片外缘全长相接。第 9 侧背片相对宽椭圆形，与第 8 侧背片、载肛突平齐。

分布：浙江、陕西、甘肃、安徽、湖北、湖南、福建、台湾、广东、广西、四川、贵州、云南、西藏。

（350）削疣蝽 *Cazira frivaldszkyi* Horváth, 1889（图 18-19）

Cazira frivaldszkyi Horváth, 1889: 33.

Cazira sichuana Zhang et Lin, 1986: 92. New synonym.

主要特征：体长 10.0–12.0 mm。黄褐色至红褐色，头部基半、前胸背板胝区、小盾片基缘一带以及两瘤峰之间均为黑色。腹下蓝黑色，有蓝绿色光泽。

头斜向下伸出，宽大于长，侧缘在复眼前方凹入；侧叶稍长于或等于中叶，不在中叶前方会合。头部刻点较稀浅，基部及复眼周围区域黑色，端部黄色。复眼黑色，单眼黄色，两单眼间距大于复眼间的距离。触角第 1、2 节及第 3 节基部 3/4 黄褐色，其余黑色。喙褐色微红，背面黑色；第 1 节色稍浅，未超过头部后缘，最后一节伸至后足基节。小颊黑褐色边缘黄白色，具一列刻点。

前胸背板具较深的黑色刻点，前半黑色，后半棕色具长短不一的隆脊。前角具明显的指状刺突，斜指前方；前侧缘波曲状，前半具稀疏的锯齿；侧角伸出体外，末端圆钝具缺刻，前枝略向后弯，后枝不明显。后角圆钝。中线为一光滑的淡色线形隆起，胝区各侧有 3 个光滑的瘤，呈倒置的"品"字形排列，最外侧的较小。小盾片端半黄色，具 2 列纵向刻点，末端呈匙状卷起，中央略有缺刻；基半黑色，瘤体光滑，具两峰，左右两峰之间凹槽较浅，其后缘平削，削面黄色；基角处的小瘤与中央大瘤之间的沟亦浅。

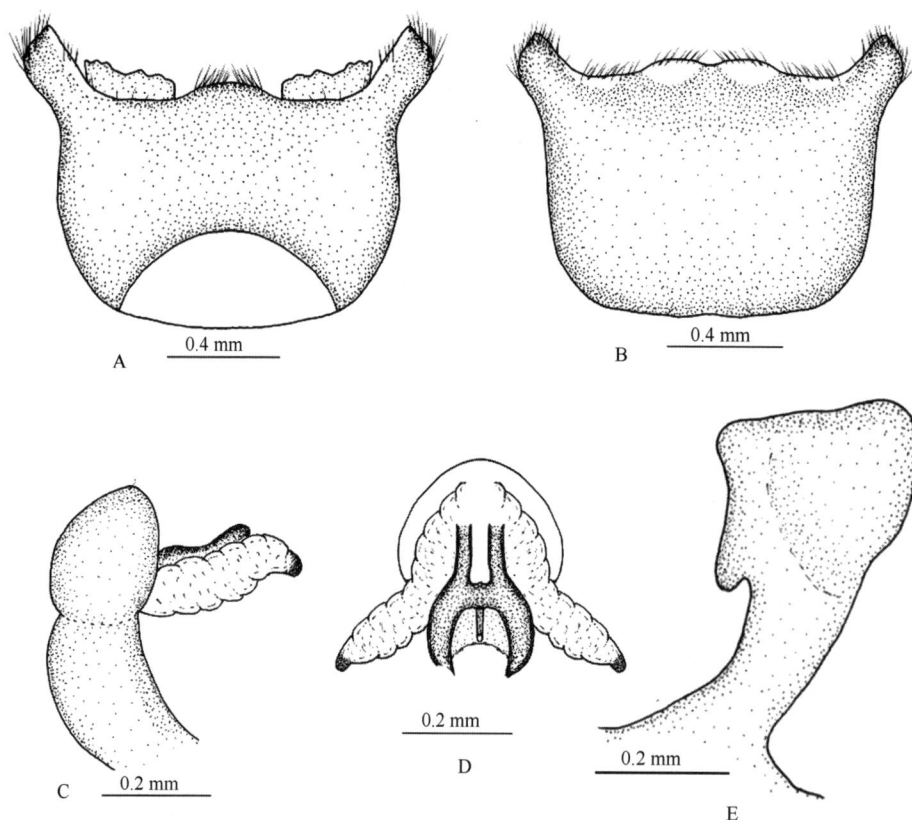

图 18-19　削疣蝽 *Cazira frivaldszkyi* Horváth, 1889
A. 雄虫生殖囊背面观；B. 雄虫生殖囊腹面观；C. 阳茎侧面观；D. 阳茎顶面观；E. 阳基侧突

翅革片棕褐色，刻点极浅，革片末端略超过小盾片末端；翅膜片伸出体外极长，中央为较宽的黄褐色带，两侧透明。

各胸节侧板黑色，足基节外侧具黄色隆起，后胸臭腺沟缘香蕉形，外侧端伸至侧板的一半。各胸节腹板黑色。前足腿节基半黄色端半黑色，近末端处具两个黑色刺突，胫节极度膨大，膨大处具蓝色光泽，内侧端具一小刺突，外侧膨大，约是胫节其他部分的 2 倍。中后足腿节不具大刺，但是具两个短钝的突起，胫节中段具黄环。各足跗节黄色，第 1 节及第 3 节端半色深。爪黄褐色。

腹部背腹面黑色具蓝色光泽。侧接缘的侧角末端圆钝。腹下基部无刺突，雄虫腹下无"绒毛区"。

雄性生殖囊宽大于长，背后缘内凹，中央稍隆起，两侧的生殖囊板较宽，其外缘强烈锯齿状，背后缘波浪形，其外侧具两个透明斑，中凹不明显；后侧角伸出明显，耳状，内侧缘具狭窄的透明带，末端具长刚毛。阳基侧突端部宽于基部，内侧缘具一缺刻。阳茎简单，系膜侧叶狭长，末端不分叉，骨化，指状。

雌性第 1 载瓣片中央呈脊状隆起，两隆起的脊之间呈倒"V"形内凹，内侧缘不直，全长相接；后缘平直。第 8 侧背片三角形，外侧缘卷起，两端具黑斑，内缘稍有弧度，与第 9 侧背片外缘相接。第 9 侧背片相对宽短，远于第 8 侧背片而稍长于载肛突。

分布：浙江、江苏、安徽、江西、福建、四川、贵州、云南；印度，不丹，尼泊尔。

注：作者观察了保存于匈牙利国家博物馆的削疣蝽 *Cazira frivaldszkyi* 的模式标本以及保存于中国科学院的四川疣蝽 *Cazira sichuana* 的模式标本发现，章士美、林毓鉴 1986 年所指的特征并不能将这两个种区分开，除了颜色有些差异，其他特征基本相同，而颜色差异在本属的种内变异是极大的，故认为 *Cazira sichuana* 是 *Cazira frivaldszkyi* 的次异名。

（351）无刺疣蝽 *Cazira inerma* Yang, 1934（图版 VII-103）

Cazira inerma Yang, 1934b: 99.

主要特征：体黄褐色至红褐色，头部基半、前胸背板、胝区、小盾片基缘一带以及两瘤峰之间均为黑色。腹下蓝黑色，有蓝绿色光泽。

头斜向下伸出，宽大于长，侧缘在复眼前方凹入且边缘色深；侧叶稍长于或等于中叶，不在中叶前方会合。头部刻点较稀浅。复眼黑色，单眼红色，两单眼间距大于与复眼间的距离。触角棕色。喙棕褐色，第 1 节及最后一节色稍深。第 1 节未超过头部后缘，最后一节伸至后足基节。小颊棕褐色，比较低矮，仅包围住喙的基部，刻点稀浅。

前胸背板具较深的黑色刻点。前半色稍深，后半棕色，具长短不一的隆脊。前角具明显的指状刺突，斜指前方；前侧缘波曲状，前半具稀疏的锯齿；侧角伸出体外，末端圆钝具缺刻，前枝略前后弯，后枝不明显。后角圆钝。中线为一光滑的隆起，胝区各侧有 3 个光滑的瘤，呈倒置的"品"字形排列，最外侧的较小。小盾片三角形，黄色，端半具 2 列纵向刻点，中央有一黄色隆脊，末端呈匙状卷起；基部的大瘤瘤体光滑，具两峰，左右两峰之间凹槽较浅，其后缘不平削；基角处的小瘤光滑，与中央大瘤之间的沟亦浅。翅革片红褐色，刻点极浅，革片末端略超过小盾片末端；翅膜片伸出体外极长，中央为较宽的棕褐色带，两侧透明。

各胸节侧板红褐色，后胸臭腺沟缘香蕉形，外侧端伸至侧板的一半，具黄色斑。挥发域较明显。各胸节腹板黑色。足红褐色，腿节色稍深。前足腿节近末端具一大刺，背腹面还各具一短钝的突起，胫节极度膨大，内侧端中央及末端具一尖锐的刺突，外侧膨大，约是胫节其他部分的 2 倍。中后足腿节不具大刺，但是具两个短钝的突起，胫节中段具黄环。各足跗节红棕色，爪棕褐色。

腹部背腹面红棕色，腹下具稀疏的黄斑。侧接缘的侧角末端圆钝。腹下基部无刺突，雄虫腹下第 4、5 节之间各侧有小凹陷状密生绒毛的"绒毛区"。

分布：浙江、陕西、湖南、福建、海南、广西、四川、贵州；越南。

203. 曙厉蝽属 *Eocanthecona* Bergroth, 1915

Eocanthecona Bergroth, 1915: 484. Type species: *Cimex furcellata* Wolff, 1811.

主要特征：体中型，长椭圆形。头部侧叶稍长于或等于中叶，但不在中叶前方会合。喙粗壮，第4节和第3节相等。小颊隆起，突出，但是较短，仅占头部前方的一半。前胸背板前侧缘具有细圆齿或者小齿，侧角伸出明显，末端圆钝或呈二叉状。小盾片基部无隆起，末端窄于革片。后胸腹板略突起，但是不呈明显的沟。臭腺沟缘扁平而宽阔，竹片状，外耳伸达后胸侧缘的一半，被挥发域包围。腹部基部具有短的刺突，超过后胸基节，侧接缘侧角明显，最后一节侧角尖锐。前足腿节具有刺，前足胫节膨大呈叶片状，亚端部具尖刺。雄虫腹部具有绒毛区。

分布：古北区、东洋区、澳洲区。世界已知20种，中国记录11种，浙江分布4种。

分种检索表

1. 前胸背板侧角二叉状，明显伸出体外 ·· 2
- 前胸背板侧角圆钝或尖锐，不呈二叉状 ·· 3
2. 前足胫节强烈扩展呈叶片状，扩展部分最宽处远大于胫节其他部分的宽，小盾片基角具黄色光滑大圆斑 ·············· **曙厉蝽 E. concinna**
- 前足胫节外侧扩展部分的最宽处约等于胫节其他部分的宽，小盾片基角的黄色极小且斑驳 ········· **二斑曙厉蝽 E. binotata**
3. 体较宽阔，小盾片基角的黄斑明显小于复眼直径，末端仅在端缘黄白色 ············· **宽曙厉蝽 E. shikokuensis**
- 体较狭长，小盾片基角的黄斑等于复眼大小，末端具近半圆形的黄白斑 ·············· **黑曙厉蝽 E. thomsoni**

（352）二斑曙厉蝽 *Eocanthecona binotata* (Distant, 1879)（图 18-20；图版 VII-104）

Canthecona binotata Distant, 1879: 47.

Cantheconidea binotata: Schouteden, 1907b: 45.

Eocanthecona binotata: Thomas, 1994: 175.

主要特征：体长 13.5–16.5 mm。椭圆形，向后渐尖。棕褐色，在侧叶、前胸背板侧缘、侧接缘等处具金绿色光泽。

头宽大于长，黄褐色，侧缘在复眼前方略凹入，侧叶等于中叶。复眼棕褐色，眼柄黄色。单眼红色，离复眼比较近。触角第2、3节棕褐色，第4、5节基半黄褐色，端半黑色。喙超过后足基节。

前胸背板密布粗刻点，前侧缘具圆钝的锯齿，其后有隐约而断续的金绿色褐纹，其前半明显；前胸背板侧角黑褐色，末端具缺刻，有的个体不明显，前枝最末端黄色。后角圆钝。胝区棕褐色。小盾片底色淡黄褐色，密布黑褐色刻点，具金绿色光泽，末端黄白色。基角小斑、小盾片末端及隐约的宽中纵线均刻点稀少。翅革片刻点较浅，红褐色，在胫脉内侧中部以后有一小黑斑；膜片端半两侧透明，基半棕褐色，伸出腹部末端较多。

足基节黄白色，股节基部黄白色，其余黑褐色，腹面颜色浅于背面。前足股节近末端处具大刺，胫节黑褐色，中间颜色稍淡，外侧的叶状扩展部分最宽处约等于胫节其余部分的宽度，内侧近中部具尖刺。跗节及爪黄褐色，具金色长毛。

腹部腹面黄白色，各腹节侧缘节间有一金绿色斑。腹基刺突黄白色，伸至后足基节之间。侧接缘金绿色，侧角尖锐地向后伸出，最后一节尤为明显。雄虫腹部腹面无"绒毛区"。

雄虫生殖囊长约等于宽，腹面具许多深色大刻点。背后缘波浪形，具一对近椭圆形的生殖囊板，外缘锯齿状；腹后缘波浪形，腹面端部中央具近圆形的内褶；后侧角末端圆钝，不伸出。阳基侧突基部大于端部，末端尖，呈钩状，外缘弧形；内缘近基部外凸明显。阳茎具系膜侧叶和系膜顶叶，系膜侧叶不分枝，末端不骨化，顶叶较短，不伸出阳茎鞘，不分叉。

雌性第 1 载瓣片黄白色，基部中央具黑斑，内缘平直，基部接触，向端部逐渐分离。第 8 侧背片近三角形，内缘及后缘棕黑色，内缘平直，外缘弧形，其末端明显短于第 9 侧背片及载肛突。第 9 侧背片末端稍长于载肛突。

分布：浙江、贵州、江西、重庆、广东、香港、海南、广西、四川、云南；印度。

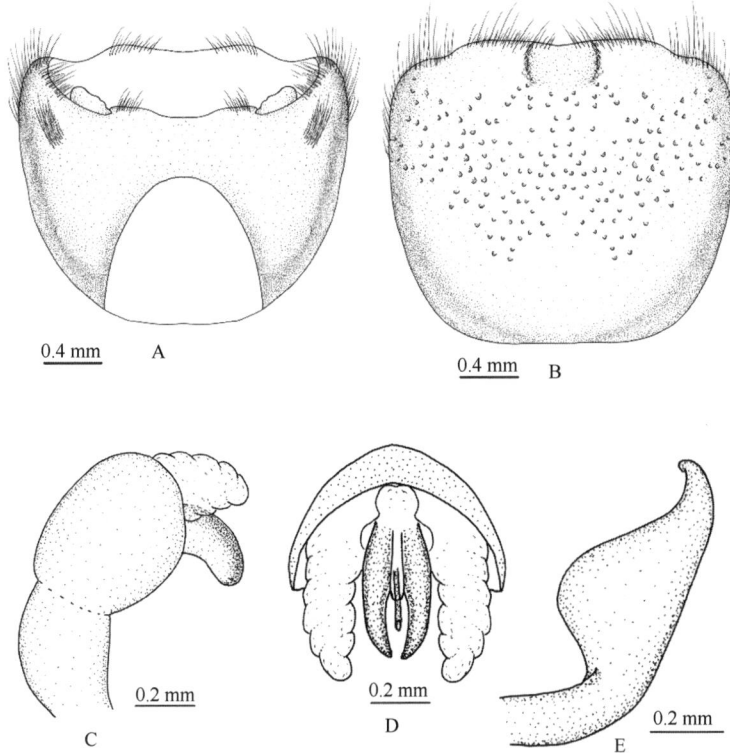

0.4 mm　A

0.4 mm　B

0.2 mm　C

0.2 mm　D

0.2 mm　E

图 18-20　二斑曙厉蝽 *Eocanthecona binotata* (Distant, 1879)

A. 雄虫生殖囊背面观；B. 雄虫生殖囊腹面观；C. 阳茎侧面观；D. 阳茎顶面观；E. 阳基侧突

（353）曙厉蝽 *Eocanthecona concinna* (Walker, 1867)（图 18-21）

Canthecona concinna Walker, 1867a: 131.

Cantheconidea concinna: Kirkaldy, 1910: 104.

Eocanthecona concinna: Miyamoto, 1965b: 229.

主要特征：体长 11.5–16.5 mm。宽卵圆形，背面暗黄褐色或棕褐色，具不规则零星黄斑。

头向前平伸，长约等于宽，棕黑色，末端平圆。侧叶与中叶等长，侧缘在复眼前方略内凹，有时在中叶后具不明显的淡黄色线，此线可与前胸背板中间的纵线相接。复眼棕褐色，眼柄黄色。单眼黄色，两单眼之间的距离远大于和复眼间的距离。触角黄褐色，其前两节黄褐色，末端 3 节的末半段棕黑色，基部黄色，而第 4、5 节的末端更黑。喙伸至后足基节或中后足基节之间。

前胸背板前半色稍深，前角具短钝的刺突，侧角更黑些，发达，前胸背板侧角伸出，末端呈二叉状，钝齿状，叉的两枝约相等；前侧缘的前半段有细小的锯齿，后半较平直；后角圆钝。胝区颜色略深。小盾片的末端圆钝，黄白色；基侧角上有两个大黄白斑。翅革片刻点较浅，末端有时更黄或者微红；膜片超过腹末，棕黑色，其外缘区的中间透明。

前足胫节及腿节末端棕黑色，腿节近末端有刺，胫节外侧强烈扩展呈叶状，叶状部分的宽度远大于胫节其他部分的宽度，内侧中间具一尖锐的小刺；中足及后足腿节末端和胫节的基部及末端棕黑色，其余部分黄色。前足跗节黑色。

　　腹部腹面棕褐色，具浅刻点，基部具短刺，伸至后足基节之间。腹下靠近末节处有一大黑斑，雄虫在第 5、6 腹节两侧各有一长方形的"绒毛区"。侧接缘显露，黄黑相间，其侧角为极小的尖角，最后一节尤为明显。

　　雄虫生殖囊腹面具许多深色大刻点。背后缘波浪形，中央外凸，具一对近椭圆形的生殖囊板，外缘锯齿状。阳基侧突基部大于端部，末端尖，呈钩状，外缘弧形；内缘近基部外凸明显。阳茎具系膜侧叶和系膜顶叶，系膜侧叶长形，不分枝，末端不骨化，顶叶较长，明显伸出阳茎鞘，深二叉状。

　　雌性第 1 载瓣片黄白色，周缘棕褐色，内缘平直，全长相接触，后缘略波曲。第 8 侧背片近三角形，棕褐色，具零星黄斑，其末端与第 9 侧背片及载肛突约平齐。第 9 侧背片及载肛突棕褐色，具零星黄斑。

　　分布：浙江、河南、江西、湖南、福建、台湾、广东、海南、广西、四川、贵州、云南、西藏；越南。

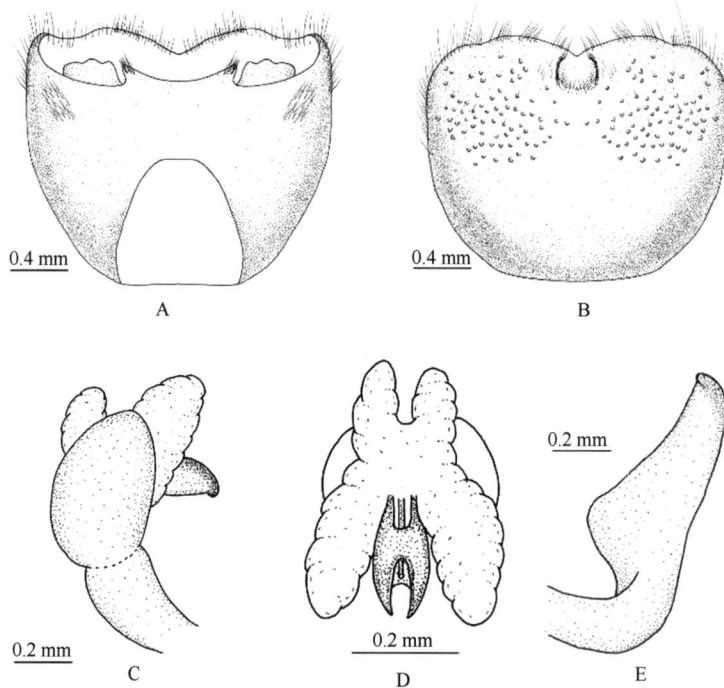

图 18-21　曙厉蝽 *Eocanthecona concinna* (Walker, 1867)

A. 雄虫生殖囊背面观；B. 雄虫生殖囊腹面观；C. 阳茎侧面观；D. 阳茎顶面观；E. 阳基侧突

（354）宽曙厉蝽 *Eocanthecona shikokuensis* (Esaki *et* Ishihara, 1950)　中国新记录（图 18-22）

Cantheconidea shikokuensis Esaki *et* Ishihara, 1950: 55.

Eocanthecona shikokuensis: Thomas, 1994: 177.

　　主要特征：体长 12.5–15.5 mm。宽卵圆形，红棕色，有时在头部、前胸背板前半、小盾片具浓密的黑刻点。

　　头极度向下倾斜，宽大于长，红棕色，中线隐约的黄色。侧叶等于中叶或略长于中叶，侧缘在复眼前方凹入。复眼棕褐色，眼柄黄色。单眼微红色，离复眼较近。头部腹面除侧叶黑绿色外，黄褐色。触角除第 1 节、第 5 节基部 4/5 黄褐色外，其余黑色。喙第 1 节淡黄色，向端部逐渐加深，第 1 节超过头部后缘，最后一节色深，超过后足基节后缘。小颊黄白色，具 1–3 列红棕色刻点。

　　前胸背板宽是长的 2 倍多，棕褐色。前角黄色，较小，为一短钝的小突起，未超过复眼外缘；前侧缘前半颗粒状；侧角呈钝耳状，末端无缺刻，不呈二叉状，最末端红棕色，伸出体外较短；后角圆钝，未超过内革片外缘；后缘平直。胝区周缘红棕色，无刻点。小盾片长约等于宽，具红棕色刻点，基半刻点大于端半，且色深；基角具一小的凹陷，其内侧有一小黄斑，不太明显，末端圆钝，无明显的黄白斑，仅末端边缘黄白色。翅革片红棕色，具小的浅刻点。膜片伸出腹部末端很多，两侧缘亚端部隐约具透明斑。后胸臭腺沟缘香蕉状，细长，红棕色。挥发域三角形，后缘几乎伸至后胸侧板后缘。

各足基节外侧红棕色斑，有时延伸至侧板边缘。各足腿节端部、胫节两端红褐色，其余黄白色。前足腿节近端部具一黄褐色大刺；前足胫节外侧叶状扩展部分稍大于胫节其他部分的宽度，胫节内侧中央具一尖锐的小刺。各胸节腹板中央具一隆脊，中胸腹板黑色。

腹部腹面黄白色或黄褐色，具稀浅的刻点。各腹节两侧具棕褐色斑。各节侧接缘中央黄色，两侧红褐色，侧角极短，末端不锐。第7腹节中央具一红棕色斑。气孔周围红棕色。

雄性生殖囊背后缘波浪形，具一对近方形的生殖囊板，外缘锯齿状；腹后缘亦为波浪形；后侧角末端圆钝，伸出不明显，具浓密长刚毛。阳基侧突端部尖，钩状，内缘外凸不如上述种明显。阳茎具系膜侧叶，顶叶缺失；侧叶不分枝，狭长，全部膜质末端不分叉。

雌性第1载瓣片片状，近方形，内缘及外缘平直，第9侧背片与载肛突等长，均略短于第8侧背片。

分布：浙江、江西、湖南、福建、广西、重庆、云南；日本。

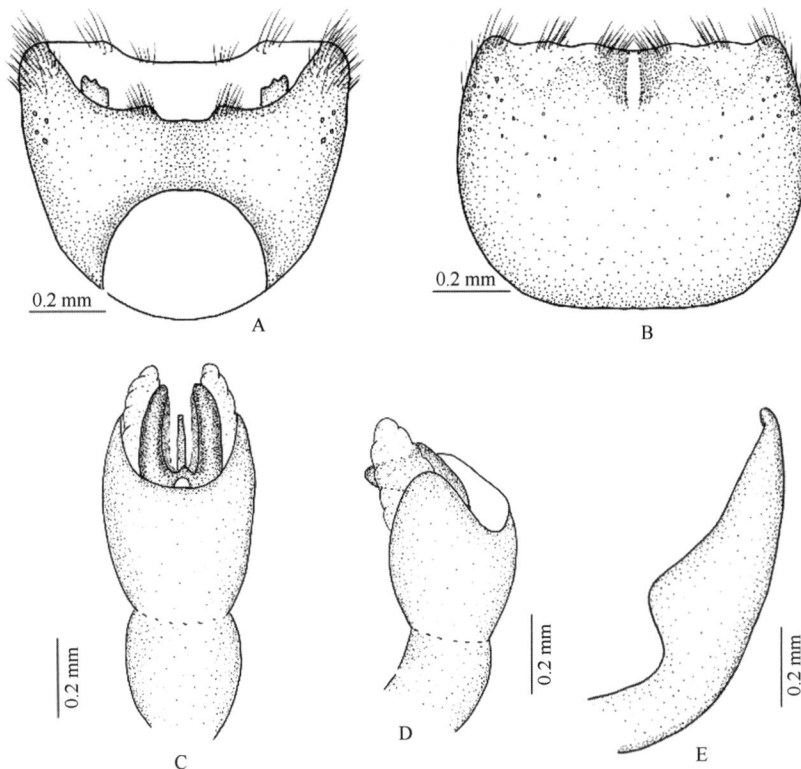

图 18-22　宽曙厉蝽 Eocanthecona shikokuensis (Esaki et Ishihara, 1950)
A. 雄虫生殖囊背面观；B. 雄虫生殖囊腹面观；C. 阳茎背面观；D. 阳茎侧面观；E. 阳基侧突

（355）黑曙厉蝽 *Eocanthecona thomsoni* (Distant, 1911)（图 18-23）

Cantheconidea thomsoni Distant, 1911: 351.

Eocanthecona thomsoni: Thomas, 1994: 178.

主要特征：体长 11.8–17.5 mm。棕黑色，头部略带金属绿光泽，具黑色刻点。

头向下倾斜，宽大于长，黑色，中线隐约的黄褐色。侧叶等于中叶或略短于中叶，黑色具绿色光泽，侧缘在复眼前方凹入，中叶中间黄褐色，复眼棕褐色，其内侧有一黑色光滑胝斑，眼柄黄色。单眼红色，离复眼较近。头部腹面除侧叶黑绿色外，黄褐色。触角除第1节、第4节基部和第5节基半微黄外其余黑褐色。喙除第1节颜色淡，为黄褐色外，其余黑褐色，超过后足基节后缘。小颊黄白色，具两列棕色大刻点。

　　前胸背板棕褐色，前侧缘内侧及侧角黑色，带蓝绿色光泽，基部中央有一领状黄斑。前缘内凹；前角黄色，较小，未超过复眼外缘，横向伸出体外；前侧缘颗粒状；侧角呈钝耳状，末端无缺刻，不呈二叉状，较尖，黑色，后角圆钝，后缘平直。胝区黑色，中央具黄胝斑。小盾片具黑褐色刻点，中央有一较窄的黄线，基角具一小的凹陷，具蓝绿色光泽，其内侧有一黄白斑，大小约等于复眼直径，末端圆钝，具近半圆形黄白色斑。翅革片灰棕色，刻点较浅，顶角处具一黑斑。膜片中央有一不规则的宽阔黑纵带，两侧透明，伸出腹部末端很多。后胸臭腺沟缘香蕉形，几乎占挥发域全长，外侧半黑色，内侧半黄色。挥发域三角形。

　　各足基节外侧有一略带蓝绿光泽的黑斑，后足基节的黑斑延伸至侧板边缘。各足腿节端部、胫节基部1/3 及端部 1/3 及跗节黑色，其余黄白色。前足腿节近端部具一黑色大刺，略带蓝绿色光泽，前足胫节外侧叶状扩展部分比较宽，约等于或稍大于胫节其他部分的宽度，胫节内侧中央具一尖锐的小刺。各胸节腹板中央具一隆脊，中胸腹板黑色。

　　腹部腹面黄褐色，具极为稀浅的刻点。

　　雄性生殖囊宽大于长，腹面具浓密的深刻点。背后缘波浪形，具近方形的生殖囊板，外缘平滑；腹后缘波曲，中凹极浅；后侧角末端圆钝，不伸出，具浓密长刚毛。阳基侧突基部大于端部，末端尖，钩状不明显，内缘近基部外凸。阳茎具系膜侧叶和系膜顶叶，系膜侧叶狭长，末端钩状，不骨化，不分叉；系膜顶叶短，不分叉，末端未伸出阳茎鞘。

　　雌性第 1 载瓣片片状，灰白色，中央略外凸，内缘平直，全长相接触，后缘不平直，具稀疏长刚毛。第 8 侧背片稍长于第 9 侧背片及载肛突，三者均为黑色且具稀疏长刚毛。

　　分布：浙江、河北、湖北、江西、福建、广西、四川、贵州；日本。

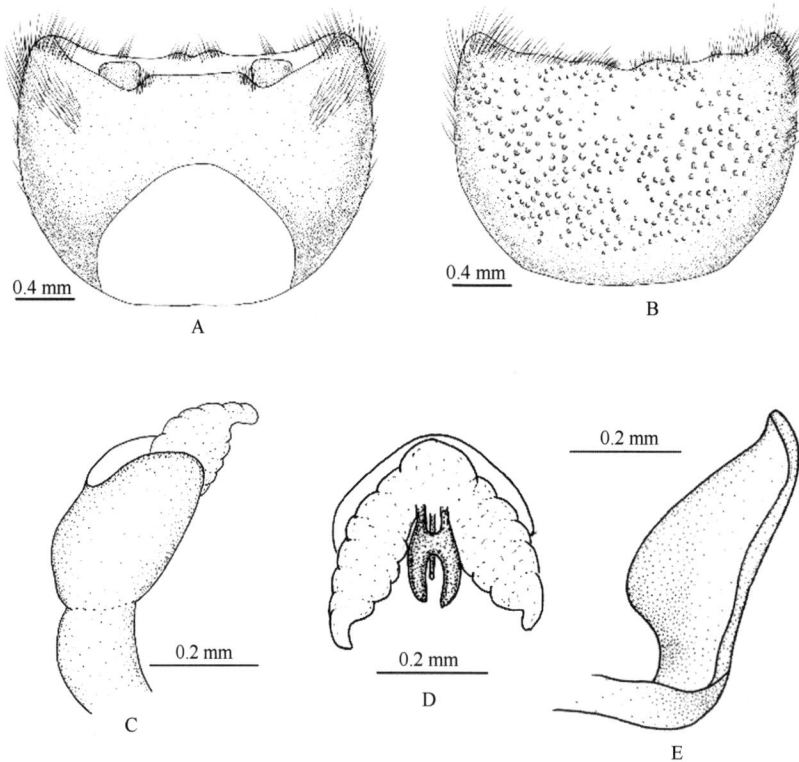

图 18-23　黑曙厉蝽 *Eocanthecona thomsoni* (Distant, 1911)
A. 雄虫生殖囊背面观；B. 雄虫生殖囊腹面观；C. 阳茎侧面观；D. 阳茎顶面观；E. 阳基侧突

204. 益蝽属 *Picromerus* Amyot *et* Serville, 1843

Picromerus Amyot *et* Serville, 1843: 84. Type species: *Cimex bidens* Linnaeus, 1758.

　　主要特征：体长椭圆形，喙比较粗壮，伸达后足基节，第 2 节最长，第 3、4 节几乎相等，且两节之和小于第 2 节。小颊明显，且后方连接。侧叶和中叶几乎相等，或侧叶微长于中叶，且不在其前方会合。前胸背板前侧缘较厚，边缘锯齿状；侧角伸出较多，呈不等的二叉状或圆钝。小盾片平坦无突起。臭腺沟扁平，弯曲，外耳伸至后胸侧缘的一半且几乎全部被挥发域包围。前足腿节亚端部具有一前指的大刺，前足胫节具棱，近中央具尖锐的刺。腹部腹面具有小的刺突或不明显，没有伸至后足基节之间。

分布：古北区、东洋区、新北区。世界已知 11 个种，中国记录 6 种，浙江分布 3 种。

分种检索表

1. 侧接缘全黑，前胸背板侧角二叉状；体背面全黑，无黄白色斑，膜片几乎不伸出腹部末端 ……………… **黑益蝽** *P. griseus*
- 侧接缘黄黑相间，前胸背板侧角稍呈二叉状，后枝仅为一小的突起；体背面具黄斑，膜片远伸出腹部末端 …………… 2
2. 前胸背板前侧缘前半具有一宽的白边，其最宽处相当于眼的宽度；前胸背板侧角前枝极长且略向后弯 …………………
……………………………………………………………………………………………… **绿点益蝽** *P. viridipunctatus*
- 前胸背板前侧缘前半没有一宽的白边，或者仅在最边缘处有狭细的白边 ……………………………… **益蝽** *P. lewisi*

（356）黑益蝽 *Picromerus griseus* (Dallas, 1851)（图 18-24）

Canthecona grisea Dallas, 1851: 92.

Picromerus griseus: Hsiao *et al.*, 1977: 83.

主要特征：体长 11.0–15.5 mm。棕黑色，背面颜色深于腹面，具黑色刻点。

头略向下倾斜，背面颜色较体色略深，被黑色刻点。头长约等于宽。复眼棕褐色，眼柄处红褐色，紧挨前胸背板。单眼红色。侧叶黑色，在复眼前方略内凹，不明显，末端圆钝。中叶等于侧叶，平坦，刻点

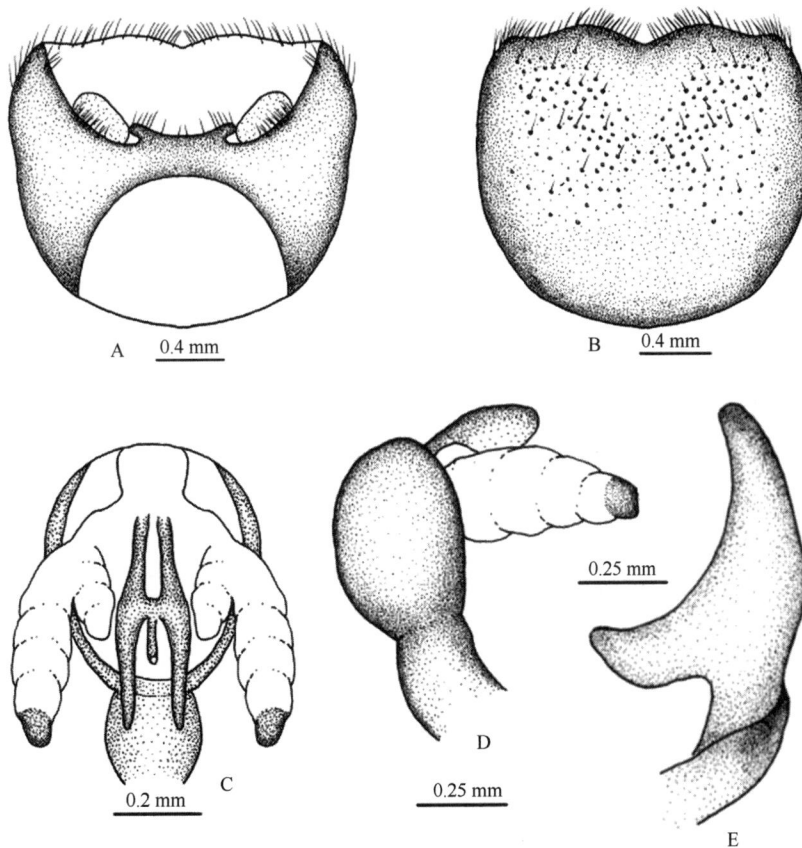

图 18-24　黑益蝽 *Picromerus griseus* (Dallas, 1851)
A. 雄虫生殖囊背面观；B. 雄虫生殖囊腹面观；C. 阳茎顶面观；D. 阳茎侧面观；E. 阳基侧突

颜色同侧叶。触角第 1 节黄色,短圆柱形,第 2 节及第 3、4、5 节基半 1/2 黄色,其余部分黑色。喙较粗壮,几乎伸达腹部基部。

前胸背板宽是长的 2 倍多,刻点黑色,中间呈一微弱的隆脊。前缘明显内凹;前侧缘具粗壮的黑色锯齿;侧角黑色,边缘不具齿,末端分叉;后角呈锐角,呈鹰钩状弯曲,抵达爪片外缘;后缘较平直。胝区黑色,边缘光滑,其后方有一小褐色斑。小盾片长约等于宽,基角具两深凹但无黄白色斑,末端圆钝且盖住革片顶角,中部多少呈"Y"形隆起。革片及外革片颜色较身体淡。膜片烟褐色,末端到达或略超过腹部末端。后胸臭腺沟略弯曲,黑色,伸至侧板边缘的一半,挥发域明显,呈三角形,环绕臭腺沟缘。

前足腿节不膨大,近末端具有一大刺,前足胫节亦不膨大,黑色,在近中部具有一个指向末端的刺突。基节外侧具有橙黄色胝状斑。足腿节红棕色,具黑色刻点,被金色或白色较短的刚毛。中后足腿节基部 1/2 黄白色,其余部分黑色,被有金色或白色长毛。

腹部腹面黑色,略有铜色光泽,具同色浅刻点。腹部基部刺突不明显,仅为刺突状小隆起。腹下中央有一条纵向黑线,从第 3 节至第 4 节,有时此线也会模糊。侧接缘为清一色的纯黑色。

雄性生殖囊背后缘中央略凹陷,具近三角形的生殖囊板;腹后缘具中凹,具长刚毛,两侧外凸;后侧角圆钝,略高于中凹的底部。阳基侧突基部宽阔,末端尖锐且呈指状,外缘拱形且极厚;内枝短,圆钝,外缘拱形;阳基侧突内凹约呈半圆形。阳茎具一对阳茎系膜侧叶,每个侧叶分成两部分;系膜顶叶长,二叉状。中交合板强烈骨化,基部愈合;阳茎端从中交合板的腹面明显伸出,但是不超过其末端。

雌性第 1 载瓣片状,具稀疏短刚毛,内缘后缘平直。第 9 侧背片近椭圆形,末端与第 8 侧背片平齐,且长于载肛突。

分布:浙江、新疆、江西、湖南、福建、广东、海南、广西、四川、贵州、云南、西藏;巴基斯坦,印度,不丹,孟加拉国,缅甸,印度尼西亚。

(357) 益蝽 *Picromerus lewisi* Scott, 1874 (图 18-25)

Picromerus lewisi Scott, 1874: 293.

主要特征:体长 10.5–15.5 mm。暗棕色,虫体背面较平整,头部和前胸背板的前区色更深,有一条不大明显的淡色线,从头部中叶的基端起,直至小盾片的后缘。

头向前平伸,长约等于宽,背面平坦,具黑色深刻点。侧叶约等于中叶或稍长,且在复眼前方凹入。中叶两侧平行,末端平截,具黑色刻点。复眼棕褐色,眼柄黄褐色,其内侧有一棕褐色圆斑,其上有零星黑刻点。单眼黄褐色或微红。触角黄褐色,第 3 节端部及第 4、5 节端半黑色,喙较粗壮,伸达后足基节之间。

前胸背板宽是长的 2 倍多,正中有淡黄色纵线,前半具不规则黑色碎斑,后半略拱隆,刻点黑色,深且大,分布较均匀。胝区色同体色,中央具刻点,不太明显,后方各具一小黄斑。前缘明显内凹;前角为明显的黄色小刺;前侧缘具粗糙肥厚不均的黄褐色小齿;侧角尖锐,伸出部分大于复眼直径,末端不分叉。小盾片具均匀的黑刻点,基部有两个小深凹,其内侧具有两个胝形黄斑。前翅革片灰色,缘片色稍深。膜片为极淡的黄色,翅脉棕黄色,末端略超过腹部末端。后胸臭腺沟缘黄色或橘黄色,香蕉形,内侧端尖锐,具黑斑,外侧端圆钝,有些个体也具黑斑,臭腺沟约伸至沟缘的 1/2。挥发域明显,三角形。

前足股节近末端具长刺,刻点大,黑色;中、后足股节不具大刺;各足胫节中段黄白色,端半具长刚毛。

腹部腹面棕褐色,具黑色浅刻点,较稀疏,基部具短钝的突起。腹下两侧碎黑斑相互连接成不规则黑斑。第 3–7 腹节中央具大黑斑,其中第 7 腹节黑斑最大。侧接缘黄黑相间。气门周围黑色。

雄性生殖囊背后缘中央略凹陷,具稀疏的刚毛;生殖囊板近方形;腹后缘的中凹浅且宽;两侧波浪形且外凸;后侧角短且圆钝,高于中凹的底部。阳基侧突细短,内表面具褶皱,末端尖锐且呈钩状,外缘略直;内枝细短且直,指向后侧方。阳茎具一对阳茎系膜侧叶,每个侧叶分成基部分支系膜侧叶和端部分支系膜侧叶。中交合板强烈骨化,基部愈合;阳茎端从中交合板的腹面明显伸出。

雌性第 1 载瓣片片状,近方形,内缘平直,外缘内侧略有些凹陷,第 8 侧背片与第 9 侧背片等长,都长于载肛突，但两者端部不相连。

　　分布：浙江、黑龙江、吉林、辽宁、内蒙古、河北、山西、山东、河南、陕西、宁夏、甘肃、新疆、江苏、安徽、湖北、江西、湖南、福建、广东、海南、广西、四川、贵州、云南；俄罗斯，朝鲜，日本。

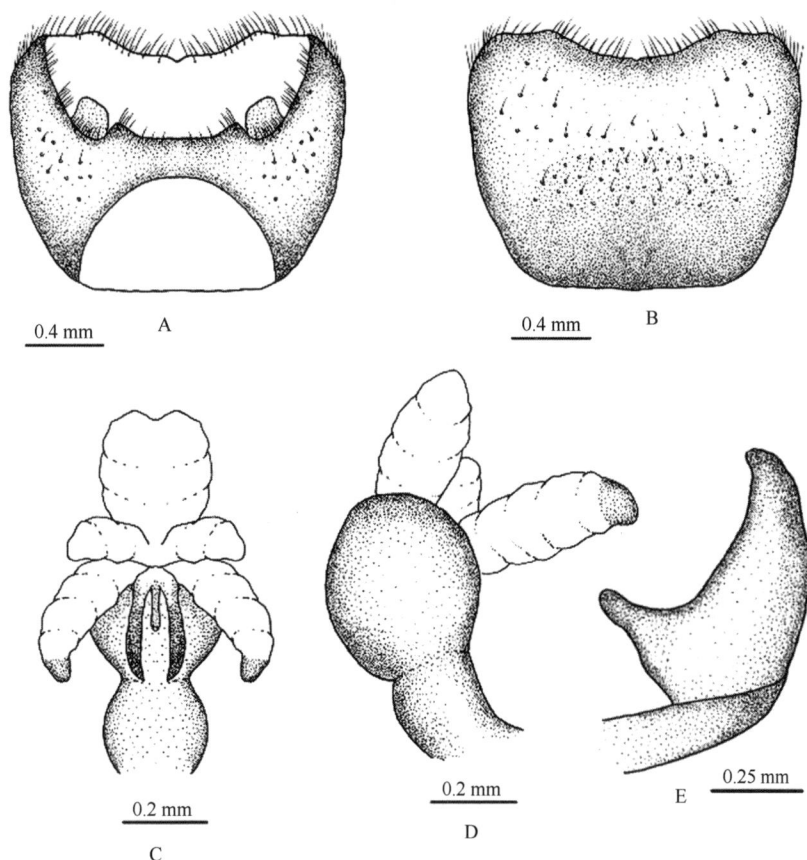

图 18-25　益蝽 *Picromerus lewisi* Scott, 1874
A. 雄虫生殖囊背面观；B. 雄虫生殖囊腹面观；C. 阳茎顶面观；D. 阳茎侧面观；E. 阳基侧突

（358）绿点益蝽 *Picromerus viridipunctatus* Yang, 1934（图 18-26）

Picromerus viridipunctatus Yang, 1934b: 104.

　　主要特征：体长 11.5–16.5 mm。棕褐色，头部背、腹面，以及前胸背板侧缘及侧接缘接合缝上下均具绿色光泽。

　　头略有些向下倾斜，黑色，具金绿色光泽，被黑色刻点。复眼棕色，眼柄黄色，离前胸背板很近。侧叶不在中叶前方会合，其外缘在复眼前方内凹，从复眼至凹陷处边缘黄褐色，凹陷处至末端黑色带有金绿色光泽。侧叶腹面黑色，具大片金绿色光泽。触角第 1 节短圆柱形，腹面黑色，背面黄白色，第 2 节和第 3 节基半黄褐色，第 3 节端半棕褐色，第 4、5 节基半黄褐色，端半棕褐色。喙比较粗壮，伸达后足基节。

　　前胸背板前半颜色较后半深，刻点黑色，有一条淡白色的中线，从前胸背板的前缘起，向后走，直达小盾片的末端。前侧缘具有较宽的白边，边缘具明显的锯齿；侧角黑色，伸出明显，末端分叉，前枝长于后枝；后侧缘不平直，略有点弯曲；后角钝角，未伸至爪片中央；后缘平直；小盾片背面具细密的黑色浅刻点，侧角具深凹，其内侧各有一白斑；末端圆钝，遮盖住革片的顶角，边缘略有些黄白色。前翅外缘不平直，略外凸。膜片白色透明，翅脉简单而色稍暗，末端具有茶褐色斑点。

　　后胸臭腺沟细线状，两端黑色。沟缘完全包围臭腺沟，外侧端 1/3 黑色，内侧末端黑色，其余黄色，挥发域明显。中胸腹板及后胸腹板黑色。足棕褐色。各足基节外侧有一金属绿光泽的斑。转节色淡，略有些发白。前足腿节近端部具大刺。前足胫节不膨大，棱形，有沟槽，近末端亦具末端尖锐的小刺。各足胫节中段黄白色，其余部分棕黑色。

腹部腹面棕褐色，具黑色大小不一的刻点。腹基刺突不明显，仅略隆起。第3腹节至第7腹节中间各有一个黑斑，而以第6节最大。雌性生殖节外面观棕黑色，仅在第8腹节外缘具一小黄斑。

雄性生殖囊背后缘中央略凹陷，具椭圆形生殖囊板和稀疏刚毛；腹后缘波浪形，中凹窄且深，具浓密长刚毛；后侧角圆钝，约与中凹底部平齐。阳基侧突短且粗，内表面具横褶皱，末端圆钝呈钩状，外缘略呈拱形；内枝短钝，外缘略外凸，末端指向后侧方。阳茎具一对阳茎系膜侧叶，不分成两部分，末端骨化；系膜顶叶短且不分叉。阳茎端从中交合板的腹面明显伸出，但不超过中交合板末端。

雌性第1载瓣片近方形，片状，具零星黑刻点；内缘直，端部相分离。第8侧背片近三角形，具黑色大刻点。第9侧背片长椭圆形，末端长于第8侧背片及载肛突。

分布：浙江、山西、安徽、湖北、江西、湖南、广东、广西、四川、贵州。

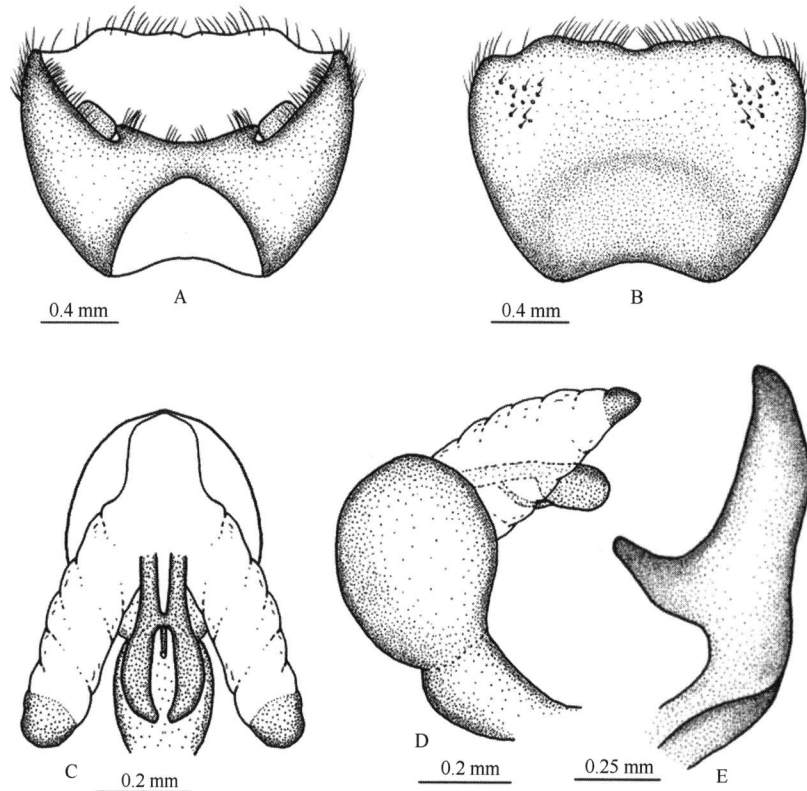

图18-26　绿点益蝽 *Picromerus viridipunctatus* Yang, 1934
A. 雄虫生殖囊背面观；B. 雄虫生殖囊腹面观；C. 阳茎顶面观；D. 阳茎侧面观；E. 阳基侧突

205. 蓝蝽属 *Zicrona* Amyot *et* Serville, 1843

Zicrona Amyot *et* Serville, 1843: 86. Type species: *Cimex caeruleus* Linnaeus, 1758.

主要特征：体小型，宽卵形，蓝黑色或紫蓝色，散布浅刻点，具光泽。头部侧叶稍长于中叶。喙比较粗壮，伸达中足基节。触角第2节最长，第3节和第4节几乎等长，但第2节短于第3、4节长度之和。小颊比较简单，略隆起，在喙的后方连接。前胸背板前角小指状突起，前侧缘较平直，边缘稍翘；侧角不明显，末端圆钝。小盾片背面平坦无隆起，两基角具凹陷，末端窄于革片。后胸腹板不隆起。后胸侧板的臭腺沟前缘及后缘部分不连接在一起；挥发域在臭腺沟缘前缘及后缘为较窄的条带。腹部基部无刺突。侧接缘侧角不伸出。前足腿节亚端部不具大刺，前足胫节圆柱形，不膨大，不具沟。前翅膜片暗褐色，末端稍超过腹部。雄性腹部没有多毛区。

　　分布：世界广布。世界已知 4 种，中国记录 1 种，浙江分布 1 种。

（359）蓝蝽 *Zicrona caerulea* (Linnaeus, 1758)（图 18-27）

Cimex caeruleus Linnaeus, 1758: 445.

Zicrona caerulea: Hsiao *et al.*, 1977: 87.

　　主要特征：体长 6.2–8.5 mm。蓝黑色或紫蓝色，全身上下，包括喙及足都为光泽的纯蓝色。触角及翅上膜质部全为蓝中带黑而稍呈闪光，密布同色小浅刻点。

　　头斜向下伸出，长约等于宽。复眼棕褐色，眼柄黑色。单眼红色。侧叶约等于中叶，不在中叶前方会合，在复眼前方略有一点内凹。触角为均一的黑褐色，第 1 节粗短，未超过头的末端，第 2 节最长，第 3、4、5 节约相等。喙比较粗壮，第 2 节最长，其余几节几乎相等，伸至中足基节之间。小颊同体色，较低矮，仅包围喙的基部。

　　前胸背板前半向下倾斜，后半略隆起。前角为极小的刺突；前侧缘平直；侧角圆钝，几乎不伸出；后角不明显；后缘亦平直无波曲。胝区不明显。小盾片三角形，未伸达腹面中央，背面有一些横褶皱，基角具两个凹陷，末端舌状，遮盖住革片顶角。爪片及革片一色，被同色浅刻点。膜片褐色，仅具几条简单的纵脉。腹面亦为蓝色，各胸节侧板外缘隆起。臭腺沟缘较细长，内端尖锐外端圆钝，前缘和后缘不连接。挥发域灰色，为窄长条。各足基节和转节棕褐色，其他各节黑色略带蓝色金属光泽。腿节亚端部不具大刺，具稀疏的金色刚毛；前足胫节不膨大，亦不具大刺，末端 1/3 具浓密的金色长毛；跗节第 1 节最长，约等于后两节之和，各节具浓密的金色长毛。

　　腹部背腹面均为蓝色，腹部基部无刺突。侧接缘外露，色均一，无侧角。

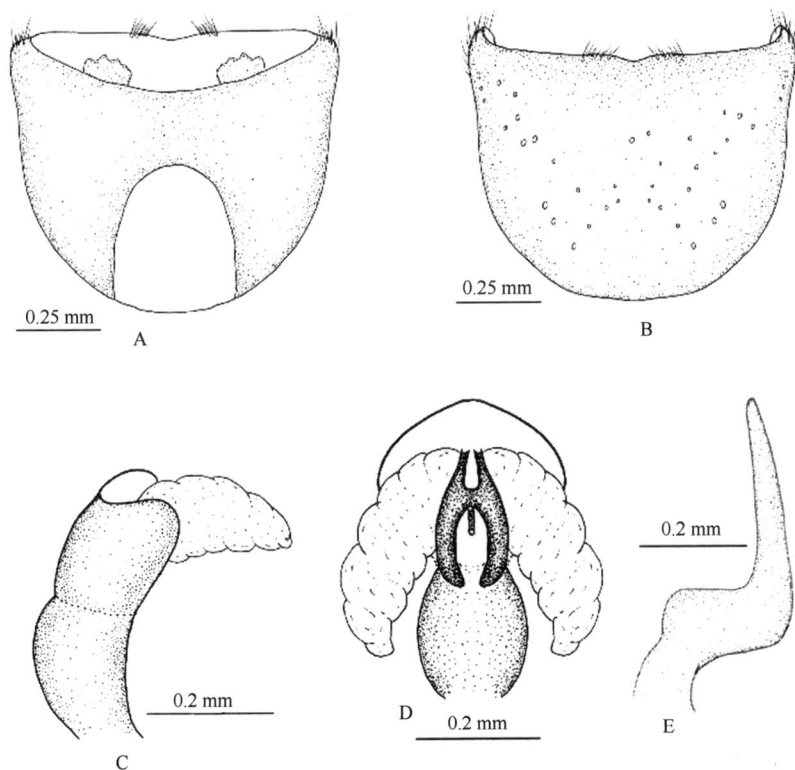

图 18-27　蓝蝽 *Zicrona caerulea* (Linnaeus, 1758)

A. 雄虫生殖囊背面观；B. 雄虫生殖囊腹面观；C. 阳茎侧面观；D. 阳茎顶面观；E. 阳基侧突

　　雄性生殖囊杯状，长大于宽，腹面具一些黑色大刻点。背后缘略内凹，生殖囊板近椭圆形，外缘锯齿状；腹后缘较平直，中央微微内凹；后侧角圆钝，不伸出。阳基侧突形状不规则，有一明显的弯曲，基部宽于端部，末端尖。阳茎简单，系膜侧叶宽阔，不分枝，末端不骨化，亦不分叉；顶叶缺失。

　　雌性第 1 载瓣片片状，具零星黑刻点；内缘不直，全长相接。第 8 侧背片外缘向腹部腹面卷起。第 9 侧背片长椭圆形，末端短于第 8 侧背片但长于载肛突。

　　分布：中国广布；俄罗斯，蒙古国，韩国，日本，巴基斯坦，印度，缅甸，越南，马来西亚，爪哇岛，苏门答腊岛，加里曼丹岛，伊朗，阿塞拜疆，土耳其，叙利亚，以色列，阿富汗，阿尔及利亚，欧洲，北美洲。

（二）蝽亚科 Pentatominae

分属检索表

16. 前足胫节呈叶片状扩张 ·· 岱蝽属 *Dalpada*
- 前足胫节不呈叶片状扩张 ··· 平蝽属 *Drinostia*

17. 小盾片呈"U"形或宽舌状 ·· 18
- 小盾片不呈"U"形或宽舌状 ·· 22

18. 体长小于 4 mm；小盾片覆盖前翅革片大部分，端部与腹末平齐 ············· 19
- 体长大于 4 mm；小盾片端部不超过腹末 ······································ 20

19. 前胸背板前侧缘略内凹；小颊前角角状 ·································· 安丸蝽属 *Sepontiella*
- 前胸背板前侧缘较平直；小颊前角低矮且圆 ·························· 丸蝽属 *Spermatodes*

20. 头平伸，背面观可见 ··· 21
- 头下倾，背面观几乎不可见 ·· 玉蝽属 *Hoplistodera*

21. 小颊前角犬牙状伸出；臭腺沟缘极长，端部尖细 ····················· 牙蝽属 *Axiagastus*
- 小颊前角不呈犬牙状；臭腺沟缘短小，端部圆钝 ····················· 二星蝽属 *Eysarcoris*

22. 前胸背板前侧缘不光滑 ··· 23
- 前胸背板前侧缘光滑 ·· 29

23. 头三角形，上颚片端部角状，在前唇基前方会合后，末端分开 ········ 薄蝽属 *Brachymna*
- 头不呈三角形，上颚片端部圆钝 ··· 24

24. 前胸背板前侧缘侧面前半具一黄白色胝状宽条带 ····················· 辉蝽属 *Carbula*
- 前胸背板前侧缘侧面前半无黄白色胝状宽条带 ······························· 25

25. 前胸背板侧角尖刺状；头上颚片端部斜平截 ·························· 突蝽属 *Udonga*
- 前胸背板侧角不呈尖刺状；头上颚片端部圆钝 ······························· 26

26. 体碧绿色；臭腺沟缘端部尖锐，其长度约为挥发域宽度的 2/3，末端具一个小黑斑 ··· 碧蝽属 *Palomena*
- 体不呈碧绿色；臭腺沟缘末端无小黑斑 ······································· 27

27. 臭腺沟缘长度明显超过挥发域宽度的 1/2，端部 2/3 细线状 ··········· 全蝽属 *Homalogonia*
- 臭腺沟缘长度不超过挥发域宽度的 1/2，端部圆钝 ··························· 28

28. 上颚片明显长于前唇基 ··· 烟蝽属 *Valescus*
- 上颚片不长于前唇基 ·· 真蝽属 *Pentatoma*（部分）

29. 臭腺沟缘和挥发域均退化；前胸背板胝区后常具不同程度的横凹痕 ······ 菜蝽属 *Eurydema*
- 臭腺沟缘不退化消失；前胸背板胝区后无横凹痕 ···························· 30

30. 触角第 2 节明显长于第 3 节 ·· 31
- 触角第 2 节等于或短于第 3 节 ··· 32

31. 臭腺沟缘长度明显大于挥发域宽度的 1/2 ································· 褐蝽属 *Niphe*
- 臭腺沟缘长度小于挥发域宽度的 1/3 ···································· 斑须蝽属 *Dolycoris*

32. 体表全部或部分具白色直立长毛 ··· 云蝽属 *Agonoscelis*
- 体表光滑无毛 ··· 33

33. 臭腺沟缘明显长于挥发域宽度的 1/2 ·· 34
- 臭腺沟缘短于挥发域宽度的 1/2 ·· 39

34. 前胸背板前侧缘呈整齐的狭边状 ·· 35
- 前胸背板不呈狭边状 ·· 38

35. 小盾片端部具大型黄白色圆斑 ··· 点蝽属 *Tolumnia*
- 小盾片端部无大型黄白色圆斑 ··· 36

36. 头端部宽阔平截；臭腺沟缘端部尖细但不呈细线状 ··················· 茶翅蝽属 *Halyomorpha*
- 头端部不平截；臭腺沟缘端部至少 1/3 呈细线状 ···························· 37

37. 头上颚片边缘和前胸背板前侧缘不同程度地向上卷翘 ················ 厚蝽属 *Exithemus*
- 头上颚片边缘和前胸背板前侧缘不卷翘 ····························· 纹头蝽属 *Critheus*

206. 麦蝽属 _Aelia_ Fabricius, 1803

Aelia Fabricius, 1803: 188. Type species: _Cimex acuminatus_ Linnaeus, 1758.

主要特征：体狭长，中小型，淡黄褐色，体背面中央和两侧具黄白色纵带及黑色刻点带，头和前胸背板呈弧形外拱。头长三角形，侧缘长且略平直，端部窄，上颚片长出前唇基较多，在前唇基前方会合，有时会合后分开。触角 5 节，第 1 节不伸达头端部，第 3 节长于第 2 节。喙伸达后足基节附近。前胸背板前缘中央宽阔且平直；前角宽且短钝；前侧缘较厚且微内凹，边缘具整齐的黄白色胝带；侧角几乎不伸出。侧缘弯折处不超过侧缘中点，端部宽大并略呈角状。前翅革片端部仅略超过小盾片端部。中、后胸腹板凹沟状。臭腺沟缘呈短小的耳壳状。侧接缘不外露。腹基中央平坦。

雄虫生殖节末端平截；生殖囊宽短，腹缘较平直，中央多具一缺刻，周缘密被短细毛；阳基侧突由相互垂直的两部分组成，一部分呈宽大片状，另一部分较窄，端部呈钩状；阳茎鞘中央环形内凹，其下方两侧各具一突起，顶叶系膜发达，阳茎端较短。

分布：除北美洲一种外，均分布于古北区。世界已知 25 种，中国记录 5 种，浙江分布 1 种。

（360）华麦蝽 _Aelia fieberi_ Scott, 1874（图 18-28；图版 VII-105）

Aelia fieberi Scott, 1874: 297.

Aelia nasuta Wagner, 1960: 171.

主要特征：体长 8.5–10.4 mm。淡黄褐色至褐色，密布刻点，中央具一纵贯全长的宽黑纵纹，其正中央具一光滑细纵中线。

头长与宽等长，中央具黑色刻点汇集形成的宽黑纵纹，由端部至基部渐宽，头侧叶明显长于中叶，且在中叶前相互接触，侧叶侧缘刻点黑色，形成一黑色纵线，呈微波状，在近端部处明显内凹；单眼淡黄色；触角红褐色，第 1 节淡黄色，由第 1 节至第 5 节渐深渐长；侧面观：小颊前部低平，中部微凹，后端形成一尖角状突起；喙 4 节，伸达第 3 可见腹节。

前胸背板正中央及沿前侧缘内侧具黑色刻点所组成的宽黑纵纹，自前向后渐宽渐浅，且中央黑纵纹上具一光滑细纵中线，前后粗细一致；前缘微凹，中央平直；前侧缘具淡黄色的窄脊状边，自前向后渐粗；小盾片长倒三角形，侧缘中部微凹，正中央具一光滑纵中线，与前胸背板纵线相衔接，但不伸达小盾片端部，其两侧的黑刻点形成黑纵纹，向端部渐窄，基角处由黑色刻点形成一短纵黑斑；前翅革片中裂外缘具一浅色光滑纵脊，其内侧具均匀黑色刻点，外侧刻点同体色；膜片透明，中央具一褐色细纵纹，直达膜片端部；胸部腹面淡黄色，前胸侧板外缘刻点黑色，胸侧板上各具一小黑点斑；足淡黄色，被稀疏黑色刻点，腿节近端部具 2 个小黑斑，爪基部黄色，端部黑色。

腹部背面黑色，端部具一长三角形的小浅色斑；腹下淡黄褐色，黑色小点斑形成 6 列不完整的纵纹。

雄虫生殖囊腹缘微波曲；阳茎顶叶系膜发达，宽扁，端部具一对突起；阳基侧突的片状结构端部近方形。

雌虫第 1 载瓣片上缘弧形，近中央处内凹，内角宽大，端部圆钝，其上着生数根长细毛。

分布：浙江（临安）、黑龙江、吉林、辽宁、内蒙古、北京、天津、河北、山西、山东、河南、陕西、甘肃、江苏、湖北、江西、湖南、四川、云南、西藏；俄罗斯，朝鲜，日本。

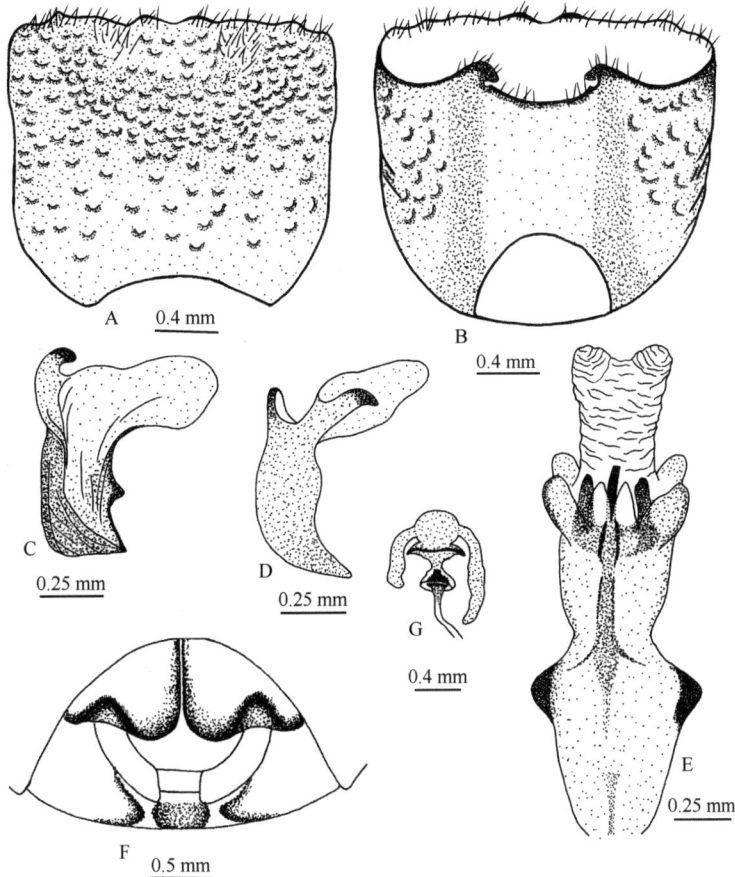

图 18-28　华麦蝽 *Aelia fieberi* Scott, 1874
A. 生殖囊腹面观；B. 生殖囊背面观；C. 阳基侧突正面观；D. 阳基侧突侧面观；E. 阳茎腹面观；F. 雌虫生殖节；G. 受精囊

207. 伊蝽属 *Aenaria* Stål, 1876

Aenaria Stål, 1876: 55. Type species: *Aenaria lewisi* (Scott, 1874).

主要特征：体狭长，前翅膜片明显超过腹末。头、前胸背板和小盾片黄绿色，前翅内革片暗褐色，外革片黄白色，头和前翅外革片上的刻点较前胸背板和小盾片上的刻点略密集。腹部腹面黄白色。

头大，宽大于长，与前胸背板约等长，端部圆钝，侧缘弧形外拱，头上颚片端部角状，向内侧靠拢，长于前唇基并在前唇基前方会合。触角 5 节，第 1 节不伸达头端部，第 2 节长于第 3 节。小颊低矮，前角略伸出。喙伸达中足基节后，不超过后足基节后缘，第 1 节完全包裹于小颊内。前胸背板低平，向前略下倾；前侧缘光滑扁薄，略平直；侧角圆钝，仅轻微伸出。小盾片长大于宽，端部较狭长，基角凹陷小。中胸腹板具纵凹沟。臭腺沟缘基半平伸，端半显著向前方弯曲，有时可达挥发域前缘，长度约为挥发域宽度的 1/2。足胫节具棱边，跗节 3 节。

雄虫生殖囊腹缘内褶发达，与腹缘之间形成一个宽大的凹坑，腹缘底部中央常具尖锐的黑色突起（伊蝽 *A. lewisi* 除外，其底部中央平坦），两侧外拱；腹缘内褶中央凹陷，底部常具黑色低矮突起，两侧高高隆起，端部常形成不同形状的尖锐突起。阳基侧突"C"形，或略直，基部有时具指状突起。阳茎鞘腹面基部中央具一短钝突起；阳基系膜基部膨大，具一对端部圆钝的骨化背突，阳茎系膜有时具背叶，基上颚片发达，膜质或端部具强烈骨化的尖锐角突。中交合板长，阳茎端细，与中交合板平行，但不伸出中交合板端部。

雌虫第 9 侧背片端部伸出第 8 腹节后缘，第 8 侧背片端部呈宽大的角状伸出，与第 9 侧背片端部约平齐。

分布：东洋区。世界已知 5 种，中国记录 4 种，浙江分布 3 种。

分种检索表

1. 小盾片侧缘亚端部具一小黑斑，前胸背板前侧缘直 ·· **直缘伊蝽 *A. zhangi***
- 小盾片侧缘亚端部无黑斑 ··· 2
2. 体腹面刻点全都无色 ·· **宽缘伊蝽 *A. pinchii***
- 体腹面刻点不全为无色 ··· **伊蝽 *A. lewisi***

（361）伊蝽 *Aenaria lewisi* (Scott, 1874)（图 18-29；图版 VII-106）

Drinostia lewisi Scott, 1874: 296.

Aenaria lewisi: Stål, 1876: 55.

主要特征：体长 10.5–11.5 mm。头平伸，宽大于长，端部圆钝，侧缘均匀外拱，并轻微上翘，边缘狭窄的黑色线状；头背面刻点较大，黑褐色，分布均匀，复眼内侧各有一个黄褐色光滑胝斑，头顶中央有 2 条隐约的光滑短纵带。触角第 1 节黄白色，外侧具黑色条带，第 2、3 节基部黄褐色，向端部渐变为黑褐色，第 4、5 节黑褐色，第 1 节不伸达头末端，第 2 节略长于第 3 节。头腹面淡黄褐色，中央具若干黑色和淡褐色小刻点，触角基上方具 1 黑色短带。小颊前角圆钝角状，略伸出，外缘平直，极为低矮。喙伸达后足基节前缘。

前胸背板轻微下倾，两侧除边缘外的刻点稍密集，侧角背面角体后缘处的刻点最为密集，黄褐色中央纵线隐约可见；前缘宽阔平坦的内陷，眼后部分平截；前角钝角状，不伸出，其末端与复眼外缘约平齐；前侧缘光滑，斜平直；侧角圆钝角状，略伸出体外，角体后缘下倾，其内刻点无色；后侧缘和后缘平直；后角弧形，不向后伸出。小盾片长大于宽，端部极为狭长，末端圆钝，基角黑色凹陷极小，凹陷内侧各有一个光滑胝斑。前翅革片棕褐色，其上刻点较小盾片上的刻点密集，中裂后半向后延伸出一条黑褐色纵线，几乎伸达端角处；缘片黄白色，外缘几乎无刻点，内侧刻点细小且与底同色；端缘较平直，端角圆钝的角状，超过小盾片端部；膜片暗棕褐色，末端明显超过腹末。各节侧板靠近足基节处有一小黑斑，前胸背板侧角下方有一簇黑色刻点，其余刻点均为淡褐色或无色；各胸节腹板除中胸腹板前半黄褐色外，其余均为黑色。臭腺沟缘基半平伸，端半显著向前弯曲，端部圆钝，其长度约为挥发域宽度的 1/2。

足暗黄褐色，股节和胫节布细小的黑色点斑，股节近端部有 2–3 个较大的黑斑。

侧接缘全部黄白色，各节后角黑色，小尖角状，几乎不伸出。腹部腹面淡黄白色，气门黑色，气门内侧各有一条密集黑色刻点组成的明显纵带。腹基中央圆隆，但不显著突起。

雄虫生殖囊腹缘中央底部平坦，无尖锐突起，腹缘内褶中央深凹，两侧端部外拱，但无显著突起；生殖囊背缘亚端部无突起，背缘两侧着生一对骨化突起。阳基侧突"C"形，桨叶突较长，感觉叶呈低矮的三角形。阳茎鞘腹面基部中央的突起较弱；阳茎系膜基部膨大，具一对端部圆钝的骨化背突，阳茎基上颚片发达，端部无骨化突起；中交合板细长，端部勺状，阳茎端细，与中交合板平行，不伸出中交合板端部。

雌虫第 8、9 侧背片中央散布若干黑色粗糙刻点。第 1 载瓣片内缘平直，相互几接触，内角直角状，外缘内侧 1/2 平直，外侧 1/2 显著内凹。第 9 侧背片长，端部圆钝，明显伸出第 8 腹节后缘。第 8 侧背片端部角状伸出，与第 9 侧背片端部约平齐。

分布：浙江、甘肃、江苏、江西、湖南、福建、台湾、海南、广西、四川；朝鲜，日本，印度。

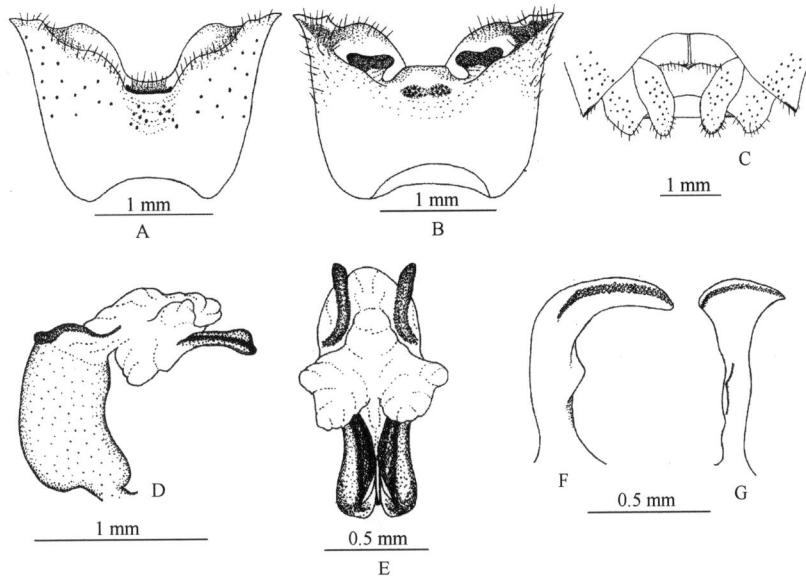

图 18-29　伊蝽 *Aenaria lewisi* (Scott, 1874)

A. 雄虫生殖囊腹面观；B. 雄虫生殖囊背面观；C. 雌虫生殖节；D. 阳茎侧面观；E. 阳茎端面观；F、G. 阳茎侧面观

（362）宽缘伊蝽 *Aenaria pinchii* Yang, 1934（图 18-30）

Aenaria pinchii Yang, 1934b: 104-107.

主要特征：体长 11.0–13.0 mm。头宽大于长，平伸，端部圆钝，侧缘轻微外拱，边缘狭窄的黑色细线状；上颚片向端部渐狭，末端角状，在前唇基前方会合；头背面刻点黑褐色，均匀分布，复眼内侧各有一个黄褐色光滑胝斑。触角第 1 节黄褐色，第 2–4 节暗褐色，第 5 节黑褐色，第 1 节不伸达头末端，第 2 节明显长于第 3 节。头腹面淡黄白色，密布无色刻点。小颊前角角状，略伸出，外缘斜平直，极为低矮。喙伸达中、后足基节之间。

前胸背板侧角之前的部分轻微下倾，前侧缘内侧具一整齐宽带，其内刻点无色，其余部分刻点分布较为均匀，后侧缘内侧的刻点稍密集，侧角角体后缘中央内侧有一黑褐色的圆隆，黄褐色中央纵线仅前半隐约可见；前缘宽阔平坦的内陷，眼后部分平截；前角钝角状，不伸出，其末端略超过复眼外缘；前侧缘光滑，斜平直，边缘扁薄；侧角圆钝角状，略伸出体外；后侧缘和后缘直；后角弧形，不伸出。小盾片：长大于宽，端部狭长，末端圆钝，基角黑色凹陷极小，基缘一线狭窄的光滑无刻点，末端刻点无色，其余部分刻点均匀。前翅中裂后半内侧具一条黑褐色纵线，中裂外侧有一条黄白色光滑细纵线，向后伸达端缘；革片棕褐色，其上刻点较小盾片上的刻点密集且粗大；缘片黄白色，刻点细小且无色；端缘较平直，端角圆钝的角状，超过小盾片端部；膜片暗褐色，末端明显超过腹末。胸部侧板和腹板淡黄褐色，刻点无色。臭腺沟缘基半平伸，端半弯曲程度较大，可伸达挥发域前缘，端部圆钝，其长度大于挥发域宽度的 1/2。足黄褐色，各足股节近端部有一小黑斑，前足股节的黑斑较弱且色淡。

雄虫生殖囊腹缘中央底部两侧各有一枚黑色尖角状突起，相距较远，两侧呈角状略拱出；腹缘内褶中央底部狭窄，具一低矮的片状突起，端缘轻微内凹，腹缘内褶两侧弧形外拱并渐渐升高，端部向侧面伸出一黑色尖锐角突。阳基侧突不明显弯曲，躯干部分较宽，无感觉叶，桨叶突圆钝。阳茎鞘腹面基部中央具一明显的钝突起；阳茎系膜基部膨大，具一对端部圆钝的宽大骨化背突，系膜基上颚片端部强烈骨化，呈尖长的角状；中交合板端部背侧圆隆，腹侧具角状突起，阳茎端细，与中交合板平行，但不伸出中交合板端部。

雌虫第 1 载瓣片宽短，内缘略直，相互远离并向后渐远，内角宽圆，外缘内侧略内凹。第 9 侧背片端部钝，明显伸出第 8 腹节后缘外面。第 8 侧背片端部尖锐刺状，显著伸出。

分布：浙江（临安、泰顺）、河南、陕西、江苏、安徽、湖北、江西、湖南、福建、广东、广西、重庆、四川、贵州。

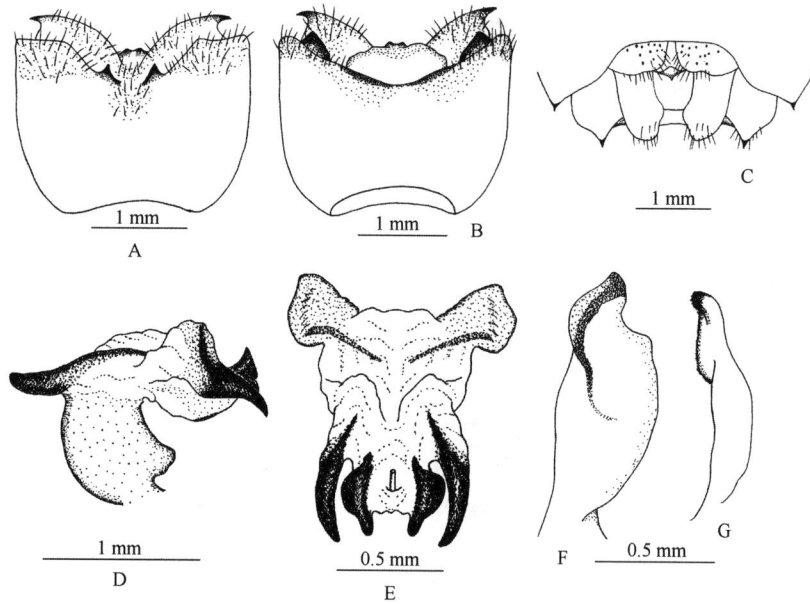

图 18-30　宽缘伊蝽 *Aenaria pinchii* Yang, 1934

A. 雄虫生殖囊腹面观；B. 雄虫生殖囊背面观；C. 雌虫生殖节；D. 阳茎侧面观；E. 阳茎端面观；F、G. 阳茎侧面观

（363）直缘伊蝽 *Aenaria zhangi* Chen, 1989（图 18-31；图版 VII-107）

Aenaria zhangi Chen, 1989: 478.

主要特征：体长 12.0–14 mm。头三角形，平伸，端部圆钝的角状，侧缘轻微外拱，边缘狭窄的黑色；上颚片向端部渐狭呈角状，在前唇基前方会合；头背面刻点黑褐色，分布均匀，侧缘内侧刻点稍细小，复眼内侧各有一个黄褐色光滑胝斑，头顶中央有 2 条隐约的光滑短纵带。触角第 1–4 节及第 5 节基部褐色，第 5 节其余大部分黑褐色，第 1 节不伸达头末端，第 2 节明显长于第 3 节。头腹面淡黄白色，密布无色刻点。小颊前角圆钝角状，略伸出，外缘平直，极低矮。喙伸达中足基节中央。

前胸背板轻微下倾，两侧除边缘外的刻点略密集，角体后缘处的刻点最为密集，黄褐色中央纵线隐约可见；前缘宽阔平坦的内陷，眼后部分平截；前角钝角状，不伸出，其末端与复眼外缘约平齐；前侧缘光滑，斜平直，其内侧较窄范围内无刻点，边缘扁薄；侧角圆钝角状，略伸出体外，角体后缘下倾，其内刻点无色；后侧缘和后缘平直；后角弧形，不向后伸出。小盾片：长大于宽，端部极为狭长，末端圆钝，基角黑色凹陷极小，侧缘亚端部各有一个小黑斑，黑斑后的端部刻点与底同色，其余刻点分布较为均匀。前翅中裂后半内侧具一条黑褐色纵线，中裂外侧有一条黄白色光滑细纵线；革片棕褐色，其上刻点比小盾片上的刻点密集且粗大；缘片黄白色，刻点细小并与底同色；端缘较平直，端角圆钝角状，超过小盾片端部；膜片淡褐色，末端明显超过腹末。臭腺沟缘基半平伸，端半显著向前弯曲，端部圆钝，其长度大于挥发域宽度的 1/2。

足黄褐色，股节近端部有一褐色小点斑。

雄虫生殖囊腹缘底部中央具一宽阔的梯形片状突起，端缘具 2 枚并列的黑色尖锐突起，腹缘两侧具中央微内凹的黑色棱边，亚端部略突起；腹缘内褶中央凹陷矩形，底部中央有 2 个短钝的小突起，相互紧靠，两侧陡然升高，端缘内凹，端部伸出一个尖锐弯曲的钩突；生殖囊背缘两侧各着生一个基部细、端部游离且膨大的突起。阳基侧突略呈 "C" 形，躯干部分具细指状感觉叶，桨叶突较短钝。阳茎鞘腹面基部中央具一短钝突起；阳茎系膜基部膨大，具一对端部圆钝的骨化背突，阳茎系膜背叶宽大低矮的膜囊状，无叶状分枝，系膜基上颚片端部强烈骨化，基部宽大，端缘向腹侧伸出一弯曲的钩状突起；中交合板长，端部向腹面伸出一圆钝突起，阳茎端细，与中交合板平行，但不伸出中交合板端部。

雌虫第 1 载瓣片内缘外拱，向后渐远离，内角宽圆，外缘内半弧形外拱，外半内凹。第 9 侧背片基部具一黑斑。第9侧背片中央宽，端部呈宽大的角状，明显伸出第8腹节后缘。第8侧背片端部角状伸出，与第9侧背片端部约平齐。

分布：浙江（泰顺）、湖南、广东、广西。

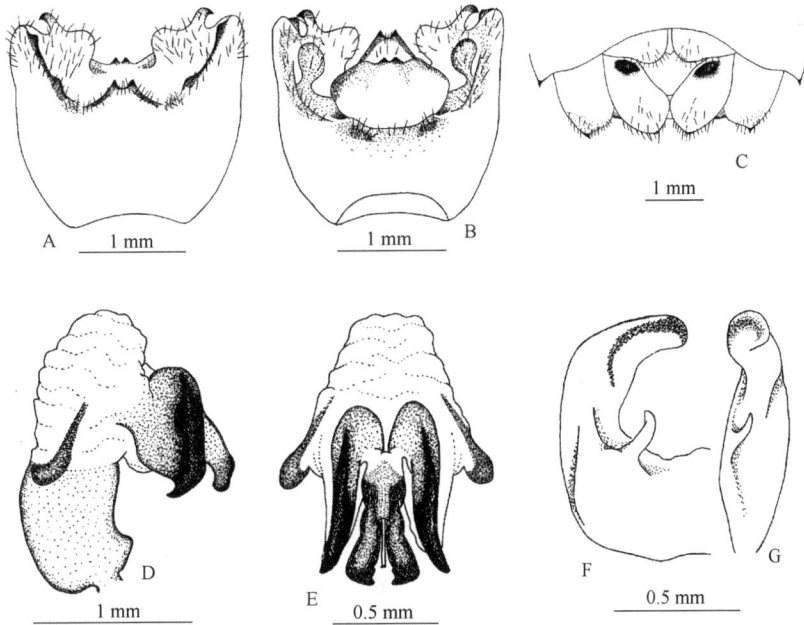

图 18-31　直缘伊蝽 *Aenaria zhangi* Chen, 1989
A. 雄虫生殖囊腹面观；B. 雄虫生殖囊背面观；C. 雌虫生殖节；D. 阳茎侧面观；E. 阳茎端面观；F、G. 阳茎侧面观

208. 枝蝽属 *Aeschrocoris* Bergroth, 1887

Aeschrus Dallas, 1851: 220. Junior homonym of *Aeschrus* Spinola, 1850.

Aeschrocoris Bergroth, 1887: 152. New name for *Aeschrus* Dallas, 1851. Type species: *Aeschrus obscurus* Dallas, 1851.

主要特征：体小型，体色较暗，体表极为凹凸不平，刻点粗糙，其内具白色短毛，前胸背板前半具若干隆起的疣突，小盾片基角具深刻的黑色大凹陷，基部显著隆起。

头显著下倾，端部较宽，上颚片明显长于前唇基，并在前唇基前方会合较多，上颚片亚端部另有一个圆钝的角状突起，并向体侧方横向伸出，上颚片背面常显著饱满隆起，前唇基则下陷呈沟状。触角第1节弯曲，第1、2节约等长，第3节多长于第2节。前胸背板侧角尖角状伸出体外，端部或二叉状，或角体前缘具钝突起。小盾片宽舌状，宽大于长或长宽约相等，其端部明显超过革片端部，末端有时具角突或疣突，有时平坦。前翅膜片翅脉网状。中、后胸腹面中央具宽阔的凹沟。臭腺沟缘耳壳状，挥发域在后胸侧板上的面积较小，仅围绕在臭腺沟缘周围。中、后足股节近端部处各有一个短钝的光滑淡色小突起。侧接缘各节后角念珠状突出。第3腹节中央具纵凹沟，两侧具隆起的角状厚突起，凹沟后缘为低矮且狭窄的横脊边。

在本属种类鉴定中，雌雄虫生殖节结构用的较少，根据前胸背板前半的疣突数量和排布及侧角的形状等特征较多。

分布：世界已知8种，中国记录4种，浙江分布2种。

（364）枝蝽 *Aeschrocoris ceylonicus* Distant, 1899

Aeschrocoris ceylonicus Distant, 1899: 439.

主要特征：体长 6.5–7.52 mm。头黑色，长，端部略平截，侧缘略内凹，上颚片端部圆钝，在前唇基前方会合较多，上颚片亚端部各有一个圆钝的角状突起，并显著向两侧伸出；上颚片背面饱满隆起，前唇基基部具一纵脊，单眼之间另有两条平行的光滑细纵脊。触角暗棕褐色，第 3 节端部及第 4、5 节黑褐色，第 1 节略粗，基部略弯曲，不超过头端部，第 3 节长于第 2 节，第 2 节短于第 1 节。小颊肥厚，前角角状略伸出，外缘平直。喙略伸过后足基节后缘。

前胸背板略下倾，具黄褐色的中央纵脊，向后伸达后胸腹板中央，胝区呈狭窄的短条带状，胝区外侧各有一个较小的疣突，胝区后方各有一个较大的疣突，前胸背板后半棕褐色，刻点稀疏；前缘边缘宽阔的隆起，弧形内凹，眼后部分有一个短钝的角突；前角角状向前侧方伸出，末端超过复眼外缘；前侧缘内凹，边缘具粗糙的褶皱；侧角平伸出体外，基部较粗，向端部渐细，末端呈尖锐的针状，角体前缘、后缘和端部黑色，角体后缘中央具一明显的圆钝隆起，两侧内凹，其外侧的凹刻在有的个体中十分显著，有的个体中仅轻微内凹；后侧缘短且斜平直；后角圆钝地向后略伸出；后缘宽阔平直。小盾片：宽大于长，端部宽大，明显超过前翅革片端部，基部具显著的横隆起，其后部分具隐约的黄褐色纵脊，基角处具大型的黑色凹陷，端缘中央有时具一个黄褐色光滑小疣突。前翅革片短小且狭窄，端部宽圆，膜片烟褐色，翅脉黑褐色，呈网状。臭腺沟缘短耳壳状，挥发域面积较小。

足股节黑褐色，端半具 2 个不完全的黄褐色环带，有的个体仅有 1 或 2 个暗黄褐色斑，中、后足股节近端部处各有一个短钝的小突起；胫节基部黑褐色，其余部分黄褐色，黄褐色部分中央有一个暗褐色的深色环带。

腹部腹面基半中央具一倒三角形大黑斑，第 7 腹节中央大部分黑色，雄虫第 7 腹节前缘三角形，显著向前伸出，其中点内侧具一绒毛区，腹面两侧黄褐色。第 3 腹节中央具纵凹沟。

雄虫生殖囊腹缘两侧中央显著外拱，腹缘中央内凹的底部具两个短钝的小突起；侧缘内褶较宽。阳基侧突缺失。阳茎系膜背侧隆起，其背面具两处骨化宽带，但不伸出任何游离的突起，中交合板缺失，阳茎端粗长，弯曲。

雌虫除第 8 侧背片端部向体后平伸外，其余部分垂直于体轴。第 1 载瓣片内缘平直，相互接触，内角直角状，外缘中央显著内凹。第 9 侧背片宽大，其内缘相互紧靠，端部圆钝，几乎不伸出第 8 腹节后缘。第 8 侧背片端部具短钝的指状突起。

分布：浙江（泰顺）、湖北、江西、湖南、福建、台湾、广东、广西、四川、贵州、云南；印度，斯里兰卡。

（365）大枝蝽 Aeschrocoris obscurus (Dallas, 1851)（图 18-32；图版 VII-108）

Aeschrus obscurus Dallas, 1851: 221.

Aeschrocoris obscurus: Bergroth, 1887: 152.

主要特征：体长 8.3–10.0 mm。头端部略平截，侧缘略内凹，上颚片端部圆钝，在前唇基前方会合较长，上颚片亚端部各有一个圆钝的角状突起，并显著向两侧伸出；上颚片背面饱满隆起，前唇基低矮内陷，其基半具一狭细的光滑纵脊，单眼之间另有两条平行的光滑细纵脊。触角暗棕褐色，第 1 节略粗，基部略弯曲，不超过头端部，第 3 节明显长于第 2 节，第 1、2 节约等长。小颊前角角状略伸出。喙伸达第 3 腹节中央。

前胸背板前半略下倾，前缘内侧黑褐色，其余棕褐色，中央纵脊光滑且粗，较显著，贯穿整个前胸背板；胝区呈狭窄的短条带状，不甚明显，胝区外侧略隆起一个矮钝的突起，无其他显著的疣突；前缘边缘宽阔的隆起，弧形内凹，眼后部分有一个短钝的突起；前角角状，端部指向前方，其端部位于复眼外缘外侧；前侧缘内凹，边缘肥厚不光滑，具粗糙的褶皱；侧角伸出较长，显著向外及向背侧伸出，基部粗，角体部分则略向下倾，角体端部二叉状，二者端部黑色，后枝较为尖长，指向体侧，并向体腹面下倾，前枝较短，指向体前方，角体后缘中央略外拱；后侧缘短且斜平直；后角圆钝地向后略伸出；后缘宽阔，中央外拱。小盾片宽大于长，端部宽大，明显超过前翅革片端部，基部具显著的横隆起，基角处具大型的黑色凹陷，末端具一黑色角状突起，显著上翘并指向体后侧。前翅革片短小且狭窄，端部宽圆，膜片烟褐色，翅脉黑褐色，呈网状。臭腺沟缘短耳壳状，后胸侧板上的挥发域面积较小。足股节基部和端部黑褐色，中央大部分黄褐色，其中央有时有一个褐色的窄环带，中、后足股节近端部处各有一个短钝的小突起；胫节从基部的黑色环带开始，之后另有黄褐色、黑色、黄褐色的三个颜色相间的环带，其宽度均为胫节长度的1/4。

　　腹部腹面饱满，具粗糙的黑褐色大刻点，第3–6腹节中央具不规则的黑色纵带，向后渐窄，第4–6腹节上的中央黑斑分成左右两个大斑，第7腹节中央大部分黑色；第3–4腹节两侧各有一条黑色宽纵带；腹面其余部分底色暗黄褐色，刻点稀疏粗糙。雄虫第7腹节前缘显著向前方隆起，隆起部分圆弧状，不呈角状，其内侧无绒毛区。第3腹节中央具纵凹沟，两侧具隆起的角状厚突起，凹沟后缘具低矮且狭窄的脊边。

　　雄虫生殖囊腹缘肥厚，中央部分内凹，中点处具一狭窄的缝隙，两侧中央波曲；侧缘内褶较宽。阳基侧突缺失。阳茎系膜背侧隆起，其背面具两处骨化宽带，但不伸出任何游离的骨化突起，并具1对膜质小叶，中交合板缺失，阳茎端粗长，弯曲。

　　雌虫第1载瓣片内缘平直，相互接触，内角直角状，外缘向后侧方延伸，中央显著内凹。第9侧背片宽大，相互紧靠，端部圆钝的角状，几乎不伸出第8腹节后缘。第8侧背片端部具短钝的指状突起。

　　分布：浙江、湖南、福建、云南；印度，缅甸，斯里兰卡，印度尼西亚。

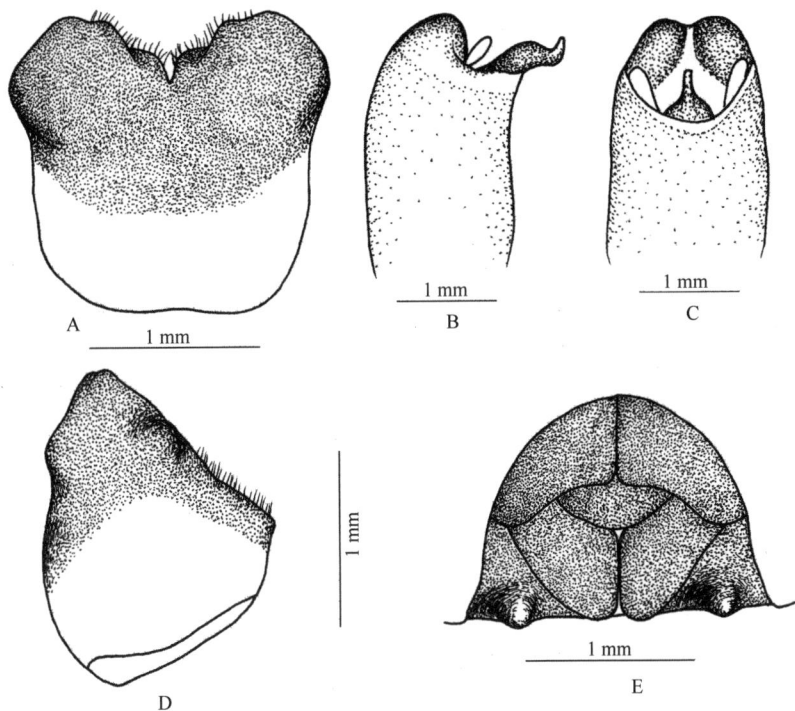

图 18-32　大枝蝽 *Aeschrocoris obscurus* (Dallas, 1851)

A. 雄虫生殖囊腹面观；B. 阳茎侧面观；C. 阳茎腹面观；D. 雄虫生殖囊侧面观；E. 雌虫生殖节

209. 云蝽属 *Agonoscelis* Spinola, 1837

Agonoscelis Spinola, 1837: 327. Type species: *Agonoscelis indica* Spinola, 1837 (=*Cimex nubilis* Fabricius, 1775).

　　主要特征：体狭长，体表多直立长毛，具若干光滑的粗纵带，前翅革片具驳杂的淡色胝斑，膜片上的翅脉黑色。

　　头端部较狭，上颚片端部略呈角状，与前唇基末端平齐；复眼较小；触角第1节不伸达头末端，第

2、3 节约等长。小颊前角弧形圆钝，不伸出，外缘略波曲，后角圆钝，不伸出。前胸背板前角不显著伸出，其端部略超过复眼外缘；前侧缘光滑，几乎平直；侧角圆钝，不伸出体外；后侧缘内凹；后角钝角状；后缘平直。小盾片长明显大于宽，其端部狭长。前翅的膜片端部超过腹末较多。臭腺沟缘较长，略呈香蕉状。中胸腹板具低矮且细的中央纵脊。侧接缘狭窄外露，各节后角完全不伸出。腹面基部中央平坦。

雄虫生殖囊腹缘两侧端部圆钝，向体后伸出，中央两侧各有一个圆钝的片状突起，指向体背侧，正中央圆钝突起的腹面向基部延伸出一条隆起的纵脊。阳基侧突躯干部分基处具一圆隆的突起；桨叶突渐宽，内侧着生两枚骨化粗齿。阳茎鞘端部两侧各有一个短钝的角状突起；阳茎系膜仅具一对发达的系膜顶叶，其基部呈宽大的膜囊状，端部骨化，并形成两个骨化突起，一个角状，另一个圆钝。中交合板缺失。阳茎端十分粗长弯曲，弯向背侧。

分布：多分布在非洲，亚洲、大洋洲、美洲也有分布。世界已知 22 种，中国记录 2 种，浙江分布 1 种。

（366）云蝽 *Agonoscelis nubilis* (Fabricius, 1775)（图 18-33；图版 VII-109）

Cimex nubilis Fabricius, 1775: 712.

Agonoscelis nubilis: Hsiao et al., 1977: 106.

主要特征：体长 9.5–13.5 mm。头宽仅略大于长，端部圆钝，侧缘轻微波曲，上颚片端部角状，与前唇基末端平齐；头背面底色黄色，4 条黑色宽纵带位于各上颚片内外两侧，中央两条向头顶中央延伸并加宽，且位于单眼外缘；复眼小且突出。触角黑色，第 1 节不伸达头端部，第 2、3 节约等长。头腹面淡黄色，光滑无刻点。触角基上方各有一个黑色短带。小颊高度均匀，外缘较平直，前角弧形不伸出。喙伸达第 3 腹节后缘。

前胸背板刻点黑色极为粗大，前侧缘和中轴处无刻点，呈光滑的橙黄色纵带状；胝区前方有一黄色光滑横带，胝区后方隐约有一较宽的淡色横带，其内刻点较稀疏；前缘光滑，边缘黄色，略呈领边状，中央宽阔的弧形内凹，眼后平截部分窄；前角几乎不伸出，末端略超过复眼外缘；前侧缘光滑，轻微外拱；侧角圆钝，不伸出体外；后侧缘内凹；后角圆钝；后缘平直。小盾片细长，长明显大于宽，端部狭长，末端具一光滑的黄色大斑；中轴线处具一橙黄色的光滑宽纵带，侧缘基部 1/2 的内侧各有一条黄色的光滑斜纵带，其余部分密布黑色粗大刻点。前翅革片密布黄黑相间的横条纹，排布不甚规则；端缘圆弧形外拱；端角圆钝；膜片烟褐色，翅脉显著的棕黑色。臭腺沟缘端部圆钝，其前缘平直，后缘在中央位置显著向下拱起，其长度略超过挥发域宽度的 1/2。各足股节黄褐色，端部黑色，或端部和近端部具大型断续的黑斑，胫节和跗节黑色。

腹部侧接缘狭窄外露，橙黄色，各节两端具较窄的黑色横带，后角完全不伸出。腹面淡黄色，腹基中央平坦，气门黑色，两侧气门之间另有 4 条黑色大斑组成的纵带，其中外侧的黑斑靠近各腹节后缘处，最中央的两列位于各节前缘处，并且向后渐接近，至第 7 腹节前缘处消失或相互接触，第 7 腹节中央另有一个细长的黑斑。

雄虫生殖囊腹缘两侧端部圆钝，向体后伸出，中央两侧各有一个圆钝的片状突起，指向体背侧，正中央圆钝突起的腹面向基部延伸出一条隆起的纵脊。阳基侧突躯干部分基处具一圆隆的突起；桨叶突向端部渐宽，内侧着生 2 枚骨化粗齿。阳茎鞘端部两侧各有一个短钝的角状突起；阳茎系膜仅具一对发达的系膜顶叶，其基部宽大的膜囊状，端部骨化，并形成 2 个骨化突起，一个角状，另一个圆钝。中交合板缺失。阳茎端十分粗长弯曲，弯向背侧。

雌虫第 1 载瓣片内缘波曲，基部远离，向端部渐近，但不接触；内角圆钝；外缘内侧部分波曲，外侧部分斜平直。第 9 侧背片端部圆钝，略超过第 8 腹节后缘。第 8 侧背片端部宽圆。

分布：浙江、江西、湖南、福建、海南、广东、广西、四川、贵州、云南、西藏；日本，巴基斯坦，印度，斯里兰卡，菲律宾，印度尼西亚。

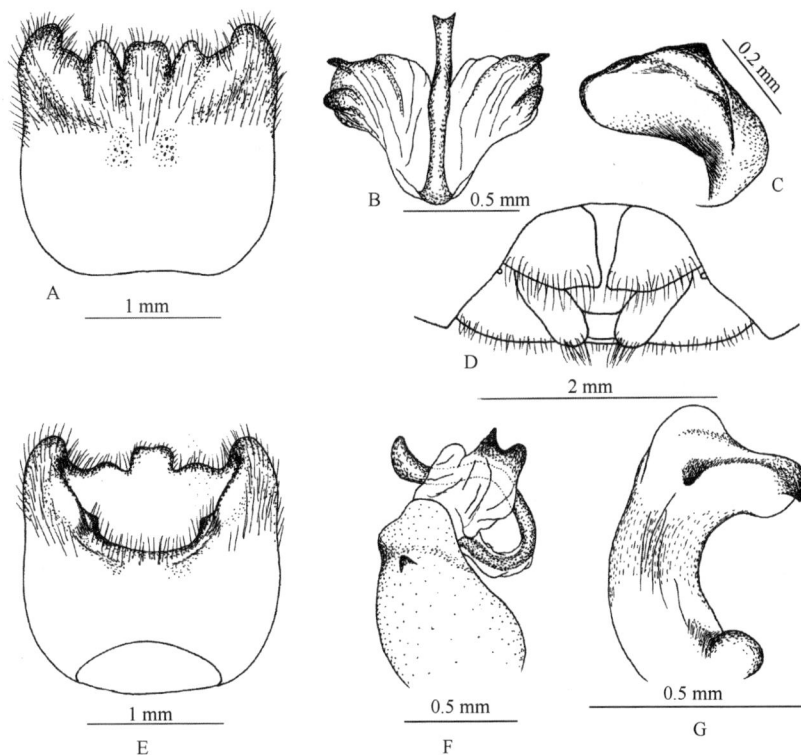

图 18-33　云蝽 *Agonoscelis nubilis* (Fabricius, 1775)

A. 雄虫生殖囊腹面观；B. 阳茎端面观；C. 阳基侧突端面观；D. 雌虫生殖节；E. 雄虫生殖囊背面观；F. 阳茎侧面观；G. 阳基侧突侧面观

210. 羚蝽属 *Alcimocoris* Bergroth, 1891

Alcimus Dallas, 1851: 218. Type species: *Alcimocoris lineolatus* Dallas, 1851. Junior homonym of *Alcimus* Loew, 1848, Diptera.

Alcimocoris Bergroth, 1891: 214. New name for *Alcimus* Dallas, 1851, by Bergroth, 1891: 214.

主要特征：体中小型，头及前胸背板前部强烈下倾并与体轴相垂直，背面观不可见。头短宽，上颚片与前唇基等长或略短于前唇基，头端部圆钝或呈三角形。前胸背板前侧缘前半各有一个较宽的黄白色光滑胝状纵带；前胸背板侧角角体前、后缘粗壮的棱边状，前缘亚端部具一小的尖角状突起，角体粗壮，羊角状伸出体外，末端尖锐，弯向侧后方，角体腹面中央具一条黑色刻痕；前胸背板后缘波曲；小盾片"U"形，末端超过前翅革片端部，并伸达第 7 腹节腹板后缘处，基角具显著的大型黄斑；中胸腹板具纵向的凹槽。臭腺沟缘较粗，端部圆钝，其长度约为后胸侧板宽度的 1/2。胫节具棱边。

雌虫生殖节：第 1 载瓣片约为三角形，表面粗糙且密布褶皱及稀疏粗大刻点，其内缘平直且相互接触，内角圆钝，外缘斜平直。第 9 侧背片质地同第 1 载瓣片，端部圆钝，略伸出第 8 腹节后缘外。第 8 侧背片端缘弧形，轻微外拱，端部无突起。

分布：中国记录 4 种，浙江分布 1 种。

（367）日本羚蝽 *Alcimocoris japonensis* (Scott, 1880)（图 18-34；图版 VII-110）

Alcimus japonensis Scott, 1880: 310.

Alcimocoris japonensis: Hsiao *et al.*, 1977: 136.

主要特征：体长 8.0–9.0 mm。头强烈下倾，与体轴垂直，背面观不可见。头宽短，侧缘在复眼前方显著凹入，头端部圆钝，上颚片略短于前唇基。头背面黑色，具几列细小的同色刻点，上颚片中央偏内侧各有一个黄褐色长条状胝斑，向前伸达上颚片端部，向后伸达头部中央，中段向外侧微拱；复眼内侧前方各有一个黄褐色条形倾斜的短带；头顶中央光滑，几乎无刻点，中央有一不规则的光滑胝斑。触角棕褐色，第 4、5 节略暗，第 1 节不伸达头端部，第 3 节长于第 2 节。小颊光滑黄褐色，前角角状，仅轻微伸出，外缘波曲。喙伸达后足基节后缘，第 1 节端部伸出小颊末端外。

前胸背板前半强烈下倾并与体轴垂直，侧角极为粗壮，伸出体外并向上翘起，其粗壮程度较黑角羚蝽和黄角羚蝽弱；胝区黑色；前缘后有两条并列的黄褐色光滑胝状横条带，其中央空隙后方另有一个较小的不规则黄斑，前侧缘前半各有一较宽的黄白色光滑胝带，胝区后常有一行 4 个光滑圆胝斑，前胸背板后半布较多黄白色光滑小胝斑，刻点粗大且稀疏，侧角前、后缘及亚端部尖角以外的部分黑色；前缘边缘黑色并布稀疏刻点，中央宽阔且平坦地内陷，眼后平截部分窄；前角几乎不伸出，末端略超过复眼外缘；前侧缘直，光滑肥厚；侧角基部粗壮，羊角状伸出体外，角体前、后缘粗壮的棱边状，其前缘亚端部具一黑色尖角状突起，角体端部尖锐，指向体后侧方，角体腹面粗糙，中央具一条显著的黑色横刻痕；后角弧形；后缘波曲。小盾片向后显著超过前翅革片端部，并略伸过第 7 腹节腹板后缘，基角处具极大的长椭圆形黄褐色胝斑。前翅革片驳杂，布若干不规则的光滑胝斑或细条带，其端半粗指状，末端圆钝；膜片烟褐色，末端略超过腹末。臭腺沟缘较直，黄褐色，其长度约为后胸侧板宽度的一半，其端部圆钝。足棕褐色，股节侧面具 2 条黄褐色细条带，胫节背面和内侧面具黄褐色细条带。

腹部侧接缘完全不外露。

雄虫生殖囊腹缘中央具一对角状突起，其端部圆钝，二者之间"U"形凹陷，生殖囊侧缘圆钝地伸出，生殖囊背缘中央具一宽大的片状突起。阳基侧突退化。阳茎鞘短，具一对宽大的鞘盾片，阳茎系膜不发达，中交合板左右分离，端部二叉状，2 个分支均为粗指状，阳茎端不伸出中交合板外。

雌虫生殖节黑色，仅在第 8 侧背片端部有一个黄褐色斑。第 1 载瓣片约为三角形，表面粗糙且密布褶皱及若干粗大刻点，其内缘平直且相互接触，内角宽圆，外缘斜平直。第 9 侧背片质地同第 1 载瓣片，端部圆钝，略伸出第 8 腹节后缘外。第 8 侧背片端缘弧形，轻微外拱，端部无突起。

分布：浙江（临安）、山西、江苏、台湾；日本，印度。

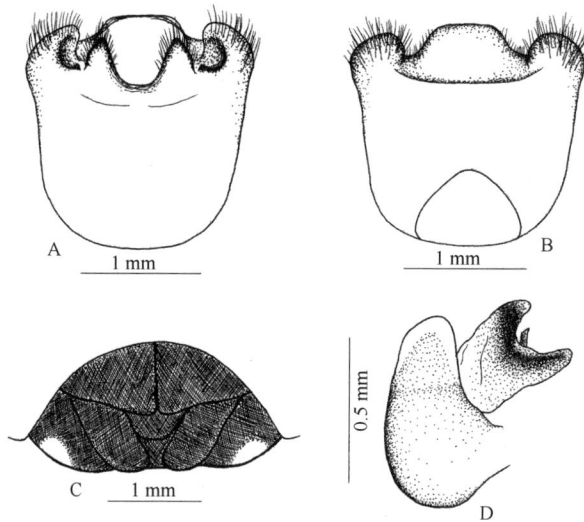

图 18-34　日本羚蝽 *Alcimocoris japonensis* (Scott, 1880)

A. 雄虫生殖囊腹面观；B. 雄虫生殖囊背面观；C. 雌虫生殖节；D. 阳茎侧面观

211. 牙蝽属 *Axiagastus* Dallas, 1851

Axiagastus Dallas, 1851: 221. Type species: *Axiagastus rosmarus* Dallas, 1851.

主要特征：体中型，背面光滑饱满，具油脂状光泽。触角第 1 节几乎伸达或短于头端部；小颊前角明显，向后渐渐低矮至消失，雌虫小颊前角圆钝仅略伸出，而雄虫小颊前角尖角状向下延伸，呈犬牙状，其伸出长度约与触角第 1 节长度相等；喙伸达腹基前后。前胸背板前缘具领，弧形内凹；前侧缘几乎平直，狭边状；侧角圆钝，不伸出体外。小盾片宽阔的舌状，端部两侧近平行，端部圆钝，向后超过前翅革片端角。前翅膜片具较多平行纵脉。中胸腹板具发达的中纵脊；后胸腹板隆起，中央具浅凹槽，后端部呈浅叉状；臭腺沟缘极长，伸达中胸侧板前缘，向端部渐细。腹部腹面中央平坦，有隐约的宽阔浅槽，腹基无突起。胫节具棱边；跗节 3 节。

雄虫生殖囊腹缘中央具两个并排的半椭球状突起，其内侧有一弧形的刻痕，其外着生一排刚毛；生殖囊侧缘内褶部分上着生有一枚尖刺状突起。阳基侧突具十分宽阔的感觉叶，端部长角状，二者几乎平行，其相对的面上都丛生有刚毛。阳茎系膜具发达的骨化背突；中交合板长，末端膨大，骨化弱；其下方中央有一腹突；阳茎端不伸出。

雌虫第 1 载瓣片宽大且平坦，内缘直，几乎全缘接触；第 9 侧背片不伸出第 8 腹节后缘。

分布：东洋区。世界已知 5 种，中国记录 2 种，浙江分布 1 种。

（368）鲁牙蝽 *Axiagastus rosmarus* Dallas, 1851（图 18-35；图版 VII-111）

Axiagastus rosmarus Dallas, 1851: 222.

主要特征：体长 13.0–16.5 mm。头顶中央单眼之间有 4 条黑色刻点组成的纵带，单眼正前方各有一条同样的纵带，上颚片中央具一条黑色刻点带，前唇基两侧缘和上颚片外缘狭窄的黑褐色。前唇基略长于上颚片，侧缘中央略内凹，单眼红色，复眼大。触角第 1 节和第 2 节基部红褐色，其余黑褐色，第 5 节端部和基部略带红褐色，第 1 节端部与头末端平齐，第 3 节略长于第 2 节。触角基上方和下方各有一簇黑色刻点；小颊向后渐消失，其基部有一条向后延伸至头基部的黑色刻点带，雌虫小颊前角三角形，仅略伸出，雄虫小颊前角呈犬牙状，伸出长度约为触角第 1 节的长度。喙末节端部黑色，伸达第 4 腹节前半。

前胸背板前缘黄褐色，略呈领状；前角向侧面仅略微伸出；前侧缘平直，黑色狭边状；侧角圆钝，几乎不伸出；后缘中央内凹。小盾片宽阔的舌状，端部约与前翅革片端角处平齐，或略短于后者；基部侧缘具一列黑褐色刻点，中央并列有两个 1/4 圆形的大黑斑，整个基部刻点极为稀少；端部除端缘宽阔的黄白色外，其余为褐色，布较密集的黑褐色刻点。前翅爪片和革片黄褐色，密布黑色刻点，刻点分布不甚

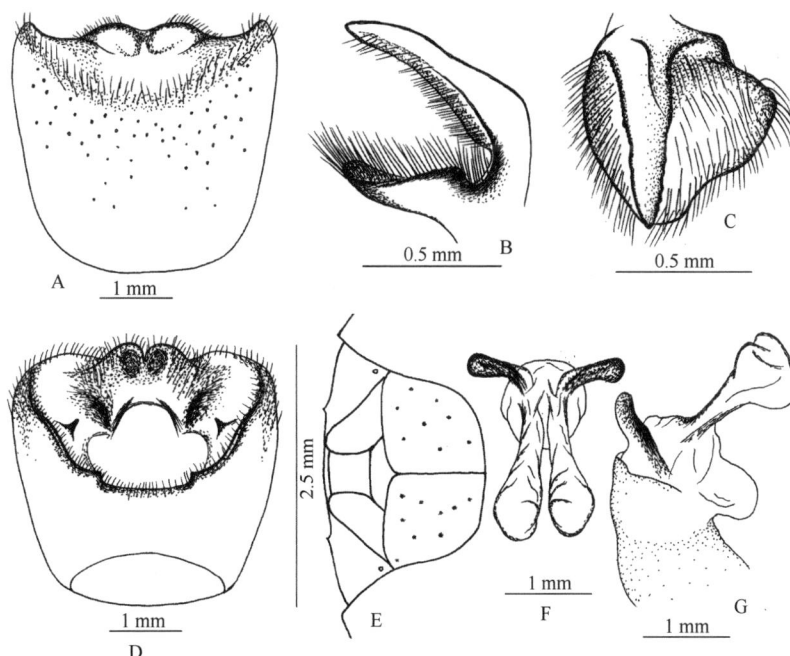

图 18-35　鲁牙蝽 *Axiagastus rosmarus* Dallas, 1851

A. 雄虫生殖囊腹面观；B. 阳基侧突侧面观；C. 阳基侧突端面观；D. 雄虫生殖囊背面观；E. 雌虫生殖节；F. 阳茎端面观；G. 阳茎侧面观

均匀，革片端角圆钝；膜片烟褐色，末端超出腹部端部，翅脉同色。中胸腹板中央纵脊隆起较高，几乎与足基节平齐，较粗，向后渐宽。足黄褐色，股节和胫节上布黑色点斑，后者的点斑较前者细密，跗节端半黑色。

腹部侧接缘狭窄外露，边缘极窄的黑色，其内紧邻一黄褐色光滑纵带，再内侧密布细密刻点，并在各节两侧处为黑褐色。腹基略隆起，无显著突起，各节间处为狭窄的黑褐色，气门前方有一黑斑，其后内侧有一黑色横带；各节后缘有一列粗大的黑色刻点，向两侧渐细密。

雄虫阳基侧突外缘略呈角状。

雌虫第 1 载瓣片散布黑色刻点，内缘平直，全缘相互接触，端缘斜行；第 8 腹节后缘狭窄的黑色，端部钝角状，尖锐，仅略伸出。

分布：浙江、江西、福建、台湾、广东、广西；日本，印度，菲律宾，印度尼西亚，新几内亚岛，澳大利亚北部。

212. 薄蝽属 *Brachymna* Stål, 1861

Brachymna Stål, 1861: 142. Type species: *Brachymna tenuis* Stål, 1861.

主要特征：体中型，长椭圆形，背面扁平，体较薄。背面黄褐色或砖红褐色，刻点黑褐色，较为细密。体腹面淡黄褐色，胸部腹面两侧、腹部腹面中央具断续的黑色纵带。

头长于前胸背板，侧缘有时具细密的锯齿，上颚片狭长，在前唇基前方会合后有时分开呈叉状；单眼位于复眼后缘后侧较远位置，紧靠前胸背板前缘，单眼间距约为头宽的 1/3；触角细长，第 1 节远不及头端部，第 3 节长于第 2 节；小颊长且低矮，前角略伸出。喙伸达后足基节前缘附近，第 1 节完全包裹于小颊内。前胸背板前侧缘锯齿状；侧角宽大的角状，平伸或前伸，端部圆钝。小盾片长大于宽，端部狭长。中胸腹板具极为低矮的纵脊。臭腺沟缘粗短，端部圆钝，长度不超过后胸侧板宽度的 1/3。胫节具棱边，跗节 3 节。腹基中央平坦，腹部腹面中央常有断续的黑色纵带。

雄虫生殖囊腹缘两侧具向内横折的腹缘内褶，后者两侧端部常形成不同程度的突起；生殖囊背缘中央具宽大的突起，两侧具一对强烈骨化突起。阳基侧突 "L" 形，基部具短指状感觉叶，端部弯折处较为宽大，桨叶突末端多少呈角状，但有不同程度的扭曲。阳茎鞘细长，阳茎系膜具 1 对骨化背突及发达的系膜背叶，中交合板长，端部二叉，腹面相互愈合成底，其端部不同程度地突起，阳茎端细，从中交合板背侧略伸出。

雌虫第 1 载瓣片较为短小。第 9 侧背片端部尖角状，位于第 8 腹节后缘内侧较远处。第 8 侧背片端部圆钝地向后显著伸出，超过第 7 腹节后角较多。

分布：仅分布于东洋区。世界已知 4 种，中国记录 4 种，浙江分布 1 种。

（369）薄蝽 *Brachymna tenuis* Stål, 1861（图 18-36；图版 VII-112）

Brachymna tenuis Stål, 1861: 142.

主要特征：体长 15.0–18.0 mm。背面黄褐色，刻点黑褐色，较为细小。体腹面淡黄褐色，腹部腹面具聚集的点斑组成的黑斑。

头平伸，背面扁平，长三角形，侧缘轻微波曲，边缘狭窄的黑色，上颚片狭长，端部圆钝，在前唇基前方会合较长，有的个体会合后再稍分开；头背面刻点较为均匀，复眼内侧各有一个较大的约呈矩形的光滑胝斑。单眼位于复眼后缘后侧较远位置，紧靠前胸背板前缘，单眼间距约为头宽的 1/3。触角第 1–4 节红褐色，第 4 节端部略带黑褐色，第 5 节基半黄白色，端半黑褐色，第 1 节远不及头端部，第 3 节长于第 2 节。头腹面刻点色较淡。小颊低矮，前角角状，轻微伸出，外缘微波曲。喙伸达后足基节前缘。

前胸背板向前均匀且缓缓下倾，背面扁平，侧角处轻微上翘；前侧缘内侧和侧角背面的刻点稍密集，中央大部刻点分布较为均匀，胝区内侧后方各有一个刻点聚集成的隐约黑斑；前缘中央宽阔平坦，明显内陷，眼后部分平直；前角不伸出，端部圆钝，超过复眼外缘；前侧缘略内凹，前半短钝的粗糙锯齿状，边缘具金绿色宽边，后半及侧角前缘较平直且光滑；侧角宽大的角状，端部圆钝，伸出体外较短，角体后缘不平；后侧缘斜平直；后角宽圆的弧形，略向后伸出；后缘较平直。小盾片三角形，端部狭长且细，基角处具黑色小凹陷，基缘中央具 2 个刻点聚集成的小黑斑，基部中央另有 2 个刻点组成的隐约黑斑，中轴线上中央 1/3 的刻点较稀疏，侧缘中央 1/3 区域及端部刻点较密集。革片中裂近端部内侧有一个较大的黄褐色胝斑；革片端缘轻微外拱，端角圆钝；膜片无色透明，末端与腹末约平齐。臭腺沟缘粗短且较直，端部圆钝，长度约为后胸侧板宽度的 1/3。足淡黄褐色，胫节及跗节略带淡红色，股节和胫节上具若干棕褐色小点斑。

腹部腹面基部中央平坦。第 3–7 腹节中央各有一个大黑斑，该黑斑有时断裂成左右两个，腹节两侧区各有 2 个较小的由小点斑组成的黑斑，形成另外 2 条隐约的断续纵带，有的个体几不明显。

雄虫生殖囊腹缘腹面观较平坦的轻微内陷，端面观可见腹缘两侧各有一个宽阔的横折，腹缘两侧亚端部各有一个黑色的短钝突起；生殖囊背面具一对骨化突起。阳基侧突"L"形，躯干部分较宽阔，具一短指状感觉叶，桨叶突末端角状。阳茎鞘较长，阳茎系膜具一对耳状的骨化背突，系膜背叶较发达且复杂，除中央宽大的膜囊外，两侧及腹面中央各有一个短叶伸出，中交合板后方有一个极为短小的前唇基，中交合板细长，端部弯角状，腹面骨化并愈合，腹面端部另有角状突起，阳茎端细，从中交合板背侧略伸出。

雌虫第 1 载瓣片内角内侧各有一个大型黑斑；内缘平直，除基部分离外，其余大部紧密接触；内角直角状，端部钝；外缘内侧 2/3 平直，外侧 1/3 向前侧方伸出，边缘内凹。第 9 侧背片端部尖角状，位于第 8 腹节后缘内侧较远处。第 8 侧背片端部圆钝地向后显著伸出，超过第 7 腹节后角较多。

分布：浙江（临安）、河南、江苏、安徽、湖北、江西、湖南、福建、广东、广西、四川、贵州、云南。

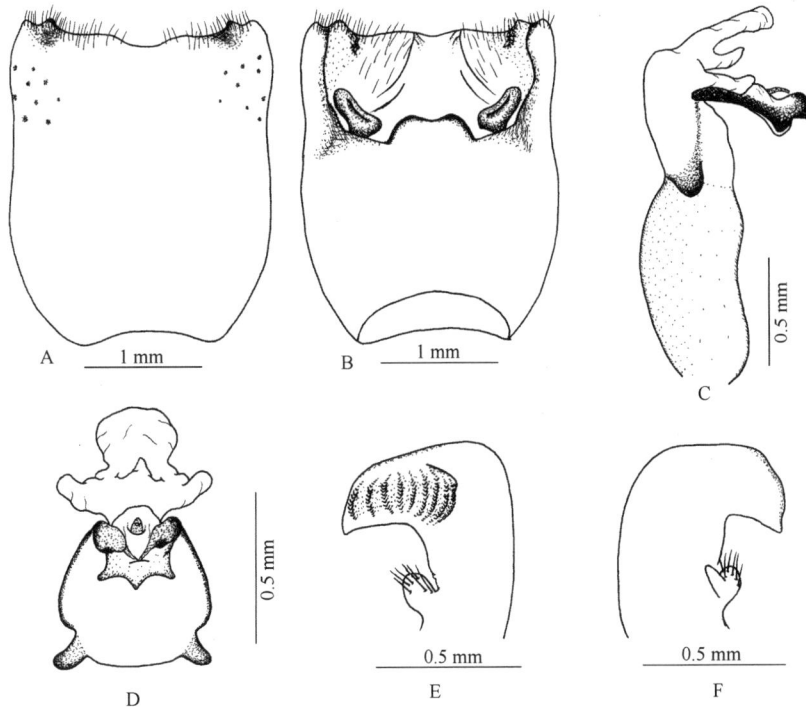

图 18-36　薄蝽 *Brachymna tenuis* Stål, 1861
A. 雄虫生殖囊腹面观；B. 雄虫生殖囊背面观；C. 阳茎侧面观；D. 阳茎端面观；E、F. 阳茎侧面观

213. 辉蝽属 *Carbula* Stål, 1865

Pentatoma (*Carbula*) Stål, 1865: 140. Type species: *Mormidea decorata* Signoret, 1861. Subsequent designation by Distant, 1902: 170.

主要特征：体中小型，短宽，多为棕褐色至黑褐色，具光泽。体表光滑或多毛。头狭长，端部略平截，前唇基与上颚片平齐或后者略伸出；复眼大，椭球形；头侧缘的内腹面具一条与之平行的黑色棱边；触角5 节，第 1 节短于头末端，第 2、3 节约等长或第 3 节略长，短于第 4 节，第 5 节最长，第 4、5 节明显较前三节粗。喙伸达腹基部。前胸背板前侧缘内凹，前半黄白色，光滑条状，侧角伸出，端部多圆钝，有的种类长且尖锐，后角不明显，为宽阔的弧状。小盾片三角形，端部宽阔圆钝。臭腺孔大，臭腺沟缘短小，端部尖且翘起，臭腺沟向上弯曲。中胸腹板具低矮纵脊，后胸腹板平坦。腹基平坦。

　　雄虫生殖囊腹面饱满，端部宽阔向上折，具粗糙刻点；腹缘内凹，腹缘内侧常有凹陷。阳基侧突具十分发达的感觉叶，宽阔片状，其上生有直立长毛或具粗糙锯齿及棱状突起；桨叶突宽阔，向侧面弯折，与宽阔的感觉叶相平行。阳茎鞘短粗；阳茎无背突；具系膜顶叶，膜质，端部二分叉；中交合板端部 2 个突起，尖锐或圆钝；阳茎端弯曲的细管状，伸出极长（棘角辉蝽除外）。

　　分布：世界已知 75 种，中国记录 10 种，浙江分布 2 种。

（370）红角辉蝽 *Carbula crassiventris* (Dallas, 1849)（图 18-37）

Pentatoma crassiventre Dallas, 1849: 189.

Carbula crassiventris: Hsiao *et al.*, 1977: 145.

　　主要特征：体长 8.0–10.0 mm。色较浅且均匀的黄褐色，刻点黑色，分布较均匀。前胸背板具黄褐色的中央纵线，向后渐模糊。体下及足黄褐色具黑色刻点或小黑斑，腹部腹面后两节中央有宽阔的大黑斑。

　　头黄褐色布密集的黑色刻点，复眼内侧各有一个黄褐色矩形胝斑，上颚片狭长，与前唇基末端平齐。头部腹面黄褐色布黑色刻点，小颊前角圆钝角状伸出。触角浅黄褐色，第 5 节端半略深，第 1 节明显短于头端部。喙伸达第 2 腹节中央。

　　前胸背板在胝区前方，尤其是前角内侧刻点较为粗糙且密集，后半的刻点稀疏且均匀，中纵线前半清晰可见，向后渐模糊；前缘平坦内凹，前角圆钝，在眼后平截，端部几乎不伸出；前侧缘前半具黄白色光滑斜平截的胝斑，后半平直；侧角末端圆钝，平伸出体侧，边缘平滑无刻点，黄褐色或红褐色；后缘略内凹。

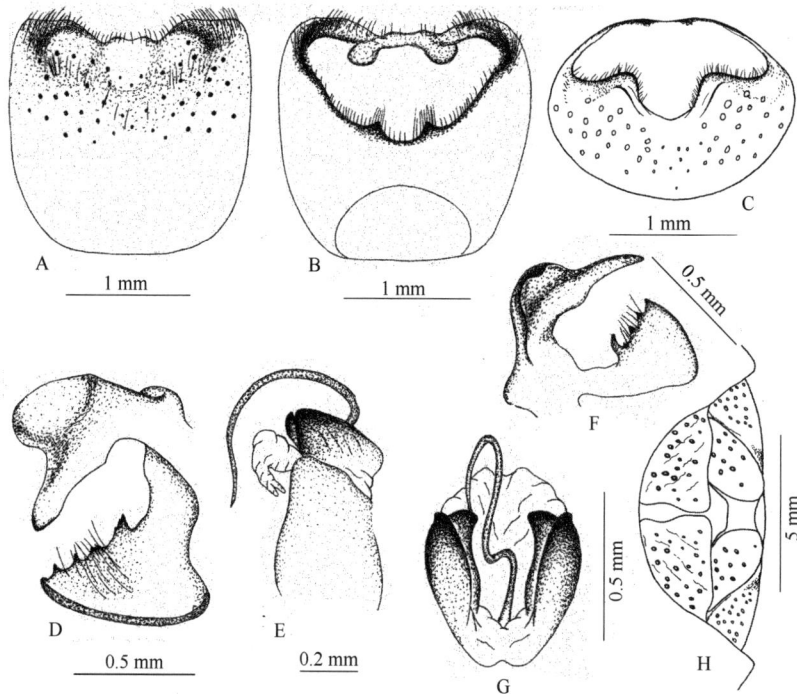

图 18-37　红角辉蝽 *Carbula crassiventris* (Dallas, 1849)

A. 雄虫生殖囊腹面观；B. 雄虫生殖囊背面观；C. 雄虫生殖囊端面观；D. 阳基侧突端面观；E. 阳茎侧面观；
F. 阳基侧突侧面观；G. 阳茎端面观；H. 雌虫生殖节

小盾片三角形，不明显隆起，基缘中央有一光滑小黄斑，基角处各有一倾斜的细条状脈斑，基部刻点稍密集。前翅外缘外拱。各足基节黄褐色，股节和胫节基部大半散布黑色小斑，后者的斑点细小，胫节端部和跗节黄褐色。臭腺沟缘短小。

腹基平坦，各腹节或端部几节中央大面积黑色，光滑无刻点，其他地方布黑色刻点，各侧面中央的刻点较周围密集；气门黑色；外缘刻点无色，各节后角在亚端部有个由 3–5 个黑色刻点组成的小黑斑。

雄虫生殖囊腹缘中央凹陷，侧缘端部无突起。阳基侧突基部突起耙状，端缘具若干粗大的锯齿，阳基侧突桨叶突端部略呈二叉状，一个分支长且端部角状，另一个分支宽阔的圆钝。阳茎系膜顶叶端部分叉；中交合板端缘宽阔平直，背侧圆钝角状，内侧的分支粗指状，端部略弯曲呈角状，二者约等高；阳茎端极为细长且弯曲。

雌虫第 1 载瓣片三角形，内缘略内凹，向后渐近但不接触；第 9 侧背片端部略平截，与第 8 侧背片端部约平齐。

分布：浙江、黑龙江、山西、陕西、甘肃、江苏、安徽、湖北、江西、湖南、福建、台湾、广东、海南、广西、四川、贵州、云南、西藏；日本，不丹，印度，缅甸。

（371）凹肩辉蝽 *Carbula sinica* Hsiao *et* Cheng, 1977（图 18-38）

Carbula sinica Hsiao *et* Cheng, 1977: 145.

主要特征：体长 6.5–8.0 mm。头黑色，具光泽，头顶中央和前唇基端部略带黄褐色。上颚片端部圆钝，与前唇基平齐。复眼突出。头腹面除小颊边缘外有光泽的黑色，小颊前角圆钝略向下伸出。触角黄褐色，第 5 节端部大半黑褐色，第 1 节略短于头末端，第 2、3 节约等长。喙端部黑色，伸达后足基节后缘。

前胸背板前缘宽阔的弧形内凹，眼后部分平截；前角几乎不伸出，末端略超出复眼外缘；前侧缘前半黄白色脈状构造明显，中央的弯折处呈角状而非均匀的弧状，后半略呈棱边状，轻微翘起；侧角伸出，末端圆钝，角体前缘略带黑色，后缘光滑的黄褐色；后缘平直。小盾片刻点黑色粗糙，基缘中央有个隐约的条形黄白色脈斑，基角处也各有一个模糊的脈状条带，端部宽舌状。前翅革片外缘圆弧形外拱，中裂端部内侧

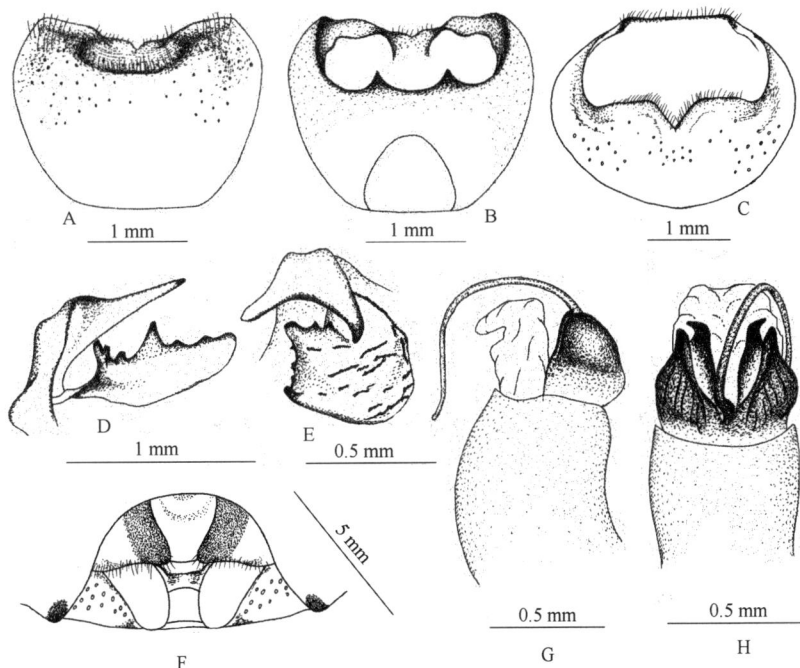

图 18-38　凹肩辉蝽 *Carbula sinica* Hsiao *et* Cheng, 1977

A. 雄虫生殖囊腹面观；B. 雄虫生殖囊背面观；C. 雄虫生殖囊端面观；D. 阳基侧突侧面观；
E. 阳基侧突端面观；F. 雌虫生殖节；G. 阳茎侧面观；H. 阳茎腹面观

各有一个圆形的䏝斑，革片端缘外拱，膜片淡褐色，末端约与腹末平齐。前胸背板侧角后缘的腹面光滑黄褐色；前胸侧板在足基节处及后缘黄褐色，布粗糙黑刻点，其余黑色并具铜质光泽。足黄褐色，股节和胫节布黑色小斑，胫节上的黑斑尤为细小且稀疏，中、后足股节近端部处常有两个更大的黑斑。臭腺沟缘十分短小。

腹部腹面中央和两侧有 3 条边界不规则的黑色条带，有时在基部连成一片，气门黑色，气门两侧黄褐色；两侧中央的刻点最为粗糙，中央光滑几乎无刻点，气门附近的刻点也较狭小；各节后角处有一显著的矩形黑斑。

雄虫生殖囊腹缘凹陷略呈梯形，其内侧的凹陷为圆弧形。阳基侧突感觉叶端部明显的二叉状，两个分支一长一短，均为细长的指状；感觉叶一侧有显著的大齿，表面粗糙，有若干横向棱状突起。阳茎系膜具端部轻微分叉的系膜顶叶；中交合板侧面观端部钝，端缘扁薄轻微外卷，其内侧各有一个末端弯钩状的突起；阳茎端细长。

雌虫第 1 载瓣片三角形，内半黑色，其相互之间的区域呈倒梯形。第 8、9 侧背片端部平齐。

分布：浙江、山西、陕西、甘肃、湖北、江西、湖南、四川。

214. 纹头蝽属 *Critheus* Stål, 1868

Critheus Stål, 1868: 516. Type species: *Critheus lineatifrons* Stål, 1870.

主要特征：体大，长椭圆形，暗褐色或暗棕褐色，背面刻点粗大且密集，散布黄白色小䏝斑。头端部较宽，上颚片与前唇基末端平齐。触角细长，5 节，第 1 节约与头端部平齐，第 3 节长于第 2 节。小颊前角角状向下伸出，后角角状，向后伸出。喙较长，超过第 4 腹节。前胸背板前侧缘光滑且平直，边缘略呈扁薄的狭边状，并向后延伸到侧角端部；侧角不伸出体外。臭腺沟缘长，弯曲显著，端部 1/3 细线状上扬。中胸腹板中央纵脊高度均匀且低矮。足胫节具棱边，跗节 3 节。侧接缘狭窄外露，各节后角小尖角状，略伸出。第 3 腹节中央无显著突起。

雄虫生殖囊腹面中央近端部处有一弧形脊，其外侧具一半圆形的凹坑，腹缘中央狭窄的内凹，两侧扁平，端缘平直，两侧亚端部有一显著的缺刻。阳基侧突端部宽大，桨叶突为细长弯曲的指状突起。阳茎系膜基部轻微骨化，具一对骨化背突、一个或一对膜囊状的细长前唇基；中交合板复杂，其背缘波曲或外侧具膜囊状外叶。

分布：东洋区。世界已知 3 种，中国记录 2 种，浙江分布 1 种。

（372）纹头蝽 *Critheus lineatifrons* Stål, 1870（图 18-39；图版 VIII-113）

Critheus lineatifrons Stål, 1870: 229.

主要特征：体长 14.0–15.0 mm。头端部宽圆，侧缘波曲，边缘黑色，上颚片端部圆钝的角状，与前唇基末端平齐，头背面密布横褶皱，复眼内侧的䏝斑黄褐色，前唇基两侧缘黑色。触角细长，第 1–4 节黑褐色，第 1 节背、腹面及第 4 节基部黄褐色，第 5 节基半黄白色，端半棕褐色，第 1 节几乎伸达头端部，第 3 节长于第 2 节。头腹面淡黄色，触角基上方各有 1 条黑色条带，触角基下方有若干黑褐色刻点，触角基内侧各有一条黑褐色刻点组成的斜行短纵带，小颊两侧各有一条较长的刻点带。小颊前角尖锐，显著伸出，后角角状，向体后伸出。喙多伸达第 7 腹节前缘附近。

前胸背板向前均匀前倾，刻点粗大且密集，前缘和前侧缘内侧有黑色刻点组成的连续的整齐条带；侧角边缘内侧刻点更为密集，刻点间散布短线状的黄褐色䏝斑，䏝区后有 1 条断续的黄白色䏝状条带；前缘内凹，边缘黄褐色，具 1 行稀疏的黑色刻点，向两侧延伸到前角内侧；前角小角状，略伸出，末端略超过复眼外缘；前侧缘狭边状，边缘狭窄的黑色薄边状，其内侧有一条平行的黄褐色纵带，向后延伸到侧角端部；侧角不伸出体外；后侧缘斜平直；后角圆钝；后缘略内凹。小盾片较为平坦，长大于宽，端部长且圆钝，密布黑色粗大刻点，并散布黄褐色光滑小胝斑，基角凹陷内侧各有一个黄褐色光滑胝斑，基缘断续的黄褐色，端部刻点较小。前翅革片密布黑色粗大刻点，中裂端部有一个较显著的黄白色胝斑；端缘波曲，端角圆钝；膜片暗烟褐色，端部略平截，与腹末约平齐，具 8–9 条颜色略深的纵脉。

臭腺沟缘较长，弯曲向上，端部约 1/3 细线状。足黄褐色，股节布棕褐色点斑，跗节黄褐色。

腹部侧接缘轻微外露，黄褐色，布黑褐色刻点，中央刻点略稀疏，但不呈黄黑相接状，各节后角黑色尖角状，略伸出。腹部腹面中央光滑无刻点，两侧密布红褐色刻点，气门黑色，气门后方内侧各有一条黑褐色短横带。第 3 腹节中央无显著突起。

雄虫生殖囊腹面中央近端部处有一弧形脊，其外侧具一半圆形的凹坑，腹缘中央狭窄的内凹，两侧扁平，端缘平直，两侧亚端部有一显著的缺刻。阳基侧突不呈片状，其细长指状突起显著弯折。阳茎系膜基部轻微骨化，具一对短直的骨化背突和一个较长的膜囊状前唇基；中交合板粗短，外侧具膜质囊，其端部骨化呈弯角状。阳茎端略短于中交合板端部。

雌虫第 1 载瓣片内缘平直，相互平行，不接触；内角宽圆；外缘略平直。第 9 侧背片端部圆钝，略伸出第 8 腹节后缘。第 8 侧背片端部宽大的角状，略伸出。

分布：浙江、江西、福建、广东、海南、广西、四川、贵州、云南；日本，巴基斯坦，印度，斯里兰卡，菲律宾，澳大利亚。

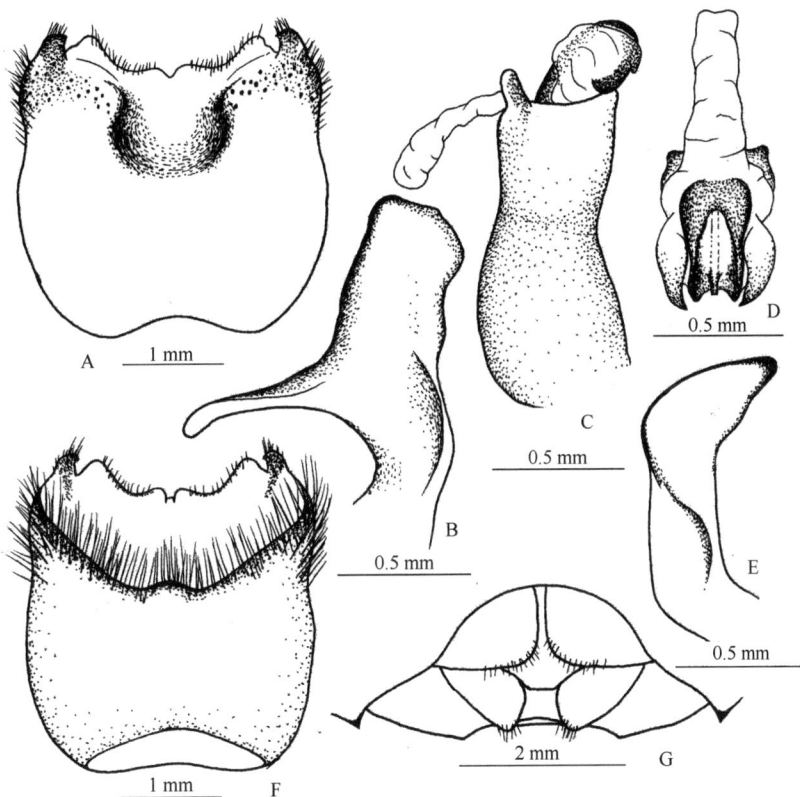

图 18-39　纹头蝽 Critheus lineatifrons Stål, 1870

A. 雄虫生殖囊腹面观；B. 阳基侧突侧面观；C. 阳茎侧面观；D. 阳茎端面观；E. 阳基侧突侧面观；F. 雄虫生殖囊背面观；G. 雌虫生殖节

215. 岱蝽属 *Dalpada* Amyot *et* Serville, 1843

Dalpada Amyot *et* Serville, 1843: XXII, 105. Type species: *Dalpada aspersa* Amyot *et* Serville, 1843.

主要特征：体较大，长椭圆形，背面较平，体背面刻点粗糙，色彩多为斑驳的黄褐色或棕褐色，有的种类为金绿色。前胸背板前侧缘及腹部腹面常被白色短毛。

头长，上颚片端部二叉状，即侧缘在亚端部处有一角状突起，该突起后侧有一处内凹，之后又有一钝突起，上颚片约与前唇基平齐；复眼十分突出；单眼远离前胸背板前缘，其间距约为单眼与复眼之间距离的 2 倍；触角细长，第 1 节略短于或伸达头末端，第 3 节略长于第 2 节；喙第 1 节伸出小颊外；小颊较低矮。

前胸背板宽大于长；前缘中央平坦内凹；前角末端与复眼外缘约平齐；前侧缘内凹或内折，边缘粗糙不规则的锯齿状；侧角结节状，略伸出体外；小盾片长大于宽，侧缘较为平直，端部狭长；前翅革片端部超过小盾片端部，膜片色深，末端超过腹部末端；中、后胸腹板宽阔，前足基节相距较近；胫节具棱边，前足胫节外侧靠后的棱边端部常不同程度地拱起或扩大呈叶片状；跗节 3 节，不同色。臭腺沟缘粗细较为均匀，较长，端半上扬。

腹部侧接缘拱起，外露。腹面基部几节中央具浅沟，两侧常有断续或整齐的深色纵带。

雄虫生殖囊腹缘中央宽阔的凹陷，亚端部常有不同形状的突起，生殖囊侧缘多为角状；阳基侧突短钝的 "L" 形或端部二叶状；阳茎鞘腹面基部中央有一短钝的突起；阳茎系膜具一对骨化的背突，阳茎系膜具发达的顶叶和端部骨化的腹叶，顶叶膜质，多数种类其端部二叉或三叉状，基上颚片有或无、发达或不发达；中交合板细长的杆状；阳茎端细长，二者相互垂直或呈一定角度。

分布：古北区、东洋区。世界已知 49 种，中国记录 7 种，浙江分布 2 种。

（373）大斑岱蝽 *Dalpada distincta* Hsiao *et* Cheng, 1977（图 18-40；图版 VIII-114）

Dalpada distincta Hsiao *et* Cheng, 1977: 119.

主要特征：体长 16.2–21.0 mm。头、前胸背板、小盾片色深，几乎全部为黑褐色，前翅革片隐现一些黄褐色成分，头基部和前胸背板前半中央具光滑的黄褐色细纵线。胸部下方大部分黑褐色，腹部腹面中央黄褐色，向两侧渐变为黑褐色。

头黑褐色，刻点黑褐色，十分粗糙且相连成片，头顶有一条隐约的黄褐色纵带，头两侧面中央略带黄褐色；上颚片端部圆，与前唇基末端平齐，头侧缘近端部有一个钝角状突起，突起后侧有一处内凹。小颊低矮，外缘后半黄褐色，前角角状伸出；小颊后面的头基部黄褐色、光滑无刻点。喙伸达第 3 腹节前半，其第 1 节伸出小颊外。触角第 1–3 节黑色，第 4、5 节均基半黄色，端半黑色；第 1 节伸达头末端，第 4 节最长，第 2、3、5 节约等长，长度约为第 4 节的 3/5。

前胸背板前侧缘及前角处被细毛；胝区后方散布若干较小的黄褐色点斑；前缘和在前半分布的纵线为黄褐色；前缘中央平坦内陷；前角黄褐色，侧向伸出；前侧缘中央内折，前半具极浅的锯齿；侧角结节状，略伸出，端部光滑上翘，其内侧具众多明显的横褶皱；后角宽阔圆弧状，不伸出；后缘中央略内凹。小盾片基部明显隆起，基角处具大型黄斑，其直径超过复眼直径一半，基缘中央另有一个极小的黄斑，端部黄褐色，其上刻点分散，不连接成线或成片。前翅革片黄褐色，刻点黑褐色，散布较多不规则的黑斑，端部超过小盾片端部较多；膜片黑褐色，末端伸出腹末较多。各胸节侧板黑褐色，具若干小的黄斑，挥发域外缘外侧具一黄褐色条带；中胸腹板黑色，中央纵脊细且低矮，黄褐色，后胸腹板黄褐色、宽阔，中央略凹陷；臭腺沟缘中央强烈弯曲，端部圆钝上扬，几乎伸达挥发域外缘前角处。各足基节黄褐色；股节黑褐色；胫节两端黑色，中段黄褐色，各占 1/3 宽度；跗节前两节黄褐色，第 3 节黑褐色，爪基半黄褐色，端半黑色。

腹部侧接缘外露，各节两端黑色，中央黄色，各占 1/3 的宽度，后角黑色，小尖角状伸出。腹基的凹沟较浅且短，到达第 4 腹节附近；腹面中央光滑的黄褐色，向两侧刻点渐密集，到气门附近则为黑褐色，气门黑褐色，后方内侧具一光滑小黄斑。

雄虫生殖囊腹缘凹陷 "V" 形，底部圆钝，亚端部的缺刻内侧突起圆钝；阳基侧突桨叶突三角形；阳茎鞘腹面中央基部具一短钝突起，阳茎系膜具一对骨化背突、一对细长的膜质系膜顶叶、一对宽阔发达的膜质系膜基上颚片以及一对端部指状骨化的系膜腹叶。中交合板粗杆状，阳茎端细长，与中交合板之间呈锐角。

　　雌虫第 1 载瓣片内缘平直，其内侧宽阔的黑褐色，相互接触，内缘圆，后缘外侧下倾；第 8 侧背片黑褐色，外缘中央有一黄褐色线斑，端部弧形，不伸出；第 9 侧背片基部抬起，压住第 1 载瓣片后缘，端部圆钝，略伸出第 8 腹节后缘。

　　分布：浙江、河北、山西、河南、甘肃、江苏、安徽、江西、湖南、福建、广东、海南、广西、四川、贵州。

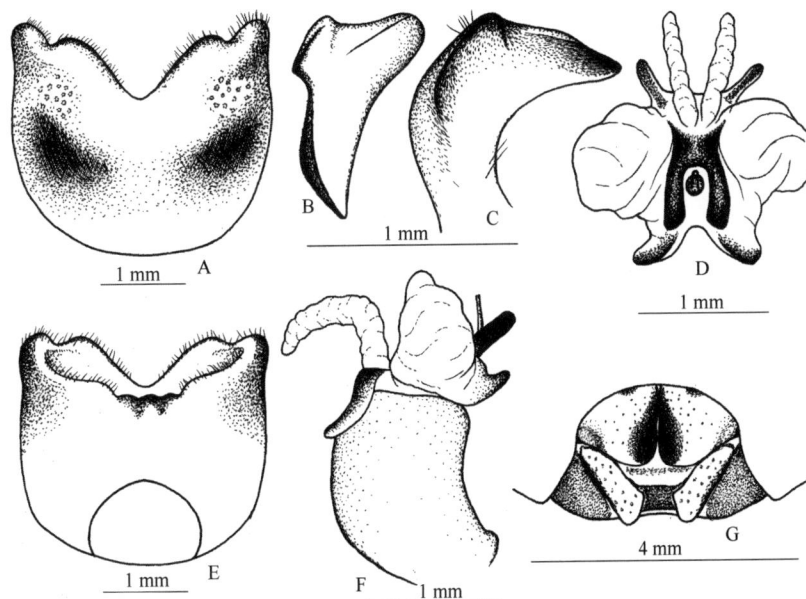

图 18-40　大斑岱蝽 *Dalpada distincta* Hsiao *et* Cheng, 1977
A. 雄虫生殖囊腹面观；B. 阳基侧突端面观；C. 阳基侧突侧面观；D. 阳茎端面观；E. 雄虫生殖囊背面观；F. 阳茎侧面观；G. 雌虫生殖节

（374）岱蝽 *Dalpada oculata* (Fabricius, 1775)（图 18-41）

Cimex oculata Fabricius, 1775: 703.

Dalpada oculata: Hsiao *et al.*, 1977: 118.

　　主要特征：体长 15.0–19.0 mm。头黑褐色，有的个体为金绿色；上颚片中央及头顶中央各有一条黄褐色的光滑纵带，呈品字排列，复眼内侧另有一条短且断续的黄褐色带，向后延伸到单眼前方，单眼外侧各有一条斜行的光滑条带；上颚片末端圆，与前唇基末端平齐，侧缘亚端部的角状突出侧指，其后有一凹陷。触角第 1 节黑褐色，其背面和腹面分别有一条黄白色纵带，第 2、3 节深棕色，节间黄白色，第 4、5 节基部黄白色，端部大部分黑褐色；在多数个体中，触角第 2 节略长于第 3 节。头腹面两侧黑色，在触角基后方有若干小黄斑；小颊低矮，黄褐色，布稀疏刻点，小颊后的头基部光滑的黄褐色，小颊前角角状，微伸出。喙向后伸达第 3 腹节后半。

　　前胸背板中央有一条黄褐色的宽纵带，向后渐宽，胝区前黑褐色刻点密集，各胝区后侧有大面积黑褐色区域，有时中央断续呈两条隐约的纵带；前缘黄褐色，中央平坦内陷；前角末端略伸出复眼外缘；前侧缘内凹，其前部大半为黄褐色，边缘具端部圆钝的粗糙锯齿；侧角黑色，结节状，膨大略隆起，顶端有时为黄褐色；后缘中央略内凹。小盾片：基角处具大型的光滑圆斑，圆斑外侧及侧缘弯折处的刻点较为密集，整个端部黄褐色，其上刻点细小，几乎与底同色或为淡棕色。爪片黄褐色，其上的黑色刻点在靠近小盾片一侧较为密集。前翅革片黄褐色，杂以黑褐色斑块及黄褐色光滑胝斑，端部超过小盾片端部；膜片烟褐色，略伸出腹末。各胸节侧板具连贯的黑色纵带，其内侧的边界较为整齐，中央具若干黄褐色光滑胝斑，相连成断续的黄褐色条带。在大多数个体中，中胸腹板除中央纵脊黄褐色外为漆黑色，但有些个体有不同程度的弱化，从侧板全黑色到仅部分黑褐色再到全部黄褐色。各足基节和股节基部黄褐色，股节端部黑色，并向基部变成密集的点斑；各足胫节两端黑色，中央黄白色，黄白色所占的比例按前、中、后足的顺序依次增加。

腹部侧接缘明显外露，黄黑相间，界线明显，各节中央的黄色区域面积占 1/3。腹部基部中央的浅沟伸达第 4 腹节，腹部腹面两侧缘具宽阔的黑褐色纵带，其内侧边缘较整齐，外侧在各节中央有一大型黄斑，其宽度占节宽的 3/4 以上，气门内后侧常有一个较小的光滑圆斑。第 7 腹节中央具一个大型黑斑。第 3 腹节和第 4 腹节中央常有一对大黑斑，并有不同程度的弱化，有的仅第 3 腹节有一对黑斑，有的则两节都没有黑斑。

雄虫生殖囊腹缘中央凹陷呈明显的"U"形。阳基侧突桨叶突细长的指状伸出，躯干部分端半宽阔，其内侧有一下指的突起。阳茎系膜具一对骨化的背突及一对骨化的腹叶，基上颚片缺失，系膜顶叶从基部分为三个分支，中间的分支细长，两侧分支不对称，一侧分支较长，端部又分为一尖长一短钝的两个小支，另一侧的分支则短且简单；中交合板端部渐细；阳茎端粗壮，明显高于中交合板端部。

雌虫第 1 载瓣片沿内缘内侧有一黑色宽带，内缘基半平直，相互接触，在稍过中点处有一处弯折，其后部分内凹，相互形成拱形，与小斑岱蝽 D. nodifera 相比，其弯折处更靠近基部，因此产卵瓣外露更多；内角圆钝的角状；后缘微波曲。第 8 侧背片黑褐色，气门周围黄褐色，外缘中央有一大黄斑，端部黑色小尖角状略伸出。第 9 侧背片端部圆，略伸出第 8 腹节后缘。

分布：浙江、江苏、江西、湖南、福建、广东、海南、广西、四川、贵州、云南；朝鲜，日本，印度，马来群岛，印度尼西亚。

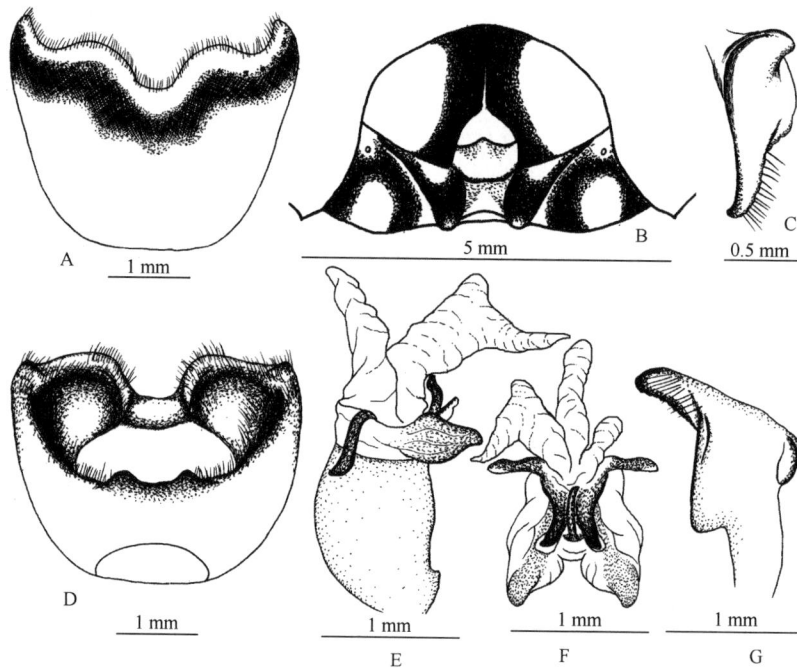

图 18-41　岱蝽 *Dalpada oculata* (Fabricius, 1775)

A. 雄虫生殖囊腹面观；B. 雌虫生殖节；C. 阳基侧突端面观；D. 雄虫生殖囊背面观；E. 阳茎侧面观；F. 阳茎端面观；G. 阳基侧突侧面观

216. 斑须蝽属 *Dolycoris* Mulsant *et* Rey, 1866

Dolycoris Mulsant *et* Rey, 1866: 258 (as subgenus of *Carpocoris*; upgraded by Stål, 1872: 38). Type species: *Cimex verbasci* De
　　Geer, 1773 (=*Cimex baccarum* Linnaeus, 1758).

主要特征：头长宽约等长，复眼小，略呈球形，单眼间距较大；侧缘平直或轻微波曲，上颚片端部圆钝，肥厚，有时略上翘，端部略长于前唇基或与前唇基等长。触角 5 节，第 1 节不伸达头末端，第 2 节长于第 3 节。小颊前角圆钝的直角状，略向下伸出，外缘低平，后角圆钝的叶状，轻微向后伸出，末端不伸达复眼后缘。喙的第 1 节末端不超过小颊外。

前胸背板宽大于长，胝区不显著，前半的刻点较密集且色深；前角圆钝角状，略超过复眼外缘；前侧缘光滑平直，边缘扁薄略上翘且光滑无刻点；侧角圆钝，几乎不伸出体外。小盾片长三角形，端部狭长，基部中央和侧缘弯折处刻点较密集，端部刻点较稀疏。前翅革片外缘较平直，不显著外拱，外革片较狭窄；端缘略外拱；端角圆钝，略伸出；膜片淡褐色，透明，明显超过腹末。臭腺沟缘短小，不达挥发域宽度的 1/3。

雄虫生殖囊腹缘中央内凹，腹面端部两侧具圆钝突起，立壁状，边缘光滑或着生毛簇，侧缘端部圆钝短指状。具边缘羽状的伪阳基侧突。阳基侧突基部具短指状感觉叶；桨叶突圆钝的片状，与躯干部分连接处的侧面着生刚毛。阳茎鞘亚端部背面具一对短钝的骨化突起，端部两侧靠近背侧具一对轻微骨化的鞘盾片；阳茎系膜具一对基部膜质、端部骨化的二叉状基上颚片；中交合板缺失，阳茎端基部膨大，端部细长，指向背侧。

雌虫第 1 载瓣片内缘略隆起，基部远离，向后渐近，但几乎不接触。第 9 侧背片端部圆钝，略伸出第 8 腹节后缘。第 8 侧背面端部宽圆。

分布：古北区、东洋区。世界已知 11 种，中国记录 4 种，浙江分布 1 种。

（375）斑须蝽 *Dolycoris baccarum* (Linnaeus, 1758)（图 18-42；图版 VIII-115）

Cimex baccarum Linnaeus, 1758: 445.

Dolycoris baccarum: Hsiao *et al.*, 1977: 105.

主要特征：体长 10.5–14 mm。体表除前翅革片和头腹面外均布有白色直立长毛；体背面黄褐色，前胸背板后半、前翅革片带枣红色。体腹面淡黄褐色，布若干粗大刻点。

头长宽约相等，侧缘轻微波曲，边缘黑色，复眼略呈球形，较小；头背面黄褐色，刻点黑色，粗糙，头顶中央和前唇基中央刻点稀疏，呈一隐约的淡色纵带，复眼内侧各有一条黄褐色光滑细纵带；触角黑色，第 1 节除端部外、其余各节两端均为黄褐色，第 1 节不伸达头端部，第 2 节长于第 3 节。头腹面淡黄褐色，光滑无刻点及直立长毛，小颊表面具若干褶皱，触角基上方有一黑色短带。小颊前角圆钝的直角状，略伸出，外缘中央内凹，后角圆钝的叶状，略向后伸出，末端伸达复眼中心水平，不达头基部。喙伸达中足基节后缘，最多伸达后足基节前缘处，第 1 节末端不伸出小颊外。

前胸背板宽大于长，后半略带枣红色，前半尤其是前角内侧、前侧缘扁薄边的内侧刻点密集且粗大，后半的刻点较均匀且细小；前缘中央 1/2 显著内陷，边缘略呈光滑的领边状，眼后部分斜平截，边缘具刻点；前角黄褐色，圆钝的角状，略伸出，指向体前侧方，端部略超过复眼外缘；前侧缘光滑平直，边缘略扁薄，并轻微上翘；侧角圆钝，几乎不伸出，边缘扁薄；后侧缘斜平直；后角弧形；后缘平直。小盾片：长明显大于宽，端部较狭长，向末端渐细，并呈显著的淡黄白色，小盾片表面黄褐色，基缘内侧刻点粗大密集，侧缘弯折处刻点略小但较为密集，其余部位刻点稀疏，基角处刻点稀疏，呈隐约的黄斑。前翅革片外缘较直，仅略宽阔的外拱；外革片基部的刻点较稀疏，其余部分和内革片上的刻点分布密集且较为均匀，其间布细小的光滑胝斑；端缘略外拱，端角圆钝；膜片淡褐色，透明，末端明显超过腹末。胸部腹面淡黄褐色，侧板上的刻点黑色或与底同色，靠近足基节处分别有一个黑斑，中胸腹板前缘中央附近另有一小黑斑。臭腺沟缘短小，不达挥发域宽度的 1/3。足淡黄褐色，胫节端部略带黑色，跗节除第 1、2 节端部外黑色，各足股节和胫节布细小的黑色点斑，股节亚端部各有一个较大的黑色点斑。

腹部腹面淡黄褐色，气门黑色，两侧气门之间布若干大小不等的黑色粗糙刻点，腹面两侧缘在节间处各有一个小黑斑。

雄虫生殖囊腹缘中央内凹，腹面端部两侧的圆钝突起边缘光滑，无毛簇着生，侧缘端部圆钝指状。具边缘羽状的伪阳基侧突。阳茎鞘亚端部背面具一对短钝的骨化突起，端部两侧靠近背侧具一对轻微骨化的鞘盾片；阳茎系膜具一对基部膜质、端部骨化的二叉状基上颚片；中交合板缺失，阳茎端基部膨大，端部细长，指向背侧。

雌虫第 1 载瓣片内缘略隆起，基部远离，向后渐近，但几乎不接触。第 9 侧背片端部圆钝，略伸出第 8 腹节后缘。第 8 侧背面端部宽圆。

分布：浙江、黑龙江、吉林、辽宁、内蒙古、河北、山西、山东、河南、陕西、宁夏、甘肃、青海、新疆、江苏、湖北、江西、湖南、福建、广东、海南、广西、四川、贵州、云南、西藏；古北区广布种。

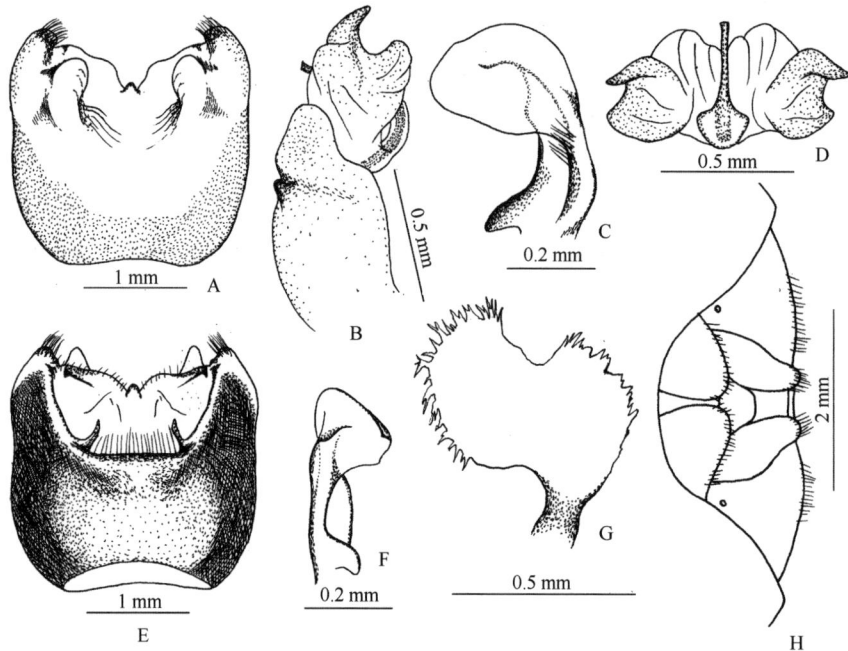

图 18-42　斑须蝽 *Dolycoris baccarum* (Linnaeus, 1758)
A. 雄虫生殖囊腹面观；B. 阳茎侧面观；C、F. 阳基侧突侧面观；D. 阳茎端面观；E. 雄虫生殖囊背面观；
G. 伪阳基侧突；H. 雌虫生殖节

217. 平蝽属 *Drinostia* Stål, 1861

Drinostia Stål, 1861: 143. Type species: *Drinostia planiceps* Stål, 1861.

主要特征：体中型，背面扁平，前胸背板侧角明显向上翘起。

头长宽约相等，长于前胸背板，上颚片端部角状，明显长于前唇基，但不在前唇基前方会合，而是形成一个倒梯形的缺口。单眼间距为头宽的 1/3 左右，紧靠前胸背板前缘。触角 5 节，第 1 节不伸达头端部，第 3 节长于第 2 节。小颊长，极为低矮，前角明显的角状向下伸出。喙伸达第 4 腹节附近，第 1 节完全包裹于小颊内。前胸背板前侧缘基半锯齿状，侧角宽大的角状，伸出体外。小盾片长宽约相等，端部略呈角状。前翅膜片散布若干暗褐色小圆斑。中胸腹板具极为低矮的中央纵脊，后胸腹板略平坦。臭腺沟缘缺失。足胫节具棱边，跗节 3 节。侧接缘宽阔外露，各节后角不伸出。第 3 腹节中央和第 4 腹节端半中央具浅沟。

雄虫生殖囊腹缘中央宽阔且平坦的内凹，底部两侧多具三角形片状突起，但突起程度各异，腹缘内褶狭窄，其中央具两个短钝突起，亚端部的突起短钝或无；生殖囊背缘具一对骨化突起；侧缘内侧着生一对羽状的伪阳基侧突。阳基侧突"C"状，具短钝或指状的感觉叶，背侧弧形外拱，桨叶突狭长，向末端渐细，末端圆钝。阳茎系膜具一对指状的骨化背突，具膜囊状系膜背叶，单一或一对；中交合板细长，端部内侧勺状，其外侧有平行的骨化突起，端部也呈勺状；阳茎端细，且与中交合板平行，不伸出后者端部。

雌虫第 1 载瓣片中央略隆起，内缘平直，相互紧密接触，内角直角状，外缘较平，边缘略外拱。第 2 载瓣片两侧各有 1 个突起的短横脊或三角形突起。第 9 侧背片粗指状，端部圆钝，略伸出第 8 腹节后缘。第 8 侧背片端部具宽大的角状突起，其端部与第 9 侧背片端部约平齐。

分布：东洋区。世界已知 4 种，中国记录 4 种，浙江分布 1 种。

（376）平蝽 *Drinostia fissipes* Stål, 1865（图 18-43；图版 VIII-116）

Drinostia fissipes Stål, 1865: 168.

Drinostia flasipes Hsiao *et al.*, 1977: 115.

主要特征：体长 12.5–16.0 mm。头三角形，长宽约相等，侧缘斜平直，轻微波曲，基部边缘极为狭窄的黑褐色，上颚片端部狭长的角状，末端不尖锐，明显长于前唇基，但不在前唇基前方会合，而是形成一个倒梯形的缺口；头背面刻点较少，复眼内侧有隐约的黄褐色光滑胝斑，前唇基端半无刻点；前唇基基部两侧各有一个黑色小点斑；触角第 1 节棕褐色，端部黑色，背面中央有一黑色小圆斑，第 2–4 节黑色，第 5 节基半橙黄色，端半红褐色，端半中央宽阔的暗红褐色或黑褐色，第 1 节不伸达头端部，第 3 节长于第 2 节。喙伸达第 3 腹节后缘，第 1 节完全包裹于小颊内。

前胸背板中央低平或略下凹，两侧角处向上翘起，前缘中央内侧、胝区之间及胝区正后方的区域内侧具棕褐色小刻点，前侧缘内侧和侧角背面具若干粗糙的褶皱，但几乎无刻点分布或仅具若干与底同色的小刻点，胝区内侧和外侧各有一个小黑斑，由若干黑色刻点组成；前缘中央平坦，显著内陷，眼后平截部分窄；前角几乎不伸出，末端与复眼外缘平齐；前侧缘轻微内凹，前半边缘的锯齿较大，锯齿外缘狭窄的黑色，后半及侧角前缘较为光滑平直；侧角宽大的角状，伸出体外，并向上翘起，伸出长度约为前翅基部宽度，角体后缘略平直，边缘具粗钝的锯齿，贵州个体在中央有一较明显的缺刻；后侧缘斜平直；后角弧形，不伸出；后缘平直。小盾片末端略呈圆钝的角状，基角具黑色圆形凹陷，端部刻点较为密集。前翅革片上的刻点向端部及向外革片处渐细小，刻点淡红褐色，分布不甚均匀，革片具若干不规则的光滑胝斑，缘片刻点稀疏，革片端缘斜平直，端角圆钝，明显超过小盾片末端，膜片淡褐色，散布若干棕褐色圆形小点斑，端部与腹末平齐，翅脉棕褐色。胸部侧板刻点黑色，较为密集，前胸背板前侧缘腹面的刻点尤为密集，各节侧板靠近足基节处各有一个明显的小黑斑。中胸腹板具低矮的纵脊。臭腺沟缘缺失。足暗黄褐色，股节和胫节散布黑褐色圆斑。

腹部腹面的红褐色细小刻点从中央到两侧，从无到有，并向两侧渐密集，气门外侧的刻点最为密集，各节侧缘前、后角处有若干密集的黑色小刻点。

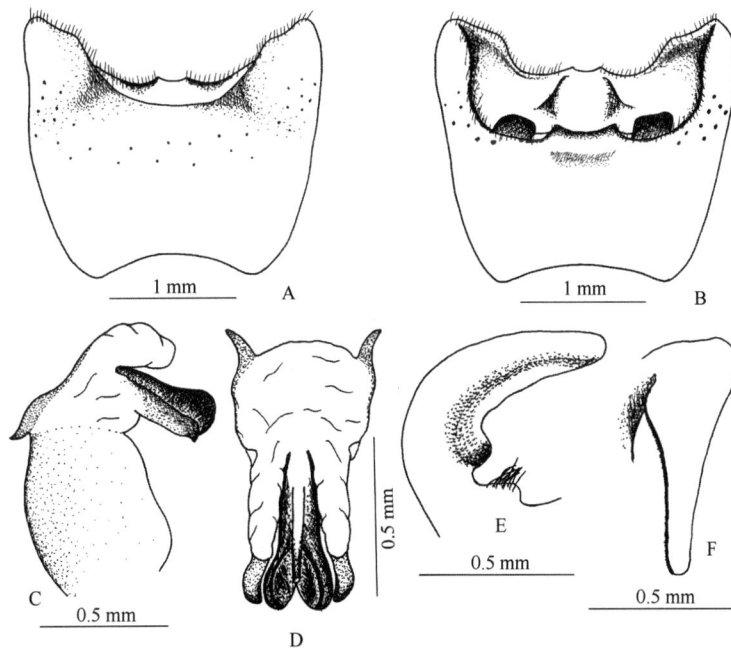

图 18-43　平蝽 *Drinostia fissipes* Stål, 1865

A. 雄虫生殖囊腹面观；B. 雄虫生殖囊背面观；C. 阳茎侧面观；D. 阳茎端面观；E. 阳基侧突侧面观；F. 阳基侧突端面观

　　雄虫生殖囊腹缘中央宽阔且平坦的内凹，底部两侧的片状突起明显，但突起程度弱于大头平蝽，腹缘内褶亚端部的突起短钝；生殖囊背缘具一对骨化突起；侧缘内侧着生一对羽状的伪阳基侧突。阳基侧突"C"状，躯干部分具短钝的感觉叶，弯折处的内侧具一短钝的突起，桨叶突狭长，向末端渐细，末端圆钝。阳茎系膜具一对指状的骨化背突、一对细长的膜囊状系膜背叶，中交合板细长，端部内侧勺状，其外侧有平行的骨化突起，端部勺状；阳茎端细，且与中交合板平行，不伸出后者端部。

　　雌虫第 1 载瓣片、第 8 及 9 侧背片具粗大的黑色刻点。第 1 载瓣片中央略隆起，内缘平直，相互紧密接触，内角直角状，外缘中央宽阔的圆钝角状，略伸出。第 2 载瓣片两侧各有 1 个突起的短横脊。第 9 侧背片粗指状，端部圆钝，略伸出第 8 腹节后缘。第 8 侧背片端部具宽大的角状突起，其端部与第 9 侧背片端部平齐。

　　分布：浙江、江苏、江西、湖南、福建、重庆、贵州。

218. 麻皮蝽属 *Erthesina* Spinola, 1837

Erthesina Spinola, 1837: 290, 291-293. Type species: *Cimex mucoreus* Fabricius, 1794 (=*Cimex fullo* Thunberg, 1783).

　　主要特征：头长，向前渐狭，侧缘亚端部具角状突起，上颚片端部尖锐，与前唇基末端平齐；触角第 1 节不伸达头端部；喙第 1 节伸出小颊外。前胸背板长约等于头长；前侧缘明显的锯齿状，平直或略内凹；侧角不呈结节状，三角形，几乎不伸出体外；后角圆钝不伸出。臭腺沟缘长度超过挥发域宽度的一半，端部略向上弯曲，但不伸达挥发域外缘。中胸腹板具低矮且较细的中央纵脊；后胸腹板平坦宽阔。前足和后足胫节端部外侧的棱边向外不同程度地扩展。腹基中央平坦，无刺突或突起；腹部中央从基部开始向后有一条凹沟，喙置于其中。

　　分布：古北区、东洋区。中国记录 2 种，浙江分布 1 种。

（377）麻皮蝽 *Erthesina fullo* (Thunberg, 1783)（图 18-44；图版 VIII-117）

Cimex fullo Thunberg, 1783: 42.

Erthesina fullo: Hsiao *et al.*, 1977: 138.

　　主要特征：体长 20.0–25.0 mm。头长大于宽，向端部渐狭，复眼前方的外缘轻微波曲，亚端部的角状突起较钝。头背面黑色，布密集的同色粗糙刻点，侧缘一线黄褐色，头中央有一条纵贯全长的黄褐色纵带，复眼内侧各有一个长条形的黑色光滑胝带。头腹面两侧黑色，在触角基内侧被一条纵贯全长的黄褐色纵带分成两条几乎等宽的黑色纵带。喙伸达第 6 腹节前缘。

　　前胸背板宽大于长，黑色，有一条显著的纵贯全长的黄褐色光滑纵线，该纵线后半略细；胝区前方仅 4 处胝斑，胝区后布有较多黄褐色光滑胝斑；前缘黄褐色领状，宽阔圆钝的内凹，复眼后的平截部分窄；前角略伸出；前侧缘仅略内凹，边缘具一排黄褐色小锯齿；侧角小三角形，仅略伸出，侧角后缘有一处隆起；后角宽阔圆钝，不向后伸出；后缘平直。小盾片长大于宽，黑色，散布较多黄褐色光滑小胝斑，端部较长，端缘圆钝弧形。爪片和前翅革片上的刻点比前胸背板和小盾片上的刻点细小；革片略带紫褐色，基部和端缘处散布若干黄褐色胝斑，中央大部分几乎无胝斑；缘片黑色，其上黄褐色胝斑较小且较密集；端缘平直；端角不尖锐；膜片黑褐色，具 8–9 条平行纵脉，膜片端部明显超过腹末。各足股节基部和腹面黄褐色，背面黑色；胫节大部分黑色，中央具一黄褐色环带，其宽度从前向后渐宽。

　　腹部侧接缘明显外拱，外露，黑色，第 7 腹节中央具大型黑斑。

　　雄虫生殖囊腹缘深内凹，凹陷两侧斜平直，底部中央波曲；侧缘圆钝角状；背缘两侧复杂，各有两个突起，内侧突起低矮的圆钝角状，外侧突起较高。阳基侧突复杂，端部可视为二叶状，靠近中央载肛突的一叶向一侧延伸呈尖锐的角状，向另一侧延伸呈较钝的角状；另一叶端部较宽，其上有"S"形的粗脊。阳茎鞘细长，具一对鞘盾片。阳茎无骨化背突；具一个发达的膜质顶叶，向端部渐细；一对骨化的系膜腹叶；

中交合板矩形，端部平截；阳茎端细，端部略短于中交合板端部。

雌虫第 1 载瓣片黑色，外缘与第 7 腹节接触处各有一个黄褐色条形斑，向内延伸，产卵瓣、第 2 载瓣片和载肛突均为黑色；第 1 载瓣片内缘弧形外拱，基部相互接触，向后分离；内角宽阔圆钝；外缘弧形略外拱。

分布：浙江、辽宁、内蒙古、北京、河北、山西、山东、河南、陕西、甘肃、新疆、江苏、安徽、湖北、江西、湖南、福建、台湾、广东、海南、广西、四川、贵州、云南；日本，巴基斯坦，印度，斯里兰卡，印度尼西亚，阿富汗。

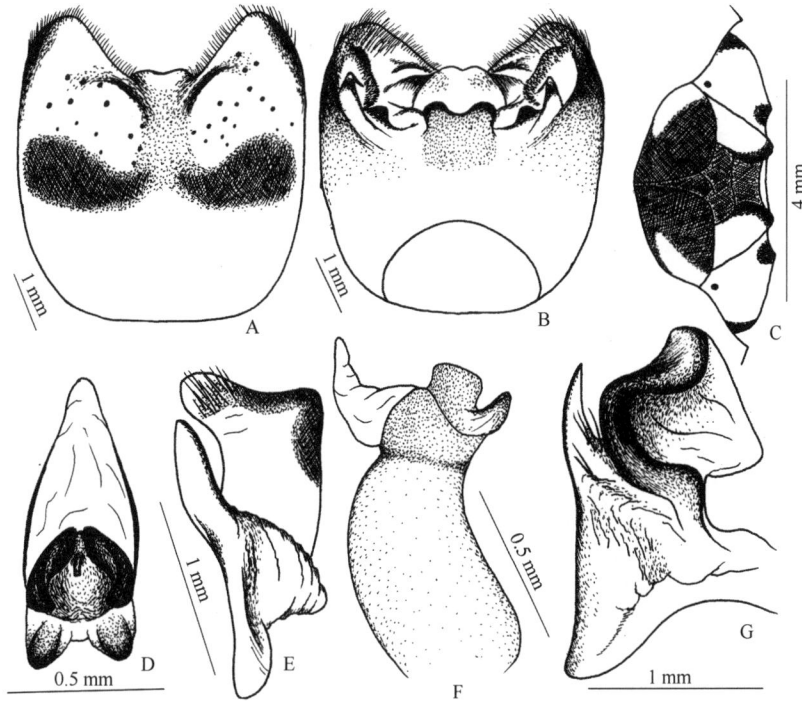

图 18-44　麻皮蝽 *Erthesina fullo* (Thunberg, 1783)

A. 雄虫生殖囊腹面观；B. 雄虫生殖囊背面观；C. 雌虫生殖节；D. 阳茎端面观；E. 阳基侧突端面观；F. 阳茎侧面观；G. 阳基侧突侧面观

219. 菜蝽属 *Eurydema* Laporte, 1833

Eurydema Laporte, 1833: 61. Type species: *Cimex oleraceus* Linnaeus, 1758.

主要特征：体中小型，体色鲜艳，常有黑色、金属蓝色、黄色或橙黄色大斑。头端部圆钝，侧缘脊边状，上颚片长于前唇基并在前唇基前方会合。触角 5 节，漆黑。喙伸达中足基节处。前胸背板胝区后有一横向的浅沟，将前胸背板分为前后两部分；前缘弧形领状；侧角圆钝，不伸出体外。小盾片三角形，端部圆钝。中胸腹板具低矮的中央纵脊。臭腺沟缘端部敞开，不高于后胸侧板表面，挥发域呈"＜"或"＞"形，端部不闭合。腹基中央无突起。

本属种类色斑较为多样，因此不能作为唯一的鉴定依据。

分布：世界已知 33 种，中国记录 13 种，浙江分布 1 种。

（378）菜蝽 *Eurydema dominulus* (Scopoli, 1763)（图 18-45）

Cimex dominulus Scopoli, 1763: 124.

Eurydema dominulus: Hsiao *et al.*, 1977: 140.

主要特征：体长 5.6–10.1 mm。头全黑，端部稍下倾，侧叶侧缘和前缘具黄色或红色光滑窄边；单眼红色，复眼黑褐色；头下黄白色，侧叶前端下方具一小横黑斑，触角基呈黄白色；触角漆黑，第 5 节最长，第

2 节明显长于第 3 节，稍短于第 4 节。

前胸背板具 6 个不规则黑斑，近前角处具 2 个横黑斑，两黑斑之间光滑无刻点，后排 4 个斜黑斑，中间 2 个较大；小盾片长三角形，被稀疏黑色刻点，基部中央具一近三角形大黑斑，侧缘近端部各具 1 小黑斑，其浅色部分呈 "Y" 形；前翅爪片及内革片黑色，在内革片外缘中部具一近三角形橙黄色或红色斑纹，其大小在不同地区的不同标本中略有不同，有时消失不可见，外革片橙黄色或红色，大部分标本在中部及近端角处各具一小黑斑，但少部分标本外革片中部黑斑缺失或仅留痕迹，膜片黑褐色，外缘灰白色；胸部腹面淡黄色，侧缘橙黄色或红色，各胸节侧板上各具一个完整的方形黑斑，中胸腹板中央具一圆形大黑斑，其中央具一浅色低纵脊；足基节和转节黑色，腿节基部黄白色，端部具不规则黑斑，胫节两端黑色，中央具浅色环纹。

腹部背面橙黄色或红色，端部一节黑色；侧接缘橙黄色或红色，具 2–4 个大小不等的小黑斑，有时仅留痕迹或消失；腹下淡黄色，边缘橙黄色或红色，各腹节基部中央具一宽带状的大横黑斑，其两侧各具 1 椭圆形小黑斑，有时与中央的横黑斑相互接触。

雄虫生殖囊两侧耳状结构端部深内凹，腹缘较平直；阳基侧突端部向一侧水平伸出，上缘平直，向端部渐尖。

雌虫第 1 载瓣片上缘近中央处内凹，内缘平直且相互接触。

分布：浙江（临安）、吉林、内蒙古、山西、山东、陕西、江苏、江西、福建、广西、贵州、四川、西藏、云南；古北区广布。

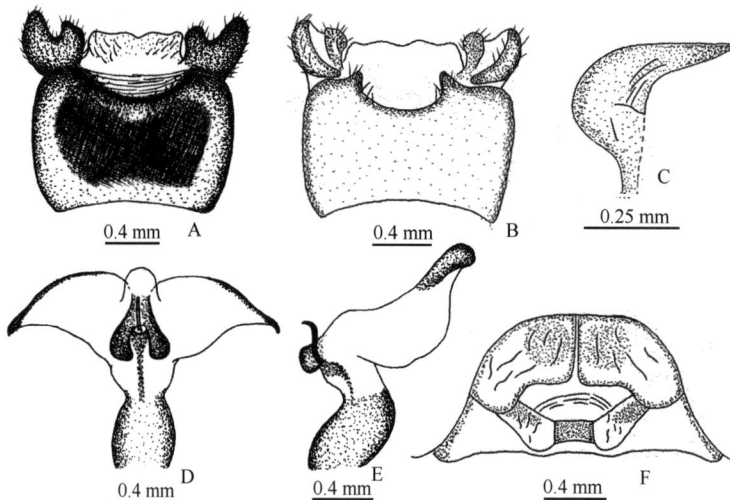

图 18-45 菜蝽 *Eurydema dominulus* (Scopoli, 1763)

A. 生殖囊腹面观；B. 生殖囊背面观；C. 阳基侧突侧面观；D. 阳茎腹面观；E. 阳茎侧面观；F. 雌虫生殖节

220. 黄蝽属 *Eurysaspis* Signoret, 1851

Eurysaspis Signoret, 1851: 342-343. Type species: *Eurysaspis transversalis* Signoret, 1851.

主要特征：体中大型，体色明亮，体表光滑。头短小，端部平截，前唇基与上颚片平齐，复眼大且突出。触角 5 节，第 1 节约伸达头端部，第 3 节明显长于第 2 节。小颊低矮。前胸背板前缘中央领边状，该领边向两侧远离边缘伸入内侧，侧角圆钝不伸出体外。小盾片端部宽舌状，并与前翅革片端部平齐。中、后胸腹板龙骨状，强烈隆起，中胸腹板脊突向前侧扁并前伸，后胸腹板前、后缘均平截。足胫节背侧中央具一条较细的纵向浅凹槽。臭腺沟缘弯曲且较长，端部尖细。第 3 腹节腹板中央脊突显著，其端部平截并与后胸腹板后缘紧靠。

分布：世界已知 22 种，中国记录 1 种，浙江分布 1 种。

（379）黄蝽 *Eurysaspis flavescens* Distant, 1911（图 18-46）

Eurysaspis flavescens Distant, 1911: 345.

Eurysaspis flavescens Hsiao et al., 1977: 132.

主要特征： 体长 14.0–17.0 mm。头宽短，下倾明显，复眼大且突出，头端部平截，侧缘短且较为平直，上颚片端部平截，与前唇基末端平齐，上颚片宽度约为前唇基宽度的 1.5 倍，单眼间距约为头宽的 1/2；头背面光滑无刻点，具若干大块的黄白色胝斑：头顶中央 2 个矩形大斑、上颚片外缘黄白色，复眼前方各有一个黄白色大斑。触角第 1 节黄褐色，其余 4 节红褐色，第 1 节端部约与头端部平齐，第 3 节长度是第 2 节的 2 倍左右。头腹面光滑无刻点。小颊低矮，前角圆钝的角状，略向下伸出，外缘明显波曲，向后渐消失。喙伸达中足基节中央。

前胸背板宽大于长，饱满圆隆，胝区前方靠近前缘处各有 1 个黄白色圆形小胝斑，前缘在眼后部分具一个略大的黄白色胝斑；前缘在眼后平截部分不呈领边状；前角圆钝，轻微伸出，端部略超过复眼外缘；前侧缘光滑平直，边缘具整齐的黄白色细条带，向后覆盖侧角外缘；侧角圆钝，不伸出体外；后侧缘内凹；后角圆钝；后缘宽阔，中央内凹。小盾片长明显大于宽，侧缘弯折处位于侧缘中央，端部宽阔的舌状，向后不伸达腹末；基缘在两侧各有 2 个并列的黄白色小圆斑。前翅革片半透明，缘片外缘基部狭窄的黄白色，革片端部约与小盾片端部平齐，膜片透明无色，端部略超过腹末。胸部腹面黄色，刻点无色。中、后胸腹板均强烈隆起，呈粗壮的龙骨状，中胸腹板脊突向前渐侧扁，伸达前足基节前缘处，后胸腹板前后缘均平截。臭腺沟缘长，中央弯曲，端部尖细。足黄色，胫节背侧具纵向细凹槽。

腹部侧接缘外露。腹部腹面黄色，刻点无色，气门周围狭窄的黑色。腹基中央具脊突，其端部平截。

雄虫生殖囊腹缘内凹，两侧边缘及中央亚边缘具一条弧形的棱边。具一对宽扁的伪阳基侧突。阳基侧突基部具一宽大的掌状突起，桨叶突端部宽圆。阳茎鞘长；阳茎系膜具一条较长系膜背叶，其端部具较短的 2 个膜质小叶，中交合板两侧各有 2 个短小的膜质小叶，中交合板短钝的角状，合抱状，阳茎端不伸出中交合板外。

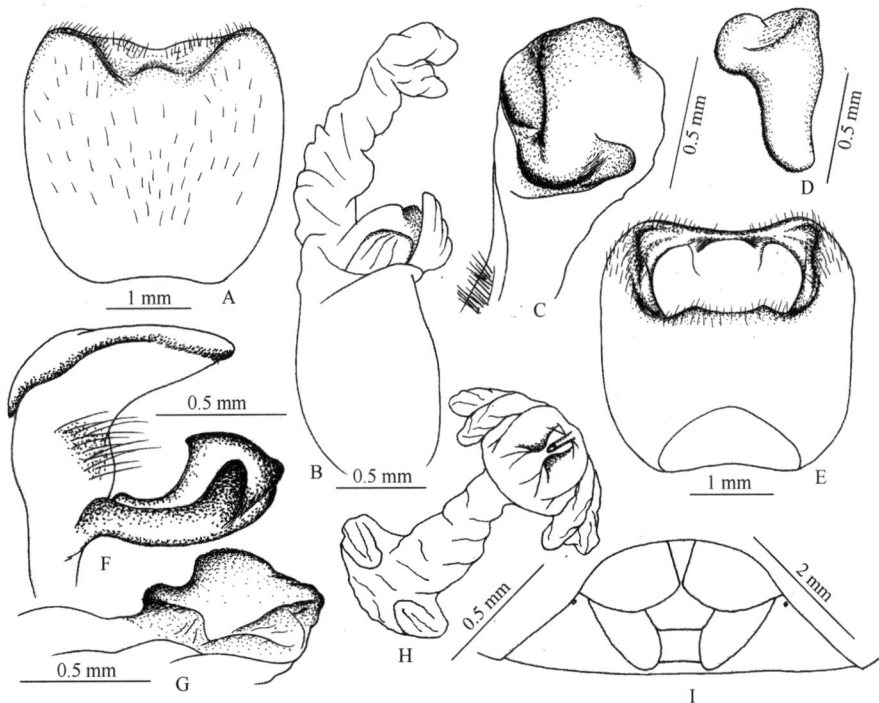

图 18-46　黄蝽 *Eurysaspis flavescens* Distant, 1911

A. 雄虫生殖囊腹面观；B. 阳茎侧面观；C、G. 伪阳基侧突；D. 阳基侧突端面观；E. 雄虫生殖囊背面观；F. 阳基侧突侧面观；H. 阳茎端面观；I. 雌虫生殖节

分布：浙江（临安）、河北、河南、江苏、安徽、湖北、江西、湖南、福建、广东、贵州；菲律宾，印度尼西亚。

221. 厚蝽属 *Exithemus* Distant, 1902

Exithemus Distant, 1902: 199. Type species: *Exithemus assamensis* Distant, 1902.

主要特征：头较狭长，侧缘轻微外拱，并不同程度地上翘；上颚片狭长，端部与前唇基末端平齐，或略长于前唇基但不会合。触角5节，细长，第1节伸达头末端，第3节明显长于第2节。小颊多伸达头基部，即复眼后缘水平，也有的种类小颊短，仅伸达复眼中心水平；小颊前角角状，向下伸出，外缘中央略内凹，后角叶状或角状，伸向头基部。喙伸达中、后足基节附近，第1节末端伸出小颊外。

前胸背板前半明显下倾，后半饱满；前缘内凹，眼后平截部分较短；前角指向体侧，略超过复眼外缘；前侧缘光滑平直，轻微波曲，边缘有时呈扁薄狭边状向上卷翘；侧角圆钝，不伸出或仅略伸出体外。小盾片三角形，端缘圆钝，表面隆起不显著。前翅革片外缘均匀外拱，端缘平直。前胸腹板凹槽状，前宽后窄，两侧具矮钝的棱边；中胸腹板宽阔平坦，中央具低矮的纵脊；后胸腹板十字形隆起，表面较平坦。臭腺沟缘长，从中央向端部骤缩呈细线状，弯曲上扬，伸达后胸侧板前缘，有时可伸达挥发域外缘。足胫节外侧具棱边。

雄虫生殖囊腹面端部具凹坑，腹缘中央内凹，两侧缘端部圆钝角状伸出；生殖囊背缘内侧具一对骨化突起。阳基侧突"C"形，基部具一短钝的三角形感觉叶，伸出较短，桨叶突端部形态各异，边缘具若干突起。阳茎鞘细长，近端部处具环形缢缩，背侧端部着生一对片状骨化角突；阳茎系膜具发达的膜质系膜顶叶，单叶或二叉状；中交合板相对短小，基部愈合，背腹面均开口，阳茎端不伸出其外；有时中交合板下方具系膜腹突。

分布：东洋区。世界已知3种，中国记录1种，浙江分布1种。

（380）厚蝽 *Exithemus assamensis* Distant, 1902（图18-47）

Exithemus assamensis Distant, 1902: 199.

主要特征：雄虫长15.0–16.0 mm。前胸背板两侧角间具一道黄褐色横折线；体背面底色黄褐色，密布黑色粗大刻点而略呈黑褐色，小盾片端缘黄白色；体腹面淡黄褐色。

头宽略大于长，头背面底色黄褐色，密布刻点，头顶中央隐约有两条光滑短纵带，前唇基中央隐约有一条光滑纵线，复眼内侧各有一个长条形光滑胝斑；复眼大；单眼位于复眼后缘之后。触角第1–4节黑褐色，第1节背面黄褐色，第5节黄白色，第1节伸达头端部，第3节明显长于第2节。头腹面淡黄褐色，触角基周围和复眼下方密布黑色刻点，触角基内侧和小颊弯折处各有一条黑色刻点带，二者在基部相连接。喙伸达后足基节后缘。

前胸背板前半向下倾斜明显，两侧角之间有一条隐约的黄褐色的横折，其前方的前胸背板在胝区间有一条隐约的中央纵线，前角和前侧缘前半内侧略呈黑褐色，刻点分布也较密集；前角及前侧缘边缘整齐的黄褐色细线状，不扁薄上卷；前缘中央弧形内凹，边缘黄褐色，略呈狭边状，前角圆钝的小角状，略伸出，指向体侧方，端部微超过复眼外缘或几乎不超出；前侧缘光滑平直，中央轻微内凹；侧角角状，略伸出体外；后侧缘斜平直；后角宽阔的弧形；后缘均匀的弧形内凹。小盾片基部中央轻微隆起，端缘圆钝，具黄白色弧形斑；表面粗糙，具横褶皱，刻点黑色粗大，基角凹陷内侧隐约有一个弧形的小黄斑。前翅革片外缘弧形外拱，外革片基部刻点密集，端角处的刻点较其他部位的刻点细小，端缘斜平直，端角角状，膜片烟褐色，端部平截，略伸出腹末。各胸节侧板布稀疏的刻点，前、中胸侧板上的刻点粗大，略带暗金绿色金属光泽，后胸侧板上的刻点黑褐色，小且无光泽。臭腺沟缘基半粗，端半细线状，弯曲上扬，几乎伸达后胸侧板前缘，但尚不达挥发域外缘。足黄褐色，腿节布棕褐色小点斑，亚端部常有1到2个较大的点斑。

　　腹部侧接缘几乎不外露，外缘一线光滑的黄褐色，各节后角直角状伸出。腹部腹面基部中央无显著的突起，中央区域光滑，有时弱化到仅在第7腹节中央有1条深色纵带，两侧区布稀疏的黑褐色刻点，向外侧渐细小且色淡，气门粗大，边缘狭窄的黑色。

　　雄虫生殖囊腹缘内侧的弧形凹陷较浅，腹缘凹陷部分中央具"V"形缺口，腹缘端部圆钝伸出；生殖囊背缘内侧着生一对圆钝骨化突起。阳基侧突"C"形，桨叶突向末端均匀变宽，其末端边缘的形状在不同地区的个体中略有差别，浙江个体的边缘在中央内陷，两侧的两个角状突起大小形状均相似，而广西个体的边缘弧形内凹，形成的突起一个细长，一个圆钝。阳茎鞘端部背面具一对较长的角状突起；阳茎系膜具一对发达的膜质顶叶；中交合板端部略呈矩形，阳茎端细长，不伸出中交合板端部；中交合板腹面具聚合的系膜腹叶，端缘具两个短钝突起并轻微骨化。

　　未见本种雌虫。

　　分布：浙江、湖南、福建、广东、广西、四川。

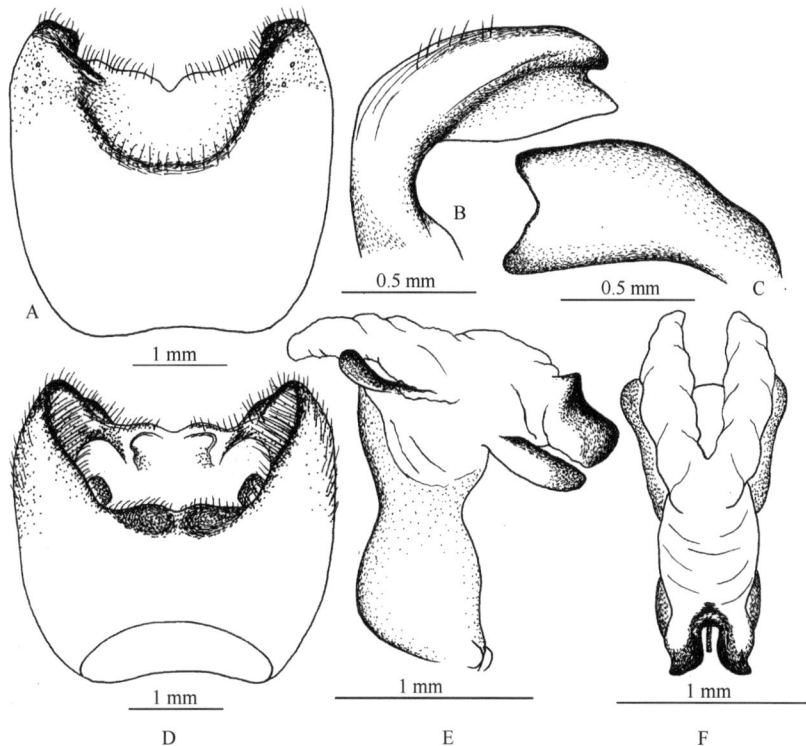

图 18-47　厚蝽 *Exithemus assamensis* Distant, 1902
A. 雄虫生殖囊腹面观；B. 阳基侧突侧面观；C. 阳基侧突端面观；D. 雄虫生殖囊背面观；E. 阳茎侧面观；F. 阳茎端面观

222. 二星蝽属 *Eysarcoris* Hahn, 1834

Eysarcoris Hahn, 1834: 66. Type species: *Cimex aeneus* Scopoli, 1763.

　　主要特征：体小，卵圆形，宽短，背腹较隆拱，黄褐色或黑褐色，具铜质光泽，具较密黑色刻点。头端部圆钝，侧缘略内凹，略下倾，密布黑色粗糙刻点，上颚片与前唇基约等长，或略长于或略短于前唇基。触角5节，第1节不超过头端部。喙伸达第3或第4腹节。前胸背板前半下倾，后半圆隆，胝区处各有一个黑斑；前侧缘具淡色脊边；侧角不伸出或略伸出，端部圆钝，有时为尖锐的刺状。小盾片宽舌状，但端部不伸达腹部末端，基角处各有一个黄白色胝状圆斑。臭腺沟缘短小的耳壳状。腹基中央无突起。

　　分布：中国记录9种，浙江分布7种。

分种检索表

（381）大斑二星蝽 *Eysarcoris aenescens* (Walker, 1867)（图 18-48）

Holplistodera aenescens Walker, 1867b: 266.

主要特征：体长 5.6–7.0 mm。体宽短，黄褐色，密布黑色刻点。

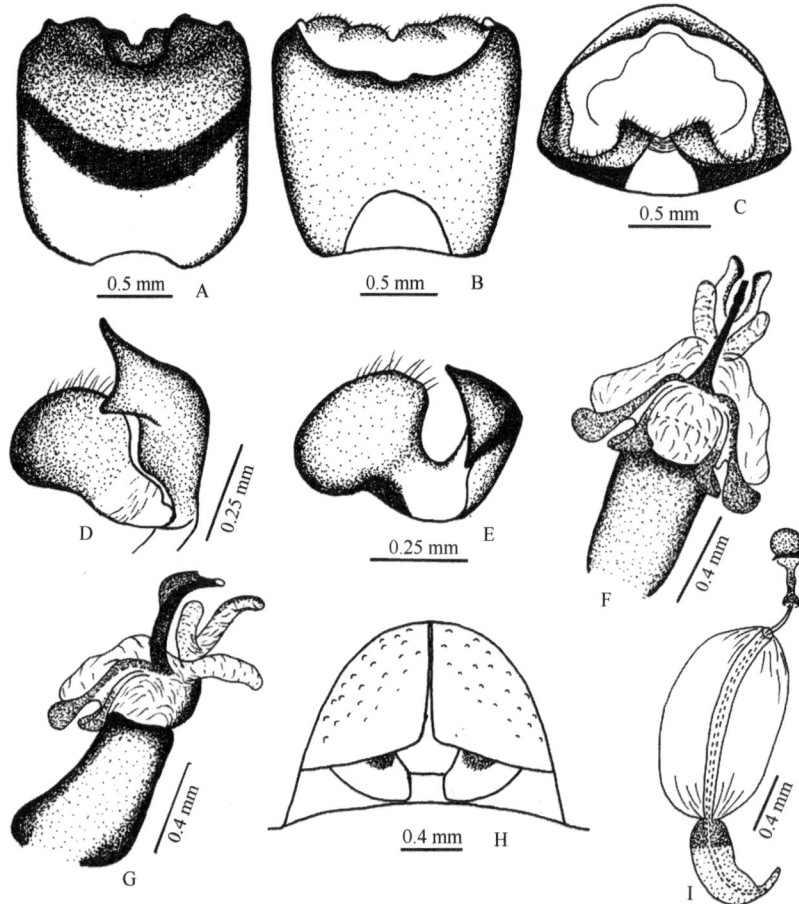

图 18-48　大斑二星蝽 *Eysarcoris aenescens* (Walker, 1867)

A. 雄虫生殖囊腹面观；B. 生殖囊背面观；C. 生殖囊端面观；D. 阳基侧突侧面观；E. 阳基侧突端面观；
F. 阳茎腹面观；G. 阳茎侧面观；H. 雌虫外生殖节；I. 受精囊

头较长，其长宽比约为 0.85，下倾，黑色，密布刻点，正中央具一纵贯全长的浅色纵纹，端部圆钝，侧叶等于或稍长于中叶，其侧缘近基部稍内凹，单眼淡黄色或红色，复眼红褐色，触角淡黄色，端部两节黄褐色，密被浅色短细毛；第 1 节至第 5 节长度渐长；头下黑色，密布刻点，喙浅黄褐色，端部一节黑色，伸达后足基节或第 3 腹节处。

前胸背板宽短，长宽比约为 0.32，前半部明显下倾，刻点稀疏，后半部较平坦，刻点密集，胝区具一条形横黑斑，其内缘及后缘多具浅色的光滑边缘，黑斑后方的一些刻点相互密集，形成 2–4 个圆形黑斑，前胸背板前缘具浅色光滑边缘，前侧缘具浅色光滑窄脊状边，中部微凹，侧角水平伸出较长，端部圆钝，稍上翘，角体端部黑色，密布刻点，小盾片舌状，近倒三角形，基角处光滑黄白色斑很大，明显大于复眼直径，端部圆钝，前翅革片均匀布黑色刻点，端角圆钝，等于或稍长于小盾片末端，膜片淡黄褐色，半透明，长于腹部末端，具 3–4 条明显的纵行平行翅脉，胸侧板黄褐色，密布刻点，前胸侧板前角处具近方形黑斑，侧角腹面黑色，腹板黑色，中央密被浅色短细毛；足淡黄色，散布黑褐色小斑点，跗节淡黄褐色，爪基部淡黄褐色，端部褐色，臭腺孔明显，臭腺沟缘较同属其他种稍长，端部微上翘。

腹部由基部向端部渐窄，端部较窄，腹下均匀漆黑，其侧缘可伸达气门附近，边缘清晰整齐，气门黑色，侧接缘黄黑相间。

雄虫生殖囊近方形，腹缘中央"U"形内凹；阳基侧突端部稍上翘；阳茎端细长，向背面弯曲，顶叶短小细长，基部两侧具一对指状突。

雌虫第 1 载瓣片三角形，宽大，上缘微呈弧形，内缘紧密结合。

分布：浙江（临安）、福建、广西、贵州、云南、西藏；缅甸，加里曼丹岛。

（382）拟二星蝽 *Eysarcoris annamita* Breddin, 1909（图 18-49）

Eysarcoris annamita Breddin, 1909: 274.

主要特征：体长 5.7–6.0 mm。体宽短，淡黄色至黄褐色，密被黑色小刻点。

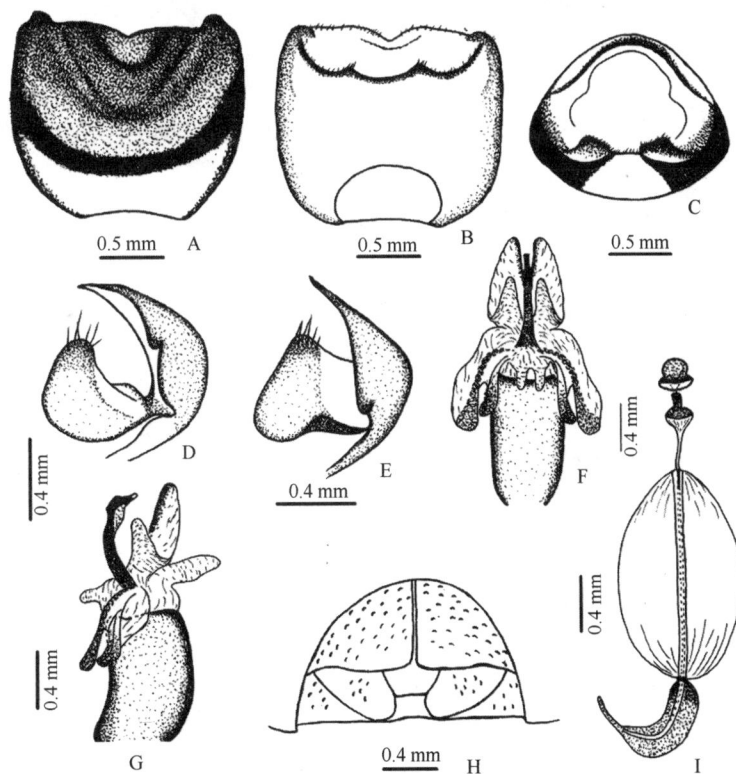

图 18-49　拟二星蝽 *Eysarcoris annamita* Breddin, 1909
A. 生殖囊腹面观；B. 生殖囊背面观；C. 生殖囊端面观；D. 阳基侧突侧面观；E. 阳基侧突端面观；
F. 阳茎腹面观；G. 阳茎侧面观；H. 雌虫外生殖节；I. 受精囊

头短小，长宽比约为0.76，全黑，密布黑色粗刻点；侧叶与中叶等长，侧叶侧缘中部稍内凹；单眼淡黄色，复眼红褐色或褐色，大而圆，向外突隆；触角黄褐色，第2节与第3节等长，稍短于第4节，第5节最长；头腹面黑色，喙黄褐色，端部黑色，伸达后足基节。

前胸背板胝区具一横黑斑，其前方刻点密集，常伸达前胸背板前缘，前缘平直，稍窄于复眼间距；侧角几乎不伸出，角体端部圆钝，刻点密集，后缘稍窄于小盾片基部；小盾片宽大，呈倒钟形，侧缘中央近基部处微内凹，基角处具一浅色光滑大圆斑，其周围刻点密集，端部具一隐约锚纹；前翅革片端角圆钝，超过小盾片端部，膜片淡黄褐色，半透明，稍长于腹部末端；胸下黄褐色，密布黑刻点，前胸侧板内侧具一黑斑，侧角端部腹面黑色；足黄褐色，散生若干小黑点斑。

腹部腹下均匀漆黑，其侧缘可伸达气门附近，边缘清晰整齐；气门黑色。

雄虫生殖囊宽短，腹缘中央稍内凹；阳基侧突薄而细长，端部尖细，基部感觉板宽厚，端部斜平截；阳茎端细长，向背面弯曲，顶叶系膜发达，呈二叉状，其基部具一对指状突起，阳茎端腹面中央具一对指状腹突，非骨化。

雌虫第1载瓣片上缘较平直，内缘相互靠拢，基部不分离。

分布：浙江、北京、天津、山西、山东、河南、陕西、甘肃、江苏、安徽、湖北、江西、湖南、福建、广东、海南、广西、四川、贵州、云南、西藏；朝鲜，日本，越南。

（383）宽角二星蝽 Eysarcoris fallax Breddin, 1909 中国新记录（图18-50；图版 VIII-118）

Eusarcoris fallax Breddin, 1909: 274.

主要特征：体长5.80–7.2 mm。宽卵圆形，背腹较扁平，黄褐色，密被黑色刻点。

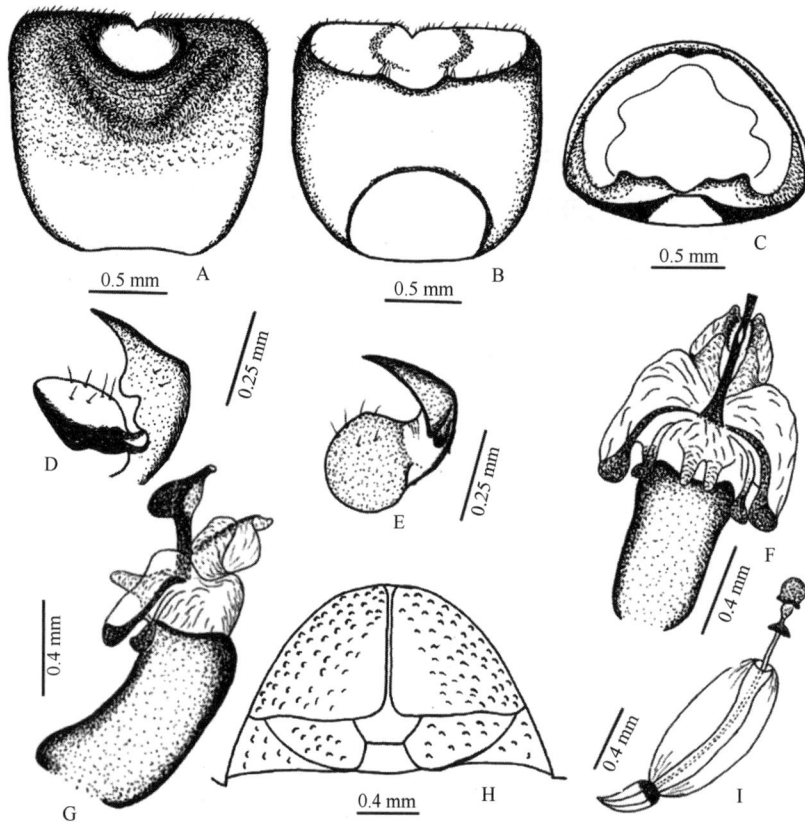

图18-50 宽角二星蝽 Eysarcoris fallax Breddin, 1909

A. 生殖囊腹面观；B. 生殖囊背面观；C. 生殖囊端面观；D. 阳基侧突侧面观；E. 阳基侧突端面观；
F. 阳茎腹面观；G. 阳茎侧面观；H. 雌虫外生殖节；I. 受精囊

头较长，稍下倾，由基部向端部渐窄，端部较平截，全黑，密布黑色粗刻点，侧叶与中叶等长，侧缘在中部微凹，单眼淡红色，单眼间距较宽，复眼红褐色至褐色，较小，触角黄褐色，颜色向端部渐深，由第 1 节至第 5 节长度渐长，第 2 节稍长于第 1 节，从头背面观察常可见触角基；喙黄褐色，第 4 节端部及第 5 节黑色，伸达第 3 腹节。

前胸背板宽阔，长宽比为 0.40，前半部稍下倾，后半部较隆拱，密布黑色刻点，胝区具一近方形的黑斑，其前缘可达前胸背板前缘处，内缘及后缘近中央处具光滑窄边，故约呈一淡色边缘，前缘较平直，等于或稍长于复眼间距，前侧缘具浅色光滑脊状边，中部微凹，侧角伸出较短，端部宽大圆钝，角体端部密布黑刻点，略带铜绿色金属光泽，后缘平直，稍短于小盾片基部，小盾片宽舌状，侧缘近基部微凹，基角处具长椭圆形大黄白斑，近横直，基部及两侧刻点密集，颜色较中央及端部深，从而在端部常形成一隐约锚纹，较 *E. montivagus* 不明显，前翅革片均匀密布黑色刻点，端角小于直角，端部圆钝，短于小盾片端部，膜片黄色，半透明，等于或稍长于腹部末端；胸侧板黑色，密布黑色刻点，近中央处刻点渐稀疏；足黄褐色，散布若干黑色小斑点，腿节近端部内侧多具一小黑斑，后足腿节上黑斑最明显，跗节 3 节，其腹面密被浅色短毛，第 3 节端部黑色，爪基部黄褐色，端部黑褐色。

腹部腹下黑斑似 *E. guttiger*，中央具均匀漆黑的纵行黑斑，约占腹面 1/3，边缘参差不齐，其两侧刻点向气门附近逐渐密集，形成一长短不等的黑纵纹；气门黑色。

雄虫腹缘平直，中央圆形内凹；阳基侧突短小细长，端部尖细；阳茎端较细长，近端部具一片状突起，顶叶宽大，低于阳茎端，基部具一对宽大的系膜突起，阳茎端腹面中央具一对指状突，非骨化。

雌虫第 1 载瓣片宽大，近直角三角形，上缘较平直，内缘紧密结合，基部稍分离。

分布：浙江（临安、泰顺）、甘肃、湖北、江西、湖南、福建、广东、广西、四川、贵州、云南；朝鲜，韩国，日本，越南。

（384）黑斑二星蝽 *Eysarcoris gibbosus* Jakovlev, 1904（图 18-51）

Eusarcoris gibbosus Jakovlev, 1904: 23.

主要特征：体长 5.42–7.20 mm。宽椭圆形，黄色至黄褐色，全身布稀疏黑刻点，具紫色金属光泽。

头宽短，长宽比为 0.86，端部稍平截，密被黑色粗刻点，全黑，具紫色金属光泽，侧叶等于或稍长于中叶，侧缘在近基部处稍内凹，单眼黄褐色，复眼黑褐色，较小，向外突隆；触角基部 3 节黄褐色，向端部两节颜色渐深，且密被浅色短细毛；头腹面黑色，喙黄褐色，端部两节黑色，伸达腹基部。

前胸背板宽阔，近梯形，前半部下倾，后部隆拱，胝区各具一近方形黑斑，其前缘可达前胸背板前缘处，前缘稍内凹，中央平直，宽于复眼间距，复眼后方稍平截，前侧缘平直，无明显黄白色光滑窄脊状边，侧角几乎不伸出，端部宽大圆钝，后缘直，等于或稍短于小盾片基部；小盾片约呈倒钟形，基部中央具一近半圆形的大黑斑，具紫色金属光泽，两基角处各具一小圆斑，前翅革片端角圆钝，稍长于小盾片末端，膜片灰白色，半透明，明显超过腹部末端；足黄褐色，具稀疏小黑点斑，腿节内侧近端部具 1–2 个黑斑，后足上的黑斑较前、中、后足上的黑斑大。

腹部腹下均匀漆黑，边缘两侧可伸达气门附近，气门黑色，其内侧具一小黑斑，下方具一线形短横黑斑，侧接缘黄黑相间，各腹节两端角处各具一小黑斑。

雄虫生殖囊端部宽大，向基部渐窄，周缘密被浅色短细毛；阳基侧突细长，近端部伸出一角状突起，基部板状结构缺失，与本属其他种显著不同；阳茎端细长弯曲，中交合板退化，顶叶系膜发达，端部小角状，微骨化，阳茎端腹面中央具一对小突起，非骨化。

雌虫第 1 载瓣片上缘波曲，近中央处内凹，形成一对角状内角，内缘中央分离，向两端逐渐靠拢，受精囊基部无骨化的球状结构。

分布：浙江、黑龙江、吉林、甘肃、山西、江苏、安徽、湖北、江西、湖南、福建、广东、海南、广西、四川、贵州、云南、西藏；俄罗斯，日本，越南。

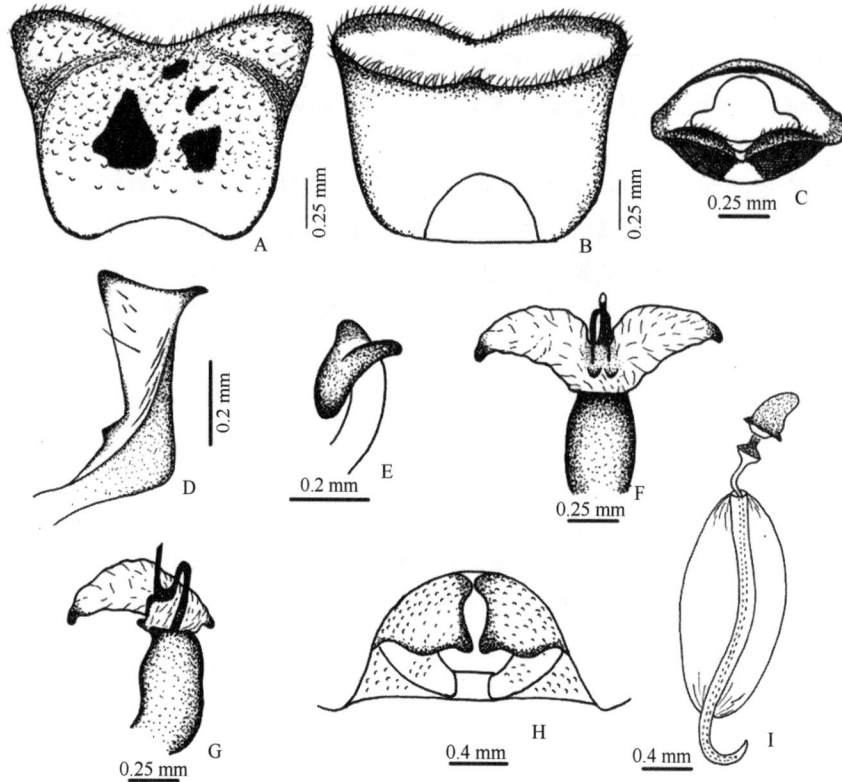

图 18-51　黑斑二星蝽 *Eysarcoris gibbosus* Jakovlev, 1904

A. 生殖囊腹面观；B. 生殖囊背面观；C. 生殖囊端面观；D. 阳基侧突侧面观；E. 阳基侧突端面观；
F. 阳茎腹面观；G. 阳茎侧面观；H. 雌虫外生殖节；I. 受精囊

（385）二星蝽 *Eysarcoris guttiger* (Thunberg, 1783)（图 18-52）

Cimex guttigerus Thunberg, 1783: 32.

Stollia guttiger: Hsiao et al., 1977: 134.

主要特征：体长 5.42–6.36 mm。体短小，背腹较隆拱，黄褐色，密被黑色刻点。

头宽短，长宽比约为 0.80，稍下倾，全黑，密布黑色粗刻点，少数个体中央近基部具浅色纵纹，侧叶与中叶等长，侧叶侧缘近基部稍内凹，单眼淡红色，复眼较大，红褐色；触角黄褐色，向端部渐深，第 2 节与第 3 节等长，短于第 4 节，第 5 节最长，头下黑色，喙基部浅黄褐色，向端部渐深，第 3 节基部及第 4 节黑色，伸达后足基节处。

前胸背板宽阔，长宽比约为 0.40，前半部稍下倾，密布黑粗刻点，后半部较隆拱，胝区各具一横黑斑，前侧缘具浅色光滑窄细脊状边，中央稍内凹，侧角较短，端部圆钝，后缘直，窄于小盾片基部，小盾片宽大，呈倒钟形，侧缘中部微凹，基角处具一圆形光滑黄白斑，斑的大小及形状在种内有变异，一般大于复眼直径，端部有时隐约具一锚纹，但不明显，前翅革片端角圆钝，稍短于或等于小盾片端部，膜片灰白色，半透明，伸达腹部末端或稍长于腹部末端；胸侧板黄褐色，具不规则的黑斑，腹板黑色，中央密被浅色短细毛；足黄褐色，较体色浅，散布若干黑褐色小斑点和短细毛，腿节近端部具一黑斑，跗节 3 节，第 3 节端部颜色较深，腹面密被浅色短毛，爪基部黄褐色，端部黑色。

腹部腹下较隆拱，中央具一均匀漆黑约呈倒三角形的纵斑，约占腹部 1/3，边缘锯齿状，其两侧刻点密集，形成一长短不等的黑纵纹，部分个体腹下黑斑较宽阔，侧缘可延伸到气门附近，边缘模糊；气门黑色。

雄虫生殖囊长椭圆形，端部较窄，腹面明显突隆，密布黑刻点及浅色短细毛，腹缘中央宽内凹，两侧稍向腹面翻卷；阳基侧突短小宽厚，端部圆钝；阳茎端中央近端部处向两侧延伸出一半圆形片状结构，左右对称，包裹阳茎端，顶叶系膜发达，其腹面基部两侧各具一宽指状突起，背面具一细长指状突。

　　雌虫第 1 载瓣片宽大，其上缘平直，内缘端部分离，向基部逐渐靠拢。

　　分布：浙江（临安、建德）、黑龙江、辽宁、内蒙古、河北、山西、山东、河南、陕西、宁夏、甘肃、江苏、安徽、湖北、江西、湖南、福建、台湾、广东、海南、广西、四川、贵州、云南、西藏；朝鲜，日本，尼泊尔，斯里兰卡。

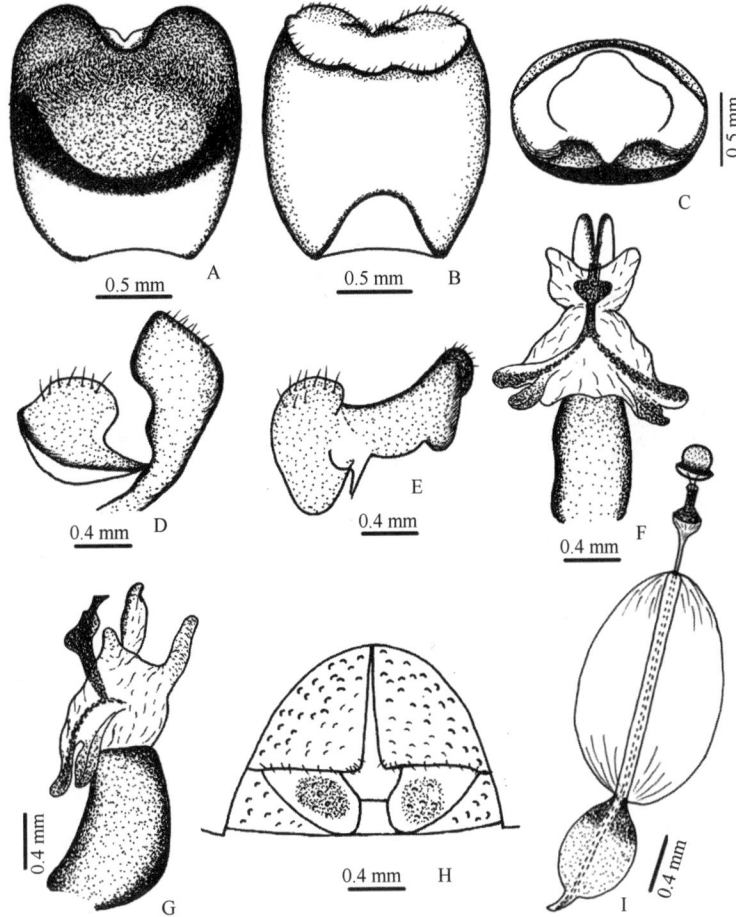

图 18-52　二星蝽 *Eysarcoris guttiger* (Thunberg, 1783)

A. 生殖囊腹面观；B. 生殖囊背面观；C. 生殖囊端面观；D. 阳基侧突侧面观；E. 阳基侧突端面观；
F. 阳茎腹面观；G. 阳茎侧面观；H. 雌虫外生殖节；I. 受精囊

（386）锚纹二星蝽 *Eysarcoris montivagus* (Distant, 1902)（图 18-53）

Eusarcocoris montivagus Distant, 1902: 166.

Stollia montivagus: Hsiao *et al.*, 1977: 134.

　　主要特征：体长 5.52–6.98 mm。体较宽大，黄褐色，密被黑色小刻点。

　　头较长，长宽比约为 0.87，端部近方形，稍下倾，黑色，正中央具一纵贯全长的浅色纵纹，侧叶等于或稍长于中叶，其侧缘在近基部处稍内凹，复眼内上方多具一小浅色斑，单眼红色，复眼红褐色至褐色，触角淡黄褐色，由基部向端部渐深，由第 1 节至第 5 节长度渐长，喙黄褐色，端部一节黑色，较长，伸达第 4 腹节。

　　前胸背板宽阔，密布黑色刻点，胝区具一大黑斑，其前缘一般不伸至前胸背板前缘处，前缘稍内凹，两端在复眼后方稍平截，等于或长于复眼间距，前侧缘具一较宽的光滑黄白色脊状边，中央近端部处稍内凹，其基部具一小齿状突，侧指，前胸背板侧角明显伸出，角体端部黑色，其后缘稍内凹，后缘直，稍短于小盾片基部，小盾片呈舌状，较长，侧缘中部稍内凹，基角处具一黄白色大斑，小盾片基部及两侧密被黑色刻点，颜色较深，而中央及端部颜色较浅，从而在端部形成一锚形斑纹，在部分个体中锚纹不明显，前翅革片均匀布小黑刻点，端角呈锐角，端部不超过小盾片末端，膜片淡黄色，半透明，稍长于腹部末端；胸侧板黄褐色，散布黑色刻点，侧角腹面端部漆黑；足浅黄褐色，散生黑色小斑点，跗节 3 节，第 3 节端部黑色，爪基部黄褐色，端部黑色。

　　腹部腹下黄褐色，中央具一均匀漆黑的纵斑，边缘不整齐，约占腹下 1/3，其两侧刻点汇集各形成一深浅不等的窄黑纵纹；气门黑色，侧接缘黄黑相间，从背面观察稍外露。

　　此种与 *E. guttiger* 极其相似，但锚纹二星蝽头较长，正中央具一浅色纵纹，侧角伸出较长，小盾片较窄，侧缘稍内凹，而且雄虫生殖节也大有不同，可以将二者区分开来。

　　雄虫生殖囊腹缘中央呈弧形凹入，其两侧隆拱，向侧缘逐渐低平；阳基侧突细长，端部形成一指状突；阳茎端较短，中央近端部向两侧扩展形成一圆片状附属结构，顶叶宽叶状，基部两侧各具一指状突起，非骨化，中交合板较短。

　　雌虫第 1 载瓣片宽大，约占生殖节的 3/4，外缘微呈弧形，内缘直，紧密结合。

　　分布：浙江、河南、江苏、安徽、湖北、江西、湖南、福建、广东、海南、广西、贵州、四川、云南；巴基斯坦，印度，斯里兰卡，阿富汗。

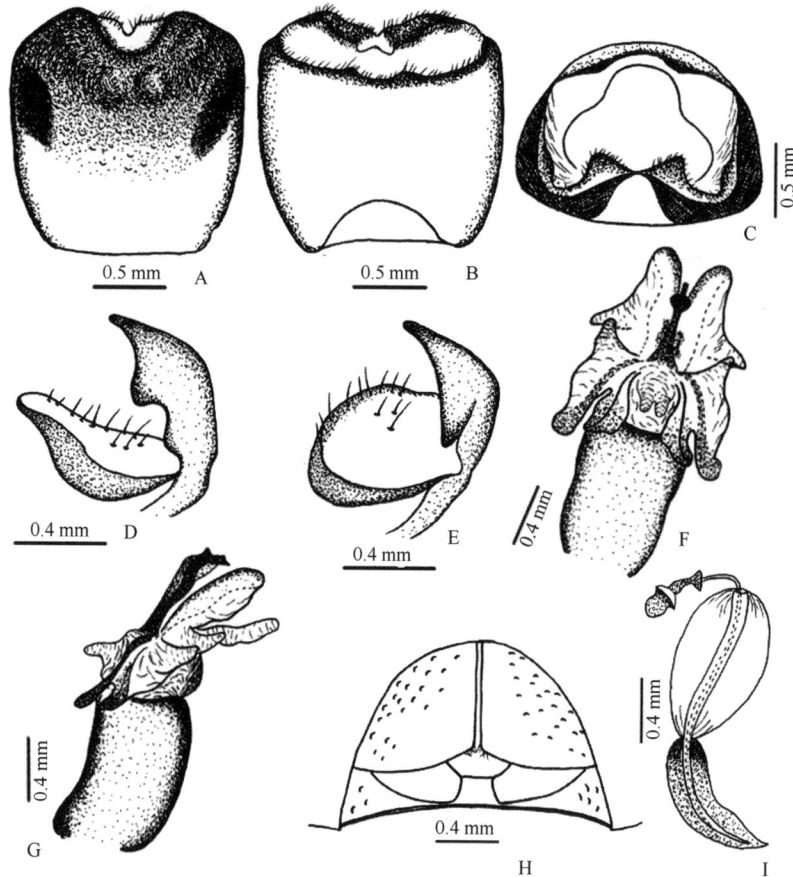

图 18-53　锚纹二星蝽 *Eysarcoris montivagus* (Distant, 1902)
A. 生殖囊腹面观；B. 生殖囊背面观；C. 生殖囊端面观；D. 阳基侧突侧面观；E. 阳基侧突端面观；
F. 阳茎腹面观；G. 阳茎侧面观；H. 雌虫外生殖节；I. 受精囊

（387）广二星蝽 *Eysarcoris ventralis* (Westwood, 1837)（图 18-54）

Pentatoma ventralis Westwood, 1837: 36.

Stollia ventralis: Hsiao *et al.*, 1977: 133.

　　主要特征：体长 6.04–7.01 mm。长椭圆形，较同属其他种窄长，其长宽比约为 1.68，体侧缘较平行，淡黄褐色或黄褐色，布黑色小刻点。

头宽短，长宽比约为 0.86，全黑，密布黑色粗刻点，头顶及侧叶中央常具浅色纵纹，复眼内侧常具一浅色斑点，中叶等于或稍长于侧叶，侧叶侧缘中央内凹，单眼淡红色，复眼黑褐色，大而向外突隆，触角黄褐色，由基部向端部颜色渐深，第 2 节与第 3 节几乎等长，稍短于第 4 节；头腹面黑色，喙黄褐色，端部一节黑色，伸达后足基节或第 2 腹节处。

前胸背板较窄，长宽比约为 0.48，胝区具一条形横黑斑，较狭细，其周缘密布黑色刻点，前缘较平直，稍内凹，稍宽于复眼间距，前角较不明显，前侧缘平直，具窄脊状边，侧角几乎不伸出，端部圆钝，后缘直，窄于小盾片基部，小盾片约呈倒三角形，端部圆钝，其端缘常具 3 个小黑点斑，基角处黄白斑较小，一般小于复眼直径，前翅革片侧缘较平行，端角为锐角，超过小盾片端部，膜片灰白色，半透明，超过腹部末端约 0.75 mm；胸部腹面黄褐色，布黑色粗刻点，前胸侧板及中胸侧板前缘具浅色短细毛，腹板黑色，中央密被浅色短毛；足浅黄褐色或黄褐色，散生小黑点斑，跗节较细长，第 1 节最长，腹面密被浅色短毛，爪黄褐色，端部黑色。

腹部腹下浅黄褐色，中央具一倒三角形黑斑，约占腹部 1/3，边缘清晰整齐，其两侧各具一长短不等的黑纵纹，部分个体腹下黑斑较宽大，其两侧缘可扩展至气门附近，气门浅色；侧接缘黄黑相间，各腹节两端角处各具一小黑点斑。

雄虫生殖囊较长，腹缘中央内凹，两侧由内侧各伸出一近方形的片状结构；阳基侧突短小宽厚，端部上缘较平截；阳茎端向背面弯曲，近端部向两侧延伸呈片状，顶叶发达，端部二叉状分离，其背面具一指状突，非骨化。

雌虫第 1 载瓣片上缘较平直，内缘基部稍分离。

分布：浙江（临安、龙泉、泰顺）、辽宁、北京、天津、河北、山西、山东、河南、陕西、新疆、安徽、湖北、江西、福建、广东、海南、广西、台湾、四川、贵州、云南；古北区广布。

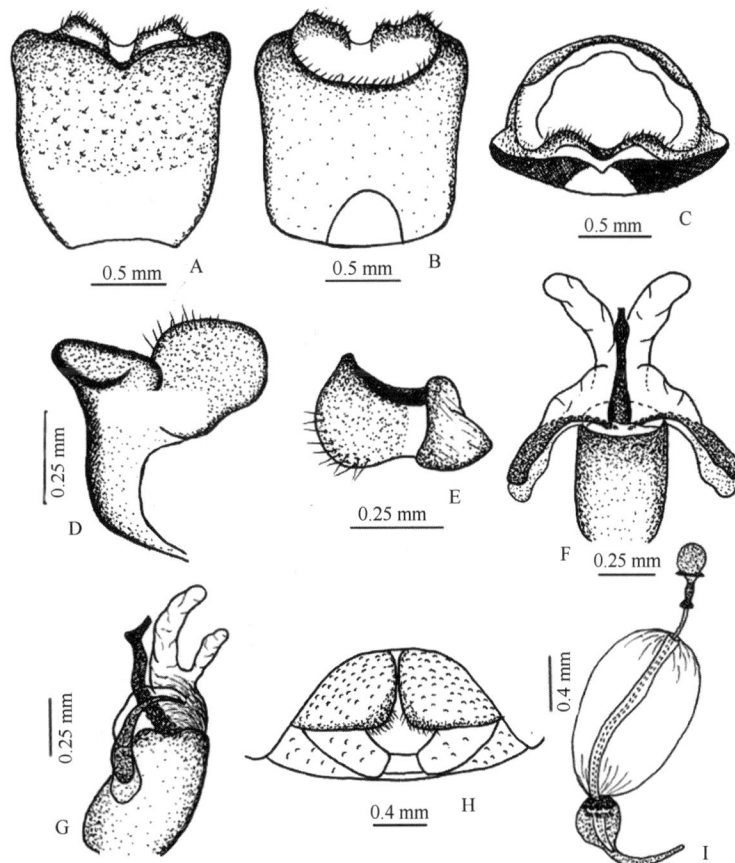

图 18-54　广二星蝽 *Eysarcoris ventralis* (Westwood, 1837)

A. 生殖囊腹面观；B. 生殖囊背面观；C. 生殖囊端面观；D. 阳基侧突侧面观；E. 阳基侧突端面观；
F. 阳茎腹面观；G. 阳茎侧面观；H. 雌虫外生殖节；I. 受精囊

223. 茶翅蝽属 *Halyomorpha* Mayr, 1864

Halyomorpha Mayr, 1864: 911. Type species: *Halys timorensis* Westwood, 1837 (=*Cimex picus* Fabricius, 1794).

主要特征：体中型，头端部宽阔，略平截，上颚片与前唇基末端平齐，复眼大且突出。前胸背板前侧缘狭窄的领边状，光滑且较为平直，侧角圆钝角状，不伸出体外。小盾片三角形，宽略大于长。臭腺沟缘尖长。中胸腹板具低矮的中央纵脊。足胫节具棱边，跗节3节。侧接缘外露，腹部腹面基部中央无突起。

分布：世界广布。世界已知37种，中国记录2种，浙江分布1种。

（388）茶翅蝽 *Halyomorpha halys* (Stål, 1855)（图18-55）

Pentatoma halys Stål, 1855: 182.
Poecilometis mistus Uhler, 1860: 223 (syn. by Josifov & Kerzhner, 1978: 172).

主要特征：体长14.0–17.5 mm。体色变异较大，从棕褐色、半金绿色到全金绿色不等。腹面黄色或橙红色。

头略呈矩形，端部两侧斜平截，侧缘在复眼前方略隆起，其前方有一处内凹。头背面密布刻点，复眼前方各有一光滑的黄褐色椭圆形胝状斑，复眼大且突出。触角第1节至第3节端部黄褐色，布黑色点斑，第3节基部大半黑色，第4节中央黑色，两端橙黄色，基部略带黑色，第4节基部橙黄色，其余黑色；第1节略短于头端部，第3节略长于第2节。头腹面两侧具若干金绿色小碎斑。喙伸达第3腹节中央。

前胸背板向前略倾斜，前半具隐约的中央纵脊，胝区后方各有2个黄褐色光滑胝斑，刻点密集但分布不均匀；前缘中央平坦的内凹，眼后平截部分短且密布刻点；前角小角状向侧面伸出，端部略超过复眼外缘；前缘光滑平直或轻微内凹，边缘狭窄的领边状；侧角圆钝角状，几乎不伸出；后侧缘斜平直；后角宽圆，

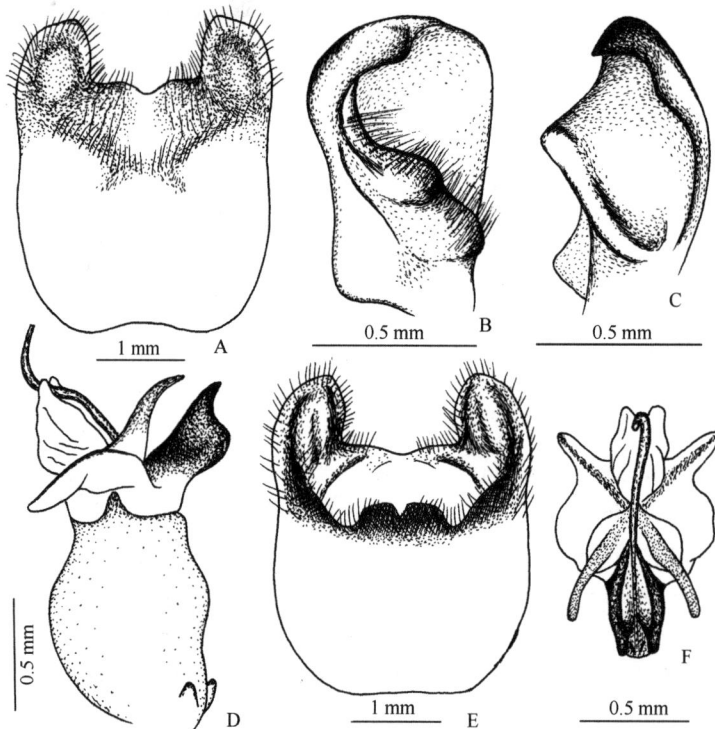

图18-55　茶翅蝽 *Halyomorpha halys* (Stål, 1855)

A. 雄虫生殖囊腹面观；B、C. 阳基侧突侧面观；D. 阳茎侧面观；E. 雄虫生殖囊背面观；F. 阳茎端面观

不向后伸出；后缘平直。小盾片三角形，宽大于长，基角具黄褐色小圆斑，端部圆钝。革片刻点分布较为均匀，略带红褐色，膜片烟褐色，翅脉色略深，膜片端部超过腹末。臭腺沟缘极为细长，端部尖细，伸达挥发域外缘。足黄褐色，股节（除端部外）、胫节布黑色小点斑。

腹部侧接缘外露，各节后角小尖角状，略伸出。腹面基部中央无显著突起，中轴处光滑无刻点，两侧具细小的黑色刻点，向外侧渐密集。各节外缘两端狭窄的黑色。

雄虫生殖囊腹缘两端呈耳状，显著伸出，中央较平坦，中点处具一浅凹陷；生殖囊背缘中央具宽阔的片状突起，其端缘中央有三角形凹刻。

雌虫第 1 载瓣片内缘平直，相互紧密接触，内角钝角状，外缘向后侧方斜平直。第 9 侧背片端部圆钝，伸出第 8 腹节后缘外。第 8 侧背片端部圆钝地角状伸出，约与第 9 侧背端部平齐。

分布：浙江（临安、泰顺）、黑龙江、吉林、辽宁、内蒙古、河北、山西、河南、陕西、江苏、安徽、湖北、江西、湖南、福建、台湾、广东、广西、四川、贵州、云南、西藏；朝鲜，日本。

224. 卵圆蝽属 *Hippotiscus* Bergroth, 1906

Hippotiscus Bergroth, 1906: 2. Type Species: *Plexippus dorsalis* Stål, 1869.

主要特征：前胸背板前侧缘呈圆弧状外拱，边缘扁薄，呈较宽阔的叶状。头部侧叶略长于中叶。体型与邻近属相比，相对较大。前胸背板较均匀地隆出。

分布：东洋区。世界已知 3 种，中国记录 1 种，浙江分布 1 种。

（389）卵圆蝽 *Hippotiscus dorsalis* (Stål, 1869)（图 18-56）

Plexipus dorsalis Stål, 1869: 226.

Hippota dorsalis Bergroth, 1906: 2.

主要特征：体长 13.0–16.0 mm。背面灰褐色，布黑色刻点，前胸背板基半、前翅内革片端半大部分色深，晕状；头、前胸背板和前翅革片外缘一线黑色，前胸背板前侧缘和前翅革片基部刻点密集，膜片烟褐色，翅脉黑褐色；触角第 4、5 节端半黑褐色，其余黄褐色；喙第 1、2 节黄褐色，第 3、4 节黑褐色；腹下黄褐色，除前胸侧板有稀疏黑色刻点，中、后胸侧板有若干黑色刻点外，其余不具刻点或刻点无色；足黄褐色，跗节颜色略深，气门黑色。

头宽大于长，上颚片末端圆弧状，外缘一线极细的黑色；上颚片较宽，约为前唇基宽度的 3 倍；复眼黑色，突出，内侧各有一光滑胝斑，单眼明显，红色；触角第 1 节短粗，伸达头末端，第 2 节短于第 3 节，有些个体第 2 节明显短于第 3 节，也有部分个体第 2 节仅略微短于第 3 节；喙伸达中足基节。

前胸背板前缘长于头宽；前缘黄褐色，无刻点，中段凹陷，前角不明显，横向伸出；前侧缘光滑，圆弧形外拱，宽阔的薄边状；侧角圆钝，不伸出体外；后角宽阔的圆弧状，不显著；后缘略内凹；小盾片三角形，末端圆钝，基缘一线黄褐色无刻点，侧缘端部 1/4 弯折处的刻点较密集，端部黄白色；前翅革片外缘在中部弧形外拱，后缘内凹，后角呈锐角状，外革片基部黑色，刻点较密集；膜片略长过腹部末端，翅脉简单；臭腺孔大，臭腺沟缘中等长度，长度不超过侧板的一半。

腹部侧接缘不外露，外缘一线狭窄的黑色；在有些个体中，第 3–6 腹节中央各有两个黄白色的横向长斑，有的个体则不明显。

雄虫生殖囊腹缘内凹，中央有一三角状的小突起，腹缘内褶不发达；阳基侧突端部钩状，末端尖锐，感觉叶长且宽阔；阳茎系膜仅具宽阔的骨化背突，中交合板发达，阳茎端伸出中交合板外。

雌虫第 1 载瓣片内缘不相互接触，后缘外凸，第 9 侧背片末端长度超过第 8 侧背片后缘；第 1 载瓣片内缘和后缘及第 8、9 侧背片外缘一线狭窄的黑色。

分布：浙江（湖州）、河南、甘肃、安徽、湖北、江西、湖南、福建、广东、广西、四川、贵州、西藏；印度。

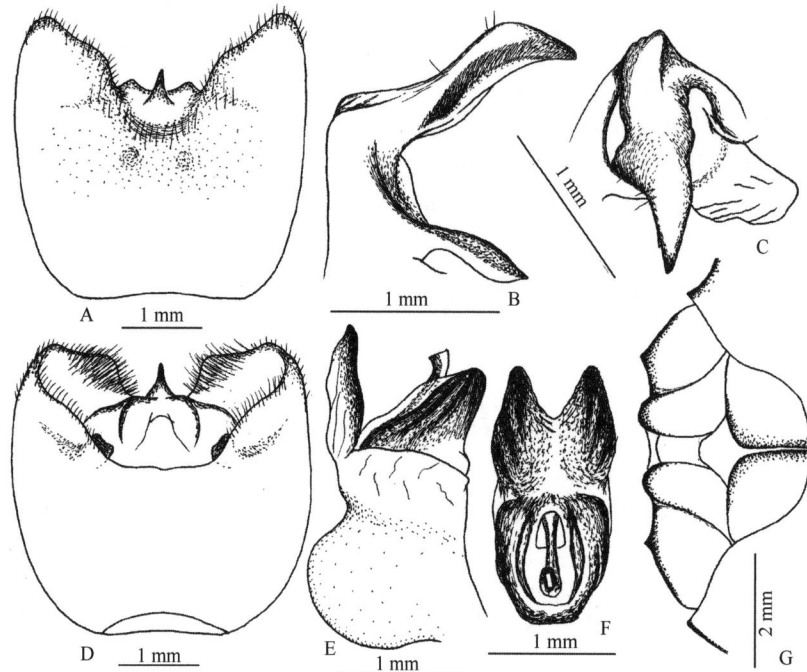

图 18-56　卵圆蝽 *Hippotiscus dorsalis* (Stål, 1869)

A. 雄虫生殖囊腹面观；B. 阳基侧突侧面观；C. 阳基侧突端面观；D. 雄虫生殖囊背面观；E. 阳茎侧面观；F. 阳茎端面观；G. 雌虫生殖节

225. 全蝽属 *Homalogonia* Jakovlev, 1876

Homalogonia Jakovlev, 1876: 89. Type species: *Pentatoma obtusa* Walker, 1868.

　　主要特征：体中型，宽短，体色暗。头与前胸背板几乎等长或前者仅略短于后者。上颚片宽，与前唇基等长或略长于前唇基但不会合，前唇基端缘平直。触角第 1 节远短于头端缘。前胸背板和小盾片表面不平坦，具若干凹陷。臭腺沟缘细长，端部 2/3 呈细线状，末端靠近后胸侧板前缘，几乎伸达挥发域外缘；挥发域在中胸侧板上的面积较大，约占 1/2。腹基平坦，不显著隆起或刺突状。雌虫第 1 载瓣片宽阔平坦。雄虫生殖囊腹缘深内凹；阳基侧突端面约呈长椭圆形；阳茎系膜无背突，系膜顶叶发达，端部骨化刺状，系膜基上颚片发达，端部骨化。

　　分布：古北区、东洋区。世界已知 7 种，中国记录 7 种，浙江分布 2 种。

（390）全蝽指名亚种 *Homalogonia obtusa obtusa* (Walker, 1868)（图 18-57）

Pentatoma obtuse Walker, 1868: 560.

Homalogonia obtusa: Hsiao *et al.*, 1977: 123.

　　主要特征：体长 12.0–14.5 mm。砖褐色或灰褐色，布密集粗糙黑刻点；体下黄白色，具稀疏刻点。
　　头侧缘狭窄的黑色，波曲略卷翘，上颚片端部渐狭，长于前唇基，在后者前方形成缺口；触角基背侧密布黑色刻点；触角第 1 节黄褐色布黑色小点斑，第 2、3 节及第 4 节基半红褐色，第 4 节向端部渐黑，第 5 节基半橙黄色，向端部渐黑，第 2、3 节约等长或第 3 节略长于第 2 节。喙伸达后足基节中央。
　　前胸背板大部分平整，胝区后缘有若干凹陷及 4 个黄白色小胝斑；前侧缘前半及侧角角体前缘黑色，刻点密集，前侧缘中央刻点稀疏，具若干小胝斑；前缘中段平直深内陷，前角在眼后平截，端部黄白色，略伸出，指向体侧；前侧缘宽阔的略内凹，前半稀疏锯齿状，向后渐弱至平滑；侧角伸出体外部分略短于前翅革片基部宽，端部圆钝，角体前缘扁薄略翘起。小盾片刻点不甚均匀，但不形成明显脉斑，基部中央的隆起呈"Y"形，端部圆钝。前翅膜片烟褐色，其上具若干较弱的圆斑，端部伸出腹末或与腹末平齐。前胸背板前侧缘下方一线具若干黑色刻点，胸部腹面其余部分刻点细密同体色，前、中胸侧板近足基节处有一个小黑斑；中、后胸腹板黄白色。足黄褐色，股节布稀疏的黑色粗大斑点，胫节密布黑色细小刻点，爪端半黑色。

腹部侧接缘外露，布均匀黑色刻点，有时中央刻点略稀疏，但边界模糊，最边缘一线两侧黑色，中央狭窄的黄褐色；腹基略隆起，端部平截，中央有浅纵沟；第3-6腹节两侧具极稀疏的黑色刻点，腹面其余部分刻点无色；气门同体色，各节在气门内后侧一定距离处都有一个略大的黑斑；各节边缘两侧狭窄的黑色线状。

雄虫生殖囊中央平坦内陷。阳基侧突桨叶突端面宽阔。阳茎系膜无背突，系膜顶叶发达，端部骨化刺状，系膜基上颚片端半骨化，端缘圆钝；中交合板宽阔，阳茎端不伸出中交合板外。

雌虫第1载瓣片内缘基部1/5外拱，形成倒三角，其后平直，相互接触紧密；外缘在近中线1/4处向外突出；第9侧背片端部位于第8腹节后缘内侧。

分布：浙江、黑龙江、吉林、辽宁、内蒙古、河北、山东、陕西、甘肃、河南、江苏、湖北、江西、福建、广东、广西、四川、贵州、云南、西藏；俄罗斯东部，朝鲜，日本，印度。

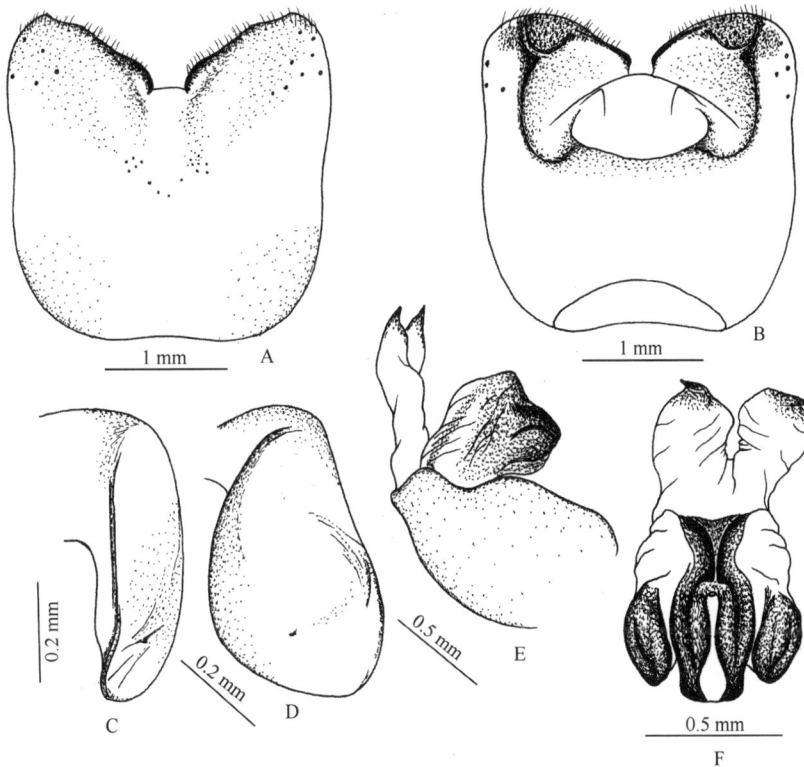

图 18-57　全蝽指名亚种 *Homalogonia obtusa obtusa* (Walker, 1868)
A. 雄虫生殖囊腹面观；B. 雄虫生殖囊背面观；C. 阳基侧突侧面观；D. 阳基侧突端面观；E. 阳茎侧面观；F. 阳茎端面观

（391）松全蝽 *Homalogonia pinicola* Lin *et* Zhang, 1992（图 18-58）

Homalogonia pinicola Lin *et* Zhang, 1992: 237.

主要特征：体长 12.0-13.5 mm。背面黄褐色，布黑色粗糙刻点；体下黄褐色，刻点黑色。

头侧缘波曲，狭窄的黑色，端部宽阔的弧形，上颚片略长于前唇基，但无会合趋势；触角第1节黄褐色，背面具黑色小斑点，第2、3节及第4节基部棕褐色，第4节大部分及第5节端半黑色，第5节基半黄褐色；喙伸达第4腹节前缘。

前胸背板前侧缘狭窄的黑边状，胝区后各有两个小黄胝斑，外侧的胝斑后有一个浅凹陷；前缘内凹，前角指向体前侧方，伸出较短，前侧缘轻微内凹，前半锯齿状；侧角圆钝，仅略伸出体外，后侧缘和后缘过渡处弧形，后缘平直。小盾片表面不平整，基角凹陷外各有一个弧形黄斑，基缘近基角处各有一个略大的黄色胝斑，基部中央有 4 个凹陷，以中线为轴排成两列，侧缘各有一个向内后方斜指的凹陷，小盾片端部宽阔圆钝。前翅革片外缘基部刻点粗大密集，略上翘，其余刻点分布均匀，革片后缘几乎平直；膜片烟褐色，散布黑褐色圆斑，末端略伸出腹末，翅脉同底色。胸部腹面两侧密布黑色刻点，中胸腹板纵脊黄白色，两侧红褐色，边缘宽阔的黑褐色，后胸腹板黄褐色；臭腺沟缘细长，端部尖细，指向挥发域前侧角；足股节尤其是端部布大小不规则的黑斑，胫节红褐色，基部 1/3 和端部 1/3 具细小黑斑点，腹节黄褐色，第 3 节端部和爪端半黑色。

　　腹侧接缘宽阔外露，黑色，中央狭窄的黄褐色或红褐色；腹面中线处无刻点，两侧刻点粗大稀疏，气门黑色，周围刻点细小，各节边缘两端黑色粗线状；腹基十分平坦。

　　雄虫生殖囊腹缘宽阔的凹陷，正中央有两个直角状的黑色矮突起，侧面亚端部内侧各有一个指向背侧的圆钝突起。阳基侧突桨叶突片状，边缘微翘。阳茎系膜无背突；系膜顶叶细长，端部具骨化的尖刺；系膜基上颚片内面与中交合板愈合，端部浅二叉状，上部膜质突起的端部具骨化刺，下部骨化强烈，端部弯刺状；中交合板宽阔，端部圆钝，阳茎端不伸出其外。

　　雌虫第 1 载瓣片宽大平坦，三角形，内缘长且平直，接触紧密，内缘圆钝，后缘斜平直；第 9 侧背片略长于第 8 侧背片端部。

　　分布：浙江、江苏、江西、湖南、广西。

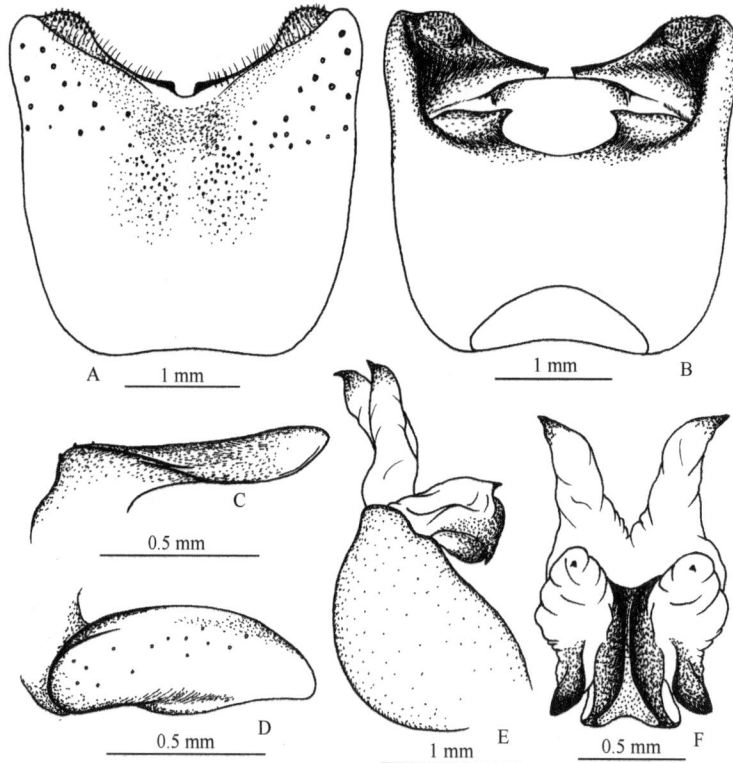

图 18-58　松全蝽 *Homalogonia pinicola* Lin *et* Zhang, 1992
A. 雄虫生殖囊腹面观；B. 雄虫生殖囊背面观；C. 阳基侧突侧面观；D. 阳基侧突端面观；E. 阳茎侧面观；F. 阳茎端面观

226. 玉蝽属 *Hoplistodera* Westwood, 1837

Hoplistodera Westwood, 1837: 18. Type species: *Hoplistodera testacea* Westwood, 1837.

　　主要特征：体短宽，体色黄绿色或带有不同程度的红褐色斑块，常呈晕状。头和前胸背板前半显著下倾；头端部宽阔，前唇基长于上颚片；触角 5 节，第 1 节不伸达头端部，第 2、3 节约等长；小颊较宽，前角尖锐，后角叶状并向后伸出；喙伸达第 4 腹节前缘附近，第 1 节伸出小颊外。前胸背板前侧缘光滑，侧角尖角状，显著伸出体外。小盾片宽舌状，侧缘基部 1/4 处内凹，端部超过前翅革片端部。前翅革片半透明，膜片无色透明，明显超过腹末。中胸腹板具明显的中央纵脊。臭腺沟缘较长，端部不尖锐。足胫节细柱状，背侧无棱边，跗节 3 节。侧接缘几乎不外露，各节后角不伸出。第 3 腹节中央平坦。

雄虫生殖囊腹面圆隆，近端部处有凹坑，坑的内侧隆起；腹缘中央具狭窄的缝隙状或椭圆形深缺刻，其两侧多呈角状突起，两侧区平直或波曲。阳基侧突躯干部分宽阔，其内表面具毛，桨叶突与躯干部分垂直，末端角状。阳茎鞘短；阳茎系膜具一对短指状骨化背突、一对端部骨化的较长膜囊状背叶，背叶有时会有其余膜质小叶伸出；系膜在阳茎端背侧靠左侧另有一独特的骨化突起，使得阳茎不对称；中交合板背面退化，仅在阳茎端的腹面愈合成为一块长宽厚的板状构造，其端部向上弯折；阳茎端较长且弯曲，有时基部较短。

雌虫第 1 载瓣片极为宽大，占整个雌虫生殖节面积的 2/3 左右，内缘多相互接触，内角宽圆。第 9 侧背片短指状，端部圆钝，不伸出第 8 腹节后缘。第 8 侧背片端缘宽圆，不伸出。

分布：东洋区。世界分布 11 种，中国记录 5 种，浙江分布 2 种。

（392）玉蝽 *Hoplistodera fergussoni* Distant, 1911（图 18-59；图版 VIII-119）

Hoplistodera fergussoni Distant, 1911: 344.

主要特征：体长 8.0–9.0 mm。背面淡黄绿色，具若干红褐色晕状斑，刻点棕褐色或黑褐色，细小且稀疏。

头侧缘亚端部弧形外拱，端部宽阔，前唇基略长于上颚片，单眼间距略小于头宽的 1/2；头背面刻点黑褐色，集中在复眼内侧及单眼前方，头顶中央有 2 列较短的黑色刻点，其两侧各有一条光滑脈带向前延伸至前唇基中央，前唇基上光滑无刻点。触角淡黄褐色，第 5 节向端部色略深，第 1 节不伸达头端部，第 2、3 节约等长。喙伸达第 4 腹节前缘。

前胸背板胝区暗褐色，其边缘的刻点黑褐色且略大于周围刻点，胝区侧后方各有一个小黑斑，胝区后散布若干红褐色晕状斑，刻点分布不甚均匀，侧角处为淡黄绿色，末端光滑无刻点；前缘中央弧形并明显内凹，眼后平截部分约与单眼前缘平齐；前角圆钝角状，在复眼外侧向侧前方伸出；前侧缘光滑肥厚，略内凹；侧角尖角状伸出，端部略向上翘起，其前缘基部略外拱，后缘中央具一宽钝的突起；后侧缘弧形外拱；后角弧形；后缘略内凹。小盾片宽舌状，侧缘从基部 1/4 处开始相互平行，端缘宽圆；基角凹陷三角形，其内侧各有一个黄白色胝状隆起的矮脊，基部约 1/3 红褐色，两侧从后伸入两条黄绿色条带，其后具黄绿色横向宽带，基部具大型红褐色斑。前翅革片半透明，中裂内侧具一红褐色三角形大斑，革片端部红褐色；端缘内凹；端角圆钝，略伸出；膜片无色透明，末端明显超出腹末。中胸腹板具较明显的中央纵脊，其两侧黑褐色。足黄褐色，胫节端部和跗节色略深，股节近端部处有 1 褐色晕状斑。臭腺沟缘较长，弧形，向前伸，端部具一小段水平部分，末端不尖锐。

腹侧接缘几乎不外露，侧缘处光滑无刻点。

雄虫生殖囊腹面近端部具一圆弧形较高的隆起，腹缘中央有一“U”形缺口，两侧波曲。阳基侧突“F”形，感觉叶端部角状，桨叶突端部尖锐的角状。阳茎系膜具一对较发达的背叶，其基部膜囊状，端部二叉，其中一支骨化角状，另一支囊状，其前方右侧有一单一的短小膜囊状小叶，其前方左侧的骨化突起具 3 个圆钝端部。中交合板肥厚，愈合为粗棒状，其端部具上翘的圆钝角状突起，阳茎端从中交合板背侧伸出较短，其基部膨大。

分布：浙江（临安）、陕西、安徽、湖北、江西、湖南、福建、广东、海南、广西、四川、贵州、云南、西藏。

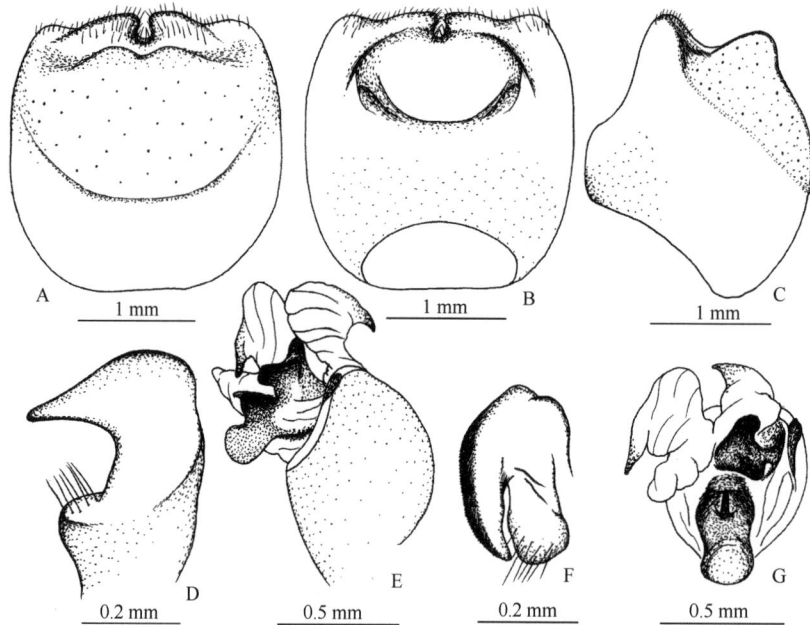

图 18-59　玉蝽 *Hoplistodera fergussoni* Distant, 1911

A. 雄虫生殖囊腹面观；B. 雄虫生殖囊背面观；C. 雄虫生殖囊侧面观；D. 阳基侧突侧面观；
E. 阳茎侧面观；F. 阳基侧突端面观；G. 阳茎端面观

（393）红玉蝽 *Hoplistodera pulchra* Yang, 1934（图 18-60）

Hoplistodera pulchra Yang, 1934b: 110.

主要特征：体长 6.5–10.0 mm。背面以红褐色为主，具若干不规则的黄白色光滑胝斑，刻点黑褐色，较为密集；体腹面淡黄色，刻点黑褐色。

头侧缘黑色，其亚端部弧形外拱，头端部宽阔；头背面刻点多与底同色，单眼后侧及头顶中央的两列刻点暗红褐色，单眼内侧各有一条光滑的胝状条带，前唇基光滑无刻点。触角淡黄褐色，第 5 节向端部颜色渐略深，第 1 节不伸达头端部，第 2、3 节约等长。喙伸达第 4 腹节前缘。

前胸背板前半淡黄褐色，胝区暗褐色，其边缘具断续的黑色短带，胝区侧后方各有一个小黑斑，前胸背板后半红褐色，中央具一条黄白色胝状条带，两侧各有一个不规则的黄白色纵带；前缘中央弧形并明显内凹，眼后平截部分约与单眼前缘平齐；前角圆钝角状，在复眼外侧向侧前方伸出；前侧缘光滑肥厚，略内凹；侧角尖角状伸出，端部略向上翘起，角体背面基部略内凹，其前缘基部显著外拱，后缘仅基部具一浅缺刻；后侧缘弧形外拱；后角弧形；后缘略内凹。小盾片宽舌状，端缘宽圆；基角凹陷三角形，其内侧各有一个略隆起的黄白色胝状矮脊，除此外基缘中央另有 3 个黄白色小斑，基部约 1/3 红褐色，两侧从后伸出两条黄白色条带，其后具横向锯齿状的黄绿色宽带，基部具大型红褐色斑，末端中央有一黄白色短纵带。前翅革片褐色，半透明，革片端部褐色；端缘略内凹；端角圆钝，略伸出；膜片无色透明，末端明显超出腹末。足黄褐色，胫节端部和跗节色略深，股节近端部处有 1 褐色晕状环带。臭腺沟缘较长，弧形，伸向侧前方，端部圆钝。

腹侧接缘几乎不外露，光滑无刻点。

雄虫生殖囊腹面近端部具一浅坑，坑前方无显著的隆起；生殖囊腹缘中央具凹刻，两侧显著波曲，亚端部明显内凹。阳基侧突"F"形，感觉叶端部宽钝，桨叶突末端尖锐弯曲角状。阳茎系膜具一对基部细长膜囊状、端部圆钝且轻微骨化的系膜背叶，其前方左侧的骨化突起侧面观为方形隆起，其端缘略内凹；中交合板短钝，阳茎端伸出较长。

雌虫第 1 载瓣片宽大，内缘直，相互接触，内角宽圆，外缘中央大部分较平直。第 9 侧背片短指状，端部圆钝，不伸出第 8 腹节后缘。第 8 侧背片端缘宽圆，不伸出。

分布：浙江、陕西、甘肃、安徽、福建、江西、湖北、湖南、广东、广西、海南、四川、贵州、云南、西藏。

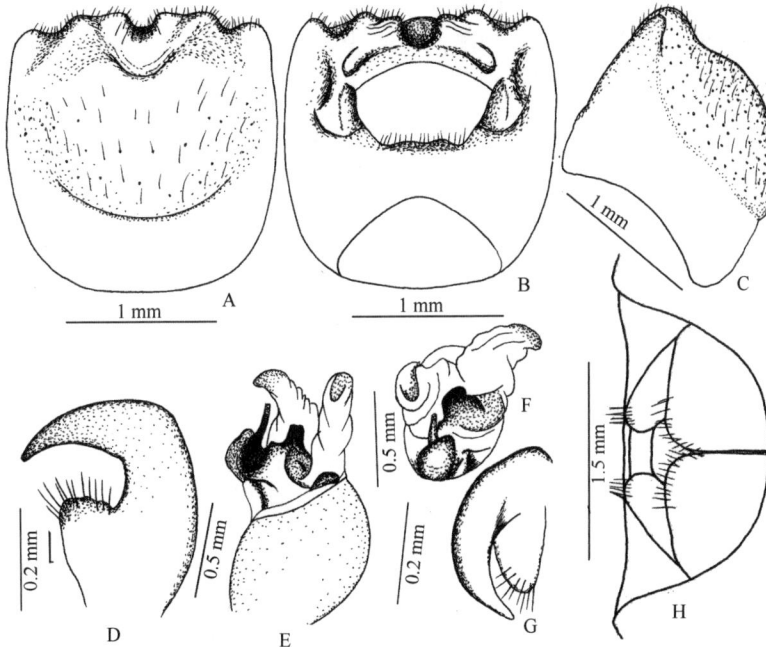

图 18-60　红玉蝽 *Hoplistodera pulchra* Yang, 1934

A. 雄虫生殖囊腹面观；B. 雄虫生殖囊背面观；C. 雄虫生殖囊侧面观；D. 阳基侧突侧面观；
E. 阳茎侧面观；F. 阳茎端面观；G. 阳基侧突端面观；H. 雌虫生殖节

227. 广蝽属 *Laprius* Stål, 1861

Laprius Stål, 1861: 200. Type species: *Laprius gastricus* Thunburg, 1861.

主要特征：体中型，卵圆形，头侧缘扁薄，外拱，上颚片末端变狭，略长于前唇基，在前唇基前形成缺口；触角 5 节，第 2 节长于第 3 节。前胸背板长大于宽，前缘长于头宽，前缘中段平坦内陷；前侧缘几乎为直，略外拱，边缘扁薄，略向上翘起；侧角圆钝，仅略伸出；小盾片三角形，长度不超过腹部长的 3/4，在侧缘端部 1/4 处略凹入；前翅革片外缘基部扁薄，后缘内凹；中胸腹板处有纵沟，臭腺沟缘十分短小；各足股节下方具刺列，前足股节下方端部内侧的一枚刺较大，明显区别于其他小刺；跗节 3 节；腹部腹面基部中央平坦，无沟或刺突。

分布：古北区、东洋区。世界已知 6 种，中国记录 1 种，浙江分布 1 种。

（394）广蝽 *Laprius varicornis* (Dallas, 1851) （图 18-61）

Sciocoris varicornis Dallas, 1851: 136.

Laprius varicornis: Hsiao *et al.*, 1977: 156.

主要特征：体长 11.5–12.3 mm。背面浅黄褐色至深褐色，前胸背板后半、前翅革片略带红棕色；头中央有 2 条黑色纵线；触角第 2 节和第 4、5 节基部黄褐色，第 2、3 节红棕色；小盾片基角处有黄白色胝状斑，基半中央有 2 个黑色刻点组成的黑色斑，端部中线处刻点较稀，边缘刻点较密；前翅内革片的刻点较外革片密集，膜片边缘烟褐色，其上分布有若干烟褐色的点斑，其余部分透明无色。

头三角形，端部有缺口，上颚片略长于前唇基，外缘扁薄，弧形，略外拱；复眼黑色，后缘紧贴前胸背板前缘；单眼较大，鲜红色；触角第 1 节不伸出头的末端，第 2 节长度约为第 3 节的 2 倍；喙伸达后足基节后缘。

前胸背板前缘中段平坦内凹，前角伸向侧前方，超过复眼外缘；前侧缘几乎为直，略外拱，边缘扁薄，薄边状，略上翘；侧角圆钝，略伸出体外；后缘内凹。小盾片三角形，末端渐狭；翅革片后缘内凹，后角呈锐角；足黄褐色，股节端部、胫节端部及跗节黑褐色；臭腺沟缘十分短小。

腹侧接缘仅边缘外露，黄褐色；腹部腹面侧缘气门内侧各有一无刻点的胝状纵条带，该条带两侧密布黑色刻点，区别于腹下中央的稀疏刻点区域；第 3–5 腹节中央各有一对黄白色胝状横条带，有的个体仅 3、4 腹节有，个别雌虫仅第 3 腹节的黄白色横带可见。

雄虫腹缘二叶状，亚边缘处有凹陷，腹缘内褶不发达；阳基侧突的感觉叶发达，端部镰刀状；阳茎系膜具膜质的顶叶和基上颚片，顶叶二叉状，背突阔三角状，腹叶末端指状，轻微骨化；阳茎端不伸出中交合板外；无阳茎鞘突。

雌虫第 1 载瓣片内缘紧密接触，外缘内凹呈圆弧状；第 8 侧背片三角形；第 9 侧背片长条状，平行于体轴指向后方，末端圆钝。雌虫受精囊存在种内变异。

分布：浙江（庆元）、山东、河南、陕西、江苏、安徽、湖北、江西、湖南、福建、广东、海南、广西、四川、贵州、云南；日本，巴基斯坦，印度，缅甸，越南，菲律宾。

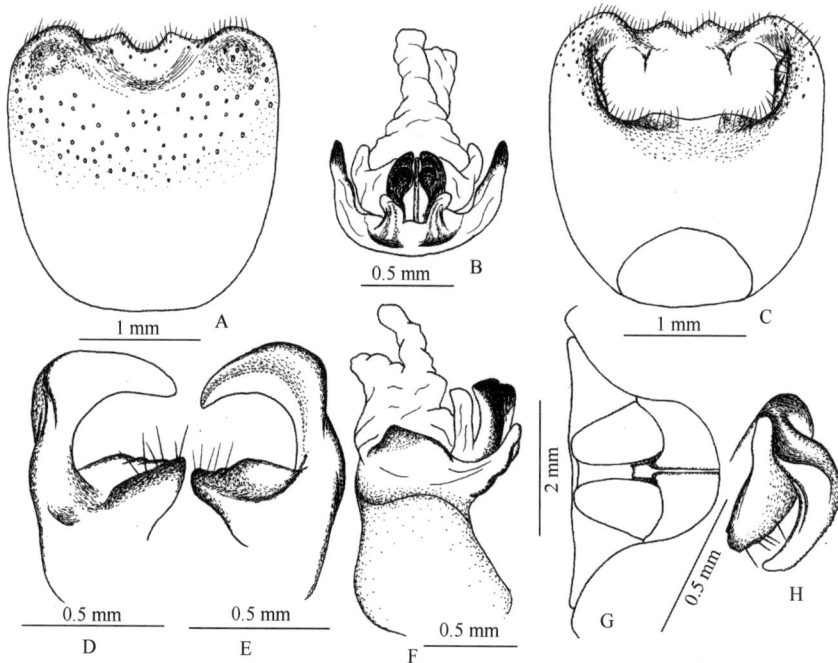

图 18-61　广蝽 *Laprius varicornis* (Dallas, 1851)

A. 雄虫生殖囊腹面观；B. 阳茎端面观；C. 雄虫生殖囊背面观；D，E. 阳基侧突侧面观；F. 阳茎侧面观；G. 雌虫生殖节；H. 阳基侧突端面观

228. 弯角蝽属 *Lelia* Walker, 1867

Lelia Walker, 1867b: 406. Type species: *Lelia octopunctata* (Dallas, 1849).

主要特征：体大型；头上颚片宽，长于前唇基，在前唇基前方会合或留有一个缺口；触角第 1 节不伸达头的端部，第 3 节长于第 2 节；前胸背板前侧缘粗糙的锯齿状，侧角强烈伸出体外并向前弯曲，其程度在种内存在个体差异；前翅革片中裂外侧有一条光滑长纵线，几乎伸达革片端部；中胸腹板中央具矮纵脊；后胸腹板隆起，上有纵脊；臭腺沟缘十分短小纤细；胫节背面具沟；腹基刺突尖长，伸过中足基节。

分布：古北区、东洋区。世界已知 3 种，中国记录 3 种，浙江分布 1 种。

（395）弯角蝽 *Lelia decempunctata* (Motschulsky, 1860)（图 18-62；图版 VIII-120）

Tropicoris decempunctata Motschulsky, 1860: 501.

Lelia porrigens Walker, 1867b: 406 (syn. by Distant, 1900b: 425).

Lelia decempunctata: Hsiao *et al*., 1977: 109.

主要特征：体长 16.0–23.5 mm。背面黄褐色，布较为均匀的黑色刻点，体下淡黄白色，刻点分两种，一种为粗糙的同色大刻点，一种为黑色的细小刻点。

头端部圆弧状，上颚片宽，向端部渐狭，在前唇基前方会合；触角基外侧有一黑色小横斑，触角前 3 节及第 4 节基部极少部分黄褐色，其余黑色，第 1 节不伸达头顶，第 3 节长于第 2 节；喙端部黑色，伸达后足基节之间。

前胸背板两个侧角之间有 4 个横列的小黑斑；前缘宽阔内凹；前侧缘强烈内凹，边缘粗锯齿状，锯齿黄白色，内侧狭窄的黑色；侧角粗壮，端部角状，弯向前侧方，角体后缘不甚平整，具几个浅凹刻；后缘平直。小盾片基部微隆起，刻点均匀，其上共有 6 个小黑斑，2 个在基角处，另外 4 个排成两列，位于基部中央。前翅外革片外缘基部狭长的黄白色且无刻点；中裂端部的黑色刻点稍密集；革片后缘均匀外拱；膜片浅褐色，末端略超过腹末。中、后胸腹板中央有低矮纵脊；中胸侧板前缘中央靠外侧有一小黑斑，各胸节侧板靠近足基节处也各有一个小黑斑；臭腺沟缘极为细小。

腹侧接缘狭窄的外露，黄褐色，布均匀的黑色细刻点；腹基刺突尖长，向前伸过中足基节，有时伸达中、后足基节中央；腹下中轴处光滑隆起，两侧具同色的粗糙深刻点，腹下两侧布均匀的黑色细刻点。

雌虫第 1 载瓣片较小，内缘略外拱，相互不接触，中央渐近，两端渐远；第 9 侧背片端部短于第 8 侧背片端部。

雄虫生殖囊腹缘深内凹，中央扁薄，两侧向内弯折而变厚。阳基侧突桨叶突端缘宽阔，中间内凹，端部圆钝，感觉叶较宽阔。阳茎鞘长筒状，阳茎系膜无背突，顶叶膜质发达，端部二叉状；中交合板简单，阳茎端伸出中交合板基底，但是不超过后者端部。

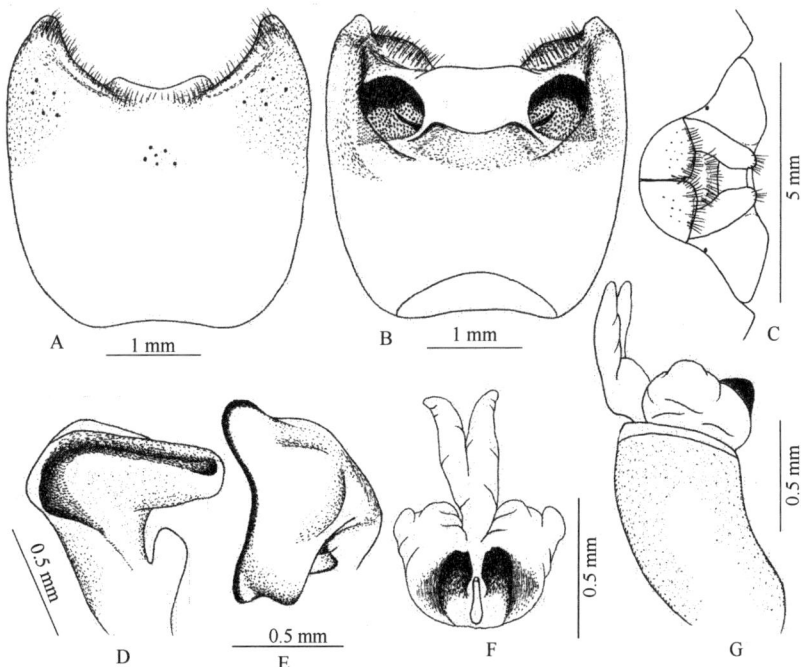

图 18-62　弯角蝽 *Lelia decempunctata* (Motschulsky, 1860)

A. 雄虫生殖囊腹面观；B. 雄虫生殖囊背面观；C. 雌虫生殖节；D. 阳基侧突侧面观；E. 阳基侧突端面观；F. 阳茎端面观；G. 阳茎侧面观

　　分布：浙江（临安）、黑龙江、吉林、辽宁、内蒙古、天津、山东、陕西、甘肃、安徽、湖北、江西、湖南、四川、贵州、云南、西藏；俄罗斯东部，朝鲜，日本。

229. 曼蝽属 *Menida* Motschulsky, 1861

Menida Motschulsky, 1861: 23. Type species: *Menida violacea* Motschulsky, 1861.

　　主要特征：体多短小，卵圆形，个别种类体狭长，体表常具光泽和鲜明的花斑。头短宽，宽大于长，端部圆钝，有时平截，上颚片略短于前唇基或二者几乎平齐；单眼相距较远，位于复眼后缘一线的后侧；触角 5 节，第 3 节长于第 2 节。小颊前角前缘略向内折，呈合抱状，外缘波曲；喙伸达后足基节附近。前胸背板饱满，向上均匀隆起；前缘领状，前侧缘狭边状；侧角圆钝，多不伸出体外，后角圆弧形，多不伸出，后缘内凹。小盾片形态各异，从宽舌状到狭长角状不等，多数种类端部圆钝。前翅革片端缘外拱，多数种类端角伸出；膜片较长，端部明显超过腹末。中胸腹板中央纵脊粗细及高低均匀；臭腺沟缘粗长，端部尖，伸达挥发域外缘前角处，臭腺沟浅且敞开。胫节具棱边，跗节 3 节，第 2 节最短。腹部腹面基部中央具突起，端部侧扁，其长度因种类不同而有差别。

　　雄虫生殖囊腹面端部中央有一个大型凹坑，两侧的棱边呈立壁状，其形状和突起程度以及凹坑的深浅和形状具种间差异，腹缘两侧波曲，中央有一个小凹陷；生殖囊侧缘圆钝；多数种类在生殖囊背缘内侧着生一对突起，突起短钝或呈羽状。阳基侧突形状各异，种间差异较大。阳茎鞘中央有明显的缢缩，将其分成上下两部分，基部骨化较强烈，端部的骨化部分集中在两侧面，背腹侧骨化较弱或不骨化；阳茎系膜具膜质的系膜顶叶，单一或分叉；系膜基上颚片成对，其端部骨化或有分叉；中交合板腹面基部愈合，背侧愈合较少，开口较大，端部左右两侧向外隆起，略呈合抱状，其外侧有时着生骨化指突或刺突。

　　雌虫第 1 载瓣片较平，内缘平直或外拱，基部不接触；内角弧形或圆钝的角状；外缘外拱或略平直。第 8 侧背片端部圆弧形，圆钝不伸出；第 8 侧背片端部较平或略外拱，端部无角状突起；第 9 侧背片宽短，基部中央内凹且下陷，与第 1 载瓣片外缘不相接触且不在一个水平面内，端部不伸出第 8 腹节外。

　　分布：古北区、东洋区、旧热带区。世界已知 76 种，中国记录 15 种，浙江分布 6 种。

分种检索表

1. 小盾片端部宽舌状 ····································	**宽曼蝽 *M. lata***
- 小盾片端部不呈宽舌状 ·································	2
2. 体背面大部分金绿色，并具强烈的金属光泽 ···········	**紫蓝曼蝽 *M. violacea***
- 体背面不呈金绿色 ····································	3
3. 前翅革片中裂端部内侧有一个显著的黄白色圆斑 ·······	4
- 前翅革片中裂端部内侧无显著的黄白色圆斑 ············	**北曼蝽 *M. disjecta***
4. 腹基突起伸出中足基节前缘 ··························	**黑斑曼蝽 *M. formosa***
- 腹基突起仅伸达中足基节后缘 ·························	5
5. 体背面淡色部分为浅黄褐色 ··························	**异曼蝽 *M. varipennis***
- 体背面淡色部分为橙黄色或橙红色 ····················	**稻赤曼蝽 *M. versicolor***

（396）北曼蝽 *Menida disjecta* (Uhler, 1860)（图 18-63，图 18-64；图版 VIII-121）

Rhaphigaster disjectus Uhler, 1860: 224.

Menida mosaica: Zheng & Liu, 1987: 218. Syn. nov.

　　主要特征：体长 12.0–16.5 mm。背面暗褐色，有不同程度的暗金绿色光泽或无。头、前胸背板胝区、胝区前方和前侧缘内侧、小盾片基部中央色深，为黑色或暗金绿色。

　　头侧缘在复眼前方有一处内凹；头背面全部金绿色或黑褐色，仅在头端缘处有 1 或 3 个小黄斑，头端缘前面观为黄褐色；单眼红色，相距较远，位于复眼后缘一线之后。触角黑褐色，第 1 节端部大半、第 3 节端部一点、第 4 节两端和第 5 节端部 1/3 黄白色；第 1 节长度不伸达头端部。触角基与小颊之间具稀疏的刻点，头腹面基部黄褐色。喙伸达中足基节后缘，前胸背板宽大于长，胝区及其前方除边缘外、前侧缘狭边以内为黑色或暗金绿色，后面大半为褐色，布稀疏的黑褐色或暗金绿色刻点，刻点常连成短线状；前缘和前侧缘黄褐色狭边状；前缘圆弧形内凹，眼后部分斜平截；前角小尖角状伸出，指向体侧后方；前侧缘平直且光滑，狭边略向上卷起；侧角圆钝，不伸出；后角宽阔的弧形；后缘中央内凹。小盾片长大于宽，端部狭；基部中央具一个倒三角形黑斑，有时占据整个基部，连接到前缘处，有时与基缘处的黑斑断裂成其后的一个略小的黑斑；基缘具 3 个小黄斑；侧缘弯折处常具深色斑；端部具半圆形黄白色斑，其上光滑无刻点。前翅革片刻点稀疏粗糙，革片端缘波曲，端部略呈角状伸出；膜片端部透明无色，内侧具烟褐色的宽纵带，末端显著超过腹末。足黄褐色，股节端部具黑色小点斑；胫节两端黑色。

　　腹侧接缘轻微外露。腹基刺突伸过后足基节前缘，多数个体伸达中足基节后缘，在云南个体中可伸达中足基节前缘。

　　雄虫生殖囊腹面两侧的立壁几乎垂直于表面，侧面观直角形并明显伸出，其之间的凹坑宽阔且深；生殖囊背缘中央突起明显，内部两侧各着生一枚端部银杏叶状的突起，其基部细杆状。阳基侧突躯干部分宽扁，侧面有一三角形突起（图 18-64，1）；桨叶突的基本形态为向一侧延伸出一个弯角状突起（图 18-64，2），向另一侧延伸出 3 个角状突起（图 18-64，3、4、5）；但具体细节存在种间差异；陕西、浙江、四川个体的突起 2 的内侧另有一个短突起（图 18-64，6）。阳茎鞘的缢缩位于中央，其基半膨大的球状，端半相对较狭，两侧骨化的鞘状，腹面和背面膜质不骨化；阳茎系膜具端部二叉的膜质且较短的系膜顶叶，系膜基上颚片简单的骨化角状伸出，中交合板宽长，端部平截；阳茎端仅略伸出，远远不及中交合板端部。

　　雌虫第 1 载瓣片圆片状，内缘弧形外拱，基部远离；内缘圆弧形；外缘弧形外拱；第 9 侧背片宽短，端部略微斜平截，不超出第 8 腹节后缘。

　　分布：浙江（临安）、黑龙江、辽宁、内蒙古、天津、重庆、河北、山东、河南、陕西、甘肃、青海、新疆、湖北、江西、湖南、台湾、广东、广西、四川、贵州、云南、西藏；俄罗斯东部，朝鲜，日本。

　　注：作者观察了 *Menida mosaica* Zheng et Liu, 1987 的模式标本后，发现其与中国分布的 *Menida disjecta* (Uhler, 1860)为同一种。

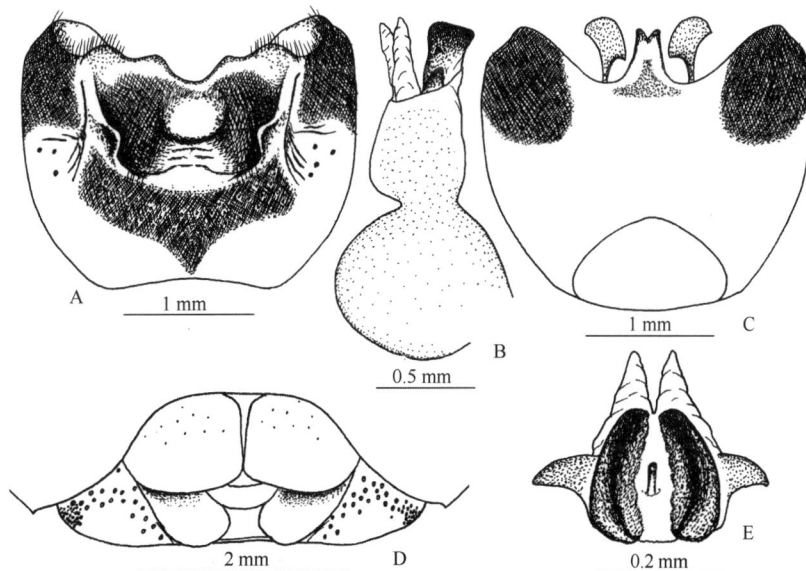

图 18-63　北曼蝽 *Menida disjecta* (Uhler, 1860)

A. 雄虫生殖囊腹面观；B. 阳茎侧面观；C. 雄虫生殖囊背面观；D. 雌虫生殖节；E. 阳茎端面观

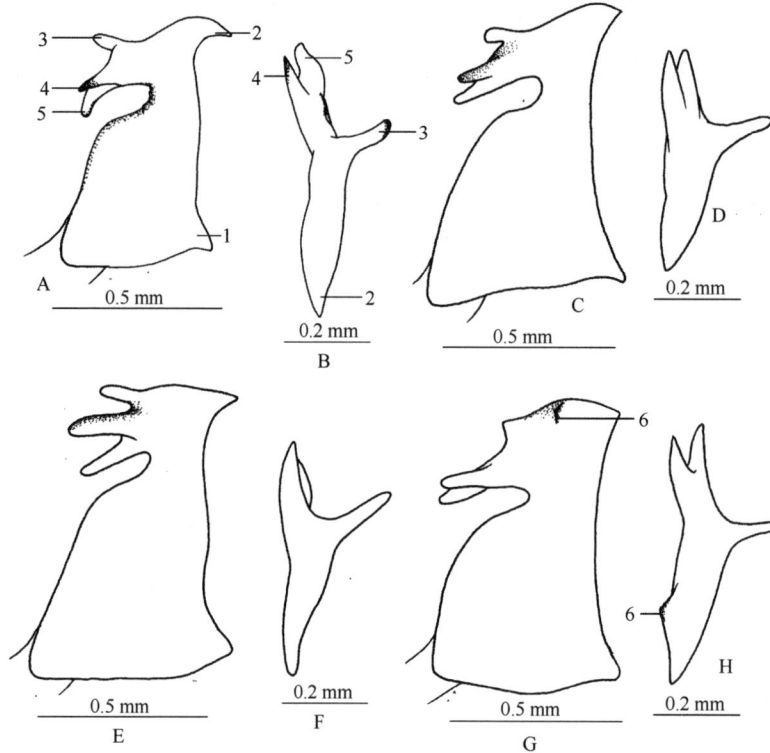

图 18-64　北曼蝽 *Menida disjecta* (Uhler, 1860)（阳基侧突，来自不同个体）
A、B. 黑龙江个体；C、D. 天津蓟县（现蓟州区）个体；E、F. 云南丽江个体（副模）；G、H. 陕西佛坪个体

（397）黑斑曼蝽 *Menida formosa* (Westwood, 1837)（图 18-65）

Pentatoma formosa Westwood, 1837: 34.

Menida formosa: Hsiao *et al*., 1977: 114.

主要特征：体长 7.0–9.0 mm。背面黑褐色，刻点极为稀疏，具黄褐色或黄白色的花斑，种内略有差异；体腹面以淡色为主，具黑色刻点带或小黑斑。

头宽大于长，复眼大，其直径约等于侧缘在复眼前部分的长度；单眼位于复眼后缘一线；前唇基端部宽圆。头背面暗金绿色或黑褐色，具光泽，布 5 条黄褐色光滑纵带：头顶单眼之间有两条短带，前唇基和上颚片中央各有一条长带，前唇基中央的纵带有时和头顶中央的纵带相连；复眼内侧各有一个长椭圆形或圆形光滑胝斑。触角淡黄褐色，第 4、5 节略带浅棕色。头腹面两侧黑褐色，各有一条从中央向斜后方延伸的黄褐色光滑条带；喙伸达后足基节前缘和后缘之间。

前胸背板刻点稀疏，侧角连线的后半全部黑褐色，刻点稍密，侧角连线前半除胝区周围为黑色外均为黄褐色或略带橙红色，前缘和前侧缘狭边内侧的细沟为黑色线状；前缘中央弧形内凹，眼后部分略平截；前角小角状略伸出，端部超过复眼外缘；前侧缘光滑略外拱；侧角圆钝不伸出；后缘内凹。小盾片长宽几乎相等，基缘具黄白色横带，基角处具黄白色大圆斑，小盾片中央具 "Y" 形黄白色斑，上述三处黄白色区域有不同程度的相连，有的个体三者全部连接，使得整个基部仅中央一个独立的黑斑，周缘全部黄白色；小盾片端部黄白色，中央有个隐约的黑色刻点聚集成的黑斑。前翅革片烟褐色，中裂端部内侧各有一个黄白色圆斑，其前后各有一处黑褐色区域；革片外缘波曲；膜片无色透明，端部超过腹末。足黄褐色，各足胫节端部、后足胫节基部和后足股节端部黑褐色。

腹侧接缘略外露。腹基突起长，超过中足基节；腹部腹面黄褐色，两侧具稀疏刻点组成的纵带；第 7 腹节中央宽阔的黑色，第 4、5、6 腹节前缘中央有时有不规则黑斑。

雄虫生殖囊腹缘宽阔，腹面端部的凹坑较浅，两侧的立壁低矮的脊状，不伸出，腹缘中央有小凹陷，两侧波曲，背面可见两侧中央有一个向背侧的钝突起；生殖囊背缘中央具较高且显著的突起，端缘内凹，两侧在生殖囊内部各着生有一个周缘羽毛状的伪阳基侧突。阳基侧突向端部渐宽，桨叶突向两侧伸出，一侧伸出较长，端部较尖锐，另一侧短钝，端部弧形。阳茎系膜顶叶短宽，顶面具众多平行的横脊；系膜基上颚片端部骨化，简单的角状伸出；中交合板端部圆钝，略平截；阳茎端仅略伸出，不超出中交合板端部。

雌虫第 1 载瓣片略呈三角形，内缘外拱，基部远离，仅在内角处相互接触，内角圆钝角状，外缘斜平直，略有内凹。第 8 侧背片外缘两侧各有一个黑斑。第 9 侧背片端部宽阔略斜平截，不伸出第 8 腹节后缘。

分布：浙江、江苏、江西、台湾、广东、海南、广西、贵州、云南、西藏；印度，斯里兰卡，印度尼西亚。

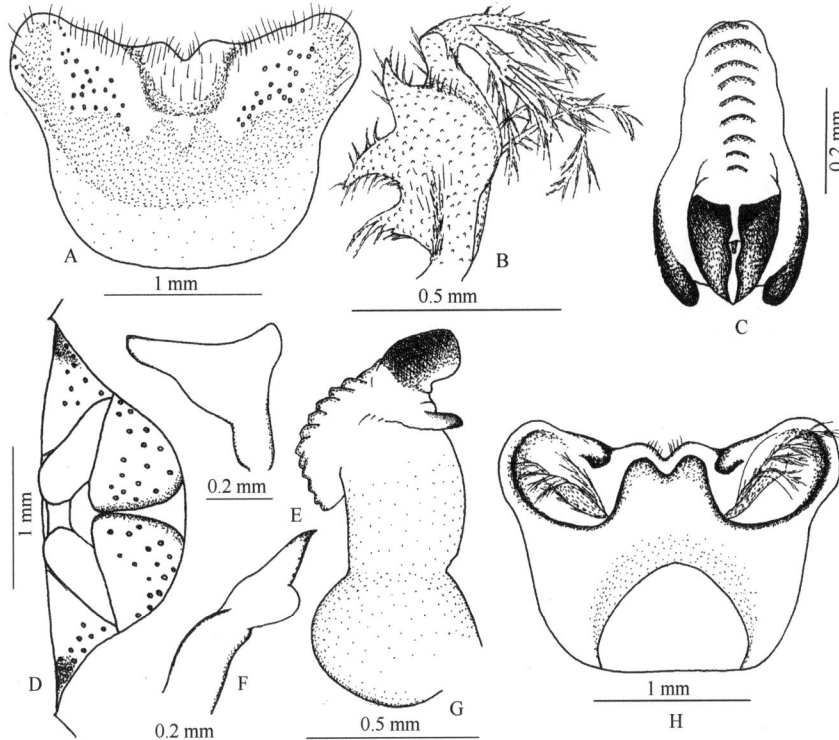

图 18-65　黑斑曼蝽 *Menida formosa* (Westwood, 1837)

A. 雄虫生殖囊腹面观；B. 伪阳基侧突；C. 阳茎端面观；D. 雌虫生殖节；E. 阳基侧突侧面观；
F. 阳基侧突端面观；G. 阳茎侧面观；H. 雄虫生殖囊背面观

（398）宽曼蝽 *Menida lata* Yang, 1934（图 18-66）

Menida lata Yang, 1934b: 95.

主要特征：体长 5.8–7.5 mm。背面黑褐色具光泽，有的个体色略浅，表面具若干黄褐色斑，还有的体表为均匀的黄褐色，无显著的黄斑。体腹面两侧和中央共有 3 条黑色纵带，边界极不整齐。

头宽大于长，背面刻点黑色，具若干不规则的黄褐色光滑纵带；另外紧靠单眼内侧处、复眼内侧处各有一个光滑黄褐色小斑点。复眼突出，单眼位于复眼后缘一线的后侧。触角暗黄褐色，第 4 节向端部色渐深，第 5 节黑色。头腹面基部和小颊前角处黄褐色，两侧包括小颊后半大部分黑色，两侧中央各有一个小黄斑，与基部的黄褐色区域相连。喙伸达后足基节前缘附近。

前胸背板表面隆起，前缘和前侧缘狭边黄褐色，胝区黑色，其内有 2–3 个光滑小黄斑，其后缘外侧各有一个小黄斑，两侧角连线前方的横带内刻点较稀疏；前缘弧形内凹，复眼后部分斜平截；前角小角状伸出，端部明显超出复眼外缘；前侧缘光滑，轻微外拱；侧角圆钝不伸出；后角弧形，不伸出；后缘内凹。小盾片宽舌状，端缘弧形外拱，边缘具黄白色弧形斑；基部的光滑黄白色区域从贯穿整个基部到仅两个基角具黄斑不等。前翅革片外缘弧形外拱，其端角与小盾片末端约平齐；膜片无色透明，端部明显超过腹末。胸部腹面两侧具不规则的黑色宽带，其内布若干小黄斑。中、后胸腹板黑色，中央纵脊几乎不伸出表面。各足股节端部黄白色，亚端部内侧具一大黑斑，基部大半暗黄褐色；各足胫节和跗节黄褐色。

腹侧接缘几乎不外露。腹基突起伸达中足基节中央。

雄虫生殖囊腹缘中央的凹陷较宽，为"U"形，其后的中央凹坑显著，两侧无立壁伸出，中央凹坑两侧部分各有一个小凹陷。阳基侧突桨叶突向一侧显著延长，延长部分波曲明显，端缘有一定角度的扭曲，并有一向上弯曲的尖角，其下端则圆钝。阳茎系膜具一个较短的膜质系膜顶叶，一对短小、末端尖锐、骨化较弱的基上颚片，以及一对末端极为狭长渐细的骨化腹叶；中交合板较长，端部圆钝，略平截；阳茎端不伸出其端部。

分布：浙江（临安、建德）、山西、河南、江苏、安徽、湖北、江西、湖南、福建、广东、海南、广西、四川、贵州。

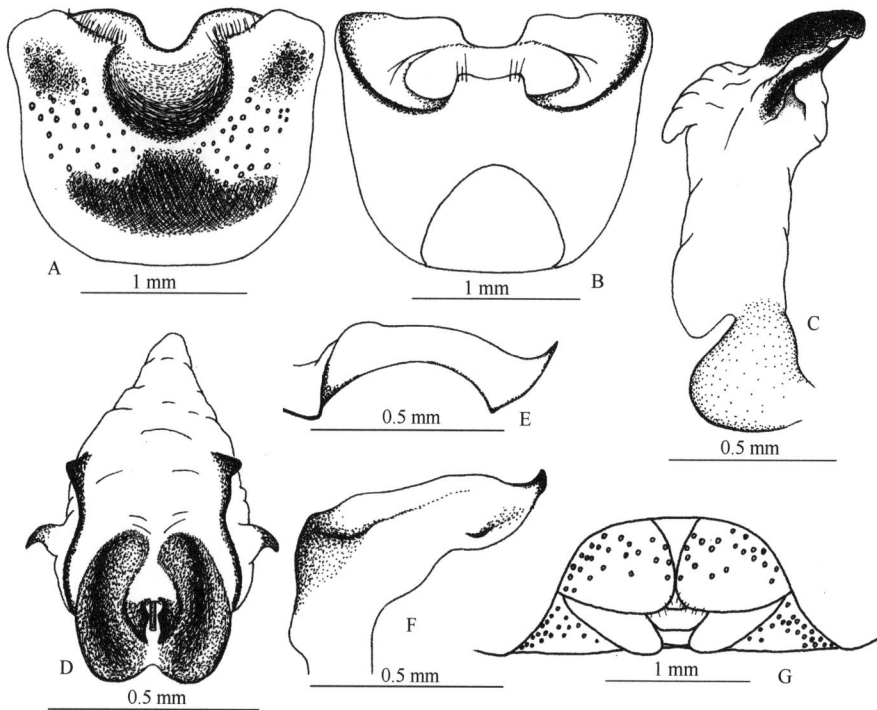

图 18-66　宽曼蝽 *Menida lata* Yang, 1934

A. 雄虫生殖囊腹面观；B. 雄虫生殖囊背面观；C. 阳茎侧面观；D. 阳茎端面观；E. 阳基侧突端面观；F. 阳基侧突侧面观；G. 雌虫生殖节

（399）异曼蝽 *Menida varipennis* (Westwood, 1837)（图 18-67）

Pentatoma varipennis Westwood, 1837: 43.

Menida varipennis: Hsiao *et al*., 1977: 114.

主要特征：体长 6.0–7.5 mm。背面黑褐色，具若干不同形状的黄白色光滑胝斑，前翅革片大部分褐色。体腹面漆黑，两侧缘和腹部腹面中央有黄白色胝斑组成的纵带。

头宽大于长，端部圆钝，头背面黑色，头顶单眼内有 3 条黄褐色光滑纵带，两侧的纵带较短，中央的一条向前延伸到前唇基末端，复眼内侧各有一个黄褐色胝斑。触角黄褐色，第 5 节端部略带红褐色。头边缘从侧面观为黄褐色，头腹面两侧漆黑；喙伸达后足基节中央。

前胸背板宽大于长，前缘和前侧缘的狭边为整齐的黄褐色，前侧缘内侧各有一条与之平行的光滑黄褐色细条带；胝区中央有一黄褐色光滑小圆斑；胝区后方有两块长条形光滑胝斑，其前缘整齐，外侧缘和后缘向后有不同程度的延伸，向后的延伸部分内有刻点，但底色为黄褐色；前缘宽阔的弧形内凹，眼后部分平截；前角小尖角状伸出，指向后侧方，端部伸出复眼外缘；前侧缘光滑平直；后角圆钝弧形；后缘内凹。小盾片端部圆钝，具黄白色半圆形大斑，该斑上方具一黑褐色宽横带，基半侧缘黑褐色，中央黄白色，正中央具一菱形的黑褐色大斑。前翅革片淡褐色，端缘外拱且宽阔的黑褐色，端角不伸出，中裂端部内侧各有一个黄白色光滑胝状圆斑，膜片淡烟褐色，明显超过腹末。各胸节侧板和腹板均为黑色，前胸侧板前缘中央黄白色，其后的各胸节侧板在靠近各足基节处有一条断续的黄白色纵带。各足均为黄褐色，胫节端部和跗节色略深，但不呈黑褐色。

腹侧接缘轻微外露。腹节突起最多伸达中足基节后缘。

雄虫生殖囊腹缘中央凹陷"U"形，较深，两侧较为宽阔平直或略内凹，腹面的凹坑半圆形，较浅，边缘不呈立壁状伸出；生殖囊侧缘不发达，后缘较低矮，中央具一对指状突起。阳基侧突桨叶突为倒三角形，与躯干部分相垂直，端缘的两个角一个尖长，一个圆钝略伸出。阳茎系膜背叶一对，短钝，端部密布小突起，略微骨化；系膜基上颚片强烈骨化，尖长的细钩状，略弯曲；一对发达的骨化系膜腹叶，端部骤细呈尖状，垂直弯向内侧；中交合板较长，腹面愈合较多，阳茎端不伸出中交合板外。

雌虫第1载瓣片的内缘外拱，基部远离，仅在内角处略接触，内角圆钝，外缘略外拱，其外侧大斑平直或略有内凹。第8侧背片外缘较平直，第9侧背片指状，端部圆钝，不伸出第8腹节后缘。

分布：浙江（建德）、江苏、湖北、江西、湖南、福建、广东、海南、广西、四川、贵州、云南、西藏；巴基斯坦，印度，菲律宾，印度尼西亚，阿富汗。

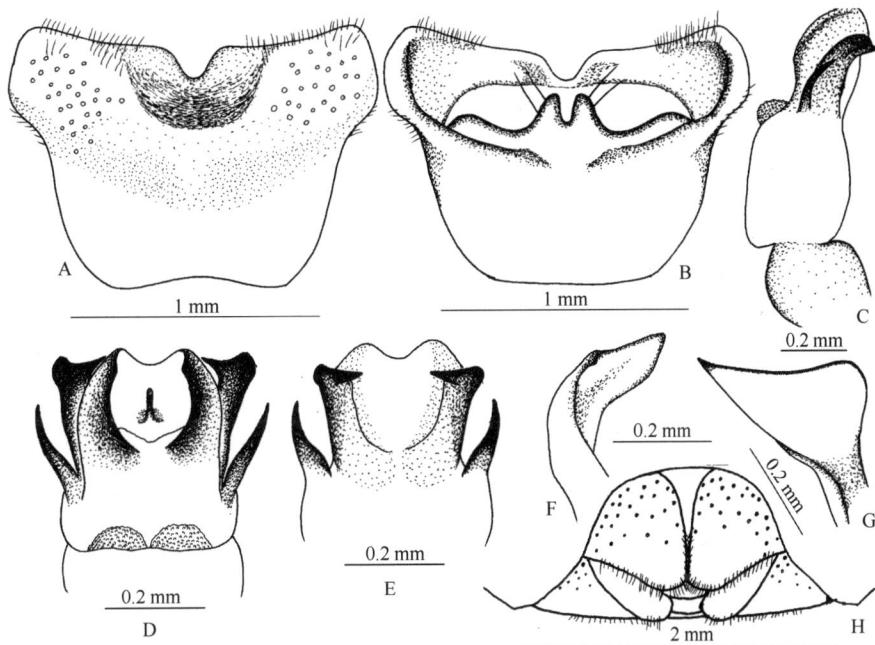

图 18-67　异曼蝽 *Menida varipennis* (Westwood, 1837)
A. 雄虫生殖囊腹面观；B. 雄虫生殖囊背面观；C. 阳茎侧面观；D. 阳茎端面观；E. 阳茎腹面观；
F. 阳基侧突侧面观；G. 阳基侧突端面观；H. 雌虫生殖节

（400）稻赤曼蝽 *Menida versicolor* (Gmelin, 1790)（图 18-68）

Cimex histrio Fabricius, 1787: 296.

Cimex versicolor Gmelin, 1790: 2155.

Menida histrio: Hsiao et al., 1977: 113.

Menida versicolor: Rider, 2006: 320.

主要特征：体长 6.0–8.5 mm。腹面漆黑，布若干白斑。

头端部圆钝，头背面中央有一条贯穿全长的橙红色光滑纵带，侧面也各有一条橙红色光滑纵带，但是在复眼前缘处有断裂，复眼内侧前方各有一个橙红色光滑斜线斑，其余部分黑色，布稀疏的细刻点。触角淡黄褐色或橙红色。触角基橙黄色，其周围的头部腹面为黑色，头侧缘侧面在复眼前方有一个橙黄色条形短斑。喙伸达后足基节中央或到达后缘处。

前胸背板宽大于长，橙红色，胝区周围黑色，其后侧方有一不规则黑色横斑，后半有 1 个几乎平行于后侧缘的较大的斜行黑斑，向后伸达后缘处，黑斑中央的橙红色区域略呈倒三角形，其内布粗糙稀疏的黑色刻点；前缘弧形内凹，其内侧有一显著的黑色弧线，眼后部分斜平截；前角小角状略伸出，端部超过复眼外缘；前侧缘光滑，平直略外拱，其内侧的黑线从前角处延伸到前侧缘中央，其后消失；侧角圆钝，不伸出；后角圆弧状；后缘内凹。小盾片长略大于宽，端部圆钝；橙红色，基部侧缘黑色，侧缘弯折处内侧各有一个大型黑斑。前翅革片内角和端缘处宽阔的黑褐色，中裂端部内侧和外革片基部橙红色；端缘角状外拱，端角不伸出。各胸节腹板黑色，侧板中央大部分为黑色，靠近足基节处有一列黄白色纵带，各胸节侧板外缘处狭窄的橙红色。足橙红色。

腹侧接缘狭窄外露。腹基突起黄褐色，伸达中足基节后缘处。腹部腹面两侧缘各有一个黄褐色纵带，雄虫的第 7 腹节全黑，向前极度扩张，其前缘中央宽阔内凹，两侧各有一个显著的突起，几乎将第 6 腹节从侧面隔断。

雄虫生殖囊、阳基侧突和阳茎结构均似异曼蝽 *M. varipennis* (Westwood, 1837)，如生殖囊腹缘中央半圆形，腹面凹坑浅，半圆形，两侧立壁低矮，但本种凹坑两侧的立壁在端部圆钝地向外突出，背缘中央一对突起两旁内侧各有一个骨化突起，端部略呈角状，而异曼蝽两侧立壁在端部渐消失，背缘内侧无骨化突；阳基侧突桨叶突均为倒三角形，但本种端缘内凹程度大，两个端角均为角状；阳茎系膜背叶具一对布密集小突起的区域，且基上颚片都为尖刺状，腹叶端部尖刺状垂直地弯向内侧，但本种系膜腹叶端部为二叉状，两个分支一长一短，均较尖锐。

雌虫第 1 载瓣片靠近第 7 腹节后缘侧面处各有一个黑斑，第 1 载瓣片内缘圆拱，基部远离，仅在内角处接触；内角圆钝；外缘弧形外拱。第 8 侧背片端部平坦或略外拱，不伸出。第 9 侧背片基半黑色，端半黄褐色，端部圆钝，不伸出第 8 腹节后缘。

分布：浙江、江西、福建、台湾、广东、海南、澳门、广西、四川、贵州、云南、西藏；日本，巴基斯坦，印度，斯里兰卡，菲律宾，印度尼西亚。

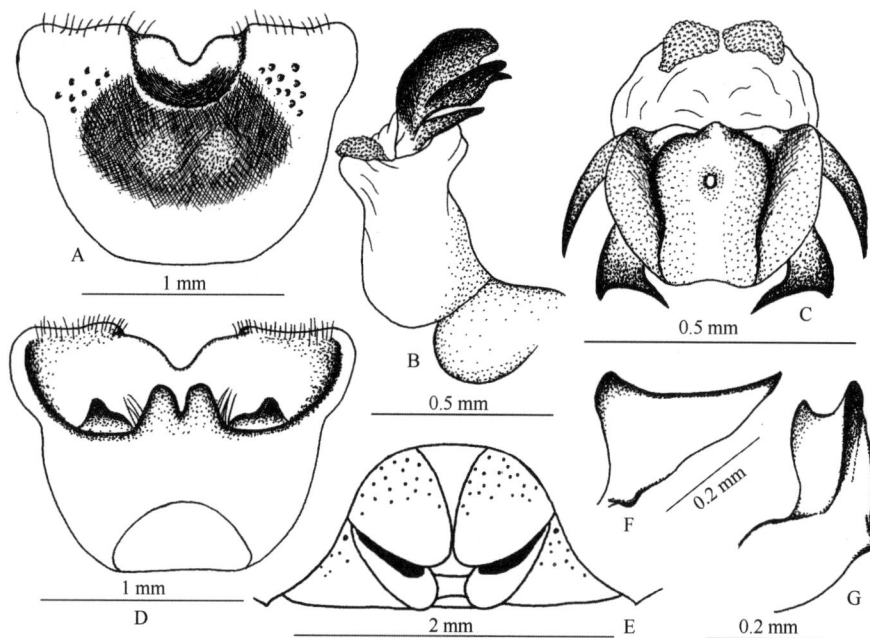

图 18-68　稻赤曼蝽 *Menida versicolor* (Gmelin, 1790)

A. 雄虫生殖囊腹面观；B. 阳茎侧面观；C. 阳茎端面观；D. 雄虫生殖囊背面观；E. 雌虫生殖节；F、G. 阳基侧突

（401）紫蓝曼蝽 *Menida violacea* Motschulsky, 1861（图 18-69）

Menida violacea Motschulsky, 1861: 23.

　　主要特征：体长 8.0–10.5 mm。背面金绿色，具强烈的金属光泽，有时略带紫褐色，前胸背板后半和小盾片端部黄白色。体腹面淡黄褐色，布稀疏粗糙的黑色刻点。

　　头端部圆钝，背面金绿色，端部略带黄褐色，头顶中央有两条黄褐色光滑短条带。触角第 1 节黄褐色，其余黑色，第 3 节明显长于第 2 节。头侧缘侧面观为黄褐色条带状，触角基前侧金绿色，触角基内侧和头腹面基部以及小颊黄褐色，头腹面两侧布粗糙的黑色刻点。喙伸达中足基节后缘。

　　前胸背板宽大于长，前缘中央大部分和前侧缘的狭边黄褐色，前胸背板后半除侧角外为显著的黄白色，其内刻点黑褐色，其余部分为金绿色；前缘弧形内凹，眼后部分平截且不为黄褐色；前角略伸出，指向体侧后方，端部明显超出复眼外缘；前侧缘光滑平直呈狭边状；侧角圆钝，几乎不伸出；后角圆弧形外拱；后缘内凹。小盾片金绿色，具强烈的金属光泽，端部黄白色，端缘圆钝，基缘中央有时有一小黄斑。前翅革片紫褐色或金绿色，刻点分布较为均匀，端缘外拱，端角略伸出，膜片淡褐色，伸出腹末。胸部腹面黄褐色，各胸节侧板布稀疏粗糙的黑色刻点，中胸腹板前、后缘两侧各有一个黑色横线斑。足黄褐色，各足股节布黑色小点斑，胫节两端及跗节黑褐色。

　　腹侧接缘外露。腹基突起伸达中足基节前缘。腹部腹面黄褐色，两侧布黑色稀疏刻点，刻点向两侧渐细小，各腹节外缘处光滑无刻点，两端各有一个小黑斑。

　　雄虫生殖囊腹缘中央弧形内凹，腹面的凹坑较深，两侧端部的立壁呈角状，伸出并覆盖在凹坑两侧，该角突不外翘；背缘内侧着生一对端部略扩大、端缘内侧角状、柄较长的片状突起。阳基侧突桨叶突宽阔的倒三角形，端缘和两侧缘波曲。阳茎系膜具一对膜质的指状顶叶、一对端部骨化钩状的系膜基上颚片；中交合板端部平截宽阔，阳茎端不伸出其外。

　　雌虫第 1 载瓣片内缘外拱，基部分离，端半大部分相互接触；内角圆钝的角状；外缘略外拱。第 8 侧背片端缘弧形。第 9 侧背片端部圆钝，不超过第 8 腹节后缘。

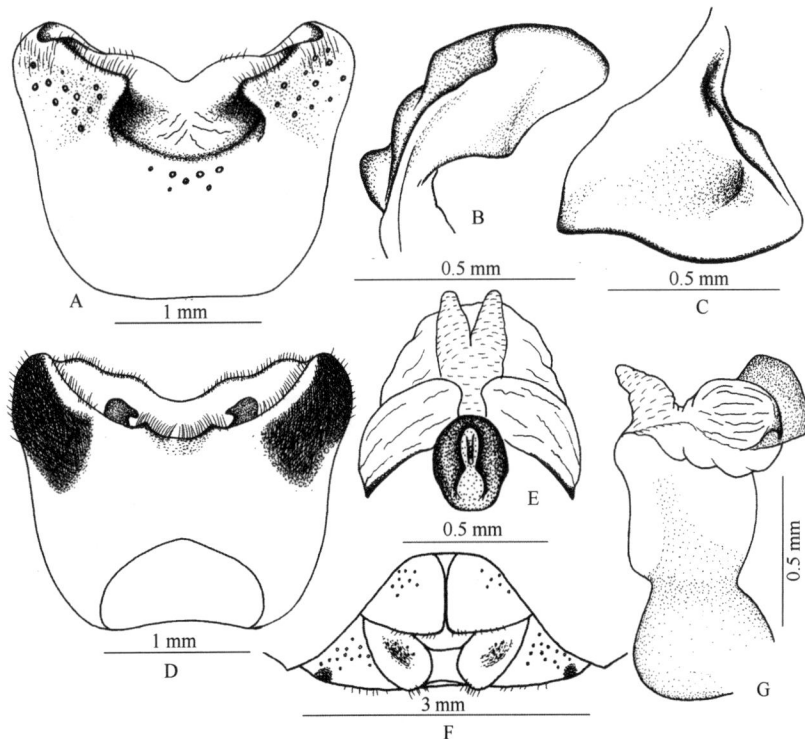

图 18-69　紫蓝曼蝽 *Menida violacea* Motschulsky, 1861

A. 雄虫生殖囊腹面观；B. 阳基侧突侧面观；C. 阳基侧突端面观；D. 雄虫生殖囊背面观；E. 阳茎端面观；F. 雌虫生殖节；G. 阳茎侧面观

分布： 浙江、吉林、辽宁、内蒙古、河北、山西、山东、河南、陕西、甘肃、江苏、安徽、湖北、江西、湖南、福建、台湾、广东、广西、四川、贵州、云南；俄罗斯东部，朝鲜，日本，印度。

230. 秀蝽属 *Neojurtina* Distant, 1921

Neojurtina Distant, 1921: 68. Type species: *Neojurtina typica* Distant, 1921.

主要特征： 后胸腹板隆出而饱满，中央凹入呈一明显的纵沟，沟的两侧有棱边，喙置于其中。雌虫腹部腹面中央有长达第6腹节的中纵沟，雄虫无。触角第1节超出头末端。上颚片与前唇基平齐或略短于前唇基。前胸背板前角侧指，前缘领状，侧角略伸出。中胸腹板具矮纵脊。翅革片端角尖。臭腺沟缘极长，狭细，末端尖。腹基突起短钝。

分布： 东洋区。世界已知2种，中国记录1种，浙江分布1种。

（402）秀蝽 *Neojurtina typica* Distant, 1921（图18-70；图版 VIII-122）

Neojurtina typica Distant, 1921: 68.

主要特征： 体长14.8–17.8 mm。背面棕褐色，头基半、前胸背板前半、前翅外革片淡黄白色；腹下及足淡黄色。

头部复眼前的侧缘狭窄的黑色，前唇基及头基半光滑，几乎无刻点，上颚片与前唇基末端平齐或略长于前唇基；触角长，第1节黄褐色，第2节红褐色，第3–5节基半红褐色、端半黑色，第1节伸出头末端，第3节长于第2节。喙伸达后足基节后缘。

前胸背板前半黄白色，后半棕褐色，二者界线平直清晰；前缘中段内凹；前角指向体侧方；前侧缘光滑平直；侧角角状，仅略伸出于体外；后侧缘略内凹；后缘明显内凹。小盾片端部圆钝，基部刻点粗，侧缘刻点渐小。前翅外革片黄白色，边界清晰，内革片棕褐色，刻点褐色；膜片颜色浅，翅脉同色，末端略伸出腹末。中胸侧板前缘中央有一个小黑斑；臭腺沟缘极长，几乎伸达挥发域端部前角，接近后胸侧板前缘，端部尖。

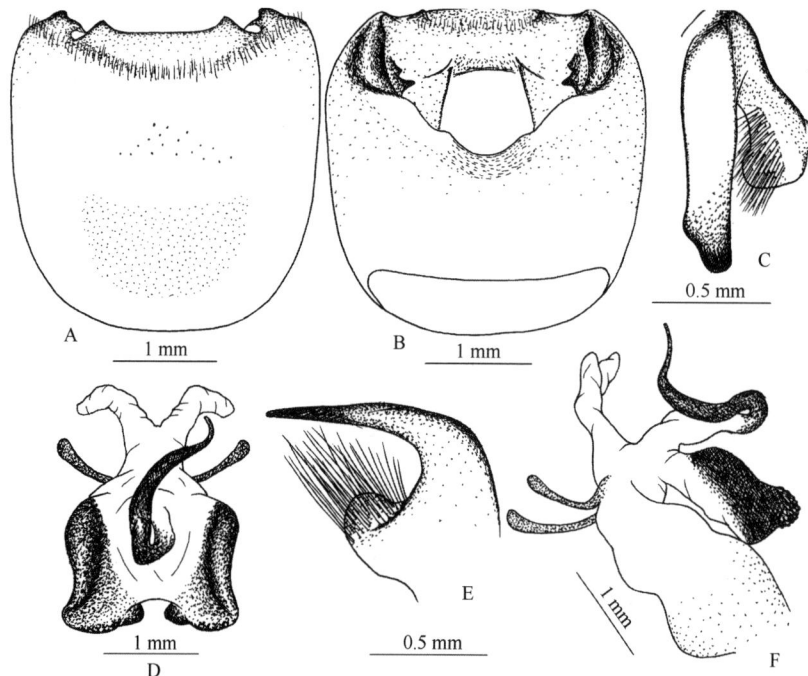

图18-70 秀蝽 *Neojurtina typica* Distant, 1921

A. 雄虫生殖囊腹面观；B. 雄虫生殖囊背面观；C. 阳基侧突端面观；D. 阳茎端面观；E. 阳基侧突侧面观；F. 阳茎侧面观

腹侧接缘外露极窄，黄色，各节后角黑色；腹基突起短钝，雄虫腹面中央隆起呈脊状，雌虫腹面中央从腹基突起端部到第 6 腹节具长纵沟；气门黑色。

雌虫生殖节：第 1 载瓣片宽大扁平，内缘平直，全缘相互接触，端角呈直角状，后缘几乎平直。第 8 侧背片端部融合成平直的端缘，第 9 侧背片指状，端部短于第 8 侧背片端缘。

雄虫生殖囊腹缘平坦宽阔，内褶部分具两个远离的片状突起。阳基侧突桨叶突端部尖长，感觉叶端部圆钝，其上着生密集长毛；阳茎鞘短小；阳茎系膜具细长的骨化背突；系膜顶叶发达，端部二叉状；阳茎端发达，完全伸出中交合板外，且弯曲指向一侧。

分布：浙江（泰顺、庆元）、江西、湖南、福建、广东、台湾、广西、云南；越南，马来群岛。

231. 绿蝽属 *Nezara* Amyot *et* Serville, 1843

Nezara Amyot *et* Serville, 1843: xxvi, 143. Type species: *Cimex smaragdulus* Fabricius, 1775 (=*Cimex viridulus* Linnaeus, 1758).

主要特征：体中型至大型，宽椭圆形，腹部腹面较饱满，中轴处略隆起。头长略大于宽，端部圆钝，侧缘波曲，上颚片端部角状，与前唇基末端约平齐；单眼间距约为单眼到复眼外缘距离的 2 倍。触角 5 节，细长，第 4、5 节略膨大，第 1–2 节、第 3 节基部大半和第 4 节基部绿色，第 4 节亚基部和第 5 节基部 1/3 黄色，第 4 节端半和第 5 节端部 2/3 黑色；第 1 节不伸到头末端，第 3 节略长于第 2 节。小颊低矮，前角圆钝，不伸出或仅略伸出，外缘平直，后角均匀地渐消失，伸达头基部。喙伸达腹基。前胸背板长大于头长，宽大于长；前缘中央 1/2 深内陷，眼后部分斜平截；前角小尖角状，指向体前侧方，末端略超过复眼外缘；前侧缘光滑，中央略内凹；侧角圆钝，略伸出体外；后侧缘内凹；后缘平直。小盾片长大于宽，基缘具 3–5 个黄色光滑胝斑，基角后方各有一个黑色小凹陷。前翅革片中裂约与外缘相平行，外革片宽度均匀，端缘外拱，端角圆钝；膜片无色透明，末端略超过腹末。中胸腹板具低矮的纵脊。臭腺沟缘短直，不超过挥发域宽度的 1/3。足胫节背侧具棱边，跗节 3 节。侧接缘狭窄外露，各节后角黑色小尖角状。腹部腹面基部中央具圆钝的短突起。雌虫第 7 腹节腹板后缘两侧各有一个圆钝的突起。

雌虫第 1 载瓣片片状，略呈角状。第 9 侧背片细长指状，端部圆钝，不伸出第 8 腹节后缘。第 8 侧背片宽阔圆钝。

本属种类多具有不同色型。

分布：主要分布在旧热带区，仅有 3 种分布在东洋区和古北区南部。世界已知 12 种，中国记录 3 种，浙江分布 2 种。

（403）黑须稻绿蝽 *Nezara antennata* Scott, 1874（图 18-71；图版 VIII-123）

Nezara antennata Scott, 1874: 299.

Nezara antennata var. *balteata* Horváth, 1889: 32.

主要特征：体长 12.0–16.5 mm。背面绿色，刻点与底同色，腹面色略淡，具不同色斑型。

头端部圆钝，侧缘波曲，边缘略呈淡黄色，上颚片端部角状，向端部渐狭，与前唇基末端平齐。触角第 1–2 节及第 3 节基部大半绿色，第 3 节端部、第 4 节端半及第 5 节端部大半黑色，第 4 节基半和第 5 节基部淡黄褐色，第 1 节不伸达头末端，第 3 节略长于第 2 节。头腹面淡绿色，刻点同色，触角基上方紧靠复眼前缘处有一黑色小圆斑。小颊低矮，前角圆钝，不伸出或仅略伸出，外缘平直，后角宽阔弧形，向后渐消失。喙伸达后足基节后缘或第 3 腹节前缘。

前胸背板宽大于长，向前均匀较宽地下倾，刻点较细密，与底同色，前角和前侧缘狭窄的黄色；前缘宽阔的弧形内凹，眼后部分斜平截；前角小角状伸出，指向体前侧方，末端略超过复眼外缘；前侧缘光滑，均匀地轻微内凹；侧角圆钝角状，略伸出体外；后侧缘内凹；后角圆钝的宽阔角状，不向后伸出；后缘平直。小盾片长大于宽，较平坦，端部向末端渐狭，基角下方有黑色的小点斑，基缘具 3–5 个黄白色光滑小胝斑。前翅外缘轻微外拱，革片上的刻点稍密集，端缘弧形外拱，端缘圆钝，超过小盾片末端；膜片透明无色，端部略超过腹末。臭腺沟缘短且平直。

腹部侧接缘狭窄外露，腹基中央具圆钝的突起。

雄虫生殖囊腹缘中央 1/2 显著内陷，底部轻微隆起，侧缘两侧端部圆钝的角状，显著伸出；生殖囊腹面亚端部具一弧形的低矮棱边。阳基侧突具短指状感觉叶，其端部着生刚毛，桨叶突端部二叶状，靠近外侧的突起较细长，超过其内侧的角状突起长度的 1/2。阳茎鞘细长；阳茎系膜仅有一对膜质的基上颚片；中交合板低矮的圆钝棱状，阳茎端细，不伸出中交合板外。

雌虫第 1 载瓣片片状，内缘除基部外都较平直，相距较近，几乎相互接触；内角宽圆；外缘均匀地轻微内凹。第 9 侧背片细长指状，端部圆钝，略超过第 8 腹节后缘。第 8 侧背片端部宽圆。

分布： 浙江（临安）、河北、山西、河南、陕西、甘肃、新疆、江苏、湖北、江西、湖南、福建、台湾、广东、海南、广西、四川、贵州、云南、西藏；朝鲜，日本，印度，斯里兰卡，菲律宾。

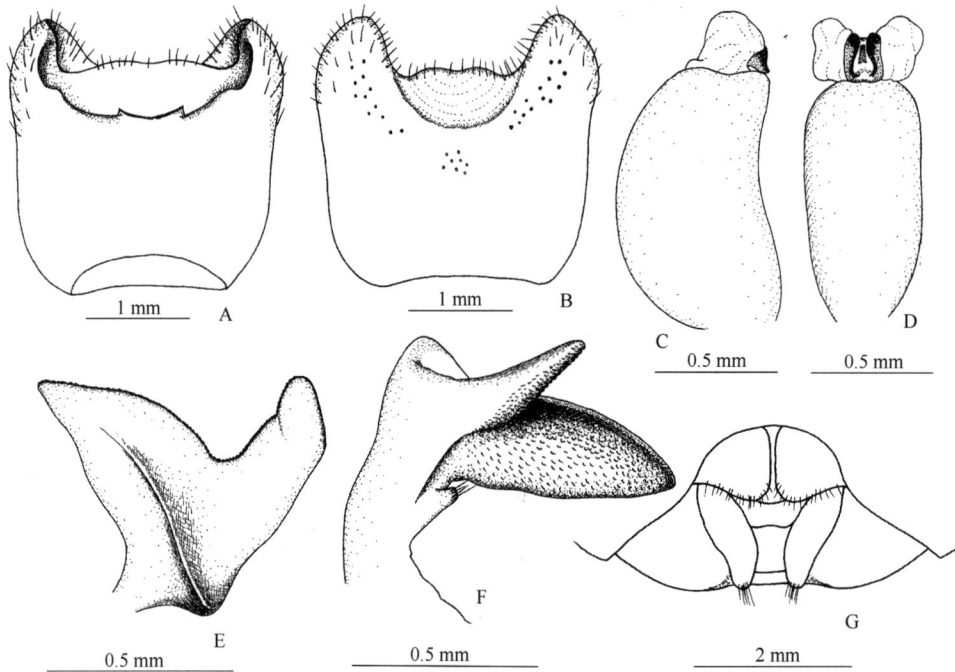

图 18-71　黑须稻绿蝽 *Nezara antennata* Scott, 1874
A. 雄虫生殖囊腹面观；B. 雄虫生殖囊背面观；C. 阳茎侧面观；D. 阳茎腹面观；E. 阳基侧突端面观；F. 阳基侧突侧面观；G. 雌虫生殖节

（404）稻绿蝽 *Nezara viridula* (Linnaeus, 1758)（图 18-72）

Cimex viridulus Linnaeus, 1758: 444.

Nezara viridula: Hsiao *et al.*, 1977: 149.

主要特征： 体长 13.0–17.0 mm。腹部背板全部绿色，基部不呈黑色；雄虫阳基侧突背面观外侧的突起圆钝，不呈指状；雌虫第 1 载瓣片内缘弧形外拱，相距较远，内角略呈指状，向后伸出，外缘显著内凹。体较黑须稻绿蝽略窄。

体色和刻点：极似黑须稻绿蝽，作者见全绿型、点斑型、黄肩型及黄褐型。

雄虫生殖囊及阳茎结构似上种，但本种阳基侧突桨叶突靠近外侧的突起圆钝，较宽，不呈指状伸出，特征稳定，可区别之。

雌虫第 1 载瓣片内缘弧形外拱，相距较远；内角略呈指状，向后伸出；外缘显著内凹。第 9 侧背片长指状，端部一半略短于第 8 腹节后缘。

分布： 浙江（庆元）、河北、山西、山东、河南、陕西、宁夏、江苏、安徽、湖北、江西、湖南、福建、广东、海南、广西、四川、贵州、云南、西藏；世界广布种。

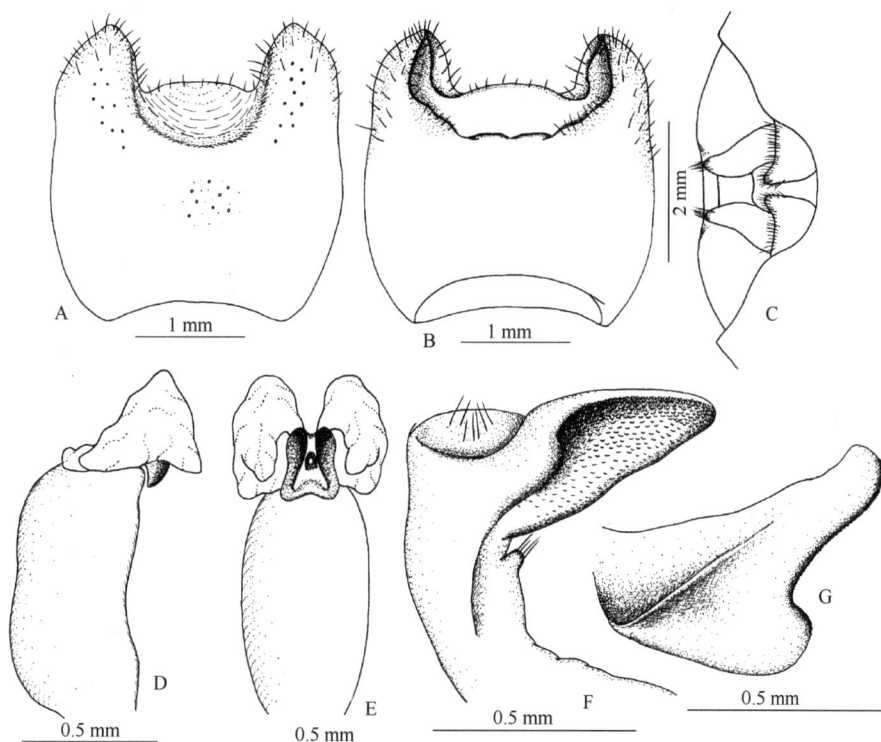

图 18-72　稻绿蝽 *Nezara viridula* (Linnaeus, 1758)

A. 雄虫生殖囊腹面观；B. 雄虫生殖囊背面观；C. 雌虫生殖节；D. 阳茎侧面观；E. 阳茎腹面观；F. 阳基侧突侧面观；G. 阳基侧突端面观

232. 褐蝽属 *Niphe* Stål, 1868

Niphe Stål, 1868: 516. Type species: *Pentatoma cephalus* Dallas, 1851 (=*Pentatoma subferruginea* Westwood, 1837).

主要特征：体中型，狭长或长椭圆形。头侧缘波曲，上颚片端部角状，略长于前唇基，但无会合趋势。单眼间距小于头宽的 1/2。触角 5 节，第 1 节细，不伸达头端部，第 2 节长于第 3 节。喙第 1 节不伸出小颊外。前胸背板前部大斑较平坦并向前方均匀下倾，前侧缘光滑，平直或略内凹，侧角角状，不伸出或略伸出体外。小盾片长大于宽。中胸腹板中央纵脊极为低矮，后半部分几乎消失；后胸腹板中央具宽阔的浅凹槽。臭腺沟缘较长，后缘亚端部显著内凹或具 1 个显著的缺刻。侧接缘狭窄外露，各节后角不伸出。第 3 腹节中央无显著突起。

雄虫生殖囊腹缘两侧或全部扁平，腹缘内褶发达或不发达。阳基侧突短小的片状。阳茎鞘腹面基部中央具一短钝突起；阳茎系膜大且复杂，膜质或部分骨化。阳茎端几乎不伸出。

雌虫第 1 载瓣片内缘不相互接触。第 2 载瓣片后缘内凹。第 9 侧背片端部圆钝，不伸出第 8 腹节后缘。第 8 侧背片端部角状略伸出，或几乎不伸出。

分布：东洋区。世界已知 5 种，中国记录 2 种，浙江分布 1 种。

（405）稻褐蝽 *Niphe elongata* (Dallas, 1851)（图 18-73）

Pentatoma elongata Dallas, 1851: 246.

Niphe elongata: Hsiao *et al.*, 1977: 148.

主要特征：体长 12.0–15.0 mm。色和刻点：背面淡黄褐色，两侧具黄白色条带，刻点棕褐色，较为均匀；体腹面淡黄白色。

头端部圆钝，侧缘波曲，边缘狭窄的黑色，上颚片端部角状，略长于前唇基，但无会合趋势；头背面刻点分布较为均匀，前唇基处刻点稍稀疏，复眼内侧各有一个光滑胝斑。触角较短，黄褐色，第 4、5 节红褐色并在亚端部略带黑褐色，第 1 节不伸达头端部，第 2 节略长于第 3 节。头腹面淡黄白色，小颊两侧具密集的与底同色刻点，触角基上方各有 1 条黑色短带。小颊较长，前角尖锐的钝角状，略向下伸出，外缘低矮且平直。喙伸达中足基节中央。

前胸背板表面平坦，向前均匀下倾，密布暗红褐色刻点，前角及前侧缘前半的内侧刻点较密集，后缘内侧的刻点稍稀疏，前侧缘具狭窄的黄白色狭边；前缘中央宽阔平坦的内陷；前角圆钝，仅略伸出，末端超过复眼外缘；前侧缘斜平直，边缘带轻微的褶皱；侧角圆钝，不伸出体外；后侧缘斜平直；后角圆钝；后缘平直。小盾片长显著大于宽，端部狭细，中央具较宽阔的光滑纵带，基缘中央有 2 个隐约的小黑斑。革片外缘具 1 条整齐的黄白色纵带，占外革片面积的绝大部分，其内刻点无色；内革片上散布若干隆起的黄白色光滑胝状突起；端缘斜平直，端角圆钝；膜片无色透明，端部略超过腹末，翅脉黄褐色。胸部侧板中央近内侧有 1 列 3 个小黑斑，中胸侧板前缘中央略向外、后胸侧板外缘中央各有 1 个小黑斑。臭腺沟缘较长，中央弯曲向前伸。足黄褐色，腿节散布若干细小的红褐色点斑，胫节端部及跗节略带红色。

腹侧接缘狭窄外露，气门黑色。腹基中央平坦。

雄虫生殖囊腹缘均匀地弧形内凹，较扁且外翘，腹缘内褶发达，在内侧中央形成 1 个显著的凹坑。阳基侧突短小，片状，端部圆弧状。阳茎鞘腹面基部中央具一短钝突起；阳茎系膜极为发达且复杂，阳茎端几乎不伸出。

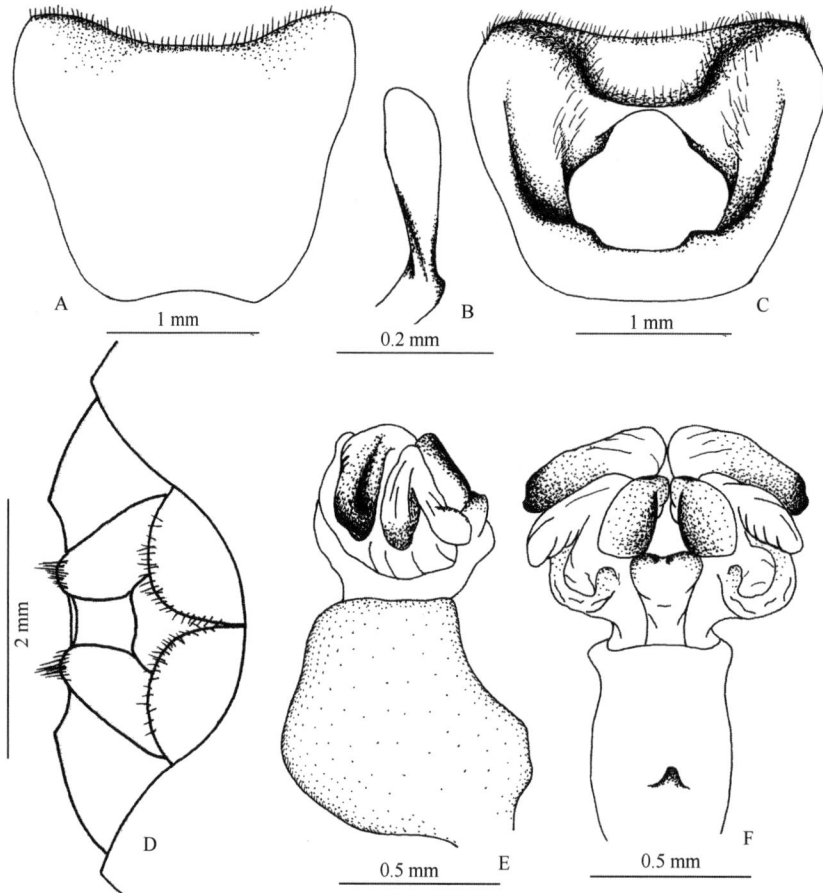

图 18-73　稻褐蝽 *Niphe elongata* (Dallas, 1851)

A. 雄虫生殖囊腹面观；B. 阳基侧突；C. 雄虫生殖囊背面观；D. 雌虫生殖节；E. 阳茎侧面观；F. 阳茎腹面观

雌虫第 1 载瓣片内缘平直或轻微外拱，相互不接触，内角圆钝，外缘显著呈弧形外拱。第 2 载瓣片后缘弧形内凹。第 9 侧背片端部圆钝，末端与第 8 腹节后缘约平齐。第 8 侧背片端部角状，轻微伸出。

分布：浙江、河南、陕西、江苏、安徽、湖北、江西、湖南、海南、广东、台湾、广西、四川、贵州、云南、西藏；日本，印度，缅甸，菲律宾。

233. 碧蝽属 *Palomena* Mulsant *et* Rey, 1866

Palomena Mulsant *et* Rey, 1866: 277. Type species: *Palomena viridissima* Mulsant *et* Rey, 1866 (=*Cimex prasinus* Linnaeus, 1761).

主要特征：体中型，背面绿色，布均匀的黑褐色或暗绿色刻点；腹面黄绿色，大多数刻点与底同色。

头宽侧缘均匀外拱，向前渐狭，端部呈圆钝的角状，在前唇基前方会合。复眼内侧偏后各有一个矩形的胝状斑。复眼后缘斜平截，单眼位于复眼后缘连线之后。触角短，第 4 节端部大半和第 5 节全部棕黄色，其余为碧绿色，第 1 节不伸达头端部，第 2、3 节长度相差不多，或第 2 节略长于第 3 节。小颊前角锐角状伸出，末端不尖锐。喙伸达后足基节附近。

前胸背板宽大于长，后半较为饱满；前缘中央平坦深内陷，眼后部分斜平截；前角小角状略伸出，端部超过复眼外缘；前侧缘平直，略内凹或外拱，边缘较扁但不呈薄片状，前半不光滑，较浅的波状；侧角角状，从圆钝略伸出到长角状显著伸出不等；后角弧形不向后伸出；后缘平直。小盾片三角形，长仅略大于宽，侧缘较平直。前翅革片端角圆钝，膜片淡黄褐色，端部略超过腹末。各足股节端部前侧有一个黑色斑点，前足股节上的黑斑有时较小或缺失；胫节外侧具棱边。

侧接缘轻微外露。腹基中央圆钝地隆起，但不向前伸出。

生殖囊腹缘形状及其内侧立壁的形状、阳基侧突端部的形状和弯曲程度、阳茎系膜背叶分叉与否、系膜腹叶两个突起端部的形状可作为种间的鉴别特征。

分布：古北区、东洋区。世界已知 21 种，中国记录 9 种，浙江分布 3 种。

雄虫分种检索表

1. 阳茎系膜腹叶背枝端部侧面观宽阔平截 ·· **碧蝽 *P. angulosa***
- 阳茎系膜腹叶背枝端部侧面观不宽阔平截 ··· 2
2. 阳茎系膜腹叶背枝端部侧面观尖锐 ··· **肖氏碧蝽 *P. hsiaoi***
- 阳茎系膜腹叶背枝端部侧面观不尖锐 ··· **川甘碧蝽 *P. chapana***

雌虫分种检索表

1. 第 1 载瓣片内角后斜平截，后缘近中轴处呈角状伸出 ····················· **肖氏碧蝽 *P. hsiaoi***
- 第 1 载瓣片内角后无平截，后缘近中轴处不呈角状，圆钝略隆起 ································· 2
2. 第 1 载瓣片内角圆弧形 ·· **川甘碧蝽 *P. chapana***
- 第 1 载瓣片内角圆钝的角状 ·· **碧蝽 *P. angulosa***

（406）碧蝽 *Palomena angulosa* (Motschulsky, 1861)（图 18-74；图版 VIII-124）

Cimex angulosa Motschulsky, 1861: 23.

Palomena amurensis Reuter, 1908: 544 (syn. by Kerzhner, 1964: 366).

Palomena angulosa: Hsiao *et al.*, 1977: 142.

主要特征：体长 12.0–21.0 mm。前胸背板前侧缘平直，或略微凹弯，不外拱，侧角略伸出。触角第 2、3 节约等长。

雄虫生殖囊红色，腹缘两侧呈深"V"形，中央底部为"U"形，中点处具一个黑色小突起，两侧全长布满黑色颗粒状突起，其后的立壁断续为两部分，端部的细长指状，明显伸出生殖囊外，基部的立壁片状，向中轴处伸展。阳基侧突桨叶突细长，末端圆钝。阳茎系膜背叶短宽，不分叉，腹叶外侧骨化突起端部角状，内侧骨化突起端部宽阔平截。

雌虫第1载瓣片内角圆钝，但尚不呈明显的弧形，后缘波曲，无显著突起。内角内侧各有一黑斑。

分布：浙江、黑龙江、吉林、辽宁、内蒙古、河北、山西、河南、陕西、江西、四川、贵州、云南、西藏；俄罗斯，朝鲜，日本。

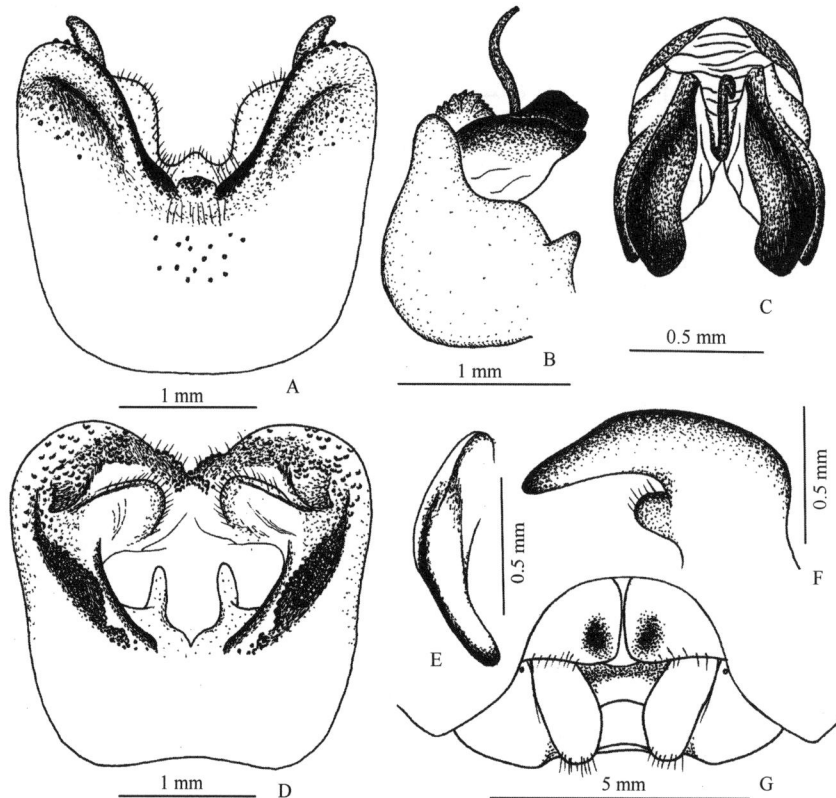

图 18-74　碧蝽 *Palomena angulosa* (Motschulsky, 1861)

A. 雄虫生殖囊腹面观；B. 阳基侧面观；C. 阳基侧突端面观；D. 雄虫生殖囊背面观；
E、F. 阳基侧突侧面观；G. 雌虫生殖节

（407）川甘碧蝽 *Palomena chapana* (Distant, 1921)（图 18-75）

Epagathus chapana Distant, 1921: 69.

Palomena haemorrhoidalis: Lindberg, 1934: 7 (syn. by Rider *et al.*, 2002: 142).

主要特征：体长 11.0–15.0 mm。前胸背板前侧缘直或凹弯，边缘扁薄。前胸背板侧角从略微伸出到相当尖长不等，侧角尖长的个体小于侧角圆钝略伸出的个体，个别侧角尖长的个体头上颚片与前唇基末端平齐。

雄虫生殖囊腹缘凹陷中央均匀的弧形，其内侧的黑色颗粒集中在底部两侧，立壁肥厚，边缘中央凹陷形成两边的两个圆钝突起。阳基侧突桨叶突狭长且末端尖锐。阳茎系膜基上颚片的背枝端部较圆钝，腹枝端部较扁，因此侧面观突然变狭呈尖锐突出状。

雌虫第1载瓣片内角明显弧形，外缘波曲，近中央处圆钝隆起，内角内侧各有一黑斑。

分布：浙江、河北、陕西、甘肃、宁夏、湖北、湖南、四川、云南、西藏；尼泊尔，缅甸，越南。

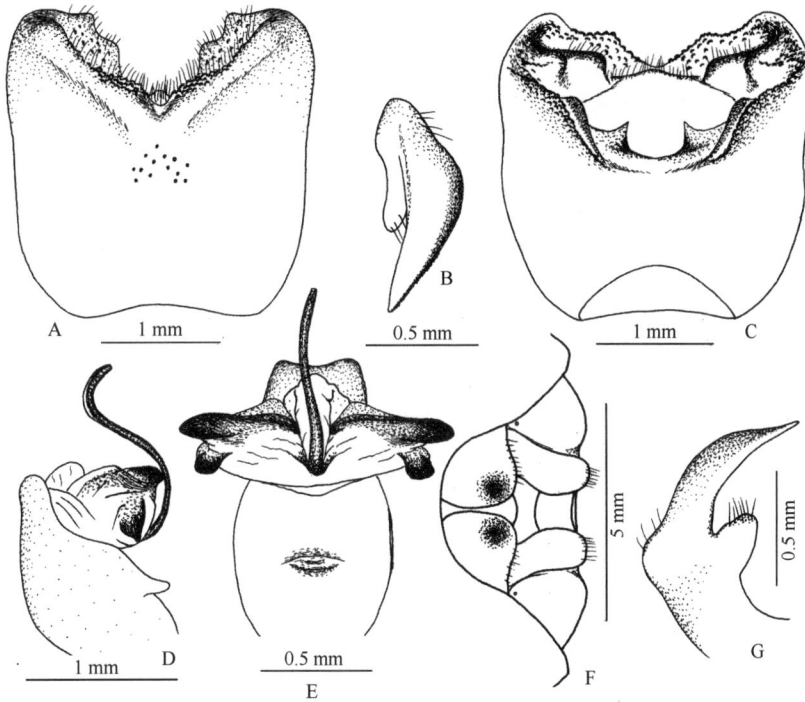

图 18-75　川甘碧蝽 *Palomena chapana* (Distant, 1921)

A. 雄虫生殖囊腹面观；B. 阳基侧突端面观；C. 雄虫生殖囊背面观；D. 阳基侧面观；E. 阳茎腹面观；F. 雌虫生殖节；G. 阳基侧突侧面观

（408）肖氏碧蝽 *Palomena hsiaoi* Zheng et Ling, 1989（图 18-76）

Palomena hsiaoi Zheng et Ling, 1989: 315.

Palomena angulosa (non Motschulsky, 1861): Hsiao & Cheng, 1977: 142. Misidentification (see Zheng & Ling, 1989: 315).

主要特征：体长 13.0–15.2 mm。触角第 2 节明显长于第 3 节；前胸背板前侧缘较平，即与体纵轴所成

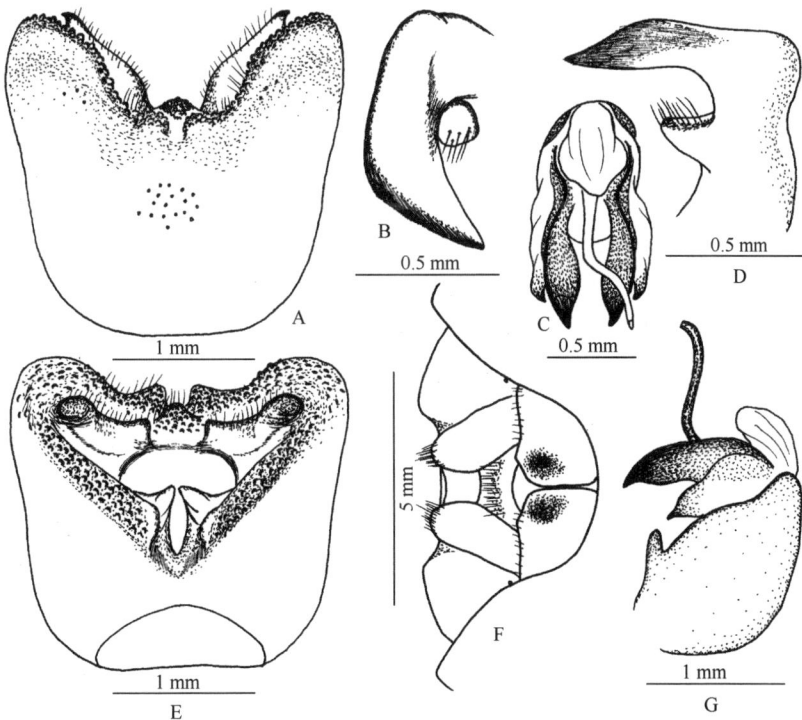

图 18-76　肖氏碧蝽 *Palomena hsiaoi* Zheng et Ling, 1989

A. 雄虫生殖囊腹面观；B. 阳基侧突端面观；C. 阳茎端面观；D. 阳基侧突侧面观；E. 雄虫生殖囊背面观；F. 雌虫生殖节；G. 阳茎侧面观

角度较接近直角，边缘直，变扁薄的范围较宽，侧角角体宽大，明显伸出。

雄虫生殖囊腹面观可见腹缘中央具两个分离的小突起；腹缘内侧的立壁从中央底部一直延伸到略高出端部的尖突起，其端缘波曲。阳基侧突桨叶突尖锐角状，端缘游离端一半较平直或平截。阳茎系膜背叶简单的囊状，腹叶背枝骨化强烈，端部尖锐，腹枝端部也骤缩呈尖锐角状。

雌虫第 1 载瓣片内角后斜平截，在各后缘近中央处形成一个角状突起，内角内侧各有一个黑斑。

分布：浙江（临安）、湖北、江西、四川、贵州、云南。

234. 卷蝽属 *Paterculus* Distant, 1902

Paterculus Distant, 1902: 233. Type species: *Plexippus affinis* Distant, 1900.

主要特征：体中型，卵圆形，背面较为饱满，体背黄褐色或暗褐色，前胸背板两侧角之间有明显淡色横折，其前方均匀下倾，颜色加深，小盾片基部中央常有并列的两个小黑斑。头宽大于长，端部圆钝或略平截，端缘不同程度地向上卷翘。小颊前角角状伸出，外缘略内凹，后角圆弧形，伸达复眼后缘。喙伸达后足基节附近，第 1 节明显伸出小颊外。前胸背板前缘平坦内陷，内陷程度较浅；前角伸出较弱，指向体后侧方，端部略超过复眼外缘；前侧缘光滑斜平直；侧角角状，不伸出体外；后角弧形；后缘轻微内凹。小盾片长略大于宽，均匀隆起，端部圆钝。臭腺沟缘长度约为挥发域宽度的 1/2，端部圆钝，中央略弯曲。侧接缘外露不明显，各节后角尖锐伸出。前胸腹板内凹，前宽后窄，中胸腹板具低矮的中央纵脊，后胸腹板十字形均匀隆起。腹部腹面基部中央无显著的突起。

分布：东洋区。世界已知 8 种，中国记录 6 种，浙江分布 2 种。

（409）卷蝽 *Paterculus elatus* (Yang, 1934)（图 18-77；图版 VIII-125）

Kiangsia elata Yang, 1934b: 118.

Paterculus elatus: Hsiao et al., 1977: 157.

主要特征：体长 11.5–13.0 mm。背面黄褐色或暗褐色，前胸背板两侧角之间具显著的淡色横折；体腹面淡黄褐色，两侧具贯穿胸腹侧区的黑色宽纵带，其在腹部第 6、7 腹节渐弱，第 7 腹节中央有一棕褐色宽纵带。

头宽大于长，端部宽阔平截，边缘强烈向上卷翘，两侧缘略上翘，几乎相互平行；上颚片宽阔，长出前唇基较多，并在前唇基前方宽阔地会合；头背面污黄褐色，刻点黑色，复眼内侧各有一个光滑胝斑，头顶中央隐约有 2 条光滑短纵带。触角第 1–4 节黄褐色，第 3 节端部略带暗褐色，第 4 节端部 2/3 黑色，第 5 节基半黄白色，端半黑色；第 1 节伸达头端部，第 3 节长于第 2 节。靠近小颊处各有一处光滑的大斑，触角基上方具一黑色横带。小颊前角角状伸出。喙伸达后足基节前缘。

前胸背板两侧角连线处具一淡色横带，横带前方至胝区后区域，尤其是侧角处刻点极为密集，呈显著的黑褐色横带状，横带后方的刻点则较为稀疏，常相连呈短线状；前缘内侧和前侧缘狭边内侧刻点也较为密集细小；前缘中央宽阔的平坦内陷，内陷较浅，边缘具刻点，不呈光滑的黄褐色，眼后部分平截；前角略伸出，指向体后侧方，端部超过复眼外缘；前侧缘光滑平直；侧角角状，边缘狭边状，不伸出体外；后侧缘斜平直；后角宽阔的弧形；后缘略内凹。小盾片长大于宽，端部狭长，端缘圆钝并呈黄白色。前翅革片刻点粗大，分布较为均匀，中裂端部内侧有一光滑条形斑，外侧有一条光滑细纵带，向后延伸到端缘处，端缘中央向内另有一条光滑短带向中裂端部延伸，端缘略外拱；端角圆钝角状，略伸出；膜片烟褐色，末端圆钝，略超过腹末。胸部腹面淡黄褐色，两侧布宽阔的黑色刻点聚集成的不规则纵带。臭腺沟缘长度约为挥发域宽度的 1/2。足黄褐色，胫节端部和跗节略带褐色，各足股节近端部处有一不规则的褐色斑，有时前足股节无此斑。

腹侧接缘狭窄外露。腹面基部中央无显著突起；腹面淡黄褐色，腹面中央光滑或具刻点组成的不规则横带，第 7 腹节中央具宽阔的黑褐色纵带。

　　雄虫生殖囊腹缘宽圆内凹，边缘扁薄，底部中央有两个并列的黑色片状突起，十分短钝，相互紧靠；腹缘内褶发达，其中央外折出一个梯形片状突起，其端缘内凹；背缘内侧着生一对骨化突起，端部二叉状；侧缘内褶上着生的伪抱器（pseudoclasper）略呈"L"形。阳基侧突桨叶突较圆钝，侧伸不明显，感觉叶指状并向端部弯曲。阳茎鞘短钝；阳茎系膜基部膨大，轻微骨化，无骨化背突，中交合板位于系膜端部靠近背侧处，板状，端缘较平截，端部背侧圆钝突出；中交合板两侧具粗指状骨化的基上颚片，其端部指向腹面并向内侧聚拢；系膜腹面着生一对骨化的腹突，较为粗大，端部圆钝；阳茎端细，不伸出中交合板端部。

　　分布：浙江（泰顺）、江苏、安徽、湖北、江西、湖南、福建、广东、广西、四川、贵州、云南。

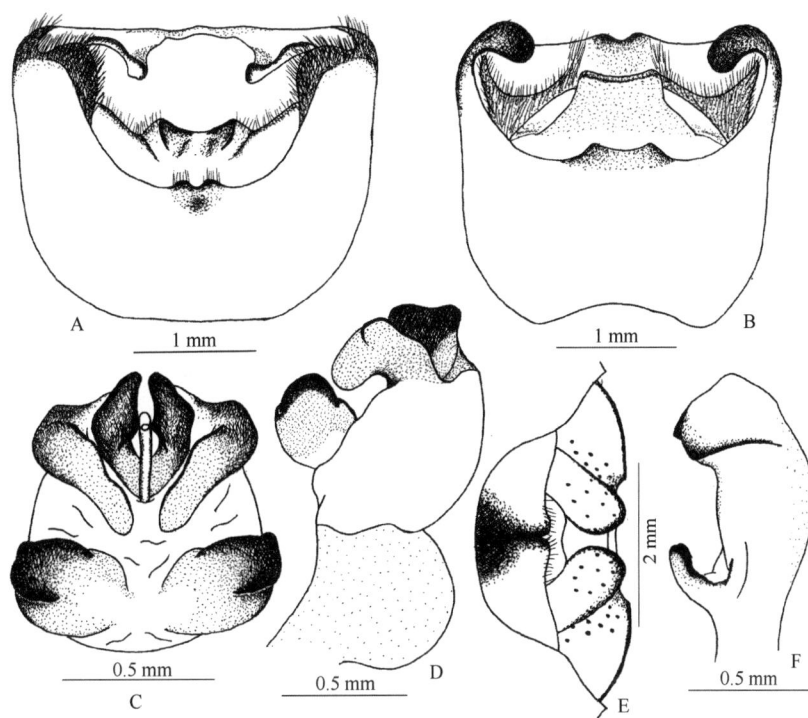

图 18-77　卷蝽 *Paterculus elatus* (Yang, 1934)

A. 雄虫生殖囊腹面观；B. 雄虫生殖囊背面观；C. 阳茎端面观；D. 阳茎侧面观；E. 雌虫生殖节；F. 阳基侧突侧面观

（410）小卷蝽 *Paterculus parvus* Hsiao *et* Cheng, 1977（图 18-78）

Paterculus parvus Hsiao *et* Cheng, 1977: 157.

　　主要特征：体长 8.5–11.0 mm。背面黄褐色，刻点细小，黑褐色或红棕褐色，前胸背板两侧角之间具显著的黄白色光滑横带，其前部分色深；小盾片基部中央具两个横排的小黑斑；体腹面淡黄褐色，两侧具断续的黑褐色宽纵带。

　　头端部圆钝，轻微卷翘；边缘狭窄的黑色；上颚片端部圆钝，略长于前唇基或与前唇基末端平齐，不在前唇基前方会合；复眼内侧各有一个黄褐色圆形小胝斑。触角第 3 节端部、第 4 节端部 2/3、第 5 节端部 2/3 黑褐色，第 1 节伸达头端部，第 3 节长于第 2 节。触角基上方具一断续的黑色横带，触角基附近在内侧具若干棕褐色细小刻点，小颊弯折处具一条单一刻点带。小颊前角角状伸出，外缘中央略内凹，后角圆弧形。喙伸达后足基节前缘。

　　前胸背板宽大于长，前半均匀下倾；两侧角之间具整齐的黄白色光滑横带，其前方至胝区处的刻点粗大，黑褐色，略呈一条宽阔的黑褐色横带，胝区之前的部分刻点密集；前缘中央宽阔的平坦内陷，边缘光滑的黄白色领状，眼后部分平截，边缘具黑色刻点，不呈领边状；前角略伸出，指向体后侧方，端部略超过复眼外缘；前侧缘光滑平直；侧角角状，不伸出体外；后缘斜平直；后角宽阔的弧形；后缘微内凹。小盾片长大于宽，基部轻微隆起，端部较长，端缘圆钝，边缘狭窄的黄白色；中轴处隐约呈整齐的浅色宽纵带。前翅革片刻点分布较为均匀，外缘弧形外拱，中裂外侧有一条光滑的黄白色细线，从中裂基部延伸至端缘处，端缘中央向中裂端部延伸出另一条光滑短线；端缘波曲，端角圆钝角状；膜片烟褐色，端部略伸出腹末。胸腹腹面淡黄褐色，侧板中央具宽阔的断续纵带，前胸背板侧角下方、中胸侧板前角处、挥发域呈黑褐色。臭腺沟缘端部圆钝。足黄褐色。

腹侧接缘几乎不外露，腹面基部中央无明显的突起。

雄虫生殖囊腹缘中央内陷，两侧各有一个尖角状突起，腹缘内褶发达，中央外折成一梯形片状突起；背缘内侧着生一对骨化突起；腹缘内褶处的伪抱器细长。阳基侧突略呈"F"形，感觉叶极为细长的指状，桨叶突宽大圆钝，其内侧着生一个强烈骨化的短钝突起。阳茎鞘短；阳茎系膜基部膨大，背侧具一对端部向两侧渐宽的背突，骨化较弱；中交合板后着生一锥形的膜质顶叶；中交合板端部加宽，向腹面短钝地伸出；阳茎端不伸出中交合板外；中交合板腹面两侧具一对宽大片状的骨化腹突，端缘波曲，两侧明显的角状。

分布：浙江、湖南、广西、云南。

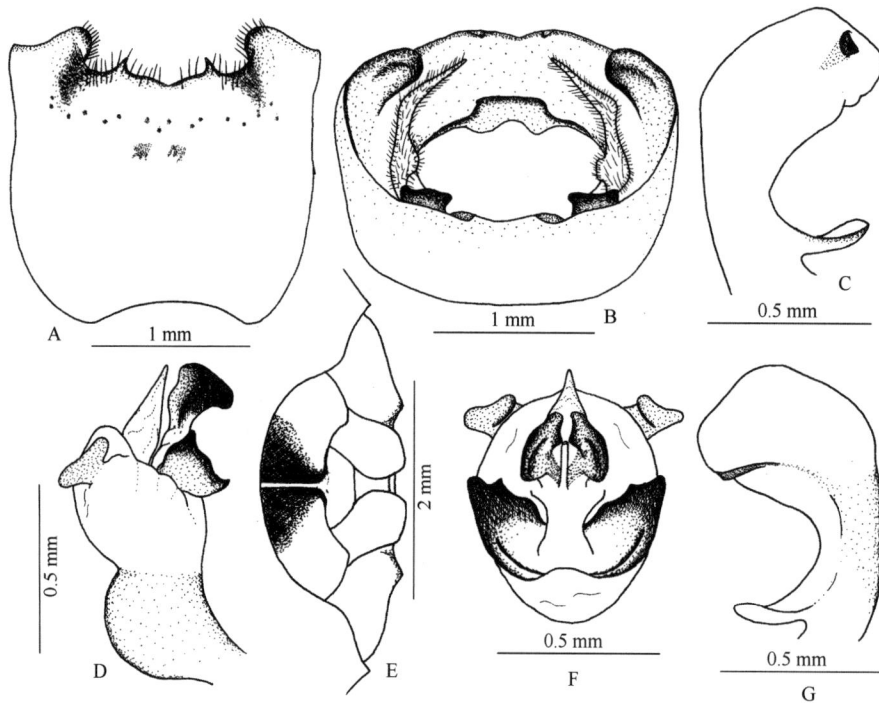

图 18-78　小卷蝽 *Paterculus parvus* Hsiao *et* Cheng, 1977
A. 雄虫生殖囊腹面观；B. 雄虫生殖囊背面观；C. 阳基侧突侧面观；D. 阳茎侧面观；E. 雌虫生殖节；F. 阳茎端面观；G. 阳基侧突侧面观

235. 真蝽属 *Pentatoma* Olivier, 1789

Pentatoma Olivier, 1789: 25. Type species: *Cimex rufipes* Linnaeus, 1758.

Gudea Distant, 1911: 348-349 (syn. by Leston, 1956).

主要特征：本属种类多为大型或中型个体。体卵圆形，密布刻点。头表面褶皱状，向端部逐渐变狭；上颚片与前唇基等长或近于等长；上颚片侧缘波曲，多数种类微上卷；触角第 1 节不伸达头末端或与头末端平齐；单眼与复眼间距短于单眼间距。前胸背板侧角伸出翅革片，末端平截或呈角状突出。前胸背板前缘中段平坦内凹；前侧缘内凹，具齿；后角圆钝不伸出。胫节背面具沟，前足胫节端部 1/3 处有一毛簇。臭腺沟长度不等，一般具前壁结构，端部圆，个别种类尖细。具腹基刺突，瘤状或呈长度不等的刺状。中胸腹板具纵脊。腹缘内褶不发达。

本属的单系性一直受到质疑，作者先后将若干种移出建立两个新属 Ramivena 和 Bifurcipentatoma。作者认为狭义的真蝽属为 rufipes 群，包括：P. angulate、P. longirostrata、P. montana、P. nigra、P. rufipe、P. hingstonis 6 种，其主要特征为：前胸背板侧角端部前角圆钝，后角尖锐后指；雄虫生殖囊腹缘简单的宽阔内凹，阳基侧突桨叶突渐宽并多少呈二叉状，阳茎系膜具指状骨化背突，中交合板外侧具不可分离的短钝膜囊，阳茎端短，仅略伸出。其他种类暂时置于本属内。

分布：古北区、东洋区。世界已知 27 种，绝大多数种类仅分布在我国，中国记录 22 种，浙江分布 4 种。

分种检索表

1. 臭腺沟缘细长，端部尖狭 ··· 2
- 臭腺沟缘端部圆钝 ··· 3
2. 小盾片黄白色，中央具 2 个大黑斑，爪片及前翅革片除外缘外金绿色 ··············· **中纹真蝽 _P. distincta_**
- 小盾片黄褐色，中央无黑斑，爪片及前翅革片均为黄褐色布黑色粗糙刻点 ··············· **暗色真蝽 _P. sordida_**
3. 体背面大面积的金绿色或绿色 ·· **日本真蝽 _P. japonica_**
- 体不呈金绿色、黄褐色或黑褐色，或仅刻点具金属光泽 ························· **褐真蝽 _P. semiannulata_**

（411）中纹真蝽 _Pentatoma distincta_ Hsiao _et_ Cheng, 1977（图 18-79；图版 VIII-126）

Pentatoma distincta Hsiao _et_ Cheng, 1977: 125-126.

主要特征：体长 14.0–16.0 mm。头、前胸背板、小盾片黄绿相间，翅革片金绿色，外革片基部和端部外缘以及侧接缘浅黄褐色；体黄色部分刻点稀疏或无刻点，绿色部分密集黑色刻点。体腹面浅黄褐色，胸部侧板靠近足基节处以及侧板外侧具若干黑色大斑。

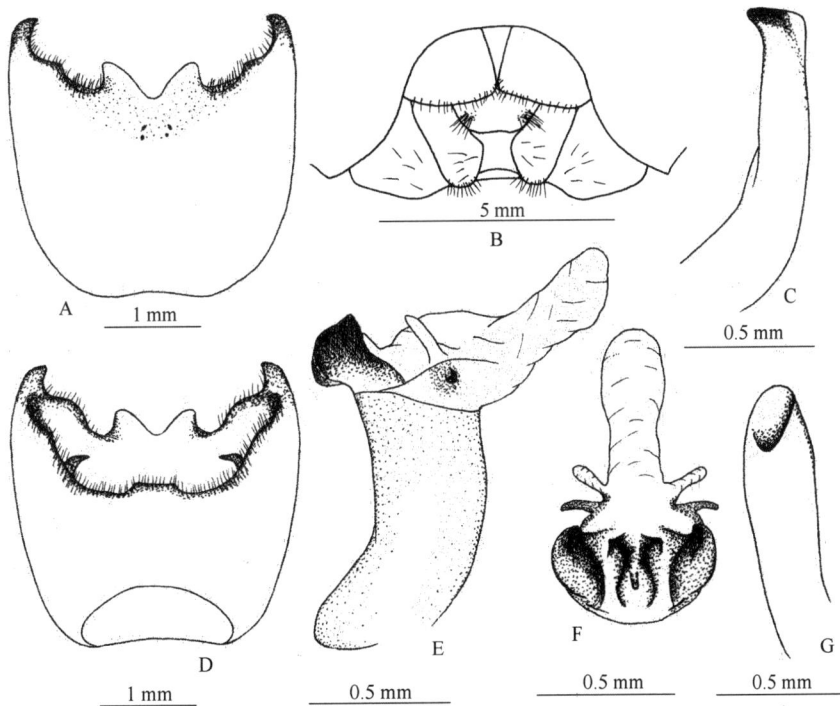

图 18-79 中纹真蝽 _Pentatoma distincta_ Hsiao _et_ Cheng, 1977
A. 雄虫生殖囊腹面观；B. 雌虫生殖节；C、G. 阳基侧突侧面观；D. 雄虫生殖囊背面观；E. 阳茎侧面观；F. 阳茎端面观

　　头表面细褶皱状，上颚片与前唇基末端平齐，头顶和前唇基黑色，上颚片浅黄褐色，最侧缘狭窄的黑色；触角除第 1 节深黄褐色外漆黑，第 1 节长度较头末端略短或平齐，第 2 节短于第 3 节；复眼前方腹面、靠近触角窝处黑色；喙伸达第 5 腹节后缘，第 1 节黄褐色，其余黑色。

　　前胸背板除胝区黑色外黄褐色，后半黑色，具十字形黄褐色无刻点区域；前缘内凹；前角在眼后平截，侧指；前侧缘轻微波曲，前半略内凹，后半略外拱，整个边缘扁薄，翘起，前侧缘的细锯齿不明显；侧角末端尖锐，伸出体外，侧指；后角不明显；后缘直。小盾片黄白色，基缘除基角处、侧缘端部 1/3 外黑色，基部中线两侧各有一个大黑斑，端部黄褐色；爪片、前翅内革片及外革片端部内侧金绿色，外革片基部和端部外缘一线黄褐色，膜片末端不超出腹部末端；臭腺沟缘长度超过后胸腹板一半，末端变细，上扬；足股节外侧、跗节内侧黄褐色，其余漆黑。

　　腹侧接缘发达，较宽，外露，黄白色；腹基突起短钝，不呈刺状；气门周围一圈黑色。

　　雄虫生殖囊腹缘向内凹陷，中央具 2 个突起；阳基侧突简单，末端钩状；阳茎鞘长筒状，系膜具一对细指状背突、一对膜质的基上颚片和一个发达的膜质的顶叶；阳茎端不伸出中交合板外。

　　雌虫两个第 1 载瓣片内缘直且扁薄，形成倒锐角三角形，内角处相接触，第 9 侧背片末端短于第 8 侧背片后缘。

　　分布：浙江（泰顺）、四川、贵州、西藏。

（412）日本真蝽 *Pentatoma japonica* (Distant, 1882)（图 18-80）

Tropicoris japonicus Distant, 1882: 76.

Pentatoma japonica: Hsiao *et al.*, 1977: 125.

　　主要特征：体长 17.5–24.5 mm。背面金绿色，前胸背板前侧缘外缘一线及前侧角角体边缘红褐色，体下黄褐色，除前胸侧板上的刻点黑色外均为同色刻点，触角红褐色，第 1 节及第 4、5 节基半色淡。

　　头部上颚片末端渐狭，与前唇基平齐；触角第 1 节略短于头末端，第 3 节明显长于第 2 节；喙末端黑色，伸达第 4 腹节后半。

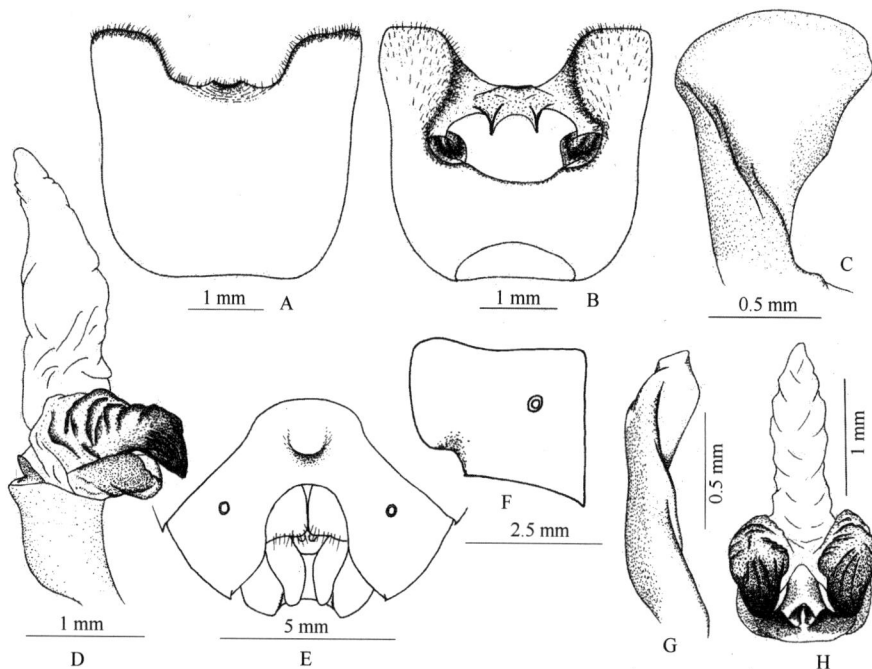

图 18-80　日本真蝽 *Pentatoma japonica* (Distant, 1882)

A. 雄虫生殖囊腹面观；B. 雄虫生殖囊背面观；C. 阳基侧突侧面观；D. 阳茎侧面观；E. 雌虫生殖节腹面观；
F. 雌虫生殖节侧面观；G. 阳基侧突侧面观；H. 阳茎端面观

　　前胸背板前缘内凹；前角前指；前侧缘具尖锯齿，前半略内凹，后半直；侧角伸出体外较多，上翘，角体端缘呈二叉状，形成前大后小两个小角；后角不明显；后缘几乎平直。小盾片端部细长，金绿色，基部隆起均匀。翅革片外缘一线黄褐色无刻点，后角尖锐，膜片淡黄褐色。臭腺沟缘香蕉状，末端圆钝，长度中等。足黄褐色，胫节、股节上具黑色小斑点。

　　腹侧接缘黄黑相接，界线明显；腹基刺突基部粗，端部尖细，不超过后足基节前缘；气门黑色，腹下边缘极狭窄的黑色；雌虫第 7 腹节中央侧面观有一突起。

　　雄虫生殖囊中央凹陷；阳基侧突宽阔的片状；阳茎鞘短，阳茎系膜具发达的系膜顶叶，基上颚片端部骨化，阳茎端几乎不见。

　　雌虫第 1 载瓣片表面具纵向的褶皱，内缘直，相互接触，后缘斜平截；第 9 侧背片短于第 8 侧背片。

　　分布：浙江、黑龙江、吉林、辽宁、内蒙古、陕西、甘肃、青海、湖北、湖南、福建、贵州、云南；俄罗斯东部，朝鲜，日本。

（413）褐真蝽 *Pentatoma semiannulata* (Motschulsky, 1860)（图 18-81）

Tropicoris semiannulatus Motschulsky, 1860: 501.

Pentatoma armandi: Hsiao *et al.*, 1977: 126.

　　主要特征：体长 16.0–20.0 mm。背面黄褐色，具细小的黑色刻点，头、前胸背板前半、前翅外革片略带暗红色；体下淡黄白色，刻点同色。

　　头部上颚片端部渐狭，略长于前唇基或与前唇基末端平齐；触角黄褐色，第 3、4、5 节端部黑褐色，触角第 1 节长度不超过头末端，第 2、3 节长度几乎相等或第 3 节略长于第 2 节；小颊前角末端尖锐伸出；喙伸达第 4 腹节中央。

　　前胸背板前缘内凹；前角在复眼后方平截，后角指向体侧；前侧缘扁薄上卷，前半具不均匀锯齿，黄白色无刻点；侧角伸出体外，上翘，边缘黑色，端部圆钝，角体后缘的突起同样圆钝。小盾片基部有黑色小凹陷，刻点分布较均匀，端部狭细；前翅外革片及端部红色，内革片黄褐色，外革片外缘基部的刻点

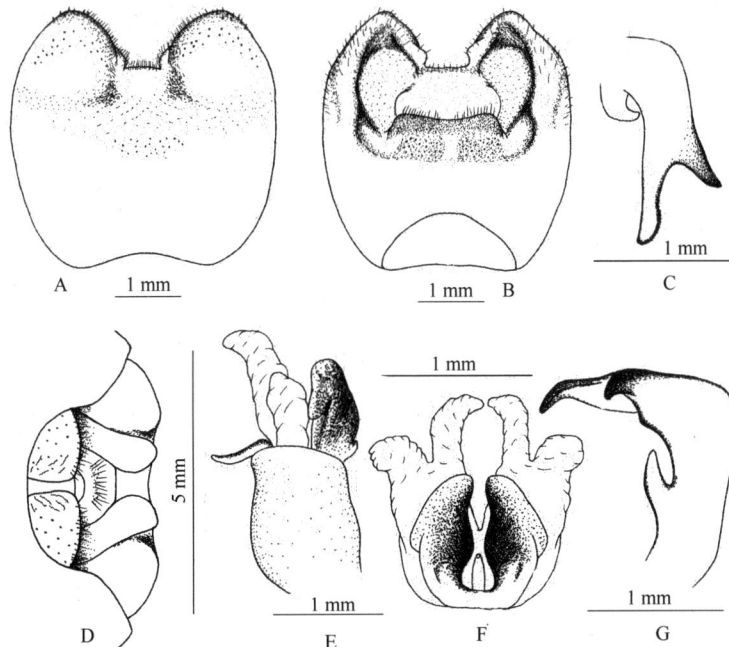

图 18-81　褐真蝽 *Pentatoma semiannulata* (Motschulsky, 1860)

A. 雄虫生殖囊腹面观；B. 雄虫生殖囊背面观；C. 阳基侧突端面观；D. 雌虫生殖节；E. 阳茎侧面观；

F. 阳茎端面观；G. 阳基侧突侧面观

略大，稀疏；膜片浅烟褐色，长度超过腹末。各胸节侧板靠近基节处各有一小黑斑；臭腺沟缘长度中等、细，中央向后弯，末端圆钝；足黄褐色，胫节端部色略深，爪黑色。

腹侧接缘外露，黑黄相接，黑色区域的面积较小；腹面淡黄褐色，光滑无刻点；腹基突起圆钝，不向前伸出；气门边缘狭窄的黑色。

雄虫生殖囊腹缘深凹，中段缓缓外凸，侧面各有一个凹刻；阳基侧突桨叶突端部二叉状，两个分叉略呈钩状，感觉叶指状伸出；阳茎系膜具一对细长的骨化背突、一对端部二叉状的膜质的系膜顶叶；中交合板背端部和腹基部分别扩展成明显的突起；阳茎端伸出中交合板基底但不伸出后者端部。

雌虫第 1 载瓣片内缘直，相互几乎平行，全缘不相接触，内角圆钝，后缘波曲；第 9 侧背片端部略长于第 8 侧背片端部。

分布： 浙江（临安）、黑龙江、吉林、辽宁、内蒙古、河北、山西、河南、陕西、甘肃、青海、宁夏、江苏、湖北、江西、湖南、四川、贵州；俄罗斯东部，蒙古国，朝鲜，日本。

（414）暗色真蝽 *Pentatoma sordida* Zheng *et* Liu, 1987（图 18-82）

Pentatoma sordida Zheng *et* Liu, 1987a: 288.

主要特征： 体长 13.0–15.5 mm。污黄褐色，布黑色刻点，雄虫体背面尤其是前胸背板侧角和小盾片基部的刻点十分粗糙密集，雌虫体背的刻点略细，分布也较均匀；体下光滑无刻点或具同色刻点。

头表面褶皱状，侧缘波曲，狭窄的黑色，上颚片端部渐狭，与前唇基末端略平齐或上颚片稍短；触角黄褐色，第 4、5 节端半黑褐色，第 1 节末端约与头末端平齐，第 3 节长于第 2 节；喙伸达第 4 腹节中部。

前胸背板前缘宽阔的内凹；前角在复眼后平截，指向体前侧方，端部黑色；前侧缘略内凹，具浅锯齿，边缘极狭窄的黄白色；侧角三角形，末端不甚尖锐，指向体侧，角体仅前缘狭窄黑色（雌）或整个角体密布刻点而呈黑色（雄）；后缘略内凹。小盾片基部黑色小凹陷外各有一半圆形黄白色胝，端部狭长，末端圆钝。前翅外革片基部的刻点略大且色深；膜片淡烟褐色，翅脉同色，末端仅略伸出腹末。各胸节侧板靠近足基节处各有一个小黑斑；臭腺沟缘细长，末端尖，超过挥发域宽度的一半，几乎伸达后胸侧板前缘。

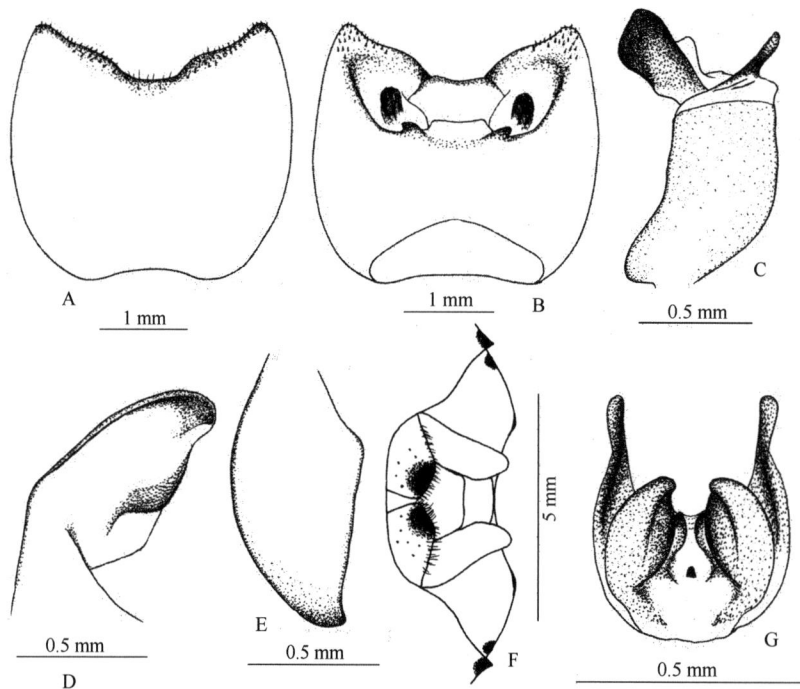

图 18-82 暗色真蝽 *Pentatoma sordida* Zheng *et* Liu, 1987

A. 雄虫生殖囊腹面观；B. 雄虫生殖囊背面观；C. 阳茎侧面观；D. 阳基侧突侧面观；E. 阳基侧突端面观；F. 雌虫生殖节；G. 阳茎端面观

腹侧接缘外露，黄黑相接，界线明显，黑色面积较小；腹面光滑无刻点；腹基突起不向前伸出，末端圆钝；气门黑色，腹部边缘在后角处黑色。

雄虫生殖囊腹缘中央内凹，两侧波曲；阳基侧突片状，向端部渐狭，无宽阔的端缘；阳茎鞘长筒状，阳茎系膜背突细长骨化，其余系膜极不发达，中交合板侧面观略呈长方形；阳茎端极短，仅略伸出中交合板的基底。

雌虫第 1 载瓣片外缘内侧宽阔的黑色；内缘直，彼此不接触，呈倒三角形；外缘圆弧状外拱；第 9 侧背片端部短于第 8 侧背片端部。

分布：浙江（松阳）、甘肃、湖北、湖南。

236. 莽蝽属 *Placosternum* Amyot *et* Serville, 1843

Placosternum Amyot *et* Serville, 1843: 174. Type species: *Cimex taurus* Fabricius, 1781.

主要特征：体宽大，黄褐色，体背面的黑色刻点常聚集成不规则的斑带。头端部略平截，上颚片长于前唇基并在前唇基前方会合较多。触角 5 节，第 1 节不伸达头端部，第 3 节长于第 2 节。喙不超过中足基节前缘。前胸背板前半下倾，后半饱满；前角小尖齿状伸出；前侧缘内凹，边缘锯齿状；侧角粗壮，显著伸出体外并上翘，端部多少有些平截，端缘具若干凹刻。小盾片基部粗糙隆起。中胸腹板后缘隆起且宽阔平截，具较粗的中央纵脊，纵脊后端渐宽。后胸腹板宽阔并平坦隆起，约呈正六边形，后缘平截。臭腺沟缘弯曲狭长，端部上翘。第 3 腹节腹板中央具短突起，前端宽阔平截。基部几节腹板中央具极浅的凹沟。

体强壮硕大，黄褐色至褐色，被黑色粗刻点。

头宽大，头顶明显，宽大隆拱；侧叶长于中叶，触角基节不伸达头端部；喙 4 节，伸达中足基节处。前胸背板宽阔，前半部下倾，后半部较隆拱；前缘内凹，中央较平截，前角具一小齿状突，前侧缘呈细锯齿状，侧角向侧前方明显伸出，端部斜平截，具 1–2 个波曲；中胸腹板中央向前伸出一光滑细长龙骨突，端部可伸达前足基节处，其基部向后扩展，与六边形的后胸腹板相接，后缘内凹，与腹基突相契合；臭腺孔明显，臭腺沟缘细长，端部微上翘。腹下密布刻点，中央具一浅凹沟；侧接缘黄黑相间，明显外露。

雄虫生殖囊腹缘内褶凹陷较明显，平坦无突起；雌虫第 9 腹节侧背片较细长，多超过第 8 腹节侧背片后缘，第 8 腹节侧背片后缘呈弧形。

分布：亚洲地区。世界已知 13 种，中国记录 5 种，浙江分布 1 种。

（415）斑莽蝽 *Placosternum urus* Stål, 1876（图 18-83；图版 IX-127）

Placosternum urus Stål, 1876: 107.

主要特征：体长 19.0–20.2 mm。黄褐色至褐色，密布黑色刻点，一些刻点相互会合形成不规则黑斑。头被稀疏粗刻点，侧叶长于中叶但不互相接触，在中叶前具一明显缝隙；中叶中部及基部两侧各具一小黑斑；单眼红色；复眼黑色；腹面褐色，密被刻点及驳杂黑斑；触角黑色，第 1 节端部、第 2 节两端，第 3、4 节基部及第 5 节基半部黄色；喙黄褐色，端部黑色，伸达中足基节。

前胸背板宽阔，密被黑色刻点，一些刻点会合形成不规则黑斑，其中比较明显的是胝区下面 2 个横黑斑，以及后方 2 个不规则的大黑斑；前缘内凹，两前角齿突状，指向前侧方；前侧缘直，呈细密锯齿状；前胸背板侧角向前侧上方明显伸出，由基部向端部渐宽，端部向后斜平截，具两个波曲，近前角处的凹陷较深，前角小齿突状，明显伸出，后角端部圆钝，角体后缘近基部明显内凹。小盾片基部稍隆拱，侧缘近基部两侧明显凹陷，具一明显黑斑。前翅革片密布刻点，具驳杂黑斑；膜片黄色，透明，散布若干褐色斑点，中央具一明显弧形褐斑，稍长于腹部末端。胸部腹面密布黑色略带铜绿色金属光泽的粗刻点，中胸腹板中央光滑，隆起向前伸达前足基节前方，其后与六边形后胸腹板相接。足黄褐色，密被黑色刻点及驳杂黑斑，腿节近端部具一黑色环纹，胫节端部及第1、3跗节黑色，爪基部黄褐色，端部黑色。臭腺沟缘较短。

腹部腹面黄褐色，中央刻点稀疏，向两侧逐渐密集，正中央具一浅纵沟，伸达腹部末端；气门黑色。

雄虫生殖囊腹缘近方形内凹，两侧端部宽平截，密被短细毛；阳基侧突端部向一侧伸出，指状，较短；阳茎中交合板背缘微内凹，端部圆钝，系膜顶叶两侧各具一指状背突，端部稍骨化，系膜侧叶膜囊状，非骨化。

雌虫第9腹节侧背片端部不超过第8腹节侧背片上缘，第1载瓣片较不发达，上缘近中央微内凹，内角突出不明显，内缘直，基部不分离。

分布：浙江、山东、河南、福建、湖北、江西、湖南、四川、贵州、云南、西藏。

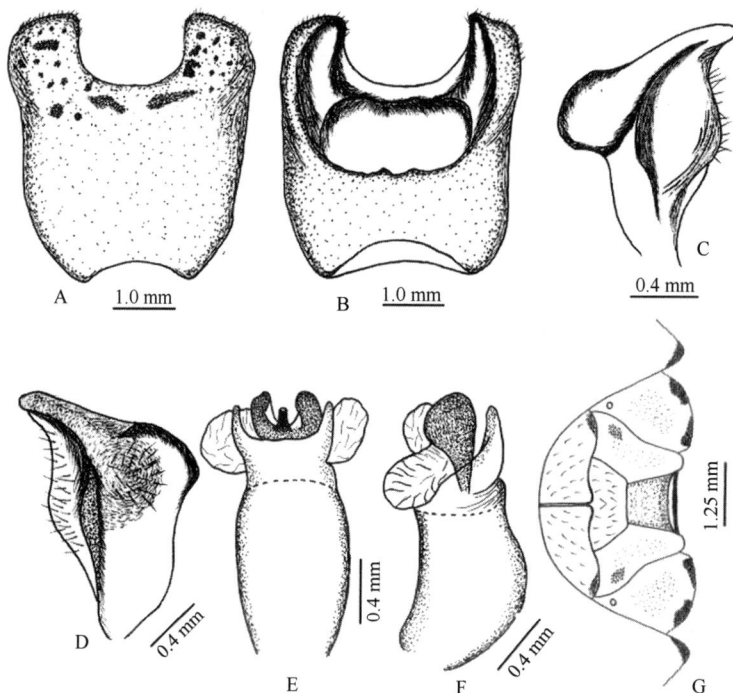

图 18-83　斑荈蝽 *Placosternum urus* Stål, 1876

A. 雄虫生殖囊腹面观；B. 雄虫生殖囊背面观；C. 阳基侧突腹面观；D. 阳基侧突背面观；E. 阳茎侧面观；F. 阳茎背面观；G. 雌虫生殖节

237. 珀蝽属 *Plautia* Stål, 1865

Plautia Stål, 1865: 191. Type species: *Cimex fimbriatus* Fabricius, 1787 (=*Pentatoma crossota* Dallas, 1851).

主要特征：体中小型，多数种类体绿色，具光泽，爪片和前翅内革片红褐色，少数种类体表黄褐色；头宽大于长，前唇基略长于上颚片或二者端部平齐，单眼间距大；小颊低矮，前角钝角状略伸出，端部在多数种类中呈小尖角状前伸；触角5节，第1节不伸达头末端，第3节长于第2节。前胸背板宽大于长，饱满，前半略下倾。前侧缘平直，边缘较厚，不呈薄片状或狭边状；后角圆钝不伸出；后缘内凹；小盾片长宽约相等，端部圆钝；中胸腹板中央具低矮且细的纵脊；臭腺沟缘甚长，端部细，几乎可伸达中胸侧板的后缘；后足基节相距较近；胫节具棱边，跗节3节。腹基轻微隆起，但不显著伸出。

本属中的若干种类在外形和体色上十分相似，容易混淆，其鉴定主要是依据雌雄生殖节的形态特征。

雄虫生殖囊短宽，腹缘内凹，腹缘内褶发达；阳基侧突桨叶突为渐宽的片状，或为钩状，躯干部分都有横宽的端部着生刚毛的感觉叶；阳茎系膜具一对基上颚片，膜质或端部有骨化，阳茎端细长，约与中交合板端部平齐。

雌虫第8侧背片端部不伸出，第9侧背片端部圆钝，几乎不伸出第8腹节后缘。

分布：基本为古热带分布，个别种类延伸到古北区东南部。世界已知 27 种，中国记录 7 种，浙江分布 3 种。

分种检索表

1. 气门黑色 ·· 庐山珀蝽指名亚种 *P. lushanica lushanica*
- 气门与体同色 ·· 2
2. 头和前胸背板前缘内侧的刻点黑褐色，较粗糙 ··· 暗色珀蝽 *P. sordida*
- 头和前胸背板前缘内侧的刻点不呈黑褐色，与底同色，或仅头上在单眼周围刻点黑褐色，较细小 ········ 斯氏珀蝽 *P. stali*

（416）庐山珀蝽指名亚种 *Plautia lushanica lushanica* Yang, 1934（图 18-84；图版 IX-128）

Plautia lushanica Yang, 1934b: 120.

主要特征：体长 11.2–12.5 mm。体色暗；头黄褐色；前胸背板前半黄褐色，后半暗绿色；小盾片端部具黄绿色光滑大圆斑；前胸背板侧角、爪片和前翅革片暗红褐色。体腹面淡黄绿色，刻点与底同色。

头部刻点黑色，部分较均匀，两单眼之间有两条隐约的光滑纵带，复眼内侧有一黄褐色光滑弧带，单眼红色。触角第 1 节淡绿色，第 3 节端部、第 4 节端部大半和第 5 节中央黑褐色，其余黄褐色；第 1 节不伸达头末端，第 3 节略长于第 2 节。头腹面布与底同色的刻点，触角基上方有一黑线；小颊低矮，前角钝角状，微伸出。喙末节端部黑色，向后伸达第 3 腹节中央。

前胸背板：布黑色刻点，刻点在前缘中央、前角、侧角后半和后侧缘处较为密集；前半下倾，黄褐色，后半暗绿色；前缘中央平坦内凹，在眼后部分平截；前角轻微伸出；前侧缘平直，边缘暗绿色；侧角三角形，端部光滑圆钝，红褐色，略伸出体外；后缘略内凹。小盾片：除端部黄白色光滑无刻点外，布黑色刻点，侧缘处尤其是侧缘弯折处的刻点较为密集。爪片和前翅内革片红褐色，均匀布黑褐色刻点，外革片暗绿色，外缘一线光滑无刻点，其余刻点分布均匀，膜片烟褐色，明显伸出腹部末端。各胸节侧板刻点均与底同色。足黄绿色，胫节端部和跗节黄褐色，爪端部黑色。

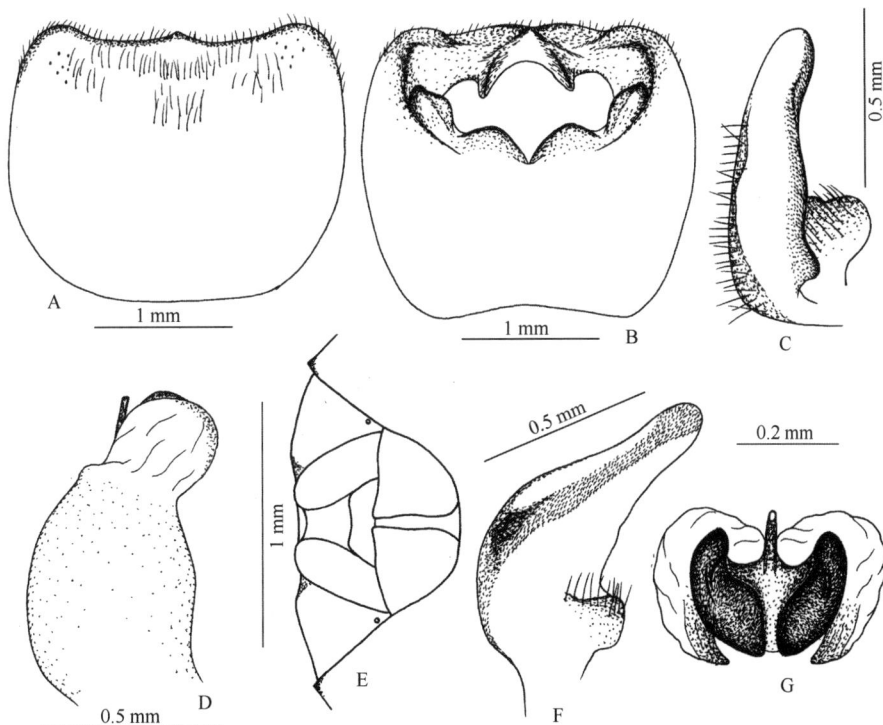

图 18-84　庐山珀蝽指名亚种 *Plautia lushanica lushanica* Yang, 1934

A. 雄虫生殖囊腹面观；B. 雄虫生殖囊背面观；C. 阳基侧突端面观；D. 阳茎侧面观；E. 雌虫生殖节；F. 阳基侧突侧面观；G. 阳茎端面观

腹部侧接缘狭窄外露，深绿色，布同色刻点，各节后角黑色，略伸出。气门黑色，其内侧具与底同色刻点，向后渐消失。

雄虫生殖囊腹面亚端部中央呈唇状伸出，此构造与生殖囊腹缘之间下凹，腹缘端面观呈浅"W"状，腹缘内褶大体呈背-腹方位，宽大，中央有1垂直棱脊。阳基侧突似 *P. crossota*，但外缘较平直，内缘基半拱出。

雌虫第1载瓣片表面低平，内缘除基部外全长较直，左右两内缘可相互平行或略有分歧，到达近基部才明显分开。

分布：浙江（临安）、山西、河南、陕西、福建、湖北、江西、四川、贵州、云南。

（417）暗色珀蝽 *Plautia sordida* Xiong *et* Liu, 1996（图 18-85）

Plautia sordida Xiong *et* Liu, 1996: 371.

主要特征：体长 6.4–9.5 mm。头、前胸背板、小盾片、前翅外革片及侧接缘绿色，前翅内革片红褐色略带黄色。刻点粗糙，黑褐色。体腹面黄绿色，中线处淡黄色。

头部刻点黑色，稀疏；基半刻点粗糙，端半刻点相对细小；单眼之间有4列整齐的刻点列，单眼前方散布若干黑色刻点；上颚片上的刻点仅有一到两列，色略淡。触角第1、2节黄绿色，第3、4节端部黑褐色，基部大半黄褐色，第5节黄褐色，其亚端部黑褐色；第1节不伸达头端部，第3节略长于第2节。触角基上方有一粗黑线。小颊低矮，前角钝角状，端部骤缩呈小尖角，前指。喙末节端部黑色，向后伸达第3腹节后半。

前胸背板：刻点粗大稀疏，黑褐色，前侧缘处刻点更为稀疏，盘域后半、后侧缘和后缘处的刻点稍密集；前缘领状内凹，内侧沿着领有一排黑色刻点带；前角小尖角状，仅略伸出；前侧缘平直光滑，不呈狭边状，边缘有一黑褐色细纹；侧角圆钝不伸出，其背面后半和后侧缘棕红色；后缘略内凹。小盾片：宽略大于长，基角具黑色凹陷，刻点黑褐色，向侧缘处渐密集，端部黄白色，其上刻点与底同色。爪片和前翅

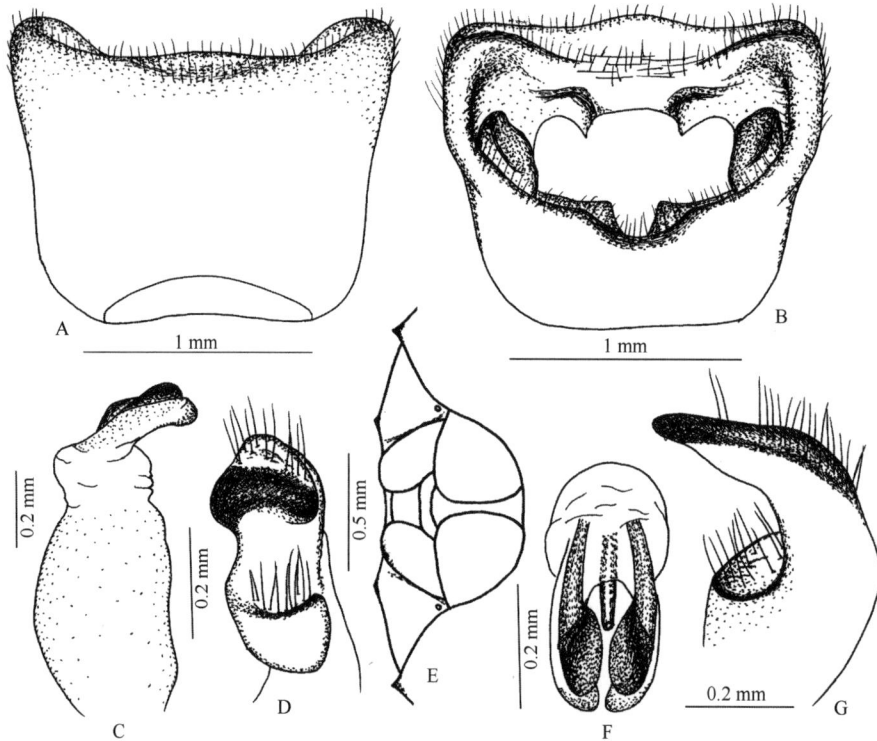

图 18-85 暗色珀蝽 *Plautia sordida* Xiong *et* Liu, 1996
A. 雄虫生殖囊腹面观；B. 雄虫生殖囊背面观；C. 阳茎侧面观；D. 阳基侧突端面观；E. 雌虫生殖节；F. 阳茎端面观；G. 阳基侧突侧面观

内革片棕黄色或棕红色，布粗糙黑褐色刻点；外革片绿色，内半布较细小的褐色刻点，外缘一半光滑无刻点；膜片烟色，伸出腹末。足黄绿色，跗节黄褐色，爪端半黑色。

腹部侧接缘狭窄外露，绿色，各节后角黑色，尖锐伸出。腹基微隆起，腹面两侧具宽阔的刻点带，刻点和气门均与底同色。

雄虫生殖囊腹缘弧形，向外均匀卷起，腹缘内褶很发达；阳茎系膜前唇基长圆锥形，上颚片较骨化，小；中交合板长大；阳基侧突躯干部分粗圆，桨叶突呈弯曲指状。

雌虫第 1 载瓣片较平，内缘中部近平行，基部稍分歧，端部分歧略宽。

分布：浙江（泰顺）、福建、广东、海南、广西。

（418）斯氏珀蝽 *Plautia stali* Scott, 1874（图 18-86）

Plautia stali Scott, 1874: 299.

Nezara amurensis Reuter, 1888b: 200 (syn. by Kiritshenko, 1961: 443).

主要特征：体长 9.0–12.8 mm。头、前胸背板、小盾片、前翅外革片及侧接缘绿色，前翅内革片红褐色略带黄色。头、前胸背板前缘和前侧缘处的刻点与底同色。体腹面黄绿色，中央纵线处淡黄色。

头部刻点细密，与底同色，单眼和复眼之间有一椭圆形光滑胝斑；触角第 1、2 节黄绿色，第 3、4 节端部深棕色或黑褐色，基部大半黄褐色，第 5 节基部黄褐色，亚端部黑褐色，最端部为深棕色；第 1 节不伸达头端部，第 3 节略长于第 2 节。触角基上方有一粗黑线。小颊低矮，前高后低，向后到达头基部，前角钝角状伸出，末端常骤缩成前指的小尖角。喙末节端部黑色，向后伸达第 3 腹节中央。

前胸背板：胝区略发黄，除前缘和前侧缘处的刻点与底同色外，其余刻点黑色，以后侧缘处的刻点最为密集，前侧缘最边缘为狭窄的黑褐色细线，侧角背面后半及后侧缘棕黄色；前缘领状，弧形内凹；前角小尖角状侧指，略伸出；前侧缘平直，不呈狭边状；侧角圆钝不伸出；后缘略内凹。小盾片：大多数个体基角处的黑色凹陷明显，刻点向两侧缘处渐密集且色渐深，向端部渐变为与底同色，端部略呈黄白色，其后半光滑无刻点。前翅内革片在中裂端部内侧具一明显的胝状斑，黑褐色刻点在其余地方分布不甚均匀；外革片绿色，刻点大多与底同色；膜片烟褐色，伸出腹末。足黄绿色，胫节端部和跗节黄褐色，爪端半黑色。

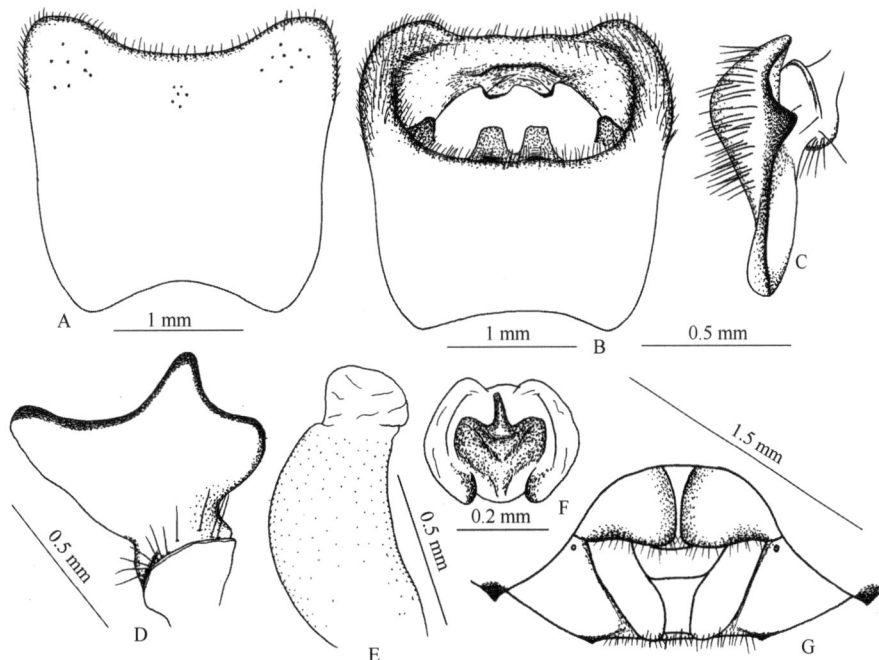

图 18-86　斯氏珀蝽 *Plautia stali* Scott, 1874

A. 雄虫生殖囊腹面观；B. 雄虫生殖囊背面观；C. 阳基侧突端面观；D. 阳基侧突侧面观；E. 阳茎侧面观；F. 阳茎端面观；G. 雌虫生殖节

腹部侧接缘狭窄外露，绿色，布同色刻点，各节后角黑色小尖角状；腹基微隆起；各腹节布与底同色的刻点，刻点向中央渐细小和稀疏。

雄虫生殖囊腹缘微凹，腹缘内褶略上翘（腹面可见）；阳茎中交合板基部愈合，端部呈宽弧形展开；阳基侧突顶面三齿状。

雌虫第 1 载瓣片显著隆起，且在后 1/3 处显著地向背侧折弯，整个第 1 载瓣片侧面观显著高于其后的构造，内缘略外拱呈弧形，左右两内缘端部接近，向基部逐渐分开。

分布：浙江（临安、江山）、吉林、辽宁、河北、山西、山东、河南、陕西、甘肃、江苏、湖北、江西、湖南、福建、广东、广西、贵州；俄罗斯，朝鲜，日本，美国（夏威夷）。

238. 暗蝽属 *Praetextatus* Distant, 1901

Praetextatus Distant, 1901: 583. Type species: *Praetextatus typicus* Distant, 1901.

主要特征：体中型，宽卵圆形，头侧缘和前胸背板前侧缘常不同程度地向上卷翘，前翅革片外缘弧形外拱，外革片中央显著加宽，膜片末端约与腹末平齐。

头宽大于长，上颚片端部圆钝，长于或等于前唇基，在前唇基前方会合或不会合；触角 5 节，细长，第 1 节伸达头末端，第 3 节长于第 2 节。小颊前角角状略伸出，向后伸达复眼后缘一线。喙伸达中、后足基节附近，第 1 节末端伸出小颊外。前胸背板前缘宽阔的内凹，前角末端超出复眼外缘；前侧缘光滑，平直或略内凹；侧角边缘薄边状，角状，略伸出体外；后角圆弧形；后缘略内凹。小盾片细长，长大于宽。中胸腹板表面平坦，不呈凹槽状，具中脊。臭腺沟缘短，不超过挥发域宽度的 1/2。侧接缘外露较少，各节后角略伸出，不尖锐。腹基中央微隆起，但不伸出。

雄虫生殖囊腹缘中央内凹；腹缘内褶发达，其中央常有角状或刺状的突起；背缘内侧着生有一对短钝的骨化突起。阳基侧突"F"形，感觉叶发达，桨叶突延长，末端形状各异。阳茎鞘短；阳茎系膜基部发达，膨大，常轻微骨化；阳茎系膜具发达的背突，粗壮骨化，或为短小的骨化指状；中交合板宽大板状或盘状，在腹面整个愈合，不伸向两侧；阳茎端细长，基部远离中交合板基部，端部略高出中交合板端部。

分布：东洋区。世界已知 2 种，中国记录 2 种，浙江分布 1 种。

（419）暗蝽 *Praetextatus chinensis* Hsiao *et* Cheng, 1977（图 18-87）

Praetextatus chinensis Hsiao *et* Cheng, 1977: 155.

主要特征：雄虫：体长 11.0 mm。背面底色黄褐色，密布黑色刻点；腹面两侧尤其是各胸节侧板黑褐色，腹部腹面棕褐色，中央色略淡。

头宽大于长，边缘均匀向上卷翘，侧缘在复眼前方有一处圆钝突出，之前部分波曲，上颚片端部圆钝，宽于前唇基，长于前唇基并在前唇基末端会合后分开；头背面黄褐色，布黑色粗糙刻点，表面具横褶皱，复眼内侧各有一个椭圆形光滑胝斑；单眼位于复眼后缘之后；单眼小且突出。触角第 5 节淡黄褐色，第 3 节长于第 2 节。头腹面黑褐色，布粗大稀疏的刻点，小颊前半内侧的头腹面具一较大的黄褐色斑。小颊前角钝角状略伸出。喙伸达后足基节中央。

前胸背板宽大于长，表面粗糙不平，隐约可见一条黄褐色中央纵线；前缘黑褐色，中央大部分宽阔内凹，内陷程度较弱，复眼后部分斜平截；前角黄白色，角状伸出，指向体前侧方，端部明显超过复眼外缘约复眼半径长度；前侧缘边缘黄白色，光滑，强烈向上卷翘，中央略内凹；侧角角状，扁薄，略伸出体外；后角圆弧形，不伸出；后缘略内凹。小盾片长大于宽，端部圆钝；表面粗糙，基缘和侧缘处刻点稍密集。前翅革片外缘弧形外拱；中裂波曲，外革片中央显著加宽，刻点稀疏，但分布不甚均匀，端缘较平直，端角角状，向后伸出；膜片烟褐色，端部仅略超过腹末。臭腺沟缘黄褐色。足黄褐色，股节近端部处有时有一处淡褐色斑。

腹部侧接缘外露较少，黑褐色，第 3-5 腹节腹面中央各有一对黄褐色不规则斑，气门两侧布细小的黑色刻点，各节边缘中央黄褐色，两端黑褐色。

雄虫生殖囊腹缘中央 1/3 内陷，两侧中央圆钝地隆起；腹缘内褶中央有一个角状突起；背缘内侧着生的骨化突起边缘圆钝。阳基侧突整体为“F”形，桨叶突端面观“L”形，末端向一侧弯折，感觉叶简单，端部圆钝。阳茎系膜背突宽阔的囊状，均匀地轻微骨化；中交合板侧面观角状，端部渐细，腹面观为半个椭圆形，阳茎端细长略弯曲，末端超出中交合板端部。

作者未见到该种雌虫。

分布：浙江、湖南、海南、四川。

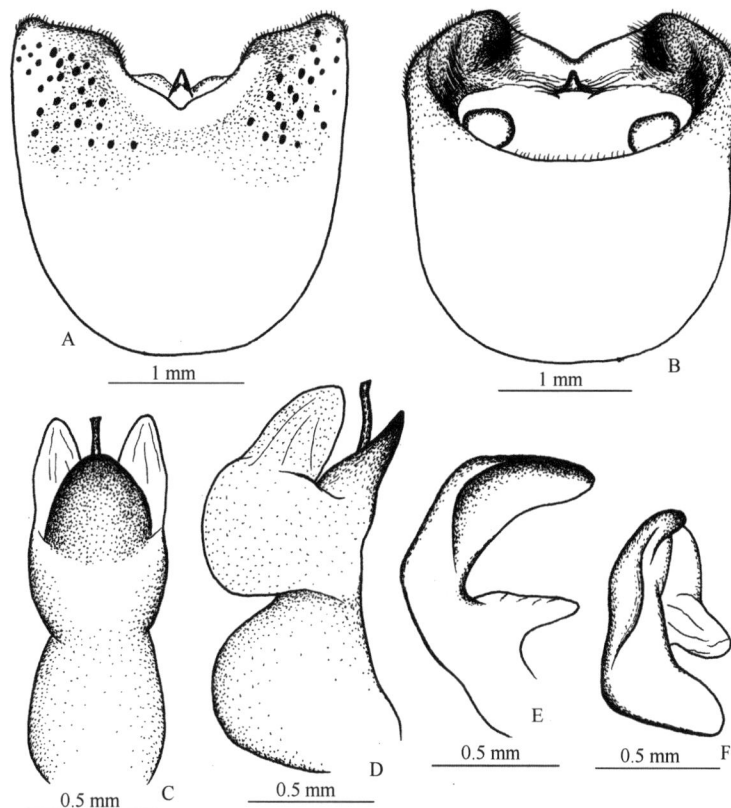

图 18-87　暗蝽 *Praetextatus chinensis* Hsiao *et* Cheng, 1977
A. 雄虫生殖囊腹面观；B. 雄虫生殖囊背面观；C. 阳茎腹面观；D. 阳茎侧面观；E. 阳基侧突侧面观；F. 阳基侧突端面观

239. 枝脉蝽属 *Ramivena* Fan *et* Liu, 2010

Ramivena Fan *et* Liu, 2010: 211-223. Type species: *Ramivena nigrivitta* Fan *et* Liu, 2010.

主要特征：长椭圆形，背面暗黄褐色，前胸背板和小盾片布驳杂的暗色斑，体背布较多胝状小斑。头宽略大于长，向端部渐窄，上颚片与前唇基平齐或上颚片略长。触角第 1 节约伸达头端部，第 2、3 节约等长。前胸背板宽为长的 2 倍以上，前侧缘内凹并具粗糙的锯齿，侧角伸出，端部平截的方形或矩形。前翅膜片色深，其端部具小分支。小颊前角角状伸出。体下和足具深色点斑。小盾片长大于宽，端部黑色并略呈角状。中胸腹板具显著的中央纵脊。足胫节具棱边，跗节 3 节。第 3 腹节腹板中央具刺突。

雄虫生殖囊腹缘具若干三角形片状突起，生殖囊侧缘二叉状。阳基侧突端部三叉状。阳茎系膜无骨化背突，系膜愈合，无叶状突起，其端部膨大处的端部和腹面骨化。中交合板角状，左右分离。阳茎端细长，约与中交合板端部平齐。

雌虫第 1 载瓣片内缘基部远离，略形成倒三角形的缺口，内角圆钝，外缘平或轻微内凹。第 9 侧背片端部圆钝，略超过第 8 腹节后缘，第 8 腹节后缘弧形内凹。第 8 侧背片端部弧形外拱。

分布：中国特有属，共 5 种，浙江分布 1 种。

（420）斑枝脉蝽 *Ramivena mosaica* (Hsiao *et* Cheng, 1977)（图 18-88）

Pentatoma mosaica Hsiao *et* Cheng, 1977: 128.

Ramivena mosaica: Fan *et* Liu, 2010: 211.

主要特征：体长 14.0–17.8 mm。黄褐色布棕褐色和黑色刻点，单眼内侧、前胸背板前角、爪片、外革片基部刻点金绿色，刻点分布不均匀，形成斑驳的体表；体下黄白色，布棕褐色稀疏刻点，足股节尤其是端部有不规则的黑色斑点，胫节外侧的棱边均匀布长条形黑斑。

头表面褶皱状，单眼内侧和上颚片近前唇基一侧刻点金绿色；上颚片末端尖狭，与前唇基末端平齐；触角黄褐色，各节端部黑色，第 1 节短于头末端，第 3 节仅略长于第 2 节；喙伸达第 3 腹节后缘。

前胸背板刻点多为棕褐色，胝区棕褐色，其后侧方各有一个显著的淡黄白色近圆形胝区，前胸背板前侧缘中段黄白色，前胸背板后半部有 3 个黑色刻点密集形成不规则斑；前缘中部平坦内凹；前角在眼后部分平截，末端指向前侧方；前侧缘内凹，边缘锯齿状；侧角伸出体外，角体前缘扁薄，后缘较直，端部略平截，向后向外斜指；后缘稍内凹。小盾片基角的黄白色光滑胝斑外有密集的黑色刻点群，中部中线两侧各有密集刻点组成的不规则黑斑，端部黑色尖狭，中部具纵凹刻。爪片、外革片基部的刻点密集，金绿色，膜片烟褐色，末端略伸出腹末，翅脉棕褐色。各胸节侧板布稀疏棕褐色刻点，臭腺沟缘中等长度，中间弯曲，端部上扬。

腹部侧接缘外露，黄黑相接，界线明显；腹基刺突尖，伸达中足基节后缘，腹面侧方有稀疏棕褐色刻点，气门黑色。

雄虫生殖囊腹缘整体内凹，中央有一三角形片状突起，侧面又各有一个突起；阳基侧突端部三叉状，中央的突起细，两侧的突起扁平片状；阳茎系膜无背突，系膜顶叶短钝，端部骨化；中交合板三角形，阳茎端侧面可见，略短于中交合板端部。

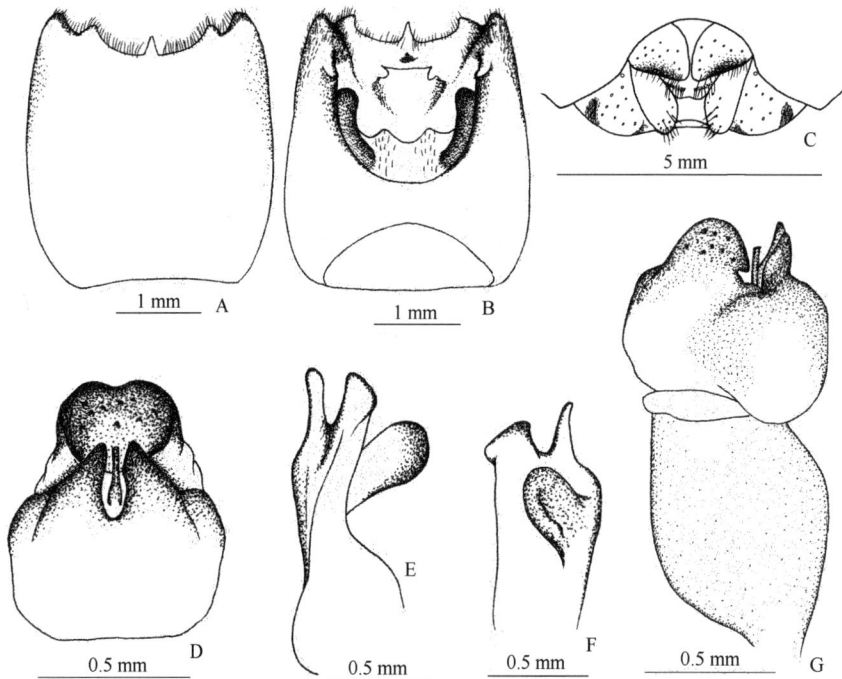

图 18-88　斑枝脉蝽 *Ramivena mosaica* (Hsiao *et* Cheng, 1977)

A. 雄虫生殖囊腹面观；B. 雄虫生殖囊背面观；C. 雌虫生殖节；D. 阳茎腹面观；E, F. 阳基侧突侧面观；G. 阳茎侧面观

雌虫产卵瓣中央具纵脊，第1载瓣片内缘端部 1/3 形成倒直角三角形，基部 2/3 直，相接触；第 8、9 侧背片末端约平齐。

分布：浙江（临安、庆元）、青海、江苏、安徽、湖南、江西、福建、贵州。

240. 棱蝽属 *Rhynchocoris* Westwood, 1837

Rhynchocoris Westwood, 1837: 29. Type species: *Cimex hamatus* Fabricius, 1787 (=*Cimex humeralis* Thunberg, 1783).

主要特征：体大型，头上颚片与前唇基末端约平齐；单眼相距较远，其间距为头宽的 1/2 以上；触角 5 节，细长，第 1 节伸达头端部，第 3 节长于第 2 节；前胸背板侧角尖锐并显著伸出体外，后侧缘明显内凹，后角角状，后缘弧形内凹。中、后胸腹板均强烈隆起，并高于足基节，中胸腹板向前呈侧扁的片状龙骨突，后胸腹板后缘具三角形缺刻。臭腺沟缘长且直，端部几乎伸达挥发域前角。腹部侧接缘各节后角尖锐的角状伸出。腹部腹面中央具角状突起，嵌在后胸腹板后缘的缺刻中。足胫节圆柱状，跗节 3 节。

雄虫生殖囊腹面端半较扁平，腹缘弧形内凹，腹缘肥厚，向背侧内折成两个圆钝的突起。阳基侧突 "L" 形，桨叶突粗细均匀且呈较直的长指状，末端圆钝，感觉叶短钝，顶面着生刚毛面较平。阳茎鞘粗短；阳茎系膜具较粗壮的骨化系膜背突，指状或端部呈分叉；中交合板端部二叉状，端部均圆钝；阳茎端较细，不超过中交合板端部。

雌虫第 1 载瓣片内缘部分或全部平直，内角弧形或圆钝的角状，外缘弧形外拱。第 9 载瓣片指状，端部渐细，其端部完全置于第 8 腹节后缘内侧并远离后者。第 9 侧背片端部具尖锐的角状突起。

分布：东洋区。世界已知 10 种，中国记录 3 种，浙江分布 2 种。

（421）棱蝽 *Rhynchocoris humeralis* (Thunberg, 1783)（图 18-89；图版 IX-129）

Cimex humeralis Thunberg, 1783: 40.

Rhynchocoris humeralis: Hsiao *et al.*, 1977: 110.

主要特征：体长 19.0–25.0 mm。背面黄褐色，刻点大多与底同色，前胸背板侧角具极粗大的黑色刻点。体腹面黄褐色，光滑或刻点与底同色。

头部侧缘极平直，头端部略平截；上颚片狭长，端部圆钝，与前唇基末端平齐。头背面黄褐色，光滑无刻点。触角黑色，第 1 节腹面和背面黄褐色，其端部略短于头端部，第 3 节长于第 2 节。头腹面黄褐色，触角基上方各有一条黑色纵线。小颊长且低矮，前角呈犬齿状向下伸出，端部圆钝，外缘波曲，向后渐消失。喙极长，伸达腹部末端或略超出体末，第 1 节最短，其端部不超过小颊末端。

前胸背板黄褐色，侧角处略带黑色，前半显著下倾，后半饱满隆起；靠近后缘中央的刻点黑色，前角内具若干黑色大刻点，侧角背面具极粗大的黑色刻点；前缘领状，显著弧形内凹，眼后部分斜平截；前角角状，几乎不伸出，末端与复眼外缘约平齐；前侧缘光滑，边缘较厚，略内凹；侧角粗大，强烈伸出体外，端部尖锐并指向体后侧，角体后缘具一浅凹刻，侧角边缘具黑线；后侧缘明显内凹，后角角状向后伸出；后缘显著呈弧形内凹。小盾片端部圆钝，表面较为平坦，基部隆起不明显。前翅缘片基部略带黄白色，狭长，外缘不显著外拱，膜片烟褐色，末端与腹末平齐。中胸腹板具强烈隆起的侧扁突起，前半渐高，其前端圆钝，伸达头基部；后胸腹板强烈隆起，其后端具三角形凹刻，以容纳腹部中央的角状突起。臭腺沟缘极长，向端部渐细，末端几乎伸达挥发域前角处。足黄褐色，胫节端部两侧黑色。

腹部侧接缘强烈外露，各节两侧黑色。腹面中央具轻微隆起的纵脊，其前端具三角状突起，嵌在后胸腹板后缘的缺刻内。

雄虫生殖囊腹面端部较扁平，腹缘弧形浅内凹，并向内折成两个圆钝的突起。阳基侧突 "L" 形，桨叶突呈细长且粗细均匀的长指状，感觉叶短钝。阳茎鞘粗短；阳茎系膜具较粗壮的指状系膜背突；中交合板端部二叉状，两个分支端部均圆钝，其中腹枝较宽大；阳茎端较细，略短于中交合板端部。

雌虫第 1 载瓣片内缘弧形，基部不相互接触，内角弧形，外缘弧形外拱。第 9 载瓣片指状，端部渐细，其端部位于第 8 腹节后缘内侧并远离后者。第 9 侧背片端部具尖锐的角状突起。第 8 腹节后缘及第 9 侧背片端部的角状突起黑色。

分布：浙江、山东、江苏、湖北、江西、湖南、福建、台湾、广东、海南、澳门、广西、四川、贵州、云南；巴基斯坦，印度，斯里兰卡，印度尼西亚。

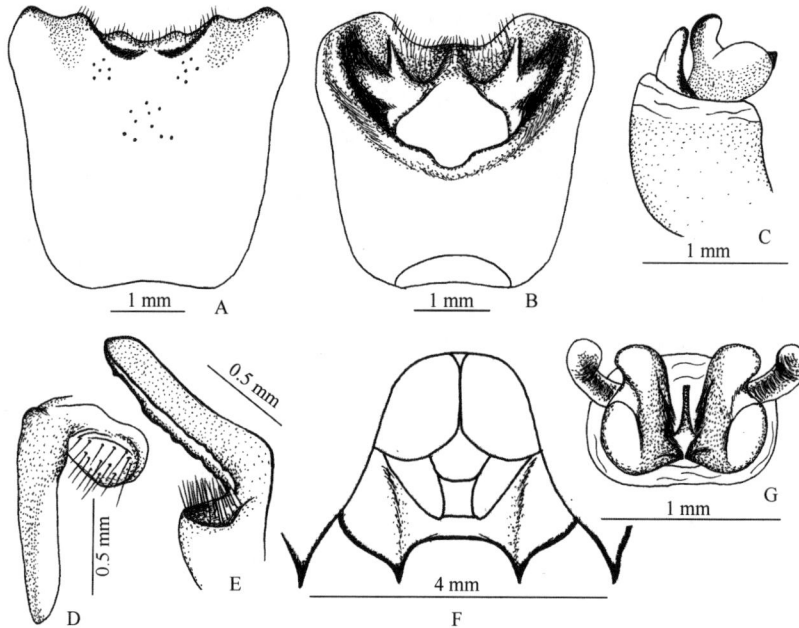

图 18-89　棱蝽 *Rhynchocoris humeralis* (Thunberg, 1783)

A. 雄虫生殖囊腹面观；B. 雄虫生殖囊背面观；C. 阳茎侧面观；D. 阳基侧突端面观；E. 阳基侧突侧面观；F. 雌虫生殖节；G. 阳茎端面观

（422）小棱蝽 *Rhynchocoris plagiatus* (Walker, 1867)（图 18-90）

Cuspicona plagiatus Walker, 1867b: 379.

Rhynchocoris plagiatus: Hsiao *et al*., 1977: 111.

主要特征：雌虫体长 18.0 mm。背面黄褐色，较为光滑，前胸背板侧角角体黑色，头部具 4 条黑色纵线。体腹面黄褐色。

头略短，侧缘波曲，端部圆钝；上颚片略短于前唇基末端；头背面黄褐色，光滑无刻点，侧缘处及前唇基两侧具有 4 条显著的黑色纵线，中央的两条相互平行，其前端伸达头端部，其后端伸达复眼中心水平。触角细长，黑色，第 1 节背面和腹面黄褐色，其末端不伸达头端部，第 3 节长于第 2 节。头腹面黄褐色，触角基上方各有一条黑色纵线。小颊长且低矮，前角呈犬齿状向下伸出，端部圆钝，外缘波曲，向后渐消失。喙伸达第 4 腹节中央，第 1 节端部略超过小颊末端。

前胸背板：黄褐色，侧角黑色，前半显著下倾，后半饱满隆起；中央大部分刻点稀疏、分布均匀且与底同色，侧角角体背面前半具一黄褐色光滑横条带，向外侧不伸达侧角端部，角体外端黑色，其内布若干极粗大的黑色刻点；前缘领状，显著弧形内凹，眼后部分斜平截；前角角状，几乎不伸出，末端与复眼外缘约平齐；前侧缘光滑，边缘肥厚，略内凹；侧角尖锐，直且长，端部强烈伸出体外，并指向体侧面；后侧缘轻微内凹；后角状向后伸出；后缘显著呈弧形内凹。小盾片：三角形，表面较为平坦，端部较宽阔且圆钝，基部隆起不明显；刻点均匀且稀疏，与底同色。前翅外革片基部光滑并略带橙红色，外革片狭长，外缘不显著外拱，膜片暗褐色，末端与腹末平齐。中胸腹板具强烈隆起的侧扁突起，其高度超过足基节，前半渐高，其前端圆钝，前伸超过头基部；后胸腹板强烈隆起，其后端具三角形凹刻，以容纳腹部中央的角状突起。臭腺沟缘极长且直，向端部渐细，末端几乎伸达挥发域前角处。足黄褐色，胫节端部及跗节第 1、2 节端部及第 3 节端部大半棕褐色。

腹部侧接缘外露，黄褐色，后角内侧具一黑斑，后角黑色尖角状，显著伸出。腹部腹面黄褐色，光滑无刻点，各腹节两侧缘后角处具一黑斑。腹面具轻微隆起的中央纵脊，其前端具三角状突起，嵌在后胸腹板后缘的缺刻内。

作者未见到本种雄虫。

雌虫第 1 载瓣片扁平，内缘平直，相互接触，内角圆钝角状，外缘略呈圆钝的角状突起。第 9 载瓣片指状，端部渐细，其端部位于第 8 腹节后缘内侧并远离后者。第 9 侧背片端部具尖锐的角状突起。第 8 腹节后缘及第 9 侧背片端部的角状突起黑色，第 9 侧背片中央具若干黑色点斑。

分布：浙江、海南、云南；印度，斯里兰卡，越南。

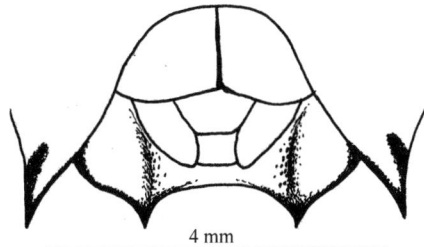

图 18-90　小棱蝽 *Rhynchocoris plagiatus* (Walker, 1867)
雌虫生殖节

241. 珠蝽属 *Rubiconia* Dohrn, 1860

Rubiconia Dohrn, 1860a: 102. Type species: *Cydnus intermedius* Wolff, 1811.

Apariphe Fieber, 1860a: 80 (syn. by Fieber, 1861: 337).

主要特征：体短小，宽椭圆形；头和前胸背板前半显著下倾并略呈弧形向背侧轻微隆起；体背面黄褐色或暗褐色，头和前胸背板胝区及胝区前方黑色。

头略呈三角形，侧缘略外拱或波曲；上颚片基部宽阔，是前唇基基部宽度的 3 倍以上，向端部渐狭，端部圆钝的角状伸出，明显超过前唇基端部，但不会合，形成一缝隙；复眼小，球状，突出，单眼间距约为单眼至复眼外缘距离的 2 倍；触角 5 节，较短，第 1 节不伸达头末端，第 2、3 节约等长。小颊较高，外缘多平直；前角角状或圆弧形。喙伸达腹基附近，第 1 节端部几乎不伸出小颊外。

前胸背板前缘中央宽阔的内陷，眼后平截部分窄；前角略伸出，末端略超过复眼外缘；前侧缘光滑略内凹，边缘黄褐色；侧角圆钝，不伸出体外；后缘平直。小盾片宽略大于长，端部略呈宽舌状。前翅革片短，端缘弧形外拱，端角圆钝，略超过小盾片末端；膜片仅略超过腹末。中胸腹板具中央纵脊。臭腺沟缘粗长，端部略狭，几乎伸达挥发域前角处；后胸侧板的挥发域外缘向后内侧斜行。

侧接缘外露较少或不外露，各节后角略伸出，不尖锐。腹部腹面基部中央平坦，无显著突起。

雄虫生殖囊腹缘中央 1/3 扁薄，略向背侧弯折。阳基侧突躯干部分靠近端部具一圆钝的显著突起，桨叶突端缘圆钝，向端部渐扁，背缘弧形，着生众多直立刚毛。阳茎鞘腹面基部两侧具一对显著宽钝的角状突起；阳茎系膜具一对极为发达的顶叶，其基部宽大的膜囊状，端部骨化，骨化部分角状或钩状，另有一对较发达的基上颚片，其基部膜质，端部骨化；中交合板为一对短小的弯钩状或弯角状，位于系膜基上颚片内侧面的基部；阳茎端较粗长，超出中交合板端部较多。

雌虫第 1 载瓣片宽大，内缘略外拱，基部远离，向后渐近，但不接触，内角圆钝，外缘波曲。第 9 侧背片短，端部圆钝，不超过第 8 腹节后缘。第 9 侧背片端部弧形。

分布：古北区、东洋区。世界已知 2 种，中国记录 2 种，浙江分布 1 种。

（423）圆颊珠蝽 *Rubiconia peltata* Jakovlev, 1890（图 18-91；图版 IX-130）

Rubiconia peltata Jakovlev, 1890: 543.

主要特征：体长 7.0–9.0 mm。背面暗褐色或黄褐色，头和前胸背板前半两侧黑褐色；体腹面黄褐色，布密集的黑色粗糙刻点。

头端部显著下倾，长略大于宽，侧缘外拱，上颚片基部宽阔，为前唇基基部宽度的 3 倍以上，向端部渐狭，末端圆钝的角状，明显超过前唇基末端，但不在前唇基前方会合，而是形成一个细线状缺口；头背面黑色，布粗大密集的同色刻点，头顶中央刻点稀疏，有时呈黄褐色，但不呈明显的长纵带。触角第 1 节到第 4 节基部黄褐色，第 4 节端部大部分和第 5 节黑色，第 1 节不伸达头末端，第 2、3 节约等长。头腹面除小颊和基部黄褐色外，其余黑色。小颊具稀疏的黑色刻点，前角弧形，不呈角状，外缘平直，后角弧形。喙伸达后足基节后缘，第 1 节端部不伸出小颊外。

前胸背板：宽大于长，黄褐色，密布黑色粗糙刻点，胝区及其前方黑色，其内刻点极为密集，前侧缘边缘光滑的黄褐色，其内刻点略密集，前缘中央的刻点情况与其两侧相同；前缘宽阔的浅内陷，中央较平坦，眼后平截部分较窄；前角小尖角状，仅略伸出，末端超过复眼外缘；前侧缘光滑，略内凹；侧角圆钝，不伸出体外；后缘平直。小盾片：宽略大于长，端部略呈宽舌状，端缘处刻点细小且稀疏，呈狭窄的光滑黄白色，基角凹陷内侧有不规则的小黄斑，基缘中央有时也有一个小黄斑，侧缘基部前 1/3 内侧有一斜行的浅凹沟。前翅革片刻点较为密集；端缘弧形外拱；端角圆钝，略超过小盾片末端；膜片淡褐色，末端略超过腹末。

腹部侧接缘不外露或仅狭窄外露，各节两侧狭窄的黑色，中央宽阔的黄褐色。腹面基部中央无突起，腹面黄褐色，具黑色刻点，分布不均匀，隐约呈 6 条刻点带。气门黑色。

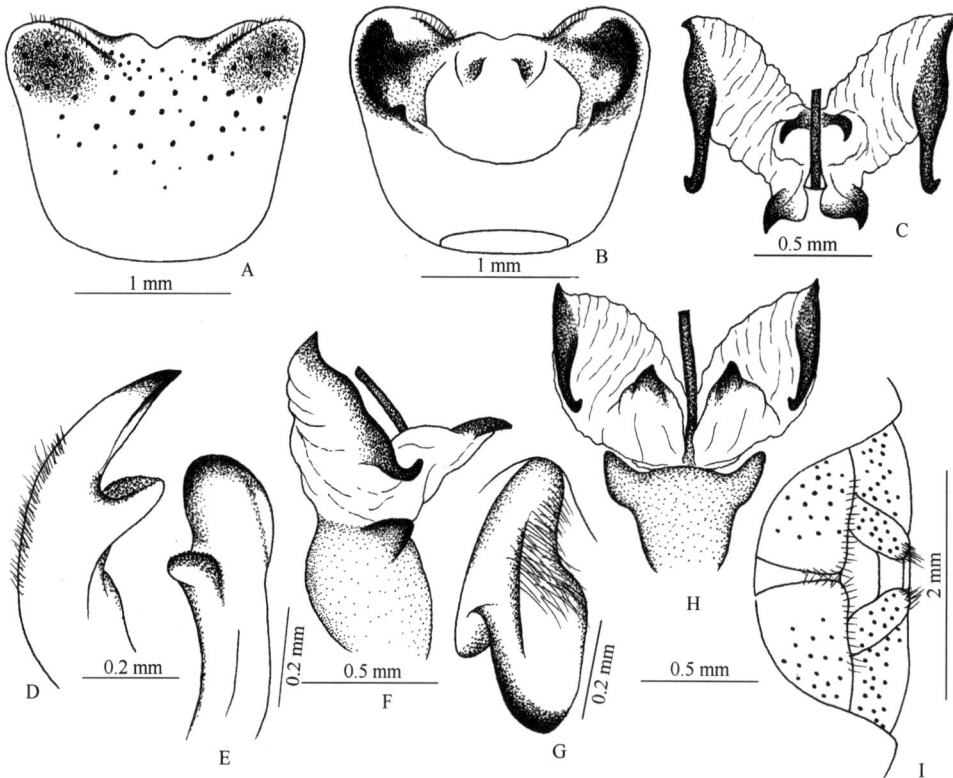

图 18-91　圆颊珠蝽 *Rubiconia peltata* Jakovlev, 1890
A. 雄虫生殖囊腹面观；B. 雄虫生殖囊背面观；C. 阳茎端面观；D、E. 阳基侧突侧面观；
F. 阳茎侧面观；G. 阳基侧突端面观；H. 阳茎腹面观；I. 雌虫生殖节

雄虫生殖囊腹缘中央浅内凹，中点处有一明显的小凹陷，腹缘中央 1/3 左右略向背侧折起，两端呈圆钝的突起，腹缘两侧部分略弧形外拱。阳基侧突躯干部分端部处的突起较宽长，端部圆钝；桨叶突端缘扁平且宽圆；其背侧外侧弧形，着生众多长刚毛。阳茎鞘腹面基部两侧具一对显著的圆钝骨化突起；阳茎系膜具一对发达的顶叶，其基部膜质，较宽大且长，端部宽阔的骨化，骨化部分长条形，背侧为短尖角状，腹面延伸出一游离的骨化钩；另有一对基部膜质、端部骨化角状的系膜基上颚片；中交合板短小的弯钩状，位于基上颚片基部内侧；阳茎端粗长，显著超过中交合板端部。

雌虫第 1 载瓣片宽大，内缘略外拱，基部远离，向后渐近，但不接触，内角圆钝，外缘波曲。第 9 侧背片短，端部圆钝，不超过第 8 腹节后缘。第 9 侧背片端部弧形。

分布：浙江（临安）、黑龙江、吉林、辽宁、内蒙古、河北、山西、山东、河南、陕西、甘肃、安徽、湖北、江西、湖南、四川；俄罗斯东部，朝鲜，日本。

242. 安丸蝽属 *Sepontiella* Miyamoto, 1990

Sepontiella Miyamoto, 1990: 21. Type species: *Sepontia aenea* Distant, 1883.

主要特征：本属种类小型，半球形，小盾片遮盖住腹部绝大部分，此特征极似龟蝽，但足具 3 节跗节，可区别之。头下倾程度较弱，上颚片略短于前唇基。触角第 1 节略短于头端部，第 3 节略长于第 2 节。中胸腹板无明显的纵脊。臭腺沟缘耳壳状。足胫节无棱边。腹部腹面基部中央平坦。

本属体型似丸蝽属 *Spermatodes* Bergroth, 1914，区别在于本属种类头平伸；前胸背板前侧缘略内凹；小颊前角角状；侧接缘被小盾片遮盖住而不外露。而丸蝽属种类的头显著下倾；前胸背板前侧缘较平直；小颊前角低矮且圆钝；侧接缘不被小盾片遮盖因此外露。

分布：古北区、东洋区。世界已知 1 种，中国记录 1 种，浙江分布 1 种。

（424）安丸蝽 *Sepontiella aenea* (Distant, 1883)

Sepontia aenea Distant, 1883: 422.
Sepontiella aenea: Miyamoto, 1990: 21.

主要特征：前胸背板后半仅中央为灰褐色，两侧为较宽的黑色；小盾片除了基部的大黑斑，亚端部另有 2 个并列的圆形大黑斑。

分布：浙江、河南；朝鲜，日本。

243. 丸蝽属 *Spermatodes* Bergroth, 1914

Caenina Walker, 1867a: 82 (junior homonym of *Caenina* Felder, 1861, Lepidoptera). Type species: *Caenina variolosa* Walker, 1867.
Spermatodes Bergroth, 1914: 24. New name for *Caenina* Walker, 1867.

主要特征：本属种类体型似龟蝽，小盾片遮盖住前翅革片大部。体小型，背面圆隆的球状，头强烈下倾，背面不可见，上颚片略短于前唇基。触角第 1 节不伸达头端部，第 2 节短于第 3 节。喙第 1 节明显伸出小颊外。前胸背板前侧缘平直，侧角不伸出。中胸腹板平坦；臭腺沟缘短小的耳壳状。侧接缘光滑，节间缝不明显。第 3 腹节腹板中央平坦。

分布：东洋区、澳洲区。世界已知 4 种，中国记录 1 种，浙江分布 1 种。

（425）丸蝽 *Spermatodes variolosus* (Walker, 1867)（图 18-92；图版 IX-131）

Caenina variolosa Walker, 1867a: 82.

Sepontia variolosa: Hsiao *et al.*, 1977: 135.

Spermatodes variolosus: Rider, 2006: 303.

主要特征：体长 2.8–3.6 mm。黑色，前胸背板和小盾片棕褐色，并具若干大黑斑；体腹面漆黑。

头显著下倾，背面观不可见，宽大于长，端部圆钝，略带黄褐色，上颚片略短于前唇基；黑色，密布同色刻点，复眼前方各有一个黄褐色光滑斜条带，头顶中央在单眼前方有两条平行的光滑短纵带，复眼内侧各有一个光滑胝斑，单眼间距略小于头宽的 1/2。触角黄褐色，第 1 节不伸达头端部，第 3 节大于第 2 节。头腹面黑色，刻点同色。小颊前角圆钝的直角状，外缘平直，向后略高，后角叶状。喙伸达第 3 腹节后缘，第 1 节端部伸出小颊外较多。

前胸背板：饱满，前半下倾；前缘中央黑褐色，两侧均具黄褐色条带，胝区及前缘后狭窄的区域内黑色，胝区之间有一对黄白色大斑，该斑后方有一较大的黑斑，胝区后部分棕褐色，布粗大的黑色刻点；前缘弧形内凹，前角圆，不伸出；前侧缘光滑平直，边缘具显著的黄褐色胝状条带；侧角圆钝，不伸出，其背面略带黑褐色；后侧缘略内凹；后角弧形；后缘较平直。小盾片：极为宽大，侧缘覆盖住前翅革片大部分，端部伸达腹末；棕褐色，刻点黑色，基缘处黑褐色，具 3 个显著的黄褐色光滑胝斑，基部中央有一个大型黑斑。前翅外革片靠近中裂处有 1 列刻点，膜片不外露。胸部腹面黑色，密布同色刻点。中胸腹板平坦。臭腺沟缘短小的耳壳状，端部角状翘起。足黄褐色，股节基部及亚端部暗红褐色，胫节无显著棱边。

腹部侧接缘不外露，光滑的黄褐色，各节相连，节间缝不明显。腹部腹面漆黑，侧缘黄褐色，气门处具一略隆起的黄褐色圆形胝斑。

雄虫生殖囊腹缘两侧弧形隆起，中央内凹并向背侧弯折；后缘中央具一个二叉状的突起，端部均圆钝。阳基侧突细长，端部弯曲的角状。阳茎鞘短；阳茎系膜具一对基部膜质、端部骨化角状的系膜背叶，以及一个细长膜囊状的系膜前唇基；中交合板缺失；阳茎端从前唇基腹面基部伸出；阳茎端腹面具一个背面具轻微骨化条带的系膜腹叶，其端部有 2 个圆钝突起。

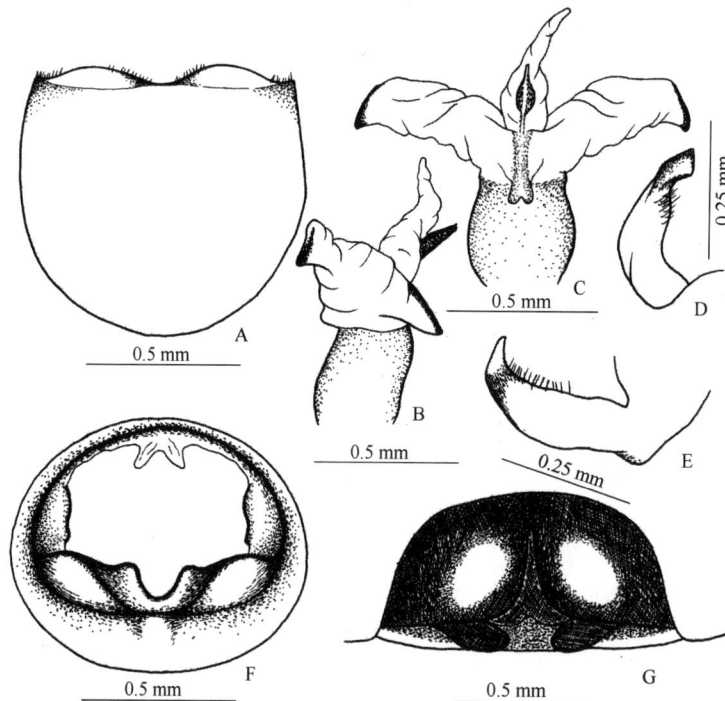

图 18-92　丸蝽 *Spermatodes variolosus* (Walker, 1867)
A. 雄虫生殖囊腹面观；B. 阳茎侧面观；C. 阳茎腹面观；D、E. 阳基侧突侧面观；F. 雄虫生殖囊端面观；G. 雌虫生殖节

雌虫第 1 载瓣片宽大，中央靠近内角处各有一个黄褐色光滑胝斑，内缘长且平直，相互接触，内角钝角状，外缘外侧 3/4 平直，内侧 1/4 斜平直，在 1/4 处有一角状突起。第 9 侧背片角状，端部与第 8 腹节后缘约平齐。第 8 侧背片外缘光滑的黄褐色，宽阔的弧形。

分布：浙江（临安、泰顺）、湖北、江西、湖南、福建、广东、海南、广西、四川、贵州、云南；日本，巴基斯坦，印度，斯里兰卡，菲律宾，澳大利亚。

244. 点蝽属 *Tolumnia* Stål, 1867

Tolumnia Stål, 1867: 515. Type species: *Pentatoma trinotata* Westwood, 1837.

主要特征：体短椭圆形，头狭长，其长度约与前胸背板长度等长，小盾片端部具大型黄白色光滑胝斑。头端缘圆弧形，上颚片末端角状，与前唇基末端平齐或略短于前唇基。触角 5 节，细长，第 1 节不伸达头端部，第 2、3 节约等长。前胸背板较平，向前均匀下倾，前缘和前侧缘均为领边状；前侧缘光滑，略平直。小盾片长度略大于宽度，端缘半圆形。中胸腹板具低矮的中央纵脊。臭腺沟缘极为狭长，端部渐细上扬。足胫节具棱边，有的种类前足胫节略呈叶片状扩张，跗节 3 节。腹部侧接缘外露，黄黑相接，后角角状伸出。腹部腹面基部中央略隆起，但无显著突起。

雄虫生殖囊相对较小，腹缘中央较平坦地内陷，两侧端部向腹下呈角状伸出。阳基侧突简单的指状。阳茎系膜无背突，具发达的系膜顶叶和基上颚片；中交合板愈合成较长的板状，阳茎端粗长，向背侧伸出。

雌虫第 1 载瓣片较宽大，内缘不接触，内角圆钝。第 9 侧背片端部圆钝。第 8 侧背片端部角状，但仅略伸出。

分布：世界已知 13 种，中国记录 4 种，浙江分布 3 种。

分种检索表

1. 小盾片基部具黄白色光滑横带 ··· 2
- 小盾片基部无黄白色光滑横带 ··· **点蝽 *T. latipes***
2. 侧接缘各节中央的黄褐色横带的宽度约为节宽的 1/3 ······························ **大斑点蝽 *T. gutta***
- 侧接缘各节中央的黄褐色横带的宽度远大于节宽的 1/3 ························ **横带点蝽 *T. basalis***

（426）横带点蝽 *Tolumnia basalis* (Dallas, 1851)（图 18-93）

Pentatoma basalis Dallas, 1851: 237.

Tolumnia basalis: Hsiao *et al.*, 1977: 151.

主要特征：体长 9.0–11.0 mm。背面黄褐色，刻点暗棕褐色。头腹面淡黄色，具若干小黑斑。

头狭长，端部圆弧形；侧缘波曲，边缘黑色线状；上颚片狭长，端部角状，与前唇基末端平齐或略短于后者；头背面黄褐色，布棕黑色稀疏刻点，前唇基中段的刻点较为稀疏，单眼前方的纵带内刻点稍密集。触角细长，黄褐色，第 4 节端部 3/4 和第 5 节端部 2/3 黑色；第 1 节不伸达头端部，第 2、3 节约等长。头腹面淡黄色，两侧中段布与底同色的刻点，触角基上方各有一条黑色纵带。小颊前角圆弧形向下伸出，外缘低矮，向后不伸达头基部。喙第 4 节黑色，末端略超过后足基节后缘，第 1 节末端略伸出小颊外。

前胸背板：宽大于长，长度约与头长度相等；背面黄褐色，后半色略深，胝区淡黄褐色，刻点棕黑色，前角内侧的刻点稍密集；前缘弧形深内凹，边缘淡黄色光滑领状，眼后平截部分狭窄；前角黄白色，略伸出体外，指向体侧，末端略超过复眼外缘；前侧缘光滑平直，边缘狭边状；侧角圆钝角状，几乎不伸出体外；后侧缘斜平直；后角弧形；后缘平直。小盾片：三角形，长仅略大于宽，背面轻微隆起，端部圆钝；基缘具一黄白色光滑横带，其宽度约为小盾片长度的 1/4，基缘中央有两处密集刻点组成的不规则斑；端部具一大型黄白色光滑胝斑；小盾片中央约 1/2 部分黄褐色，布棕黑色稀疏刻点。前翅革片黄褐色，刻点分布均匀，中裂端部内侧各有一个隐约的黄白色胝斑；端缘略平直；端角圆钝，略伸出；膜片淡褐色，端部仅略伸出腹末。胸部腹面淡黄色，各胸节侧板靠近足基节处有一黑斑，中胸侧板前缘中央靠外侧及后胸侧板外缘中央另有一个黑斑。中胸腹板具低矮的中央纵脊。足淡黄褐色，各足股节端半及前、后足胫节基部具若干稀疏的黑色小点斑。

腹部侧接缘外露，黄黑相接，各节中央的黄色宽带的宽度大于节宽的 2/3，各节后角角状伸出。腹部腹面淡黄色，腹基中央略隆起，但无显著突起，两侧气门内侧具稀疏的与底同色的刻点，各腹节腹板侧缘两端各有一个较小的黑斑。

雄虫生殖囊腹缘中央宽阔且平坦的内陷，两侧端部圆钝的角状伸出。阳基侧突指状。阳茎系膜具一对发达的膜质系膜顶叶，其端部不分叉，另有一对端部二叉并呈骨化角状的系膜基上颚片。中交合板愈合，呈细长的板状。中交合板较长，指向背面。

雌虫第 1 载瓣片宽大，内缘略外拱，相互不接触；内角圆钝的角状；外缘弧形外拱。第 9 侧背片端部圆钝，不伸出第 8 腹节后缘。第 8 侧背片边缘斜平直，后角角状，仅略伸出。

分布：浙江、陕西、江西、福建、广东、海南、广西、贵州、云南；越南，印度尼西亚。

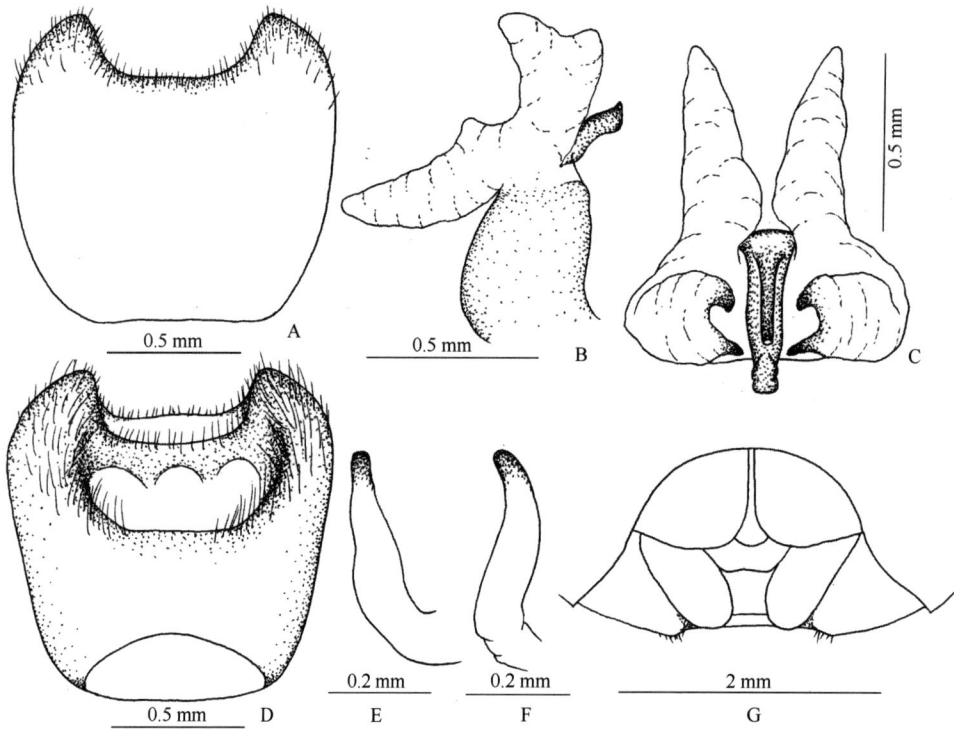

图 18-93　横带点蝽 *Tolumnia basalis* (Dallas, 1851)
A. 雄虫生殖囊腹面观；B. 阳茎侧面观；C. 阳茎端面观；D. 雄虫生殖囊背面观；E、F. 阳基侧突侧面观；G. 雌虫生殖节

（427）大斑点蝽 *Tolumnia gutta* (Dallas, 1851)

Pentatoma gutta Dallas, 1851: 239.

Pentatoma inobtrusa Walker, 1867b: 305 (syn. by Distant, 1899: 436).

主要特征：小盾片基部具宽横带；触角第 5 节端半黑色；侧接缘各节中央的淡色宽带的宽度约为节宽的 1/3。

分布：浙江、陕西、福建、海南、广西、四川、云南。

（428）点蝽 *Tolumnia latipes* (Dallas, 1851)（图 18-94；图版 IX-132）

Pentatoma latipes Dallas, 1851: 238.

Tolumnia latipes: Hsiao *et al*., 1977: 150.

主要特征：体长 9.5–11.5 mm。背面黑褐色，散布黄白色小碎斑，具一条隐约的淡色中央纵线，贯穿头、前胸背板和小盾片。体腹面淡黄色，具若干小黑斑。

头狭长，长略大于宽，端部圆钝；侧缘波曲，边缘黑色，上颚片狭长，端部角状，与前唇基末端平齐或略短于后者；头背面布黑色刻点，前唇基上刻点稀疏或几乎无刻点，头顶中央有 2 条隐约的黄白色短纵带。触角细长，第 1~3 节黄褐色，第 4 节基部 1/4 和第 5 节基半淡黄白色，第 4 节端部 3/4 和第 5 节端半黑色；第 1 节不伸达头端部，第 2、3 节约等长。头腹面淡黄色，两侧的刻点与底同色，触角基上方各有一条黑色纵带。小颊前角圆钝地弧形伸出，外缘低矮，向后不伸达头基部。喙略超过后足基节后缘，第 1 节末端略伸出小颊外。

前胸背板宽大于长，向前均匀下倾，具黑褐色粗大刻点，散布黄白色光滑小碎斑，具一条黄白色的中央纵线；前缘弧形深内凹，边缘领状，眼后平截部分狭窄；前角黄白色，略伸出，末端约与复眼外缘平齐；前侧缘光滑的狭边状，略内凹，边缘除侧角边缘黑色外，均为黄白色；侧角角状，几乎不伸出体外；后侧缘斜平直；后角弧形；后缘平直。小盾片背面轻微隆起；端部圆钝，具显著的大型光滑黄白色斑；基角处具一黄白色光滑胝斑，其大小有两种类型。前翅革片暗褐色，刻点均匀，其基半和爪片基半均散布若干黄白色光滑小胝斑，中裂端部内侧各有一个较大的黄白色胝斑；缘片底色黄白色，布粗大的黑褐色刻点；端缘略平直；端角圆钝，略伸出；膜片淡褐色，端部不伸出腹末。各胸节侧板靠近足基节处有一黑斑，中胸侧板前缘中央靠外侧及后胸侧板外缘中央另有一个黑斑。中胸腹板具低矮的中央纵脊。足淡黄褐色，各足胫节端部、后足股节端部、胫节基部黑褐色。

腹部侧接缘外露，黄黑相接，各节中央的黄色宽带的宽度约为节宽的 1/3，各节后角角状伸出。腹部腹面淡黄色，腹基中央略隆起，但无显著突起，两侧气门内侧具稀疏的与底同色的刻点，各腹节腹板侧缘两端各有一个黑斑。

雄虫生殖囊较小，腹缘中央宽阔的浅内凹，两侧端部呈圆钝的角状向腹面略伸出，腹面端部中央宽阔的凹陷。阳基侧突简单的指状。阳茎系膜具一段端部二叉状的膜质系膜顶叶；另有一对发达的系膜基上颚片，

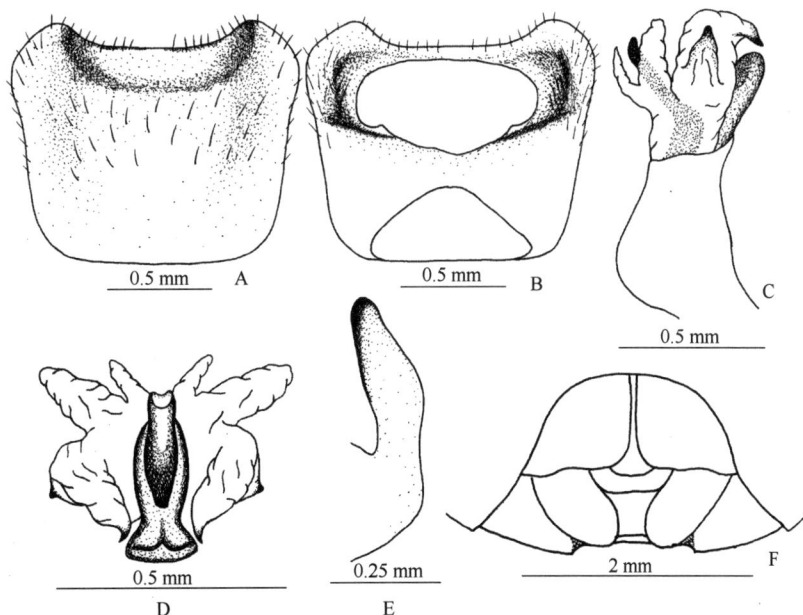

图 18-94　点蝽 *Tolumnia latipes* (Dallas, 1851)

A. 雄虫生殖囊腹面观；B. 雄虫生殖囊背面观；C. 阳茎侧面观；D. 阳茎端面观；E. 阳基侧突侧面观；F. 雌虫生殖节

基上颚片两个分支的基部膜质，端部尖锐的角状；中交合板愈合呈板状，端部略变宽；阳茎端粗长，端部弯向背侧。

雌虫第1载瓣片宽大，内缘平直，相互约平行，相距较近但不接触；内角圆钝；外缘中央略呈圆钝的钝角状，略伸出。第9侧背片端部圆钝，略伸出第8腹节后缘。第8侧背片边缘斜平直，两端具黑斑，后角角状伸出。

分布：浙江（临安）、山西、陕西、安徽、河南、湖北、江西、湖南、福建、台湾、广东、海南、广西、四川、贵州、云南、西藏；印度，马来西亚，印度尼西亚。

245. 突蝽属 *Udonga* Distant, 1921

Udonga Distant, 1921: 69. Type species: *Udonga spinidens* Distant, 1921.

主要特征：体狭长；头长略大于宽，侧缘端部强烈的斜平截，上颚片与前唇基约等长或上颚片略长；触角5节，第1节不伸达头末端；喙第1节完全包裹于小颊内；前胸背板宽大于长，前角尖锐尖齿状，前侧缘具浅圆的锯齿，侧角尖刺状，强烈向前伸出；小盾片狭长。臭腺沟缘粗短，不超过挥发域宽度的1/3。中胸腹板中央内凹，底部前半具低矮的纵脊。

分布：东洋区。世界已知1种，中国记录1种，浙江分布1种。

（429）突蝽 *Udonga spinidens* Distant, 1921（图18-95；图版 IX-133）

Udonga spinidens Distant, 1921: 69.

主要特征：体长10.0–13.0 mm。背面污褐色，小盾片黄褐色或红褐色，基部中央具大型三角形黑斑，端部黄白色。体腹面淡黄褐色，雄虫两侧各有1条黑色刻点带。

头侧缘端部斜平截，亚端部呈角状，侧缘基部2/3黑色，两侧几乎相互平行；上颚片端部角状，与前唇基末端平齐或略长于后者；头背面刻点密集，黑褐色，头顶中央的刻点稍稀疏且色略淡，复眼内侧各有一个黄褐色光滑胝斑。触角褐色，第1节不伸达头端部，第3节长于第2节。小颊长，前角尖锐的钝角状伸出，外缘平直或略内凹，后角圆钝角状，向体后伸出。喙伸达后足基节前缘。

前胸背板向前均匀下倾，前半刻点略稀疏，有隐约可见的2条短纵带；前缘宽阔的弧形内凹；前角尖锐角状伸出，末端略超过复眼外缘，指向体前侧方；前侧缘略内凹，前2/3具圆钝的锯齿，后1/3光滑；侧角黑色，尖细的刺状，指向体前侧方；后侧缘略内凹；后角圆钝；后缘平直。小盾片长大于宽，端部狭长，黄白色。前翅革片外缘平直，两侧相互平行，缘片极为狭长，中裂红褐色，较长，其末端与小盾片端部约平齐，端缘略内凹，端角角状，膜片无色透明，末端伸出腹末较长。各胸节侧板中央靠内侧具1列3个小黑斑，中胸侧板前缘中央和后胸侧板外缘中央各有1个小黑斑，后胸侧板内半具一黑色刻点组成的隐约短纵带，与腹部两侧的纵带相连续。中胸腹板具凹槽，其底部前半具低矮的纵脊，后半部几乎无隆起的脊，脊的两侧各有1条黑色的纵带。臭腺沟缘宽短。足暗黄褐色，胫节端部和跗节略带黑褐色，股节和胫节布细小的黑色斑点，胫节的点斑较密集，股节近端部处另有1个较大的黑斑。

腹部侧接缘狭窄外露，各节两侧具黑斑，中央大半黄褐色。

雄虫生殖囊腹面中央近端部处有"V"形排列的毛簇，该毛簇与腹缘中央有一对短钝的小突起，腹缘中央倒三角形深内凹，两侧区向外侧伸展，在亚端部处各有1个圆钝突起，突起两侧缺显著凹刻；生殖囊背缘两侧各有一尖角状突起。阳基侧突躯干部分宽，背缘具一角状突起，感觉叶细长指状，桨叶突细长指状。阳茎鞘背面端部中央具一对短钝突起，腹面端部中央具1个短钝突起；阳茎系膜基部膨大，其背侧具两对骨化的细长指状突起，背侧的一对略短，系膜腹面中央具一对膜质的短叶，其前方另有1个膜质短叶；中交合板长，基部愈合，端部向两侧伸出粗壮的角状突起，端部腹面具一对指状突起，阳茎端细，指向中交合板背侧，略超出中交合板背侧。

雌虫第 1 载瓣片内缘不相互接触，内缘基部远离，后方大半平直且相互平行；内角圆钝；外缘弧形，轻微外拱，向前侧方延伸。第 9 侧背片端部宽圆，明显伸出第 8 腹节后缘。第 9 侧背片端部具黑色的尖角状突起，约与第 9 侧背片端部平齐。

分布：浙江、陕西、山西、湖北、江西、湖南、福建、广东、海南、澳门、广西、贵州、云南、西藏；老挝。

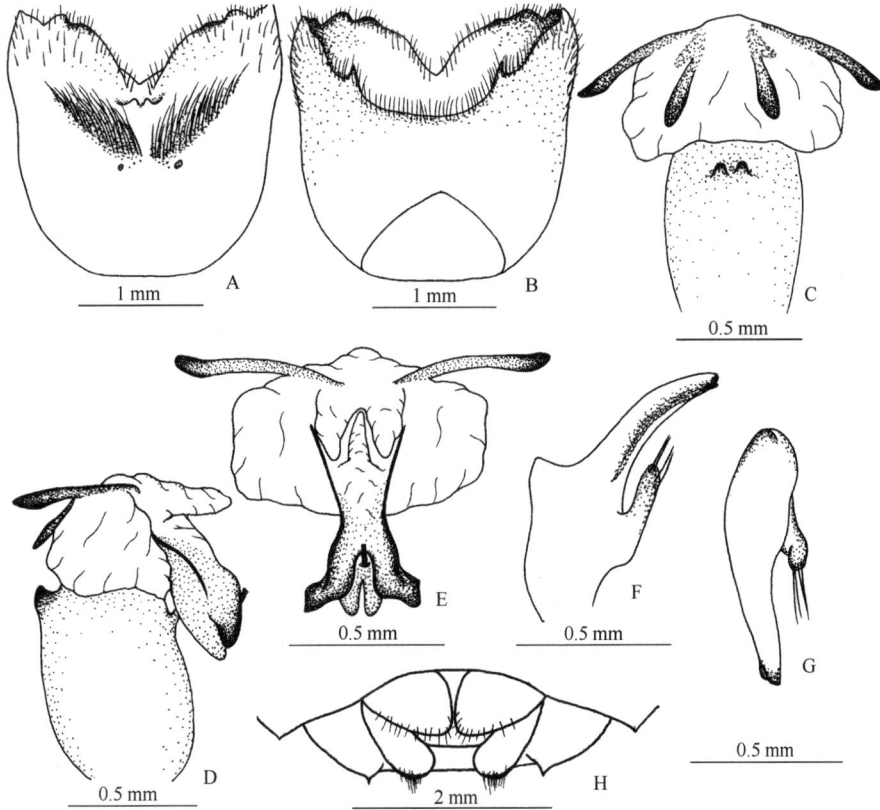

图 18-95　突蝽 *Udonga spinidens* Distant, 1921
A. 雄虫生殖囊腹面观；B. 雄虫生殖囊背面观；C. 阳茎腹面观；D. 阳茎侧面观；E. 阳茎端面观；
F. 阳基侧突侧面观；G. 阳基侧突端面观；H. 雌虫生殖节

246. 烟蝽属 *Valescus* Distant, 1901

Valescus Distant, 1901: 584. Type species: *Valescus nigricans* Distant, 1901.

主要特征：体短椭圆形，前翅革片的中裂波曲，外革片中央显著向外加宽。体背黑褐色或棕褐色，前胸背板及小盾片由于刻点粗糙，多少呈不规则的横皱状。头宽大于长，端部圆钝，中央具缺口，上颚片明显长于前唇基，会合后分开或不会合；小颊低矮，前角角状伸出；喙伸达中足基节附近，第 1 节伸出小颊外。前胸背板前角端部向外超过复眼外缘，但向前不伸达复眼中心水平；前侧缘略内凹，前半锯齿状，后半较光滑或全缘均具细锯齿（如 *Caystrus nigricans* Distant, 1901）；侧角简单的圆钝角状，伸出甚少。小盾片三角形，长大于宽。臭腺沟缘短，长度约为挥发域宽度的 1/3。中胸腹板中央具纵脊。足胫节具棱边，跗节 3 节。腹面基部中央无突起。

雄虫生殖囊腹缘内褶发达。阳茎鞘腹面中央具一对圆钝的突起。阳茎系膜具一对骨化背突。阳基侧突具指状感觉叶。阳茎端粗，长度中等，约与中交合板端部平齐，其基部伸出处远离中交合板基部。

雌虫生殖节种类差别较大，其共性为：第 8 腹节后缘明显内凹，第 9 侧背片端部超出第 8 腹节后缘。

分布：东洋区。世界已知 3 种，中国记录 2 种，浙江分布 1 种。

（430）剑河烟蝽 *Valescus jianhenensis* Chen, 1983（图 18-96；图版 IX-134）

Valescus jianhenensis Chen, 1983: 43, 46.

主要特征：雄虫：长 12.0 mm。背面棕黄褐色，刻点黑褐色或棕黑色，前胸背板前半刻点略带暗金绿色金属光泽。腹面淡黄白色，两侧具金绿色纵带，腹部腹面中央另具一条黑色纵带。

头宽大于长，侧缘黑色细线状，微向上卷翘，侧缘在复眼前方略伸出，其前波曲；上颚片宽，端部略呈角状，长于前唇基，在前唇基前方会合后分开，形成一个倒三角形的缺口；头背面刻点棕黑色，稀疏分布，复眼内侧各有一个椭圆形光滑胝斑，头顶中央隐约有两条光滑短纵带；单眼位于复眼后缘之后较远。触角第 3 节向端部渐深，第 4 节基部和第 5 节基部 2/3 黄白色。小颊弯折处有一些黑色刻点，小颊前角钝角状伸出。喙伸达后足基节前缘。

前胸背板宽大于长，胝区后的横带内刻点较为稀疏；前缘中央平坦内陷，眼后部分平直；前角尖角状伸出，指向侧面，末端超过复眼外缘，但不向前伸过复眼后缘；前侧缘中央内凹，前半显著的锯齿状，后半较光滑；侧角角状，略伸出体外；后侧缘和后角弧形，轻微外拱，不伸出；后缘平直。小盾片端部狭细，基角处的凹陷较浅，略呈暗金绿色，凹陷内侧各有一个黄褐色弧形小胝斑。前翅革片刻点分布不均匀，革片外半散布大片的光滑胝状区域；中裂波曲，缘片中央加宽，中裂外侧有一条斜行的光滑纵线；端缘较平直；端角角状；膜片烟褐色，端部约与腹末等齐或略短于腹末。胸部腹面淡黄白色，两侧布稀疏的黑色刻点，侧区中央各有一条暗金绿色的断续宽纵带。臭腺沟缘长度为挥发域宽度的 1/3–1/2。

腹部侧接缘外露，黄褐色，外缘处光滑无刻点。

雄虫生殖囊腹缘宽阔内凹，腹缘内褶发达；内缘"V"形内凹，中央具一端缘平截的突起，背缘内侧着生一对角状的骨化突。阳基侧突桨叶突发达，显著伸出，其背侧延伸出一个较短钝的突起；感觉叶细指状。阳茎鞘腹面中央具一对钝突起；阳茎系膜不发达，仅有一对较短的骨化背突；中交合板短钝，其侧面各着生一个圆钝突起，骨化极弱；阳茎端远离中交合板基部，粗壮，弯曲伸向腹面，其长度约与中交合板长度相等。

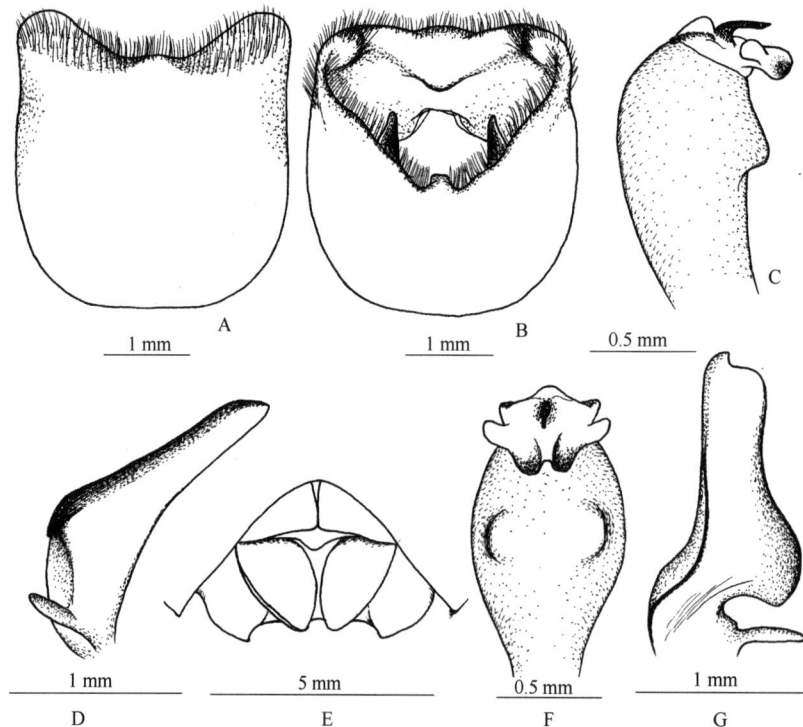

图 18-96　剑河烟蝽 *Valescus jianhenensis* Chen, 1983

A. 雄虫生殖囊腹面观；B. 雄虫生殖囊背面观；C. 阳茎侧面观；D. 阳基侧突侧面观；E. 雄虫生殖节；F. 阳茎腹面观；G. 阳基侧突端面观

雌虫第 1 载瓣片三角形，内角处强烈向外翘起，内角锐角状，外缘宽阔内凹；第 9 侧背片基部宽阔，端部略呈角状，明显超过第 8 腹节后缘；第 8 侧背片端部显著的角状伸出，其端部约与第 9 侧背片端部向平齐或略短于后者，第 8 腹节后缘平直内凹。

分布：浙江（龙泉）、福建、广西、贵州。

（三）舌蝽亚科 Podopinae

分属检索表

1. 小盾片表面具有一前一后两个驼峰状的突起，头端部宽阔 ······························驼蝽属 **Brachycerocoris**
- 小盾片表面结构不如上述，头端部较尖或圆钝 ··· 2
2. 体橙黄色、橙色或深红色，体背面具有黑色纵斑，腹面具黑色圆斑 ···················条蝽属 **Graphosoma**
- 体不呈红色或橙色，其上无黑色纵斑或圆斑 ··· 3
3. 复眼突出，着生于眼柄之上，触角基部具有刺状瘤突 ··· 4
- 复眼无眼柄，不突出，触角基部具 1–2 个瓣状小突起 ·····················滴蝽属 **Dybowskyia**
4. 上颚片在唇基前方会合，前胸背板前半强烈隆起 ···························墨蝽属 **Melanophara**
- 上颚片不在唇基前方会合，前胸背板前半不隆起 ··························黑蝽属 **Scotinophara**

247. 驼蝽属 *Brachycerocoris* Costa, 1863

Brachycerocoris Costa, 1863: 191. Type species: *Brachycerocoris camelus* Costa, 1863.

主要特征：体小型，黑色或黑褐色，凹凸不平；体背面密布大小不同的突起和脊，并被有密集的黄色或银白色平伏短毛，刻点较深；头及前胸背板两侧角之前的部分近垂直状下倾。

头较长，上颚片长于唇基，在唇基前方会合，头顶具有突起，上颚片上亦具有突起；喙较长，末端伸达腹部第 3 节。前胸背板后半强烈上鼓，其上具有纵脊和数量不等的突起。小盾片窄，前翅革片大部分外露，其上基部及近中间的位置有一前一后两个突起，基部突起一般较大，且突起的顶部有锯齿状纵脊，小盾片后半强烈下倾，且向端部渐窄。足腿节粗壮。腹部短且宽，较饱满，边缘在体背面明显外露。

分布：世界已知 5 种，中国记录 1 种，浙江分布 1 种。

（431）驼蝽 *Brachycerocoris camelus* Costa, 1863（图 18-97）

Brachycerocoris camelus Costa, 1863: 192.

主要特征：体长 6.85–7.25 mm。强烈凹凸不平，灰黄褐色至黑褐色，具平伏的黄褐色短毛，刻点较深。头部呈直角状下倾，宽约等于长，侧缘内凹，向亚端部渐宽，侧缘在亚端部呈角状向两侧伸出，端部略窄平截。上颚片明显长于唇基，并在唇基前方会合；上颚片上各有两个前后排列的瘤突，后侧瘤突较前侧略大；唇基端部 1/3 凹陷。头顶具有一侧扁的较高突起。复眼明显，单眼模糊，不易分辨。触角瘤较复眼小，圆钝，触角由其内侧发出，触角第 1 节向小颊方向弯曲，第 2 节明显短于其他各节，第 2–4 节圆柱状，第 5 节纺锤形。小颊高且厚，前缘具有一小齿突向下伸出，喙伸达第 3 腹节后缘。

前胸背板前 2/3 垂直下倾，其后部分向上鼓起，在两胝区之间的中央有一指向背后方的较大瘤突，胝区周围形成脊状环绕，其内具有一锥刺；前胸背板中央具有一贯穿前后缘的纵脊，由侧角处发出的弯曲横脊，在靠近中央纵脊处弯向后方；前缘在两复眼之间显著内凹，具领，领轻微翘起；前侧缘在侧角之前形成 2–3 个锯齿，侧角宽大圆钝，中间具有一三角形小突起伸向两侧；后缘中部轻微内凹。小盾片前后具有一大一小两个显著的突起，小盾片短，末端伸达第 6 腹节。前翅革片端部伸达小盾片后端瘤突的前缘，膜片大部分外露。足短而粗壮，腿节粗，胫节圆柱状。后胸臭腺沟缘呈小的圆形突起，臭腺孔明显可见，挥发域具深的皱褶，黑色。

腹部宽短，饱满，各节后角具小而圆的突起，在背面明显外露。

雄虫生殖囊腹面端部 2/3 密布平伏毛，背缘中央近平直，两端部内凹，侧缘具一圆钝突起，腹缘端部外突，并各具有一圆钝小突起，亚端部内凹，中央略呈弧形外突。阳茎鞘基部两侧各形成一圆钝突起，中交合板发达，骨化较强，基部宽大圆钝，端部呈细棒状伸出。阳基侧突呈倒"L"形，感觉叶退化，茎部一侧形成一小缺刻。

雌虫第 1 载瓣片宽大，其内缘前方不相互接触，后缘波曲，后角强烈向后伸出，端部圆钝，外角尖锐的角状。第 2 载瓣片呈小瘤突状伸出。第 9 侧背片较小，基半狭窄，后半宽阔，且逐渐加厚，末端明显短于第 8 腹节后缘。第 8 侧背片后缘呈宽阔的弧形内凹。

分布：浙江、河南、安徽、江苏、湖北、江西、福建、广东、广西；印度，斯里兰卡。

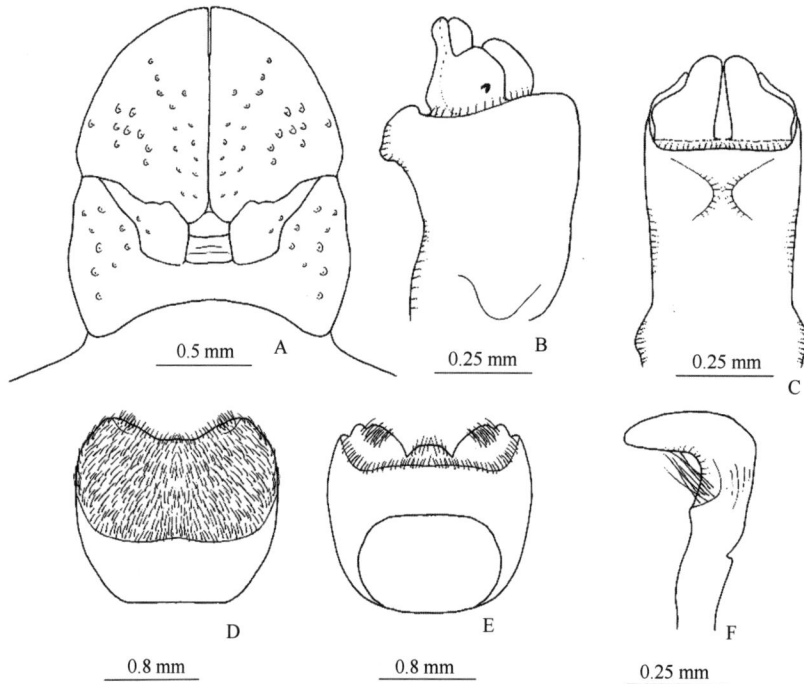

图 18-97　驼蝽 Brachycerocoris camelus Costa, 1863
A. 雌虫生殖节；B. 阳茎侧面观；C. 阳茎腹面观；D. 生殖囊腹面观；E. 生殖囊背面观；F. 阳基侧突侧面观

248. 滴蝽属 *Dybowskyia* Jakovlev, 1876

Dybowskyia Jakovlev, 1876: 85. Type species: *Dybowskyia ussurensis* Jakovlev, 1876 (=*Bolbocoris reticulatus* Dallas, 1851).

主要特征：体小型，黄褐色或黑褐色，全身密布较深的黑色或深褐色刻点，背腹饱满。头较长，上颚片宽而长，在唇基前方会合，唇基较短，复眼小，触角细，相对较长，喙长，末端伸达腹部。前胸背板胝区各具有一突起，突起之后具有一黄色斑点，侧缘呈钝角状内凹，侧角宽大圆钝。小盾片宽大，中央上鼓，其后部下倾。腹部饱满，腹面具有宽的黄色纵斑。

分布：世界已知 1 种，中国记录 1 种，浙江分布 1 种。

（432）滴蝽 *Dybowskyia reticulata* (Dallas, 1851)（图 18-98）

Bolbocoris reticulatus Dallas, 1851: 45.

Dybowskyia reticulata: Hsiao *et al.*, 1977: 117.

主要特征：体长 4.58–5.77 mm。体小型，背面较为隆起，黄褐色或黑褐色，全身密布褐色或黑色刻点，刻点较深。

　　头较长，呈三角形，侧缘在复眼前方明显内凹，上颚片长于唇基，并在唇基前方会合，上颚片较宽，边缘较薄，唇基略凸起；复眼小，单复眼间距约为两单眼间距的1/2；触角瘤在背面仅端部可见，触角第1节膨大，最短，第2、3、4节约等长，第5节最长，颜色也较其他各节深；小颊的前端内折，其后部分等高，喙的第1节完全包裹于小颊之内，末端伸达后足基节前缘。

　　前胸背板前半下倾，前角短小，前侧缘内凹，侧角宽大而圆钝；具领，胝区各具一低矮突起，突起之间的中央还有一黄色突起，胝区之后各具一黄色小圆斑；两侧角之间前缘有一不明显的浅横沟。小盾片宽大而上鼓，几乎伸达腹末，其基部近基角处各有一黑色凹陷，凹陷内侧各有一黄斑，两黄斑之间的小盾片基部中央形成一半圆形低矮凸起，凸起周围形成凹沟，小盾片正中间隆起，其后端下倾。前翅大部分被小盾片遮盖，膜片仅端部稍稍外露。胸部侧板有黄斑，后胸臭腺孔可见，臭腺沟缘香蕉状，其外侧、后侧具沟。足较为粗壮，腿节及胫节上具有短毛，胫节上具有纵向的棱状突起，跗节3节。

　　腹部侧接缘狭窄外露，各节两端均为黑色；腹部腹面饱满，其两侧各有一列较宽的黄色纵斑，每一腹节后角形成一较圆的小突起，气孔所在处亦略微凸起。

　　雄虫生殖囊背缘平直，背缘亚端部各形成一圆钝突起，端部倒三角状浅内凹；侧缘宽阔圆钝；腹缘内褶宽大，两侧呈较长的三角状伸出，靠近中央处形成低矮的横突。阳茎腹侧基部两侧各有一腹突。阳基侧突桨叶宽大，呈蘑菇状，感觉叶相对较小，呈勺状伸出。

　　雌虫第1载瓣片鼓起，内缘平直，相互接触，后缘宽阔弧形内凹，后角直角状，外角圆钝，向端部伸出。第2载瓣片短小，呈梯形。第9侧背片端部平直，末端与第8腹节平齐。载肛突后缘平直，前缘略内凹，近似矩形。第8侧背片后缘外侧外突，内侧内凹。

　　分布：浙江（杭州、临安）、黑龙江、吉林、辽宁、内蒙古、河南、陕西、江苏、安徽、湖北、江西、湖南、福建、广东、海南、广西、四川、贵州；俄罗斯，韩国，日本，欧洲。

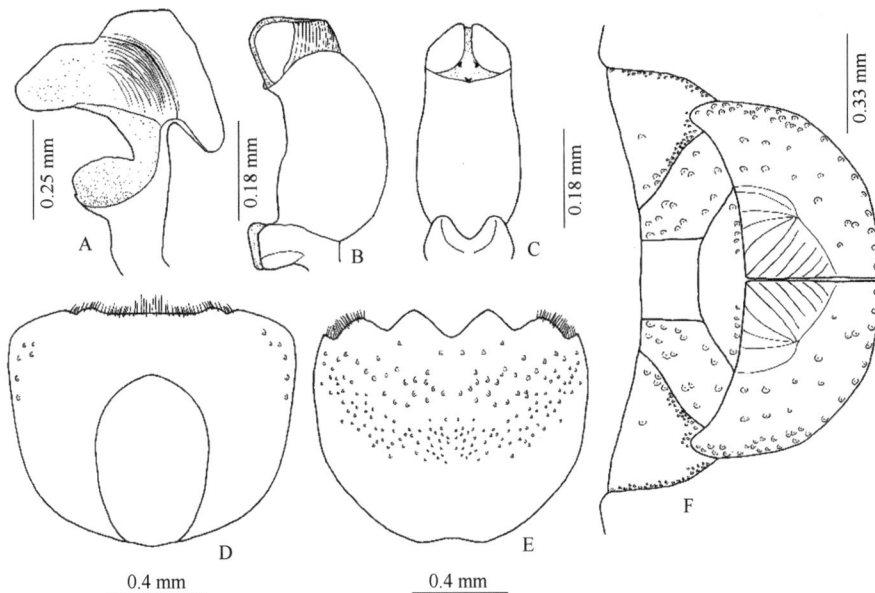

图 18-98　滴蝽 *Dybowskyia reticulata* (Dallas, 1851)
A. 阳基侧突侧面观；B. 阳茎侧面观；C. 阳茎腹面观；D. 雌虫生殖节；E. 生殖囊背面观；F. 生殖囊腹面观

249. 条蝽属 *Graphosoma* Laporte, 1833

Graphosoma Laporte, 1833: 70. Type species: *Cimex nigrolineatus* Fabricius, 1781 (=*Cimex lineatus* Linnaeus, 1758).

　　主要特征：体中型，宽椭圆形，浅橙色至深红色，头、前胸背板及小盾片上具有黑色纵斑，腹面具有不规则的黑色圆斑，全身密布刻点。

　　头在两复眼之间的宽度约比长度大 1/4，复眼黑褐色，较突出；唇基通常狭窄，且远短于上颚片，上颚片较宽，其内侧各有一较宽的黑纵斑，外缘较窄的橙色或红色，并在唇基前方会合；触角瘤呈瓣状，触角黑色或橙色与黑色兼具，基节最短，略膨大，第 3 节约为第 4 节的 3/4，末节最长，第 2 节次之；喙的第 1 节伸出小颊之外。

　　前胸背板两侧角前方下倾，通常在前缘后方形成一横沟，前侧缘略上翘，侧角圆钝。小盾片由基部向端部渐狭，其上有 4 条黑色纵斑，中间两条长，由基部几乎伸达或伸达端部。臭腺孔明显可见。

　　腹部侧接缘宽大，腹部腹面具有黑色圆斑，气孔通常位于圆斑上。

　　分布：世界广布。世界已知 13 种，中国记录 2 种，浙江分布 1 种。

（433）赤条蝽 *Graphosoma rubrolineatum* (Westwood, 1837)（图 18-99；图版 IX-135）

Scutellera rubrolineata Westwood, 1837: 12.

Graphosoma rubrolineatum: Hsiao *et al.*, 1977: 117.

　　主要特征：体长 9.50–11.30 mm。宽卵圆形；红色或橙色，体背面具有黑色纵斑，其中间两条黑纵斑由头的端部伸至小盾片的末端，体腹面布满圆形黑斑；头及前胸背板前半近直角状下倾，身体骨化程度较高。

　　头小，三角形，长宽约相等，以两复眼之间的中线为起点，上颚片长度约为唇基长度的 1.6 倍，上颚片宽扁，长于唇基，并在唇基前方会合，复眼黑褐色，外突，单眼红褐色；小颊低矮，前角圆钝，下缘平直，后角圆钝角状，略向下伸出；触角基同体色，触角由其前侧发出，触角整体颜色较深，黑色或黑褐色，第 1 节漆黑色，短而粗，第 2 节与第 3 节基部黑褐色，其余各节黑色。

　　前胸背板在两复眼之间呈宽阔内凹，前角处具指向两侧的微小指突，前侧缘平直，后侧缘弧形，侧角宽阔圆钝，后缘平直，除中间两条纵斑外，两侧还各有两条黑纵斑。小盾片舌状，其上具 4 条黑色纵斑，两侧缘的黑纵斑与前胸背板两侧缘的纵斑相接，小盾片与前胸背板前方均具横皱纹。前翅革片明显可见，

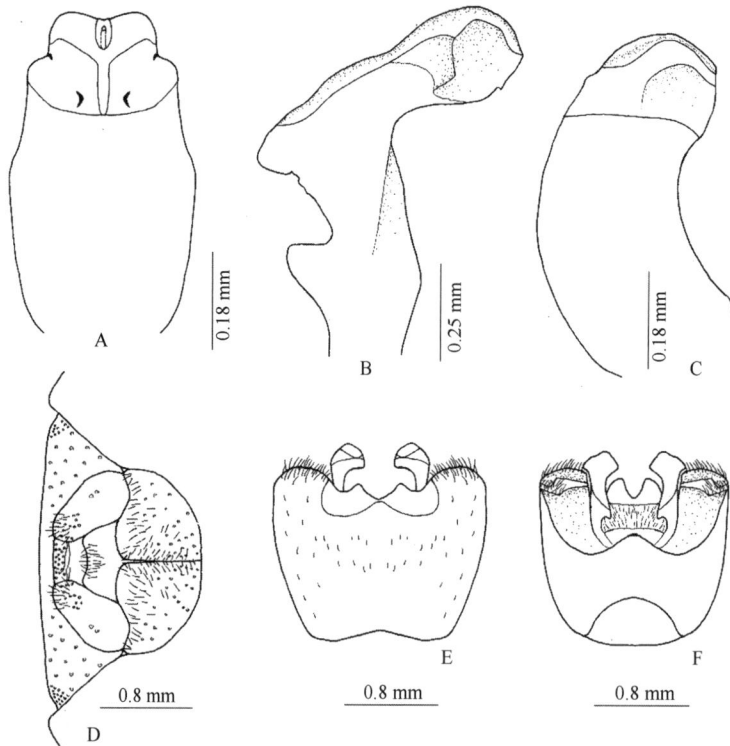

图 18-99　赤条蝽 *Graphosoma rubrolineatum* (Westwood, 1837)

A. 阳茎腹面观；B. 阳基侧突侧面观；C. 阳茎侧面观；D. 雌虫生殖节；E. 生殖囊腹面观；F. 生殖囊背面观

膜片略伸出腹末，几乎被小盾片完全覆盖，革片侧缘具狭窄的黑纵斑，端缘略呈锯齿状，端角角状，膜片黄色至黑褐色，具有 8 条清晰的几乎伸达端部的纵脉。胸部侧板具黑斑，且位于黑斑上的刻点密集而粗大，其他刻点黑色，小而稀疏，中胸侧板外缘的大黑斑上又具有一黄色小斑，挥发域面积较大，臭腺沟缘退化，呈小匙状。足黑色，粗壮，胫节、跗节上具有黄红色刺毛。

腹部侧接缘宽阔外露，黄黑相间，每一节的中部黄色，两端黑色，有时黑色部分相互连接，界线不甚清晰。腹部腹面具有纵向排列的圆形黑斑，气孔位于黑斑之上。

雄虫生殖囊腹缘中央具有一圆钝三角状突起，腹缘内褶中央两侧各形成一三角状突起；侧缘宽阔圆钝；背缘两侧宽阔弧形内凹，中央外凸。阳茎腹侧内凹，靠近基部处形成一指状突起，背侧弧形外凸，阳茎端伸出系膜。阳基侧突桨叶突与感觉叶指向相反方向，茎部在桨叶突后方波曲，并伸出一突起，桨叶突伸出较长。

雌虫通常第 1 载瓣片内缘及后缘与第 2 载瓣片相接处、第 2 载瓣片前缘、载肛突后半、第 9 侧背片后角处及第 8 侧背片外角处黑色，其余部分橙黄色或橙红色。第 1 载瓣片内缘相互接触，着生有细长毛，后缘外侧内凹，内侧向后突出，后角圆钝，外角尖锐角状；第 2 载瓣片前缘三角状，后缘弧形前凹，两后角圆钝；第 9 侧背片端部加厚，后角呈圆钝角状伸出，末端未伸出第 8 腹节后缘；第 8 侧背片内缘下凹，后缘弧形外突。

分布：浙江、黑龙江、吉林、辽宁、内蒙古、天津、河北、山西、山东、河南、陕西、甘肃、江苏、湖北、江西、湖南、广东、广西、贵州、四川、云南；俄罗斯，蒙古国，韩国，日本。

250. 墨蝽属 *Melanophara* Stål, 1868

Melanophara Stål, 1868b: 503. Type species: *Melanophara dentata* Haglund, 1868.

主要特征：体长椭圆形，黑色，全身密布均匀刻点和黄色短毛。头宽大于长，复眼突出，着生于眼柄之上，上颚片宽扁，远长于唇基，并在唇基前方会合；触角瘤呈锥刺状，向前侧方伸出。前胸背板前半强烈隆起，其上凹凸不平，两侧角之前各具一尖刺，向两侧伸出，两刺之间具有一横沟，前侧缘呈锯齿状外突。小盾片呈长舌状，短于腹部长度。腹部长，各节后角形成一小瘤突，气孔之后具有两个斜向排列的毛点毛，较为明显。

分布：东洋区。世界已知 1 种，中国记录 1 种，浙江分布 1 种。

（434）墨蝽 *Melanophara dentata* Haglund, 1868（图 18-100）

Melanophara dentata Haglund, 1868: 152.

主要特征：体长 7.75–8.50 mm。黑色，具黄褐色短毛，刻点较密集。

头宽大于长，侧缘上翘，上颚片长于唇基，并在唇基前方会合，端部略呈小缺刻状，上颚片扁薄，较宽，唇基窄，在头的中部略上鼓。复眼黑褐色，突出，着生于伸出且上翘的眼柄上，单眼黄色，与复眼的间距约为复眼直径的 2 倍；触角基在复眼前方呈锥刺状伸出，触角由其前侧发出，触角黑褐色，其上具有白色长刺，第 1 节粗短，约与第 2 节等长，第 3、4 节等长，第 5 节最长，呈棒状；小颊较宽，下缘中部略凹，喙褐色，第 1 节完全被小颊包围，喙短，末端伸达中足基节处。

前胸背板近四边形，前缘呈宽阔弧形内凹，具领，侧角圆钝，前侧缘薄边状，具强烈锯齿，外突，在侧角前方伸出一尖锐长刺，指向侧后方，侧角厚，短钝，后缘平直，前胸背板前半明显隆起，胝区具两个低矮的凸起，在两侧角前方具一明显的横沟，沟后部分平坦。小盾片侧缘内凹，末端尚未伸达第 7 腹节末端，基部中央具半圆形凸起，中部具一对斜行的棱状突起。前翅革片大部分外露，长度相对较短，其后缘倾斜，膜片伸出腹部末端。臭腺孔可见，臭腺沟位于中、后胸侧板之间，挥发域狭长。足黑色，跗节与爪褐色，胫节与跗节上具密集的短刺。

腹部侧接缘狭窄外露，气孔的后外侧具有两个前后紧密斜向排列的毛点毛。

雄虫生殖囊两侧端部圆钝宽阔外突，背缘波曲，腹缘呈宽阔弧形内凹，腹缘内褶宽阔。阳茎鞘基部侧缘稍外突，阳茎端未伸出系膜。阳基侧突的感觉叶呈盘状伸出，桨叶突短，端部呈细弯钩状，茎部较长。

雌虫第1载瓣片内缘相互接触，后缘外侧外凸，内侧平直，内缘后角周边为黄褐色的薄片状，后角直角状；第2载瓣片下陷，两侧缘略内凹，后缘弧形前凹；第9侧背片后端隆起，隆起上着生有密集长毛，其末端几乎与第8腹节末端平齐。其第8侧背片后缘靠近内侧各具有一小瘤突。

分布：浙江、江苏、安徽、湖南、福建、广东、海南、广西、贵州、云南；印度，缅甸。

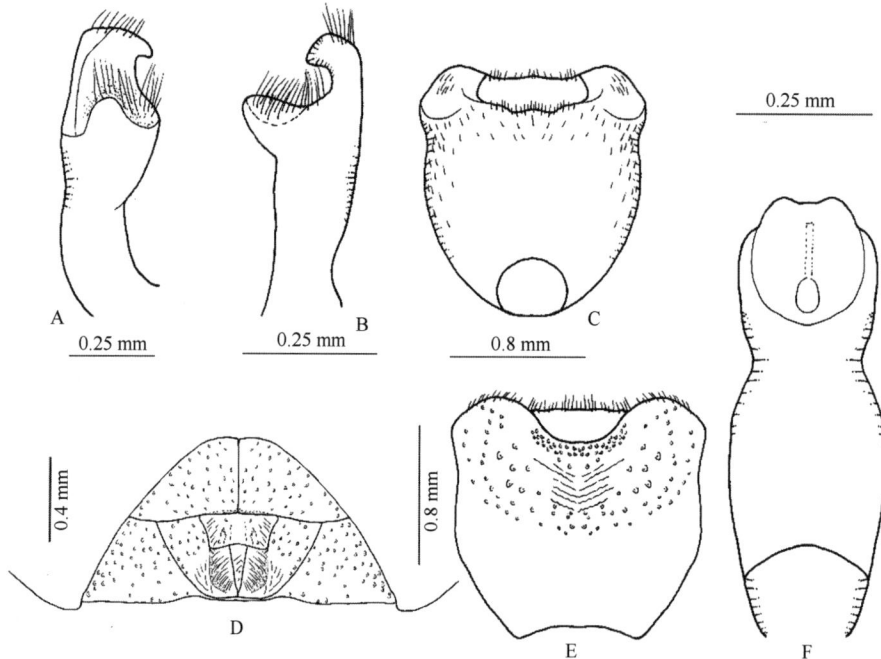

图 18-100　墨蝽 *Melanophara dentata* Haglund, 1868
A. 阳基侧突侧面观；B. 阳基侧突侧侧面观；C. 生殖囊背面观；D. 雌虫生殖节；E. 生殖囊腹面观；F. 阳茎腹面观

251. 黑蝽属 *Scotinophara* Stål, 1868

Scotinophara Stål, 1868b: 502. Type species: *Podops fibulatus* Germar, 1839.

主要特征：体呈椭圆形，略微隆起。体腹面颜色较背面深，侧接缘颜色较背面略浅，头部总是黑色，体背面颜色呈黄褐色或红褐色或黑色。

头部两复眼之间的宽度大于长度，侧缘在复眼前方内凹，且向端部渐窄，唇基通常至少由基部至中央处凸起，上颚片长于或短于唇基，不在唇基前方会合；复眼突出，位于眼柄之上；触角瘤突明显，向前或斜向伸出，触角5节，第2、3节有愈合趋势，第1、2节长度通常约相等，并且总短于第3节，末节最长。喙的长度从靠近后足基节前方至伸达腹部不等。

前胸背板两侧角刺之间的宽度至少是长度的2倍，其中间或靠近中间处有一条深浅不一的横沟，胝区经常形成凸起，前外侧刺呈齿状或刺状，端部指向不同的方向。小盾片与腹部等长或稍短于腹部长度，其中前方收缩，腹部的大部分及前翅膜片被其覆盖。臭腺孔距后足基节较近，被褶皱的挥发域包围。

腹部侧接缘明显外露，气孔明显可见。

分布：世界已知63种，中国记录9种，浙江分布2种。

（435）稻黑蝽 *Scotinophara lurida* (Burmeister, 1834)（图 18-101）

Tetyra lurida Burmeister, 1834: 288.

Scotinophara lurida: Hsiao *et al.*, 1977: 130.

主要特征：体长 9.10–10.10 mm。体长椭圆形，黑色或黑褐色；触角、喙、足的胫节褐色；具密集细小刻点及黄色短毛；体背腹面约相同程度地隆起。

头部宽大于长，上颚片与唇基平齐或唇基略微长于上颚片，唇基稍隆起；复眼大而突出，单眼红色或黄色；触角瘤较大，头背面完全可见，触角第 1 节膨大，第 1、2 节约等长，短于第 3 节，第 3、4 节约等长，末节最长；小颊较低矮，喙较长，末端略伸出后足基节，第 1 节完全被小颊包围。

前胸背板前缘呈宽阔弧形内凹，具领，前外侧刺短小，向两侧平指，前侧缘平滑，两侧角同样短小侧指，其中部两侧各有一褐色斑点，但有的个体中不明显，两侧角之间有一前横沟，中央有一不明显纵脊。后胸臭腺沟明显，臭腺沟缘短小退化，挥发域面积较大。雄虫小盾片伸达腹部末端，雌虫略短于腹部长度，其基部两侧各有一褐色斑。前翅革片的大部分外露。足粗壮，胫节三棱锥状，其上有较密集的刺毛。

腹部腹面有平伏的小短毛，第 3–6 腹节气孔后方有两个斜向紧密排列的毛点毛，后侧毛点毛较小，第 7 节的两个毛点毛前后纵向排列。

雄虫生殖囊背缘呈波曲状宽阔内凹，腹缘平滑，端部较直，中央浅内凹，具内褶，腹缘内褶中央两侧圆钝突出。阳茎端明显伸出，阳茎鞘基部背侧内凹，腹侧稍外突，阳茎鞘端部发达。阳基侧突感觉叶退化成一圆钝突起，其上着生有较长刚毛，桨叶突宽阔，端缘略内凹。

雌虫第 1 载瓣片短，其内缘相互接触，在靠近端部处分开，后缘略内凹，后角圆钝；第 2 载瓣片梯形凹陷，其上具有细棱；第 9 侧背片较长，其内缘中央发出一条纵脊伸达端部，端部圆钝，末端短于第 8 腹节端部；第 8 侧背片后缘弧形外突，靠近端部处具有一低矮的凸起。

分布：浙江、河北、山东、河南、江苏、安徽、湖北、江西、湖南、福建、台湾、广东、海南、广西、四川、贵州；韩国，日本，印度，斯里兰卡。

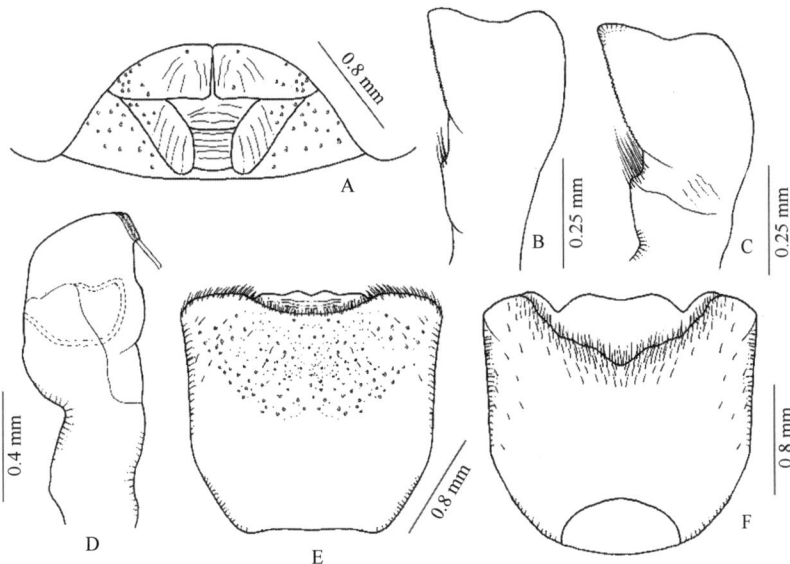

图 18-101　稻黑蝽 *Scotinophara lurida* (Burmeister, 1834)
A. 雌虫生殖节；B. 阳基侧突侧面观；C. 阳基侧突侧面观；D. 阳茎侧面观；E. 生殖囊腹面观；F. 生殖囊背面观

（436）短刺黑蝽 *Scotinophara scottii* Horváth, 1879（图 18-102）

Scotinophara scottii Horváth, 1879a: 144.

主要特征：体长 6.65–7.61 mm。椭圆形，头、前胸背板前半及侧缘、小盾片基部、足、体腹面黑色，其余部分黄褐色至褐色；体上密布褐色或黑色刻点。该种一明显特征是：前胸背板前外侧刺呈扁三角状伸向前外侧。

头部宽大于长，上颚片长于唇基，但不在唇基前方会合，唇基隆起；触角瘤粗短，端部二裂，触角由其内侧发出，触角细长，其基节膨大，与第 2 节长度约相等，第 3 节长于第 2 节，约等于第 4 节长度，末节适度膨大，其长度略短于或约等于第 2、3 节长度之和。喙较短，伸达中足基节处，小颊低矮，喙的第 1节完全被小颊包围。

前胸背板前缘呈弧形内凹，具领，前外侧刺呈宽大的扁三角状，侧角刺短，向下弯曲，前侧缘外突，呈锯齿状，其中间有一伸出来的小刺，后缘直；两侧角刺之间有一横沟，横沟前方中央两侧有两个黄色小圆斑，有的个体中央有一黄色纵斑，前胸背板的前半向上隆起。小盾片基部两侧各有一黄色圆斑，其基部到中央通常有渐窄的黑斑，小盾片几乎伸达腹末。前翅革片几乎完全外露。胸部侧板黑色，臭腺孔可见，臭腺沟缘退化，呈微小的钩状，挥发域面积较小，形状不规则。足腿节、胫节黑色，跗节褐色。

腹部侧接缘狭窄外露，各节后角处形成小突起。

雄虫生殖囊背缘中央两侧略呈圆钝外突，两侧端部各形成一伸向背侧的突起，腹缘两端外突，中间平直，腹缘内褶呈直角状折向背侧，腹面不可见。阳茎鞘基部腹侧强烈隆起，背侧半透明，且在中间内凹，阳茎端未伸出系膜。阳基侧突桨叶突呈三角状，端部下倾，感觉叶仅圆钝隆起，其上着生较长刚毛。

雌虫第 1 载瓣片属内相对较长，内缘相互接触，后缘弧形浅内凹，后角及外角角状；第 2 载瓣片较 *S. parva* 长；第 9 侧背片基部具较深刻点，靠近载肛突的一侧具有一宽大纵脊伸达端部，端部圆钝，未伸出第 8 腹节后缘。

分布：浙江（临安、江山）、湖北、江西、福建、台湾、广东、广西、四川、贵州、云南、西藏；日本，韩国。

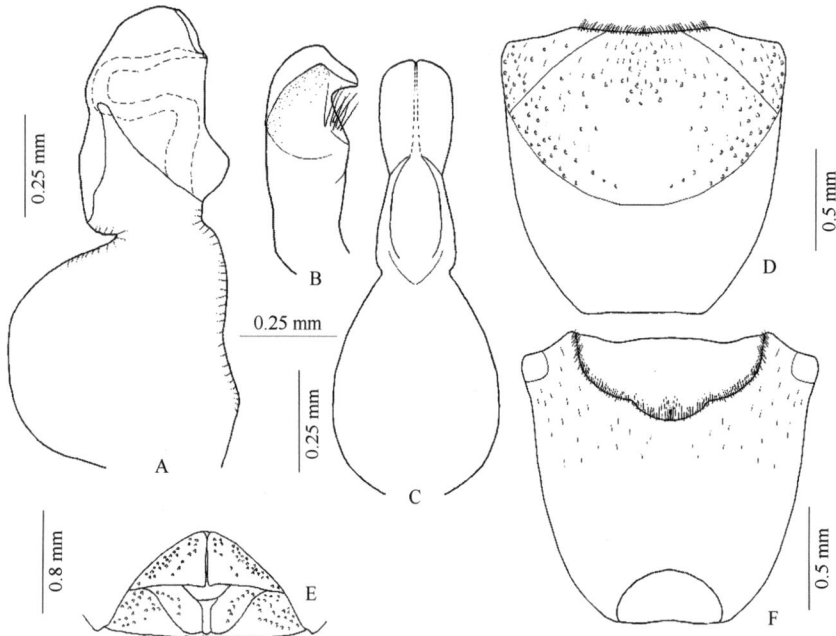

图 18-102　短刺黑蝽 *Scotinophara scottii* Horváth, 1879

A. 阳茎侧面观；B. 阳基侧突侧面观；C. 阳茎腹面观；D. 生殖囊腹面观；E. 雌虫生殖节；F. 生殖囊背面观

四十一、龟蝽科 Plataspidae

主要特征：个体小型至中型，一般体长 2–10 mm，最大可达 20 mm。圆形至卵圆形，背面极鼓，腹面较平或略鼓，一般为黑色具黄斑或黄色具黑斑，常有光泽，有些种类密被刻点。

头部形状不一，侧叶变化较大。有些侧叶短于中叶；有些侧叶与中叶等长；有些侧叶长于中叶；还有的侧叶长于中叶且在其前方互交，将中叶完全包围。有些种类头部雌雄异型，雌虫头前端宽圆或逐渐狭窄；雄虫则前端平截，前缘向上卷翘，或呈明显角状。触角 5 节，第 2 节极不发达。

前胸背板中部稍前常具有横缢，此处刻点粗糙；侧缘的前部常向两侧呈叶状扩展。小盾片极度发达，将腹部完全覆盖或仅露狭窄的边缘。小盾片近基部常由一条横凹沟分出一横长的基胝，有些种类小盾片基胝不明显，但也可从小盾片下基胝的后缘处看到一个向下突的薄骨片。基胝两侧靠近基角处各有一个横长或三角形侧胝。基胝和侧胝的有无也常被用作分类依据。前翅大部分膜质，一般长于身体的 2 倍，静止时呈肘状折叠于小盾片下，仅前缘的基部露出。革片基部狭窄，爪片短狭，膜片具若干显著而简单的纵脉。后翅膜质，较短小。足一般较短，各足跗节 2 节。后胸腹板具臭腺一对。扩大的小盾片、肘状折叠的前翅、足跗节 2 节是该科最重要的鉴别特征。

分布：主要分布在东半球的热带和亚热带地区，仅少数种类分布于温带地区（古北区）。世界已知 56 属 530 多种，中国记录 9 属 99 种，浙江分布 3 属 20 种。

龟蝽族 Plataspidini Dallas, 1851

252. 圆龟蝽属 *Coptosoma* Laporte, 1833

Coptosoma Laporte, 1833: 67. Type species: *Cimex scutellatus* Geoffory, 1785.

主要特征：个体通常较小，卵圆形；头较窄，不及前胸背板宽度的一半；触角着生处与眼靠近；小盾片侧胝明显；后足胫节圆柱状，背面不具纵沟；一般腹部腹面无辐射状条纹，仅侧缘及靠近侧缘的斑点黄色，第 6 腹板后缘呈钝角（雄）或弧形（雌）向前弯曲；生殖囊较大，通常等于或大于头的宽度，外形较复杂。

分布：世界广布。世界已知 300 余种，中国记录 42 种，浙江分布 12 种。

分种检索表

1. 头形雌雄异型，侧叶长于中叶或略长于中叶 ··· 2
- 头形雌雄同型，侧叶与中叶长度相当 ··· 3
2. 小盾片后部宽阔黄色 ··· 双峰圆龟蝽 *C. bicuspis*
- 小盾片后缘完全黑色或具窄的黄边 ····································· 小黑圆龟蝽 *C. nigrellum*
3. 头背面完全黑色或前缘处色稍浅，明显但不具浅色小点或黄斑 ··· 6
- 头背面不是完全黑色，具浅色小点或黄斑 ··· 4
4. 前胸背板近前缘处无黄斑或仅具很小的黄斑且小盾片基胝黄斑小 ········ 普圆龟蝽，新种 *C. pervulgatum* sp. nov.
- 前胸背板近前缘具黄斑且小盾片基胝黄斑大 ··· 5
5. 小盾片后缘黄边中央微向内呈角状扩展；生殖囊近圆形，背域黄色，较狭窄，中部具明显的窄列毛簇 ·····················
  ·· 高山圆龟蝽 *C. montanum*
- 小盾片后缘中部黄边呈角状内突；生殖囊略呈五边形；背域黄色，狭窄，无毛簇 ············· 浙江圆龟蝽 *C. chekianum*

6. 前胸背板前侧缘具一条黄纹 ··· 7
- 前胸背板前侧缘具两条黄纹 ··· 10
7. 雌虫第 6 可见腹板后缘中央没有黄色的横纹 ··· 8
- 雌虫第 6 可见腹板后缘中央具有一黄色的横纹；生殖囊小，近圆形；端系膜侧突一对，近圆筒状，稍骨化，末端膜质；阳茎端略弯曲管状，骨化强 ··· 小饰圆龟蝽 *C. parvipictum*
8. 背域中部不具有脈状区 ·· 9
- 背域中部具较长的脈状区；基脈具两个略呈长方形的橘黄色斑点，侧脈具两个较小的黄色斑点或完全黑色 ·· 显著圆龟蝽 *C. notabile*
9. 生殖囊稍近五边形；端系膜侧突一对，呈长条形，末端宽阔，骨化稍强；阳茎端细弱，略呈"S"形 ··· 达圆龟蝽 *C. davidi*
- 生殖囊和端系膜侧突及阳茎端不如上述 ··· 黎黑圆龟蝽 *C. nigricolor*
10. 小盾片后部具粗糙的黄色麻斑和褐色刻点 ··· 麻盾圆龟蝽 *C. cinctum*
- 小盾片后部不具粗糙的黄色麻斑 ·· 11
11. 腹部黑色，中央区域凹陷较深，被毛，中部近腹缘处具一小的突起 ··································· 半黄圆龟蝽 *C. semiflavum*
- 不如上述 ·· 多变圆龟蝽 *C. variegatum*

（437）双峰圆龟蝽 *Coptosoma bicuspis* Hsiao *et* Jen, 1977（图 18-103）

Coptosoma bicuspis Hsiao *et* Jen, 1977: 30.

主要特征：体长 4.2–4.5 mm。体近圆形，黑色，光亮，具细小刻点。

头部雌雄异型，背面完全黑色；侧叶长于中叶，雄虫侧叶在中叶前方相交；头两侧平行，前部侧缘稍向两侧扩展，前缘向上显著翘折。腹面基半部膨大，黄色或黄褐色，端半部黑褐色。触角黄褐色。喙黄褐色，向后达于第 2 可见腹节中后部。

前胸背板黑色，其前侧缘扩展部分较显著，具两条黄纹；中部具较明显的横缢，刻点较密。前胸背板靠近前缘处具两个横长的黄斑，黄斑外端与侧缘内侧的黄纹相连；两个横长斑后有两个较小的黄斑。前翅基部黄色。小盾片基脈、侧脈均分界清楚，基脈具两个横长黄斑，侧脈具两个小黄斑。小盾片侧缘黄色，但不达小盾片基部，后部具宽阔双尖形黄斑，黄色区域刻点褐色。雄虫小盾片后缘凹缺。腹板灰黑色，足黄褐色或黑褐色；臭腺沟缘黑色，末端黄褐色。

腹部腹面黑色，光亮，具刻点；腹侧缘具黄边，黄边内侧各节具不规则黄斑。

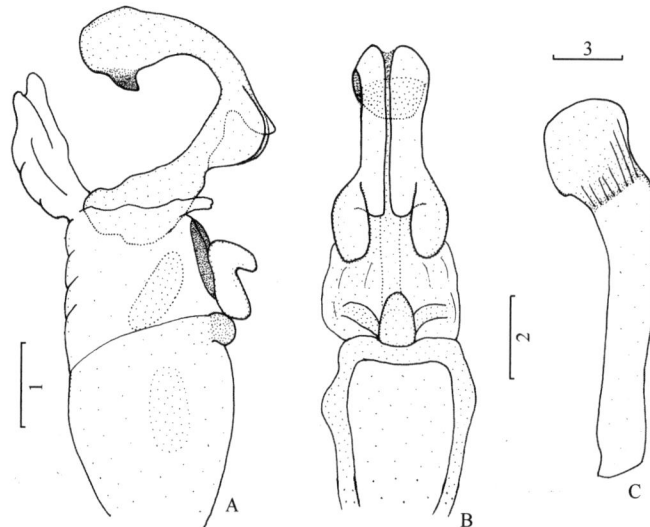

图 18-103　双峰圆龟蝽 *Coptosoma bicuspis* Hsiao *et* Jen, 1977
A. 阳茎侧面观；B. 阳茎背面观；C. 右抱器。比例尺：1、2=0.2 mm（A、B），3=0.1 mm（C）

雄虫生殖囊背缘弧形；背侧角稍明显；背域黄色，中部较宽阔，具窄列短毛；背陷黑褐色，宽大，凹陷浅；侧域黄色，相对宽阔；中脊稍明显，其内侧具较长毛簇；载肛突黄色或黄褐色，其两侧具狭小的较深凹陷；腹域黑色，中央区域凹陷，中部近腹缘处具一较明显的突起。抱器钩状突较宽阔，薄片状，感觉叶具毛；抱器体棒状，端部稍粗。膨胀的阳茎：阳茎壳侧骨片一对；系膜侧背骨片骨化强；基系膜背突中间缢缩，稍骨化，其远端骨化强；端系膜背突囊状，几乎膜质；端系膜腹突膜质；端系膜侧突一对，宽阔，对称，末端宽阔且结构复杂，紧贴阳茎端，二者均骨化较强；精泵骨化，形状不规则。

分布：浙江、福建。

（438）浙江圆龟蝽 *Coptosoma chekianum* Yang, 1934（图 18-104）

Coptosoma chekianum Yang, 1934a: 202.

主要特征：体长 3.49–4.45 mm。体近圆形，黑色，光亮，具细小刻点。

头部雌雄同型，侧叶与中叶等长，中叶前后宽度一致，背面完全黑色。头腹面基部黄色，其余赤褐色，触角黄褐色，末二节黑褐色；喙黄褐色，向后伸达第 2 可见腹节中后部。

前胸背板黑色，横缢稍显著；侧缘扩展部分具一条黄色斑纹，前缘处具 2 黄斑。前翅前缘基部黄色。小盾片黑色，基胝分界清楚，两端具两个黄色斑点；侧胝具两个横长小黄斑；小盾片侧、后缘具黄边，但不达小盾片基部，后缘中部黄边呈角状内突，雄虫后缘向内凹陷。腹板黑色，臭腺沟缘黑色。足黄褐色至黑褐色。

腹部腹面黑色，光亮，具刻点，腹侧缘黄色，其内侧具斜长黄斑。

雄虫生殖囊略呈五边形；背侧角较明显；背域黄色，狭窄；背陷黑色，凹陷较浅；侧域黄色；中脊不十分明显；载肛突黄褐色，其周围黑色，凹陷较深；腹域黄色，中部黄褐色。抱器钩状突短小，薄片状，稍扭曲，与抱器体稍呈直角，感觉叶具毛；抱器体柱状。阳茎鞘侧骨片明显；具系膜侧背骨片；基系膜背突柱状，其基部骨化较强，末端近膜质；端系膜腹突部分骨化，大部分膜质；端系膜侧突一对，呈不规则柱状，骨化较强，稍长于阳茎端；端系膜背突细小，膜质；阳茎端较细弱，基部膨大稍明显；精泵较大，骨化。

分布：浙江（临安）、河南、湖北、江西、湖南、福建、广西、四川、贵州。

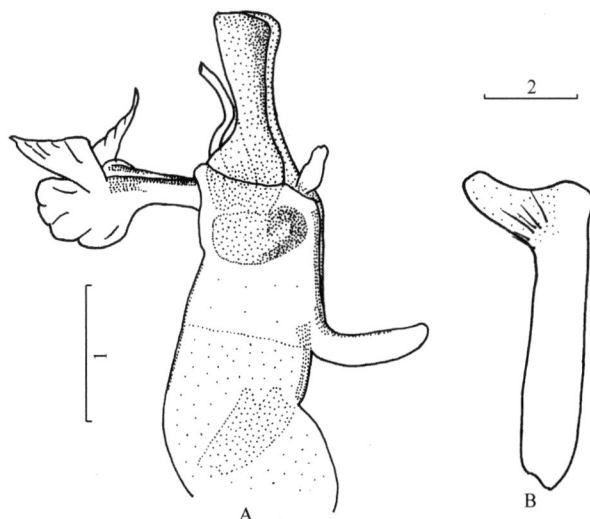

图 18-104 浙江圆龟蝽 *Coptosoma chekianum* Yang, 1934
A. 阳茎侧面观；B. 右抱器。比例尺：1=0.2 mm（A），2=0.1 mm（B）

（439）麻盾圆龟蝽 *Coptosoma cinctum* (Eschscholtz, 1822)

Scutelum cinctum Eschscholtz, 1822: 105.

Coptosoma cinctum: Yang, 1934a: 190.

　　主要特征： 头雌雄同型；侧叶与中叶约等长；侧叶具黄斑。前胸背板侧缘前方扩展部分具两条黄纹。小盾片基胝具 2 黄斑，后部具粗糙的黄色麻斑及褐色刻点。

　　雄虫体长 3 mm。

　　分布： 浙江；菲律宾。

　　注： 未见标本，描述来自 Yang（1934a）和 Hsiao（1977）。

（440）达圆龟蝽 *Coptosoma davidi* Montandon, 1896（图 18-105）

Coptosoma davidi Montandon, 1896: 460.

　　主要特征： 体长 3.78–4.6 mm。体宽卵圆形，黑色光亮，具黄色斑纹。

　　头部雌雄同型，侧叶与中叶约等长，侧叶中央具黄色三角形小点，背面其余部分黑色。腹面黄褐色，基半部膨大。触角黄褐色，末二节黑褐色。喙黄褐色，伸达第 2 可见腹节中、后部。

　　前胸背板黑色，其侧缘前部扩展部分不十分显著，具一条黄色斑纹；前胸背板前部约 1/3 处具不十分明显的横缢，其前方刻点较小，其后方刻点较粗大；横缢附近近中部具 2 个黄斑。前翅前缘基部黄色。小盾片黑色，基胝、侧胝均分界清楚，基胝具两个横长的圆形黄斑，侧胝具 2 个小黄斑；小盾片侧、后缘黄色，黄色部分具褐色刻点；侧缘黄边不达小盾片基部，黄色后缘中央向内呈三角形或多角形扩展。雄虫小盾片后缘凹缺。胸部腹面晦暗黑色，臭腺沟缘黑色。足黄褐色或黑褐色。

　　腹部腹面黑色，光亮，具刻点，侧缘具黄边，黄边内侧气门周缘各节具不规则长形黄色斑。

　　雄虫生殖囊稍近五边形，背侧角较明显；背域黄色；背陷黑色，凹陷较浅；侧域黄色，较宽阔；中脊不十分明显；载肛突黄色，其两侧黑色，凹陷稍深；腹域黄色，结构简单，中部黑褐色，稍突出。抱器钩状突片状，稍弯曲，宽窄较一致，钩状突基部外缘具毛；抱器体棒状，相对较短。阳茎鞘侧骨片明显；

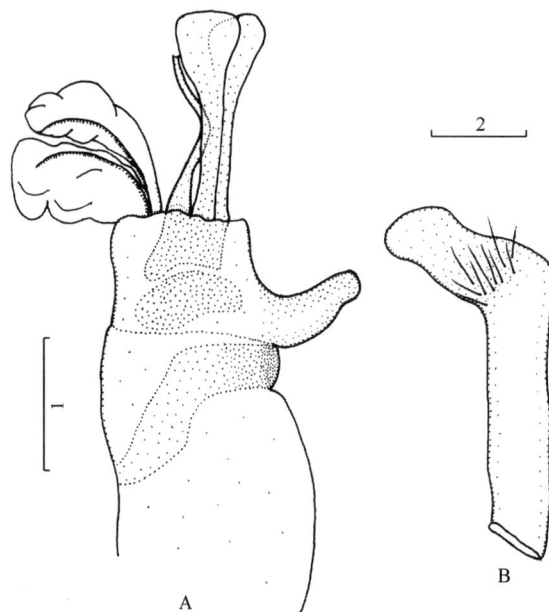

图 18-105　达圆龟蝽 *Coptosoma davidi* Montandon, 1896
A. 阳茎侧面观；B. 右抱器。比例尺：1=0.2 mm（A），2=0.1 mm（B）

基系膜背突指状，末端圆钝，骨化较强；端系膜腹突一对，部分骨化，骨化区域呈带形，大部膜质；端系膜侧突一对，呈长条形，末端宽阔，骨化稍强；阳茎端基部较粗大，其余部分细弱，略呈"S"形，骨化强；精泵相对大，骨化。

分布：浙江、江西、湖南、福建、广东、广西、四川、贵州、西藏；印度。

注：本种与孟达圆龟蝽 *Coptosoma mundum* 分布地区有所重叠，在外形、生殖囊形状、阳茎结构等方面均非常相似。在外形上，本种前胸背板仅具 2 个黄斑可以与上种区别（孟达圆龟蝽前胸背板具 4 个黄斑）；阳茎结构上也稍有不同，二者应为近缘种。

（441）高山圆龟蝽 *Coptosoma montanum* Hsiao *et* Jen, 1977（图 18-106）

Coptosoma montanum Hsiao *et* Jen, 1977: 34, 295.

主要特征：体长 2.86–3.78 mm。体近圆形，黑色，光亮，具微细刻点。

头部雌雄同型，侧叶与中叶等长；背面完全黑色，腹面黑色；触角及喙深褐色；喙伸达第 2 可见腹节。

前胸背板黑色，前缘处具 2 个横长半月形的黄斑，有些个体长斑后方尚有 2 个小黄斑；侧缘扩展部分较小，刻点粗糙，具一条黄纹；中部横缢不十分明显。小盾片黑色，基胝分界清楚，具 2 个横长的大黄斑，侧胝具 2 个很小的黄斑；小盾片侧、后缘具黄边，后缘黄边中央微向内呈角状扩展，雄虫小盾片后缘中央向内凹陷。腹板灰黑色，臭腺沟缘黑色。足深褐色，腿节端部及胫节色较浅。

腹部腹面黑色，光亮，具刻点，侧缘黄色，其内侧具一列纵长黄斑。

雄虫生殖囊背域黄色，较狭窄，中部具明显的窄列毛簇；背陷黑色，较宽阔，凹陷稍深；侧域黄色，较窄；中脊不显著；载肛突黄色，其两侧黑色，较深凹陷；腹域黑色，近腹缘具一小的突起，结构较复杂。抱器钩状突薄片状，短，不及抱器体长度的一半，感觉叶具毛；抱器体圆柱状。阳茎鞘骨化稍强；侧骨片骨化强；基系膜背突相对大，稍呈三角形，囊状，稍骨化；端系膜腹突囊状，膜质；端系膜侧突一对，骨化极强；阳茎端弯曲短管状，骨化弱；精泵相对较小，骨化强。

分布：浙江（临安）、北京、江西、湖南。

注：本种与双痣圆龟蝽极为相似，但其外形上有如下区别：该种前胸背板前缘处具两个横长半月形的黄斑，有些个体长斑后方尚有 2 个小黄点，小盾片基胝两端的黄斑较大，横长形；而后者前胸背板前缘处亦具 2 个较小的黄斑，但不呈横长半月形，小盾片基胝两端的黄斑较小，圆形。但生殖囊外形则没有十分明显的差别；阳茎结构亦十分相似，本种的端系膜侧突似与前种形状略有不同。作者估计该种或许应为双痣圆龟蝽的一种花斑型，有待进一步研究，今且作为一独立的种处理。

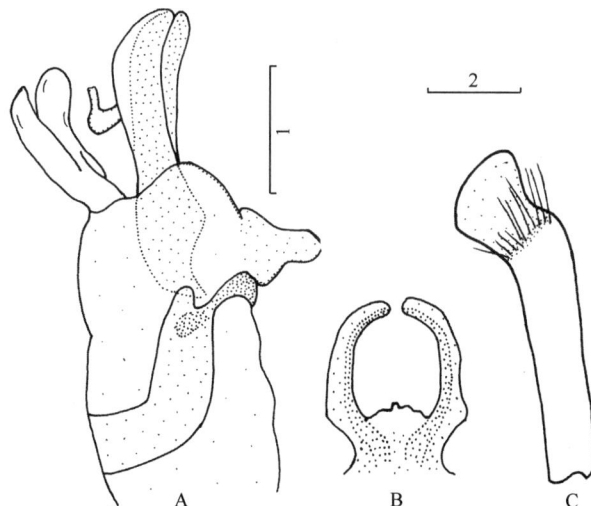

图 18-106　高山圆龟蝽 *Coptosoma montanum* Hsiao *et* Jen, 1977
A. 阳茎侧面观；B. 阳茎端系膜侧突背面观；C. 右抱器。比例尺：1=0.2 mm（A、B），2=0.1 mm（C）

（442）小黑圆龟蝽 *Coptosoma nigrellum* Hsiao et Jen, 1977

Coptosoma nigrellum Hsiao et Jen, 1977: 29, 295.

主要特征： 体长 3.37–3.56 mm。体近圆形，黑色，光亮，具细微刻点。

头部雌雄异型，雄虫头两侧平行，前端平截，呈方形，前缘向上翘折；雌虫头较短，侧叶稍长于中叶或等长，前端圆形。头背面完全黑色，腹面基部黄色，其余黑色。触角黄色至黄褐色。喙黄褐色至赤褐色，向后伸达第 2 可见腹节中部。

前胸背板黑色，具细微刻点，横缢不十分显著，侧缘扩展部分明显，具一条黄色斑纹，两侧刻点较粗糙。前翅前缘基部黄色。小盾片完全黑色，基胝、侧胝均分界清楚，雄虫小盾片后缘向内凹陷。胸腹板灰黑色，臭腺沟缘黑色。足黄色至黄褐色。

腹部腹面黑色，光亮，具刻点，侧缘及其内侧斑点赤褐色。

雄虫生殖囊背域近赤褐色，狭窄，近中央具一个非常明显的突起；背侧角非常突出，形成另外两个突起；背陷宽阔，黑色凹陷稍深；中脊不明显，内侧具毛；载肛突黑色或棕黑色，其两侧狭小区域凹陷较深，黑色；腹域黑色，中央区域凹陷，近腹缘中部具一小的突起。抱器钩状突相对宽阔，薄片状，感觉叶具毛；抱器体圆柱状。阳茎鞘稍骨化，侧骨片一对，条形骨化；系膜侧背骨片显著；基系膜背突较小，囊状，远端骨化；端系膜腹突囊状，几乎全部为膜质；端系膜背突角状，骨化强；端系膜侧突与阳茎端均骨化，二者紧贴在一起；精泵较大，骨化强。

分布： 浙江（临安）、福建。

（443）黎黑圆龟蝽 *Coptosoma nigricolor* Montandon, 1896（图 18-107）

Coptosoma nigricolor Montandon, 1896: 437.

主要特征： 体长 2.92–3.38 mm。体圆形，黑色，光亮，具细小刻点。

头部雌雄同型，侧叶稍长于中叶或等长，侧叶中部黄褐色，具皱褶，稍向下凹陷，其余部分黑色。腹面基部黄色，其余部分黄褐色。触角黄色，末端色深。喙深褐色，向后伸达第 2 可见腹节基部。

前胸背板黑色，前侧缘扩展部分外缘具一条黄色斑纹，有些个体前胸背板前缘具 2 个小黄点；横缢不十分清楚。前翅前缘基部黄色。小盾片黑色，基胝、侧胝均分界比较清楚，完全黑色。小盾片侧、后缘具

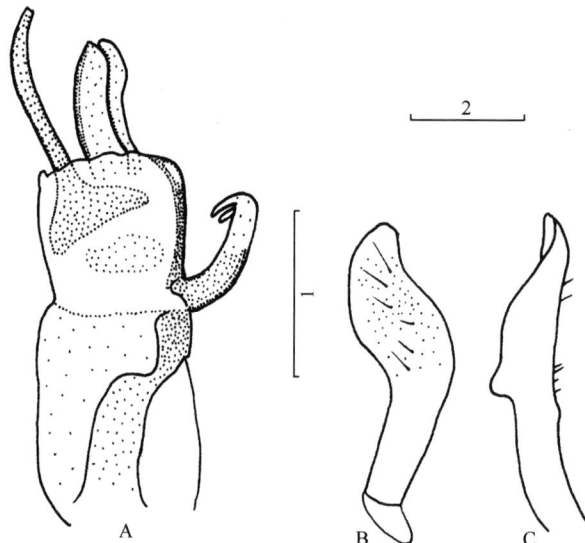

图 18-107　黎黑圆龟蝽 *Coptosoma nigricolor* Montandon, 1896
A. 阳茎侧面观；B、C. 右抱器不同方位。比例尺：1=0.2 mm（A），2=0.1 mm（B、C）

黄边，但侧缘黄边不达小盾片基部；雄虫后缘向内凹陷。腹板灰黑色，臭腺沟缘黑色。足黄褐色，腿节基半部常色深，黑褐色。

腹部腹面黑色，光亮，具刻点，侧缘黄色，其内侧具黄色逗号形竖长斑。

雄虫生殖囊背域黄色，较窄，具不规则短毛；背陷黑褐色，凹陷较浅；侧域黄色；载肛突黄色，其两侧凹陷，黑褐色；腹域黄色，近腹缘处具明显的凹缺。抱器相对短小，钩状突片状，较厚且扭曲，感觉叶具稀疏短毛；抱器体相对短，稍长于钩状突。阳茎鞘部分骨化，侧骨片较明显；基系膜背突相对粗大，基半部骨化较强，端半部近膜质，末端弯曲；端系膜侧突一对，近圆筒状，稍骨化，末端膜质；阳茎端骨化强，基部膨大，近三角形，其余部分略弯曲管状；精泵小，骨化。

分布：浙江（临安）、广东、海南、四川、贵州；印度尼西亚。

（444）显著圆龟蝽 *Coptosoma notabile* Montandon, 1894（图 18-108）

Coptosoma notabile Montandon, 1894a: 278.

主要特征：体长 2.85–3.7 mm。体近圆形，黑色光亮，具细致刻点。

头部雌雄同型，侧叶与中叶等长，侧叶中部具黄斑，其余部分黑色；头腹面黄褐色，触角黄色或黄褐色，有些个体末端色深至黑褐色；喙黄褐色，向后可伸达第 3 可见腹节前端。

前胸背板黑色，前侧缘扩展部分稍显著，具一条黄色纹；另外，前胸背板侧角外侧尚具有一短黄纹；横缢显著，附近刻点较粗糙。前翅前缘基部黄色。小盾片黑色，基胝、侧胝均分界清楚，基胝具两个略呈长方形的橘黄色斑点，侧胝具两个较小的黄色斑点或完全黑色；小盾片侧、后缘具黄色边缘，侧缘黄边不达小盾片基部；雄虫小盾片后缘向内凹陷。腹板黑色，臭腺沟缘黑色。足黑褐色，腿节基半部常色深呈黑褐色。

腹部腹面黑色，光亮，具浓密刻点，侧缘黄色，其内侧具一列纵长形黄斑。

雄虫生殖囊背缘弧形；背域黄色，中部具较长的胝状区；背陷狭长，黑褐色；侧域黄色；中脊较明显；载肛突黄褐色，周围凹陷较深，黑褐色；腹域黑色，具凹陷区域和浓密长毛。抱器钩状突呈片状，稍短于抱器体长度，感觉叶具毛；抱器体稍呈圆柱状。阳茎鞘稍微骨化；基系膜背突稍骨化，小，指状；基系膜侧突一对，宽大扁囊状，膜质；端系膜背突一对，宽大，膜质；端系膜侧突一对，狭长，稍骨化；阳茎端骨化较强，由基部向端部渐细，基部具一凹缺；精泵不明显。

分布：浙江、北京、湖北、江西、福建、广东、四川、贵州、西藏。

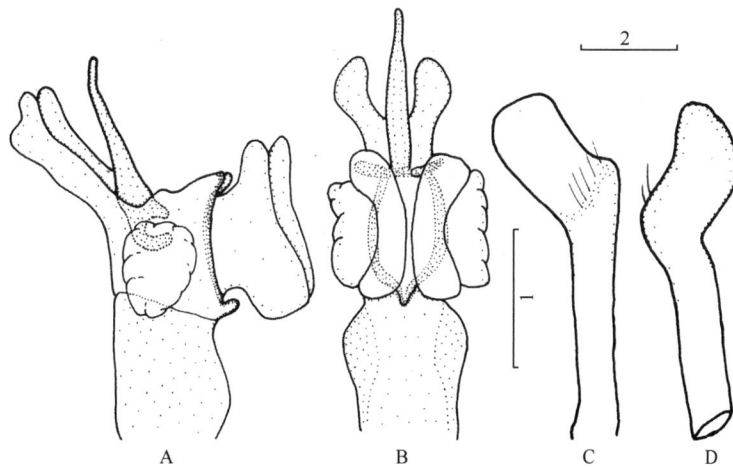

图 18-108　显著圆龟蝽 *Coptosoma notabile* Montandon, 1894
A. 阳茎侧面观；B. 阳茎背面观；C、D. 右抱器不同方位。比例尺：1=0.3 mm（A、B），2=0.1 mm（C、D）

（445）小饰圆龟蝽 _Coptosoma parvipictum_ Montandon, 1892（图 18-109）

Coptosoma parvipictum Montandon, 1892: 281.

主要特征：体长 3.5–4.6 mm。体近圆形，黑色，光亮，具刻点。

头部雌雄同型，侧叶与中叶约等长，中叶前端较尖；背面黑色，靠近复眼的内侧各有一浅色的小点；腹面黄色或黄褐色，其余黑褐色。触角黄褐色。喙黄褐色，伸达第 2 可见腹节后部。

前胸背板黑色，前侧缘扩展明显，具一条黄色纹，有时前段黄纹消失，仅余后角前方的短黄斑；中部横缢不显著。小盾片基胝、侧胝均分界清楚，基胝具 2 个黄色斑点，侧胝完全黑色；小盾片侧、后缘具黄边，但侧缘黄边不达小盾片基部，雄虫小盾片后缘有凹缺。腹板暗黑色。足黄褐色或黑褐色。臭腺沟缘黑色。

腹部腹面黑色，光亮，具刻点，侧缘各节气门内侧具不规则黄斑。雌虫第 7 腹板（第 6 可见腹板）后缘中央具有一黄色的横纹。

雄虫生殖囊黄褐色，较小，近圆形；背侧角不明显；背域土黄色；背陷近椭圆形，密被短毛，凹陷浅；侧域黄色，相对稍宽阔；中脊不太明显；载肛突黄色，其两侧具较浅的凹陷；腹域黑色，狭窄，中部具非常明显的舌状内突。抱器钩状突前端较窄，感觉叶具少许短毛；阳茎端骨化强，前端细长形，管状；精泵骨化强，形状不规则，约与阳茎端的基部膨大部分等大；端系膜侧背突一对，膜质；端系膜侧突一对，膜质，端系膜背突细小，膜质。

分布：浙江、安徽、湖北、江西、湖南、福建、广东、广西、四川、贵州。

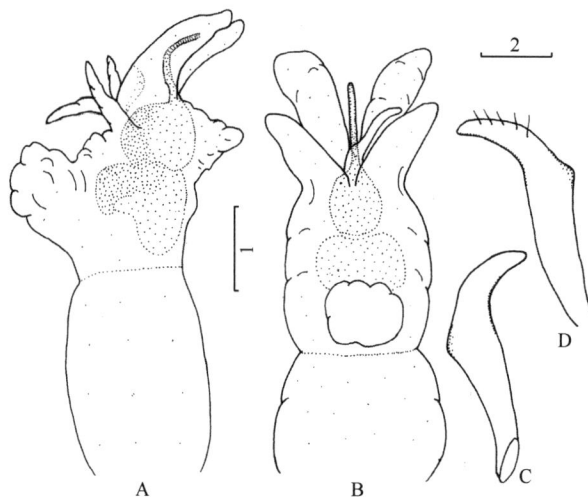

图 18-109　小饰圆龟蝽 _Coptosoma parvipictum_ Montandon, 1892
A. 阳茎侧面观；B. 阳茎背面观；C、D. 右抱器不同方位。比例尺：1= 0.2 mm（A、B），2=0.1 mm（C、D）

（446）普圆龟蝽，新种 _Coptosoma pervulgatum_ Xue _et_ Liu, sp. nov.（图 18-110）

鉴别特征：本种小盾片黑色，基胝分界清楚，两端具黄色斑点，侧胝完全黑色或具两个小黄斑。与双痣圆龟蝽（_C. biguttula_）及中华圆龟蝽（_C. chinense_）外形上十分相似，但雄虫生殖囊有所不同，阳茎结构与后二者有明显区别。

形态特征：体近圆形，黑色，光亮，具微细刻点。

头部雌雄同型，侧叶与中叶等长；背面黑色，前端略呈黑褐色。腹面基部黄色或黄褐色，端部黑褐色。触角黄褐色至黑褐色，末二节色深。喙黄褐色至黑褐色，伸达第 2 可见腹节。

前胸背板黑色，侧缘扩展部分较小，刻点粗糙，具一条黄色纹；中部横缢不十分明显。小盾片黑色，基胝分界清楚，两端具黄色斑点，侧胝完全黑色或具小黄斑；小盾片侧、后缘具黄边，但侧缘黄边不达到小盾片基部；雄虫小盾片后缘中央向内凹陷，黄边不中断。腹板灰黑色，臭腺沟缘黑色。足黄褐色至深褐色，腿节常色深。

腹部腹面黑色，光亮，具刻点，侧缘具黄色边缘，边缘内侧具竖长形黄斑。

雄虫生殖囊背侧角较显著；背域与背陷区域分界不明显，近背缘毛簇较宽，分布不整齐；近腹缘处具较小的突起。抱器钩状突末端宽阔，弧形，薄片状，弯曲，感觉叶具毛；抱器体略呈棒状。阳茎鞘稍骨化，侧骨片一对，条形骨化；系膜侧骨片骨化强；基系膜背突较小，稍骨化；端系膜背突一对，部分骨化，末端呈二叉状；端系膜腹突大部分膜质，部分区域骨化；端系膜侧突一对，与阳茎端紧贴在一起，阳茎端基部膨大部分不明显，骨化强；精泵较大，骨化强。

体长 3.37–4.40 mm；前胸背板宽 2.35–3.1 mm，长 1.13–1.35 mm；小盾片宽 2.9–4.0 mm；头长 0.6–0.7 mm，宽 1.0–1.15 mm；两单眼间距离 0.32–0.35 mm；单眼与复眼间距离 0.08–0.10 mm；触角各节长度：I：II：III：IV：V=（0.28–0.32）：（0.10–0.11）：（0.39–0.43）：（0.39–0.46）：（0.49–0.63）（mm）。

种名词源：*pervulgatum* 极普通的，意指该种外形平常。

模式标本：正模♂，福建建阳黄坑，1965.VI.8，刘胜利采；副模：2♂，福建建阳黄坑，1965.VI.8，刘胜利采；6♂♂4♀，福建建阳黄坑，1965.VIII.7，王良臣采；1♀，福建崇安三港，1982-8-3，任树芝采；1♂，同上，1982.VIII.5，陈晨采；1♂，同上，1982.VIII.6，陈晨采；1♀，同上，陈萍萍采；1♂，同上，1982.VIII.9，任树芝采；2♂2♀，浙江天目山，1989.IX.12；1♀，浙江天目山，1961.VI.24；1♀，同上，1961.VI.25；1♀，浙江天目山，1973.VII.5，姜志宽采；9♂4♀，湖北利川星斗山（850m），1989.VII.21，王书永采；1♂，湖北利川星斗山（900m），1999.VII.30，薛怀君采；1♂5♀，四川武隆白马山（1200m），1989.VII.1，张晓春采；1♂，贵州黔南州，1983.III.?；1♂，贵州雷公山（1350m），1983.VII.15。

分布：浙江（临安）、湖北、福建、四川、贵州。

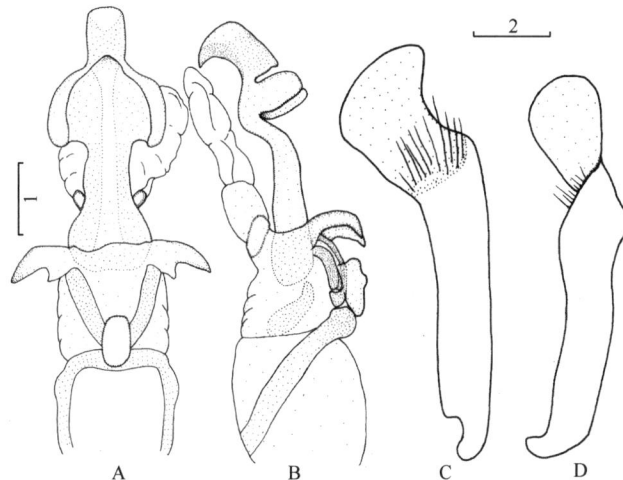

图 18-110　普圆龟蝽，新种 *Coptosoma pervulgatum* Xue et Liu, sp. nov.

A. 阳茎侧面观；B. 阳茎背面观；C、D. 右抱器不同方位。比例尺：1= 0.2 mm（A、B），2=0.1 mm（C、D）

（447）半黄圆龟蝽 *Coptosoma semiflavum* Jakovlev, 1890（图 18-111）

Coptosoma semiflavum Jakovlev, 1890: 541.

主要特征：体长 3.78–4.83 mm。体近圆形，黑色，光亮，背面具细小刻点。

头部雌雄同型，头小，侧叶与中叶等长，前缘与侧缘略呈圆形，侧叶中部黄色，其余黑色。腹面基部黄色，其余部分黄褐色。触角黄色至黄褐色。喙黄褐色，向后伸达第 3 可见腹节基部。

前胸背板黑色，前侧缘扩展部分显著，具两条黄色纹，黄色纹间黑色区域刻点粗糙。近前缘处具 2 黄斑，和扩展部分的内侧黄色纹相连，黄斑后具 2 或 4 个横列的小黄点，但有些个体此处黄点消失；横缢较显著，附近刻点较粗糙。前翅前缘基部黄色。小盾片黑色，基胝、侧胝均分界比较清楚，基胝具 2 个较大圆形黄斑，侧胝黄斑很小；小盾片端部宽阔黄色，具褐色刻点，有些个体基胝侧、后方具不规则黄点；雄虫后缘向内凹陷。腹板黑色，臭腺沟缘黑色。足浅褐色，基部常色深，黑褐色。

腹部腹面黑色，光亮，具浓密刻点，侧缘黄色，其内侧黄斑竖长形。

雄虫生殖囊背缘弧形；背侧角明显；背域黄色，相对较宽阔，向内倾斜，中部具较宽的毛簇；背陷黑色，狭长，凹陷浅；侧域黄色；中脊短；载肛突黄褐色，其两侧具深的黑色凹陷；腹域黑色，中央区域凹陷较深，被毛，中部近腹缘处具一小的突起。抱器钩状突较宽阔，薄片状，稍扭曲，感觉叶具毛，抱器体棒状。阳茎鞘骨化较强，系膜侧背骨片明显；基系膜背突囊状，很小；端系膜背突一对，狭长片状，稍骨化；端系膜腹突大部分膜质；端系膜侧突一对，与阳茎端均骨化强，二者紧贴在一起，相对较窄；精泵较大，骨化强。

分布：浙江、江西、福建、广东、四川、贵州。

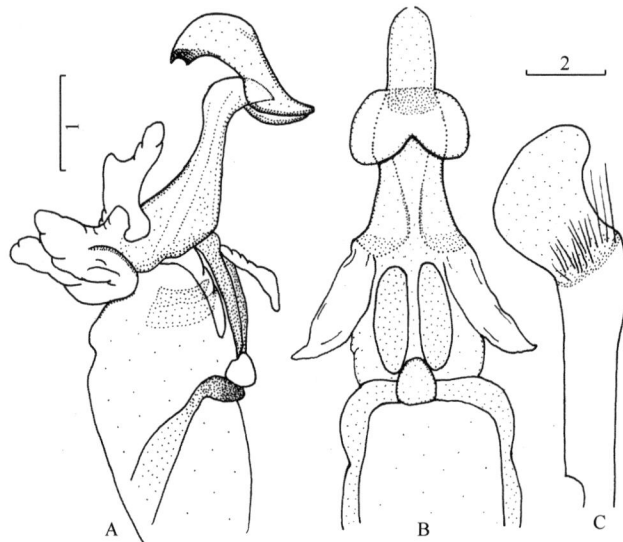

图 18-111 半黄圆龟蝽 *Coptosoma semiflavum* Jakovlev, 1890
A. 阳茎侧面观；B. 阳茎背面观；C. 右抱器。比例尺：1=0.2 mm（A、B），2=0.6 mm（C）

（448）多变圆龟蝽 *Coptosoma variegatum* (Herrich-Schaeffer, 1838)（图 18-112）

Thyreocoris variegatum Herrich-Schaeffer, 1838: 83 [n. sp.].

Coptosoma variegatum: Hsiao *et al.*, 1977: 39.

主要特征：体长 2.12–3.28 mm。体近圆形，黑色光亮，具细致刻点。

头部雌雄同型，侧叶与中叶等长，侧叶中部黄色，其余部分黑色；头腹面黄色或黄褐色，触角黄色，末端色深至褐色；喙黄褐色，向后伸达第 2 可见腹节中后部。

前胸背板黑色，前侧缘扩展部分较狭窄，具两条黄色纹，两黄色纹中间具黑色刻点；横缢不十分显著，前胸背板前部具排成两列的 4 条黄色横纹，其中前面两条位于前胸背板前缘处，该黄斑大小和形状均变异很大，有时与其同侧的内侧黄纹相连，有时仅可看到 1 或 2 个很小的黄（或褐色）点；后面的两个黄斑形状和大小也变异很大，有时大而清晰，有时形成 1、2 或 4 个黄（或褐）色小点，有时模糊不清或完全消失；侧角内侧各具一黄斑，其大小、形状甚至颜色也有变异。前翅前缘基部黄色。小盾片黑色，基胝、侧胝均分界清楚，基胝具 2 个黄斑，形状变异很大（有时很长，以至于 2 个黄斑几乎连为一体；有时仅为小而模糊的黄点；也有少量个体黄斑消失），侧胝黄斑也变异较大，有时模糊，少量个体黄斑消失；小盾片侧、后缘具黄边，有时侧缘黄边达小盾片基部，有时仅达基部约 1/3 处；后缘黄边变异不大，一般雌虫比雄虫黄边较宽阔，小盾片后缘中央雌虫黄边呈锐角状内凸，雄虫小盾片后缘向内凹陷。胸部腹板灰黑色，臭腺沟缘黑色。足黄褐色。

　　腹部腹面黑色，光亮，具刻点，侧缘黄色，其内侧具逗号形黄斑。

　　雄虫生殖囊背缘弧形；背域黄色，中部具较长的胝状区；背陷狭长，黑褐色；侧域黄色；中脊较明显；载肛突黄褐色，周围凹陷较深，黑褐色；腹域黑色，具凹陷区域和浓密长毛。抱器钩状突呈薄片状，较宽阔，稍扭曲，感觉叶具毛，抱器体棒状，稍弯曲。阳茎鞘稍微骨化；基系膜背突稍骨化，小，指状；基系膜侧突一对，宽大扁囊状，膜质；端系膜背突一对，宽大，膜质；端系膜侧突一对，狭长，稍骨化；阳茎端骨化较强，由基部向端部逐渐变细，基部具一凹缺；精泵不显著。

　　分布：浙江、山西、山东、河南、陕西、安徽、江西、福建、广东、四川、贵州、云南、西藏；印度，缅甸，越南，马来西亚，印度尼西亚，东帝汶，巴布亚新几内亚，澳大利亚。

　　注：本种花斑变异极大，常与圆龟蝽属中多种的外形及花斑非常相似，通过雄虫生殖囊及阳茎特征即可区分开。

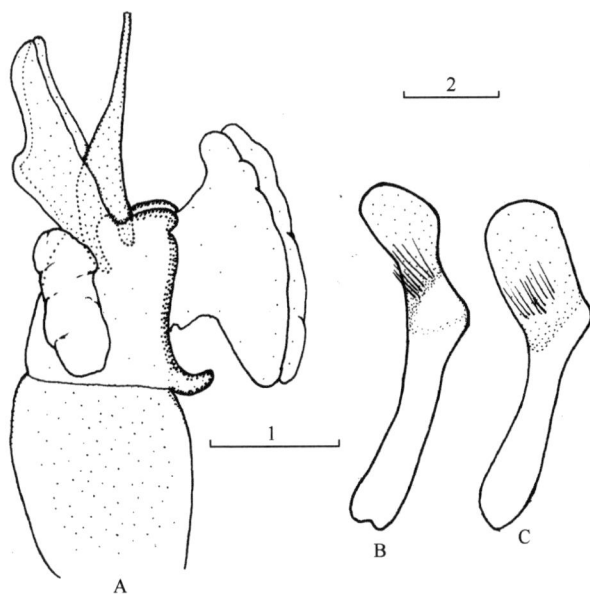

图 18-112　多变圆龟蝽 *Coptosoma variegatum* (Herrich-Schaeffer, 1838)
A. 阳茎侧面观；B、C. 右抱器不同方位。比例尺：1=0.2 mm（A），2=0.1 mm（B、C）

253. 豆龟蝽属 *Megacopta* Hsiao *et* Jen, 1977

Megacopta Hsiao *et* Jen, 1977: 14, 15, 21. Type species: *Cimex cribraria* Fabricius, 1798.

　　主要特征：头较窄，不及前胸背板宽度的一半；触角着生处与眼靠近，第 6 腹板后缘呈钝角（雄）或弧形（雌）向前弯曲；小盾片侧胝明显；本属与圆龟蝽属（*Coptosoma*）接近，但各足胫节背面全长具显著纵沟，腹部腹面通常具辐射状浅色带纹，雄虫生殖节小，一般显著小于头的宽度，外形简单。

　　分布：东洋区。世界已知 25 种，中国记录 22 种，浙江分布 7 种。

分种检索表

1. 头侧叶长于中叶，并在中叶前方相交 ·· 2
- 头侧叶不长于中叶，如稍长，也不在中叶前方相交 ··· 3
2. 前胸腹板具显著横脊 ··· 和豆龟蝽 *M. horvathi*
- 前胸背板不具横脊 ··· 筛豆龟蝽 *M. cribraria*
3. 腹部腹面两侧无辐射状横带，仅具浅色斑 ··· 巨豆龟蝽 *M. majuscula*
- 腹部腹面两侧具辐射状横带 ··· 4

4. 小盾片黑色或具黑色、红棕色斑纹 ·· 5
- 小盾片黄色，无异色斑纹 ··· 6
5. 小盾片两侧黄色部分较宽，后部黄色区域较大，占小盾片的 2/3 以上，不呈双峰状，腹部腹面辐射状条纹较宽，约占各侧的
　一半 ··· 狄豆龟蝽 *M. distanti*
- 小盾片两侧黄色部分较窄，后部黄色区域较小，呈双峰状向内扩展，腹部腹面辐射状条纹不及各侧的一半 ·················
　·· 双峰豆龟蝽 *M. bituminata*
6. 小盾片基胝分界明显 ·· 短头豆龟蝽 *M. breviceps*
- 小盾片无明显基胝 ·· 褐斑豆龟蝽 *M. spadicea*

（449）双峰豆龟蝽 *Megacopta bituminata* (Montandon, 1897)（图 18-113）

Coptosoma bituminata Montandon, 1897: 452.

Megacopta bituminata: Hsiao *et al.*, 1977: 27, 294.

主要特征：体长 3.6–5.4 mm。体近圆形，黑色，光亮，具粗糙浓密刻点及赭色斑纹，赭色斑纹上刻点褐色。

头较宽阔，几乎等于前胸背板宽的一半，前缘圆形，侧叶与中叶等长，中叶前端较窄，中叶基部后方的长形斑点及复眼前方的斑点为赭黄色；头基部黑色，头腹面赭色；触角深赭色，端部色较深；喙深赭色，向后伸达后足基部。

前胸背板黑色，前侧缘扩展部分具两条赭色条纹，其中外面一条较短，内侧一条直达前翅基部。前翅前缘基部赭色。小盾片周缘部分黄褐色，具褐色刻点；小盾片基胝分界清楚，两端具两个赭红色斑点；侧胝明显，赭红色；小盾片侧缘黄色部分较窄，不与基胝两端的黄斑相连；后部黄色区域较小，呈双峰状向内扩展；雄虫小盾片末端向内凹陷。胸部腹面灰黑色。臭腺沟缘褐色。足腿节赭色，胫节褐色，胫节外侧全长具纵沟。

腹部腹面中央黑色，两侧横带较宽阔，但不及各侧之一半。气门浅色，其外侧具褐色斜纹。

雄性生殖囊背侧角较明显；背域亚缘脊明显，其内侧平坦；背陷不显著；载肛突簸箕状，两侧凹陷较深，深色。抱器钩状突狭长，末端尖锐；感觉叶具较多长毛；抱器体棒状，稍弯曲。阳茎鞘侧骨片骨化明显；端系膜侧突一对，膜质；阳茎端粗大，骨化强；精泵明显，骨化较强，略呈斧状。

分布：浙江（临安、龙泉）、天津、河南、湖北、江西、湖南、福建、海南、广西、四川、贵州、云南。

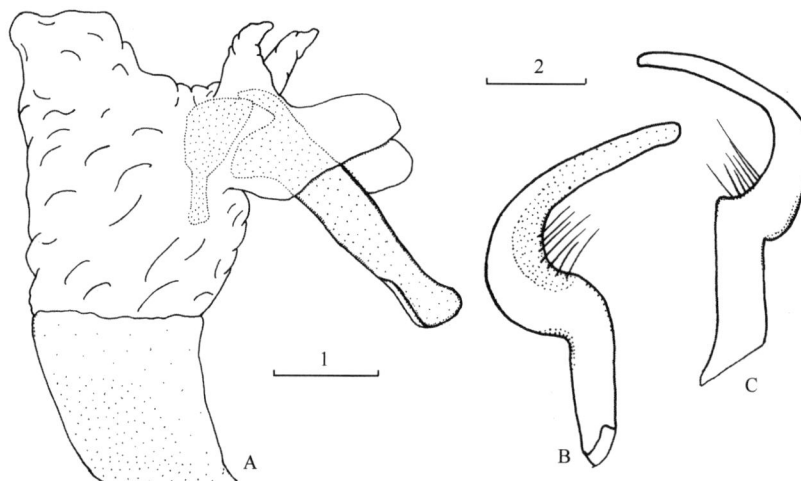

图 18-113　双峰豆龟蝽 *Megacopta bituminata* (Montandon, 1897)
A. 阳茎侧面观；B、C. 左抱器不同方位。比例尺：1=0.2 mm（A），2=0.1 mm（B、C）

（450）短头豆龟蝽 *Megacopta breviceps* (Horváth, 1879) new comb.

Coptosoma breviceps Horváth, 1879a: 142.

主要特征： 体长 4 mm。黄色，光亮，头的基部、中侧叶外缘和接合缝、前胸背板边缘、胸腹板、腹部腹面辐射状横带均黑色。前胸背板及小盾片具显著刻点。侧叶具小的黑色刻点，中、侧叶约长度相等，侧叶具小的黑色刻点，不相互接触；前胸背板前缘波状弯曲，前侧角边缘黑色，无横缢，前胸背板前叶刻点细致，具一小的波状纹，前半部具一纵向的刻点稀少区域；小盾片基胝显著；胫节外侧具沟。

分布： 浙江（宁波）。

注： 本次研究未见标本，描述译自 Yang（1934a）。Yang 研究时也未见到该种标本，将 Horváth 的原始描述译成了英文，据其资料，认为应移入豆龟蝽属较为合适。

（451）筛豆龟蝽 *Megacopta cribraria* (Fabricius, 1798)（图 18-114）

Cimex cribrarius Fabricius, 1798: 531.

Megacopta cribraria: Hsiao *et al.*, 1977: 22, 293.

主要特征： 体长 3.75–5.5 mm。体卵圆形，黄绿色、草黄色或黄褐色。

头部前端圆形，侧叶长于中叶并在中叶前方接触，中叶及侧叶边缘黑色，复眼红褐色。腹面黄色。触角黄色。喙亦黄色，近末端色渐暗，向后伸达第 2 可见腹节末端。

前胸背板被一列不整齐的刻点分为前后两部分，前部较小，刻点细小且稀少，具两条弯曲的黑色波浪状横纹，两侧扩展部分基部刻点浓密；后部较大，刻点粗糙，有时中央有一隐约直贯小盾片顶端的浅色纵纹。小盾片刻点均匀，基胝和侧胝均明显，侧胝无刻点；雄虫小盾片末端向内凹陷。腹面灰黑色或黑色，臭腺沟缘黄色。足黄色，胫节全长具纵沟。

腹部腹面光亮，中部黑色，具浓密细毛。两侧黄色辐射斑纹雌雄异型，雌虫辐射斑纹各节均较长；雄虫腹部第 3、4 节辐射状带纹很长，其余各节较短，第 4 节后具浓密短毛；黄色辐射状带纹中央具黑色横纹，具较浓密刻点或光滑几乎无刻点。气门浅色，其后各具一黑斑。

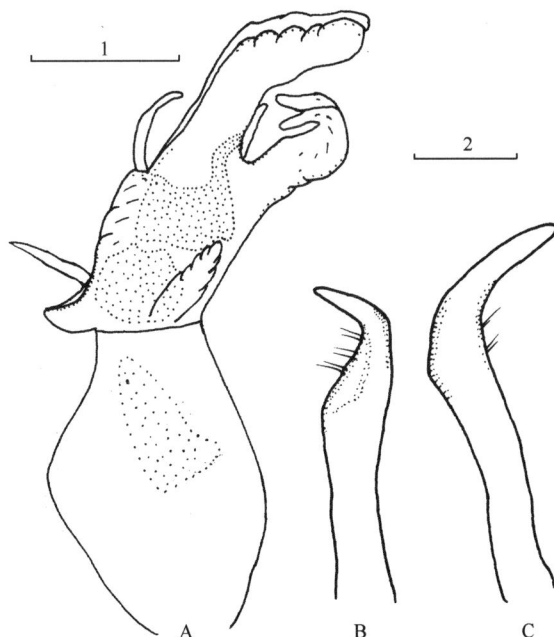

图 18-114　筛豆龟蝽 *Megacopta cribraria* (Fabricius, 1798)
A. 阳茎侧面观；B、C. 右抱器不同方位。比例尺：1=0.3 mm（A），2=0.1 mm（B、C）

雄性生殖囊近圆形，具细毛，背缘圆弧形，背侧角不明显，背域狭窄，具短毛；背陷凹陷较浅，黑褐色，呈伞状；中脊中间相连接；载肛突半球形，光滑，黄色；其两侧较深凹陷，黑色；腹域呈舌状突起。抱器钩状突末端较细钩状弯曲，感觉叶具毛。阳茎鞘骨化较强；基系膜背突扁囊状且上有一细管状突起，骨化较强；端系膜侧背突一对，较长且宽，骨化较弱；端系膜背突一个，膜质细管；端系膜腹突较短，膜质；基系膜侧突膜质囊状；阳茎端基部非常膨大，其余部分很短，骨化强，末端腹向弯曲；精泵大，骨化强。

分布：浙江（临安、建德）、天津、河北、山西、山东、陕西、江苏、上海、安徽、湖北、江西、湖南、福建、台湾、广东、海南、澳门、广西、四川、贵州、云南、西藏；朝鲜，日本，印度，孟加拉国，缅甸，越南，泰国，斯里兰卡，印度尼西亚，大洋洲。

（452）狄豆龟蝽 *Megacopta distanti* (Montandon, 1893)

Coptosoma distanti Montandon, 1893: 564.

Megacopta distanti: Hsiao *et al.*, 1977: 27, 294.

主要特征：体长 3.8–5.04 mm。体近圆形，背部中间黑色，其余部分暗黄棕色，刻点浓密。

头部较宽阔，前缘弓形突出，侧叶与中叶等长。头背面端半部暗黄棕色。基半部黑色。触角及喙暗棕黄色，喙向后伸达后足基部。

前胸背板前缘及侧缘暗黄棕色，前胸背板具浓密刻点，中部黑色，其余部分暗黄棕色。小盾片基胝和侧胝均明显，基胝两端及侧胝暗黄棕色。小盾片两侧宽阔黄色，与基胝两端的黄斑相连；后部黄色区域较大，占小盾片的 2/3 以上，不呈双峰状；雄虫小盾片末端向内凹陷。胸部腹面灰黑色。臭腺沟缘褐色，端部褐色。足腿节赭色，胫节褐色，胫节全长具纵沟。

腹部腹面光亮，具深褐色刻点，中央黑色，两侧辐射状横带较宽阔，约占各侧之一半，中央无横纹。气门浅色，其外侧具褐色斜纹。

雄虫生殖囊黄褐色，亚缘脊明显，亚缘脊内侧平坦；背侧角明显；载肛突簸箕状；两侧凹陷较深；背陷不明显。抱器钩状突狭长，稍扭曲，末端较尖；感觉叶具长毛；抱器体棒状，稍弯曲。阳茎鞘侧骨片较明显；端系膜侧突一对，膜质；阳茎端粗大，骨化强；精泵明显，骨化强，略呈斧状。

分布：浙江、北京、河北、陕西、甘肃、河南、江西、湖南、福建、广西、四川、贵州、云南、西藏；印度。

注：本种与双峰豆龟蝽（*Megacopta bituminata*）极为相似。但有以下区别：①本种小盾片两侧宽阔黄色，与基胝两端的黄斑相连；后部黄色区域较大，占小盾片的 2/3 以上，不呈双峰状；后者小盾片后部黄色区域较小，呈双峰状向内扩展。②腹部腹面两侧辐射状横带较宽阔，约占各侧之一半；后者腹部腹面两侧横带宽阔，但不及各侧之一半。二者雄虫生殖囊、抱器及阳茎都十分近似，并且个体大小、花斑等并不稳定，存在一些变异，因此作者认为有可能为一个种的不同色型，有待进一步深入研究，今暂作为两个独立的种处理。

（453）和豆龟蝽 *Megacopta horvathi* (Montandon, 1894)（图 18-115）

Coptosoma horvathi Montandon, 1894a: 261.

Megacopta horvathi: Hsiao *et al.*, 1977: 23, 293.

主要特征：体长 3.75–5.25 mm。体卵圆形，草黄色、草绿色或暗草绿色；具粗糙刻点。

头部较小，基部与侧缘黑色；中叶黑色，其后有一黄色斑点；侧叶黄色，长于中叶并在其前方相交。腹面黑色。触角褐色，端部色较深。喙褐色，向后伸达第 2 可见腹节前部。

前胸背板中央稍前有一条由不规则刻点形成的横纹，将前胸背板分成前后两部分，前部较小，一般色较黄，刻点稀少，有一条向前呈双弯曲的黑色横纹（有时中间断开），纵纹中部有一条伸达前缘的黑色纵纹与之交叉；后部较大，颜色较绿，具粗糙刻点。小盾片具大小不一的粗糙刻点且常相互连接；基、侧脉均明显，但基脉后界常有中断，侧脉横长，且光亮；雄虫小盾片末端向内凹陷。腹面黑色，前足基部侧前方有明显横褶。臭腺沟缘黑色。足黄褐色，基部色较深，胫节全长具纵沟。

腹部腹面光亮。中部黑色；两侧黄色辐射状带纹宽阔，具粗糙刻点，带纹中央无黑色横纹；气门浅色。

雄性生殖囊小，近圆形，黄褐色，被细毛；背域较窄；背陷椭圆形，凹陷浅；侧域宽阔，中脊发达，两侧几乎连为一体；载肛突半球形，光滑，其两侧具较深的凹陷，黑褐色；腹域中部略呈舌状突起。抱器末端扁，钝圆，感觉叶具毛。阳茎鞘部分骨化；基系膜背突较小，扁平；端系膜侧背突一对，较宽阔且长，并在近基部有一较小分支；端系膜背突一个，细小；端系膜腹突膜质，粗大，末端二分支；基系膜侧突膜质；阳茎端基部显著膨大，端半部细小，骨化强，末端腹向弯曲。精泵骨化强，较大。

分布：浙江（临安、庆元）、河南、陕西、甘肃、湖北、湖南、福建、台湾、广东、广西、四川、贵州、云南。

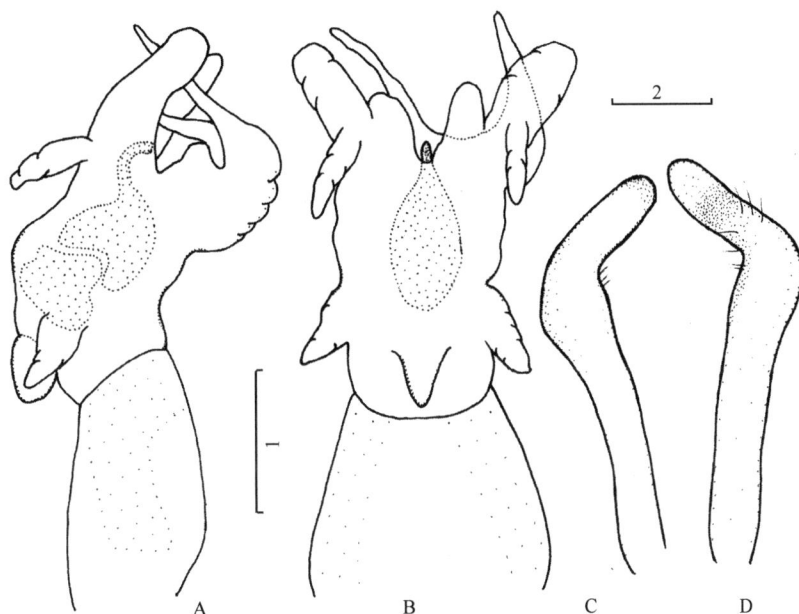

图 18-115　和豆龟蝽 *Megacopta horvathi* (Montandon, 1894)
A. 阳茎侧面观；B. 阳茎背面观；C、D. 右抱器不同方位。比例尺：1=0.2 mm（A、B），2=0.1 mm（C、D）

（454）巨豆龟蝽 *Megacopta majuscula* Hsiao et Jen, 1977

Megacopta majuscula Hsiao et Jen, 1977: 28, 295.

主要特征：体长 6.43–7.6 mm。体卵圆形，黑色，光亮，具浓密粗糙刻点及左右对称但不整齐的黄色花纹。

头部黑色，背面具"Y"形黄斑，前端渐窄；中叶稍长于侧叶，稍向上鼓；侧叶具极稀疏刻点，靠近内侧具纵长凹陷；头顶向上鼓起。头腹面两侧黑色，中间黄褐色。触角及喙红褐色，喙向后稍超过后足基节。

前胸背板黑色，中间部分缢缩较宽，侧角突出，靠近前缘两侧及横缢处具一些不规则的小型黄色花纹。小盾片基脉明显，黄色花纹主要位于基部两侧、基脉及顶端；侧脉不明显。前翅前缘基部黄色。胸腹板灰黑色，具显著皱褶。臭腺沟缘黑褐色。足红褐色，胫节全长具纵沟。

腹部腹面黑色，腹板两侧具不完全的红褐色边缘，其内侧前方具钩状红褐色花纹，后方具一个红褐色斑点，气门黑色，位于钩状花纹外侧。

雄虫生殖囊黑色，近圆形；背域狭窄；背陷凹陷稍深，具细毛；侧域稍宽；载肛突两侧具较深凹陷；腹域内缘中部具较宽的舌状突起。抱器及阳茎未检查。

分布：浙江（松阳）、福建。

（455）褐斑豆龟蝽 *Megacopta spadicea* Xue *et* Liu, 1998（图 18-116）

Megacopta spadicea Xue *et* Liu, 1998: 594.

鉴别特征：本种与胡豆龟蝽 *Megacopta hui* 近似，但后者喙向后仅伸达后足基部。另外，本种与圆头豆龟蝽 *M. cycloceps* 近似，但后者前胸背板侧缘前方扩展部分基部具整齐的褐色刻点，腹部辐射状横带光滑无刻点。

主要特征：体长 3.45–4.6 mm。体圆形，黄色稍带绿色；具浓密、粗糙的褐色刻点。

头部宽短，前端圆形，稍显平截；中叶与侧叶约等长，侧叶边缘与中叶基部褐色，中叶后亦有一黄色斑点；侧叶及中叶中部具细小刻点；腹面黄色。触角和喙黄或黄褐色，端部色较深，喙向后可伸达第 3 可见腹节。

前胸背板具粗糙刻点，前、后缘均黑色，前部有一褐色波状横纹，纵纹中部有一条伸达前缘的褐色纵纹与之交叉；小盾片密被褐色粗糙刻点且常相互连接；小盾片基部色较浅，但基胝后界不明显，侧胝小，细长。雄虫小盾片末端向内凹陷。腹面灰黑色，臭腺沟缘黄色，足黄色，胫节全长具纵沟。

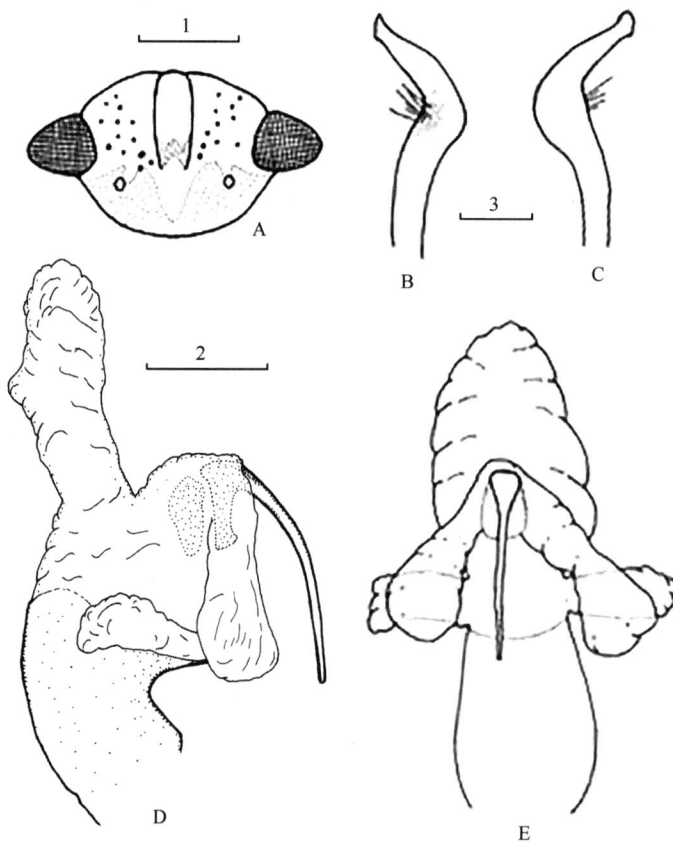

图 18-116　褐斑豆龟蝽，新种 *Megacopta spadicea* Xue *et* Liu, 1998

A. 头部背面观；B、C. 右抱器不同方位；D. 阳茎侧面观；E. 阳茎背面观。比例尺：1=0.5 mm（A），
2=0.2 mm（D、E），3=0.1 mm（B、C）

腹部腹面中部黑色光亮，两侧黄色辐射状带纹宽阔，浅黄色，具粗糙刻点，带纹中央无黑色横纹；气门浅色。

雄性生殖囊内陷深，凹陷部分黄褐色至黑色；背缘黄色，具毛；腹缘、侧缘黄褐色，光滑无毛；背侧角较明显，毛较密且长，近圆形，具细毛；载肛突黄色，中央具纵向凹槽，被短毛。抱器钩状突相对较长，约与抱器体等长，末端斧形。阳茎鞘部分骨化；基系膜侧突一对，膜质；端系膜侧突一对，较宽阔且长，小于端系膜背突；端系膜背突宽大，扁囊状，膜质；阳茎端基部稍膨大，其余部分细长，整体形成一钩状，骨化强，末端腹向弯曲；精泵形状不规则，骨化。

分布：浙江（临安、建德）、河南、陕西、湖北、江西、广西、四川、贵州。

平龟蝽族 Brachyplatidini Leston, 1952

254. 异龟蝽属 *Ponsilasia* Heinze, 1934

Ponsilasia Heinze, 1934: 283. Type species: *Ponsilasia formosana* Heinze, 1934 [n. gen].

Aponsila Hsiao *et* Jen, 1977: 14. Type species: *Aponsila cycioceps* Hsiao & Ren, 1977. Synonymized by Xue *et* Liu, 2002: 96.

主要特征：身体较扁平，腹面几乎不隆起。头宽于前胸背板的 1/2；单眼与复眼间的距离小于两单眼彼此间的距离；头侧叶长于中叶，并在中叶前（上）方相交，前缘宽圆形，稍向上翘折（雌雄同型者）；或雄虫头的前缘两侧向前扩展，中部呈弧形凹陷（雌雄异型者），侧叶前缘呈卷曲状向上翘折；触角着生于复眼与喙之间，但距复眼较近，第 1 节较短，弯曲，远短于第 3 节的长度。小盾片基胝分界清楚，雄虫小盾片后缘微凹陷。各足胫节外侧全长具纵沟。雄虫生殖囊近背缘区域宽阔平整；开口小，位于生殖囊近腹缘的很小区域内。

分布：东洋区。世界已知 4 种，中国记录 4 种，浙江分布 1 种。

（456）方头异龟蝽 *Ponsilasia montana* (Distant, 1901)（图 18-117）

Ponsila montana Distant, 1901: 239.

Aponsila montana: Hsiao *et al.*, 1977: 20.

Ponsilasia montana: Heinze, 1934: 287.

主要特征：体长 5.4–5.9 mm。体黑色，光亮，具浓密刻点。

头部雌雄异型。雄虫头前缘明显向上卷曲状翘折，侧缘稍翘；雌虫前缘圆形，微翘；背面黑色，两复眼内侧、中叶后面各具 1 黄斑，中叶侧前方有 2 黄斑，有些个体中叶前段亦黄色。腹面黄色，边缘及复眼、触角基部黑色；喙黄色，向后可伸达第 2 可见腹节基部。触角黄色，末二节渐呈黑褐色。

前胸背板黑色，约中央处有一明显横缢。扩展部分具两条黄色条纹，内侧条纹与黄色亚前缘线共同呈波浪状。黄色亚前缘线后缘中央有 1 三角形黑斑。很少量个体前胸背板前部约 1/3 处有两条黄色横纹。小盾片黑色，侧、后缘均具黄边，黄色边缘区域有较大的褐色斑点；雄虫末端向内凹陷；基胝和侧胝均明显，基胝黑色或具 2 个黄色或橘红色斑，侧胝各有 1 黄色或橘红色斑。腹面黑色，臭腺沟缘亦为黑色。足黄色，基部色深，胫节全长具纵沟。

腹部腹面黑色，每腹节两侧各具一对钝齿状辐射斑纹，气门周围黑色。

雄虫生殖囊大部分区域黄色；背域极宽阔，宽于整个生殖囊的一半，极平整，生殖囊侧缘及腹缘具长毛；载肛突黄色，其周围具很小区域的凹陷，黑褐色；腹域狭窄，褐色。抱器体相对较长，筒状，感觉叶具长毛，钩状突呈稍扭曲的锐钩状，具 1 较浅的缺刻。阳茎鞘部分区域骨化很强；基系膜背突扁囊状，骨化较强；基系膜侧突 2 对，泡囊状突起；端系膜腹突囊状，外缘翘折，稍骨化；端系膜侧突一对，骨化较强；端系膜背突骨化弱，近膜质，很长，末端二分叉，分叉处细管状；阳茎端骨化很强，近端部弯曲。

　　分布：浙江（临安）、江西、福建、广东、海南、广西、贵州、西藏；印度，越南。

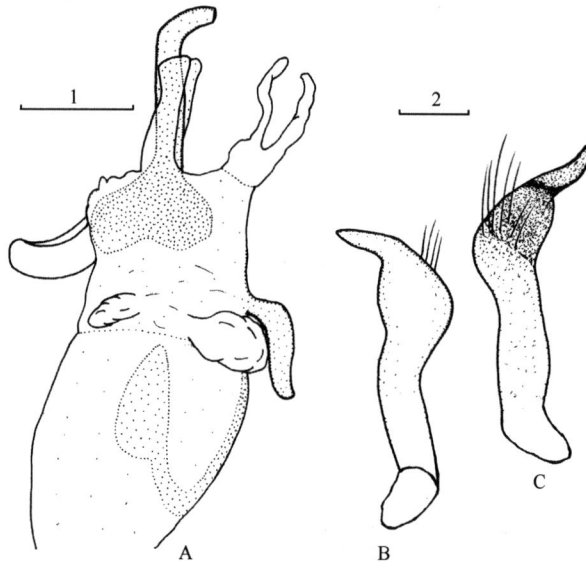

图 18-117　方头异龟蝽 *Ponsilasia montana* (Distant, 1901)

A. 阳茎侧面观；B、C. 左抱器不同方位。比例尺：1=0.2 mm（A），2=0.1 mm（B、C）

四十二、盾蝽科 Scutelleridae

主要特征：体小型至中大型，背面强烈圆隆，腹面平坦，卵圆形，许多种类有鲜艳的色彩和花斑。头多短宽，触角 4 节或 5 节，中胸小盾片极度发达，遮盖整个腹部和前翅的绝大部分。生活在植物上，较大型的种类多栖于树木上。植食性。

共分为 4 个亚科，目前，本地区仅见盾蝽亚科 Scutellerinae 和扁盾蝽亚科 Eurygastrinae。

分布：世界广布，热带及亚热带地区更为常见。世界已知 84 属 490 余种，中国记录 19 属 58 种，浙江分布 4 属 4 种。

（一）扁盾蝽亚科 Eurygastrinae

255. 扁盾蝽属 *Eurygaster* Laporte, 1833

Eurygaster Laporte, 1833: 68. Type species: *Cimex hottentotta* Fabricius, 1775.

主要特征：体中型，长椭圆形，背、腹面微隆，黄色或红褐色。头三角形，短宽，向下倾斜约 45°，唇基长于、短于上颚片或与其等长，上颚片外侧缘近平直，头腹面黄色，密布细小刻点，触角 5 节，第 3、4 节较短，位于头下方，于背面不可见，喙伸达后足基节。前胸背板前角、侧角及后角多圆钝，不突出；前缘向下弯曲或平直，前侧缘向外呈弧形弯曲或直，后缘平直；臭腺孔极小，臭腺沟缘中等长度，细而直；中胸侧板挥发域位于侧板后方，带状，浅黄色或白色；后胸侧板挥发域近三角形，位于臭腺沟缘周围，浅黄色或白色，具褶皱。小盾片较狭长，半鞘翅外缘及腹部侧接缘外露；足胫节背面具 1 条浅纵沟；腹部中央无纵沟，侧接缘处多具斑纹或黑色刻点。雄虫生殖囊多为方形，开口处腹缘平直；阳基侧突扁平，钩状突分为两叶；阳茎鞘膜质，长宽大致相等，具 2 对系膜附器，系膜腹叶多为刺状，骨化，系膜背叶多膜质，顶端骨化。

分布：主要分布在古北区。世界已知 21 种，中国记录 4 种，浙江分布 1 种。

（457）扁盾蝽 *Eurygaster testudinaria* (Geoffroy, 1785)（图 18-118；图版 IX-136）

Cimex testudinarius Geoffroy, *in*: Fourcroy, 1785: 195.

Eurygaster testudinaria: Hsiao *et al.*, 1977: 60.

主要特征：体长 9.90–11.0 mm。体中型，长椭圆形，背、腹面微隆，黄色。

头三角形，短宽，向下倾斜，黄褐色或红褐色，单眼橘红色，复眼棕褐色；密布黑色刻点；唇基略短于上颚片，顶端窄，圆钝；上颚片端部圆钝，宽于唇基，外侧缘钝化，近平直。触角 5 节，第 1 节黄色，其余 4 节黑色。头腹面黄色，密布同色细小刻点。喙伸达后足基节。

前胸背板黄褐色或红褐色，隆起，密布黑色刻点，中纵线处为浅黄色细纹，后缘两侧上方各具 1 条浅黄色短纵纹，有些个体斑纹不明显；前角、侧角及后角均圆钝，不突出；前侧缘及后缘近平直，前缘向下弯曲。小盾片较狭长，黄褐色或红褐色，密布黑色刻点，基部中央微隆，两侧微凹；中纵线处微隆呈脊状，且形成 1 个倒 "Y" 形浅黄色斑纹。各节胸侧板黄色，密布黑色刻点；臭腺孔极小，臭腺沟缘中等长度，细而直，末端黑色。中胸侧板挥发域位于侧板后方，带状，微具褶皱，黄白色；后胸侧板挥发域近三角形，位于臭腺沟缘周围，黄白色，微具褶皱。足黄色，具稀疏的短小黑刺，胫节背面具 1 条浅纵沟。

腹部背面观，各腹节侧接缘处具黑色短横纹；腹面观，黄褐色，布满细小浅色刻点；腹部中央无纵沟，常具多且密的黑色小圆斑，3–7 腹节两侧后缘上方均具 1 黑色短横斑，第 7 腹节中央具较密黑刻点组成的近方形黑斑；各腹节后侧角圆钝，不突出。

雄虫生殖囊上方宽，下方较窄，开口处背缘向下弯曲，侧缘弯曲无突起，腹缘平直；阳基侧突扁平，较宽，钩状突片状，顶端分为 2 叶，感觉叶不呈明显凸起，上具较密短毛。阳茎鞘长约等于宽，膜质，腹面中央具 1 较大而明显的三角形突起；阳茎系膜具 2 对附器，系膜腹叶为一对较短的尖刺状突起，骨化；系膜背叶膜质，顶端尖锐呈钩状弯曲，骨化，一对较长；阳茎端骨化，刺状，细长而尖锐，较短。

雌虫第 1 载瓣片近三角形，具褶皱，后方边缘微弯，顶角较圆钝，第 9 侧背片近椭圆形；第 8 侧背片相连处边缘微向上弯曲。受精囊管无明显的中部膨胀，受精囊端檐较大，受精囊球基部微膨大，中部细长，端部膨大呈球形。

分布：浙江（杭州）、黑龙江、内蒙古、河北、山西、山东、陕西、江苏、湖北、江西、四川；俄罗斯、蒙古国、吉尔吉斯斯坦、乌兹别克斯坦、塔吉克斯坦、哈萨克斯坦、伊朗、阿塞拜疆、亚美尼亚。

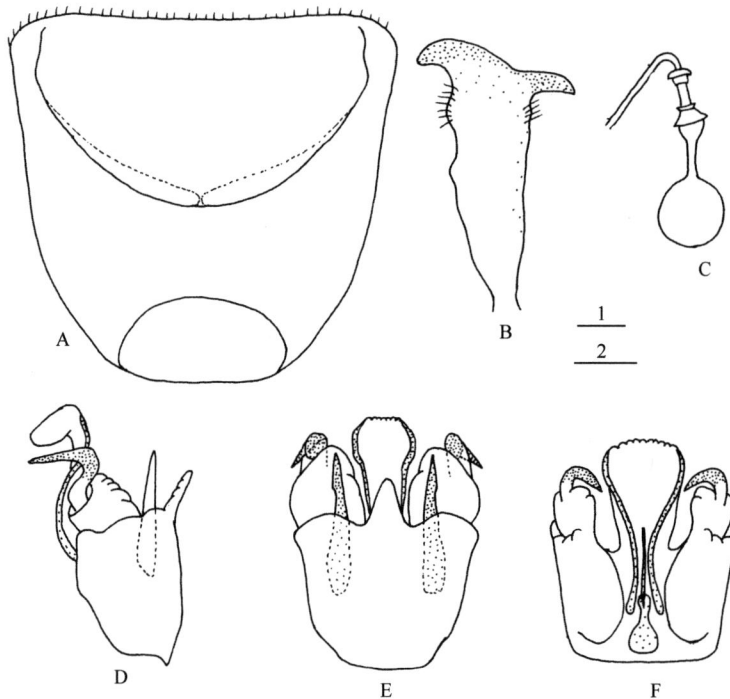

图 18-118　扁盾蝽 *Eurygaster testudinaria* (Geoffroy, 1785)
A. 生殖囊；B. 阳基侧突；C. 受精囊；D. 阳茎侧面观；E. 阳茎腹面观；F. 阳茎背面观。
比例尺：1=0.25 mm（A），1=0.20 mm（D、E、F），2=0.18 mm（B），2=0.25 mm（C）

（二）盾蝽亚科 Scutellerinae

分属检索表

1. 体圆形，腹面平坦 ··· 半球盾蝽属 *Hyperoncus*
- 体狭长或宽圆，腹面明显隆起 ·· 2
2. 体长椭圆形，小盾片和前胸背板连接处下陷，形成 1 较明显凹槽 ··· 亮盾蝽属 *Lamprocoris*
- 体宽圆，小盾片和前胸背板连接处不下陷 ·· 宽盾蝽属 *Poecilocoris*

256. 半球盾蝽属 *Hyperoncus* Stål, 1871

Hyperoncus Stål, 1871: 615. Type species: *Hyperoncus punctellus* Stål, 1871.

主要特征：体近圆形，背面强烈隆起，腹面近平坦。头三角形，短宽，向下倾斜强烈，唇基长于上颚片，上颚片外侧缘近复眼处向内弯曲，触角 5 节，位于头下方，前 3 节短，后 2 节长，喙伸达第 3 腹节；前胸背板前角、侧角及后角均圆钝，前缘向下凹陷，中部平直，前侧缘向外弯曲，后缘微向上弯；中胸腹板具浅沟，两侧略具薄壁状隆起；臭腺沟缘细长，末端强烈向上弯曲；小盾片基部隆起，完整覆盖整个腹部；半鞘翅仅基部外露；各足胫节背面具 2 条纵沟；腹部腹面中央具纵沟；雄虫生殖囊背侧缘弯曲，无突起，阳基侧突钩状突顶端分叶，感觉叶不呈明显突起，具较密长毛，阳茎鞘微骨化，阳茎系膜具 2 对系膜附器，系膜背叶骨化，系膜腹叶膜质；阳茎端骨化强烈，基部宽，向端渐窄，端部伸出 1 对细小的尖刺状突起；雌虫受精囊管的中部膨胀为球形，受精囊基檐较大，端檐较小或不明显，受精囊球棒状，细长，中部弯曲。

分布：主要分布在东洋区及旧热带区。世界已知 7 种，中国记录 1 种，浙江分布 1 种。

（458）半球盾蝽 *Hyperoncus lateritius* (Westwood, 1837)（图 18-119；图版 IX-137）

Sphaerocoris lateritia Westwood, 1837: 13.

Hyperoncus lateritius: Atkinson, 1887: 148.

主要特征：体长 10.80–11.20 mm。圆形，背面强烈隆起，腹面近平坦，棕褐色，密布刻点。

头三角形，短宽，强烈下倾，近垂直，棕褐色；密布黑色刻点，基部中央上方具 1 长方形黑色斑块；唇基略长于上颚片，顶端圆钝；上颚片宽于唇基，端部圆钝，近复眼处向内弯曲。触角 5 节，棕褐色。头腹面黄褐色，光滑；小颊细长；喙 4 节，棕褐色，末节黑色，伸达第 3 腹节。

前胸背板棕褐色，隆起，密布细小黑色刻点；中部具 1 排 4 个圆形黑斑；前角、侧角及后角均圆钝，不突出；前缘向下凹陷，中部平直，前侧缘向外弯曲，后缘微向上弯。小盾片隆起，覆盖整个腹部，棕褐色，密布细小黑色刻点；共具 10 个圆形黑斑：基部两侧各具 2 个色斑，长 2/3 处具 1 排 4 个色斑，末端具 2 个色斑。各节胸侧板黄褐色，密布同色刻点；中胸侧板及后胸侧板中央具黑斑；中胸腹板具浅沟，两侧略具薄壁状隆起；臭腺孔开口近后胸侧板前缘，臭腺沟缘细长，末端强烈向上弯曲，中胸侧板挥发域位于侧板后缘处，较宽，棕褐色及黑色，具褶皱，后胸侧板挥发域位于臭腺沟缘周围，近椭圆形，棕褐色及黑色，具较密褶皱。足黄褐色，胫节背面具 2 条纵沟。

腹部棕褐色，布满细小棕色刻点，第 3–7 腹节腹面中央具 1 较大长方形黑斑，腹部中央具纵沟，伸达第 7 腹节；各腹节后侧角圆钝，不突出。

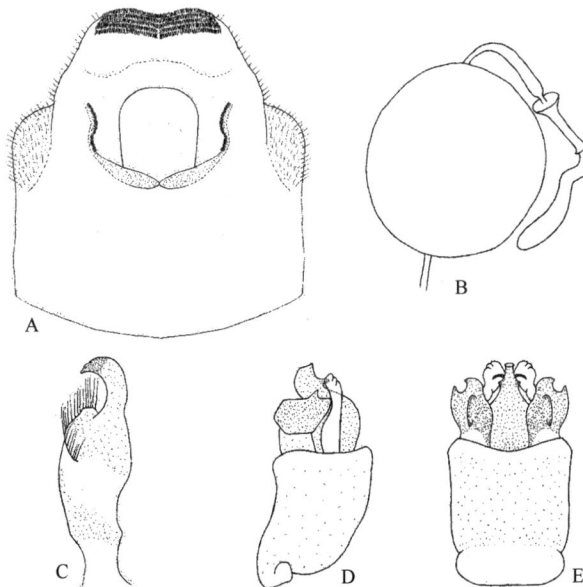

图 18-119　半球盾蝽 *Hyperoncus lateritius* (Westwood, 1837)
A. 生殖囊；B. 受精囊；C. 阳基侧突；D. 阳茎侧面观；E. 阳茎背面观

雄虫生殖囊上方窄，下方宽，两侧中部向外明显突出；背缘向下弯曲，侧缘弯曲无突起，布满黑色短刺，腹面边缘中央下陷，下方具 2 块布满短粗黑刺的近长方形区域。阳基侧突较宽，钩状突微扁平，顶端分 3 叶，不明显，感觉叶上具较密长毛。阳茎鞘长大于宽，微骨化；阳茎系膜具 2 对附器，系膜腹叶为一对中等长度膜质的棒状突起；系膜背叶骨化，端部形成具 3 个尖锐突起的结构；阳茎端骨化，基部膨大，向端渐窄，近端部处伸出 1 对细小的尖刺状突起。

雌虫第 1 载瓣片大三角形，后方边缘笔直，第 9 侧背片小三角形，顶角圆钝。第 8 侧背片小，相连处边缘近平直。受精囊管的中部膨胀为极大的球形，受精囊基檐较大，端檐不明显，受精囊球细长棒状，中部弯曲，顶端圆钝。

分布：浙江（临安、建德）、福建、台湾、广东、广西、四川、贵州、云南、西藏；印度。

257. 亮盾蝽属 *Lamprocoris* Stål, 1865

Lamprocoris Stål, 1865: 34. Type species: *Scutellera lateralis* Guérin-Méneville, 1838.

主要特征：体小至中型，椭圆形，背面强烈隆起，腹面微隆，体色多变，具金属光泽，密布刻点。

头三角形，短宽，向下倾斜约 45°；唇基略长于上颚片，端部略膨大，多光滑，有时微具横皱，顶端圆钝；上颚片端约与唇基等宽，外侧缘长 2/3 处向内弯曲。触角 5 节，黑色或蓝色具金属光泽；头腹面绿色或蓝紫色，具金属光泽，密布刻点；喙棕褐色，伸达后足基节处。前胸背板前侧缘近平直，前缘向后弯曲，分布较密粗刻点，后缘近平直。小盾片完整，覆盖整个腹部，半鞘翅仅基部外露；基部中央隆起，两侧凹陷；各节胸侧板金绿色或蓝紫色，具金属光泽，密布刻点；臭腺孔开口近后胸侧板前缘，臭腺沟缘狭长，末端向上弯曲。中胸侧板挥发域位于侧板后方，带状，具褶皱；后胸侧板挥发域近三角形，位于臭腺沟缘周围，具较密褶皱。足腿节及胫节多为金绿色，具金属光泽，胫节背面不具纵沟，跗节深褐色；腹部金绿色或蓝紫色，具金属光泽，密布刻点。腹部中央无纵沟，侧缘处橘红色，各腹节气孔处黑色。雄虫生殖囊背侧缘无突起，腹面边缘中央常下陷，阳基侧突钩状突顶端不分叶，阳茎鞘膜质，具强烈骨化区域，阳茎系膜具 2 对或 3 对系膜附器，形状变异较大；阳茎端骨化，形状变异较大；雌虫受精囊管的中部膨胀为球形，受精囊球长棒状。

分布：东洋区。世界已知 5 种，中国记录 3 种，浙江分布 1 种。

（459）亮盾蝽 *Lamprocoris roylii* (Westwood, 1837)（图 18-120）

Callidea roylii Westwood, 1837: 16.

Lamprocoris roylii: Distant, 1899: 39.

主要特征：体长 9.10–11.80 mm。椭圆形，背、腹面隆起，绿色或蓝色，具金属光泽，密布刻点。

头三角形，短宽，向下倾斜约 45°；绿色或蓝色，伴有金属光泽，头基部中央至唇基顶端蓝黑色，微具金属光泽，唇基端部金绿色，单眼橘红色，复眼棕褐色；密布刻点，上颚片基部刻点较稀疏；唇基略长于上颚片端部，端部略膨大，多光滑，有时具一两道横皱，顶端圆钝；上颚片端约与唇基等宽，外侧缘微隆，2/3 处向内弯曲。触角 5 节，黑色。头腹面金绿色，密布刻点；喙棕褐色，伸达后足基节。

前胸背板绿色或蓝紫色，具金属光泽，隆起，密布细小刻点，胝光滑；具 9 个黑斑：胝区具 2 个近三角形黑斑，纵中线处具 1 条细长纵斑，纵中线两侧各具 2 对斜向排列近乎平行的斑纹，侧角处各具 1 个小型圆斑；前角、侧角及后角均圆钝；前侧缘近平直，具黑色细边；前缘向后弯曲，具下陷的宽边，被较密粗刻点；后缘近平直。小盾片覆盖整个腹部，绿色或蓝色，具金属光泽，密布细小刻点；基部中央隆起，两侧凹陷，隆起下方具 1 横凹，横凹上方刻点稀疏；具 10 个黑斑，黑斑周围均伴有金属蓝色，小盾片基部中央隆起处具 3 个圆斑；长 1/2 处具 1 对长横斑；长 2/3 处具 1 排 4 个圆斑；末端为 1 个短横斑。前胸侧板、中胸侧板及后胸侧板均为深蓝色，具金属光泽，密布刻点。臭腺孔开口近后胸侧板前缘，臭腺沟缘狭长，末端向上弯曲。中胸侧板挥发域位于侧板后方，带状，灰黑色，具较密褶皱；后胸侧板挥发域近三角形，位于臭腺沟缘周围，灰黑色，具较密褶皱。足腿节及胫节金绿色，具金属光泽，胫节背面光滑不具纵沟，跗节深褐色。

腹部金绿色，密布刻点，腹部中央无纵沟；第2腹节及第3–7腹节前缘均为黑色，第4–7腹节侧缘处橘红色，腹节气门边缘黑色；后侧角圆钝，不突出。

雄虫生殖囊近方形，两侧中部形成较小突起，背边缘向下弯曲，侧缘弯曲无突起，腹缘向下弯曲，中央向上形成较小的尖锐突起；阳基侧突钩状突顶端尖锐，不分叶，内缘具1个较小的齿突，感觉叶呈明显凸起，上具稀疏短毛；阳茎鞘长略大于宽，骨化较弱，具强烈骨化的区域；阳茎系膜具3对附器，系膜腹叶与系膜间叶相互愈合，系膜腹叶膜质，顶端钩状且骨化，系膜间叶端部棒状，微骨化，具较密短小黑刺；阳茎端极细长，骨化，基部略膨大，中部向下弯曲，端部细长且向背面平伸。

雌虫第1载瓣片近三角形，后方边缘微弯，密布刻点，金绿色，第9侧背片小，近椭圆形，蓝黑色，第8侧背片小，正三角形，相连处边缘近平直，金绿色。受精囊管的中部膨胀为球形，受精囊基槠及端槠均为喇叭状，基槠较大，受精囊球棒状，细长，顶端膨大呈球形。

分布：浙江、福建、广西、四川、贵州、云南、西藏；印度，不丹。

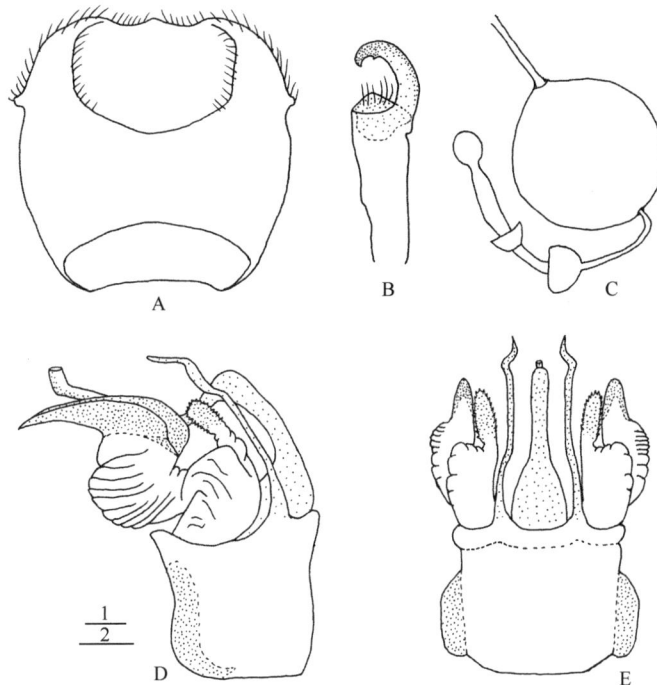

图 18-120　亮盾蝽 *Lamprocoris roylii* (Westwood, 1837)
A. 生殖囊；B. 阳基侧突；C. 受精囊；D. 阳茎侧面观；E. 阳茎腹面观。
比例尺：1=0.31 mm（A），1=0.20 mm（D、E），2=0.20 mm（B、C）

258. 宽盾蝽属 *Poecilocoris* Dallas, 1848

Poecilocoris Dallas, 1848: 100. Type species: *Cimex druraei* Linnaeus, 1771.

主要特征：体宽圆，背及腹面隆起，色彩艳丽而多变，斑点大小、颜色及数目变异较大。头向下倾斜，近三角形。唇基长于上颚片，上颚片外侧缘2/3处向内弯曲，具刻点，刻点分布有所区别。单眼黄色或橘红色，复眼黄色至深褐色。触角5节，前2节短，约等长，后3节较长，一般为前2节长度的2–3倍。喙端超出后足基部，伸达不同腹节。前胸背板前缘弯曲，一些种类具下陷的宽边，且伴有粗刻点，前侧缘多平直，一些种类具明显黑色细边，有的还伴有微微下陷的窄边，后缘多平直或微向上弯曲。前、侧角大多微尖，后角钝圆。小盾片明显隆起，完整覆盖整个腹部，半鞘翅仅露出基部。臭腺沟缘大多长而平直，有些种类臭腺沟缘末端弯曲。各足胫节背面具 1 纵沟。腹部腹面中央具纵沟，于基部较明显，腹部侧缘气孔下方具细长横凹。

　　分布：东洋区。世界已知 26 种，中国记录 12 种，浙江分布 1 种。

（460）油茶宽盾蝽 *Poecilocoris latus* Dallas, 1848（图 18-121；图版 IX-138）

Poecilocoris latus Dallas, 1848: 101.

　　主要特征：体长 15.30–21.50 mm。宽椭圆形，黄色、橙色或棕色。
　　头三角形，长宽大致相等，向下倾斜，黑色、蓝黑色或金绿色，单、复眼棕褐色，密布刻点，上颚片端部、单眼、复眼周围以及头基部中央上方刻点较密，头基部中央向前延伸至两列光滑黑色区域，伸达上颚片内侧末端。唇基明显长于上颚片，唇基顶端圆钝，分布稀疏刻点，具数条横皱。上颚片端部圆钝，与唇基约等宽，微具褶皱；侧缘长 2/3 处明显向内弯曲，具微微隆起的细边。触角 5 节，蓝黑色或黑色。头腹面黑色或蓝黑色，微具金属光泽，下颚片具褶皱，分布稀疏刻点。喙深褐色，后两节全黑，伸达第 5 腹节中部。
　　前胸背板黄色或橙色，隆起，密布细小刻点，胝棕褐色或黑色，中央具一横列蓝黑色或金绿色刻点；具 4 个黑色、蓝黑色或金绿色斑点：前角处各有一个较大的三角形色斑；后缘上方两侧各具一个较大近方形的色斑；前角微尖，略向外突出，侧角及后角钝圆；前侧缘平直，具棕色细边，前缘向下弯曲，具有微微下陷的宽边，其上布满粗刻点，后缘平直。小盾片覆盖整个腹部，基部中央隆起，两侧凹陷，基部边缘凹；黄色或橙色，具 7 个黑色或金属蓝色、绿色斑点：基部 3 个，中央斑点大，为 3 个斑点相连形成，两侧

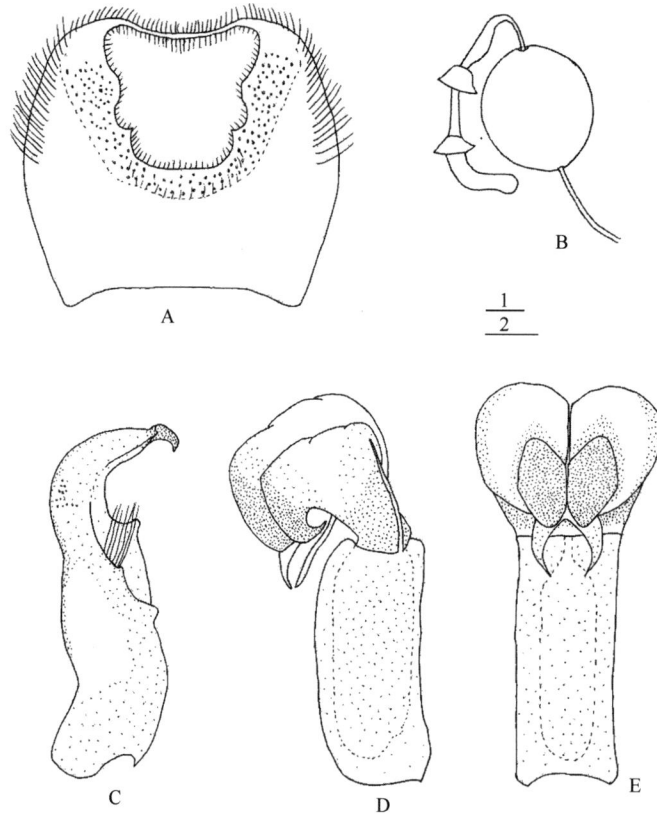

图 18-121　油茶宽盾蝽 *Poecilocoris latus* Dallas, 1848
A. 生殖囊；B. 受精囊；C. 阳基侧突；D. 阳茎侧面观；E. 阳茎背面观。比例尺：1=0.50 mm（A），
2=0.25 mm（B），2=0.50 mm（C），2=0.31 mm（D、E）

凹陷区各有一个斑点；末端4个，排成一横列；密布细小刻点。前胸侧板外缘及后缘处红色或黄色，前足基节周围黑色或金绿色，刻点稀少；中胸侧板后缘黄色，其余部位黑色或金绿色，无刻点；后胸侧板黄褐色，侧缘处黑色或金绿色。臭腺孔开口近后胸侧板前缘，臭腺沟缘狭长且平直，末端向上弯曲。中胸侧板挥发域宽带状，微具褶皱，白色；后胸侧板挥发域三角形，白色。足棕褐色或蓝黑色，微具金属光泽，胫节背面具一条宽纵沟。

雄虫生殖囊近长方形，较宽，背缘窄而平直，侧缘弯曲，近背面边缘处有1对片状突起，端部尖锐，突起上方弯曲，略凸出，腹面边缘中央明显向下弯曲。阳基侧突钩状突宽，顶端极扁平，铲状；感觉叶不呈明显凸起，位于阳基侧突内侧，上具较密的长毛。阳茎鞘长远大于宽，为宽的2倍以上，阳茎具2对系膜附器，系膜腹叶为1对尖锐刺状突起，突起基部与阳茎鞘端部边缘相连，系膜背叶基部骨化，桶状，中部膜质，端部骨化，钩状，阳茎端骨化，中部伸出1对骨化的片状突起，弯曲，突起的顶端尖锐，基部略膨大。

分布：浙江（龙泉、温州）、江西、福建、广东、广西、云南；印度，缅甸，越南。

四十三、荔蝽科 Tessaratomidae

主要特征： 大型。外形与蝽科相似，多为椭圆形。褐色、紫褐色或黄褐色，可有金属光泽。

头小型。上颚片伸过唇基末端并在前方会合，头侧缘薄锐。触角 4–5 节，第 3 节短小，中国种类触角多数为 4 节。触角着生处位于头的下方，由背面不可见。喙较短，不伸过前足基节。喙细长，第 1 节几乎全长为小颊所包围，紧贴于头部腹面。小盾片特征与膜片脉序似蝽科。小盾片近乎正三角形，仅达前翅膜片的基部；翅达到或稍过尾端，有时略短。膜片具多数纵脉，很少分支。第 2 腹节气门在多数属中外露。跗节 2 节或 3 节。受精囊管的基部常有一很明显的卵圆形扩大部分，此部分的管壁有很厚的肌肉。

生物学： 生活于乔木上。吸食果实和嫩梢。

分布： 东洋区。世界已知 55 属 235 种，中国记录 12 属约 36 种。浙江分布 1 属 1 种。

259. 硕蝽属 *Eurostus* Dallas, 1851

Eurostus Dallas, 1851a: 318, 342. Type species by subsequent designation (Distant, 1902: 268): *Eurostus validus* Dallas, 1851.

主要特征： 长卵形。头长与宽略相等，向前渐狭，端尖圆，中叶甚短，侧叶长。触角 4 节。第 1 节可见腹节腹面气门完全外露。前胸背板形状一般，其基部中央不呈宽舌状向后强烈伸出，侧角不前伸，不呈方肩状。小盾片末端狭细，不伸出于翅革片的内角之后，或伸出甚短。后胸腹板不隆出，凹陷于中、后足基节之间，其表面显然低于基节外表面的水平。后足股节下方近基部处有刺，雄虫的刺极大，且股节粗壮发达。第 1 可见腹节腹面气门完全外露。

分布： 东洋区。世界已知 6 种，中国记录 3 种，浙江分布 1 种。

（461）硕蝽 *Eurostus validus* Dallas, 1851（图 18-122）

Eurostus validus Dallas, 1851: 343.

Eusthenes pratti Distant, 1890: 160 (syn. Yang, 1935: 120).

Eurostus moutoni Montandon, 1894b: 636 (syn. Yang, 1935: 120).

主要特征： 体大型，长椭圆形。酱褐色，具绿色金属光泽。

头部呈三角形，背面大部分金绿色，侧叶较宽阔，表面具清楚的较密横皱，外缘略上翘，长度远长于中叶，并在中叶前会合。单眼红褐色，复眼褐色。触角 4 节，前 3 节黑褐色，第 4 节呈黄色或橙黄色。

前胸背板梯形，略前倾，表面具细微横皱。前缘、侧缘内侧及胝区呈金绿色。前缘中部向后略凹入，侧缘弯曲，后缘向后凸出。侧角圆钝。小盾片呈三角形状，表面微皱，具稀疏刻点，两侧呈金绿色，顶角半圆形，黑褐色，基宽略大于长。前翅革质部褐色，表面密被细小同色刻点，有时基部或外缘亦具较浅的金绿色。膜片烟色，半透明。腹侧接缘外露，常呈金绿色，各腹节后角伸出，较锐。胸腹板褐色，侧板金绿色。

腹部腹面褐色，中央及气门处各具一较宽的金绿色纵带。足黑褐色，腿节亚端部腹面具 2 个短刺，前足较弱，后足最强，第 1 节腹面具金黄色较密且宽阔的毛垫。

第 1 可见腹节背面近前缘处有 1 对发音器，长梨形，雌雄均有，由硬骨片和相连之膜所组成，是通过鼓膜振动形式发音。在蝽科昆虫中比较特别。

体长 25.0–34.0 mm，宽 11.5–17.0 mm。

分布： 浙江（临安、舟山、泰顺）、天津、河北、山东、陕西、江苏、安徽、湖北、江西、湖南、福建、台湾、海南、香港、广西、四川、贵州、云南；老挝。

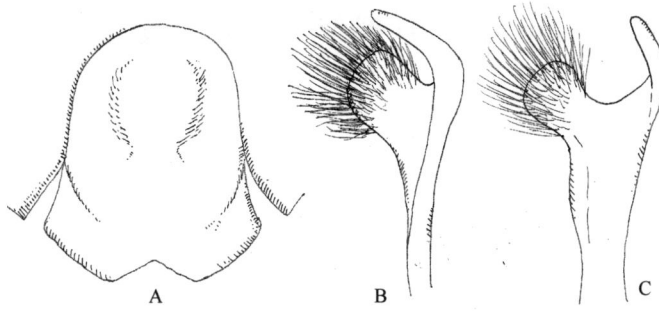

图 18-122　硕蝽 *Eurostus validus* Dallas, 1851（引自刘国卿和卜文俊，2009）
A. 雄虫生殖节腹面观；B、C. 阳基侧突不同方位

四十四、异蝽科 Urostylidae

主要特征：体小型至中型；长椭圆形，背面较平，腹面多少凸出。头小，几乎呈三角形，前端略凹陷，中叶与侧叶等长或中叶长于侧叶；触角纤细，等于体长或稍长于体长，4–5 节，第 1 节较长，明显超过头的顶端，第 3 节除华异蝽属与第 2 节等长外，约为第 2 节的一半；喙短，除版纳蝽亚科外，不超过腹部的基端，共 4 节，第 2 节略长于其他等长的 3 节。前胸背板梯形，宽几乎等于腹部；小盾片多为三角形，从不超过腹部中央，端部尖锐并被爪片包围。前翅膜片达于或超过腹部末端，具 6–8 条纵脉。足的胫节不具深沟，跗节 3 节。雄性外生殖器多少突出；除版纳蝽亚科外，臭腺沟缘刺状；胸部腹板不具深沟。

分布：古北区、东洋区。世界已知 10 余属 170 种，中国记录 10 属 150 余种，浙江分布 2 属 8 种。

260. 壮异蝽属 *Urochela* Dallas, 1850

Urochela Dallas, 1850b: 2. Type species: *Urochela quadripunctata* Dallas, 1850.

主要特征：体中型，宽而粗壮；多为赭色、褐色；触角短粗，第 1 节较其他各节短粗，长度不为头长的 2 倍，远较头及前胸背板之和短，中部略向内弯曲或直；前胸背板、小盾片及前翅革片刻点显著。

分布：古北区、东洋区。世界已知近 40 种，中国记录 27 种，浙江分布 2 种。

（462）亮壮异蝽 *Urochela distincta* Distant, 1900（图 18-123）

Urochela distincta Distant, 1900a: 226.

主要特征：体褐色，具黑色刻点。触角黑褐色，第 4、5 节基半部橙黄色；前胸背板侧缘淡黄褐色，前翅

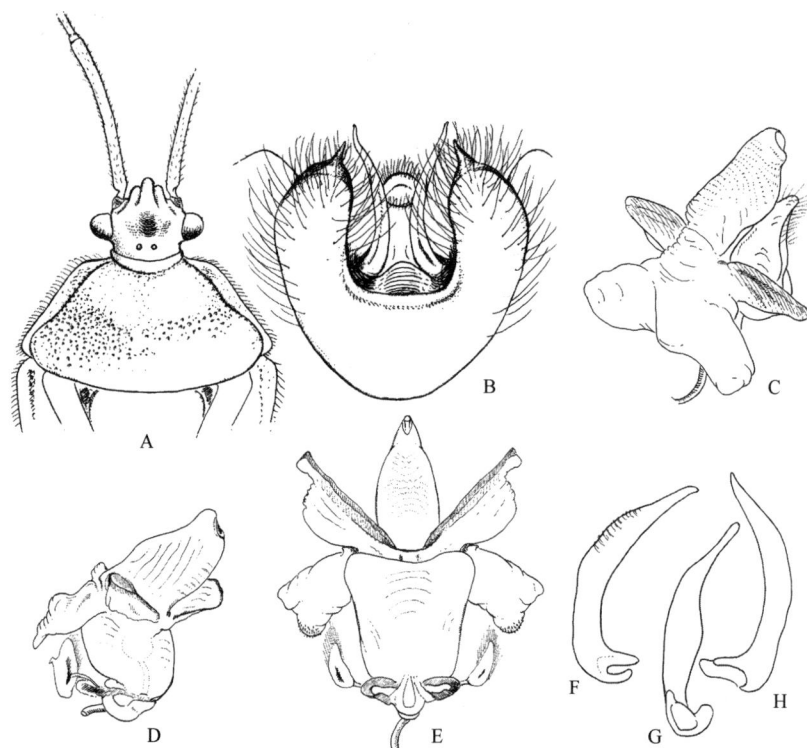

图 18-123　亮壮异蝽 *Urochela distincta* Distant, 1900
A. 头及胸（背面观）；B. 雄虫生殖节（后面观）；C. 阳茎膨胀状态（背侧面观）；D. 阳茎膨胀状态（侧面观）；
E. 阳茎膨胀状态（背面观）；F–H. 阳基侧突（不同面观）

革片部常着紫红色，具 2 个黑色晕斑，膜片色淡、透明；腹部侧接缘黑色，各节的端部及基部色淡，为黄褐色。雄虫生殖节端缘无腹突，呈凹缘，侧突前端尖锐；阳基侧突端部细，顶端尖锐。

雄虫浅棕褐色，具黑色斑，前胸背板、小盾片及前翅革片具黑色刻点。头背面单眼后部黑褐色，触角第 1–3 节黑色，第 4、5 节两节的基半部淡黄色，端半部黑褐色。臭腺沟缘前半部褐色，中、后胸侧板亚侧缘均具 ")" 形黑色斑，气门黑色，侧接缘中部黑色。前胸背板侧缘较宽，向上翘折，近后部具一个黑色斑；前翅革片中部有 2 褐色晕斑。雄虫生殖节端缘简单，呈阔凹缘，侧突呈锐刺；阳基侧突褐色光亮，似窄刀状；阳茎体短柱状，仅背侧端系膜叶具骨化域，其他系膜叶均为膜质囊。

雄虫体长 9.0–11.0 mm，宽 4.0–5.0 mm；雌虫体长 11.0 mm，宽 5.0 mm。

生物学： 寄主为榆、栎类、野桐、青榨槭。

分布： 浙江、山西、河南、陕西、甘肃、安徽、湖北、江西、湖南、福建、广西、四川、贵州、云南。

（463）花壮异蝽 *Urochela luteovaria* Distant, 1881（图 18-124；图版 IX-139）

Urochela luteovaria Distant, 1881: 28.

主要特征： 体褐色，具浅色晕斑。前胸背板、小盾片及前翅革片均具黑色刻点；前胸背板侧缘前半部淡黄色；各足胫节亚基部淡黄色；身体腹面呈橘黄色或橘红色，并具黑色斑点及黑色横纹斑，气门亦为黑色；腹部侧接缘各节的后半部黑色，前半部淡黄色。前翅达到或几乎达腹部末端。

喙端部黑色，达中胸腹板的后缘。前胸背板侧缘中部略弯，前翅长超过腹部末端。雄虫生殖节端缘腹突呈二叉，弯向身体的前方；阳基侧突前端呈三叉，近中部感觉叶弯、端缘圆；阳茎前端的背侧端系膜叶发达，端部具小刺突。

雌虫前翅长刚达腹部末端；腹部第 7 腹板的后缘中部平截。

雄虫体长 10.1 mm。

生物学： 寄主为梨、桃、山桃、李、海棠等树木。

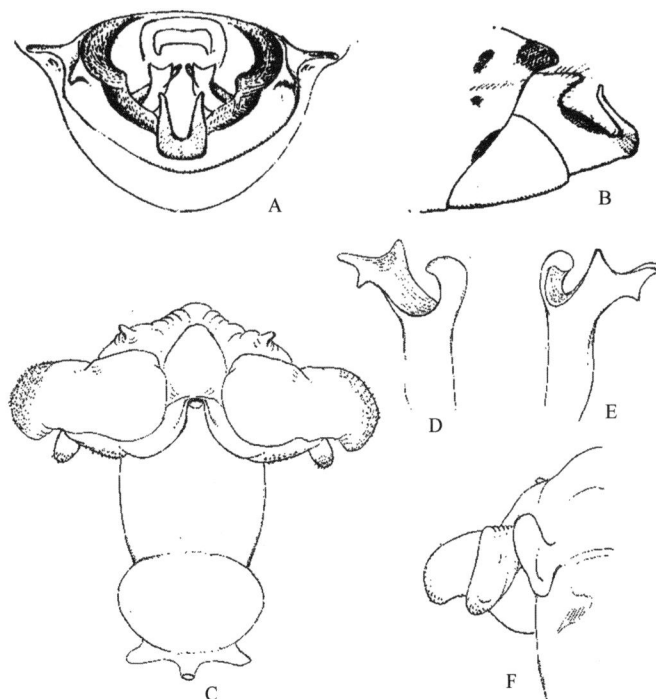

图 18-124　花壮异蝽 *Urochela luteovaria* Distant, 1881

A. 雄虫生殖节（后面观）；B. 雄虫生殖节（侧面观）；C. 阳茎（膨胀状态，腹面观）；
D、E. 阳基侧突（不同面观）；F. 阳茎前端（背面观）

分布：浙江、辽宁、天津、河北、山西、山东、河南、陕西、甘肃、湖北、江西、福建、台湾、广西、四川、贵州、云南；日本。

261. 娇异蝽属 *Urostylis* Westwood, 1837

Urostylis Westwood, 1837: 45. Type species: *Urostylis punctrgera* Westwood, 1837.

主要特征：椭圆形或梭形，背腹扁平，身体纤弱。多为绿色。具单眼；触角 5 节，十分细长：第 1 节较细，不很弯曲，长度等于头长的 2 倍、头及前胸背板之和；其余各节也十分细。喙不伸达中足基节，膜片具 7 条纵脉。

分布：东洋区。世界已知近 50 种，中国记录近 40 种，浙江分布 6 种。

分种检索表

1. 革片前缘呈黑色线纹，并具小锯齿 ·· 双突娇异蝽 *U. limbatus*
- 不如上述 ·· 2
2. 气门外缘有一黑环 ··· 黑门娇异蝽 *U. westwoodi*
- 气门外缘无黑环 ··· 3
3. 胫节基部无黑色环纹 ··· 淡娇异蝽 *U. yangi*
- 不如上述 ·· 4
4. 雄虫生殖节的腹突血红色 ··· 角突娇异蝽 *U. chinai*
- 雄虫生殖节的腹突非血红色 ··· 5
5. 雄虫生殖节端缘中突基部细缩，呈柄状，端半部向两侧扩展，端缘中央显著切入；抱器近前端 1/3 处具一短突 ···········
  ··· 匙突娇异蝽 *U. striicornis*
- 雄虫生殖节端缘中突不如上述；抱器近前端 1/3 处不具一短突 ······················· 环斑娇异蝽 *U. annulicornis*

（464）环斑娇异蝽 *Urostylis annulicornis* Scott, 1874（图 18-125；图版 IX-140）

Urostylis annulicornis Scott, 1874: 360.
Urostylis adiai Nonnaizab, 1984: 342.

主要特征：体绿色，体腹面色明显浅于背面色泽。触角第 3 节黑色，第 4、5 节两节褐色。前胸背板、小盾片、前翅爪片及革片均具黑色刻点及短毛，前胸腹板前半部亚侧缘有一黑色纵纹；前翅膜片呈淡烟色，纵脉之间为棕褐色，通常呈现出 5–6 条深色纵纹斑，各足胫节基部黑色。

前胸背板侧缘近直。雄虫生殖节端缘的腹突扁平，长于侧突，而侧突短，似短锥状。阳基侧突前部 1/5 处显著细于后部。阳茎体近中部两侧骨化，呈棕褐色；背侧端系膜突呈两个膜质的角状囊，无附属物；腹侧端系膜突短阔，端部具浓密小刺；腹侧基系膜突似指状，具棕色骨化小微刺。

雌虫前翅长超过腹部末端 1.0 mm。第 7 腹部后缘中域略向后缘扩。

雄虫体长 12.0–12.8 mm。

分布：浙江、黑龙江、吉林、内蒙古、天津、河北、河南、陕西、甘肃、湖北、广西、四川；俄罗斯、蒙古国，朝鲜半岛，日本。

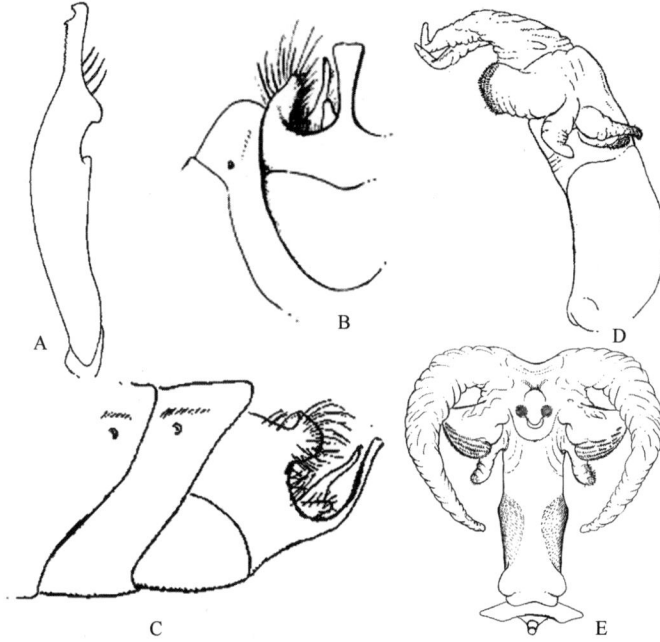

图 18-125　环斑娇异蝽 Urostylis annulicornis Scott, 1874

A. 阳基侧突（侧面观）；B. 雄虫生殖节（腹面观）；C. 雄虫腹端部（侧面观）；D. 阳茎（侧面观）；E. 阳茎（腹面观）

（465）角突娇异蝽 Urostylis chinai Maa, 1947（图 18-126）

Urostylis chinai Maa, 1947: 130.

主要特征：体草绿色，具黑褐色或黑色刻点。前胸背板、小盾片及革片外域刻点粗，呈黑褐色，革片内域褐色，刻点细小；前翅膜片透明，具 6–7 条褐色纹；生殖节末端红色。前胸背板侧缘直，具微小锯齿；前胸侧板前部亚侧缘有一浅棕色纹；通常腹部各节气门内域有一个黑褐色点斑。后胸臭腺沟缘呈阔片状，端缘宽圆。

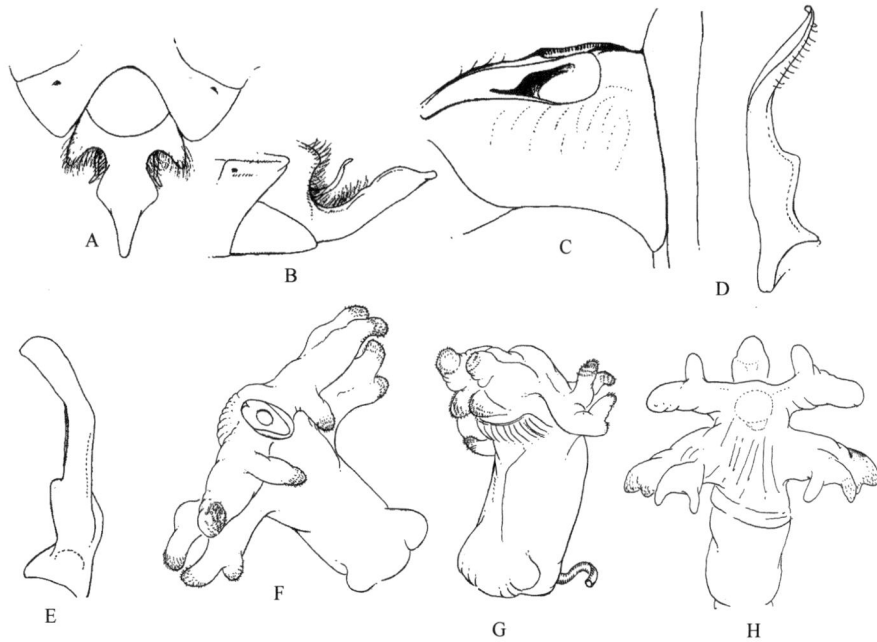

图 18-126　角突娇异蝽 Urostylis chinai Maa, 1947

A. 雄虫生殖节（腹面观）；B. 雄虫生殖节（侧面观）；C. 后胸臭腺沟缘；D、E. 阳基侧突（不同面观）；
F. 阳茎（腹面观）；G. 阳茎（侧面观）；H. 阳茎（背面观）

雄虫体长 10.4 mm，体宽 43 mm。头长 0.9 mm，头宽 1.73 mm；触角各节长 I：II：III：IV：V=2.7：3.4：1.6：2.8：2.0（mm）。前胸背板长 1.8 mm，前角间宽 1.5 mm，侧角间宽 3.9 mm；小盾片长 2.6 mm，基部宽 2.2 mm。喙长 2.1 mm，超过前足基节。前翅长 7.9 mm，略超过腹部末端。生殖节腹突基部收缩，中部两侧突出，向端部渐狭，端缘钝；侧突短锥形；阳基侧突长 0.9–1.0 mm，前半部略弯、扭曲，呈刀状，基半部较粗，感觉叶明显。阳茎体柱状，前部的背侧基系膜突端部分为两叶，背侧端系膜突等系膜突的端部具浅棕色小刺突。雌虫腹部第 7 腹板的端缘中域略向后缘突。

雄虫体长 10.0–11.0 mm，体宽 4.0–4.4 mm；雌虫体长 11.5–12.5 mm，体宽 4.8–5.1 mm。

分布：浙江（临安）、湖北、福建、台湾、四川、贵州。

（466）双突娇异蝽 *Urostylis limbatus* Hsiao *et* Ching, 1977（图 18-127）

Urostylis limbatus Hsiao *et* Ching, 1977: 193.

主要特征：体绿色，单眼及眼红色。触角第 1 节暗草绿色，第 2 节褐色，第 3 节黑色，第 4 节端部 3/4、第 5 节端部 2/3 黑色，第 4 节基部 1/4、第 5 节基部 1/3 黄棕色。前胸背板、小盾片及革片外域刻点与底色同，革片内域无刻点。前胸背板平坦，无领构造，前角圆钝，侧缘直；背板侧缘及前翅外缘黑色并具黑色小齿列；后胸臭腺沟缘较长，前端略超过中胸侧板的后缘。前翅膜片透明，周缘及中域纹斑褐色。腹部侧接缘外缘黑色，端部两节黑色较显著。喙长，达中胸腹板的中部。前翅长，超过腹部末端。生殖节后端缘腹突为两个并列的长锥状突，向末端渐狭、伸向斜上方，基部外缘略扩，其背面各具一个锐刺；侧突不明显。阳基侧突小，端部略扭曲，宽于基半部，端缘一侧具褐黑色齿列。阳茎膨胀时，阳茎体甚弯曲，前部各系膜叶为透明膜质，均无小刺突构造，其中一对背侧端系膜叶最长，呈长角状囊，弯向腹面；腹侧端系膜叶短，似柱状，前端似白霜状。腹部第 7 腹板后缘中部不向后突，近直。

雌虫体长 10.5 mm，体宽 4.3 mm。

分布：浙江（泰顺）、湖南、广东。

图 18-127　双突娇异蝽 *Urostylis limbatus* Hsiao *et* Ching, 1977

A. 阳茎（顶面观）；B. 雄虫生殖节端部（背面观）；C. 阳基侧突（侧面观）；D. 阳茎膨胀状态（前侧面观）；E. 阳茎膨胀状态（腹侧面观）

（467）匙突娇异蝽 *Urostylis striicornis* Scott, 1874（图 18-128）

Urostylis striicornis Scott, 1874: 360.

　　主要特征：体草绿色，前胸背板、小盾片、前翅爪片及革片均具黑色刻点。触角第 1 节外侧褐色，第 3 节褐色，第 4 节端部 2/3 及第 5 节端半部黑褐色；前胸腹板亚侧缘的前半部有一褐色纵纹，喙的顶端褐色，各足胫节基部黑色。前翅超过腹部末端。

　　雄虫前胸背板侧缘略弯，前翅长超过腹部末端 1.5 mm。喙长略超过中胸腹板中部。雄虫生殖节侧突短，端缘钝，腹突基半部细缩、呈柄状，端半部向两侧扩展，端缘中央显著切入；阳基侧突近端部 1/3 处具 1 突起。

　　雌虫第 7 腹板端缘两侧向后扩。

　　雄虫体长 12.3 mm。

　　分布：浙江、陕西、甘肃、四川、贵州；俄罗斯，日本。

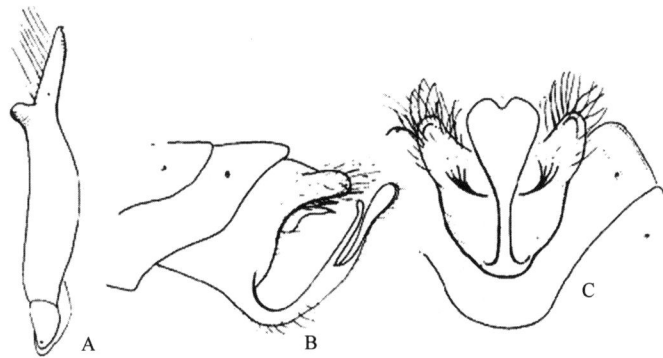

图 18-128　匙突娇异蝽 *Urostylis striicornis* Scott, 1874
A. 阳基侧突（侧面观）；B. 雄虫生殖节（腹面观）；C. 雄虫生殖节（侧面观）

（468）黑门娇异蝽 *Urostylis westwoodi* Scott, 1874（图 18-129）

Urostylis westwoodi Scott, 1874: 361.
Urostylis atrostigma Maa, 1947: 133.

　　主要特征：体草绿色，前胸背板、小盾片及前翅革质部均具褐色刻点，而前胸背板的刻点较小，革片的

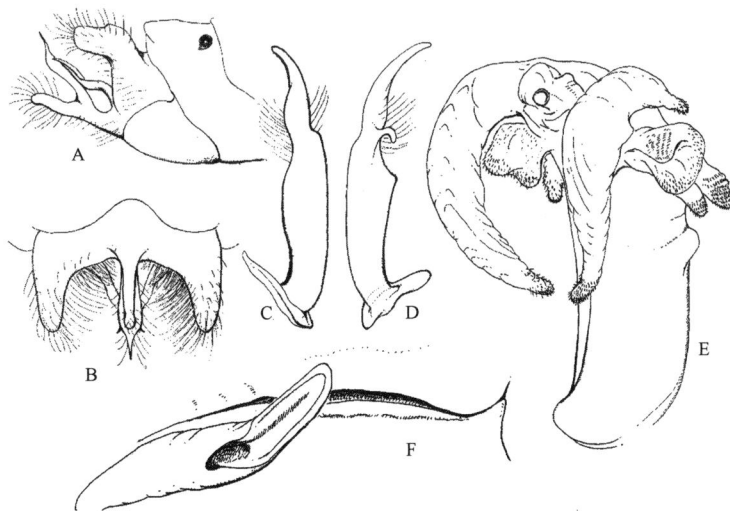

图 18-129　黑门娇异蝽 *Urostylis westwoodi* Scott, 1874
A. 雄虫生殖节（侧面观）；B. 雄虫生殖节（腹面观）；C、D. 阳基侧突（不同面观）；E. 阳茎膨胀状态（侧面观）；F. 后胸臭腺沟缘

刻点较大而稀疏。触角第1节外侧通常具褐色纹，第3节及第4、5节两节的端半部为黑褐色；各足胫节基部、第3跗节的前端及爪黑褐色；前胸背板侧角斑及前胸腹板亚侧缘的前半部深色纵纹均为黑褐色；腹部各节气门黑色。前胸背板侧缘直，向上翘折，边缘呈脊状，呈淡黄色。前翅革片外缘光亮亦为黄色；膜片透明，近基部及外侧具褐色斑。雄虫生殖节端缘的腹突长于侧突，而侧突明显粗于腹突，腹突的近基部具腹中突。阳基侧突基半部宽于端半部，近中部有一突起。阳茎系膜突端部具小刺。喙长达中胸腹板中部。前翅长 9.1 mm，膜片超过腹部末端 0.7 mm。

雌虫腹部第7腹板后缘呈波曲。

雄虫体长 11.5 mm。

分布：浙江、山东、陕西、湖北、湖南、四川、云南；朝鲜半岛，日本。

（469）淡娇异蝽 *Urostylis yangi* Maa, 1947

Urostylis yangi Maa, 1947: 132.

主要特征：体长 12.2–13.5 mm。体梭形，草绿色，前胸背板侧缘及革片前缘米黄色。前胸背板、小盾片及革片内域的刻点无色，革片外域刻点黑色而深。膜片透明无色。触角基的外侧有一黑色小圆斑，第1节草绿色，其外侧有一褐色线条，其余各节浅赭色，向端部颜色渐深，第3–5节端部深赭色。足浅赭色，股节及跗节颜色较深。身体腹面浅赭色，带草绿色，前胸背板侧角的腹面有黑色小圆斑，腹部各节两侧、气门的下方内侧有褐色横带状或形状不规则的斑纹。雄虫生殖节腹突长形，端缘略凹入；阳茎无显著骨化构造，其前端具一对长角状透明膜质囊，称为背端系膜突。

生物学：寄主为板栗、毛栗、油茶、麻栎。

分布：浙江、陕西、甘肃、河南、江苏、安徽、湖北、江西、湖南、福建、四川、贵州、云南。

主要参考文献

卜文俊, 刘国卿. 2018. 秦岭昆虫 II 半翅目 异翅亚目. 西安: 世界出版公司, 1-679.

卜文俊, 郑乐怡. 2001. 中国动物志 昆虫纲 第二十四卷 半翅目 毛唇花蝽科 细角花蝽科 花蝽科. 北京: 科学出版社, 1-267.

李传仁, 郑乐怡. 2006. 污网蝽属记述及一新种描述(半翅目, 网蝽科)(英文). 动物分类学报, (3): 580-584.

李鸿阳, 郑乐怡. 1991a. 杂盲蝽属中国种类初记(半翅目: 盲蝽科). 南开大学学报(自然科学), 1: 1-11.

李鸿阳, 郑乐怡. 1991b. 斜唇盲蝽属中国种类初记(半翅目: 盲蝽科). 南开大学学报(自然科学), 3: 88-97.

刘国卿, 卜文俊. 2009. 河北动物志(半翅目 异翅亚目). 北京: 中国农业科学技术出版社, 1-528.

刘国卿, 穆怡然, 许静杨, 刘琳. 2022. 中国动物志 昆虫纲 第七十三卷 半翅目 盲蝽科(三). 北京: 科学出版社, 1-606.

刘国卿, 许静杨, 张旭. 2011. 中国盲蝽科新种及新记录(半翅目: 异翅亚目: 盲蝽科). 昆虫分类学报, 33(1): 1-11.

刘国卿, 郑乐怡. 2014. 中国动物志 昆虫纲 第六十二卷 半翅目 盲蝽科(二). 北京: 科学出版社, 1-297.

吕楠, 郑乐怡. 1997. 盲蝽科, 272-290. 见: 杨星科. 长江三峡库区昆虫. 重庆: 重庆出版社, 1-974.

任树芝. 1983. 毛眼盲蝽属(*Termatophylum* Reuter)及亮盲蝽属(*Fingulus* Distant)新种记述(半翅目: 盲蝽科). 动物分类学报, 8(3): 288-292.

任树芝. 1992. 中国半翅目昆虫卵图志. 北京: 科学出版社, 1-118.

任树芝. 1998. 中国动物志 昆虫纲 第十三卷 半翅目 姬蝽科. 北京: 科学出版社, 1-251.

王晓静, 刘国卿. 2012. 中国荔蝽科名录(半翅目 蝽总科). 昆虫分类学报, 34(2): 167-175.

吴鸿. 1995. 华东百山祖昆虫. 北京: 中国林业出版社, 1-586.

吴鸿, 潘承文. 天目山昆虫. 北京: 科学出版社, 1-764.

萧采瑜. 1963. 中国缘蝽新种记述(半翅目, 缘蝽科)I. 动物学报, 15(4): 611-623.

萧采瑜. 1964a. 云南生物考察报告(半翅目: 扁蝽科). 昆虫学报, 13(4): 587-605.

萧采瑜. 1964b. 中国缘蝽新种记述(半翅目: 缘蝽科) III. 动物学报, 16(2): 251-262.

萧采瑜. 1965. 中国缘蝽新种记述(半翅目: 缘蝽科) IV. 动物学报, 17(4): 421-434.

萧采瑜, 任树芝, 郑乐怡, 等. 1977. 中国蝽类昆虫鉴定手册 第一册 半翅目 异翅亚目. 北京: 科学出版社, 1-330.

萧采瑜, 任树芝, 郑乐怡, 等. 1981. 中国蝽类昆虫鉴定手册 第二册 半翅目 异翅亚目. 北京: 科学出版社, 1-654.

熊江, 刘强. 1996. 中国蝽科二新种. 动物学研究, 17(4): 371-375.

杨惟义. 1962. 中国经济昆虫志 第二册 半翅目 蝽科. 北京: 科学出版社, 1-138.

章士美. 1985. 中国经济昆虫志 第三十册 半翅目一. 北京: 科学出版社, 1-242.

章士美. 1985. 中国经济昆虫志 第五十册 半翅目二. 北京: 科学出版社, 1-169.

郑乐怡, 归鸿. 1999. 昆虫分类. 南京: 南京师范大学出版社, 493-496.

郑乐怡, 凌作培. 1986. 碧蝽属亚洲东部种类的修订(半翅目: 蝽科). 动物分类学报, 14(3): 309-326.

郑乐怡, 刘胜利. 1992. 天目山半翅目昆虫新种记述(半翅目: 显角亚目). 昆虫分类学报, 14(4): 257-262.

郑乐怡, 吕楠, 刘国卿, 许兵红. 2004. 中国动物志 昆虫纲 第三十三卷 半翅目 盲蝽科 盲蝽亚科. 北京: 科学出版社, 1-680.

Amyot C J B, Serville J G A. 1843. Histoire naturelle des insectes, Hémiptères. Paris: Librarie Encyclopédique de Roret, i-lxxvi, 1-675.

Andersen N M, Chen P P. 1993. A taxonomic review of the pondskater genus *Gerris* Fabricius in China, with two new species (Hemiptera, Gerridae). Entomologica Scandinavica, 24: 147-166.

Ashlock P D. 1964. Two new tribes of Rhyparochrominae: a re-evaluation of the Lethaeini (Hemiptera-Heteroptera: Lygaeidae). Ann Entomol Soc Amer, 57: 414-422.

Ballard E. 1927. Some new Indian Miridae (Capsidae). Mem Dept Agric India, Entomol Ser, 10(4): 61-68.

Bergroth E. 1887. Entomologische Parenthesen. Entomologische Nachrichten, 13(10): 147-152.

Bergroth E. 1891. Contributions a l'etude des pentatomides. Revue d'Entomologie, 10: 200-235.

Bergroth E. 1892. Notes synonymiques. Revue d'Entomologie, 11: 262-264.

Bergroth E. 1894. Rhynchota orientalia. Rev Ent Caen, 13: 152-164.

Bergroth E. 1906. Systematische und synonymische Bemerkungen über Hemipteren. Wiener Entomologische Zeitung, 25(1): 1-12.

Bergroth E. 1914. Notes on some genera of Heteroptera. Annales de la Société Entomologique de Belgique, 58: 23-28.

Bergroth E. 1915. New oriental Pentatomidae. Annals and Magazine of Natural History, 15(8): 481-493.

Bergroth E. 1922. Some Hemiptcra Heteroptera from N, W. Borneo. Journal Straits Branch Royal Asiatic Society, 83(1921): 76-87.

Bergroth E. 1918. Studies in Philippine Heteroptera I. Philipp J Sci, 13(2-3): 43-126.

Bergroth E. 1924. Some heteroptera from the alpine region of central Luzon. Ann Soc Entomol Belg, 64: 82-84.

Blackburn T. 1889. Notes on the Hemiptera of the Hawaiian Islands. Proceedings of the Linnean Society of New South Wales, 3(2): 343-354.

Blöte H C. 1934. Catalogue of the Coreidae in Rijsksmnseum van natuurlijke Hilstorie Pt. I: Corizinae, Alydinnae. Zool. Meded. Leiden, 17: 253-285.

Breddin G. 1900. Nova studia Hemipterologica. Deutsche Entomologische Zeitschrift, 1: 161-185.

Breddin G. 1909. Rhynchoten von Ceylon gesammelt von Dr. Walter Horn. Annales de la Société Entomologique de Belgique, 53: 250-309.

Brullé A. 1836. Histoire naturelle des Insectes. Tome IX. Paris: Roret, 415.

Burmeister H C C. 1834. Beiträge zur Zoologie, gesammelt auf einer Reise um die Erde von Dr. F.J.F. Meyer. 6. Insecten Rhyngota seu Hemiptera. Nova Acta Physico-Medica Academiae Caesareae Leopoldino-Carolinae Germaniae Naturae Curiosorum, 16: 219-284, 16(suppl.): 285-308.

Chen L, Wang Y, Rédei D. 2021. Taxonomic corrections for East and Southeast Asian Reduviidae (Hemiptera: Heteroptera). Zootaxa, 4948(4): 586-598.

Chen P P, Lindskog P. 1994. A name list of Leptopodomorpha from China (Hemiptera). Chinese Journal of Entomology, 14: 405-409.

China W E. 1935. New and little-known Helotrephidae (Hemiptera Helotrephidae). Annals and Magazine of Natural History, 15(10): 593-614.

China W E. 1940. Key to the subfamilies and genera of Chinese Rsduviidae with new descriptions of new genera and species. Lingnan Science Journal, 19: 205-255.

China W E. 1941. A new subgeneric name for *Lygus* Reuter 1875 nec Hahn, 1833. Proceedings of Royal Entomological Society of London (B), 10: 60.

China W E, Carvalho J C M. 1951. Four new species representing two new genera of Bryocorinae associated with cacao in New Britain (Hemiptera, Miridae). Bulletin of Entomological Research, 42(2): 465-471.

Costa A. 1853. Cimicum regni Neapolitani centuria tertia et quartae fragmentum: 1-77 ("73"). Napoli.

Costa A. 1863. Illustrazione di taluni Emitteri stranieri all'Europa. Nota prima. Sopra due Scutelleridei del gruppo degli Oxinotini. Rendiconti Accademia delle Scienze Fisiche e Matematiche Napoli, (2)8: 190-194.

Costa A. 1864. Annuario del Museo Zoologico della R. Universitá di Napoli, 2: 1-176.

Curtis J. 1833. Characters of some undescribed genera and species, indicated in the "Guide to an arrangement of British insects". Ent Mag, 1: 186-199.

Curtis J. 1873. Memoires pour servir a l'histoire des insectes. 3. Stockholm, 1-696.

Dahl F. 1893. Die Halobates-Ausbeute der Plankton-Expedition. Ergebnisse der im Atlantischen Ocean ausgeführten Plankton-Expedition der Humboldtstiftung 2(G.a.): 1-9.

Dallas W S. 1849. Notice of some hemipterous insects from Boutan (East Indies), with descriptions of the new species. Transactions of the Entomological Society of London, 5: 186-194.

Dallas W S. 1850a. Notice of some Hemiptcra insect from Boutan in the Collection of the Hon. East India Company. Transactions of the Royal Entomological Society of London, 1(2): 4-11.

Dallas W S. 1850b. Description of a new hemipterous insect from Boutan, East Indies, forming the type of a new genus. Transactions of the Entomological Society of London, 1: 1-4.

Dallas W S. 1851. List of the specimens of hemipterous insects in the collection of the British Museum. Part I: 1-368, pls. I-XI. London: Taylor.

Dallas W S. 1852. List of the specimens of hemipterous insects in the collection of the British Museum. Part II. London: Taylor & Francis, 369-592, pls. XII-XY.

Dallas W S. 1848. Sketch of the genus Poecilocoris belonging to the hemipterous family Scutelleridae. Transactions of the Entomological Society of London, 5: 100-110.

De Geer C. 1773. Mémoires pour scrvir á l'histoire des Insectes 3: i-viii, 1-696. Stockholm: Hasselberg.

De Laporte F L. 1832. Essai d'une classification systématique de l'ordre des Hémiptères (Hémiptères Hétéroptères, Latr.) Magasin de Zoologie, Suppl. 2: 1-16.

de Laporte F L. 1832-1833. Essai d'une classification systematique de I'ordre des Hémiptères. Magsin de Zoologie, 2(Suppl.): 1-88.

de Vuillefroy F. 1864. Hémiptéres nouveaux. Annales de la Société Entomologique de France, 33: 141-142.

Distant W L. 1881. Nates on a small collection of Rhynchota from Tokei, Japan. Annals and Magazine of Natural History, (5)8: 27-29.

Distant W L. 1882. Description of a new species of Pentatomidae from Japan. Entomologist's Monthly Magazine, 19: 76.

Distant W L. 1899. Rhynchotal notes. Heteroptera: Scutellerinae and Graphosominae. Annals and Magazine of Natural History, 4(7): 29-52.

Distant W L. 1900a. Rhynchotal notes. VI. Heteroptera: Dinidorinae, Phyllocephalinae, Urolabinae and Acanthosominae. Ann Mag Nat Hist, 6 (7): 220-234.

Distant W L. 1900b. Rhynchotal notes.-IV. Heteroptera: Pentatominae. Annals and Magazine of Natural History, 5(7): 386-397, 420-435.

Distant W L. 1901a. Contributions to a knowledge of the Rhynchota. Transactions of the Entomological Society of London, 4: 581-592, pl. 16.

Distant W L. 1901b. Rhynchotal notes. XI. Heteroptera: Fam. Lygaeidae. Ann Mag Nat Hist, 8(7): 497-498, 507.

Distant W L. 1903b. The fauna of British India, including Ceylon and Burma. Rhynchota. Vol. II. (Heteroptera) (1). London: Taylor & Francis, i-x, 1-242.

Distant W L. 1903d. Contributions to a knowledge of the Rhynchota. Ann Soc Ent Belg, 47: 43-46.

Distant W L. 1903a. Rhynchotal notes, XIX. Annals and Magazine of Natural History, 12(7): 469-480.

Distant W L. 1903c. Rhynchotal notes. XVI. Heteroptera: Family Raduviidae (continued), Apiomerinae, Harpactorinae and Nabidae. Annals and Magazine of Natural History, 21(7): 203-213, 245-258.

Distant W L. 1904. Fauna of British India, including Ceylon & Burma Rhynchota. Vol. II. (Heperoptera). London: Taylor & Francis, 1-530.

Distant W L. 1906. Oriental Heteroptera. Annales de la Societéentomologique Belgique, 50: 405-417.

Distant W L. 1909b. Rhynchotal notes. XLVII. Ann Mag Nat Hist, 3(8): 317-345.

Distant W L. 1909c. Descriptions of Oriental Capsidae. Annals and Magazine of Natural History, 4(8): 440-454, 509-523.

Distant W L. 1909a. Oriental Rhynchota Heteroptera. Annals and Magazine of Natural History, 3(8): 491-507.

Distant W L. 1910a. Some undescribed Gerrinae. Annals and Magazine of Natural History, 5(8): 140-153.

Distant W L. 1910b. The fauna of British India, including Ceylon and Burma. Rhynchota V (Heteroptera: Appendix). London: Taylor and Francis, 1-362.

Distant W L. 1918. Contribution to a further knowledge of the rhynchotal family Lygaeidae. Annals and Magazine of Natural History, 1: 416-424.

Distant W L. 1919. The Heteroptera of Indo-China, Family Reduviidae. Entomologist, 52: 145-149, 207-211, 243-246.

Distant W L. 1921. The Heteroptera of Indo-China (continued). Entomologist, 54: 68-69.

Dohrn A. 1860a. Hemipterologische Miscellaneen. Stet Entomol Zeit, 21: 99-109, 158-162.

Dohrn A. 1860b. Zur Heteropteren. Fauna Ceyloń́s. Stet Entomol Zeit, 21: 399-409.

Dolling W R. 1978. A revision of the Oriental pod bugs of the tribe Clacigrallini (Hemiptera: Coreidae). Bulletin of the British Museum (Natural History), Entomology, 36(6): 281-321.

Dolling W R. 2006. Family Alydidae Amyot & Serville, 1843. In: Aukema B, Rieger C. Catalogue of the Heteroptera of the Palaearctic Region. Amsterdam: The Netherlands Entomological Society.

Dong X, Yi W, Zheng C, Zhu X, Wang S, Xue H, Ye Z, Bu W. 2022. Species delimitation of rice seed bugs complex: Insights from mitochondrial genomes and ddRAD-seq data. Zoologica Scripta, 51(1): 185-198.

Drake C J. 1927. Tingitidae from the Far East (Hemiptera). Philippine Journ Sci, 32(1): 53-59.

Drake C J. 1942. New Tingitidae (Hemiptera). Iowa State Coll Journ Sci, 17(1): 1-21.

Drake C J, Chapman C H. 1958. The subfamily Saldoidinae (Hemiptera: Saldidae). Annals Entomological Society of America, 51(5): 480-485.

Drake C J, Hottes F C. 1925. Five new species and a new variety of water striders from North America (Hemiptera-Gerridae). Proceedings of the Biological Society of Washington, 38: 69-73.

Drake C J, Maa T C. 1953. Chinese and other Oriental Tingoidea (Hemiptera). Quart Journ Taiwan Mus, 6(2): 87-101.

Drake C J, Ruhoff F A. 1965. Lacebugs of the world–A catalog (Hemiptera: Tingidae). Bulletin United States National Museum, 242: 1-634.

Drake C J, Poor M E. 1937. Tingitidae from Malaysia and Madagascar (Hemiptera). Philippine Journ Sci, 62(1): 1-18.

Esaki T. 1926. A note on Aquarius elongatus (Uhler)(Hemiptera: Gerridae). Entomologist, 59: 273-274.

Esaki T. 1928. Aquatic and semi-aquatic Heteroptera. Insects of Samoa and Other Samoan Terrestrial Arthropods II, (2): 67-80.

Esaki T, China W E. 1928. A monograph of the Helotrephidae, subfamily Helotrephinae (Hem. Heterptera). Eos, Revista Española de Entomología, 4(2): 129-172.

Esaki T. 1929. Notulae Cimicum Japonicorum (lll).- Kontyû, 3: 225-231.

Esaki T. 1930. Übersicht über die Insektenfauna der Bonin (Ogasawara) Inseln, unter besonderer Berücksichtigung der zoogeographischen Faunencharaktere. Bulletin of the Biogeographical Society of Japan, 1: 205-226.

Esaki T. 1940. Some aquatic and semiaqutic Heteroptera from China. Notes d'Entomologie Chinoise, 7: 123-130.

Esaki T, Ishiharrm T. 1950. Some new species of Pentatomidae from Japan (Herniptera). Transactions of the Shikoku Entomological Society, 1: 54-58.

Esaki T, Miyamoto S. 1943. A new species of *Helotrephes* from Formosa[*] (Hemiptera: Helotrephidae). Transactions of the Natural History Society of Taiwan, 33: 485-494.

Esaki T, Miyamoto S. 1955. Veliidae of Japan and adjacent territory (Hemiptera-Heteroptera). I. Microvelia Westwood and Pseudovelia Hoberlandt of Japan. Sieboldia, 1: 169-204.

Esaki T, Takeya C. 1931. Identification of a Japanese tingitid injurious to the pear tree. Mushi, 4: 51-59.

Eschscholtz J F. 1822. Entomographien 1: 1-128. Berlin: Reimer.

Fabricius J C. 1775. Systema Entomologiae, Sistens Insectorum Classes, Ordines, Genera, Species. Adjectis Synonymis, Locis, Descriptionibus, Observationibus: i-xxx, 1-832. Kortii, Flensburgi & Lipslae.

Fabricius J C. 1777. Genera Insectorum, i-xiv. Chionii: Bartschii, 310.

Fabricius J C. 1781. Species Insectorum Exhibentes Eorum Differentias Specificas. Synonyma Auctorum Loca Natalia, Metamorphodin Adjectis Observationibus, Descriptionibus. Bohnii, Hamburgi & Kilonii: 571.

Fabricius J C. 1790. Nova insectorum genera. Naturhistorie Selskabet, 1: 213-228.

Fabricius J C. 1803. Systema rhyngotorum, secundum ordines, genera, species, adiectis synonymis, locis, observationibus, descriptionibus. i-vi, 1-314. Reichard, Brunsvigae.

Fallén C F. 1829. Hemiptera Sueciae. Sectio prior. Hemelytrata. Londini: Gothorum, 1-188.

Fallou G. 1881. Hémiptéres nouveaux de la Chine. Le Naturaliste, 3(43): 340-341.

Fallou G. 1887. Insectes Hémiptères nouveaux recueillis par M. de la Touche a Fo-kien (Chine). Le Naturaliste, 3: 413.

Fieber F X. 1844. Entomologishce Monographien. Barth, Leipzig; Calve, Prague, 138.

Fieber F X. 1851. Rhynchotographien: 1-64. Calve, Pragac [preprint of Abhandlungen der Böhmischen Gesellschaft der Wissenschaften, 7: 469-486].

Fieber F X. 1859. Die Familie der Berytidae. Wiener Entomologische Monatschrift, 3: 200-210.

Fieber F X. 1860. Die europaischen Hemiptera. Halbfiugler (Rhynchota Heteoptera). Wien: Gerold's Sohn, I-VI, 1-112.

Fieber F X. 1861. Die europäischen Hemiptera. Halbflügler. (Rhynchota Heteroptera.): 113-444. Wien: Gerold's Sohn.

Flor G. 1860. Die Rhynchoten Livlands in systematischer Folge beschrieben. Vol. 1. Dorpat: Schulz, 826.

Fourcroy A F. 1785. Entomologia Parisiensis; sive catalogus insectorurn quae in agro Parisiensi reperiuntur 1: i-viii, 1-233; 2: 234-544. Paris: Via et Aedibus Serpentineis.

Gao CQ, Rédei D. 2017. The identity of *Equatobursa*, with proposal of new genus and species level synonymies (Hemiptera: Heteroptera: Heterogastridae). Zootaxa, 4237 (2): 300-306.

Germar E F. 1817. Reise nach Dalmatien und in das Gebiet von Ragusa: i-xii, 1-321. Leipzig: Brockhaus.

Germar E F. 1838. Hemiptera Heteroptera promontorii Bonae Spei nondum descripta, quae collegit C. F. Drège. Revue Entomologique Silbermann, 5(1837): 121-192.

Göllner-Scheiding U. 2006. Family Acanthosomatidae Signoret, 1864. *In*: Aukema B, Rieger C. Catalogue of the Heteroptera of the Palaearctic Region-Pentatomomorpha II. Netherlands Entomological Society Amsterdam, 5: 166-181.

Guérin-Méneville F E. 1831-1838. Crustaces, Arachnides et Insectes. *In*: Duperrey L I. Voyage Autour du monde, exécuté par ordre du Roi, sur la corvette de Sa Majesté "La Coquille", pendant les années 1822-1825. Zoologie, 2(2): i-xii, 1-319.

Haglund C J E. 1868. Hemiptera nova. Stettiner Entomologische Zeitung, 29: 150-163.

Hahn C W. 1826. Icones ad monographiam Cimicum. Nurnberg: Lechner, 1 p., 24 pls.

Handlirsch A. 1897. Monographie der Phymatiden. Annales des Hofmuseum in Wien, 12: 127-230.

Harrington B J. 1980. A generic level revision and cladistic analysis of the Myodochini of the world (Hemiptera, Lygaeidae, Rhyparochrominae). Bull Amer Mus Nat His, 167(2): 49-116.

Hasegawa A. 1959. Descriptions of two new species of the family Acanthosomidae from Japan (Hemiptesa-Heteroptera). Kontyû, 27: 86-90.

Heinze K. 1934. Über Plataspididae (Hemipt.-Heteropt.) aus Asien. Stettiner Entomologische Zeitung, 95: 283-290.

Henry T J, Froeschner R C. 1988. Catalog of Heteroptera, or True bugs, of Canada and the Continental United States. p. 12-28. Brill, Leiden/New York.

Herrich-Schaeffer G A W. 1836-1853. Die Wanzenartigen Insekten getreu nach der Natur abgebildet und beschrieben 3(1836): 33-114; 4(1837-1839): 1-108; 5(1839-1840): 1-108; 6(1840): 1-36, (1841): 37-72, (1842): 73-118; 7(1842-1844): 1-134; 8(1845-1847): 1-130; 9(1849-1851): 1-348; Historische Übersicht (1853): 1-31; Alphabetisch-synonymisches Verzeichniss der wanzenartigcn Insecten (1853): 1-210. Lotzbeck, Nürnberg.

Herrich-Schaeffer G A. 1835. Nomenclator entomologicus. Verzeichniss der Europaischen Insecten, 1: 1-116.

Herrich-Schaeffer G A. 1838. Nomenclator entomologicus. Verzeichniss der Europaischen Insecten, 4(3-5): 33-92.

Hidaka T. 1959. Studies on the Lygaeidae. X. Descriptions of three new species of the genus *Blissus* Klug. Insecta Matsumurana, 22: 100-111.

Hidaka T. 1962a. Studies on the Lygaeidae. XXVII. A new species of the genus *Bryanellocoris*. Kontyû, 30: 166-168.

Hidaka T. 1962b. Studies on the Lygaeidae XXVI. Revision of the genus *Lethaeus* Dallas from Japan and her adjacent territories. Mushi, 36: 77-83.

Hidaka T. 1963. Studies on the Lygaeidae XXIX. New species of Scolopostethus & Eremocoris from Japan. Kontyu, 31: 58-60.

Hoberlandt L. 1950. Semiaquatic Heteroptera collected in Luanda, North East Angola (Portuguese West Africa) by Dr. A.de Barros Machado in 1946-1949. Publicaçoes Culturais da Companhia de Diamantes de Angola, 10 (1951): 7-50.

Hoffmann W E. 1925. A new species of *Nepa* from south China (Heteroptera, Nepidae). Lingnan Agricultural Review, 3: 39.

Hoffmann W E. 1933. A preliminary list of the aquatic and semi-aquatic Hemiptera of China, Chosen (Korea) and Indo-China. Lingnan Science Journal, 12: 243-258.

Horváth G. 1879a. Hemiptera-Heteroptera a Dom. Joanne *Xantus* in China et in Japonia collecta. Természetrajzi Füzetek, 3(2-3): 141-152, pl. 7.

Horváth G. 1879b. Hémiptères recueillis au Japon par M. Gripenberg. Annales de la Société Entomologique de Belgique, 22: cviii-cx.

Horváth G. 1889. Analecta ad cognitionem Heteropterorum Himalayensium. Természetrajzi Füzetek, 12: 29-40.

Horváth G. 1895. Hémiptères nouveaux d'Europe et des pays limitrophes. Revue d'Entomologie, 14: 152-165.

Horváth G. 1905. Hémiptéres nouveaux de Japon. Annales Historico-Naturales Musei Nationalis Hungrici, 3: 413-423.

Horváth G. 1906. Synopsis Tingitidarum regionis Palaearcticae. Ann. Mus. Nat. Hungarici, 4: 1-118.

Horváth G. 1911. Miscellanea hemipterologica I–V. Annales Historico-Naturales Musei Nationalis Hungarici, 9: 327-338.

Horváth G. 1912. Species generis Tingitidarum *Stephanitis*. Ann. Mus. Nat. Hungarici, 10: 319-339.

Horváth G. 1915. Monographice des Mesoveliides. Annales Historico-Naturales Musei Nationalis Hungarici, 13: 535-556.

Horváth G. 1917. Heteroptera palaearctica nova vel minus cognita. I. Annales Historico-Naturales Musei Nationalis Hungarici, 15: 365-381.

Horváth G. 1919. Analecta ad cognitionem Cydnidarum. Annales Historico-Nationalis Hungarici, 17: 205-273.

Hsiao T Y. 1941. Some new species of Miridae (Hemiptera) from China. Iowa State College Journal of Science, 15: 241-251, 1 pl.

Hsiao T Y. 1963. Results of the Zoologico-Botanical Expedition to southwest China, 1955-1957 (Hemiptera, Coreidae). Acta Entomologica Sinica, 12: 310-344.

Hsiao T Y. 1964a. New species and new record of Hemiptera-Heteroptera from China. Acta Zootaxonomica Sinica, 1: 283-292.

Hsiao T Y. 1964b. New species of Nabidae from China (Hemiptera-Heteroptera). Acta Entomologica Sinica, 13: 76-87.

Hsiao T Y. 1964c. *Nabis* Latreille of China (Hemiptera-Heteroptera). Acta Entomologica Sinica, 13: 231-239.

Hsiao T Y. 1965. A short essay on Chinese Coreidae (Hemiptera, Heteroptera) III. Pseudophloeinae and Rhopalinae. Acta Scientiarum Naturalium Universitatis Nankaiensis, 6: 49-64.

Hsiao T Y. 1973. New species of Ectrichadiinae from China (Hemiptera: Raduviidac). Acta Entomologica Sinica, 16: 57-72 [in Chinese, English summary].

Hsiao T Y. 1981. New and little known species of Nabidae from China with notes on two species of *Arbela* Stål (Hemiptera-Heteroptera). Acta Entomologica Sinica, 24: 63-71.

Hsiao T Y, *et al.* 1977. A Handbook for the Determination of the Chinese Hemiptera-Heteroptera. Vol. 1. Beijing: Science Press, 39-52, 295-297 [in Chinese, English summary].

Hsiao T Y, Liu S L. 1977. New species description. *In*: Hsiao T Y, *et al.* A Handbook for the Determination of the Chinese Hemiptera-Heteroptera. Vol. 1. Beijing: Science Press, 1-330.

Hsiao T Y, Ren S Z. 1981. Nabidae. *In*: Hsiao T Y, *et al.* A handbook for the determination of the Chinese Hemiptera-Heteroptera. Vol. II: 539-561. Beijing: Science Press.

Hungerford H B. 1947. A new genus of Corixidae. Journal of the Kansas Entomological Society, 20: 93.

Hussey R F, Sherman E. 1929. Pyrrhocoridae. *In*: Horváth G, Parshley H M. General Catalogue of The Hemiptera. Northampton: Smith College: 1-144.

Hutchinson G E. 1927. New or little known Notonectidae (Hemiptera Heteroptera). Annals and Magazine of Natural History, 19(9): 375-379.

Hutchinson G E. 1940. A revision of the Corixidae of India and adjacent regions. Transactions of the Connecticut Academy of Arts and Sciences, 33: 339-476.

Indberg H. 1958. Hemiptera Insularum Caboverdensium. Societatis Scientiarium Fennica. Commentationes Biologicae, 19(1): 1-246.

Jaczewski T. 1928. Über drei Arten aquatiler Heteropteren aus China. Annales Musei Zoologici Polonic, 107-114.

Jaczewski T. 1934. Notes on the Old World species of Ochteridae (Heteroptera). Annals and Magazine of Natural History, 13(10): 597-613.

Jaczewski T. 1939. Notes on Corixidae. XV-XXIII. Annales Musei Zoologici Polonici, 13: 269-302.

Jaczewski T. 1960. Contributions to the knowledge of aquatic Heteroptera of the Asiatic territories of the USSR. Annales Zoologici, Warszawa, 18: 285-293.

Jakovlev B E. 1880a. Novy ia poluzhestkokrylyia (Hemiptera Heteroptera) Russkoi fauny. Bull. Soc. Imp. Nat. Moscou., 55(1): 127-144.

Jakovlev V E. 1880b. Contributions to the fauna of bugs of Russia and the neighbouring countries. IV. Bulletin de la Société Impériale des Naturalistes de Moscou, 55(2): 385-398 [in Russian and German].

Jakovlev V E. 1881. Contributions to the Hemipteran fauna of Russia and adjacent regions. V-VIII. Bulletin de la Société Impériale des Naturalistes de Moscou, 56: 194-214.

Jakovlev V E. 1882. Contributions to the fauna of bugs of Russia and the neighbouring countries. Trudy russ. entomol. Obshch, 13: 141-152 [in Russian and German].

Jakovlev V E. 1889b. Contributions to the fauna of the Heteropteran insects of Siberia (Hemiptera Heteroptera Sibirica). Horae Societatis Entomologicae Rossicae, 23: 72-82.

Jakovlev V E. 1889a. Zur Hemipteren-Fauna Russlands und der angrenzenden Länder. Horae Societatis Entomologicae Rossicae, 24: 311-348 [in Russian and German].

Jakovlev V E. 1890. Insecta, a cl. G. N. Potanin in China et in Mongolia novissime lecta. XVII. Hemiptera-Heteroptera. Horae Societatis Entomologicae Rossicae, 24: 540-560 [in Russian and German].

Jakovlev V E. 1893. Reduviidae palaearcticae novae. Horae Societatis Entomologicae Rossicae, 27: 319-325 [in Russian and German].

Jakovlev B E. 1904. HémiptPres-HétéroptPres nouveaux de la faune paléarctique. IX. Revue Russe d'Entomologie, 4(1): 23-26.

Jansson A. 1995. Family Corixidae. In: Aukema B, Rieger C. Catalogue of the Heteroptera of the Palaearctic Region, The Netherlands Entomological Society, Amsterdam, 27-56.

Jensen-Haarup A C. 1931. New or little known Hemiptera Heteroptera I. Deutsche Entomologische Zeitschrift, 1930: 215-222.

Josifov M V, Kerzhner I M. 1978. Heteroptera aus Korea. II. Teil (Aradidae, Berytidae, Lygaeidae, Pyrrhocoridae, Rhopalidae, Alydidae, Coreidae, Urostylidae, Acanthosomatidae, Scutelleridae, Pentatomidae, Cydnidae, Plataspidae). Fragmenta Faunistica, 23(9): 137-196.

Josifov M. 1987. Einige neue Miriden aus Nordkorea (KDVR) (Heteroptera). Reichenbachia, 24: 115-122.

Kanyukova E V. 1982. New and little known species of Heteroptera from the Far East. Entomologicheskoe Obozrenie, 61: 303-308.

Kanyukova E V. 1988. Fam. Pyrrhocoridae. In: Ler[Lehr] P A. Keys to the Insects of the Far East of the USSR. Vol. II. Homoptera and Heteroptera. Leningrad: Nauka: 902-903.

Kelton L A. 1978. The insects and arachnides of Canada. Part 4. The Anthocoridae of Canada and Alaska Publications Dep. Agric. Can., No. 1639. Ottawa, 101.

Kerzhner I M. 1968. New and little known Palaearctic bugs of the family Nabidae (Heteroptera). Entomologicheskoe Obozrenie, 47: 848-863.

Kerzhner I M. 1993. Notes on synonymy and nomenclature of Palaearctic Heteroptera. Zoosystematica Rossica, 2: 97-105.

Kerzhner I M. 2001. Largidae and Pyrrhocoridae. In: Aukema B, Rieger C. Catalogueof the Heteroptera of the Palearctic Region. Vol. 4. Pentatomomorph I: 248-258. Amsterdam: The Netherlands Entomological Society.

Kiristshenko A N. 1931. Leptoypha, an American genus hitherto unknown as occurring in Palearctic Asia. Ann. Carnegie Museum, 20(2): 269-270.

Kiritshenko A N. 1951. Ture bugs of the European part of the USSR (Hemiptera): key and bibliography. Opredelitelipo Fauna SSSR, 42: 1-423.

Kiritshenko A N. 1961. Synonymical notes on Heteroptera. Acta Entomologica Musei Nationalis Pragae, 34: 443-444.

Kirkaldy G W. 1897. Synonymic notes on aquatic Rhynchota. Entomologist, 30: 258-260.

Kirkaldy G W. 1899. Hémiptères aquatiques nouveaux ou peu connues. Revue d'Entomologie, 18: 85-96.

Kirkaldy G W. 1901a. Notes on some Rhynchota collected chiefly in China and Japan by Mr. T.B. Fletcher. Entomologist, 34: 49-52.

Kirkaldy G W. 1901b. On some Rhynchota, principally from New Guinea (Amphibicorisae and Notonectidae). Annali del Museo Civico di Storia Naturale Giacomo Doria, 20: 804-810.

Kirkaldy G W. 1902a. Memoir upon the Rhyncotal family Capsidae Auctt. Transactions of the Entomological Society of London, 243-272.

Kirkaldy G W. 1902b. Memoirs on Oriental Rhynchota. Journal of the Bombay Natural History Society, 14: 46-58, 294-309.

Kirkaldy G W. 1903. Miscellanea Rhynchotalia. No. 7. Entomologist, 36: 179-181.

Kirkaldy G W. 1904. Bibliographical and nomenclatorial notes on the Hemiptera. No. 3. Entomologist, 37: 279-283.

Kulik S A. 1965. New Miridae (Heteroptera) species from east Siberia and from the Far East. Zoologicheskii Zhurnal, Moscou, 64: 1497-1505.

Kuschakewitsch A. 1866. Several new species of bugs (Hemiptera). Horae Societatis Entomologicae Rossicae, 4: 97-101.

Lansbury I. 1968. The Enithares (Hemiptera Heteroptera: Notonectidae) of the Oriental Region. Pacific Insects, 10: 353-442.

Laporte F I. 1832-1833. Essai d'une classification systematique de l'ordre des Hemipteres (Hétéroptères Latr.). Magasin de Zoologie, 2 Suppl.: 1-88.

Laporte F L. 1833. Essai d'une classification systématique de l'ordre des Hémiptpres (Hémiptpres-Hétéroptpres Latr.). Magasin de Zoologie, 2: 17-75; suppl. 76-88, pls. 51-55.

Larivière M C, Larochelle A. 2018. World Saldidae: Supplement (1987–2018) to the catalog and bibliography of the Leptopodomorpha (Heteroptera). Zootaxa, 4590(1): 125-152.

Latreille P A. 1796. Précis des caractères générigues des insects, disposes dans un ordre naturel. i-xiii, 1-208. Brive: Bourdeaux.

Latreille P A. 1802. Histoire naturelle, générale et particulière des crustacés et des insectes 3: i-xii, 13-467. Paris: Dufart.

Latreille P A. 1804. Histoire naturelle, générale et Particuliére des crustaces et des insects. Paris: Dufart, 424.

Latreille P A. 1807. Genera crustaceorum et insectorum secundem ordinem naturalem in familias disposita iconibus exemplisque plurimis explicata. 3: 1-259. Parisiis et Argentorati: Koenig.

Latreille P A. 1809. Genera crustaceorum et insectorum secundum ordinem naturalem in familias disposita, iconibus exemplique plurimis explicate. Vol. 4. Armand Koenig, Parisiis et Argentorati, 399.

Latreille P A. 1829. Suite et fin des insects. In: Cuvier G. Le Règne Animal distribué d'après son organisation, pour servir de base à l'histoire naturelle des animaux et d'Introduction à l'anatomie compare. Nouvelle édition 5. Paris: Deterville, i-xiv, 1-556.

Lee C E, Kerzhner I M. 1995. Two new species of Dicyphini from Korea (Heteroptera: Miridae). Zoosystematica Rossica, 3: 253-255.

Lee C E. 1967. Lacebugs of the East Asia. Nature and Life, 4: 87-102.

Lee C E. 1969. Morphological and phylogenic studies on the larvae and male genitalia of the East Asiatic Tingidae (Heteroptera). Journal of the Faculty of Agriculture, Kyushu University, 15(2): 137-256.

Lepeletier A L M, Serville J G A. 1825. Encyclopédie Méthodique. Paris: Agasse: 344.

Lethiemy L. 1877. Description de cinq espèces Nouvelles d'Hémiptères. Bulletin de la Société Entomologique de France, 11: 134-135.

Li X M, Liu G Q. 2008. Two new species of the genus *Rubrocuneocoris* of China, and five new record species of tribe Phylini from China (Hemiptera: Miridae: Phylinae). Acta Entomologica Sinica, 51(1): 68-74.

Li X Z, Zheng L Y. 1991. New species of the genus *Megacoelum* Fieber from China (Miridae, Hetroptera). Tijdschriftvoor Entomologie, 134: 183-192.

Li Z H, Jin Z Z, Polhemus D A, Ye Z. 2023. Two new species of *Valleriola* (Hemiptera: Heteroptera: Leptopodidae) and taxonomic notes on the tribe Leptopodini Brullé, 1836 from East and Southeast Asia. Zootaxa, 5256 (4): 329-344.

Lindberg H. 1922. Verzeichnis der von John Sahlberg und Uunio Saalas in den Mittelmeergebieten gesammelten semiaquatilen und aquatilen Heteropteren. Notulae Entomologicae, 2: 15-19, 46-49.

Lindberg H. 1927. Zur Kenntnis der heteropteran-fauna von Kamtschatka sowie der Amur- und Usuri-Gebiete Ergennisse einer von Y. Wuorentaus im Jahre 1917 unternommenen Forschungsreise. Acta Soc. Fauna Flora Fennica, 56(9): 1-26.

Linnaeus C. 1758. Systema naturae per regna tria naturae, secundum classes, ordines, genera, species, cumcharacteribus, differentiis, synonymis, locis, Editio decima, reformata. Holmiae: Salvii, 824.

Linnaeus C. 1767. Systema Naturae. Editio duodecima, reformata. Salvii, Holmiae, I(2): 533-1327.

Linnavuori R. 1962. Contributions to the Miridae fauna of the Far East II. Annales Entomologici Fennici, 28: 68-69.

Lis J A. 1995. The genus Macroscytus Fieber (Heteroptera: Cydnidae) in the East Palaearctic subregion. Entomologische Berichten, Amsterdam, 55: 163-165.

Lis J A. 2000. A revision of the burrower-bug genus *Macroscytus* Fieber, 1860 (Hemiptera: Heteroptera: Cydnidae). Genus, 11: 359-506.

Liu G Q, Ding J H. 2004. Research on Nepoidea (Hemiptera: Heteroptera) from China. Symposium of China Conference, 56-61.

Liu G Q, Zheng L Y. 1990. A new species and a new record of Notonectidae from China (Hemiptera). Acta Zootaxonomica Sinica, 15(3): 349-351.

Lundblad O. 1933a. Some new or little-known Rhynchota from China. Annals and Magazine of Natural History, 12: 449-464.

Lundblad O. 1933b. Wasserhemipteren, wahrend der Kolthoffschen Expedition nach China gesammelt. Entomologisk Tidskrift, 54: 249-276.

Lundblad O. 1933c. Zur Kenntnis der aquatilen und semiaquatilen Hemipteren von Sumatra, Java und Bali. Archiv für Hydrobiologie 12, Suppl. Tropische Binnengewässer 4: 1-195, 263-498.

Maa T C. 1947. Records and descriptions of some Chinese and Japanese Urostylidae (Hemiptera: Hetemptera). Notes d'Entomologie Chinoise, 11: 121-144.

Malipatil M B. 1978. Revision of the Myodochini of the Australian Region. Austr J Zool, 56: 1-178.

Matsumura S. 1905. Thousand insects of Japan, Keiseisha, Tokyo, 2: 1-213, 17 plates.

Matsumura S. 1913. Thousand insects of Japan. Additamenta, 1: 1-184. Keiseisha, Tokyo [in Japanese, with diagnoses of new taxa also in English].

Matsumura S. 1915. Ubersicht der Wasser-Hemipteren von Japan und Formosa. Entomological Magazine, Kyoto, 1: 103-119.

Mayr G L. 1853. Zwei neueWanzen aus Kordofan. Verhandlungen des Zoologisch-Botanischen Vereins in Wien, 2: 14-18.

Mayr G L. 1864. Diagnosen neuer Hemipteren. Verhandlungen des Zoologisch-Botanischen Gesellschaft in Wien, 14: 903-914.

Mayr G L. 1865. Diagnosen neuer Hemipreren. II. Verhandlungen der Zoologisch-hisc-Botanischen Gesellschaft in Wien, 15: 429-446.

Mayr G L. 1871. Die Belostomiden. Monographisch bearbeitet. Verhandlungen der Zoologisch-Botanischen Gesellschaft in Wien, 21: 379-440.

Menke A S. 1960. A review of the genus *Lethocerus* (Hemiptera: Belostomatidae) in the Eastern Hemisphere with the description of a new species from Australia. Australian Journal of Zoology, 8: 285-288.

Miller N C E. 1954a. New genera and species of Reduviidae (Herniptera-Heteroptera). Commentationes-Biologicae, 13(17)(1953): 1-69.

Miller N C E. 1954b. New genera and species of Rcduviidae from Indonesia and the description of a new subfamily (Hemiptera-Heteroptera). Tijdschrift voor Entomlogie, 97: 75-114.

Miyamoto S. 1958. New water striders from Japan (Hemiptera, Gerridae). Mushi, 32: 115-128.

Miyamoto S. 1965. Isometopinae, Deraeocorinae and Bryocorinae of the South-west Islands, lying between Kyushu and Formosa (Hemiptera: Miridae). Kontyu, 33: 147-169.

Miyamoto S. 1976. On the scientific names concerning Japanese Heteroptera. Rostria, 26: 197-198.

Miyamoto S, Lee C E. 1966. Heteroptera of Quelpart Island (Chejudo). Sieboldia, 3: 313-426.

Montandon A L. 1892. Hémiptères Plataspides nouveaux. Revue d'Entornologie, 11: 273-284.

Montandon A L. 1894a. Nouveaux genres et espèces de la s. f. des Plataspidinae. Annales de la Société Entomologique de Belgique, 38: 243-281.

Montandon A L. 1894b. Pentatomidae. Notes et descriptions. Ann Soc Ent Beig, 38(1893): 619-648.

Montandon A L. 1896. Hémiptères Hétéroptères exotiques. Notes et descriptions I. Annales de la Socikti Entomologique de Belgique, 40: 428-450.

Montandon A L. 1897. Les Plataspidines du Muséum d'histoire naturelle de Paris. Annales de la Société Entomologique de France, 65(1896): 436-464.

Montrndon A L. 1893. Espèces nouvelles ou peu connues de la famille des Plataspidinae. Annales de la Société Entomologique de Belgique, 37: 558-570.

Motschulsky T V. 1861. Insectes du Japon. Etudes Entomologiques, 10: 1-24.

Motschulsky V. 1863. Essais d'un catalogue des insectes de l'ile Ceylan (suite). Bull Soc Imp Nat Mos, 36(2): 1-153.

Motschulsky V. 1866. Catalogue des insectes reçus du Japon. Bulletin de la Société Impériale des Naturalistes de Moscou, 39: 163-200.

Mulsant E, Rey C. 1852. Description de quelques Hémiptères Hétéroptères nouveaux ou peu connus. Annals de la Société Linnéene de Lyon 1852: 76-141, 311(errata) [also published in Mulsant & Rey. 1852, Opuscules Entomologique 1: 95-160].

Mulsant E, Rey C. 1866. Histoire Naturelle des Punaises de France. Vol. II. Pentatomides. F. Savy & Deyrolle, Paris, 1-372. [also published in: Annales de la Société Linnéenne de Lyon (N.S.) 13(1866): 291-367; 14(1867): 1-296].

Mulsant E, Rey C. 1873. Tribu des Réduvides 20: 65-186. Annales de la Société Linnéenne de Lyon (N.S.), 20: 65-186.

Nagashima S, Yoshinori S. 2003. A new species of the flat bug *Neuroctenus* (Heteroptera, Aradidae) from Japan, with a note on *N. taiwanicus* Kormilev. Japanese Journal of Systematic Entomology, 9(1): 101-106.

Nonnaizab. 1984. New and little known species of Pentatornoidea from Inner Mongolia and Sinkiang China (Hemiptera: Urostylidae). Acta Entomologica Sinica, 27: 342-344 [in Chinese, English summary].

Noualhier M J M. 1895. Description of New Species. *In*: Puton A, Noualhier M J M. Supplement a la liste des Hémiptères d'Akbés. Revue d'Entomologie, Caen, 14: 170-177.

Odhiambo T R. 1962. Review of some genera of the subfamily Bryocorinae (Hemiptera: Miridae). Bulletin of the British Museum (Natural History). Entomology, 11: 247-331.

Okajima G. 1922. Concerning a serious new pest on the sugar cane. Nogakukaiho (Tokyo), 236: 363-371.

Olivier A G. 1779-1825. Encyclopédie Méthodique. Histoire Naturelle. Tome Quatrieme. Insectes. Paris, 10 vols.

Osborn H. 1901. New genus including two new species of Saldidae. The Canadian Entomologist, 33: 181-182.

Oshanin B. 1908. Verzeichnis der Palaearktischen Hemipteren mit besonderer Berucksichtigung ihrer Verbreitung im Russischen Reiche. I Band Heteroptera 2e. St. Petersbourg. 1-1087.

Péricart J. 1972. Hemiptéres Anthocoridae, Cimicidae et Microphysidae de l'Ouest-palearctique. Faune de l'Europe et du basin méditerranéen, 7 i-iv. Paris: Masson, 1-404.

Pericart J. 1983. Hemipteres Tingidae Euro-Mediterraneens. Faune de France, 69: 1-618.

Polhemus J T. 1992. Nomenclatural notes on aquatic and semiaquatic Heteroptera. Journal of the Kansas Entomological Society, 64: 438-443.

Polhemus J T. 1994a. New synonymy in the genus *Anisops* Spinola (Notonectidae: Heteroptera). Proceedings of the Entomological Society of Washington, 96: 579.

Polhemus J T. 1994b. The identity and synonymy of the Belostomatidae (Heteroptera) of Johann Christian Fabricius 1775-1803. Proceedings of the Entomological Society of Washington, 96: 687-695.

Polhemus J T. 1995. Family Notonectidae. *In:* Aukema B, Rieger C. Catalogue of the Heteroptera of the Palaearctic Region. Enicocephalomorpha, Dipsocoromorpha, Nepomorpha, Gerromorpha and Leptopodomorpha., Amsterdam: The Netherlands Entomological Society, 1: 63-73.

Poppius B. 1914. Die Miriden der Äthiopischen Region II-Macrolophinae, Heterotominae, Phylinae. Acta Societatis Scientiarum Fennicae, 44(3): 136.

Puton A. 1874. Hémiptères nouveaux. Suite (1). Petites Nouvelles Entomologiques, 1: 439-440.

Puton A. 1881. Synopsis des HémiptPres HétéroptPres de France. Vol. 1. Paris, 245.

Rao T K R. 1962. On the biology of *Ranatra elongata* Fabr. (Heteroptera: Nepidae) and *Sphaerodema annulatum* Fabr. (Heteroptera: Belostomatidae). Proceedings of the Royal Entomological Society of London, 37: 61-64.

Ren S Z. 1998. Hemiptera: Heteroptera. Nabidae 13: i-vii, 1-251, 12 pls. Fauna. Sinica, Insecta, 13: i-vii, 1-251, 12 pls.

Reuter O M. 1881. Ad cognitionem Reduviidarum mundi antiqui: 1-71 [also published in Acta Societatis Scientiarum Fennicae, 12(1883): 269-3391].

Reuter O M. 1882. Ad cognitionem Heteropterorum Africae occidentalis. Őfversigt af Finska Vetenskapssocietetens Förhandlingar, 25: 1-43.

Reuter O M. 1884. Monographia Anthocoridarium orbis Terrestris. Helsing, 204. (= Acta Soc Sci Fenn, 16: 555-758.)

Reuter O M. 1885. Species Capsidarum quas legit expeditio danica Galateae descripsit. Entomologisk Tidskrift, 5: 195-200.

Reuter O M. 1887. Reduviidae novae et minus cognitae descriptae. Revue d'Entomologie, 6: 149-167.

Reuter O M. 1890. Ad cognitionem Nabidarum. Revue d'Entomologie, 9: 289-309.

Reuter O M. 1895. Zur Kenntnis der Capsiden-Gattung *Fulvius* Stål. Entomologisk Tidskrift, 16: 129-154.

Reuter O M. 1908. Einege von A. Becker und A. Kouschakewitsch benannte Hemiptera-Heteroptera. Annuaire du Musée Zoologique de l'Académie Impériale des Sciences de St. Pétersbourg, 12: 541-545.

Rider D A. 2006. Family pentatomidae Leach, 1815. *In*: Aukerna B., Rieger C. Catalogue of the Heteroptera of the Palaearctic Region. Volume 5. Pentatomomorpha II. Netherlands: 233-402.

Sahlberg C R. 1841. Nova species generis Phytocoris ex ordine Hemipterorum descripta. Acta Societatis Scientiarum Fennicae, 1: 411-412.

Schellenberg J R. 1800. Das Geschlecht der Land und Wasserwanzen nach Familien geordnet mit Abbildungen: 1-32. Füssli, Zürich.

Schilling. 1827. *In*: Gravenhorst. Allgemeiner Bericht der Entomologischen Section. Uebersicht der Arbeiten und Veränderungen der Schlesischen Gesellschaft für Vaterländische Kultur, 3: 22.

Schuh R T. 1984. Revision of the Phylinae (Hemiptera: Minridae) of the Indo Pacific. Bull. Am. Mus. Nat. Hist, 177(1): 1-476.

Schuh R T, Galil B, Polhemus J T. 1987. Catalog and bibliography of Leptopodomorpha (Heteroptera). American Museum of Natural History, 180: 245-406.

Schuh R T, Slater J A. 1995. True Bugs of the World (Hemiptera: Heteroptera). New York: Cornell University Press: 1-338.

Scopoli J A. 1763. Entomologia Carniolica exhibens insecta CarniolF indigena et distributa in ordines, genera, species, varietates. Methodo LinnFana. Joannis Thomae Trattner, Vindobonae, 420.

Scott J. 1874. On a collection of Hemiptera Heteroptera from Japan. Descriptions of various new genera and species. Annals and Magazine of Natural History, 14(4): 289-304, 360-365, 426-452.

Scott J. 1880. On a collection of Hemiptera from Japan. Transactions of the Entomological Society of London, 1880(4): 305-317.

Scudder G G E. 1962. The world Rhyparochrominae (Hemiptera: Lygaeidae) I. New synonymy and generic changes. Can Entomol, 94: 764-773.

Scudder G G E. 1968. The world Rhyparochrominae (Hemiptera: Lygaeidae) VI. Further new genera for previously described species and some additional new species contained therein. J Nat Hist, 2: 577-592.

Scudder G G E. 1970a. The World Rhyparochrominae (Hemiptera: Lygaeidae). X. Further systematic changes. Can Entomol, 102: 98-104.

Scudder G G E. 1970b. The World Rhyparochrominae (Hemiptera: Lygaeidae). XI. The Horváth type. Ann His-Nat Mus Nat Hung, 62: 197-206.

Signoret V. 1851. Description de nouvelles espPces d'HémiptPres. Annales de la Société Entomologique de France, (2)9: 329-348.

Signoret V. 1862. Quelques espèces nouvelles d'Hémiptères de Cochinchine. Annales de la Société Entomologique de Prance, 2(4):

123-126.

Signoret V. 1880. De quelques genres nouvieaux et espèces nouvelles de l'ordre des Hémiptères faisant partie de la collection du Musée Civique de Gênes. Annali del Museo Civio di Storia Naturale di Genova, 15: 531-545.

Signoret V. 1883. Révision du Gmupe des Cydnides de la Famille des Pentatomides. 8e partie. Annales de Ia Société Entomologique de France, (6)2(1882): 465-484.

Signoret V. 1884. Révision du Groupe des Cydnides de la Famille des Pentatomides. 13e et derniére partie. Annales de la Société Entomologique de France, (6)4: 45-62.

Slater J A. 1957. Nomenclatorial considerations in the family Lygaeidae (Hemiptera: Heteroptera). Bulletin of the Brooklyn Entomological Society, 52: 35-38.

Slater J A, Hidaka T. 1958. Studies on the Lygaeidae. II. A new species of the genus *Entisberus* from Japan. Mushi, 32: 93-95.

Southwood T R E, Leston D. 1957. Notes on the nomenclature and zonal occurrence of the Orthotylus species (Hem., Miridae) of British salt marshes. Entomologist's Monthly Magazine, 93: 166-168.

Southwood T R E, Leston D. 1959. Land and Water Bugs of the British Isles. London: Frederick Warne and Co., 1-436.

Spinola M M. 1837. Essai sur les insectes Hémiptères L. ou Rhyngotes F. et à la section des Hétéroptères Duf. Geneva: Graviers, 383.

Stål C. 1854. Nya Hemiptera. Öfversigt af Kungliga Vetenskaps-Akademiens Förhandlingar, 8: 231-255.

Stål C. 1855. Nya Hemiptera. Öfversigt af Kongliga Vetenskaps-Akademiens Förhandlingar, 12(4): 181-192.

Stål C. 1859a. Hemiptera. Species novas descripsit. *In*: Virgin C A. Kongliga Svenska Fregatten Eugenies resa omkring Jorden under befälaf C. A. Virgin åren 1851-1853. Volume 2. Stockholm: Norstedt & Söner, 219-298.

Stål C. 1859b. Till kännedomen om Rcduvini. Öfvcrsigt af Kungliga Vetenskaps-Akademiens Förhandlingar, 16: 175-204, 363-386.

Stål C. 1860a. Hemiptera. Species novas descripsit. *In*: Virgin C A. Kongliga Svenska Fregattens resa omkring jorden: under befäl af C.A. Virgin, ären 1851-1853. Norstedt söner, Stockholm, 2(1): 219-298.

Stål C. 1860b. Till kännedomen om Coreida. Öfversigt af Kongliga Vetenskaps-Akademiens Förhandlingar, 16: 449-477.

Stål C. 1861a. Miscellanea hemipterologica. Stettiner Entomologische Zeitung, 22: 129-153.

Stål C. 1861b. Nova methodus familias quasdam Hemipterorum disponendi. Öfversigt af Kongliga Vetenskaps-Akademiens Förhandlingar, 18: 195-212.

Stål C. 1863a. Beitrag zur Kenntniss der Pyrrhocoriden. Berliner Entomologische Zeitschrift, 8: 390-404.

Stål C. 1863b. Formae speciesque novae reduviidurn. Annales de la Société Entomologiquc de France, 3(4): 25-58.

Stål C. 1864. Hemiptera nonnulla nova vel minus cognita. Annales de la Société Entomologique de France, (4)4: 47-68.

Stål C. 1865a. Hemiptera Africana II. Stockholm: Norstedtiana, 210.

Stål C. 1865b. Hemiptera Africana. Vol. 1. Stockholm: Norstedtiana, 1-256.

Stål C. 1866. Hemiptera Africana. Norstedtiana, Holmiae, 3 (1865): 1-200.

Stål C. 1867a. Bidiag till Rcduviidernas kannedom, ofversigt af Kungliga Vetenskapsakademiens Forhandlingar, 23: 235-302.

Stål C. 1867b. Bidrag till Hemiteras systematik. Ofvers Kon Vet Kad For, 28: 491-560.

Stål C. 1868. Bidrag till Hemipterernas systematik. Conspectus generum Pentatomidum AsiF et AustraliF. Öfversigt af Kongliga Vetenskaps-Akademiens Förhandlingar, 24(7)[1867]: 501-522.

Stål C. 1869. Analecta hemipterologica. Berliner Entomologische Zeitschrift, 13: 225-242.

Stål C. 1870. Enumeraio Hemipterorum. Bidrag till en foreteckning ofve alla hittils kanda Hemiptera, jemte systematiska meddelanden. Pt. 1. Svenska Vet. Akad. Handl., 9(1): 1-232.

Stål C. 1872. Genera Coreidarum Europae disposuit. Ofv. Svens. Vet. Akad. F., 29: 49-58.

Stål C. 1873. Enumeraio Hemipterorum. Bidrag till en foreteckning ofve alla hittils kanda Hemiptera, jemte systematiska meddelanden. Pt. 3. Svenska Vet. Akad. Handl., 11(2): 1-163.

Stål C. 1876. Enumeratio Hemipterorum. Bidrag till en Förteckning öfver alla hittills kända Hemiptera, Jemte Systematiska Meddelanden. Kong. Sv. Vet.-Ak. Handl., 14(4): 1-162.

Stein J P E F. 1878. Einige neue Prostemma-Arten. 22: 377-382. Berliner Entomologische Zeitschrift.

Stonedahl G M, Cassis G. 1991. Revision and cladistic analysis of the plant bug genus *Fingulus* Distant (Heteroptera: Miridae: Deraeocorinae). Am Mus Novit, 3028: 1-55.

Štusák J M. 1972. *Yemmalysus parallelus* gen.n., sp.n.—A new Oriental stilt bug from China (Heteroptera, Berytinidae). Acta Entomologica Bohemoslovaca, 69: 373-377.

Takeya C. 1931. Some Tingidae of the Japanese Empire. Mishi, 4: 65-84.

Takeya C. 1951. A tentative list of Tingidae of Japan and her adjacent territories (Hemiptera). Kurume Univ. Journ.(Nat. Sci.), 4(1): 5-28.

Thomas D B Jr. 1994. Taxonomic synopsis of the Old World asopine genera (Heteroptera: Pentatomidae). Insecta Mundi, 8(3-4): 145-212.

Thunberg C P. 1783. Dissertatio entomologica novas insectorum species, sistens, cujus partem secundam, cons. exper. facult. med. upsal., publice ventilandam exhibent Johan. Upsala: Edman, 29-52.

Tomokuni M. 1982. Studies on the Tingidae (Hemiptera, Heteroptera) from Nepal.1. A new species of the genus Ildefonsus Distant. Kontyu, 49(1): 137-142.

Uhler P R. 1872. Notices of the Hemiptera of the western territories of the United States, chiefly from the surveys of Dr F.V. Hayden. *In*: Hayden F V. Preliminary Report of the United States Geological Survey of Montana and Portions of Adjacent Territories. Washington, D.C: Government Printing Office, 5(1871): 392-423.

Uhler P R. 1897. Summary of the Hemiptera of Japan, presented to the United States National Museum by Professor Mitzukuri. Proceedings of the United States National Museum, 19(1896): 255-297.

Venkatesan P, Rao T K R. 1980. Description of a new species and a key to Indian species of Belostomatidae. Journal of the Bombay Natural History Society, 77: 299-303.

Villiers A. 1949. Révision des Emésides africains (Hemiptera, Reduviidae). Mémoires du Museum National d'Histore Naturelle (N.S.), 23 (2): 257-392.

Wagner E. 1960. Die paläarktischen arten der gattung *Aelia* Fabricius 1803 (Hem. Het. Pentatomidae). Zeitschrift für Angewandte Entomologie, 47: 149-195.

Wagner E. 1963. Untersuchungen über den taxonomischen Wert des Baues der Genitalien bei den Cydnidae (Hem. Het.). Acta Ent. Mus. Nat. Pragae, 35: 73-115.

Walker F. 1867a. Catalogue of the specimens of Hemiptera Heteroptera in the collection of the British Museum. Part I. E. Newman, London, pp. 1-240.

Walker F. 1867b. Catalogue of the specimens of heteropterous Hemiptera in the collection of the British Museum. Part II. Scutata. London: E. Newman, 241-417.

Walker F. 1868. Catalogue of the specimens of Hemiptera Heteroptera in the collection of the British Museum. Part III. London: E. Newman, 418-599.

Walker F. 1873. Catalogue of the specimens of Hemiptera Heteroptera in the collection of the British Museum, British Museum (Natural History), 7: 1-213.

Westwood J O. 1834. Mémoire sur les genres *Xylocoris*, *Hylophila*, *Microphysa*, *Leptopus*, *Velia*, *Microvelia* et *Hebrus*; avec quelques observations sur les Amphibicorisiae de M. Dufour et sur l'état imparfait, mais identique de certaines espèces. Annales de la Société Entomologique de France, 3: 637-653, plate 6.

Westwood J O. 1835. Insectorum arachnoidumque novorum decades duo. Zoological Journal, 5: 440-453.

Westwood J O. 1837. 1-26. *In*: Hope F W. A Catalogue of Hemiptera in the Collection of the Rev. F. W. Hope, M. A. with Short Latin Diagnoses of the New Species. London: Bridgewater, 1-46.

Westwood J O. 1840a. An introduction to the modern classification of insects; founded on the natural habits and corresponding organisation of the different families. Longman, Orme, Brown, Green & Longmans, London, 2 (16): 401-587.

Westwood J O. 1840b. Synopsis of the genera of British insects. London, 1-158.

Wolff J F. 1800-1811. Icones cimicum descriptionibus illustratae. Palm, Erlangae. 1(1800): i-vii, 1-40; 2(1801): 43-84: 3(1802): 85-126; 4(1804): 127-166; 5(1811): i-viii, 167-208.

Wolff. 1811. Icones cimicum descriptionibus illustratae. Erlangen: J. J. Palm. 5: 167-208, 17-20 pls.

Wróblewski A. 1960. Notes on some Asiatic species of genus *Micronecta* Kirk. (Heteroptera: Corixidae). Annales Zoologici, Warszawa, 18: 301-331.

Wróblewski A. 1963. Notes on Micronectinae from U. S. S. R. (Heteroptera Corixidae). Annales Zoologici, Warszawa, 21: 463-484.

Xue H J, Liu G Q. 1998. A new species description, 594: In: Bu W J, Liu G Q. 2018. Insect Fauna of the Qingling Mountains Hemiptera-Heteroptera. (Hemiptera: Heteroptera). 2. World Book Ine., Xi'an. 1-679.

Yang W I. 1933. Notes on some species of Pentatomidae from N. China. Bulletin of the Fan Memorial Institute of Biology, Zoology, 4(2): 9-46.

Yang W I. 1934a. Revision of Chinese Plataspidae. Bulletin of the Fan Memorial Institute of Biology, 5(3): 137-235.

Yang W I. 1934b. Pentatomidae of Kiangsi, China. Bulletin of the Fan Memorial Institute of Biology, 5(2): 45-136.

Yang W I. 1935. Notes on the Chinese Tessaratominae with description of an exotic species. Bulletin of the Fan Memorial Institute of Biology, 6(3): 103-144, 5 pls.

Yang W I. 1940. Systematical studies on Chinese Coridiinae, with particular reference to the genitalia of both sexes. Bulletin of the Fan Memorial Institute of Biology, 10: 1-54.

Yasunaga T. 1992. A revision of the plant bug, genus *Lygocoris* Reuter form Japan, part V (Heteroptera, Miridae, *Lygus*-complex). Japanese Journal of Entomology, 60(2): 291-304.

Yasunaga T. 1997. Revision of the mirine genus *Creontiades* Distant and allies from Japan (Heteroptera, Miridae). Part I: The members of Creontiades. Japanese Journal of Entomology, 65(4): 728-744.

Yasunaga T. 2001. New records of two plant bug genera (Heteroptera: Miridae: Phylinae: Pilophorini) from Japan, with descriptions of two new species. Proceedings of the Entomological Society of Washington, 103: 308-311.

Yasunaga T, Schwartz M D, Cherot F. 2002. New genera, species, synonymies, and combinations in the "*Lygus* complex" from Japan, with discussion of *Peltidolygus* Poppius and *Warrisia* Carvalho (Heteroptera: Miridae: Mirinae). American Museum Novitates, 3378: 1-26.

Yi W, Bu W. 2015. Contributions to the tribe Leptocorisini, with descriptions of *Planusocoris schaeferi* gen. & sp. nov. (Hemiptera: Alydidae). Zootaxa, 4040(4): 401-420.

Yi W, Wang S, Zhang H, Bu W. 2022. Notes on *Megalotomus* Fieber, 1860 in the Palaearctic Region (Hemiptera, Heteroptera, Alydidae). Zootaxa, 5128(2): 211-224.

Zettel H, Polhemus J T. 1998. A revision of the genus *Helotrephes* Stål, 1860 (Insecta Heteroptera Helotrephidae) with descriptions of twelve new taxa from the Oriental Realm. Annalen des Naturhistorischen Museums in Wien, 100B: 99-136.

Zhang S M, Lin Y J. 1982. Three new species of Asopinae from China (Hemiptera: Pentatomidae). Entomotaxonomia, 4(1-2): 57-60.

Zhang X, Liu G Q. 2009. Two new species of the genus *Pilophorus* Hahn. From China (Hemiptera, Miridae, Phylinae). Acta Zootaxonomica Sinica, 34(3): 578-583.

Zheng L Y, Bu W J. 1990. A list of Anthocoridae from China. Contrib Tianjin Nat Hist Mus, 7: 23-27.

Zheng L Y. 1979. Three new species of *Gastrodes* from China (Hemiptera: Heteroptera). Entomotaxonomia, 1: 61-66.

英 文 摘 要

I. A Brief Account

Suborder Heteroptera is a member of order Hemiptera, class Insecta. It is an important group of classes, which also harm crops, trees, and other insects. Some of them often have a certain impact on human health, and also include species that are conducive to human survival and good for human beings. These insects are widely distributed and rich in species in the region.

This monograph on Heteroptera is compiled on basis of the research results of the teachers and students of Entomology Institute of Nankai University on bugs of Zhejiang Province.

In this monograph, altogether 469 species belonging to 261 genera in 44 families are described and keyed. 2 species are described as new to science, 4 species are newly recorded from China. New species are *Coptosoma pervulgatum* Xue *et* Liu, sp. nov. and *Megacopta spadicea* Xue *et* Liu, sp. nov., and new records species are *Eocanthecona shikokuensis* (Esaki *et* Ishihara, 1950), *Eysarcoris fallax* Breddin, 1909, *Tinna grassator* (Puton, 1874) and *Staccia plebeja* Stål, 1866. 3 newly synonyms are pointed out in this monograph. They are follows: *Cazira membrania* Zhang *et* Lin 1982 is new synonym of *Cazira emeia* Zhang *et* Lin, 1982; *Cazira sichuana* Zhang *et* Lin 1986 is new synonym of *Cazira frivaldszkyi* Horváth, 1889; *Menida mosaica* Zheng *et* Liu, 1987 is new synoym of *Menida disjecta* (Uhler, 1860). Two new combinations are created: *Leptoypha hospita* Drake *et* Poor = *Birgitta hospita*; *Coptosoma breviceps* Horváth = *Megacopta breviceps*.

The type specimens are deposited in the Institute of Entomology, Nankai University, Tianjin, China.

II. New Taxa

(1) *Coptosoma pervulgatum* Xue *et* Liu, sp. nov. (Fig.17–110)

Diagnosis: New species scutellum black, basal callosities well-defined, with yellow spots at both ends, baso-angular callosity black or with two small yellow spots. Very similar in appearance to *C. biguttula* Motschulsky and *C. chinense* Signoret, but males reproductive sacs different, the structure of vesica obviously different.

Description: Body rounded, black, shiny, with fine punctures.

Dorsal of Head black, base yellow or yellowish brown, black at end; end of mandibular plate flush with end of clypeus; antennae yellowish brown to blackish brown, last two segments dark; rostrum yellowish brown to blackish brown, extended to the second visible abdominal segment.

Pronotum black, the lateral margin extension part smaller, with rough punctures, with a yellow stripe; scutellum black, lateral and posterior margins with yellow edges, but the yellow edge of lateral margin not reaching the base of scutellum; basal callosities well-defined, with yellow spots at both ends, baso-angular callosity black or with two small yellow spots; the middle of the posterior edge of the male scutellum concave and yellow edge not interrupted. Ostiolar peritreme black.

Legs yellowish brown to dark brown, femur often dark in color.

Abdomen ventral black, shiny, with punctures, lateral margin with yellow edge.

The dorsal lateral angle of male pygophore significant; sensory lobe of paramere with hairs, end curved flaky curved; phallotheca slightly sclerotization; lateral dorsal sclerite of conjunctivum ossified strongly, dorsal process of basiconjunctiva small, disticonjunctiva with two dorsal processes, ends in a binary shape; the base of vesica expended indistinctly; sperm reservoir slightly larger, sclerotization.

Measurements (mm): body length 3.37–4.40; pronotum width 2.35–3.1, length 1.13–1.35; scutellum width 2.9–4.0; head length 0.6–0.7, width 1.0–1.15; Interocular distance 0.32–0.35; Distance of eye to ocellus 0.08–0.10; length of antennal segments I ：II ：III ：IV ：V=0.28–0.32 ：0.10–0.11 ：0.39–0.43 ：0.39–0.46 ：0.49–0.63.

Etymology: Named after Latin 'pervulgatum', meaning the body shape normal.

Type specimens: Holotype ♂, Huangken, Jianyang, Fujian Province, China, 8.VI.1965, Liu Sheng-Li Leg.; Partypes: 2♂, data same as Holotype; 6♂4♀, data same as Holotype, 7.VIII.1965, Wang Liang-Cheng leg.; 1♀, Sangang, Chongan, Fujian Province, China, 3. VIII.1982, Ren Shu-Zhi leg.; 1♂, data same as above, 9.VIII.1982; 1♂, data same as above, 5.VIII.1982, Chen Chen leg.; 1♂, data same as above; 1♀, data same as above, Chen Ping-Ping leg.; 2♂2♀, Tianmu Mt., Zhejiang Province, China, 12.IX.1989; 1♀, data same as above, 24.VI. 1961; 1♀, data same as above, 25.VI. 1961; 1♀, data same as above, 5.VII.1973, Jiang Zhi-Kuan leg; 9♂4♀, Xingdou Mt., Lichuan, Hubei Province, China, alt.850m, 21.VII.1989, Wang Shu-Yong leg; 1♂, data same as above, alt.900m, 30.VII.1999, Xue Hui-Jun leg; 1♂5♀, Baima Mt., Wulong County[①], Sichuan Province, China, alt. 1200m, 1.VII.1989, Zhang Xiao-Chong leg; 1♂, Qiannan Buyi and Miao Autonomous Prefecture, GuiZhou Province, China, ?.III.1983; 1♂, Leigong Mt., Guizhou Province, China, alt. 1350m, 15.VII.1983.

Distributions: Zhejiang, Fujian, Hubei, Sichuan, Guizhou.

(2) *Megacopta spadicea* Xue *et* Liu, sp. nov. (Fig.17–116)

Diagnosis: Similar to *Megacopta hui* (Yang). But the latter only reached to matecoxa. Similar to *M. cycloceps* Hsiao *et* Jen, but the latter with regular brown punctures on the base of extension of pronotal lateral margin, and abdominal radial transverse band smooth without punctures.

Description: Body round, yellow tinged with green, covered with dense rough punctures.

Head wider, anterior margin arc, dorsal view, end of mandibular plate flush with end of clypeus, with fine punctures at middle of mandibular plate and clypeus, brown color at margin of mandibular plate and base of clypeus, with a yellow spot at posterior part of clypeus . Antennae yellow or yellowish brown; rostrum yellow or yellowish brown, extended to the third visible abdominal segment.

Pronotal punctures rough, anterior and posterior margins black, anterior part of pronotum with a brown wavy stripe, and crossed with a longitudinal stripe. Scutellum with dense brown rough punctures often interconnection, basal callosities posterior margin indistinct, lateral callosities small slender; Male scutellum indented at end; Ostiolar peritreme yellow.

Legs yellow, tibial segment with longitudinal groove.

The middle of abdomen venter black bright, broad yellow radiate stripes on both sides, light yellow with rough punctures, without black stripes in the center. Stigmata light color.

Male pygophore invagination deep, sunken part yellowish brown to black, dorsal margin with hairs, venter and lateral margins yellowish brown, without hairs, dorsal lateral angle distinct, near round, with dense long fine hairs; parameres slender, the end like the shape of the axe; basiconjunctiva with a pair lateral process; disticonjunctiva with two lateral process, broader, smaller than dorsal process, dorsal process wide, membranous; the base of vesica

---

① At present, the Wulong is under the municipality of Chongqing City.

slightly expended, the rest slender, strong ossification, terminal ventrally curved; sperm reservoir sclerotization.

Measurements (mm): body length 3.45–4.6; pronotum width 3.25–3.70, length 1.25–1.65; scutellum width 3.75–4.2; head length 0.75–1.0, width 1.50–1.65; interocular distance 0.37–0.46; distance of eye to ocellus 0.14–0.16; length of antennal segments I ∶ II ∶ III ∶ IV ∶ V = 0.23–0.28 ∶ 0.09–0.11 ∶ 0.35–0.42 ∶ 0.41–0.48 ∶ 0.49–0.56.

Etymology: Named after Latin 'spadicea', meaning the body covered with dense brown punctures.

Type specimens: Holotype ♂, Baotianman, Neixiang, Henan Province, China, 13.VII.1998, Zheng Le-Yi leg. Paratypes: 1♀, Jiande City, Zhejiang Province, China, 23.VIII.1965; 2♂, Tianmu Mt., Zhejiang Province, China, 8.VIII.1965; 1♀, Getiaopa, Neixiang, Henan Province, China, 12.VII.1998, Zheng Le-Yi leg.; 1♂2♀, data same as holotype; 1♀, Fang County, Hubei Province, China, 17.V.1977, Zhenng Le-Yi leg.; 1♀, Shennongjia, Hubei Province, China, 22.VI.1977, Zheng Le-Yi leg.; 6♂1♀, Xingdou Mt., Lichuan County, Hubei Province, China, 29.VII.1999, Xue Hui-Jun leg.; 3♂♂3♀♀, data same as above, 31.VII.1999; 1♀, Yonghe, Jinxiu County, alt.500m, Guangxi Zhuangzu Zizhiqu China, 12.V.1999, Han Hong-Xiang leg.; 4♂, Baoguo Temple, Emi Mt., alt.500m, Sichuan Province, China, 27.IV. 1957, Zheng Le-Yi and Chen Han-Hua leg.; 1♂, data same as above, 30.IV.1957; 1♀, data same as above, 5.V.1957; 2♀, data same as above, 30.V.1957; 1♂, data same as above, 4.VI.1957; 1♂, data same as above, 12.VI.1957; 2♀, Yaan County, Sichuan Province, China, 25.VII.1957; 1♂1♀, Wulong County, Sichuan Province, China, 7.VII.1987, Yang Long-Long leg.; 2♂2♀, Chenggu County, Shaanxi Province, China, 2.V.1980, Xiang Chen-Long and Ma Ning leg.

Distributions: Zhejiang, Jiangxi, Henan, Hubei, Guangxi, Sichuan, Guizhou, Shaanxi.

中 名 索 引

浙江昆虫志　第四卷　半翅目　异翅亚目

学 名 索 引

图　版

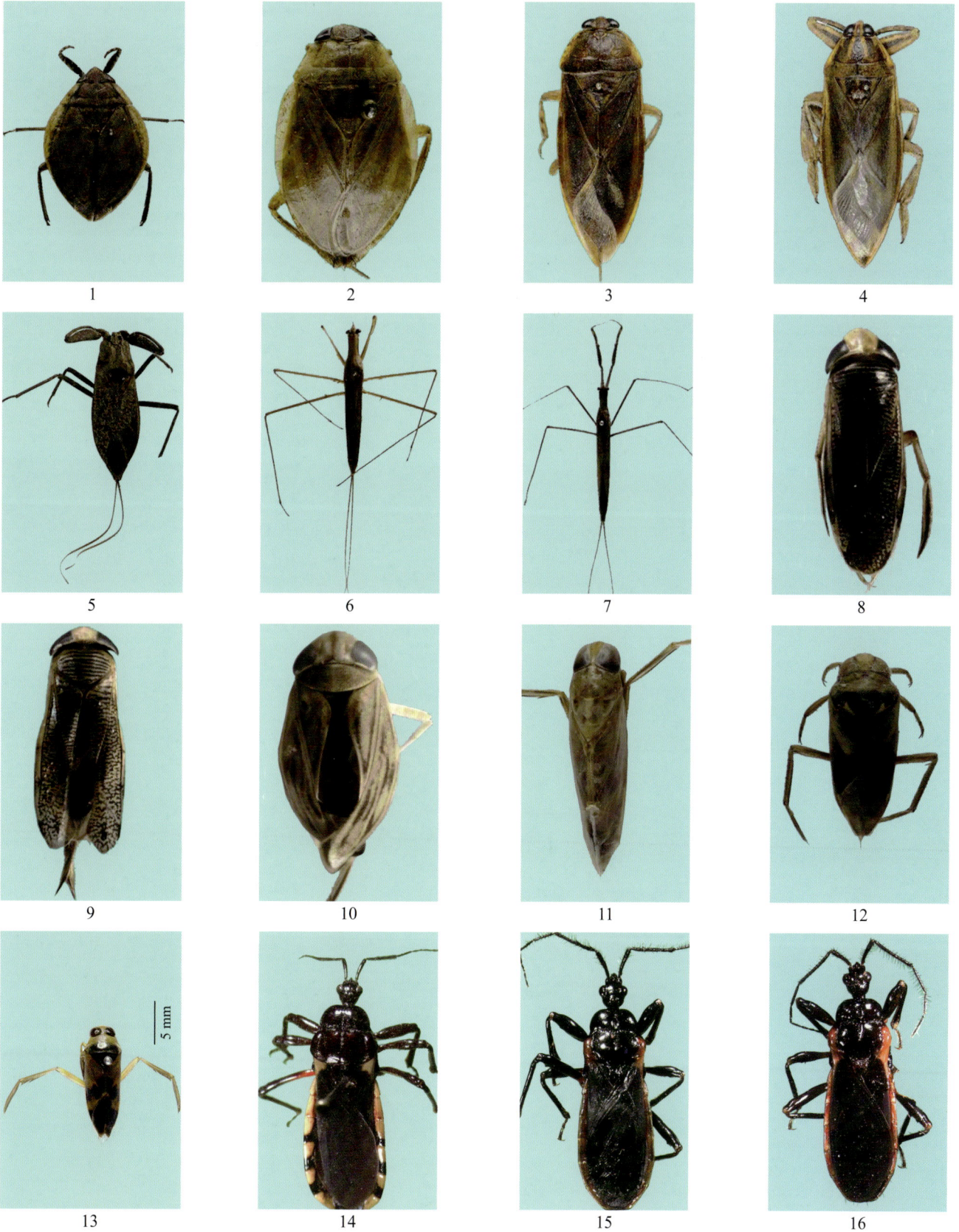

1. 环负子蝽 *Diplonychus annulatus* (Fabricius, 1781)；2. 艾氏负子蝽 *Diplonychus esakii* Miyamoto *et* Lee, 1966；3. 大鳖负蝽 *Lethocerus deyrolli* (Vuillefroy, 1864)；4. 印鳖负蝽 *Lethocerus indicus* (Lepeletier *et* Serville, 1825)；5. 华壮蝎蝽 *Laccotrephes chinensis* (Hoffmann, 1925)；6. 中华螳蝎蝽 *Ranatra chinensis* Mayr, 1865；7. 一色螳蝎蝽 *Ranatra unicolor* Scott, 1874；8. 钟烁划蝽 *Sigara bellula* (Horváth, 1879)；9. 嘎烁划蝽 *Sigara gaginae* Jaczewski, 1960；10. 横纹小划蝽 *Micronecta sedula* Horváth, 1905；11. 普小仰蝽 *Anisops ogasawarensis* Matsumura, 1915；12. 华粗仰蝽 *Enithares sinica* (Stål, 1854)；13. 中华大仰蝽 *Notonecta chinensis* Fallou, 1887；14(♀), 15(♂). 黑光猎蝽 *Ectrychotes andreae* (Thunberg, 1784)；16. 红腹光猎蝽 *Ectrychotes gressitti* China, 1940

17

18

19

20

21

22

23

24

25

26

27

28

29

30

31

32

17. 二色赤猎蝽 *Haematoloecha nigrorufa* (Stål, 1867)；18. 亮钳猎蝽 *Labidocoris pectoralis* (Stål, 1863)；19. 环足健猎蝽 *Neozirta eidmanni* (Taueber, 1930)；20. 山达猎蝽 *Tamaonia montana* Hsiao, 1973；21. 白痣二节蚊猎蝽 *Empicoris culiciformis* (De Geer, 1773)；22. 红痣二节蚊猎蝽 *Empicoris rubromaculatus* (Blackburn, 1889)；23. 惰逖蚊猎蝽 *Tinna grassator* (Puton, 1874)；24. 暗素猎蝽 *Epidaus nebulo* (Stål, 1863)；25. 六刺素猎蝽 *Empicoris sexspinus* Hsiao, 1979；26. 彩纹猎蝽 *Euagoras plagiatus* (Burmeister, 1834)；27. 结股角猎蝽 *Macracanthopsis nodipes* Reuter, 1881；28. 云斑瑞猎蝽 *Rhynocoris incertis* (Distant, 1903)；29. 史氏塞猎蝽 *Serendiba staliana* (Horváth, 1879)；30. 小红猛猎蝽 *Sphedanolestes anellus* Hsiao, 1979；31. 红缘猛猎蝽 *Sphedanolestes gularis* Hsiao, 1979；32. 黄纹盗猎蝽 *Peirates (Cleptocoris) atromaculatus* (Stål, 1871)

33

34

35

36

37

38

39

40

41

42

43

44

45

46

47

48

33. 日月盗猎蝽 *Peirates* (*Spilodermus*) *arcuatus* (Stål, 1871)；34. 半黄足猎蝽 *Sirthenea dimidiata* Horváth, 1911；35. 黄足猎蝽 *Sirthenea flavipes* (Stål, 1855)；36. 天目螳瘤猎蝽 *Cnizocoris dimorphus* Maa *et* Lin, 1956；37. 中国螳瘤猎蝽 *Cnizocoris sinensis* Kormilev, 1957；38. 截肩盾瘤猎蝽 *Glossopelta truncata* Distant, 1903；39. 刺胫盲猎蝽 *Gallobelgicus typicus* Distant, 1906；40. 舟猎蝽 *Staccia diluta* (Stål, 1860)；41. 褐锥绒猎蝽 *Opistoplatys mustela* Miller, 1954；42. 纤蕨盲蝽 *Bryocoris* (*Bryocoris*) *gracilis* Linnavuori, 1962；43. 蕨微盲蝽 *Monalocoris filicis* (Linnaeus, 1758)；44. 朴氏显胝盲蝽 *Dicyphus parkheoni* Lee *et* Kerzhner, 1995；45. 烟盲蝽 *Nesidiocoris tenuis* (Reuter, 1895)；46. 狄盲蝽 *Dimia inexspectata* Kerzhner, 1988；47. 樟曼盲蝽 *Mansoniella cinnamomi* (Zheng *et* Liu, 1992)；48. 八角泡盾盲蝽 *Pseudodoniella typica* (China *et* Carvalho, 1951)

49 50 51 52

53 54 55 56

57 58 59 60

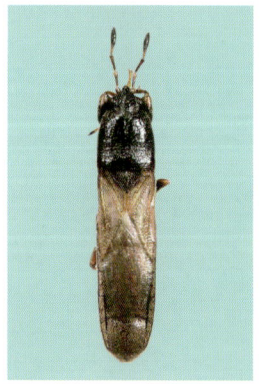

61 62 63 64

49. 环足齿爪盲蝽 *Deraeocoris* (*Camptobrochis*) *aphidicidus* Ballard, 1927；50. 黑食蚜齿爪盲蝽 *Deraeocoris* (*Camptobrochis*) *punctulatus* (Fallén, 1807)；51. 短喙亮盲蝽 *Fingulus brevirostris* Ren, 1983；52. 黑肩绿盔盲蝽 *Cyrtorhinus lividipennis* Reuter, 1885；53. 杂毛合垫盲蝽 *Orthotylus* (*Melanotrichus*) *flavosparsus* (Sahlberg, 1841)；54. 棒角束盲蝽 *Pilophorus clavatus* (Linnaeus, 1767)；55. 泛束盲蝽 *Pilophorus typicus* (Distant, 1909)；56. 甘蔗异背长蝽 *Cavelerius saccharivorus* (Okajima, 1922)；57. 高粱狭长蝽（高粱长蝽）*Dimorphopterus japonicus* (Hidaka, 1959)；58. 褐翅狭长蝽 *Dimorphopterus lepidus* Slater, Ashlock *et* Wilcox, 1969；59, 60. 大狭长蝽 *Dimorphopterus pallipes* (Distant, 1883)；61. 台湾叶颊长蝽 *Iphicrates gressitti* Slater, 1966；62. 棘头叶颊长蝽 *Iphicrates spinicaput* (Scott, 1874)；63. 暗脉巨股长蝽 *Macropes exilis* Slater *et* Wilcox, 1973；64. 小巨股长蝽 *Macropes harringtonae* Slater, Ashlock *et* Wilcox, 1969

65. 黑脉巨股长蝽 *Macropes maai* Slater *et* Wilcox, 1973；66. 大巨股长蝽 *Macropes major* Matsumura, 1913；67. 竹后刺长蝽 *Pirkimerus japonicus* (Hidaka, 1961)；68. 淡莎长蝽 *Cymus elegans* Josifov *et* Kerzhner, 1978；69. 褐莎长蝽 *Cymus koreanus* Josifov *et* Kerzhner, 1978；70. 隆胸莎长蝽 *Cymus tumescens* Zheng, 1981；71. 南亚大眼长蝽 *Geocoris ochropterus* (Fieber, 1844)；72. 大眼长蝽指名亚种 *Geocoris pallidipennis pallidipennis* (Costa, 1843)；73. 宽大眼长蝽 *Geocoris varius* (Uhler, 1860)；74. 中华异腹长蝽 *Heterogaster chinensis* Zou *et* Zheng, 1981；75. 台裂腹长蝽 *Nerthus taivanicus* (Bergroth, 1914)；76. 黑撒长蝽 *Sadoletus izzardi* Hidaka, 1959；77. 黑头柄眼长蝽 *Aethalotus nigriventris* Horváth, 1914；78. 韦肿腮长蝽 *Arocatus melanostoma* Scott, 1874；79. 丝肿腮长蝽 *Arocatus sericans* (Stål, 1859)；80. 拟丝肿腮长蝽 *Arocatus pseudosericans* Gao, Kondorosy *et* Bu, 2013

81

82

83

84

85

86

87

88

89

90

91

92

93

94

95

96

81. 箭痕腺长蝽指名亚种 *Spilostethus hospes hospes* (Fabricius, 1794)；82. 斑脊长蝽（大斑脊长蝽）*Tropidothorax cruciger* (Motschulsky, 1860)；83. 红脊长蝽 *Tropidothorax sinensis* (Reuter, 1888)；84. 小长蝽指名亚种 *Nysius ericae ericae* (Schilling, 1829)；85. 黄色小长蝽 *Nysius senecionis* (Schilling, 1829)；86. 杉木扁长蝽 *Sinorsillus piliferus* Usinger, 1938；87. 柳杉蒴长蝽 *Pylorgus colon* (Thunberg, 1784)；88. 红褐蒴长蝽 *Pylorgus obscurus* Scudder, 1962；89. 灰褐蒴长蝽 *Pylorgus sordidus* Zheng, Zou *et* Hsiao, 1979；90. 长喙蒴长蝽 *Pylorgus porrectus* Zheng, Zou *et* Hsiao, 1979；91. 豆突眼长蝽 *Chauliops fallax* Scott, 1874；92. 平伸突眼长蝽 *Chauliops horizontalis* Zheng, 1981；93. 灰莞长蝽 *Cymoninus turaensis* (Paiva, 1919)；94. 黄足蔺长蝽 *Ninomimus flavipes* (Matsumura, 1913)；95. 长须梭长蝽指名亚种 *Pachygrontha antennata antennata* (Uhler, 1860)；96. 短须梭长蝽 *Pachygrontha antennata nigriventris* Reuter, 1881

97

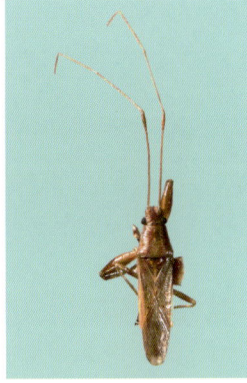

98

99

100

101

102

103

104

105

106

107

108

109

110

111

112

97. 拟黄纹梭长蝽 *Pachygrontha similis* Uhler, 1896；98. 二点梭长蝽指名亚种 *Pachygrontha bipunctata bipunctata* Stål, 1865；99. 原同蝽 *Acanthosoma haemorrhoidale* (Linnaeus, 1758)；100. 伊锥同蝽 *Sastragala esakii* Hasegawa, 1959；101. 欧亚蠋蝽 *Arma custos* (Fabricius, 1794)；102. 丽疣蝽 *Cazira concinna* Hsiao et Zheng, 1977；103. 无刺疣蝽 *Cazira inerma* Yang, 1934；104. 二斑曙厉蝽 *Eocanthecona binotata* (Distant, 1879)；105. 华麦蝽 *Aelia fieberi* Scott, 1874；106. 伊蝽 *Aenaria lewisi* (Scott, 1874)；107. 直缘伊蝽 *Aenaria zhangi* Chen, 1989；108. 大枝蝽 *Aeschrocoris obscurus* (Dallas, 1851)；109. 云蝽 *Agonoscelis nubilis* (Fabricius, 1775)；110. 日本羚蝽 *Alcimocoris japonensis* (Scott, 1880)；111. 鲁牙蝽 *Axiagastus rosmarus* Dallas, 1851；112. 薄蝽 *Brachymna tenuis* Stål, 1861

113

114

115

116

117

118

119

120

121

122

123

124

125

126

113. 纹头蝽 *Critheus lineatifrons* Stål, 1870；114. 大斑岱蝽 *Dalpada distincta* Hsiao *et* Cheng, 1977；115. 斑须蝽 *Dolycoris baccarum* (Linnaeus, 1758)；116. 平蝽 *Drinostia fissipes* Stål, 1865；117. 麻皮蝽 *Erthesina fullo* (Thunberg, 1783)；118. 宽角二星蝽 *Eysarcoris fallax* Breddin, 1909；119. 玉蝽 *Hoplistodera fergussoni* Distant, 1911；120. 弯角蝽 *Lelia decempunctata* (Motschulsky, 1860)；121. 北曼蝽 *Menida disjecta* (Uhler, 1860)；122. 秀蝽 *Neojurtina typica* Distant, 1921；123. 黑须稻绿蝽 *Nezara antennata* Scott, 1874；124. 碧蝽 *Palomena angulosa* (Motschulsky, 1861)；125. 卷蝽 *Paterculus elatus* (Yang, 1934)；126. 中纹真蝽 *Pentatoma distincta* Hsiao *et* Cheng, 1977

127

128

129

130

131

132

133

134

135

136

137

138

139

140

127. 斑莽蝽 *Placosternum urus* Stål, 1876；128. 庐山珀蝽指名亚种 *Plautia lushanica lushanica* Yang, 1934；129. 棱蝽 *Rhynchocoris humeralis* (Thunberg, 1783)；130. 圆颊珠蝽 *Rubiconia peltata* Jakovlev, 1890；131. 丸蝽 *Spermatodes variolosus* (Walker, 1867)；132. 点蝽 *Tolumnia latipes* (Dallas, 1851)；133. 突蝽 *Udonga spinidens* Distant, 1921；134. 剑河烟蝽 *Valescus jianhenensis* Chen, 1983；135. 赤条蝽 *Graphosoma rubrolineatum* (Westwood, 1837)；136. 扁盾蝽 *Eurygaster testudinaria* (Geoffroy, 1785)；137. 半球盾蝽 *Hyperoncus lateritius* (Westwood, 1837)；138. 油茶宽盾蝽 *Poecilocoris latus* Dallas, 1848；139. 花壮异蝽 *Urochela luteovaria* Distant, 1881；140. 环斑娇异蝽 *Urostylis annulicornis* Scott, 1874